毛纺织染整手册

（第3版）

下 册

中国毛纺织行业协会　编

中国纺织出版社

内 容 提 要

《毛纺织染整手册（第3版）》共十五篇，分上下两册。下册主要介绍染色、漂白、印花以及整理、试化验、成品品质要求、工厂设计、山羊绒及其制品加工、羊精梳毛纺等，修订时结合行业需求新增了山羊绒及其制品加工和半精梳毛纺两篇内容，同时针对毛纺行业目前使用的新材料、新工艺、新设备和新技术作了较多补充，是毛纺织行业的必备工具书。

本手册可供毛纺织行业技术人员、管理人员、营销人员以及纺织院校相关专业的师生阅读。

图书在版编目(CIP)数据

毛纺织染整手册. 下册/中国毛纺织行业协会编. ––3版.
––北京：中国纺织出版社，2018.8
  ISBN 978-7-5180-5041-3

Ⅰ.①毛… Ⅱ.①中… Ⅲ.①毛纺织—染整—手册
Ⅳ.①TS190.643-62

中国版本图书馆CIP数据核字（2018）第100633号

————————————————————————————————————

策划编辑：孔会云 唐小兰　责任编辑：孔会云
特约编辑：马　涟　符　芬　责任校对：寇晨晨　　责任印制：何　建

中国纺织出版社出版发行
地址：北京市朝阳区百子湾东里A407号楼　邮政编码：100124
销售电话：010—67004422　传真：010—87155801
http://www.c-textilep.com
E-mail:faxing@c-textilep.com
中国纺织出版社天猫旗舰店
官方微博http://weibo.com/2119887771
北京华联印刷有限公司印刷　各地新华书店经销
1977年1月第1版　2018年8月第3版第1次印刷
开本：787×1092　1/16　印张：67
字数：1118千字　定价：498.00元

————————————————————————————————————

特别鸣谢

　　《毛纺织染整手册（第2版）》自1994年5月出版以来，已经超过20个年头。在此期间，我国的毛纺织工业得到了迅速的发展，毛纺织工业的生产规模、技术进步、管理水平和产品开发等方面都有了巨大的变化和改进，因此第2版的内容已经不能适应当前我国毛纺织工业的发展需求，《毛纺织染整手册（第2版）》亟需补充和修订。

　　在中国毛纺织行业协会的推动下，中国纺织出版社于2009年启动了《毛纺织染整手册（第3版）》的修订工作，本项目周期长、投入大、难度高，在编写过程中得到了毛纺织行业各生产企业、院校及专家的大力支持和帮助，特别是山东如意科技集团有限公司，不仅为本书的修订提供了技术支持，同时还为本书的出版提供了全额赞助，有力地推动了编写工作的进行，保证了本手册的修订工作顺利完成。

　　山东如意科技集团有限公司始终坚持实施"高端化、科技化、品牌化、国际化"的战略布局，综合竞争力居中国纺织服装企业竞争力500强第1位，企业拥有国家级工业设计中心、国家级企业技术中心、国家纺纱工程技术中心和博士后工作站等国家级创新科研平台，获得了数百项专利技术和创新成果。

　　山东如意科技集团有限公司在提升企业影响力的同时，不忘回报社会、回馈行业，积极提供经费支持本手册出版，体现出企业的责任担当意识和奉献精神，在此特别表示诚挚的感谢！

中国纺织出版社

2018年5月

第3版编写人员名单

组织编写单位 中国毛纺织行业协会

总负责人 彭燕丽 邱亚夫

主 审 姚穆

参加编写人员（按姓氏笔画排序）

丁彩玲 丁雪芹 丁翠侠 于彩虹 马海涛

王春霞 王科林 王晓萍 井恩法 韦节彬

孔健 石庆 司守国 孙卫婴 孙占飞

李航 李连锋 李春霞 李腊梅 杨爱国

张伟红 张后兵 张志 张克强 张栓良

张晓玲 陈青 陈超 陈继申 陈继红

邵蕾 罗涛 金光 赵辉 胡素娟

祝亚丽 商显芹

审稿人员（按姓氏笔画排序）

于松茂 王维 毛松丽 付建平 朱洁

朱华君 刘丹 刘永 牟水法 李茹珍

杨桂芬 杨海军 吴砚文 邱晓忠 张书勤

张红 张秀英 张金莲 张建民 张晓芳

张锋 陈铁勇 林东辉 金凤珊 周卫忠

周仲银 周银良 赵俊杰 赵燕淑 索来贵

高滇东 黄小良 黄建刚 黄冠红 曹秀明

蒋农展 程彩霞 谭新丰

第1版编写人员名单

组织编写单位　上海市毛麻纺织工业公司

总 负 责 人　倪云凌

主　　　编　吴永恒　魏春身　席循良

参加编写人员（以姓氏笔画为序）

王左夫　印伯芳　刘曾贤　许　璟　吴永恒

邬　熊　陈桂棣　陈祖祺　汪均炳　李　存

金贵臻　周志炎　周　均　张学范　张祖熙

施炳权　顾嗣芬　项　恒　倪云凌　徐璧城

席循良　梁昌镐　钱彬衡　黄郁炎　盛　蔚

彭汉恩　董家铮　蔡式才　黎　斌　瞿炳晋

魏春身

绘 图 人 员　王芝君　宋秀凤

第2版编写人员名单

组织编写单位　上海市毛麻纺织工业公司

总 负 责 人　倪云凌

主　　　编　吴永恒　魏春身　席循良

　　　　　　　　钱彬衡

参加编写人员（以姓氏笔画为序）

王左夫　王遁葵　方雪娟　刘曾贤　朱柏年

孙鸿举　许　璟　邬　熊　吴永恒　陈桂棣

应乐舜　汪　达　林　萃　林璧珍　张学范

张扶耕　项　恒　徐文淑　徐璧城　姜新泉

倪云凌　席循良　钱彬衡　曹宪华　傅鸿芝

董家铮　瞿炳晋　瞿汝福　魏春身

绘 图 人 员　王芝君　尹愈隽　傅鸿芝

第3版前言

经过多年努力,《毛纺织染整手册(第3版)》即将面世。《毛纺织染整手册》自1977年出版发行以来, 在1991年经过第2次修订,一直以来受到广大读者和生产企业的普遍欢迎,先后多次重印,累计印数近15万册。实践证明,《毛纺织染整手册》是从事毛纺行业相关工作的人士学习、工作不可多得的工具书。

《毛纺织染整手册(第2版)》出版至今已过去二十多年,随着改革开放的不断深化,我国毛纺织工业得到了跨世纪发展,毛纺织行业发生了根本性的改变。在市场配置资源的作用下,产业布局进退有序,形成了以东部地区毛纺产能高度集聚、西部地区加工山羊绒等特种动物纤维为特色的产业新格局,而且新企业不断进入行业,龙头骨干企业示范带动作用突出。毛纺织行业整体技术装备和企业管理水平全面提升,新材料、新工艺、新技术层出不穷,产品丰富多彩,质量稳步提升。我国已经成为全球最大的毛纺织原料进口、加工和产品消费国家。同期,纺织品国际贸易的自由化,给我国毛纺织产品的出口带来了新的市场机遇,同时也面临着生态安全等技术壁垒的挑战。为了使行业适应新时期高质量、可持续发展的新形势,更好地服务行业,按照中国纺织出版社的要求,我们在山东如意科技集团有限公司的合作支持下,组织专家对《毛纺织染整手册(第2版)》进行了全面的修订和补充。

《毛纺织染整手册(第3版)》在第1版、第2版的基础上,突出体现近年来毛纺织行业发展的平均水平,重点介绍行业中广泛使用的技术装备和成熟的工艺技术,并适当关注行业先进技术及发展趋势。第3版对从毛纺原料、加工到后整理的内容进行了比较全面的梳理调整,编入了相对较新的设备及改进工艺。在工艺特征、应用范围、最终产品特征等方面增加了较多新内容,尤其是新增了"山羊绒及其制品加工"和"半精梳毛纺"两篇内容,成为这次修订的最大亮点。

因为本次修订距第2版修订的时间间隔较长,参加第1版和第2版编写的专家年事已高,我们只能重新组织编写队伍。这次修订工作得到了山东如意科技集团有限公司的鼎力支持,不但出资支持手册的编写出版,而且还组织集团的工程技术人员参加第五篇、第六篇、第七篇、第八篇、第九篇、第十篇、第十二篇、第十三篇的编写,体现了企业的责任担当意识和奉献精神。还有全国很多企业的工程技术人员也参加了本次手册的修订和审稿。姚穆院士担任主审,亲自出席审稿会议,给予修订工作指导性意见和建议。在此,我们特向姚穆院士、邱亚夫董事局主席,以及参加本次修订和审稿的同志们表示衷心的感谢,向参与编写发行《毛纺织染整手册》第1版、第2版的前辈和幕后工作者致敬!

中国毛纺织行业协会

2018年5月

第1版前言

全国解放以来，我国毛纺织工业有了很大的发展。绝大多数省、市、自治区都建立了崭新的毛纺织工业企业。我国用成套的性能优良的国产设备，生产各种毛纺织产品，品种质量和科学技术水平都有了很大提高。我国的羊种改良工作也取得了显著进展。羊绒、兔毛、驼毛、牦牛绒等特种动物纤维的利用，化学纤维工业的蓬勃兴起，为毛纺织工业提供了新的原料。随着社会主义革命和社会主义建设事业的日益发展和人民生活水平的不断提高，我国毛纺织工业具有广阔的前景。

为了适应广大毛纺织工业的工人、干部、技术人员、科研人员和院校师生的工作和学习的需要，我们根据纺织工业部指示，在上海市纺织工业局的领导下，编写成这本手册，以供查阅和参考之用。

我国广大毛纺织工人、干部和技术人员在生产和科学研究中创造了丰富的经验，有力地推动了生产的发展和技术水平的提高。本书围绕毛纺织生产工艺、质量、品种等方面，力求比较全面地汇集这些经验，并以表格和数据的形式反映出来。除毛针织、工业用呢和制毡外，本书编入了原料到成品的各个生产工序的常用工艺参数、工艺处方、计算公式、换算表格、各种主要生产设备的技术特征和主要规格，产品疵点的成因和防止方法，以及成品、半制品的质量要求等。此外，对较成熟的新工艺、新技术、新设备也作了简要介绍。

本手册的编写工作得到了上海各毛纺织厂、华东纺织工学院、上海纺织科学研究院、上海纺织设计院及全国各纺织机械厂的大力支持和帮助，特别是各兄弟地区的轻工局、纺织局、有关工业公司、院校及毛纺织厂会同审稿，并提供了大量资料和修改意见，特此致谢。

上海市毛麻纺织工业公司

1977年1月

第2版前言

《毛纺织染整手册》自1977年出版以来已超过十个年头。在此期间，我国实行改革开放政策，毛纺织工业得到了迅速的发展。许多省市自治区新建了一大批毛纺织厂，全国总的设备能力翻了两番多，毛纺锭达到250多万枚。在这种形势下，《手册》受到广大读者和生产建设单位的普遍欢迎，先后多次重印，累计印量达35000套。当前，我国毛纺织工业已进入一个新时期，面临新形势。一方面，市场经济的竞争作用日益突出，产品的品种、质量和效益已成为企业经营管理的重点，企业将更加重视技术改造和技术进步的作用。另一方面，企业引进设备、引进技术、引进资金，与国外合资办厂、合作经营愈来愈多，一批具有先进水平的三资企业已经建立，与海外的技术交流日益频繁。为适应这一新的变化形势，更好地为毛纺织工业的新任务服务，按照纺织工业出版社的要求，我们对《毛纺织染整手册》进行了全面的修订和充实。

这次修订和充实的内容，包括国内外毛纺织染整新设备、新工艺，以及外国羊毛的原料资源、羊毛品质与羊毛分类分等情况。由于毛纺织工业的原料与产品种类较多，原料加工和纺织染整及测试技术也比较复杂，本版在这方面也作了较多的修改。

这次修订工作得到全国很多单位工程技术人员和读者的支持，他们为修订和审稿创造了有利条件，我们特向有关单位、工程技术人员、读者以及参加审稿的同志表示衷心的感谢。上海毛麻行业基层工作处、上海毛麻纺织联合公司和上海毛麻纺织科学技术研究所是手册修订的实际倡导者和组织者，为与第一版保持一致，编写单位仍保留上海市毛麻纺织工业公司的名称。

上海市毛麻纺织工业公司

1991年1月

目　　录

第九篇　染色、漂白、印花

第十篇　整理

第十一篇　试化验

第十二篇　成品品质要求

第十三篇　工厂设计

第十四篇　山羊绒及其制品加工

第十五篇　半精梳毛纺

第九篇　染色、漂白、印花

第一章　染色

第一节　染料

一、染料的选择

染料应根据产品、原料、染色牢度要求、环保要求、配色性能以及价格等因素合理选择，并应充分利用国产染料。选择染料时应考虑以下因素。

1. 溶解度

毛纺染色中大多用竭染法染色。染料在80~90℃下应能充分溶解。对于溶解度差的染料，可借助醋酸、酒精等助溶。如染料溶解不良，染料颗粒黏附于织物上，会产生色斑或染色不匀及降低摩擦牢度。

2. 匀染性

在产品染色牢度可以符合要求的前提下，须选择匀染性能较好的染料，以利于染色均匀。一般匀染性能好的染料，湿处理牢度较差，而匀染性差的染料，其湿处理牢度却较好。

3. 上色率

上色率又称竭染率。对纤维亲和力大的染料，在染色过程中染料易被吸尽；亲和力小的染料，在同一条件下染料不易被吸尽。

4. 配伍性

染料拼色时，须选择上染速率接近的染料，以达到染色均匀，重现性好，且色光容易掌握。锦纶染色，须注意染料的相容性，防止发生竞染现象。腈纶用阳离子染料染色，染料的配伍指数应接近。

5. 遮盖性

遮盖性为匹染时对白坯疵点的掩盖性能。如纱支条干的轻度不均匀，羊毛的尖染。化学纤维染色用的染料，对化学纤维品质差异，如纺丝、拉伸和热处理等条件不同所产生的疵点，能有一定的掩盖性能。

6. 织物用途和洗涤方法

织物的用途和洗涤方法不同，对色泽鲜艳度和染色牢度的要求也不同。如女装的色泽鲜艳度一般较男装为高，因此要选择色泽鲜艳并有一定牢度的染料。用作夏季穿着的织物，由于受强烈阳光照射或水洗以及接触汗液的机会多，应选择日晒、水洗、水浸、汗渍牢度较好的染料。冬季穿着的织物，接触汗液少，汗渍牢度可稍低。对于采用干洗的产品（在出售服装使用标志上标明），通常不要求水洗及水浸牢度。对于要求机可洗的面料，要选择水洗牢度优良的染料。有些外销产品由于销售地区不同，对染色牢度有不同的要求。同时染料的使用要尽可能对纤维不产生损伤，以利于纤维保持本身的特性。

7. 加工工艺的适应性

染色整理方法不同，对染料的选择应考虑其适应性。如用于纤维的染色，应选择有良好湿处理牢度的染料；用于绞纱染色或筒子染色，应选择溶解性及湿处理牢度均好的染料；用于匹染织物，应选用有相当的湿处理牢度及匀染性好的染料；用于涤纶染色的分散染料，应有良好的升华牢度。染料对工艺条件的要求不可以过于严格，尤其对于批量生产的企业来说，应该具有一定的应用范围，追求统一而简单的染色工艺。随着功能性整理的增加，染料选择时应该对功能性整理的影响给予足够的考虑。

8. 经济性

指降低成本、节约能源以及染化料的供应资源。

9. 环保型

染色加工时对操作者以及周围的环境和染色后的服用产品对消费者本身以及周围的环境不应有危害。

10. 重现性

指相同的工艺条件下，使用不同批次的该染料，均能染出颜色一致的产品。

二、精粗纺织物、绒线和毛毯的染色牢度要求及常用染料种类

精粗纺织物、绒线、针织绒线、毛毯的染色牢度要求及常用染料种类见表9-1-1、表9-1-2。

表9-1-1 染色牢度要求

品 种	使用染色牢度	工艺染色牢度
精纺织物类（全毛、毛/黏、涤/毛、毛/涤/黏、黏/锦，腈纶）： 1. 条染花呢 2. 匹染哗叽、华达呢、凡立丁 3. 条染、匹染女式呢	日晒、皂洗（原样变化、白棉布沾色）、汗渍（原样变化、白棉布沾色）、水浸（原样变化、白棉布沾色）、熨烫（原样变化、白棉布沾色）、摩擦（干、湿摩擦）等牢度（夏季穿着的织物，尤要注意日晒，汗渍牢度）	1. 条染：耐洗呢、煮呢、蒸呢 2. 匹染：耐煮呢（需染后煮呢的产品）、蒸呢，有边字、嵌条线的织物以及一浴匹染的混纺产品，都要注意沾色 3. 涤纶，分散染料有良好的升华牢度 4. 树脂整理，化学定形织物：耐所使用化学药剂的处理
粗纺织物类（全毛、毛/黏，毛/腈） 1. 毛染花呢、大衣呢，法兰绒 2. 匹染大衣呢、麦尔登、海军呢、制服呢 3. 毛染、匹染女式呢	日晒、皂洗（原样变化、白棉布沾色）、水浸（原样变化、白棉布沾色）、熨烫（原样变化，白棉布沾色）、摩擦（干、湿摩擦）等牢度	1. 毛染：耐洗呢、缩呢、蒸呢 2. 匹染：耐蒸呢，匹炭化织物要耐酸碱处理
绒线、针织绒线类（羊毛、羊毛/兔毛、羊毛/羊绒、毛/黏、毛/腈、腈纶）	日晒、皂洗（原样变化、白棉布沾色）、汗渍（原样变化、白棉布沾色）、熨烫（原样变化）、摩擦（干、湿摩擦）等牢度，并要注意色泽鲜艳度	1. 做针织衫的要耐成衫后的蒸烫 2. 做夹花、夹裆、绣花及缩毛针织衫的要耐成衫后的洗（缩）蒸烫，注意沾色
毛毯类（羊毛、羊绒、毛/黏、腈纶）	日晒、皂洗、摩擦等牢度	1.羊毛、羊绒毯:耐洗、缩呢 2.毛/黏、腈纶毯:耐洗

注 特种用途产品应按其要求选择染料。

表9-1-2　常用染料种类

染色方法		精纺织物								粗纺织物					绒线、针织绒线			毛毯		
		条染					匹染			散纤维染色			匹染							
	原料	毛	涤	腈	锦	麻、黏	毛	锦	黏	毛	麻、黏	腈	毛	黏	毛	腈	黏	毛	腈	黏
染料	强酸性染料						可选用						√		√					
	弱酸性染料						√	√		√			√					√		
	酸性媒介染料	√			√					√			√							
	酸性络合染料									√			√							
	中性染料	√			√		√			√			√							
	分散性染料		√					√								√				
	阳离子染料			√								√				√			√	
	活性染料					√			√		√			√		√				√
	硫化染料								√					√		√				
	直接染料								√					√		√				
	毛用活性染料	√								√			√							
	备注		毛/黏匹套染羊毛时，黏纤用硫化染料；一浴染色时，黏纤用直接染料、活性染料								毛/黏匹套染羊毛时，黏纤用硫化染料；一浴染色时，黏纤用直接染料、活性染料					针织衫夹裆、绣花用纱用弱酸性，夹花纱用弱酸性染料、媒染染料					

三、染色牢度

染色牢度是指织物的颜色在加工和应用过程中，遭受各种外界因素作用的抵抗能力。染色牢度是衡量染料和染物质量的重要指标。各种染料的色牢度不同，以及色泽深浅和鲜艳度不同，会影响成品的色牢度及加工中的工艺牢度。事先应做好染料的选择试验，不可盲目使用。染料选择不当，不能达到成品所需的色牢度和工艺要求时，会造成产品成批降等，引起索赔，影响公司信誉，同时增加工厂在生产中的困难和成本。对工厂常用染料的染色牢度必须心中有数。

（一）成品染色牢度

服装用的毛织物，要求的染色牢度如下。

耐光牢度，又称耐日晒牢度，是染色织物耐太阳光或相当于太阳光谱的人造光源照射的牢度，是指曝晒后原样的褪色程度。采用的方法是：将试样和8个等级的羊毛凡立丁蓝色标样同时放在标准的同一条件下曝晒。当试样曝晒达到规定时间后，将试样和标准样比较评定等级。

耐光牢度的标准色布是由下列各种染料所染的羊毛布片，耐光牢度分为8级，以1级最低，8级最高。耐光牢度的标准色谱见表9-1-3。

表9-1-3 耐光牢度的标准色谱

耐光牢度等级	染料名称
1	弱酸性艳蓝FFR（Acilan Brilliant Blue FFR）
2	弱酸性艳蓝FFB（Acilan Brilliant Blue FFB）
3	弱酸性艳蓝6B（Eriosin Briuiant Cyanine 6B）
4	弱酸性蓝EG（Superaminc B1ue EG）
5	弱酸性蓝RN（Sotway Blue RN）
6	弱酸性艳蓝4GL（Alizarinc Light Blue 4GL）
7	印地科素蓝O4B（Anthrasol Blue O4B）
8	印地科素蓝AGG（Indigosol Printing Blue AGG）

此外，还有耐皂洗、耐水浸、耐汗渍、耐摩擦、耐熨烫及耐干洗色牢度等。

耐皂洗、耐汗渍、耐水浸牢度包括原样变色、白棉布沾色、白毛布沾色几项。分别用灰色褪色样卡及灰色沾色样卡评级，分为5级9档，5级最好，1级最差。评级时，当原样和试样之间的色差与灰色样卡的色差相同时，则试样褪色及沾色程度为灰色样卡所评定的级别。

（二）耐加工工艺染色牢度

产品染色后，应在加工过程中做耐干热及耐湿热处理，耐所使用的化学药剂的处理，如在洗呢、缩绒、煮呢、蒸呢、炭化、热定形、某些特殊的功能整理以及在服装加工的压烫中，不褪色、不沾色及不变色，加工整理后原样的色泽变化要小，以保证最终成品的色光符合要求。工艺染色牢度应根据产品的加工工艺而定。

此外，在拼色时，应选用色牢度接近的染料，防止因其中的一种染料色牢度差，而降低与影响整个染物的染色牢度。

毛织物的色泽，应随国际流行色协会发布的信息，以及各地区消费者的喜爱而紧跟时代潮流，适应多层次、多方位的需要，以保持市场的竞争力。在这个前提下，考虑色牢度的可能性，并根据产品质量标准、产品用途、订货合同要求，合理制订染色牢度考核指标。目前，染料的色泽鲜艳度和牢度还存在不可兼顾的矛盾，色泽鲜艳的染料，其牢度较差，而牢度较好的染料，则鲜艳度较差。如对牢度要求过高，会影响染料的使用范围和产品的销售，同时增加成本。

（三）标准染色深度

染料的色牢度与染料的化学结构、加工工艺、原料类别及色泽的深度有关。耐光牢度一般随色泽深度的增加而提高，湿处理牢度一般因深度的增加而下降。因此，染色深度的基准不一，染料坚牢度的测试和评比不能得到正确的结果。测试染色牢度时，染料应有同一的色泽深度，有可以比较的同一基础。国际上以18种染料染成一套公认的标准深度的色谱，以评比某只染料的优劣。各项染色牢度试验时，可在同一色泽和标准深度条件下作牢度对比。在鉴定染色牢度时，以标准深度1/1为依据，也可将标准深度分档，如2/1、1/3、1/6、1/12、1/25等。2/1是1/1深度的2倍，1/3是1/l深度的1/3。

染料的标准深度也是比较染料浓度的一个依据。国际上对染料浓度用标准深度来表示，将染样与色相相近的相应的标准染色深度进行比较。这套标准深度由国际标准化组织（ISO）列为国际标准。

第二节　配色

一、光和色的三原色

配色分加法混色及减法混色。光色混合为加法混色，物体色（简称物色）混合为减法混色。

加法混色是两种或两种以上不同色彩光混合后得到另一种色光的混色方法。例如，绿光与红光相混得黄光，红光与蓝光相混得品红。加法混色的三原色光为红、绿、蓝。三者以适当的比例混色成白光。混合的色光越多则亮。电子计算机配色是利用各种染料的光学叠加性进行的，因此是加法混色。

减法混色是用几种光吸收介质的混合或叠加，将入射光波选择性地吸收和散射来进行调色的方法。染料或涂料的混合配色属于这一类。如日光照射在黄染料和青染料的混合溶液中，黄染料能吸收日光中的蓝色波段，青染料吸收日光中的红色波段，剩下的绿色波段即为反射到目中的混合染液的颜色。这是染色工作者常用的一种方法。减法混色的三原色为品红、黄、青（蓝绿）。物色混合，由于本身对光线吸收多而反射少，且相互吸收对方反射出来的色光，因此亮度减弱，混合越多，吸收的色越多，近于黑色。

将两种原色混合而得的颜色称二次色或间色。两个二次色混合而得的颜色称为三次色或复色。三次色是灰色系加原色的总效果。

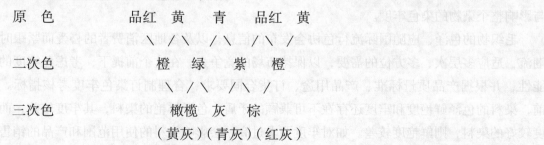

二、配色方法

配色工作的传统方法，通常是由专门从事配色的人员依靠日光的辨色能力和多年积累的配色经验来完成的。人工配色过程的长短和配色质量的高低，主要决定于配色人员的经验和样品色泽的难易程度。人工配色方法不能适应市场批量小而色泽多变，色泽要求高及交货期短的要求。随着计算机技术及配色理论的发展，电子计算机配色的推广，将改变配色过程完全依靠人工的做法，并可大幅度缩短配色过程，提高配色精度。

（一）人工配色法

（1）通常以一组特性相近的染料组成三原色，相互拼用。应用三原色拼色，拼色程度可简化，生产也稳定。配色染料的只数越少越好。只数多，色光变化复杂且难掌握。有时染料本身不纯，常含有各种杂质，这些杂质往往与其他染料形成补色而影响色光和亮度。

补色又称余色。两种颜色相混成灰色或黑色，则这两种颜色互为补色，有相互消减的特性。下列颜色相混得黑色：红色与青色，紫色与黄绿色，蓝色与橙色，紫红色与绿色，蓝紫色与黄色。

（2）为使色泽符合来样要求，必须挑选好主色染料和调节色光的染料，拼色时选用近似的颜色作为基本染料，然后用其他颜色作调整。在理论上各种颜色都可用三原色拼合，但实际上，只可以说大部分的颜色可用三原色配成。如以一个红色染料与一个蓝色染料混合而得的紫色，其鲜明度不及由单一紫色染料所染得的色泽好。黑色如用三原色拼混则不经济，不如用单一的黑染料染色经济。配一个三次色，用一个二次色和一个原色配混容易拼得所需的色泽，并可减少色差，使质量稳定。

（3）配色中除色彩外，还应注意染料的色相、亮度及纯度。色相又称色调，如红色有较红、较黄的色相，绿色也有较红、较黄的色相。亮度即明度，亮度越高越明亮。纯度即色彩的纯洁度，纯度高的颜色中加入其他色相的颜色，其纯度降低。

（4）在拼色时，除了合理配色外，还要注意色光和色光必须协调。如拼一个嫩绿色，要用带蓝光的黄和带绿光的蓝相拼，则拼成的色泽较用带红光的黄和带红光的蓝相拼的漂亮，这是因为红和绿互为补色生成黑色光的缘故。拼紫色时，用带红光的蓝和带蓝光的红拼混，色泽漂亮，而用带黄光的蓝和带黄光的红拼混，色泽偏灰。

（二）电子计算机配色法

电子计算机配色，又称电脑配色，是按照标样的光谱反射率或色强度，由电子计算机根据所储存的染料基础数据，按配色计算程序，提供配色所需的染料及其浓度。

配色系统的软件部分有测色管理、基础数据、文件管理、处方预告和浓度校正等程序。硬件部分有色光分光光度计、小型计算机及储存、显示和输入输出等设备。

电子配色的计算方式有两种。一种为标样的分光反射率，与预选处方的分光反射率匹配得一样，受光源影响小，即无条件等色配色方式。另一种为标样三刺激值，与预选处方在某光源下的三刺激值匹配得一样，受光源严格限制，即条件等色配色方式。

1. 功能

（1）电子计算机配色，可提高配色速度，减少反复打样次数，缩短小样试验时间，提高生产效率。还可以提高配色精度，减少色相差别。例如，根据消费者提供的色泽小样，利用计算机配色系统测出该色样的颜色，然后使用配色程序，通过输入信息，由计算机提供可选用的染色处方及色差预测，最后挑选既符合消费者要求又经济实用的优化处方，即色泽接近、染色质量好、成本低的处方。然后进行染色小样试验，验证所提供处方的可靠性或作必要的调整。此外，在实际生产中，如某种染料缺货，还可以从预测的配方中找出其他染料配方来替代。

（2）配色系统的另一个功能是各种不同色差公式的色差计算。如北窗光（D65）、白炽灯（A），日光灯（CWF）等光源下的色差公式计算；能从计算出的在不同光源下的色差数值中看出，所提供处方与色泽之间是否存在同色异谱（条件等色）现象。在生产实践中，两个色泽在某一光源下目测相同，但如改变光源条件，则这两个色泽会产生色差。这种现象在人工配色中无法预计，解决较费时，但计算机配色系统能提供这种技术，便于及早发现。

如图9-1-1所示为某毛条的染色样与标准颜色样的对比图示例。

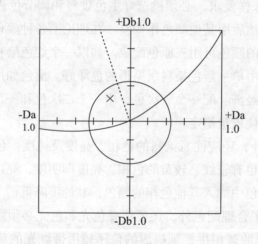

光源	△E（CMC2.0：1.0）	DL*	DC*	DH*	Da	Db	色差评级
D65	0.457 合格	-0.176 深	-0.373 灰	-0.197	-0.223 不够红	0.220 不够蓝	4-5
D75	0.493 合格	-0.176 深	-0.376 灰	-0.266	-0.245 不够红	0.233 不够蓝	4-5
D55	0.619 不合格	-0.176 深	-0.559 灰	0.197	-0.196 不够红	0.378 不够蓝	4-5

图9-1-1　染色样色差计算实例（示中原点表示标准颜色样，×表示染色样）

（3）计算机配色系统可以用于染色配方的管理，可对老处方检索。将以往生产的纺织品染色样及处方按色泽存入计算机内，在接到色样后，将色样在分光光度仪的测色结果输入，由计算机进行分类检索，将所有色差小于指定数据的处方输出，提供选择，使处方管理更为科学化，避免色样因长期贮存而引起变色、褪色。

（4）可进行色牢度的评级，避免评级时目光差异和光源差异等干扰因素，提高评级的正确性。

（5）可作染料力份的测定。能计算出比人工比色或染色实样试验更为接近的染料力份，同时，还可对预测的处方进行力份及色光的校正。

（6）可进行散纤维染色的拼毛比例预测及染料管理等。

2. **配色程序**（图9-1-2）

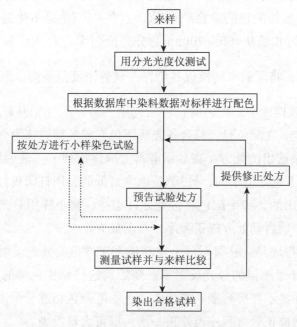

图9-1-2　配色程序

3. **配色步骤举例**

电子计算机配色的机型有多种，现将美国台诺配色扫描重型（Diano Couror）计算机的配色步骤列举如下。

（1）将来样夹在分光光度仪的测量孔上，通过计算机操作分光光度仪进行测量，测出波长在400～700nm的分光反射率。反射率取样值按波长间隔有两种：若波长间隔为20nm，则有16个反射率；若波长间隔为10nm，则有31个反射率。每一反射率存入数据库（电脑）中，并编号。

（2）确定配色样与来样之间在三种常用标准光源下的色允差值，即将产品的色差，按订货要求，控制在一定范围内。

北窗光（D65）光源下，色允差值 $\Delta E_{D65}=0.1$

白炽灯（A）光源下，色允差值 $\Delta E_A=0.6$

日光灯（CWF）光源下，色允差值 $\Delta E_{CWF}=0.6$

确定条件等色的权系数，一般以D65光源为主，A光源次之，CWF光源为第三。通常的权系数为：3（ΔE_{D65}）+2（ΔE_A）+1（ΔE_{CWF}）。即在总色差的份额中，D65光源下的色差占1/2，A光源下的色差占1/3，CWF光源下的色差仅占1/6。

（3）确定拼用染料只数，一般考虑用3只染料拼色。有时用2只染料拼色，也有个别用1只染料拼色的。

（4）输入待染的染物（坯布、纱线、纤维）数据，在染色前必须将待染物用测色仪测出400~700nm的分光反射率，并存入反射率数据库中。

（5）将已测定待染物的分光反射率，从数据库中，调用到显示器屏幕上。

（6）将已测来色样的分光反射率从数据库中调用到显示器屏幕上。

（7）开始输入待参加配色的染料 K/S 值。这些 K/S 值是事先通过各单色染料各档浓度的色样，测定各自的波长从400~700nm的分光反射率，存入反射率数据库中。然后用 $K/S=\dfrac{(1-R)^2}{2R}$ 的公式，将反射率转换成各染料在试验浓度范围内。通常将（0.1%~6.0%）的 K/S 值存入相应的数据库中。配色时，将需选用的染料 K/S 值从 K/S 数据库中调至显示屏幕上，一次可调13个。在配色时，符合各光源下色允差的即被选为合格处方，并将算出的优化的处方，代替原来选出的处方（在显示屏幕上取优排列）。最后显示屏上共列出6个处方，其中3个是各光源下色差值小的，另3个是成本最低的，用打印机打印出来。

将在6个处方中选出的1~2个配色预告处方打小样，将小样用分光测色仪测其分光反射率，然后存入数据库中。启动处方修正程序，修正处方。

（8）修正处方的程序是，在显示屏上重新输入来样色的分光反射率，然后重新输出按第一次配色，打出小样所测得的分光反射率。随后将这待修正色样的染料 K/S 值及相应染料处方输入计算机，并显示在屏幕上，按色差、色彩度及色相逐步予以修正，作出修正的处方。通过大样试染，用修正处方程序再修正一次，即可大量投染。

说明：

①库贝尔卡和芒克（Kubelka—Munk）理论。照明光投射于不透明的织物时，除少量镜面反射外，大部分光线透入纤维内部，发生光的吸收和散射。吸收主要为染料分子所致，散射主要系织物纤维材料及表面形态所引起。染料的数量越多，吸收越强烈，反射光越少。因此染料浓度和反射率之间存在一定的复杂关系。库贝尔卡和芒克于1931年阐明了光线在着色介质内同时被色料微粒吸收和散射的有关双常数理论。他们推导出对不透光的着色介质的最简单的公式为：

$$\frac{K}{S}=\frac{(1-R)^2}{2R}$$

式中：R——着色介质的反射率；

　　　K——光的吸收系数；

　　　S——光的散射系数。

当几种色料混合时，总的吸收率和总的散射率，是几种色料吸收率及散射率之和。其理论是电子计算机配色的基础。

②三刺激值。根据加法混色原理，光谱色或反射物体色的色光，可用三种规定的红、绿、蓝光谱按一定比例混合匹配而成。这三种规定的色光，称为原刺激，各原刺激的匹配量，即为三刺激值。三刺激值分别用X、Y、Z表示。这是一种虚拟值，分别代表虚拟的红、绿、蓝光。配色中标样的三刺激值与预告处方，在D65光源下比较色差，若符合要求，即为色样预测处方。

4. 注意事项

（1）用电子计算机配色，必须解决好大小样的差异，因为这关系到配色的成败。对一些可能导致大小样差异的重要因素，如pH值、含盐量、浴比、染料、助剂、染物的称重、升温、保温、降温及时间等因素，必须控制在可以接受的程度。因此，仪器与实验室之间，实验室与染色车间之间，必须协作配合好。

（2）配色系统成功与否的关键，是输入仪器的基础数据的质量。为获得良好的配色预测，应保证染出基础小样的重现性好（至少重复3次），所有数据要定期重复核实，所有染料都要用标准染料进行色光和力份分析，底布和前处理都应标准化。

（3）待测试样的要求是：尺寸大，平整，无光泽，全方向性（光学上各向同性）以及无荧光。试样是折成4层的，如透光，可折成8层以上。

（4）配色精度与分光光度仪的精度及工艺执行是否严格有密切的关系。两者如产生误差，都将给配色精度带来误差。

（5）对于一些特别浅或者特别深的颜色，由于光反射的问题，所测定的处方在实际应用时需要进行进一步校正。

（6）对于不同产地、不同批号的染料、原料，需要对其特性进行适当修正，染料基础数据库才有存在的实际意义。测色配色系统只是一个很好的工具，它最大限度地模拟人的眼睛和大脑来分辨、处理颜色，配合人来完成很多人所不能预知结果的工作，如挑选配伍性最好的染料组成配方，按照色差、同色异谱、成本的加权效应计算/寻找配方，预先评估配方的同色异谱大小等，它可以在很多问题出现之前就预知并解决它。

（7）为适应中小染厂的购买能力，最近较多的推行用微型计算机配色。应用较多的包括Datacolor公司推出了带有Smart Match的IMtaMateh 2.0。用于质量控制的Datamas–ter 300、600。采用MC–4技术的分光光度计，Spotmtlm ~ SF 600；X–Rite公司推出的Textile–Master，是在windows界面下的测配色程序； Macbeth公司也推出了三套软件产品：配色用Color Swatch，颜色质量控制Optiview QC软件和更为灵活的OptiMatch系统。

第三节 酸性染料染色

酸性染料按应用性能通常分为强酸性染料（简称酸性染料）和弱酸性染料两类。酸性染料大多是磺酸的钠盐。在酸性液中，染料的阴离子能和蛋白质纤维中的氨基或锦纶中的酰胺基形成盐式键结合。在强酸染浴、弱酸染浴中，对羊毛、蚕丝等蛋白纤维和锦纶能上染，对纤维素纤维及棉没有亲和力。它的水溶性好，品种多，色谱齐全，色泽鲜艳。这类染料的溶解度、匀染性及染色牢度，因染料结构不同而差异很大。

酸性染料染羊毛的染色机理：化学分析证明，羊毛中含等量的氨基和羧基，在水中氨基和羧基进行水解，形成两性离子。羊毛等电点的pH值为4.2～4.8，当溶液的pH值下降到羊毛的等电点以下时，羊毛中的–COOH接受溶液中的质子，变成–COOH，羊毛开始带正电荷。当溶液的pH值高于等电点时，羊毛上的$-NH_3^+$基失去质子，变成$-NH_2$基，羊毛带负电荷。羊毛的染色大多在酸性条件下染色，酸性染料阴离子被羊毛纤维上带正电荷的氨基所吸引，借助离子键的结合而染上纤维。表9-1-4为酸性染料在不同染浴中的特性比较。

表9-1-4　酸性染料不同染浴的特性比较

性　质	强酸性染料	弱酸性染料
耐皂碱、缩绒的染色牢度	不好	较好
对蛋白质纤维的亲和力	较小	较大
匀染性	很好	较差
溶解度	大	较小
染料的相对分子质量	小	较大
染料在溶液中的聚集情况	不聚集或很少聚集	聚集
染浴适宜的pH值	2～4	4～6
染浴中用酸种类	硫酸或蚁酸	醋酸
元明粉的作用	匀染效果较明显	匀染效果不明显

一、强酸性染料

强酸性染料（匀染性酸性染料）由于分子中的磺酸基占的比例高，水溶性好，与纤维亲和力低，必须在强酸条件下染色，色泽鲜艳，价格较廉，日晒牢度尚好，但部分艳绿、粉红、青莲等色的日晒牢度很差。它的湿处理牢度也差，不耐皂碱洗缩及煮呢，因此不宜用于染色后需进行湿整理的产品。

（一）染色工艺和操作

1. 处方（表9-1-5）

表9-1-5　强酸性染料染色处方

染料与助剂	浅　色	中　色	深　色
染料（%）	<1	1～3	3～6
98%硫酸（%）	1～1.2	1.2～1.6	1.6～2
结晶元明粉（%）	10～20	10～20	10～20
pH值	3～5	2～4	2～3

2．操作

（1）条染：强酸性染料应用较少。

（2）匹染：在30～40℃加入助剂和染料溶液，运转匀润后，按染料上染速率控制升温速度，通常在45～75min内升温至沸，按上染情况、色泽深浅及色光等沸染50～70min。染毕逐步降温，清洗出机。

（3）绒线：在30～40℃加入助剂和染料溶液，开车搅匀，将坯线放入染机；运转匀润后，按染料上染速率，在60～90min内升温至沸，沸染60～70min。染毕清洗出机。

（二）工艺举例

1．羊毛绒线染色

（1）处方：见表9-1-6。

表9-1-6　羊毛绒线染色处方

染料及助剂	淡黄	姜黄	大红	绿	米色	咖啡	灰
酸性嫩黄2G（%）	0.17	1	—	2.3	0.138	2.4	0.024
弱酸性大红3GL（%）	—	0.044	—	0.014	—	—	—
酸性红BG 200%（%）	—	—	—	—	0.068	—	0.048
酸性蓝BGA（%）	—	0.034	—	—	0.093	0.84	0.21
酸性桃红3B（%）	—	—	1.91	—	—	0.094	—
酸性金黄（%）	—	—	0.28	—	—	—	—
酸性藏青GGR（%）	—	—	—	0.44	—	—	—
98%醋酸（%）	—	—	—	—	0.4	—	0.4
硫酸（%）	1.2	1.2	1.4	1.4	0.8	1.2	0.8
结晶元明粉（%）	10	10	10	10	10	10	10

（2）升温曲线：图9-1-3、图9-1-4。

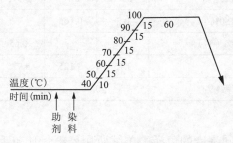

图9-1-3　绒线红色、绿色类染色升温工艺

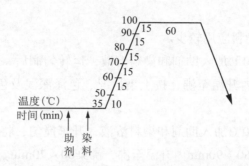

图9-1-4　绒线米色、灰色、咖啡色类染色升温工艺

2. 羊毛和羊绒混纺针织绒线的染色

羊绒的细度相当于100～110支超细羊毛。羊绒的摩擦系数比羊毛小，纤维平滑，抱合力差，缩绒性比羊毛差。

羊绒在染色中受到酸及高温长时间沸染等因素的影响，使纤维发生收缩，长度变短，短毛率增加，影响羊绒原有的柔软手感和纺纱性能。

（1）染色速率：羊毛用的染料都能用于羊绒染色。强酸性染料、弱酸性染料、中性络合染料染羊绒，在低温时上染很快，与羊毛的差距较大。如用强酸性染料染色，羊绒在40℃时的上色率约相当于羊毛60℃的上色率。但不同类型的染料是不相同的，即使同类型的染料，也因品种不同而不同。

（2）染料的耗用量：羊绒在低温时虽很快上染，但最终染色量比羊毛浅，欲达到同等深度，必须增加染料用量。这是由于两种纤维的表面积有差异。羊绒细，同样1g纤维的表面积，羊绒纤维的表面积较羊毛纤维增加约30%。羊绒纤维与染料的接触面多于羊毛纤维的接触面。

将羊绒和羊毛染成同等深度的色泽，比较两者染料耗用量，其结果见表9-1-7。

表9-1-7　染料耗用量比较

染料名称	紫红		藏青		蓝	
	羊绒	羊毛	羊绒	羊毛	羊绒	羊毛
弱酸性（普拉）艳红10B　140%（%）	2.7	2.25	—	—	—	—
弱酸性（普拉）黄GN　380%（%）	0.85	0.71	0.375	0.31	—	—
弱酸性（普拉）艳蓝RAW　150%（%）	0.2	0.165	3.7	3.08	2.4	2
弱酸性（普拉）红B　125%（%）	—	—	0.65	0.54	—	—
合计	3.75	3.125	4.725	3.93	2.4	2
羊绒较羊毛染料增加百分率（%）	20.0		20.2		20.0	

由表9-1-7可知，染相同深度的色泽，羊绒所用染料量比羊毛增加约30%。

（3）防止毡化：因羊绒含杂多，要防止毡化，不宜长时间沸煮，应保持温和的小沸状态，否则会发生毡化，并有脂状物析出，与染料杂质等聚集成小色点，黏附在羊绒上，形成染疵。高温沸煮还会影响羊绒的手感。

（4）羊绒染色：中深色采用散纤维染色较多，选用弱酸性染料。散毛装筒后，先用净洗剂LS或209洗涤剂1%，处理20min，冲净后再加料染色。浅、中色及鲜艳色，一般用绞纱染色，选用匀染性较好的染料。染色前绞纱应洗干净，洗得匀净，坯线不要含碱性。绞纱染色对水质要求高，须用软水。染色时按染料上染情况，掌握好升温速度，升温宜慢一些。升温到100℃，再降温至96℃保温染色30min，以减少损伤。烘干温度不宜高，一般为60～70℃。

3. 羊毛和兔毛混纺针织绒线的染色

兔毛由细毛、二型毛、粗毛组成，以细毛为主，约占80%～90%。

（1）用酸性染料染色时，兔毛一般比羊毛吸色快。如强酸性染料力散明红（Lissamine Red BG），兔毛在50℃下染10min时，上色80.09%，而羊毛只有60.23%。弱酸性染料普拉艳红B（Polar Brilliaont Red B，125%），兔毛在50℃下染10min时，上色12.6%，而羊毛为7.02%。兔毛在100℃下染15min，基本已达到平衡，而羊毛则在100℃下染60min，其上色率才比较接近兔毛。但表面色泽感观却相反，兔毛的色泽比羊毛淡。从显微镜观察兔、羊毛的上色渗透情况，也是兔毛快于羊毛。

据资料介绍，兔毛平均细度比羊毛小，平均单位重量的纤维表面积比羊毛大。同一重量的试样，兔毛的表面积大约是羊毛的2.5倍。所以兔毛的初染吸色速度比羊毛快。另外，兔毛的组氨酸含量是羊毛的2.5倍以上，加强了兔毛对染料的吸收。

兔毛的色泽看起来比羊毛淡主要与纤维的透明度、折射率和纤维内染料分子的排列状态等有关。兔毛中心部的毛髓不是完全中空，有多孔质的充填物，从而产生色相上的差异。通常应增加兔毛的染料用量，才能达到与羊毛同样深度的色泽。所增加的染料用量，随染料不同而有差异。如羊毛60%、兔毛40%混纺的针织绒线染色时的染料用量，比纯羊毛多10%～20%，才能得到同样深度的色泽。酸性蓝BGA（200%），羊毛用1%染料染得的深度，兔毛需用2%的染料，才能达到羊毛同样的深度。

（2）坯线洗净后须随即进行染色，如间隔时间长，坯线干湿不匀，染色前应重新用70℃左右的热水均匀湿透后，才能染色。否则因兔毛吸湿比羊毛慢，干湿不匀，易产生色花。

（3）染色机车速须适应加工产品的性能，在高温染色时，染液流速过快，兔毛易毡并。

（4）兔毛的散纤维染色，因兔毛含油脂较多，染色前须经过前处理，用净洗剂、渗透剂、纯碱在60℃下处理20min，冲洗降温准备染色。染色时加渗透剂。浅色容易色花，用酸量要掌握好。

（5）兔毛衫成衫染色时，须将成衫放在纱罗组织的涤纶袋中，每袋两件。这样可减少兔毛衫的落毛。

（6）兔毛筒子纱倒成绞纱染色时，应注意通道光滑，尽量减少其落毛。

4. 操作注意事项

（1）绒线始染温度按原料的性质不同而不同。国产毛低温阶段上色较快，宜低温入染。原料的产区不同，始染温度也有差异。新疆、青海改良毛一般宜在25～30℃入染（进口毛为40℃），70℃左右染浴中的染料已大部分上染，比一般进口毛低10～20℃。

（2）沸染时间应根据染物和染料的性能而定，应有一定的沸染时间，才能做到充分上染、渗透和匀染，使染料固着，染色牢度提高。但沸染时间过长，有些染料反而得色浅，色光萎，不鲜艳，并易使呢面发毛，毛绒毡并，增加能源消耗。匀染性好的染料，时间可适当长些，匀染性差的，时间不宜增加。绒线染色，一般沸染60～90min。

（三）染色过程中的几点说明

以下几点说明也适合于其他各种染料的染色，在后面各节中不再重复叙述。

（1）工艺举例中的染色升温速度，按染料和原料种类、染色用水的pH值、染料上染速度、染色机机型和蒸汽供应等情况而不同。

（2）处方中染料及固体助剂用量，按其对染物重量百分比（owf）计算。液体助剂的用量按其容积对染物重量百分比计算是不合理的，应结合液体助剂的相对密度计算。

（3）沸染温度，系指在正常大气压力下的沸腾温度，高原地区应根据具体情况掌握，或使用可加压的设备，在加压状态下染色。

（4）按染料特性，用冷水、温水或醋酸打浆，再用温水或沸水溶解稀释，经过滤加入染色机。

（5）元明粉、匀染剂O、红矾钠、纯碱等固体助剂，应溶解稀释后经过滤加入，渗透剂、硫酸、醋酸、氨水等液体助剂，也应稀释后加入，硫酸稀释时应将硫酸沿容器内壁缓缓地倒入冷水中，并不停地搅拌。

（6）起染时加入助剂与染剂溶液后，要使染物均匀润湿后才能升温染色。

（7）中间加酸时，应关闭蒸汽自然降温，待运转均匀后再继续升温。

（8）按染料上染速率及移染性能掌握升温速度。按染料在染浴中的上染程度、色光要求及原料等掌握沸染时间。

二、弱酸性染料

弱酸性染料又称耐缩绒性染料。分子中磺酸基占的比例比强酸性染料低，溶解度也稍差，对羊毛的亲和力较高。在弱酸染浴中染色，色泽鲜艳，日晒、汗渍和皂碱洗缩牢度较好，但耐煮牢度较差，其中弱酸性绿3GM、弱酸性蓝7BF的日晒牢度很差。这种染料可用于先染色后缩绒的织物，或染制羊毛衫用的夹裆纱、绣花用针织绒纱等。

（一）染色处方和操作

（1）处方：见表9-1-8。

表9-1-8 弱酸性染料染色处方

染料与助剂	处方1	处方2	处方3
染料	x	x	x
98%醋酸（%）	0.5 ~ 2	—	0.3 ~ 0.5
硫酸铵或醋酸铵（%）	—	2 ~ 3	1.5 ~ 2
结晶元明粉（%）	10	10	10
匀染剂（%）	0.2 ~ 0.5	0.2 ~ 0.5	0.2 ~ 0.5
pH值	4 ~ 6	4 ~ 6	4 ~ 6

（2）操作：织物在40℃（采用高温入染时为75 ~ 85℃）加入助剂和染料溶液。织物40 ~ 90min内升温至沸，绒线90 ~ 120min内升温至沸。织物沸染45 ~ 75min，绒线沸染60 ~ 90min。染毕逐步降温，清洗出机。

（二）工艺举例

（1）处方：见表9-1-9。

表9-1-9 绒线染色处方

染料与助剂	色别							
	大红	玫红	天蓝	艳蓝	藏青	墨绿	咖啡	黑
125%弱酸性红B（%）	2.2	0.62	—	—	0.17	—	1	—
140%弱酸性红10B（%）	—	0.6	0.1	—	—	—	—	—
380%弱酸性黄GN（%）	0.27	0.02	—	—	—	0.44	0.84	—
弱酸性艳蓝7BF（%）	—	—	—	2.3	—	—	—	—
150%弱酸性艳蓝RAW（%）	—	—	—	—	1.65	1.7	0.74	—
弱酸性天蓝RS（%）	—	—	0.84	—	—	—	—	—
140%弱酸性藏青GR（%）	—	—	—	—	0.66	—	—	—
弱酸性绿3GM（%）	—	—	—	—	—	0.2	—	—
150%弱酸性黑BR（%）	—	—	—	—	—	—	—	6
硫酸铵（%）	—	—	—	1.5	—	—	—	—
98%醋酸（%）	1.5	1	1.5	0.35	1.5	1.5	1.5	1
匀染剂AN（%）	0.1	0.1	—	—	0.1	0.1	0.1	—
平平加O（%）	—	—	0.3	0.3	—	—	—	—
结晶元明粉（%）	10	10	10	10	10	10	15	10

（2）升温曲线：见图9-1-5、图9-1-6。

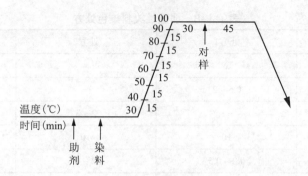

图9-1-5　弱酸性天蓝RS染色升温工艺

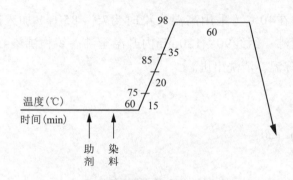

图9-1-6　弱酸性艳蓝7BF染色升温工艺

（三）操作注意事项

（1）染料用冷水打浆后以大量沸水稀释，有些染料如弱酸性绿3GM、弱酸性红10B、弱酸性青莲FBL、弱酸性黑BR等，可用沸水稀释或沸煮数分钟。

（2）染料的分子聚集度较大，必要时，宜同时使用分散剂增加匀染作用，但分散剂用量过多，会使染浴泡沫增多，易与毛屑、杂质等聚集在一起，黏附在染物上造成色点。单棒式绒线染色机还会使染物浮在液面，容易产生色花，影响上染率。

（3）染料的匀染性差，易染花，必须控制染浴的pH值和升温速度。国毛一般在60~80℃（进口毛75~90℃）时上染较快，但弱酸性黑BR在100℃左右开始大量上染。

（4）因染料在低温时易聚集，始染温度不宜太低，一般精纺织物为40℃，绒线为60℃。松结构织物为防止起毛毡缩，也有采用高温始染的，以缩短染色时间。

（5）对上染速度快，匀染性差的染料，可用硫酸铵、醋酸铵等助染剂，或将酸剂分两次加入，开始染色时先加半量，沸染30min后，降温到80℃，再加其余的一半。

（6）弱酸性艳蓝7BF容易产生染色不匀，要注意：

①宜温水打浆，然后用沸水冲稀，也可用酒精打浆，沸水冲化或再煮沸一下。

②注意升温速度，国毛60~70℃（进口毛70~80℃）时上色较快，最高染色温度不宜超过98℃，避免剧烈沸煮，否则易产生蓝黑色芝麻状的粒子，黏附在染物及染机上。

③对碱质较敏感，洗线时要充分清洗。

（四）弱酸性深蓝GR、5R类染料的染色

弱酸性深蓝GR类染料有国产弱酸性深蓝GR、科麦西藏青GN、GNS、艳丽新藏青SGR、索风艳蓝GR、色派诺艳蓝GR。弱酸性深蓝5R类染料有国产弱酸性深蓝5R、科麦西藏青2RNS、艳丽新藏青S5R、弱酸性藏青5R、弱酸性藏青2RNX、索风艳蓝5R、色派诺艳蓝5R。

羊毛用这类染料染色时，宜在中性或弱酸浴中进行，染液pH值调节在5.5～7，用醋酸浴加元明粉作缓染剂的匀染效果，不如用中性浴加硫酸铵或醋酸铵好。

1. **染色处方和操作**

（1）处方，见表9-1-10。

表9-1-10　弱酸性深蓝GR、5R染料的染色处方

染料与助剂	用量（%）	染料与助剂	用量（%）
染料	x	红矾钠	0.25~0.5
硫酸铵	1~2	匀染剂	0.3（前处理）
或醋酸铵	2~4		

（2）操作：在40℃时加入助剂和染料溶液，在80～100min内升温到95℃（最高上染温度85～95℃），沸染60min（一般不超过60～70min），降温，清洗出机。

匹染织物染色前先将呢坯用环保匀染剂，50℃时处理20～30min，以增进匀染作用，然后降温到40℃后，再加料进行染色。

2. **注意事项**

（1）染料的溶解度小，如溶解不好，易结成块状，以后溶解就困难。染料打浆后宜用大量沸水溶解稀释。硫酸铵、醋酸铵要用冷水溶解降温，缓慢加入染缸。

（2）染料对还原性物质较敏感。在沸染过程中，部分羊毛的胱氨酸键被分解，会产生还原性物质而使染物色光泛红，色泽萎暗，这时宜加入少量氧化剂，如红矾钠，通常用量0.3%～0.5%，可防止还原性物质对色泽的影响。染色温度不宜超过95℃，使织物染后色泽鲜明。弱酸性深蓝GR的始染温度通常不低于60℃，当低于60℃时，尤其在室温条件下，染料易凝聚。

（3）染料的匀染性差，对酸、碱较敏感，因此染色前对染物洗净要求高，要洗得匀净，不能有残留碱质，以免染后产生色斑及条花。

（4）染料在75℃左右上染较快，必要时可保温15～30min。也有采用70℃入染的，运转30min后缓缓升温到75℃，保温15～30min，然后再继续升温至95℃。图9-1-7为弱酸性深蓝GR匹染粗纺织物的升温工艺。

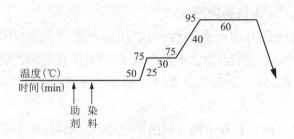

图9-1-7　弱酸性深蓝GR匹染粗纺织物的升温工艺

（五）弱酸性MF染料的染色

弱酸性MF染料，染浴的pH值为5左右。同类商品有山德兰（Sandolan）MF染料。有良好的匀染性和拼色性能，染色牢度好，色谱基本配套，色泽鲜艳度略低于酸性染料和毛用活性染料。弱酸性络合染料、中性染料、媒介染料染后色泽鲜艳，适用于匹染、纱染。用于毛/黏、毛/腈、毛/涤、毛和改性涤纶混纺织物的染色。染色时，须使用配套的匀染剂，如利可匀（Lyogen）MF。

1. **处方**（表9-1-11）

表9-1-11　弱酸性MF染料的染色处方

染料及助剂	用量（%）	染料及助剂	用量（%）
染料	x	利可匀MF	1
醋酸（98%）	1	pH	5.5～6
元明粉	5		

利可匀MF的用量按染浴循环条件而定。如循环较差，须增加用量至3%、循环较好时可适当减少。

2. **操作**

40℃入染，加入助剂、染料，调节pH值至5.5～6。染物运转匀润后，以1℃/min的速度升温，60min升至沸，沸染50～60min，降温，清洗出机。

（六）锦纶的染色

强酸性染料及弱酸性染料染锦纶，纤维的氨基阳离子和染料阴离子成盐式键结合。锦纶和酸性染料的亲和力比羊毛大，匀染性较差，它的氨基含量少，染色饱和值比羊毛低。拼色时，如选择不当，染色中会发生竞染现象（封闭效应）。亲和力大的染料，将亲和力小的染料绝大部分排斥在外，不能上染，出现色差、色花等现象。因此拼色时应选择染色性能大致相似的染料，或选用专门用于锦纶染色的染料，如尼龙山（Nylosan）染料、特隆（Telon）染料，它们大多为弱酸性染料，不会发生竞染现象。染得的色泽鲜艳,日晒牢度好，但湿处理牢度中浅色较差，须作固色处理。常用的固色方法用单宁酸、吐酒石处理，但过程复杂，且固色剂的用量过高，会影响某些染料的色光和染物的手感。

　1. 固色处方

单宁酸　　　　　　　　　1.5%~2.5%（按染料用量）

吐酒石　　　　　　　　　0.5%~1.5%（按染料用量）

醋酸（98%）　　　　　　1.5%~2.5%（按染料用量）

　2. 操作

染物脱水后，40℃入缸，先在单宁酸、醋酸浴中（pH值为4），70~80℃下处理20~30min，将残液放出，再加吐酒石溶液，70~80℃下处理20~30min，清洗出机。

也可用专用合成单宁固色剂，如塔尼诺（Tanino1）WR200，尼洛菲克（Nylofixan）P，汽巴特克斯（Cibatex）PA。

第四节　酸性媒介染料染色

酸性媒介染料（酸性媒染染料、酸性铬媒染料），具有酸性染料的基本结构，含有磺酸基等水溶性基团，对羊毛有亲和力，同时，还含有能和金属原子络合的羟基，能与金属媒染剂生成色淀坚牢地固着在纤维上，增进它的染色牢度。常用的媒染剂有重铬酸钠（红矾钠）、重铬酸钾（红矾钾）。酸性媒介染料色光不如酸性染料鲜艳，色谱也不够齐全，产生的六价铬毒性大，严重污染环境，但生产成本较低。工厂若用此类染料染色，染色废水必须经过处理达标后才可排放。日晒牢度以深中色较好，有的染料浓度低于1%的浅色，日晒牢度较差，其他各项湿处理牢度均好，该类染料曾为毛纺企业深色产品常用的染料。

染色时，酸性媒介染料首先在酸性浴中吸附于纤维上，然后扩散进入纤维内部；最后在媒染剂的作用下，染料与金属离子反应生成络合物。

酸性媒介染料按其染色方法可分为后媒法、同媒法及预媒法，其中以后媒法应用最广，预媒法是媒染法中最古老的染法，工艺落后，已被淘汰。

一、后媒法

染物先用酸性媒介染料在酸性染浴中染色，然后用重铬酸盐后处理。这类染料的匀染性好，日晒、皂洗、缩呢、煮呢、蒸呢等牢度较好，染物在干、湿整理过程中色光变化小，对染深色更有利，常用于色牢度要求高的产品的染色。但色光不够鲜艳，染物的色泽在加媒染剂后才能泛色，色光不易控制，且工艺时间长，媒染时要排出大量含铬污水，增加了使用的困难。

（一）染色工艺和操作

　1. 处方（表9-1-12）

表9-1-12　酸性媒介染料后媒法染色处方

染　料　与　助　剂		处方1	处方2
染色	染料	x	x
	98%醋酸（%）	1～3	—
	硫酸（%）或甲酸（%）	—	0.3～1
	结晶元明粉（%）	10～15	10～15
媒染	红矾钠（%）	0.4～2	0.4～2.5
	醋酸或硫酸或甲酸（%）	—	0.3～0.5

2．操作

（1）匹染织物染色前宜加入具有乳化和渗透作用的渗透剂进行前处理（60~70℃，处理5~10min），染得更匀透一些，在40～50℃下加入助剂和染料溶液，45～90min内升温至沸，沸染30～60min。

（2）染深色需两次加酸，沸染30min后，关闭蒸汽，自然降温到80℃左右，加入第二次酸，继续升温沸染30～45min。

（3）排去部分残液，换水降温到60～80℃，加入红矾钠及酸溶液，15～20min内升温至沸，沸染45～60min。

（4）染毕逐步降温清洗出机，深色织物浮色多时，需用净洗剂后处理。

（5）毛条染色工艺可参照匹染工艺，时间可适当缩短。

（6）散纤维染色：染色装缸前，要认真检查以下内容：品种、色别、色号、工艺、染化料、染色机的运转是否正常等。将毛装入散毛筒，边冲洗边装毛，毛要均匀压紧，加入助剂和染料溶液，升温至沸，沸染20～30min。关闭蒸汽，降温到80～90℃，加入红矾钠和酸溶液，升温沸染45～60min，染毕清洗出机。

说明：

①染中、深色时，对匀染性好的染料，开始染色时可以稍增加用酸量。对上染快、匀染性差的染料，在开始染色时则不宜多加酸。媒染前应尽量使染料上染，以免加入红矾钠后产生色淀，引起色差，并影响摩擦及湿处理牢度。

②沸染后，如染浴中染料剩余较多，按需要可加入硫酸（98%）0.3%～1%或适量的醋酸，使之充分上染。媒染时的pH值也要注意，如酸度过强，易造成色花，酸度过弱，会引起发色不足及降低某些染料的湿处理牢度。

③红矾钠用量通常按染料的性质而定。染料和红矾钠用量比例为1：0.5，媒介元T和媒介元R为1：0.25，但有少数染料如媒介藏青AGLO约为1：（0.8～1）。有些染料对氧化特别敏感，红矾钠适当少些，如媒介宝蓝BFF等。红矾钠的用量一般为浅色最少不低于染物重的0.4%，中深色最多不超过2.5%。红矾钠用量不足，会影响发色和色牢度，用量过多，则损伤羊毛，使手感粗糙（低铬媒染法红矾钠用量除外）。

④媒染低于60℃时，反应速度较慢。随温度的升高，反应速度增快．因此在60～80℃时宜控制升温，使红矾钠能均匀吸附于纤维上，以减少条花、色花的产生。

⑤酸性媒介染料如发生染色不匀，补救较困难，因此必须掌握好染浴的pH值和升温速度，使染色均匀。

⑥染料对金属离子较敏感，铜，铁离子会影响染物色泽的鲜艳度和使颜色出现色光差异，因此，应避免在染机内使用铜、铁的水管及蒸汽管等部件。如元明粉的含铁量大，染色时用量较多，也易引起色光变化。

⑦红矾钠媒染时，必须有足够的沸染时间，否则影响染色牢度。冲洗时间过长或不足，均会产生色差。

⑧酸性媒介染料的耐光牢度虽较好，但其用量在1%以下的浅色产品，耐光牢度比较差（包括用于拼色的产品），使用前必须经过试验，符合要求才能使用。常用媒介染料用量低于1%的耐光牢度见表9-1-13。

表9-1-13 常用酸性媒介染料用量低于1%的耐光牢度

染 料 名 称	耐光牢度（级）	
	用量0.5%	用量0.75%
媒介红GG	4 ~ 5	5
媒介红S-80	4 ~ 5	5
媒介棕RH	3 ~ 4	4
媒介黄GG	4 ~ 5	5
媒介深蓝B	3 ~ 4	3 ~ 4
媒介青莲SB	3⁻	3 ~ 4
Diamond Navy CHF	4	4 ~ 5
Diamond Chrome Red B		3 ~ 4
Diamond Navy Blue RRN	3 ~ 4	3 ~ 4
Erio chrome Blue SBP（140%）	3 ~ 4	3 ~ 4
Erio chrome Blue SE（140%）	3 ~ 4	3 ~ 4
Erio chrome Black T（250%）	3 ~ 4	4
E Erio chrome Black PV	3⁺	3 ~ 4
Erio chrome Green B	4⁻	4⁻
Solo chrome Black B（150%）	3 ~ 4	3 ~ 4
Solo chrome Brown 3GS	3	3 ~ 4
Omega Chrome Blue BN（160%）	3 ~ 4	3 ~ 4
Chromogen Black ETOO	3 ~ 4	3 ~ 4
Erio Chrome Azurol BFF（250%）	3 ~ 4	3 ~ 4

（二）工艺举例

1. **处方**（表9-1-14）

表9-1-14　媒介染料染色处方

染料与助剂	色别					
	藏青	藏青	蓝色	黑色	棕色	黑色
媒介藏青AGLO（%）	1.4	—	—	—	—	—
媒介藏青RRN（%）	—	2.4	—	—	—	—
媒介红S（%）	—	0.8	—	—	0.13	—
媒介灰BS（%）	—	1.1	—	—	0.096	—
媒介元T（%）	—	—	—	4	—	—
媒介元R（%）	—	—	—	—	—	7
媒介艳蓝B（%）	0.08	—	1.08	—	—	—
媒介红B（%）	—	—	0.027	—	—	—
媒介黄DF（%）	—	—	0.128	—	—	—
媒介黄H（%）	—	—	—	—	—	0.7
媒介棕RH（%）	—	—	—	—	0.97	—
拉开粉（%）	—	0.5	—	—	—	—
结晶元明粉（%）	15	10	15	—	10	—
98%醋酸（%）	1.6	1.5	0.6+0.6	2.2+1	1.5	1.2
98%硫酸（%）	0.4+0.5	0.4	—	—	0.3	—
硫酸铵（%）	—	—	—	—	—	2
六偏磷酸钠（%）	—	—	—	—	—	1g/L
平平加O（%）	—	—	0.3	0.3	—	—
红矾钠（%）	1.1	1.85	0.3	1	0.5	1.5
备注（%）	匹染	匹染	匹染	匹染	毛条染	散毛染

2. 操作

（1）媒介藏青AGLO（图9-1-8）。

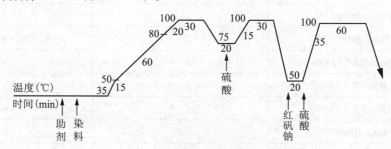

图9-1-8　媒介藏青AGLO匹染精纺织物升温工艺

①染料在媒染过程中，加入红矾钠和酸的次序不同会影响色光，如先加红矾钠后加酸，染物色光偏蓝；如先加酸后加红矾钠，色光萎红。要注意控制加红矾钠后的沸染时间，沸染时间长，色光偏蓝；沸染时间不足，媒染作用不完善，色光偏红，在染后煮呢和蒸呢时易造成色光变化及边深浅。

②此染料用酸性紫红和酸性湖蓝拼合而成。如自行拼用，则因各种酸性湖蓝性质不同，必须注意选择。常用酸性湖蓝A拼染，色光鲜明，但色牢度差，因此拼用数量应加以控制，必要时可同时拼用媒介艳蓝B，以调整色光。由于媒介藏青AGL为拼混染料，色光较难控

制。一般散毛染色、毛条染色用媒介藏青RRN。

（2）媒介藏青RRN：媒介藏青RRN升温工艺见（图9-1-9）。

①铜、铁离子对染料影响较大，特别是铁离子尤为敏感，易引起明显色变，使染液混浊、色光发暗。

②在低温时溶解度差，需在60℃以上才能溶解好，始染温度不宜低于35℃。

③因匀染性较差，上色快，要注意升温速度，并掌握好pH值，开始染色时醋酸宜多加些，中间加硫酸不宜过多，约为0.5%左右，否则易产生红蓝光色花。

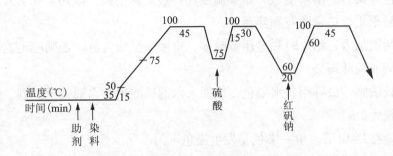

图9-1-9　媒介藏青RRN匹染精纺织物升温工艺

（3）媒介艳蓝BFF、媒介艳蓝B：媒介艳蓝B升温工艺见（图9-1-10）。

①用于匹染织物，容易产生色花，染色前宜用环保渗透剂或环保匀染剂 0.3%～1%，80℃时处理20～30min，降温到30℃左右，调整浴比，加染料及助剂进行染色，可增进匀染作用。

②染料对酸及硬水较敏感。低温上色快，始染温度要低些。开始染色时，宜先加染料，运转匀润后再加酸，防止因先加酸后加染料，在染料尚未运转匀润即开始逐渐上染，使上色不匀，造成色花。匹染用硬水易色花。

③媒介艳蓝B在铬媒处理前，尽量排去残液，降温到50℃，才能加入红矾钠。

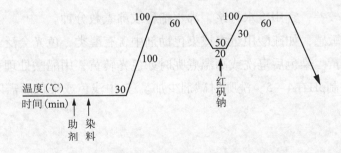

图9-1-10　媒介艳蓝B匹染精纺织物升温工艺

（4）媒介元T：媒介元T升温工艺见（图9-1-11）。

①在染色过程中，染料的溶解打浆化料及染料的上染渗透是染色的关键。染料如用热水溶解，染料分子膨胀成胶冻状，使稀释困难。染料用冷水打浆，以较大倍数的冷水稀释后，再沸煮到泡沫消失，使染料充分溶解，否则易造成染后色差或影响摩擦牢度。

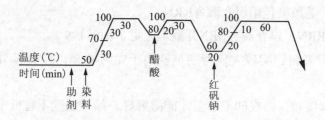

图9-1-11　媒介元T匹染精纺织物升温工艺

②低温染色时染料的溶解度低，始染温度比一般染料稍高，以70～90℃入染为宜。如温度过低，染料易聚集，造成色花和浮色。

③醋酸分两次加入，始染时醋酸用量略多，染液应呈紫红色，否则应迅速追加适量的醋酸。中间加蚁酸或硫酸竭染。

④对硬水较敏感，最好用软水染色，或加入六偏磷酸钠软水剂染色。铜、铁离子对色光和得色量影响较大。

⑤染料用量在2%以下，单一染色易发生染色不匀。

⑥染黑色时染料用量多，加上染料合成中的异构体等残留物的影响，易有浮色存在，因而须进行后处理，选用去除浮色效果较好、对手感影响小的净洗剂，其用量约1%，以氨水调节pH值到8.5，50℃处理20min。但根本上应做好染料的选用工作，选择染色性能好，浮色少的染料。据报道：染料用4%，助剂相同，采用传统工艺染色后作干摩擦牢度试验，有的媒介元T为3^+级，有的为3级，有的为3^-级，有的只有2级。

（5）媒介元PV：染料的溶解方法同媒介元T染料，宜弱酸性染色，40℃入染，中间加2%硫酸（98%）竭染。媒介元T色光带黄绿光，媒介元PV色泽显紫光。

媒介元T或PV染料所染毛纱，用于色泽鲜艳的条格产品，即使染料的摩擦牢度较好，但缩绒时间也不宜过长。避免有较多的黑色落毛黏附在其他色毛或白毛上。

（6）媒介棕RH：媒介棕RH升温工艺见（图9-1-12）。

①染料溶解度较差，宜用冷水打浆，沸水稀释或沸煮数分钟。

②对酸、碱较敏感，如硫酸用量多或染色助剂中含有醛类，色光会泛红。如媒染时红矾钠用量多，色光更黄。染色后皂洗或高温煮呢时如色光转黄，用醋酸处理可复原。此染料可用于染深棕色，控制pH在4～5，洗呢时碱剂少加。染中浅色或染色后需匹炭化处理的织物不宜选用这种染料。

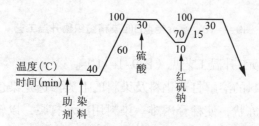

图9-1-12　媒介棕RH毛条染色升温工艺

③遇铜离子，染后色泽变浅。染色时，避免使用铜或铁的设备和含有铁质的元明粉。

（7）媒介红SW：

①匹染时，开始阶段用醋酸调节pH值至4.5左右，在中间阶段，再加适量的醋酸，以利染料吸尽。媒染时仍可用硫酸。

②80～85℃时上色很快，须控制升温速度，90℃时宜保温染色15～20min，90℃以上缓慢升温以利匀染。

③染料的煮呢、蒸呢牢度好，但耐碱缩绒牢度较差，羊毛易沾色。因此用于染羊毛纺红色纱线，作为条格花色织物用纱，在缩绒时，会由于沾色而影响产品质量。可选用毛用活性染料，如兰纳佐红6G、红2G或赫司脱伦红R–R、红E–GN染色，耐缩绒牢度好，对羊毛不沾色，可提高产品质量。

二、同媒法

同媒法（同浴媒染法）是将染色和铬处理在一浴中同时进行。同媒法时间较后媒法短，羊毛损伤少，生产效率高，节约蒸汽，色泽的掌握较方便。但染深色时，摩擦牢度较后媒法差，因染浴的pH值接近中性，染料上染率不高，色谱较少，宜于染中、浅色，不适合染深色。但不是所有酸性媒介染料都可用同媒法染色，必须经过一定的选择才能使用。这些染料应具有良好的溶解度，不因重铬酸盐或铬酸盐的存在而产生沉淀，染料不受铬酸盐氧化的影响，染料的色素酸对羊毛有良好的亲和力，能在接近中性染浴中染色，并有良好的染色牢度。由于染料渗透性能较差，仅适用于粗支毛的染色。

媒染剂由铬酸钠或铬酸钾1份、硫酸铵2份所组成。媒染剂用量：通常浅、中色约为染物重的1%～3%，深色约与染料用量相等，但不少于3%。染色时加适量氨水调节pH值。

若用重铬酸钠代替铬酸钠时，则除所加的硫酸铵外，还要加少量的氢氧化铵，使其生成铬酸铵，避免重铬酸钠在酸性浴中与染料结合产生沉淀析出。加入氢氧化铵的量，应使橘红色的重铬酸钠溶液完全变为黄色的铬酸铵溶液为止。

三、低铬染色法

采用酸性媒介染料染色时，传统的红矾钠用量为染料用量的25%～50%。实际市场上一般浓度的染料（除高浓染料），其中所含染料的比例约占30%，红矾钠用量超过媒染时的需要量很多。通常用媒介染料染深色时，剩余染液中的含铬量达100mg/L以上，大部分为六价铬，严重污染环境，同时因红矾钠为强氧化剂，对羊毛损伤较大。采用低铬染色法，可降低红矾钠用量，减少羊毛损伤，减少污染，并保持染后色光不变。

低铬染色法的具体措施是：

（1）尽量使染料吸尽，减少后媒时染液中染料的残留量。

（2）加红矾钠前的染液中不宜加元明粉，可选用对染料吸尽影响小的合适的匀染剂。

（3）在保证匀染前提下，染浴中加醋酸及适量蚁酸，在pH值4.5～5时进行染色，沸染适当时间后，再追加适量蚁酸，使染料吸尽。媒染阶段的最佳pH值应为3.8～4.2。如染料未吸尽可放去部分染液，补充清水，使后媒时染浴较清，减少浮色。

低铬染色时红矾钠用量的计算方法，各国在实际生产中方法不统一，其经验数据也不一致。有的厂商根据染料的纯度和分子量，按2∶1（染料分子∶铬原子）络合物形成的当量，计算出理论铬系数，并考虑浴比的影响和羊毛上氨基可能吸附的铬离子量等因素，通过实验确定铬系数，选用最低用铬量，以防止染浴中铬离子过剩。

在实际生产中，因各染料公司对红矾钠用量的计算方法都不相同，不宜相互通用。

（一）亨斯迈公司的计算方法

$$红矾钠用量（\%）= 0.2\% + 染料用量（\%）\times 0.15$$

染料浓度以该公司的染料计算，不可混用其他公司的产品。红矾钠用量一般不少于羊毛重量0.25%，不超过1%，按染料实际需要掌握红矾钠的合理用量。

加红矾钠前的酸染过程，应避免使用元明粉。因硫酸盐会封闭羊毛的阳离子基团，影响染料吸尽，可选用对染料吸尽影响小的匀染剂，减少媒染浴中染料的残留量。

例　染料用量为4%时，则红矾钠用量为：

$$0.2\% + 4\% \times 0.15 = 0.8\%$$

按传统工艺，红矾钠用量为：

$$4\% \times 0.5 = 2\%$$

在匀染的条件下，加醋酸及适量的蚁酸，以较低的pH值起染，沸染时追加适量的蚁酸，增加染料的吸尽率，或放去部分染液，补充清水，使后媒时染液较清，减少浮色。后媒时pH值3.2～4.2。

该公司低铬染色的处方见表9-1-15。

表9-1-15　亨斯迈公司低铬染色处方

染　料　与　助　剂		用量（%）	pH值
染　色	染料 醋酸（98%） 蚁酸	x 1 0.3	4.5～5
媒　染	蚁酸 红矾钠	0.5 y	3.8～4.2

（二）德司达公司的计算方法

1. 铬系数法

根据媒介染料的分子量和纯度计算出理论铬系数，并考虑浴比影响及羊毛氨基可能吸附的铬离子量等因素，通过实验，确定铬系数，防止染浴中有红矾钠过剩。

在染料样本上可查出该染料的铬系数，按以下公式计算出红矾钠用量。

$$红矾钠用量 = 染料用量 \times 铬系数$$

例　Diamond Black PLC的铬系数为0.25，染料用量为6%，则：

$$红矾钠用量 = 6\% \times 0.25 = 1.5\%$$

表9-1-16 铬系数法低铬染色处方

染料与助剂		用量（%）	pH
染 色	染料 醋酸（60%） 蚁酸（85%） 均染剂Avolan SCN	x 3 0~0.5 0~1.5	4~4.5
媒 染	元明粉 蚁酸（85%） 红矾钠	5 0.5~1.5 y	3.8~4.2

2. 红矾钠—元明粉法

红矾钠媒染时升温至沸，加入元明粉，使与羊毛上的氨基络合的铬离子置换出来，使羊毛上的氨基与染料络合，因此可以减少红矾用量，实现低铬染色工艺。

此法对循环泵的效率要求较高，须保持染液循环4~5次/min，否则在染毛球时容易使内外层色光有差异。

染色时不加元明粉，可加适量对染料吸尽影响较小的匀染剂。始染时加醋酸，沸染后追加蚁酸，保持染色及媒染时pH值为3~4。媒染时温度须降到75℃，按规定的铬系数加入红矾钠，再继续升温至沸，然后加元明粉。其染色处方见表9-1-17。这种方法不宜用于华达呢类较紧密织物的染色。

表9-1-17 红矾钠—元明粉法低铬染色处方

染料与助剂		用量（%）	pH
染 色	染料 醋酸（60%） 蚁酸（85%） 匀染剂Avolan SCN	x 2 0~0.5 0~1.5	4~4.5
媒 染	蚁酸（85%） 红矾钠 元明粉	0.5~1.5 y 7.5	3.8~4.2

三种低铬染色法比较如表9-1-18所示。

表9-1-18 三种低铬染色法比较

项 目	亨斯迈法	红矾钠—元明粉法	德司达铬系数法
染浴pH	4.5~5	4~4.5	4~4.5
元明粉	不加	媒染时加入	染色时加入
沸染时间（min）	20~30	40	40
红矾钠用量	0.2%+染料用量（%）×0.15	按规定的铬系数	按规定的铬系数
媒染时加料顺序	先加红矾钠后加酸	先加酸后加红矾钠	先加酸后加红矾钠
媒染时pH值	3.8~4.2	3.8~4.2	3.8~4.2
媒染时间（min）	40~55	升温15，沸染30	升温15，沸染30

四、稀土元素用于酸性媒介染料染色

稀土元素在化学周期中系第Ⅲ族（类），为副族元素钪、钇及镧系元素的合称。通常分为铈组（镧La、铈Ce、镨Pr、钕Nd、钷Pm、钐Sm）和钇组（铕Eu、钆Gd、铽Tb、镝Dy、钬Ho、铒Er、铥Tm、镱Yb、镥Lu、钇Y）。各种元素常以差别很大的不同量而存在于一种矿石中。化合价主要是正三价（铈有较稳定的四价）。单一稀土元素的性能各不相同。用于电子技术、原子能工业、玻璃及陶瓷工业作催化剂。近年来，稀土元素也用于毛纺的染色研究，选用价格较廉、易溶于水的$LaCl_3$、$CeCl_3$、$PrCl_3$、$NdCl_3$、$SmCl_3$的混合稀土元素，有效成分为50%左右。它们的水溶液呈酸性，易溶于稀酸中，易潮解。

混合稀土元素用于酸性媒介染料的染色，可以提高上染率。用一般的染色方法，酸染阶段不加元明粉加入稀土元素，用相同的染料量，染后颜色可加深。但由于染料结构的复杂性，染料用量不同以及拼色条件的差别，其提高幅度各异。染物色泽鲜明，光泽好。用稀土元素染色，可减少红矾钠用量，但红矾钠用量过少，或不加红矾钠，仅加稀土，则不能形成络合物，因此不能发色。用量一般为0.05% ~ 0.2%。

稀土元素因来源不同，每批有效成分有差异，使用前须经过测试，才能确定处方用量。各种染料结构不同，染色工艺也不同，对稀土元素的适用性有差异，有的效果不明显，如媒介红S-80，加入稀土（除$CeCl_3$外），发生严重色变，得色浅。

五、锦纶染色

锦纶用酸性媒介染料染色和羊毛不同，锦纶中没有类似羊毛中的胱氨酸那样能使六价铬离子还原为三价铬离子的能力。某些染料在锦纶上媒染较困难，有的甚至不能发生媒染作用，对羊毛能使用的染料不是都适合于染锦纶，要注意染料的选择。必要时在重铬酸钠溶液中加入适量的还原剂如蚁酸、硫代硫酸钠等，促进媒染作用，但影响染物的手感，因此不常采用。酸性媒介染料染锦纶的匀染性较差，日晒及湿处理牢度较好，耐煮不沾色，但在整理过程中色光变化大，不易控制，常用于染深浓色及黑色等。

（一）工艺举例（染锦纶条）

1. 处方（表9-1-19）

表9-1-19　染锦纶条的工艺处方

染料与助剂	用量（%）	染料与助剂	用量（%）
媒介元T	4	硫酸（98%）	0.2
醋酸（98%）	第1次2，第2次1	净洗剂（后处理）	0.2
红矾钠	1.5 ~ 2		

2. 操作

（1）40℃时加入醋酸稀释液，升温至60 ~ 70℃，加入染料溶液，在40min内升温至沸，

沸染30min，第2次加入醋酸，继续沸染30min。

（2）放尽或溢清残液，降温到室温，加入红矾钠与硫酸溶液进行媒染，升温到100℃，沸染40min。

（3）染毕水洗后，用净洗剂在50～60℃下处理20min，洗净浮色。

（二）操作注意事项

（1）红矾钠用量比染羊毛时略多。一般染料和红矾钠的比例为1∶1，但不超过对染物重量的2%。pH值3.5～4，如在4以上，媒染效果差，不易发色，色差较大。沸染时间过长，色光萎暗。

（2）用媒介元T染色，在红巩钠处理前，残液要放尽或溢清。红矾钠和硫酸宜在室温时加入，然后升温媒染。如将染浴升温到60℃后加入，则有部分染料从锦纶上解吸下来，和红矾形成色淀，影响摩擦牢度。

第五节　络合染料染色

金属络合染料是一种可溶性的金属络合酸性染料。染料分子内含有能溶于水的络合金属（大都是铬，有些是钴）与具有络合基的偶氮染料形成的络合物。用普通酸性染料相仿的方法染色，不需再用媒染剂就能直接和羊毛产生成盐结合，染法简便，染色牢度与酸性染料相近。金属络合染料有酸性络合染料和中性染料两类。

一、酸性络合染料

酸性络合染料由一个金属原子和一个母体染料分子络合而成，又称1∶1型金属络合酸性染料。其易溶于水，对羊毛亲和力很大。色谱齐全，但缺少鲜艳的红、紫、绿等色。这类染料很少和其他类染料拼色使用。对不同品质的羊毛有较好的覆盖性，可改善羊毛的尖染现象。对于匹炭化的匹染织物，用这种染料染色，染前可不经中和，但必须调整好染浴的pH值，才可染色。

染料的移染性较差，须在多量的硫酸中染色，才能获得充分的上染及匀染效果。其日晒和湿处理牢度较好，煮呢、蒸呢的原样色泽变化较大，不易掌握。可用于匹染精纺中、浅色织物，不宜用于毛黏混纺产品，以及用人造丝、棉纱做边字或嵌条线的织物。由于羊毛在用酸量较大的染浴中长时间的沸煮易受损伤，因此用这种染料染后的织物手感较糙，对耐磨和抗伸强力有不同程度的影响。

（一）染色工艺和操作

1. 处方（表9-1-20）

表9-1-20　酸性络合染料染色处方

染料与助剂		处方1	处方2
染料	染料	x	x
	98%硫酸（%）	5～7	4～4.5
	非离子型匀染剂（%）	—	1.5～2
中和	纯碱（%）	1.5～2	1～1.5
	或醋酸钠（%）	3～4	2～3
	或25%氨水（%）	2～2.5	2～2.5

（1）染浴pH值关系到染色的均匀性和上染率。通常匹染时硫酸（98%）用量为5%～7%，pH值1.8～2。为减少羊毛损伤及改善手感，可在染浴中采用非离子性的环氧乙烷型表面活性剂为匀染剂，如匀染剂O、派拉丁盐O、尼奥伦盐P等。这类匀染剂对染料分子有亲和力，在染浴中与染料分子结合成一种不十分稳固的结合体，沸染时缓慢分解，释出染料并染着于纤维，达到匀染作用。如加入匀染剂O 1.5%～2%，可减少用酸量，使pH值控制在2.2～2.4。

（2）染料中含磺酸基结构多的，加入元明粉有一定的匀染作用，用量约为10%～15%（结晶元明粉）。毛条和散毛染色时，一般可不加。

2. 操作（匹染）

（1）30℃左右加入助剂和染料溶液，60～70min内升温至沸，沸染75～90min，染毕逐步降温，清洗后处理。

（2）后处理时，用纯碱或醋酸钠中和，温度掌握在30～40℃。如用氨水中和，宜降温到30～35℃，处理20～30min清洗出机。

（二）工艺举例

1. 处方（表9-1-21）

表9-1-21　酸性络合染料匹染处方

染料与助剂	桃红	浅米	浅灰	棕	绿
酸性络合桃红BN（%）	0.45	0.02	0.027	—	—
酸性络合黄ELN（%）	—	0.23	—	—	0.05
酸性络合黄6GEN（%）	—	—	0.072	—	—
酸性络合黄GRN（%）	0.1	—	—	0.5	—
酸性络合蓝RRN（%）	—	0.032	—	0.55	—
酸性络合蓝GGN（%）	—	—	0.029	—	0.68
酸性络合棕GRN（%）	—	—	—	2.5	—
酸性络合绿BL（%）	—	—	—	—	0.07
98%硫酸（%）	7	5	5	5	5
结晶元明粉（%）	10	—	—	—	—
拉开粉BX（%）	0.3	—	—	0.5	—
氨水或纯碱（%）	2	2	2	2	2

2. 升温曲线。（图9-1-13）

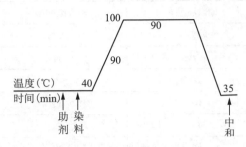

图9-1-13 酸性络合染料匹染精纺织物升温工艺

（三）操作注意事项

（1）酸性络合染料在洗缩和高温煮呢、蒸呢时易产生色光差异，须掌握整理过程中色光的变化规律，特别是中和后的清洗，使成品最终的色光符合要求。

（2）这种染料较其他染料的染色、沸染时间要长，以增加匀染，并使其充分发色。沸染时间不足，染色不匀，易引起芝麻点色花等疵点，一般为90～120min，薄型织物可稍短些，防止呢面发毛。

（3）要注意中和前后的pH值。染后清洗到pH值为4～5时再加碱中和，不宜在pH值过低时中和，以免影响色光鲜艳。中和后的pH值宜接近中性，染物煮出液的pH值应在5以上，如过低易使后道蒸呢时包布脆损，还会影响织物的强力。碱剂的实际用量应根据水的pH值调整。

（4）酸性络合蓝GGN低温上染速度较快，拼色时宜40℃低温入染。升温要慢，待60℃以后，染料大部分上染，再加快升温速度，以防止染花。

二、中性染料

中性染料由一个金属原子与两个母体染料分子络合而成，因此又称1∶2金属络合酸性染料。染色是在近中性或弱酸性染浴中进行的，故称中性染料。染料的母体结构一般为偶氮染料，按母体亲水性基团的不同，又分为下列三种。

1. 磺酰胺型

磺酰胺型中由一个金属原子与含一个磺酰胺基（$-SO_2NH_2$）或磺酰甲基（$-SO_2CH_3$）的两个母体染料分子成对称型或不对称型络合。如国产中性染料、依加伦（Irgalan）等。

2. 双磺酸型

双磺酸型中由一个金属原子与含两个磺酸基团的两个母体染料分子成对称型或不对称型络合。如莱法兰N（Levalan N）、阿齐多M（Acidol M）等。

3. 单磺酸型

单磺酸型中，由一个金属原子与含一个磺酸基团的两个母体染料分成对称型或不对称型络合。如伊索兰S（Isolan S）、兰纳新S（La-nasYn S）等。染料性能介于上述两者之间。

磺酰胺中性染料以磺酰胺基或磺酰烷基的多少决定其溶解度。染料的水溶性不高，通常溶解度提高后，湿处理牢度有所降低。表9-1-22为三种结构中性染料的染色性能。

表9-1-22　三种结构中性染料的染色性能

项　目	磺酰胺型	双磺酸型	单磺酸型
溶解度	较差	好	一般
染色深度	较浅	深	深
匀染性	好	差	中
上染速率	快	慢	中
毛尖染色遮盖性	好	差	中
染色牢度	好	中	好

中性染料宜于在中性浴或微酸性染浴中对羊毛、蚕丝、锦纶等染色。开始染色时，带阴电荷的金属络合离子与纤维上已离子化的氨基（$-NH_3^+$）产生电荷引力，发生成盐结合。加酸有促染作用。由于中性染料本身有相当大的亲和力，为避免上色太快而使染色不匀，通常用醋酸铵或硫酸铵作助染剂，染浴pH值为6～7。用醋酸易使上染过快而产生染色不匀。这类染料的各种色牢度较好，中、浅色的日晒牢度较好，煮呢、蒸呢后的色光稳定，但高温煮呢易沾色，匀染性较差，色泽的鲜艳度及对织疵的遮盖性不及酸性络合染料好。染色时羊毛在中性浴中长时间沸染，易受损伤。因此在80℃左右时加入少量醋酸，使染浴呈微酸性，以减少对纺纱性能的影响。

（一）染色处方和操作

1．处方

染料	x
硫酸铵	1%～3%
匀染剂	0.5%左右

2．升温曲线（9-1-14）

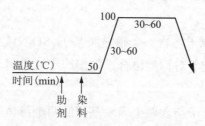

图9-1-14　中性染料染色升温工艺

3．操作

50℃入染，加入助剂运转5min，加入染料运转5min，30～60min内升温至沸，沸煮30～60min，染毕，降温换水，清洗出机。

（二）操作注意事项

（1）匹染时，通常用匀染剂0.2%～1%在30～50℃下处理20～30min，然后降温，清洗后加料染色，可减少呢坯在洗呢时残留的碱质，以免引起染疵。前处理还有助于匀染，但用量不宜过多，防止染浴泡沫过多，影响上染率。

（2）染料对硬水敏感，易与硬水中钙、镁盐产生色淀，黏附在纤维上而造成染疵。溶解染料时宜用40～50℃软水打浆（如无软水设备，可加适量的六偏磷酸钠），再用沸水溶解。

（3）依加伦艳红BL不能用沸水溶解，宜用温水溶解，并在使用时再溶解，否则染料凝聚成黏稠状，使染色困难。如用于拼色，须分别溶解。

（4）中性染料的移染性差，上染速率随温度变化较大，温度升高到一定范围后，上染速率急速增快。因为温度低于某一范围时，染料聚集度较高。染色时须掌握温度，宜在上色较快时保温染色15～30min。元明粉对这类染料的缓染作用小，对有些染料还有促染作用，一般可以不用，染深色如藏青和黑色时可加元明粉助染。

（5）pH值直接影响上染速率，加醋酸有促染作用。由于中性染料是以钠盐形式存在，染料阴离子有较高的亲和力，为避免上染太快而造成不匀，须控制好pH值，用铵盐调节染浴pH值至6～7。

三、兰纳赛脱染料

兰纳赛脱（Lanaset）染料染色时，染浴的pH值为5左右，接近羊毛的等电点，此时羊毛损伤小，匀染性好，可改善羊毛的尖染现象。兰纳赛脱染料是一种含有1～2个α-溴代丙烯酰氨基的弱酸性染料，这种染料相互间的拼色相容性好，吸尽率较高，重现性好，有较好的染色牢度。适用于条染、散纤维染色。一般以兰纳赛脱红G、兰纳赛脱黄4GN和兰纳赛脱兰2R作为三原色来拼色。通常须和专用于这一染料的两性型匀染剂，如阿白格SET配套使用。染色工艺举例如下。

1. 处方（表9-1-23）

表9-1-23　兰纳赛脱染料染色处方

染料与助剂	浅色	深色
染料（%）	x	y
醋酸（80%，%）	1.5～3	2～3
醋酸钠（g/L）	1～2	1～2
无水元明粉（%）	0～10	0～10
阿白格SET（%）	0.5～1	0.5～1
蚁酸（%）	—	1～2
pH值	4.5～5	4.5～5

2. 操作

50℃入染，加入助剂、染料，调节pH值为4.5～5。染物运转匀润后，开始升温，

30～50min内升至98℃，深色保温染色30～40min，浅色保温染色20～30min，染毕降温，清洗出机。需要指出的是，此类染料在染中深色时，仅经过选择的染料才可使用，并且需要重点关注煮呢和干湿摩擦牢度情况。

四、色派伦染料

德司达公司生产的色派伦染料由1：2金属络合染料和耐缩绒型染料组成，具有优异的湿处理和耐光牢度，该系列染料的上染性能及亲和力很接近，易于拼混使用。其匀染性好，在不同亲和力下的原料上皆能获得很好的匀染效果。适用于毛条散纤维、纱线和匹染染色，在纤维的等电点附近染色，可以使纤维的损伤降到最低。染料具有高染浴吸尽率，色谱广泛，使用方便。一般以色派伦红C-G、色派伦黄C-G和色派伦灰C-G作为三原色来拼色。

1. **处方**（表9-1-24）

表9-1-24　色派伦染色处方

染料与助剂	浅色	深色
染料	x	y
醋酸（80%，%）	1～3	2～3
无水元明粉（%）	3～4	5～10
匀染剂W-SX（%）	0.5～1	1～2
pH值	4.5～5	4.5～5

2. **操作**

同兰纳赛脱染料。

五、锦纶的染色

酸性及中性染料染锦纶，染物的日晒牢度和湿处理牢度都好。酸性络合染料染锦纶，饱和值低，一般只能染中浅色；染深色时，仅经过选择的染料才可使用。有些染料有竞染现象，耐煮牢度差，沾色较多，色光不易控制。常用的为中性染料，这种染料染锦纶饱和值高，拼色性能好，无竞染现象，色光易控制，在80℃煮呢，微有沾色，染物手感柔软。

1. **处方**

染料	x
渗透剂	0.2%～0.5%
硫酸铵	1%～3%

2. **操作**

（1）在30℃加入助剂和染料溶液，45～60min内升温至沸，沸染40～60min。

（2）如染浴中染料剩余较多，沸染30min后，关闭蒸汽，加入甲酸0.5%，沸染30min，染毕清洗出机。

（3）染深色有必要时可加净洗剂0.5～1g／L，70～80℃，处理20min，以去除浮色。

3. 操作注意事项

（1）原料中如含有较多的油剂或表面活性剂时，易造成染色不匀，必要时在染前用60～70℃热水处理10～20min，溢去浮污，再进行染色。

（2）染浴开始染色时的pH值在中性或微碱性时，染料可以上染。染浅色时为防止色光变化，除加硫酸铵外，必要时可加适量的氨水，使低温阶段缓缓上染。

（3）起染温度宜低些，天热时室温，天冷时30℃起染（深色40℃起染），40～60℃上染很快，到80℃左右染料已基本吸尽。要控制好升温速度，防止染花。

（4）起染时可加入匀染性能较好的匀染剂以免染花。

第六节 分散染料染色

分散染料是一类相对分子质量较小（200～500）、结构比较简单的染料。它不含有磺酸基和羧基等强亲水基团，而只含有一些羧基、氨基、硝基等弱极性基团。分散染料需经研磨形成0.5～2μm的微细颗粒并借助于分散剂悬浮于水中，以此悬浊液进行染色。无论从染料分子的大小还是从分子结构特征来看，分散染料都是最适合于涤纶的染料。

近年来发展的改性涤纶，采用分散性阳离子染料染色。它的日晒牢度和湿处理牢度好，色泽鲜艳。毛纺中应用于涤纶的染色方法有高温法、载体法及快速染色法。分散染料除用于染涤纶外，对氯纶、锦纶、腈纶和醋酯纤维等均能上染，但得色浅，染色牢度较差。

一、染料的分类

按化学结构分类，分散染料的发色基团以偶氮型和蒽醌型为主，此外，还有苯乙烯型、硝基二苯胺型、喹酞酮型及杂环型等。偶氮型主要有黄、红、蓝以及棕色等品种。蒽醌型主要有红、紫和蓝色品种，其他类型主要有黄、橙和红色等品种。这类染料不含有亲水性基团，而含有–OH、–NH$_2$、–CN、–SO$_2$NH$_2$、–NO$_2$等极性基团。

涤纶用分散染料染色后，在整理时要经热定形，故通常以分散性染料的耐热牢度分类，见表9–1–25。

表9–1–25 分散染料按耐热牢度进行分类

特 性	高温型	中温型	低温型
国产染料	H	M	E
科莱恩、福隆（Foron）染料	S	SE	E
德司达、大爱尼公司（Dianix）染料	FS	SE	E
德司达、狄司潘素（Dispersol）染料	D	C	B、A
杜邦、拉提尔（Latyl）染料	高能量	中能量	低能量

各类分散染料的特性如表9-1-26所示。

表9-1-26　各类分散染料的特性

染料特性	高温型	中温型	低温型
染料相对分子质量	大	中	小
扩散速率	慢	中	快
移染性	较差	中	好
亲和力	中~大	中	小
升华牢度	高	中	低~中
载体染色	一般不用	可用	适用
染色温度（℃）	130	120~130	120~125
色泽适用范围	深色	中、深色	浅、中色

二、分散染料的特性

（一）分配常数

分散染料在染色过程中，部分已溶解的染料吸附在纤维外层，再逐渐向内部扩散，最后染着于纤维。溶解于染料浓度与溶解于纤维中的染料浓度之比总维持一个常数，因此分散染料可上染涤纶。这可以用固相溶解论来解释，即纤维作为固相，水作为液相，染料作为溶质的溶解分配过程。在一定温度下，溶解分配常数K为：

$$K = \frac{D_F}{D_S}$$

式中：D_F——溶解于涤纶中的染料浓度；

　　　D_S——溶解于染液中的染料浓度。

当染料逐步溶解于涤纶内部时，D_F增加，D_S值减少；在染液中未溶解的染料继续溶解，使D_S值增大，维持纤维的K值，这样反复进行而达到平衡。分配常数随染料的溶解性能、涤纶的结晶度和不同载体的性能而发生变化。

分散染料在不同纤维上有不同的染色饱和值，并随染色温度不同而变化。锦纶用分散染料染色，其饱和值多数比涤纶低，所以锦纶一般只能染浅色，染深色则牢度较差。

（二）扩散速率

扩散速率是分散染料的重要性能。上染速率取决于染料的渗透速率，渗透速率则随染浴温度的提高而增加。提高染色温度，可增加染料的扩散速率。如染色温度自100℃提高到125℃，扩散速率可增加10~30倍，约每提高6℃，透染时间可减少一半。所以用分散染料染涤纶，在纤维不受损伤及染料的升华牢度适应的情况下，提高染色温度，可以增加染料的扩散速率。表9-1-27列出了染浴温度和透染时间的对照关系。

表9-1-27　染浴温度和透染时间的对照表

染浴温度（℃）	透染时间（min）	染浴温度（℃）	透染时间（min）
120	120	132	30
126	60	138	15

染料结构不同，其扩散性能差别很大。测定染料的扩散性能，常用扩散系数表示，对比各类染料的扩散性能，可作为选用拼色染料的依据。分散染料的扩散速度，通常在染料样本上可查到。

分散染料由于升华牢度差而引起毛织物色泽变化，这与热处理温度、分散染料的用量有关。因此，选择分散染料时，除一般的染色牢度外，还要在拼色时选择上染速率相近、升华牢度接近的染料。还可利用分散染料的升华性能，加热使之升华而转移，这适用于涤纶织物的转移印花。

（三）pH值

分散染料染涤纶时，染浴的pH值以4~6为宜，这时染得的色泽深且鲜明。pH值小于4会使色泽萎暗，pH值大于7时，分散稳定性遭到破坏，造成染色不匀而影响得色率，且使涤纶水解，影响强力。通常用醋酸调节pH值。在染色过程中，有时染液的pH值会逐渐升高，必要时可加蚁酸或硫酸铵作缓冲剂，使染液保持弱酸性状态。

（四）染色时间

分散染料要有一定的高温染色时间，使染料充分渗透，纤维染色均匀，增加染色牢度。染色时间的长短决定于上染温度、染料性能、色泽深浅和织物组织结构等因素。扩散速率快的染料在高温（120~130℃）染色时，上染30min左右可得到最高的上染百分率。扩散速率慢的染料需要60~80min。高温染色时间过长，会使染料分解，增加能源消耗。通常染中深色的温度为130℃，时间为45~60min。

（五）升华牢度

分散染料具有容易在热空气中由固态直接变为气体的升华特性。分散染料的耐升华牢度性能和分子间吸引力有关，也即和染料分子大小、染料分子的极性有关。染料相对分子质量增大，分子间范德华力增加，不易升华；染料分子的极性增大，也不易升华。由于分散染料分子的极性相差不大，所以染料的相对分子质量对染料升华牢度的影响更加重要。

毛/涤产品在工厂生产时须经170℃热定形，成衣时在服装加工厂需经160~180℃高温熨烫。如染料升华牢度低，深色涤纶上的染料转移到白色或浅色涤纶上，使深色变浅，而白色或浅色则变深，引起花型色泽变样，无法弥补。升华牢度对产品的影响又与品种有关，高温型、中温型与低温型染料须根据产品要求合理选用。一般毛/涤平素产品，如升华牢度要求不很高，仍可用中温型染料，虽不存在沾色问题，而在热定形或成衣熨烫时，也会引起褪色、变色。升华牢度差的染料还会污染热定形的机壁，随后进行热定形加工时，沾污在机壁上的染料又再度升华，造成织物反复沾色。当生产明条明格、AB合股、色距反差大及经纬异色等品种时，如选择升华牢度差的染料，则会使花型色泽发生明显变化，这时应使用高温型染料。一般高温型染料在180℃时的升华牢度，白涤纶沾色均能达到4级以上。

（六）助剂的应用

1. 分散剂

分散剂又称扩散剂。在分散染料的染浴中要加入分散剂，使染料形成分散的细小颗粒，在染液中保持稳定的悬浮分散液，阻止染料粒子的聚集，同时使染料的粗颗粒不断分散。分散剂一般为阴离子或非离子型表面活性剂。非离子表面活性剂如平平加O，有较好的分散性，但会影响某些染料对涤纶的亲和力，得色较浅。阴离子表面活性剂有分散剂N、洗涤剂209等。选用的分散剂要分散性能好，泡沫少，高温染色时分散性稳定。目前，在分散染料的商品中，已混有大量的分散剂。国产分散染料与分散剂的加配比例为1∶1～1∶2。所以，在染浴中如分散剂的用量过多，会降低得色量；用量不足，将使染料发生聚集，匀染性差，还会产生浮色。通常，染浅色时染料用量少，分散剂宜多加些。染深色时，可不加或少加分散剂。同时，也要根据分散剂的效率而定，高温染色分散剂的用量一般为0.25～0.5 g / L。

2. 高温匀染剂

涤纶在高温染色时，有些分散染料常因染料的分散稳定性差，染液温度高而产生凝聚，染料不能进入纤维，只能附着在纤维表面而产生染斑、色点等，因此须选用分散性能稳定的分散剂。

筒子染色机的染液流动快，要求选用分散细度较好的染料，同时宜使用高温匀染剂以提高染色匀染度。分散染料的匀染剂，在高温下须有良好的稳定性，才能阻止染料凝聚，不沾污设备，起泡性小。常用的高温匀染剂采用非离子表面活性剂与阴离子表面活性剂混合使用。如国产匀染剂FZ-802，两性表面活性剂东邦盐A-10等。

（七）分散染料的溶解

分散染料在水中的溶解度很低，化料时不需要调浆。通常用10倍于染料重量的冷水或40～50℃的温水，在高速搅拌下将染料徐徐加入，不宜用太热的水或沸水溶解。化料方法不当，染料分散不良，会使染料颗粒凝聚增大，影响成品的摩擦牢度。

（八）染色的增深效应

在同一涤纶上，将几种分散染料拼混染色，有些染料的平衡吸附量低于几种染料单独染色的平衡吸附量之和，即使增加某些染料的用量，也不能提高其上染量，获得较浓的色泽；而与另一些染料混合染色时，纤维中混合染料量基本上等于所用染料单独上染量之和，可以染得较深的色泽，这种性质称为染色的增深效应，又称染料的加和性，也有称为协合作用。例如涤纶用分散染料染酱红色，原采用分散红3B 3%、分散黄SE-3R 1.1%、福隆蓝EBL 0.9%，在高温染色时色泽不够深，如在原处方中加用福隆红ERLN 2.5%，则色泽深度可显著增深。

这是因为分散染料染涤纶，在一定温度条件下，每一种染料在竭染阶段各有其平衡值，也就是说每一种染料各有其饱和值，达到饱和值后，即使增加染料用量也不能使色泽增深，相反会使升华牢度降低。在这种情况下可选用另一不同分子结构的染料拼染。因染料渗入纤维内部的难易程度不同，扩散速度也不同，所以它们之间的饱和值具有加和性，拼染后可提高饱和值，起增深效应的作用，且不会降低升华牢度。

三、染色方法

分散染料水溶性很差，涤纶的结构紧密，结晶度高，吸水小，在水中不易膨胀，如按一般常规染色，在100℃以下上染速率很慢，色泽染不深。目前主要采用高温染色法及载体染色法，以加速上染速率和提高染料的平衡吸附量。

（一）高温染色法

高温染色可提高涤纶的染色温度，提高上染速率和染料的吸附量。温度越高，纤维分子链段运动越强烈，产生瞬时孔隙越多、越大，染料分子扩散越快。染料溶解在纤维内部的量随温度升高而增加。

涤纶在密封染机中，采用120～130℃进行染色，可提高染料吸附量，染物吸色匀透，得色深，手感滑爽柔软，纺纱性能好，同时因高温可提高染液汽化温度，减少沸腾时的气泡，防止管道及泵内产生汽蚀现象而使泵压降低。在有热交换器的染机内还能防止因染液倒流而发生染花。高温染色法的升华、日晒及皂洗牢度等都较载体染色法好。

1. **处方**（表9-1-28）

表9-1-28 涤纶条分散性染料染色处方

染料与助剂	蓝色	绿色
分散红3B（%）	—	—
分散蓝GFLN（%）	1.9	2
分散藏青2GL（%）	0.14	1.6
分散嫩黄6GFL（%）	—	0.42
分散青莲BL（%）	0.265	—
分散蓝2BLN（%）	—	—
扩散剂N（g/L）	0.5	0.5
醋酸98%（mL/L）	0.16	0.16
匀染剂OP（%）	0.2	0.2

2. **操作**

（1）将涤纶球用60℃水处理10min，溢去浮污。

（2）加入染料和扩散剂溶液，升温到60℃，加入醋酸调节pH值到5～6，关闭机盖。

60min升温到130℃，压力2.74×10^{5}Pa（2.8kgf/cm^2），续染45~60min。

（3）染毕关闭蒸汽，将冷水加入夹层加热管内间接降温，使机内温度降到80℃，才能开排气阀，排去机内蒸汽，然后放去残液，再开启机盖。如不按规定程序提前开启机盖时，极易产生强烈蒸汽外喷而造成严重烫伤事故。因此应采用安全连锁装置。如染机内尚有压力，机盖被连锁控制，不能开启，可避免操作不当而造成烫伤的事故。

（4）染色后要做好染物的清洗工作，尤其是深色条染产品应充分洗清浮色，否则影响染色牢度，引起纤维黏并，纺纱时易造成纱疵。涤纶条染后还原工艺举例见表9-1-29。

表9-1-29　涤纶条染色后还原工艺

处　理　浴		第一浴			第二浴
用　　剂	助剂用量	烧碱（30%）（mL/L）	保险粉（g/L）	净洗剂（g/L）	醋酸（98%）（mL/L）
	深色	2~4	1~2	0.5~1	1~2
	中色	1~2	0.5~1	0.5~1	1~2
时间与温度		80℃，30min			50~60℃，15min

浅色可不用烧碱及保险粉还原处理，用适量的净洗剂在70℃下处理20~30min即可。

3. 低聚合物的去除

涤纶含有一定量的低分子聚合物，又称低聚物，含量约0.2%~3%。低聚物是纤维聚合物在合成时所产生的副产品，它的化学结构可以是线型或环状的。在染色时，低聚物会从纤维中析出，析出量随温度升高和时间增加而增多。析出的低聚物微溶于水中。染浴温度在125~130℃时，分散于染浴中，温度降至80℃时会凝聚并黏附于纤维或染机的机壁与管道内而形成结晶，很难去除。严重时影响染液循环，产生色花，降低染色牢度。还会使纤维黏并，纺纱时卷绕皮辊、罗拉，影响纺纱性能。在染色中应尽量使低聚物少产生，并尽量去除。常采用的措施如下：

（1）常压下沸染时，低聚物较少产生。载体染色比高温染色有利。对含有低聚物较多的涤纶，染色温度不宜高于125℃。

（2）染液中加入扩散剂，有利于保持低聚物的分散，减少其黏结机会。

（3）染毕后，若直接放入冷水，使染浴急剧降温，会使低聚物凝聚在纤维上，因此，染浴残液必须在高温时排放。高温染色时，待间接冷却到80℃即可排放。排放后，用80℃以上的热水冲洗，不能直接用冷水冲洗，应用热水调节器加热后加入机内。有的设备另设置清洗备用槽，将水预热至80~90℃，再将涤纶球架吊入清洗。

（4）采用合适的助剂进行还原清洗，并依照最佳的温度和时间关系来控制低聚物，目前常用烧碱和保险粉进行还原清洗。

说明：

汽蚀亦称空蚀，它是在一定条件下由于液体和气体的相互转化而引起的。离心泵通过旋转的叶轮对液体做功，使液体增加能量，在叶轮的入口处常常因液体压力等于或低于该温度下的汽化压力而造成蒸汽及溶解在液体中的气体大量逸出，形成许多由蒸汽和气体相混合的气泡，在这些气泡内存在汽化压力，而气泡周围的压力则大于汽化压力，气泡内外的压差将使气泡受压破裂而重新凝结。在凝结的瞬间，液体质点互相撞击，向气泡中心加速运动，使金属表面受到约3.04×10^4kPa（300大气压）的冲击力而产生局部裂缝，甚至腐蚀金属表面。

（二）载体染色法

涤纶用分散染料在常压下沸染，吸色缓慢，染色时间长，在染浴中加入某些化学助剂能加速染料的吸收，这种助剂称为载体。载体分子比染料小，扩散速率较高，先于染料进入纤维，对纤维有膨化、增塑作用，有些载体对染料有增溶作用。在常压下的载体染色，所染得的色泽深度较高温染色的浅。对不能用高温染色的产品，如毛涤混纺产品，因羊毛高温染色时损伤大，可在常压下染色，在染液中加适当载体对涤纶进行染色。

载体染色法的缺点是使用的载体都是有毒有害的化学物质，如邻苯基苯酚（限用）、氯化苯类和氯化甲苯类（可吸附有机卤化物）、甲基萘和冬青油（异味大）等，不仅会对环境造成污染和对人体有一定毒性，而且大多数载体在后处理时去除较困难，对偶氮分散染料的日晒牢度有影响，载体染色纤维易产生收缩，使手感变差，纺纱性能降低，另外，载体价格也较高，因此国内外都在积极开发和使用环保型无卤载体。

1. 对载体的要求

（1）在染浴中易于乳化或分散，乳液贮藏稳定性好，对染料有良好的溶解性和匀染性，容易使纤维吸收，使染料上染率高，但促染速度要缓慢。

（2）染色时较稳定，不易聚集，不易挥发，并容易从染物上洗去，不影响染色牢度和纺纱性能。

（3）对纤维无着色现象。用于羊毛和涤纶混纺织物的一浴染色，对羊毛染料影响小，不发生色光变化，对羊毛损伤小及手感影响也要小。

（4）无毒无味，对环境污染小或不污染，易生物降解。

（5）价格便宜，使用方便。

国内外已有一些环保型无卤载体的品种，它们适用于毛涤混纺产品，如科莱恩公司的Raycatex NSC conc.、Wacogen WH600、Swelling agent G、Procar DCR 以及我国的载体CY-803 等，但它们的染色深度与载体如冬青油等相比还有差距。目前载体染色法中常用的载体仍是冬青油、膨化剂MN等，使用时必须注意染色设备加罩密闭、在作业区增加通风设施和劳动保护。常用载体的特性如表9-1-30所示。

表9-1-30　常用载体的特性

品　名	冬青油	膨化剂OP	膨化剂MN
化学组成	水杨酸甲酯	邻苯基酚钠盐	甲基萘
性状	有浓郁气味的挥发性液体，非水溶性	灰白色片状晶体。可溶于水，呈碱性	有樟脑臭味的液体，非水溶性

品　名	冬青油	膨化剂OP	膨化剂MN
毒性	中等	较大	中等
气味	大	一般	较大
对日晒牢度的影响	无	小	小
染后除去的难易程度	困难	中等	容易
促染效果	较好	中等	中等
匀染效果	好	较好	较好

2. 载体的使用

使用已乳化好的环保无异味的染色载体。

选择乳化剂时，应注意要有良好稳定的乳化作用。

对于非水溶性的载体要充分乳化，使染色时载体不致分离出来。乳化作用不稳定将会影响涤纶的得色率，匹染时还会因载体分离出来而形成的大颗粒沉积在染物上，吸附更多的染料而造成色斑，条染时易产生内外层色泽差异等。

载体的促染效率因分散染料的性质而不同，载体用量根据其作用力强弱而定，同时与染色温度有关，温度高用量可适当减少，但用量不足，得色浅，匀染性差。用量过多，又使染料发生解吸，起剥色作用，染得的色泽浅，有的还会影响纤维的强力。

3. 工艺举例

（1）处方：

染料	x
冬青油	浅色2~3g／L，中色4~5g／L，深色6~8g／L
平平加O	为冬青油用量的1／10
醋酸（98%）	0.16mL／L

（2）操作：

①用60℃水处理涤纶球约10min，溢去浮污。

②在染浴40~50℃时，加入已乳化的冬青油，运转10min，再用醋酸调节pH值至5~6，加入染料，常以每分钟升1℃的速度至沸，续染60~90min。

③染毕，进行水洗及还原清洗。

（三）快速染色法

高温快速染色法，可以缩短染色时间，节约能源。快速染色，需使用快速型分散染料和配套的匀染剂。染机的离心泵功能好，染液循环快而均匀。常规的分散染料，大都是单一的染料结构，染色时升温到130℃，染料不能被吸尽，需要一定的保温时间。快速型分散染料，是从原有分散染料中筛选出来的，由不同的化学结构的分散染料拼混而成。染料颗粒细度均匀，染色时分散稳定性好，扩散速度快，上色快，配伍性好，色光稳定。染液升温到125～130℃时，染料已基本被吸尽，保温时间短，染色完毕时，留在纤维表面的染料，可以不经过还原清洗，只需用合成洗涤剂净洗。

快速型分散染料商品，常在分散染料冠称后加英文字母以示区别。如国产SR型分散染料，科莱恩、福隆（Foron）RD型，德司达、尼克（Dianik）AC型（浅色）及U型（深色）等。

快速染色用的匀染剂，如上海助剂厂的匀染剂GS，朗盛的利凡格尔（Levegal）MSF等。

染色工艺：染浴用醋酸调节至pH值4.5，加低泡匀染剂，织物在40℃浴中运转匀润后，升温至65℃，加入分散染料，运转10min，快速升温至75℃，然后以每分钟升温2℃的速度至110℃，再以每分钟升温3℃的速度至130℃，保温染色15min。染毕间接冷却到90℃，趁热排放残液。接着用70℃以上热水冲洗，经净洗出机。

四、分散重氮黑染料染色

涤纶用分散黑染料染色，染料用量大，如用特拉齐尔（Terasil）Black B，染料用量8.5%～10%，成本高，且不能得到乌黑色。如用分散重氮黑染料染黑色，色泽乌黑，价格较低，牢度较好，但操作较麻烦，染色时间长，纤维易黏并，影响纺纱性能。

1. 工艺举例

①染色处方：

分散重氮黑GNN	6%
色酚AS–D	3%
烧碱（25.5%）	每千克AS–D用170g
pH值	5～6

②显色：染色后，染料在纤维内部进行重氮化偶合显色，显色方法有两种：

方法一：

亚硝酸钠	2g/L
硫酸	3mL/L

方法二：

亚硝酸钠	3g/L
醋酸（98%）	3mL/L

通常用醋酸显色法，操作方便，色光偏蓝而稳定，可提高摩擦牢度。

2. 操作及注意事项

（1）分散重氮黑GNN用热水打浆后，以热水稀释，色酚AS–D用烧碱溶液溶解呈橘红色透明液。

（2）将分散重氮黑GNN和色酚AS–D溶液加入化料缸内，调整浴比，升温到90℃，加入醋酸溶液调节pH值，送入染机运转5min，然后快速升温到130℃，保温染色60min，间接降温到80℃，排放残液，以100℃沸水冲洗5～15min，根据浮色多少确定冲洗时间和次数，然后进行重氮化。

（3）重氮化处理时，如用第一法显色，在20～30℃加入亚硝酸钠溶液（用冷水溶解），封闭染机，将化料缸内的硫酸稀释液送入染机，升温到85～90℃，处理30～40min后放去残液，并开启排气阀将亚硝酸气排出屋外，加入清水约50℃左右运转10 min，放去残液，即注满清水，再进行还原清洗后，才能开启机盖。

如用第二法显色，在20～30℃加入亚硝酸钠溶液，封闭染机，将化料缸内稀释的醋酸送入染机，升温到110～115℃，处理20～30min后间接降温至80℃，放去残液，开启机盖进行还原清洗。

（4）分散重氮黑染料易凝结在管道内壁，须经常做好清洁工作。

第七节　阳离子染料染色

阳离子染料可溶于水，易溶于醋酸和酒精中。在溶液中染料的色素离子带正电荷，因此称为阳离子染料。在染浴中这类染料的色素阳离子与腈纶分子键的羧基或磺酸基产生成盐结合而染着。染料和纤维结合的离解度很小，匀染性极差，但染料色牢度好，色谱齐全，色彩鲜艳。阳离子染料还可用于醋酯纤维、改性涤纶的染色。

阳离子染料是在碱性染料（盐基性染料）的基础上，经过改良而发展的。在染料化学和染料索引中，将发色体具有阳电荷的染料统称为碱性染料，而商业上将其中用于腈纶染色且性能较好的称为阳离子染料。国产阳离子染料冠称为阳离子，盐基性染料冠称为碱性。国外阳离子染料各有其商品牌号作为染料的冠称。

一般碱性染料，用于染腈纶时，要注意染料的选择。少数碱性染料可用于染深色，色牢度好，成本低。但有些染料用以染中、浅色时，日晒牢度不如阳离子染料好。

迁移性阳离子染料的性能特征是分子量小，与纤维亲和力小，所以扩散速度高，迁移性大，匀染性好。由于渗透速度快，迁移性好，在吸附阶段即使稍有不匀，也可在沸染阶段得到匀染，因此可适当加快升温速度，缩短染色时间。迁移性阳离子染料的入染温度可不必随腈纶的玻璃化温度调整。迁移性阳离子染料最适宜于毛腈混纺织物的染色。分子量大的传统阳离子染料易与中性染料发生沉淀，不适于拼染。迁移性阳离子染料与中性染料及活性染料都可拼染，而且容易调整色光。迁移性阳离子染料特别适用于轧染和印花，并可缩短汽蒸时间。

迁移性阳离子染料与传统阳离子染料的不同点如下：

（1）迁移性阳离子染料的阳离子相对分子质量在230～300，传统阳离子染料的阳离子相对分子质量在300～450。

（2）染料性能比较如表9-1-31所示。

表9-1-31　各种阳离子染料性能比较

染料种类	亲和力	扩散系数	迁移性
传统阳离子染料	大	小	小
X型阳离子染料	中等	中等	中
迁移性（M型）阳离子染料	小	大	大

（3）同一配伍值的迁移性阳离子染料，其阳离子相对分子质量大小及扩散系数均属同一级。因此在三拼色时，各色的迁移性也是一致的，容易取得匀染效果。使用迁移性阳离子染料时，必须使用迁移性缓染剂并加足量的元明粉，通常为阳离子染料用量的1倍。

缓染剂与染料有同步的迁移性。

这种染料在染料名称后标以M的字样，如阳离子红M-RL、阳离子黄M-GRL、阳离子蓝M-2G，可用于染某些容易色花的颜色。

对湿处理牢度要求较高的产品，不宜采用迁移性阳离子染料，目前这种染料的色谱范围还不广。蓝色染料的日晒牢度比传统阳离子染料低1级，一般为4～5级。宜于染浅色。在日光灯下色泽多带红光。

分散性阳离子染料的亲和力较一般阳离子染料小，迁移性较好，易于染色均匀。由于含有的芳香族磺酸阴离子可与阳离子染料形成复合体，使之具有分散染料的某些性质，基本上属阴离子型染料，因此可与阴离子染料等同浴使用。腈纶与其他纤维混纺的产品染色时，可与阴离子或分散染料同浴染色，分散性稳定，并适用于改性涤纶的染色。这种染料不宜用醋酸或酒精打浆溶解，不能与阳离子缓染剂和阳离子柔软剂同浴使用。常用的染料如国产SD型、日本卡雅克里尔（Kayacryl）ED型、卡磁隆（Cathilon）DP型、迪克里尔（Diacryl）LD型等。

分散染料对腈纶的亲和力小，饱和值小，一般适于染浅色，匀染性好，各项染色牢度好，但难于染得鲜艳的艳红、艳黄、艳绿和黑色。分散染料的类型很多，并非都可用于腈纶的染色，须经选择使用。

一、腈纶的染色特性
（一）纤维的饱和值

纤维的饱和值S_F是不同商品的腈纶可以容纳染料的能力，表示腈纶上酸性基团与阳离子染料结合的饱和值。因各种腈纶所占的染席即羧基或磺酸基数不同，因此其结合染料的饱和量S_F值也不同。

饱和值是用孔雀绿碱性染料作为测定腈纶饱和值的基准染料，在100℃下染120min后的上染百分率来确定的。例如孔雀绿染特拉纶纤维，在100℃下染120min后的上染率为2.1%，即特拉纶的S_F值为2.1，也就是说特拉纶纤维不可能吸收超过2.1%的孔雀绿染料。S_F值越大，表示这种纤维吸收染料率越高，容易染得深色。因各种腈纶的饱和值不一样，在应用时，必须选用合适的染料来计算其饱和值的总和。在确定腈纶染色配方时，应注意染料用量不能超过纤维的饱和值。

（二）纤维的染色速率

腈纶的染色速率V常因以下因素而有明显的差异。

1. 共聚组分

腈纶是由丙烯腈和其他单体共聚而成。共聚单体是决定腈纶染色性能的主要因素之一，尤其是第三单体对染色性能影响很大。这是因为阴离子的性质，对染色性能有重要的影响。

2. 纺丝方法

纺丝方法不同，腈纶的结构及紧密程度也不同，因此影响染料的上染速率。湿法纺丝的腈纶，在水中的玻璃化温度约75～85℃，上染温度较低，热迁移性较大，染色时有利于染料的迁移。干法纺丝的腈纶，玻璃化温度高，约85～90℃，上染温度高，热迁移性低，染色时染料的迁移性能差。

腈纶的V值大，上色快；V值小，上色慢。根据V值，可以调整不同腈纶的染色升温工艺。表9-1-32为各种腈纶的S_F值和V值。

表9-1-32　各种腈纶的S_F值和V值

纤维种类	S_F	V
金山腈纶（pH=4.5）	2.1	3.5
兰州腈纶	2.3	1.8
贝丝纶（Beslon）	2.7	6.4
开士米纶（Cashmilan F）	2.1	3.6
考代尔（Courtelle）（pH=3.6）	2.1	1.8
考代尔（Courtelle）（pH=4.5）	2.8	3.5
特拉纶（Dralon）	2.1	1.7
爱克丝纶（Exlan DK）	2.2	6.4
爱克丝纶（Exlan L）	1.2	2.2
奥纶（Orlon 42）	2.1	1.6
伏纳尔（Vonnel）	1.2	2.5

二、阳离子染料的特性

（一）染料的饱和值

腈纶用阳离子染料染色时，因腈纶分子结构中酸性基团含量有限，当酸性基团几乎全部与染料阳离子形成离子键结合后，即使再增加染料，也不能增加化学结合的数量，称为这一阳离子染料对这一种腈纶的染料饱和值，以S_D表示。腈纶不同，饱和值也不同。超过饱和值的部分染料只能吸附在纤维表面，色牢度差。一般以阳离子染料染腈纶在100℃、120min后的上色率作为此染料对该纤维的染料饱和值。例如用阳离子红GL染特拉纶，100℃、120min的上色量为7%，即这种阳离子红GL染料饱和值（对特拉纶而言）就是7。目前，腈纶种类很多，测定其不同的S_D值是很困难的。简便的方法是将各种阳离子染料的S_D值，换算成对孔雀绿饱和值之比，以便于计算和应用。

（二）染料饱和因素

纤维染色饱和值与某一染料染色饱和值之比，称为该染料的饱和比值或染料饱和因素，以 f 表示，是阳离子染料折算成孔雀绿染料的换算率。计算式为：

$$f = \frac{S_F}{S_D}$$

式中：S_F——纤维的饱和值；

S_D——染料的饱和值。

例如，孔雀绿在特拉纶上的饱和值为2.1，阳离子红GL在特拉纶上的饱和值为7，则阳离子红GL的饱和值 f 值为 $\frac{2.1}{7} = 0.3$。

f 值在一般阳离子染料样本上都可查到，有了 f 值，可以计算出该染料对各种腈纶的饱和值。f 值愈小，其得色量愈高，所以腈纶染深色时，应选用 f 值小的染料。

（三）配伍指数

配伍指数 K，是阳离子染料亲和力高低和迁移性好坏的综合指标。腈纶用阳离子染料染色时，与纤维的阴离子基瞬间结合，这一离子吸附的反应几乎是不可逆的，染着后不易从纤维上移染下来，极易发生染花，即使用上染速率相近的染料拼染，有时也得不到均匀的染色效果。这是因为阳离子染料对腈纶的染色特性与一般的染料不同。腈纶要均匀染色，除关系到拼色的各个阳离子染料对纤维亲和力的大小外，还有各个染料从纤维表面向内部扩散速度的快慢问题，将这两个因素综合起来就是染料的配伍性能。拼色时，必须选择配伍性近似的染料，尤其是染料用量近似的三拼色，否则在纤维上不能取得色调一致的上色性能，不易染得所需要的色泽。各个染料的配伍性能，可用数值表示，称为染料的配伍指数，常以 K 表示。染料的配伍指数并不取决于个别染料的上染速率。两只上染速率相似的染料，其配伍指数可能不同。两只上染速率不相近的染料，其配伍指数可能在同一等级。阳离子染料的配伍性能在吸附阶段还与染料的扩散速率有关。因此染料的配伍指数，表现为染料亲和力及扩散系数的复合因素。配伍指数是通过实验测定的数字，英国染色家学会（SDC）用数值1～5表示染料的配伍性。国产阳离子染料根据染料的配伍性能划分为A～E五类（表9-1-33）。

表9-1-33 阳离子染料的配伍指数分类

配伍指数 K	1	2	3	4	5
	A	B	C	D	E
亲和力	大		中		小

一般染深色可选用 K 值较小的染料，染浅色选用 K 值较大的染料。K 值大的染料匀染性好。拼色时应选择配伍指数相同或相近的染料，一般三拼色时各染料之间的 K 值差异不应超过0.5级。K 值在3以上的染料，适应性较广。如阳离子黄X-8GL、阳离子红X-GRL、阳离子

蓝X–GRRL，这3个染料的配伍指数都是3.5，适于拼色，染物色泽一致。若将阳离子蓝X–GRRL改用阳离子蓝RL拼染，因其配伍值为1.5，这样染色时易产生色花。通常K值在3左右的染料，其亲和力和上染速度都趋中等。各厂生产的阳离子染料的K值可以从染料样本中查到。

国产阳离子染料的配伍指数K、饱和因素f值举例见表9-1-34。

表9-1-34 国产阳离子染料的K、f值

染 料	K	f	染 料	K	f
嫩黄7GL	A	0.53	红X–GRL	C	0.56
黄X–7GLL	B	0.66	桃红FG	D	0.46
黄X–8GL	C	0.75	红3R	A	0.78
黄X–5GL	C	1	艳蓝RL	A	0.69
金黄X–GL	C	0.81	蓝X–GRRL	C	0.4
艳红5GN	C	0.5	蓝X–GRL	C	0.67
红2GL	A	0.52	翠蓝GB	C–D	0.75
黄M–4GL	–	0.74	红M–4GL	–	0.39
黄M–3RL	–	0.43	红M–RL	–	1.3
金黄M–GRL	–	0.49	蓝M–2G	–	0.62

注 纤维为特拉纶。

阿司屈拉崇染料和卡磁隆染料的配伍指数K、饱和因数f值如表9-1-35所示。

表9-1-35 阿司屈拉崇染料和卡磁隆染料的配伍指数K、f值

染 料	K	f	染 料	K	f
阿司屈拉崇黄7GLL	2.5	0.29	阿司屈拉崇蓝BG	3.5	0.31
阿司屈拉崇金黄GLD	5	0.48	阿司屈拉崇蓝3RL	3	0.29
阿司屈拉崇橘黄G	1.5	0.26	阿司屈拉崇红青莲FRR	1	0.17
阿司屈拉崇橙3R	1	0.33	卡磁隆黄3GLH	3	0.28
阿司屈拉崇红GTL	2.5	0.39	卡磁隆黄GLH	2.5	0.28
阿司屈拉崇红BBL	2.5	0.36	卡磁隆红6BH	3.5	0.17
阿司屈拉崇红GB	3	0.26	卡磁隆红BLH	3	0.18
阿司屈拉崇红F$_3$BL	5	0.38	卡磁隆艳大红RH	3	0.15
阿司屈拉崇粉红FG	4	0.19	卡磁隆蓝GLH	3	0.17
阿司屈拉崇蓝FGL	5	0.2	卡磁隆青莲3BLH	4	0.22
阿司屈拉崇蓝B	2.5	0.41	卡磁隆棕GH	1.5	0.19

注 纤维为特拉纶。

（四）拼色时染料用量的计算

为使染料和纤维牢固地结合，染色时需计算所用各种染料及缓染剂的重量百分比与饱和

因素的乘积之和，不超过所染纤维的饱和值，如超过所染纤维的饱和值，则染浴中剩余染料较多，增加染料消耗，且易出现浮色，摩擦牢度差。

拼色时全部染料染到纤维上的条件为：

$$D_1 f_1 + D_2 f_2 + D_3 f_3 + \cdots + D_r f_r \leqslant S_F$$

式中：D_1、D_2、D_3……——所用不同染料的百分比（对染物重）；

f_1、f_2、f_3……——所用不同染料的 f 值；

D_r——阳离子缓染剂的百分比（对染物重）；

f_r——缓染剂的 f 值。

阳离子缓染剂系无色的阳离子染料，对纤维也有一定的饱和值。

染色饱和因素的总和应小于纤维的 S_F 值，并有一定的安全系数，通常掌握在70%左右，并按染料的迁移性能、纤维结构的不同而增减。即

$$\frac{D_1 f_1 + D_2 f_2 + D_3 f_3 + \cdots + D_r f_r}{S_F} = 70\%$$

如总和超过 S_F 值，染料不易被吸尽，染色不匀，并易产生色花，且不能改染深色。

由于商品染料的强度各厂不一样，同类商品染料的 f 值也不相同。染料的 f 值，通常指100%强度而言。强度高的染料的 f 值，需按比例计算。

染色处方的计算举例。如用伏纳尔 V_{17} 纤维，其饱和值 S_F 为1.2，用阳离子染料染色，不同染色处方的比较见表9-1-36。

原处方的染料用量和染料饱和因素的乘积之和大于纤维饱和值，染后残液较深红，染料剩余较多。调整后的处方，染料用量减少24%，缓染剂用量减少33%，染料用量和染料饱和因素的乘积之和小于纤维饱和值，上染率增加，染色残液较清，染料几乎全部上染。两处方染后的色泽深度较接近。

表9-1-36 不同染色处方的比较

染料和助剂	原处方	调整后处方
	染料用量×f值	染料用量×f值
阳离子黄X–8GL	0.63 × 0.55=0.347	0.5 × 0.55=0.275
阳离子红X–GRL	0.58 × 0.25=0.145	0.43 × 0.25=0.108
阳离子蓝X–GRRL	0.25 × 0.54=0.135	0.18 × 0.54=0.097
表面活性剂1227（作缓染剂）	1.5 × 0.55=0.825	1 × 0.55=0.55
合计	1.452>1.2	1.03<1.2

三、染色工艺

（一）pH值

降低染浴的pH值，可以降低染料分子和纤维中酸性基的离解，因而纤维染色所需的阳

离子染料数量及染料上染所需的染席也大为降低，上染速度减慢。在pH值高的情况下，染料分子和纤维中的酸性基充分离解，染料分子易吸附并与之结合，上染速率加快。因此染浅色比染深色所需的酸量要大些，以防止染花。染深色时其用酸量可适当减少，使用缓冲剂，以稳定染浴的pH值。各种染料染腈纶时，应根据染料性能掌握适宜的pH值。国产阳离子染料、阿司屈拉崇染料及卡磁隆染料的醋酸用量，一般为1%~1.5%，pH值为4~4.5。

各种腈纶所含阴离子基团不同，对染浴pH值影响也有差异。以羧基为第三单体的腈纶，如考代尔，其离解常数较小，降低pH值，易取得匀染效果，但上染率降低，因此染浴pH值宜为4~5。以磺酸基为第三单体的腈纶，如奥纶42，其酸性较强，离解程度受pH值变化的影响小，但pH值过高，易使染料凝聚，色光不稳定，pH值一般为4~4.5。

（二）温度

腈纶结构紧密，低温时上染率很低，超过腈纶的玻璃化温度后染料开始上染，上染温度接近于所染腈纶的玻璃化温度。各种常用腈纶的玻璃化温度见表9-1-37。

表9-1-37　各种腈纶的玻璃化温度

纤维名称	玻璃化温度（℃）	纤维名称	玻璃化温度（℃）
兰州腈纶	70~80	考代尔	70
金山腈纶	78~80	特拉纶	80
爱克丝纶	75	奥纶	80
开士米纶	75	贝丝纶	75
伏纳尔	80	阿克利纶	80

阳离子染料上的阳离子在染浴达到一定温度时与腈纶上的羧基瞬时成盐结合，迁移性极小，容易造成染色不匀。入染后，一般在80℃以下上色很少，在85℃以上上色加快，90~100℃时上色率突然增加，染浅色尤甚，因此升温速度宜适当放慢，必要时在上色快的阶段可保温10~30min，以延缓升温速度，防止染花。

腈纶染色的最高温度，通常为97~100℃，超过100℃时染色，可缩短染色时间，提高得色量，增加染料的渗透性、迁移性。如在加压条件下105℃染色，可得到较好的工艺效应。

（三）时间

时间是指达到最高染色温度的延续时间，沸染时间根据染色温度不同，一般为40~60min。超过100℃高温染色时，可相应缩短染色时间。确定染色的沸染时间很重要，以使染料能均匀透入纤维，染色牢度达到要求。染色时间太短，会影响染色牢度，并产生环染现象。

（四）冷却速度

腈纶有高收缩的特性，在高温时膨化，如骤然冷却，纤维突然收缩，手感粗糙发硬。逐渐降温，则使纤维手感柔软，纱线膨松，少产生杆印、乱纱、段松紧（逃捻）等缺陷。所以染色后要注意冷却速度。通常在高温时，尤其在玻璃化温度附近应逐渐降温，一般90℃以上每分钟降1～2℃，90℃降至70℃每分钟降0.5～1℃，70℃以下出机，可防止匹染织物的折痕。

（五）水质

由于阳离子染料大多是杂环甲川、杂环偶氮类，对水中游离氯十分敏感，如染色用水含氯量达2mg/L以上，常使染后变色、褪色，尤其是染浅色、鲜艳色，但对染深色无多大影响。防止方法可在染液中加入0.1%的硫代硫酸钠。

（六）缓染剂的应用

阳离子染料迁移性能差，在没有缓染剂的条件下几乎没有移染性，为使其缓缓上染，除控制染色升温外，在染浴中宜加入适量的缓染剂，以降低染料的上染速率。缓染剂可分为阳离子型和阴离子型，以用阳离子型缓染剂为多。

1. 阳离子型缓染剂

阳离子型缓染剂与腈纶有亲和力，它的分子比染料分子小，染色时的扩散速率比染料大，配伍指数小于K值同级的阳离子染料，因此能先于染料占据纤维上的染席，在染色初期可以延缓染料与纤维间的吸附结合，能抑制染色速率。在沸染时，纤维上的缓染剂逐渐让出染席，使染料上染，达到缓染效果。这种缓染剂，在染浴中带有正电荷，它与纤维结合后，虽经沸煮也只有极小部分解吸而被进入染浴，所以又称永久性缓染剂。选用时应与染料的配伍指数相适应。但阳离子缓染剂会使阳离子染料集中在90～100℃的高温阶段短时间内上色，所以在此阶段要注意控制升温。因缓染剂与纤维结合后只能小部分解吸，如染色不匀或色光不符，需改染深色时，因纤维上空余的染席不多，几乎不可能进行。用于腈纶的阳离子缓染剂有烷基季铵盐或烷芳基季铵盐。常用的阳离子缓染剂有匀染剂1227（有缓染作用）、匀染剂TAN、奥斯品（Ospin）TAN、阿斯特拉格耳（Astragal）PAN等。

2. 硫酸钠和醋酸钠

因硫酸钠在染液中，离解为钠阳离子而占据染席，与K值大的染料同浴使用有较好的效果。但对K值在2以下的染料效果不显著，一般用量为10%～20%。醋酸钠也有同样效果，并可减少醋酸用量。染深色时可不加，因染料中有大量的元明粉存在，在染料浓度高的染液中，会导致染料的聚合而形成染斑或浮色。

选用的缓染剂应与染料的K值接近，有相似的迁移性。缓染剂的用量应根据纤维饱和值、染料种类、染色的深浅、缓染剂的效率、染色方法（匹染、纱染、纤维染色）等而定。为防止浅色染花，缓染剂用量宜稍多些。染深色时，为增加上色量，可以不用或少用。如用量多，影响染料的吸净，降低上色量，增加浮色。使用匀染剂1227（作缓染剂用）的用量，浅色为2%～2.5%，深色为0.5%～1%，黑色可不加。

分散性阳离子染料在80℃以上时逐渐分解，并均匀地被纤维所吸收。由于染料内有芳香族磺酸阴离子，这相当于部分缓染剂或匀染剂，因此不需加入缓染剂或匀染剂。

（七）柔软剂的应用

染物经匹染或绞纱染色后，再经柔软剂处理，可改善手感。柔软剂有阳离子型和非离子型。选用的柔软剂要柔软效果好，对染料无影响，在高温下较稳定。柔软剂用量可根据腈纶原料的手感、身骨、产品风格等情况而定。如柔软剂EST用量为1%～1.5%。柔软剂派尔纱夫脱（Persoftal）WKF兼有缓染作用，可减少缓染剂用量；派尔纱夫脱AFS、CS，同时还有抗静电作用，可在染色时同时加入。

腈纶绒线的柔软处理如下：

（1）染色时，在染浴沸染30～40min染料已基本吸尽时加入柔软剂溶液，继续沸染至规定时间。

（2）在染色后将染浴溢水降温至50～60℃，加入抗静电剂及柔软剂溶液，处理30min。

（3）漂白和黑色产品，降温至60℃，弃液，调换新浴，升温至50℃，加入柔软剂处理20～30min。

（八）抗静电剂的应用

腈纶的比电阻为500～1000MΩ，摩擦容易积聚静电，腈纶与大多数纤维摩擦，一般带负电荷，只有与少数纤维摩擦，腈纶才带正电荷。织物在穿着过程中因摩擦会积聚很强的静电，易吸灰尘，甚至会出现火花及放电现象。因此染色后要经抗静电剂处理，可用烷基氧乙烯季铵盐类阳离子型表面活性剂处理，以消除静电。常用的有抗静电剂SN，对阳离子染料染腈纶兼有缓染作用。绞纱染色在柔软处理时加入抗静电剂。

（九）工艺举例

1. **处方**（表9-1-38）

表9-1-38 腈纶染色处方

染料与助剂	中浅色	深色	备 注
阳离子染料（%）	x	x	—
98%醋酸（%）	2～3	1.5～2	—
醋酸钠（%）	0.5～1	0.5～1	纤维染色可不加
缓染剂（%）	0～1	1～2	同上
分散剂（%）	0.5～1	1～1.5	同上
结晶元明粉（%）	10	10	纤维染中、深色可不加

2. **操作**

（1）腈纶条染色（N461型毛球染色机）：用70～80℃清水处理10～20min，加入助剂和染料溶液，按染料上染速率控制升温时间至沸，并保温45～60min，如图9-1-15所示。

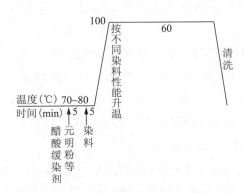

图9-1-15　阳离子染料染腈纶升温工艺

染毕逐渐降温到50℃，将毛球吊出染机，趁热将毛球卸下，防止冷却收缩后纤维嵌入蜂巢管而不易卸下，造成内层纤维紊乱。

（2）腈纶膨体纱的染色。

①腈纶针织绒线的膨化处理：腈纶膨体纱针织绒线是用高收缩腈纶和正规腈纶混合纺制而成的，纤维的收缩要经膨化处理，才使纱线成为松软的膨体纱。通常在染色前进行膨化处理，使高收缩腈纶收缩，使纱线形成松软的膨体纱。膨化处理方法有汽蒸膨化及沸煮膨化，近年来，也有将膨体纱倒成袖窿形绞纱后，在喷射染色机上先汽蒸膨化，然后进行染色。采用筒子染色的针织纱也可在络筒的同时进行汽蒸膨化。

汽蒸膨化通常在汽蒸箱中进行，这是各厂常用的膨化方法。白纱于95～100℃汽蒸15～20min，色纱于100℃汽蒸10min。所用染料为耐蒸牢度差的染料，温度适当降低，时间短些。汽蒸膨化最好采用真空高温汽蒸膨化机，蒸罐内装有小车轨道，先将腈纶纱穿在杆上，悬挂在车上，推入罐内。汽蒸前将罐内空气抽出，然后开蒸汽，升温至110℃，汽蒸5～10min，排汽，解除罐内压力。开启罐盖，冷却，将小车拉出。膨化后的绒线圆胖、蓬松，并可避免泛黄。

沸煮膨化是在染色前于染色机中用沸水处理6～10min，进行膨化，然后降温到70～80℃，加入染化料染色。也可在染色的同时进行膨化处理。用这种方法处理的纱线，蓬松度较差，纱线往往易卷绕在挂纱棒上，染色时会产生白斑、色花。

汽蒸膨化操作时需注意如下几点：

a. 汽蒸膨化必须保持适当的温度和时间，以达到规定的收缩量。通常汽蒸膨化后染色质量稳定，手感较丰满，但要有汽蒸设备，且多一道膨化工序。染色时同浴膨化需掌握坯线缩率，上下挂纱棒的距离应控制适当，防止挂纱棒距离太大而产生白斑，但距离太小易造成乱绞纱。

b. 汽蒸膨化时，要防止水滴在坯线上，以免染后出现白斑。

c. 色纱膨化的汽蒸温度和时间，对色泽变化的影响较大，汽蒸牢度较差的染料应避免使用，防止因汽蒸造成色花。白纱膨化的温度与时间应掌握好，以免因温度、时间不足而影响膨化效果。

d. 汽蒸膨化完毕，不可将坯线立即从汽蒸箱内取出，避免因突然冷却而影响手感。

②染色：

a. 阳离子染料用醋酸打浆溶化。先将醋酸用量的2/3加入染料中，如染料用量多，溶解不好，醋酸也可全部加入，并用温水溶化。碱性染料以醋酸打浆，用沸热的尿素溶液溶解。

b. 按腈纶玻璃化温度入染。一般70℃入染，加料运转匀润后再升温。升温速度可根据所用腈纶的类别和上染速率及染色设备而定。条染升温可以快些，针织绒线升温要缓慢，以控制在1~3min升温1℃。沸染时间根据色泽深浅而定。

c. 腈纶绒线染色，绒线应均匀平伏，不可厚叠，防止染色不匀。

d. 染色完毕，自100℃降温至80℃时，须按1℃/min的速度降温，降温过快，会影响纱线的蓬松度，手感变粗糙，乱线增加。

四、分散性阳离子染料染色

阳离子改性涤纶（简称PBT），是在普通正规纤维分子中，加入第三单体磺酸盐（简称SIPM），或第四单体酯基或醚基基团（简称PEG），使纤维提供阳离子染料染席，并使纤维结构变得松弛，在正常温度和压力下就可用阳离子染料染色。同一阳离子染料用于改性涤纶，其色泽和牢度与在腈纶上性能完全不同。因此，用于改性涤纶的阳离子染料品种，需进行筛选。

阳离子改性涤纶有高温型和常温型两种。用分散性阳离子染料染色时，高温型一般在120℃以下，常温型为100℃。纤维的染色深度与涤纶中所含第三单体及第四单体的种类及其含量有关，一般改性涤纶染深色，容易出现染色牢度不能满足质量需求的情况，染中、浅色相对成熟。常温型的耐热性差。

国产分散性阳离子染料，有阳离子SD型和SDL型。SD型相当于日本的卡雅克里尔ED型，SDL型为液状。品种有阳离子黄SD–5GL、阳离子黄SD–3RL、阳离子红SD–GRL、阳离子蓝SD–GSL、阳离子金黄SDL–CL、阳离子红SDL–GRL、阳离子翠蓝SDL–GB、阳离子黑SDL–3RL。日本生产的有卡磁隆（Cathilon）DP型、卡雅克里尔（Cayacryl）ED型、迪克里尔（Diacryl）LD型等。此类染料是阳离子染料与阴离子助剂（或称封闭剂）结合而成的不溶于水的、经加工可分散在染浴中的复合物，为新型阳离子染料。

染色工艺：高温型120℃染色，染料需耐高温，染料集中在100~110℃上染。SD型染色时，染浴的pH值为4~5。

五、间隔染色

间隔染色是一种多色段的染色方法。用于羊毛、腈纶、锦纶、黏胶纤维条或绞纱的轧蒸染色。将1~6色的染料溶液，按指定的长度分段喷射在纤维或绞纱上。经蒸化固色和清洗，得到白色和彩色断续间隔的花色产品。用以织成色彩变化、花型自由、活泼、立体感强的羊毛衫、呢绒和装饰用布等。

（一）间隔染色机

间隔染色机（图9-1-16、图9-1-17）是由圈条器或绞线、铺层输送带、轧染机、汽蒸箱等连接而成。可以任意使用1~6色。其流程如下：

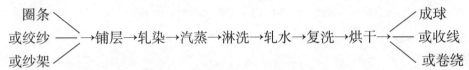

加工毛条时，由圈条器将毛条从筒中引出，圈放在输送带上。加工绞线时则直接将绞线铺放在输送带上。

轧染机由染液储备槽、染液加热槽、染液高位槽、分流器及喷头组成。染液由储备槽输入到加热槽，温度25~100℃，再输入到高位槽，经过滤流入分流器。分流器下装有44只喷头。喷口离底5cm处对准上轧辊，向纤维条或绞线喷射染液，随即进入轧辊。下轧辊速度根据蒸化时间调节。由于喷液不带浆料，容易淌移，染物应随即进入汽蒸箱蒸化固色。蒸箱的顶部和两头进出口处有保温夹层，防止蒸汽冷凝而滴水。蒸箱出口处有喷淋管淋洗、经轧干、出机，再经复洗、烘干。绞线在MZ310型液流染色机中先用温水清洗，然后换液进行柔软处理。

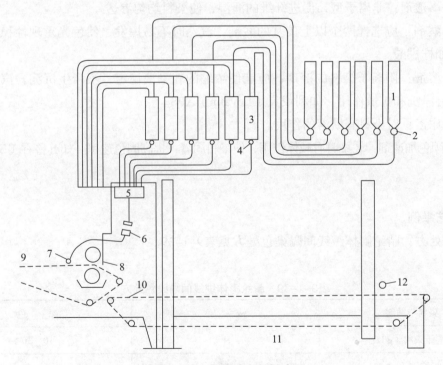

图9-1-16　间隔染色机示意图

1—染液循环槽　2，4—输液泵　3—染液加热槽　5—染液高位槽　6—分流器

7—喷头　8—轧槽　9—合纤输送带　10—不锈钢输送带　11—汽蒸箱　12—淋洗管

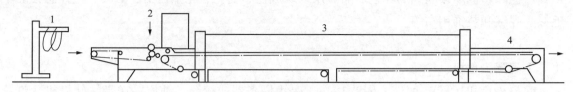

图9-1-17　绞线间隔染色机示意图

1—绞线　2—染色　3—汽蒸　4—淋洗

（二）染料的选用

（1）在轧蒸过程中，染料在纤维中的扩散速率是一个重要条件，必须使用较高扩散速度的染料。染复色时，染料上染纤维的亲和力应相同。

（2）间隔染色浴比很小，须用高浓度的染浴。染料溶解度要高才能使染浴稳定，颜色均匀。

（3）固色速度快慢，汽蒸时间的长短与产量有关，须选择固色速度快的染料，如迁移性阳离子染料。

（三）助剂的选用

（1）渗透剂：非离子型，促进纤维的润湿，使染料均匀渗透。

（2）酸剂：应选择两个以上羧基的酸剂，汽蒸时不易挥发，使色光重现性稳定，提高色牢度，如柠檬酸。

（3）溶剂：阳离子染料的溶剂，应能使浓缩的轧染液稳定，不产生沉淀，汽蒸时增加固色，并有净洗和扩散作用。如利伐灵（Levalin）APS。

（4）尿素：对染料有助溶的作用。

（5）固色加速剂：轧染时有载体作用，使染料固着，提高固色速率。如苏鲁吞（Solutene）ACF。

（四）工艺举例

（1）处方：腈纶膨体绒线间隔染色处方见表9-1-39。

表9-1-39　腈纶膨体绒线间隔染色处方

染料与助剂	浅　　色	深　　色
阳离子染料（g/L）	1	10~30
98%醋酸（g/L）	15	5~10
非离子型渗透剂（g/L）	5	5
防静电剂SN（g/L）	2	2

续表

染料与助剂	浅　色	深　色
酸剂（g/L）	—	5
溶剂（g/L）	—	5 ~ 10
固色加速剂（g/L）	—	15
尿素（g/L）	10 ~ 15	20 ~ 30

（2）工艺条件：轧液率110%，轧液温度60 ~ 70℃，pH值3.2 ~ 3.4，蒸化条件：浅色100℃、15min，深色100℃、20min。

六、腈纶长丝束轧染

腈纶长丝束先轧染，经直接制条机拉断制成膨体短纤维，用以纺制混色夹花绒线。可缩短染色工艺，提高生产效率，较适宜于大批量生产。

长丝束轧染机由进条架、轧槽、汽蒸、淋喷或浸洗、复洗、吹松或卷曲装置、烘干和出条架组成，如图9-1-18所示。

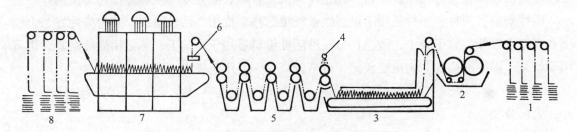

图9-1-18　长丝束轧染机示意图

1—进条架　2—轧槽　3—卧式汽蒸箱　4—淋喷　5—复洗槽　6—吹松装置　7—烘燥箱　8—出条架

工艺举例如下：

（1）处方（表9-1-40）

表9-1-40　腈纶长丝束轧染处方

染料与助剂	用量（g/L）	染料与助剂	用量（g/L）
阳离子染料	x	渗透剂JFC	5（渗透、扩散、匀染、防起霜）
醋酸（98%）	10（调整pH值4 ~ 4.5）	防静电剂SN	3 ~ 4
酒石酸	3 ~ 5（稳定pH值）	增稠剂	2 ~ 10

（2）工艺条件：

①进条架：8根腈纶长丝束。

②轧染：丝束速度，浅色为16m／min，深色为6m／min；轧辊压力39.2N（4kgf）；轧液率100%～120%；染液温度50℃。

③汽蒸：丝束速度，浅色为0.33m／min，深色为0.11m／min；堆叠高度10～20cm（卧式）；温度，前部（上面）102℃，后部（下面）100℃。

④淋洗：洗去表面浮色。

⑤复洗：四槽式，在槽内一般加入洗剂和后处理用柔软剂等。

⑥烘燥机：单层链板两节型，第一节105℃，第二节100℃，前进速度2～5m／min。

⑦出条架：将丝束集拢并装入毛条桶或箱中。

第八节　活性染料染色

活性染料含有活性基团，能与纤维素纤维的羟基、蛋白质纤维的氨基、酰胺基发生共价键结合，使染料和纤维成为同一个大分子，因而大大提高了被染物的牢度，特别是湿处理牢度较好。活性染料又称反应性染料，其色泽鲜艳，日晒、湿处理牢度和摩擦色牢度均好。

活性染料有两种：一种适用于染纤维素纤维，称为棉用类活性染料，其匀染性好，上染率和固着率较低，宜于染中、浅色；另一种活性染料适用于染羊毛，称毛用活性染料，也可用于丝绸、锦纶的染色，匀染性较差，价格较高，一般用于染中、浅色。

一、染料分类

活性染料的结构，主要由母体、联接基和活性基团三部分组成。活性染料分子和一般水溶性染料的不同处是：它具有一个或两个可与纤维反应并形成共价键结合的活性基团，在染料母体有1～3个磺酸基水溶性基团。

染料母体多数为酸性染料，少数为直接染料，是发色部分，主要为偶氮、蒽醌和酞菁三种结构。偶氮金属络合染料为蓝、绿、棕等色。蒽醌结构的染料为蓝色、绿色。酞菁结构的染料为翠蓝色。

常见的活性基有以下五种。

1. 卤代均三嗪基

（1）含二氯均三嗪基的活性染料。如国产X型。染料的性能活泼，在20～40℃能上染纤维素纤维。且在低温和碱性介质（pH值为10.5左右）下即能固色，因此称为普通型或冷固型活性染料。

（2）含一氯均三嗪基的活性染料，如国产K型染料、普施安H型染料。结构中只有一个活泼的氯原子，反应性比X型差。染色温度需90℃以上才能上染，并需较强的碱剂固色，因此称热固型染料。

2. **乙烯砜基**

（1）含 β-羟乙基硫酸酯基（结构为—SO_2—CH_2—CH_2—O—SO_3H）的活性染料，主要用于染纤维素纤维，也能染羊毛、丝绸等，如国产KN型染料，雷玛唑兰（Remazolan）染料。

（2）含乙烯砜基（结构为—SO_2—CH＝CH_2）的活性染料，用于染羊毛等，如索米菲克斯（Sumfix）WF型染料、兰纳佐（Lanasol）CE型染料。

3. **a-溴代丙烯酰胺基**

含这种活性基的染料适用羊毛、丝绸的染色，如兰纳佐（Lanasol）染料。

4. **2，4-二氟-5-氯嘧啶基**

含这种活性基染料如黛棉丽（Drimarene）X型染料，黛毛兰（Dimalan）F型染料，费罗菲克斯（Verofix）染料。因有两个氟原子，染料活性很强，固着率在95%以上，湿处理牢度好，适用棉、羊毛、丝绸的染色。

5. **复合活性基**

含这种活性基的染料主要指含有两个不同的活性基，它们具有两种基团的特性和加和增效产生的新特性，反应性较强，固着率高，如国产M型染料，雷阿兰（Realan）EHF型染料。

表9-1-41所示为各类国产活性染料的性能。

表9-1-41 各类国产活性染料的性能

性　能	X型	M型	KN型	KD型	KE型
反应性能	高	中	中	低	低
利用率	良~较差	优	良	良~较差	优
耐洗性	良	优	优	较差	优
亲和力	小~中	小~中	小~中	大	中
结合键稳定性	不耐酸耐碱	耐酸耐碱	耐酸不耐碱	较耐酸耐碱	较耐酸耐碱
染料稳定性	差	好	中	中	好
染色温度（℃）	20~40	60	60~70	80~90	80~90
固色温度（℃）	40	60~90	60~70	90	80~90

二、染色工艺

1. **pH值**

活性染料染纤维素纤维时，需在碱性溶液中（pH值9~10）染色。染羊毛时，需在弱酸浴中染色，但pH值过低，上色太快，由于这类染料无移染性能，匀染效果很差，易染花，染浴pH值4.5~7。

2. **食盐与元明粉**

食盐与元明粉对纤维素纤维染色有促染作用，但用量不宜过多，防止发生染色不匀。采用小浴比染色，可减少其用量。X型染料宜于染浅色。染散纤维时，浴比大，因此食盐用量多，如用量少，则得色浅。

3. 匀染剂

毛用活性染料加入匀染剂可改善匀染程度。常用的匀染剂是两性型表面活性剂，化学成分为脂肪胺与环氧乙烷的缩聚物硫酸酯，如阿贝加（Albegal）B。此种匀染剂与毛用活性染料有亲和力，在染浴中并非延缓上染速率，而是加速染料上染并起到匀染的作用。在染色过程中可以解释为匀染剂和活性染料先结合成胶态络合物，随着染浴温度升高，络合物吸附在羊毛表面，形成一层薄膜，高温时染料和羊毛的亲和力增加，染料与羊毛共价键结合，匀染剂大部分留在染浴，沸染时间愈长，络合物愈少，染料上染越多、匀染效果越好。

4. 染色温度

染色温度高，可提高染料上染速度和反应速度。但X型染料由于其反应性强，随着温度升高上染速率反而下降，宜采用30℃左右染色。KD型染料，反应性较弱，温度低时，反应速度慢，固着率低，宜采用80~90℃染色，90℃以上固色。

5. 后处理

活性染料染色完毕，必须使用碱剂固色，使染料和纤维产生化学反应而固着在纤维上。棉用活性染料一般用纯碱固色，固色时的pH值为10.5~11。毛用活性染料，用氨水或碳酸氢钠调节pH值为8.5后进行固色。

碱剂用量按染料的用量而定，用量不足，影响色牢度和得色量。用量过多，pH值和温度太高，使染料大量水解，降低固色率。黏胶纤维染色后固色的pH值为9~10。采用纯碱固色时，用热水溶解，冷却到固色温度，缓缓加入，加入过快易产生色花。同一色泽，每次加入碱剂的温度、时间及浴比应一致，以减少色差。

固色后的染物，应充分皂洗和水洗，去除浮色，提高鲜艳度和湿处理牢度。

三、黏胶纤维染色

1. 处方、工艺、操作（表9-1-42）

2. 注意事项

（1）染料溶解温度，X型染料以30~50℃水溶解，部分难于溶解的染料，可加入适量的尿素以助溶。

（2）各种不同型号的活性染料，不宜相互拼用。

（3）活性染料应在使用前溶解，存放时间长，易水解，减弱染料与纤维的反应能力，降低固色率，X型染料尤为明显。

（4）普通棉用活性染料上染率低，染料水解速度快，固色率低。因此应选用直接性较高的染料，提高染料染着率和固色率。水解后的染料，很难从织物上洗净，影响皂洗和摩擦色牢度。

四、毛用活性染料

近年来发展了一批专用于羊毛染色的活性染料，可染制具有超级耐洗牢度的毛纺织品。

表9-1-42　黏胶纤维染色处方、工艺、操作

处方、工艺、操作	X型			K型			KD型			KN型			KE型		
染料(%)	1.0以下	1~3	3~6	1.0以下	1~3	3~6	1.0以下	1~3	3~6	1.0以下	1~3	3~6	1.0以下	1~3	3~6
染色　元明粉(g/L)	5~10	10~30	30~60	5~10	10~30	30~60	5~10	10~30	30~60	5~15	15~25	25~30	5~10	10~30	30~60
固色　纯碱(g/L)	7.5~10	10~15	15~20	7.5~10	10~15	15~20	7.5~10	10~15	15~20	5~8	8~12	12~15	7.5~10	10~15	15~20
清洗　非离子净洗剂(g/L)	0.5~1	1~1.5	1.5~3.0	0.5~1	1~1.5	1.5~3.0	0.5~1	1~1.5	1.5~3.0	0.5~1	1~1.5	1.5~3.0	0.5~1	1~1.5	1.5~3.0
工艺条件　染色温度(℃)	25~35			40~50			80~90			60~70			85		
固色　温度(℃)	40			80~90			90			80			80		
固色　时间(min)	30~40			30~40			30~40			30~40			30~40		
清洗　温度(℃)	50			50			50			50			50		
清洗　时间(min)	20			20			20			20			20		
浴比	1:12~1:15			1:12~1:15			1:12~1:15			1:12~1:15			1:12~1:15		
操作	1.室温加染料溶液运转15~20min,加一半元明粉15min,再加一半元明粉另一半染15~30min 2.于15min升温至40℃,加纯碱溶液固色 3.降温清洗后,加非离子助剂,于50℃清洗			1.40℃加染料,染15min,加一半元明粉,15min,再加一半另一半元明粉续染,于50min内升温至90℃加纯碱固色 2.降温清洗后,加非离子助剂,于50℃清洗			1.40℃加入染料溶液,染15min,加入元明粉溶液,续染20min内升温至90℃,染30~40min 2.加入纯碱固色 3.降温清洗后,加非离子助剂,于50℃清洗浮色			1.60℃加染料及一半元明粉,染15min,再加入另一半升温至80℃于20min内加入元明粉 2.于20min内加入纯碱固色 3.降温清洗后,加非离子助剂,于50℃清洗			1.室温加染料及一半元明粉,染50min,升温至85℃,续染30~40min 2.加入纯碱固色 3.降温清洗后,加非离子助剂,于50℃清洗		

1. α- 溴代丙烯酰胺型

α- 溴代丙烯酰胺活性染料，如汽巴精化公司的Lanasol染料。实际上是具有两个反应中心碳原子的活性染料。这类染料鲜艳度高，反应性好，染浅色时牢度较优，但匀染性较差。染色时应注意升温速度不能太快，吸尽率可达95%左右。这类染料通常在pH值为4~5.5时固色，酸性不宜太强，否则会造成羊毛和染料中酰氨基的水解。温度宜高，否则染料则很难通过羊毛的鳞片层。

2. N-甲基氨基乙磺酸衍生物

赫斯特公司的Hostalan染料具有这种活性基团，在pH值等于5.5时，沸煮形成乙烯砜基，才能和羊毛反应。所以这类染料只能在高温染浴中逐渐与羊毛生成共价键结合，具有较好的匀染性，适用于浸染。

3. 二氟一氯嘧啶型

如毛用活性染料中的Drimalan和Verofix均属此类。他们与酸性染料母体相连接，固色率可达90%，并有较好的耐日晒和湿处理牢度。这类染料在染色过程中水解倾向较低，故活性基团上的两个氟原子都能与羊毛上的—NH_2生成稳定的共价键结合。

染色深度在1%以上时，染毕降温至80℃，换清水加氨水调节pH值至8.5，80℃保温，处理15min，以洗净未固着的染料。

羊毛用活性染料的发色母体持有与酸性染料相同的化学结构，因此其以酸性染料相同的方式与纤维发生反应，即以离子键的方式与羊毛纤维进行结合，匀染性较好。一般采用缓慢的速度使纤维与染料反应，染色后纤维不但有共价键结合的染料，而且有离子键结合方式的染料，但是湿处理牢度不够理想，必须进行碱性的皂洗处理。

1. 处方

以兰纳佐（Lanasol）活性染料染羊毛为例，其染色处方见表9-1-43。

表9-1-43　羊毛染色处方

工序	处方	用量（%）		
		浅色	中色	深色
染色	染料	1~1.5	1.5~3	3以上
	甲酸	0.5	0.5~1	0.5~1
	醋酸（80%）	1~3	1~2	1~3
	匀染剂B（AlbegalB）	0.8	1	1.5~2
	pH值	4~4.5	4~4.2	3.8~4.2
后处理	氨水（25%）	2.25	2.25	3~3.6
	或纯碱	2~3	2~3	2~3
	pH值	8.5~9	8.5~9	8.5~9

2. 操作

染物装入染机，升温到40℃，染物润湿均匀后，加入甲酸、醋酸、匀染剂及染料，调整pH值。由40℃升温，1min升1℃至沸。染浅色在70℃保温15～20min。深色染料吸不尽，可在100℃时追加适量甲酸（0.5%左右），使染料尽量吸完。染毕于80℃加入氨水或纯碱，处理15～20min，再加入甲酸进行中和，洗去浮色，清洗出机。升温工艺如图9-1-19所示。

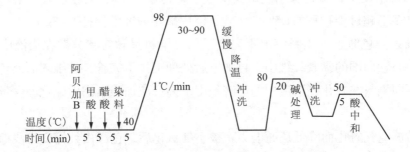

图9-1-19 活性染料羊毛条染色升温工艺

3. 注意事项

（1）染液pH值应随色泽深浅调整。

（2）按色泽深浅控制沸染时间。一般浅色30min，中色60min，深色90min。

（3）后处理要求严格控制pH值在8.5～9之间，否则染色的煮呢牢度很差，有必要时可以进行两次后处理。

（4）染色后，因染料与纤维共价键结合，色牢度很好，剥色难度很大，如产生染花而进行剥色，则对羊毛的损伤很大，必须注意提高染色质量。

（5）后处理最后必须加酸中和，使羊毛出缸pH值5.5～6。

第九节 硫化染料染色

硫化染料不溶于水，可溶于硫化碱的水溶液，还原成可溶性的隐色体，被纤维吸收后，经氧化显出应有的色泽，重新变成不溶性的色淀而固着。硫化染料的日晒与湿处理牢度较好，价格较廉，染法简便，但摩擦牢度稍差。染料色谱中缺少艳丽的品种，如红色、紫色，而以黄棕、酱红、草绿、棕、蓝、黑为主。用硫化黑染色的织物有贮藏脆损现象，一般可用碱性化合物，如尿素、磷酸三钠作防脆处理，或使用防脆硫化黑。硫化染料用于黏胶、棉、麻等纤维的染色。

一、染色工艺
（一）硫化染料的溶解

硫化染料用硫化碱还原溶解。硫化碱用量与硫化钠的含量、硫化染料还原和溶解的难易、染色浓度、染色方法、浴比等有关。工业用硫化碱中的硫化钠含量为50%~62%。硫化碱的用量过少，染料不能充分溶解和还原，形成色淀，使染物发生染斑，染色时还会因用量不足而上色过快，造成染色不匀，产生浮色或出现早期氧化的古铜色染斑、红块，降低摩擦牢度，尤其是硫化蓝BN、硫化蓝RN。硫化碱用量过多，染料不易氧化固着，在水洗时部分染料被洗去，染物色泽变浅。一般染料和硫化碱用量的比例为1:2，应结合染料浓度计算。染浅色时，染料用量少，硫化碱用量最少不低于染物重的1%。染深色时，染料用量较多，硫化碱用量最多不超过染物重的1.5%，一般染浴中硫化碱经常保持2~3g/L。

黏胶纤维条染色时，如染料溶解不完全，部分染料呈颗粒状分散在染液中，染液循环时，黏附在中心管周围的黏胶纤维中，再加上后处理工作不完善，纤维表面浮色多。硫化碱用量应根据不同染料在硫化碱溶液中的溶解程度掌握。应加强染浴中硫化碱含量的测定，并及时进行调整。

硫化碱易被空气氧化而降低还原能力。被空气氧化后，色泽由红棕变为浅棕色。如变为黄色，其浓度已逐渐降低；如变为暗绿色，则已经失效。为减少染色的缸差，每缸所用硫化碱的有效成分应基本相同，并应经常测试浓度变化，保持硫化碱能充分溶解染料。

检验硫化碱在溶解染料后的用量足够与否，可在滤纸上滴一滴染液，观察染液的渗透和扩散情况。如染液在滤纸上分散均匀，不出现分层的斑印迹，说明染料已充分溶解，否则需增加硫化碱的用量。

染色设备不同，硫化碱用量应有增减。如采用开放式的染机染色，因染料与空气接触面大，易受氧化作用，应增加用量。在密封的染机内染色，用量可适当减少。

（二）食盐与元明粉

食盐与元明粉有促染作用，其用量按色泽深浅而定。用量过多会降低染液的稳定性，甚至使染料析出，造成浮色。浅色可少用或不用。

（三）染色温度

硫化染料上染速率随温度升高而递增。多数硫化染料适宜于90~95℃高温染色，以增进染料的上染、渗透和匀染，使得色深。但硫化蓝、绿、棕等色，温度稍低时上染比高温时好，通常为65~80℃。温度低些，染料上染速度减缓，有利于染色均匀，但过低会影响得色深度。

（四）染料的氧化

染色后应做好染料的氧化工作。硫化染料的隐色体化合物的氧化速率不一，有些硫化染料如硫化黑较易氧化，染色后经充分水洗，在空气中透风即可，隐色体可完全显色。但有些染料如硫化蓝等染色后较难氧化，经水洗及透风，短时间内不能完全显色。在染物水洗后，须用氧化剂处理，使染物迅速完全显色。使用氧化剂时，应防止氧化过度，以免产生染物脆损或影响皂洗牢度。氧化处理前进行水洗时，温度高些易于洗去浮色，以提高色泽的鲜艳度，但易起剥色作用。水洗温度一般不宜超过40℃。常用的氧化剂有红矾钠、醋酸、双氧水及过硼酸钠等（表9-1-44）。

表9-1-44　硫化染料常用的氧化剂

氧化剂	方　　法	优缺点
红矾钠0.5%或醋酸（98%）0.5%～1%	50℃处理15～20min	1.处理后染物色泽鲜明 2.能提高湿处理牢度 3.硫化黑用此法处理，易使染物脆损，不宜采用 4.排出液有铬污染
过硼酸钠1%～2%	40～50℃处理15～20min	1.处理后染物色泽鲜艳 2.湿处理牢度略有降低

　　黏胶纤维染色后用红矾钠及醋酸氧化。染深色时硫化碱用量多，碱性较强。红矾钠在碱性介质中为弱氧化剂，不易使染物洗净，应增加醋酸用量，使隐色体化合物加速氧化发色。

（五）染物的净洗

　　染物在氧化处理前及处理后都必须净洗，尤其是深色，染液中染料剩余较多，否则，易产生浮色，摩擦牢度降低，纺纱困难。通常用净洗剂LS 0.5%～1%，60～80℃处理15min，再充分清洗。净洗宜在氧化前进行，因浮色尚未完全变为不溶性染料颗粒，较易洗去，如氧化后净洗，浮色已形成不溶性颗粒，净洗效果差。

二、黏胶纤维染色

（一）黏胶散纤维染色

　　1.处方（表9-1-45）

表9-1-45　黏胶散纤维染色处方

染料（%）	1以下	1～1.5	1.5～3	3以上	黑色
染料：硫化碱	1：3	1：2	1：1.5	1：1	1：1
纯碱（%）	0.5	1	1.5～3	3	3
食盐（%）	—	3	4	5	5
起染温度（℃）	30～40	30～40	60	60	95
染色温度（℃）	60	60	80	80	95
保温染色时间（min）	45	45	45	45	45
染色残液	不续用	不续用	续用	续用	续用

　　拼色较复杂的色号，应降低始染温度，防止染花。

　　2.操作

　　将已溶解的染料溶液加入染机，沸煮5min，加水及食盐，调节到规定浴比和温度，将黏胶纤维桶吊入染机进行染色，染毕吊出，在空气中氧化，再清洗，或在染机中清洗、氧化、皂洗、清洗后出机。

3. 染色残液的利用

硫化染料对黏胶纤维及棉的亲和力不是很大，染料的剩余率较高，因此初染残液可以连续使用，以节约染化料，减少污水公害。但事先必须做好补加染料和助剂对染色质量影响的试验工作，掌握浴比，以免影响色光。

残液续用次数可根据色泽要求而定，如染物色泽变化较稳定，色差要求不高，连染次数可多些；如色泽变化较大，色差要求较高，连染次数宜少些。黑色一般可连续使用。

4. 操作注意事项

（1）硫化染料宜用较浓的硫化碱溶液溶解，如太淡，会影响染料的溶解。溶解时将染料加入硫化碱溶液，沸煮10～20min。沸煮时间不宜过长。有些染料久沸会引起色光变化。硫化碱含杂较多，必要时宜预先溶解，避免杂质黏附在纤维上，影响纺纱质量。

（2）硬水对硫化染料染色有很大影响，会浪费染料及造成染疵。溶解染料和染色时应避免使用硬水，或在使用前先用软水剂A或其他药剂进行软化。

（3）盛器及设备零件要用不锈钢或铁质铸件，不可用铜质，防止被腐蚀并破坏染料。

（4）染黏胶散纤维时，注意染泵的运转情况，以保证液流的正常循环以免造成色花。

（二）黏胶纤维条染色

黏胶纤维条用毛球染色机染色时，必须做好染前的准备工作。黏胶纤维条在梳条厂生产时，卷绕成球，较紧，在包装及运输过程中又经挤压，黏胶纤维弹性差，因而造成毛球松紧不匀，易染花。所以染色前必须先将黏胶纤维条重新卷绕成球，球宜松，交叉角宜大，球的大小要与染筒相适应。成球时应避免产生捻度。装入染筒时，不要用力挤压，以使染液能均匀循环。为了防止纤维球的外层及靠芯子的蜂巢管部分的纤维受液流冲击而发毛并结，影响后道的复洗和纺纱质量，宜用涤纶布袋将纤维球包好后装入筒内染色。

用N461型毛球染色机，升温到50～70℃，加入助剂溶液及溶解好的染料溶液，打匀后将成球的黏胶纤维条吊入染机，运转10～20min，在30min升到100℃（高温）或80℃（中温）。元明粉分2～3次加入，第一、第二次每次加入后运转15min，第三次加入后保温染色20～30min。染毕逐步降温，清洗后进行氧化和皂洗。

三、苎麻的染色

麻的种类很多，用作服装的主要是苎麻和亚麻。纺低特纱的苎麻，常经精练过程，以提高纤维的松散性、柔软度及白度。但天然的苎麻，由于分子的结晶度、聚合度和取向度高，结构紧密，其断裂伸长率小，耐疲劳度差，织物易折皱，不耐磨，不耐热，得色深度较浅，约比黏胶纤维浅20%～30%（同染料、同用量相比）。

精干麻可进行化学变性，如碱变性、乙烯变性。碱变性系将精干麻在室温下浸入180～240g/L的浓烧碱液中约10min，形成碱纤维素，结晶变松。然后用酸洗，使碱纤维素回复到纤维素，有大约50%的纤维素晶体由Ⅰ型转变为Ⅱ型，其聚合度、结晶度和取向度降低，纤维变粗，无定形区扩大，因此上色率提高。

亚麻用活性染料染色，使用下列化学助剂，可增进得色深度。

染色时加入较高聚合度的聚乙二醇-300，可起非离子表面活性剂的作用，减少染料的聚集倾向，并对纤维素有附加的膨润效应，使染料较易被纤维素吸收，得色深。但聚乙二醇有低毒，使用时注意劳动保护。

为提高麻纤维的亲和力，以科莱恩公司的山登（Sanden）8425预处理，使纤维素的羟基进行化学变性，接入氨基，使纤维素阳离子化，可提高染浴的吸尽程度，从而提高得色深度。

苎麻通常用硫化染料、活性染料及还原染料染色。方法与染棉和黏胶纤维相似。

第十节　直接染料染色

直接染料大多是偶氮结构的染料，酞菁等其他结构的品种较少，溶解于水，能直接染棉、黏胶纤维、麻、丝、毛和锦纶等。直接染料的品种众多，色谱齐全，染法简便，价格低廉，但大部分染料的耐光和湿处理牢度差，色光较暗。常用于染色牢度要求不高的混纺产品中纤维素纤维的染色。直接铜盐染料是一类特殊的直接染料，染色后用铜盐处理，日晒和湿处理牢度较一般直接染料好。直接耐晒染料的日晒牢度要比直接铜盐染料和一般直接染料都好。D型直接混纺染料适用于涤棉、涤黏混纺织物的一浴一步法染色，特别是深色染色，有好的日晒牢度和湿处理牢度。

一、染色工艺

1. 处方（表9-1-46）

表9-1-46　直接染料染色处方

染料与助剂	用量（%）	染料与助剂	用量（%）
染料	x	固色剂	1~4
元明粉	浅色5~10，深色15~30	醋酸（98%）	0.5~1（纯黏胶纤维染色可不加）
纯碱	0.3~0.5		

2. 提高染色牢度的后处理

直接染料染色后，按染料性质，通常采用阳离子固色剂、金属盐等方法进行后处理，以提高耐光和湿处理牢度。

（1）阳离子固色剂法：如固色剂DUR、固色剂SH-96等。利用固色剂中分子量较大的阳离子与染料阴离子生成不溶性的盐，固定在纤维大分子中间，从而提高湿处理牢度，但耐光牢度略有降低，用量为染料重量的1.5~2倍。

处理方法：染物染毕清洗后，用固色剂1%~4%，醋酸（98%）0.5%~1%，pH值5.5~6，50~60℃，处理20~30min，不经清洗，出机烘干。

（2）金属盐法：利用染料能和铜或铬的离子结合成水溶性较小的金属络合物，提高日晒及湿处理牢度。处理后的色泽一般转暗而不够鲜明。染物清洗后用表9-1-47的方法处理。经处理的染物应充分洗后再烘干。

表9-1-47　金属盐法的处理

项　目	铜盐处理	铬盐处理
金属盐	1.硫酸铜1%~3%,醋酸（98%）0.5%~1% 2.络合铜盐50%	红矾钠1.5%~3%,醋酸（98%）0.5%~1%
工艺	40~60℃处理20min	70~80℃处理20min

二、操作注意事项

（1）染料溶解时，用沸水稀释或沸煮，避免与食盐、元明粉放在一起溶解，以免发生沉淀。对硬水较敏感的染料，如直接耐晒红F3B等，可在染浴中加适量的纯碱、磷酸三钠或六偏磷酸钠，减少硬水对染色的影响，防止产生色淀造成染斑。

（2）染色时，加入适量的元明粉或食盐作促染剂。对染料分子中含有磺酸基较多的染料，一般促染效果显著。促染剂的用量根据染料的性质和用量而定。染浅色时宜少加，使缓慢均匀上染，染深色时可多加，并分批加入，使上色深而浓。但用量过多会产生色淀，如使用食盐，促染剂用量可以按结晶元明粉用量减少一半。

（3）直接染料的上染速率差别较大。提高染色温度，可提高上染速率，因此染色温度应按不同染料特性掌握。但有些染料的染色至一定程度时，即使染色温度再上升，纤维对染料的吸附量也不再增加，还会将纤维上已吸附的染料解吸到染浴中去，因此需按染料特性掌握染色温度。热染性染料的染色温度为80~100℃。

（4）固色处理前，染物必须经适当的温度和一定的时间清洗，以免呢面上残留的染料及助剂影响固色效果，或使色泽不够鲜明，或产生色花。

（5）染物在湿的状态下，有些直接染料易于泳移而产生色花，出机后应随即烘干。

第十一节　可溶性还原染料染色

可溶性还原染料又称暂溶性还原染料。将靛蓝的隐色体制成可溶于水的硫酸酯钠（钾）盐。在弱碱性溶液中可对纤维素直接上染。羊毛在酸性浴中上染，纤维上的氨基、酰氨基在稀醋酸、蚁酸或硫酸铵溶液中，与染料中硫酸酯形成盐式键而结合。上染后经酸浴中氧化剂显色处理，回复变成靛蓝而染着。纤维素纤维染色时，一般用亚硝酸钠氧化，羊毛染色时用红矾氧化。这类染料的价格较贵，但使用方便，可得到与还原染料相近似的色牢度，用于纤维素织物、羊毛、丝绸织物染中、浅色。这类染料的国产商品由靛族还原染料制成的称溶靛素，由蒽醌类还原染料制成的称溶蒽素。国外商品一般没有这样的区分，各厂都有自己的冠称。如德司达公司为恩台素（Anthrasol）和索丽通（Soledon），科莱恩公司为印地科素（Indigosol），亨斯迈公司为汽巴丁（Cibantine），目前，它们都已不再生产。

各品种染料的溶解度，因分子结构不同而有差异。如溶蒽素黄V的溶解度为100g／L，溶靛素灰IBL为60g／L。染色时一般不加助溶剂。使用溶解度较低的染料，可加尿素、助溶剂TD（古来辛A）等助溶。

显色时，应根据所用染料的氧化难易掌握发色程度，过度氧化或氧化不足，会使给色量低，色泽不鲜艳，色牢度差等。

显色完毕后，先经水洗与碱中和，再充分皂洗、热水冲洗。皂洗对成品的色光十分重要。

一、工艺（表9-1-48）

表9-1-48　可溶性还原染料染毛条处方

项　目	染料与助剂	青 灰 色	翠 绿 色
染色	溶蒽素红IFBB（%）	0.01	—
	溶蒽素灰IBL（%）	0.35	—
	溶靛素绿IB（%）	—	1.08
	溶靛素黄V（%）	—	0.19
	元明粉（粉）（%）	5	5
	硫酸铵（%）	5	12
显色	硫氰酸铵（%）	1~1.5	2
	红矾钠（%）	0.7	1
	98%硫酸（g／L）	10	10
中和	纯碱（g／L）	1	2
皂洗	净洗剂LS（g／L）	2	2

二、操作

（1）将毛条装入染机，用水湿润均匀后，加入染料与助剂溶液。染料用90~95℃热水溶解，不可沸煮。

（2）60min升温至90~100℃，续染60min。

（3）显色时放去2／3残液，加入冷水至规定浴比，降温至60℃，加入硫氰酸铵溶液（预先用70~80℃热水溶解），运转15min，再加入硫酸及红矾溶液，运转15min，升温至85~90℃，保温30 min。

（4）冲洗降温至40℃，缓缓加入纯碱溶液中和，然后加入净洗剂，清洗出机。

三、注意事项

（1）染料用量2%以上的深色，沸染30min后，加1%醋酸竭染，再沸染30min。醋酸须缓缓加入。

（2）显色阶段必须控制升温速度，否则易造成色花。

（3）染色完毕，冲洗要清，并检查残液，然后加入纯碱、净洗剂进行中和、皂洗、清洗。

（4）为防止染色时过早氧化，可用有盖的染机染色。

（5）染深色时元明粉可不加。

（6）硫氰酸铵用量：浅色与中色为1%，深色为2%。

（7）红矾钠用量：可根据染料量而定，一般最少0.7%。染料1% ~ 2%时，红矾钠用1% ~ 2%，染料2% ~ 5%时，红矾钠用2% ~ 3%。

第十二节　低温染色

羊毛在正常沸煮染色时，即使在弱酸浴中，也会降低断裂强力，同时羊毛纤维的高度的"永久定形"，在后续的加工中会导致许多问题。低温80 ~ 90℃染色，可减少损伤和泛黄，减小定形程度，节约能源，改善纺纱性能和成品手感。

低温染色需使用相应的助剂，主要组分是阴离子、非离子和两性型的表面活性剂。如脂肪醇聚氧乙烯醚，脂肪族酰胺有机溶剂及其他添加剂的混合物。染色时对染料起解聚作用，加速染料向纤维内部扩散，增进羊毛的亲水性，使羊毛膨化，有匀染作用。常用的助剂，对中性染料有爱伏纶（Avolan）UL75，对弱酸性染料有拜纶（Baylan）NL、兰纳山（Lanasan）LT等。酸性媒介染料在媒染时加入还原剂硫代硫酸钠，可将处理温度降至80 ~ 90℃，替代部分胱氨酸将六价铬还原成三价铬，还可促进反应过程，缩短染色时间。对大部分酸性媒介染料的牢度无影响。硫代硫酸钠的用量以1.1 ×红矾用量为宜，用量过少不能使染料完全络合，络合速度慢，牢度较差；用量过多，还原作用强，增加羊毛损伤。采用低温染色方法时，一般可按原工艺升温，只需控制最高温度。另外加入低温促染剂，还可以采用原工艺染色，只需要减少最高温度的保温时间。

有些染料，即使同一牌号、同一类别的染料，因染料结构不同，低温染色会使牢度降低，蒸呢时色泽变化。因此采用低温染色，每一染料必须经过试验，选择使用，否则达不到预期效果。

不同品种的染料，应按产品染色牢度要求、整理加工的工艺条件、色光变化的稳定性等，选择不同的助剂、用量及染色温度。

低温染色设备应配有自动控温装置，避免人工掌握的偏差及蒸汽不稳定的干扰，而不能达到低温染色效果。

一、低温处理方法及相应的原理

1. 助剂染色法

这是目前应用最为广泛的方法，针对不同类型的染料开发出了不同类型的低温染色助剂，根据助剂的类型其染色机理主要为：

（1）助剂对羊毛的溶胀作用，使羊毛在较低的温度区间就发生膨胀，以利于染料及酸剂的进入，将上染区间前移。

（2）助剂分子与羊毛纤维有特殊的亲和力，在纤维外表形成一层薄膜包覆纤维，同时这层薄膜对染料也有很好的亲和力。通过这层薄膜对两者的亲和作用使纤维和染料在低温时就均匀吸附，有利于在温度升高时，帮助染料迅速转移至纤维内部完成上染。

（3）有机还原剂类助剂，主要是领先打开羊毛纤维的二硫键及部分肽键，增加大量的染席。由于羊毛表面鳞片层相对含硫量较多，因此这类助剂主要作用于羊毛表面鳞片，因而大大增加了纤维与染料的亲和性，使上染区间前移完成低温上染。

2. 还原剂添加法染色

在染浴中添加还原剂，如亚硫酸钠、亚硫酸氢钠、焦亚硫酸钠、巯基乙酸、单乙醇胺亚硫酸酯等还原剂于80℃采用弱酸性染料、1∶2型金属络合染料对羊毛染色。使用还原剂染浅、中色，基本可达到常规染色的深度。染色的机理为：

（1）还原剂具有破坏羊毛纤维中二硫键的作用、使角质外层变得疏松，促进染料向纤维内部扩散。

（2）巯基乙酸是较醋酸更强的酸，对阴离子染料有促染作用。

（3）还原剂将二硫键还原成巯基，增加了亲核反应基，并促进了羊毛纤维同活性染料的反应。

（4）巯基乙酸的衍生物能同活性染料反应而提高染料的固着率。

3. 有机胺预处理法染色

有机胺作为碱剂和反应剂对羊毛进行预处理，也是实现羊毛低温染色的一条途径。染色作用机理为：

（1）羊毛纤维受胺的作用可生成氨基丙氨酸，增加吸附染料的染席。

（2）二硫键断裂，角质外层变得更加疏松，为染料快速向羊毛纤维内扩散提供了方便。

（3）胺类作为碱剂，可以改变羊毛纤维的活性，促进了羊毛纤维对染料的吸附。

（4）有机胺是一种弱碱剂，对角质细胞黏合物的溶出有一定作用，增加了染料进入羊毛纤维的通道。

4. 生物酶低温染色法

酶氧化法具有成本低、反应快、易控制、节能节水、不损伤纤维、避免染色不匀、提高给色和染色牢度等优点。生物酶增加了染色过程中的染料吸收量，而且酶对染料吸收增加的作用在染色温度较低时变得较为明显，且在温度接近于酶的最大活性时，这个作用最大。这些温度通常都在50℃左右。在最有效的酶的存在下，在85℃下的染色过程得到的染料上染结果，接近于在100℃下常规过程得到的值。色牢度并不受到染浴中酶存在的影响。这些酶的作用，不仅促进了纤维吸收染料，而且提升染料进入到纤维内的扩散性。提供了一种以染浴中的酶作为助剂，在温和温度条件下新型羊毛染色的可能性。

5. 氨处理法染色

用氨处理羊毛有三种形式：

（1）用100%的NH_3即氨气处理，这样的处理可改变羊毛纤维内的氢键、离子键，但不能使二硫键分解断裂。

（2）用液态氨处理羊毛，可增加羊毛的白度，这可能是色氨酸和组氨酸在NH_3的作用下部分断裂的原因。

（3）用氨水处理羊毛，使羊毛的角质蛋白发生一系列的反应。

染色作用机理为：

（1）受氨的作用，产生硫氨酸，且随着氨浓度的增加而增加。

（2）氨作为碱剂能促进二硫键的水解，使之变为巯基进而生成非常活泼的脱氢丙氨酸而发生反应，胱氨酸含量大幅度下降，染色的障碍被打破。

（3）经氨处理后，羊毛纤维中氨基酸量均有增加，使羊毛纤维表面正电荷中心浓度增加，从而使染色速率大大提高。

（4）经氨处理后，改变了羊毛纤维中盐式键和氢键的状况，使纤维变得更疏松化。

（5）碱对于清除羊毛纤维表面上的油脂、汗液有相当重要的作用，这对改变羊毛纤维的表面性质，促进染料的吸附，起着很大的作用。

研究发现，在氨溶液中加入一定量的盐，可使氨处理效果更好，于是提出了氨／盐预处理法。用于低温染色的氨／盐预处理条件为：NH_4OH　0.1mol～0.3mol，NaCl　10g／L；浴比1∶50，50℃处理30min～60min，然后在80～85℃条件下使用酸性、活性染料染色，其效果不亚于100℃的染色。而且这种方法成本低，简单易行，没有污染，是实现低温染色的较好途径。

6. 低温等离子体染色法

等离子体是指一种全部或部分被电离的气体、气态物质在热、电等能量的作用下产生不同程度的分子及电子的分离，形成带负电荷的电子和带正电荷的离子等这种包含原子、分子、电子、离子、光子、各种亚稳态和激发态粒子的混合气体即为等离子体。低温等离子体处理技术以其清洁、快速和对羊毛损伤少而倍受关注。采用低温等离子体技术处理羊毛，能使羊毛纤维表层的大分子链断裂，形成离子或自由基，提高纤维表面亲水性，从而改善羊毛的染色性能。等离子体处理只作用于羊毛纤维表面极浅的一层，约30～59nm，因此几乎不会改变纤维原有的优点。经等离子体处理后的羊毛机织物，其纤维表面的鳞片层遭到破坏，同时由于纤维表面形成较多的亲水性基团，加上刻蚀而形成更多的孔道，使染料分子较容易吸附并扩散进入纤维内部，使染色时的渗透性增强，并且容易吸附染料，与纤维分子上的氨基发生反应而固着。因此，低温等离子体处理后，羊毛即使在70℃下染色，也能有较快的上染速率。另外，等离子体的物理破坏作用（表面刻蚀）使鳞片变软，染色时纤维容易润湿和溶胀，染料分子容易吸附在纤维表面，并扩散进入纤维内部，使上染速率明显提高，平衡上染时间大大缩短。

7. 超声波染色法

超声波指的是频率在$2 \times 10^4 \sim 2 \times 10^9 Hz$的声波，是高于正常人类听觉范围的弹性机械振动。超声波在染色体系中对染浴和纤维作用的物理和化学实质，在于声波能传送大量的能量。超声波作用于纤维时，在纤维无定形区的空隙中产生应力、应变能的集中，引起裂纹的扩展形成新表面，即无定形区的空隙加大。同时，由于超声波的作用，产生了纤维表面的微观滑移而形成疲劳源，在纤维的表面刻蚀出微孔。使羊毛鳞片变钝，尖部受损，鳞片层之间开裂，削弱分子间作用力及分子内的氢键作用，膨润性增加，纤维中有足够大的空隙使染料分子更容易扩散入内部，使染料平衡上染百分率提高，上染速率加快，提高了羊毛的可染性。

此外，还有溶剂添加法染色、甲酸法染色、乙二醛/双氧水法染色、浓尿素和硫脲法染色、浓尿素法、氧化处理法染色、稀土染色法、超临界二氧化碳染色法、电化学染色法、微波染色法等。

二、助剂法染色举例

（一）媒介处方低温染色工艺举例

1. 处方（表9-1-49）

表9-1-49　媒介处方低温染色工艺举例处方

染料与助剂	用量（%）	染料与助剂	用量（%）
媒介红S-80	0.2	低温助剂X	0.5 ~ 2
媒介黄GG	0.3	甲酸（98%）	第一次1，第二次2
媒介PV	5.2	红矾钠	1.5 ~ 2
醋酸（98%）	2 ~ 4		

2. 染色工艺曲线（图9-1-20）

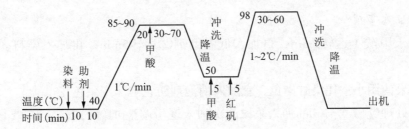

图9-1-20　低温染色工艺曲线

3. 操作注意事项

（1）40℃时染料运转5~10min后再加入酸和助剂。

（2）如果使用小浴比染缸染色，宜加入消泡剂防止泡沫产生色花。

（3）其他控制同媒介染料染色。

（二）活性处方低温染色工艺举例

1. 处方（表9-1-50）

表9-1-50　活性处方低温染色工艺举例处方

染料与助剂	用量（%）	染料与助剂	用量（%）
兰纳素黄CE	0.2	低温助剂LTD	0.5 ~ 2
兰纳素黑CE	6	纯碱	第一次1 ~ 2，第二次1 ~ 1.5
甲酸（98%）	第一次1 ~ 2，第二次1		

2. 染色工艺曲线

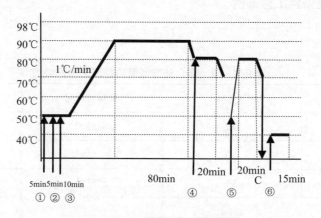

图9-1-21　低温染色工艺曲线

①—甲酸　②—低温助剂　③—染料　④、⑤—纯碱　⑥—甲酸

3. 操作注意事项

（1）加入甲酸①运转5min，再加入低温助剂②运转5min，再加入染料③，40 ~ 50℃入染。

（2）如果使用小浴比染缸染色，宜加入消泡剂防止泡沫产生色花。

（3）后处理纯碱④与⑤的加入采取两次加入逐步调整pH值的方法，主要是考虑减少纤维的损伤。

（4）在加入甲酸⑥中和前保证水洗以确保牢度。

第十三节　毛腈混纺产品染色

羊毛与腈纶混纺产品的染色，染中、浅色时用一浴法，染深色时用一浴二步法及二浴法。

一、一浴法染色

在毛腈混纺产品中，腈纶用阳离子染料，羊毛用弱酸性染料作一浴法染色时，应注意以下几点。

（1）染腈纶的阳离子染料牢度要好，对羊毛沾色少。染羊毛的弱酸性染料对腈纶的沾色也要少。染浴的pH值为5~6。染料应经过选择后使用。

（2）两种不同性质的染料同浴使用时，因两种染料的离子带有相反的电荷，会相互作用而产生沉淀，染物表面黏附色块，出现色花及摩擦牢度下降。应采用防沉淀剂，如分散剂WA、分散剂IW等。

（3）一般一浴法染色可不加缓染剂，因两种染料不同离子之间有一定的缓染作用。但当腈纶混和比例增高时，羊毛含量相对减少，应适当使用缓染剂。

二、一浴二步法染色

染深浓色时，染料用量较多，有些阳离子染料和弱酸性染料在防沉淀剂作用下，仍易产生沉淀。这时，可先用阳离子染料染腈纶，放去部分残液，再用弱酸性染料染羊毛。此法可防止色花和提高摩擦牢度，但染色时间长。工艺举例如下。

1. 处方

表9-1-51为毛（50%）腈（50%）混纺绒线的染色处方。

表9-1-51　毛（50%）腈（50%）混纺绒线染色处方

染料与助剂	淡黄	大红	红	艳蓝	藏青	翠绿	浅米	深棕	黑
125%阳离子黄X-8GL（%）	0.015	—	—	—	0.07	0.35	0.02	0.22	—
250%阳离子红X-GRL（%）	0.001	0.17	0.15	—	0.14	—	0.015	0.22	—
250%阳离子蓝X-GRRL（%）	—	—	—	0.4	0.4	—	0.01	0.08	—
250%阳离子红5GN（%）	—	0.42	—	—	—	—	—	—	—
阳离子红6BH（%）	—	—	1	—	—	—	—	—	—
250%阳离子翠蓝GB（%）	—	—	—	—	—	0.27	—	—	—
碱性嫩黄O（%）	—	—	—	—	—	—	—	—	0.36
碱性品红（%）	—	—	—	—	—	—	—	—	0.22

续表

染料与助剂	淡黄	大红	红	艳蓝	藏青	翠绿	浅米	深棕	黑
碱性绿（%）	—	—	—	—	—	—	—	—	0.45
380%弱酸性黄GN（%）	0.02	0.38	—	—	0.15	0.15	0.26	0.5	—
125%弱酸性红B（%）	—	0.85	0.3	—	—	—	0.02	—	—
140%弱酸性红10B（%）	—	—	0.3	—	0.35	—	—	0.36	—
弱酸性艳蓝7BF（%）	—	—	—	1.35	—	—	—	—	—
100%弱酸性蓝RAWL（%）	—	—	—	—	0.95	—	0.023	—	—
150%弱酸性绿3GM（%）	—	—	—	—	—	0.75	—	—	—
弱酸性黑BR（%）	1.5	2	2	—	—	—	—	—	2
98%醋酸（%）	1.5	2	2	2	2	2	1	1	2
防沉剂WA（%）	2	4	4	4	4	4	2	2	3
防静电剂SN（%）	0.5	0.5	0.5	0.5	0.5	0.5	0.5	0.5	0.5
结晶元明粉（%）	10	10	10	10	10	10	10	10	10

2．操作

（1）在80℃加入助剂、阳离子染料溶液或碱性染料溶液，将坯线放入染机，60min升温至沸，沸染30min，放去部分残液，加水稀释，降温到70℃，吊出坯线。

（2）为防止染料之间产生沉淀，加料必须按顺序进行。通常的顺序是：元明粉→阳离子染料→醋酸→匀染剂O。运转均匀后，加入弱酸性染料及醋酸，放入坯线，80min升温至沸，沸染60min。

（3）染毕逐步降温，50℃出机。

图9-1-22为毛腈混纺绒线一浴染色的升温工艺。

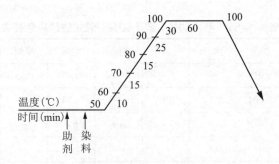

图9-1-22　毛腈混纺绒线一浴染色的升温工艺

三、二浴法染色

毛/腈匹染深色织物，一般用二浴法染色。先用弱酸性染料、中性染料或酸性媒介染料染羊毛，然后另换新浴，用阳离子染料染腈纶。

第十四节　毛涤混纺产品染色

毛涤混纺产品按染物色泽深浅和分散染料对羊毛的沾色情况，可用一浴法或二浴法染色。

一、一浴法染色

（一）用弱酸性染料或中性染料和分散染料一浴染色

工艺举例：毛（45%）涤（55%）混纺织物一浴染色。

（1）处方（表9-1-52）。

表9-1-52　毛（45%）涤（55%）混纺织物一浴染色处方

染料与助剂	用量（%）	染料与助剂	用量（%）
弱酸性染料	x	扩散剂（乳化用）	约为水杨酸甲酯用量的1／10
分散性染料	y	醋酸（98%）	0.5～1
水杨酸甲酯	浅色2～3g／L，中色4～5g／L，深色6～8g／L	硫酸铵	1～2.5

（2）操作。

①在50～60℃时加入醋酸、硫酸铵溶液和乳化好的水杨酸甲酯，运转匀润后，加入分散染料溶液和弱酸性染料的弱酸性溶液。90min升温至沸，沸染90min。

②染毕，降温清洗，深色在清洗后加209洗涤剂0.5g／L，60～70℃处理20min。浅色不加清洗剂，60～70℃热水处理20min。

（二）用混合染料一浴染色

毛涤混纺织物，也可用染羊毛与染涤纶的染料拼混而成的混合染料一浴染色。很多染料商已生产供应新型的毛涤混纺染料，如科莱恩的福隆新（Forosyn）染料、亨斯迈的特拉兰（Teralan）染料、德司达的雷索拉明（Resolamine）染料、拉纳斯脱伦（Lanastren）染料、雷玛森（Remacen）染料等。以上染料均为分散染料与中性染料或部分耐缩绒染料的混合物。据介绍，福隆新染料为Foron E型染料与Lanasyn染料的混合物。这些染料适宜染涤纶（55%±5%）与羊毛（45%±5%）混纺一浴匹染的中浅色织物。

工艺举例：毛（45%）涤（55%）混纺女衣呢混合染料一浴染色。

（1）处方（表9-1-53）。

表9-1-53 （毛45%）涤（55%）混纺女衣呢混合染料一浴染色处方

染料与助剂	用量	染料与助剂	用量
混合染料（%）	x	pH值	5.5（用醋酸调节）
水杨酸甲酯	浅色2~3g/L，中色4~5g/L	浴比	1:20

（2）操作：织物在染机内运转匀润后，升温至50℃，陆续加入醋酸（调节pH值）、载体乳液及染料溶液。按染料上染速率，以1~1.5℃/min，升温至沸，沸染时间浅色60min，中色90min，深色120min。染毕，自然降温到90℃，核对色光。继续降温清洗，浅色60℃清洗20min，中、浅色用净洗剂0.3%~0.5%，70℃处理30min，降温至30~35℃出机。

（三）羊毛和改性涤纶混纺产品的一浴染色

（1）用弱酸性染料与X型阳离子染料同浴染色。同浴染中、浅色时，由于染料浓度低，可借助分散剂的作用，使阴、阳离子均匀地分散在染浴中进行染色。

（2）用弱酸性染料与分散性阳离子染料同浴染色。由于分散性阳离子染料结构中的阳离子有色基团已被封闭剂封闭，形成一种呈阴离子化不溶于水而分散在染浴中的复合物，减少对阴离子染料的干扰，可同浴染色。

工艺举例如下。

处方：羊毛和改性涤纶混纺产品一浴染色工艺处方如表9-1-54所示。

表9-1-54 羊毛和改性涤纶混纺产品一浴染色工艺处方

染料与助剂	用量（%）	染料与助剂	用量（%）
弱酸性MF染料	x	元明粉	5
分散性阳离子染料	y	分散剂WA	1
醋酸（98%）	1.5	匀染剂MF	1

弱酸性MF染料染浴pH值为4.5~6，分散性阳离子染料染浴pH值为3~6。因此须用醋酸调节pH值在4~5再进行同浴染色。

40℃入染，60min升温至沸，在70~80℃，阳离子染料上色开始加快，宜保温染色10min左右，沸染45~60min。

二、二浴法染色

对于一些特深色，为防止影响摩擦牢度，可采用一浴二步法或二浴法染色。二浴法染色时，涤纶先用分散性阳离子染料染色，清洗后另换新浴，用弱酸性染料或中性染料染羊毛。

三、注意事项

（1）毛/涤匹染产品，不宜先烧毛。应在染色后烧毛，如白坯烧毛，织物表面涤纶的头端易形成熔融小球,吸色较深,在呢面呈现小黑点,不能弥补和消除。

(2)匹染产品白坯布面上的油锈污需揩净,严防漏揩,揩时要轻揉轻搓,防止染后出现毛斑。

(3)匹染前热定形,有利于减少匹染条折痕。如织物受热不匀,易引起染色不匀及针板印等。

(4)分散染料在羊毛上的沾色会影响耐光、皂洗和汗渍牢度,色光萎暗。因此必须选择对羊毛沾色少或沾色后可还原去除的染料。阳离子染料对改性涤纶的沾色也要少。

第十五节 毛黏混纺产品染色

一、一浴法染色

羊毛和黏胶纤维混纺的白坯,用弱酸性染料、中性染料、活性染料和直接染料按混纺的比例混合,或直接采用已混合好的混合染料,在同一染浴中染色。

(一)染黏胶纤维染料的选用

对毛黏混纺产品中的黏胶纤维,应选用对羊毛不沾色的染料,并使用防染剂,防止出现染后黏胶纤维色泽浅、羊毛色泽深的夹花(露底)现象。较适宜于一浴匹染的染料如:

活性KD型染料:黄KD—3G。

活性NF型和N型染料。

直接染料:耐酸大红4BS、大红GLN、艳红BSA、黄R、耐晒蓝B2RL、红棕RN。

直接混纺D型染料。

(二)染色处方和操作

1. **处方**(表9-1-55)

表9-1-55 毛黏混纺产品染色处方

染料与助剂	用量(%)	染料与助剂	用量(%)
毛用染料	x	硫酸铵	1~3
染黏胶纤维染料	y	结晶元明粉	20~10
渗透剂	0.3	固色剂DUR	2~3
防染剂Y	3	醋酸(98%)	0.5~1

2. **操作**

(1)在40℃加入元明粉溶液(部分)、助剂及染料溶液。按毛用染料上染速率及染料对黏胶纤维的上染速率,40min升温到60~65℃,保温染色15min,减缓毛用染料的上染速率，并加入剩余的元明粉。约在80min升温至沸，沸染45min。浴比一般控制在1:12～1:15，以利于竭染。

（2）染毕降温清洗，固色出机。

（三）工艺

升温工艺如图9-1-23所示。

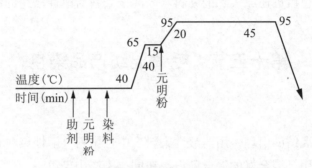

图9-1-23　毛黏混纺织物一浴染色升温工艺

（四）操作注意事项

（1）一般有利于染羊毛的温度为高温，而有利于染黏胶纤维的温度为中温，要适当控制温度，使两种纤维染得的色泽深浅接近。温度低，染毛染料上染羊毛少，色泽浅，在染浴中剩余多。温度过高，使已上染黏胶纤维的直接染料解吸多，上染羊毛多，因而羊毛色泽较黏胶纤维深。染色温度一般为85～95℃。必要时加入适量的羊毛防染剂，防止羊毛沾色，使羊毛和黏胶纤维的色泽接近。因黏胶纤维光泽较足，染色时宜使黏胶纤维染得略深，避免产生夹花现象。

（2）选择染料时要注意毛用染料和直接染料对纤维的相互沾色。

（五）染色残液连染

毛黏混纺粗绒，染色后脚水中剩余染料较多，可在染完一缸绒线后，在脚水中外加一定量的染化料，继续进行下一缸的染色。

1. 操作

将残液自然降温到70～80℃，加入追加的助剂溶液，将坯线放入染机先染10～15min，均匀润湿后吊出，加入追加的染料溶液并搅匀，放入坯线，运转15min，按工艺规定升温。染毕出机，再按成品要求进行清洗或固色处理。

2. 注意事项

（1）连染时，根据残液中染料剩余的多少和色光情况，经过大小样试验，确定染料及助剂的追加量。

（2）追加的助剂加入后，坯线放入染机，使均匀湿透，各部分温度一致。

（3）连染次数，根据色光鲜艳度和绒线上的杂质情况而定。

（4）每一色号连染时的温度、时间、浴比要掌握一致，减少色光差异。

二、二浴法染色

混纺产品先用染毛染料染羊毛后，另换新浴，再用染黏胶纤维的染料套染。此法用于羊毛含量较多的精、粗纺产品，染物的光泽较一浴法好。

第二浴套染直接染料前，必须清除余酸，或用氨水、纯碱中和调节pH值，使染浴呈微碱性，防止直接染料在酸性浴中上染羊毛。

第十六节 新型的染色助剂

20世纪90年代以来，新型纤维的开发、纺织技术的创新，消费水平的提高和出口量的增加都迫使纺织工业寻求新的助剂、新的经营模式。从开始进口到全国性的研制和生产，逐步形成了化工和纺织工业相互交叉的印染助剂生产行业的雏形。日新月异的今天，产品朝着高档、舒适、健康及生态绿色方向发展。纺织印染助剂的发展趋势有四大方面：根据新纤维的发展开发相应配套助剂；采用复配技术，增加助剂的多功能性和高级性；利用高新技术产品来补充和完善传统的纺织印染助剂产品；开发环保型助剂。为适应新的发展趋势，纺织印染行业需要不断地注入新鲜的血液，以维持生产经营的多元化发展。

一、涤纶匀染剂——低聚物分散剂

适用于涤纶及涤纶超细纤维的染色，对于分散染料具有分散性和匀染特性。在还原清洗过程中可以有效分散涤纶低聚物。可以于染色和还原清洗，获得匀染效果。在还原清洗过程中与碱剂有协同作用，可以有效去除低聚物。代表产品如我国科凯精细化工公司生产的Breviol ROL。

二、环保型载体

毛/涤产品无论纱线或者坯布染色或套色，为了保护羊毛，减少损伤，常常在常温下进行染色，为了使涤纶在常温能上色需要加入载体，但大多数载体都有一定毒性。随着环保要求的提高，无氯不含APEO等禁用成分的环保型载体越来越成熟。代表产品如科莱恩化工公司生产的环保型载体Raycatex NSC。

三、羊毛染色匀染剂

对染料具有较强的亲和力，同时能缓解升温阶段染料的上染速度，提高染料的移染性。具有良好的润湿和分散性，低泡，能大大减轻羊毛的"毛根毛尖"现象。代表产品如德国司马化学公司生产的匀染剂 Setavin MSN。

四、消泡剂

具有渗透、除气及防气泡特性，在强劲液体流动的染液中能有效地消泡和防止泡的形成。其渗透性能能防止织物在染液中浮起及去除染液中的空气，使染液在染缸中有效地运行。在碱性和酸性染浴中均能保持稳定。代表产品为亨斯迈Albaflow FFW。

五、羊毛保护剂

羊毛和其他纤维混纺纱线或坯布染色时常常需要加入羊毛保护剂，以降低羊毛纤维的强力损伤和伸长损失，提高羊毛纤维纺纱梳理性能，降低断头率。代表产品如我国科凯精细化工公司生产的Breviol WSM。

第十七节　新型羊毛染色技术

随着节能减排的技术研究的深入以及对环保品质要求的提高，针对传统染色技术的缺陷，就羊毛的染色进行了新型染色技术创新。这些新技术的关键在于保护羊毛纤维的自然形态或者说如何减少对这种自然形态的破坏。本篇对目前出现的几种相对成熟的工艺技术进行了简单介绍。

一、植物染色

当今社会，环境保护问题越来越受到人们的关注，环保型产品受到人们的极大欢迎。天然染料因其绿色环保特性，将有助于改善纺织印染行业的严重污染问题，从而成为业内相关人士和企业的关注热点及研究方向。植物染色是指利用大自然中自然生长的各种含有色素的植物提取色素来对被染物进行染色的一种方法。是指使用天然染料染色，同时在染色过程中不使用或极少使用化学助剂，而使用从大自然中取得的天然染料，对产品进行染色的一种工艺。也称"植物染色"、"草木染色"。植物染料染色主要是利用树皮、叶、根、果实、花、茎等部分色素进行染色，大多数天然染料较适合蛋白质纤维的染色，如普通毛、丝光羊毛、羊绒、蚕丝以及丝绒交织等产品均可作为染色用材料，尤其适用于羊绒或羊毛围巾、羊绒或羊毛毛衣等产品，这也是产品的价格、档次、风格所要求的，因此天然染料可以率先在羊绒等高档产品上应用。但是由于原料大分子结构松紧不同，面料结构松紧不同，通常蚕丝染出的颜色比毛类纤维浅淡。天然植物染料可供选择的颜色品种较少，色谱不全；而且多数植物染料存在染色牢度差的问题，即使采用多种媒染剂也难以解决这一问题，尤其是日晒牢度和皂洗牢度，而且传统媒染剂大多数含重金属离子，有的已被列入禁用名单。传统的天然植物染料上染率低，染色时间过长等问题也限制了其在工业生产中的应用。

二、羊毛的超声波染色技术

传统染色需要大量的水、电能和热能；化学药品需在较高温度和长时间下完成染料的上染和扩散；而超声波染色的温度选用45～65℃，属于低温染色，染浴无须外加热能，可以不用或少用助剂，利于环保。影响超声波在染色作用中的因素很多，主要有频率、强度、纤维和染料的种类、染料用量、染色温度、电解质。通常，超声波频率在20~50kHz之间，也就是空化作用发生最显著的波段，过高过低都不合适。超声波染色的功率为200~300W，此时染料对纤维的上染率最大。染料种类对超声波染色的影响尤为明显，同类染料超声波对其标准亲和力提高的幅度不同，对染色效果的影响程度也不同。另外，染料用量越高，超声波在染色中的作用也越明显；超声波染色的温度采用45~65℃，声空化效应的最佳温度为50℃；超声波染色属于低温染色，空化作用越明显，上染速率的影响就越大；超声波染色可避免高温染色对蛋白质纤维和部分化学纤维所造成的损伤。电解质在超声波染色中的影响：如果不加电解质染色，即使超声波处理也难提高染料的上染率，说明超声波的能量还不足以克服染料和纤维之间的同性电荷间斥力，加入电解质后，在盐效应的作用下才可能使染料上染到纤维上，电解质加入超量同样会使染料的聚集程度增加，不利于上染百分率的提高。超声波染色可以提高染料上染百分率、节约染料、增加扩散系数、降低染料上染活化能、降低染色温度、缩短染色时间、降低环境污染。酸性染料染羊毛采用超声波染色65℃、50min就可达到100℃、60min的染色效果。

三、羊毛冷轧堆染色技术

羊毛冷轧堆染色工艺最早是采用活性染料进行染色，研究中存在的主要问题是为了取得较高的固色率，需要用较高浓度的尿素，高浓度的尿素一方面对羊毛纤维有损伤，另一方面染色残液排到江河湖泊中会造成耗氧，导致环境污染。迄今为止，冷轧堆工艺之所以还没有大规模地实际应用，主要原因在于染料的利用率和染料上染率不是很理想，此外，该工艺还不能排除大量尿素的应用。

四、微波染色技术

微波染色就是利用微波加热的染色技术。微波一般可分为米波、厘米波和毫米波波段，频率为300~300000MHz的电磁波。微波在烘燥等领域内的应用已很普遍，在染整行业，除了可用于烘干外，还可用于染料的固色。利用微波进行染色的原理是：当浸轧染料溶液的织物受到微波照射后。由于纤维中的极性分子（如水分子）的偶极子受到微波高频电场的作用，因而发生反复极化和改变排列方向（如在2450MHz时，在1s内有24亿5千万次的偶极子旋转运动），在分子间反复发生摩擦而发热，这样可迅速地将吸收电磁波的能量转变为热能。与此同时，一些染料分子在微波的作用下，也可发生诱导而升温，从而达到快速上染和固色的目的。也就是说，微波加热是利用织物上的水在感应作用下发热，以此来升高织物和印在其上面的色浆的温度，因此，织物（色浆）应保持一定的水分，染色（或印花）织物是在未干时进行固色的。染料在纤维中的扩散或固色反应及染色后的处理与常规方法相同。

五、防定形染色技术

羊毛在染色过程中由于加水水解形成的损伤，从而导致毛条质量的降低。经过许多研究，弄清楚了在染色中发生的永久定形是导致染色质量降低的主要原因。永久定形的不良影响，只要经由几分钟沸煮处理就会表现，染浴pH值高则其影响增大。为防止这种永久定形，开发了防定形的染色技术，从而抑制了羊毛质量的降低。羊毛纤维多肽链间的二硫交联键自然定形的状态，在染色工序沸腾温度附近湿热处理会出现永久变化。在这种处理条件下，纤维形态通过硫醇基/二硫键（SH/SS）的自行交换变化，二硫键发生重新排列而形成稳定化。这种反应虽系可逆反应，但必须存在有脱氢后的硫醇基（硫醇盐阴离子）。防定形剂是借助于其与羊毛的自由硫醇基反应，从而达到妨碍SH/SS交换反应的化学药品。不同的防定形剂具有不同等的效果。在工业使用场合这些试剂并不能与所有硫醇基反应，由于总有一部分残留而不能完全防止染色中的定形。一般永久定形的形成如果在如50%以下，质量上可无问题。

第十八节　染色疵点产生原因及防止方法

在染色过程中，造成疵点的原因很多，现将常见疵点的产生原因及防止方法分述于下。

一、常见染色疵点产生原因及防止方法（表9-1-56）

表9-1-56　染色疵点产生原因及防止方法

疵点	产生原因		防止方法
	织物	绒线	
色花	拼色用的染料选择不当，上染速率相差过大	同织物	选用的染料上染速率要接近
	用酸量不当，中间加酸过快	同织物	根据染料性能掌握用酸量，酸要稀释后缓缓加入
	助剂选择或用量不当	同织物	合理选择和使用助剂
	未按上染速率掌握升温速度	同织物	掌握各阶段的升温速度
	染腈纶产品的阳离子染料配伍值相差太大	同织物	阳离子染料的配伍值要接近
	一浴染色的毛/腈产品未按工艺程序加料	同织物	要按工艺程序加料
	投染量过多，浴比过小或过大，织物上浮打结	未按原料、纱线细度和机械性能掌握投染数量	投染数量要与浴比及机械性能相适应
	织物在染前未均匀润湿	同织物	要先均匀润湿，后染色
	蒸汽管安装不良，蒸汽直冲呢面	—	蒸汽不能直冲呢面
	—	挂线杆上的坯线厚薄不匀	坯线要均匀平放
	—	控制倒顺车时间不当，造成坯线紊乱	掌握好倒顺车时间
	—	染机车速过慢	根据不同品种选用不同车速
	—	液流循环不良，或倒顺车未按工艺换向	经常检查液流循环是否正常运行
	—	坯线存放过久	减少积存，存放较久的坯线宜洗净、洗匀
	自动控制温度的仪表发生故障	自动控制温度或倒顺车的仪表发生故障	做好预防检修工作，加强检查

疵点	产 生 原 因		防 止 方 法
	织 物	绒 线	
条折痕	染色时中途降温或染后清洗降温过快	—	要逐步降温，并根据季节的水温高低、水的流量大小及蒸汽供应情况掌握降温速度
	染后出机未立即展幅烘干，堆压过久	—	要随即展幅烘干，黏纤产品尤应注意
	染物出机温度高，室温过低	—	根据原料性质，掌握出机温度，冬季要保持一定的室温
	呢坯缝头不平整，浴比小，呢面张力大，变位少	—	缝头要平整，浴比要适当，放水降温也要保持一定浴比
污斑渍	染过深色改染浅色时，染机、用具等煮洗不净	同织物	做好机台及用具的清洁工作
	染前呢坯洗油污渍时使用助剂不当，操作不当，洗油污渍后放置时间过长	—	在前道加工中要减少油污斑渍，染前呢坯要做好洗油污渍工作，洗后及时进入下道工序
	—	染前未将沾有油污斑渍的坯线拣出	加强坯线检查，将沾污坯线拣出，另行处理
	呢坯发霉	坯线发霉	注意呢坯、坯线的储存
干、湿摩擦色牢度差	染色后清洗工作未做好	同织物	做好清洗工作
	染料选择不当	同织物	做好染料的选择工作
	黏纤混纺织物固色处理未做好	同织物	根据产品的色牢度要求，做好固色处理
	—	毛/腈产品染色，加料管冲洗不净，染料产生色淀	按顺序加料，做好管道的清洗工作
	染料未充分溶解	—	染料要充分溶解
色差	每次染色的浴比、温度、时间差异过大	同织物	浴比、温度、沸染时间要一致
	采用的原料不同，洗呢后白度不同，没有做到煮呢温度也应不同掌握	—	尽量采用同种原料，匹染时须控制好洗呢、煮呢的工艺条件
	染料称量不正确或染料搞错	—	称量要准确，加强核对，衡器要定期检查校正
	助剂少加、多加或漏加	同织物	按处方正确掌握，并加强核对
	涤纶产品分散性染料升华牢度差或热定形温度和时间掌握不当	—	注意染料的选择，掌握热定形的温度和时间
	染料储存日久，力份减弱或染料换批，力份有变化	同织物	注意染料的储存，做好进厂染料的化验工作和车间对染料换批的大样试验工作
	染过深色改染浅色时，染机、化料桶或染料盛器不清洁	同织物	做好染机、化料桶、盛器、用具等的清洁工作
	染机漏水	同织物	上机前要检查机械状态
	—	水中氯化物过高	每天测试水质

续表

疵点	产 生 原 因		防 止 方 法
	织 物	绒 线	
色泽发暗	受铜、铁等金属离子影响	同织物	根据染料特性避免与铜、铁等接触
	改染色号时染机煮洗不净	同织物	要做好煮洗工作
	染色温度及时间掌握不当，染料未充分发色	同织物	掌握好温度和时间
	假日后开车，机台的供水、供汽管内积存的锈水未放净	同织物	做好机台的清洁工作，放净管内锈水
	染物未洗干净	同织物	提高洗呢和洗线的质量
发毛、发并	沸染时间过长，车速过快，浴比过小	同织物	掌握染色时间、车速和浴比

　　注　在整理过程中所产生的色花、条折痕、污斑渍等疵点，其形成原因及防止方法，详见第十篇整理。

二、造成染色不匀的其他原因

1. 尖染

　　由于羊毛在生长时所受紫外线照射及雨雪等风蚀，导致角质细胞破坏，在染色时，纤维各部分对染料的亲和力也各不相同。因此在同一根纤维上往往出现颜色深浅不一的现象，这种纤维纺制成的纱线或织成织物后也会出现深浅不一，这种染色不匀称为尖染。尖染有以下几种形式。

　　纤维的尖端染色很深，但其他部位未染色或染成浅色。用两种或两种以上不同染料染色时，其纤维的尖端及体部也出现不同的色泽。有的尖端未染色或染成很浅色，但体部则染成深色。

　　这种尖染形成的色泽差异，如毛条或散毛染色产品可在纺纱的混和及并合中得以弥补，但不能完全消除，因此会产生染色不匀现象。如注意染料的选择，使用匀染性好、聚集度小、对纤维掩盖性好的染料，并应用对尖染有良好效果的匀染剂，可以得到改善。

　　同样，如羊毛纤维或织物，在露天或窗内较长时间曝晒于日光后，也会产生化学变化，对于染料的亲和力会有改变，被日光曝晒漂白部分，显出浅色或深色的条纹。

2. 剥色

　　经漂毛粉、保险粉等还原剂剥过色的羊毛，对于各种染料的亲和力都增加，染色时只可用少量促染剂或增加缓染剂用量。如用匀染性差的染料染色时，应特别谨慎。剥色后的羊毛吸收染料很快，且在低温时能上染固着。因此必须使织物缓慢均匀吸收染料。紧密织物在剥色后，染料不易充分渗透，更要注意升温工艺，否则容易发生色泽不匀。

3. 蒸纱不良

　　蒸纱过度部分，其对染料的亲和力较蒸纱稍微过度或未过度的羊毛为大。如使用匀染性差的弱酸性深蓝染料5R或GR染色时，染得的色泽有深有浅。因此匹染织物一般不进行蒸纱，采用存放一定时间，使之定捻，避免蒸纱不良对染色的影响。

4. 死羊毛

制革厂用石灰水浸渍法，或用石灰与硫化碱混合剂，或用单一的硫化碱处理，使皮革膨胀，将皮板上的羊毛、羊绒剥离下来。各类皮革处理的药剂是不一样的。经处理的纤维，有一定损伤，对染料的亲和力也不同，易产生染色不匀。用石灰处理的羊毛，因纤维表面附有多量的难溶于水的氢氧化钙，使染料不能与纤维接触上染，需用盐酸处理，使之成为能溶于水的氯化钙，使羊毛能吸收染料而染色。

5. 原料混合不当

如用细度差异较大的异质羊毛混合，或用国毛与进口毛混合，织成坯布后，由于不同原料对染料亲和力的差异，会产生染色不匀，这与一般的染色不匀不同，它在经向或纬向易出现有规则的不匀，无法用染色来弥补。有的匹染后的呢面，还出现未透染现象。

6. 染料重现性差

选择重现性比较优越的染料，重现性好的染料不会因为染色的工艺条件出现较小的波动而影响色泽的变化。染料的重现性由染料本身的性能所决定，重现性比较好的染料控制色差容易，反之比较困难。目前匹染产品常用染料中，宜和仑P（经过改良的1∶1金属络合染料）染料的重现性比较好。

7. 环染

毛线洗净后，未立即进行染色，干湿不匀，或已经过湿整理后烘干的毛纱坯布，均应在染色前重新用70℃左右热水处理20～30min。如染物未均匀湿透，染色初期将影响染料的吸附和渗透，使色泽变浅，使用匀染性差的染料更易显现。用显微镜观察，染料仅染着于纤维外层，未完全透染，出现环染现象。染色时，如升温快，沸染时间不足，染料未充分渗透，也会出现环染现象。环染还会影响染色牢度。

8. 加强内部管理

加强对坯布、染料助剂、检测、整理工艺等的管理可以有效的控制染色不匀情况。

第十九节　纤维条染后的复洗

纤维条染色后，必须经过复洗，进一步去除浮色，同时酌加适量的防静电剂（合成纤维）或油剂，并烘干，对羊毛还有一定的定形作用，以利于后道加工。

一、工艺举例

纤维条染后复洗处方及工艺条件如表9-1-57所示。

二、操作注意事项

（1）每批上机以同缸、同色为宜，不得已时，色泽要接近。

（2）不同原料不宜同车复洗。

表9-1-57　纤维条染后复洗处方与工艺条件

原　料	羊　毛		黏 胶 纤 维		涤纶、腈纶、锦纶	
处方与工艺条件	用料（g/L）	温度（℃）	用料（g/L）	温度（℃）	用料（g/L）	温度（℃）
第一槽	净洗剂Ls1~2	45~55	净洗剂LS2~5	45~55	清水	45~55
第二槽	清水	40~50	清水	40~50	清水	40~50
第三槽	和毛油4988 6~8 KATAX570 6~8	40~50	匀染剂O 5~10 水化白油5~10	55~65	匀染剂O 5~10 水化白油5~10	55~65

注　1.羊毛、黏胶纤维浅色第一槽可不用净洗剂，中、深色可根据浮色情况适当增减净洗剂用量。合成纤维的第三
　　　槽助剂用量可根据质量要求增减。

　　2.第三槽助剂，应定时追加，方法可采用自动计量滴入或每班加1~2次。

（3）上机后应及时调整各道张力。

（4）合成纤维复洗时，可根据需要在第三槽内另加其他助剂，如柔软剂、防静电剂等。

（5）速度可根据烘房温度进行调整。吸入式三滚筒热风烘干机的温度，羊毛为60~70℃，涤纶90℃以上。烘后回潮率应接近原料的标准回潮率。

（6）第三槽上轧辊压力，羊毛为59×10^5~69×10^5Pa（60~70kgf/cm²），合纤为78×10^5~88×10^5Pa（80~90kgf/cm²）。

（7）复洗后条子的浮色、回潮率、含油率及手感等要求见表9-1-58。

表9-1-58　复洗后质量要求

项　目	羊　毛	黏　纤	涤　纶	腈　纶	锦　纶
湿摩擦牢度（白布沾色）（级）	4	3	3.5	3.5	3.5
回潮率（%）	16±2	13±2	不超过2	1~2	2~6
含油率（%）	1左右	0.2~0.4	0.2~0.4	0.2~0.4	0.2~0.4
手感	滑、松、爽，不黏并				

（8）进入复洗机条子的接头不宜过大，防止损坏轧辊或造成轧液不匀。第三槽的上下轧辊上一般绕有棉纱绳，如有轧损应及时调换。

三、LTT系列复洗机

操作时，先将毛条通过进条架引入毛条，毛条分布均匀，然后通过复洗机的四个水槽，借助循环泵的作用，设定一定工艺温度的循环水，冲洗的浮色及污水从溢流口溢出，化学站内的助剂按照设定的助剂量自动喷入水槽内，进行助剂的加入，然后进入烘干箱内毛条烘干，通过出条架进行成球。

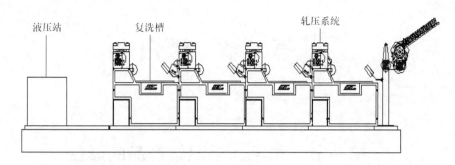

图9-1-24 复洗机

四、复洗工序疵点的产生成因及预防方法（表9-1-59）

表9-1-59 复洗工序疵点产生原因及防止方法

疵点	产生成因	预防方法
含油率不稳	油剂本身质量不稳，有变质分层，浓度有波动等	采用质量稳定的油剂
	配制的乳液浓度不稳定	按工艺要求配制
	油剂用量不准确	严格按量加料
	油剂槽轧辊压力不稳定	及时调节并保持一致
	油剂补充不准确，不及时	按要求定时定量补充
	进入油剂槽的毛条含水率太高，有冲淡油剂浓度的现象	调节前槽轧辊压力，按规定要求控制毛条含水率
	化料温度过高，形成块状	按工艺要求化料
断头率高	色条在复洗运行中有意外牵伸	各部位张力不宜过大，应保持一致
	接头质量差	按操作要领把头接牢
	游车成球时，卷绕线速度大于烘房输出	使线速度保持一致
	各轧辊加压时间不同步	调整时间同步
	毛条本身条干差，有弱节	加强原料把关
回潮率大	色条捻度过大	做到无强捻上机
	第三槽轧辊压力太小	按标准调节压力
	网眼滚筒密封不良	及时维修，达到密封状态
	网眼滚筒被纤维堵塞	定期清除
	烘房排气孔开启过大或过小	合理调整开启角度
	烘房温度低	待温度达到后再生产
	车速太快，捻度太大	根据回潮情况，降低车速
	网眼滚筒表面色条分布稀密不匀	及时调整毛条分布状态
	循环热风对毛条的穿透力不足	分条叉内不出现多条、缺条现象
	喂入毛条根数超过规范数量	检查设备状态，使其运转正常按规定数量上机

第二章　漂白

第一节　羊毛、毛混纺产品的漂白

一、漂白方法

毛纺产品漂白的方法有氧化漂白、还原漂白及氧化和还原相结合的漂白。

1. 氧化漂白

利用氧化作用，将羊毛中的色素酸破坏，使颜色消失，白色较持久，不易泛黄。但对羊毛有损伤，如过度氧化，易使手感粗糙，强力下降。常用的氧化漂白剂为双氧水。

2. 还原漂白

利用还原作用，将羊毛中的色素酸还原，使颜色消失，对羊毛损伤小。但经长时间和空气接触易泛黄。常用的还原漂白剂为漂毛粉。

3. 先氧化漂白后还原漂白

先氧化漂白后还原漂白又称双漂，光泽较洁白、持久。色泽莹润悦目，稳定性好，不易泛黄。

毛纺产品经氧化或漂白后常带有黄光，为了获得满意的白度，通常采用能发荧光的增白剂进行增白，以使漂物更为洁白莹润。腈纶、涤纶等纤维本身都比较洁白，一般可不进行漂白而直接增白。荧光增白剂是利用光学作用，增加日光下白度的一种白色荧光染料。荧光增白剂在织物上不但能反射可见光，还能将不可见的紫外光部分转变为可见明亮美丽的紫、蓝色光，使织物有明显的洁白感。选用增白剂时要注意色光的选择，夏天用的织物宜用蓝光、绿光，冬天用的织物宜用紫光。因增白剂的耐光牢度差，经增白的产品，白度不能持久，同时荧光增白剂的作用仅是光学上的增亮补色，并不能代替漂白。

用于羊毛、腈纶、涤纶织物有不同性质的增白剂。

常用的荧光增白剂用于毛织物的有荧光增白剂WG，用于涤纶、锦纶的有荧光增白剂DT和ER330，用于腈纶的有荧光增白剂DCB，用于纤维素纤维的有荧光增白剂VBL。

二、工艺举例

（一）羊毛精纺织物漂白

羊毛精纺织物漂白通常在专用于漂白的匹染机中进行。

1. 纯毛华达呢漂白

纯毛华达呢采用先氧化漂白后还原漂白的方法。

（1）处方：

氧化浴：（双氧水22%～36%）   10mL／L

还原浴：漂毛粉   12%

          增白剂WG   0.3%～0.5%

（2）升温工艺：图9-2-1。

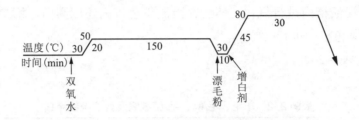

图9-2-1 纯毛华达呢先氧化漂白后还原漂白升温工艺

（3）操作：

①氧化漂白时，30℃加入双氧水，20min升温到50℃，使织物在双氧水漂液中保温漂白150min，漂毕降温清洗。

②还原漂白时，须另换水浴，在室温时先加入漂毛粉，同时将增白剂用水化开，然后加入染浴中，45min升温至80℃，继续保温30min即可，漂毕降温清洗出缸。

2. 毛（35%）涤（65%）精纺织物漂白

（1）处方：表9-2-1。

表9-2-1 毛（35%）涤（65%）精纺织物漂白处方

原料	染料与助剂	用量（g/L）
羊毛	漂毛粉	8
	增白剂WG	0.15
	增白剂B	0.04
涤纶	增白剂DT	1
	水杨酸甲酯	3
	匀染剂O	0.15

（2）操作：

①羊毛漂白：30℃时加入增白剂溶液，45min升温到70～80℃，加入漂毛粉保温30min，漂白后降温清洗。

②涤纶增白：室温时加入水杨酸甲酯乳化液，用醋酸调节pH值5～6，运转10min加入增白剂DT溶液，45min升温至沸，保温60～75min，增白后，降温清洗出机。

③水杨酸甲酯须乳化均匀，避免产生斑渍。涤纶增白宜在密闭的设备中进行，以免气体

逸散。

（二）羊毛、毛/黏、毛/腈绒线及针织绒线漂白

　　毛/腈、毛/黏产品均以漂白羊毛为主。腈纶、黏胶纤维本身白度较白，不需增白。其漂白与纯毛产品相同。采取先氧化漂白后还原漂白的方法。助剂的用量按产品的原料组成计算。

　　通常根据设备条件，羊毛、毛/黏、毛/腈绒线及针织绒线漂白，有两种方法：第一，将坯线放在双氧水浸渍槽内进行氧化，然后在液流染色机内还原漂白。第二，氧化及还原加工，分别在液流染色机中进行。

　　（1）处方：表9-2-2。

表9-2-2　羊毛、毛/黏、毛/腈绒线及针织绒线漂白

工　艺	染料与助剂	用　量
氧化浴	双氧水（mL/L）	20~25
	浴比	1:12~1:15
还原浴	漂毛粉（mL/L）	10~14
	浴比	1:25~1:35
	增白剂WG	0.4%~0.6%

　　（2）升温工艺：图9-2-2。

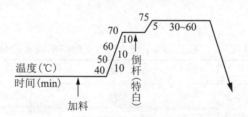

图9-2-2　羊毛针织绒线还原漂白升温工艺

　　（3）操作。

　　①于浸渍槽内氧化漂白后，在液流染色机内还原漂白。

　　将坯线放在双氧水浸渍槽内，上面用板压紧，防止坯线浮出液面。40~50℃浸渍10~18h，做好保温工作，机内温度要均匀，并定时翻动。漂后充分清洗出机。

　　将双氧水漂白后的坯线放入染机，室温清洗一次，放去残液，吊出坯线。40℃加入漂毛粉、增白剂溶液，将坯线放入染机，在35min内升温至75℃（必要时运转20min，将坯线吊出整理一次），在75℃继续漂洗30~60min，漂后清洗出机。如用于羊毛衫上绣制装饰珠片的毛线，经还原漂白后，在第一次水洗时加入少量硫酸，防止绣在羊毛衫上的珠片泛黄。

　　②在液流染色机内进行氧化和还原漂白。

　　将坯线放入双氧水染机内，50℃处理210min。开顺车15min，停车15min，轮换交替（不用倒车）。漂毕，40℃水清洗两次，每次10min。

　　将坯线放入漂毛粉染机内（加入醋酸，调节pH值至6），70～75℃处理60min，开顺车10min，倒车10min，轮换交替。如需增白，在还原漂白时可同时加入增白剂增白。

　　漂毕放去残液，40℃水清洗，开顺车运转10min出机。

　　说明：

　　1. 用此法可提高质量和生产效率，并可减轻劳动强度。

　　2. 宜用两台染机，一台用于氧化漂白，另一台用于还原漂白。双氧水可连续使用，每漂完一缸，经测试实际含量. 并追加双氧水，使之达到规定含量，再进行第二缸漂白，以保持下一批漂白的白度一致。

（三）腈纶绒线增白

　　纯腈纶绒线因腈纶本身较白，不需漂白，一般只进行增白处理。当纤维白度较差时可用次氯酸钠漂白。

　　1. 处方（表9-2-3）

表9-2-3　腈纶绒线增白处方

染料与助剂	用量（%）	染料与助剂	用量（%）
增白剂DCB	1.5	洗涤剂209	1.5（作扩散剂）
醋酸（98%）	5左右（调节pH值至3以下）	柔软剂	5
草酸	1.5	匀染剂	0.5～1

　　2. 操作

　　（1）在70℃先将扩散剂溶液加入染机，运转15min，加入醋酸、草酸及增白剂，80min左右升温到100℃，保温45～60min。

　　（2）增白毕，间接降温约1℃／min，降到50℃，放去残液，温水清洗。然后经柔软及防静电处理（同浴进行），50℃处理30min。

三、漂白注意事项

　　（1）漂白产品应注意原料的选择，原料中不应含有其他有色纤维。在纺纱、织布、修呢及染整加工中，应认真做好机台、用具及容器等的清洁工作，对纱线、坯布应有防止沾污的措施，和毛油中不可着色。

　　（2）在使用前，双氧水的浓度应以测定的浓度为准。双氧水如继续用，应测试其实际含量，并追加至规定浓度，掌握好浴比。

　　（3）漂液的pH值是影响漂白质量的重要工艺条件。双氧水从酸性到弱碱性，在pH值小于9的范围内较为稳定，分解率较小，随着漂浴pH值的增大，在碱性较强的条件下分解速度加快，可增加漂白作用。分解过快，不能有效地发挥药剂的作用。pH值通常控制在6~8较为合适。

（4）漂白时间与温度有关，温度升高，双氧水分解速度加快，漂白作用加快。温度太高，分解速度加剧，色光易泛红。温度过低，分解缓慢，漂白时间延长。一般氧化漂白温度以45~55℃，还原漂白以75~80℃较为合适。

（5）漂毛粉及增白剂，宜用80℃左右热水溶解并稀释到澄清，经过滤加入，不可有沉淀，否则易生黄斑，不可沸煮，以避免降低漂白效果。

（6）双漂产品，氧化漂白后在还原漂白前，漂物应清洗到不含残余双氧水，才可加入漂毛粉，进行还原漂白，防止漂花。

（7）漂白不能沾有铁屑，防止双氧水漂白时造成小洞。

（8）氧化漂白的设备，需用含钼不锈钢或其他耐双氧水的材料制造。增白剂、漂毛粉应避免与铜、铁接触，以免影响漂白效果。

（9）水质对漂白质量影响很大，须用软水。如为硬水，硬度一般不宜超过200mg/L，氯化物含量不超过100mg/L。

第二节　山羊绒、牦牛绒漂白

山羊绒和牦牛绒都是具有天然色泽的纤维。这些有天然色泽的纤维不能生产色泽鲜艳的产品，只能利用这种天然色泽或染成深色产品，使用受到一定限制。对有色纤维进行脱色漂白，使白度接近白纤维，而损伤又很小，并保持纤维的原有特性，这样，可提高使用价值，扩大使用范围。

有色纤维的色泽来源于纤维中的天然色素。这些色素颗粒存在于毛纤维的表皮细胞中，称黑色素。色素颗粒呈椭圆形，其化学结构尚未完全清楚，是一种聚合物，结合在角蛋白上，形成色素角蛋白，对还原剂非常稳定。因此一般的羊毛漂白方法，不适用于这种有色纤维的脱色漂白。

有色纤维漂白的机理，是利用色素纤维能较白纤维吸收多量的金属离子，金属离子在氧化漂白中起催化作用，因此可用过氧化合物漂白。以二价铁离子最适用，不仅价格低廉，且有高度的选择性，并易为色素纤维所吸收。在处理浴中，色素与铁离子生成螯型化合物，此化合物能溶解于浓碱和碱性氧化物溶液中。因此有色纤维的漂白是：先用硫酸亚铁前处理，然后用双氧水漂白。为防止漂白时损伤纤维，在前处理时加入甲醛作为交联剂，保证漂白质量。硫酸亚铁、过氧化氢用量以及处理的温度、时间都根据纤维的品种、色泽而定。有色纤维漂白后，染色时上染速率较未漂白前快。

漂白处方举例如表9-2-4所示。

表9-2-4 山羊绒、牦牛绒漂白处方

助剂与工艺条件		处方1	处方2
前处理	硫酸亚铁（%）	1 ~ 10	1.5
	柠檬酸（%）	—	0.35
	甲醛（%）	5 ~ 10	3.1
	洗涤剂（%）	—	0.35
	pH值	3 ~ 6	3.5 ~ 4.5
	温度（℃）	80	85
	时间（min）	按温度而定	90
清洗后，漂白处理			
漂白	双氧水（%）	x	9
	焦磷酸钠（%）	5 ~ 20	11
	草酸（%）	—	4.4
	碳酸钠（%）	—	8
	pH值	—	8
	温度（℃）	80	60
	时间（min）	按温度而定	90
漂白后，清洗、烘干			

有色动物纤维漂白的处方和工艺条件，应根据纤维的品种、性质、色泽深浅类别，如棕、青、紫等色以及对漂后白度的要求来决定化学药剂的用量、处理温度及时间等参数。

第三节 漂白疵点产生原因及防止方法

羊毛和毛混纺产品的漂白疵点产生原因及防止方法如表9-2-5所示。

表9-2-5 漂白疵点产生原因及防止方法

疵点	产生原因		防止方法
	织物	绒线	
漂白不匀	升温过快，温度过高	同织物	升温不宜过快、过高
	双漂产品双氧水漂后，残液未过清就加入漂毛粉	同织物	要充分过清，不含残余双氧水
	漂毛粉、增白剂未溶解好	同织物	用温水打浆，80℃热水溶解，过滤后加入染机
	浸渍漂白机内温度不一致	同织物	机内温度要一致
	水质硬度过高	同织物	采用软水，当氯化物过高时应改用其他水源

续表

疵点	产生原因		防止方法
	织物	绒线	
油污、色渍、色毛	机台及用具清洁工作未做好	同织物	做好机台及用具的清洁工作
	搬运中沾污	漂前未将沾有油污色渍的坯线拣出	加强呢坯、坯线的保护，漂前将沾污的坯线拣出，另行处理
	假日后开车，机台供水、供汽管内的积存锈水未放清	同织物	管内积存的锈水要放清
	染料飞扬沾污	同织物	不可在漂白作业区附近溶解染料
	烘呢温度过高，烘得过干，静电吸附尘埃与色毛		烘呢温度不宜过高，烘呢不宜过干
	挡车工自身清洁污垢不到位		挡车工自身清洁污垢应到位
烘呢针锈	烘呢机针板生锈		宜用不锈钢针板或在针板上加垫白纱带

第三章　印花

印花工艺是用染料或颜料在纺织物上施印花纹的工艺过程。印花有织物印花、毛条印花和纱线印花之分，而以织物印花为主。毛条印花[又称维古罗（Vigoureux）印花]用于制作混色花呢；纱线印花用于织造特种风格的彩色花纹织物。

第一节　染料、助剂的选用

一、染料的选用

纯毛产品的印花，通常用酸性染料和中性染料，毛用活性染料也在应用。印花染料的性能要求如下。

1. 溶解度

印花色浆中糊料较多，水分少。印花一般在低温下进行。应选择在低温及少量水中有良好溶解性的印花染料。染料溶解度差，刮印时会因染料溶解不良而造成小色点。

2. 得色量

染料上染率高。经充分氯化的羊毛，按规定处方，汽蒸30min后，染料要染出饱和色泽。

3. 色泽鲜艳度和色牢度

色泽鲜艳度和色牢度应符合产品要求。

4. 配伍值

腈纶毯印花，阳离子染料的配伍值不很重要，但拼色时配伍值应接近，使色浆稳定。

二、助剂的选用

（一）印花助剂的选择原则

（1）改变纤维结构，改变纤维亲水性。

（2）改变染料的溶解度和分散性能，减弱染料固着时对蒸化条件的依存性。

（3）改善纤维的溶胀性和吸湿性。

（4）使印花色浆稳定。

（5）在汽蒸固色时，使染料更容易进入纤维内部。

（6）经水溶液洗涤时可提高色牢度性能。

（二）常用的印花助剂

1. 酸剂

酸剂用以调节和稳定色浆的pH值，使色光重现性好。醋酸、蚁酸在蒸化时易挥发，使pH值变化，影响上色率。宜用二羧基酸，如草酸、酒石酸，或多羟基酸，如柠檬酸，这些酸不易挥发，pH值稳定。

2. 渗透剂

需采用高效低泡沫的渗透剂。腈纶印花采用非离子型渗透剂。

3. 助溶剂

助溶剂如尿素、异丙醇等，在色浆中，使染料在少量水分中溶解。溶解度好的染料可不加。

4. 消泡剂

印花色浆中泡沫多，会影响花纹的清晰和上色均匀度，应加入适量的消泡剂。

第二节 糊料的选用

糊料在染料中可增加溶液黏度，以调制成稠厚有黏性的色浆，防止染液渗化，阻止色浆内各成分互相作用，使染料均匀地在织物图案部位获得花型轮廓清晰的效果。印花时先将糊料调成糊状物质，称为原糊。然后与染料、化学药剂溶液混合均匀，成为色浆。

糊料的质量好坏关系到上色率、色光、重现性、花型的清晰均匀程度。糊料应选用含固量高而黏性较低，有良好黏度和流变性，润湿膨化性好，不含有任何色素，易溶于水，固色后容易洗去，有良好的渗透性和润湿性，能耐酸、耐碱、耐氧化剂。黏度不能过高，以免增加刮印困难，毛条印花时醮浆辊上的呢毡发硬，会影响给湿量；黏度太小易渗化，花型轮廓不清晰。烘干后的糊料必须结实、不产生龟裂或脱落。不同的花型和印花工艺，对糊料有不同要求。常用的糊料如下。

一、海藻酸钠浆

海藻酸钠分子中有羧基，除阳离子染料外，可用于大多数染料的印花。pH值为5.8～11时较为稳定，遇强酸、强碱成凝胶，加入三乙醇胺可改善之。对硬水敏感，易凝聚或沉淀，加入六偏磷酸钠可防止。

（1）处方：表9-3-1。

表9-3-1 海藻酸钠糊料浆的处方

糊料与助剂	用量（kg）	糊料与助剂	用量（kg）
海藻酸钠	4～6	水	x
六偏磷酸钠	0.5～1	合成	100

（2）操作：将温水加入桶内，加入六偏磷酸钠溶液，边搅拌边加入海藻酸钠至均匀无颗粒。然后加入水至总量。可加适量的甲醛或石炭酸作防腐剂。海藻酸钠不耐高温，在80~90℃搅拌30min，黏度下降。

二、羟乙基皂荚胶浆

天然龙胶为紫云英族天然植物分泌的胶状物，呈酸性，对有机酸、淡碱液及硬水较稳定。用于酸性染料、直接染料的印花，给色鲜艳，洗涤性好。因来源及价格较高，已用合成龙胶（羟乙基皂荚胶）代替。合成龙胶是由槐豆类植物的皂荚的皂仁磨成粉，再与乙醇、氯乙醇、烧碱制得，成糊率高，且耐酸性。

（1）处方：表9-3-2。

表9-3-2　羟乙基皂荚胶浆处方

糊料与助剂	用量（kg）	糊料与助剂	用量（kg）
羟乙基皂荚胶	3~5%	醋酸	适量（调节pH值）
热水（80~90℃）	x	合成	100

（2）操作：在快速搅拌下，将羟乙基皂荚胶缓缓加入预先盛有热水的桶内，至透明糊状。制成的原糊pH值为8~9，用醋酸调节pH值至7左右。

三、淀粉浆

常用的有小麦淀粉浆。

（1）处方：表9-3-3。

表9-3-3　淀粉糊料浆处方

糊料与助剂	用量	糊料与助剂	用量
小麦淀粉	12kg	水	x
盐酸	150mL	合成	100kg

（2）操作：用水将小麦淀粉调成浆水，过滤加入锅内，加入盐酸，加热至95℃，煮2~3h，至透明糊状，加入醋酸钠约0.2kg，调节pH值至6~7，冷却。煮糊需煮熟，否则影响印花质量。

四、乳化浆

乳化浆由两种不相溶的液体，在乳化剂存在下，经高速搅拌而成。其中一种液体成连续外相，另一种液体为不连续内相。常用的是油水型乳化体，用白煤油和水及乳化剂制成。为稳定乳化液及增加黏度，可加入羧甲基纤维素浆、海藻酸钠浆用作保护胶体。适用于酸性染料、活性染料的直接印花。不耐电解质和有机溶剂。

（1）处方：表9-3-4。

表9-3-4　乳化浆处方

糊料与助剂	用量（kg）	糊料与助剂	用量（kg）
煤油	70～80	热水	x
匀染剂O	2	合成	100

（2）操作：匀染剂O用热水溶解，加冷水至300g／L的浓度。高速搅拌下将煤油慢慢加入，继续搅拌20min左右。乳化体的黏度取决于内外两相间的比例，内相含油量增多，乳化浆的黏度增大。调制色浆时，匀染剂的温度应冷却至50℃以下才能加入。

第三节　毛织物印花

一、印花设备

毛织物大多采用直接印花，拔染印花也有应用。通常采用网动平网印花机（图9-3-1）。印花时织物贴在台板上，花版在台板上按铁轨上设有规矩孔的固定距离，用手工移动。印好一版后，升起花版，移到下一版的部位再印花；每块花版印一套色。印花时色浆装入花版柜内，用刮刀将印花浆沿织物纬向刮印。色浆透过花版孔印在织物上。台板下用蒸汽管加热到35～40℃。台板上覆盖绒布或呢毯，增加弹性，绒毯上铺覆漆布或人造革。一般台板长60m，宽2m。

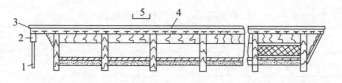

图9-3-1　网动平网印花机示意图

1—排水管　2—排水槽　3—加热层　4—台面　5—筛网

织物印花后，需经蒸化。蒸化设备采用松式，以减少变形。常用的有星形架及圆形架蒸化设备。由蒸化室和悬挂织物的框架组成，如图9-3-2所示。筒壁内有夹层，通蒸汽加热保温，底部有蒸汽管。蒸化时将织物挂在框架的挂钩上，星形架用衬布圈绕并悬挂在织物夹层间，防止印花织物接触而沾色。较厚的毛织物，为利于蒸化，将织物悬挂在圆形框架上，成S形（可不用衬布），然后将框架置于蒸化室蒸化。

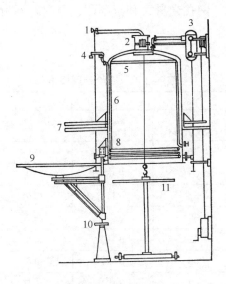

图9-3-2 蒸化机

1—排空气管 2—绳轮 3—蒸汽给湿机 4—安全阀 5—直接蒸汽加热管

6—蒸化室 7—支架 8—加热管 9—门盖 10—转动门盖支柱 11—星形架

二、筛网选用

涤纶丝筛网变形小，适用于精细图案，但不及锦纶丝筛网耐磨，网孔易起毛，且不耐刮印。其规格见表9-3-5。

表9-3-5 涤纶筛网规格

型 号	规 格			有效筛滤面积（%）
	幅宽（cm）	密度（孔数/cm）	孔宽近似值（mm）	
DF39	127±2.5	39	0.149	33.64
DF42	127±2.5	42	0.130	29.81
DF46	127±2.5	46	0.130	35.52
DF50	127±2.5	50	0.112	31.25
DF54	127±2.5	54	0.109	34.69
DF58	127±2.5	58	0.096	30.90
DF62	127±2.5	62	0.085	27.69
DP56	102±2 127±2.5	56	0.126	49.53
DP64	102±2 127±2.5	64	0.103	43.44
DP72	102±2 127±2.5	72	0.096	47.15

　　锦纶丝筛网，坚牢耐磨，网孔光滑，利于刮印，但耐碱不耐酸，受湿热易变形，不适用于精细图案。其规格见表9-3-6。

表9-3-6　锦纶筛网规格

| 新型号 | 规格 | | | 有效筛滤面积（%） | 老型号 | 规格 |
	幅宽（cm）	密度（孔数/cm）	孔宽近似值（mm）			孔数/cm
JF30	127±2.5	30	0.216	41.98	—	—
JF33	127±2.5	33	0.185	37.25	—	—
JF36	127±2.5	36	0.159	32.90	—	—
JF39	127±2.5	39	0.138	28.76	SP38	40.2
JF42	127±2.5	42	0.119	24.86	40	42.1
JF46	127±2.5	46	0.121	30.65	42~45	44.1~47.6
JF50	127±2.5	50	0.103	26.50	—	—
JF54	127±2.5	54	0.101	29.73	SP50	52.8
JF58	127±2.5	58	0.088	26.26	56	59.1
JF62	127±2.5	62	0.077	22.69	58	61.4
JF30	212±3	30	0.216	41.98	—	—
JF33	212±3	33	0.185	37.25	—	—
JF36	212±3	36	0.159	32.90	—	—
JF39	212±3	39	0.138	28.76	—	—
JF42	212±3	42	0.119	24.86	—	—

　　桑蚕丝筛网，变形小，耐磨差，强度低，不耐碱，用于精细图案。

　　印花图案分细茎、大花、小花等，需根据花型和织物组织细、密、厚薄等选择筛网型号，防止发生花型断茎、并花等疵病。筛网组织有方平组织及平纹组织等。毛织物印花常用锦纶筛网和涤纶筛网。

三、印花工艺

　　毛纺织物根据设计的花纹图案选用相应的印花工艺。常用的有直接印花、防染印花和拔染印花三种。印花是在白色或浅色织物上先直接印以染料或颜料，再经过蒸化等后处理获得花纹，工艺流程简短，应用最广。

　　工艺过程：洗呢→氯化处理→平网印花→蒸化→水洗→烘干。

1. 洗呢

　　印花前，须将织物充分洗净。

2. 氯化处理

　　经氯化处理，可使羊毛表面的鳞片薄膜破裂，减少纤维的临界表面张力，加速色浆对纤维表面的润湿，使色浆容易渗入纤维中，增加色泽深度。同时经氯化，可使织物不易收缩，不会因洗涤而影响印花图案的清晰度。印花前的氯化均匀与否，直接关系到色浆的给色量。

氯化处理可使用含有活泼氯的有机化合物，如二氯异氰尿酸盐DCCA（Dichlorolsocyanuric Acid）的金属盐。商品有巴佐兰（Basolan）DC。它在溶液中能逐渐水解，释出次氯酸，进行氯化处理。

粗纺织物的氯化，与精纺织物相同。氯化可在洗呢、缩绒后进行。

氯化可在一般的绳状染色机中进行，其方法如下。

（1）将经过洗呢、煮呢后的呢坯，缝成袋形，放入染机中。缝头必须保持平整。

（2）加入0.1%非离子洗涤剂，浴比40:1，温度50℃，洗涤10~15min，再用冷水冲洗。

（3）加入醋酸2%，调节pH值至4.5~5，处理浴温度维持在20℃。

（4）将3%DCCA溶解稀释后，缓缓滴入染机前部，在20℃运转30~40min。

（5）氯化后会使织物发黄，需进行脱氯，可加入5%的亚硫酸钠溶液2%~3%，pH值为3.5~5，30~35℃，处理30min，然后用50℃水清洗，以碘化钾测试脱氯是否完全。

氯化注意事项：

（1）氯化处理，必须掌握pH值、温度及氯化均匀度。用于氯化处理的各种助剂，必须稀释后在运转状态下缓缓加入。

（2）由于DCCA溶解度较差，在溶液中不稳定，可先将焦磷酸钠（$Na_4P_2O_7$）溶解在尽可能少的沸水中，然后用大量冷水迅速冷却。再取DCCA溶液喷洒于冷却的焦磷酸钠溶液中，在使用前约10min予以溶解。

（3）印花前，坯布除氯化外，必须避免其他的处理，如防水、防蛀、柔软等。

（4）氯化后，必须立即进行冲洗、烘干。

3. 印花处方（表9-3-7）

表9-3-7　印花处方

染料与助剂	用量（%）	染料与助剂	用量（%）
染料	x	氨水	0.2
尿素	6~15	糊料	50
硫酸铵15%溶液	2	水	20

色浆中加入少量氨水，使印花浆略呈碱性，避免过早固色。根据需要还可加入适量的石炭酸，以防浆料变质。硫酸铵作为固色剂，在汽蒸时分解出硫酸，使pH值降低，达到固色。

印花注意事项：

（1）印花时，借浆料将呢坯贴在台板上。由于羊毛有弹性，干贴时不易贴牢，采用湿布粘贴。洒浆时，浆要洒得细而密，拖浆刷子要拖得密，使坯布均匀平整地贴在台板上。匹端需经直纬平。贴好后，必须待坯布干后再印花。

（2）手工刮印时，两人对刮刀前后左右的倾斜角度应保持一致，配合得当。刮印时，刮刀要推到边，刮刀头动作快慢要适当，防止发生接版印，或同一块花版所得的色泽不一致。色浆应少加勤加，中途不可调换刮刀或色浆。

（3）每套色花版的排列，一般是先印深色的茎、花点及花蕊，后印大面积的浅色。每套色的花版印完一版待干后，再印另一版，否则会渗化。起版时应轻起、直起。

（4）台板规矩孔如有磨损，应及时调换，防止叠版印、接版印或套版不准。

（5）色浆不宜过薄，按不同品种和花样掌握，采用不同厚薄的浆料。

（6）染料需充分溶解，并检查无色点后，才能加入原糊中使用。

（7）羊毛经氯化，染料易于上染，色浆中可加入适量的缓染剂，提高印花的均匀度。

4. 蒸化

提高蒸箱温度，有利于上色，但温度不宜过高，防止色变，一般为102～110℃。汽蒸湿度大，给色量高，但以不使花型向外渗化或产生搭色为度。用饱和蒸汽，汽蒸时间需经过多次试验而定，根据染料性能掌握工艺条件，通常为35～45min。

蒸化时，应适当掌握蒸罐和衬布的干湿度。衬布要定时清洗，防止搭色。出机后待坯布冷却，方可折叠堆放。坯布圈绕挂在星形架或圆形框架上时，注意边道张力，防止下垂，以免蒸化定形后，难以纠正。

5. 水洗

水洗是将糊料、助剂、浮色洗除。温度不宜过高，防止洗下的染料重新染着在织物上，产生沾色和浮色。洗涤时可加入净洗剂，以提高洗净效果。水洗时间可按洗净浮色、糊料的具体情况掌握。水洗后堆放时间不宜过长。

6. 烘干

烘干在烘呢机上进行。

四、其他印花技术

1. 码印花

数码印花是将花样图案通过数字形式输入到计算机，通过计算机印花分色描稿系统（CAD）编辑处理，再由计算机控制微压电式喷墨嘴把专用染液直接喷射到纺织品上，形成所需图案。数码印花的生产过程简单地说就是通过各种数字化手段如：扫描、数字相片、图像或计算机制作处理的各种数字化图案输入计算机，再通过电脑分色印花系统处理后，由专用的软件通过对其喷印系统将各种专用染料（活性、分散、酸性主涂料）直接喷印到各种织物或其他介质上，再经过处理加工后，在各种纺织面料上获得所需的各种高精度的印花产品。数码印花机打样在西方印花业已经成为主流的生产方式。数码印花机打样以反应速度快、打样成本低、效果一致性好、适用范围广，而成为印花业一项必不可少的工具。

2. 拔染印花

传统的拔染印花方法是把染色和印花在工艺上相互结合，也是目前在羊毛织物印花中最普遍使用的方法，织物首先经过染色，然后印上拔染剂，在汽蒸时，印花图案内的织物底色将被拔染剂还原分解而消色，最后进行皂洗，将分解后的底色染料从织物上洗去，产生白色拔染图案的效果。着色拔染印花效果是在印花浆中加入拔染剂的同时加入耐拔染料，在拔染工序中，织物上印花图案内的底色将受到破坏，而由印花色浆内的耐拔染料取代原来印花图案内的底色。

3. 防染印花

防染印花是在白色的羊毛织物上预先印上防染剂的图案花纹，以阻止在匹染或印花中底色染料上染的工艺过程。主要用方法有两种。

（1）罩染防染法。

使用白色防染或着色防染染料色浆，在羊毛织物上印上花纹，然后进行固色、洗涤及大浴比等工艺，使织物染上底色。

（2）湿罩印花法。

羊毛织物在印上白色防染色浆或着色防染色浆后，在印浆还未干时，再以平版丝网罩印上底色色浆，然后以汽蒸固色织物的底色。

4. 涂料印花

用涂料而不是用染料来生产印花布已经非常广泛，以致开始把它当作一种独立的印花方式。涂料印花是用涂料直接印花，该工艺通常叫作干法印花，以区别于湿法印花（或染料印花）。涂料不同于染料，它对纤维没有直接性，不能和纤维结合。它只是一种不溶性的有色粉末。它在纤维上"着色"的原理是借助于一种能生成坚牢薄膜的合成树脂，固着在纤维的表面，因此各种纤维的织物都能采用涂料印花。

5. 转移印花

首先利用计算机将花型分色；然后，将图案通过高精度的电雕机，精工雕刻一流品质转移印花版辊（凹版），再利用电子雕刻版辊和油墨，将花型印在特种纸上，即为热转移印花纸，转移印花纸经过一定的时间、温度和压力的控制，花型被印在织物上。

第四节　毛条印花

毛条印花，对异色拼毛，尤其是黑白色拼毛，或深浅色差异大的多色拼毛，能取得均匀的混色效果，用其所制织物的混色效应不同于条染产品，有其独特的风格。

一、毛条印花机

（一）MB151型毛条印花机的主要技术特征（表9-3-8）

表9-3-8　MB151型毛条印花机的主要技术特征

项　目	主要技术特征	项　目	主要技术特征
机器类型	双头螺杆推进开式针梳箱，单缸，螺旋槽印花	出条重量（g/m）	30~40

续表

项 目	主要技术特征	项 目	主要技术特征
喂入毛球规格（mm）	$\phi400\times380$	出条速度（m / min）	16 ~ 28
喂入重量（g / m）	12 ~ 20	针板打击次数（次 / min）	最大600
并合根数（根）	8 ~ 16	针梳针板块数（块）	23
牵伸倍数（倍）	4 ~ 6	印花辊	$\phi150\times50$mm带有24根螺旋槽，配有左旋槽（宽2.5mm、9.75mm）及右旋槽（宽3.75mm、7mm）的印花辊各一根

（二）设备结构

（1）针梳部分同精纺纺纱部分的针梳机。印花前经过针梳，使毛条均匀顺直，纤维展开成均匀的毛层，使印花均匀。

（2）印花部分由色浆槽、螺旋槽、印花辊、醮浆辊、供浆辊、刮浆辊组成（图9-3-3）。印花辊刻有左旋及右旋的凸形斜纹，斜纹宽度按需要选择使用。

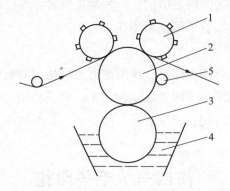

图9-3-3 印花部分示意图
1—印花辊 2—醮浆辊 3—供浆辊 4—色浆槽 5—刮浆辊

在阳纹印花辊下，有包着毛毡的醮浆辊2与供浆辊3紧密接触。供浆辊半浸于浆槽中，印花时将浆槽中的色浆传递到醮浆辊2上，经刮浆辊5以刮除多余的色浆。毛条在印花辊1和醮浆辊2之间通过，经挤压，在毛条上形成各种形状的颜色。纤维着色率可通过调节印花辊与供浆辊间的压力予以控制。印花时可以一只印花辊单印，也可两只辊合印，须一只左旋和一只右旋相配合。将不同斜纹宽度的印花辊组合使用，可分别调节印花面积。

（3）输出部分由悬伸支架、折叠吊架和小推车组成。毛条经轧印辊，装入有孔圆桶或层网架，分层平铺。装桶时毛条不宜压得过紧。

（4）蒸罐采用卧式圆桶形真空汽蒸设备，受压较均匀。

图9-3-4为毛条印花机示意图。

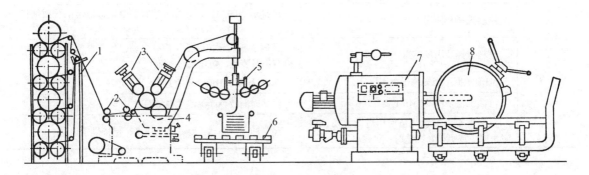

图9-3-4　毛条印花机

1—退卷架　2—针梳箱　3—印花部分　4—盛浆槽

5—折幅架　6—小推车　7—蒸罐　8—蒸罐盖

二、工艺举例

（1）印花处方：表9-3-9。

表9-3-9　毛条印花处方

染料与助剂	用量（%）	染料与助剂	用量（%）
染料	x	拉开粉BX	0.3 ~ 0.5
印花胶	15	草酸铵	0.3
尿素	4	消泡剂	0.1 ~ 0.3

（2）蒸化：毛条印花后，经蒸化使染料固着。用饱和蒸汽汽蒸，过热蒸汽易使毛条表面浆料干燥，影响渗透，得色率低，牢度差。温度一般为100 ~ 105℃。汽蒸时间按所使用的染料的渗透速度与色泽深浅而定。色泽深、渗透速度慢，汽蒸时间应长。如中性染料印浅色，汽蒸40min，印深、中色时汽蒸时间为60min。时间过长，色光易泛黄，但时间不足，影响发色，且固色效果差。

（3）水洗：在复洗机上进行。第一槽加净洗剂，40 ~ 45℃；第二槽清水，45 ~ 50℃；第三槽按需要加入柔软剂或抗静电剂。

三、毛条印花疵点产生原因及防止方法（表9-3-10）

表9-3-10　毛条印花疵点产生原因及防止方法

疵点	产 生 原 因	防 止 方 法
色光差异	染料选择和使用不当	选择适当的染料，并充分溶解，要选择适当的分散剂打浆
	糊料选择及用量不当	掌握浆料的液位高低，应有自动追加浆料的措施，浆槽应有保温装置，防止浆料沉淀
	pH值掌握不当影响得色率	掌握适当的pH值，不宜过高
	汽蒸工艺条件及操作不良	汽蒸时间按色泽深浅适当掌握
	供浆罗拉外的包呢毡使用过久发硬，供浆量减少或更换新呢毡时，供浆量增大	经常冲洗包呢毡，要开空车压平，保持供浆均匀

第五节　腈纶簇绒毯印花

一、印花设备

腈纶簇绒毯有素毯及印花毯两种。素毯用匹染法，印花毯采用布动平网印花机印花（图9-3-5）。

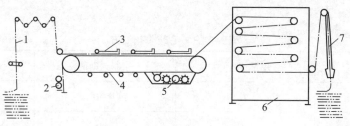

图9-3-5　布动平网印花机

1—进布　2—给浆　3—刮印　4—导带　5—水洗装置　6—烘房　7—出布装置

该机由进布装置、导带、网架及水洗装置、烘房等组成。织物沿着印花台面的经向移动，网框安装在网框架上，在固定位置处作上下升降运动而印花。印花机导带前端有给浆装置，使贴布浆均匀刷到导带上。织物经进布架进入导带时，与浆接触后，使织物平整地贴在导带上进入印花区。在印花过程中，导带停止运动，网框下降，磁性刮浆辊带着色浆往复运动，使色浆透过网框印在织物表面。印花完毕，网框架上升，网框脱离织物，导带继续循环运动，织物进入烘房烘干。导带经水洗，洗去表面色浆、污物和贴布浆等。

二、印花工艺

（1）糊料的制作：在打浆锅内放入温水或冷水，缓缓加入羟乙基皂荚胶，搅拌约

60～90min，使之成为半透明淡黄色无结块或颗粒状的糊料。一般用1kg胶粉，加入40kg水，制成原糊，再加入原糊量20%的乳化增稠剂M制成的乳化浆，搅拌后成为糊状的白浆，用以调制色浆。

（2）台板黏合剂：常用的是变性PVA黏合剂。使织物与导带黏合，防止在导带运动或印花网框起落时织物发生位移，影响印花质量。黏合剂用量过多，会阻止色浆向反面渗透，使印花色泽不匀；过少，则黏不住。应采用水溶性好，易洗去的黏合剂。

处方：配置1L色浆所含有的染料、助剂（单位g）如表9-3-11所示。

表9-3-11　配置1L印花色浆的处方

染料与助剂	用量（g）	染料与助剂	用量（g）
染料	x	尿素	20
醋酸（98%）	15	渗透剂	20～30
酒石酸	20	水	适量，至1L

（3）烘干：印花织物应及时烘干，防止渗化，温度100～140℃。

（4）蒸化：饱和蒸汽106℃，30～60min。

（5）水洗：冷水冲洗45min，然后皂洗，用非离子洗剂或阴离子洗剂1%，40℃，30min。再温水冲洗60min左右，逐步降温出机。水洗后，换浴，柔软处理。

（6）操作注意事项：将各套色网框分别按工艺顺序放置在印花机上，调节好花位尺寸，以第一网框为基准固定好刮印动程，网框需对好花号，然后拧紧定位螺丝，防止位移。

加工时，应注意印花质量，如对花正确与否，花型轮廓清晰度，网框上有无毛屑、纱头等堵塞，进布有否歪斜，贴台面浆黏合程度，色浆量的多少，有否漏浆、脱浆，织物烘干后的干燥程度等。

三、印花疵点产生原因及防止方法（表9-3-12）

表9-3-12　腈纶簇绒毯印花疵点产生原因及防止方法

疵点	产 生 原 因	防 止 方 法
折痕	1. 织物缝头歪斜，造成整个图案歪斜	1. 缝头要平整
	2. 进布歪斜，花型偏于一边	2. 进布位置应控制正确
跳花	1. 对花光电管失灵	1. 及时进行修理
	2. 数控钢带上小孔堵塞，信号错误	2. 做好孔眼的清洁工作
白点	网框花型处有杂质堵塞网眼，阻塞色浆印到织物上	经常检查印制质量，去除网框上的杂质
两边深浅	1. 台面两边不平或网框与织物间距离两面不一致	1. 开车前应校正距离，保持台面水平
	2. 一边丝网堵塞	2. 及时做好丝网的清洁工作

疵点	产 生 原 因	防 止 方 法
漏浆	1. 丝网喷漆部分脱落	1. 开车前应检查，有漆膜脱落应及时修
	2. 色浆加入量过多，溢出网框	2. 及时做好丝网的清洁工作
拖浆	贴台面浆未将织物与导带黏牢，网框上升时导带移动，织物随之起伏	选择适宜的贴台面浆，控制好给浆量
露白	1. 对花工作未做好	1. 及时纠正
	2. 网框放置日久，花型变形	2. 使用前应先检查并核对网框
脱浆	色浆加入量过少，供浆脱节，使花型不全或局部无色	控制色浆加入量
渗化	1. 渗透剂用量过多	1. 渗透剂用量要适当
	2. 色浆太薄	2. 控制色浆稠厚度
	3. 未及时烘干	3. 印花后应及时烘干
反面渗透不良	1. 色浆太稠厚	1. 色浆应保持适当稠厚度
	2. 渗透剂用量不足	2. 渗透剂用量要适中
	3. 贴台面浆涂层过厚	3. 控制涂层厚度
沾色	1. 印花织物烘后不够干燥，色泽互相沾染	1. 掌握织物的干燥程度
	2. 烘房故障，织物未干就折叠	2. 及时排除故障
	3. 退浆温度过高，使白地沾色	3. 保持一定的退浆温度
风印档	烘房停止运转时间过长，织物局部干燥变色	烘房不应中途停车
水渍印	汽蒸前或汽蒸中，水滴或蒸汽喷射到织物上	应防止水滴溅到织物上
局部色泽不一致	1. 汽蒸时织物间距密，不易渗入	1. 保持一定的距离
	2. 汽蒸温度、压力或湿度不足	2. 按工艺规定操作
	3. 汽蒸时间不足或过长	3. 控制汽蒸时间

第四章　染色方法和机械设备

第一节　染色方法

一、纤维染色

纤维染色有散纤维染色和纤维条染色两种。一般花色线织物常采用纤维染色，然后将有色纤维拼混，纺成花色线后织造。精纺花色产品大多采用纤维条染色，粗纺产品采用散纤维染色。纤维染色的优点，可以生产各种丰富多采的混色产品，并可将各种染色性能不同的纤维分别染色后混纺。纤维染色的产品匹差小，在染色过程中即使产生色泽不匀，也可以在下道纺纱的拼混中得到弥补，使色泽一致。在大批量生产时，容易获得较一致的色泽。对色泽差异要求严格的军服呢等素色产品，常采用纤维染色。纤维染色产品，可随时利用储存的有色毛条，进行拼混和生产。但对色泽多变的小批量生产，则每批都会产生剩余的有色毛条或散纤维，增加储存和管理的困难。

二、纱线染色

常规纱线染色的方法有三种：绞纱染色、筒子染色、经轴染色。绞纱染色是指将松散的绞纱浸在特制的染缸中，这是一种成本最高的染色方法。筒子染色是指先将纱线卷绕在一个有孔的筒子上，然后将许多的筒子装入染色缸，染液循环流动，蓬松效果与柔软程度不如绞纱染色。经轴染色是指一种大规模卷装染色，机织物织造前要先制成经轴（整经），将整个经轴的纱线进行染色，如联合浆染机与经轴纱线束装染色。由于是经轴，所以多适用机织物染色使用。但随着经轴落筒的出现，我们可以把染色后经轴上的纱线落成筒子纱，这种染色的纱线使用范围就更广了。纱线染色，可将染色后的两种不同或相同颜色的单纱进行合股，得到各种不同花色的毛纱后再织造，可以提高加工效率，降低纱线的库存。但对纱线染色质量要求高，如色泽要均匀，缸差要小。纱线染色不能完全达到纤维染色的外观风格效应，如啥味呢的混色效应。

三、匹染

匹染产品，优点虽多，但对前道纺纱、织造的质量要求高。如要求毛纱条干均匀，进行严格的纱批管理，织造过程中防止经纬档、厚薄段等织疵的发生；染色时防止发生色花、色差及条折痕等。生产匹染品种，需纺纱、织造及染整各工序密切协作配合，才能发挥其作用和优点。否则难以达到预期的效果，甚至造成被动局面，影响生产任务的完成。随着交货期的缩短，尽可能地将染色工序向后移，称后期染色，使工厂能作快速反应。原来采用纤维染色的，改为毛纱染色及匹染。可以储存白纱、白坯布，根据订货要求，可随时染成各种颜色，供应市场，缩短交货期，提高市场竞争能力。

匹染、纤维染色、筒子染色的比较见表9-4-1。

表9-4-1　匹染、纤维染色和筒子染色的比较

染色方法	匹　染	纤维染色	筒子染色
生产花色	素色（混纺可有二色效应）	各种花色及素色，花色丰富多彩	各种花色及素色，花色不如纤维染色丰富
适宜花色	素色	花色	花色
生产周期	短	长	较短
用毛率	低	高	低
织物手感	易偏向丰满活络	易偏向坚挺	易偏向坚挺、板实
纺纱性能	好	较差	好
工艺道数	少	多	中
纺纱批数	少	多	少
纺纱批量	大	小	大

注　染色方法对织物手感有一定影响，可通过织物设计和染整工艺来调节。

匹染生产注意事项：

（1）绞盘式绳状染色机，加工精纺织物时呢速大致在60～70m／min，控制织物每分钟约循环一次，可视织物结构的松紧调节。应防止在花篮滚筒上打滑，织物应有良好的变位运转。染液应按染料上染曲线控制。有些老式匹染机，缺少染液循环装置，浴比大，染浴温度差异大，影响匀染，升温速度宜慢些。染后降温，也宜慢些。从沸到90℃，可采取自然降温，90℃以下用水汽混合器进温水降温，或用预热槽的温水降温。开始时进水温度与染浴温度的差异不宜过大，防止条折痕的产生。使用自动控温装置，减少由于人工升温操作不统一而造成的色花、条折痕。

（2）认真执行染化料的供应、检验与使用管理制度。染化料按力份、色光、分批管理使用。进厂的染化料必须经检验后方可使用。储存时应保持染化料干燥，使力份稳定。染化料计算称量应正确，溶化时不外溅，全部加入染机。溶化的容器及染槽应清洁，不带入其他染化料等。

（3）控制好染色浴比及染液的pH值。

（4）选择染料时应注意拼色染料的上染速率要近似，这样，沸染温度对染料的敏感性小，染色重现性好。

四、成衣染色

把成衣装入尼龙袋子，一系列的袋子一起装入染缸，在染缸内持续搅拌（桨叶式染色机）。成衣染色多适合于针织袜类、T恤等大部分针织服装、毛衫、裤子、衬衫等一些简单的成衣。

第二节　机械设备

染色设备必须与工艺要求相适应。随着技术进步，染色工业向着提高产品质量、加速染色过程，提高劳动生产率、降低劳动强度和生产成本、节约能源、减少环境污染等方向发展。一些新型设备，配有温度、车速、压力等自动控制装置和操作程序自控装置等。现将常用的各种染色设备分述如下。

一、NC464B型散毛染色机（表9-4-2、图9-4-1）

操作时，先将羊毛装入散毛桶中，用力压实，装满后吊入染槽内。染色时，借循环泵的作用，使染液由染毛桶的蜂巢多孔芯筒管中喷出，通过纤维，再由内向外单向循环流动，达到匀染。染毕放去残液，清洗，吊起散毛桶，取出纤维，脱水、烘干。

表9-4-2　NC464B型散毛染色机的主要设备技术特征

项　　目		特　　征
染槽直径×深（mm）		$\phi1350\times1300$
散毛桶直径×深（mm）		$\phi1000\times1000$
染毛量（kg）		80~120
加热方式		直接蒸汽加热，蒸汽压力为392kPa（4kgf/cm²）
循环泵	类型	FN461型耐酸泵
	流量（t/h）	60
	扬程（m）	7
	转速（r/min）	1000
染液循环方向		单向循环，由内向外
电动机		JFO₂41B-4，3.5kW，1440r/min
外形尺寸（长×宽×高mm）		2400×1800×2000
机器重量（t）		约15

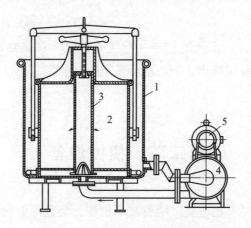

图9-4-1　NC464B型散毛染色机

1—染槽　2—散毛桶　3—蜂巢管　4—染液循环泵　5—电动机

二、散纤维装压机

德国奥替法（Autefa）-6型散毛压装机（图9-4-2），利用一对安装在升降框上的冲压杆代替人工，将所染原料压紧在装料桶内，可减轻劳动强度，提高效率。

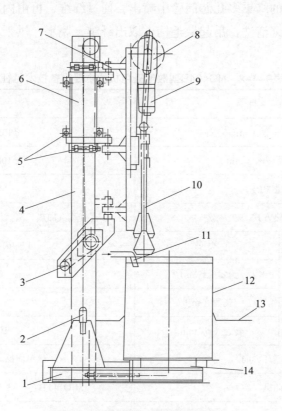

图9-4-2　奥替法-6型散毛压装机

1—底座　2—转台电动机　3—升降电动机　4—立柱　5—导轮　6—升降框架　7—铰链

8—减速器　9—冲击电动机　10—冲压杆　11—给水管　12—装料桶　13—操作平台　14—转台

　　操作过程如下：

　　（1）将装料桶12吊放在转台14上，开动升降电动机3，使冲压杆10下降到最低点（由限位开关控制）。

　　（2）开动转台电动机2，使转台以一定的速度回转，同时给水管11开始进水。然后将所染原料均匀装入桶内，并启动冲击电动机9，使冲压杆10以每分钟80次的速度交替上下运动，将浸湿的原料压紧。

　　（3）冲压杆10用铰链7固定在升降框架6上，由一自锁紧圈将升降框架固定在立柱4上，当升降框架6被时间继电器控制的电动机间歇启动时，冲压杆以一定速度逐渐上抬。为使所装原料均匀一致，在装料时，应均匀喂入。

　　（4）装料完毕，关掉转台电动机及给水管，开动升降电动机，将冲压杆10上升并离开装料桶，并转过90°，以便将装料桶吊入染机染色。

三、N461型、N462型毛球染色机（表9-4-3、图9-4-3）

表9-4-3　毛球染色机的主要技术特征

项　　目		N461型	N462型
毛球筒筒数（筒）		4	2
工作容量（kg）		100~120	50~60
染槽容量（L）		1850	1000
过滤箱容量（L）		20	20
染液循环方式		染液自外向内单向循环	染液自外向内单向循环
加热方式		直接蒸汽加热	直接蒸汽加热
循环泵	型号	TN461型耐酸泵	TN461型耐酸泵
	流量（t/h）	60	60
	扬程（m）	7	7
	转速（r/min）	1000	1000
最大需汽量（kg/h）		约570	约570
最大需水量（kg/h）		约2100	约1142
染槽尺寸：（长×宽×高mm）		1360×1300×1045	1300×700×1045
毛球筒尺寸：（直径×深mm）		ϕ475×825	ϕ475x825
机器重量（t）		约1.5	约1
电动机		JFO$_2$41B-4，3.5kW，1440r/min	JFO$_2$41B-4，3.5kW，1440r/min

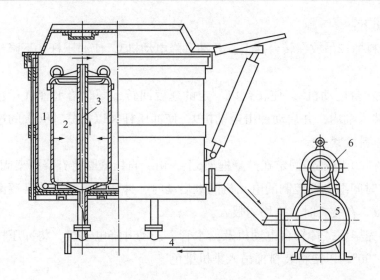

图9-4-3　N461型毛球染色机

1—染槽　2—毛球筒　3—蜂巢管　4—染液循环　5—循环泵　6—电动机

四、两种应用范围较广的新型毛条染色机

1. 德国Thies公司的eco-bloc X型毛条染色机

eco-bloc X型毛条染色机是一种高温染色机（表9-4-4、图9-4-4），根据最先进工艺技术设计而成，包括液体流动、液体循环、染色剂渗透都较先进。由于实现了液体反向流动和压差调整的可能性，本机器可用于加工各种不同原料。在染色机内，染色液上方是一层气垫，气垫吸收多余液体并重新覆盖新添的原料。由于这种内部的代偿区域，即使液体水平面很高，能量和水的消耗都能大大减少。染液的排放可以做到高温和低温两种排放方式，可以根据工艺要求自由选择。

表9-4-4　eco‐blocX型毛条染色机的主要技术特征

项　目	主要技术特征	项　目	主要技术特征
毛球筒筒数（筒）	量身定做	进水量	自动控制
工作容量（kg）	量身定做	操作系统	WINDOWS NT
染槽容量（L）	量身定做	程序控制	五级密码控制
染液循环方式	内外循环自由组合	排水方式	可以设定排水水位同时具备高温排放装置
加料方式	比例DOS加料系统	压水方式	挤压脱水
循环泵	离心式变频调速	冲洗方式	排空和溢流两种组合
液位控制	差压液位控制	加热方式	间接加热，比例式温度控制系统
最小浴比	1：5		

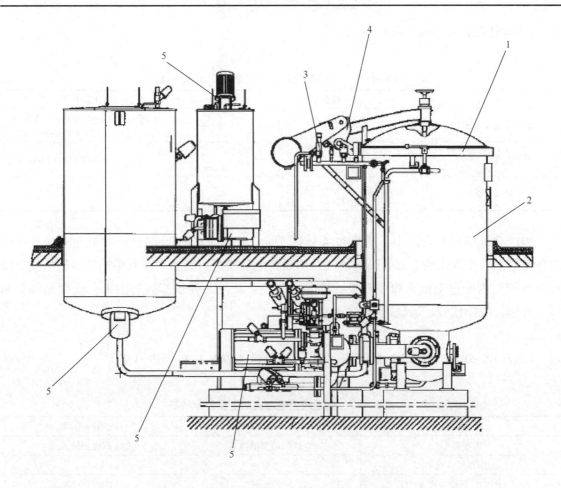

图9-4-4 Thies公司的eco-bloc X型毛条染色机

1—缸盖紧锁装置 2—主缸缸体 3—安全阀 4—压纱架 5—电动机

2. 意大利BELLINI公司染色机（表9-4-5）

表9-4-5 BELLINI公司毛条染色机的主要技术特征

项　　目	主要技术特征	项　　目	主要技术特征
管道连接	法兰连接	染液循环方式	多项循环组合
溢水管	粗，便于溢水冲洗	加热方式	间接蒸汽加热
液位控制	连续式液位测量装置	小样装置	主缸附带有取样及小样装置
加料系统	线性式渐进和递减的计量加料系统	电脑	工场电脑能承受潮湿及高温下工作，控制箱配有空调冷却装置
开盖方式	活塞式自动开盖		

五、N464型毛球装筒机（表9-4-6）

表9-4-6 N464型毛球装筒机的主要技术特征

项 目	主要技术特征	项 目	主要技术特征
压杆升降速度（m/s）	0.11	电动机	JO$_3$-100S-8型，1.1kW，705r/min
升降动程（mm）	800	外形尺寸：长×宽×高（mm）	1050×600×2200
传动方式	传动丝杆上下运动，将毛球压紧		

国产毛球染色机有四个毛球筒和两个毛球筒。毛球的直径为φ475mm。染色时将毛球串装在筒芯上，用人工或毛球装筒机加压。然后将毛球筒吊入染槽内，利用循环泵压力使染液自毛球外向内穿过毛球和筒壁孔眼，进入筒芯。再从筒芯的顶部喷射出来，流回循环泵循环。染毕，放掉残液，清洗出机。

六、GR201A-50型、GR201-100型高温液流染色机（表9-4-7、图9-4-5）

表9-4-7 高温液流染色机的主要技术特征

项 目		GR201A-50型	GR201-100型
机器类型		立式圆筒型液流式	立式圆筒型液流式
工作容量（kg）		50	100
散纤维染笼	直径×深（mm）	φ700×890	φ1000×1000
	中央立管直径（mm）	φ180	φ250
	每台套数	2	2
毛球染笼	直径×深（mm）	φ380×826	φ380×826
	中央立管直径（mm）	48	48
	每台套数	2	2
	每台只数	3	5
筒子纱染笼		每台2套，每套染笼上配置芯棒15根，每根芯棒最多装5只筒子	每台2套，每套染笼上配置芯棒30根，每根芯棒最多装5只筒子
叠装式绞纱染笼	直径×深（mm）	φ380×826	φ380×826
	中央立管直径（mm）	114	114
	每台套数	2	2
	每套只数	3	5
悬挂式绞纱染笼	挂纱棒水平间距（mm）	55	50
	最大垂直间距（mm）	800	800
	最小垂直间距（mm）	550	550
	每台套数	2	2
工作温度（℃）		≤140	≤140
工作压力（表压）（Pa）		2.94×10^5（3kgf/cm^2）	2.94×10^5（3kgf/cm^2）
浴比		1:（12~17）	1:（12~17）

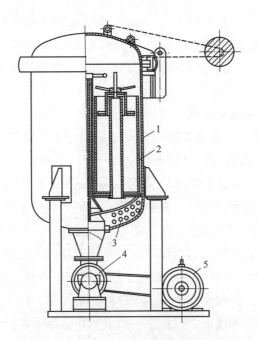

图9-4-5　GR201A-50型高温液流染色机

1—染槽　2—染笼　3—间接蒸汽及冷水降温管　4—循环泵　5—电动机

染液循环泵采用立式轴流泵。盘香管间接加热及冷却。有温度程控和染液循环自动换向装置，循环方向按给定时间自动变换。染缸采用气垫密封，缸盖用齿形法兰，通过转动锁紧圈，快速启闭。

该机主要供棉、毛，化纤条、绞纱和筒子纱的染色用。

七、筒子纱染色机

筒子纱染色机有大浴比筒子纱染色机（浴比1：10～1：17）和小浴比筒子纱染色机（浴比1：5～1：6）两种。

（一）大浴比筒子纱染色机

国产大浴比筒子纱染色机的主要技术特征参见表9-4-7。

（二）大浴比筒子纱染色机

筒子纱染色要达到内外层色光一致，必须使内外层都处于单位时间内染料的供给量大于纤维的吸收量。小浴比筒子纱染色机的特点是浴比小，比大浴比筒子纱染色机小50%～60%。泵的流量大，大浴比筒子纱染色机一般采用每分钟通过每千克染物的染液流量为20L的轴流泵，而小浴比筒子纱染色机一般采用每分钟通过每千克染物的染液流量为25～30L的离心泵。小浴比筒子纱染色机的染液浓度高。如1：5的大浴比染色机，要10g／L的染料浓度才能使染物达到所要求的色泽深度。用1：5的小浴比筒子纱使用同样染料量，染液浓度可增加到20g／L，比大浴比高约1倍。小浴比筒子染色机中的染液循环次数多，单位时间内染液与染物的接触次数愈多，染物的匀染效果愈好。有的小浴比筒子纱染色机，染浴并未充满机器，染液的液面刚在筒子芯下面，采用增加泵的流量，可以提高染色均匀度。

纱线卷绕在一个多孔筒管或压缩弹簧筒管上，筒子串叠在三角形芯轴上，然后放入染机内染色。纱线筒管有两种，一种为锥形筒管（宝塔筒管）。筒芯通常由不锈钢或聚丙烯制造，斜度呈4°20'~5°27'，高约145~173mm，直径有55／33mm，78／43mm等。另一种为直形筒管，由不锈钢板制造，高约150mm，直径60~75mm。有的采用不锈钢丝的弹簧筒管，染液和纱线接触面大，筒管间的空间可充分利用，以增加装机用量。

为使每只筒子纱的内外层及筒子之间染得均匀的色泽，筒子卷绕成形必须均匀，卷绕密度应一致。采用精密络筒机卷绕，可以保证筒子从小直径到大直径的每一横动动程内的卷绕圈数始终相同，并避免纱线重叠。络成的筒子纱成形好，内外一致，没有凹凸状。筒子密度要均匀，根据纱线细度，一般常用密度为0.32~0.36g/cm³。筒子重量差异宜小。络成的筒子，在染色前切忌挤压，影响成形，以免染色时发生短路而染花。

筒子串叠装在三角芯芯轴上，如用一般络筒机络制的无边筒子，则放在多孔管状芯轴上，两筒子之间，垫一分隔器（垫圈）（图9-4-6），防止染液从筒子间外流及筒子上的纱线向筒管两端伸展，造成乱纱。用精密络筒机卷绕的筒子，因纱线没有重叠，两端平整，两只筒子间可以压紧，不必使用分隔器。

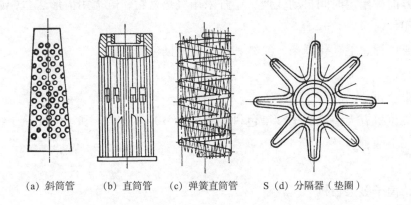

(a) 斜筒管　　　(b) 直筒管　　　(c) 弹簧直筒管　　S (d) 分隔器（垫圈）

图9-4-6　筒管和分隔器（垫圈）

（三）OBEM公司筒子纱染色机（表9-4-8、图9-4-7）

染色时，将筒子纱装在筒子架上，注意筒纱的方向必须一致，禁止有盲管的纱混入，吊入染色机。装机完毕，将染缸缸盖紧密封，先抽真空再将化料槽内的染液送入，用压缩泵加压到245kPa（2.5kgf/cm²），然后按工艺进行染色，开动循环泵，染液自筒子芯部喷射出来，经过纱线层再回流入循环泵。染毕，将筒子纱吊出染色机，移入烘燥机烘干。

表9-4-8　OBEM公司API/O筒子纱染色机的主要技术特征

项　目	主要技术特征	项　目	主要技术特征
缸的数量	1～30个	液位控制	连续式液位测量装置
装载能力	10～3000kg/缸	加料系统	线性式渐进和递减的计量加料系统
染液循环	自由选择	加热方式	间接蒸汽加热
最低浴比	1:3	电脑	工场电脑能承受潮湿及高温下工作，控制箱配有空调冷却装置

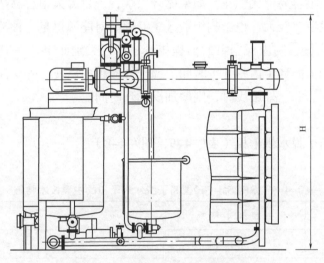

图9-4-7　OBEM公司筒子纱染色机

（四）筒子纱染色注意事项

（1）筒子纱染色前络筒质量的好坏是染色的关键，根据纱的特性选择合适的密度，卷绕密度太松，筒纱易于变形，形成乱纱，造成浪费。特别注意纯腈纶纱防止染色后滑脱，变形严重，无法进行后络，卷绕密度太紧，染液不易渗透，会造成内、中、外色差，使筒子深浅不一、产生染花。卷绕密度的选用，既要考虑纱线的高温变形性能、染色过程中的收缩性能，也要考虑染色机泵的扬程流量、内外压差的影响。

（2）染料的选择是提高筒子纱染色质量的重要因素，需选择溶解度好、匀染性好、拼色染料上染速率接近的染料。染料供应稳定，避免使用不符合筒子染色要求的染料。

（3）小浴比染色的筒子纱不完全浸在染液中，染液循环时会产生泡沫，影响染液的正常循环，纤维空隙中因空气存在易造成染疵。染液中必须加入消泡剂，减少泡沫。消泡剂在高温染色时稳定性要好，不分层。常用的消泡剂有Respum-NF（朗盛）、Brevio1-Jet（汉高）及Silcolapse 5001（卜内门）、消泡剂8431（国产）。

（4）缸差应控制在4～4.5级。控制缸差是保证筒子染色质量的关键。如缸差大且不稳定，将产生难以弥补的被动情况，应加强筒子染色的基础性管理。称料、配料应正确。染化料溶解应使用备用槽，掌握升温工艺或用自动控温装置，减少人为影响。蒸汽压力要稳定，应高于$2.45 \times 10^5 \text{Pa}$（$2.5\text{kgf/cm}^2$），如低于$1.96 \times 10^5 \text{Pa}$（$2\text{kgf/cm}^2$），升温慢，时间长，易出现内外层深浅不匀。

（5）染色过程扬程的控制是减轻里、中、外色差非常重要的因素。筒子纱染色时要靠泵的扬程渗透到筒子纱内层，通过内外往复循环达成染色平衡。筒子纱染色时泵要有足够的扬程流量，如扬程太小，染液不能穿透染缸内的每一个纱元，染完的纱必然会出现里中外色差和染色不匀不透现象；如扬程太大不仅浪费能源，还会由于染液对纱线的强力冲击致使筒子纱的强力、断裂伸长率降低，影响织造效率。根据被染物的重量对染液进行流量调节，如果循环不好、不足，很容易形成色花。如果循环太快，流量太大很容易造成纱线的缠结，使用时退绕困难，纱线浪费较大，也影响织造效率，同时对能源也是一种浪费。筒子纱在染色过程中正反循环时间比，则应根据泵的扬程流量、纱线类别而定。一般筒子纱采用反循环（外→内）时间大于正循环（内→外）时间。筒子纱颜色内层浅、外层深时，增加染液的正循环；筒子纱颜色内层深、外层浅时，则增加反循环时间。

八、GR251-100型筒子脱水烘干机（表9-4-9、图9-4-8）

表9-4-9　GR251-100型筒子脱水烘干机的主要技术特征

项　　目	主要技术特征	项　　目	主要技术特征
机器类型	直立圆筒形	工作压力（表压）（Pa）	$\leqslant 4.9 \times 10^5$（$5\text{kgf/cm}^2$）
工作容量（kg）	100	外形尺寸：长×宽×高（mm）	$5330 \times 3720 \times 3970$
热风温度（℃）	$\leqslant 130$	烘锅规格（mm）	$\phi 1200 \times 1855$

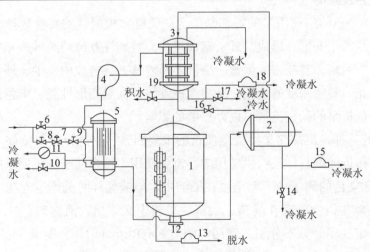

图9-4-8　GR251-100型筒子脱水烘燥机

1—烘锅　2—汽水分离器　3—冷凝器　4—鼓风机　5—热交换器　6，8，9—进蒸汽阀　7—薄膜阀

10，14，17—排冷凝水阀　11—疏水器　12—换向阀　13，15，18—防汽阀　16—进冷水阀　19—排积水阀

　　因卷绕在芯轴上的纱线较厚密，如单纯用一般热风通过纱线芯部，则不易穿透烘干。有的可采用密闭容器加热烘燥法烘干，先用压缩空气在高压下将纱线中的水分挤出，然后在一定压力条件下输入热空气将纱线烘干。空气由热交换器加热送入烘燥机，前面有换向阀，每隔一定时间热风由内向外循环。从烘燥机中出来的热风，经过回用装置反复回用，以节约能源。

九、绞纱染色机

　　国产绞纱染色机有两种类型，N421型和MZ306型、MZ308型、MZ300型，MZ309A型、MZ310型。N421型为横开门式，染色时先装纱线后进水。MZ306型、MZ308型、MZ309型、MZ309A型、MZ310型为吊笼式，染色时先装规定量的染液，而后将纱线吊入。

（一）N421型液流式绒线染色机（表9-4-10、图9-4-9）

表9-4-10　N421型液流式绒线染色机主要技术特征

项　　目	特　　征
类型	双箱,横开门,纱笼为手推车架式
染槽容积（L）	3000
染纱量（kg）	全毛100~120,腈纶50~60
加工圈长（mm）	1270~1728
搁纱架	挂纱棒18对共36根,上下挂纱棒距离606~846mm,挂纱棒的间隔距离为52.5mm
加热方式	有直接及间接蒸汽加热
循环泵转速（r/min）	轴流式三翼叶轮,转速426.5、646、800
加料泵转速（r/min）	轴流式六翼叶轮,转速2860
染液循环控制方式	自动控制或手工操作,分顺转、倒转、停止三种
外形尺寸：长×宽×高（mm）	2523×1835×2343
电动机	循环泵用JO$_2$-41-6/D$_2$,3kW,960r/min
	加料泵用JO$_2$-31-2/L$_3$,3kW,2860r/min

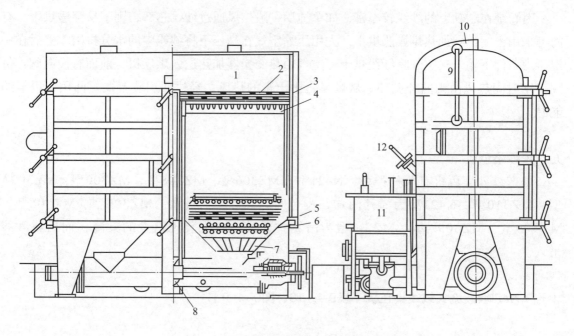

图9-4-9　N421型液流式绒线染色机

1—染槽　2—整流板　3—网眼板　4—挂纱架　5—间接蒸汽箱　6—直接蒸汽管

7—匀流路　8—循环泵　9—液位管　10—溢水管　11—加料箱　12—取样器

（二）MZ305型、MZ306型、MZ308型、MZ309A型、MZ310型液流式绒线染色机（表9-4-11、图9-4-10）

表9-4-11　绒线染色机的主要技术特征

项　目		MZ305型	MZ306型	MZ308型	MZ309A型 微压	MZ310型
类型		单吊笼 双纱箱	单吊笼 双纱箱	单吊笼 双纱箱	单吊笼 双纱箱	双吊笼 双纱箱
染纱量 （kg）	全毛	1	14	40~50	75	160
	腈纶膨体	0.5	7	25	50	100
挂纱棒		每箱3对 共6对	每箱7对 共14对	每箱15对 共30对	每箱22对 共44对	每箱33对 共66对
上下挂纱棒距离（mm）		500~800	500~800	526~826	526~826	526~826
使用蒸汽压力（Pa）		最大4.9×10^5（5kgf／cm²）				
加热方式		间接及直接蒸汽加热				
循环泵调速范围 （r／min，无级变速）		500~1000	415~1425	300~1000	300~900	136~468
染液循环控制方式		电气自动控制或手工操作，分倒转、顺转和停止				

续表

项　目		MZ305型	MZ306型	MZ308型	MZ309A型微压	MZ310型
外形尺寸（长×宽×高）（mm）		1000×330×1661	1206×1105×540	1570×900×2150	3000×2000×800	3640×1826×500
电动机	型号	JFO²–22／T²	JO²–22–4/D²	JO²–31–4TH	JZS²–52	JFO²–32–4TH
	功率（kW）	1.1	1.5	2.2	5~1.67	4
	转速（r/min）	1420	1425	1440	1410~470	1440

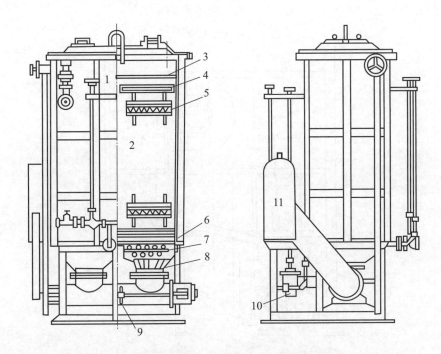

图9-4-10　MZ306型液流式绒线染色机

1—染槽　2—纱箱　3—整流板　4—网眼板　5—挂纱架　6—间接蒸汽箱

7—直接蒸汽管　8—匀流路　9—循环泵　10—放水阀　11—电动机

十、N365-2型、N365-6型绳状染呢机（表9-4-12、图9-4-11）

表9-4-12　绳状染呢机的主要技术特征

项　目	N365-2型	N365-6型
染槽最大容量（匹）	1~2	4~6
织物运行速度（m／min）	40，60，80	40，60，80
加热方式	直接蒸汽加热，间接蒸汽保温	直接蒸汽加热，间接蒸汽保温

续表

项　　目		N365-2型	N365-6型
蒸汽压力（Pa）		最大4.9×10⁵（5kgf/cm²）	最大4.9×10⁵（5kgf/cm²）
染液循环方式		借轴流泵强制循环	借轴流泵强制循环
电动机	花篮滚筒	JO_2-22-6，1.1kW，930r/min	JO_2-22-6，1.1kW，930r/min
	循环泵	JO_2-12-2，1.1kW，2840r/min	JO_2-12-2，1.1kW，2840r/min
外形尺寸（长×宽×高） （mm）		2300×1600×2600	2300×2800×2600

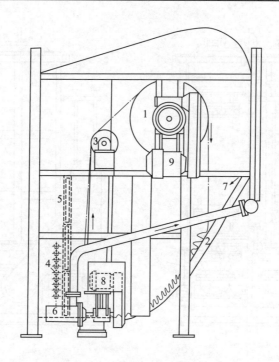

图9-4-11　N365-6型绳状染呢机

1—花篮滚筒　2—染槽　3—导呢辊　4—蒸汽管　5—隔板　6—染液循环泵　7—喷液管　8，9—电动机

十一、溢流匹染机

织物在染槽内的循环运行，不是依靠导布辊的机械传递，而是通过由液位差溢流出来的染液来运行，因而织物张力极小，染槽上的导布辊仅在织物自下而上运行时起提升作用，以减少由于织物自重所引起的张力。导布辊的速度可以调节，使其与织物速度相一致。在染色时，织物与染液同时运动，因而温差小，染色均匀，产量高，浴比小，节约能源。

溢流染色机有两种。一种是纯喷射染色法，此法液流较急，冲力较大，也称急流型染色，一般厚重织物的染色采用这种形式较好。这种染色机，因液流快，在染色过程中会产生泡沫，所以在染色时要加消泡剂，使上色均匀。另一种为溢流加喷射染色法，液流比纯喷射染色法慢些，也称缓流型染色。

因转盘式绳状匹染机的浴比较溢流喷射染色机要大3～4倍，耗费大，且又容易产生条折痕，而且在冬季常使车间雾气弥漫，有各种危害性。而封闭式溢流染色机，可以在常压下染色，也可用于106℃染毛/涤产品，或在130℃染纯涤产品。用溢流染色机可以降低成本。

（一）转筒式溢流喷射染色机

该机有140℃、105℃及常压三种。染液循环方式由循环泵通过过滤器、热交换器、喷嘴进行循环。主要由染槽（室）、转筒、热交换器、循环泵、化料槽及过滤器组成。染色机内，有的型号仅一个染室，有的型号有2个、3个或4个染室，可根据产量选择使用。每个染室内装有能转动的网眼转筒，各转筒相互独立。每个染室最大容量约200kg，可分装两组绳状染物，每组缝接的呢坯重量为100kg，如以华达呢每匹60m重约25kg计算，每组可缝接4匹。两组呢匹之间用分隔装置分开，防止相互打绞而纠缠，图9-4-12所示为转筒式溢流喷射染色机示意图。

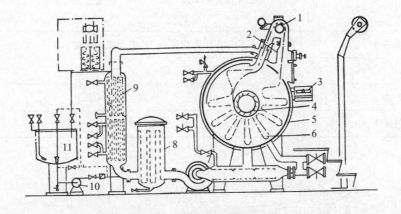

图9-4-12　转筒式溢流喷射染色机

1—导布辊　2—喷嘴　3—控制板　4—转筒　5—染槽　6—织物

7—循环泵　8—过滤器　9—热交换器　10—压缩泵　11—化料槽

绳状织物经导布辊穿入喷嘴，被喷嘴喷出的染液送到转筒后部，并随呢坯自重驱动转筒自转和导布辊提起呢坯再送入喷嘴进行循环染色。织物运行时与转筒成切点接触，转筒被带动运行，并依靠转筒的作用使堆叠整齐，减少擦伤，导布辊速度可在0～500m／min的范围内调节。助剂及染料用染色机内抽出的清水溶解，使浴比保持不变。在染液循环中，由过滤器去除毛屑杂质。热能通过交换器回用，通常溢流染色机染色的升温速度可较绳状染色机快些，因溢流染色机内温度较均匀，并可使织物在运行中和染液均匀接触。

（二）MB231型、MB231-1型管道式溢流喷射染色机（表9-4-13、图9-4-13）

表9-4-13　管道式溢流喷射染色机的主要技术特征

项　目	MB231型	MB231-1型
类型	管道型溢流式	
管数	2	1
最大容布量（kg）	每管150	每管150
最大液流量（L）	每管3000	每管1800
浴比	$1:8 \sim 1:12$	$1:5 \sim 1:12$
工作温度（℃）	140	140
最高工作压力（Pa）	3.9×10^5（4kgf / cm²）	
使用蒸汽压力（Pa）	$3.9 \times 10^5 \sim 5.9 \times 10^5$（4 ~ 6kgf / cm²）	
织物运行速度（m / min）	60 ~ 300	41 ~ 410
染液循环方式及织物运行方式	借高效离心泵循环的染液，通过超低压喷嘴的溢流作用，使织物在染槽内循环运行	
热交换方式	采用蒸汽或冷却水由列管式热交换器间接加热或冷却	
使用冷却水压力（Pa）	1.96×10^5（2kgf / cm²）	
加压方式	压缩空气充气加压	
使用压缩空气压力（Pa）	5.88×10^5（6kgf / cm²）	

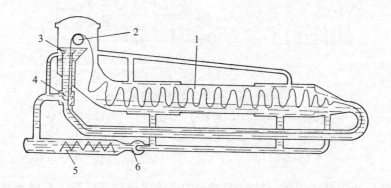

图9-4-13　MB231-1型管道式溢流喷射染色机

1—染槽　2—提布辊　3—溢流口　4—喷嘴　5—热交换过滤器　6—循环泵

（三）SME2101型织物溢流染色试样机

该机主要供60 ~ 250g / m²的化纤、棉、毛及其混纺交织的针织物、机织物进行绳状染色试样用（表9-4-14）。

表9-4-14　染色试样机的主要技术特征

项　目	主要技术特征	项　目	主要技术特征
类型	管道型喷射溢流式	工作压力（Pa）	≤2.94x10⁵（3kgf/cm²）（表压）
工作容量（kg）	0.5	浴比	1∶（8~30）
适用规格	织物幅度150~200mm	操作	有温度程序控制装置，亦可手动操作
工作温度（℃）	<140	外形尺寸（长×宽×高）（mm）	1360×680×1060

十二、多用途加料系统

影响产品染色质量的主要因素有温度、时间、浓度、pH值等，用手工操作容易产生质量问题，如染料溶解不完全，浓度、重量不正确，不按规定时间加料等。采用集中自动控制加料系统，用一微型处理机，可以按照工艺设计要求，在整个染色过程中正确地控制染料和各类化学助剂的加入。染料和助剂的溶解、加入量、加入时间都可由配料站集中掌握，可减少缸差及重染次数，保证染色质量。还可以避免停机加料，节省操作时间，提高工作效率。

Colourmatic自动磅料系统功能对所有染料进行手动或自动称量，经由溶解后传入染缸内。同时对助剂进行自动称量和传送。主要有如下配件：外部称量机台，由一台显示器和两个精密电子秤组成，显示器用于显示批次清单；用于存放染料的料槽（根据设计要求个数不同）；染料桶存放架及烘房；化料缸；自动称量平台；机械手；助剂站；配电柜。

图9-4-14所示为自动磅料系统原理图。

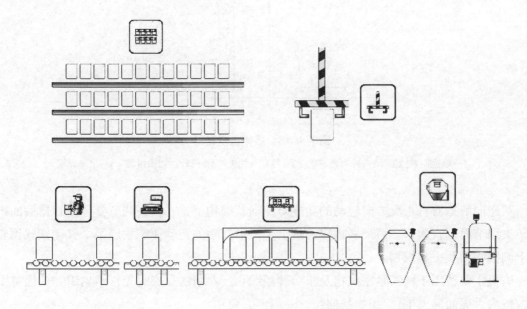

图9-4-14　自动磅料系统原理图

　　通过选择相应的按钮，我们可以完成料桶的存放、备好桶进口、空桶出桶、储存管理、染料称量、染料溶解传送、料桶烘干等相应的功能。

十三、展幅机

　　展幅机用于绳状洗呢机或绳状染色后呢坯的展幅，以减轻人工展幅的劳动强度。其机构由顺逆向解捻器、转头调节器、弓形展幅辊（打手）、气动摆式调幅器、出布导辊及机架组成（图9-4-15）。操作时将呢坯的一端引入布环，经顺逆向解捻器、转头调节器、垂直落到弓形展幅辊展幅，再经导辊使呢坯全部展开，通过导布架出机。呢速为0～60m／min，无级变速，机身高7m。

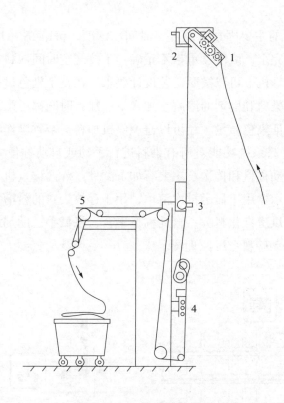

图9-4-15　展幅机示意图

1—顺逆向解捻器　2—转头调节器　3—弓形展幅辊　4—气动摆式调幅器　5—出布导辊

　　顺逆向解捻器有正反方向转动的功能，使绳状织物解捻。转头调节器，使解捻后的织物经转头调节而垂直落下。弓形展幅辊通过上下弓形打手的运动使织物展幅。气动摆式调幅器用于调整呢面及平整织物。

　　该机主要适用于精纺紧密织物及粗纺薄型织物。对精纺女衣呢等松结构织物，因打手作用力较大，呢面易发毛，织物易伸长，一般不宜使用。

十四、卷轴运载车

呢坯用推呢小车运载，装载量小，换车频繁，劳动强度大，折叠堆放呢面不平整，容易出皱痕，在折叠处易沾上油污灰尘。为配合连续化生产，改用卷轴运载，使全匹织物始终处于平整状态。各工序加工或存放的呢坯或送检验的成品，均用卷轴装置运载，使用方便，便于管理和储存，可减少车间半成品及成品的堆放面积，减少沾污及折痕，卷绕张力小，伸长也少，减轻劳动强度。一般织物在洗呢、轧水、烘呢或烫光后卷轴，顺毛整理织物在起毛后卷轴，保持绒毛顺直。卷轴运载适用于批量较大的品种。小批量多品种可使用推呢车，较为灵活方便。

1. **轴动卷呢机**（图9-4-16）

该机由液压电动机和卷布车组成，又称A字车（由电动机转动A字车上的卷布轴卷取织物。电动机可与A字车脱离，移到另一台A字车）。电动机及A字车底部均有滑轮，加工时可将电动机和需要加工的A字车上的呢坯推到机台前，将A字车的卷布轴与电动机连接，上机时，启动电动机，A字车上的呢坯随机台运转而转动。加工完毕，呢坯出机，卷绕在A字车上，卷绕和退绕张力均由液压电动机调节。此机适用于精纺毛织物及薄型粗纺毛织物。

2. **摩擦卷呢机**

该机由转动的轧辊在卷呢辊表面摩擦，将织物卷在A字车的轴上（图9-4-17）。卷满后可直接调换A字车再行卷呢。此机对各类织物都适用。此外，在摩擦卷呢机的卷轴上加装电动机，使之同步转动，适用于湿的起毛织物及厚织物的卷呢。

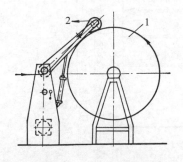

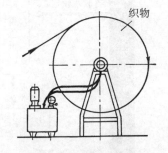

图9-4-16　轴动卷呢机　　　　　　　　图9-4-17　摩擦卷呢机
1—织物　2—转动轧辊

3. **卷轴储存转动装置**

湿起毛织物卷轴后静止储放，会因水分下流而产生质量问题，需用储存转动装置（图9-4-18），使卷辊慢慢转动，防止因水分不匀而引起质量问题。

卷轴储存转动装置由液压泵、电动机、进出油管以及连接在进口油管的连接器组成。可储存2~8台A字车。操作时，将湿起毛织物卷轴后，将A字车的连接器分离，推到卷轴储存转动装置，将液压传动装置的连接器装在A字车的轴头连接器上。开动液压传动装置的电动机，A字车的卷轴开始转动。

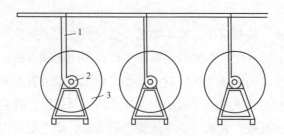

图9-4-18　卷轴储存转动装置

1—进出油管　2—连接器　3—卷呢机

十五、节能减排技术

随着节能减排意识的增强，多年来毛纺行业染色为节水、节能演化出不少措施，工艺方面如低温染色、短湿蒸染色、冷轧堆染色、溶剂染色、微胶囊染色，超临界二氧化碳染色等。设备改造方面，各企业相应的也加快了对原有染缸的改造步伐，如小浴比染色，由传统的30：1发展到目前的5：1左右，染化料及助剂的消耗，污水的处理大大减轻。同时对染色用水和热能的回收利用也日趋成熟，图9-4-19为某热能回收池示意图。

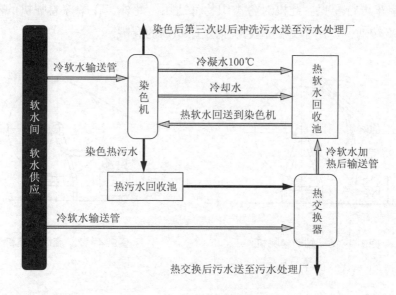

图9-4-19　热能回收池示意图

第五章 禁用助剂及染料

纺织产品与人们的生活息息相关，但纺织产品在原材料获得及加工生产过程中，不可避免地要加入各种各样的染料和助剂，它们之中都会或多或少的含有对人体有害的化学物质，当其在纺织产品上的残留量达到一定程度后就会对人体健康产生危害。为了提高服用安全性，许多国家都相继颁发了相关法律和技术标准，其中公认最为权威的是Oeko-Tex Standard 100，它对纺织品中有害物质的限量作了严格的规定。

另外，欧盟的REACH法规对纺织品中的有害物质也作了严格的规定，但它又与以往各国颁布的法律有着明显的区别，具有下列特点：

（1）改变现有化学品生产经营的安全风险关系，把原来由政府承担的各种生产、经营、使用的有形和无形的安全风险转移到生产经营者身上，不仅加重了欧盟企业的负担，也增加了向欧盟出口的企业的负担。

（2）欧盟26国化工市场管理制度的统一使众多国家的管理制度转变到统一的管理制度。

（3）涵盖产品范围广、涉及产品数量多，不仅包括化工产品本身，也涉及使用化工产品的下游产品。

显然这部法规的出台将直接影响到世界各国对欧盟的经济贸易和投资，它对迅速发展的我国纺织化学品工业和纺织工业等构成一次前所未有的冲击。

第一节 纺织产品的安全性

纺织产品是指以天然纤维和化学纤维为主要原料，经纺、织、染等加工工艺或再经缝制、复合等工艺而制成的产品，如纱线、织物及其制成品。纺织产品的安全主要包括制品所用面料是否含有有害物质，所用材料是否卫生，产品的结构和附件是否安全和牢固等。在《国家纺织产品基本安全技术规范》（GB 18401–2003）中，将纺织品分为三类：婴幼儿用品（A类）、直接接触皮肤的产品（B类）和非直接接触皮肤的产品（C类）。该规范中涉及的基本安全技术要求指标有甲醛含量、pH值、色牢度、异味、可分解芳香胺染料等。

1. 甲醛

甲醛常用于纺织纤维、纯纺和混纺织物的树脂整理及部分服装成品的定形整理，具有免烫、防缩、防皱和易去污等作用。但含过量游离的或能水解产生的甲醛的纺织品，在人们的穿着过程中释放出来的甲醛会对呼吸道黏膜和皮肤产生强烈刺激，引起相关疾病并可能诱发癌症。《国家纺织产品基本安全技术规范》（GB 18401–2003）中对甲醛的限量如下：婴幼儿用品、直接接触皮肤产品、非直接接触皮肤产品的甲醛含量分别不能超过20mg/kg、75mg/kg、300mg/kg的标准值。

2. pH值

pH值是表示溶液酸碱性强弱的一个常用指标，一般在0~14之间取值。人的皮肤带有一层弱酸性物质，以防止疾病的侵入。因此，纺织产品特别是直接接触皮肤的服装产品的pH值控制在中性至弱酸性范围内，则对皮肤比较好。反之，如果pH值过高，就会对皮肤产生刺激，导致皮肤损伤、滋生细菌、引起疾病。按照《国家纺织产品基本安全技术规范》（GB 18401-2003）的规定，婴幼儿用品和直接接触皮肤产品的pH值为4.0~7.5，非直接接触皮肤产品的pH值为4.0~9.0。

3. 色牢度

色牢度不仅关系到纺织产品的质量好坏，也直接关系到人体的健康安全。色牢度低的纺织产品，染料或颜料很容易转移到皮肤上，其中包含的有害有机化合物和重金属离子等可以通过皮肤被人体吸收，轻者让人感觉瘙痒、重者可以导致皮肤表面起红斑丘疹等，甚至诱发癌症。《国家纺织产品基本安全技术规范》（GB 18401-2003）中，把纺织产品的色牢度指标从耐水、耐酸汗渍、耐碱汗渍、耐干摩擦、耐唾液五个方面进行考核，规定婴幼儿用品的耐水、耐酸汗渍、耐碱汗渍等3项色牢度在3~4以上（3~4级），耐干摩擦、耐唾液等2项色牢度在4级以上（含4级），直接接触皮肤产品和非直接接触皮肤产品除了耐唾液色牢度不考核外，其他4项色牢度一律在3级以上（含3级）。

4. 异味

不合格的纺织产品往往都伴有一些异味，异味的存在说明纺织产品上有过量的化学物质残留，这是消费者最容易判断的一项指标。纺织产品在开封后，如果有霉味、高沸程石油味、煤油味、鱼腥味、芳香烃气味中的一种或几种，则可被判为"有异味"。《国家纺织产品基本安全技术规范》（GB 18401-2003）中规定纺织产品应无异味。

5. 可分解芳香胺染料

部分偶氮染料在一定条件下会还原出有致癌性的芳香胺，通过皮肤被人体逐渐吸收，导致肌体病变，甚至能改变人体原有DNA结构，诱发癌症等。目前公认的有致癌作用的芳香胺有24种，列于表9-5-1中。

表9-5-1　24种有致癌作用的芳香胺

属MAK ⅢA1的芳香胺	4-氨基联苯、联苯胺、4-邻氯甲苯胺、2-萘胺
属MAK ⅢA2的芳香胺	邻氨基偶氮甲苯、2-氨基-5-硝基甲苯、对氯苯胺、二氨基苯甲醚、4，4′-二氨基二苯甲烷、3，3′-二氯联苯胺、3，3′-二甲氧基联苯胺、3，3′-二甲基联苯、3，3′-二甲基-4，4′-二氨基二苯甲烷、3-氨基对甲苯醚、4，4′-次甲基-双（2-氯苯胺）、4，4′-二氨基二苯醚、4，4′-二氨基二苯硫醚、邻甲苯胺、2，4-二氨基甲苯、2，4，5-三甲苯胺、邻茴香胺、对苯基偶氮胺、2，4-二甲苯胺、2，6-二甲苯胺

6. 致敏染料

致敏染料是指某些会引起人体或动物的皮肤、黏膜或呼吸道过敏的染料。目前致敏染料共发现21种，都是分散染料，规定在纤维、织物上的限定值不超过60mg/kg。

7. 重金属

在环境与健康领域所说的重金属主要是指汞（Hg）、镉（Cd）、铅（Pb）、铬（Cr）以及具有重金属特性的砷（As）等生物毒性显著的元素，有时也泛指铜（Cu）、锑（Sb）、钴（Co）、镍（Ni）等一般重金属。使用金属络合染料是纺织品上重金属的重要来源，而天然植物纤维在生长加工过程中亦可能从受污染土壤或空气中吸收重金属。此外，服装辅件如拉链、纽扣上也可能含有游离的重金属物质。纺织产品上残留的游离重金属组分一旦通过皮肤为人体所吸收，将会造成严重的累积毒性。一些重金属离子通过皮肤进入体内后，与人体某些酶的活性中心巯基（–SH）有着特别强的亲和力，金属离子极易取代巯基上的氢，从而使酶丧失其生物活性。另外，核酶分子中的鸟嘌呤和腺嘌呤上的–H、–OH或–NH$_2$极易与重金属起反应，重金属与核酸结合后就会引起核酸立体结构的变化和碱基的错误配对，进而会影响细胞的遗传产生致癌、致畸、致突变效应等。因此Oeko–Tex Standard 100中按四类不同的纺织产品对上述10种重金属都做了严格的规定。

8. 农药残留量

纺织产品上的残留农药一般都结构稳定、难氧化、难分解、毒性大，通过皮肤被人体吸收后容易累积稳定存在于人体的组织中，也能在肝、肾、心脏等组织中蓄积，干扰体内正常分泌物的合成、释放、代谢等过程。Oeko–Tex Standard 100已将杀虫剂残留量列入天然纤维织物和服装的必检项目，标准规定直接接触皮肤的织物和服装，其杀虫剂残留量不得超过1.0mg/kg。

9. 织物燃烧性

由于大多数纺织品都具有易燃特性，而且现有的纤维材料都具有较大的比表面积，能最大限度地接触大气中的氧。因此，服装等纺织产品很容易给人们带来燃烧伤害。

10. 其他指标

其他纺织产品的安全性检测指标还有含氯苯酚、有机氯载体、有害细菌存活量和挥发性物质释放等。

以上所述的纺织产品质量检验指标项目基本上概括了当前纺织产品国际贸易中绿色壁垒所涉及的环保、安全健康性能问题，当然还有其他很多的纺织产品安全性能指标，这里就不再叙述。

第二节　禁用毛纺织印染助剂

从环保型纺织助剂判别原则出发，当今禁用和限用的毛纺织印染助剂有以下11类：

1. 禁用与限用含挥发性有机化合物的毛纺织印染助剂

挥发性有机化合物即VOC，如甲苯、二甲苯、苯乙烯、乙烯基环乙烷、苯基环乙烷、丁二烯、氯乙烯、芳香剂、汽油、煤油和多环芳香族碳氢化合物（如焦油）等，它们会对人体健康和周围环境造成很大危害。

2. 禁用含有游离的和部分能水解产生甲醛量超标的毛纺织印染助剂

含甲醛的毛纺织印染助剂有不少，如固色剂、黏合剂、交联剂、分散剂、阻燃剂、防水拒油整理剂等，游离甲醛对人体的危害已众所周知，因此按纺织产品的不同要求，对毛纺织印染助剂的甲醛含量规定了明确的限值，超过者禁用。

3. 禁用与限用含危险性化学物质的毛纺织印染助剂

危险性化学物质即DS，它们具有低引火点，例如丙酮的引火点为-20℃，它是一种危险性化学物质，又如火油引火点也比较低，用其制造的乳化增稠浆易燃、易爆、危险性大等，显然危险性化学物质对人体和环境的危害性不言而喻。

4. 禁用含环境激素的毛纺织印染助剂

目前国际市场上公认的70种环境激素中与毛纺织印染助剂有关的环境激素有26种，占了环境激素品种的37%，例如多氯联苯、烷基酚、多氯二苯并对二噁英、邻苯二甲酸酯类化合物、氯化苯酚、有机锡化合物和对硝基甲苯等。这些环境激素通过不同方式如用作原料、作为最终产品、作为副产品、产品受到高温或燃烧时产生等进入助剂中。近年在对我国纺织产品进行检测时发现的问题中有相当部分都与环境激素有关，前三位的分别是烷基酚聚氧乙烯醚（APEO）、邻苯二甲酸酯类化合物、有机锡化合物，它们都是从毛纺织印染助剂进入纺织产品的。

5. 禁用与限用含PFOS与PFOA的毛纺织印染助剂

PFOS与PFOA都是具有高持久环境稳定性和高生物积累性的有毒有机化合物，用于制造纺织产品的三防整理剂，是至今世界上发现的最难降解的两种有机污染物，而且它们还具有强的环境迁移性，污染范围很广，因此欧盟及世界各国都把禁用与限用这两种物质列入纺织产品的考核项目。

6. 禁用与限用含可吸附有机卤化物的毛纺织印染助剂

由于可吸附有机卤化物即AOX在一定条件下会反应生成多卤二苯并对二噁英和多卤二苯并呋喃等致癌物质，因此它们对人体健康和生态环境的危害很大。在毛纺织印染助剂中它们涉及到含卤有机载体、氯化溶剂、含卤整理剂（含卤助燃剂、防缩整理剂、防蛀剂、含卤杀虫剂、防霉防腐剂、含卤杀菌剂等）、含卤前处理剂等。

7. 禁用含致癌、诱变和对生殖有害的化学物质的毛纺织印染助剂

目前涉及毛纺织印染助剂的致癌、诱变和对生殖有害的化学物质有2，4-二氯苯酚、对硝基甲苯、重铬酸钠二水化物、邻苯二甲酸二丁酯、邻苯二甲酸二（2-乙基己酯）、邻苯二甲酸丁酯苄酯等。

8. 禁用含持久稳定和生物积累的毒性化学物质的毛纺织印染助剂

目前涉及毛纺织印染助剂的持久稳定和生物积累的毒性化学物质有四氯二苯并对二噁

英、四氯二苯并呋喃、多氯联苯$C_{10} \sim C_{13}$氯代烃、全氟辛烷等，还有一些属于持久性有机污染物的含氯杀虫剂，它们可能被带入助剂中。

9. 禁用重金属含量超过规定值的毛纺织印染助剂

目前欧盟规定的毛纺织印染助剂中重金属种类和含量不能超过下列值（单位mg/kg），不包括作为助剂分子结构组成部分的重金属量：

Ag100、As50、Ba100、Cd20、Co500、Cr100、Cu250、Fe2500、Hg4、Mn1000、Ni200、Pb100、Se20、Sb50、Sn250、Zn1500。

10. 禁用含有或在特定条件（还原）下会裂解产生24种致癌芳香胺的毛纺织印染助剂

24种致癌芳香胺见表9-5-1。在毛纺织印染助剂中至今发现的品种不多，仅净洗剂LS，含有致癌芳香胺——邻氨基苯甲醚，它是作为原料的同分异构体被带入。

11. 禁用与限用含其他有害化学物质的毛纺织印染助剂

包括下列表面活性剂和由它们组成的制剂或配方：线性烷基苯磺酸盐（LAS）、二氢化牛油烷基二甲基氯化铵（DHTDMAC）、二硬脂基二甲基氯化铵（DSDMAC）、二硬化牛油烷基二甲基氯化铵（DTDMAC）、乙二胺四乙酸（EDTA）、二乙烯三胺五乙酸（DTPA），还有双酚A、异氰酸酯、磷酸盐、多磷酸盐、部分有机溶剂（如N, N-二甲基甲酰胺、N, N-二甲基乙酰胺、四氯化碳）等。

第三节　禁用毛纺织染料

目前市场上禁用与限用的毛纺织染料已涉及9类以上：

1. 禁止在织物上使用在特定条件（即还原）下会裂解产生24种致癌芳香胺的毛纺织偶氮染料

24种致癌芳香胺见表9-5-1。这些致癌芳香胺在纺织上的允许限量为30mg/kg（Oeko-Tex Standard 100中规定的允许量为20mg/kg），根据德国化学工业协会（VCI）的研究和1994版*Colour Index*中所登录的染料结构统计，它们所涉及的禁用的偶氮染料有155个，涉及禁用的酸性染料34个、禁用的直接染料88个、禁用的分散染料9个、禁用的碱性染料7个、禁用的酸性媒介染料2个等，它们中有不少品种都与毛纺工业有关。

2. 禁用由于非化学结构性因素致使染料中含有会裂解产生致癌芳香胺的毛纺织染料

包括它们从染料制造工艺中含发生异种离解或均裂副反应产生致癌芳香胺制成的毛纺织偶氮如酸性嫩黄G、酸性橙G、酸性文红G、酸性玫瑰红G、酸性黑10B、酸性副黑ATT、分散重氮黑AF、散重氮黑GNN等，染料制造时所用原料的同分异构体带入致癌芳香胺制成的毛纺织染料如酸性枣红等，致癌芳香胺在纺织品上的允许限量为30mg/kg。

3. 禁用致癌、诱变和对生殖有害的毛纺织染料

目前这种致癌性染料共有9个，它们均与毛纺工业有关，即C.I.酸性红26、C.I.碱性红9、C.I.碱性紫14、C.I.直接黑38、C.I.直接蓝6、C.I.直接红28、C.I.分散蓝1、C.I.分散黄3和C.I.分散橙11。

4. **禁用被染色的纤维、纱线或织物的汗渍（酸或碱）牢度小于4级（不含4级）的致敏性毛纺织染料**

目前共有21个，都是分散染料，即C.I.分散黄1、3、9、39、76，C.I.分散红1、11、17，C.I.分散蓝1、3、7、26、35、102、106、124和C.I.分散棕1。显然，它们与毛纺工业有关，Oeko-Tex Standard 100中规定在纺织品上的限定值不超过0.006%即60mg/kg。

5. **禁用酸性铬媒介染料**

通常在使用酸性铬媒介染料对羊毛纤维或毛织物进行染色后会产生三种铬污染：

①染色后在排出液中含有铬，特别是六价铬离子，会造成严重的污染。

②被染色的羊毛纤维或毛织物上存在着可萃取的铬，会对人体造成危害。

③被染色的毛织物无使用价值后，对它们处理同样会造成严重的铬污染。

鉴于排放的铬特别是六价铬离子对人体和水生生物体的危害很大，而且又不容易生物降解，世界各国都对排放的铬含量进行了严格的控制，例如废水中铬含量应不超过10mg/kg，纺织品上铬含量根据不同的纺织品应在1mg/kg或2mg/kg以下，六价铬在0.5mg/kg以下，因此欧盟明确禁用。

6. **限制使用含铜、镍和铬的金属络合染料**

金属络合染料包括金属络合酸性染料、金属络合直接染料和金属络合活性染料等，欧盟规定：

（1）当用于纤维素纤维染色时，使用的每一种金属络合染料染色后被排放到废水中进行处理的量应小于20%，即金属络合染料的上色率要超过80%，同时排放到水中进行后处理的铜或镍应不超过75mg/kg纤维，铬应不超过50mg/kg纤维。

（2）当用于蛋白质纤维和聚酰胺纤维等其他纤维染色时，使用的每一种金属络合染料染色后被排放到废水中进行处理的量应小于7%，即金属络合染料的上色率要超过93%，同时排放到水中进行后处理的铜或镍应不超过75mg/kg纤维，铬应不超过50mg/kg纤维。

7. **禁用重金属含量超过规定值的毛纺织染料**

毛纺织染料中重金属种类和含量要求与毛纺织印染助剂中的规定相同，其含量不包括作为染料分子结构组成部分的重金属量。

8. **限制毛纺织染料中游离的和部分能水解产生的甲醛量**

毛纺织染料中的甲醛来自于染料助剂和填充剂，Oeko-Tex Standard 100中规定被印染的织物上游离的和部分能水解产生的甲醛量对婴幼儿用品、直接接触皮肤产品、非直接接触皮肤产品、分别不能超过 16mg/kg、75mg/kg和300mg/kg。

9. **禁用环境激素含量超过限制值的毛纺织染料**

环境激素是一类对人类健康和生态环境极其有害的化学物质，又称内分泌扰乱物质.目前市场上公认的70种被禁用的环境激素中与毛纺织染料有关的主要的有7种，即多氯二苯并对二噁英、多氯二苯并呋喃、多氯联苯、对硝基甲苯、3-氨基-1，2，4-三、2，4-二氯苯酚、五氯苯酚等，其含量在一般商业标准中的规定为"0"，即不能含有。

10. 限制毛纺织染料中其他有害的化学物质

它们包括可吸附有机卤化物（如含氯载体、氯化溶剂、含氯芳香族化合物等），挥发性有机化合物（甲苯、苯乙烯、芳香剂、苯基环乙烷等）、持久性有机污染物（如含氯杀虫剂、六溴联苯、五氯苯、PFOS、PFOA等）、变异性化学物质等。

第四节　生态纺织品

生态纺织品是指从原料的选择到生产、销售、使用和废弃处理的整个过程中，对环境或人体健康无害的纺织品。生态纺织品具有以下几个特点：必须满足资源可再生和可重复利用；生产过程对环境无污染；在穿着和使用过程中对人体没有危害；废弃后能在环境中自然降解，不污染环境等。大力开发绿色产品来取代禁用和限用的对应产品是我国相关行业十分迫切的事，我国的毛纺行业大力发展生态纺织品才能长久立于不败之地，以下几点供我国毛纺行业思考：

1. 提高环境意识，树立正确的可持续发展观

我国毛纺织服装出口生产企业应顺应全球环境保护大潮，实施以质量取胜和可持续发展战略。企业应提高技术水平、注重环境保护，从整体上提高企业产品竞争力，从根本上突破环境标志这个新贸易壁垒。在日常生产经营中，企业要设计绿色产品、进行绿色生产、获得绿色环境标志并建立绿色营销渠道。这一系列的绿色环境保护措施在提高企业经济效益的同时也带来了生态效益和社会效益。生产过程着力推行清洁生产和节能减排。

2. 调整企业结构，开发符合环境标准的产品

环境标志制度的推行无疑为正在进行的产业结构调整增加了催化剂，并且毛纺行业推行环境标志制度还带来了其他行业的结构调整。如染料行业与毛纺行业密切相关，由于生态纺织品标准中禁止使用部分有致癌作用的染料，并且这一要求也成为毛纺织品国际贸易的普遍要求，因此，染料行业加大了对环保型"绿色"替代染料的研发和生产的力度，并成为染料行业结构调整、产品升级换代的一个切入点。

3. 积极申请国际环境标志认证，突破绿色贸易壁垒

虽然环境标志制度的实施属于企业的自愿行为，但它对国际市场存在巨大的影响，因为零售商或消费者可能会拒绝购买无环境标志的产品，从而使有环境标志的产品和无环境标志的产品处于不同的市场竞争地位。我国毛纺织服装企业的出口产品应积极申请出口市场需要的环境标志等认证，主动争取在国际市场中有力的竞争地位。特别是要重视贸易对象国的产品认证要求，根据进口商要求的标准提供产品。

目前针对我国毛纺织企业来说，只有随时掌握国际市场上绿色染料和绿色助剂的开发动向和新成果，不断推进自身的开发水平和进度，才能在国内外市场上争得主动、赢得胜利。

第十篇　整理

第一章 精纺、粗纺毛织物的整理

第一节 整理的作用和质量要求

整理是精纺、粗纺毛织物生产加工中必不可少的一道工序。自织机上下来的毛坯布一般没有直接的实用价值，必须通过整理加工，才能充分发挥羊毛的优良特性。羊毛织物经整理加工后不仅能改善织物的身骨、手感、弹性和光泽，提高服用性能，还能赋予织物特殊的功能（如防缩、抗皱、防水等），使成品获得优良的外观质量和内在质量。

羊毛织物的整理一般由湿整理和干整理两部分组成。湿整理主要包括煮呢、洗呢、缩呢，干整理主要包括烧毛、起毛、剪毛、烫呢、蒸呢。决定产品整理质量的基础在湿整理，但干整理也是非常重要的。工艺上必须根据产品风格及技术指标要求作全面系统的考虑和安排。

一、整理的作用

（1）修除纺织疵点。

（2）去除油污、洗净织物，为后道整理作好准备，增进光泽。

（3）消除应力，使织物中的羊毛蓬松收缩而增厚，获得丰满的手感。

（4）运用缩绒、起毛和剪毛工艺，使织物形成所需的外观风格。

（5）通过定形，减少穿着变形，保持织物尺寸的稳定性。

（6）根据特种整理要求，使织物具有防毡缩、阻燃、防水、防蛀及抗静电等性能。

（7）检验、包装，完成最终加工。

二、整理的质量要求

（1）消除外观疵点，如纱织疵、油污渍、草刺、粗节、毛粒等。

（2）达到物理指标，如织物规格、幅宽、重量、强力、缩水率、色牢度等。

（3）保证实物风格质量。

①手感质量：硬挺度、活络程度、光滑度、丰满度、蓬松度、柔软度等。

②定形质量：弹性挺括程度、平整度、折皱回复度、尺寸稳定性等。

③呢面质量：按产品不同风格，夏令织物和秋冬织物的不同要求，有呢面光洁度、绒面绒毛密度、绒毛整齐度、耐起球程度、边道质量、整纬状况、耐磨性等。

④色泽质量：色泽鲜明度、色泽坚牢度、色光纯正度，忌陈旧感。

（4）服用性能。织物的蓬松性和尺寸稳定性，需符合服装厂采用高速化缝制技术和汽蒸、熔合、压烫新工艺的要求，保证服装穿着不易变形。有些国家很重视服用性能，模拟能定量测试服用性能的织物风格仪，谋求以客观检验选择服装面料。如日本的KES风格仪，主要测试拉伸、剪切、弯曲、压缩、表面摩擦、表面粗糙度六种织物机械性能。澳大利亚联邦科学与工业研究组织（CSIRO）研制的织物质量简易测试系统法斯脱（Fast）风格仪，分别测定织物的压缩、弯曲、延伸特性及尺寸稳定性。服装厂尤其重视伸长特性、剪切性能，这和服装成形有很大关系，由衣片的平面、曲线变成立体的人体曲面。在缝制过程中，不同衣片的超喂缝合需要织物具有一定的延伸性、经向或纬向可缩性，使衣片能全部吸收超喂量。织物的松弛收缩和不吸潮膨胀是影响尺寸稳定的基本因素。

这些要求都需要在整理工艺的制订中加以考虑。

第二节　整理工艺的制订

整理是一个系统工程，是多个工序的加工组合。整理工艺包括工艺流程、工艺条件。产品的质量风格随着地区、市场和消费者的爱好而异，产品工艺不可千篇一律，在制订整理工艺时，应根据产品不同的质量要求和风格特点制订不同的工艺，并力求降低成本，提高市场竞争能力。制订工艺时必须做到：

（1）了解产品的类别、质量、风格特点和技术规格等要求。

（2）掌握原料的性能、纺织工艺的特点和呢坯情况。

（3）按织物的呢面质量、手感质量和定形质量的要求，做好各项基础工序的工艺设计。此外还要熟悉设备、染料和助剂的性能及了解各道加工质量的效果。

一、整理的种类

毛纺产品的整理大致可分为光面及绒面整理、蓬松整理、定形整理和特种整理。

1. 光面及绒面整理

光面整理用于精纺织物，整理后呢面光洁平整，织纹清晰，光泽自然持久，手感滑爽挺括，有身骨。绒面整理用于半精纺和粗纺织物，整理后织物表面形成一层绒毛，使织纹隐蔽、花型柔和、呢面细洁、绒面整齐，手感蓬松柔软。这两种整理是对呢绒表面进行烧毛、洗呢、缩呢、起毛、剪毛、烫呢、蒸呢等干湿整理的综合加工，使之获得良好的呢面质量和风格。呢面的质量要求应根据薄型、中厚型与厚型，缩绒织物与起毛织物，花色织物和各种织纹的特点而异。

精纺产品中的夏令薄织物，呢面要求细腻、光洁、平整、富有光泽，防止出现绒毛不匀、起球发毛等缺点，宜采用烧毛与剪毛工艺。高档平纹薄织物产品需在洗呢煮呢烘干后经过第二次烧毛，以除去洗呢后新产生的长绒毛，或坯布先行轻度煮呢，烘干后，使坯布在平整状态下进行高温快速烧毛。

精纺中厚或厚织物一般不用烧毛而重视剪毛，剪成短而齐的绒毛。有的用坯布先剪毛后缩绒再剪毛的工艺。对高级品啥味呢或绒面织物甚至采用缩绒、起毛、剪毛三结合工艺并经过两个循环，每个循环都能很好地改进绒面的整理质量。第二循环中的起毛，精纺产品经湿刷毛工序，用猪鬃圆刷对浸湿的织物进行湿刷毛整理，可使纤维梳直平行后再行剪毛，因而它的绒面质量达到了更高的水平。

　　粗纺产品的绒面整理更为重要。缩绒产品的典型产品为麦尔登和法兰绒，前者为重缩绒产品，后者为中等缩绒产品。起毛产品的典型产品为维罗呢（立绒麂皮状）和水獭呢（顺毛倒伏状）。为进一步提高绒面整理的质量，国外的新工艺也采用缩绒、起毛和剪毛的良好结合。缩绒产品以缩绒为主，也经过起毛与剪毛。起毛织物以起毛、剪毛为主，也经过起毛前的适度缩绒（轻缩）。因此，为得到绒面质量更好的产品，需合理处理好缩绒、起毛和剪毛三者间的关系。毛织物经过起毛后，手感具有柔软感、蓬松感（体积感）。工艺上往往将湿起毛与轻起毛交替使用，先湿后干。湿起毛易于起毛，能保护纤维使其少受损伤，耗损较少。一般用钢丝起毛，但高档产品都先用钢丝起毛，再用刺果起毛，刺果起毛因作用柔和深入，适合羊绒等高档品。刺果起毛后，经湿刷机（一种四刷辊的湿刷机，部分刷辊用钢丝刷）卷呢贮存，再经定形超喂进入干整理，因而呢面洁净，纤维平行整齐，光泽滋润。

　　2.蓬松整理

　　蓬松整理是将毛织品整理得非常蓬松柔软，使人不感到粗糙板硬，充分体现羊毛质感的一种整理。

　　羊毛在纺织过程中受各种伸长和压缩的应力，在染整过程中有释放应力而收缩和恢复纤维卷曲与蓬松的趋势，另一方面，染整过程中又继续受到新的整理张力和压力的作用。这种矛盾需要在工艺上正确处理和运用。蓬松整理正是十分注意这些矛盾并使织物获得良好定形和蓬松效果的一种整理方法。因此，蓬松整理客观地存在于整理工艺之中，认识它的存在并运用得法，可使织物蓬松感增大。反之，整理效果就不佳，产品易出现燥而板硬的缺点。

　　整理过程中使织物蓬松变厚的工艺主要是绳状洗呢、缩呢及烘呢的超喂收缩作用、超喂汽蒸预缩作用和起毛作用。此外，整理中应注意间歇地进行，以减小张力，使织物有充分的回缩和恢复时间，因此，在生产中对织物的张力应严格控制。如现代化烘呢机上除需配备掌控幅宽的装置外，还应配有超喂装置以及自动监控装置，以自动控制织物的单位面积重量和织物厚度。

　　超喂汽蒸预缩整理是改善织物蓬松度的重要工序，可促使织物的经纬密度自然收缩达到恰如其分的程度，改善织物弹性，降低成品缩水率。

　　织物经过整理获得的蓬松度，与坯布的经纬密度有关。密度越大，染整收缩越困难；织物的蓬松度越差；密度越小，纤维及纱线间的约束力减小，织物的蓬松度变好。当然，织物的蓬松度也与羊毛的卷曲度、毛纱捻度及纺织工艺中的受力伸长有关。产品纬向幅缩不足使织物蓬松度变差也是经常发生的。除有的是织机本身幅宽不足引起的外，其他一般都与设计规格有关。

　　蓬松整理与整理过程中的超喂和张幅关系密切。织物经过湿整理（除缩绒工程外），经向受力后一般都有伸长，使用超喂整理可使伸长得到回缩，可以恢复经纱的蓬松度。纬向在湿整理中的收缩需要进行拉幅定幅，这样纬纱原来的蓬松度又将降低。这时应防止张幅过大，影响蓬松度，否则应修改坯布的设计门幅。保持纬向的缩率和蓬松度是改善织物服用性能的重要方面。目前普遍的问题是只依靠经向收缩而不利用纬向收缩来提高蓬松度，这是蓬松度差的一个原因。纬向整理，尤其是粗纺产品，缩率要求比经向大一些为好。目前，有很多产品纬向整理后缩率很小，致使其拉伸弹性很差，不符合制衣厂的质量要求。

细支羊毛织物的蓬松度取决于良好的缩绒工艺，较粗的羊毛织物，主要依靠起毛机的起毛作用和良好的织物收缩作用来提高蓬松度。

3. 定形整理

对织物起定形作用的主要工艺有煮呢、烘呢、蒸呢、热定形、电压和蒸呢、罐蒸等。它们的定形作用有强有弱，也各有不同的目的。如煮呢是针对绳状的洗呢、缩呢或染色前后进行织物的平整定形，消除绳状加工引起的条折痕，改善织物的手感和光泽。烘呢是在湿整理后，织物出现经纬伸长、收缩不一的情况下通过该机的整纬、超喂、拉幅、烘燥等作用，使织物得到初步的定形并保持一定的回潮要求。汽蒸预缩是消除在干整理工序中的伸长应力，恢复织物的蓬松状态。有的作为蒸呢之前的预收缩定形，有的作为最终的整理工序。至于蒸呢和罐蒸的定形工艺，无疑是一种在压力与高温高湿条件下进行的最后的平面定形和较持久的定形工艺。有的也可将蒸呢用作中厚织物的坯布定形，以取代湿煮呢。也有在绳状匹染前进行蒸呢定形的，以防止匹染时产生条折痕。

热定形主要是使毛涤混纺或纯涤纶织物获得尺寸稳定性的加工。其在整个整理工艺中的作用十分重要，但高温定形工艺条件的选择必须避免对羊毛造成损伤。

定形作用通常不是一次完成的，而需采用反复多次的定形工艺。薄织物往往先强调定形，而厚织物则强调洗缩蓬化，最后才进行持久的定形，否则，由于定形过早或过强，使缩绒或收缩作用受到阻挠而得不到丰厚柔软的手感。

定形作用的强弱决定于织物定形温度的高低和时间的长短。定形温度高于服用熨烫温度，就能使定形效果持久。同时，定形时间越长，定形效果也就越持久。采用蒸呢、高温罐蒸后再经汽蒸预缩有利于提高定形质量。目前，毛织物的定形趋向已从过去的煮呢湿整理转向罐蒸干整理。

此外，定形与织物手感有密切关系，定形可以改善织物手感，尤其是薄织物。但也可能影响织物手感，如给湿回潮不足时进行定形，则手感枯燥。定形过强会影响后道缩绒性能的发挥，还有可能影响成品的手感。

化学定形可以达到较好的定形效果。但大多与手感有些矛盾。良好的定形整理，可使成品的松弛收缩与潮湿膨胀指标保持理想的水平，这是制衣业十分关心的质量指标。毛织品出现尺寸不稳定有三个原因，即松弛收缩、毡化收缩和吸潮膨胀。前两者的收缩是不可逆的，而吸潮膨胀是可逆的。松弛收缩的主要成因是整理过程中的应力松弛。毡化收缩是由于强烈洗涤而形成的。潮湿膨胀是当织物回潮率改变时，其尺寸随之改变，长度反而增加，回潮率越高，其尺寸变化越大。潮湿膨胀与织物结构及整理中给予的定形程度有关，定形作用越强，则潮湿膨胀越大。匹染织物的定形作用比条染织物强，其潮湿膨胀也较条染织物大。此外，还与匹染机加工时织物的张力及染色时所用酸剂有关。如果织物的潮湿膨胀过大，在穿着过程中会明显出现不良外观，在打裥中还会产生起泡现象。精纺服装的织物潮湿膨胀值（自干至湿）容许约6%。

在染色和整理过程中，这三种变形都有不同程度的发生，必须将超喂、定幅、煮呢、蒸呢等定形工艺结合起来，使织物规格尺寸得到稳定。

4. 特种整理

织物经过各种化学整理，使其具有防虫蛀、防水、防皱、防缩、阻燃、防霉等性能。对夏季薄型织物有的还采用陶瓷整理。

鉴于市场产品的发展，结构的演变，市场上出现了精纺织物粗纺化、粗纺织物精纺化，由此也出现了整理工艺交错应用的现象。

二、根据产品分类采用不同的工艺

1. 薄型与厚型精纺织物

薄型织物与厚型织物最大的不同点在于：薄型织物为夏季衣料，整理加工要求滑爽，具有麻织物或丝织物的风格为好。整理时，需重视定形和张力的作用。厚型织物整理则相反，要求丰厚、蓬松、柔软、富有毛型感。整理时需重视洗缩和蓬松整理的作用，采用小张力大收缩，重量相同的织物以丰厚的手感为好。中厚型织物是介于薄型织物与厚型织物之间的产品。虽穿着时令不一，整理上属于厚型织物整理风格，同属冬令呢绒范围。

近年来，国际上流行轻薄型产品，国际市场上以220g/m²以上的产品称为冬令呢绒。如以衣料的适用季节来划分可分为：

夏季衣料的重量一般为150～230g/m²，相当于5～7盎司/码，幅宽1.5m。

春秋衣料的重量一般为250～310g/m²，相当于8～10盎司/码。

冬季衣料的重量一般为320～400g/m²，约相当于10.5～13盎司/码，视为中厚型织物。冬季衣料中的厚型织物在400g/m²以上，相当于14盎司/码以上。

还有520～620g/m²及以上（约合17～20盎司/码以上）的特厚呢绒，如上装粗花呢、马裤呢、巧克丁、贡呢、拷花呢及各种厚呢和大衣呢等。

精纺毛织品的品种档次虽多，但按其风格、用途可分冬季衣料和夏季衣料两大类，男装与女装也有区别，其手感要求也不尽相同。冬夏季衣料的手感因素评分见表10-1-1。

表10-1-1　冬夏季衣料的手感因素评分表

质量要素	冬季衣料（分）	夏季衣料（分）
滑糯	30	0
挺爽	0	35
挺括	25	30
丰满柔软	20	10
呢面外观	15	20
其他	10	5
合计	100	100

由表10-1-1可知，冬季服装男用衣料的手感以滑糯、挺括、丰满柔软为主，而夏季服装衣料比较重视轻薄、挺爽和挺括。

女装衣料的手感应突出柔软性、悬垂性，其余质量要素和男装衣料略同。

（1）挺括：挺括与弯曲刚度有关，织物弹性取决于具有弹性和延伸性的纱线，织纹紧密的织物富有挺括手感。

（2）滑糯：是由织物平滑柔软导致的一种感觉。如羊绒织物具有较强的滑糯手感。

（3）丰满、柔软：这是蓬松的且有极好身骨的织物所具有的手感，与织物的压缩弹性和保暖性有关。

（4）挺爽：是织物表面由粗糙感所引起的一种感觉。用强捻纱织成的织物能给人以凉爽的手感。

（5）活络：与织物的伸长性密切相关，但与织物的弯曲性无关。

因此，精纺织物的整理应根据织物的厚薄、手感及风格而采用不同的工艺。企业中应规定厚型织物及薄型织物的工艺规范，结合织物原料的实际情况，进行必要的工艺调整。

2. 光面织物与绒面织物

精纺织物中有光面织物与绒面织物两种。绒面织物中由于整理工艺中缩绒作用的不同，绒面程度分为1/4绒面、1/2绒面和3/4绒面。光面织物表面有清晰的织纹，各种花呢都有良好的手感。对于光面织物和绒面织物理解的程度，随着客户爱好以及市场习惯的不同而不同，需要制订实物标样和工艺标准加以明确，以保证实物质量的稳定。

3. 缩绒织物与起毛织物

缩线主要指粗纺织物，整理工艺上以缩绒为主的产品为缩绒织物，其代表品种是麦尔登呢及平厚大衣呢，呢面绒毛完全覆盖了织纹，它的整理方法称麦尔登整理法。

工艺上以起毛、剪毛为主的产品为起毛织物。起毛织物根据绒毛形态与长短可分为立绒织物与顺毛织物。立绒织物有短立绒的外观，代表品种为维罗呢，具有麂皮绒的特点。它的整理方法称维罗呢整理法，是以多次起毛、剪毛为主的整理方法。拷花呢除具有花纹外也属于立绒或顺毛织物。顺毛织物有倒顺毛外观，绒毛较长，梳理整齐，单向倒伏，富有光泽。代表品种为海狸绒、驼司锦。它的整理方法称海狸绒整理法。

4. 粗支花色织物和稀疏松结构织物

要求呢面花纹清晰，采用的原料为有弹性的半细毛，采用粗纺或精纺粗支毛纱，织物手感蓬松、柔软。代表品种有精纺粗支花呢、雪特兰毛产品及松结构女装面料。

5. 毛涤混纺织物和纯涤纶精纺织物

毛涤混纺织物及纯涤纶织物必须经热定形工艺，以稳定织物尺寸。但热定形工序的先或后将使整理后的织物手感产生不同的效果。先整理后定形，使羊毛纤维先得到位移缩绒，再对涤纶进行热定形，则有利于羊毛特性的发挥，改善织物的蓬松度和手感。相反，涤纶先定形就会约束羊毛特性的发挥，影响整理效果。

近年来，国际上出现的纯涤纶精纺呢绒是使用多种差别化涤纶短纤维并利用部分高收缩纤维的收缩膨化作用和整理上的起毛工艺，而获得具有羊毛手感和绒面外观的仿毛产品。

6. 特种动物纤维织物

特种动物纤维指羊绒、兔毛、驼绒及马海毛、貂毛等。它们的特点为手感好，光泽足，多数纤维细而短，缩绒性比羊毛差。特种动物纤维一般与羊毛混纺。整理时应注意充分发挥多种纤维性能特点，使特种纤维通过工艺的作用能显现到织物的表面上来再加以定形。因此，掌握这些纤维的特性，正确地选择整理工艺条件是十分重要的。如山羊绒与羊毛的混纺产品，有时需要使羊毛原料先经防缩处理，防止羊毛过多缩绒而掩盖山羊绒的手感效应，以致无法发挥山羊绒织物的特性。又如羊毛与兔毛的混纺产品，应先低温缩绒，在羊毛尚未出现缩绒时，先将兔毛处理至织物表面，再提高温度，对羊毛缩绒整理。

三、充分利用羊毛的理化性能制订工艺

（1）利用羊毛的缩绒性制订洗缩工艺。坯布中羊毛缩绒性的大小取决于原毛本身的缩绒性，也与羊毛在前加工中缩绒性的损伤以及纱线捻度及织物经纬密度的大小有关。羊毛混纺织物的整理也必须注意发挥羊毛特有的缩绒性能。同时，也可选择适当的缩绒剂、洗涤剂和工艺设备等。

（2）利用羊毛的可塑性，使织物在整理中获得良好的定形效果，稳定织物的尺寸。如煮呢的湿定形作用、烘呢的定幅作用、烫呢的受热压平与给湿冷却作用，预缩中的汽蒸收缩和冷风的吹吸作用，蒸呢或罐蒸中的热冷处理等都是在一定条件下使织物获得定形的效果。

（3）利用羊毛的高延伸性能和卷曲回缩性能，使它在纺织过程中因受到各种拉伸应力而使纤维产生的伸长，在染整过程中发挥工艺上的松弛收缩，消除其应力使之回缩，恢复毛纱与坯布的蓬松膨化作用，使织物变厚且富有弹性。如整理工艺中利用烘呢机与预缩机的超喂装置，控制干整理中的缩幅，防止意外张力引起的再伸长等。

（4）羊毛纤维在洗毛炭化加工和染色加工中容易受到酸碱的化学损伤及烧毛、烘呢等高温对羊毛含湿能力的物理损伤，将使织物手感和光泽受到影响。因此，必须对羊毛采取保护措施，改善羊毛的加工条件。

四、防止工艺的片面性

在染整加工过程中，前后工序之间、工艺间都会出现很多矛盾。染色过程中，既要使织物上色，又要防止染色过快而产生吸色不匀的质量问题，既用促染剂又要用缓染剂，它们的使用能使织物在染色与阻止染色的矛盾运动中完成染色工程，获得均匀染色的效果。毛织物的缩绒整理也存在着促进缩绒又不让其过快缩绒或过头缩绒的矛盾，使织物在受控状态下完成缩绒整理。这些就是工艺上的矛盾运动。往往是从局部看某一工序的加工，会对前工序或后工序的工艺作用产生矛盾或质量影响，但从整个整理过程看，某个工序又是十分必要的。这种矛盾现象是常有的，必须用系统工程去全面认识其内在联系。只要引用正确的工艺条件，这些矛盾是可以得到统一的。如整理过程中有平幅定形与绳状加工的矛盾（如煮呢与洗缩），既要获得呢面平整又要获得绒面手感。有缩绒与定形的矛盾，有织物伸长变薄与收缩膨化变厚的矛盾，有织物给湿与放湿的矛盾，有碱性加工与酸性加工的矛盾等。这些矛盾

作用于羊毛纤维就会产生质量差异。因此,处理好工艺中的矛盾现象是做好整理加工的前提。既要防止片面性,又要明确重点(工艺的作用)。如煮呢定形与洗缩作用的矛盾,薄型织物以定形为主,缩绒为辅;而厚型织物以缩绒为主,定形为辅。

五、粗纺毛织物的整理重点

粗纺毛织物主要分纹面型、呢面型和起毛型三大类。其代表性产品的风格特点和整理要点如表10-1-2所示。在整理要点中,洗呢、缩呢、起毛、剪毛及蒸烫是粗纺毛织物整理的重点,但各类织物各有其侧重。如花呢要以洗呢为主,呢面织物要以缩绒为主,立绒、顺毛及拷花织物则要以起毛、剪毛为主。

表10-1-2　粗纺毛织物风格特点和整理要点

风格类型	代表织物	成品重量（g/m²）	风格特点	整理要点
纹面织物	稀松织物	180~450	织纹明显,质地柔软而有弹性	防止毡缩,洗(或染)要车速慢、时间短,洗呢宜用合成洗涤剂,必要时先煮呢或化学定形
	粗花呢	250~450	织纹显露或稍隐蔽	1. 防止沾色,保持色泽鲜明(洗缩用剂要视染色牢度而定) 2. 可分洗呢和轻缩呢两类,轻缩呢加工应至预定的身骨、手感和外观,不使织纹模糊
呢面织物	法兰绒	240~380	混色均匀的薄型缩呢织物,色毛、白毛鲜明,呢面细洁平整,织纹微露	1. 缩前最好洗除浮色,防止沾色 2. 适当缩呢、剪毛和蒸呢
	呢面女式呢	200~400	绒面丰满细洁,质地柔软,色泽鲜艳	1. 洗净各种油污、色渍,便于染色 2. 缩好绒面并适当起毛,改善外观
	麦尔登	360~480	原料较细的重缩织物,身骨紧密、耐磨,呢面细洁,不起球不露底	1. 缩剂要浓,加压重缩,最好缩至一定程度时剪除浮毛后再缩呢 2. 适当剪毛,防止起球
	海军呢 制服呢	390~500 400~520	原料较粗的重缩织物,身骨挺实,呢面较麦尔登稍粗	1. 缩剂要浓,加压重缩或用酸缩 2. 如要轻起毛以改进绒面,要先剪毛,蒸呢要压紧
立绒织物	维罗呢	210~400	绒毛耸立如麂皮,色泽鲜艳,质地柔软有弹性	1. 轻缩呢,反复调向干起毛、剪毛 2. 烘呢时充分拉幅,起毛中途也要拉幅
	兔毛大衣呢	380~500	绒毛密、立、齐,如丝绒,富有光泽和弹性	1. 湿坯缩到一定松紧度 2. 反复调向湿起毛、剪毛,起毛要密,烘干后剪齐绒毛
顺毛织物	羊绒大衣呢	350~780	绒毛卧伏、密、顺、齐,有羽毛膘光,手感柔软有弹性	1. 先剪除硬毛 2. 起毛要长密,并趁毛头顺向一方时予以湿定形,其后剪齐绒毛,必要时最后轻蒸呢或烫呢,将绒毛压卧一方
拷花织物	拷花大衣呢	580~840	绒毛齐密、均匀、耸立或卧伏,有立体感,微呈人字或斜纹形,身骨丰厚弹性好	1. 反复调向湿起毛,剪毛到纬纱大致拉断、花纹微显为止 2. 最后可进行搓呢,以增加花纹的清晰度

1. 洗呢

洗呢是使织物获得良好的光泽、颜色和手感的关键工序，但要处理好洗呢与缩绒的关系。

（1）花呢或高档产品、要求色泽鲜艳的织物，应先洗呢后缩呢，易于褪色的花呢则宜用中性洗、酸性缩。

（2）稀松织物不经过缩呢，但由于原料结构及有否蒸纱等，在洗呢中收缩不同，会影响纹面的清晰度及手感的丰满度，要适当掌握洗呢时间。

（3）织物洗呢与否，缩剂的配方是不同的。已经洗净的织物，缩呢时缩剂中不必加碱，缩后的洗呢可皂洗片刻或直接进行冲洗。未洗净的织物，如用皂碱作缩剂，洗呢时还应加碱，调整pH值至9.5～10，才能洗净污垢。

2. 缩呢

缩呢是粗纺毛织物整理的基础，它初步奠定了产品的风格。缩呢时按产品风格和原料性能，注意缩剂的选择和缩呢方法，掌握缩呢程度的轻重。

（1）纹面织物中的粗花呢要适当轻缩，以达到预定的身骨与外观，但不使花纹模糊和沾色。花色织物不应重缩。

（2）呢面织物中的麦尔登、制服呢类是重缩织物。要缩得紧密，使绒毛短密地覆盖在呢面上。麦尔登要求呢面细洁耐磨，应采用缩呢后剪毛再缩呢的方式。制服呢等呢面织物仅在缩呢绒面不够丰满的情况下辅以轻起毛，以改善绒面。

（3）立绒、顺毛、拷花等起毛织物，一般不宜采用重缩呢，以利于以后的起毛加工。

3. 起毛

起毛对外观风格的改变作用很大，使用起毛机械和不同的起毛方法可获得不同的外观风格。

（1）针辊起毛的绒毛散乱，刺果起毛的绒毛顺直；干起毛的绒毛蓬松，湿起毛的绒毛长密。织物通过热水后，以刺果起毛则会产生波浪形花纹。

（2）素毯要用针辊干起毛，并逐步加重，最后进行塞毛（或称顺毛）使绒毛致密平整。

4. 剪毛

要根据品种风格要求的绒毛长度剪毛，避免毛头过短而手感不好，或毛头过长而呢面外观及起球不好。如与起毛结合进行，有助于起毛浓密。立绒、顺毛、拷花织物要在起毛至一定程度时剪去绒毛上的较长部分，然后调换上机方向起毛和剪毛，即起剪联合进行，可获得绒毛浓密整齐的效果。

5. 蒸呢与烫呢

蒸呢与烫呢可给予产品适当的光泽及手感。纹面织物经轻蒸或烫呢，呢面织物经蒸呢，顺毛织物经烫呢，可增进织物的光泽和手感等。

目前绒面整理的新趋势是：不论起毛织物或缩绒织物，都采用缩绒与起毛相结合的工艺，但要处理好缩绒、起毛与剪毛的关系。如有些缩绒产品以缩绒为主，缩绒后经起毛与剪毛，再进行缩绒，能获得丰满匀净的呢面。起毛织物以起毛为主，也经起毛、剪毛、轻缩绒工艺。

毛织物经过起毛工艺，手感发生变化，具有柔软感、蓬松感（体积感），工艺上可根据不同产品灵活选择下面的工序：

（1）湿起毛与干起毛交替使用，先湿起毛后干起毛，潮湿状态易于起毛，纤维损伤少。

（2）针辊起毛或刺果起毛，高档产品大多用刺果起毛，其作用缓和深入，适宜做羊绒等高档产品。而刺果起毛后，还需使用湿刷机，并卷轴贮存，烘干时定幅超喂，因而缩水率小，呢面匀净，纤维顺直。

第三节 呢坯准备

毛织物自织机下机后，为便于后道生产及质量控制，在整理之前一般需经过编号、生坯检验和生坯修补等工序。

一、编号和呢坯检验

（一）编号

为分清品种，便于按染整工艺计划加工，须将每匹织物编号。将匹号、品号用棉纱线缝在织物一端的匹尾上，或用特制的记号笔书写。建立每匹织物染整加工工艺记录卡，将幅宽、长度、重量填写在卡上。此卡随呢坯进入染整各工序，记录加工情况，以便发现问题，查找原因。

（二）呢坯检验

呢坯须逐匹量长度和幅宽，称重量，检验外观疵点。在需要修补或处理的疵点旁用衣粉（划粉）作出标记，便于后道修补和处理。衣粉须软硬适中，根据纤维性能、呢坯色泽深浅及染整工艺过程选择使用。画记号时不宜用力过大，防止呢面画出痕迹或不易洗净。对于特浅色或薄的织物，或不经过正常洗呢的化学纤维和毛+特种纤维织物，宜画在反面或改用白棉纱线做出标记。

衣粉的制造举例如下：

（1）处方：衣粉的制造处方见表10-1-3。

（2）操作：先将瓷粉、滑石粉过筛加水混合，将溶解好的肥皂、纯碱、染料溶液或涂料缓缓加入，边加边搅拌，然后搓成条，用手工或模压成型，阴干后使用。

（3）说明：

①染料、涂料的用量按它的力份及衣粉需要的色泽深浅而定。常用的碱性染料如碱性品红G、碱性湖蓝BB、碱性嫩黄O，涂料如镉蓝、镉黄、镉红等。

②碱性染料价格较廉，如用于腈纶产品经高温处理后难以洗除，涂料无此现象，但涂料力份低，价格较高。

③条染或散纤维染色产品，可用白色衣粉，以节约用料且易洗去。

④使用的染料须易于洗净，不影响后道的加工质量。

表10-1-3　衣粉的制造处方

用料名称	处方1	处方2
染料或涂料（%）	碱性染料8	涂料9
一号瓷粉（%）	30	27
滑石粉（%）	50	61
丝光皂（%）	10	8
纯碱（%）	2	—
水（%）	适量	适量

二、修呢

（一）修呢工序

将呢坯上的纺织疵点及毛粒和异色毛、草屑等修清，对较长缺经、缺纬、长粗纱、长弓纱、小跳花、蛛网等都要用相同的经纬纱按原组织补好。修呢工序包括生坯修补、熟坯修补及补洞等。

1. 生坯修补

生坯修补是一项很细致且技术要求比较高的工作。精纺毛织物一般要求表面光洁，故疵点容易暴露，须仔细做好修补工作。粗纺毛织物通常经过缩呢和起毛加工，织纹被绒毛掩盖，修补的要求可低些，对一些不易在成品上显现的小疵点，可以不予修补。生坯修补应尽量一次修补好，以提高产品质量。因生坯修补后，在染整中纱线收缩，不易产生修补痕，否则如有疵点遗漏，到熟坯修补时，就容易产生修补痕，影响成品质量。

为减少修补工作量和提高产品质量，必须从根本上提高纺纱、织造、条染、散毛染色及原料加工的质量，尽一切可能减少纱织疵，才能有效地提高坯布质量，减少修补工时。

2. 熟坯修补

将生坯修补时不易被发现的疵点通过湿整加工后呢面上显现出来的遗留的结头、毛粒、草屑等修除干净。

3. 补洞

生坯补洞是修补织造过程中造成的洞。熟坯补洞，有的是补染整过程中造成的破洞，也有的是补生坯修补造成的小洞。

（二）修补操作

1. 毛织物的修补方法（表10-1-4）

表10-1-4　毛织物的修补方法

疵点	精纺织物	粗纺织物	
		纹面	重缩绒
结头	将结头挑到反面暂不修去，到熟坯修补时剪去，粗支平纹及斜纹织物的结头只剪去一半，结构较松的织物解开结头后搭头，防止染整后造成小缺纱	一般把结头解开，对剖搭牢	挑去
纱头	修去	修去	修去

续表

疵点	精纺织物	粗纺织物	
		纹面	重缩绒
大肚纱、粗节纱、错纱	引换	剥粗节或引换	挑去
弓纱	轻的拉平，集中的分散拉平	剪断、拉平	挑断、拉平
织入回丝、双纱	挑去	挑去	挑去
粗细纱、缺股纱、多股纱、油色纱、松紧捻纱	引换	引换	一般挑去，并排两根，一根挑去，另一根引换
吊经吊纬（紧经紧纬）	剪断，逐步移松，引换，补缺纱	剪断，逐步移松，引换，补缺纱	挑去
综框跳花	按呢坯疵点的轻重而定，一般挑出后修补	一般按原花型补织	轻的挑去，重的修补
缺经缺纬	修补	一般补入	一般不补，两根以上适当修补
错纹	将错纹挑去，补入正常花纹	挑去错纹，补入正常花纹	挑去
边撑刺毛	按疵点轻重，一般将受伤的纱挑去，修补	将受伤纱挑去修补	不补
小洞	织补	织补	织补
植物纤维杂质	一般挑去，长的引换	引换	挑去

2. 操作要点

（1）挑结头：挑结头要轻、准，防止因挑结头而造成吊经纱，用力太大易将结头挑断。结头本身如已形成吊经纱时，须将结头挑断修补好。结头须挑净，不可遗漏，到熟坯再挑时，将形成稀档。

（2）补缺经纱：先看清缺经两端边纱的松紧情况，从紧的一边补向松的一边。如缺经两端是紧纱，补时须将两根纱在不同的位置挑断后再补，以免引起补呢造成的紧纱。补好后用钳子将补入的纱推平整，使纱线松紧一致。

（3）补缺纬纱：斜纹组织的缺纬，呢面织纹被破坏，必须补好。平纹组织缺纬，如密度大、纱支高的织物，可挑去一根，然后斜向推布面扭平，防止稀档。密度小、纱支低的织物，缺纬必须补好。

（4）补小缺纱：根据原纱头的方向，用原来的毛纱补入。小跳花，补进新纱。小弓纱，将两股纱分开、挑平。

（5）换粗纱：先将粗纱处5～6针的纱挑出，将需换进的新纱嵌入较粗的一根单纱内引入织纹中，将两边搭好头再剪断。换入的新纱，每隔3～4cm挑成一小弓纱，然后用手指在呢坯反面刮平。换很粗的毛纱时，一般在换入新纱后，将补入纱的两端拉紧，斜向扭动数次，使纱线密度均匀，避免局部稀隙。

（6）修大肚纱：一般大肚纱呈枣核形，挑出后将毛束剥匀、剥净。花式纱的大肚纱，须引换新纱，不宜挑剥，防止影响花色效应。如大肚纱很粗，挑出剥去后，须用针拨平织纹，防止稀隙。

（7）补洞：补洞时，用修补绷架绷紧织物，并保持呢面经直纬平。然后分头补经纬断纱，先补纬纱，后补经纱，两端应交错搭头。补后应织纹清晰，松紧均匀，搭头平整。

（8）做好查对工作：修补时须核对用纱的颜色、纱支、捻向，防止出现差错。修补完毕，应检查修补工具如修补针及剪刀是否缺少，防止遗留在呢坯内，以免在后道加工中发生事故。

（9）修补用针：修呢用针按织物松紧、纱支粗细选择使用。精纺织物一般用24～26号针，粗纺织物用大号缝衣针。

（10）羊皮屑的去除：粗纺匹染中，染料对织物中的羊皮屑上色较深，而对织物不沾色，羊皮屑须在熟修时挑去。如若皮屑上色会沾污织物，须在染前挑去。

三、去除污渍

织物在纺织及搬运贮存过程中，易产生油污、铁锈渍等，在染整前必须尽可能予以去除。否则有些污渍经高温染色整理后去除困难。消除油污渍、锈渍应按其轻重程度，用适当的助剂处理。方法有手工揩油污渍法及喷射溶剂法。

（一）揩污渍用剂（表10-1-5）

表10-1-5　揩污渍用剂

疵点	助剂名称	浓度（g/L）	温度（℃）
油污渍	乙醚	原浓度	室温
	净洗剂JU	100～500	室温
铁锈	氢氟酸	0.025～0.05	室温
	草酸	15～20	40～50
油漆、沥青、柏油、白蜡	香蕉水、丙酮、汽油、松节油	原浓度	室温

（二）手工揩油污渍

有机溶剂涂于油渍处，然后将此处浸入去油剂中，用手挤捏，再在温水中挤捏，冷水冲清。如仍有残污，可按上法重复操作，直至油渍消失。

（三）喷液枪法去除油渍

将织物平幅展开在有吸风孔的工作台上，油污渍对准吸风孔，下填吸水纸或棉纱布。为减少溶剂挥发出来的气味，通常与连接在吸风孔的抽吸装置配合使用。操作时开动喷液枪（图10-1-1）对准油污渍喷射，同时开动抽吸泵。利用电动喷液枪对液体产生压力而高速喷射，使有机溶剂呈线状喷出，喷射在呢面的油污处。溶剂在喷射压力下，渗透入织物和纱线内部，油污迅速充分溶解，而随即被衬在后面的吸水纸或棉纱布吸去，并将挥发的气味排出室外。此法去除轻度油污效果好，生产效率高，劳动强度小。不论成品、半成品，一般较轻的油渍均可干坯揩除，不需温水。不易出现因搓擦而产生毛斑等疵点。但重油渍还需借助人工。

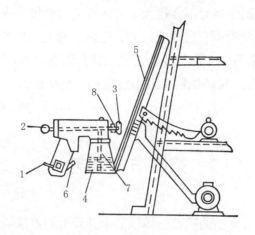

图10-1-1　喷液枪操作示意图

1—电源　2—调节器　3—喷帽　4—溶剂贮液瓶　5—抽吸装置

6—电钮　7—上液管　8—喷芯

选用的有机溶剂，须对油污有较强的溶解效果，易挥发，无刺激性臭味及毒性，对染料无溶解性，不使织物褪色，对纤维无损伤，对金属喷枪无腐蚀性。

（四）操作注意事项

（1）操作要细心，轻擦、轻洗，不可用力过大。对于难去除的油污渍须轻重结合，防止擦伤。浮线长的织物及松结构织物，易产生毛斑，尤应注意。纯化纤织物不可用硬质工具擦洗，防止造成擦白印。

（2）揩过油污渍的呢坯，需随即进入下工序加工，间隔时间不宜过长，防止产生风干斑渍。用喷液枪去除油污渍，一般可以避免风干斑渍的形成。

（3）揩油污渍、铁锈渍的用剂种类、浓度应根据污渍的程度、织物染色牢度等选用，防止掉色变色。用草酸或氢氟酸溶液揩锈渍，应稀释后使用，随即用温水洗清。浓度过浓，易使酸性染料、中性染料染色的织物变色。

（4）使用喷液枪时，须保持喷头清洁，防止毛屑堵塞，使喷出的溶剂有穿透力。发现喷头堵塞，应检查喷帽是否拧得过紧或溶剂内有无渣滓。由于泵筒、泵芯容易被锈蚀，用后应做好清洁工作。

四、缝袋（筒）

为防止洗呢、缩呢或匹染时绳状加工造成的折痕、条痕、卷边等疵病，可采用缝袋（筒）后再染色或整理。将呢坯折成正面在内两边顺直并缝合成袋形，加工时使呢坯袋中保持一定量的空气，在加工呢坯中形成来回窜动的气泡，使呢坯受挤压的位置经常变换，以防止上述疵病的发生，并能提高洗净效果，保持织纹清晰，手感蓬松，缩呢时绒面均匀，手感丰满，染色时均匀吸收染料。缝袋前要先刷去呢面上的纱头杂物。缝袋时正面向里，并选择强力较高的线缝制，但缝制线强力不宜过大，防止拆缝时撕破织物，强力又不能过小，以防呢坯运行中断线。缝袋的针距不宜过稀或过密，通常，精纺织物的针距为1cm左右，粗纺织物约1.5cm。每隔一定距离留一个出气段。缝袋通常用缝袋机加工。针脚采用两边对接拼缝的Z字形，如两边重叠缝合，精纺织物易发生边道相互毡化黏合，拆开后边道发毛，影响质量，甚至造成降等。

第四节　烧毛

精纺毛织物大多要求有光洁的呢面、柔软的手感及滑爽挺括的风格特征。因此，一般需要经过烧毛工序。该工序的主要作用是烧去表面的毛茸，使呢面光洁、纹路清晰。涤纶产品经烧毛还可减少起球。但烧毛对织物手感有一定影响，应尽量少用烧毛工艺。除要求贡子清晰的华达呢、贡呢类织物，要求呢面光洁、手感滑爽的薄织物及涤纶产品外，其他产品一般宜通过剪毛工艺去除织物表面的毛绒。

一、烧毛机

毛织物烧毛用气体烧毛机。燃料有煤气、汽油、液化石油气等。

（一）N052型及MB001型、MB001A型、PK97型气体烧毛机（表10-1-6、图10-1-2、图10-1-3）

表10-1-6　N052型、MB001型、MB001A型、PK97型气体烧毛机主要技术特征

项目	N052型	MB001型、MB001A型	PK97型
类型	立式两火口气体烧毛机	立式两火口气体烧毛机	立式两火口气体烧毛机
呢速（m/min）	40~100	40~100	40~100
工作幅度（mm）	1800	1800	2000
火口与织物间距调节（mm）	约30~80	最低10	0~30
火焰幅度调节	调节调幅空气阀门，可以无级调节火焰幅度	机械有级调节	无级调节火焰幅度
火焰高低调节	使用气体比例混合器后，只需调节进空气阀门，即可自动调节火焰高低	使用气体比例混合器后，只需调节进空气阀门，即可自动调节火焰高低	通过调节风压和进油量
点火方法	高压自动点火	高压自动点火	高压自动点火
灭火方式	电磁阀切断电源，并将调节阀门拨至最大开度，电磁阀公称压力7×10⁵Pa（7kgf/cm²）	电磁阀切断电源，并将调节阀门拨至最大开度，电磁阀公称压力7×10⁵Pa（7kgf/cm²）	电磁阀切断电源
燃料	煤气、工业汽油、石油气	煤气、工业汽油、石油气	煤气、工业汽油、石油气、天然气

续表

项目	N052型	MB001型、MB001A型	PK97型
火口	两只火口幅度1860mm，火口缝间隙距0.8~1.2mm	两只火口幅度1860mm，火口缝间隙距0.8~1.2mm	两只火口幅度2000mm，火口缝间隙距（双狭缝）0.325mm和0.275mm
气体比例混合器	使燃烧气与空气按比例混合，以自动调节火焰高低	使燃烧气与空气按比例混合，以自动调节火焰高低	使燃烧气与空气按比例混合，以自动调节火焰高低
装机功率（kW）	10.5	10	40
外形尺寸(长×宽×高)(mm)	3200×3555×2305	7350×2748×3830	7500×2800×3500

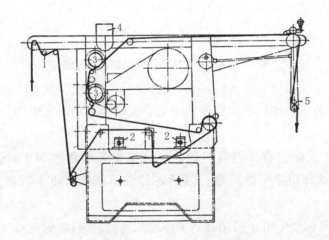

图10-1-2　N052型烧毛机

1—张力架　2—火口　3—毛刷辊　4—吸尘装置　5—出呢装置

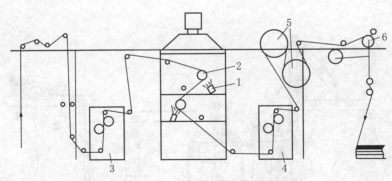

图10-1-3　MB001A型气体烧毛机

1—火口　2—火口冷却辊　3—前刷毛箱　4—后刷毛箱　5—冷却辊　6—落布架

（二）MB001型烧毛机的火焰位置

MB001型烧毛机火焰位置有以下三种，其特点如下。

图10-1-4（a）为切线烧毛。火焰以切线方式接触织物的烧毛，将突出于织物表面的短

纤维烧去，这一位置的烧毛，适用于轻薄型织物以及对火焰敏感的织物，其对纤维的损伤较小。

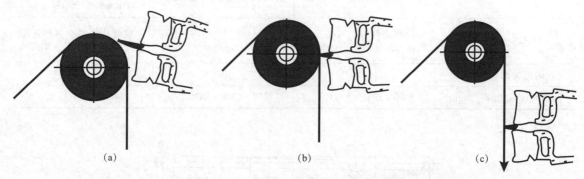

（a）　　　　　　　　　　（b）　　　　　　　　　　（c）

图10-1-4　烧毛机不同火焰位置示意图

图10-1-4（b）为火焰面向水冷罗拉的烧毛。火焰呈直角射向织物。烧毛时织物的背面由水冷罗拉传动。

图10-1-4（c）火焰呈直角射向织物，可获得最强烈和效率高的烧毛。这一位置的烧毛适用于天然纤维和再生纤维织物，以及各种混纺厚型工业用织物，其对纤维的损伤较大。

另外，PK97型气体烧毛机（图10-1-5）标准配置为2个双喷射火口，可提供一正一反、或两正、或两反的烧毛方式，提供3种、2种或1种烧毛位置，也有3火口或4火口烧毛机，其不仅能进行坯布烧毛，还能进行火焰剪毛，特别适用于纱线的火焰剪毛。配备燃气/空气比例混合装置，可调节火焰强度和宽度，可调节织物与火口之间的距离，手动预设或程序控制烧毛参数。

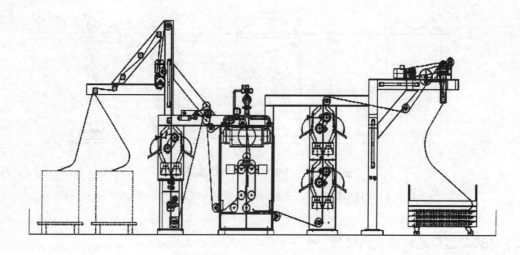

图10-1-5　PK97型气体烧毛机

（三）TM2A型及TMX11型汽油汽化器

1. 汽化方式

汽油经滤油器进入压力≤25×10^5Pa（25kgf/cm²）的内外转子式油泵，再经浮子式流量计7控制所需汽油量进入雾化喷头1（图10-1-6）。汽油以雾状喷下，大部分雾状油滴在列管式加热器的上管板2表面被汽化。尚有未汽化的油滴则顺列管3内壁往下流被继续加热，以保证完全汽化。空气经风泵ϕ76.2mm（3英寸）出口进入汽化器下部，风被翅片式加热器4加热，升温到70~80℃以上。空气和汽油汽化气根据汽油热值以10:1~20:1的比例混合，经顶部气液分离部件后，从ϕ63.5mm（2.5英寸）出口通往气体混合器进一步混合均匀，进入火管入口。未汽化的液滴被分离部件分离后，再从回流孔中滴回到列管加热器上，继续加热汽化。TM2A型用离心风机。TMX11型用罗茨风机，后接稳压气包及预热器。

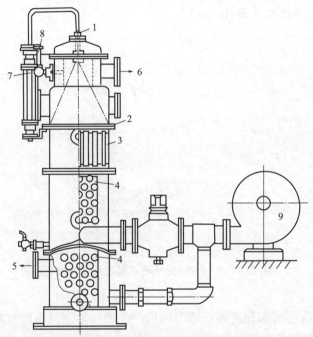

图10-1-6　TM2A型及TMX11型汽油汽化器

1—雾化喷头　2—上管板　3—列管　4—翅片加热器　5—二次风出口

6—汽油气出口　7—流量计　8—温度计　9—风机

2. 汽油汽化器的主要格规及技术特征（表10-1-7）

表10-1-7　汽油汽化器的主要规格及技术特征

项目	特征	
	TM2A型	TMX11型
汽油汽化量（kg/h）	约18~90（选用不同孔径的喷头）	
使用汽油规格	直馏汽油	
热空气与汽化气混合比	10∶1~20∶1	
风压（Pa）	9800（1000mmH₂O）	

项目	特征	
	TM2A型	TMX11型
汽化室温度（℃）	70~85	
耗汽量（折算回汽水）（kg/h）	10~11	
使用蒸汽压力（Pa）	$(1.5~2.5) \times 10^5$	
雾点（℃）	23~40	
汽油汽化器加油至火管发火时间（min）	5~30	
电动机装机容量（kW）	5.68	7.68
外形尺寸（长×宽×高）（mm）	2150×1320×1670	2400×1500×1700
机器重量（kg）	约750	约800

3. 可燃气体工作原理（图10-1-7）

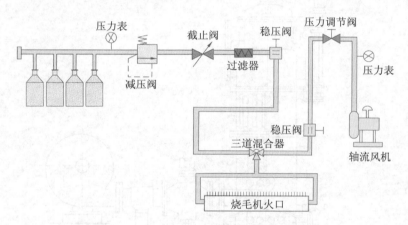

图10-1-7　PK97型烧毛机燃烧气体外接管路图

可燃气体经过减压阀和稳压阀，轴流风机产生的压缩空气也经过减压阀和稳压阀，二者在三通混合器混合均匀后，到达烧毛机火口燃烧形成火焰。

二、烧毛工艺因素

1. 火焰强度和呢速

烧毛火焰分强火焰与弱火焰两种，强火焰为光亮的蓝色火焰，竖直有力。老式烧毛机火口的火焰温度为800~900℃，新型烧毛机火口的火焰温度为1000~2000℃。弱火焰为黄红色的软火焰，温度为650~750℃。

火焰强度和呢速应根据产品不同而定。纯毛和毛混纺产品，设备条件许可时可采用强火焰快速烧毛，呢速100~120m/min。在极短时间的高温火焰中烧除呢面绒毛，又可减少纱线中羊毛的损伤。既要使呢面光洁，又要尽量减少对手感的影响。具体产品的烧毛工艺，应按质量要求、设备性能、实际烧毛效果恰当选用。目前一般老式烧毛机呢速为60~90m/min，不能适应生产要求，需进行技术改造。

2. 坯布的平整度

进入烧毛机的坯布需保持平整，如在折皱严重、极不平整状态下烧毛，烧毛不易均匀。对于呢面光洁度要求高的薄型织物，可采用生坯煮呢一次，拉幅烘干，呢面在平整状态下烧毛。经拉幅后，经纬纱间的孔隙增大，绒毛易于烧除。

3. 火焰与织物的距离

距离近，火焰的喷射面宽，烧毛作用强，但对织物强力损伤严重；距离远，烧毛作用弱，不利于织物表面绒毛的去除。

三、烧毛操作注意事项

（1）开车前要检查机械状态，试开空车，待运转正常后方可正式开车点火，检查火焰质量，防止中途故障停车，烧坏织物。要定期测定实际车速。

（2）织物与火口的距离以及火焰强弱应在呢坯进机前调整好，如在运行中调整，容易造成烧毛不匀。

（3）呢坯在烧毛前要折叠整齐，烧毛时应保持呢面平整，不折皱。

（4）火口易于堵塞，必须经常清洁，保持火焰齐整，防止烧毛不匀，对合纤产品的烧毛尤要注意。

（5）烧毛后的呢坯，应避免高温长时间堆放。涤纶产品如采用生坯定形的工序，又接着进行烧毛时，呢坯必须先经散热处理后才能烧毛，以防止涤纶发生熔融，烧坏呢坯。

（6）烧毛时注意有无火星遗留在呢坯上。

（7）涤纶匹染产品，宜采用染色后烧毛。

（8）使用液体燃料，要注意液体的充分汽化，并使通气管路保持一定温度，防止燃料中途液化。在开车前要放尽管路中冷凝汽油及汽化器底部的冷凝脚油。

（9）汽化器汽化室内压力不宜过高，一般掌握在9800Pa（1000mmH$_2$O）左右的压力，以利于汽化，并无脚油。

（10）使用汽油烧毛时，烧毛完毕后，应继续开启电磁阀调节空气阀门和汽化器风泵数分钟，再行关闭，以免管路中剩余汽油冷凝还原，影响次日烧毛，并将汽化室进风阀、汽化器混合气出口阀严加关闭，以防汽油外逸。

（11）烧毛作业区应严禁烟火，以防爆炸和火灾，并应备有消防设备。

四、烧毛疵点产生原因及防止方法（表10-1-8）

表10-1-8　烧毛疵点产生原因及防止方法

疵点	成因	防止方法
烧毛条痕、烧毛经档	1. 火口局部堵塞，火焰不齐 2. 缝头不平整，呢坯进机有折皱或烧毛过程中呢坯错乱纠缠	1. 经常清扫火口缝隙 2. 缝头要平整，呢坯要折叠整齐，进机要平齐

续表

疵点	成因	防止方法
烧坏、烧断	1. 缝头不牢，中途脱头 2. 机器发生故障，中途停车 3. 烧毛火焰太强，呢速过慢 4. 涤纶产品热定形后未经散热即烧毛	1. 缝头要牢 2. 加强设备维修及开车前检查，防止中途停车 3. 按坯布情况，掌握烧毛工艺条件 4. 烧毛前先将坯布散热冷却
烧毛洞	机内毛灰多，烧毛时毛灰或纱头成球，燃烧后落到呢面上	做好机台清洁工作，呢面的纱头要修除掉
擦板印	1. 火焰跳动 2. 呢坯运行不正常，呢面跳动	1. 风泵压力要稳定，注意燃气与风量的调节，避免火口周围气流紊乱 2. 进布张力要均匀，注意火口上面导呢辊有无偏心，牵引辊有无规律性滑失
匹头匹尾发毛、布边发毛、局部发毛	1. 呢坯进机未及时点火或调节好火焰 2. 停车时火焰关闭过早 3. 火口上部冷却导布辊温度过低，布边被水滴沾湿 4. 呢坯局部受潮	1. 呢坯应在火焰调整好后进机 2. 呢坯全部通过火口后再熄火 3. 控制冷却导布辊内冷水流量，防止导布辊表面产生水滴 4. 注意呢坯堆放条件，防止局部受潮

第五节　煮呢

煮呢是使羊毛织物在张力作用下进行热水浴处理，使之平整且在后续湿处理中不易变形的工艺过程。煮呢主要是在精纺毛织物经过烧毛或洗呢整理后进行的。羊毛在纺织过程中纤维受到外力作用发生各种变形，松弛后会产生收缩，浸湿时更为显著。在煮呢的过程中，纤维的分子结构先遭破坏、断裂，再重新生成更为稳定的结构，从而产生定形效果。所以，煮呢整理能使织物获得良好的尺寸稳定性，避免后续湿加工时发生变形、折皱现象，并可改善织物的手感和光泽。

化纤产品经过煮呢，可使织物平整，改善手感、光泽。毛织物定形后，可减少洗呢、染色等绳状处理时产生折痕，不易发毛，有利于呢面光洁、织纹清晰。但定形过强会影响以后洗缩时的丰满手感，宜视品种要求、坯布条件和干整定形（蒸呢或罐蒸）情况，妥善安排煮呢程序，选择煮呢机型，掌握煮呢工艺。

一、煮呢机

煮呢机有双槽煮呢机、两用煮呢机、单槽煮呢机、蒸煮联合机、连续煮呢机及平洗连煮机。

（一）N312C型双槽煮呢机

双槽煮呢机由两台单槽煮呢机并列组成。各有一对不锈钢滚筒，下滚筒可以改变转向，为主动滚筒。煮呢时，呢坯往复在两个煮呢下滚筒上进行。其优点为：半连续式，可两面煮呢，效率有所提高，煮呢均匀，手感活络，织纹清晰。缺点为：定形效果不及单槽煮呢机。N312C型双槽煮呢机的技术特征及结构见表10-1-9和图10-1-8。

表10-1-9　N312C型双槽煮呢机主要技术特征

项目		主要技术特征
类型		双槽往复式
滚筒宽度（mm）		1830
织物运行速度（m/min）		有三挡变速范围：13.7～19.8，17.7～25.5，22.4～32.4
煮呢槽单槽	外形尺寸（长×宽×高）（mm）	2184×1044×760
	容积（L）	1070
下滚筒	直径（mm）	450
	最大转速（r/min）	15.75
上滚筒	直径（mm）	380
	重量（kg）	约90
加压方式		重锤加压，工作动程100mm
电动机	主传动	JFO$_2$41-6，2.2kW，960r/min
	落布架	TY20-27（FW12-4T$_2$），0.55kW
外形尺寸（长×宽×高）（mm）		4830×3715×2640
机器重量（t）		约5

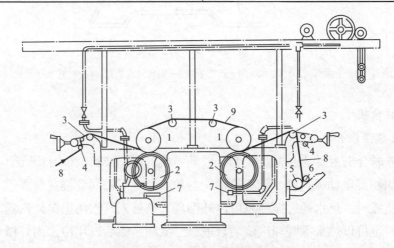

图10-1-8　N312C型双槽煮呢机

1—上滚筒　2—下滚筒　3—扩幅辊　4—张力辊　5—牵引辊　6—卷呢辊

7—煮呢槽　8—织物　9—包布

（二）MB031型两用煮呢机

该机的机器构造、主要技术特征基本与N312C型双槽煮呢机近似。机器幅宽1800mm，工艺车速35m/min，上滚筒直径374mm，下滚筒直径445mm，煮呢槽每槽容积1020L。该机具有以下特点：

（1）可以双槽煮呢或作单槽煮呢用。

（2）上滚筒采用气动升降。

（3）有温度自控、定长换向记数装置。

（4）出布方式有折叠和卷取辊两种，根据生产工艺选用。

（5）用两套力矩电动机传动系统，恒张力传动，布速变化小。

（三）单槽煮呢机

单槽煮呢机的机器构造、主要技术特征与双槽煮呢机的一个单槽相似，如图10-1-9所示。

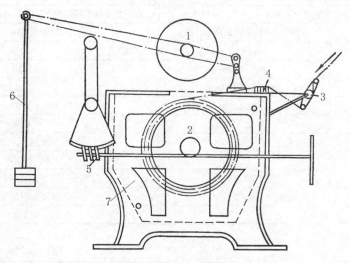

图10-1-9　单槽煮呢机

1—上滚筒　2—下滚筒　3—张力架　4—扩幅板　5—蜗轮升降装置　6—杠杆加压装置　7—煮呢槽

（四）蒸煮联合机

1. 间歇蒸煮联合机

间歇蒸煮联合机主要是由两组蒸煮槽4、蒸煮辊2、吊车5和包布辊3组成（图10-1-10）。

蒸呢时织物经电动吸边器、针板拉幅，与包布相叠后一同卷绕在蒸煮辊上，再由吊车吊入蒸煮槽。蒸煮时，热水通过循环泵可内外循环，或通入蒸汽由里向外汽蒸。可以单独热水煮呢或汽蒸，也可以热水煮呢和汽蒸结合进行。煮呢结束后，用冷水内外循环冷却或抽气冷却后出机。该机在蒸煮过程中，呢坯经纬向张力均匀，煮呢匀透，冷却彻底。蒸煮后定形效果、手感、弹性均较好，适用于薄型及中厚毛织物煮呢。缺点是容易产生呢边深浅或水印。

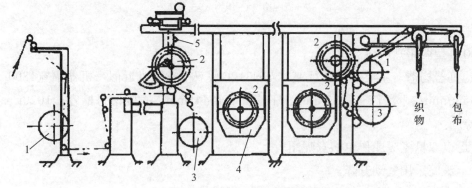

图10-1-10　间歇蒸煮联合机

1—成卷辊　2—蒸煮辊　3—包布辊　4—蒸煮槽　5—吊车

2. 连续蒸煮联合机

连续蒸煮联合机由热水槽1、汽蒸大滚筒3、冷却槽2、进布和出布装置组成（图10-1-11）。织物经张力架、吸边器后，通过热水槽，经轧辊、展幅辊及张力调节辊，进入蒸汽加热的大滚筒与橡胶导带4之间，织物含水受高温汽化，达到蒸煮效果，然后再经展幅辊、冷却槽、张力调节辊、轧辊至出布装置。连续蒸煮机的主要技术特征见表10-1-10。

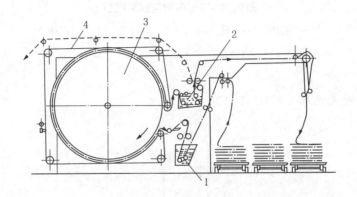

图10-1-11　连续蒸煮联合机

1—热水槽　2—冷水槽　3—汽蒸大滚筒　4—橡胶导带

表10-1-10　连续蒸煮机的主要技术特征

项目	主要技术特征	项目	主要技术特征
蒸汽大滚筒直径（mm）	2600	机器运行速度（m/min）	5～21
最大工作宽度（mm）	1800	生产运行速度（m/min）	6～12（视织物厚薄及蒸汽压力）
蒸汽压力（Pa）	（4～7）×10⁵	装机容量（kW）	7
平均耗汽量（kg/h）	200～300	外形尺寸（长×宽×高）（mm）	5950×3700×3200
最大耗汽量（kg/h）	500	机器重量（t）	约11
汽蒸温度（℃）	120～150		

（五）连续煮呢机

1. 多槽连续煮呢机

多槽连续煮呢机由5个槽连接组成，如图10-1-12所示。

第1槽：温水槽，可加少量表面活性剂，有3只方形辊与布面振荡接触，以去毛灰等。

第2槽到第4槽：热水槽，上滚筒橡胶制，下滚筒不锈钢制，3个热水槽内呢长共40m，呢速10～20m/min，热煮时间2～4min。

第5槽：冷水槽，有冷水管向呢面连续喷水冷却，溢出清水可回流到第1槽供溢洗毛灰用，上滚筒可加压。

5个煮呢槽之间有4对轧辊，均可适当加压，轧辊前均有展幅辊。

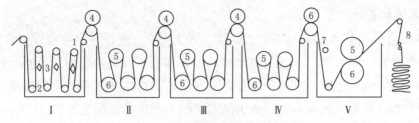

图10-1-12　多槽连续煮呢机

1—展幅辊　2—导辊　3—方形辊　4—轧辊　5—橡胶滚筒

6—不锈钢滚筒　7—喷冷水管　8—折幅架

2. 导带式连续煮呢机（图10-1-13）

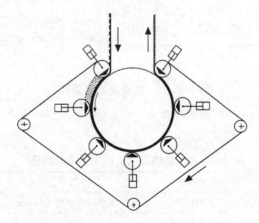

图10-1-13　意大利BSP-VULCO-CRAB型导带式连续煮呢机

图中外圈为耐高温橡胶导带，中间为直径900mm的大滚筒，内通温度为160～180℃的蒸汽，周围有7个加压导辊给导带加压，含水织物在导带和大滚筒之间通过，水分被加热汽化，在高湿热和高压力下产生煮呢效果。

（六）平洗连煮机

LAVANOVA平洗连煮机是由意大利CIMI公司生产的，主要由进布架、8个水槽和出布架组成（图10-1-14）。

第1槽：冲洗槽，水温范围为0～99℃，主要是去除布面上的毛灰，一般设定温度为40～50℃。

第2槽：皂洗槽，水温范围为0～99℃，在此槽可通过加料棒添加皂洗剂，同时根据织物的厚薄设定进水量，可实现低水皂洗和溢水皂洗，其主要作用是进一步去除布面上的毛灰，一般设定温度为40～50℃。

第3槽：冲洗槽，水温范围为0～99℃，其主要是去除织物表面上的皂洗剂，一般设定温度为40～50℃。

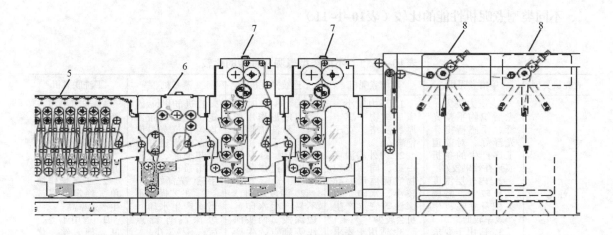

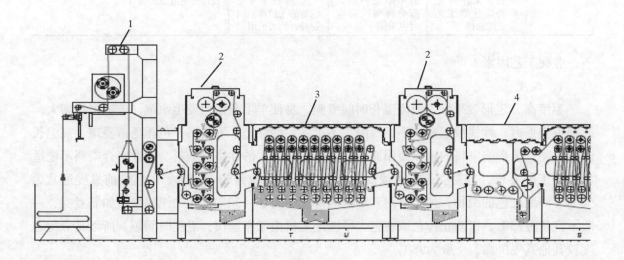

图10-1-14　LAVANOVA平洗连煮机

1—进布架　2—冲洗槽　3—皂洗槽　4—浸轧槽　5—煮呢槽　6—冷却槽　7—冲洗槽　8—落布架

第4槽：浸轧槽，其主要作用是通过加料棒添加一些特殊助剂（如化学定形剂、弹性整理剂等）。

第5槽：煮呢槽，温度范围为0~104℃，可根据进水量的大小进行水煮或汽煮，其主要作用是对织物起定形作用，防止后道生产加工产生折痕，同时改善织物手感。

第6槽：冷却槽，一般设定水温为20℃，织物经高温煮呢后，直接进入20℃的冷水中，温度的急剧变化进一步增强了煮呢定形效果；同时，此槽的水位液面一般高于煮呢槽，对煮呢槽可起密封作用。

第7、第8槽：冲洗槽，主要是去除织物上残留的化学助剂，使其呢面满足服用性能标准。

二、不同类型煮呢机性能的比较（表10-1-11）

表10-1-11　不同类型煮呢机性能的比较

煮呢机类型	单槽煮呢机	双槽煮呢机	连续煮呢机	蒸煮机	平洗联煮机
性能	1. 压力较大，煮后织物平整光滑，手感薄挺，光泽好，对前道工序产生的条折痕弥补效果较好 2. 内外层温度差异较大，需调头翻身煮呢，生产效率较低 3. 适用于要求手感滑挺的薄型织物，对中厚型织物应注意工艺条件的选择	1. 压力较小，煮后织物手感丰厚、活络，贡子饱满 2. 内外层温度一致，同一匹织物煮呢质量差异较小，水印、边深浅等疵点产生机会较少 3. 适用于要求手感丰满、活络的中厚型织物，部分薄型织物有时也采用	1. 热煮时间短，定形作用较弱，易洗缩得到丰满的手感（宜干整中采用罐蒸以改进成品定形） 2. 温度均匀，不易产生水印、边深浅、两头深浅等疵点，生产效率高 3. 除纯毛及毛混纺的平纹薄型织物外，均可采用	1. 进布用针板固定，经纬向张力均匀，汽蒸温度高，热渗透好，冷却彻底，定形作用强，蒸煮后手感、光泽好 2. 工艺操作不当而产生水印、边深浅等疵点后，不易弥补 3. 适用于全毛及部分毛混纺织物	1. 进布平整，经纬向张力均匀，汽蒸温度高，煮呢效果好，煮呢后织物手感、光泽好 2. 工艺操作简单，稳定性强，生产效率高 3. 适用于毛、麻、棉、丝、化纤及其混纺织物

三、煮呢工艺因素

1. 温度

温度高，定形效果好。但高温长时间煮呢，易使羊毛角蛋白发生水解，羊毛损伤增大，影响织物强力，纱线被压扁，手感薄削，不丰满，弹性差，不活络，色泽泛黄萎暗。高温长时间煮呢，还影响染料的选择使用面，除媒介染料外，酸性络合染料、中性络合染料不能适应这种工艺要求，容易引起变色或沾色。煮呢温度一般为80～98℃。白坯染前煮呢通常为90℃。纤维染色的织物，按染料耐煮牢度的情况约为70～90℃。匹染织物染后如需煮呢，一般不宜超过75℃，以防止掉色或变色，平洗连煮机由于车速快，煮呢时间短，所以其煮呢温度较其他煮呢机高，一般为98℃。

2. 时间

煮呢时间长，定形效果好，但超过一定程度，定形效果的递增并不显著。时间过短，单槽煮呢内外层受热不均匀，质量易有差异，单槽煮呢时间一般为15～20min，煮2次，第2次调头翻身。双槽煮呢约60min，往复调头9～11次。

3. pH值

碱对于羊毛角蛋白的作用较敏感，角蛋白有溶于碱的特性，碱性煮呢有助于羊毛交键的拆开和重建，有利于定形。但碱对羊毛有破坏作用，使强力减弱，手感粗糙，色光泛黄。白纱、浅色纱的套格产品，更不宜碱性条件煮呢。煮呢的pH值一般为6.5，pH值小于7时，对羊毛的损伤不明显，pH值大于7时，随pH值增大和温度的升高，羊毛的损伤增加。

酸性状态煮呢，pH值在羊毛等电点4.2～4.8范围时，羊毛损伤最少，但定形效果较差。微酸性煮呢，可使染色织物色泽鲜明，减少褪色。因此也可加入适量醋酸，在pH值为6左右煮呢。

4. 张力、压力

煮呢的张力和压力对织物手感有很大影响。薄型织物宜用较大张力和压力，煮后呢面平整，手感光滑、薄挺，光泽好。中厚型织物及斜纹组织宜用较小的张力和压力，煮后手感丰满、活络，贡子饱满；张力、压力过大，织纹贡子扁平，并产生平面光；过小则呢面不平整，薄型平纹全毛织物会产生鸡皮皱现象。

5. 冷却

冷却越透，定形越稳定。冷却方法有突然冷却、逐步冷却和自然冷却。经突然冷却的织物，手感较挺爽，适于薄型织物。经逐步冷却的织物，手感较柔软丰满。经自然冷却的织物，手感柔软丰满，弹性足，光泽柔和、持久。逐步冷却和自然冷却的方法适用于中厚型织物。

突然冷却为煮后将槽内热水放光，放满冷水冷却，或边出机边加冷水冷却。

逐步冷却为煮后逐步加入冷水溢水冷却。

自然冷却为煮后织物不经冷却，出机后卷在轴上在空气中自然冷却8~12h。自然冷却时，卷轴须缓缓不断运转，防止水分集中在下垂部位，分布不匀，形成疵点。

四、工艺举例

（1）经煮呢的织物，有其特有的风格，煮呢工艺的应用应根据产品、质量要求选择使用。产品是否需要煮呢，视具体情况而定。对呢面平整、手感滑挺爽（糯）要求高的产品，如薄型平纹织物凡立丁、派力司、薄花呢及松结构织物，必须加强洗前的煮呢定形作用，防止洗呢时织纹变形而出现鸡皮皱。捻度较大以及半精纺织物、马海毛织物及匹染织物，经煮呢较好。要求手感丰满、活络的全毛中厚型织物，可以轻度煮呢，在干整理中经罐蒸定形。粗纺织物要求呢面平整度高的产品，需要煮呢定形。煮呢工艺须合理掌握运用。

（2）有些织物洗呢前也可干坯蒸呢定形，以减少洗呢及缩呢过程中的幅宽收缩。干坯蒸呢，呢坯上坯布检查时的画粉印、油污渍因经高温汽蒸不易洗除，如呢坯较脏，易沾污包布。煮呢和干坯蒸呢，定形作用不一样，手感风格也不一样。一般干坯蒸呢不及煮呢的定形效果和手感好。

总之，煮呢工序的选择应根据产品品种和质量要求而定，常用的有三种，见表10-1-12所示。煮呢工艺条件如表10-1-13所示。

表10-1-12　三种煮呢工序的选择

工序	优点	缺点
先煮后洗、洗后复煮	1. 洗前煮呢，先初步定形，可减少洗呢染色过程中织物的收缩变形，防止呢面发毛（薄型织物要在洗前充分定形） 2. 洗后复煮可提高定形效果，消除洗呢产生的折痕，使呢面平整，改进手感	1. 油污渍较多的呢坯，煮后油污渍去除较困难 2. 纺织疵点如稀密档、筘痕、条干不匀等疵点易暴露 3. 白坯或浅色呢坯，和毛油的着色较深，画粉印的颜色较浓，经高温煮呢后不易洗除
先洗后煮	1. 产品手感较柔软丰厚 2. 呢坯油污易于洗除 3. 减轻经档、筘痕、纬影等疵点的暴露	1. 薄型平纹及松结构织物易产生呢面不平、泡泡纱和呢面发毛 2. 条格花色织物花型易变形
染后复煮	改善平整度及消除前道造成的条折痕	温度过高易褪色、沾色、变色，直接染料套染的织物不宜复煮

表10-1-13　煮呢工艺条件

品种		全毛中厚花呢（粗支平纹）	全毛单面花呢（牙签条）	羊毛、羊绒中厚花呢	全毛薄型花呢	涤（55）/毛（45）花呢	全毛匹染华达呢	全毛匹染凡立丁	毛+特种纤维花呢（丝、粘胶等）
工艺流程及工艺条件		洗呢→双槽煮或平洗连煮→洗呢→平洗连煮	洗呢→双槽煮或平洗连煮→洗呢→平洗连煮	（缩呢）→洗呢→双槽煮或平洗连煮→洗呢→平洗连煮	单槽煮→洗呢→单或双槽煮或平洗连煮→洗呢→平洗连煮	单槽煮→洗呢→双槽煮或平洗连煮→洗呢→平洗连煮	洗呢→双槽煮→染色→双槽煮	单槽煮→洗呢→双槽煮→染色→单槽煮	平洗连煮→双槽煮
单槽煮呢	匹数	—	—	—	2~3	2~3	—	2~3	—
	温度（℃）	—	—	—	90	90	—	洗前：85~90 染后：80	—
	时间（min）	—	—	—	洗前、洗后各20	30	—	洗前、洗后各20	—
	次数	—	—	—	洗前、洗后各2次	2次	—	洗前、洗后各2次	—
	压力	—	—	—	上滚筒压力	上滚筒压力	—	上滚筒压力	—
	张力	—	—	—	略大	—	—	略大	—
	冷却	—	—	—	放光热水，加满冷水一次冷却	放光热水，加满冷水一次冷却	—	加入冷水，逐步冷却	—
双槽煮呢	匹数	2~3	2~3	2~3	2~3	2~3	2~3	2~3	2~3
	温度（℃）	80	80	80	80	80	洗后：80~90染后：80	80~90	92
	次数	10	8	10	8	6	6	10	12
	时间（min）	60~70	45	60~70	50~60	50~60	40~50	60	60~70
	张力	小	小	小	略大	大	小	略大	小
	压力	前6次加压	全部加压	前4次加压	1、3、5、7次加压	前4次加压	洗后进布加压，染后2次加压	全部加压	前6次加压
	冷却	热卷轴自然冷却8h	槽外冲水冷却	热卷轴自然冷却8h	槽外冲水冷却	槽外冲水冷却	槽外冲水冷却	槽外冲水冷却	槽外冲水冷却
	助剂	每槽加醋酸（98%）100mL							用醋酸将pH值调至6
平洗连煮	温度（℃）	98	98	98	98	98	—	—	98
	车速（m/min）	30	25	25	20	25	—	—	25
	张力	小	小	小	略大	大	—	—	略大
	压力（Pa）	4×10⁵	4×10⁵	4×10⁵	3×10⁵	3×10⁵	—	—	4
	助剂	每秒加醋酸（98%）10mL	每秒加醋酸（98%）10mL	每秒加醋酸（98%）10mL	每秒加醋酸（98%）10mL	每秒加醋酸（98%）10mL	—	—	每秒加醋酸（98%）10mL

注　1. 单槽煮呢上滚筒压力约$3×10^3$N（300kgf）。

　　2. 单槽煮呢，第2次要调头翻身。

　　3. 双槽槽外冲水冷却，即边出机边冲水冷却。

　　4. 平洗连煮属连续化生产，生产效率高。

五、煮呢操作注意事项

（1）同机煮呢的呢坯应是色泽接近的产品，以防止沾色。

（2）卷绕时两边要齐。应选择幅宽接近的呢坯同机煮呢，如有差异，缝头时两边要平均调整。幅宽差异大的应分开煮呢，防止发生边深浅。

（3）织字边的产品，卷绕时布边要交叉，不宜重叠，避免发生煮呢边折印。

（4）开车前要相互呼应，如安全自停装置失灵，须及时检修好再开车。机台在运转状态以及坯布进机时，手不可接近上下滚筒的轧口。如遇坯布皱折或其他情况，须停机后才能用手处理，禁止边进机边处理，防止发生事故。

六、煮呢疵点产生原因及防止方法（表10-1-14）

表10-1-14 煮呢疵点产生原因及防止方法

疵点	成因	防止方法
水花	1. 压力过大 2. 温度过高 3. 煮呢遍数多 4. 包布粗糙 5. 张力过大或不匀	1. 根据品种适当调整压力 2. 按工艺要求控制温度 3. 校正折痕时不宜过多遍加压，应减少回修 4. 选择适当的包布 5. 张力、压力适当，并应一致、均匀
呢面不平整，鸡皮皱	1. 张力、压力过小或温度过低 2. 毛薄型平纹织物采用先洗后煮工序 3. 工序前后顺序未排好 4. 上机时未将呢面拉平整	1. 易出鸡皮皱的薄型平纹织物，宜高温加大张力与压力煮呢 2. 宜采用先煮后洗的工序 3. 调整工序顺序 4. 上机保持呢面平整
边深浅	1. 卷绕时，布边两边不齐，或幅宽差异大的呢坯同机煮呢 2. 机槽两边温度差异过大 3. 进布时水温低，卷轴后再升温 4. 包布偏、不齐、裹不严 5. 边上机边开大汽升温 6. 倒头未倒到布头	1. 卷绕时两边要齐 2. 两边温度要一致 3. 要达到规定温度进布，不要边进布边升温 4. 上机或接班后校齐包布 5. 升温到工艺要求，并使温度均匀再上机 6. 倒头见布头
沾色	1. 深浅色差异大的呢坯同机煮呢 2. 煮过深色或易掉色的呢坯再煮浅色时，事先未做好包布、衬布、机台的清洁工作 3. 染料的耐煮牢度差 4. 煮呢时残液更换不勤造成沾色 5. 回修产品随其他产品、品种同车生产	1. 深浅色差异大的呢坯，应分开煮呢 2. 煮浅色前要做好机台、包布、衬布的清洁工作 3. 注意染料选择，或加入适量醋酸，不得已时可适当降低煮呢温度 4. 及时更换残液 5. 同品种、同色号、同车生产（包括各类回修产品）
搭头印、线印	1. 匹与匹缝头不平整 2. 上机时，贴头不平整 3. 布面线头及缝头的线脚过长未去除	1. 缝头要平整，易出搭头印的中厚型织物不宜重叠缝头 2. 中厚型织物上机时，宜将呢头略加搓揉，然后贴头上机，贴头要平伏 3. 布面的线头及缝头线脚要去除后上机
折印	1. 进布不平整，造成折皱 2. 布边松紧不匀 3. 进布时有气泡 4. 张力、压力过大 5. 煮呢造成死折子后又加压校正留印 6. 上机包布不平整、松紧不一致	1. 进布要保持平整，如有折皱随时纠正 2. 布边松紧要求织部改进 3. 进布时如有气泡发生要随时纠正 4. 张力、压力适当 5. 上机时应平整 6. 上机包布应整齐

续表

疵点	成因	防止方法
呢面纬斜	1. 两边张力不匀 2. 上机贴头不平齐 3. 机械状态不正常 4. 两人上机用力不一致 5. 包布斜偏严重	1. 进布时两边张力要均匀，保持经直纬平，条格产品随时注意调整 2. 上机贴头要平齐，松结构织物宜用引头布 3. 整顿机械状态 4. 根据纬斜形状两人用力应协调 5. 校正包布
横印	1. 上下滚筒不圆，或高低不平，或芯轴松动，煮呢时呢坯受压不匀 2. 进布张力松	1. 加强机台保养，及时检修 2. 张力要适当
油污渍	1. 机槽前后及地面清洁工作未做好 2. 加油不良 3. 布落地或沾到油锈 4. 出机布头甩到齿轮上 5. 设备事故	1. 煮呢前做好清洁工作 2. 加油要少加、勤加，加后揩净油滴 3. 布不落地或把布及时从车把上放到车内 4. 出机甩头平整、准确 5. 定期修平车
磨损、破洞	1. 推、拉车箱撞碰硬物 2. 工艺通道不滑润 3. 出现摆布架打滑 4. 设备事故 5. 缠车 6. 设备槽内有硬物 7. 关键工艺件不完整	1. 防止车、布、墙相碰撞 2. 工艺通道畅通、平滑 3. 出机时布不打滑 4. 定期检查设备 5. 上机前检查设备或紧急刹车及时处理 6. 上机前清洁机内，布进机时不落地 7. 检查工艺件的完好性
色档	加入化学助剂时突然长时间停车	做好准备工作，杜绝急停车

第六节　洗呢

　　呢坯中的羊毛纤维是经过初步加工的，其中的天然杂质已基本除去，但在纺纱、织造过程中会人为添加一些物质。例如，在纺织过程中使用的和毛油、浆料、抗静电剂，沾上的油污灰尘，在原料染色中残留的染料屑，以及在整理中留存的烧毛屑或缩剂等，都需要去除。洗呢主要是洗净呢坯中的上述各种杂质，使织物呢面洁净，也是保证染色均匀、色光鲜明的基础。同时，根据产品的风格要求和呢坯情况，采用相应的洗呢工艺，也能使洗后的织物产生良好的手感、身骨和呢面。

　　在实际生产中以乳化法洗呢最为普遍。乳化法中除用肥皂做洗剂外，还可以用合成洗涤剂。不同洗剂的洗呢效果有一定的差异，应根据呢坯的情况以及产品的风格要求合理地选择洗剂。

一、洗呢机

　　洗呢机有绳状洗呢机、平幅洗呢机、连续洗呢机和溶剂洗呢机等，目前应用最多的仍为绳状洗呢机。

（一）绳状洗呢机

　　1. N111A型、N113型绳状洗呢机（表10-1-15、图10-1-15、图10-1-16）

表10-1-15　绳状洗呢机的主要技术特征

项目	N111A型	N113型
工作幅度（mm）	1800	1800
呢速（m/min）	70、90、100	75、100、150
洗槽最大容量（L）	2400	1800
每次洗呢匹数（匹）	4~6	4~8
上滚筒直径（mm）	575	450
下滚筒直径（mm）	600	450
上滚筒加压及减压方式	橡胶滚筒约重500kg，利用弹簧加压、减压，最大压力6.9×10^3N（700kgf）	利用气泵加压及减压，最大总压力6.9×10^3N（700kgf），最小总压力1.47×10^3N（150kgf）
上剥取辊直径（mm）	—	165
上剥取辊超速（%）	—	约18
下剥取辊直径（mm）	—	200
下剥取辊超速（%）	—	约45
导呢辊超速（%）	约5~10	约3~3.5
水冲洗压力（Pa）	—	3×10^5
冲洗环内径（mm）	—	4环ϕ140，6环ϕ120，8环ϕ100
外形尺寸（长×宽×高）（mm）	3500×3300×3260	3370×3450×2315

注　1. N111A型洗槽容量及滚筒直径较大，精粗纺呢绒均适用。N113型洗槽容量及滚筒直径较小，可气泵加压或减压，主要用于洗精纺呢绒。

　　2. N113型有冲洗环，可用水泵强力冲洗，可提高洗呢效率，但洗呢后幅宽收缩比N111A型多。

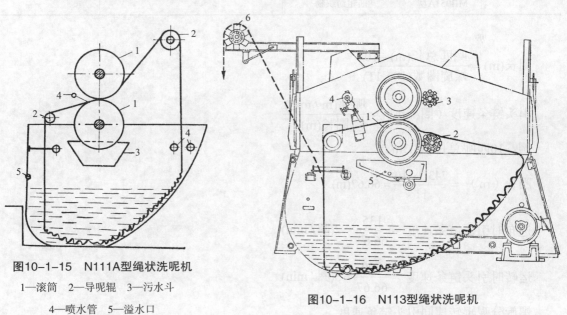

图10-1-15　N111A型绳状洗呢机

1—滚筒　2—导呢辊　3—污水斗

4—喷水管　5—溢水口

图10-1-16　N113型绳状洗呢机

1—滚筒　2—下剥取辊　3—上剥取辊　4—冲洗环

5—污水斗　6—出呢导辊

2. 绳状高速洗呢机

该机结构和N113型洗呢机基本相似，在上下大滚筒后部有不锈钢弧形挡板，当呢速达

200m/min左右时，呢坯与挡板撞击而产生摩擦作用，增加呢坯收缩，强化洗呢效果。精纺全毛中厚型织物洗后手感丰满、厚实。

3. MB051型绳状螺旋洗呢机（表10-1-16、图10-1-17）

洗呢时，织物串联缝头，一端缝接在洗呢机左侧的引头链条导带上，另一端为自由端，织物在机内成10~11个向左边螺旋前进的螺旋圈。运转时，引头链条、螺旋分呢辊与下滚筒同方向转动。引头链条走一圈的时间与织物、螺旋分呢辊转一转的时间相同，因此，呢匹每向左边螺旋前进一圈，呢匹在螺旋分呢辊上的位置就向右边移动一格，在洗呢运转过程中织物仍保持10~11个螺旋圈。该机有三档呢速：100m/min、135m/min、200m/min。用撞击板洗呢时，呢速开最快一档，进布时呢速固定开135m/min。织物的螺旋圈长度可通过调节引头链条及螺旋分呢辊速度来达到，一般控制在20~120m/圈。最大洗呢容量400kg（干坯）。

表10-1-16 MB051型、MB051A型螺旋洗呢机主要的技术特征

项目		主要技术特征	项目		主要技术特征
工艺速度（m/min）		135、200	呢圈长度（m）		30~120
落呢速度（m/min）		100	呢圈极限数（圈）	MB051型	9.5
洗槽最大溶液量（L）		2600		MB051A型	7.5
洗槽宽度（mm）		2500	使用蒸汽压力（MPa）		0.2~0.4
每次洗呢匹数	MB051型	12匹精纺织物	使用压缩空气压力（MPa）		0.4~0.6
	MB051A型	8匹粗纺织物			

$$圈长(m) = \frac{呢匹总长(m) - 10}{螺旋圈数(10\sim11)}$$

$$引头链条速度（圈/min）= \frac{呢速(m/min)}{圈长(m)}$$

例：10匹呢总长743.3m。

$$圈长（m）= \frac{743.3 - 10}{11} = 66.67(m)$$

$$进布时引头链条速度 = \frac{135}{66.67} \approx 2(圈/min)$$

$$运转时引头链条速度 = \frac{200}{66.67} \approx 3(圈/min)$$

螺旋分呢辊转速同引头链条速度。

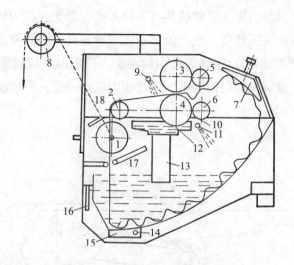

图10-1-17　MB051型螺旋洗呢机

1—螺旋辊　2—导呢辊　3—上洗呢辊　4—下洗呢辊　5—上剥呢辊　6—下剥呢辊　7—缩呢板

8—落呢辊　9，11—喷淋管　10—缠辊自停装置　12—污水斗　13—污液阀　14—加热管

15—排液阀　16—溢流阀　17—打结自停装置　18—越槽自停装置

螺旋洗呢机的特点如下：

（1）串联缝头，织物是连续的，因此每匹呢受挤压、撞击次数不受匹长影响。而传统的间歇绳状洗呢，织物头尾接成环形，挤压撞击次数受匹长影响，易造成洗呢匹与匹之间的质量差异。

（2）仍保持间歇绳状洗呢阶段性作业的形式，品种、工艺适应性大。

（3）每次洗呢匹数比传统绳状洗呢灵活[（20~120）m×（10~11）圈=200~1320m]。特别适宜于小批量、多品种生产。虽然每车洗呢匹数不同，通过各阶段的时间调节，使挤压、撞击次数基本相同，以减少洗呢缸差。

（4）匹与匹串联缝头，进机、出机方便，在后道煮呢、液流染色及展幅吸水等工序加工时，不需要再串联缝头，可直接上机，减轻劳动强度。

4．导带洗呢机（图10-1-18）

该机与传统绳状洗呢机的最大不同点是下滚筒改为输送导带，织物承受张力小，最高呢速可达600m/min。上滚筒改为聚氯乙烯包覆聚四氟乙烯的气袋，表面光滑，压力小而均匀，不同厚薄的织物在同一缸洗呢，受压仍较均匀，有撞击板，呢速高，呢坯也快速向撞击板撞击，有轻度缩绒作用。特别适宜洗精细织物，不易出条折痕。

休珀维络克思（Supervelox）导带洗呢机主要技术特征见表10-1-17。

5．CIMI洗缩联合机（图10-1-19）

该机与传统洗呢机最大不同之处在于该机不仅可进行洗呢，同时还可进行缩呢。缩呢时只要将缩板加压即可。该机的压辊是由沟槽式橡胶片组装而成的，其对织物的损伤较小。该机由四个缩道组成，每个缩道最多可同时上3匹布（约210m），每个缩道均可单独运行，可实现长短码同机生产，灵活度大。该机共有五档车速，最大速度为500m/min，可根据工艺要求和产品风格随意调整洗呢速度，生产效率高。车速越高，织物撞击挡板的作用力越强，洗呢效果越好。该机特别适用于毛/涤混纺织物洗呢。洗呢时，应根据织物的薄厚，选择不同的门幅和压辊压力。薄型织物门幅应小，压辊压力应小一点；厚型织物门幅应大，压辊压力应大一点。

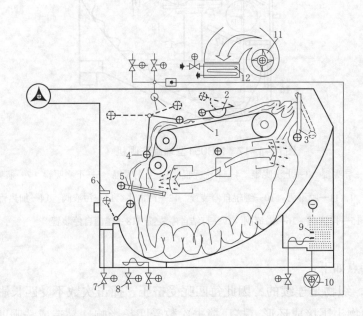

图10-1-18　导带洗呢机

1—输送带　2—气袋　3—撞击板　4—轧辊　5—分呢框　6—喷管

7—溢水阀　8—排水阀　9—加料槽　10—泵　11—风扇　12—热风加热管

表10-1-17　导带洗呢机主要技术特征

项目		主要技术特征
呢速（m/min）	最高	600
	出布	70
洗槽最大容量（L）		400
每次洗呢匹数（匹）	薄型织物	8~10
	中厚型织物	6~8
气袋压力（总压力）（kN）		9.8
泵	流量（L/min）	230
	扬程（m）	5
装机容量（kW）		33
外形尺寸（长×宽×高）（mm）		3350×2900×2300

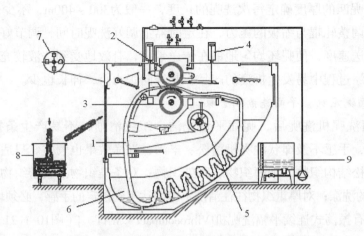

图10-1-19　CIMI洗缩联合机

1—织物　2—上压辊　3—下压辊　4—缩板　5—风机　6—水槽　7—出布架　8—布车　9—料槽

（二）平幅洗呢机

1. 黑末尔平幅洗呢机

黑末尔（Hemmer）平幅洗呢机（图10-1-20）由拍击器4、轧辊6、缩呢装置、喷淋管5及传送带组成。拍击装置使织物在此装置中与洗液作强制拍击运动，使洗液透过展平状态的织物，提高洗液效果。缩呢装置由台板、压缩板和推手组成，经过轧辊挤压的织物被推手挤入压缩板与台板间，产生轻缩作用，同时增进洗涤效果。压缩板压力可以根据织物要求调节。该机长5.3m，宽4.5m，高2.3m，工作宽度1.8m，呢速40～80m/min。

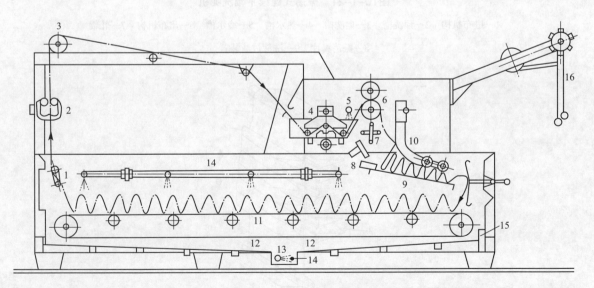

图10-1-20　平幅洗呢机

1—张力辊　2—导呢辊　3—导辊　4—拍击器　5—喷淋管　6—轧辊　7—螺旋打手　8—推手　9—台板
10—压缩板　11—织物传送带　12—机槽　13—加热管　14—排水阀　15—溢水管　16—出布装置

操作时根据呢匹的厚度确定每次洗呢的长度，一般为300~400m，不少于200m。洗呢前根据工艺要求，调整轧辊与缩板的压力，在定时器上调好洗呢时间，调节好洗呢温度。机台运行后，调节传送速度，使呢坯均匀地铺在传送带上，有效地受到洗液较充分的喷射。此机适用于在绳状洗涤过程中易发生折痕的产品，其经向张力小，伸长也少。

2. 连续平幅洗呢机、平幅洗煮联合机

经连续平幅洗呢机洗呢后，呢面平整光洁，织纹清晰，不易产生条折痕。但因张力大，经向有伸长，手感不及绳状洗呢机蓬松、丰满，洗净效果也较差。只适用于精纺织物中呢坯较为洁净的松结构织物、细薄织物、匹染织物；对条染织物及紧密织物，需轻缩呢者也可作为缩呢前后的洗涤；对厚重织物往往清洗不净而达不到预定的手感，必须增加洗呢次数。

应用较多的有振荡式连续平幅洗呢机[Vibrocompact（MAT）]（图10-1-21、图10-1-22）以及CIMI-LAVANOVA平幅洗煮联合机（详见本章第五节）。

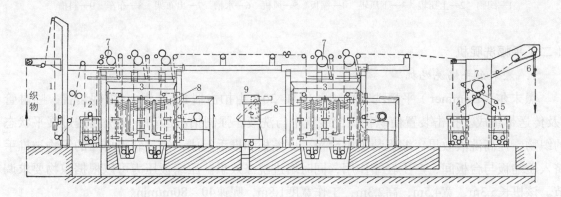

图10-1-21　振荡式连续平幅洗呢机

1—进布机构　2—预洗槽　3—皂洗槽　4—热水槽　5—冷水槽　6—出布机构　7—轧辊

8—振荡翼片　9—洗液过滤装置

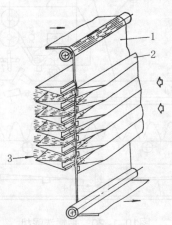

图10-1-22　平幅洗呢机振荡翼片示意图

1—织物　2—往复振荡翼片　3—喷水

　　振荡式连续平幅洗呢机的预洗槽容量为200L。利用其后的热水槽清洗织物后含有洗剂的热水，用泵连续地输送到预洗槽。皂洗槽两个，每槽容量3580L，每槽分成两格，每格有两排振荡翼片8（图10-1-21），每分钟往复振荡150～200次。织物在两排翼片间通过，翼片快速往复振荡，形成强力冲洗液流。每组翼片间的流量为36L/次×（150～200）次/min=5400～7200L/min，一部分液流穿过织物经纬纱的间隙，另一部分液流向织物两边流去而起展边作用。同时，液流将织物推向另一排翼片接触摩擦，有近似擦板搓洗的作用，可提高洗涤效果及改进手感。

　　洗呢过程中，皂洗液过滤装置将皂液不停地循环过滤，去除毛屑和部分污垢，以节约洗剂及能源。

　　热水槽和冷水槽容量各约200L。热水槽主要为洗去织物中的含污洗液，还有连续煮呢的作用。织物经过挤轧辊及振荡片时，有大量的热水穿透织物，同时再经过轧水机前的一只热清水槽，温度90℃，经浸轧后由高温直接进入流动冷水槽，突然冷却，有一定的定形作用。

　　织物经过每个洗槽后均有一对高压轧辊挤轧，提高皂洗及清洗效果，织物出机含水率约45%～50%。

二、洗呢工艺因素

1. 水

水质硬度对洗呢质量影响很大，详见本篇第三章染整用水。

2. 洗剂

洗呢用洗剂主要是阴离子型的，部分用非离子型的。阴离子型洗剂价格较低，非离子型洗剂价格较高。不同洗剂具有不同的渗透、扩散、去油、去污等洗净效果，对毛织物的手感会产生不同的影响。洗呢时应根据产品的风格要求、呢坯的原料、含污情况、有色坯布或匹染白坯等，合理选择，配合使用。

洗呢用肥皂必须是低熔点的中性皂，不能含有游离苛性碱，游离油脂的含量也要极低。中性皂的总脂肪量应不低于65%，凝固点不超过80℃，才有利于低温洗呢。水质硬度较高对肥皂洗呢很不利，容易产生钙皂附着于织物表面，不但影响手感、光泽，而且在匹染时容易产生色斑、条痕等色泽不匀疵病。可采用合成洗涤剂洗呢，对于硬水没有影响。皂碱法洗出的织物，手感丰满，光泽较好，而合成洗剂洗出的织物具有松爽的手感，但缺少丰满、滑糯感。如能根据产品的特征风格选用不同的洗剂，单一使用或组合使用，可以收到适宜的效果。有些合成洗剂，如胰加漂T和净洗剂LS等具有高效的扩散力，可使洗液中新生成的钙皂扩散，不致沉淀在呢坯上。因此，采用肥皂洗呢时，在洗液内加入肥皂用量10%的合成洗剂是较为合适的。

皂洗液的洗剂浓度，应视织物含油污程度和不同洗剂的有效成分、所用和毛油中游离脂肪酸含量以及临界胶束浓度而定。非离子型洗剂的临界胶束浓度比阴离子型洗剂低，洗涤力强，故一般用量减少。表10-1-18为常用洗剂的洗涤效果。

表10-1-18　常用洗剂的洗涤效果

类型		名称	主要成分	净洗效果	手感
阴离子型	羧酸盐类	油酸皂	脂肪酸盐	好	丰满柔软
		雷米邦A	脂肪酰氨酸盐	较差	润滑
	磺酸盐类	净洗剂LS	脂肪酰胺苯磺酸盐	较好	松软
		209净洗剂	N.N.脂肪酰甲基牛磺酸盐	良好	较丰满柔软
		净洗剂AAS	烷基苯磺酸钠	较好	较粗糙
		601洗涤剂	烷基磺酸钠	较好	较粗糙
非离子型		净洗剂JU	脂肪醇聚氧乙烯醚化合物	好	枯燥
		净洗剂105	聚氧乙烯脂肪醇醚20%, 椰子油烷基二乙醇酰胺24%, 辛烷基苯酚聚氧乙烯醚-10　12%之混合物	好	枯燥

3. 温度

适当提高洗呢温度，可增加洗净效果及获得较柔软的手感，可使纤维及污垢膨化，物质分子振动加剧，减弱污垢与织物之间的结合力。此外，可加强洗剂的胶溶作用，加快皂化、乳化的反应速度，还可增加羊毛的缩绒性，有利于手感丰满。但碱性洗呢时，温度增加，羊毛受损伤，手感差，损耗大，并使乳化稳定性降低，已乳化的污垢及悬浮物沉淀加速。温度过高，有色织物易掉色，精纺毛织物易发毛毡化。一般毛织物绳状皂洗温度为35~40℃，刚性大的羊毛，温度可稍高于40℃。如用皂碱洗呢，开始冲洗温度高于皂洗温度5℃左右；用合成洗剂洗呢时，开始冲洗温度和皂洗温度可相同，逐渐降温冲洗，至30℃左右出机。洗黏胶纤维含量较多的织物时，温度低易出条折痕。毛涤产品要求洗后织物手感丰满，通常为40~45℃。连续平幅洗呢，在所用合成洗剂洗液呈中性或微碱性情况下，全毛有色织物洗呢温度40~45℃，匹染白坯皂洗温度60~70℃，毛涤混纺织物适当再高些。热水槽清洗温度比皂洗温度高10℃，最后一槽为冷水。

4. 时间

洗呢时间应按织物含油污情况、原料、组织结构、呢面、手感要求及洗呢条件而定。洗呢时间不宜过长，否则将导致织物身骨疲软，弹性差，呢面发毛。将70支羊毛40%与66支羊毛60%制织的单面花呢，用油酸皂及合成洗剂，在40~45℃洗呢，每隔一定时间取样观察呢面的变化及纱线的发毛情况，可观察到：当皂洗60min后，呢面逐渐发毛，纱线出现较多的毛羽，随着时间的增加，毛绒逐渐加长而密集，幅宽也随时间的延长而收缩变狭。

精纺织物为防止呢面发毛及折痕，洗呢时间宜短些。纯毛薄型织物，因原料较细，缩绒性好，洗呢时间也宜短些，可防止呢面起毛，厚度增加。厚重紧密织物要求手感柔软丰厚，时间可长些。匹染织物应特别注意洗呢的清洁匀净，要有足够的绳状挤轧次数。洗呢机呢速快或滚筒轧点后有撞击板的，时间可适当短些。一般皂洗时间：粗纺织物30~60min，精纺织物45~60min，或20~30min皂洗2次。冲洗时间及次数与织物厚度与含污程度及冲水量有关，总冲洗时间约60min，其间排放部分污水，置换入清水4~6次。采用皂碱洗呢，皂洗完毕开始冲洗时，水的流量逐渐由小增大，可减少肥皂水解，利于洗净效果，提高洗呢质量。然后以大流量热水冲洗，至冲清为止，最后用冷水冲洗一次。冲洗时应充分发挥污水斗排污水的作用，防止挤轧出来的污水重新流入槽内，降低净洗效果，延长洗呢时间。

5. 浴比

绳状洗呢的浴比直接影响洗剂浓度和洗呢效果。浴比大，呢坯运转中变形多，利于减少条折痕。浴比小，对洗净效果和节约洗剂有利，对精纺织物有轻缩绒作用，可改善手感。浴比过大，增加洗剂耗用量，呢坯易飘浮相互纠缠，影响正常运转，造成擦白印或磨损。浴比过小，洗呢不匀，呢面发毛并产生条折痕。一般精纺织物的浴比为1:5～1:8，粗纺织物为1:5～1:6。

6. 压力

压力大，挤轧作用强，有利于洗净。绳状挤压力强还能消除织物内部的应力，改善手感，但紧密织物及黏胶纤维含量多的混纺织物易产生折痕。折痕的产生还与呢速有关，呢速快，织物受压时间短，产生折痕的可能性相对减少。一般毛织物绳状洗呢的上滚筒总压力约（4.9～5.9）×10^3N（500～600kgf），毛混纺织物宜小些，纯化纤织物用小压力或不用压力。

7. pH值

pH值对羊毛纤维在洗呢时的去污能力有很大影响。一般污垢微粒在洗液中呈负电荷状态，倘若增加洗液的负电荷，可以阻滞污垢重新下沉，提高去除污垢的能力。在酸性状态下的去垢能力较差，反之，在碱性状态下的去垢能力就会显著加强。因此，洗呢时洗液pH值至少为7。可根据织坯的清洁程度，在洗液内加入适宜的碱剂，如纯碱、氨水等，以调节洗液的pH值，使洗液呈弱碱性，使羊毛纤维能抗拒污垢微粒不使下沉，使污垢在洗液中扩散，易于洗除。洗液中加入氨水适于洗花色织物，这种织品内含油脂杂质少，氨水的作用缓和，不致影响产品色泽的鲜艳度，而且能给予产品优良而丰满的手感。

皂洗的pH值，应根据坯布的含油污情况、洗剂种类及洗呢温度而定。肥皂洗呢的pH值为9.5～10，雷米邦A洗呢的pH值为9～9.5，其他阴离子合成洗剂洗呢，视呢坯含油污程度pH值控制在7～9，非离子合成洗剂的pH值适用范围为5～9。因非离子洗剂的乳化、扩散、去油作用强，手感较差，pH值一般宜在7～8。织物冲洗完毕出机时，pH值尽量接近7，不超过8，或在出机前加醋酸进行酸化处理，使织物在加工中保持微酸性状态，以减少高温后整理中的色泽泛黄。

三、工艺举例

（一）洗呢方法

1. 皂、碱分次洗涤法

皂、碱分次洗涤法适用于以大量游离脂肪酸为和毛油的织物。即先用冷纯碱液洗0.5h，略冲洗后，再用皂液洗涤30～45min。如果织坯上的和毛油含有游离脂肪酸和其他不皂化的油脂，可先用纯碱中和游离脂肪酸，使之皂化成肥皂而起洗涤作用，去除一部分不皂化油脂和其他杂质。第二次皂洗的目的，主要是利用乳化作用，进一步洗除杂质和不皂化的油脂类。这种洗呢方法的洗液温度较低，纤维受损机会少，因而呢坯柔软、丰满而有自然光泽。

2. 二次皂洗法

二次皂洗法适于洗较厚重的织物，如精纺全毛中厚花呢、粗纺厚织物等。第一次皂洗后，经短时间冲洗，再加洗剂（用量可适当减少），进行第二次洗呢，以提高洗净效果，使手感活络而丰满，避免一次皂洗时因洗剂用料过浓，使织物起毛毡化和浪费洗剂，或因洗剂用量不足，影响洗净和手感。精纺黑白纱交织呢绒，常采用二次皂次，洗清浮色以减少沾色。

3. 先轻缩、再皂洗法

先轻缩、再皂洗法适用于毛涤混纺织物。第一次轻缩后，织物中的涤纶纤维经过相互间的揉搓，更容易软化，有利于改善织物手感。经低速缩呢一定时间后，再加水进行皂洗，其主要是去除织物上的油脂和其他杂质，以提高净洗效果，使织物手感活络而丰满。黑白交织织物，在缩呢时，应注意观察，防止时间长导致纱线错位。

（二）精纺织物洗呢处方及工艺条件（表10-1-19）

表10-1-19　精纺织物洗呢处方及工艺条件

洗剂及工艺条件			全毛中厚花呢（粗支平纹）	全毛中厚单面花呢（牙签条）	羊毛羊绒中厚花呢	全毛薄型花呢	毛(45)涤(55)薄花呢	全毛匹染华达呢	全毛匹染凡立丁
初洗	纯碱（%）		0.5	—	—	0.5	—	0.5	0.5
	209净洗剂（%）		—	1.5	—	—	0.5	1	1
	净洗剂LS（%）		0.5	—	0.5	1	0.5	—	—
	皂洗	温度（℃）	40	40	40	40	40	40	40
		时间（min）	30	30	30	20	30	30	30
	冲洗	温度（℃）	40~35	40~35	40~35	40~35	40~35	40~35	40~35
		时间（min）	20	20	20	20	20	20	20
洗呢	纯碱（%）		—	—	0.5	0.5	—	—	—
	209净洗剂（%）		1	2	3	—	1	1.5~2	2.5
	净洗剂LS（%）		—	0.5	—	1	0.5	—	—
	雷米邦A（%）		6	—	—	3~4	—	—	—
	皂洗	温度（℃）	40	40	40	40	40	40	40
		时间（min）	40	60	60	40	60	45	45
	冲洗	温度（℃）	40→35 逐步降温	40→35 逐步降温	40→35 逐步降温	40→35 逐步降温	40→35 逐步降温	40→35 逐步降温	40→35 逐步降温
		时间（min）	60	60	60	60	约60	约60	约60

四、洗呢操作注意事项

（1）上机前，先检查机槽内的水管、蒸汽管有无锈渍、油污及漏水漏汽情况，然后放去管道内残剩的锈污水，注意滚筒上、槽内有无硬杂物，开空车观察运转是否正常。

（2）同槽洗的呢坯应是同品种，且长度、色泽相近为宜。

（3）上机时，必须将呢坯两端的呢头叠合整齐，缝头应平直。匹染织物洗呢的匹数不宜过多，以免影响洗涤效果而产生染色疵病。同时可避免相互纠缠打绞或呢坯挤出滚筒两端而被撕破。

（4）对易出条折痕或卷边的织物，宜采用缝袋洗呢。对经纬异色的产品，应加入防沾污皂洗剂；花呢或高档产品要求色泽鲜艳的织物，应先洗呢后缩呢，易于褪色的花呢则宜用中性洗、酸性缩或固色洗缩。

（5）洗剂溶解稀释后应过滤，由漏斗加入加料管流入污水斗中。加料完毕，开启污水斗使洗液流入槽内，防止温度较高且较浓的洗剂直接冲向呢坯。纯碱稀释液加入温度不宜超过35℃，防止损伤羊毛。

（6）使用肥皂洗呢，如洗液泡沫较少，表示pH值未达到或肥皂用量不足，应及时查找原因并追加。

（7）皂洗结束进行冲洗时，应充分发挥污水斗的排污作用。利用污水斗将轧出的污液排出机外，先将污水斗中的洗液流向机槽的孔门关闭，使污水通过出水管排出机外，以免污垢重新黏附到织物上。

（8）出机温度以比室温高5～10℃为宜。出机后及时展幅平折，防止产生积压折子。

五、溶剂洗呢

溶剂洗呢又称干洗。织物在有机溶剂中洗涤，可去除呢坯上的油脂及油溶性污垢。适用于针织物及精粗纺等产品。对羊毛纤维损伤少，不会发生缩绒作用，织纹清晰，并可节约用水、用汽，无污水排放，生产效率高。但溶剂洗呢不能去除水溶性杂质和污渍。溶剂洗呢洗后的织物含油脂率较低，手感较糙，不丰满。虽经柔软处理可以改善，但不能达到绳状洗呢的柔软和丰满程度。有时色泽与绳状洗呢的不一致，如洗剂纯度不足，洗后仍有污迹印，严重的油纱、坯布的油污渍难于去除。

有的工厂将溶剂洗呢安排在湿整理和干整理之后，成品检验之前，分别对油污渍多的成品再进行溶剂洗呢，去除残留的污渍，以提高成品质量，也有较好的效果。

溶剂用四氯乙烯，用量为织物重的2%～3%。四氯乙烯有毒性，工作场地空气中的四氯乙烯含量不能超过30mg/L，需做到设备密闭，并加强劳动保护等。

溶剂洗呢机有意大利诺瓦型（Nova）平幅连续溶剂洗呢机（图10-1-23）及德国（Contisol型）波维（Böw）回转式溶剂洗呢机等。通常由洗呢、回收、烘干三部分组成。洗呢是在完全封闭状态下进行的。

洗呢部分有回收循环、洗涤、预洗循环、洗涤排放循环、抽吸及乳化洗涤循环等。洗涤分预洗、洗涤及清洗，装有四氯乙烯的喷淋管将溶剂喷射在织物上预洗，预洗后的织物经轧液被引至传送带上，再经喷淋管喷出的溶剂进行集中淋洗及清洗。

回收部分包括能源回收及溶剂回收。溶剂的回收由蒸馏冷凝装置、主蒸馏单元、次级蒸馏单元、沉淀蒸馏装置及保险装置组成。淋洗过呢匹的溶剂，经次级蒸馏及活性炭过滤器中的直接蒸汽蒸馏，去除溶剂中的杂质。经主蒸馏器的间接蒸汽蒸馏，可得相当纯的四氯乙烯。

烘干部分由除臭冷却装置、空气交换器等组成，包括空气循环、预烘循环及鼓风循环等。

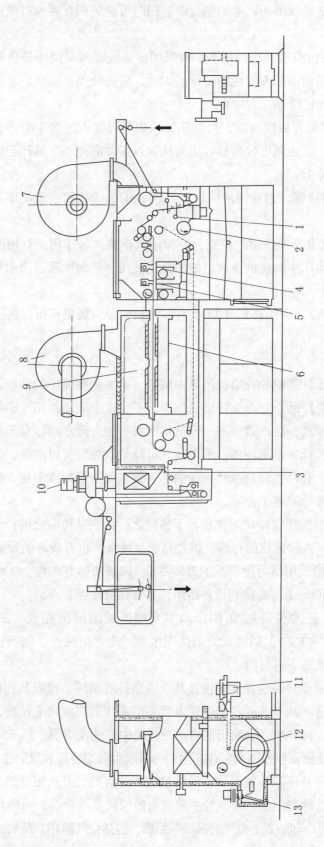

图10-1-23　诺瓦型溶剂洗呢机

1—洗涤喷雾　2—窗口　3—伸展器　4—冲洗喷雾　5—漂清喷雾
6—空气过滤器　7—吸入风机　8—空气加热风机　9—烘箱
10—输出风机　11—过滤器　12—蒸馏器　13—浮动开关

六、洗呢疵点产生原因及防止方法（表10-1-20）

表10-1-20　洗呢疵点产生原因及防止方法

疵点	成因	防止方法
条折痕	1. 上滚筒压力过重 2. 浴比过小，织物运转时变形少 3. 冲洗排放部分换水时水位过低，形成干轧，或冲洗水温与织物温差过大 4. 呢坯出机温度过高，洗后堆放时间过长 5. 呢坯上机布斜、打绞或缝头不平整 6. 洗呢机后导辊、出呢导辊的表面速度比下滚筒的表面速度快，擦伤呢坯 7. 织物组织紧密，坯布较硬 8. 呢边经纱张力不匀或边组织不当，造成卷折 9. 皂洗时泡沫外溢或漏料 10. 出机后布与室温差异大	1. 按品种的原料、松紧、厚薄情况及洗呢机呢速合理调整压力 2. 按机型、织物厚薄合理调整浴比 3. 换水时水位不应过低，防止干轧，注意掌握冲洗水温，防止温差过大 4. 呢坯出机温度不宜过高，洗后堆放时间不宜长 5. 注意上机操作方法 6. 导辊表面速度比下滚筒表面速度宜快2%～3% 7. 改进工艺或缝筒洗呢 8. 缝筒洗呢 9. 检查溢水口是否堵塞，上机前检查设备 10. 根据季节掌握出机温度，使其接近室温
洗呢不匀造成条色花	1. 加入的洗剂、碱液温度过高，或直接以较高浓度加到呢坯上 2. 洗剂用量不足，或洗呢时间不够 3. 皂碱洗呢时，水质硬度过高 4. 洗有色织物时，染料湿处理牢度差，洗呢温度过高，导致掉色，产生色花 5. 洗呢卷边或打绞 6. 洗呢冲洗不良，温度过高造成局部褪色不匀	1. 洗剂及碱液应溶解稀释后从加料器加入，温度不宜过高 2. 掌握合理的洗剂用量及洗呢时间，发现不正常现象应适当增加洗剂或延长洗呢时间 3. 用软水或合成洗剂洗呢 4. 掌握温度及用碱量，易掉色的织物皂洗温度宜低些，注意洗剂选择及用量 5. 停车将呢坯拉开抖松再洗，严重者拉开重煮后再复洗 6. 冲洗温度切忌忽高忽低
汽印	1. 汽压不稳，汽压突然升高 2. 突然停水停电 3. 停车，缠车 4. 漏汽	1. 掌握汽水量调节适当 2. 守岗及时调节气阀 3. 上机前检查设备停车及时抬压关汽 4. 上机前检查设备情况
手感燥、呢面毡化发毛	1. 温度、时间、压力掌握不适中 2. 工艺不当 3. 浴比大小不适当	1. 严格执行工艺条件 2. 根据品种风格要求制定合理工艺 3. 查设备无漏料，并按规定浴比准确，1:10或1:8
油污、色渍、铁锈渍	1. 机台、用具及作业区周围不清洁 2. 滚筒轴承损坏，或轴承加油过多，漏入机槽 3. 假日停车后开车，供汽、供水管内存水未放清 4. 供水中带有小粒状沥青 5. 前工序或本工序揩油用力过大 6. 洗呢前后呢坯风干	1. 做好机台、用具及作业区周围的清洁工作 2. 注意设备检修和加油操作 3. 开车前应放清管道内的存水 4. 进水管按需要加装滤网，经常清除杂物 5. 揩油时轻揩挤压处理 6. 及时进行洗呢或下道工序
磨损、破洞	1. 呢坯纠缠打结，机台打结自停装置失灵 2. 机槽内或滚筒表面有硬杂物，或木质滚筒表面有硬节、浮刺	1. 注意上机操作及适当掌握浴比，经常检查打结自停装置是否灵敏 2. 呢匹在装机前应先检查机槽及滚筒，装机时注意呢坯有无带进硬杂物

第七节　缩呢

　　毛织物在水分、缩剂温度和压力的作用下，织物中的纤维互相交错缠结而毡缩，使织物紧密，手感丰满柔软，表面具有绒毛，达到规定的长度、宽度和单位重量，并改善织物的保暖性，美化外观。这种整理称为缩呢。缩呢主要用于粗纺或半精纺织物，但部分精纺毛织物也可采用轻缩呢，使表面产生一定的绒毛，改善外观和手感。

羊毛的缩绒性主要是由于当毛织物或散纤维受到外力作用时，纤维之间产生相对移动，由于鳞片的运动具有定向摩擦效应，纤维始终保持根端向前蠕动，致使集合体中纤维紧密缠绕。高度的回缩弹性是羊毛纤维的重要特性，也是促使羊毛缩绒的因素。羊毛缩绒性是纤维各种性能的综合反映。定向摩擦效应、高度恢复弹性和卷曲是缩绒的内在原因；温湿度、化学试剂和外力作用是促使羊毛缩绒的外因。

一、缩呢机

（一）滚筒式缩呢机

图10-1-24所示为沟槽式橡胶辊缩呢机。

（二）洗缩联合机

在洗呢机的上下滚筒前后，分别装有缩幅板和压缩箱，使之具有缩绒的作用，即在同一机器上，既可缩绒又可洗呢，以提高工作效率。因机型不同，缩辊和缩箱（图10-1-25）有下列几种形式。有单（对）缩辊、双（对）缩辊和四（对）缩辊，其中双缩辊和四缩辊较为普遍，后者较适用于重缩绒。缩箱与缩辊相配，每对缩辊一般配一个缩箱和一个缩口，亦有配两块压板和两个缩口的，使进入的每匹织物长度和宽度分别得到控制。缩辊多数为栎木或合成材料制成。

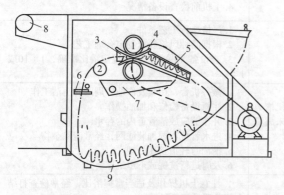

图10-1-24　沟槽式橡胶辊缩呢机
1—沟槽辊（橡胶）　2—胸辊　3—缩幅板　4—导呢片
5—缩箱　6—分呢框　7—污水斗　8—出呢导辊　9—机槽

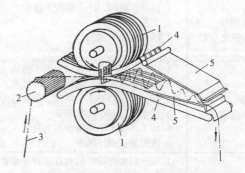

图10-1-25　缩辊、缩箱结构示意图
1—沟槽辊（橡胶）　2—胸辊　3—织物
4—导呢片　5—缩箱

1. MB061型洗缩机

该机缩辊是沟槽式的，由16片圆片组成。当织物通过缩辊时，在缩辊的凸起处，受到较强的挤压，增强织物中羊毛的缩绒效率。在沟槽处，由于织物含有缩剂，和空气充于其间，使织物的折皱处变换位置，减少条折痕及缩痕的产生。同时在缩辊的上下沟槽间有一对弯月形的导呢片，与缩箱压板和底板的前缘相衔接，引导织物顺利地进入缩箱中，防止在缩箱部位轧出破洞。该机适用于精纺等轻缩产品的加工。其技术特征见表10-1-21，主要结构见图10-1-26。

表10-1-21　MB061型洗缩机的主要技术特征

项目	主要技术特征	项目	主要技术特征
机器速度（m/min）	135~180	橡胶辊直径（mm）	400
落呢速度（m/min）	60	上下辊表面间隙（mm）	2~5
机槽最大容量（L）	960	缩幅板调节范围（mm）	0~200
每次洗缩匹数	薄型织物8，中厚型织物6，厚型织物4		

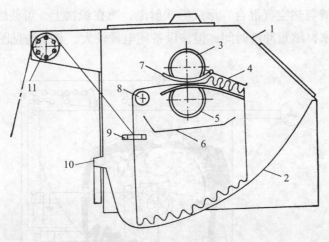

图10-1-26　MB061型洗缩机

1—墙板　2—机槽　3—上缩辊　4—缩箱　5—下缩辊　6—污水斗
7—导呢片　8—胸辊　9—分呢框　10—溢水口　11—出呢辊

2. TWIN800型洗缩机

TWIN800型洗缩机是由意大利ZONCO公司生产的，其最大车速为400m/min，该机由四个缩道组成，1、2缩道联机运行，3、4缩道联机运行，每个缩道最多可上3匹布（约210m）。其压辊是木质的，对织物损伤小。织物经该机缩洗后，表面可得到一层短而平的绒毛，绒面感强，手感蓬松、柔软。TWIN800型的主要结构如图10-1-27所示。

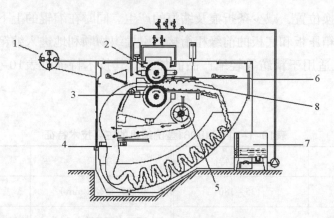

图10-1-27 TWIN800型洗缩机

1—出布架 2—上压辊 3—下导辊 4—织物 5—风机 6—缩板 7—料槽 8—缩箱

3. 吹气式洗缩机

机中装有鼓风机，缩绒时鼓风机以160m³/min流量的空气吹送到织物上，在进入缩幅板之前，形成袋状鼓起，使织物绳状加工时易更换绳状位置，对轻缩织物可减少缩痕及卷边。鼓风机使缩剂及洗液与热空气混合，形成雾状射流，喷在织物上，可使缩液均匀渗透，提高机内温度和缩绒效率，缩短冲洗时间，但该设备耗电量较大，其结构见图10-1-28。

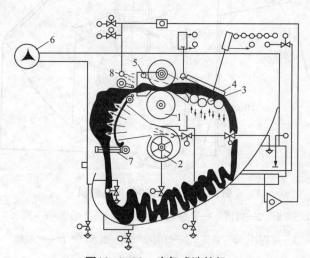

图10-1-28 吹气式洗缩机

1—缩辊 2—风扇 3—摆辊 4—缩箱压板 5—缩幅板 6—出呢辊 7—分呢框 8—喷液装置

如意大利CM101-FOLATEX-4C型洗缩联合机，其最大的特点是避免了其他机型易出现的轧辊和后挡板之间夹布造成破洞的情况，该设备因为增加了前吹风装置，增加了布匹的变位，大大减少了折痕瑕疵的产生，处理效果均匀一致。

4. CM101-350型多功能整理机

该机是由康平纳公司生产的集洗涤、缩绒、柔软和烘干功能于一体的多功能整理机。织物通过鼓风机牵引，无张力，因此，织物尺寸稳定。在缩呢过程中，织物不受机械压力，通过高速运转，织物与后面的挡板碰撞，达到缩呢的目的。该机最大运转速度为1100m/min。其主要技术特征如表10-1-22所示。

表10-1-22　CM101-350型多功能整理机的主要技术特征

项目	主要技术特征	项目	主要技术特征
机器速度（m/min）	0～1100	风机流量（m³/h）	4000
落呢速度（m/min）	90	整机重量（t）	12
机槽织物最大容量（kg）	350	外形尺寸（长×宽×高）（mm）	5580×5450×5750
最高整理温度（℃）	160	—	—

二、缩呢工艺因素

1. 缩剂

缩剂的水溶液要求润滑作用好，渗透性强，净洗力高，本身容易洗除。缩剂的浓度按织物品种和含油污程度而不同。重缩绒织物所用缩剂的浓度宜高些。缩剂浓度小，润滑性差，落毛增加，缩后织物绒面较差，手感松薄。但浓度过高，加料不易均匀扩散，缩呢作用慢且不易均匀。一般肥皂浓度，干坯缩呢为30～60g/L，湿坯缩呢为80～120g/L。合成洗剂的浓度根据洗剂的有效浓度而定，一般为40～80g/L。

缩剂的用量要适当，用量过少，易产生折痕，呢面不匀，落毛过多。用量过多，使呢坯打滑，产生磨损，缩呢时间增长。一般干坯缩呢用量为呢坯重的90%～120%，湿坯缩呢为呢坯重的45%～50%。如加入纯碱，其用量可减少。

2. pH值

碱性缩呢，润滑性好，缩后绒面丰满，手感较软，但缩呢时间较长。中性缩呢，采用润滑性较好的表面活性剂作缩剂，缩绒可较快，缩后织物手感坚挺，比碱性缩绒沾色少。酸性缩呢，pH值较低时，缩呢速度快，缩后织物紧密，沾色少，织物的强力和弹性较好，落毛少，但手感较糙。

3. 压力

压力大，缩呢速度快，时间短，缩后织物紧密。压力小，缩呢速度慢，缩后织物蓬厚。轻缩绒织物压力过大，缩呢时间短，绒面较差。重缩绒织物压力过小，易落毛，难以缩至预定的规格。

4. 温度

温度高，缩呢速度快，呢面均匀，条痕少。温度低，有色织物沾色少，缩呢速度较慢。一般碱性缩呢温度为35～40℃。有色织物为防止沾色，缩呢温度为30～35℃。

三、缩呢方法

常用的缩呢方法有碱性缩呢、中性缩呢及酸性缩呢等。

（一）碱性缩呢

1. 碱缩呢

含油量较高而未洗涤的呢坯，借加纯碱，使油皂化而进行缩呢，因此又称油坯缩呢或干坯缩呢。表10-1-23为碱缩呢处方。因呢坯含油量不高，同时加肥皂或合成洗剂进行缩呢。碱缩呢工序简便，适用于粗纺中低档产品，但生产色织物易沾色。

表10-1-23　碱缩呢处方

处方	学生呢、海军呢、制服呢	
	1	2
肥皂（g/L）	40~60	—
合成洗剂（g/L）	—	40~80
纯碱（g/L）	15~25	15~20

2. 肥皂缩呢

织物先经洗呢洗净后，用肥皂缩呢。肥皂采用油酸皂，缩呢后织物手感蓬厚，绒面丰满。如用硬皂（钠皂）缩呢，缩呢织物较紧密。为增进皂液渗透，可加入适量的渗透剂。肥皂缩呢适于高中档织物，如维罗呢、拷花大衣呢、麦尔登、啥味呢等，但成本较高。使用皂液浓度为80~150g/L。

（二）中性缩呢

选择适当的合成洗剂，在接近中性条件下干坯缩呢或织物洗净后缩呢，也有将织物如提花毛毯，洗净脱水后不加助剂，利用所含的水分进行缩呢。合成洗剂洗净力好，对硬水稳定，使用方便。因系中性缩呢，织物沾色少且有润滑性，但缩呢绒面较差。表10-1-24为中性缩呢处方。

表10-1-24　中性缩呢处方

处方	制服呢	鲜艳粗花呢	啥味呢
601洗涤剂（g/L）	60~80	—	—
净洗剂LS（g/L）	—	25~40	20
209洗涤剂（g/L）	—	—	60~80
备注	干坯	洗净坯	洗净坯

（三）酸性缩呢

酸性缩呢用硫酸或醋酸为缩剂。鲜艳色在织物洗净后缩呢，深色织物则进行干坯缩呢。为增进润滑性，可加入适量表面活性剂。用硫酸缩呢时，最好干坯在室温加料或洗净烘干后加料缩呢。醋酸可直接加在湿坯上。酸性缩呢适用于缩呢时要求不沾色的花色产品。有些短毛或低档原料产品，如大众呢，用酸性缩呢手感硬糙，也可先用皂碱（或合成洗剂加碱）缩呢，经冲洗烘干后，再用硫酸缩呢。缩后织物呢面较平整，手感丰满、紧密，起球少，但工序多，耗料多。表10–1–25为酸性缩呢处方。

表10–1–25　酸性缩呢处方

处方	毛黏大众呢	深色花呢	条格花呢
硫酸（98%）（g/L）	40 ~ 50	—	—
醋酸（98%）（g/L）	—	20 ~ 40	30 ~ 50
匀染剂O（g/L）	4 ~ 8	20 ~ 25	—
净洗剂LS（g/L）	—	20 ~ 25	25 ~ 35
坯布形式	干坯	干坯	洗净坯

四、缩呢长度计算

1. 重量法

以重量为依据进行计算，公式如下：

$$L = G \times \frac{(1-a)}{g(1+b)}$$

式中：L——缩呢长度，m；

G——呢坯重量，kg；

g——成品单位重量，kg/m；

a——染整损耗率；

b——染整伸长率。

为便于计算，将 $\dfrac{(1-a)}{g(1+b)}$ 作为缩长系数，则：

缩呢长度（m）= 呢坯重量 × 缩长系数

在先锋试验时，参照设计单及经验估计，设定染整损耗率及染整伸长率。先计算出先锋试验的缩长系数（缩呢系数），待成品重量鉴定后，再修正缩长系数，作为该品种计算长度的依据。

如制服呢成品单位重量为0.7kg/m，某匹呢坯重量为32kg，设定染整损耗率为8%，染整伸长率为6%，则：

$$先锋试验的缩长系数 = \frac{(1-0.08)}{0.7(1+0.06)} = 1.24$$

先锋试验的缩呢长度 = 32 × 1.24 = 39.7（m）

如该匹织物到成品时的实际长度为41.8m，重量为29.8kg，即实际染整损耗率为7%，实际染整伸长率为5.3%，因此修正后的缩长系数为1.26。

2. 长度法

以长度为依据进行计算，公式如下：

$$L = l \times \frac{s}{1+b}$$

式中：L——缩呢长度，m；

　　　l——呢坯长度，m；

　　　s——设计缩长率；

　　　b——染整伸长率。

式中 $\frac{s}{1+b}$ 为根据产品设计的缩长率 s，并考虑染整伸长率 b 的缩呢长度百分率，简称缩长率。则有：

缩呢长度（m）= 呢坯长度 × 缩长率

长缩法缩呢的织物易于保持产品良好的风格，对花色织物及起毛织物，不会因长缩变化引起质量波动，但要求呢坯本身的单位重量较为标准，否则难以采用。

五、缩呢操作注意事项

（1）缩剂必须在校正织物圈长（双头缩），并使织物运转顺利后，缓缓均匀加入。缩剂加入量是否适宜，可用手指挤轧织物，以稍有泡沫或溶液挤出为度。

（2）运转时应注意呢坯有无破洞、折卷及卷边等现象。发现问题需停车后处理，防止发生事故。

（3）硫酸缩呢的产品应及时洗呢，防止产生风印并减少纤维损伤。

（4）当缩呢到接近预定尺寸时，应加强检查，防止幅宽和长度的缩率超过规定，产生狭幅及超重现象。

六、缩呢疵点产生原因及防止方法（表10-1-26）

表10-1-26　缩呢疵点产生原因及防止方法

疵点	成因	防止方法
缩呢不匀	1. 用肥皂缩呢，呢坯含酸未洗净 2. 呢坯干湿不匀，加入缩剂太少、不匀或过浓 3. 上下缩呢滚筒隔距太小，压力过大等，造成缩呢作用太快，呢坯运转不顺利	1. 呢坯含酸，要洗净后缩呢 2. 缩前呢坯干湿要均匀，如干湿不匀，应重新浸湿并脱水后再缩，缩剂不要过浓 3. 温度不能过高，压力不要过早加大，适当调整缩呢滚筒的隔距
折痕	1. 缩呢时卷折或位置长久不变 2. 缝头不平整，针距大小不匀 3. 呢坯经向两边张力不匀 4. 缩幅辊间距过小，上滚筒及压板压力过大	1. 定时将呢坯拉出展幅或采用袋形缩呢 2. 缝头要平整不皱折 3. 织造时两边张力要均匀，采用袋形缩呢 4. 适当调节间距和压力
落毛过多	1. 缩性差的织物，缩呢时间太长 2. 缩剂太淡，太少	1. 缩至一定程度洗去缩剂后再加新缩剂缩呢或改用酸性缩呢 2. 适当增加缩剂浓度和加入量

续表

疵点	成因	防止方法
磨损、破洞	1. 缩剂太多，呢坯打滑磨损 2. 缩箱上压板、底板前口和上、下滚筒表面间的隔距太大，或滚筒两侧和缩箱所成间隙太大，呢坯被挤入轧成破洞 3. 缩呢机有破损或有硬杂物轧伤呢坯 4. 前导辊自停装置失灵	1. 加料要适当 2. 正确校正缩呢机部件 3. 经常检查机台，并注意勿引进硬杂物 4. 注意设备维修
深浅色斑	匹染织物缩呢时，呢坯运转不正常，被滚筒擦伤，染后发生局部颜色较其他部分深浅的斑痕	保持呢坯的正常运转，不造成擦伤
幅宽不一	1. 前道将纬纱的纱批搞错 2. 加料不匀	1. 注意纱批管理 2. 加料要均匀
打结	双头或多头缩呢时，各圈长度相差过大	圈长要一致
褪色、沾色	1. 花色织物的染料耐缩牢度差或缩绒时间过长 2. 缩色织物后，再缩白坯或其他色坯前，未做好机台清洁工作 3. 有色织物碱性缩绒后堆积过久	1. 注意染料选择，织物设计时应减少缩呢时间，花色织物缩呢温度宜低些或改用酸性缩呢 2. 事先做好清洁工作 3. 要随即进入下道加工
油污、锈渍	1. 机内不清洁 2. 轴承加油过多	1. 上机前做好机内清洁工作 2. 注意加油操作

七、开幅机

在绳状洗呢和缩呢后，进入下道平幅整理前，应将织物由绳状变为平幅状，图10-1-29为意大利CORINO型自动开幅机。绳状织物首先经过小型双辊轧车，去除部分水分，然后进入退捻装置，将洗缩过程中产生的织物假捻展开，然后进入扩幅辊将织物展成平幅，再经过双辊轧车去除水分。

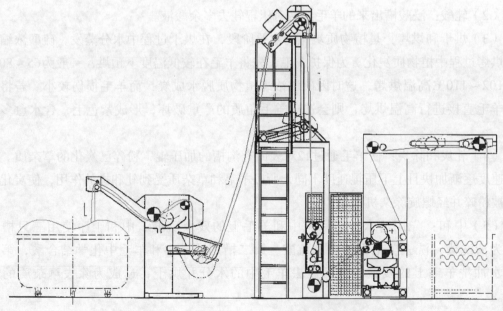

图10-1-29　意大利CORINO型自动开幅机

第八节　炭化

原毛中的植物性杂质如草屑、碎叶以及蒿秆等，往往与羊毛纠缠在一起，虽然经过捡毛、开毛、洗毛加工，并不能完全去除。这些杂质的存在，不仅给梳理带来难度，而且还影响织物的外观，甚至造成染疵。因此，必须通过炭化处理去除这些杂质。

炭化是以羊毛纤维和纤维素纤维对无机强酸不同的耐性为基础的。纤维素纤维在强酸下会发生水解，形成脆弱的水解纤维素纤维，再经过碾碎除尘便与羊毛纤维分离。在适当的工艺条件下，羊毛纤维并不会受到损伤。

目前，常用的炭化方式有散毛炭化、毛条炭化和匹炭化。无论哪种炭化方式，它们的处理过程均为：浸轧硫酸、脱酸处理、干燥、焙烘、中和及水洗等。

一、散毛炭化

散毛炭化常用于粗梳毛纺，使用散毛炭化联合机。

1. 工艺流程

含草净毛→浸酸→轧酸→烘干和烘烤→轧炭和除炭→中和→烘干→炭化净毛。

2. 各工序的作用和要求

（1）浸酸：一般用稀硫酸，有两只槽，第一槽为浸渍槽，浸湿羊毛，用活水加浸润助剂（如拉开粉、平平加等），使羊毛吸水均匀。第二槽为浸酸槽，酸液浓度为 $32 \sim 54.9 \mathrm{g/L}$，视净毛品种、含杂量和酸液温度而不同。酸液温度为室温，浸酸时间约 $4\mathrm{min}$。

（2）轧酸：浸酸槽出来的羊毛经两对压辊轧去多余酸液。

（3）烘干和烘烤：是植物质炭化的主要阶段，在烘干过程中水分蒸发，硫酸浓缩，在高温烘烤过程中植物质炭化。为保护羊毛，先将羊毛在较低温度下预烘，一般为 $65 \sim 80 ℃$，再经 $102 \sim 110 ℃$ 高温烘烤，这时因硫酸浓缩植物质脱水成炭，而羊毛损伤较小。若将含酸的湿羊毛直接进行高温烘烤，则会造成羊毛角质的严重破坏，形成紫色毛，含水愈多破坏愈大。

（4）轧炭和除炭：使羊毛通过12对表面有沟槽的加压辊，粉碎已炭化的草杂质。各对压辊速度逐渐加快且上下压辊速度不同，所以羊毛和草杂质受到轧和搓的作用，使炭化的草杂质被粉碎并经螺旋除杂机排除。

（5）中和：先用清水洗后用碱中和羊毛上的残余硫酸。中和工序使用三只槽，第一槽为清洗槽，洗去羊毛上附着的硫酸，第二槽用纯碱中和羊毛中化学结合酸，第三槽用清水冲洗羊毛上的残碱。最后压去羊毛中的水分并烘干，遂成为除去草杂质的炭化净毛。

二、毛条炭化

原理与散毛炭化相同，但设备有别。毛条炭化工序一般放在梳毛以后头道针梳和三道针梳之间，也有放在梳毛和头道针梳之间的。被炭化的毛条由于经过了梳理或针梳，比较松散，大的杂质已在梳毛时去除，因此可采用较低的酸浓度或采用较高的酸浓度快速浸渍，对纤维损伤少，草杂炭化彻底。

三、匹炭化

匹炭化时如浸酸、脱酸或中和不匀，易于染花，花色织物易引起色泽变化，因此，匹炭化对工艺管理要求较高。匹炭化用于粗纺织物较多。织物浸酸后，再经烘焙、轧炭、中和等步骤。

匹炭化可在匹炭化联合机（图10-1-31）上进行。匹炭化联合机系由浸轧酸、烘焙、轧炭及中和机联合组成，其生产效率高。如织物数量不多，亦可利用原有染整设备分步进行。如用平幅轧酸槽轧酸或用染色机浸酸，用离心脱水机脱酸，用拉幅烘呢机烘焙，用缩呢机轧炭，用洗呢机或染色机中和，但生产效率较低，并要注意设备的防腐蚀。

（一）匹炭化联合机（图10-1-30）

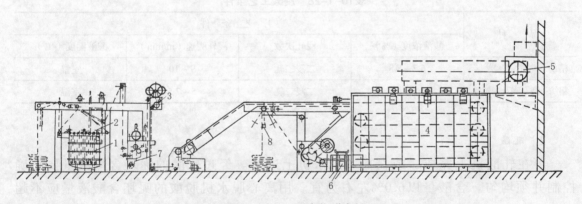

图10-1-30　匹炭化联合机

1—浸酸槽　2—轧液辊　3—整纬装置　4—烘房　5—风扇　6—冷却装置

7—轧液槽（不作炭化时用）　8—落布架

（二）三辊浸轧机

三辊浸轧机是二浸二轧匹炭化机，由三个轧辊及浸酸槽组成。炭化时，织物经浸酸槽浸渍，进入第一、第二轧辊间轧酸后，再次进入浸酸槽浸渍。然后进入第二、第三轧辊之间，轧除多余酸液后出机。

四、匹炭化工艺举例

（一）工序的选择（表10-1-27）

表10-1-27　匹炭化工序的选择

炭化→缩呢	炭化→染色	染色→炭化
1. 织物疏松，草刺易于炭化除净，可供染制浅色织物 2. 浸酸或中和不匀，匹染产品易产生色花	1. 织物缩后较紧，呢面常残留炭屑，不适合于染浅色 2. 浸酸或中和不匀，匹染产品易产生色花 3. 如采用酸性络合染料染色，不需中和，校正pH值后即可直接染色	1. 质量易掌握，适用于深色产品 2. 要选用耐炭化的染料，防止变色

（二）工艺条件

1. 浸酸

酸液浓度要根据草屑、麻丝大小及织物厚薄松紧掌握，同时还要注意浸酸时间等工艺条件。一般硫酸浓度为4.5%~6.7%，如织物较紧密，呢速加快，浓度可适当提高。在酸液中加入适当的表面活性剂可增进渗透，以保护羊毛少受损伤。浸酸条件举例如表10-1-28所示。

表10-1-28　浸酸工艺条件

品　　种	工　艺　条　件			
	酸液浓度（%）	浸轧次数	浸轧呢速（m/min）	酸液温度（℃）
精纺：哔叽	6.7~8.8	二浸二轧	9~10	室温
粗纺：海军呢及麦尔登	4.5~6.7	二浸二轧	5~7.5	室温

2. 轧酸

可在轧酸机上完成，或在离心脱水机上进行。经过轧酸的呢坯含酸液量要正确控制并须均匀。含酸量以6.0%左右为宜。用离心脱水机脱酸的呢坯含酸液量应不超过40%，呢坯要均匀放入转笼，开机到排液管流出酸液呈点滴状后缓缓停止，不可急刹车。

离心脱水机车速不低于750r/min，速度过慢易脱酸不匀。

3. 烘焙

织物脱酸后要随即进行烘焙（烘干、烤炭）。先经预烘排去水分，预烘温度不宜过高，一般为80~90℃。然后在100~110℃烘焙。烘焙后织物的回潮率约3%，使杂质脆损易碎为度。

4. 轧炭

草屑含量少的或深色织物可不经轧炭，而在中和时冲洗去除。草屑含量多的，可在干燥的缩呢机中轧压10~15min。轧炭要在烘焙后草炭干脆时进行。

5. 中和

中和过程有洗酸、加碱中和及清洗三个阶段。中和前，必须将织物含酸量预先洗除到最低量，以减少用碱量并不使产生的反应热过大而损伤羊毛纤维。然后用纯碱中和余酸，最后用清水冲洗干净。如中和不匀，染色前炭化的匹染织物易产生色花。如中和过度，会使织物染后色泽发暗，甚至损伤纤维强力。用碱量应按中和溶液pH值而定，以达到pH值为9～9.5为宜。纯碱要分次加入。第一次加入后，运转10～15min，再加入第二次。避免一次加碱，产生大量的碳酸氢钠，影响中和溶液pH值的升高，并可充分发挥碱剂的作用，节约用碱。洗酸及加碱中和后的净洗，可用35℃左右的水连续冲洗。中和工艺举例如表10-1-29所示。

表10-1-29　中和工艺

阶段 工艺条件	洗酸	加碱中和	净洗
纯碱（%）	—	3.0～4	—
时间（min）	45～60	30	30
温度（℃）	30～35	30～35	30～35
pH值	洗酸后织物含酸量2.5%左右	9～9.5	冲洗出机时水液7～8

五、匹炭化操作注意事项

（1）酸液浓度的变化受杂质（硫酸钙、硫酸镁、硫酸钠等）的影响很大，因此酸液连续使用时，除用比重表测定外，应经常用滴定分析的方法校正酸液浓度，沉淀杂质要定期清除，或更换新酸液。如杂质过多，会使炭化失效。配制的新酸液要冷却后使用。

（2）匹炭化织物呢头缝制匹号和品号用线、夹码用线及匹与匹之间的缝头线，都宜用合成纤维纱。如用棉线，为了防止在浸酸后被炭化，在烘焙前须用8%左右纯碱溶液，或1份硅酸钠和10份6%纯碱溶液，涂刷在棉线部分，以中和局部酸液。边线如用棉线，烘焙时也要用碱液中和边线上的酸质，可在烘呢机的两侧链条下端安装轧碱装置进行轧碱。

轧碱装置系由上下两个轧辊及盛碱液的容器所组成。下轧辊外包多层棉布，浸没在盛碱液的容器内，吸收碱液。上轧辊为压辊，工作时呢匹边线经上下轧辊吸收碱液中和，轧辊随呢匹运行而转动。

（3）呢坯在浸酸、脱酸、烘焙后，应立即进入下道工序，不宜间隔过久。

（4）注意安全操作，要使用防护用具，配制酸液时，应将硫酸缓缓加入冷水中，不可将水倒入硫酸中。

（5）炭化前后要做好各机台的清洁工作。

六、匹炭化疵点产生原因及防止方法（表10-1-30）

表10-1-30　匹炭化疵点产生原因及防止方法

疵点	成因	防止方法
炭化不净	酸液渗透不良或浓度过淡	1. 做到均匀渗透，经常滴定并校正酸液浓度 2. 经常检查轧酸的含湿程度及烘焙后杂质的脆损程度
炭化不匀	1.匹染织物呢坯含水不匀，浸酸、轧酸或中和不匀 2. 染后炭化的染料色牢度差 3. 橡胶滚筒表面不平整 4.各滚筒之间各部位的接触表面未均匀吻合，压力不均匀，含酸不均匀	1. 呢坯炭化前含水要均匀，浸酸、脱酸、中和必须均匀 2. 选用耐炭化的染料 3. 表面须平整 4. 全长各部位须均匀吻合，挤压均匀，含酸均匀
斑渍	1.炭化前后呢坯沾着皂碱等，在洗酸中和时，洗呢机内残留皂质 2. 带酸的湿坯接触铜、铁等金属	1. 事先做好清洁工作，防止沾污 2. 必须避免与铜、铁等金属接触
洞	烘前有水滴在已浸酸的呢坯上，或烘呢及烘焙时机内蒸汽管漏水而滴在呢坯上	搬运时用塑料布盖好，并加强设备维修，防止滴水
手感粗糙、强力下降、横印档	酸液浓度过浓，或烘焙温度过高；轧酸后未及时烘焙或中和前的炭化呢坯堆积过久	控制酸液浓度和烘焙温度不要过高，轧酸后呢坯应及时进行烘焙和中和

第九节　脱水

脱水是脱除织物、纱线、纤维经染色或湿整理后的含水，便于下道工序的加工以及提高干燥效率，节约能源。

一、脱水机

脱水机有离心脱水机、真空吸水机和轧水机三种，其性能比较如表10-1-31所示。

表10-1-31　三种脱水机的性能比较

机型	离心脱水机	真空吸水机	轧水机
适用范围	织物、纱线、纤维	织物	织物
不适用品种	1. 精纺薄物 2.含黏胶纤维多的织物	1. 粗纺厚织物 2. 特别稀松的织物	1. 粗纺拷花织物 2. 变形花色纱织物
脱后含水率	30%~40%	40%~55%	35%~45%
优点	1. 脱水效率高 2. 织物伸长少	1. 呢面和绒毛平直 2. 脱水较均匀	1. 呢面平整 2. 脱水均匀，可连续性加工
缺点	1. 纤维弹性差的织物及薄型织物易产生折皱印，脱水不易均匀 2. 织物装卸和展幅劳动强度大	1. 织物伸长较大 2. 脱水效率较差	1. 进布有折皱，会轧出明显折皱 2. 华达呢、贡呢等的饱满贡子易受影响

（一）离心脱水机

离心脱水机主要由转笼、中心轴、外壳、立柱等组成。加工时将织物均匀地放置在转笼中，当转笼高速旋转时产生离心力，使转笼内的织物压向笼壁，织物中的水分从笼壁的孔眼中甩出。转笼的脱水效率与转速和直径有关。脱水所需时间视中心轴的速度、转笼直径及织物的长度、重量、厚薄而定。

Z751型离心脱水机的主要技术特征如表10-1-32所示。

表10-1-32　Z751型离心脱水机的主要技术特征

项目	主要技术特征	项目	主要技术特征
容量（kg）	100（湿料）	转笼速度（r/min）	900
转笼直径（mm）	1000	电动机（kW）	5.5
转笼深度（mm）	373	外形尺寸（长×宽×高）（mm）	1750×1750×1150

（二）真空吸水机（图10-1-31）

真空吸水机上装有吸水箱，在吸水箱的顶端有一细长的吸水狭缝。运转时箱内的空气由抽吸泵造成负压，当织物展幅平整地从吸口通过时，织物中的水分被吸入箱内，由箱底一侧的小水箱排出。

N151型真空吸水机主要技术特征如表10-1-33所示。

表10-1-33　N151型真空吸水机的主要技术特征

项目	主要技术特征	项目	主要技术特征
工作幅度（mm）	1830	真空泵	SS80型真空泵
呢速（m/min）	6~18	外形尺寸（长×宽×高）（mm）	2420×2200×3812
吸水口	缝隙40mm×1.5mm人字槽，不锈钢板	全机重量（t）	约3
主动辊（mm）	直径300	电动机	主传动
排水过滤装置	三道钢丝网过滤箱	—	—

（三）轧水机（图10-1-32）

轧水机有一对橡胶轧辊，织物平幅通过轧辊，压去织物内过多的水分，除水效率与上轧辊的压力有关。压力可用气压机调节。轧水机可单独用作脱水，也可用于上浆或与烘干机组合使用。用于上柔软剂或树脂等浆料时，将助剂或浆料贮于轧液槽内。用于烘干前轧水时，槽内贮存清水，呢坯经轧水后，使织物含湿均匀地进入烘房，烘后回潮率均匀。

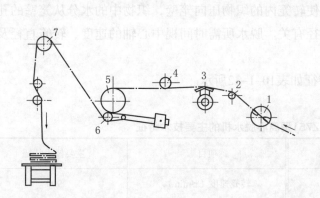
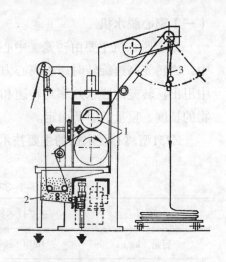

图10-1-31　N151型真空吸水机　　　　　　　　图10-1-32　轧水机

1—张力架　2，4—导辊　3—吸口　5—牵引辊　6—轧辊　7—出呢辊　　　　1—轧辊　2—贮液槽　3—出呢折幅架

二、脱水操作注意事项

（一）离心脱水机

（1）产品在转笼里必须放置均匀，如发现开车后摇晃振动很大，应立即停机，调平衡后再开车运转。

（2）机器运转时，要先将防护罩盖好，如发现织物或毛条、纱线甩出转笼，不可用手直接处理，必须立刻停机，车未停妥切勿用手制动，确保安全。

（3）机器运转速度较快，要经常注意检查和保持机械状态的正常，如应常检查挂脚螺丝和轴头螺丝有否松动等。

（4）脱水后及时展幅烘燥，勿停放过久，防止产生折痕或风档印。

（二）真空吸水机

（1）控制进布张力，勿使布过紧，以减少织物伸长，影响缩水率，黏胶纤维产品更要注意。

（2）运转时，吸口未被织物覆盖部分应用薄橡胶皮带覆盖，以免影响脱水效率。

（3）运转时，真空泵的真空表压力为（1.3～2.7）×10⁴Pa（100～200mmHg）。如发现低于1.3×10^4Pa时，应将过滤网上堵积的毛屑清除，以提高吸水效率。

（4）脱水后立即进入下道工序，勿放置过久，防止产生折痕或风档印。

（三）轧水机

（1）运行时注意轧辊接触面平行，保持压力均匀。

（2）进入轧辊时，呢面保持平整，以免引起折痕。

（3）压力控制在3kg左右，轧水效果最好。

三、脱水疵点产生原因及防止方法（表10-1-34）

表10-1-34　脱水疵点产生原因及防止方法

疵点	成因	防止方法
含湿过多或含湿不匀	1.真空吸水机吸口两头的橡胶皮带未盖好，车速较快，过滤网堵塞 2.离心脱水机脱水时间过短或皮带松转速慢	1.吸口幅及车速要按织物幅宽和厚薄随时调节，定期清洁过滤网 2.掌握出水口排水情况，注意设备维修
折痕	1.精纺黏胶纤维及薄型织物在离心脱水机上脱水 2.吸水轧水时未拉平进机	1.在离心脱水机上脱水时间不要过长，或改用真空吸水机脱水 2.要拉平进机
色渍	1.深浅色产品同批进行脱水 2.脱过不同色泽的产品后，机台清洁工作未做好	1.深浅色产品分开脱水 2.应先做好机台清洁工作，在脱过深色或色牢度较差的产品时尤应注意
吸口印	停车	

第十节　烘呢

烘呢的目的是烘干织物，保持一定的回潮率，此外还有平整作用。同时应根据产品的规格要求及呢坯在整理过程中幅宽的收缩程度，确定烘呢幅宽，使织物定幅。

一、烘呢机

烘呢机根据用途有专用烘呢机和烘呢定形联合机两种，多数设备进布前配置浸轧机和整纬机，用以去除多余水分、浸轧特殊助剂和纠正纬斜。

烘呢机根据热源分类，有蒸汽加热、导热油加热、燃气（油）加热和电加热、远红外加热等类型；根据层数分单层、双层和多层烘干机；根据夹布方式分滚筒烘干机、布夹拉幅烘干机、松式烘干机等多种。

（一）N642型热风拉幅烘呢机（表10-1-35、图10-1-33）

表10-1-35　N642型热风拉幅烘呢机的主要技术特征

项目	主要技术特征
类型	八层单间热风喷嘴式
工作幅度（mm）	1140～1830（可调节）
水分蒸发量（kg/h）	200
车速（m/min）	5.5～18.5

续表

项目	主要技术特征
烘房容呢长度（m）	约30
烘房温度（℃）	70～110
喷口风速（m/s）	约17
伸缩滚筒（mm）	伸缩范围1231～1921，每根由三种直径的紫铜皮套接，烘房内七套、三节，外径分别为318mm、315mm、312mm，烘房外一套三节，外径分别为236mm、233mm、230mm
导呢针板链	左右各605件，节距为63.5mm的马钢链节，与碳钢链条芯子连接
针板	黄铜底板、不锈钢针，每板16枚针，分两排参差植立，针尖露出板面10mm，倾斜10°。不锈钢针规格有两种：BWG#18粗针，用于粗纺织物；BWG#20细针，用于精纺织物
烘房外形尺寸（长×宽×高）（mm）	3760×3782×3370
热风循环加热器	多排管铝质套片式加热器，总散热面积430m²，烘房左右各两列，每列各五组
循环风扇	双面进风，双面出风，后倾离心式，左右各一列，每列4只风扇串联，同轴位于两列加热器之间，循环风量约8×10⁴m³/h，喷风口风速17m/s
排气风扇	最大排风量3×10³m³/h
蒸汽压力（Pa）	最大4.9×10⁵
调幅部分	L×2–11单轮自变式行程开关2只，控制工作幅度1140～1830mm极限位置
自动移轨	L×5–11微动开关4只，控制自动移轨，向外60mm及向内150mm两极限位置
上机时脱针自停	电气控制全机自停
落呢时织物不脱针自停	L×5–11微动开关2只
超喂装置	超喂轮为φ150mm×30mm橡胶轮，超喂率0～18%
外形尺寸（长×宽×高）（mm）	8300×3935×4455

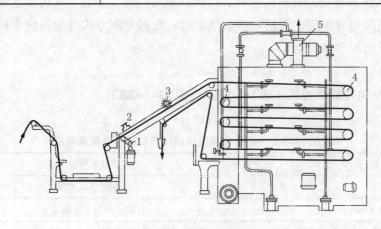

图10-1-33　N642型拉幅烘呢机

1—调幅装置　2—超喂装置　3—压呢圆刷　4—伸缩滚筒　5—排气机

（二）MB451型烘呢定形联合机（表10-1-36、图10-1-34）

表10-1-36　MB451型烘呢定形联合机的主要技术特征

项目		主要技术特征
类型		一室8层热风喷嘴式，上6层为烘燥区，下2层为定形区，中间由隔热板分开，可供单独烘干或热定形用，也可烘干与定形一次完成，风管采用抽屉式结构，便于做清洁工作
工作幅度（mm）		800～1600（可调节，有最小与最大限位自停装置）
热源	烘干区	蒸汽 [压力3.9×10^5Pa（4kgf/cm²）]
	定形区	蒸汽加电热（144kW）
烘房温度℃	烘干区	烘干时90，定形预热时140
	定形区	最高230（有温度自控装置，误差±2℃）
热风循环		循环风机配双速电动机，烘干时开高速，风速15m/s，定形时开低速，风机最大排风5.5×10^3m³/h
呢速（m/min）		3～30
吸布形式		针板
上机时脱针自停		电气控制
下机自动脱边		软尾微动开关，控制自动电动机
织物回潮测定仪		YH161A型回潮连续监测仪，装在出机处

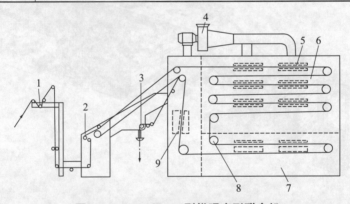

图10-1-34　MB451型烘呢定形联合机

1—进呢架　2—超喂辊　3—出呢辊　4—排气机　5—喷风管

6—烘燥区　7—定形区　8—伸缩辊　9—吹冷风管

（三）KM16-1型烘呢定形联合机（表10-1-37、图10-1-35）

表10-1-37　KM16-1型烘呢定形联合机的主要技术特征

项目		主要技术特征
类型		一室6层热风喷嘴式，上4层为烘燥区，下2层为定形区，中间由隔热板分开，可供单独烘干或热定形用，也可烘干与定形一次完成，风管采用抽屉式结构，便于做清洁工作
工作幅度（mm）		750～1800（可调节，有最小与最大限位自停装置）
热源	烘干区	蒸汽 [压力3.9×10^5Pa（4kgf/cm²）]
	定形区	蒸汽加电热（144kW）

续表

项目		主要技术特征
烘房温度	烘干区	烘干时90℃，定形预热时140℃
	定形区	最高230℃（有温度自控装置，误差±2℃）
热风循环		循环风机配双速电动机，烘干时开高速，风速15m/s，定形时开低速，风机最大排风$5.5 \times 10^3 m^3/h$
呢速（m/min）		4~80
吸布形式		针板
上机时脱针自停		电气控制
下机自动脱边		软尾微动开关，控制自动电动机

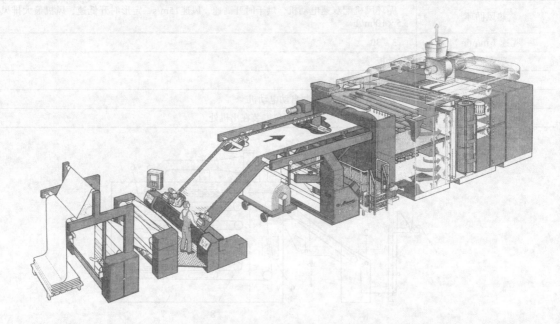

图10-1-35　德国KRANZ-KM16型多层拉幅烘干定形机

KM16-1型烘呢定形联合机的特点主要有：立式循环风机，风压低而柔和，毛刷带式超喂装置，超喂范围为-10%~+30%，由计算机控制超喂量，左右均匀一致。

（四）超喂装置

烘呢机在拉幅前，通常有超喂装置。在烘呢时，喂入的呢坯速度大于链条针板将呢坯送入烘房的速度称超喂。超喂装置与无级变速齿轮相连。调整至零位时，超喂与链条同步。当在仪表上将需要的超喂率调定后，无张力超喂与针板（夹）开始起作用。使用超喂可减少伸长，改变织物的厚度与收缩率，弥补湿整理中因张力而引起的伸长，使织物手感丰满。超喂的程度因产品而不同。一般在织物由链条针板进入烘房时，布面呈现轻度的波形状态为度。烘呢机在超喂装置前有螺状刮边装置，以减少卷边。超喂装置如图10-1-36所示。

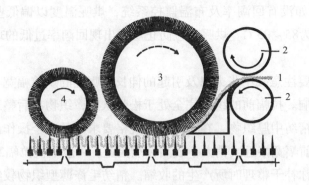

图10-1-36　超喂装置示意图

1—织物　2—超喂辊　3，4—压呢圆刷

（五）整纬装置

烘呢时应保持经直纬平，防止歪斜。服装加工厂对于面料允许纬斜的程度有严格要求，尤其对成衣质量影响较明显的产品，如条子、格子、松结构、经纬异色等织物，控制纬斜很重要。面料生产厂应适应服装生产的需要，因此，烘呢机常配置光电整纬装置或针轮整纬装置，以纠正纬斜。光电整纬装置对薄型及组织较松的透光织物效果较显著，但对厚重不透光织物，则不起作用。针轮整纬装置对产品适应性强，织物厚薄较不受限制，对纠正纬斜效果好，且使用维修方便。图10-1-37所示为针轮式整纬机结构图。

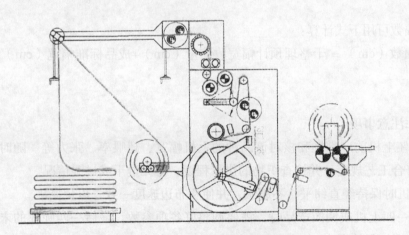

图10-1-37　针轮式整纬机结构图

二、烘呢工艺因素

1. 温度

全毛和毛混纺织物，烘呢须烘干，但又要保持一定的回潮率。织物在烘干过程中，当回潮率接近公定回潮率时，即使在130℃下烘呢，织物表面温度也不超过80℃。如回潮率过低，烘后手感枯燥，浅色、漂白织物易泛黄。如烘后回潮率过高，则烘后幅宽不稳定。所以可以采取100～120℃高温快速烘呢，用测定控制织物回潮率的仪表，掌握织物的回潮率，自动调整呢速。如没有回潮率及布温监控系统，烘呢温度以偏低些为妥。精纺织物为80～90℃，粗纺织物为85～95℃。烘呢时应防止烘后出现回潮率过低的现象。

2. 张力

烘呢时经纬向都要注意减小张力以及引起的伸长。呢坯的烘前幅宽与经向的伸长对成品规格及质量有较大影响。拉幅前的织物完全处于松弛状态，织物在后整理时的幅宽最好能与拉幅前的幅宽一致。精纺中厚织物，在符合成品规格要求以及安全操作的情况下，宜尽量减少拉幅程度，要求烘前幅宽接近或稍大于成品标准幅宽。一般上机拉幅2～4cm，可去除湿整理形成的折痕，以及弥补干整理时所产生的收缩。精纺毛涤薄型织物较纯毛织物的上机幅宽和张力大，使烘后织物有薄、挺、爽的手感。一般粗纺织物拉幅4～8cm。精纺中厚织物及粗花呢等经向超喂5%左右。

烘呢上机幅宽工艺举例见表10-1-38。

表10-1-38　烘呢上机幅宽

品种		幅宽（cm）		
		成品	烘前	上机
精纺	全毛、毛混纺中厚花呢	149	148～150	152
	涤毛、涤黏等薄型织物	149	144～146	150～152
粗纺	麦尔登、海军呢、制服呢	143	142～144	148～150
	拷花大衣呢（湿起毛）	150	148	152～153

实际拉幅数可用下式计算：

实际拉幅数（cm）＝干整理预计幅宽收缩量（cm）＋成品标准幅宽（cm）－烘前湿幅宽（cm）

三、烘呢操作注意事项

（1）呢坯上机前应掌握和核对该品种的上机幅宽、超喂率、张力等。随时测量烘后实际幅宽是否符合工艺规定，并检查织物的烘干程度，有无过干或过湿情况。

（2）上机时保持经直纬平，不起皱，并使两布边速度一致，以免撕破。

（3）第一匹上机或调换产品时，需要调整好各项参数。最后一匹呢坯的末尾需缝接引头布，使尾端呢坯保持平齐。

（4）同一机烘呢的产品应是同品种、同幅宽。

（5）烘前发现幅宽太窄时，不能强行拉幅，以免影响纬向缩水率。应分析原因，或调整织物设计，或改进湿整理工艺。

（6）烘过深色织物时，应做好清洁工作，才可烘浅色织物，防止产生色渍。通常应先烘浅色，后烘中深色。

（7）应经常检查烘呢针板，如有脱针，则会造成局部幅宽狭窄，并使呢坯脱落、下垂而被沾污。

（8）烘漂白织物时，应采用不锈钢针板，如系一般针板必要时垫白纱带，以防止布边产生油污、锈渍等。

（9）起毛织物应顺毛进机，正面向下，以免引起毛绒不顺。

（10）一般应正面上机，但烘黏胶纤维织物时，如正面接触针板，易产生针板白印。

（11）如遇脱针，应停车后处理，不可用手在机台运转状态下直接处理。

（12）各种自动装置和仪表要经常检查，防止失灵、失真，以免轧坏呢坯。

（13）经常做好机台内外和作业场地的清洁工作，开车前先开疏水阀（回汽），后开蒸汽；关车时先关蒸汽，再关疏水阀（回汽），以防管道积水。

（14）加强巡回，烘后织物表面的温度不宜过高，回潮率不宜过低，防止过烘与产生静电。并注意烘后呢坯有否吸绕在出布滚筒上，尤其是薄型织物易出事故。

四、烘呢疵点产生原因及防止方法（表10-1-39）

表10-1-39　烘呢疵点产生原因及防止方法

疵点	成因	防止方法
门幅过宽、过狭	1. 未按产品要求掌握上机幅宽 2. 幅宽不同的产品，用同一幅宽烘呢 3. 呢坯经过湿整理，幅宽已过狭或过宽 4. 烘后呢坯回潮率过高，幅宽又重新回缩 5. 机上指示的幅宽和实际幅宽不一致	1. 按产品要求掌握 2. 加强加工呢坯幅宽的检查，不同幅宽的产品不能用同一幅宽接连烘呢 3. 如因产品设计所造成，应改进产品设计；如因湿整工艺不当，则改进湿整工艺 4. 要烘干呢坯 5. 要注意核对
油污、色渍	1. 机台没有做好清洁工作，沾油污的毛灰粘在滚筒或呢坯上 2. 布边或边外纱头碰到链条 3. 链条加油过多	1. 经常做好机台的清洁工作，揩车后，先烘1~2匹深色呢坯，再烘浅色 2. 吸边装置失灵，应及时修好，布边上长纱头要修清 3. 注意加油操作方法
呢面歪斜，匹头、匹尾月牙形	1. 上机呢头不平齐 2. 两边张力不一致 3. 布边和中间张力不匀 4. 针板有弯针、断针现象 5. 布边挂针太宽	1. 注意上机操作，上机呢头要平齐，保持经直纬平 2. 两边张力要一致，如有歪斜，随时注意调整 3. 进出机要用引头布 4. 及时更换针板 5. 布边针宽控制在1.5cm之内
脱针	1. 吸边装置失灵，布边没有插入针板 2. 针板上断针、缺针、弯针过多，压针毛刷不良	1. 加强检修，如发现脱针应停车校正后开车，匹头、匹尾尤应注意 2. 加强针板及毛刷检修或及时调换
撕破	1. 烘前呢幅过狭，机幅开得太宽 2. 烘前呢幅过宽而机幅开得太狭，造成中途脱针 3. 出机时脱针自停装置失灵，第一匹呢头出机，织物不脱针 4. 脱针过多	1. 烘呢机幅要开得适当 2. 注意脱针和开幅 3. 注意第一匹呢头出机 4. 见"脱针"疵点
纬斜	1. 校正纬斜不及时 2. 布头、布尾未用带布 3. 缝头不平整，纬斜严重 4. 进布车位放置不正	1. 进、出机及时校正纬斜 2. 布头、布尾一定用带布 3. 缝头平直，经直纬平 4. 放正车位

第十一节　烫边

　　毛织物经洗呢、缩绒后，有时产生卷边现象，影响后道加工及产品质量，须将边道烫平。一般用人工剥边并用熨斗熨平（生产效率低）。对卷边不严重的织物，采用机械烫边，可提高生产效率。

一、烫边机

　　烫边机由斜面工作台、刮边器、烫板及进出机装置等构成。烫边可在烘干前湿态进行，一般边道不易烫平的在烘干后进行，烫后边道形态较稳定。目前多数在烘干后进行烫边。烫边机的主要技术特征见表10-1-40，机构见图10-1-38。

表10-1-40　烫边机的主要技术特征

项目	主要技术特征	项目	主要技术特征
烫板温度（℃）	最高130	烫板长度（mm）	分两段，上端250，下端550
呢速（m/min）	0~50	刮边器	每边2组，每组2个螺旋辊，直径52mm
幅宽调整（mm）	最高1850	外形尺寸（长×宽×高）（mm）	5200×3450×2600

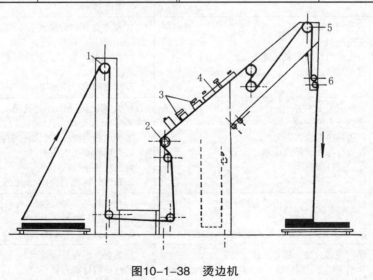

图10-1-38　烫边机

1—张力架　2—扩幅器　3—刮边器（2组）　4—烫板　5—出呢辊　6—折布架

二、烫边操作注意事项

　　烫边时，先开蒸汽阀门，放去剩水，使烫板加热，达到温度后织物上机。根据织物卷边情况，合理选择呢速、幅宽和刮边器、烫板与织物的距离。对薄型产品，刮边器的压力要调整适当，避免刮破织物边道。

织物上机后要处于机器中间部位，尽量避免忽左忽右。织物应反面朝上，匹与匹之间的接头要用缝纫机缝牢。

刮边器和烫板与织物距离不要压得太紧，否则易产生堆积现象，这时需加大张力，以免烫后荷叶边严重，或在后道出现剪破边和蒸皱现象。蒸汽压力要保证在4×10^5Pa以上，以确保停机时烫板能自动抬起，为避免织物烫焦，可采用加湿烫边。对某些卷边严重的织物而用刮边器刮不开时，宜采用手工烫边弥补。

第十二节 汽蒸刷毛

刷毛在剪毛前或剪毛后进行。剪毛前刷毛，可以除去附着在织物表面的纱头、浮毛或杂物，以免妨碍剪毛工作或剪伤织物。剪毛后刷毛，可以刷去织物表面所剪下的毛屑。刷毛和喷蒸汽同时进行，使呢面的浮毛疏松平顺，易于剪除。长顺毛织物，可刷顺绒毛，使绒毛顺服，光泽柔和。

一、蒸刷机

N031型蒸刷机（图10-1-39）的主要技术特征见表10-1-41。

表10-1-41 N031型蒸刷机的主要技术特征

项目		主要技术特征
工作幅度（mm）		1600
呢速（m/min）		18～30
毛刷辊	大毛刷辊	2只（前后各一），刷呢匹的正面，有4个接触点，ϕ465mm（包括猪鬃）猪鬃束长度20mm，两毛刷辊中心距650mm，转速150r/min
	小毛刷辊	1只，刷呢匹的反面，有1个接触点，ϕ200mm（包括猪鬃），猪鬃束长度20mm，转速345r/min
蒸汽箱（mm）		长2164，上盖宽288
外形尺寸（长×宽×高）（mm）		3870×3073×2355
机器重量（t）		约2
电动机功率（kW）		1.8

二、蒸刷操作注意事项

（1）按不同品种调节毛刷与织物的接触面，接触面不宜过大，以免增加张力，使织物伸长。

（2）开车前，应先放去蒸汽管内的回汽水，清洁蒸汽箱表面，以防水滴沾湿织物而造成水渍。

（3）经常清除毛刷辊上的纱线、绒毛。深浅色要分开刷毛，防止色毛黏附在其他织物上。

（4）根据织物厚薄进行适量地喷汽，通常以略透过织物为度，不宜过多，以免幅宽收缩过大。

（5）粗纺顺毛织物应顺着绒毛方向上机，以免刷乱绒毛。

（6）上机加工的呢坯，必须保持平整，以提高刷毛的均匀度。

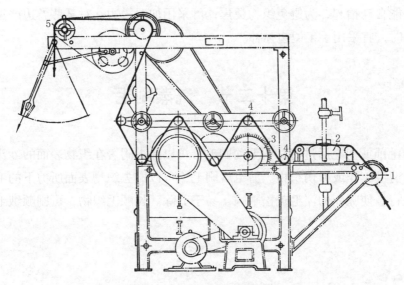

图10-1-39　N031型蒸刷机

1—张力架　2—蒸汽箱　3—毛刷辊　4—导辊　5—出呢辊

三、蒸刷疵点产生原因及防止方法（表10-1-42）

表10-1-42　蒸刷疵点产生原因及防止方法

疵点	产生原因	防止方法
刷毛不净、黏附色毛	1. 毛刷辊沾满绒毛 2. 深浅色混杂刷毛，没有做好清洁工作 3. 屑箱内毛灰过多，蒸箱不干净，把关不严	1. 要定期清洁 2. 要做好清洁工作，深浅色要分开刷毛 3. 做好清洁，随时更换汽箱包布，严格把关
折皱痕	1. 呢坯局部折皱 2. 缝头不良 3. 呢面进机不平顺 4. 布跑偏斜	1. 进布要平整 2. 缝头时一定要平直 3. 呢坯平整进机 4. 布正中运行
水渍斑	开始蒸汽时，在蒸汽箱表面有冷凝水沾污织物	见操作注意事项（2）

第十三节　起毛

起毛是用针布或刺果将织物中纤维挑出，产生一层绒毛覆盖于织物表面，使织纹隐蔽，外观美观，手感柔软丰满，增进保暖性。起毛主要用于粗纺织物。

一、起毛机

起毛机有针辊起毛机、起剪联合机及刺果起毛机等。

（一）针辊起毛机

针辊起毛机上的针辊根数有20根、24根、30根、36根及40根等数种。一般低支纱较松厚织物用的针辊数少，高支纱紧密织物用的针辊数较多，毛织物用24～30针辊的较为普遍。针辊起毛机的起毛作用较剧烈，起毛效率高，但易使织物强力降低。

1. 针辊起毛机类型

由于针辊的状态及转动方向不同，可有下列两种形式。

（1）单动起毛机：针辊的针尖都是向着一个方向，滚筒上针辊转向和滚筒转向相反，但与织物运行方向相同，起出绒毛朝着一个方向，见图10-1-40（1）。调节针辊速度，可以达到不同程度的起毛。

（2）双动起毛机：该机是目前使用最普遍的起毛机，起毛机上有顺针辊和逆针辊，依次间隔安装在大滚筒上，见图10-1-40（2）。双动起毛机顺针辊的针尖和织物的运行方向相同，逆针辊与之相反，针辊除随大滚筒一起运转外，还分别由相应的变速机构传动，作出与大滚筒旋转方向相反的自转运动，各针辊在滚筒上对织物形成的速度差，产生起毛作用。

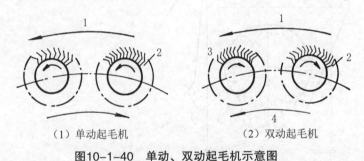

（1）单动起毛机　　　　　　　　（2）双动起毛机

图10-1-40　单动、双动起毛机示意图

1—织物　2—顺针辊　3—逆针辊　4—大滚筒

早期的针辊起毛机用锥形轮或塔轮变速，转动中容易滑溜，调节起毛作用较为困难。现已改用三角皮带或齿轮积极传动（毛织物起毛机以三角皮带传动较合适），用无级变速箱或液压无级变速，并加装了以起毛零点为基础的指示针辊速度等的仪表控制。零点时针辊上针尖与织物之间没有相对的速度差，顺针辊和逆针辊都不发生起毛或塞毛（顺毛）作用。当逆针速度大于零点时起毛，小于零点时塞毛。顺针速度大于零点时塞毛，小于零点时起毛。起毛机的零点，常因呢速、品种等变化而变动。还有等力矩起毛机，用滑差电动机直接控制针辊的起毛力矩，其零点受呢速等变化的影响较少。

目前用于毛织物的针辊起毛机有NC032型、NC033型、MB421型及ZMB423型，其技术特征见表10-1-43。

针辊起毛机的示意图及传动图如图10-1-41～图10-1-43所示。

表10-1-43　针辊起毛机的主要技术特征

项目	NC032型	NC033型	MB421型	ZMB423型
辊宽（mm）	2200	2200	2200	2200
滚筒速度（r/min）	105	90~100	80	85
滚筒直径（mm）	882（包针布）	838	838	836
针辊直径（mm）	70	70	70	70
针辊数量（根）	顺、逆针辊各12	顺、逆针辊各12	顺、逆针辊各12	顺、逆针辊各12
呢速（m/min）	11.2~18.4	7~20	7~20	7~30
针辊变速	锥轮	滑差电动机	PIV	PIV
电动机功率（kW）	7.5	11.7	11.0	7.5
外形尺寸（长×宽×高）（mm）	4200×4500×2760	3870×4915×2501	3870×4915×2505	4105×4670×2800

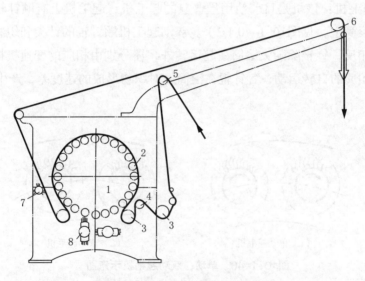

图10-1-41　NC032型针辊起毛机

1—起毛大滚筒　2—针辊　3—张力制动辊　4—扩幅器

5—进呢导辊　6—出呢导辊　7—毛刷　8—清洁刷

2. 双动针辊起毛机的运转

先调节零点。以NC033型为例，启动电钮开动起毛机，揿调零点按钮调节顺针辊至开始转动位置时，记下顺针辊速度指示器读数，即为顺针辊零点。然后使起毛机运转，再调节逆针辊速度指示器，使之与顺针辊零点的读数相同，即为逆针辊零点。再按上述方法调节2~3次，至指示器读数稳定不变为止，停止起毛机运转。穿好引头布，缝接呢坯，启动吸风机，根据绒面要求初步试行并调节织物的张力与呢速。慢速运转起毛机，在缝头通过起毛滚筒时，根据织物要求进一步调节好顺、逆针辊的速度，然后正式运转。

运转过程中要注意起毛系统的各指示器与织物的运行情况，如遇故障即行停车或揿零点按钮降低起毛力。下一班接班时零点要重新调节。

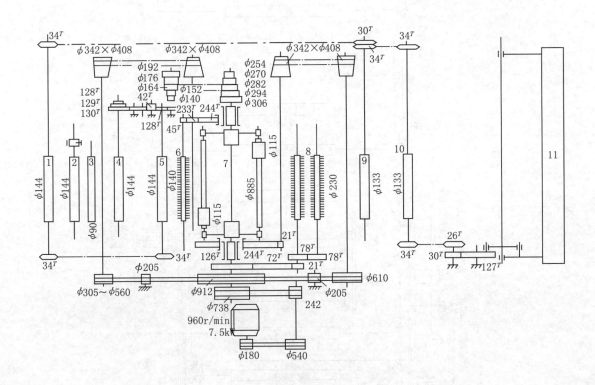

图10-1-42　NC032型针辊起毛机传动图

1—导呢辊　2—张力辊　3—扩幅辊　4—进呢辊　5—出呢辊　6—毛刷辊

7—起毛滚筒　8—清洁刷　9—落呢架导辊　10—折幅导辊　11—折幅架

3. 钢丝针布规格

针布的钢针横截面有圆形（圆针）、扇形（角针）及椭圆形，按形状有弯针和直针之分（图10-1-44）。

圆针起毛柔和，起毛力小。角针抗弯强度及弹性好，起毛效率高，是起毛机采用的主要针形。因角针的截面有大小之分，所以针号用两个号数（D′/D）表示，如27/31，D′为27号（0.43mm），D为31号（0.33mm）。

针布的性能是根据钢丝号数、针头密度及针的角度而定。起绒毛细密而薄的产品宜选用钢丝较细、针尖数多、表面光滑而平整的针布；起结构紧密厚实且纤维较粗的产品一般选用钢丝较粗、起毛力大的针布。

起毛针号数与钢丝号数对照如表10-1-44所示。

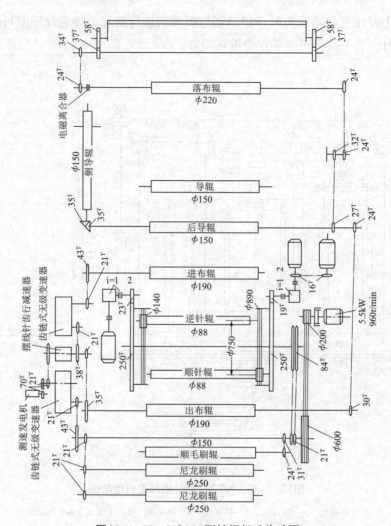

图10-1-43　NC033型针辊起毛传动图

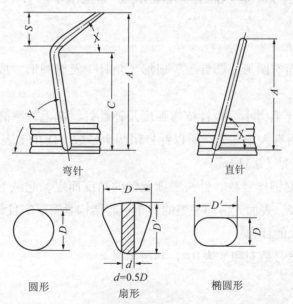

图10-1-44　钢针形状

表10-1-44 起毛针号数与钢丝号数对照表

起毛针号数	钢丝号数	起毛针号数	钢丝号数
10	26	22	32
12	27	24	33
14	28	26	34
16	29	28	35
18	30	30	36
20	31	—	—

针布应根据织物品种及原料的不同选择使用。常用的针布规格见表10-1-45。针布上钢针基本尺寸见表10-1-46。

表10-1-45 常用的针布规格

针布名称	针布号数	钢丝直径（mm）	每25.4mm针尖数+5%~-3%	植针式	
				植针宽22mm	植针宽38.1mm
				条纹：行×针	斜纹：行×针
弯脚针布（弯脚拉绒针布）	25/32	0.53/0.30	270	3×2	—
	26/30	0.48/0.35	280		
	27/31	0.43/0.33	290	3×3	
	28/32	0.40/0.30	300		
直脚针布（直脚拉绒针布）	29	0.38	260	3×3	—
	30	0.35	270		
	31	0.33	280		
	32	0.30	290		
	33	0.28	300		
刷帚针布	30	0.35	200	—	5×4
	31	0.33	230		
	32	0.30	260		
	33	0.28	290		
	34	0.25	820		

注 1. 针布号数即钢丝号数。

2. 常用弯脚针布有26/30号、27/31号、28/32号、29/33号、29/34号角针。

呢绒起毛一般使用钢丝28/32号角针为多，细软的细毛织物和高端羊绒产品起毛可用钢丝29/33号角针、29/34号角针或起毛针号30号圆针，毛毯起毛用钢丝27/31号、26/30号角针。

表10-1-46　针布上钢针基本尺寸

针布名称	符号				
	A	C	S	X°	Y°
弯脚针布辊	9.1 ± 0.2	5.8 ± 0.2	2.8 ~ 3.0	40^{+1}_{-2}	78 ± 1
直针辊	10.4 ± 0.2	—	—	80 ± 2	—
刷帚	27.3 ± 0.5	—	—	78 ± 2	—

4. 针辊磨砺

针辊磨砺分平磨、侧磨及磨光三种。平磨法以磨辊将针辊上高低不平的外圆磨平。侧磨法用磨片将针辊针端的两侧磨尖。平磨及侧磨通常在针辊磨砺机上进行。NC962型针辊磨砺机见图10-1-45，其技术特征见表10-1-47。

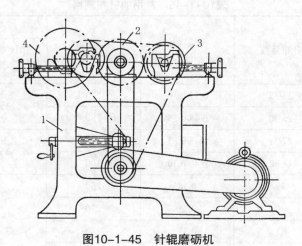

图10-1-45　针辊磨砺机

1—机架　2—砂轮片　3，4—针辊

表10-1-47　NC962型针辊磨砺机技术特征

项　目	技术特征	项　目	技术特征
平磨轮转速（r/min）	470	磨轮往复动程（mm）	最大2300，最小1400
磨砺轮转速（r/min）	470	机器尺寸（长×宽×高）（mm）	1800 × 3100 × 1050
针辊转速（r/min）	295	电动机功率（kW）	1.8

对已磨砺好的针布其针尖有飞刺，或新针布有不光滑部分，需进行磨光，才能使毛织物起毛浓密，减少落毛。磨光是在长盒中盛细金刚砂，将针辊埋于其中，按顺时针方向快速运转数小时，再视需要按逆向运转一定时间，将针尖磨至光滑。针辊一般采用定期轮换磨砺的方法，避免机上所有针辊一次磨针，影响起毛质量。

（二）起剪联合机

起剪联合机简称起剪机，由双动针辊起毛机和剪毛机组合，同步运转，联合进行起毛并剪毛，使织物起毛较为浓密，起毛效果较单独起毛机好，且可减少起毛次数。起毛效率高，适用于立绒织物的起毛及顺毛织物的预起毛等。较传统的起剪联合机的技术特征见表10-1-48。图10-1-46为起剪联合机示意图。

表10-1-48　起剪联合机技术特征

项　　目	技术特征	项　　目	技术特征
起毛辊宽（mm）	1800~2000	螺旋刀转速（r/min）	800，1000
起毛辊数（根）	顺针辊12，逆针辊12	立毛辊转速（r/min）	150~900
起毛滚筒直径（mm）	780（包括针布）	布速（m/min）	10~25
起毛滚筒转速（r/min）	84，110	电动机总功率（kW）	20
剪毛刀宽度（mm）	1800	外形尺寸（长×宽×高）（mm）	6935×4245×2900
螺旋刀直径（mm）	142	—	—

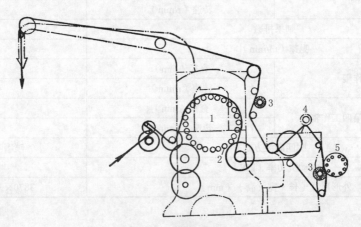

图10-1-46　起剪联合机

1—起毛滚筒　2—针辊　3—毛刷　4—剪毛刀　5—钢丝刷

（三）刺果起毛机

刺果起毛机起毛作用较缓和，织物强力损失少。按刺果安装方式不同有以下几种。

1. 直刺果起毛机

将刺果成排地安装在刺果框中，再将刺果框装于滚筒上，其周围装有3~4根接触辊以调节刺果对织物起毛的接触面。滚筒的转向和织物前进方向相反或相同，见图10-1-47。在滚筒转动时，刺果对织物表层的纤维具有既搔又梳的作用，可起出顺直的绒毛。直刺果起毛机又分回转式和往复式两种，前者用于起毛，后者用于湿顺毛，可卷于木辊上，使绒毛顺直。NC034型直刺果起毛机的主要技术特征如表10-1-49所示。

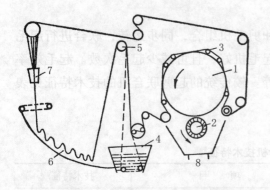

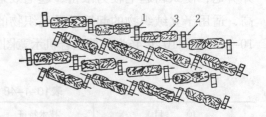

图10-1-47 NC034型直刺果起毛机

1—起毛滚筒 2—毛刷辊 3—接触辊 4—水槽

5—张力辊 6—弧形板 7—落呢架 8—吸尘装置

图10-1-48 滚筒表面转刺果的排列位置

1—小轴承 2—金属小轴 3—起毛刺果

表10-1-49 NC034型直刺果起毛机的主要技术特征

项目		主要技术特征
滚筒宽（mm）		1830
起毛滚筒	直径（mm）	1040
	转速（r/min）	160
刺果排数		24
呢速（m/min）		26
第一工作辊	直径（mm）	178
	转速（r/min）	46.9
第二、第三、第四工作辊	直径（mm）	204
	转速（r/min）	42
呢匹润湿方式		喷嘴喷水润湿
电动机功率（kW）		4.5
外形尺寸（长×宽×高）（mm）		3870×3440×2100

2. 转刺果起毛机

刺果穿在能旋转的芯轴上，芯轴装在滚筒表面的支架上，支架与滚筒轴成一定角度。如图10-1-48所示，刺果在织物表面擦过，搔出松散而长的绒毛，常用于部分毯类的加工。

刺果为天然植物草果。小刺果的刺细软，起毛细密，常用于细毛织物起毛。大刺果的刺粗硬，起毛粗长，常用于毛毯的起毛。一般刺果框中，小刺果可装两排，大刺果只装一排。安装时选刺果大小相近者在温水中浸泡片刻后，装于同一框架上，要求安装平整牢固。安装转刺果，每芯轴上常装2只，也需大小一致，串联方向一致，刺果刺的朝向，一排朝左，一排朝右。

因刺果起毛机安装刺果费工，近年来，采用湿刷机将已起毛织物的绒毛，在湿态时予以刷顺直。湿刷机由水槽、鬃刷辊、钢丝辊和卷取装置等组成（图10-1-49）。水槽中可以盛清水、热水或化学剂，经湿刷后卷于卷轴上。湿刷机可以代替直刺果起毛机的顺毛作用，但针辊起毛机起出的绒毛，未经直刺果起毛机起毛或顺毛，而直接用湿刷机顺毛的，其绒毛的顺直程度和光泽均不如刺果顺毛。

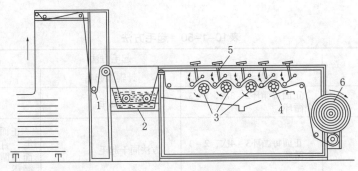

图10-1-49　湿刷机
1—张力辊　2—水槽　3—鬃刷辊　4—钢丝辊　5—张力调节装置　6—卷轴

二、影响起毛的因素

起毛时，除应合理选择起毛工艺外，起毛质量还与织物结构和起毛前织物的前处理等因素有关。

1. 织物结构

（1）原料品质：羊毛细而短的易起毛，起出的绒毛较短而密，绒面丰满。粗毛起出的绒毛较稀。长毛不易起毛，强力易降低。

（2）毛纱结构：捻度小的易起毛，捻度大的不易起毛。经纬纱捻向不同时，起出的绒毛较平整，捻向相同则较差。

（3）织物组织：交织点多的难起毛，交织点少的易起毛。密度大，起出的绒毛易短；密度小，起出的绒毛易长。

2. 起毛前织物的前处理

（1）缩绒：经缩绒的织物，经向缩率大，起出的毛短，反之未缩绒的织物起出的绒毛则较长。

（2）染色：酸性络合染料、强酸性染料染色后织物较易起毛，白坯及弱酸性染料、媒介染料染色的织物次之，直接染料染色的织物较难起毛。

（3）pH值：织物的pH值低，起毛较易，碱性次之，中性较难起毛。

（4）助剂：经柔软剂处理的织物易起毛，加大量元明粉的难起毛，经双氧水漂白的织物不易起毛。

3. 起毛工艺条件

（1）湿度：回潮率低，干起毛，绒毛短而落毛多；回潮率大，采用湿起毛方法，起毛后绒毛长而易整齐。

（2）张力：张力大，起毛较短；张力小，起出的绒毛较长。

（3）针辊使用：逆针辊起毛较短，顺针辊起毛较长。

三、起毛方法

起毛方法因品种风格、机械和工艺不同，可分针辊干起毛、针辊湿起毛、刺果湿起毛和刺果水起毛四种。可以单独进行，也可以几种结合进行（表10-1-50）。

表10-1-50 起毛方法

织物种类	起毛方法		
	针辊干起毛	针辊湿起毛	刺果湿起毛
维罗呢、立绒织物	正面每循环2～3次，2～3个循环	方法同干起毛	—
短顺毛织物	正面每循环3～4次，2～3个循环	方法同干起毛	正面5～7次不经针辊起毛，直接用刺果起毛，正面每循环5～7次，2～3个循环
长毛织物	正面2～3次	—	正面4～6次（或烫光）
拷花织物	—	正面每循环3～4次，2～3个循环	正面每循环4～6次，2个循环

注 1. 起毛次数根据钢丝锋利程度、刺果起毛效果以及产品风格等具体情况掌握。

2. 除刺果水起毛外，不论干起毛或湿起毛，起毛到一定程度后进行剪毛，再调向上机起毛，可得较密的绒面，在起剪联合机上进行，效果更好。

3. 举例中刺果起毛次数为2～3个接触点的刺果起毛机。

（一）针辊干起毛

针辊干起毛起出的绒毛耸密散乱，常用于维罗呢、毛毯的起毛及制服呢的改善绒面起毛。起毛时，逆针辊快，大于零点，顺针辊慢，小于零点，起毛作用大。反之则起毛作用小。如要起短毛，逆针辊起毛作用宜小，顺针辊在零点，张力宜大。如要起长毛，顺针辊的起毛作用宜大，逆针辊在零点，张力宜小。一般调节起毛分三步：先以较小的起毛力，缓和地拉出纱线表面纤维，然后用较大的起毛力深入全面起毛，最后根据产品需要，如素毯起毛，将顺针辊调节至微顺毛和逆针辊调至零点而塞毛，使绒面匀密平整。

（二）针辊湿起毛

针辊湿起毛起出的绒毛较干起毛为长，用于立绒织物及拷花大衣呢等较厚重织物，起毛调节只需上述干起毛的前两步，不必进行第三步的塞毛，湿起毛织物的含水率宜均匀而大些为佳。

（三）直刺果湿起毛

直刺果湿起毛起出的绒毛顺直而长，有膘光，用于兔毛、羊绒、驼丝锦等顺毛织物和拷花大衣呢起毛，开始宜用旧刺果起毛，然后用部分新刺果深入全面起毛。

（四）直刺果水顺毛

直刺果水顺毛系对已起出的绒毛经冷水或热水槽后进入较软的刺果滚筒进行顺毛，使绒毛顺直或有波浪状光亮。常用于顺毛羊绒织物和有波浪的提花毛毯等。在顺毛时，如织物经热水浸渍顺毛后又以冷水冷却，可产生波浪状绒毛外观。

四、起毛操作注意事项

（1）呢坯上机要认清一定的方向和正反面，避免搞乱绒毛方向，拉坏织物。

（2）调节针辊速度，必须在呢头开始，不要中途调节。

（3）起毛前要注意织物的强力。加工过程中经常检查织物身骨和绒面要求，防止起毛不良或起毛过度。

（4）织物在较宽针辊起毛机上起毛时，要经常左右移动运行，如呢边上仍出现起毛较浓，应停机并在针辊上采取补救措施。

（5）不同色泽的呢坯上机起毛前，都要做好机台和堆布车等的清洁工作，防止黏附色毛。

（6）刺果起毛机的刺果框架要装牢，防止运转时飞出。

（7）注意起毛幅宽变化，收幅过快的及时调松起毛张力和减小起毛力，或下机处理；不收幅时容易失强力，下机处理。

五、起毛疵点产生原因及防止方法（表10-1-51）

表10-1-51　起毛疵点产生原因及防止方法

疵点	成因	防止方法
起毛不匀	1. 呢坯两边张力松弛或忽松忽紧 2. 针辊的两边和中间的锋利程度不一致 3. 呢坯含湿量不一致 4. 呢坯折叠紊乱又堆积过久	1. 进机张力要均匀 2. 见操作注意事项（4） 3. 含湿量要均匀一致 4. 折叠要平整
起毛条痕	1. 缝头不良 2. 刺果直径差异过大或安装不良 3. 针辊或刺果嵌有废毛纱线等杂物 4. 刷辊接触不良造成嵌毛 5. 呢坯边道过紧 6. 张力不当，逆针和顺针辊速比调节不当	1. 缝头要平整 2. 刺果的直径要接近，安装要平整 3. 针辊或刺果上的废毛等杂物要定时清除 4. 检查刷辊位置和作用情况 5. 改进织物设计或在呢坯的中间适当加大张力 6. 张力和针辊速比要适当
强力不足，破边	1. 部分织物如拷花大衣呢等正反面搞错 2. 起毛力过大，起毛次数过多，或新磨针布针尖太锋利，造成织物损伤 3. 针辊边部高而锋利，中部低而钝 4. 边线过紧或边组织不良 5. 缩呢后造成卷边未剥开	1. 上机时正反面不要搞错 2. 事先掌握织物强力，根据针布锋利程度及刺果起毛力大小，确定起毛次数 3. 呢坯进行时要经常左右移动变换位置或进行磨针 4. 改进边线或边组织 5. 卷边要剥开烫平后再起毛

第十四节　剪毛

精粗纺毛织物，经过洗呢、缩绒、染色或起毛等加工后，织物表面的绒毛长短不齐，影响美观。因此需根据产品风格、质量要求，将绒毛剪平齐，使光面织物清晰，增进光泽，绒面织物剪毛后，使呢面平整，改善外观，减少起球。对组织结构明显凹凸不平的精纺女衣呢类，一般不宜剪毛。

一、剪毛机

剪毛机的螺旋刀有一组、二组、三组或四组四种形式（还有6刀剪毛机）。一组螺旋刀为单刀剪毛机。二组或三组螺旋刀称为二刀或三刀剪毛机。可根据需要组合成单刀或多刀剪毛机。单刀剪毛机和多刀剪毛机各有其特点。单刀剪毛机使用较灵活，张力小，伸长少，适宜于多品种小批量以及需要多次反复剪毛的产品。这种剪毛机因剪毛是间歇进行的，正反面要分别多次进行，生产效率低。多刀剪毛机剪毛正反面一次完成，可连续生产，生产效率高，但有些多刀剪毛机因张力较大易伸长。单刀和多刀剪毛机应根据生产需要配置和选用。小批量多品种的生产厂，还须考虑机型的合理配置。

N044型单刀剪毛机、MB371型组合剪毛机、CMI200型四刀剪毛机的主要技术特征如表10–1–52所示。

表10–1–52　剪毛机的主要技术特征

项　　目		N044型单刀剪毛机	MB371J型剪毛机（精纺） MB371C 2型剪毛机（粗纺）	CMI200型四刀剪毛机
工作幅宽（mm）		1600	1600	1800
呢速（m/min）		6，9，12，19	0~30	0~40，变频器无级调速
剪毛刀列数及剪毛刀排列顺序		1	1，2，3可组合成双刀、三刀剪毛机	4列，第一列刀剪反面，右旋，第二、三、四列刀剪正面，有三刀左旋，其余右旋
螺旋刀	直径×长度（mm）	$\phi145×1790$	$\phi150×1790$ J型（精纺）	—
	刀片数（片）	20	J型（精纺）24　C–2型（粗纺）20	24
	转速（r/min）	720	950，1200	变频器无级调速
平刀	长×宽×厚（mm）	1810×110×4	1810×110×5	—
	支呢架	实架式	实架式，两端片状琴键式支呢片	实架式，两端片状琴键式支呢片
吸尘口数量（只）		1	1，2，3	4
吸尘抽气量（m³/h）		1000	3150	3150×2
外形尺寸（长×宽×高）（mm）		2650×3000×1900	4682×3675×2650	—

MB371J型、MB371C 2型剪毛机还有以下技术特征。

（1）进布架装有金属探测仪，可检测微小的金属。遇有金属屑可立即发出信号，降移支呢架，并全机停止运转，保护螺旋刀不受损坏。

（2）有自动让缝头装置，缝头经过缝头探测器时能发出信号，刷毛辊脱离接触，支呢架移位让缝头通过。

（3）支呢架两端为琴键式支呢架，在呢边处浮动片沉降，在剪有边字的织物、无梭织物和有卷边的织物时，呢边不被剪坏。

（4）有织物厚度测定仪及自动调节剪毛隔距装置，预定剪毛隔距后，能借缝头探测器检测织物厚度变化，自动调节剪毛隔距，使剪毛的绒毛长短前后一致（MB371J型剪毛机无自调装置）。

（5）有数字显示装置，可显示织物每厘米的剪毛次数、线速度及隔距等。

（6）张力可根据要求进行调节。

（7）螺旋刀能横动，其剪切能力为19000～28800次/min，车速在30m/min时，织物在每厘米长度内剪切次数为6.3次、8次。

（8）机架形式采用组合设计，可以组合成双刀或三刀剪毛机。

（一）单刀剪毛机

MB371J型单刀剪毛机如图10-1-50所示。织物穿过金属探测器1、立毛钢丝辊2、立毛支呢架3、翼片打手4、支呢架5，进入圆刀、平刀剪切口6，进行剪毛。然后经出呢毛刷辊8、折幅架10出机。

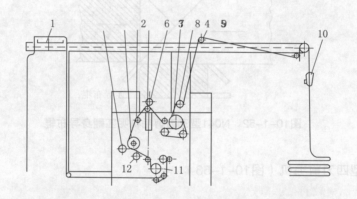

图10-1-50 MB371J型单刀剪毛机穿布路线图

1—金属探测器 2—立毛钢丝辊 3—立毛支呢架 4—翼片打手 5—支呢架 6—圆刀、平刀剪切口

7—牵引辊 8—出呢毛刷辊 9—呢厚探测辊 10—折幅架 11—导呢辊 12—毛刷辊

（二）双刀剪毛机

双刀剪毛机多数为前后串联，也有上下叠置的双刀剪毛机，其第二刀位于第一刀之上，因此操作人员可同时看到两刀的操作情况，易于控制。这种机型适用于剪毛量不大的织物，但维修和清洁工作较困难，且不如前后串联式适用性广。

（三）N041型三刀剪毛机

该机上装有三组相同的剪毛装置，每组剪毛装置都由螺旋刀、平刀、支呢架所组成（图10-1-51）。三刀剪毛机的第一剪毛刀为右旋，第二剪毛刀为左旋，第三剪毛刀为右旋。在第一剪毛刀与第三剪毛刀下面有3根交叉式织物翻身装置（图10-1-52）。

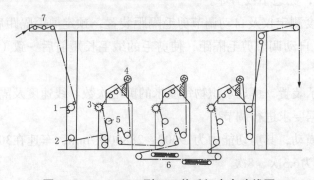

图10-1-51　N041型三刀剪毛机穿布路线图

1—张力架　2—调节式导呢辊　3—毛刷辊　4—剪毛刀

5—翼片辊　6—呢匹翻身导布辊　7—进呢导辊

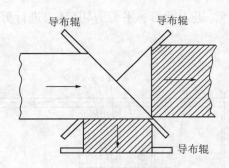

图10-1-52　N041型三刀剪毛机呢匹翻身导布辊

（四）CMI200型四刀剪毛机（图10-1-53）

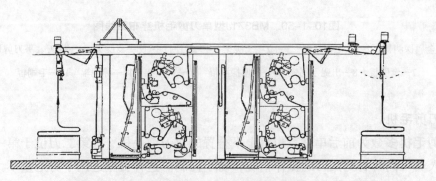

图10-1-53　意大利LAFER公司CMI200型四刀剪毛机

该机有四套剪毛单元，其中一刀剪反面，其余3刀剪正面，自动化程度较高，工艺参数自动调整，张力由荷载传感器控制调整，剪毛隔距和毛刷隔距自动调整，进布处配备金属探测器和对中装置，每个支呢架配备琴键让边装置。

二、剪毛机构

剪毛机由螺旋刀、平刀、支呢架等组成。螺旋刀与平刀组成剪切口。支呢架起支托织物的作用，使呢面毛绒在剪口下耸起，在螺旋刀高速运转下，将织物表面的绒毛剪齐。

（一）平刀

平刀为一狭长的薄刀，固定在刀架上，安装在螺旋刀下方，平刀口磨成锋利的锐角和弧度，与螺旋刀形成剪切口。

（二）螺旋刀

螺旋刀由16～26片锋利的螺旋刀片固定在刀轴上。螺旋刀厚度为1.1～2mm，嵌入式螺旋刀片厚度可达4mm。螺旋刀有左旋和右旋两种，不同旋向的螺旋刀会产生不同方向的剪毛滑动。单刀剪毛机一般用右旋刀，多刀剪毛机采用不同旋向的螺旋刀交叉排列。这样可相互配合使用，提高剪毛质量。

螺旋刀片的螺旋角，影响剪切的锋利度和风压。螺旋角小，有利于剪切，但产生的风压大，抑制纤维的竖起。兼顾两者时的最佳角度为23°左右。MB371型剪毛机螺旋刀的螺旋角为23°02′。

螺旋刀刀刃有两种，一种是光面的平刀刀口（图10-1-54），另一种是刀刃里侧刻有很细的锉纹，为带锉纹的平刀刀口（图10-1-55），每厘米有7、9、13、15、18、22条锉纹。根据绒毛多少、纤维粗细选择使用，粗纺织物常用的为每厘米18条和22条锉纹。锉纹能防止纤维滑动和倒伏，提高剪毛效果。

图10-1-54　光面的平刀刀口

图10-1-55　带锉纹的平刀刀口

螺旋刀的刀刃断面形状有L形、凹面形、曲肘形等，如图10-1-56所示。L形螺旋刀片，刀身垂直于螺旋刀轴线，刀片呈钝角的刀刃角。曲肘形螺旋刀片，刀身的直线部分倾斜于螺旋刀轴线，刀片呈锐角的刀刃角。这两种刀刃角在磨损的过程中不断变化。凹面形螺旋刀片的凹面弯曲，可使锐角的刀刃角在磨损过程中保持不变，且能够达到最高的剪切能力。

凹面形螺旋刀片

L形螺旋刀片　　　　曲肘形螺旋刀片

图10-1-56　刀刃断面形状示意图

螺旋刀的剪毛效率，与单位长度内剪毛刀的剪切次数N有关，即：

$$N（次/m）=\frac{螺旋刀转速(r/min)×刀片数}{呢速(m/min)×100}$$

要提高剪毛效率，需增加螺旋刀的刀片数，并提高其转速，或降低呢速。但在实际生产中，螺旋刀转速过高，表面易产生较强的涡流，使进入剪切口的绒毛伏倒，甚至使织物表面的绒毛不能进入螺旋刀的刀刃间受剪切，影响剪毛效果。应根据实际情况调整螺旋刀转速，剪顺毛织物时，要降低刀速，使吸风的风力大于螺旋刀转动时产生的涡流，便于将绒毛吸起，有效地剪齐，同时可以适当降低呢速，增加单位面积上的剪切次数，改善剪毛效果。但呢速过慢，会影响生产效率。通常，呢速为8~12 m/min。一般织物的剪毛要达到15~20刀次/cm，剪绒头织物约需25刀次/cm为好。新型的剪毛机，可剪切40刀次/cm。

（三）支呢架

支呢架有实架（单架）及空架（双架）两种（图10-1-57）。一般用实架，实架的剪毛效果好，剪毛后呢面光洁或绒毛平齐，但织物纱头或结头未修除或有硬杂物使呢面突起时，易剪成小洞，对剪带边字的织物剪毛隔距有影响（无琴键支呢架的一种）。空架是用两个支点的凹形支呢架托起织物，螺旋刀和平刀口位于两个支点中间的上部，剪毛时织物通过支架的中间而受剪，织物不易被剪破，比较安全，但剪毛效果较差，剪后绒毛不易整齐。

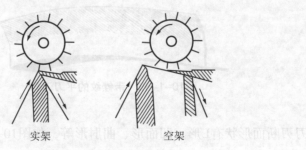

实架　　　　　　空架

图10-1-57　支呢架

还有一种活动式支呢架，它可以位移，位移方式有升降式与转动式。遇到缝头时，不需抬刀，织物减慢车速，由活动式支呢架自动下降或剪后位移，让缝头通过后，支呢架自动复位，织物速度恢复正常。还有片状琴键式支呢架，当有边字或卷边的布边通过时，根据呢坯两边位置，可自动调节下降，不会剪破边，边通过后，可复位（图10–1–58）。

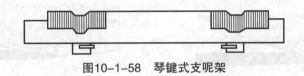

图10–1–58　琴键式支呢架

支呢架的顶端一般呈圆弧形，剪长毛型的支呢架其顶端曲面也大。

（四）螺旋刀、平刀、支呢架的位置

（1）通常支呢架顶端紧靠螺旋刀与平刀组成的剪切口（图10–1–59）。在剪切点作螺旋刀的切线6，通过支呢架的织物夹角中心线7（即绒毛竖起方向）与切线形成的夹角θ和剪切效果有以下三种情况。

①θ角略小于90°时，织物绒毛竖起方向很好地对准剪切口，剪毛效果好，适合于精纺织物，但剪破小洞的机会较多。

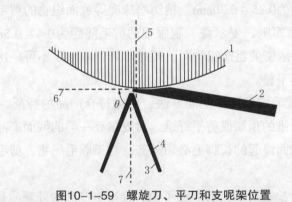

图10–1–59　螺旋刀、平刀和支呢架位置

1—螺旋刀　2—平刀　3—支呢架　4—呢匹　5—螺旋刀中心垂线

6—螺旋刀切线　7—通过支呢架的织物夹角中心线

②θ角等于90°时，织物绒毛竖起方向对准螺旋刀中心垂线，剪毛效果较好，剪后绒毛毛尖呈平头形状，剪破结头小洞的机会中等，适合于精纺织物。

③θ角略大于90°时，织物表面绒毛竖起方向未对准剪切口，剪毛效果较差。剪后绒毛毛尖呈尖头形状，绒毛方向倒顺不一致时，绒毛反光差异比呈平头的小，但剪破结头小洞的机会较少，适合于剪粗纺立绒织物。

（2）剪毛机平刀刀刃前缘与螺旋刀的相关位置。一般在研磨时，将平刀刀刃伸出螺旋刀中心垂线2mm（图10–1–60）。

磨好后安装剪切时，将平刀刀刃伸出螺旋刀的中心垂线缩小为1mm，予以固定（图10-1-61）。以后刀刃钝化，再将平刀刀刃后退0.2~0.3mm可改善刀刃锋，可后退继续使用2~3次（后退范围≤1mm）。

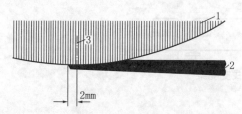
图10-1-60 研磨时平刀与螺旋刀的相关位置
1—螺旋刀 2—平刀 3—螺旋刀中心垂线

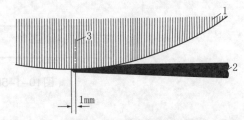
图10-1-61 剪切时平刀与螺旋刀的相关位置
1—螺旋刀 2—平刀 3—螺旋刀中心垂线

三、剪毛工艺因素

1. 剪毛隔距

剪毛隔距是指支呢架上呢面到刀口的距离，不包括织物厚度，其可按织物的风格要求掌握。用塞尺校隔距，以塞尺移动时上下受轻度摩擦为宜。如不使用琴键式支呢架，要注意剪带边字的织物时，其边字能否通过。实架剪毛一般精纺薄型织物剪毛隔距为0.15~0.25mm，中厚织物为0.25~0.30mm。精纺啥味呢等绒面织物的剪毛隔距宜逐步校正至符合要求。粗纺织物如海军呢、麦尔登、制服呢的剪毛隔距为0.4~0.5mm，平厚大衣呢为0.60~0.70mm，在剪绒毛浓密的粗纺织物时，须逐步降低隔距，不可一次就校正到很紧的程度，以免剪后织物绒毛不平整。

对各种产品表面的绒毛应采用不同的方法，使之符合产品的特征。如毛毯、立绒整理的织物，剪毛时只剪去纤维的顶端或剪平纤维。对麦尔登一类的绒面产品，不需过分剪毛，避免呢面露底，但织物表面浮起的长脚毛必须剪齐。对于顺毛织物，剪毛后可获得均匀整齐又有光泽的绒面。

在剪毛过程中应随时检查效果，若隔距不当，会影响产品的外观质量。

2. 剪毛次数

剪毛次数应根据产品的风格、质量要求、呢面绒毛情况和剪毛机性能等掌握，不能以织物通过剪毛刀的次数作为剪毛质量的依据，应剪至符合质量要求为度。精纺织物，呢面要求光洁，一般正面剪2~4次，反面剪1~2次。不可剪毛过度，剪得太光。否则制成服装，穿后易产生特别的亮光。粗纺织物绒毛较多，如麦尔登一般正面剪3~4次，反面剪1~2次。绒面织物，应反复进行，将绒剪平齐。

3. 吸风量

剪毛刀部位的吸风量大小需注意选择。吸风除使织物表面绒毛耸起外，还将剪下的绒毛吸除掉，以提高剪毛质量。吸尘口和剪切口之间的距离及接头处漏气等情况，都会影响剪毛和吸尘效果，甚至会剪坏织物。不同机型的每列剪毛刀，都规定不同的吸风量。一般吸风量为100~130m³/min。吸力也不是越大越好，吸力太大，支呢架下降时，张力突然放松，薄型织物易被吸起而卷在剪毛刀上，被剪坏。吸力小，毛灰在剪毛刀处翻滚，不易吸除，织物表面的绒毛不易耸起受剪。一般剪薄型织物，毛灰少，吸力可小些；中厚型织物，毛灰多，吸力需大些。

四、剪毛刀的磨砺

磨刀周期应根据机器运转时间、纤维种类以及实际剪毛质量灵活掌握。剪毛刀的磨砺在N961型磨刀机上进行。

（一）N961型磨刀机的主要技术特征（表10–1–53）

表10–1–53　N961型磨刀机的主要技术特征

项　　目		主 要 技 术 特 征
工作的最大加工长度（mm）		1850
砂轮	直径×宽度×孔径（mm）	200×25×32
	转速（r/min）	3014
	表面速度（m/s）	31.5
砂轮主轴至工作台（拖板）距离（mm）		145
车头主轴转速（r/min）		166
螺旋刀表面速度（m/s）		N644型、N04型1.26，MB371型1.3
磨辊表面速度（m/s）		1.65
往复移动次数（次/min）		4.16
工作台（拖板）长×宽×最大行程（mm）		3000×400×1850
磨刀进给量		砂轮横向及平刀滑座0.02mm/格，台面纵向5.45mm/格
电动机（kW×r/min）	砂轮传动	0.75×2840
	车头传动	0.37×910
	台板往复	0.6×940

（二）螺旋刀、平刀的磨砺方法

1. 螺旋刀的磨砺

螺旋刀经过500~700h工作后须进行磨砺。将螺旋刀安装在磨刀机上，用千分表（划针盘）校验支承轴颈是否在无跳动的情况运转，如有跳动，必须对轴进行校正，校正其位置至水平。

随后沿着螺旋刀片的上缘，校验其平直度。先在有一定厚度和宽度的钢尺上涂上着色膏，然后沿着螺旋刀的上缘侧向往返移动。检查后如发现不是所有刀片都与着色膏均匀接触，这说明螺旋刀径向有差异，必须在磨刀时予以校正。也可用外卡尺或游标卡尺测得螺旋刀刃口形成的各段圆柱度的差异，确定其与砂轮接触的距离。

然后调节螺旋刀与砂轮接触的前后距离。螺旋刀磨砺时的回转方向应与工作时的回转方向相反，而砂轮的回转方向与螺旋刀工作时的回转方向相同，螺旋刀刃口上刻有锉纹的一面应在旋转方向的内侧。缓缓启动电动机，使螺旋刀和砂轮回转，并小心地推进砂轮，使之与螺旋刀轻微接触后，再启动平面行床。使砂轮沿螺旋刀刃的全长作往复运动。一般一次往复后即可推进砂轮0.002~0.004mm，一直磨到相互摩擦的声音均匀、钝口消失、刀刃锋利、螺旋刀刃口形成的圆柱一致为止。此时应停止推进砂轮，多作几次往复运动，直至砂轮与螺旋刀相互间摩擦产生的火花甚微或消失，才可停机。

2. 平刀的磨砺

根据平刀弧度磨损的程度，确定应磨去的部位。平刀是用压板及螺栓固定在刀架上的，安装前将刀架两端的螺旋刀托脚拆去，将刀架放在专用的工作台上，先在凹面一侧用钢尺检查并调整其平直度。可使用涂有着色膏的钢尺的侧面，由上向下放置到平刀上，并且侧向往复移动。在平刀上高出的部位，就会被着色膏显示出来。必须将低的部位垫到相同的高度。全长内允许凹度不超过0.05mm，如超过0.05mm，可由拱形横梁及调节螺杆校正之。刀架检验完毕，将平刀与刀架连接，再用直尺校正平刀的平直度。如系新的平刀，可将平刀紧靠刀架的后缘。平刀伸出刀架前缘的距离不小于50~55mm。如是已用过的平刀，应适当伸前。用相同的力将其余的螺杆拧紧，再用直尺校正平刀的平直度，平刀表面总长上的平直度误差不大于0.02mm。为使平刀刃口的斜棱磨成30°~45°角，应先校正好磨辊与平刀的距离及角度，平刀与水平线夹角为3°~5°，平刀与磨辊接触点略大于45°，使平刀的倾斜角度至45°时，平刀恰在水平状态。平刀与磨辊的距离全长应调到一致。平刀安装完毕，即可开始磨砺。研磨时，先用磨辊研磨平刀口。开动磨辊，启动行床，平刀在磨辊上作往复运动，其动程应略伸出磨辊两端，以免造成磨辊不匀与磨损。同时将500#金刚砂与锭子油以1:10调成的磨料均匀地涂在砂辊表面，磨至产生均匀的斜棱为止。研磨时应注意调节平刀与磨辊的接触面，最后揩去磨料，再用洁净的锭子油作磨料，精磨约15min，使刃口锋利光滑。

3. 螺旋刀和平刀互相研磨

将已研磨的螺旋刀和平刀安装在磨刀机上，如图10-1-62所示。通常以螺旋刀的中心线对准平刀口研磨平刀的弧度较为合适。螺旋刀与平刀调整完毕后，将各螺栓拧紧。然后启动电动机，用螺旋刀在平刀的圆弧上互相研磨，同时将200#~400#金刚砂和红车油按1:7调和，均匀不间断地加在螺旋刀上，以免发热损伤和平刀崩裂。研磨时，螺旋刀口回旋方向和工作时的回转方向相反，并由微调装置作小幅度的往复运动，连续研磨12h以上。当平刀圆弧将磨成时，改用500#~600#金刚砂与锭子油以1:10调成的磨料。平刀刃刀的圆弧与螺旋刀研磨完全吻合，平刀刃口的厚度达到一定值时即停机。将螺旋刀从磨刀机上撤下，用煤油将螺旋刀、平刀冲刷干净并揩干，然后将螺旋刀复位，启动电动

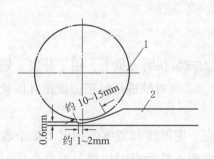

图10-1-62 螺旋刀与平刀的相互研磨
1—螺旋刀 2—平刀

机，最后用锭子油作磨料，加在平刀与螺旋刀之间，使二刀完全吻合，刀口更为光滑锋利。磨后的平刀刃口厚度为0.6~1.5mm，根据刀的材质而定，钢质好的可磨得薄些。圆弧长度为10~15mm。当全部磨削残余物清除干净后，用油石对平刀刀刃上的斜面进行均匀研磨。将油石沿平刀刀刃口由一端推向另一端，将斜刃上的卷口磨去。

研磨后的螺旋刀、平刀是否锋利，常用薄的丝绵纸或一束羊毛做试验，如剪刀剪切得很整齐，说明刀口已磨锋利，试验时要试刀口的全长。

五、工艺举例

织物品种、风格不同，所要求的加工工艺也不一样。比如：

平剪绒：织物首先要预剪毛，再经过上浆定形、烫光，最后精剪毛。产品要求绒面平整、绒毛伸直、松散，有良好的光泽和手感。由于烫光能使绒毛纤维的卷曲伸直并干热伸长，故预剪毛高度比终剪毛高度要低1~2mm，这样终剪时可减轻负荷，并保持绒毛的光泽。

皮毛绒（长毛绒）：要求绒面有良好的层次感，表面的刚毛、中间毛要平齐，底层绒毛有收缩层次。预剪毛须将各层次毛剪平，在上浆定形过程中有热缩性的底绒收缩，烫光后表层不收缩的纤维拉长伸直，经精剪毛时剪平。这样就能达到天然裘皮的毛绒层次效果。

仿羊羔绒：一般产品经预剪毛后直接起球或上浆定形后起球。绒球的大小受剪毛高度、织物厚度的影响。毛高一定时厚重织物的绒球较小，轻薄织物的绒球较大。

天鹅绒针织物：将针织毛圈组织经剪毛后形成表面直立绒毛，坯布一般经水洗（或染色脱水）、汽蒸烘干后再剪毛。织物地纱热缩性好、强度高；毛圈一般根据服用要求采用棉纱、混纺纱、人造丝或涤纶丝，捻度要低而均匀，织造高度在2.5~3.1mm。剪毛一般进行两次。

六、剪毛操作注意事项

（1）剪毛时要经常细致地检查剪刀状态和锋利程度，正确校正剪刀隔距，调换品种时，应按不同质量要求调节隔距，保证良好的剪毛效果。

（2）同批剪毛的织物应厚度相同。如剪毛机装有织物厚度测定仪及自动调节隔距装置，则厚度不同的织物可以同批剪毛。

（3）织物不能互相叠压，张力应适当、均匀，运行时呢速需一致，防止产生剪毛印。张力过大，易使织物伸长。

（4）用手动操作时，遇缝头通过剪口时，螺旋刀上升或放下应及时正确，防止剪坏呢头。

（5）使用普通剪毛机，织物不能有卷边或严重折皱，防止剪破。

（6）剪毛时加强对织物的检查。呢坯上的修呢针、烘呢针板的断针或其他硬杂物须及时除去，以免损坏剪刀。

（7）如发现毛屑不断从螺旋刀与油毛毡间落下，表示吸尘装置已堵塞，应清除毛屑，使管道畅通。

（8）毛毡应定时加油，经常保持毛毡含油量，使剪刀润滑，提高剪毛质量。任何疏忽将会导致螺旋刀、平刀发热，并引起振动。还会使剪后织物出现斑痕。

（9）机器运行时，切不可清扫剪毛刀、毛刷辊等传动部件。

（10）运行时，螺旋刀的防护罩必须放下，防止发生事故。

七、剪毛疵点产生原因及防止方法（表10-1-54）

表10-1-54　剪毛疵点产生原因及防止方法

疵点	产 生 原 因	防 止 方 法
剪毛痕、纬向剪毛印	1. 螺旋刀、平刀或支呢架不平或螺旋刀抖动 2. 剪起毛绒面织物时，刀距突然调低过多 3. 张力松紧不匀 4. 平刀有缺口或支呢架上有高起物 5. 平刀、螺旋刀、支呢架位置没有调整好	1. 应及时调整或修理 2. 刀距应先高后低，逐渐调低 3. 张力要均匀 4. 加强呢坯检查，防止硬杂物损伤刀口 5. 要调整好隔距及位置
织物呢面毛，匹头匹尾毛	1. 隔距未按织物厚薄调整或刀口迟钝 2. 粗纺织物呢面绒毛紧伏，毛剪不到 3. 剪毛刀和支呢架不平行 4. 呢坯接头通过剪刀时，抬刀过早或落刀过慢	1. 应按织物要求校正隔距，注意螺旋刀和平刀的保养 2. 剪毛前做好刷毛工作，使毛耸立起 3. 校正机械状态 4. 抬刀、落刀应及时、正确
破洞、破边	1. 呢坯纱结未修去或有毛屑硬杂物使织物突起 2. 呢坯进机歪斜或张力过紧，坯布皱折 3. 呢坯有卷边、荷叶边 4. 呢坯反面没有和翼片辊接触 5. 呢坯有卷边、边过厚或厚薄不同 6. 织物有暗结头、大肚纱及硬杂物等	1. 纱结应修净，硬杂物拣净，吸尘装置要充分有效 2. 呢坯进机要平直，两边张力均匀 3. 加强检查，卷边要烫好后再剪，荷叶边要适当调整隔距和张力 4. 经常检查并校正 5. 查看呢面及卡片记录，上机时手摸布边 6. 疵点修净、呢面干净
毛大	1. 剪毛隔距大 2. 车速过快 3. 剪毛次数不够 4. 前工序造成绒面差异大	1. 严格执行工艺条件 2. 严格执行工艺条件 3. 根据呢面确定剪毛次数 4. 前道工序严格执行工艺，确保绒面的一致性
剪断	1. 缝头通过剪毛刀时，抬刀不及时或落刀过快 2. 缝头线断裂	1. 注意操作，加强自控抬刀装置的维修 2. 缝头要牢
油污渍	1. 机台清洁工作未做好 2. 剪毛刀毛毡加油过多 3. 剪毛刀轴承漏油 4. 吸尘装置吸力不足，毛屑在毛毡上积聚过多，落下沾污呢坯	1. 做好机台清洁工作 2. 毛毡加油要均匀，勤加少加 3. 注意加油操作方法 4. 及时检修吸尘装置
色毛	1. 深浅色织物同一批剪毛 2. 深浅色交替剪毛时，未做好清洁工作	1. 深浅织物要分批剪毛 2. 应事先做好清洁工作
剪毛损伤	整个呢幅或局部隔距过紧	隔距要调一致

第十五节　热定形

毛涤织物经热定形后，可提高其尺寸稳定性和抗皱性，使织物在后加工及服用过程中的热收缩减少，绳状湿处理时不易产生折痕，并可减少起球，改善熨烫收缩所引起的变色等。此外，热定形还能使织物的强力、手感等性能获得一定程度的改善，对染色性能也有一定的影响。

经热定形的织物，熨烫面积收缩率应达到3%以下。如热定形不良，易引起服装熨烫不平及裤缝易歪斜，不挺直。

一、热定形机

热定形机由进布机构、预热区、高温区、冷却区和落布机构五部分组成（图10-1-63）。进布机构包括张力架、刮边、超喂及自动控制等装置，均与烘呢机相同。预热区与高温区的烘房长度比约为1:2，一般用蒸汽和电加热空气，温度容易控制，使用方便。也有用汽化二苯醚为载热体加热空气（如M571A型）或直接燃烧煤气加热空气的，也有以红外线为热源的，其特点是升温快，节能效果好，但温度不易控制。预热区蒸汽压力为4×10^5Pa时，温度可达$100 \sim 120℃$。高温区除蒸汽加热外，还可以以$144 \sim 150$kW电加热，使温度达$150 \sim 200℃$。冷却区在烘房外，用风泵吹风冷却。落布机构基本同烘呢机。

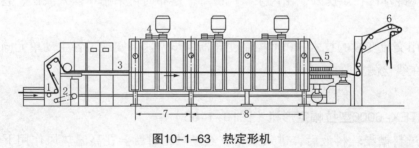

图10-1-63　热定形机

1—张力架　2—自动控幅装置　3—布铗　4—风扇　5—冷风装置　6—出呢导辊　7—预热区　8—高温定形区

目前常用的定形机有邵阳第二纺织机械厂生产的M5469型热定形机及德国门富士生产的MONTEX-6000型拉幅定形机。

（一）M5469型热定形机（图10-1-64）

该机通过调节进布架的张力保证织物能平幅进机，扩幅对中装置使织物始终保持在中间位置。而通过机械整纬装置保持织物进机时的经平纬直，防止烘干时出现纬斜。

超喂装置由上超喂、下超喂、红外光电探边器、剥边器等组成，通过调节超喂量使织物

图10-1-64　M5469型热定形机

1—张力架　2—扩幅对中装置　3—整纬装置　4—超喂装置　5—拉幅定形区　6—冷却区　7—出布装置

运行的速度大于烘干机的运行速度，使织物在松弛的状态下进行烘干定形，有利于使织物在整理过程中所受到的内应力得到恢复。该机的超喂范围为10%～30%。

在烘干时可采用布铗、针铗以及两用铗来夹住布的两边，采用高精度的红外探边器进行探边以控制烘干时的幅宽稳定性，可以调整幅宽范围为0.7～2.0m。定形时采用电加热或者蒸汽加热的方式，温度容易控制，而且能很快达到所需要的定形温度，温度可达150～200℃。冷却区在烘房外，用风泵吹风冷却。落布时可采用单摆式或摆、卷两用形式进行落布。

此机采用交流变频的技术，PLC控制变频器同步调速，实现了各主动单元同步精确和主要工艺参数在线检测与监控。

（二）MONTEX-6000型拉幅定形机（图10-1-65）

织物经过料槽浸轧料液后，进入烘箱，经过烘箱时就会在高温热风作用下烘干定形，经过定形后的织物具有良好的手感及稳定的尺寸。

MONTEX-6000型定形机的优点是模块化设计及节能。烘房积木化，结构紧凑。烘房高度为1600mm，隔热门采用了高性能的绝热材料和良好的门封材料，密封隔热效果更佳，降低了热损失。上下喷风管由两只变频调速的循环风机分别设定调节分量，并可根据加工织物的幅宽调节上、下喷风管宽度，节约能源。这种上下调节喷风量的方式特别适合于加工超薄织物、涂层织物、丝绸织物等。热风烘房可配置废气清洁和气—水热回收系统，充分利用加工过程的废热，节省热能。

该定形机主要由五部分组成，即上料部分、整纬器、链条、烘箱体及落布卷布装置。

图10-1-65　MONTEX-6000型拉幅定形机

1. 上料部分（图10-1-66）

上料部分的结构较为简单，由料槽和轧辊组成，布进入料槽内，带上化工料，然后经轧辊将多余的化工料压榨出去。使织物带料均匀，这是获得高质量定形织物的先决条件。但要注意轧辊左右两侧的压力要一致，否则压力小的一侧上料较多，而压力大的一侧上料少，就会出现织物定形效果左右不一致的质量问题。

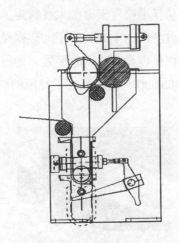

图10-1-66　上料部分的原理及实物图

2. 整纬器

该机所配置的整纬器为Mahlo RFMC94H型光电整纬器，Mahlo光电整纬器上有四套感应器，每套感应器包括发光和感光两部分，可通过光电效应辨出布的纬斜。而动作部分采用液压系统，当纬斜大小的信号传回控制主板时，控制主板便会发出指令，驱动液压系统，使曲辊或直辊做相应的角度调整，从而可纠正纬斜。

3. 链条部分（图10-1-67）

定形机上布的拉幅由链条产生。定形机的链条由靠近落布处的大功率电动机传动，链条上装有针板，布进入链条时，由压布轮上的毛刷轮将布压在针板上的小针上，布即可在两列链条的传动下进入烘箱内。该定形机的链条同别的定形机的链条有所不同，它可以分别控制每段针铗的拉伸，以更好地控制织物定形质量。

（a）链条外形　　　　　　（b）链条及毛刷轮

图10-1-67　链条

4. 烘箱体（图10-1-68）

定形机有八组烘箱，空气在循环风扇的鼓吹作用下，不断由星形喷气架上的细孔喷在布面上。热风接触湿布后，温度下降而湿度升高，并从星形喷气架上的大孔排走，经过过滤网，再由热交换器升温后不断循环使用。热交换器位于过滤网的下方，采用的热媒是热油，热交换器上具有许多很薄的散热片可产生高效的热交换。该机内设有热回收装置，通过箱体一体化的排风管道，可以直接进入气/气热交换器，有利于热的回收利用，提高了热能的有效利用率。

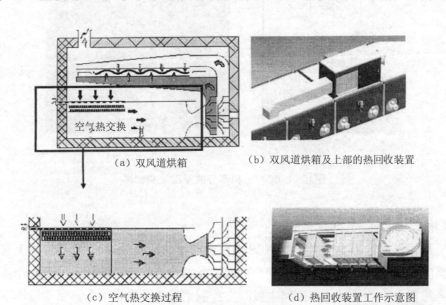

（a）双风道烘箱　　　　　　（b）双风道烘箱及上部的热回收装置

（c）空气热交换过程　　　　　　（d）热回收装置工作示意图

图10-1-68　烘箱体

5. 落布及卷布装置

定形机可根据生产需要采用摆布式（图10-1-69）或卷布式（图10-1-70）两种出布方式。两种方式都是通过电动机带动链传动。当采用卷布方式出布时，对布的张力稳定性要求较高，布必须穿过一条由气动控制的张力调节导辊。而采用摆布式落布的，布必须经过张力调节辊而改穿一条固定的导辊。

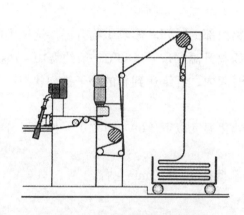
图10-1-69　摆布落布装置

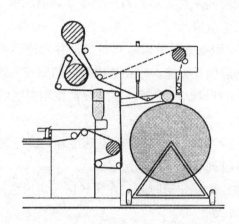
图10-1-70　卷布装置

二、热定形工艺因素

1. 温度

温度高低影响织物中涤纶的定形效果。一般情况是温度高，定形效果好。但超过一定温度，定形效果并不能继续提高。当温度达到涤纶软化点时，纤维结晶度及取向性严重破坏，达到熔点时纤维熔融，织物的强力降低，色泽发生变化。超过190℃时，羊毛损伤明显（表10-1-55）。

表10-1-55　热定形温度对羊毛的损伤

定形温度（℃）	织物pH值	尿素亚硫酸盐溶解度	胱氨酸含量（%）	硫氨酸含量（%）	泛黄指数	手感
未定形	7.5	35.5	11.5	0.35	1.10	柔软
150	5.5	32.5	11.0	0.35	1.23	柔软
170	5.5	21.5	9.35	0.95	1.49	柔软
190	7.5	17.9	8.90	1.08	1.98	挺爽
200	7.5	8.9	8.33	1.55	2.33	挺爽
170	9.0	8.8	8.70	1.23	2.37	挺爽
190	9.5	32	7.03	1.78	3.75	粗糙
200	9.5	0	6.77	2.10	4.16	粗糙

注　试验织物为15.6tex（64公支）纯毛哔叽，定形时间30s。

有色织物热定形时，如分散染料升华牢度差，定形温度宜稍低，以减少色光变化及沾色，但染料选择应适应加工工艺的要求。匹染白坯的热定形温度对涤纶染色性能有影响（上色率、扩散速度及移染等）。对不同分散染料、不同纤维、不同染色方法的影响各不相同。一般涤纶混纺织物的热定形温度，需考虑混纺纤维的耐高温性能。如毛（45%）涤（55%）织物，其热定形温度一般为170～180℃。热定形后出机呢面温度不超过50℃，若出机温度高于其玻璃化温度，将影响定形效果，所得幅宽比预期的要小。

2. 时间

定形时间是热定形的另一个主要影响因素，织物进入加热区，热定形所需要的时间大体分以下三个阶段。

（1）织物升温阶段：热量扩散并渗透到织物内部的时间。影响织物升温渗透速度的因素有烘房温度及呢速、织物结构及回潮率等，使织物升温到170～180℃一般约需10～15s。

（2）纤维结构重新调整阶段：在相当短的时间内，纤维达到新的分子排列状态一般只需几秒钟。

（3）冷却阶段：将布温迅速冷却到涤纶玻璃化温度以下（69～81℃），使纤维分子在新的分子排列状态下达到稳定。

毛涤织物热定形时间，在预热区及定形区内掌握在30s～1.5min左右。

3. 张力

热定形应适当控制织物经纬向张力。纬向拉幅一般按上机幅宽加大2cm左右，使呢面达到平整并有一定张力，以保持在热定形过程中织物全幅与热风口距离一致。避免因受热不匀发生边深浅，并可改善绳状加工后产生的条折痕。如纬向张力过大，易产生边不齐，又因涤纶刚性较大，定形后手感板硬。经向张力应根据品种而定，一般薄型织物宜小张力进机，中厚型织物宜少量超喂。

4. pH值

热定形时织物的pH值关系到羊毛的手感及损伤与泛黄程度。根据表10-1-55资料，热定形时pH值宜控制在5.5～7.5以内。随着pH值升高，羊毛损伤增加，手感粗糙，色泽泛黄。

5. 回潮率

提高羊毛的回潮率，可使热定形时羊毛的温度升高相对比涤纶缓慢，受热温度比涤纶低，以减少羊毛的损伤和泛黄，改善手感。通常羊毛回潮率控制在18%左右。

三、涤纶热收缩引起的变色

使用升华牢度优良的分散染料，只能解决织物由于染料升华牢度沾色而造成的色泽变化，不能解决由于纤维热收缩引起的色泽变化。

（一）涤纶的热收缩性能

涤纶为热塑性纤维，在纺丝时虽经热拉伸定形，但由于时间短定形不足，以及在纺纱、织造过程中，因外力作用不均匀，使织物内部存在不均匀的内应力，在后道加热过程中，织物内部的纤维出现不均匀的热收缩，导致织物表面色泽发生变化。

（二）影响涤纶热收缩率的因素

1. 涤纶本身的耐热性能

由于涤纶生产过程中工艺条件控制不当，造成各批之间的热收缩率不同，且差异较大，大的大于12%，最小的小于4%。

2. 后加工的热处理温度

经试验，将涤纶拉伸成为1:35的长丝，放在100℃热空气中，长度迅速发生收缩，30min后，收缩不再增加。如提高热空气温度，能使涤纶丝迅速收缩到稳定长度，温度越高，热收缩率也越大，如图10–1–71所示。

由以上试验可知，如要求织物在某一温度有良好的尺寸稳定性，则热定形温度需超过此温度。因此毛涤混纺花呢中所用涤纶，虽然在化纤厂纺丝过程中已在松弛状态经过120～140℃、10～20min的热定形，但制成面料后，往往在服装加工中如高温熨烫其温度（160～180℃，有的在180℃以上）超过

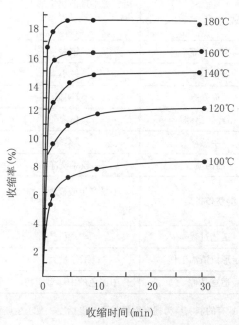

图10–1–71　涤纶热处理温度与时间对收缩率的影响

涤纶原来的定形温度，则织物中的涤纶又会迅速收缩。织物的呢面色泽也会明显发生变化，其现象不同于一般因染料升华牢度差而引起的变色。这是因为缩率大的涤纶，从纱线表面缩向内层，而缩率小的羊毛相对地显现在纱线表面。当这两种纤维是异色的，会使织物外观色泽显现出热收缩率小的纤维色泽。例如原液着色的黑涤纶与蓝色羊毛混纺的产品，因黑色涤纶在熨烫时发生剧烈的收缩移向内层，以致造成呢面局部色泽转蓝而变浅。纤维收缩率越大或色泽差异越大，则熨烫时变色也越严重。因此如要在160～180℃熨烫时使纤维少收缩，则热定形温度需高于160～180℃。

通常经热定形的毛涤织物，其熨烫面积平均收缩率一般应在3%以下，才能避免涤纶热收缩所引起的变色。

说明：涤纶正规纤维玻璃化温度为67～87℃，软化点为238～240℃、熔点为255～260℃，变性纤维的软化点及熔点略低，为215℃及245℃，腈纶玻璃化温度为80～100℃，软化点为190～240℃，熔点不明显，熔融收缩时燃烧。

四、热定形工艺程序

应根据不同产品的质量要求和风格特点选择热定形的工艺程序，如生坯定形、中间定形及熟坯定形（表10–1–56）。

表10-1-56　热定形工序的安排与产品质量

特点 ＼ 工艺程序	生坯定形（在生坯修补后，湿整理前热定形）	中间定形（湿整理→烘呢→熟坯修补→刷毛→剪毛→热定形→透风冷却→烧毛→湿整理）	熟坯定形（基本完成干、湿整理后，在蒸呢前热定形）
染整长缩	较大	中等	较小
染整幅缩	较小	中等	较大
筘痕暴露	较明显	中等	稍隐
吊经、吊纬	稍隐	中等	较明显
手感	较柔软	较活络	较挺爽
油污渍	较难洗净	易洗净	易洗净
湿整条折痕	不易产生或显现，程度较轻	较易产生	易产生，热定形时可弥补轻度的条折痕
工艺过程	短	长	短
热定形机清洁工作	工作量大	工作量较小	工作量较小
适宜品种	中深色的中厚型织物	浅色、中色的织物	浅、中色的薄型织物

注　1. 有的制衣厂为提高面料的平整挺括度，要求生坯和熟坯进行两次定形。

　　2. 如采用烘呢热定形联合机，将烘呢与热定形两个工序一次完成，其特点基本与熟坯定形相同，工艺更简短，可提高效率，节约能源。

五、热定形操作注意事项

（1）热定形时呢面温度应达到工艺要求，才能获得良好的定形效果，应定期测定呢面实际温度，提高定形质量。

（2）深浅色织物要分开加工，先浅色后深色，浅色与深色不能头尾相接进机加工，以防染料升华沾色。

（3）同批加工的织物幅宽应一致。上机时必须保持呢头平齐，呢面经直纬平无纬斜、无折痕。

（4）温度自控仪表应经常校测，防止失灵。特别要注意两侧与中间热风及上下热风的温度，不宜超过 ±15%。防止发生色差、边深浅、正反面深浅及织物脆损等疵点。

（5）开车前，车前车后须互相联系，密切配合。进布运转中应避免中途停车，否则织物易产生纬向色档。如机械发生故障停车，应立即关闭蒸汽，切断电源，打开机门，迅速降温冷却，以免机内织物受损。

说明：热定形时的布面温度，如无布温监控装置，通常用测温贴纸测定布面温度。将贴纸贴在面料上，一般贴温纸分为165℃、170℃、175℃、180℃、190℃数挡。在一定温度处理下，某一挡的颜色会引起变色，从而确定布面的实际温度。贴温纸须贴在无水渍、油污、铁锈、无凹凸面的部位。

六、热定形疵点产生原因及防止方法（表10-1-57）

表10-1-57　热定形疵点产生原因及防止方法

疵点	产生原因	防止方法
边深浅，匹头匹尾色差，沾色	1. 分散染料的升华造成，机台严重沾污 2. 两边、上下温度差异大 3. 纬向张力小，中间呢面下垂，受热不均匀 4. 深浅色呢坯同一批加工或先定形中深色，后定形浅色	1. 定期或及时做好机内清洁工作 2. 开车前先开放热源和风扇，开车运转一定时间，达到规定温度并均匀后再将呢坯上机 3. 上机拉幅要适当，防止呢面下垂 4. 深浅色号分开定形，先定浅色号，后定深色号
强力损伤，呢面泛黄	1. 温度太高或时间过长 2. 烘干后定形未经间歇，纤维含潮率太低，疲劳未恢复即进行高温定形 3. 定形后未经给湿间歇即进行烧毛，纤维受损伤	1. 严格掌握工艺条件规定 2. 如烧毛后要定形，呢坯要进行通风间歇 3. 如热定形后要烧毛必须进行给湿间歇或透风间歇，但要控制一定的回潮率
布铗印（匹染）	1. 先定形后染色，布铗温度和机内温度差异大 2. 布铗夹布太紧	1. 匹染织物宜先染色后定形 2. 布铗夹布松紧调节适当
针眼洞、月牙边	1. 有弯针、断针尖针板 2. 布边挂针太宽 3. 涤混纺产品定形拉幅过宽，张力太大 4. 缺针板或未拉牢布边	1. 及时更换新针板 2. 布边挂针宽1.5cm 3. 适当控制拉幅和张力 4. 上齐针板，挂齐全布边
油污、锈渍	1. 机台不清洁 2. 染料升华造成滴漏污垢 3. 加油不当 4. 布落地 5. 缠车 6. 布跑偏	1. 做好机台清洁工作 2. 边定形边清洁滴污处 3. 加油应勤加少加 4. 布不落地 5. 防止缠车，使布运行平整 6. 布上机整齐
脱铗、幅宽不一、定形不足	1. 铗具失灵 2. 拉幅不当，工艺未掌握准 3. 温度不稳定	1. 加强设备维修 2. 严格执行工艺条件 3. 温度掌握一致
破边、磨损	1. 出机时布铗不脱开 2. 拉幅过宽 3. 布进机呢面下垂，拖拉部件	1. 及时检查，修理 2. 按要求拉，并掌握品种结构 3. 进机呢面平整
纬斜	1. 校正纬斜不及时 2. 布头、布尾未用代布 3. 缝头不平整，纬斜严重 4. 进布车位放置不正	1. 进、出机及时校正纬斜 2. 布头、布尾一定用代布 3. 缝头平直，经直纬平 4. 放正车位

第十六节　烫呢

织物经过烫呢，可使呢面平整，有光泽，身骨坚实，但光泽不够自然和持久。

一、烫呢机

（一）回转式烫呢机

回转式烫呢机有单托床式及双托床式两种。双托床式烫呢机在一次烫呢中，同时受到滚筒左右两个托床的摩擦和压烫，光泽较强，易伸长，操作复杂。目前常用的为托床在滚筒底部的单托床式烫呢机。回转式烫呢机的主要技术特征见表10-1-58。

表10-1-58　回转式烫呢机的主要技术特征

项目	N691型烫呢机	单滚筒自动烫呢机
滚筒幅宽（mm）	1830	700 ~ 1800
滚筒直径（mm）	600	600
滚筒速度（m/min）	4.43及6.73	5.5 ~ 20
使用蒸汽压力（Pa）	不超过2.9×10^5	不超过2.9×10^5
油泵最大压力	19.6×10^5Pa（20kgf/cm^2），每加一重锤相当于2.9×10^5Pa（3kgf/cm^2）	0 ~ 20t
托板材料	磷青铜板	铂银合金板
外形尺寸（长×宽×高）（mm）	2540×3490×2310	4500×3520×2300

1. N691型烫呢机

N691型烫呢机如图10-1-72所示，为单床式。大滚筒中间为空心，内通蒸汽，烫呢温度为120℃，表面刻有细纹，运转时可与织物一起运行。托床为空心的槽形体，可通入蒸汽，与滚筒接触的内表面衬有光面的有弹性的磷青铜板或铂银合金板。托床上升时加压，增加与滚筒之间的压力。操作时，呢坯平幅通过蒸汽给湿槽给湿，然后经大滚筒与托床间烫呢，再经冷却风管冷却出机。

2. 单滚筒回转式自动烫呢机

单滚筒回转式自动烫呢机如图10-1-73所示。加工时，织物经高敏度电子式金属异物探测器，经喷蒸汽后进入烫呢滚筒。当织物的接缝处或厚度不同的织物通过滚筒时，可由压力杆系统自动调节托床的压力和高低位置。冷却装置由鼓风机在织物上方吹风，在织物下面抽冷。冷却给湿部分由一湿度测定器通过电磁阀控制进水量。在较大压力下，将冷水雾化成冷湿空气，再喷向织物，迅速冷却。烫呢温度115 ~ 120℃，呢速16 ~ 32m/min。精纺织物压力为4.9 ~ 29.4kN（0.5 ~ 3t），温度115℃。重量为135 ~ 190g/m^{2}的精纺薄织物，压力为4.9kN（0.5t），车速11m/min；重量为229 ~ 331g/m^{2}的精纺中厚织物，压力为29.4kN（3t），车速8m/min。粗纺织物的压力为39 ~ 59kN（4 ~ 6t）。根据织物手感和呢面状态而定。

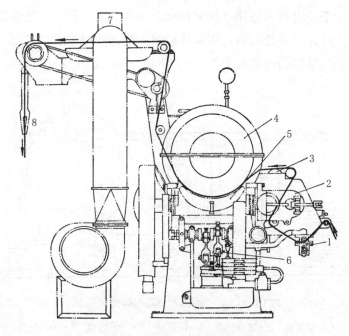

图10-1-72　N691型烫呢机

1—自停装置　2—毛刷辊　3—蒸汽给湿槽　4—大滚筒　5—槽形托床　6—加压油泵　7—冷却风管　8—出呢架

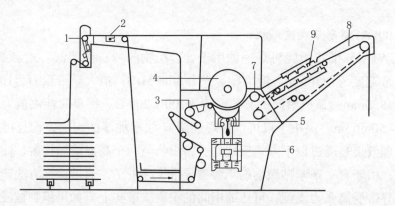

图10-1-73　单滚筒回转式自动烫呢机

1—金属异物探测器　2—蒸汽箱　3，7—织物牵引辊　4—压烫滚筒

5—压呢托床　6—压力杆系统　8—织物运输带　9—织物冷却区

（二）导带式烫呢机

1. GPP-400型导带式烫呢机

GPP-400型导带式烫呢机是由汽蒸区、传送带、压烫滚筒及冷却区组成（图10-1-74）。滚筒幅度1800mm，滚筒直径260mm，滚筒速度8~40m/min，使用蒸汽压力不超过2.94×10⁵Pa（3kgf/cm²）。加工时织物经导布辊、开幅辊进入传送带导入汽蒸区，经喷汽给湿，加热，产生蓬松作用，然后进入高张力加压传送带，在可调的表面压力下（0.049~1.2）×10⁵Pa（0.05~1.25kgf/cm²），使织物紧贴在温度135~140℃的滚筒上，同

步进行压烫。经向几乎没有伸长作用。织物在动态下压烫，有干热定形效果。压烫后织物经冷却区冷却，手感光泽好。导带材料与织物接触的一面是耐高温橡胶，另一面为碳素纤维，价格较高。通常用于毛织物的烫呢温度为120～160℃，呢速为0～25m/min。

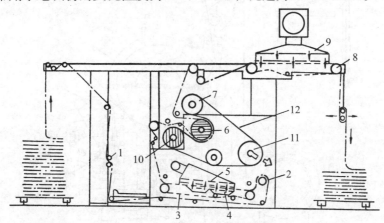

图10-1-74　GPP-400导型带式烫呢机

1—布边控制装置　2—进布导辊　3—传送带　4—汽蒸装置　5—抽汽装置　6—烫呢辊

7—传动导辊　8—出呢导辊　9—冷却区　10—加热辊　11—张力辊　12—压力传送带

2. FORMULA1型导带式烫呢机

FORMULA1型导带式烫呢机是一种用于处理织物的"自生蒸汽"式定型机（图10-1-75）。该机导带宽度为1850mm，最小导带张力为0.8MPa，最大导带张力为10MPa，允许最大织物宽度为1850mm；该机滚筒的有效温度为100～200℃，每小时耗汽量为40kg；该机的运行车速为0～50m/min。该机不仅可以处理经调节的/经加湿的织物，而且可以处理被浸湿的织物。其整理效果是通过以下方式实现的：将织物与两个高温滚筒接触，使织物中所含的水分变成蒸汽；由于有一条紧贴织物的不渗透导带（导带），通过这一方法产生的蒸汽不会逃逸。不渗透导带受高张力支配，可压缩中间的织物。事实上，如果织物被浸湿（含水量超过40%），达到的温度将能够实现最佳煮呢效果，从而在染色之前提供一个理想的"永久变定"，并且任何情况下都非常适合固定织法和/或纱线特别"不稳定"的织物。另一方面，如果织物的含水量为10%~30%，则可达到更高的温度，并且各种各样的整理效果更能与通过轧光、连续"大气"汽蒸或KD实现的整理效果相比。

（三）烫呢机的烫后冷却

将单滚筒烫呢机的热压与冷却联合，可使出机温度降至17℃以下。有的烫呢出机后，用水雾喷射在呢面，使织物保持一定温度，然后卷轴贮存。

快速冷却装置如液氮冷却装置（图10-1-76），使织物在输送带上经液氮喷射（可回收）产生冷冻作用。液氮的骤冷作用使织物的回潮率保持一定时间不变。还有的将织物通过密封的冷冻箱，呢速20m/min，可冷却至12～15℃，使回潮率增加2%～4%。

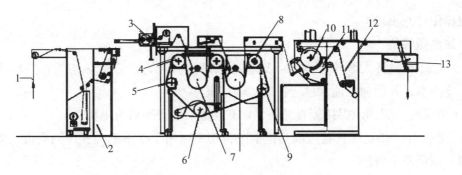

图10-1-75　FORMULA1型导带式烫呢机

1—织物　2—整纬装置　3—织物牵引辊　4—传送辊　5—定心辊　6—导带　7—加热辊

8—校正辊　9—机动辊　10—多孔辊　11—汽蒸区　12—导带空气冲击装置　13—折叠装置

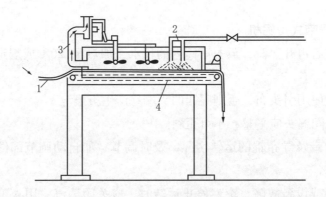

图10-1-76　液氮冷却装置

1—织物输入　2—液氮喷洒管道　3—排放装置　4—网状传送带

二、工艺举例

（一）烫呢工艺的应用（表10-1-59）

表10-1-59　烫呢工艺的应用

适合烫呢的织物	不适合烫呢的织物
1.织物结构较松，需增进坚实感	1.织物结构较紧密，容易手感板硬的织物
2.要求呢面平整的品种，如薄型平纹产品	2.要求贡子饱满、花纹立体感强的品种，如华达呢、
3.要求光泽好的品种，如花呢类	部分女士呢、粗纺立绒产品
4.要求手感薄挺的织物	3.易产生极光的品种，如毛涤华达呢
	4.要求手感丰满的织物

（二）烫呢工序

烫呢一般在剪毛蒸刷后，蒸呢前或预缩前进行。蒸呢前烫呢，可改善蒸呢前呢坯的平整度，提高蒸呢光泽。预缩前烫呢，可弥补烫呢后因织物伸长和回潮率低所引起的缩水率和汽蒸缩率大及手感差等不足。顺毛织物在蒸刷后烫呢，可使绒毛顺直，膘光较好。

三、烫呢操作注意事项

（一）单滚筒烫呢机

（1）上机前，将大滚筒在运转状态下通入蒸汽加热，使之受热均匀，然后将托床预热，放去冷凝水，开动加压油泵顶起托床，调整压力。

（2）进机时，呢面应保持经直纬平，如有卷边，应烫平后再上机。

（3）上机时，如发现长卷边或其他情况，切不可用手在滚筒与托床间剥边，防止手被轧进滚筒，以免发生事故。

（4）当遇到金属针或其他金属物时，一般由金属针自停装置发出信号而停止运转，这时应立即撬动松压手柄，关闭蒸汽，防止织物接触高温部分时间过长而损坏呢坯。

（5）金属托板应经常保持平整光洁，与大滚筒的间距要全幅一致。

（二）康替泼勒斯导带式烫呢机

（1）机器运转后再开蒸汽，放去滚筒内的积水，加热至120℃或规定的温度，开始进布加工。

（2）进布前应使用引头布，否则呢匹的头端易产生折痕。

（3）匹与匹之间缝头应平整，不可歪斜。

（4）应注意导带及导布辊的运转情况，及时调节，如自动调节部件失灵时，应及时用手动调节。

（5）如遇停电或设备故障，突然停止运转时，应关闭蒸汽，用人工转动冷却，防止导带损坏。

（6）生产完毕，须自然冷却至80℃以下，才能停止运转。

四、烫呢疵点产生原因及防止方法（表10-1-60）

表10-1-60　烫呢疵点产生原因及防止方法

疵点	产生原因	防止方法
光泽不匀	1. 托床两端不平整，呢面受压不匀 2. 织物含湿不一致	1. 经常维修，保持托床两端平整，使呢坯各部位受压均匀 2. 织物含湿要均匀一致
光泽不足	1. 滚筒温度过低或呢坯含湿过低 2. 滚筒与托床间距离过大，呢坯受压摩擦不足 3. 车速太快	1. 按工艺要求，给予一定的温度及含湿量 2. 根据品种厚薄，调节滚筒与托床间的距离及压力 3. 调节车速达到工艺要求
无光斑	1. 织物表面有绒毛或纱头 2. 滚筒与托床铜板表面有凹痕	1. 做好呢面清洁工作 2. 及时检修
纬斜	缝头不平齐，或进机时未及时纠正歪斜	缝头应平齐，进机时应保持经直纬平，张力一致，有歪斜应及时纠正后再上机
极光	1. 呢坯回潮率过大 2. 滚筒温度过高 3. 导带压力过大 4. 车速过慢	1. 回潮率适当 2. 达到工艺要求 3. 达到工艺要求 4. 达到工艺要求

第十七节　给湿

毛织物经烘呢和烫呢后，往往回潮率过低，影响整理质量，需要给湿，使织物达到一定的回潮率，以提高蒸呢或电压的整理效果，改善手感和光泽。

一、给湿机

给湿机有喷雾式和反射式两种。

（一）N162A型给湿机（表10-1-61、图10-1-77）

表10-1-61　N162A型给湿机的主要技术特征

项目		主要技术特征
工作幅度（mm）		1800
给湿方法		水泵给水，经5台喷雾器喷雾，在网眼滚筒的两侧各有1只吸风机，织物包覆在滚筒表面，使雾滴通过吸风渗透织物，达到均匀给湿
给湿后织物回潮率（%）		16～18
网眼滚筒	滚筒规格（mm）	$\phi 1750 \times 1900$
	网眼规格	孔径10mm，每平方米5174孔，孔总面积9.25m²
外形尺寸（长×宽×高）（mm）		4680×3110×2655

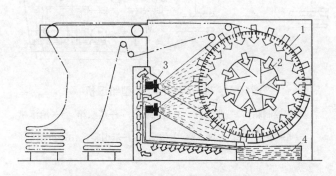

图10-1-77　N162A型喷雾式给湿机

1—网眼滚筒　2—吸风机　3—喷雾器　4—存水箱

该机的内衬板、水管、管路附件均为不锈钢制成，喷雾电动机采用防水式低压电动机，喷雾水管直接装于电动机顶端。吸风机抽吸的气流，经下风道和喷雾器风扇形成循环，两侧圆弧门的上顶有湿度调节门，可根据需要进行调节。

（二）MB431 FT₁型给湿机（表10-1-62、图10-1-78）

表10-1-62　MB431 FT₁型给湿机的主要技术特征

项目		主要技术特征
类型		反射式
工作幅宽（mm）		1830
呢速（m/min）		12~30
给湿方式		汽雾结合
喷水槽规格	喷嘴数量	31×2只
	喷嘴眼直径（mm）	0.8
	喷嘴泵规格	全扬程4.0×10³Pa（401mmH₂O），流量3t/h
V型喷雾挡板（长×宽）（mm）		1865×100
蒸汽箱规格（长×宽×深）（mm）		1920×170×370
外形尺寸（长×宽×高）（mm）		3250×2410×2570

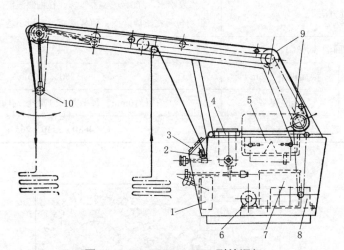

图10-1-78　MB431 FT₁型给湿机

1—控制箱　2—张力杆　3—控制板　4—蒸汽箱　5—给湿槽

6—泵　7—贮水箱　8—主传动　9—牵引辊　10—折幅架

加工织物时，先给蒸汽后喷水雾，利用羊毛及织物膨胀，使润湿渗透、给湿一致，织物含湿均匀。给湿时，前导辊和上导辊易集冷凝水。

（三）瑞士威可（WEKO）喷盘式均匀给湿机（图10-1-79）

采用高速旋转的喷盘将水或其他液体均匀喷到布面上实现给湿，该装置体积小，可安装到其他机器上配套使用。

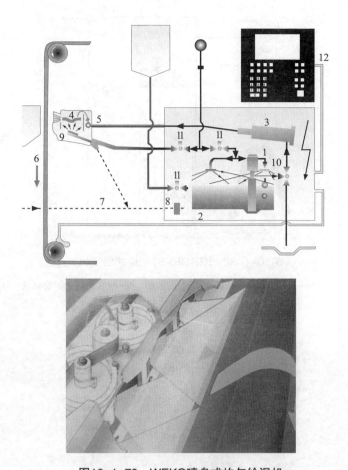

图10-1-79　WEKO喷盘式均匀给湿机

1—泵　2—液槽　3—过滤器　4—喷盘　5—喷盘架　6—织物

7—回流管　8—预过滤器　9、10、11—清洗装置　12—控制单元

　　WEKO喷盘工作原理为：泵1抽取液槽2的液体或水，通过过滤器3输送到喷盘架5上的各个喷盘中，当平幅运行的织物6通过时，液体便喷射其上，未被喷射到织物上的液体则通过回流管7流回到液槽。通过预过滤器8清除回流液体中的杂质，清洗装置9、10、11保证了供液单元的清洁，控制单元12控制整个装置。

（四）意大利BSP公司的IGROFAST毛刷式给湿机（图10-1-80、图10-1-81）

　　使用光辊带水，与之接触的高速旋转的毛刷将水甩到布面上实现给湿，通过湿度检测控制车速实现自动控制给湿量。

　　织物通过进布架1和开幅辊2进入给液单元均匀给液，给液单元6由给液槽、不锈钢带液辊和毛刷给液辊组成，然后再通过加热盘管7，使水分渗透到织物内，再通过湿度检测5出布，4为湿度控制系统和传动控制系统。IGROFAST毛刷式给湿机的工作原理如图10-1-81所示。

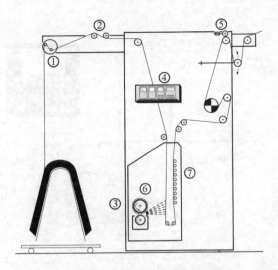

图10-1-80 IGROFAST毛刷式给湿机

1—进布架 2—开幅辊 3—给液槽 4—湿度和传动控制系统

5—湿度检测 6—给液单元 7—加热盘管

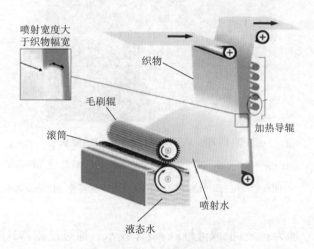

图10-1-81 IGROFAST毛刷式给湿机的工作原理图

二、工艺举例

1. 工序安排

织物在干整理中经多次给湿或放在潮湿空气中一定时间自然给湿，若回潮率仍不足，则在罐蒸及电压前给湿。粗纺产品则在蒸刷机上刷毛的同时进行喷汽给湿。

2. 回潮率要求

精纺全毛织物要求罐蒸前的回潮率为13%～16%，电压前回潮率为16%～18%。回潮率过低，手感糙，光泽差；回潮率过高，蒸呢易出边深浅，电压易出蜡光，手感呆板，且易损坏纸板。给湿量可根据地区湿度情况而定。冬季可多些，夏季可少些，雨季也可不给湿，视加工中织物的实际回潮率而定。在给湿过程中，应随时观察出机呢坯的含湿情况，发现过湿或不足时，应及时调节喷水量和呢速。

3. 呢速

给湿量与喷嘴压力的平方成正比，应根据给湿量要求控制喷嘴压力，但压力不宜过低，以免喷雾不匀。

4. 间歇时间

给湿后，须有一定的间歇时间，使吸收均匀，并用塑料布盖好，防止水分蒸发造成含湿量降低或干湿不匀。间歇时间随织物厚薄、松紧而异，一般中厚织物约4h，时间过短，渗透不匀，织物含湿表里不一。

三、给湿操作注意事项

（一）N162A型给湿机

（1）喷雾给湿机存水箱内的给湿用水要保持清洁，防止污水或锈水沾污呢坯，喷嘴或水箱应定期清洁，以免喷嘴阻塞，影响均匀给湿。

（2）过滤网应定期清洁，使用时控制喷雾量，避免出现水滴或给湿不匀。

（二）MB431–FT₁型给湿机

各铜丝过滤网每班应进行清洗，水箱每班换水一次。喷水孔口易被水污堵塞，若喷水量变小或喷不出，应及时拆下，用压缩空气吹通。

四、给湿疵点产生原因及防止方法（表10-1-63）

表10-1-63　给湿疵点产生原因及防止方法

疵　点	产　生　原　因	防　止　方　法
给湿不匀	1. 给湿时呢速时快时慢 2. 喷雾风扇损坏，喷出水量不匀，水珠时大时小；喷雾喷嘴阻塞 3. 织物进机不平整	1. 根据织物品种及原料特性调节喷水量及呢速，操作时要检查呢面湿度 2. 加强设备检修和喷雾的检查 3. 织物进机要平整
铁锈水	停用时间长，未将包布取出晾干，网眼滚筒表面生锈，工作完毕，管道内的存水未放光，造成锈水	工作完毕后，将机门打开，减少机内水汽，做好揩车保养工作

注　N162A型喷雾式给湿机的内衬板、水管、管路附件均为不锈钢，可以防止铁锈水的产生。

第十八节　蒸呢

蒸呢是精纺毛织物整理生产中最为关键的一道工序。它主要是使织物在张力、压力条件下，用蒸汽处理一段时间，使其尺寸稳定、呢面平整、光泽自然、手感柔软及富有弹性。对粗纺长顺毛织物则有使绒毛压平的作用。

蒸呢方式有两种：一种为常压蒸呢（半蒸，开式蒸呢），设备有单滚筒、双滚筒蒸呢机；另一种为高温高压加压蒸呢（全蒸，封闭式蒸呢），又称罐蒸，常用的设备为罐蒸机。

一、蒸呢机

（一）单滚筒蒸呢机

1. N711型蒸呢机（表10-1-64，图10-1-82）

机内装有铜质空心的蒸呢滚筒，轴心有蒸汽管，为避免冷凝水喷湿织物，在滚筒内装一水槽，使冷凝水排出机外。滚筒表面有许多小孔，蒸汽由小孔喷向织物，下部有一根带孔的蒸汽管，进行外汽蒸呢用。在蒸呢机外的出呢导辊上有很多小孔，出呢导辊与抽吸风相连，织物出机时可补充抽冷，降低呢面温度。

表10-1-64　N711型蒸呢机的主要技术特征

项目		主要技术特征
蒸呢滚筒	直径（mm）	900
	宽度（mm）	1940
	有孔眼部分宽度（mm）	1668
包布允许最大宽度（mm）		1800
织物运行速度（m/min）		11，12
每次蒸呢长度（m）		130~250
使用蒸汽压力（Pa）		$(1.47~2.94)\times10^5$
抽吸风机	型号	罗茨鼓风机LGB15 2000
	抽风量（m³/min）	15
	抽风压力（Pa）	2.67×10^5
	转速（r/min）	960

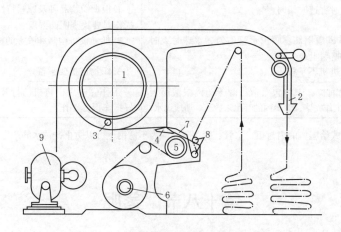

图10-1-82　N711型蒸呢机

1—蒸呢滚筒　2—折幅架　3—轧辊　4—烫板　5—进呢导辊

6—包布辊　7—展幅板　8—张力架　9—抽风机

蒸呢时，织物经张力架、进呢导辊、烫板及轧辊，随蒸呢包布一同卷绕于滚筒上，先开滚筒内蒸汽，待蒸汽由内向外冒出时，即开始计算蒸呢时间，蒸到规定时间后，关闭蒸汽，再开外汽，同时开抽吸风泵，使蒸汽由外穿过织物吸入滚筒内部，并将呢匹中的蒸汽吸出。汽蒸结束后抽冷，使织物和包布冷却，然后出机。

2. MB471型程控式蒸呢机（表10-1-65、图10-1-83）

表10-1-65　MB471型程控式蒸呢机的主要技术特征

项目		主要技术特征
工作幅度（mm）		1800
蒸呢辊长度（mm）		1900
网眼孔部分长度（mm）		1600
最大卷绕直径（mm）		1200
织物进布与出布运行速度	低速（m/min）	14.7 ~ 19.6
	中速（m/min）	22.5 ~ 30
	快速（m/min）	45 ~ 60
一次蒸呢长度（m）		130 ~ 200
蒸汽压力（Pa）		$(1.47 ~ 2.94) \times 10^5$
蒸汽消耗量（kg/h）		32
抽气鼓风机	型号	ND-2型罗茨鼓风机
	风量（m³/min）	15
	风压（Pa）	2.67×10^5
空气压缩机	型号	2V-0.3/7
	排气量（m³/min）	0.3

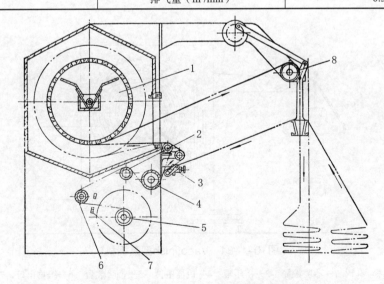

图10-1-83　MB471型程控式蒸呢机

1—蒸呢滚筒　2—导布辊　3—张力架　4—进布辊　5—包布辊

6—小烘辊　7—衬布光电校正　8—出布导辊

（1）滚筒芯轴的容量为N711型芯轴的1/4，给汽与抽冷的时间有较大的缩短。

（2）气动控制系统，可以执行蒸呢工艺的程序控制。

（3）包布进机的张力由气动控制，包布进出机的光电校正装置用于出布卷绕的控制，使包布在包布辊上卷绕整齐。

3. Vapofinish型蒸呢机（表10-1-66、图10-1-84）

Vapofinish型蒸呢机适用于加工传统的粗纺和精纺毛织物、天然纤维（丝绸、亚麻布等）织物、亚克力纱和混纺织物、弹性织物、衬里以及平幅针织物。只需改变衬布包裹材料和工作参数，便可使织物变得光亮或黯淡、平整或蓬松。特别适用于加工容易变黄的轻质精致织物。其蒸呢工艺主要包括装载、汽蒸和冷却。用衬布包裹材料将织物包裹起来置于蒸呢滚筒上进行汽蒸。蒸汽主要是经过蒸呢滚筒到达织物和衬布包裹材料上。蒸汽和衬布机械挤压的综合作用可改善织物的物理和机械属性，并且可改善它们的美学外观、物理属性和尺寸稳定性。

表10-1-66 Vapofinish型蒸呢机的主要技术特征

项目	主要技术特征	项目	主要技术特征
工作幅度（mm）	1800	工作速度（m/min）	0~120
蒸呢辊长度（mm）	1867	蒸汽压力（MPa）	0.6~0.8
蒸呢辊直径（mm）	1000	蒸汽消耗量（kg/h）	250~300
轧辊长度（mm）	1950	压缩空气压力（MPa）	0.8~1
边对边长度（mm）	2250	—	—

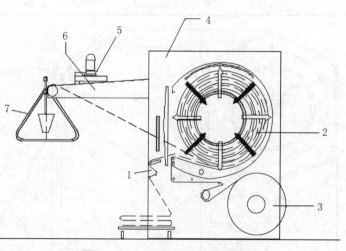

图10-1-84 Vapofinish型蒸呢机

1—织物入口 2—蒸呢滚筒 3—挤压辊 4—机器主体 5—抽吸装置 6—织物出口 7—折叠装置

（二）双滚筒蒸呢机

双滚筒蒸呢机由两个多孔的蒸呢滚筒组成（图10-1-85）。直径约600mm，在滚筒芯轴的一端装有进气管和冷凝水管，另一端装有抽气冷却装置。织物随蒸呢包布卷绕于滚筒上，然后通汽蒸呢。两个蒸呢滚筒用一个抽吸泵连接，抽吸泵由三路阀门控制。两个滚筒之间有包布烘干滚筒，内通蒸汽加热，以烫干蒸呢包布，并兼作包布的导辊。每只滚筒每次蒸呢两匹，两滚筒交叉蒸呢，生产效率高，操作方便。

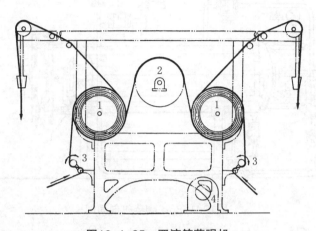

图10-1-85 双滚筒蒸呢机

1—蒸呢滚筒 2—包布烘干滚筒 3—张力架 4—抽风机

双滚筒蒸呢机的滚筒直径小，卷绕层数多，因系单向喷汽、抽冷，内外层质量不易均匀，需调头翻身进行第二次蒸呢。

（三）罐蒸机

普通蒸呢机当蒸汽通入蒸辊时，压力随即下降，只是由于卷绕在蒸辊外的织物及包布层产生的包覆张力，通常在蒸辊内可以形成 $(0.49 \sim 0.59) \times 10^5 Pa$（$0.5 \sim 0.6 kgf/cm^2$）的气压，并使蒸汽向卷层穿透，蒸汽压力也降到表压，因此普通蒸呢机内外层的压力与温度差异很大。在给汽压力为 $1.96 \times 10^5 Pa$（$2kgf/cm^2$）时，最内层织物的温度可达 $100 \sim 110 \,℃$，在外层只有 $80 \sim 90 \,℃$。为减少卷层内外的蒸呢差异，采用大直径的蒸呢滚筒，这样卷层薄，内外层温差小，蒸呢较为均匀。有的采取翻身倒头进行第二次蒸呢或用双滚筒交替调头蒸呢。

采用罐蒸，织物在等压下汽蒸处理，当达到平衡状态时，容器内各点压力相等，温度也相同，可以得到较为均匀的定形效果。温度高定形作用强，蒸后光泽持久，身骨挺括，弹性及尺寸稳定性好。但对羊毛有损伤，强力有所降低，色泽易泛黄，更不适于蒸漂白织物。对于部分结构要求比较蓬松的织物，如采用罐蒸，产品容易被压平，产品的厚度较薄，手感较板。

罐蒸机由蒸辊、蒸罐、转塔、进布包卷及其加压、蒸辊移位、退卷出机、进机系统、抽冷系统及自控系统等组成。蒸罐内壁有蒸汽夹套，蒸罐中间有套管式悬壁芯轴，芯轴的一端固定在蒸罐闷头上。通过管路上三通阀控制开闭，可以从轴心由内向外冒汽或由外向内抽气。蒸呢时先将罐内抽成真空，将蒸汽交替由蒸辊内部及外部通入，使织物在压力状态下以较高的温度汽蒸。由于穿透力大，蒸呢定形效果较好。图10-1-86为罐蒸机剖面图。

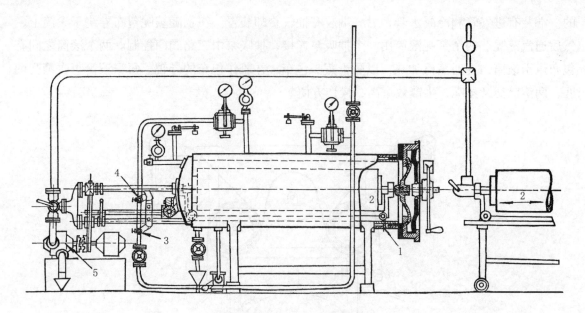

图10-1-86　罐蒸机剖面图

1—蒸罐　2—蒸辊　3—蒸汽由外向内汽阀　4—蒸汽由内向外汽阀　5—抽气阀

　　罐蒸时的蒸汽流向不同,织物承受的应力有一定差异。蒸汽流向由内向外时,织物承受舒展张力,有利于手感柔软,蓬松丰厚。反之,织物承受的是由外向内的压缩力,手感结实挺括。对于内向、外向叠加工艺,蒸呢作用强烈,需按品种选择,适当采用,以得到更好的定形效果。

　　蒸辊直径的大小影响织物的风格。直径小,蒸罐的空间利用率大,节约蒸汽,能较快地达到需要的压力,并迅速渗透,蒸后织物光泽足,手感坚挺。但直径过小(小于200mm),成卷时的弯曲度过大,卷层较厚,容易形成紧式卷绕,影响织物的蓬松丰厚度。大直径蒸辊,在卷绕织物长度相同时,卷层厚度较薄,蒸汽较易穿透,蒸后织物光泽柔和,身骨柔软丰满。蒸辊直径的大小应根据产品要求选择使用。

　　蒸呢时为使蒸辊内部冷凝水与蒸汽分离,蒸辊内壁加装汽水分离小管(也称鹅毛管),每孔一个,可增强蒸汽的喷射能力。图10-1-87为MS472型罐蒸机蒸辊截面结构。

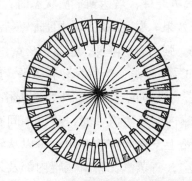

图10-1-87　MS472型罐蒸机蒸辊截面结构

1. 罐蒸机主要技术特征（表10-1-67）

表10-1-67　各种罐蒸机的主要技术特征

机器型号	MB471	MB 472	ED-21	KD-80	8CL	DKD03	MarK Ⅱ	Decoclay 2000（5CL）	NK- 62-IA- 6P	EKOFAST
制造国家及厂商	中国郑州	中国昆山	日本木村	意大利BSP	德国K&B	德国Hemmer	英国Sellers	德国K&B	日本日机	英国Mather
类型	四辊转塔	三辊转塔	四辊转塔	三辊转塔	吊杆式	四辊转塔	吊杆式	单辊固定	四辊转塔	连续罐蒸
压力或温度控制	压力控制	温度控制	压力控制	压力控制	压力控制	温度控制	压力控制	压力控制	压力控制	温度控制
控制范围（1×10^5Pa）	0.9~2.5	110~135℃	0.9~2.5	0.6~2.0	0.6~2.0	110~130℃	0.7/1.0/1.4	0.2~2.0	0.6~2.0	110~140℃
蒸罐内径（mm）	1060	900	1060	900	1300	1300	1016	2000	1150	2340
蒸辊外径（mm）	450	220	450	150	190	250	220	200	530	850
工作幅宽（mm）	1800	1800	1800	1800	1800	1800	1800	1600	1800	1680
卷绕或运行呢速（m/min）	6~60	0~45	6~60	0~45	16~80	0~60	0~55	10~40	6~60	15~30
最大卷绕直径（mm）	800	750	800	750	1000	1030	890	750	900	855
卷绕呢匹长度（m）	200	290	200	300	450	330	350	200	300	9*
每小时蒸呢卷数	4	4	4	4	3~4	3~4	3~4		4	连续
台时产量（m）	800	1160	800	1200	1350	1300	1050	400	1200	1200~1500
罐内抽真空或以汽排气	抽真空	以汽排气	抽真空	以汽排气	以汽排气	抽真空	抽真空	以汽排气	抽真空	以汽排气
电动机装机总容量（kW）	46	35.84	45.25	27	37.4	42	41	25	42.7	66
耗汽（kg/百米织物）	17~28	11~12	16~24	7.5~8	8~10	9~15	19~20	30~32	17~29	50~60
占地（m^2）	57.8	50.3	57.2	50.3	61.2	48.3	42.9	39	65.2	190

*蒸罐内连续呢匹长度9m。

2. 鼓形罐蒸机

这种机型相当于普通的单滚筒蒸呢机外加一只大直径的鼓形蒸罐，蒸辊只有一个，蒸辊按蒸罐的直径方向安置并固定在蒸罐中，因而蒸呢过程的成卷、抽冷、退卷出呢，都必须占用蒸罐，如德国K&B公司的Decoclay2000型罐蒸机。这种罐蒸机操作简单，蒸辊不必吊进与推出。如关闭罐门则起罐蒸作用。蒸罐内蒸汽压力为（0.196~1.96）×10^5Pa（0.2~2kgf/cm^2），温度105~130℃，蒸汽的流向可以从内向外，也可以从外向内。当打开罐门时，即为普通的常压蒸呢，此时蒸汽的流向仅由蒸辊内向外汽蒸。这种设备又被称为全蒸呢和半蒸呢两用机。这种罐蒸机的特点是蒸罐的空间利用率小，成卷织物占罐内空间只有21%左右，如图10-1-88（a）所示。罐蒸时，整个压力容器内必须充满蒸汽，蒸汽耗用量大。此外，由于蒸辊固定在蒸罐中，其成卷、汽蒸、抽冷、出布不能同时进行，台时产量较低。

图10-1-88（b）所示为成卷织物的蒸辊与蒸罐内的蒸轴同心，空间利用率大。图10-1-88（c）所示为成卷织物放在推车上推入蒸罐内，推车占一定位置，成卷织物偏上，空间利用率小。图10-1-89为鼓形罐蒸机。

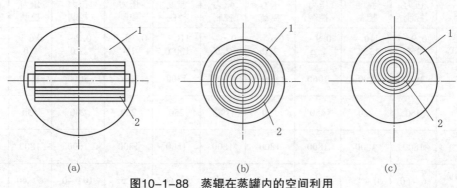

(a)　　　　　　　　(b)　　　　　　　　(c)

图10-1-88　蒸辊在蒸罐内的空间利用

1—蒸罐　2—织物

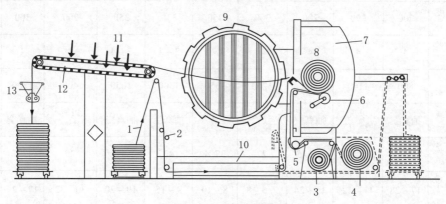

图10-1-89　鼓形罐蒸机

1—织物喂入　2—织物运行平整器　3—光面包布　4—绒面包布

5—包布张力控制器　6—卷绕压力辊　7—蒸罐　8—蒸辊　9—有锁紧装置的罐门

10—操作台　11—空气快速吹冷单元　12—输送带　13—折幅架

3. 转塔式三蒸辊全自动罐蒸机

该机由蒸罐及转塔等组成，在塔处可以完成的作业如成卷、抽冷、退卷出呢等都安排在一个转塔上进行，如图10-1-90所示。同时罐内可以进行汽蒸，当汽蒸完毕，另一个已卷好织物的蒸轴从转塔上置换已蒸好的蒸轴。整个罐蒸过程通过转塔协调循环进行。

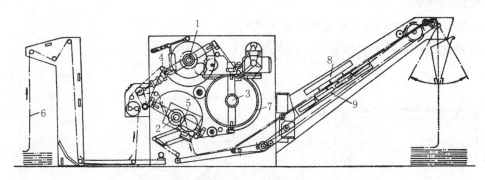

图10-1-90　转塔式三蒸辊全自动罐蒸机

1，2，3—蒸辊　4—卷绕装置　5—退绕装置　6—待蒸织物　7—蒸罐　8—吹冷空气　9—抽风

该机全机自动控制，操作者只需卷绕织物，而退绕、出呢、调换蒸辊等均由自控装置完成。该机有3个蒸辊2块包布，进布与出布由两只测速电动机测速，使线速度不变。包布张力根据退绕时直径大小控制，在整个卷绕过程中包布张力保持恒定。

蒸呢时，有的机型不采用蒸罐抽真空排除空气的方法，而采用以压力蒸汽输入蒸罐后，将罐内空气排挤出去的方法，达到充满蒸汽后升压罐蒸。这种罐蒸机如国产MB472型、意大利BSP公司的KD-80型、美国Gessnes公司的PP型罐蒸机等。

该机操作时，蒸辊1在卷绕装置4上将待蒸织物卷绕在蒸辊上。卷绕完毕，蒸辊1与传动部件脱开，同时包布和加压辊松开，撤去转塔定位销，然后转塔以顺时针方向转动120°，蒸辊1到达进罐位置，由汽缸牵手带动蒸辊在过桥轨道上滑移到蒸罐，接着撤去过桥轨道，抬起牵手，自动关闭罐门并锁紧。打开进气阀和排气阀。当排气阀完全排出空气后自动关闭，再继续进入蒸汽升压，达到规定的压力时，计时器开始计时。汽蒸结束后，排气阀开始排气，待罐内压力降至常压时，表示蒸呢结束。这时，蒸罐安全阀松开，打开罐门，降下过桥轨道，同时放下牵手，带动蒸辊出蒸罐，进入转塔。利用循环水泵产生负压，使连接循环水泵的吸盘与蒸辊的芯轴口吻合，进行抽冷。随转塔转动120°，至退绕装置5，织物由传送带经补充冷却区吹冷空气并抽吸后出机。当蒸辊1进入蒸罐时，蒸辊又随着转动120°，到达卷绕装置4，将待蒸织物卷绕于蒸辊上。3个蒸辊依上述操作方法和顺序定时转动120°，循环蒸呢。该机可进行加压及常压蒸呢。

根据蒸呢压力及朝向，可以有6种蒸呢方式：全蒸外向里，全蒸里向外，半蒸外向里，半蒸里向外，全蒸外向里加里向外，全蒸里向外加外向里。

4. 转塔式四蒸辊全自动蒸呢机

该机与三蒸辊的运行大致相似，如国产MB471型、日本木村ED-21型、德国Hemmer的DKD03型等。4只蒸辊3块包布同时分别进行进布、出布、汽蒸、抽冷等工作。蒸辊直径较大，为450mm，在卷绕织物长度相同时，卷层厚度较薄，蒸汽较易穿透。

蒸呢工艺用于全毛和毛混纺产品。其工艺为：抽真空→外汽内抽→闷汽→外汽内抽→内汽外抽→恢复到大气压力。循环中每一顺序所需时间可按要求规定。

（四）连续蒸呢机

1. 黑末尔（Hemmer）单滚筒连续蒸呢机

这种蒸呢机的汽蒸和抽冷在同一蒸呢滚筒上，如图10-1-91所示。

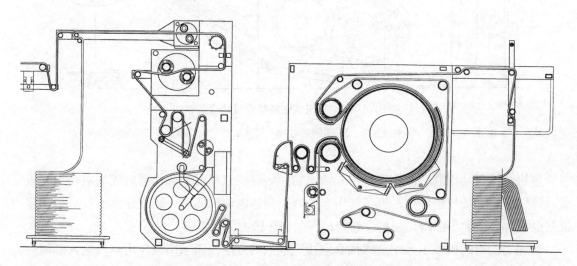

图10-1-91　黑末尔单滚筒连续蒸呢机

加工时，先开空车，调节速度、蒸汽压力、吸风量、预热导带、张力等，再开始蒸呢。

环形蒸呢毯应注意维护，因系针刺聚酯纤维毛毯，不能有脏物及化学品沾附，并应注意纬斜及宽窄的变形。蒸呢滚筒套也是针刺聚酯纤维毛毯，易沾污，蒸呢中的脏物、化学品沾附后会减少透气性，增加亲水性，使蒸呢质量下降，蒸后呢面出现斑点，应做好清洁工作。

2. 门歇尔·克脱林·勃朗（Menshner. Kettling. Braun）双滚筒连续蒸呢机

该机汽蒸和抽冷由两个滚筒分别进行，其中一个汽蒸，随即经另一个滚筒抽冷（图10-1-92）。

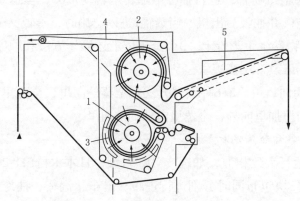

图10-1-92　门歇尔·克脱林·勃朗双滚筒连续蒸呢机

1—蒸呢滚筒　2—抽冷滚筒　3—蒸汽匣　4—环形蒸呢毡　5—冷却区

（五）单滚筒蒸呢机、双滚筒蒸呢机、罐蒸机的特点（表10-1-68）

表10-1-68　各种罐蒸机特点比较

机　型	特　点
单滚筒蒸呢机	1. 蒸呢滚筒直径大，织物卷绕层较薄，定形作用较好，蒸后织物光泽柔和 2. 可以用内汽（由内向外喷汽）、外汽（开滚筒外汽使蒸汽穿入滚筒内部）蒸呢或抽冷，内外层质量差异小，一般只要蒸呢一次 3. 冷却部位多，冷却快
双滚筒蒸呢机	1. 蒸呢滚筒直径小，卷呢层数多，单向喷汽、抽冷，内外层质量差异大，宜调头翻身蒸两次 2. 两个滚筒交叉进行蒸呢，生产效率较单滚筒蒸呢机高
罐蒸机	1. 定形效果好，蒸后织物光泽足，持久，弹性好 2. 出布、进布、卷绕、抽冷在罐外进行，生产效率高 3. 织物强力有所降低

二、蒸呢工艺因素

（一）温度与时间

蒸汽温度高，蒸呢时间长，羊毛定形作用好，蒸后织物呢面平整，弹性好，光泽持久。蒸呢时间应按羊毛品种和纱线捻度等掌握。精纺织物羊毛细、捻度小时，时间宜短些；羊毛粗、捻度大时，时间应长些。但温度过高、时间过长，羊毛损伤增大，色泽泛黄，强力下降。蒸呢温度偏低，时间太短，蒸汽不易均匀穿透织物，蒸呢后呢面不平整。手感粗糙，光泽差。开式蒸呢蒸汽压力需394kPa（3kgf/cm²）左右，并保持稳定，时间为7~15min（蒸汽自包布冒出）。

罐蒸温度，毛织物一般不超过130℃。124℃时，羊毛中的键合已达80%左右。从手感光泽看，115~120℃时光泽柔和，手感柔软；124℃时光泽、手感均中等；128℃时光泽足，手感坚挺。罐蒸温度宜按坯布紧密度及成品手感要求而定。

织物pH值为6~7时，泛黄安全系数（最长时间）：110℃时为6min，115℃时为4min，120℃时为3min，125℃时为2min，130℃时为1min。

罐蒸时的蒸呢温度，大多是控制进入蒸罐的蒸汽压力，而不控制蒸呢温度。这样，如热源是标准的饱和蒸汽，则控制压力与控制温度是一致的。如采用过热蒸汽，压力虽相同而温度差异很大。如选用1.27×10⁵Pa（1.3kgf/cm²）的罐内工作压力，如采用饱和蒸汽，罐内温度应为124~125℃，而用过热蒸汽，罐内实际最高温度可达140℃以上，且实际温度随机而不同，生产中往往出现织物被蒸坏的情况，其原因主要由于供汽压力不足，罐内虽未达到预定压力，但实际温度已上升，自控系统不能进入排汽，恢复罐内大气压力的程序，这样，织物长时间处于高温汽蒸状态下易损伤。因此，掌握各类织物的罐蒸温度较为合理安全，在加工时，应同时注意罐蒸压力和温度的变化，避免蒸坏织物。

说明：

（1）饱和蒸汽：一种蒸汽充分地聚集，以致与同种物质的液体形态平衡共存。即当同一时间内逸出和进入的分子数目相同时，这种液体同其蒸汽处于平衡状态。即水蒸气在同一时间逸出和进入的水分子数目相同时的平衡状态。

（2）过热蒸汽：被加热到高于其沸点的蒸汽，即将蒸汽与产生蒸汽的水脱离后，在恒压下对蒸汽进行加热，这时蒸汽的温度会继续增高，达到比饱和蒸汽温度更高的温度。

（3）饱和蒸汽的温度与压力的对应关系如表10-1-69所示。

表10-1-69 饱和蒸汽温度与其压力的对应值

饱和蒸汽压力（表压）		饱和蒸汽温度（℃）
Pa	kgf/cm²	
1.97×10^5	2.11	133
2.63×10^5	2.685	140
3.17×10^5	3.237	145
3.77×10^5	3.854	150

（二）张力

选择包布及成卷条件，与蒸呢质量有密切的关系，尤其是张力。包布和织物张力应根据产品风格掌握，精纺薄型织物的张力要大，包布要紧，蒸后织物呢面平整，手感薄挺。中厚织物张力要小，包布要松，蒸后织物柔软、丰满、活络。粗纺织物较厚，张力要大些。但织物张力过大，蒸后手感呆板、较薄，缩水率增大，精纺织物易产生包布印（水印）。对华达呢、马裤呢等织物会使贡子扁平。如张力过小，则会影响定形效果，光泽差，易产生波状横印。

通常罐蒸时，包布的小张力卷绕为392～490N（40～50kgf），中张力卷绕为0.98～1.17kN（100～120kgf），大张力卷绕为1.76～1.96kN（180～200kgf），同时压辊的压力需与张力相适应。

（三）冷却

蒸呢后抽吸冷却，目的在于稳定定形效果。抽吸程度对产品手感有一定影响，出机温度低，定形作用好。抽吸时间过长，织物手感板；抽吸时间短，可保持一定回潮率，出机温度偏高些，手感柔软。因此，抽吸冷却程度，需定形和手感兼顾。有些产品蒸呢后不抽吸冷却，出机卷轴自然冷却，其手感、身骨、弹性都好。

（四）蒸呢包布

蒸呢包布又称蒸呢衬布，它像汽蒸定形的模具，毛织物在蒸呢定形过程中，蒸呢包布的性质与表面结构会直接影响织物的手感。如包布的经纬纱密度大、纱支高，则加工的织物表面细洁。包布由全棉及涤棉原料制织。全棉包布，蒸后织物光泽自然，手感柔软，但包布易损坏。涤棉包布，蒸后光泽较强，手感较板。包布表面有光面及绒面两种，光面包布蒸后织物光泽较好，手感挺。绒面包布，蒸后织物手感柔软丰满，光泽自然。

1. 蒸呢包布的组织结构

包布的布边用强力大的纱或采用不同组织结构来处理，宽度在15~20mm范围内，下机后布边应微呈荷叶边状，可延长布边的耐用期。强力大的纱可采用强度高、能耐热的合成纤维纱，一般用锦纶6或锦纶66。

蒸呢包布的坯布下机后，需进行整理。其工艺一般为：去污渍→平幅洗（不宜用绳状洗呢机加工）→烘干→平幅洗→烘干。经过两次洗涤收缩，可得到较好的定形效果。涤棉包布还需经热定形工序。

蒸呢包布应有一定的透气度，使蒸汽能穿过包布和织物达到蒸呢效果，如全棉缎纹包布，厚度0.7mm，透气度约为2.4m³/（cm²·s）。涤65%、棉35%的缎纹包布，厚度0.5~0.8mm，透气度约为2.8m³/（cm²·s）。斜纹涤棉包布厚度0.6mm，透气度约为1.7m³/（cm²·s）。

蒸呢包布不宜过短或过长，通常，包布应比织物宽（不小于10~15cm），长度要比一次加工织物的总长度长30~40mm。包布过窄，蒸汽易外溢。长度过短，包布卷绕少，影响蒸呢质量。各种蒸呢包布规格举例见表10-1-70。

表10-1-70　各种蒸呢包布规格

产地	原料 经	原料 纬	线密度tex（英支）经	线密度tex（英支）纬	加捻方式 经	加捻方式 纬	密度（根/10cm）经	密度（根/10cm）纬	组织	备注
德国	棉	棉	13.66×3（42.69/3）	22.4×1（25.99/1）	Z/Z/Z→S	Z	276	802.5	$\frac{4}{4}$↗纬面斜纹	光面
德国	棉	棉	28.5×2（20.48/2）	111.9×1（5.21/1）	Z/Z/Z→S	Z	184	332	$\frac{3\ 1}{1\ 3}$纬二重	绒面
德国 K&B	棉	棉	17.7×3（33/3）	14.9×1（38.98/1）	Z/Z/Z→S	Z	273	1188	$\frac{4}{4}$↗纬面斜纹	光面
意大利 KD公司	棉85 涤15	棉85 涤15	12.9×3（45/3）	14.6×2（40/2）	Z/Z/Z→S	Z/S	280	1000	8枚5飞纬二重	光面
日本	棉/涤	棉	12.9×3（45/3）	19.4×1（30/1）	Z/Z/Z→S	Z	376	1297	8枚5飞纬二重	光面
日本	棉/涤	棉	12.9×2（45/2）	12.1×1（48/1）	Z/S	Z	369	1326	8枚5飞纬二重	光面
中国上海第一毛纺厂	长绒棉	长绒棉	29.2×2（20/2）	11.7×2（50/2）	Z/S	Z/S	251	1098	8枚3飞纬二重	光面
中国上海第五毛纺厂	棉	棉	18.2×3（32/3）	9.7×2（60/2）	Z/Z/Z→S	Z/S	286	1000	8枚3飞纬二重	光面
中国天津仁立毛纺厂	棉	棉	27.8×2（21/2）	9.7×2（60/2）	Z/S	Z/S	296	1142	8枚5飞纬二重	光面
中国上海奉贤毛纺厂	棉	棉	18.2×3（32/3）	9.7×2（60/2）	Z/Z/Z→S	Z/S	260	956	8枚5飞纬二重	光面

2. 蒸呢包布的使用

在蒸呢机滚筒上先绕3层玻璃纤维织物，不要绕石棉，因不利于蒸汽穿透。然后绕10层全棉松结构的粗布，用以吸收蒸汽中的脏水，使包布干净，这层粗布应经常更换。上述两种包垫织物应包至滚筒边缘，以保护包布的布边不被滚筒烘焦。用旧包布代替粗棉布，也不利于蒸汽的穿透。在加工过程中，蒸呢包布绕上滚筒后，切忌急刹车。包布使用一定时间后，应调头使用，以延长使用期。蒸呢包布必须经常保持干燥并定期清洗。

三、工艺举例

开式蒸呢、罐蒸、连续蒸呢各有其特点，应根据产品要求选择使用或组合使用。精纺全毛中厚织物，可以按需要先采用罐蒸，再经开式蒸呢轻蒸，以改善对丰满度的影响。蒸呢工艺举例见表10-1-71。

表10-1-71　蒸呢工艺

机型	品种		张力	汽蒸（min）	抽冷（min）	蒸呢次数
N711型单滚筒蒸呢机	精纺	全毛、毛涤薄花呢	大	内汽7 外汽8	15~20	1
		全毛、毛黏中厚花呢	小	内汽7 内汽8	15~20	1
	粗纺	海军呢、制服呢	大	内汽15	20	1
		女式呢、大衣呢	小	内汽10	15	1
双滚筒蒸呢机	全毛、涤/毛薄花呢		大	内汽8	15~20	2（第二次调头翻身）
	全毛、毛/黏中厚花呢		小	内汽5~10	10~20	2（第二次调头翻身）
罐蒸机	精纺全毛、混纺织物		1. 抽真空罐蒸机 （1）罐内抽成真空5.32×10⁴Pa（400mmHg） （2）开外汽，内抽气3~4min，对呢坯给湿 （3）内外开汽，加热加压，气压（0.78~1.18）×10⁵Pa（0.8~1.2kgf/cm²），2~3min （4）自外部向蒸辊内通入蒸汽，外蒸内流3~4min （5）自蒸辊内部通入蒸汽，内蒸外流2~5min （6）抽罐内蒸汽，并恢复到大气压力2~3min （7）出机，机外抽冷 2. 用压力蒸汽排空气的罐蒸机 （1）开进汽阀和排气阀，当排气口温度达到100℃，运行6s，罐内为全部蒸汽时，关闭排气阀 （2）继续升压到工艺要求的压力或温度，计时器计时 （3）到达工艺要求的罐蒸时间 （4）打开排气阀 （5）出机，机外抽冷			

（汽蒸、抽冷等列对应罐蒸机行以说明文字填充）

四、蒸呢操作注意事项

（1）开式蒸呢机开车前，先放去冷凝水，避免沾湿呢坯及包布，停车或开车一定时间，及时开启回汽阀门，将回汽水外流，以免积水过多，呢坯受潮。

（2）N711型蒸呢机卷绕完毕后，应将包布的两边缚紧，防止蒸汽从两边逸出，减弱蒸呢效果，避免因呢坯两边和中间受热不一致，造成呢边色泽深浅。

（3）罐蒸机的卷绕与退卷同时进行，须随时观察进呢与出呢运转正常与否。调换蒸辊位置时操作要小心，防止意外。

（4）罐蒸机蒸呢时，对于不采用抽真空，而采用压力蒸汽使空气排出的机型因罐内没有抽冷装置，出罐的热蒸辊容易因抽冷不匀，产生潮边现象。此外，如热蒸辊长时间不能进入抽冷装置，还会造成包布和产品边道湿印及边深疵点。因此热蒸辊出罐后应及时进入抽冷装置抽冷。

（5）加工中应随机检查蒸后织物的身骨、手感及光泽等。

（6）如机台发生故障，必须切断电源后方可检修，尤其是罐蒸机，防止发生事故。

（7）单滚筒开式蒸呢机，其坯布及包布应慢速进机卷绕，操作人员与滚筒应保持一定距离。当发现坯布有较多皱折时，必须停机后处理，不得用手边处理边进机，防止手被卷入呢坯，发生安全事故。

五、蒸呢疵点产生原因及防止方法（表10-1-72）

表10-1-72　蒸呢疵点产生原因及防止方法

疵　点	产　生　原　因	防　止　方　法
搭头印	1. 织物呢头卷折毡化或织造时所用隔码纱较粗硬，未剪除 2. 开车时张力过紧 3. 呢匹两头或匹与匹之间包布空绕圈数太少	1. 进布前剪去呢头毡化而增厚的部分及两头的隔码纱 2. 张力要适当 3. 第一匹进机完毕，包布要多绕几圈再上第二匹，第二匹上机时，要与第一匹的匹尾隔层衔接
包布印（水印）	1. 包布张力过大，呢坯卷绕过紧 2. 包布装反	1. 进机时呢坯、包布张力勿过紧 2. 重新装好包布，呢面正面上机，包布的正面向下
折皱	进布不平整	进布要平整，如有折皱，随时纠正，但要注意不因纠正呢面歪斜使呢坯张力突然发生变化
水渍	1. 进机时一面卷呢一面开汽，开得过快，水汽分离器内的剩水一同随蒸汽喷出，使织物和包布受潮 2. 开车前滚筒和供汽管内存水未放去，滚筒供汽管漏水，汽罩滴水	1. 呢坯必须卷绕完毕后方可开汽，蒸汽不能开得过快，防止水汽分离器积水过多 2. 应先将存水放去，滚筒漏水及时检修
边深浅	1. 包布装得不齐或呢坯卷绕不齐 2. 幅宽差异大的呢坯同机蒸呢	1. 包布和呢坯都要卷绕整齐，防止歪斜 2. 同机蒸呢的幅宽必须接近
纬斜	1. 呢坯两边张力不匀 2. 前工序造成纬斜严重，头接头不平直 3. 布边松紧不一致 4. 平缝不齐整 5. 整纬弯辊调节位置不当	1. 进机时两边张力要一致，保持经直纬平，如有纬斜随时纠正 2. 严格把关及时反馈质量信息 3. 及时校正张力架导布辊 4. 平缝齐 5. 根据纬斜方向对应调节
漂白织物有黄色斑渍	蒸呢包布局部潮湿	事先应检查包布的干湿情况，包布潮湿时，需烘干后再蒸呢
横档印	1. 包布张力太松或不均匀 2. 光开外汽或外汽开得过大 3. 蒸汽开得过大 4. 结构松的产品卷绕过多，张力过松或不均匀	1. 适当调节包布张力并使包布卷绕张力均匀 2. 优选工艺参数 3. 开汽要适当 4. 卷绕不能过多，靠外层上机，或是提高包布张力

第十九节　电压

电压又称纸板压呢，将精纺毛织物平幅折叠并夹在各层纸板与电热板之间，在一定的温度、回潮、压力及时间作用下，使压后织物呢面平整，光泽好，手感滑润，柔软，并有身骨。要求织物贡子饱满的华达呢、直贡呢等不宜电压，以免贡子被压扁。电压有其特有的风格，但耗工时多，产量低，光泽持久性差，应根据产品和订货要求选择使用。

一、电压机

（一）N731型电压机的主要技术特征（表10-1-73、图10-1-93）

表10-1-73　N731型电压机的主要技术特征

项　目		主要技术特征
工作幅宽（mm）		1600
每次压呢匹数（匹）		10~15
织物最大单位压力（Pa）		18.3×10^5（$18.7kgf/cm^2$）（幅宽以144cm计）
纸板尺寸（长×宽×厚）（mm）		$1680 \times 950 \times 1$
电板尺寸（长×宽×厚）（mm）		$1700 \times 945 \times 3$
测温板尺寸（长×宽×厚）（mm）		$1700 \times 945 \times 15$
电压机	最大总压力（kN）	2509
	柱塞最大动程（mm）	1200
	上下压板间隔距离（mm）	2400
油泵	形式	卧式2级三柱塞R251型油泵
	单位压力（Pa）	49×10^5（$50kgf/cm^2$），294×10^5（$300kgf/cm^2$）
	曲轴转速（r/min）	95
	柱塞行程（mm）	80
夹呢车	形式	四轮手推式
	台面尺寸（mm）	1870×1020
	高度（mm）	下夹呢车340，上夹呢车320
	搭扣器间距离（mm）	1600~2400
	夹呢距离（mm）	1100~1900
外形尺寸	总占地面积（长×宽）（m）	9×9
	压呢机轮廓尺寸（mm）	长1790×宽1600，总高6035，地面高3955
	折呢加板机（mm）	长5095×宽2520，总高7510，地下深5050
	单行起重滑车（mm）	离地高5000
重量（t）		全机重约16，其中压呢机约8.6，夹呢车每组约0.8，搭扣每副约0.065，手动运输台约0.5，折呢加板机约2.2，油泵约1

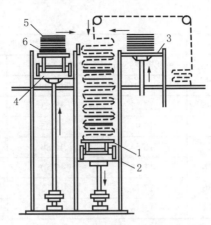

图10-1-93　N731型电压机

1—夹呢车　2—中台面　3—右台面　4—左台面　5—纸板　6—电热板

（二）工艺计算

织物受压面积：纸板宽95cm，毛织物幅宽以144cm计，织物受压面积＝95×144＝13680（cm^2）

压呢机总压力：柱塞直径330mm，其截面积855cm^2。最高油压294×10^5Pa（300kgf/cm^2）。则总压力＝855×300≈256500（kgf）≈2509（kN）

织物单位面积最高受压力：256500÷13680＝18.75（kgf/cm^2）＝18.4×10^5（Pa）

油泵表压与织物所受压力对照表如表10-1-74所示。

表10-1-74　油泵表压与织物所受压力对照表

油泵表压				织物所受压力			
Pa×10^5	kgf/cm^2	t/英寸²	总压力（kN）	纸板宽95cm，织物幅宽144cm		纸板宽95cm，织物幅宽149cm	
				Pa×10^5	kgf/cm^2	Pa×10^5	kgf/cm^2
98	100	0.65	838	6.125	6.25	5.92	6.04
107.8	110	0.71	922	6.74	6.88	6.51	6.64
117.6	120	0.77	1006	7.35	7.50	7.11	7.25
127.4	130	0.84	1089	7.98	8.13	7.69	7.85
137.2	140	0.90	1173	8.58	8.75	8.29	8.46
147	150	0.97	1257	9.19	9.38	8.88	9.06
156.8	160	1.03	1341	9.8	10.00	9.47	9.66
166.6	170	1.10	1424	10.42	10.63	10.06	10.27
176.4	180	1.16	1508	11.03	11.25	10.65	10.87
186.2	190	1.23	1592	11.64	11.88	11.25	11.48
196	200	1.29	1676	12.25	12.50	11.84	12.08
205.8	210	1.35	1760	12.87	13.13	12.43	12.68
215.6	220	1.42	1842	13.48	13.75	13.02	13.29
225.4	230	1.48	1927	14.09	14.38	13.61	13.89
235.2	240	1.55	2011	14.7	15.00	14.21	14.5

续表

油泵表压				织物所受压力			
Pa × 10⁵	kgf/cm²	t/英寸²	总压力（kN）	纸板宽95cm，织物幅宽144cm		纸板宽95cm，织物幅宽149cm	
				Pa × 10⁵	kgf/cm²	Pa × 10⁵	kgf/cm²
245	250	1.61	2095	15.32	15.63	14.79	15.1
254.8	260	1.68	2179	15.93	16.25	15.39	15.7
264.6	270	1.74	2263	16.54	16.88	15.78	16.31
274.4	280	1.81	2346	17.15	17.50	16.57	16.91
284.2	290	1.87	2430	17.77	18.13	17.17	17.52
294	300	1.94	2514	18.38	18.75	17.76	18.12

二、电压工艺因素

1. 压力

织物受压大小可根据产品而定。一般薄型织物，组织较紧密，手感平滑挺括，压力宜大些，一般为（245～294）× 10⁵Pa（250～300kgf/cm²油泵表压）。中厚织物要求手感柔软丰满，压力宜小些，一般为（147～196）× 10⁵Pa（150～200kgf/cm²油泵表压）。

2. 温度

电压方法有冷压和热压与冷压相结合两种。冷压使织物表面平整、均匀，但对手感改进少。经热压再给以一定时间的冷压，能增进产品的滑润和光泽，并可得到较为持久的风格。由于织物在一定回潮下热压后可使羊毛和纱线柔软膨胀，因此电压后的成品显得紧密、平滑。

通常，需要光泽较亮的产品，温度宜高些，约60～70℃，但温度过高易产生平面蜡光和电压档（电压纸板印）。需要光泽柔和的产品，温度宜稍低，约为40～60℃。电压后要有一定的保温时间，使呢匹内部温度均匀，一般为20min。如电板和纸板的张数多，时间可适当增加。

热压后须有一定的冷压时间，使之逐渐冷却。每次冷压约8～12h。织物冷压时间短即出机，光泽容易消失。黑色、藏青色或驼丝锦织物，可不加热，利用纸板的余热冷压，避免蜡光。藏青高支哔叽，35℃左右冷压8h×2次，光泽自然，有丝光感。

3. 次数

采用两次电压，第二次应变换织物位置，使呢面受压均匀。

4. 回潮率

纯毛织物回潮率一般以14%～16%为宜。回潮率过大，会损伤纸板。

三、工艺举例

电压工序一般安排在蒸呢、给湿后或蒸呢后。有些产品，根据需要采用电压后再轻度蒸呢，以消除电压蜡光。电压工艺如表10–1–75所示。

表10-1-75　电压工艺

品种	压力		温度	保温时间	冷压时间	次数	电板和纸板间隔张数
	Pa	kgf/cm²	（℃）	（min）	（h）		
薄型织物：薄花呢、凡立丁等	（245~294）×10⁵	250~300	50~70	20	6~8	2	1:30~1:36
中厚织物：中厚花呢、单面花呢等	（147~196）×10⁵	150~200	50~70	20	6~8	2	1:30~1:36

四、电压操作注意事项

（1）通电加热、打磅加压、推车运行必须注意安全。压呢活塞和升降折呢台切勿升起过高。加压后放压前必须将长螺丝摆正并拧紧。

夹呢车上的三对长螺丝必须全部使用，并经常检查有无损坏，防止发生事故。

（2）自动停止加压装置、自动控制温度和时间的各种仪表及吊压板、长螺丝等装置，要定期检查，保证安全可靠。

（3）电板要定期检查测定。

（4）边字较厚的织物，宜与无边字的织物搭配电压，以提高电压质量，防止损坏纸板。

五、电压疵点产生原因及防止方法（表10-1-76）

表10-1-76　电压疵点产生原因及防止方法

疵　点	产　生　原　因	防　止　方　法
折痕、皱痕	1.织物进机时不平整 2.纸板使用日久，破裂折皱	1.进布要平整 2.不要使用已经破裂折皱的纸板
蜡光、边蜡光	1.温度过高、压力过大或织物回潮率过大 2.有边字的织物，边字太厚	1.按产品掌握温度、压力、回潮率 2.改进边字设计
电压档（电压板印）	1.呢坯回潮率过大，电压温度过高、压力过大 2.折幅处暴露在外的织物和内层织物的温度差异大，或电热板的上下衬贴纸板少 3.织物只压一次，未调换位置再压 4.操作不当，进布张力大 5.电板的电阻不正常，局部温度过高	1.按产品控制回潮率、温度、压力 2.注意季节性气温，控制内外温差，冬季在压呢车四周采用保暖措施，每张电热板的上下部位宜衬贴纸板2~3张 3.应调换位置再压一次 4.进布张力要均匀适当 5.电板应定期检查测定
光泽不匀，光泽差异	压前给湿不匀，间歇时间短，靠近夹呢车上下压板的织物温度较低，与中间织物的温度差异大	给湿要均匀，要有一定间歇时间，必要时靠近上下压板的织物，适当延长插电时间
呢面泛黄	温度太高	使用定温、定时自控装置，控制插电温
局部烧破	电板损坏，传导不良，形成短路，产生火花燃烧	经常检查电板，发现损坏立即调换，插电时注意电板情况

第二十节　预缩

在整理过程中，毛织物受到张力而产生潜在的应力，在制衣和服用过程中或洗涤后，均将发生不可回复的收缩，影响成衣质量及服用性能。预缩可消除织物的潜在应力，降低成品汽蒸压烫缩率及浸水缩率，改善尺寸稳定性，并有利于提高成品的柔软蓬松度、丰满度和弹性。

一、预缩机

预缩机有悬挂式、连续汽蒸式两种。也可不配置专用预缩机，而采用一般的染整设备，进行预缩整理。

（一）悬挂式预缩机

悬挂式预缩机（图10-1-94）预缩，英国称为伦敦预缩法。先将织物充分润湿后，回潮率达到20%左右。然后间歇数小时，使水分均匀渗透，再放入规定湿度的预缩室内。预缩室温度为20～22℃，相对湿度为70%左右。将呢坯在无张力的状态下悬挂24h，使回潮率平衡至14%～16%。悬挂式预缩方法产量低，能耗及占地面积较大。

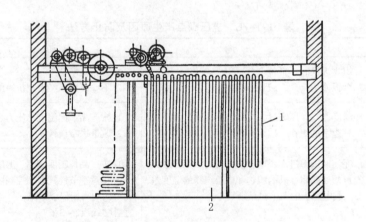

图10-1-94　悬挂式预缩机

1—织物　2—预缩室

（二）连续汽蒸预缩机

1. 斜式预缩机

该机由汽蒸滚筒、热烫装置及冷却装置组成，如图10-1-95所示。

呢坯平幅进入导布辊1，经汽蒸滚筒2汽蒸。通常温度不超过85℃，由超喂装置送入热收缩板4，在加热的收缩板上呢坯的回潮率有所降低，进入冷却区8时，吹入含湿的冷风进行吸风冷却，呢面温度降低到50℃以下，同时使回潮率回升。呢坯经过喷汽热烫和抽风冷却，受到两种温度的冲击变化，使其进一步收缩。呢速可按品种调节，一般为10～15m/min。

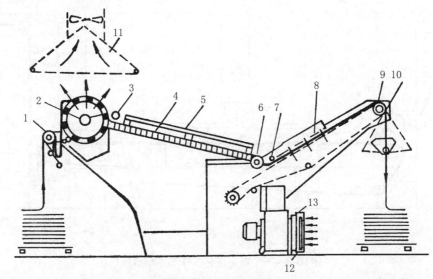

图10-1-95　斜式预缩机

1—导布辊　2—汽蒸滚筒　3—缩前测长装置　4—热收缩板　5—传热管道　6—导辊　7—缩后测长装置
8—冷却区　9—传动辊　10—折幅装置　11—吸风装置　12—空气冷却装置　13—水源

2. 卧式预缩机

这种预缩机如意大利斯布洛托·李马尔（Sperotto Rimar）SG/zeroM型预缩机，由进布、汽蒸、干燥、冷却等部分组成，如图10-1-96所示。

织物经超喂辊，折叠在涤纶制成的网状输送带上，速度可自动调节。然后经汽蒸区，蒸汽喷入织物内部。如需要提高预缩效果，可使用输送帘下的振荡装置，增加织物收缩。汽蒸后进入烘干区烘干，经冷却区抽风冷却。出机呢速为6～30m/min。该机预缩效果较好，但用汽量较大。

（三）应用一般整理设备进行预缩整理

此法不需要增加专用设备，可减少投资。方法是，呢坯经剪毛或蒸呢后，经浸轧机水槽浸轧，并给以短暂的放置，使织物松弛收缩。然后进行超喂烘干，经开式蒸呢，可同样获得良好的预缩效果，质量稳定。浸轧的水温，粗支纱织物，易于吸湿，约40℃；细支纱织物，一般纱捻度较大，约60℃。

二、预缩工艺因素

影响预缩的主要工艺因素是呢速、超喂量、蒸汽压力、蒸汽给量、振荡抽冷等。使用时，应根据织物结构及前道加工中的伸长情况加以调节，以得到预期的效果。一般是全毛织物的效果大于混纺织物，毡缩少的织物大于毡缩多的织物，松结构织物大于紧密织物，伸长大的织物大于伸长小的织物。

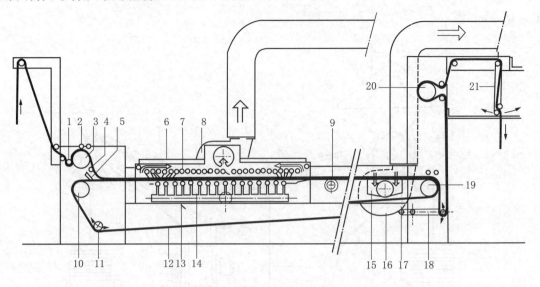

图10-1-96　斯布洛托·李马尔M型预缩机

1—张力架　2—压辊　3—织物喂入辊　4—拍打器　5—斜板　6—汽蒸盖板　7—汽蒸管

8—排汽扇　9—振荡器　10—传送带导辊　11—传送带自动校偏装置　12—传送带

13—蒸汽管　14—喷汽管　15—抽冷风管　16—风机　17—调节重锤

18—张力补偿辊　19—传送张力调节辊　20—出布导辊　21—折叠架

1. 织物经纬密度及整理中的张力伸长

精纺织物，结构较紧密的，汽蒸预缩的缩率较小，效果不很明显；结构较松的，汽蒸预缩效果较为明显。特别是松结构织物，其预缩效果较好。整理中张力伸长小的，缩率也小。张力伸长大的，缩率也大。预缩整理对于降低和稳定成品的缩水率和汽蒸缩率有一定的作用。服装厂为保证服装质量，要求汽蒸缩率男装面料不超过1%，女装面料不超过1.5%，因此要求经过预缩整理。

2. 呢速

呢坯在传送带上停留时间长，受到汽蒸的作用强烈，缩率大。呢速的快慢对缩率的影响明显。粗纺平厚大衣呢呢速对缩率的影响如表10-1-77所示。

表10-1-77　呢速对预缩率的影响（粗纺平厚大衣呢）

呢速（m/min）	经向预缩率（%）	纬向预缩率（%）
5	1.5	1.85
7.5	1.14	1
10	0.96	0.8
15	0.62	0.67

表10–1–77说明：呢速由慢而快，经纬向预缩率则由大变小。不同的组织规格，应采用不同的呢速。粗纺毛织物的呢速通常采用7.5～10m/min。

3. 超喂

超喂大，织物在传送带上折叠大，收缩较易；超喂小，织物松弛不够，收缩不易。一般以略打皱为度，超喂8%左右，在汽蒸时织物能完全处于松弛状态。

4. 汽蒸压力与给汽量

蒸汽压力大，温度高，水分少，穿透性好。蒸汽压力小，预缩效果差。给汽量以使织物受到较充分的汽蒸为度，回潮率达到30%左右。给汽量过大，有时在呢面产生水印，且蒸汽消耗大。毛纺厂通常使用的蒸汽压力为（4～5）×10^5Pa。

5. 振荡

织物在传送带上振荡，加剧纱线回缩，可使收缩增大。是否采用振荡，应根据前道的加工情况而定。如烘呢前的幅宽与成品一致，预缩时容易掌握成品规格。如烘呢时拉幅过多，经振荡后幅宽收缩过大，将不符合成品要求。坯布内在质量要好，不能有松紧档等，因为在拉幅烘干时，往往掩盖松紧档疵点，经振荡回缩后，纬纱收缩不一致，档子会显现出来。因此选择振荡与否，还应考虑呢坯的质量，妥善掌握。一般在汽蒸区振荡20～30s。在织造加工中，应防止松紧档的产生。

6. 冷却

织物经汽蒸后含湿热较大，呢面起拱，经抽冷后呢面平整。

7. 预缩工序的安排

首先应考虑织物是否存在较大的潜在应力，以及服装加工厂对缩水率及汽蒸缩率的要求，然后决定预缩工艺。预缩工序安排在蒸呢（罐蒸）前，使织物收缩后再定形，织物易收缩，其效果大于蒸呢后的预缩。通常要求手感丰满活络柔软的织物，可在蒸呢后再进行预缩，以弥补蒸呢后手感发板的现象。蒸呢后预缩时，超喂程度以呢坯在传送带上微起波形为度。超喂过大，呢面不平整。松结构织物，预缩时易出现纬斜，须注意控制。

三、减少张力伸长

采用预缩整理的同时，应注意减少整理中各工序的张力伸长，将经纬向的松弛收缩减少到最低水平。在染整中既要适当增加长缩、幅缩率，又要避免幅宽收缩过大及烘呢时为达到成品规格而强伸硬拉。在减少各道张力伸长时，特别要注意减少干整理中的张力伸长。

在各道工序中，都要防止织物的张力过大。经过每一道工序受到张力后，都要让呢坯有一定的间歇时间，使织物回缩，减轻纤维的疲劳度。一些优质呢绒，手感柔软，穿着时感到重量轻，手感丰厚，织物中的纱线形态弯曲波较大，截面较圆滚，用手轻拉纱线的弹性及伸长较好，织物的弹性也较好。反之，有一些呢绒中的纱线呈扁平形，弯曲波小，纱线的弹性和伸长较差，织物的手感、弹性、折皱回复性能也差。

在各道工序减少张力伸长至最低水平的基础上，再经预缩整理，才能更好地使织物尺寸稳定。预缩整理应根据产品需要合理安排，并非所有产品都一律要经过预缩整理。经预缩整理后，如产品有超重现象（包括减少整理中的张力伸长），应分析原因采取措施。如由于产品设计规格的原因，应及时调整。

第二十一节　精粗纺织物的整理工艺举例

　　染整工艺有很大的灵活性，工艺有多种变化，不可能有一条固定的染整工艺作为某类产品的加工准则，需随产品的用途、特征而异。应密切配合产品设计意图、所用原料、坯布结构、染化料及设备等因素，掌握工艺要点，灵活应用。不能照抄照搬他人的整理方法。在整个加工中，应十分重视发挥和保护羊毛原有的特性，减少其损伤，力求工序安排合理。该简化的不要延长、繁复；需精加工的，工艺要细致，并反复进行整理，至符合要求为准。工艺道数可以增减，方法可以不同。但最终要生产出质量好，深受消费者喜爱的产品，并能提高企业的生产效率和经济效益。

　　下面列举部分产品的加工工艺，供参考。

一、精纺织物加工工艺

（一）全毛中厚花呢（含单面花呢）加工工艺（表10-1-78）

表10-1-78　全毛中厚花呢加工工艺

工艺流程		生坯修补→（烧毛）→洗呢→（缩呢→冲洗）→煮呢→脱水→烘呢→中间检查→熟坯修补→蒸汽刷毛→剪毛→烫呢→给湿→电压→罐蒸→预缩→开式蒸呢
工艺条件	烧毛	一般中厚花呢可以不烧毛，要求呢面条纹清晰的产品，如单面花呢，可用强火焰快速烧毛，正、反面各1次
	洗呢	可选用以下工艺： 1. 油酸皂2.5%，209净洗剂2%，皂洗35℃、60min，冲洗35℃，逐步降温冲清 2. 油酸皂拼用合成洗剂两次洗呢： 初洗：纯碱1%~2%，油酸皂1%，209洗涤剂1%~2%，皂洗35~40℃、20min，冲洗35~40℃、10min 第二次洗：油酸皂1%，209洗涤剂1%~2%，皂洗35~40℃、60min，放去皂液，轧洗5min，冲洗35~40℃、60min 3. 合成洗剂，两次洗呢： 第一次洗：纯碱0.3%，浴比1:8，35℃、5min，加入209洗涤剂2%，35℃、30min，冲洗35℃、15~20min 第二次洗：209洗涤剂1%~1.5%，皂洗35~40℃、30min，冲洗35℃，逐步降温清洗
	煮呢	双槽，3匹，来回10次，前两次加压，90~95℃、60~70min，每槽加醋酸（98%）100mL，小张力，槽外喷冷水冷却
	剪毛	正面2次，反面1次
	蒸呢	开式蒸呢，汽蒸5min，抽冷10min，蒸2次，或用罐蒸蒸呢

　　注　1. 组织比较紧密的平纹、变化斜纹、菱形织物采用缩呢工艺，牙签条织物不缩呢。

　　　　2. 皂洗时间根据织物身骨情况掌握，以达到柔软丰满的手感为度。

　　　　3. 表中括号内工艺流程可根据具体情况决定。

（二）羊绒中厚花呢加工工艺（表10-1-79）

表10-1-79　羊绒中厚花呢加工工艺

工艺流程	（烧毛）→初洗→（缩呢）→洗呢→双槽煮呢→吸水→烘呢→中间检查→熟坯修补→刷毛→剪毛→蒸呢→给湿→间歇→电压	
工艺条件	烧毛	弱火焰，正、反面各1次
	初洗	净洗剂LS 0.5%，皂洗45℃、30min，冲洗15min
	缩呢	每匹加雷米邦A 1.5kg，单头轻缩15~20min
	洗呢	初洗：纯碱1%，209洗涤剂3%，皂洗38℃、60min，冲洗40℃、20min，随即加料进行第二次洗呢 第二次洗：纯碱1.5%，油酸皂5%，雷米邦A 2%，平平加O 2%，皂洗38℃、60min，冲洗50~30℃、约60min冲清，冲洗到35~40℃时，用1%氨水处理20min
	煮呢	双槽80℃，来回10次，50~60min，前4次加压，小张力，煮毕逐渐冷却出机，或卷轴自然冷却6~8h
	剪毛	正面4次，反面2次
	蒸呢	汽蒸10min，抽冷20min，蒸2次
	电压	压力176.4×10⁵Pa（180kgf/cm²）60℃，冷却6h，压2次

注　为减少羊绒在缩呢中的落毛，可以不进行缩呢，适当延长洗呢时间。

（三）全毛匹染华达呢加工工艺（表10-1-80）

表10-1-80　全毛匹染华达呢加工工艺

工艺流程	生坯修补→烧毛→洗呢→煮呢→匹染→（煮呢）→脱水→烘呢→中间检查→熟坯修补→蒸汽刷毛→剪毛→给湿→蒸呢→（预缩→蒸呢）	
工艺条件	烧毛	强火焰快速烧毛正反面各1次
	洗呢	可选用以下工艺： 1. 两次洗呢：初洗：纯碱0.5%，净洗剂105 1%，皂洗40℃、15min，冲洗40℃、15min 第二次洗：净洗剂LS 1.2%~1.5%，209洗涤剂0.5%，皂洗40℃、60min，冲洗40℃，逐步降温，冲清出机 2. 在洗缩联合机上进行绳状洗呢，40℃、60min，室温下冲洗20min，滚筒压力（2.0~2.5）×10⁵Pa，缩板压力（0.8~1.5）×10⁵Pa
	煮呢	双槽，2匹，80℃，来回6次，40~50min，进布加压，槽外冲水冷却，小张力，小压力
	剪毛	正面4次，反面2次
	蒸呢	开式蒸呢，汽蒸5min，抽冷10min，蒸2次或罐蒸

（四）全毛啥味呢加工工艺（表10-1-81）

表10-1-81　全毛啥味呢加工工艺

工艺流程	生坯修补→（缝袋）→缩绒→洗呢→煮呢→脱水→烘呢→中间检查→熟坯修补→蒸汽刷毛→剪毛→给湿→电压→罐蒸→预缩	
工艺条件	缩绒	可选用以下缩剂： 1. 油酸皂：合成洗涤剂=1:1，配成10%溶液 2. 209洗涤剂6%，净洗剂LS 1.5%双槽，2匹，85℃，来回8次，加压2次
	煮呢	在平洗连煮机上煮呢，温度为98℃，车速为15~20m/min，pH值为6

工艺条件	剪毛	采用四刀剪毛机剪毛，正面3次，反面1次，隔距为4张牛皮纸的距离
	蒸呢	罐蒸，罐内蒸汽压力1.37×10^5Pa（1.4kgf/cm²），给湿3min，内汽3min，外汽3min，抽冷14min，包布张力69～98kPa（0.7～1kgf/cm²）

注意事项：

（1）缩呢前的洗呢，应冲洗干净，缩绒时要充分发挥所加缩剂的作用。

（2）呢坯宜用离心脱水机或轧水机脱水，坯布含湿应均匀。含水量35%～40%。含水多少可根据品种经实验而定。

（3）缝袋时，对不易缩出绒毛的织物，可以将织物的正面朝外。对易缩出绒毛的织物，宜正面朝里，并观察实际绒面效果而定。

（4）缩剂浓度和缩绒效果有一定关系，缩剂应有一定黏度，但不能很浓、很黏。通常水和缩剂的比例为1:10左右，使缩剂能在呢坯上均匀扩散、吸收。

在缩绒过程中，随时注意长度、幅宽的变化，核对实物标样，绒面、手感要符合要求，防止缩绒不足或过度。光面啥味呢可不采用缩绒，但应加强洗呢工艺。

（五）全毛条染、匹染薄型织物（凡立丁、薄花呢、派力司、女式呢等）加工工艺（表10-1-82）

表10-1-82　全毛条染、匹染薄型织物加工工艺

工艺一		工艺流程	生坯修补→烧毛→煮呢→洗呢→匹染→煮呢→煮呢→脱水→烘呢→中间检查→熟坯修补→蒸汽刷毛→剪毛→给湿→蒸呢（罐蒸）
	工艺条件	烧毛	强火焰，快速，正反面各1次
		煮呢（白坯）	在平洗联合煮呢机上煮呢，温度为98℃，车速18m/min
		洗呢	在洗缩联合机上进行绳状洗呢，毛能净洗涤剂2%，浴比1：8，45℃皂洗50min，冲洗20min，滚筒压力2.5×10^5Pa
		剪毛	采用四刀剪毛机剪毛，正面3次，反面1次，隔距为4张牛皮纸的距离
		蒸呢	开式蒸呢，汽蒸15min，抽冷20min，蒸2次（或罐蒸）
		电压	压力228×10^5Pa（233kgf/cm²），45℃冷压4h，压2次
工艺二		工艺流程	连续煮呢80℃、3min，烘呢→烧毛→平幅洗呢（或缝袋绳状洗呢）→吸水→烘呢→熟坯修补→蒸汽刷毛→剪毛→电压→罐蒸→预缩（或浸轧→烘呢→开式轻蒸）

注意事项：

（1）烧毛前坯布应有良好的平整度。根据需要可采用生坯煮呢，拉幅烘干后再烧毛。

（2）不宜用干坯直接进行洗呢，否则呢面易产生鸡皮皱现象，必须采用生坯煮呢，初步定形后再洗呢。

（3）纯毛薄型织物因羊毛较细，缩绒性好，洗呢时间宜短，温度40℃以下，抑制洗呢中的轻缩绒作用，防止呢面发毛，厚度增加。

（4）宜采取罐蒸或开式蒸呢和罐蒸组合使用。蒸呢包布要紧。罐蒸及电压后再轻度蒸

呢，使被压扁的纱受蒸汽作用而有所恢复，改善手感。

（5）薄型织物的平、滑、轻、薄风格，需从织物设计开始创造条件，如纱的细度、捻度，采用双经单纬或单经单纬等。交织点需饱满，但不宜丰厚。在整个整理过程中，应掌握织物厚度的变化情况。

（6）整理工艺应根据用途确定，用于套装、上衣、裙料、夹克衫等时，应作相应的改变。

（六）毛涤薄花呢加工工艺（表10-1-83）

表10-1-83　毛（45%）涤（55%）薄花呢加工工艺

工艺流程	生坯修补→烧毛→煮呢→洗呢→脱水→（柔软处理）→烘呢→中间检查→熟坯修补→剪毛→热定形→蒸呢→揩油→蒸呢	
工艺条件	烧毛	强火焰快速烧毛
	煮呢	单槽，第一次90℃、20min，大张力，上滚筒加压，一次冷却，20~30min，调头翻身第二次煮呢，工艺同第一次
	洗呢	在平洗联合煮呢机上煮呢，温度为98℃，车速18m/min；在洗缩联合机上进行绳状洗呢，毛能净洗涤剂2%，浴比1:8，45℃皂洗50min，冲洗20min，滚筒压力2.5×10⁵Pa
	柔软处理	柔软剂适量二浸二轧，车速25m/min
	剪毛	采用四刀剪毛机剪毛，正面3次，反面1次，隔距为4张牛皮纸的距离
	热定形	高温定形，定形温度为170~180℃，超喂12%、9%，车速25m/min
	蒸呢	罐式蒸呢，蒸汽通汽方式为内→外→内，罐内蒸汽压力为（1.2~2）×10⁵kPa

（七）毛涤中厚产品加工工艺

1. 毛涤中厚花呢（包括哈味呢）加工工艺（表10-1-84）

表10-1-84　毛涤（含涤30%~40%）中厚花呢加工工艺

工艺流程	初洗→煮呢→缩呢→洗呢→煮呢→烘呢→中间检查→熟坯修呢→刷毛→剪毛→热定形→罐蒸（蒸呢）	
工艺条件	初洗	毛能净2%，浴比1:8，45℃皂洗60min，冲洗20min
	煮呢	在平洗联合煮呢机上煮呢，温度为98℃，车速18m/min
	缩呢	在洗缩联合机上进行绳状缩呢，缩呢剂为毛能净2%，浴比1:8，滚筒压力2.5×10⁵Pa缩板压力为
	洗呢	1.2×10⁵Pa，缩呢后皂洗30min，冲洗20min
	剪毛	采用四刀剪毛机剪毛，正面3次，反面1次，隔距为4张牛皮纸的距离
	给湿	增加湿度4%~6%
	蒸呢	罐式蒸呢，蒸汽通汽方式为内→外→内，罐内蒸汽压力为（1.2~2）×10⁵kPa

2. 毛涤华达呢加工工艺（表10-1-85）

羊毛含量低的毛涤匹染产品，可采用套染羊毛的工艺，生产周期短。

3. 工艺要点

（1）毛涤中厚花呢，应重视洗呢、缩呢工序，以增进手感弹性，尤其对含涤比例高、组织结构偏松或偏紧的织物，更应注意。缩呢温度50℃以上，保持织物的柔软性，减少条折痕。洗呢车速可适当加快，减轻压力。

表10-1-85　毛（35%）涤（65%）华达呢加工工艺

工艺流程		烧毛→染缸处理+洗呢→单槽煮呢→吸水→烘呢→中间检查→熟修→刷毛→剪毛→热定形→给湿→蒸呢
工艺条件	染缸处理	匀染剂O 0.5%，80℃、30min，逐步冷却到42℃出机洗呢
	初洗	209净洗剂4.5%，净洗剂LS 0.8%，50℃、60min，浴比1:8，冲洗52℃，逐步降温到40℃
	煮呢	在平洗联合煮呢机上煮呢，温度为98℃，车速18m/min
	剪毛	采用四刀剪毛机剪毛，正面3次，反面1次，隔距为4张牛皮纸的距离
	热定形	在烘干定形机上定形，温度为150～180℃，超喂9%、6%
	给湿	增加湿度4%~6%
	蒸呢	罐式蒸呢，蒸汽通汽方式为内→外→内，罐内蒸汽压力为（1.2～2）×10^5kPa

（2）含涤比例高的华达呢类紧密织物，洗呢前的呢坯必须使其柔软。采用染缸80℃处理约40min，再洗呢或轻缩绒，使羊毛收缩，坯布较柔软，处理后及时展幅叠平。

（3）紧密织物如呢坯直接缩绒，易产生条折痕，可采用平幅洗呢并经柔软处理。

（4）罐蒸对毛涤产品的手感、光泽有增强作用。但同时手感较板，缺少毛型感。应采用罐蒸与开式蒸呢相结合，或用开式蒸呢。

（5）经热定形后织物回潮率低，蒸呢后手感粗糙，给湿后蒸呢可以改善手感。

（八）经纬异色与黑白交织产品加工工艺（表10-1-86）

经纬异色产品，经向毛纱与纬向毛纱的色泽差异较大，呢面呈现经纬双色效应，如经纬纱的色泽反差较大，浅灰和深灰、米色和深咖、天蓝和深藏青及黑色和白色等。从呢面整体看或局部看其色彩深浅、浓淡应均匀一致。深浅色交织产品，是两种深浅不同或色泽不同的毛纱，根据不同的花型要求交织的，所以在呢面上深浅两个色的反映应随着花型的要求，整体和局部要均匀一致。

在花色织物中，这类产品属于难度大、质量要求高，尤其是呢面质量易于暴露的品种，因此，对染料选择、染色整理质量、毛纱条干均匀度、混色均匀度、光洁度，织造中经纬密度均匀度、经纬张力均匀度等，均要求严格，不同于一般花呢产品。必须从原料开始，逐道制定半制品的质量指标，严格掌握，协同配合，道道把关，才能获得优异的成品质量。否则往往会导致呢面不匀净、粗细节、经纬档等疵点，结辫率也会随之增加。

表10-1-86　经纬异色与黑白交织产品（含黑白条格产品）加工工艺

工艺流程		同一般纯毛薄型及中厚型花呢。黑白格或黑白纱交织的产品，不宜烧毛，防止白纱泛黄
工艺条件	洗呢	一般用两次皂洗，两次冲洗，使洗下的污垢、浮色迅速排出机外，为减少浮色，第一次可以室温，用合成洗剂皂洗，第二次40℃，硬水加六偏磷酸钠。绳状洗呢时，匹与匹之间分布框的间距宜小，冲洗时使污液经挤轧流入污水斗，迅速排出机外，以减少呢匹上的污液。平幅洗呢，可减少档差及条折痕等
	煮呢	不宜高温长时间反复煮呢，温度高时间长，白纱易泛黄，应注意白纱、浅艳色纱的泛黄指数，洗、煮用水硬度高，也易泛黄。煮呢温度约70℃，时间5～10min（单槽或双槽），对洗后呢坯起平整作用
	剪毛	采用四刀剪毛机进行剪毛，正面3次，反面1次，隔距为四张牛皮纸的距离
	蒸呢	罐式蒸呢，蒸汽通汽方式为内→外→内，罐内蒸汽压力为（1.2～2）×10^5kPa

二、粗纺织物加工工艺

（一）稀松织物加工工艺（表10-1-87）

表10-1-87　稀松织物加工工艺

工艺流程		生坯修补→洗呢→脱水→（烘干、蒸呢或煮呢→染色→脱水）→烘呢→中间检验→熟坯修补→（剪毛→预缩）→轻蒸
工艺条件	洗呢	毛染织物：净洗剂LS 1.5%，皂洗35～40℃、20～30min，冲洗40℃、35℃、25℃各10～15min 匹染织物：纯碱2%，净洗剂 105 1.5%，皂洗40℃、20～30min，冲洗同毛染织物
	剪毛	正面0～2次
	预缩	呢速10m/min，超喂8%，不用振荡
	蒸呢	汽蒸5～10min，不抽冷

（二）粗织物加工工艺（表10-1-88）

表10-1-88　粗织物加工工艺

工艺流程		生坯修补→（洗呢→脱水）→缩呢→洗呢→脱水→烘呢→中间检查→熟坯修补→剪毛→蒸刷→蒸呢
工艺条件	洗呢	皂洗35～40℃、20～30min，冲洗40℃、35℃、25℃各15min
	缩呢	净洗剂LS 25g/L或兼加醋酸（40%）30～50mL/L，双头轻缩
	剪毛	正面2次
	蒸呢	汽蒸10min，抽冷10min

　注　不缩呢的品种可按稀松织物中毛染产品加工，色泽鲜艳度高的缩呢品种可按鲜艳格绒类产品加工。

（三）法兰绒加工工艺（表10-1-89）

表10-1-89　法兰绒加工工艺

工艺流程		生坯修补→缝袋→（洗呢→脱水）→缩呢→缩后冲洗→脱水→烘呢→中间检查→剪毛→熟坯修补→蒸刷→蒸呢
工艺条件	洗呢	净洗剂LS 2%，皂洗40℃、20min，冲洗40℃、35℃、30℃、25℃各10min
	缩呢	净洗剂LS 25～35g/L，双头轻缩
	冲洗	40℃、35℃、30℃、25℃各10～15min
	剪毛	正面2次，反面1次
	蒸呢	汽蒸10～15min，抽冷10～15min

（四）呢面女式呢加工工艺（表10-1-90）

表10-1-90　呢面女式呢加工工艺

工艺流程		生坯修补→洗呢→脱水→洗油污→缝袋→缩呢→冲洗→脱水→染色→脱水→烘呢→中间检查→起毛→剪毛→熟坯修补→蒸刷→蒸呢
工艺条件	洗呢	净洗剂0.5%～1%，纯碱2%～3%，皂洗40℃、20min，pH值9～9.5，冲洗40℃、35℃、30℃、25℃各10min
	缩呢	净洗剂LS 25～35g/L，净洗剂209 30g/L，双头缩
	冲洗	40℃、35℃、30℃、25℃各10～15min
	剪毛	正面2次，反面0～1次
	蒸呢	汽蒸10min，抽冷10min

（五）麦尔登加工工艺（表10-1-91）

表10-1-91　麦尔登加工工艺

工艺流程		生坯修补→缝袋→（洗呢→脱水→）缩呢→洗呢→脱水→染色→脱水→烘呢→中间检查→剪毛（正2次）→缩呢→缩后洗呢→脱水→（煮呢）→脱水→烘呢→中间检查→剪毛→熟坯修补→刷毛→蒸呢
工艺条件	洗呢	纯碱3%，净洗剂1%，皂洗45℃、20min，pH值为9.5，冲洗40℃、35℃、30℃、25℃各10min
	缩呢	肥皂120g/L，双头重缩，第二次缩呢用肥皂60g/L
	洗呢	纯碱1%，氨水1000mL，皂洗45℃、30min，冲洗48℃、30min，45℃、30min，40℃、35℃、30℃各10min
	剪毛	反面2次，正面4次
	蒸呢	第一次，汽蒸10min，抽冷10min，第二次调头后汽蒸15min，抽冷20min

（六）制服呢加工工艺（表10-1-92）

表10-1-92　制服呢加工工艺

工艺流程		生坯修补→缝袋→缩呢→洗呢→脱水→染色→脱水→烘呢→中间检查→剪毛→起毛→剪毛→熟坯修补→蒸刷→蒸呢
工艺条件	缩呢	雷米邦70～100g/L，或再加纯碱15～20g/L，双头重缩
	洗呢	纯碱0.5%～1%，皂洗40℃、30min，冲洗40℃、35℃、30℃、125℃各15min
	剪毛	正面1次，反面2次
	蒸呢	汽蒸10min，抽冷10min

（七）维罗呢加工工艺（表10-1-93）

表10-1-93　维罗呢加工工艺

工艺流程		生坯修补→洗呢→脱水→（洗油污→）缝袋→缩呢→缩后冲洗→脱水→染色→脱水（逆向湿起剪→顺向湿起剪）→烘呢→中间检查→逆向起剪→（干烘→）顺向起剪→剪毛→烫呢
工艺条件	洗呢缩呢冲洗	同呢面女式呢
	起剪	逆向2～3次，顺向2～3次
	剪毛	顺向剪毛4次

注　厚重织物可采用湿起剪后再干起剪。

（八）兔毛大衣呢加工工艺（表10-1-94）

表10-1-94　兔毛大衣呢加工工艺

工艺流程		生坯修补→缝袋→洗呢→脱水→缩呢→缩后冲洗→脱水→刺果顺向起毛→顺向剪毛→刺果逆向起毛→逆向剪毛→刺果顺向起毛→煮呢→吸水→烘呢→中间检查→熟坯修补→刷毛→蒸呢
工艺条件	洗呢	纯碱2.5%，净洗剂1.2%，皂洗40℃、30min，pH值为9～9.5，冲洗40℃、35℃、30℃、25℃各10min
	缩呢	净洗剂100g/L，双头缩
	起剪	刺果起毛顺向起毛6次，顺向剪毛2次，逆向起毛6次，逆向剪毛2次，顺向起毛6次
	剪毛	正面顺向8次，剪齐为度
	蒸呢	汽蒸10min，抽冷10min

（九）顺毛织物加工工艺（表10-1-95）

表10-1-95　顺毛织物加工工艺

工艺流程		生坯修补→缝袋→洗呢→脱水→缩呢→冲洗→脱水→（染色→脱水）→烘呢→熟坯修补→刷毛→起剪→湿水→脱水→刺果湿起毛→（煮呢→吸水或卷轴定形）→烘呢→蒸刷→剪毛→熟坯修补→蒸刷→烫呢或烫光
工艺条件	洗呢缩呢冲洗	同兔毛大衣呢
	起剪	顺向起剪2～3次，逆向起剪3～4次，顺向起剪2～3次（或改为钢丝湿起毛，剪毛）
	刺果起毛	顺向5～7次
	剪毛	正面6次
	烫呢或烫光	烫呢1次或烫光2次

（十）拷花大衣呢加工工艺（表10-1-96）

表10-1-96　拷花大衣呢加工工艺

工艺流程		生坯修补→缝袋→洗呢→脱水→缩呢→冲洗→脱水→起剪→刺果起毛→烘呢→中间检查→蒸刷→剪毛→横刷→剪毛→蒸刷→（烫光）
工艺条件	洗呢 缩呢 冲洗	同兔毛大衣呢
	起剪	顺向2～3次，逆向3～4次，再顺向3次
	刺果 起毛	直刺果起毛机，顺向起毛6次
	剪毛	顺3次
	横刷	倒1次，顺1次
	剪毛	顺向3次
	蒸刷	1次

第二章　特种整理

第一节　防缩整理

羊毛作为天然蛋白质纤维，具有其他纤维无法比拟的许多优良特性，如弹性好、光泽柔和、吸湿性强、不易沾污、保暖性好等，因此一直受到消费者的青睐。但由于羊毛有缩绒性，洗涤时羊毛鳞片缠结，导致羊毛纤维具有毡缩倾向，洗涤后的织物纹路模糊不清，弹性降低，手感粗糙，极大地影响了毛织物的风格和尺寸稳定性，限制了毛织物的可水洗性能。为提高毛织物的尺寸稳定性、防止洗涤时的毡缩、改善毛织物的机可洗性能，需要对其进行防缩整理。

采用防缩整理的方法，要按织物品种和使用要求而定，例如羊毛针织衫，通常要求减少家用洗衣机洗涤时所引起的面积收缩，符合这一要求时，称为可机洗织物，可机洗织物经较长时间洗涤，只有一定程度的收缩。国际羊毛局规定，适合于可机洗的针织物，应在规定洗液中按规定的洗涤程序（40℃洗涤180min），其面积收缩少于8%。一般羊毛呢绒服装均采用干洗，因用水洗易松弛收缩，引起服装式样变形及呢面不平整等，通常不要求具有可机洗的性能。

一、羊毛毡缩机理

羊毛通常由鳞片层、皮质层和髓质层三部分组成。羊毛的表面被一层层重叠的鳞片所覆盖，鳞片所暴露的部分指向纤维的尖部。羊毛鳞片层的结构也不均匀，自外向里分布着鳞片表层、外层、内层，各层差异很大，湿态时有不同的膨胀系数，内层质地较软，易于膨化。鳞片的这种结构，使羊毛具有特殊的定向摩擦效应，即纤维摩擦时逆鳞片方向的摩擦力总大于顺鳞片方向的摩擦力。当洗涤时，在外力的作用下，纤维只能做单向移动，即沿根部方向移动，引起纤维和纱线的逐渐缠结，造成毡化，这是造成羊毛加工洗涤时缩绒的主要原因。另外，羊毛的弹性特点也是造成毛织物毡缩的原因，当对羊毛团或织物反复施加外力时，由于羊毛的伸缩而传递外力，会引起纤维的蠕动位移，而游动纤维本身的弹性和运动能牵制、组合、压缩变形，最终会导致毛团或织物密集，因此，防止毛织物毡缩就要减小定向摩擦效应和改变羊毛固有弹性。但是，后者会严重影响羊毛织物的固有特性，所以通过改变羊毛固有弹性来达到防毡缩效果是不可取的。

二、防缩整理设备

（一）毛条染色机

在没有毛条连续防缩机的工厂，有的利用高温毛条染色机进行防缩处理。这类设备泵的压力大，液流循环较好。由于毛层卷绕较厚，处理时应认真掌握工艺操作，防止产生不匀，影响防缩效果。这种处理方式，因系间歇式批量生产，效率较低。

（二）弗来司纳（Fleissner）浸轧氯化器

该机由多根毛条并列地通过氯化槽，处理较均匀，如图10-2-1所示。图10-2-2为其工艺流程图。

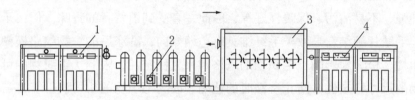

图10-2-1　毛条连续防缩机

1—喂入器　2—浸轧槽　3—烘箱　4—出条架

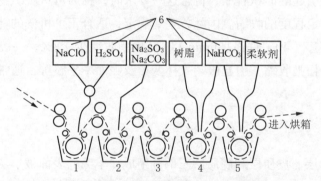

图10-2-2　毛条连续防缩机工艺流程图

1—氯化　2—脱氯　3—洗涤中和　4—树脂　5—柔软　6—计量追加料箱

1. 喂入架

两排24只条筒，导辊从条筒中引出毛条，通过传动压辊和分条杆平直地进入浸轧槽。

2. 浸轧槽

浸轧槽共有5个，每个浸轧槽内有1只多孔吸鼓，吸鼓的一端装有变速泵，使槽内液体从吸鼓内吸出，通过前后夹板及贴在吸鼓表面的毛条进行循环，24根毛条并列通过每个浸轧槽，经受化学药剂的处理。

3. 烘干机

烘干机由5只多孔吸入式烘筒组成，每只滚筒都配一个风扇，空气从滚筒小孔吸入滚筒内，通过多管加热器回到烘房再进入滚筒。毛条经橡胶输送带送入烘燥机的第一只滚筒，由气流吸住，毛条从一只滚筒传递到下一只滚筒。在烘干机出口处装有喷雾给湿装置，控制回潮率。

4. 出条架

两排24只条筒，毛条通过传递轧辊导入条筒中。

（三）拉姆达（Kroy）深浸氯化器

拉姆达深浸氯化器是一种改良氯化技术的运用，是利用深浸原理进行毛条防缩整理的设备（图10-2-3），毛条夹持在网形导带5与6之间，经水平喷洒器，使氯化液直接喷洒在毛条上。饱和吸收氯化液的毛条，利用深度浸渍的液体压力，通过2m深的U形反应缸4，可一次喂入重量为20～25g毛条30～40根，氯化反应不断进行。然后再经两对轧液辊，进行喷洒水清洗，去除残留的氯化剂。

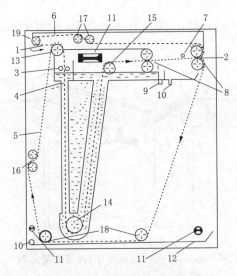

图10-2-3　拉姆达深浸氯化器

1—羊毛喂入口　2—羊毛输出口　3—氯气溶液喷洒器　4—反应缸　5，6—网形导带　7—水清洗　8—轧液辊

9—溢流　10—排液　11—烟雾抽吸　12—液滴收集器　13，14，15，16，17—导辊　18，19—张力辊

加工时下导带5由下向上运行，同时上导带6由上向下运行，在羊毛喂入口1会合时，两根导带一并夹持着毛条，经导辊13，通过氯气溶液喷洒器3，进入反应缸4，然后经导辊14和15进入两对轧液辊8，并经水清洗，将毛条输出机外。在毛条输出的同时，下导带5与毛条分离后，即向下运行，经张力辊18、导辊16，在羊毛喂入口 1 再次与由上向下运行的上导带6会合，夹持着另一段长度的毛条进入反应缸处理。

上导带6与毛条分离后，即向上运行，经导辊17、张力辊19，在羊毛喂入口1再次与由下向上运行的下导带5会合，夹持另一段长度的毛条进入反应缸。下导带5与上导带6循环运行，不断地夹持着毛条进行处理。

加工时，毛条经喂入架进入深浸氯化器，毛条出机后进入五槽复洗机，进行脱氯、中和、清洗、树脂处理及柔软处理，随后进入圆筒烘干机烘干出机。

　　氯化液是将氯气和水混合后，形成次氯酸（HClO）和盐酸（HCl）的混合物。因盐酸的形成，溶液有较强的酸性，pH值约为2，适宜的氯化温度为8～10℃，所以加入氯化器的用水要进行冷却。也可用硫酸加次氯酸钠作为氯源。

（四）伍尔科莫斯（Woolcombers）SRW浸轧氯化器

　　伍尔科莫斯SRW浸轧氯化器如图10-2-4所示。毛条经塑料斜槽喂进缸内，使毛条在最小张力和松散状态下喂入反应缸。斜槽下有一抽风口，将可能泄漏在氯化器外的氯化烟雾抽掉。氯化液是由浸于溶液内的喷洒辊注入缸内，再经过毛条抽入抽吸圆筒6内。圆筒上有一L形挡板，使新鲜氯化液不会溢流至圆筒的另一面，而不经过毛条。氯化液可用次氯酸盐或氯气水溶液作为来源，但一定是经过稀释并以约每公斤羊毛6L的溶液量喂入，使缸内始终保持溢流状态。处理温度为10～30℃，最适宜的温度为15℃。所以一般要用水温调节器，使其保持恒定的加工水温。毛条出机后进行脱氯、中和、清洗及树脂处理。

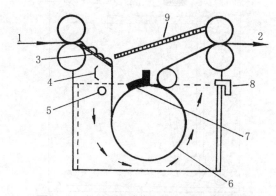

图10-2-4　伍尔科莫斯SRW浸轧氯化器

1—羊毛喂入　2—羊毛输出　3—斜槽　4—烟雾抽吸　5—喷洒喷头

6—抽吸圆筒　7—L形挡板　8—溢流　9—盖板

三、毛针织品防缩整理方式

1. 原料防缩整理

　　毛条连续防缩整理用于精纺产品。粗纺产品采用散毛氯化后再经树脂整理，正处于发展阶段。毛条连续防缩加工费用低，质量好，适合大批量生产，防缩质量稳定。防缩后可选择在毛条或成衫时染色。针织厂可购买经防缩整理的毛纱，即可生产防缩毛衫。但毛条防缩设备投资较大。毛条中只要混有1%的未防缩整理的羊毛，便可破坏防缩效果。氯化不当时会产生毛纱发黄现象。氯化羊毛只能供精纺毛衫用。粗纺产品如原料经防缩处理，缩绒会有困难。如氯化不匀，针织物会发生点状收缩、染色不匀、产品起皱、线圈变形等。

2. 成衣防缩整理

　　成衣防缩整理分为水剂法和溶剂法两种，水剂法又分氯化法和氧化法。其区别主要在于手感不同，以及氯能破坏某些染料的色泽，一般不适用于鲜艳或浅淡色的毛衫。如需要成衫后染色，可在氯化后及树脂处理前进行，但氯化会使毛衫发黄。成衫整理适合于多品种小批量的要求，设备较简单。将防缩整理放在最后阶段加工，方便工厂作快速反应。粗纺产品一般只能在成衫后进行，才不影响缩绒效果。

3. 树脂加溶剂法

此法由于不需要氯化等前处理，不会发生色泽变化及褪色等。但处理后手感柔滑，且设备费用高，溶剂有毒性。树脂要经一定时间才能固化，有些织物容易有永久性折痕出现。

以上的防缩整理方法，可按工厂设备情况、毛衫色泽、客商对手感的要求以及交货期等因素选择采用。一般精纺毛衫仍采用毛条连续防缩整理，而成衫整理较适用于粗纺毛衫。为适应小批量多品种快速反应的需要，大多采用分批处理法。

进行防缩整理时，必须严格控制工艺条件，尽量减少对羊毛的弹性、手感和强力的影响。

四、氯化法

氯化法又称化学降解法。除次氯酸钠外，常采用二氯异氰尿酸（简称DCCA）对羊毛进行防毡缩处理。常用的为二氯异氰尿酸的金属盐类，如二氯异氰尿酸钾、二氯异氰尿酸钠、三氯异氰尿酸。商品如巴佐兰（Basolan）DC、津塔普雷特（Synthappret）LKF等。二氯异氰尿酸盐水解生成的HClO，释出浓度较高的有效氯与羊毛缓慢反应，损坏羊毛部分鳞片结构，降低羊毛缩绒收缩性能。这种方法对羊毛损伤小，不泛黄，氯化均匀。但只能作轻度防缩处理，耐一般的可机洗，尚不能达到超级耐洗的效果。过度的氯化处理，羊毛损伤大，使强力下降，重耗大，手感粗糙，弹性减弱，色泽泛黄。氯化后以亚硫酸氢钠之类的无机还原剂脱氯。

工艺过程：洗涤→氯化→中和脱氯→清洗。

1. 洗涤

用非离子净洗剂JU 0.1%，45℃处理10min，水洗2次。洗涤中不宜含有与活性氯起反应的氮离子。

2. 氯化

处方：巴佐兰DC　　　　　3%~5%

　　　$KMnO_4$　　　　　　1%~3%

加入醋酸调节pH值至6，温度25~27℃，时间20min，再加入醋酸，调节pH值至4.5左右，温度25~27℃，时间20min，根据液体循环量调整处理时间。用碘化钾溶液试验残液耗氯量，观察氯化效果，如溶液由棕色转为淡黄色，说明氯已被耗尽。

$KMnO_4$需用冷水溶解后加入氯化缸中，随用随化，避免氯释出而影响力份。DCCA钾盐要在四焦磷酸钠的冷液内搅拌溶解，其钠盐可直接溶于水中。

这一阶段选用适当的pH值很重要，一般情况下，pH值降低，防毡缩效果增加，反应速度加快，色泽发黄加重。

羊毛在冷浴（10~25℃）内氯化处理30min，如必要可加热到35℃，处理20~30min。在冷液处理60~90min后，DCCA所含的活性氯几乎可完全吸收。

为使氯化均匀，应使氯化缓慢进行，最好温度低些，pH值高些，时间略长些。如天气热，水温高，可将pH值提高到6.5~7，时间适当延长。

3. 中和脱氯

不弃液，用同一浴进行。在30~35℃处理30min。

处方：亚硫酸氢钠（$NaHSO_3$）　　　　　　2%~3%

　　　或焦亚硫酸钠（$Na_2S_2O_5$）　　　　2%~3%

　　　醋酸调节pH值　　　　　　　　　　4.5~5

4. 清洗

毛条清洗在复洗机中进行，第一槽加入合成洗剂5~8g/L，40~50℃，第二槽清洗温度40~50℃，第三槽清洗温度50~60℃。

五、树脂覆盖法

树脂覆盖法又称添加法或表面树脂填充处理法，是在纤维表面敷一层树脂薄膜，使羊毛鳞片空隙填实，表面变得平滑，因而可减少鳞片之间的摩擦纠缠，防止毡缩。也可在纤维表面沉积一些聚合物，使纤维彼此分开。也可通过树脂的桥键（点焊），使纤维交联，防止纤维位移产生摩擦。但如用于毛条或散纤维，在纺纱的梳理或牵伸过程中树脂的桥键会受到破坏。用树脂覆盖羊毛纤维表面时，由于纤维张力小，不能使树脂均匀地分布在纤维表面上，影响防缩效果。树脂用量要适中，否则会显著影响羊毛的其他优异性能。

树脂覆盖法有两种。一种以水为介质的树脂，如常用的赫科塞特（Hercosett）57，为阳离子型的聚酰胺树脂，还有波利默（Polymer）G，为丙烯酸树脂。另一种以溶剂为介质的树脂，树脂需溶于溶剂如三氯乙烯中处理，常用的如硅酮树脂狄克莱仑（Dicrylan）SL-3992，应与催化剂及交联剂同浴使用。波利默G对色光影响较小，赫科塞特57应用时pH值为7.5~8.5，对浅颜色影响较大。

工艺举例如下。

1. 水溶性树脂法

水溶性树脂法是树脂以水为介质的整理方法，其工艺流程为：洗涤→树脂处理→柔软处理→清洗。

（1）洗涤：用净洗剂JU 0.1%，50℃处理10min，水洗。

（2）树脂处理：

①波利默G 3%~5%，用醋酸调节pH值至6~6.5，30~35℃、处理30min。

②赫科塞特57 20%，用醋酸调节pH值至7.5，28~30℃、处理20min。

（3）柔软处理：用阳离子型柔软剂FC 0.2%~1%，30~35℃、处理20min；如用赫科塞特57树脂，则柔软剂处理前应调节pH值至7.5。

（4）清洗：同二氯异氰尿酸盐法。

2. 树脂加溶剂法

树脂加溶剂法是树脂以溶剂为介质的整理方法，常用溶剂型有机硅酮树脂处理。用于羊毛衫的处方和操作：将狄克莱仑SL-3992树脂25g/L、狄克莱仑SL-A催化剂2.5g/L、福博通SL—HME交联剂3.75g/L溶于三氯乙烯中，在室温下将羊毛衫浸入，约5min，以浸透为度，然后脱水、烘干，均在封闭式洗涤、防缩烘干联合机中进行。

六、氯化—树脂法

此法为氯化和树脂覆盖兼用的处理法，又称双阶段法，能同时发挥两种处理方法的优点。树脂处理前，先经温和的氯化处理，增进纤维的表面张力，利于树脂的扩散，使树脂较易形成一层连续薄膜，均匀分布于整个表面。此外，还有利于吸引阳离子树脂。

（一）在高温毛条染色机上处理

1. 工艺流程

（1）毛条洗涤→氯化→毛条染色→树脂处理。

（2）毛条洗涤→氯化→纺纱→绞纱染色→树脂处理。

其氯化处理和树脂处理，都可采用前述氯化法及树脂覆盖法的工艺。氯化药剂用量可适当减少。染色宜放在树脂处理之前，因阳离子型树脂对阴离子染料有很大的亲和力，初染阶段上色很快，必须降低起染温度，控制pH值，并使用适当的匀染剂。为使液流均匀，可适当增加染机内压力。

2. 操作注意事项

（1）应严格掌握pH值及温度，使氯化均匀，减少毛条批与批之间防缩效果的差异。

（2）各种助剂须稀释后在染机运转状态下缓缓加入。

（3）设备的液流循环应十分良好，用倒顺装置使液流充分内外向交替运行。

（4）染色后防缩处理会影响染料的色光和湿处理牢度，应选用在氯化作用下色光和牢度仍稳定的染料。染后经机可洗树脂整理的色泽，一般会变得略浅并泛黄，尤其是天蓝、粉红等鲜艳色，色泽变化较明显。在生产过程中，氯化处理后的色毛，每缸由专人负责核对。一般以整理后（尤其是氯化）的第一缸大样作为该批核对色光的标准。

需经氯化—树脂整理的色毛，在打染色小样时色泽应掌握偏深些。红色、蓝色染料用量可酌情微增，黄色染料不需增加，一般比平常染色的色泽深1%~1.5%。

（5）树脂处理后及时脱水、烘干，防止粘连发并，影响质量。烘后回潮率为10%左右。

（6）防缩毛条换批染浅色时，先试小样，防止因羊毛白度差异而影响色光。

（7）针织绒线经树脂处理后，在染色前须用非离子表面活性剂和碳酸氢钠处理，去除残留在纤维表面的树脂和多余的酸，否则易染花。

（8）氯化或树脂处理的毛条或毛纱必须洗去油污，洗后含油脂率不宜超过0.8%，否则影响防缩效果。

（二）在弗来司纳浸轧氯化器上处理

1. 工艺流程

喂条→氯化处理→中和脱氯→洗涤→树脂处理→柔软处理→烘干。

2. 氯化—赫科塞特处理

处理方法及工艺条件如表10-2-1所示。

表10-2-1 氯化—赫科塞特处理处方和工艺条件

槽次	作用	助剂名称	浓度（g/L）	备用液浓度（g/L）	pH值	温度（℃）
1	氯化	次氯酸钠（有效氯）	0.3	60	1.5~2	10~20
		硫酸（98%）	8.5mL/L	50mL/L		
		渗透剂	4mL/L	10mL/L		
2	中和脱氯	碳酸钠	10	100	8.5~9	20~30
		亚硫酸钠	5	50		
3	洗涤	清水	—	—	—	25~35
4	树脂	赫科塞特57	5	12.5%	7.5	35~45
		碳酸氢钠	10	50		
5	柔软	柔软剂	2.5	25%	7.5	40~45
		碳酸氢钠	5	—		

3. 第一槽氯化

（1）氯化—树脂处理的最关键过程是氯化。氯气对羊毛具有高度反应性，要达到均匀的氯化十分困难，高支羊毛更为困难。为保证均匀氯化，须使处理浴中的溶液有良好的循环，控制加工速度，氯化浴必须保持稳定，使羊毛能有足够的时间浸渍在槽内，确保氯化溶液能和毛条的每一部分都起氯化作用，使每次加工的毛条始终得到均匀的处理。

（2）喂入毛条必须洗净，毛条要求蓬松，无捻度，平铺进入，不宜有重叠交叉，毛条之间不可有空隙，这是防缩工艺成功的关键。由于捻度的存在容易形成沟流，使氯化不匀，进而造成树脂处理不匀。通常可使用圈条机，以解决毛条捻度问题。

（3）严格控制pH值（一般为1.5~2）及温度（一般为10~20℃），保持氯化均匀，减少毛条批与批之间防缩效果的差异。

（4）毛条或绞纱应洗去油污，洗后含油脂率通常不超过0.8%。含油过高，渗透效果差，氯化效果减弱。

（5）氯化槽反应的速率随pH值的下降或槽温升高而加快。但pH值低于1，将造成中和困难，用酸用碱量增加。一般pH值接近2为宜，如pH值高于2，毛条明显泛黄。为控制氯化槽温度，通常采用冷冻装置，以稳定温度。

（6）渗透剂用量，按渗透剂的类型与毛条含油率高低而定。

（7）氯化槽经加工一段时间后，会发生条件变化。因为酸和次氯酸盐产生稀释热和反应热，以及羊毛的润湿热，使温度上升。氯化处理所去除的润滑剂、其他脂肪物和产生的氯化钠、硫酸钠等杂质在槽内积聚，减弱氯化的效率，影响处理效果。因此氯化液要根据加工数量定时更换新液。

4. 第二槽中和脱氯

（1）控制槽液的pH值为8.5～9.5，追加的亚硫酸钠用于脱氯，碳酸钠用以中和毛条上的酸，追加液的流量视槽液pH值而定。经过脱氯，可将从第一槽处理过的毛条的pH值从3～4提高到7～8。

（2）槽温适当高一些，中和效果好，但温度过高羊毛容易断，造成处理困难。

5. 第三槽清洗

毛条上残留的亚硫酸钠会污染后道树脂槽液，生成磺化—赫科塞特，影响防缩效果，引起染色困难。因此毛条须经洗清。

6. 第四槽树脂处理

（1）处理浴pH值为7.5～7.8，如低于此值，应加碳酸钠使pH值稳定在此范围内。pH值低于7，氯化羊毛对赫科塞特57的吸收率较低。pH值高于8，毛条烘干后发硬。

（2）处理浴温度应保持在35～45℃范围内，树脂温度必须保持不变，不能低于35℃，以利于毛条上树脂的均匀性。

7. 第五槽柔软处理

用量根据柔软剂类型而定，一般用阳离子柔软剂为宜，用量为0.25%。过量的柔软剂会造成染色困难，影响成品色牢度。

8. 烘干

树脂处理后应及时脱水、烘干，否则会引起粘连发并，色光泛黄。毛衫起皱后无法消除。进入烘箱的毛条不能拉紧，以保持羊毛特性。烘干毛条的回潮率为8%～12%，以10%为好。

七、氧化—树脂法

用过一硫酸盐对羊毛先氧化处理，然后再用巴佐兰SW树脂整理，达到防缩效果，即氧化、树脂一浴在室温下处理。可以先染色后防缩，整理后的产品手感柔软，不泛黄，但费用较高。

过一硫酸盐（钾）溶解于水后，释出过一硫酸（H_2SO_5），又称卡罗氏酸（Caro's acid），是一种强酸和强氧化剂。当pH值低于2时，过一硫酸迅速水解成过氧化氢和硫酸，对羊毛起氧化作用。巴佐兰SW是阳离子的活性氮丙啶。

工艺举例：纯毛针织绒线防缩整理。

1. 处方（对羊毛重）

过一硫酸盐	精纺产品6%
	粗纺产品2%
巴佐兰SW（用甲酸或硫酸溶解）	精纺产品3%
	粗纺产品2%～3%
焦亚硫酸钠	5%～6%
碳酸氢钠	1%～2%（调节pH值到6）
双氧水（30%～33%）	2%

2. 操作

（1）将毛纱用非离子合成洗剂或润滑剂湿透，以甲酸或硫酸调节pH值至4，浴比1:30，30℃运转5min。

（2）缓缓加入预先溶于冷水的过一硫酸盐，运转35min，至吸尽为止，可用淀粉、碘化物或试纸测定吸尽情况。蓝色表示未吸尽，白色表示已吸尽。

（3）加入焦硫酸钠和巴佐兰SW溶液。巴佐兰SW加入前先与同等分量的10%甲酸或5%硫酸溶液调和，然后稀释，方可加入处理浴，运转5min。

（4）加入碳酸氢钠，调pH值至6，运转25min。

（5）排液，换清水。加入双氧水运转5min，清洗，出机，脱水，烘干。

3. 注意事项

（1）用过一硫酸盐处理时，温度的升高和pH值的降低都会促进吸尽率的增大及吸尽速度的加快。因此必须控制处理浴的温度和pH值，使过一硫酸盐在规定时间内均匀吸收和吸尽。

（2）过一硫酸盐的吸尽，精纺产品需45～60min，粗纺产品需30min左右，时间过短，影响氯化的均匀程度，时间过长，影响生产。

（3）过一硫酸盐、巴佐兰SW一浴法处理，将pH值调至6，可获得良好的防缩效果。这一pH值对聚合物的吸尽有促进作用，并可使已上染的染料在处理过程中不会解吸，防止沾色。

（4）过一硫酸盐、巴佐兰SW的用量根据产品结构可酌量减少。

（5）过一硫酸盐本身没有多大防缩效果。处理精纺产品时，应防止巴佐兰SW处理前产生过分缩绒。粗纺产品也不要在处理前完全缩绒，一般掌握缩至70%的程度。

（6）对产品的含油率很敏感，一般宜低于0.5%，否则会影响防缩效果。

（7）过一硫酸钾在深色的吸尽率较低，对色泽对比较强的花型，有时会呈现不同色泽的不同收缩效果。在处理中，防缩性能主要来自聚合物，遇到这种情况，将巴佐兰SW用量增加到3%，可消除这些差异。

（8）防缩处理中可能发生沾色现象。可选用色牢度较好的毛用活性染料、弱酸性染料或中性染料。

（9）绝对不可用醋酸调节pH值和稀释巴佐兰SW。

（10）巴佐兰SW的吸尽程度不能用试纸测定，只能用时间掌握，吸尽后的处理浴仍会混浊。

八、其他防缩整理方法

1. 蛋白酶处理

蛋白酶对羊毛防缩整理是利用蛋白酶对羊毛肽键的水解作用使羊毛的鳞片、细胞膜复合物等产生部分溶解，去除鳞片或削去鳞片棱角，达到防缩的目的。但是研究表明，单独使用酶处理羊毛，作用很小。其原因是蛋白酶与羊毛反应时受羊毛鳞片层结构的影响，不仅不易进入纤维内部，而且难以消化分解表面表层以及高硫蛋白，因此，酶处理法必须先对鳞片结构进行改性（预处理）。

目前，多采用氧化法、还原法对鳞片进行预处理。氧化法主要是用双氧水、过硫酸和过醋酸等氧化剂处理羊毛织物，促进蛋白酶对羊毛的减量活性。氧化剂预处理可去除羊毛表面长碳链类脂，使得鳞片疏松、膨胀、柔软，蛋白酶处理时，蛋白酶分子容易进入内部，水解羊毛鳞片，整理后的防缩效果更好。还原法是通过羊毛改性，增加酶的反应位点，提高酶减量效率的一种方法。研究发现，使用胰酶处理羊毛时，首先用 $NaHSO_3$ 预处理使双硫键断裂，再利用分解产物半胱氨酸残基中—SH基的化学活泼性，使之与乙撑亚胺反应引入氨基。因为胰酶是内切酶，反应位点是—NH_2含量多、碱性强的部位，氨基的引入会使胰酶充分水解鳞片层，达到减量目的，提高防缩效果。

2. 等离子体处理

等离子体技术是用低温等离子体处理羊毛，通过活化成等离子态的激发气体分子的氧化反应，以及被加速气体粒子的溅射作用，使羊毛表面鳞片层破坏，在羊毛的浅表层发生刻蚀作用以及引入某些极性基团。研究表明，羊毛纤维织物经低温等离子体处理后，面积收缩率为6%～7%，显示出较好的防缩效果。

等离子体处理有以下几个缺点：只能处理织物，不能处理毛条、散纤维；被处理织物重现性差；等离子体在碱性条件下处理效果好，对羊毛容易造成损伤；设备投资高。但是等离子体技术具有节约能源、用水、人力等优点，使其开发前景广阔。

3. 超声波处理

超声波防缩整理主要是利用超声波对羊毛鳞片有蚀刻作用，可使毛纤维鳞片变钝、变光、摩擦效应降低，从而达到改变羊毛毡缩性的目的。但超声波防缩整理一般是和其他防缩整理法（如氧化法、酶处理法等）一同使用。研究表明：在超声波条件下进行氧化防缩整理不仅可以减少氧化剂的用量，降低反应温度，而且还有助于避免氧化剂在较高温度下对羊毛纤维的损伤，降低防缩处理过程中纤维强力下降的幅度。在超声波条件下进行酶处理防缩整理时，由于超声波在处理中产生的空穴效应，增加了局部压力，促使酶分子的瞬间动能增加，加剧了酶分子的运动，使其与鳞片层的接触机会增多，对鳞片层的去除作用增强，从而使被处理的羊毛织物具有更低的毡缩率、更好的防缩性能；同时也降低了酶处理使羊毛织物断裂强力下降的幅度。

4. 壳聚糖处理

壳聚糖是甲壳素经浓碱处理脱去大部分乙酰基形成的，是甲壳素最为重要的衍生物。壳聚糖是天然聚阳离子型生物化合物，具有亲水的活性氨基和羟基，在酸性条件下具有很高的电荷密度，对羊毛纤维有着天然的亲和力。甲壳质在自然界中大量存在，将壳聚糖作为一种阳离子高分子化合物对羊毛进行防缩整理，既可保持羊毛纤维的天然性，还可给羊毛在染色、抗菌等方面带来较好的效果。

壳聚糖处理羊毛使其具有防缩效果的可能原因是，一方面，壳聚糖具有一定的成膜性，可在羊毛鳞片的表面形成一层薄膜，从而阻止相邻纤维间的相互咬合，使纤维定向摩擦效应减弱；另一方面，壳聚糖可填充在鳞片夹角内或某些损伤处，使鳞片相互隔离而失去作用，从而使顺逆摩擦系数均降低，定向摩擦效应减小，缩绒性降低。

5. 液氨处理法

液氨处理一般都是指针对棉织物的整理，它可以彻底消除棉纤维中的内应力，使织物减少缩水、增加回弹性、尺寸稳定、抗皱性强、吸湿性好。在羊毛上的应用却不是很顺利，用液氨处理羊毛纤维，发现染色速率和染料吸尽率都有提高，鳞片对染色的影响明显减弱。说明液氨处理对羊毛纤维的鳞片具有损伤作用。但液氨处理后纤维手感粗糙且整理设备投资大，维修费用高，工业化推广有一定的难度。

6. 纳米材料在羊毛或羊绒织物防缩整理中的应用

纳米材料在羊毛或羊绒织物防缩整理中的应用是比较新颖的方法。山西品德羊毛有限公司将复合纳米JKH和LMH2粒子混合制成乳液状整理剂处理羊绒纤维，纳米粒子有很强的吸附性，牢固地吸附在羊绒纤维上，同时结合柔软剂整理，可充分全面包覆纤维鳞片表面，从而削弱定向摩擦效应，使纤维润滑、柔软，达到防毡缩、抗起球的整理效果。经国家毛纺织产品质量监督检验中心及NLG测试，完全达到国际羊毛局LOPQ机可洗标准。它是利用纳米粒子很强的化学活性和吸附性，使纳米粒子和丝光毛绒纤维上的部分自由基团相结合，牢固、均匀、永久地结合在毛绒纤维表层，可修补毛绒纤维因剥鳞片引起的损伤，利用纳米微粒的表面效应降低了纤维的定向摩擦系数，使得纳米毛绒表面光滑柔顺，其织物手感滑软、光泽柔和。

纳米技术和纳米材料在纺织领域的应用，给传统的纺织行业带来了新的发展平台和机遇。但在毛织物防缩整理上的研究还处于初期，还有待于进一步的研究。

第二节　防水整理

防水整理通常按加工后织物的透气性，分为不透气和透气两类。不透气的整理也称涂层整理，它是在织物表面涂有不透水、不溶于水的连续薄膜。而透气的防水整理也称拒水整理，它改变纤维表面性能，使表面的亲水性转变为疏水性，织物中纤维间和纱线间仍保持着大量孔隙，在一般受到雨淋的情况下，防水织物仍能透气，又不易被水润湿，只有在水压相当大的情况，才会发生透水现象。

一、防水整理剂

1. 有机金属络合物防水剂

如阳离子型防水剂CR和福博特克斯（Phobatex）CR，其主要成分为硬脂酰氯化铬络合物。商品常为含有效成分80%左右的异丙醇溶液，外形为绿色浓稠液体。用水稀释或提高pH值或加热后，铬上氯原子发生部分水解形成羟基，经 $110 \sim 130\,℃$、$3 \sim 5\min$ 高温烘焙，在纤维表面生成不溶性的硬脂酰铬的沉淀物，产生拒水作用。耐水洗、干洗，有透气性，兼有柔软作用。处理浅色织物略偏绿光。该种防水剂含有可萃取重金属铬，对人体健康和生态环境有害，需加强检测和劳动保护，并积极应用替代品。

2. 季铵盐型防水剂

为阳离子型硬脂酰胺亚甲基吡啶氯化物，如防水剂PF或霏霖（Velan）PF。商品常含有效成分约60%。对热很敏感，在高温120～150℃下处理3～5min，能与纤维结构中的羟基、氨基或酰氨基化学键结合，使纤维表面形成拒水性的络合物，耐温和的水洗或干洗，有透气性并有柔软作用。该种防水剂含有游离甲醛，对人体健康有害，需加强检测和劳动保护，并积极应用替代品。

3. 有机硅防水剂

如非离子型二甲基聚硅氧烷、羟甲基聚硅氧烷、防水整理剂H（甲基含氢硅油乳液），有较好的防水效果，透气性好，耐洗，手感柔滑。硅油不溶于水，须制成乳化液使用，选用的乳化剂切忌含有烷基酚聚氧乙烯醚，可用来代替上述有生态问题的防水剂。该种防水剂应用时，须经高温（160～170℃）烘焙2～3min。用于毛织物的防水整理，因烘焙温度较高，对羊毛有损伤。

二、工艺举例

防水剂CR	30g/L
温度	30～35℃
浸轧	二浸二轧，轧液率60%～65%（或在染机上处理）
预烘	80℃，烘到微潮状态
烘焙	120～150℃、3～3.5min或105～110℃、8～10min

三、防水整理操作注意事项

（1）防水剂CR在水中易水解，稀释后随即使用。由于是醇溶液，易着火，操作时不可靠近火。

（2）防水剂CR不耐高温，温度高，溶剂易挥发，应密封，并放置于阴凉通风处。

（3）防水剂CR及防水剂PF溶液，不耐大量硫酸盐、磷酸盐、铬酸盐等二价以上的无机盐，应用时需注意。

（4）防水剂PF能耐硬水，但不耐碱，不耐100℃以上的高温。

（5）织物须洗清，含杂含碱少。如溶液的pH值上升至4以上，可用醋酸调节。

四、防水整理疵点产生原因及防止方法（防水剂CR）（表10-2-2）

表10-2-2　防水整理疵点产生原因及防止方法

疵点	产生原因	防止方法
防水效果不良	1. 防水剂用量不足或上浆固着不良 2. 处理前的织物含有残留的表面活性剂	1. 按产品要求掌握防水剂用量、轧液率及烘焙温度 2. 前道减少表面活性剂用量，并充分洗除

续表

疵点	产生原因	防止方法
上浆色花白渍	1. 防水剂溶解不良，未过滤 2. 轧浆时液面有泡沫未及时捞除 3. 织物含杂多，pH值升高，浆液混浊 4. 轧液后未及时烘干	1. 用50～60℃温水充分溶解，过滤后加入轧槽，或用酒精溶解，再稀释后使用 2. 液面白色泡沫应及时捞除 3. 见操作注意事项 4. 轧浆后应随即烘干

第三节　防蛀整理

　　羊毛和羊毛制品极易受蛀虫蛀蚀。羊毛的蛀虫大致分蛾类和甲虫类。主要有普通衣蛾、袋衣蛾、家具地毯甲虫和黑地毯甲虫等。这类虫均能消化羊毛中的角朊蛋白质。它们通常喜欢在阴暗、暖湿和不受干扰的环境中生长和繁殖，因此，一些被贮存一段时间和放置不动的毛制品最易受虫害。

　　防止羊毛制品的蛀蚀通常有两种方法：一是采用羊毛变性处理，改变羊毛分子结构，达到干扰和破坏蛀虫的消化酶功能，但因此法工艺繁复，又影响羊毛的手感，至今尚未有实际应用。二是利用化学药剂进行防蛀处理，破坏蛀虫的消化系统，使其生理机能失调，导致死亡，同时防蛀剂在与羊毛处理的过程中，使防蛀剂和羊毛有较牢固的结合，达到一定的防蛀牢固度。

　　防蛀剂的选择必须对羊毛的强度、色泽及手感等无不良影响，对人体无害，操作方便。

一、防蛀剂的种类和性能

　　过去常用的防蛀剂有代尔马思（Dielmoth），又名狄氏防蛀剂，学名为氧桥氯甲桥萘，价廉，防蛀效果好，但毒性大、污染较严重，目前已淘汰。传统使用的防蛀剂还有灭丁（Mitin）类和欧兰（Eulan）类。最新研制的有拟除虫菊酯类防蛀剂。

1. 灭丁FF防蛀剂

　　它是以二氯苯基为主要活性组分的防蛀剂，有好的防蛀效果。易溶于水，在酸性浴中对羊毛有较大的亲和力，可与酸性染料同浴染色，在60℃以下上色快，待灭丁FF上染完毕后，染料迅速地大量上染，故必须做好上染速率试验，否则容易染花。

2. 拟除虫菊酯类防蛀剂

　　这是一种高效防蛀剂，能阻止羊毛分子上二硫键蛋白质变性还原，因而能破坏蛀虫消化蛋白质的功能。主要有灭丁BC、百利精（Perigen）以及国产羊毛防蛀剂武君（Wujun）JF-86等，主要活性组分为氯菊酯。由于氯菊酯是环境激素，它们属于禁用和限用的化学物质。

　　近年发展的无卤素拟除虫菊酯类防蛀剂对羊毛有良好的亲和性又不含卤素，本身毒性也不大，被认为是新型高效安全防蛀剂，可用来替代上述有生态问题的防蛀剂，代表性产品有胺菊酯（Neipynamin）和法波士灵（Vaporthrin），它们都是环丙烷甲酸酯衍生物。

　　鉴于替代的新型防蛀剂的推广应用还有一个过程，下面防蛀工艺中仍用上述有生态问题的防蛀剂来举例说明。

二、防蛀工艺

防蛀整理的方法通常由不同种类的防蛀剂、不同的被处理物以及所选用的不同染料来决定。一般有染色同浴处理、染色后处理和后整理处理等方法。

（一）染色同浴处理

1. 灭丁FF

在30~40℃（不超过40℃）加入元明粉、酸性染料及灭丁FF（为染料质量的1%~2%）处理5~10min，防蛀剂先被染物表面均匀吸附，然后加入酸，按染料上染速率升温至沸，沸染40~60min，清洗出机。

2. 百利精、防蛀剂JF-86

使用前先将防蛀剂与水混合成乳化液，将染浴pH值调整至3~6时加入。按原染色工艺升温。不影响染色性能及染色牢度。染色时加入的防蛀剂，宜按不同染料区别对待。

（1）中性染料：染色到达沸染时，加入0.3%~0.5%醋酸（98%），运行均匀后加入防蛀剂，沸染40~60min（通常按原工艺沸染时间）。这样可使染料正常染色，不致发生染花现象。当沸染开始加入醋酸时，适当降低pH值至4~5，有利于防蛀剂的吸收，也不会影响中性染料的染色。

（2）媒介染料：由于染色时间较长，可在媒染时加入防蛀剂，防止因染色时间过长而降低其吸收率。

（3）毛用活性染料：始染时加入。也可以在升温到70~80℃保温时加入，再按原工艺继续升温。一般中、浅色以不加氨水后处理为宜，以免在碱性条件下使部分防蛀剂流失。

（二）染色后处理

灭丁FF通常在染色后降温至30~40℃时加入，再加硫酸（98%）2%，待运转均匀后，在30min内升温到50~60℃，处理30min，清洗出机。处理温度高，防蛀效果好，一般采用染色后防蛀处理方法，对染色色光无影响。

（三）后整理处理

1. 浸渍法

一般是按照一定的浴比进行配置整理液（浴比以1:8~1:10较宜），浴比过大，药剂浓度降低，同时又浪费防蛀剂。浴比过小，防蛀剂不易均匀吸收。操作时，将适量酸和稀释后的防蛀剂分别加入，保持45℃处理35~45min，根据品种不同，在不发生沾色的情况下可适当提高处理温度，处理完毕，不清洗即出机，然后迅速吸水后烘干。

2. 浸轧法

一般是按照一定浓度配置整理液，整理液中加入适量醋酸，以调节pH值，经过浸轧→

烘干→焙烘工艺后，将防蛀剂固定在织物上。这种处理工艺，操作方便，需掌握适当的pH值、温度和时间，操作中必须尽量做到浸渍均匀，以免产生防蛀不匀现象。

三、防蛀整理注意事项

（1）灭丁FF须用大量温水溶解，并过滤后加入染机。如溶解不充分，溶液呈白色混浊液，染色时易产生白色斑点。

（2）灭丁FF在匹染工艺中宜在染色后处理时进行。羊毛对它的吸收速度，随pH值减小和温度上升而加快，通常染色后处理温度为50℃，时间30min。若在50℃以下处理，水洗牢度较差，不宜采用。若是条染，防蛀剂可在条染时加入，对后整理均无影响。

（3）用防蛀剂JF86处理时，受pH值的影响较小。当pH值升高至7.5以上且经过长时间沸染时，对防蛀剂吸收略有降低，因此染色同浴处理液的pH值以3～6时加入防蛀剂较适宜。高温处理的时间不宜过短，通常为30～50min。

四、防蛀性能的检测

开发防蛀产品，研究和优化防蛀工艺以及发展新型防蛀剂都需要进行防蛀性能的检测，主要方法有以下几种。

1. 生物法

生物法有失重法和排泄法两种。目前常用的为失重法，将防蛀试样洗涤3次，日晒40h牢固度处理后放入符合标准的试验幼虫，避光放置在规定条件的恒温恒湿室中14天，测定试样在试验前后的重量变化、外观受损程度及幼虫存活状态，综合判断其防蛀性能。这种方法较为直观，但检测时间较长，一般需1个多月。生物检测法往往只得到一个最低的防蛀界限。而对防蛀过头，生物法则无法作出处理程度的评价，还往往因不同试验室培育虫种的差异，可能对防蛀剂有不同敏感性而产生误差。

2. 化学法

化学法为按规定的测试方法，用色谱仪从试样上萃取防蛀剂含量，将分析出的数据乘以牢固度系数，其结果表示该试样经过牢固度测试后防蛀剂的剩余量。将这一数据与规定标准中同类型防蛀剂的最低剩余量比较，判定防蛀是否合格，并判定所能达到的防蛀等级。目前根据国际羊毛局标准，防蛀结果分为五个强度等级。其中第一等级合格，第三至第五等级是为气候不同及某些地区要求不同而规定的。通常以第五等级可抵抗数种蛀虫蛀蚀为防蛀最高等级。如下所述：

第一级强度：强制性标准。

第二级强度：气候潮湿和温和地区的参考性标准。

第三级强度：气候较暖和极干燥地区的参考性标准。南非作为强制性标准。

第四级强度：澳大利亚作为强制性标准。

第五级强度：销往不同气候地区产品的参考性标准。新西兰作为强制性标准。

说明：

牢固度系数为国际羊毛局防蛀牢固度测试方法标准中对防蛀试样洗涤、日晒等牢固度测试后防蛀剂损失量的估算。损失量越多，牢固度也越差。主要由防蛀工艺（投料方法）以及防蛀剂本身的特性所决定，见表10–2–3。

表10–2–3　牢固系数表

防虫蛀剂	不同给料方法的系数		
	染浴	煮练	和毛油+汽蒸
Anititarma NTC	0.60	—	0.50
Anititarma NTC/S	0.60	0.50	0.50
Anititarma	0.60	—	0.50
灭丁（Mitin）AL	0.60	0.50	0.50
灭丁（Mitin）BC	0.60	0.50	0.50
百利精（Perigen）	0.60	0.50	0.50
SMAV武君（Wujun）	0.60	0.50	0.50
防蛀剂–JF86	0.60	0.50	0.50

化学法可以表示试样上所用的防蛀剂含量的数据，这对于确定防蛀工艺和防蛀剂用量是十分有用的，同时对该防蛀剂的牢固度有更好的了解，并给制定实用的防蛀标准提供依据。

例如，纯毛花呢采用防蛀剂JF–86 0.6%（对染物重），在染色时同浴处理后，测得成品试样上防蛀剂浓度为0.424%，因该防蛀剂相对密度为0.85，在染色同浴处理时牢固度系数为0.6，试样上防蛀剂含量按下列公式计算：

试样上防蛀剂含量（%）=试样上防蛀剂浓度 × 牢固度系数 × 防蛀剂密度 = 0.424% × 0.6 × 0.85=0.216%

即100kg试样上，防蛀剂JF86含量为0.216kg，再对照规定的标准，查得试样的防蛀等级为第五级。

第四节　阻燃整理

阻燃整理又称防火整理。织物经阻燃剂处理，使其具有防燃性和有限的阻燃性。

织物的燃烧来自外来的热量，使织物熔融裂解或分解产生可燃烧的气体，与空气中的氧混合后开始着火燃烧。燃烧是一个复杂的过程，不同纤维和不同的阻燃剂又有不同的性质。

羊毛限氧指数（LOI）约为25，闪点为570～600℃，最高燃烧温度为680℃，为天然难燃纤维。而且其燃烧时不会熔化或滴落，所产生的泡沫灰烬具有良好的绝缘性。这些性质与其化学结构密切相关，羊毛回潮率较高，为15%（相对湿度为60%），含氮15%～16%，含硫3%～4%，还含有6%～7%的氢。高的含氮量决定了其本身具有较好的阻燃特性，若再对其进行阻燃整理，可开发出更高性能的产品，如高温防护服、飞机上装饰材料及毛毯、燃油车辆的篷盖等。

　　毛织物或毛混纺织物的阻燃整理，通常用于耐热和防燃保护服装、地毯、飞机及其他运输工业中的装饰织物、家具装潢织物、军人制服、飞机服务员制服、窗帘、毛毯、墙壁挂毯、特殊用途的宇航员服装、消防队员服装等。这些织物，根据其用途，对阻燃整理所达到的效果有不同的要求。如用于羊毛毯，要求通过美国片剂试验（低水平）。有的要求达到美国垂直火焰试验5902规定（中水平），有的要求有较高水平。对经防缩整理的毛织物或高比例羊毛混纺织物，要达到阻燃性能测试垂直火焰试验5902的规定。

一、阻燃工艺

　　阻燃剂是金属络合物，需在pH值为2～3的条件下才真正被吸收，因此染浴的pH值不同，其处理工序也不同。

（一）染色、阻燃处理一浴法

　　酸性染料（pH值为2～4）、酸性络合染料（pH值为1.9～2.1）的染浴pH值较低，可以与阻燃处理同浴使用。溶解的染料须在钛盐或锆盐阻燃剂加入之后，再加入染浴。

（二）染色、阻燃处理二浴法

　　弱酸性染料（pH值为4～5）、中性染料（pH值为6～7）、毛用活性染料（pH值为5.3～6）的染浴pH值较高，须在染色后排液，另换新浴处理。媒介染料也不能在染色中或在后媒阶段同浴使用，宜在染色后处理时进行阻燃处理。处理温度不超过70℃，防止一些染料沸煮时，因色牢度较差而产生掉色现象。

　　采用媒介染料染色的织物，即使经钛、锆阻燃处理，在可燃性试验中仍显示很长的阴燃时间。如规定经处理的织物只可以有短时间的阴燃期或不可有阴燃期，则应避免使用媒介染料染色。

　　说明：阴燃是在规定的试验条件下，当有焰燃烧终止后，或火焰产生时移开火源后，材料出现的持续无焰但有光的燃烧，其持续燃烧时间，称为阴燃时间。

（三）浸轧

　　（1）浸轧→卷轴→洗涤→烘干。用于不适宜绳状处理的结构特殊的织物。但处理效果比60℃大浴比处理的效果差。

　　（2）浸轧→汽蒸→洗涤→烘干。经汽蒸有良好的阻燃效果。用于织物和地毯加工。

二、阻燃整理处方

　　（1）处理后的毛织物符合水平可燃性试验规定。

盐酸（37%）	10%
六氟钛酸钾	3%
或六氟锆酸钾	5%

60℃，处理30min，浴比1:10～1:30。

（2）处理后的毛织物符合垂直可燃性试验规定。

盐酸（37%）	10%
六氟钛酸钾	4%
或六氟锆酸钾	8%

60℃，处理30min，浴比1:10～1:30。

（3）处理后的织物（如含羊毛较高的混纺织物，其中拼混的非羊毛纤维的含量，锦纶不超过15%，或涤纶不超过25%，或纤维素纤维不超过15%，或腈纶不超过15%）符合垂直可燃性试验规定。

盐酸（37%）	10%
六氟钛酸钾	6%
或六氟锆酸钾	8%
柠檬酸（一合水）	4%

60℃，处理30min，浴比1:10～1:30。

锆盐价格较贵，且效果不及钛盐处理得好，因此，只有当钛盐处理引起微泛黄，影响原来色泽时才使用。锆盐处理不会引起色泽变化，但有些染料也会受到轻微的影响。

（4）防蛀剂可与钛盐或锆盐同浴使用。先将防蛀剂加入处理浴，加入酸剂循环5min，再加阻燃剂。

（5）防缩处理应在阻燃处理前进行。如采用氯化—树脂法，树脂整理后在羊毛表面留下一层可燃性树脂薄膜，影响羊毛的阻燃性，并影响处理效果。因此，应选择与阻燃剂相容性好的防缩处理法，如用过一硫酸盐或过一硫酸防缩处理后，进行阻燃处理。此法适用于重量250g/m²以上的织物，但不适用于针织物和重量在250g/m²以下的薄型织物。

（6）漂白产品，可在漂白过程完成之后进行处理，漂白后的羊毛应充分清洗以去除纤维上的磷酸盐。

三、阻燃整理操作

（1）调节处理浴温度达25℃，加入非离子型润湿剂（按需要），再加入盐酸。毛混纺织物还要加入已溶解好的柠檬酸。在25℃处理5～10min。

（2）将预先在80℃热水中溶解好的钛盐或锆盐加入处理浴。如不充分溶解，会引起阻燃不匀，甚至无效。在15min或稍长时间，升温至60℃，处理30min。

（3）处理完毕，排液，用冷水冲洗5～10min，至少冲洗2次，使羊毛挤出液的pH值在4以上，然后脱水、烘干。

注意事项：

（1）处理浴的pH值不宜超过3。如羊毛碱性太大，应先用甲酸中和至pH值为7或加入盐酸。

（2）浴比不能大于1:30，否则将降低钛盐或锆盐的吸净。

（3）硫酸及其盐类，如硫酸、硫酸钠，对钛盐或锆盐处理剂在羊毛上的吸净产生干扰，因此不能存在于处理浴中。磷酸盐类（作软水剂）也不能存在于处理浴，不然，易产生无效的磷酸钛或磷酸锆而沉淀。

（4）处理后不能用碱中和，碱对阻燃剂产生不利影响，可用冷水充分洗涤。

（5）不能将盐酸加到已溶解的浓阻燃剂中，因可能释放出有毒的氟化氢。

（6）处理的织物，须先用非离子净洗剂0.5g/L、纯碱2g/L，40℃下洗涤20min，将纺纱过程中加入的添加剂和油剂洗干净，以免影响产品的阻燃效果。不能使用肥皂和阴离子洗涤剂，否则对阻燃作用产生不利影响。

四、阻燃整理的安全和劳动保护

六氟钛酸盐与六氟锆酸盐有剧烈的口腔毒性。操作时应注意劳动保护，如避免接触皮肤或眼睛，避免咽下或吸入。应使用防护衣服、橡胶手套以及防护眼镜。操作时要极其小心，防止产生尘埃，应戴口罩。如接触了这类化学品，应立即用大量的水冲洗。

五、阻燃性能的检测

1. 垂直法可燃性试验

用有一定热值的标准燃料，如甲烷、丁烷或天然气等的火焰，点燃垂直悬挂的试样底部，一定时间后，移去火源，观察测定试样和滴落熔体的延燃时间、炭化长度和阴燃时间，评定试样的阻燃性能。此试验主要用于窗帘和儿童睡衣等织物的测试。

2. 水平法可燃性试验

该法为测试纺织品表面燃烧的方法。主要用于地毯和机动车辆用的装饰及内衬织物等的阻燃性测试。按所用火焰不同，一般分为两类，如美国机动车辆安全标准，以38.1mm煤气火焰在水平放置的试样左端处点火15s，测定从点燃处向右蔓延的速度。美国商业部标准，用0.15g六次甲基四胺的药片为燃料，放在被测试样品的中间，点燃药片，待药片烧尽后，观察试样燃烧情况，测定最大燃烧直径。

3. 极限氧指数（LOI）

在规定的试样条件下，使试样在氧与氮的混合气体中，能保持燃烧状态所需的最低氧浓度。方法是将试样垂直放置在一玻璃圆筒中，通入氧与氮的混合气流，将试样上端点燃，逐步降低混合气流中氧的浓度，直至恰好能维持试样燃烧3min，此时混合气流中氧浓度即为极限氧指数。不同纤维有不同的LOI值。此法具有灵敏度高、重现性好和可用数字表示等优点。

4. 火柴法可燃性试验

该试验是一种非官方的阻燃性能测试方法，因操作简便而广泛用于企业中阻燃产品的筛选试验。如美国通用汽车公司的企业标准GE30—279的测试方法，是用一铗子将一块25.4mm×304.8mm的试样垂直自然悬挂，以一长梗火柴点燃试样底边处（25.4mm处），点火时间为15s，移去火柴后，如试样延燃时间不超过5s，炭化长度不大于试样长的一半，阴燃时间不超过1min，则该试样可评为阻燃性能合格。

第五节　树脂整理

纤维素纤维缺乏弹性，受外力作用后容易起皱、变形。树脂整理可改善物理机械性能，增加织物弹性、折皱恢复性和干湿强力，减少变形及降低缩水率。但织物的断裂强度、撕破强度和耐曲折磨牢度有不同程度的下降，其下降程度取决于树脂的浓度。

一、树脂整理设备

常用设备由浸轧槽、预烘机及烘焙机联合组成。

（一）树脂浸轧槽的主要技术特征（表10-2-4）

表10-2-4　树脂浸轧槽的主要技术特征

项目		主要技术特征
形式		三辊轧液，二浸二轧
轧辊	下轧辊（mm）	$\phi450$，长1840，有效幅度1700
	上轧辊（mm）	$\phi300$，长1840
轧槽	长×宽×深（mm）	2000×1100×220
	容积（m³）	约0.3
	工作液容量（kg）	250
压力		轧辊用空气加压，最大压力5.88×10^5Pa（6kgf/cm³）

（二）SFM4型树脂整理热风式预烘机的主要技术特征（表10-2-5、图10-2-5）

表10-2-5　SFM4型树脂整理热风式预烘机的主要技术特征

项目		主要技术特征
全机共分节数		进出口2节，烘房6节
每节烘房长度（mm）		1500
喷风嘴喷风方式		上下对齐同时喷风，喷风嘴间距20mm
上下喷风嘴间距（mm）		20
最大加工织物宽度（mm）		1600
烘房内织物容量（m）		10
全机运转织物长度（m）		13.5
饱和蒸汽最高压力（Pa）		5.88×10^5（6kgf/cm²），烘房内最高温度150℃
电动机型号及功率		$JFO_2 42–4T_2$，5.5kW，1440r/min，6只
		$JFO_2 31–2T_2$，3kW，3000r/min，1只
烘房内净有效尺寸	长×宽×高（m）	9.8×3.35×1.1
	容积（m³）	36
全机外形尺寸（长×宽×高）（m）		12×3.8×2.75

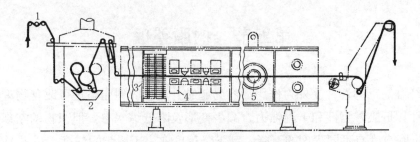

图10-2-5　SFM4型树脂整理热风式预烘机

1—进布架　2—浸轧机　3—散热器　4—热风道　5—风扇

（三）SFM5型高温烘焙机的主要技术特征（表10-2-6、图10-2-6）

表10-2-6　SFM5型高温烘焙机的主要技术特征

项目	主要技术特征
类型	热风喷射，力矩电动机传动导辊，定张力式
幅度（mm）	导辊幅度1700，工作幅度1500
预热室	全长1m，室内工作温度为60~80℃，通向预热室的蒸汽管路上配有直接作用式温度调节设备，直接带动蒸汽控制阀，使温度保持恒定，织物借5根导辊传递
烘焙室	全长约7.6m，室内温度150~200℃，最高可达220℃，温差±（5~8）℃。前部有导辊24根，分上下两排，上排12根由力矩电动机单一传动，靠预热室一侧2根为空冷滚筒；下排12根导辊，靠近预热室的3根为空冷滚筒，由力矩电动机传动，其余9根系织物带动；后部装有导辊24根，上下各12根
加热设备	加热设备分蒸汽加热和电加热两组，如同时使用，烘焙室温度可达200~220℃；电热器有七组电热管，电热功率230kW，最大蒸汽耗用量450L/h，最大耗电量约200kWh/h，升温时间75min
落布冷却装置	织物出烘焙室经过落布架时，冷风从风道喷向布面，使织物冷却，落布架附装静电消除器，消除织物经过烘焙处理而产生的静电
机内容布量（m）	95，全机穿布长度110
织物运行速度（m/min）	20~60
织物处理时间	当布速为33m/min时为3min
电动机型号及功率	JO52-4（ϕ2），7kW，1440r/min，2只，传动热风循环风扇 JO2-22-4，1.5kW，1410r/min，1只，传动排风扇 JO32-4，1kW，1420r/min，2只，传动空冷滚筒风扇及落布冷风风扇
力矩电动机	0.196N·m，32只；0.49N·m，2只
电磁电动机	0.4kW，400~1200r/min，1只
外形尺寸（长×宽×高）（m）	12.7×4.2×5.3

二、整理前半制品质量要求

（1）注意半制品的断裂强度，经树脂整理后的成品强度要符合质量要求。

（2）树脂整理前，半制品如有色花、折痕及需要修补的纱织疵等，要事先修整好。

（3）选用染料应考虑工艺变化因素，防止整理后产生色差。

（4）树脂整理可在一定程度上改善织物的身骨弹性、抗皱性能和尺寸稳定性。但呢坯本身的质量，如织物的组织规格、松紧厚薄是重要的基础。如组织松烂，虽经树脂整理，一般仍不能显著改善其身骨、弹性和穿着变形。因此产品设计时，应考虑要为后道能达到良好的整理质量创造有利条件。

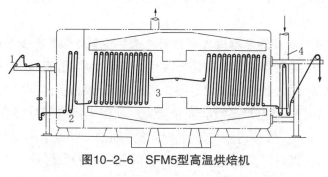

图10-2-6　SFM5型高温烘焙机

1—进布架　2—预热室　3—烘焙室　4—吹冷风装置

三、树脂的选用

用于黏胶纤维及其混纺产品的树脂有脲醛树脂、三聚氰胺甲醛树脂、二羟甲基次乙烯脲树脂及二羟甲基二羟基乙烯脲树脂等，它们的特征见表10-2-7。

表10-2-7　常用树脂的特征

名称	常用代号	原料	特征
脲醛树脂	DMU	尿素、甲醛	为自身交联型，初缩体稳定性差，如温度较高或放置时间过长，易自身交联沉淀；烘焙时不需要剧烈的烘焙条件，能和纤维素纤维起交联反应，但大部分系自身缩合成高聚合物，因此需用较多树脂，使纤维能达到一定的交联程度；用于黏胶纤维及其混纺织物的整理，有较好的防缩、防皱性能；原料供应方便，成本低，但手感较硬，耐洗性较差
三聚氰胺甲醛树脂（氰醛树脂）	MF或TMM	三聚氰胺、甲醛	为自身交联型，初缩体较为稳定，浓度高时（15%以上），遇热或放置时间过长，易自身交联沉淀；整理后织物的防皱、防缩、耐洗性能都较脲醛树脂为好
二羟甲基次乙烯脲树脂	DMEU	乙二胺、尿素、甲醛	为纤维反应型，在通常的烘焙条件下，自身不发生交联反应，仅和纤维素发生交联作用；整理后织物的耐洗、防缩、防皱性能较好，手感较氰醛树脂整理的好；对用直接染料及活性染料染色的织物的日晒牢度影响较大
二羟甲基二羟基乙烯脲树脂	DMDHEU	乙二醛、尿素、甲醛	为纤维反应型，初缩体有良好的稳定性，游离甲醛含量少，耐洗，适用于纯棉织物的"洗可穿"免烫整理及涤棉混纺织物的耐久压烫整理；涤纶织物整理后，手感、弹性较好，强力降低少；不影响直接染料及活性染料的日晒牢度

上述树脂都是以N–羟甲基为反应基团的N–羟甲基酰胺类树脂，它们中不仅存在N–羟甲基，C—N键的键能较低（304.7kJ/md），在使用和贮藏时容易引起交联键的水解而释放出甲醛，而且制造过程中酰胺与甲醛的加成是一种可逆反应，通常甲醛都是过量，使得最终的

树脂整理剂中含游离甲醛，它们不仅刺激性大，对人体有害，而且生物降解性也差，不能满足对环保型树脂整理剂的生态要求。近年各国都在积极开发低甲醛树脂整理剂、超低甲醛树脂整理剂和无甲醛树脂整理剂来替代上述含多羟甲基的树脂整理剂，不过这些替代产品对纺织产品的风格和防缩效果等方面还存在需要进一步提高的地方。目前，替代的新型树脂有下列三种：

1. 以含多羟甲基的树脂为基础通过醚化制成低甲醛和超低甲醛含量的树脂整理剂

主要是甲醚化、乙醚化和多亢醇醚化来改性，如用对应的醇将DMDHEU中的二个羟甲基和4、5位的羟基醚化，由于醚化程度不同，可制得高度醚化和完全醚化的DMDHEU，高度醚化是指DMDHEU中4、5位羟基没有完全醚化，残留未反应的4、5位羟基，导致羟基转位，形成不稳定的中间体，致使树脂与纤维素纤维之间的交联键水解而释放出甲醛；完全醚化则阻止了转位反应，提高了关联键的稳定性，降低释放的甲醛量。市场上这种形式的替代品已有不少，例如亨斯迈公司的Knittex RCT是低甲醛干交联树脂，被整理的织物具有好的耐久压烫性、回弹性和尺寸稳定性；Knittex FA conc.是低甲醛湿交联树脂，被整理的织物同样具有好的耐久压烫性、回弹性和尺寸稳定性；科莱恩公司的Arkofix MCL是低甲醛树脂（甲醛量<75mg/kg）；还有巴斯夫公司的Fixapret ECO等；亨斯迈公司的Knittex FEL则是超低甲醛树脂，具有好的耐久压烫性和尺寸稳定性。

2. 采用改变树脂种类来降低游离甲醛的含量或不含游离甲醛的树脂

朗盛公司的Baypret USV是聚氨脂类产品，不含甲醛。若将它与常规反应性树脂并用，能降低游离甲醛的含量等。

3. 改变树脂整理剂与纤维素纤维交联方式的无甲醛树脂

如用1，3-二甲基-4，5-二羟基乙烯脲树脂（DMeDHDU）在锌盐（如$ZnCl_2$）催化剂存在下通过4、5位羟基与纤维素纤维交联起到耐久压烫的效果；还有用多元羧酸如丁烷四羧酸（BCTA）与纤维素纤维交联等。科莱恩公司的Arkofix NEF liq.就是采用这种形式制成的无甲醛树脂整理剂。

四、助剂的选用

（一）催化剂（表10-2-8）

表10-2-8 常用催化剂的用量和性能特征

催化剂名称	对固体树脂的用量（%）	性能特征
硫酸铵 [（NH$_4$）$_2$SO$_4$] 氯化铵（NH$_4$Cl）	2.5~4 2.5~4	高温时释酸作用大，催化效果好，对低温缩聚也适合；常用于脲醛树脂，对脲醛和氰醛树脂工作液不稳定，放置时间越长，酸度就越高，使N-羟甲基化合物自身交联
氯化镁（MgCl$_2$·6H$_2$O） 氯化锌（ZnCl$_2$）	10~15 6~8	对工作液的稳定性好，适用于氰醛树脂、二羟甲基二羟基乙烯脲等树脂，但要有较高的烘焙温度
磷酸二氢铵（NH$_4$H$_2$PO$_4$） 磷酸氢二铵 [（NH$_4$）$_2$HPO$_4$]	2.5~5 2.5~5	磷酸二氢铵适用于棉、黏胶纤维及其与涤纶混纺织物的树脂 磷酸氢二铵有缓冲作用，有利于工作液的稳定，常用于脲醛树脂，价格较高

　　工作液中加入适量的催化剂，可使织物浸轧树脂工作液后烘焙时，加速与纤维交联反应。催化剂要根据纤维种类、烘焙条件、工作液的稳定性、对色泽的影响及织物的物理机械性能等情况适当选择。催化剂必须在使用时加入。催化剂用量一般以树脂固体含量的百分率计算，也可用树脂工作液的总容积计算。催化剂用量需适当，用量过多，易引起树脂高度聚合，使织物手感粗硬或发脆；用量过少，则反应不完全。

（二）添加剂

　　为了改善整理后织物的手感、身骨、外观，提高物理机械性能，工作液中须加入添加剂。不同的添加剂具有不同的整理效果，要选择使用。

1. 柔软剂

　　经树脂整理后的织物，手感较硬糙，加入适量的柔软剂，可以改善树脂整理后织物的撕裂强度和耐磨性能。常用的有柔软剂SRS、柔软剂EM等。

2. 硬挺剂

　　加入适量的硬挺剂，可以改善织物的身骨弹性。但用量过多，易引起手感板硬粗糙，弹性及曲磨牢度下降。常用的硬挺剂如明胶、聚乙烯醇等。

3. 渗透剂

　　渗透剂能增加树脂初缩体对纤维的渗透。但用量过多，会降低树脂的耐洗性能。常用的如平平加O等。

五、工艺举例

（一）工艺流程

　　通常是在湿整理结束，经烘干、熟修、刷毛及剪毛后，浸轧树脂、预烘、烘焙及皂洗。

1. 浸轧

　　浸轧使树脂液渗透入织物中。浸轧槽根据处方配置一定的工作液，并加入适量的添加剂，如渗透剂、催化剂等。轧槽容积要小，以稳定工作液用量并随时补充新液。工作液浓度随产品的风格要求而定。织物要求硬挺，浓度宜大些；要求柔软，浓度宜小些。常用二浸二轧。轧液率根据品种要求调节，黏胶纤维一般为70%～80%。浸轧时应浸得透，压得紧而均匀。

2. 预烘

　　织物经浸轧后，先经预烘，除去织物中的游离水分，提高烘焙效率，温度为80～100℃。温度过高，会产生大量的表面树脂，影响抗皱性能，手感粗糙。

3. 烘焙

　　经过预烘的织物，在较高温度下烘焙，使树脂在催化剂的作用下，与纤维发生反应而固着。烘焙的温度和时间，根据所用树脂、催化剂及纤维性能而定，通常为140～160℃、3～5min。如温度增高，烘焙时间要缩短，防止织物脆损，而且温度要均匀稳定。

4. 皂洗

　　烘焙后的织物必须进行皂洗，洗除表面树脂及一些金属盐类等杂质，否则会影响织物的物理机械性能。此外，氨基树脂在加工过程中会产生具有鱼腥味的副产物（主要是甲胺，特别是三甲胺所引起），需经过皂洗和充分水洗去除，还可减少残留的游离甲醛含量。通常在绳状染色机或平洗机中用纯碱、合成洗剂，在40~50℃处理一定时间，并经充分水洗。

说明：

（1）脲醛树脂初缩体及工作液配制的计算举例：配制工作液时，实际需要的树脂浓度，根据初缩体浓度的比例计算。

$$工作液重量 = 初缩体重量 \times \frac{初浓缩浓度}{工作液浓度}$$

催化剂和添加剂用量按工作液百分率计算。

（2）二羟甲基二羟基乙烯脲初缩体的配制：

乙二醛：尿素：甲醛	1:1:1.8（摩尔比）
乙二醛（40%）	38kg
尿素（纯）	15.7kg
甲醛（37%）	38.1kg
水	8.2kg
总量	100kg

（二）常用树脂的配制

1. 脲醛树脂

（1）工艺条件：

尿素：甲醛	1:1.6（摩尔比）
pH值	8~9
温度	20~30℃
游离甲醛含量	小于1.5%

（2）操作：

初缩体：将尿素溶液加入反应锅内，加入水和甲醛，边加边搅拌，加入三乙醇胺并补足应加水量，调节pH值至8~9。搅拌使其全部溶解，在室温20~25℃放置20~24h（必要时应测定固含量），即可使用。

工作液：按工艺规定浓度将尿素、甲醛初缩体加入反应锅内，在不断搅拌下加入添加剂，加入三乙醇胺溶液，调节pH值至6.5~7，加入25~30℃水到规定容量（其他树脂工作液的配置方法大致相同，以后不重复叙述）。

说明：工作液配置后，要经常测定pH值，如有变化，应用三乙醇胺调节。

2. 三聚氰胺甲醛树脂

（1）工艺条件：

三聚氰胺：甲醛	1:3.3~1:3.7（摩尔比）
pH值	7.5左右

温度	70 ~ 80℃
时间	15 ~ 20min
游离甲醛含量	小于1%

（2）操作：将甲醛加入有搅拌器的夹层加热的密闭反应锅内，加入三乙醇胺，调节pH值至7.5左右，在不断搅拌下缓缓加入三聚氰胺，间接加热，逐渐升温到70 ~ 80℃，完全澄清后，保温20 ~ 30min，然后趁热加入冷水稀释到规定总量。冷水稀释要趁热进行，因冷后即产生沉淀。

3. 二羟甲基次乙烯脲树脂

（1）工艺条件：

环次乙基脲：甲醛	1：1.85 ~ 1：2.2（摩尔比）
pH值	7.5 ~ 8
温度	放热反应，室温开始，不超过60℃
游离甲醛含量	小于1%

（2）操作：甲醛溶液中先用三乙醇胺或氨水，调节pH值至7.5 ~ 8，缓缓加入环次乙基脲，反应温度不超过60℃，放置12 ~ 24h。

4. 二羟甲基二羟基乙烯脲树脂

（1）工艺条件：

乙二醛：尿素：甲醛	1：1：（1.8 ~ 2）（摩尔比）
pH值	环构反应：pH=5 ~ 5.5；羟甲基反应：pH=8 ~ 8.5
温度	50 ~ 55℃
时间	3h（环构反应）+3h（羟甲基反应）
游离甲醛含量	小于1%

（2）操作：将乙二醛加入反应锅中，用纯碱调节pH值至5 ~ 5.5，加入尿素，边加边搅拌。因是放热反应，搅拌时用冷水夹层保温，控制温度50 ~ 55℃，保温搅拌3h，要经常检查pH值，并用纯碱液调节pH值至5 ~ 5.5。加入甲醛，用纯碱调节pH值至8 ~ 8.5，控制温度50 ~ 55℃，继续保温搅拌3h，并经常检查和调节pH值。反应结束后，冷却到30℃左右，用盐酸调节pH值至5 ~ 6，加水到规定总量。树脂溶液为淡黄色，略有混浊。

（三）处方

（1）黏纤、黏锦、腈黏、涤黏织物用脲醛、氰醛及脲醛和氰醛混合树脂整理（表10-2-9）。

表10-2-9　树脂整理处方举例

产品	黏纤、黏锦花呢			黏锦花呢	腈黏、涤黏花呢	
树脂种类	脲醛			氰醛	脲醛：氰醛	
					1:1	1:3
树脂浓度（%）	10	16	20	12	11	16

续表

产品	黏纤、黏锦花呢			黏锦花呢	腈黏、涤黏花呢	
树脂种类	脲醛			氰醛	脲醛：氰醛	
					1:1	1:3
硫酸铵（%）	0.3	0.5	0.8	—	—	0.5
氯化镁（%）	—	—	—	1.65	1.65	—
聚乙烯醇（%）	—	0.5	1.3	0.3	0.3	0.8
明胶（%）	—	—	1.3	—	—	—
柔软剂VS（%）	1.4	1.4	1~2	2	2	2
平平加O（%）	0.3	0.3	0.3	0.3	0.3	—
渗透剂JFC（%）	—	—	—	—	—	0.3

（2）涤黏花呢用二羟甲基二羟基乙烯脲树脂处理：

二羟甲基二羟基乙烯脲树脂　　　　　6%

氯化镁　　　　　　　　　　　　　　0.9%

聚乙烯醇　　　　　　　　　　　　　0.3%

柔软剂VS　　　　　　　　　　　　　2%

平平加O　　　　　　　　　　　　　0.3%

六、树脂整理注意事项

（1）织物经树脂整理后，抗皱性能虽有提高，但由于纤维的延伸性能有所降低，因此采用不同的工艺，对成品的曲磨、折磨和撕破强力也有不同程度的影响。选用的处方和工艺条件，要使加工后的织物既具有良好的折皱恢复性能和服用性能，又要保持其强力损失在允许的范围内。

（2）树脂初缩体溶液在使用前应检查有无变质或发生异味。脲醛及氰醛树脂初缩体放置时间不宜过久，否则由于初缩体、分子本身的聚集易产生白色沉淀物。如遇这类情况发生，可在使用前稍加热，使沉淀物重新溶解，仍可使用。

（3）脲醛、氰醛在加工过程中因有游离甲醛泄出，刺激操作工人的眼睛而发生流泪等情况。因此必须严格控制初缩体中游离甲醛的含量，做好烘焙后的皂洗工作，注意劳动保护，在浸轧、预烘、烘焙、皂洗、蒸呢等作业区，加强排气和通风。

（4）浸轧时，不同色泽的呢坯，先浸轧浅色后浸轧深色。皂洗时，深浅色要分开，防止沾色。

七、树脂整理疵点产生原因及防止方法（表10-2-10）

表10-2-10　树脂整理疵点产生原因及防止方法

疵点	产生原因	防止方法
手感软硬不一致（同批、同匹的两边、匹头、匹尾）	1. 工作液浓度、添加剂量以及烘焙、轧液率和皂洗工艺不一致 2. 车速改变 3. 预烘时呢坯未烘干，烘焙温度过低，烘焙机上下温度不匀 4. 浸轧槽轧辊两边压力不匀，轧液率不匀 5. 轧槽液面不一致	1. 按产品要求掌握一致 2. 车速调整前，应注意质量的变化 3. 预烘要烘干，掌握好烘焙温度，上下温度要均匀 4. 加强设备维修，轧辊两边压力要一致 5. 液面要保持一致
皱折、堆压印	1. 浸轧、预烘及烘焙时，进布不平整或两边张力不一致 2. 预烘时呢坯未烘干，上浆后呢坯过硬，堆布车堆放匹数过多 3. 在染机绳状皂洗时，浴比过小，上机操作不当，呢坯运行不正常	1. 进布要平整，两边张力要一致 2. 呢坯要烘干，堆布车应根据织物厚薄规定堆放匹数，不宜过多 3. 注意浴比和上机操作
斑渍	1. 初缩体、工作液发生缩聚，造成沉淀 2. 硬挺剂没有溶解好 3. 烘焙时黏附在机壁的聚合物受热而熔化，滴在呢匹上 4. 烘焙后呢坯沾着水渍 5. 预烘时呢坯未烘干	1. 注意工作液和初缩体的变化 2. 要溶解好后再加入 3. 定期做好机台的清洁工作（已沾污的呢匹可用乙醚等揩除） 4. 呢坯上加盖罩布 5. 提高预烘质量
白印，白条	树脂处理后呢坯在后道加工中受到较大的摩擦	在加工中注意操作，减少摩擦

第六节　化学定形

　　毛织物化学定形的效果较好，光泽持久，手感滑，弹性好，色泽鲜明。但色光变化较大，中厚织物的手感不够丰厚。

　　定形药剂有亚硫酸氢钠、亚硫酸钠、硫代乙醇酸等。工序安排：条染织物，一般洗呢后在煮呢机内进行（双槽）；也有在洗呢完毕时，在洗呢机内用药剂处理后再煮呢；匹染织物宜在洗呢后及染色前进行。

一、工艺举例

　　全毛条染中厚花呢化学定形（在双槽煮呢机上处理）工艺：

亚硫酸氢钠	15~24g/L
温度	60℃
时间	30min（单槽煮呢机15~20min）
pH值	5
压力	双槽进布加压（单槽上滚筒本身压力）

二、化学定形操作注意事项

（1）亚硫酸氢钠要用冷水溶解，加入槽内搅匀后才能进布处理，不可边进布边加料。续缸时注意药剂的追加，以保持规定的浓度。

（2）煮呢包布处理后要中和清洗。机台要用不锈钢或木质，镀铬滚筒不宜使用。

（3）用药剂定形后，呢坯要清洗到没有亚硫酸氢钠为止，以免储藏日久，影响织物强力。

（4）处理后易引起色泽变化，须掌握色光的变化规律，使符合成品要求。

（5）加强劳动保护，作业区应有良好的通风设备。

第三章　染整用水

一般地面或地下水，除含有泥沙、悬浮物和少量的胶体物质外，还有溶于水的大量盐类，如钙镁的碳酸盐、重碳酸盐、氯化物等，有时还有铁、锰、锌等离子，对产品的染色、整理质量及锅炉的影响很大，必须软化后使用。水中如含有较多的钙盐和镁盐，称为硬水。硬水对染色、整理有不良的影响，大致如下。

（1）洗呢、洗毛线：用肥皂作洗剂时，易形成钙皂、镁皂黏附在纤维上，不易洗去，并使手感涩滞。染色时产生条痕、色花或呢面模糊不清。同时肥皂的消耗量增加。

（2）煮呢：煮后色泽偏萎暗，手感粗糙。

（3）染色：铁的化合物、碳酸钙、碳酸镁等与许多染料结合，易产生色淀，附着在织物上，影响摩擦牢度，浪费染料。

（4）漂白：影响洁白度，易漂白不匀。

（5）锅炉：会引起锅炉受热面结垢、热力设备的腐蚀破坏，以及锅炉汽泡内共腾现象，并浪费燃料。

一、硬水的区别和硬度

硬水可分为暂时硬水和永久硬水两种。水中含有钙与镁的重碳酸盐，如重碳酸钙、重碳酸镁，当水煮沸时分解成碳酸钙或碳酸镁沉淀析出，不再溶解于水而软化，称为暂时硬水，反应式如下：

$$Ca（HCO_3）_2 \xrightarrow{加热} CaCO_3\downarrow + H_2O + CO_2\uparrow$$

$$Mg（HCO_3）_2 \xrightarrow{加热} MgCO_3\downarrow + H_2O + CO_2\uparrow$$

水中含有钙和镁的硫酸盐（硫酸钙、硫酸镁）、氯化物（氯化钙、氯化镁）、硝酸盐（硝酸钙、硝酸镁）等盐类，虽经煮沸，不能沉淀析出，其含量不变，这种水称为永久硬水。这种硬水必须用化学方法处理，才能得到软化。钙和镁分别用硬度单位表示，称为钙硬度和镁硬度。暂时硬度和永久硬度之和称为总硬度。

（一）硬度单位表示法

表示硬度的方法很多，目前常用的有mmol/L和德度。每升水中含有的Ca^{2+}或Mg^{2+}毫摩尔数，称为毫摩尔硬度。每升水中含有相当于10mg氧化钙的硬度物质，称为1德度。还有以ppm$CaCO_3$作为硬度单位的，即百万份水中含有1份$CaCO_3$，称为1ppm$CaCO_3$。

世界各国对水硬度的规定各有不同，但现在趋向于采用以上三种表示方法。国内习惯上采用德度和ppm$CaCO_3$的表示方法。

硬度为1德度的化合物含量如表10-3-1所示。

表10-3-1　硬度为1德度的化合物含量（mg/L）

化合物名称	化合物含量	化合物名称	化合物含量
CaO	10.00	MgO	7.19
Ca	7.14	$MgCO_3$	15.00
$CaCl_2$	19.17	$MgCl_2$	16.98
$CaCO_3$	17.85	$MgSO_4$	21.47
$CaSO_4$	24.28	$Mg(HCO_3)_2$	26.10
$Ca(HCO_3)_2$	28.90	$BaCl_2$	37.14
Mg	4.34	$BaCO_3$	35.20

（二）水的各种硬度单位及换算（表10-3-2）

表10-3-2　硬度换算表

硬度单位	mmol/L	德度	$CaCO_3O$（mg/L）
1 mmol/L	1	5.6	100
1 德度	0.1785	1	17.85
1 ppm$CaCO_3$	0.01	0.056	1

（三）硬水与软水的区分（表10-3-3）

表10-3-3　水的硬度

水的性质		很软水	软水	中等硬度	硬水	很硬水
总硬度	德度	0 ~ 4	4 ~ 8	8 ~ 16	16 ~ 30	>30
	mmol/L	0 ~ 0.714	0.714 ~ 1.428	1.428 ~ 2.856	2.856 ~ 5.35	>5.35
	$CaCO_3$（mg/L）	0 ~ 71.4	71.4 ~ 142.8	142.8 ~ 285.6	285.6 ~ 535	>535

　　通常染整用水的硬度宜在4德度以下，实际应用时应低一些，以保证染整质量，节约用煤。

　　为鉴别软水或硬水，可在水样中加入少量配好的透明肥皂溶液，边加边摇荡，如水溶液不混浊和溶液表面上所生泡沫静置5min也不消失，证明水样为软水，否则为硬水。

　　为鉴别暂时硬水或永久硬水，可将水样煮沸后放置数分钟，若水中有沉淀，则证明为暂时硬水。若无沉淀，可取出上部的澄清液少许，倒入试管或锥形瓶中，加入透明肥皂溶液，照前法试验，如水样变为混浊，并且摇荡后所生泡沫立即消失或容易消失，证明水样为永久硬水。

二、硬水的软化

　　水中的悬浮物质和胶体物质，用凝聚、澄清、过滤法去除，而溶于水的盐类，须经软化处理，才能去除。

水的软化法有化学法和离子交换法。化学法有纯碱石灰法。离子交换法有钠沸石法、磺化煤离子交换法和离子交换树脂法。

纯碱石灰法是在硬水中加入适量的纯碱、石灰，使钙盐和镁盐沉淀析出，经过滤除去沉淀后使用。此法效率低，手续繁复，占地面积大，目前已被淘汰。

离子交换法使用钠沸石进行离子交换，因交换能力低，酸和碱常被破坏溶解，同时钠沸石本身含有硅质，处理后软水易被硅所污染，故很少应用。目前毛纺工业常用的软化方法，主要有磺化煤离子交换法和离子树脂交换法。但钠离子交换法只能除去水中硬度，不能除去水中的碱度及其他一些弱盐类。

常用的离子交换器分盐水箱、交换器、软水及水箱等部分（图10-3-1）。交换器的设备必须防腐蚀。

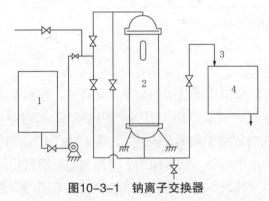

图10-3-1 钠离子交换器

1—盐水箱 2—交换器 3—软水 4—水箱

（一）磺化煤离子交换法

磺化煤用发烟硫酸对烟煤磺化处理而得，为多官能团的离子交换剂。其示性式为

$$R-\begin{cases} SO_3H \\ COOH \\ H \end{cases}$$。在使用前先用食盐处理，成为钠盐磺化煤，硬水通过磺化煤交换树脂时，钙

和镁离子为磺化煤中的钠离子所取代，达到软化的目的。交换反应在颗粒的表面和内部进行。磺化煤的交换能力高于钠沸石而低于阳离子交换树脂，耐酸耐碱，本身不含硅质，价格低廉，但不耐热，机械强度低，交换当量低及再生剂耗量大。

磺化煤按颗粒大小分为大粒和小粒两种，其规格性能如表10-3-4所示。

磺化煤常用 Na_2R 表示，其反应式如下：

暂时硬水的软化：

$$Ca（HCO_3）_2+Na_2R \longrightarrow CaR+2NaHCO_3$$

$$Mg（HCO_3）2+Na_2R \longrightarrow MgR+2NaHCO_3$$

永久硬水的软化：

$$CaSO_4+Na_2R \longrightarrow CaR+Na_2SO_4$$

$$MgSO_4+Na_2R \longrightarrow MgR+Na_2SO_4$$

表10-3-4　磺化煤规格

颗粒直径		大粒	小粒
		0.5 ~ 1.2mm>80% 0.5mm以下<10%	0.3 ~ 0.7mm>80% 0.3mm以下<10%
密度（t/m³）	干燥	0.55 ~ 0.65	
	潮湿	0.42 ~ 0.5	
交换能力（mol/m³）		250	360
耗盐量（g/mol）		160	180
耐热最高温度		严格控制在40℃以下，水温高时，易变质破坏	
膨胀率（%）		11 ~ 15	
pH值		对酸较稳定，pH值最好严格控制在8.5以下，pH值高时，易变质破坏	

注　测定交换能力按磺化煤在水中浸泡膨胀后的体积计算。

（二）离子交换树脂

离子交换树脂是带有能交换离子基团的高分子化合物，按其所带交换基团的性质，分为阴离子交换树脂及阳离子交换树脂。能与阴离子如硫酸根（SO_4^{2-}）、氯离子（Cl^-）交换的称为阴离子交换树脂；能与阳离子如钙（Ca^{2+}）、镁（Mg^{2+}）交换的称为阳离子交换树脂。毛纺染整用水主要去除硬水中的钙、镁等阳离子，因此，目前常用阳离子交换树脂。

阳离子交换树脂是由交换剂本体与能离解的活性交换基团两个基本部分所组成。而活性交换基团又由本体固定联结部分及可游离的离子部分所组成。离子交换反应是游离交换的离子与水中钙、镁离子交换的过程。目前常用的苯乙烯—二乙烯苯强酸性阳离子树脂，如001×7（原型号为732）、730及强酸1#，其活性基团为—SO_3H；钠离子型，外观为棕黄至棕褐色球状颗粒。具有不溶、不熔、耐热、机械强度高、交换能量大等优点。

本体是苯乙烯高分子聚合物和交联剂二乙烯苯组成的共聚体。交换基团有两种形式：一种是游离酸（碱）型，如SO_3H用于纯水制备，另一种是盐型，如SO_3Na，用于软化硬水。

在软化过程中，离子交换反应如下：

$$2NaR+CaSO_4 \longrightarrow CaR_2+Na_2SO_4$$

$$2NaR+MgSO_4 \longrightarrow MgR_2+Na_2SO_4$$

目前常用的阳离子交换树脂除苯乙烯型外还有丙烯酸型等，具体技术指标参数如表10-3-5所示。

表10-3-5　阳离子交换树脂技术指标

名称	JK008强酸性苯乙烯阳离子交换树脂	D113大孔弱酸性丙烯酸系阳离子交换树脂	001×8强酸性苯乙烯系阳离子交换树脂
外观	金黄至棕褐色球状颗粒	乳白或淡黄色球状颗粒	金黄至棕褐色球状颗粒
出厂型式	钠型	氢型	氢型或钠型
含水量（%）	45~56	45~52	45~55

续表

名称	JK008强酸性苯乙烯阳离子交换树脂	D113大孔弱酸性丙烯酸系阳离子交换树脂	001×8强酸性苯乙烯系阳离子交换树脂
全交换容量（mmol/g）（干）≥	4.4	11.0	4.5
湿真密度（20℃）（g/ml）	1.23~1.28	1.14~1.20	1.24~1.28
粒度范围（mm）	0.315~1.5	0.315~1.25	0.315~1.25
粒度（%）≥	95	95	95
圆球率（%）≥	95	95	90
pH值范围	0~14	4~14	0~14

（三）离子交换树脂的再生

无论是磺化煤离子交换剂或阳离子交换树脂，当离子交换树脂中的 Na^+ 几乎全部被硬水中的钙、镁离子取代后，交换剂将失去交换能力，须经再生后，才可以恢复其交换能力。常用树脂再生剂是食盐，再生是使盐中的钠离子将树脂上的钙、镁离子交换下来。再生的好坏，直接影响交换容量的大小，再生所用溶液的浓度、用量和流速可通过试验测定，做到既经济又能达到最高的交换能力。离子交换树脂的再生过程包括反洗、再生、正洗三个程序。

1. 反洗（反冲）

在交换过程中，由于水流总是由上而下流动，水中大量悬浮物及有机物被截留在交换剂层的上面。反洗时水流由交换器底部，自下而上通过交换剂层进行逆流冲洗，使交换剂（树脂）层疏松，改变交换剂层的密实状态，同时去除交换剂层中密聚的悬浮杂质、气泡及破碎的交换剂等。反洗的逆流速度不能过大，以不冲散交换剂为度，反洗到出水澄清，交换剂中无气泡留存为止。

2. 再生

反洗完毕后，交换剂层呈疏松平直状态，放出交换剂层上面过量的存水，使存水高10cm左右，然后将预先过滤澄清的约6%食盐溶液由上而下流过交换剂层进行小流量冲洗，使进入的盐水和排出水保持平衡。食盐溶液和交换剂层的接触时间一般不少于30~60min，使再生液和交换剂充分地进行离子交换，同时对再生液管道进行冲洗，防止管道腐蚀和影响出水品质。在此过程中要经常滴定流出水的硬度。再生后的废盐水可回收，供下次反洗时应用，以降低盐耗。

3. 正洗

再生完毕后，以软水由上而下流过树脂层，进行正洗，以除去交换剂层中残留的食盐及再生产物，如氯化钙、氯化镁等。开始正洗至分析无氯根时即转入正常软水工作，这是再生阶段的继续，当进盐结束后，开放进水阀保持同样流速，使交换层中的盐水缓缓向下排出，使树脂得到充分再生。约10~20min后，当树脂层中的食盐已置换出来，可逐渐加大流速，直到交换剂中再生剂全部洗净，正洗至硬度符合使用要求，方可投入运行。

说明：001×7（732）离子交换树脂的化学性能如下：

（1）母体构造：苯乙烯—二乙烯苯共聚合凝胶型树脂。

（2）交换基：—SO_3M。

（3）出厂类型：Na型。

（4）全交换容量：$90gCaCO_3/L$树脂，$1.8mmol/mL$树脂，$4.2mmol/g$树脂。

（5）耐热性：最高操作温度120℃。

（6）有效pH值范围：0~14。

（7）不纯物：微量可溶性有机物，可在初期交换过程中除去。

（8）反应（H^+型交换时为例）。

再生操作：

$$R—M + HCl \longrightarrow R—H + MCl$$

（饱和　　　　　　　　（再生　（再生
树脂）　　　　　　　　树脂）　废物）

交换吸附操作：

$$R—H + M^+ \longrightarrow M + H^+$$

（再生　（原水中　（饱和　（处理液中
树脂）　阳离子）　树脂）　阳离子）

三、硬水软化操作注意事项

（1）离子交换树脂含有一定的水分，使用及贮存时应保持水分，防止风干，并密闭保存，保持含水湿润，以免水分挥发后再度湿润时体积突然膨胀，导致树脂破碎，强度下降。使用或使用间歇期间，要防止冰冻而使树脂破碎，强度下降。

（2）钠离子树脂使用前，须先采用逆洗方法，去除其中的色素、溶解性杂质、灰尘等，并将容器内空氧排除后，方可投入运行。

（3）通过交换器的水温不宜超过40℃。

（4）磺化煤在使用前，须将磺化煤浸泡膨胀完全后，再装入软化器，装入后用大量清水反冲，以洗净酸性（或碱性）和冲走粉末。

（5）使用树脂时，应避免与铁锈、油污、强氧化剂、有机物等物接触，以免有氧化降解、污染中毒等现象发生。

（6）使用中对交换剂的损耗和交换树脂的流失，应按需要补充。

（7）运行时每1~2h测定1次软化的硬度，临近软化作用失效时，应加强控制，缩短测定周期。

（8）所用食盐溶液应事先过滤澄清，否则将杂质脏物带入软化器中，会降低交换能力。

（9）离子交换器在停止使用时，应保持足够的水浸泡树脂，并切实关好进出水管。

第四章　染整常用的化学品和助剂

一、酸类（表10-4-1）

表10-4-1　各种酸类的性状及用途

品名	一般性状及用途
硫酸	分子式H_2SO_4，硫酸含量，稀硫酸65%~75%，浓硫酸92.5%~98%，无色或棕色油状液体，强氧化剂，腐蚀性及吸水性极强，遇水大量放热，稀释时必须将酸加到水中，而不可相反地进行，用作酸性染料、酸性媒介染料、酸性络合染料的助染剂，羊毛炭化用剂等
蚁酸（甲酸）	分子式HCOOH，蚁酸含量一级90%，二级85%，稀蚁酸50%，无色透明有刺激味液体，有还原作用，腐蚀性很强，含量为80%~90%时在寒冷天易结冰，蚁酸蒸汽可燃
醋酸（乙酸）	分子式$C_2H_4O_2$，常温下是一种有强烈刺激性酸味的无色液体，熔点为16.6℃（289.6k），沸点117.9℃（391.2k），相对密度1.05。纯的乙酸在低于熔点时会冻结成冰状晶体，所以无水乙酸又称为冰醋酸。乙酸易溶于水和乙醇，其水溶液呈弱酸性
草酸（乙二酸）	分子式$H_2C_2O_4 \cdot 2H_2O$，草酸含量一级99.2%，二级99%，白色结晶，在干燥空气中能风化成白色粉末，酸性强，有毒，易分解被氧化，稍溶于冷水，易溶于热水、乙醇及醚，用于洗除铁锈斑渍
柠檬酸	化学名为2-羟基丙烷-1，2，3-三羧酸，分子式为$C_6H_8O_7$，在室温下，柠檬酸为无色半透明晶体或白色颗粒或白色结晶性粉末，无臭、味极酸，在潮湿的空气中微有潮解性。它可以以无水合物或者一水合物的形式存在：柠檬酸从热水中结晶时，生成无水合物；在冷水中结晶则生成一水合物。柠檬酸是一种较强的有机酸，有3个H^+可以电离；加热可以分解成多种产物，与酸、碱、甘油等发生反应
油酸	分子式$C_{17}H_{33}COOH$，学名十八烯酸，工业油酸主要是动植物油酸，轻于水的透明油状液体，冷却时可凝固为针状晶体，熔点约14℃，用以制作油酸皂洗剂及缩剂。易溶于乙醇、乙醚、氯仿等有机溶剂中，不溶于水，易燃，遇碱易皂化，凝固后生成白色柔软固体，在高热调节下极易氧化、聚合或分解
单宁酸	分子式$C_{14}H_{10}O_9$，商业用粉状单宁酸含量65%~85%，液体一般含30%~35%，粉状的为灰黄色或淡黄色无定形轻质粉末，在空气中逐渐变黑，液状单宁酸为深棕色稠厚液体，长时间暴露在空气中要分解，生成淡棕色沉淀，溶于热水，难溶于冷水，不溶于氯仿或乙醚，与吐酒石合用作为弱酸浴酸性染料、中性络合染料染锦纶的固色剂

二、碱类（表10-4-2）

表10-4-2　各种碱类的性状及用途

品名	一般性状及用途
氢氧化钠（烧碱、苛性钠）	分子式NaOH，氢氧化钠含量固体为95%~99.5%，液体为30%~45%，固体烧碱为白色，易潮解，溶于水放出高热，腐蚀性极强，能使动物纤维破坏，对皮肤能起剧烈的灼伤，易自空气中吸收二氧化碳成碳酸钠，容器应密封，与保险粉一起用作还原染料溶液及涤纶染色后去除浮色用的净洗剂
碳酸钠（纯碱）	分子式Na_2CO_3，碳酸钠含量一级98.5%，二级98%，无水碳酸钠为白色粉状或细粒，在空气中吸收水分和二氧化碳，结块并生成碳酸氢钠，溶于水，含水碳酸钠有1份水、7份水、10份水三种，用作羊毛助洗剂，直接染料、硫化染料染棉及黏胶纤维的助染剂，活性染料固色剂，羊毛炭化中和剂

品　名	一 般 性 状 及 用 途
氢氧化铵（氨水）	分子式NH_4OH，工业用含$NH_3$20%～25%，无色透明或带微黄色液体，有刺激性臭味，能使人流泪，应盛于密封容器内，受热易分解产生氨气，体积膨胀易爆破容器，注意不要使装氨水的容器受热或阳光直晒，可用作助洗剂、酸性络合染料染色后的中和剂
三乙醇胺	分子式$N(CH_2CH_2OH)_3$，工业用含三乙醇胺约85%，无色黏稠液体，微具氨的臭味，暴露在空气中易变黄，有吸湿性，可溶于水，对铜、铝有腐蚀性，用于脲醛、氰醛树脂初缩体的中和剂

三、氧化剂（表10-4-3）

表10-4-3　各种氧化剂的性状及用途

品名	一般性状及用途
过氧化氢（双氧水）	分子式H_2O_2，工业用含$H_2O_2$30%～40%的水溶液，无色或淡黄色刺激性液体，易分解放出氧气；在溶液中如有少量酸存在，溶液较稳定，因此商品中常加少量醋酸或磷酸；如溶液中加入氨水或其他碱质，放氧很快，有强烈的氧化能力，浓溶液能刺激皮肤，应贮放在阴凉黑暗通风处，避免强光照射，用作漂白剂
高锰酸钾	分子式$KMnO_4$，高锰酸钾含量一级99.3%，二级98%，紫色有金属光泽的粒状或针状结晶，是强氧化剂，应盛放在密闭容器内，用于羊毛防缩处理
过硼酸钠	分子式$NaBO_3 \cdot 4H_2O$，过硼酸钠含量96%，白色粒状结晶或粉末，在干冷空气中稳定，在湿热空气中分解放出氧，受潮易结块分解，应盛于密封容器内，用作黏胶纤维以硫化染料染色后的氧化剂
次氯酸钠	分子式$NaClO$，极不稳定的苍黄色固体，溶于水，商品一般为碱性水溶液，无色至微黄色，有刺激性气味，对金属有腐蚀性，用于棉、毛制品的漂白及羊毛防缩整理剂

四、增白剂（表10-4-4）

表10-4-4　各种增白剂的性状及用途

品名	一般性状及用途
荧光增白剂VBL	二苯乙烯三嗪型，属阴离子无色直接染料，它的上染性能基本和直接染料相似，可用食盐、元明粉促染，用匀染剂缓染；淡黄色粉末，色调为紫蓝光，可溶于80倍量以上软水中，溶解用水宜呈微碱性或中性，染浴以中性或微碱性（pH＝8～9）最适宜，耐酸到pH值为2～3，耐碱到pH值为10，耐硬水300mg/L，不耐铜、铁等金属离子，可与阴离子及非离子表面活性剂、直接及酸性等阴离子染料及合成树脂初缩体同浴使用，但不能与阳离子染料、阳离子助剂同浴使用。适用于白色或浅色纤维素产品的增白，用量要恰当，过量时白度反而降低甚至泛黄，用于纤维素纤维不超过0.4%为宜，还能用于棉布树脂整理液中以及与含酸性的组成同浴增白
荧光增白剂DT	苯并噁唑衍生物，能耐强酸与强碱，溶于乙醇中，色调为青紫色；中性非电离性黄白色悬浮液；由于悬浮液商品中常用聚乙烯醇为保护胶体，遇各种盐类有凝聚现象，所以最好在中性或微酸性浴中使用。DT悬浮液中已混有分散剂N0.5%左右，在贮藏时常有沉降现象，使用时应先充分搅匀以保证浓度，可用于涤纶、锦纶等纤维及其混纺织物的增白，要经140～160℃、2min高温处理才能充分发挥增白作用
荧光增白剂WG	黄色粉末，色调为蓝绿光，水溶液为中性，阴离子性，耐酸、耐硬水，铁及铜对白度有影响，使用时溶解，不宜贮备溶液，用于羊毛及锦纶的增白

续表

品名	一般性状及用途
荧光增白剂DCB	吡唑啉型，淡黄色粉末，有微紫红色荧光，不溶于水，能均匀分散于水中，呈稳定性悬浮液，也能溶于乙醇、二甲基甲酰胺、乙二醇、乙醚等，非离子性，其1%水溶液近中性，用于白色腈纶的增白和浅色纤维的增艳
尤辉得BHT	荧光增白剂，主要成分为二苯乙烯二磺酸衍生物，棕色液体，阴离子型，易溶于水。用于毛、聚酰胺纤维、纤维素纤维的增白处理，具有极佳的水洗牢度，对碱、双氧水、电解质以及还原剂具有极高的稳定性，适用于非连续性还原漂白

五、还原剂（表10-4-5）

表10-4-5 各种还原剂的性状及用途

品名	一般性状及用途
硫化钠（硫化碱）	分子式$Na_2S \cdot 9H_2O$，硫化钠含量60%，黄色或橘红色块状，有腐蛋臭，在空气中易吸湿潮解并氧化成硫代硫酸钠，溶于水呈强碱性，对铜有腐蚀性，与碱一起用作硫化染料溶剂
保险粉（低亚硫酸钠）	分子式$Na_2S_2O_4$，工业用保险粉含量85%~95%，商品有不含结晶水的为淡黄色粉末，含2个分子结晶水的为白色细粒结晶；已结块的保险粉有刺激性的酸味；忌受潮、受热或暴露在空气中，防止受氧化等作用而失效，要贮存在密闭容器内，防热、防潮、防氧化变质；有很强的还原力，遇水易燃烧；用作染色织物的剥色剂、涤纶染色后去除浮色用剂
漂毛粉	为60%保险粉和40%焦磷酸钠的混合物，白色粉末，要贮存在密闭容器内，防热、防潮、防氧化变质，受潮、受热后易引起燃烧或爆炸，是还原剂，漂白效率很强，适用于漂白羊毛、蚕丝等
雕白粉（雕白块，次硫酸氢钠甲醛加成物）	分子式$NaHSO_2 \cdot CH_2O \cdot 2H_2O$，雕白粉含量98%，白色结晶性粉末或块状，要贮存在密闭容器内，防热、防潮，用于羊毛防缩处理的还原剂，棉布拔染印花中的还原剂、染色织物的剥色剂
亚硫酸氢钠	分子式$NaHSO_3$，亚硫酸氢钠含量一级99%，二级98%，白色结晶或结晶性粉末，有二氧化硫臭味，易溶于水，水溶液呈弱碱性，易潮解，在空气中氧化成硫酸盐，要贮存在密闭容器内，用作毛织物化学定形剂、羊毛防缩剂
亚硫酸钠	分子式Na_2SO_3，亚硫酸钠含量一级96%，二级93%，溶于水，易被空气氧化成硫酸盐，易失水成为白色结晶性粉末，应藏于密封容器内，用作毛织物化学定形剂及羊毛防缩剂

六、盐类（表10-4-6）

表10-4-6 各种盐类的性状及用途

品名	一般性状及用途
氯化钠	分子式$NaCl$，含量80%~90%，为白色结晶，易潮解，用于直接、硫化、活性、还原等染料的促染剂，水软化中用作离子交换剂的再生剂
醋酸钠	分子式$CH_3COONa \cdot 3H_2O$，工业用含3个结晶水的醋酸钠，约含醋酸钠60%，可溶于水，在空气中易风化，无水醋酸钠为白色粉末，用作酸性染料染色后的中和剂、阳离子染料染腈纶时稳定pH值的缓冲剂
硫酸铜	分子式$CuSO_4 \cdot 5H_2O$，硫酸铜含量一级96%，二级93%，含5个结晶水的是深蓝色结晶，无结晶水的是淡蓝色粉末，有毒，溶于水，用作直接铜盐染料染后的固色剂
硫酸铵（肥田粉）	分子式$(NH_4)_2SO_4$，硫酸铵含量一级21%，二级20.8%，三级20.6%，白色或微带黄色小粒结晶，用作弱酸性染料、中性浴酸性染料、中性染料的促染剂，脲醛、氰醛树脂的催化剂

续表

品名	一般性状及用途
醋酸铵	分子式CH_3COONH_4，为白色结晶或结晶性块状，易潮解，略有气味，易溶于水，水溶液呈酸性反应，遇热分解成醋酸和氨，通常用醋酸和氨溶液自行制备，用作弱酸性染料的助染剂
六偏磷酸钠	分子式$(NaPO_3)_6$，含六偏磷酸钠约85%，无色透明片状或白色碎粒状，易潮解，在空气中会水化，水化时变成磷酸二钠，用作软水剂
氯化铵	分子式NH_4Cl，氯化铵含量，氯化氢法99%（干基），硫酸铵法94%（湿基），白色易潮解结晶，遇热分解为NH_3及HCl，用作树脂整理的催化剂
氯化镁	分子式$MgCl_2 \cdot 6H_2O$，氯化镁含量98%，白色易潮解的单斜晶体，溶于水，用作树脂整理的催化剂
焦磷酸钠	分子式$Na_4P_2O_7 \cdot 10H_2O$，单斜晶体，溶于水，沸腾时变为磷酸氢二钠，水溶液呈碱性，用作双氧水漂白的稳定剂
吐酒石（酒石酸锑钾）	分子式$C_8H_4K_2O_{12}Sb_2 \cdot 3H_2O$，酒石酸锑钾含量98%，无色透明结晶或白色颗粒状粉末，有毒，在空气中会风化，溶于水，水溶液呈微酸性，应盛于密封容器，防止受潮结块，与单宁酸合用作弱酸性染料、中性染料染锦纶的固色剂
硫酸钠（元明粉）	分子式Na_2SO_4，含硫酸钠一级98%，二级95%，三级92%，商品有带10个结晶水的结晶硫酸钠（透明结晶成块状或针状）和无水硫酸钠（白色粉末），无臭，味咸而苦，可溶于水，用作直接染料、硫化染料、活性染料、还原染料的促染剂，酸性染料的缓染剂，合成洗剂洗毛时的增效剂

七、净洗剂（表10–4–7）

表10–4–7　各种净洗剂的性状及用途

品名	一般性状及用途
丝光皂	乳白色或半透明液体，为多种表面活性剂和脂肪醇混合物，阴离子表面活性剂，去污、乳化效果好，不耐硬水，水溶液易水解
601洗涤剂	分子式$C_nH_{2n+1}SO_3Na$，平均碳原子数为16个，阴离子表面活性剂，淡黄棕色液体，易溶于水，约含烷基磺酸钠（简称AS）25%、氯化钠5%、水70%，1%水溶液pH值为7～9，去污力好，耐酸、耐碱、耐硬水
工业皂粉	阴离子表面活性剂，为米黄色粉末，易溶于水，约含烷基苯磺酸钠（简称AAS）30%、硫酸钠68%、水2%，1%水溶液pH值为7～9，洗净、渗透、乳化等性能都好，耐酸、耐碱、耐硬水、抗吸湿性较强，但对防止污垢再附着的能力较差，可拼用少量羧甲基纤维素得以改善。该种净洗剂中的烷基苯磺酸钠若为线性烷基苯磺酸钠，如线性十二烷基苯磺酸钠，则禁用
净洗剂LS（净洗剂MA）	脂肪酰氨基对甲氧基苯磺酸钠，阴离子表面活性剂，棕色粉末，易溶于水，1%水溶液呈中性，不论在软水或硬水中洗涤，其渗透、扩散的性能都好，并有乳化、匀染效果，耐硬水，耐酸、耐碱
209洗涤剂	N,N–脂肪酰甲基牛磺酸钠，阴离子表面活性剂，溶液呈中性，淡黄色胶状液体，易溶于水，1%水溶液pH值为7.2～8，含洗涤活性物约20%，洗净、匀染、渗透及乳化能力好，耐酸、耐碱、耐硬水
雷米邦A（613洗涤剂）	脂肪酰基氨基酸钠、脂肪酰氯及蛋白质水解产物，阴离子表面活性剂，为黏稠的棕色液体，一般有效成分为40%，易溶于水，1%水溶液pH值为8左右，有氨基酸气味，耐碱、耐硬水，不耐酸，用作净洗剂和乳化剂，去油污力较差，也可作直接染料、硫化染料的匀染剂
净洗剂JU	脂肪醇聚氧乙烯醚，非离子表面活性剂，有良好的润湿、分散、乳化等效能，适于低温（30～50℃）洗涤；浅黄色透明黏稠液体，1%水溶液pH值为5～6，耐硬水、耐酸、耐碱，有优良的洗涤和润湿能力，并有扩散、乳化、匀染作用，可和各种表面活性剂及染料混合使用，常用于毛织物净洗以及腈纶染前处理，可使阳离子染料染色均匀
毛能净LSM	为淡黄色黏稠液体，由多种表面活性剂和添加剂的复合物，阴离子型，易溶于水。主要用于羊毛等蛋白质纤维的净洗。耐硬水，耐酸、碱，并具有良好的润湿、渗透、净洗等性能。在毛纺行业中亦可用于染色、印染后洗浮色，也可用于缩毛缩绒处理。经本品处理过的产品，可获松软、柔滑的综合手感

八、渗透剂、扩散剂、匀染剂、乳化剂（表10-4-8）

表10-4-8　各种渗透剂、扩散剂、匀染剂、乳化剂的性状及用途

品名	一般性状及用途
渗透剂BX（拉开粉BX）	二丁基萘磺酸钠，阴离子表面活性剂，米色粉末，易溶于水，1%水溶液pH值为7~8.5，具有良好的润湿和渗透性，再润湿性也较好，并有乳化、扩散和起泡沫的性能，耐酸、耐碱、耐硬水（但不适用于浓碱及漂白粉溶液中），除阴离子染料及阳离子表面活性剂外，一般都能混用，非离子型匀染剂在染浴中会与拉开粉结合成松弛的复合物，抵消或降低匀染性能，一般不与非离子型匀染剂同浴使用，遇铁、铝、锌、铅等金属盐类会产生沉淀
渗透剂T（快速渗透剂T）	琥珀酸辛酯磺酸钠，阴离子表面活性剂，淡黄色到棕黄色黏稠液体，可溶于水，1%水溶液pH值为6.5~7，渗透快速均匀，再润湿、乳化、起泡性能好，效果以温度40℃以下、pH值在5~10时最好，不耐强酸、强碱，不耐金属盐及还原剂，在40℃以上的碱浴中易水解
渗透剂EA、浸透剂JFC	高级脂肪醇聚氧乙烯醚，非离子表面活性剂，淡黄色液体，在水中溶解成澄清溶液，在冷水中溶解度较热水中大，渗透、润湿、再润湿性能好，并有乳化及洗涤效果，耐酸、耐碱、耐硬水、耐金属盐，可与各类表面活性剂混用，也适宜和合成树脂初缩体混用
扩散剂N（扩散剂NNO）	亚甲基双萘磺酸钠，阴离子表面活性剂，米棕色粉末，易溶于任何硬度的水中，1%水溶液pH值为7~9，扩散性和保护胶体性好，且不会产生泡沫，能耐酸、耐碱、耐硬水，对蛋白质纤维和聚酰胺纤维有亲和力，用于分散染料染色，毛腈混纺产品用阳离子染料及阴离子染料同浴染色时与非离子表面活性剂平平加合用作防沉淀剂。该种扩散剂中含有游离甲醛，对人体健康和生态环境有害，需加强检测和劳动保护，并进行替代
分散剂WA	三脂肪醇聚氧乙烯醚基甲基硅烷，属有机硅非离子高效扩散剂，有一定的洗涤效果，扩散力强，用于毛腈产品以阴离子染料和阳离子染料同浴染色时防止染料沉淀的扩散剂，50%的商品为淡黄色胶状物
匀染剂1227	十二烷基二甲基苄基氯化铵，阳离子型匀染剂，无色或黄色黏稠透明液体，易溶于水，1%水溶液pH值为6.6~7，固含量44%±1%，用于阳离子染料染腈纶的匀染剂，有延缓腈纶染色速度并使染色均匀的性能，同时具有柔软及抗静电作用
匀染剂O	十八醇聚氧乙烯醚，非离子表面活性剂，乳白色膏状物，可溶于水，1%水溶液pH值接近中性，对各种染料有强烈的匀染及缓染性能，渗透性、扩散性都良好，也是优良的油/水型乳化剂，耐酸、耐碱、耐金属盐，可同各种表面活性剂与染料同浴使用
匀染剂DC	十八烷基二甲基苄基氯化铵，阳离子型匀染剂，淡黄色黏稠膏状物，溶于水，1%水溶液pH≤6.5，对腈纶有较强的亲和力，对阳离子染料的染色有良好的匀染性能，并能使腈纶手感柔软，耐酸、耐硬水、耐无机盐，但不耐碱，可与阳离子型和非离子型表面活性剂混用，同浴使用时必须加入一定量的非离子表面活性剂；腈纶染色时，匀染剂DC用量通常根据染色深度选择，染浅色时用量适当增加
匀染剂CN	阳离子型表面活性剂的复配物，常温下为黄色至橙黄色液体，在6℃以下时为浆状物，易溶于水，1%水溶液pH值为4~5，固含量40%~50%，耐酸及无机盐，不耐碱，对腈纶有亲和力，阳离子染料染色时具有较好的匀染性能，不影响给色量，能增加腈纶的柔软感，增加用量可省去柔软处理工序，还具有抗静电作用，一般可与阳离子和非离子表面活性剂混用，不与阴离子型表面活性剂及染剂同浴使用，同浴使用时应加入一定量的非离子表面活性剂
匀染剂TAN	十二烷基二甲基苄基氯化铵，微黄色到浅黄色透明液体，1%水溶液pH值为6~8，阳离子表面活性剂，耐酸、耐硬水，对盐稳定，不耐碱，可作阳离子染料腈纶染色的匀染剂，也可用作阳离子染料印花的匀染剂
乳化剂S-60	外观为米黄色片状物，非离子表面活性剂，能溶于热乙醇、苯、热油，微溶于乙醚、石油醚，能分散于热水中，是水/油型优良乳化剂，具有很强的乳化作用和分散、润湿等效果，可与各种类型表面活性剂混合使用，特别适宜与乳化剂T-60配合使用，主要用作腈纶的抗静电剂和柔软上油剂
阿白格B	棕色透明液体，特殊高分子化合物和表面活性剂复配物，两性离子，易溶于水，对毛活性染料、酸性染料、金属络合染料和媒介染料具有卓越的分散、增溶和均染特性，可使织物获得优越的匀染效果
阿白格SET	棕色透明液体，两性离子，易溶于水，广泛适用于酸性、弱酸性、中性、媒介等各类染料的染色，特别适用于兰纳洒脱、宜和仑及其同类型的染料染色。具有很强的分散力与抗击硬度金属离子的能力，显著提高染料在浴中的稳定性、分散性与渗透性，有助于染料的解聚与防凝聚沉淀

九、柔软剂、防水剂（表10-4-9）

表10-4-9　各种柔软剂、防水剂的性状及用途

品名	一般性状及用途
柔软剂EST	具有环氧基的阳离子型表面活性剂，外观为米白色乳液，1%水乳液呈微酸性（pH值为5~6），可以任何比例水稀释成乳化液，能与腈纶起反应性结合，具有耐洗性及抗静电作用，可与阳离子表面活性剂或非离子表面活性剂混用，适用于腈纶的柔软整理，整理后的织物具有耐久的柔软性和抗静电效果，对其他合成纤维和棉、毛、丝等天然纤维也具有良好的柔软效果，可直接冲稀到所需浓度，整理液pH值为5~6时效果最佳
柔软剂HC	为脂肪酰胺与平平加等乳化混合体，外观为白色，均匀乳化液放置24h不分层，常用于腈纶的柔软处理，以获得良好的柔软手感，一般使用时以水溶液作浸渍处理
防水剂CR	硬脂酰氯化铬的乙醇溶液，阳离子表面活性剂，绿色浓稠液体；带酸性，耐一般无机酸到pH值为4，但不耐大量硫酸、磷酸，除蚁酸外不耐其他有机酸，遇碱逐步水解，使浓度降低；不耐高温，不耐无机盐，如SO_4^{2-}、PO_4^{3-}、$Cr_2O_7^{2-}$等，易水解，稀释后应在数小时内使用；可和阳离子、非离子表面活性剂、合成树脂初缩体等并用，不能和阴离子表面活性剂同浴使用，常用于棉、丝、毛、麻及合成纤维的防水整理。该种防水剂含有可萃取重金属铬，对人体健康和生态环境有害，需加强检测和劳动保护，并进行替代
防水剂H	为改性聚乙烯和含氢硅油乳液的混合物，非离子型，乳白色液体，可与水以任何比例混合，对各种纤维均具有耐久的通气性及良好的拒水性
防水剂PF	硬脂酰胺亚甲基吡啶氯化物，阳离子表面活性剂，浅棕色膏状或灰白色浆状物，水溶液有丝状光泽，能耐酸和硬水，但不耐碱、不耐大量硫酸盐及磺酸盐，不耐100℃以上高温，可和阳离子及非离子表面活性剂、树脂初缩体等混用，不能和阴离子表面活性剂或阴离子染料同浴使用，常用于织物的防水和柔软整理。该种防水剂含有游离甲醛，对人体健康和生态环境有害，需加强检测和劳动保护，并进行替代

十、固色剂（表10-4-10）

表10-4-10　各种固色剂的性状及用途

品名	一般性状及用途
固色剂Y（固色粉Y）	为双氰胺甲醛树脂水溶性初缩体，阳离子固色剂，白色细粉，也有白色或淡黄色的不定形颗粒，以及有带褐绿色的黏稠性液体或冻膏状，易溶于水，和阳离子和非离子表面活性剂可混用，但和阴离子表面活性剂或阴离子染料不可同浴使用，遇硬水、强酸、强碱及大量硫酸盐、食盐会产生沉淀，用作直接染料固色剂，提高染料的湿处理牢度。该固色剂含有游离甲醛，对人体健康和生态环境有害，需加强检测和劳动保护，并进行替代
固色剂M	为含铜双氰胺甲醛树脂水溶性初缩体，阳离子固色剂，含铜量1.8%~2%。蓝色或绿色黏稠液体，易溶于水，可和阳离子及非离子表面活性剂等混用，但和阴离子表面活性剂或阴离子染料不可同浴使用，不耐硬水，遇强酸、强碱、单宁酸及大量无机盐如硫酸盐等，会产生沉淀，用作直接、硫化等染料固色剂，可提高染料的湿处理牢度。该固色剂含有游离甲醛和可萃取重金属铜，对人体健康和生态环境有害，需加强检测和劳动保护，并进行替代

十一、载体（表10-4-11）

表10-4-11　各种载体的性状及用途

品名	一般性状及用途
水杨酸甲酯（冬青油）	为无色油状液体，有冬青树叶的香气，溶于乙醇和乙醚，微溶于水，气味很重，可作涤纶用分散染料染色的载体。该种载体异味大，对人体健康和生态环境有害，需加强检测和劳动保护，并进行替代
载体OP	为邻苯基苯酚钠盐，浅棕色片状，易溶于热水，呈强碱性，使用时要加醋酸或释酸剂磷酸氢二铵调整pH值到6～6.5，在分散剂存在的条件下，析出邻苯基苯酚（温度不低于60℃），才能发挥载体的作用，用作分散染料染涤纶时的载体。该种载体是一种环境激素，限制其在纺织品上的使用，而且它会严重影响纺织品的日晒牢度，需进行替代
载体BIP	棕黄色透明油状物，无毒、无致癌型，嗅味小且温和，有利于染色操作及三废治理。上染率高、色牢度好而且可以提高染色稳定性，染深色效果更佳且色光鲜艳，染色成本较降低

十二、树脂整理剂（表10-4-12）

表10-4-12　各种树脂整理剂的性状及用途

品名	一般性状及用途
三聚氰胺	为白色粉状结晶，熔点为354℃，极易升华，难溶于冷水，能溶于甲醇与酒精，呈弱碱性，能与盐酸、硫酸、硝酸、蚁酸等化合成盐，用于制造氰醛树脂
甲醛（蚁醛）	分子式HCHO，商品为含甲醛30%～40%的水溶液，常含有甲醇6%～12%以防止聚合；无色透明液体，有刺激臭味，腐蚀性强，水溶液有还原性及毒性，为很强的消毒剂，甲醛溶液如长久暴露在空气中，则被逐渐氧化成蚁酸，用于制造脲醛、氰醛树脂；甲醛水溶液在长期贮存中，有一部分发生聚合作用，生成白浊絮状悬浮体，贮存温度不宜太低，保持25℃左右
三羟甲基三聚氰胺树脂（TMM）	三羟甲基三聚氰胺树脂是三聚氰胺与甲醛的初缩体，属热固型树脂初聚物范畴，遇冷变成凝胶状，可与阳离子及非离子型的柔软剂和渗透剂同浴使用，在高温处理下，由可溶性变为不溶性，一经定形不能反逆，在不带酸性的水溶液中稳定性较好，加入催化剂后的溶液在30℃时大致可稳定6～8h，常用作纤维素纤维防缩防皱树脂整理剂。该种树脂含有游离的和羟甲基分解生产的甲醛，对人体健康和生态环境有害，需加强检测和劳动保护，并进行替代
脲醛树脂	以单羟甲基脲和双羟甲基脲为主要产物的树脂初缩体，为常用的合成树脂之一，是低分子初缩物，能溶于水，经加水稀释，再加入适量的释酸物质作催化剂（如氯化铵或硫酸铵），初缩物能渗透到纤维的内部，在纤维内聚成高分子状态的树脂，常用于黏胶纤维的树脂整理，以提高防缩防皱性，还用于脲醛、氰醛等树脂的硬挺剂。该种树脂含有有游离的和羟甲基分解生产的甲醛，对人体健康和生态环境有害，需加强检测和劳动保护，并进行替代

十三、消泡剂（表10-4-13）

表10-4-13　消泡剂的性状及用途

品名	一般性状及用途
SXP 107消泡剂	有机硅聚醚复合高温消泡剂，为乳白色黏稠液体，不挥发物为25%±1%，pH值为6～8，3000r/min、20min不分层，非离子型，耐高温，130℃不破乳、不漂油、不分层。采用了高效分散剂，在发泡体系中分散均匀，消泡、抑泡效果显著，与同规格普通有机硅消泡剂相比，仅需60%用量即可达到消泡、抑泡要求，性价比较高
消泡剂FFW	无色不透明低黏度液体，阴离子型，pH值约为6.5，具有渗透、除气及防起泡特性的渗透促进剂，在强劲液体流动的染液中能有效地消泡和防止泡沫的形成。其良好的渗透性能防止织物在染液中浮起和去除染液中的空气，使染液有效地在染缸中运行

第五章　其他

第一节　检验和包装设备

一、N811型量呢机和N801型检验机的主要技术特征（表10-5-1）

表10-5-1　N811型量呢机和N801型检验机的主要技术特征

项目	主要技术特征
形式	30°~60° 斜面式，可任意调节，机器可沿循轨道前后移动
机幅（mm）	1830
控制装置	停车刹车开关左右各一只，并装有倒顺车开关，新型号改为变频器控制
测长装置	台面两侧有转盘式测长表或数字式码长表
呢匹通过速度（m/min）	N801型：8、12、16
	N811型：20、30、40
照明	N801型在台面板下方磨砂玻璃内装有日光灯
外形尺寸（长×宽×高）（mm）	2678×2557×2340
重量（kg）	950
电动机	$JFO_2 21-6$（右），0.6kW

> 注　以上两种机型基本相同。量呢机也可作检验机用，只要加装照明，并稍为改装传动部分，使呢匹通过速度符合检验规定。
>
> 检验机作量呢机用时只要改装传动，使速度符合生产需要即可。

二、MB551型、MB551FB-TM型验卷机的主要技术特征（表10-5-2、表10-5-3）

　　织物进行检验时，可以平幅卷筒，同时计量长度，也可以输入卷状或折叠的织物。织物计长有电子式或机械式。机上设有外照明部件，可以适应不同采光条件，并可进行夜间检验。照明采用纺织厂专用的高显色性荧光灯（图10-5-1）。

表10-5-2　MB551型验卷机的主要技术特征

项目	主要技术特征
形式	斜面式，可任意调节
检验台面尺寸（mm）	最大门幅2000，宽1500
检验速度（m/min）	6~60
卷绕尺寸（mm）	400
计长	机械式或电子式

项目	主要技术特征
疵点计数	电子式或机械式
照明	台面板下的透明玻璃用乳白色有机玻璃，有照明斗，还设有外照明部件，适应夜间检验
卷筒	平幅检验后，平幅卷筒
电动吸边	织物输入部分安装有电动吸边器
齐边装置	卷绕部分有齐边装置
传动	机器全部采用链传动，由滑差电动机无级调速进行卷绕

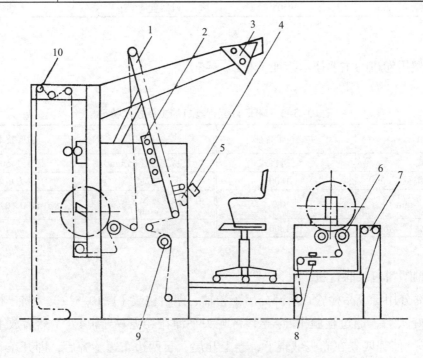

图10-5-1　MB551型验卷机

1—检验台面　2—照明斗　3—外照明灯　4—计长仪传感器　5—操作盒

6—卷取辊　7—搁布台　8—齐边光电探头　9—传动辊　10—张力辊

表10-5-3　MB551FB-TM型验卷机的主要技术特征

项目	主要技术特征
形式	斜面式，可任意调节
检验台面尺寸（mm）	最大门幅3200，宽1800
检验速度（m/min）	9~90
卷绕尺寸（mm）	600
计长	电子式
疵点计数	电子式
照明	台面板下的透明玻璃用乳白色有机玻璃，有照明斗，还设有外照明部件，适应夜间检验
卷筒	平幅检验、平幅卷筒
电动吸边	光电控制自动对边
传动	采用独立传动方式，变频无级调速控制卷绕

三、N822型折卷机的主要技术特征（表10-5-4）

表10-5-4　N822型折卷机的主要技术特征

项目	主要技术特征	项目	主要技术特征
形式	对折板式	卷呢速度（m/min）	30
适用织物最大幅宽（mm）	1900	电动机	JFO$_2$21-6（左）0.6kW
卷板宽度（mm）	160	外形尺寸（长×宽×高）（mm）	3224×2293×1880
卷板极限工作幅度（mm）	950	机器重量（kg）	约600

四、MB541型折卷机的主要技术特征（表10-5-5）

表10-5-5　MB541型折卷机的主要技术特征

项目	主要技术特征	项目	主要技术特征
形式	对折板式	卷呢速度（m/min）	50
适用织物最大幅宽（mm）	1800	电动机	力矩电动机
卷板宽度（mm）	160	外形尺寸（长×宽×高）（mm）	4100×2220×2000
卷板极限工作幅度（mm）	1800	机器重量（kg）	1000

五、检验卷轴塑料包装联合机

该机前部分用于成品检验，后部分用于卷轴、塑料包装（图10-5-2）。将已检验好的呢匹用手工缝好头后，通过检验机2穿导，将呢头平铺在卷呢双导辊4处，然后放上卷呢绒辊5。先开慢车，使呢匹卷在卷呢绒辊上，卷上几层，至两边布边整齐后，即开车卷绕，车速为80m/min。待一匹卷完，即行关车，拆除缝线，盖印。如呢匹有规定长度，则长度达到后即自动停机开剪。

一匹呢卷好后，即推到卷包塑料薄膜导辊处自动包卷薄膜，接着在薄膜切割中进行缝烫，抬高两头封闭熔接后，自动移至称重处称重并自动卸车。在塑料薄膜包卷时，前面卷呢照常进行。

如意大利BSP（Biella Shrunk Process）公司生产的Cellopak 90型自动包装机，具有储纸管箱，能自动取管，自动平幅卷布，自动塑料真空包装。其主要技术特征见表10-5-6。

表10-5-6　Cellopak 90自动包装机的主要技术特征

项目	主要技术特征	项目	主要技术特征
形式	自动包装，聚乙烯薄膜冷切	电动机	装机功率12kW
工作宽度（mm）	1800	外形尺寸（长×宽×高）（mm）	1370×690×1100
卷筒直径（mm）	500	机器重量（kg）	120
卷呢速度（m/min）	50		

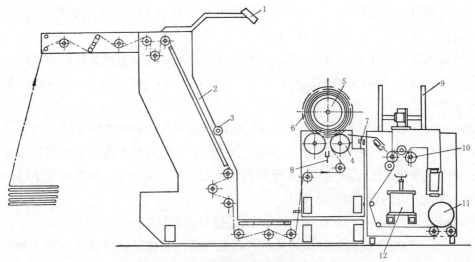

图10-5-2　检验卷轴塑料包装联合机示意图

1—照明　2—检验机　3—测长器　4—卷呢双导辊　5—卷呢绒辊　6—卷成的呢匹　7—自动剪切装置

8—自动卸料　9—侧方闭锁焊接夹片　10—卷包塑料薄膜导辊　11—包装塑料薄膜　12—称重机

六、A752型呢绒打包机的主要技术特征（表10-5-7）

表10-5-7　A752型呢绒打包机的主要技术特征

项目	主要技术特征	项目	主要技术特征
形式	液压式	油泵	Q/HD2426变量三柱塞泵，公称流量37.5L/min，额定压力30MPa
液压机上下压板最大距离（mm）	1200	液压机工作压力（MPa）	2
液压机起落盘最大行程（mm）	830	电动机	$JFO_2 51-4$，5.5kW
打包压缩高度	精纺毛织品4匹为580mm，粗纺毛织品2匹为470mm，毛毯20条为320mm	外形尺寸：长×宽×高（mm）	3100×2000×4020（地下1700）
最大使用总压力（kN）	37.5	机器重量（t）	约5
起落盘可使用面积（mm）	1300×810		

第二节　节能减排

　　随着纺织工业规划对节能降耗和环境保护提出了明确的要求，纺织企业如何进行节约能源、降低消耗，扎实推进资源节约和环境保护，发展低碳经济，成为企业发展的必由之路。

一、采用节能型设备、连续化多功能联合机

如拉幅定形机、洗缩联合机、平幅洗煮联合机、浸轧烘干联合机、烫蒸联合机等，缩短工艺处理流程，减少水、电等能源的消耗。

德国Monforts（门富士）MONTEX–6500型拉幅定形机配有集成化热回收系统，拉幅烘干工艺节能达15%（130~150℃），热定形工艺节能达30%（180~200℃），拉幅烘干和定形工艺节能达20%。

德国Bruckner（布鲁克纳）公司拉幅定形机的废热回收及排烟净化系统，有空气交换系统（节能约20%）、空气热交换系统（节能约30%）、吸湿净化系统，节能环保效果显著。余热回收和废气净化系统可将废气中的余热传送给新鲜的空气或水，并使废气中的污染物得到冷凝和过滤、进而达到节能环保效果。

德国Moenus（毛纳斯）公司Artosuni–star型拉幅定形机Econ–air排气导流系统，装于最后2只烘箱上部，节能和提高加工织物品质，其湿度控制系统是利用最新的测量和控制装置检测废气（循环气流）的湿度并优化能源的消耗。

二、低温余热回收系统

余热是工业企业在生产过程中，由各种热能转换设备、用能设备和化学反应设备中产生而未被用尽的能量资源。据美国1970年的统计，全年被排弃的能量占总用能量的74%，从余热资源焓值分布看，冷却水排弃的热量最多，约占2/3（其焓值只占1/4强）。占总余热2/3的低温余热，由于其焓值低而还未被利用。因此，研究低温余热的回收工作具有重要的意义。

1. 低温余热回收现状

余热回收技术的应用在染整领域还处于初级阶段，大部分仅仅将余热品位较高部分（50℃以上）的热能加以回收利用，而低品位部分的热能被白白的流失，废水排放温度普遍高于50℃。在废水余热回收领域，先进技术应用还处在起步阶段，多数使用壳管式换热器直接进行热交换，余热资源没有充分利用，而且排出废水温度相对较高，废水排放温度普遍高于50℃，对减轻污水处理厂负担改善不明显，同时生产过程间歇性导致设备效率不高。

2. 低温余热回收工艺流程（图10–5–3）

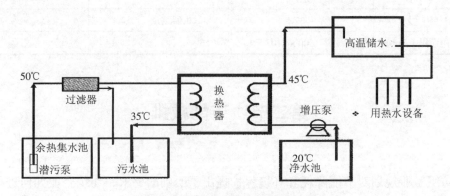

图10–5–3 低温余热回收工艺流程

　　余热集水池收集到的低温余热水，通过自清洁过滤器把污浊的水源排到污水池，水中的热能通过热交换器提取出来，贮存到高温储水器中，为其他设备提供热水，降低了直接加热软水造成的能源消耗。

3. 低温余热回收系统研究实例—热泵余热回收系统

　　热泵的利用是通过输入的电能或燃料能驱动热泵工作，同时从环境或废热中吸取热量将两部分能源获取的总热量输出使用。热泵主要是由压缩机、冷凝器、蒸发器、节流阀（膨胀阀）等组成，按照其工作原理分为机械压缩式热泵、吸收式热泵、化学热泵、蒸汽喷射式热泵、热电热泵等。由于染整厂都有蒸汽源，且从废水中提取热量，最佳选择是吸收式热泵。

　　该低温余热回收系统采用高效吸收式热泵将低品位热能转换为高品位热能，采用多级自清洁式过滤系统，提高换热效率和运行可靠性，并用蒸汽做为主要动力源，极大提升了能效比，节能效果极其明显，具体工艺回收系统图如图10-5-4所示。

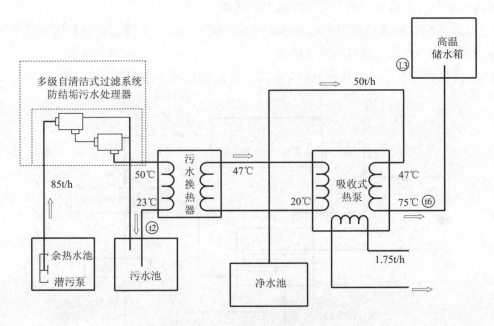

图10-5-4　热泵余热回收系统

　　以每日排放1500吨45℃染整废水的余热回收系统为例，提取1500吨45℃废水中的20℃余热，利用提取余热将1000吨18℃的生产用清水升到75℃供生产使用。利用余热回收系统以及常规加热方式把生产用水升高到75℃所耗用能源情况如表10-5-8所示。

表10-5-8　耗用能源情况

项目	常规加热	热回收系统
每小时消耗蒸汽（t）	3.96	1.49
每天消耗蒸汽（t）	94.62	35.86
每年消耗蒸汽（t）	34063	10756.8

三、太阳能热水系统在染整中的应用

太阳能热水系统工程是利用染整厂房巨大的屋面资源，可安装尽可能多的太阳能，利用太阳能提升热水温度，在热水温度不能满足工艺要求的情况下启用常规能源补充以提升能源品质，从而达到最大限度利用可再生资源太阳能。

1. 染整用太阳能热水系统组成

染整用太阳能热水系统（图10-5-5）主要包括太阳能热水系统、蒸汽产生系统、余热回收系统和供水管道系统等部分，各个部分的具体功能如下：

（1）太阳能热水系统：包括足够多的太阳能集热器、空气源热泵及自动控制系统。本系统是利用太阳能集热器吸收太阳光，通过光热效应把光能转化为热能来加热热质，再把自来水和冷水加热，而产生达到工艺要求温度的热水。

（2）蒸汽生产系统：利用太阳能热水系统产生的热水再辅以常规能源得到的高温蒸汽，再加热水和冷水从而达到工艺要求温度的热水。

（3）余热回收系统：利用废水余热使冷水升温，包括一个保温余热利用的热水池、两个保温清水池和一个大型盘管式热交换器。

（4）供水管道系统：保证水流均匀分布，提高集热效率的分组自控系统。

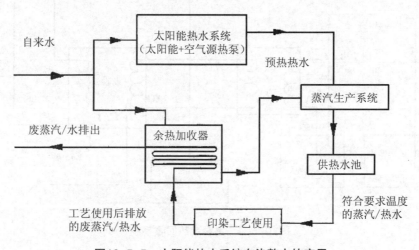

图10-5-5　太阳能热水系统在染整中的应用

2. 工作原理

首先，由太阳能集热系统和热水供应系统构成的太阳能热水系统通过太阳能光热效应将热质加热到60℃（可自行设定），经保温箱中的换热盘管产生余热热水，热水供应系统将余热热水在蒸汽生产系统加热产生蒸汽，再在蒸汽产生系统加热的热水流入供热水池，根据工艺要求，同时冷水管和蒸汽管向染整设备中输入冷水、蒸汽以调节水温，从而达到工艺要求的水温。染整设备中的热水用后就成了废水，但废蒸汽中还有较高的温度，为充分利用高温下废蒸汽中的热能，通过污水管输入废热水到余热回收器的盘管式热交换器去，通过回收热能把冷水余热，然后输入到蒸汽产生系统中，而降温后的废水通过排水管排出。

3. 效益分析

（1）经济效益分析。假设厂房日用热水量为500t，故可建设集热面8000m²和以空气源热泵做辅助热源的平板型太阳能热水系统，则用燃煤加热系统的经济效益与利用太阳能加空气源热泵的光热系统经济效益如表10-5-9所示。

表10-5-9　经济效益分析

燃煤系统年运行费用 （万元）	光热系统年运行费用 （万元）	光热系统年节省费用 （万元）	初始投资费用 （万元）	静态回收期 （年）
665.7	312.5	353.2	960	2.7

如果按照每平方米集热面积为1200元的造价计算，该太阳能热水系统的总初始投资约为960万元，由上表可知用光热系统每年可节约353.2万元，初始投在2.7年后可以收回，即静态投资回收期在3年之内。

（2）环保效益分析。太阳能热水系统项目是利用可再生能源（太阳能）提供部分热能以减少蒸汽的消耗，降低了燃煤的耗用，减少了二氧化碳、二氧化硫和烟尘的排放，从而降低了对环境的污染。

每消耗1度电相当于消耗0.4kg标准煤，所以每节约1度电就相应节约0.4kg标准煤，同时减少污染排放0.997kg二氧化碳（CO_2）、0.03kg二氧化硫（SO_2）和0.015kg氮氧化物（NO_x）。由上述关系，可计算出光热系统环保节约量，如表10-5-10所示。

表10-5-10　环保效益分析

年节约标准煤量（t）	CO_2年排放量（t）	SO_2年排放量（t）	NO_x年排放量（t）
2256	5623.1	169.2	84.6

从表10-5-10可以看出，在太阳能光热系统寿命期的15年内可以减少约33840t标准煤的用量，减少84346.5t的二氧化碳排放，环保效果非常明显。

四、中水回用系统

水资源是人类赖以生存和发展的宝贵资源之一，据有关资料报道：我国水资源人均占有量仅相当于世界人均水平的四分之一。我国纺织印染行业比较发达的地区，每年有产生大量的印染废水，尽管经过治理后达标排放，但面对日益紧缺的水资源，根据节能减排的要求，企业有责任充分利用现代科技手段，做好节约用水。中水回用系统是指把排放的废水经过处理后做为有效的水资源重新利用到生产用水中。

中水处理技术按处理机理不同可分为物理化学处理法、生物处理法、膜处理法三大类。

1. 物理化学处理法

物理化学处理法是以混凝沉淀（气浮）技术和过滤吸附相结合的基本方式，主要用于处理优质杂排水。

该处理法适用于处理规模较小的中水工程，主要特点是处理工艺流程短，运行管理简单、方便，占地相对较小，但相对生物处理来讲，运行费用较大，并且出水水质受混凝剂种类和数量的影响，有一定的波动性。

2. 生物处理法

生物处理法是利用微生物的新陈代谢作用处理污水中呈溶解或胶体状有机污染物的一种水处理方法。生物法可分为好氧生物处理法和厌氧生物处理法，其中好氧生物处理法广泛用于生活污水及性质与其相近的工业废水的处理过程，主要包括活性污泥法、生物接触氧化法、生物滤池等；而厌氧生物法主要用于高浓度的有机废水的处理过程，包括USAB反应器、厌氧生物膜法及复合式生物膜反应器。

该处理方法适用于较大规模的处理工程，但今年来随着水处理技术的不断发展，开展出了一些小型的生物处理设施，适用于较小水量的工程，可获得较好的经济效果。生物处理法的水质较为稳定，运行费用相对较少，尤其对于大型污水处理工程，生物处理法显得尤为突出。

3. 膜处理法

膜处理法属于物理处理或物理化学处理方法，是指利用膜技术来处理水，使之符合一定的水质标准。当前膜处理方法主要有两种，即连续微滤和膜生物反应器。连续微滤系统是以微滤膜为中心处理单元，配以特殊设计的管路、阀门、自清洗单元、加药单元和自控单元等，形成闭路连续操作系统。当污水在一定压力下通过微滤膜是，就达到了物理分离的目的。

连续微滤系统的特点有：设备控制简单，系统可自动运行，占地小、结构紧凑，模块化设计可根据用户需求灵活的扩大或缩小，高抗污染的聚偏氟乙烯膜材料，耐氧化、使用寿命长，运行费用较低。

五、空调节能

纺织厂空调是纺织企业的一个能耗大户，空调设备的用电量约占企业总用电量的25%。因此，加强对空调设备的管理和改造，提高运行效率，不仅能降低企业能源消耗，增加经济效益，而且还可以保护环境，减少大气污染。

1. 采用变频器调节风机的风量

由于室外条件变化和生产工艺要求，车间空调负荷经常发生变化，为节约能源，必须对风机风量进行调节。根据风量调节方式的特性和流体力学知识可知，调节风机转速是调节范围最大、最经济节省的一种方式。利用变频器调节风机的风量，可节约能源在30%~50%。

2. 改变空调的加湿性能

（1）虹吸型喷雾加湿系统。该系统主要设备为空压机、水管、水箱、喷嘴，利用高压空气在喷嘴处产生的负压将水吸起（虹吸高度10cm）并喷出。该系统具有投资小、耗电小、加湿快、无滴水等优点，喷雾粒径约0.03mm左右，全部飘浮在空中，无水滴，能控制120m³厂房空间。

（2）悬挂式湿风道系统。它的中心部件是喷雾轴流风机，喷雾轴流通风机是在轴流通风机的基础上安装机械雾化装置所组成的一种新型风机。由于喷雾轴流通风机的雾化性能好，悬浮在送风气流的雾粒被带入车间后能迅速蒸发，加湿效果颇为显著。其工作原理为：水从进水管进入锥形存水套中，叶轮高速旋转时，在离心力和负压的作用下，水进入轮翼幅板与挡水盘组成的流道内，沿轮翼切线方向飞出形成水幕，再被叶片打击粉碎而形成细小的水滴（雾），随空气流动，同时发生热湿交换，较大水滴甩向泄水圈通过疏水栅排走。对湿风道的要求是，出风口风速应在2m/s以下，以免出现飞溅水滴的现象，同时要注意风道安装时的密封，防止风道滴水。

（3）合理使用回风技术。合理地使用回风，不仅对稳定车间的温湿度，减少生产波动，提高产质量有利，还可大幅度的降低空调能耗。冬季车间有大量的余热可从空调回收，夏季凡是使用冷源的生产车间，当空气含热量低于室外空气含热量时均可用75%～85%车间回风，当回风窗空气流速超过3～3.5m/s时，应扩大回风面积。

第十一篇　试化验

第一章　纤维试验

第一节　原毛品质和公量试验

一、毛丛长度和伸直长度试验

（一）毛丛长度试验

毛丛长度是指羊毛在自然卷曲状态下的长度。测试的方法有二：一是直接从羊体上测定，此方法大部分在畜牧业中应用，测量时一手轻按毛丛，另一手将毛丛分开，然后用钢尺测量未被拨乱的毛丛长度。钢尺必须与毛丛生长方向平行并紧贴毛根。测量必须在羊体的体侧、肩部、背部、腹部、股部五个部位进行。每个部位至少测量10次，以算术平均法计算羊体各部位的毛丛长度。

工业系统测量毛丛长度是从一批羊毛中抽取，或从已分支分级的毛包中抽取，约抽取试样2kg。从2kg试样中分四次取毛丛试样，在取样时要保持毛丛的原来状态，将所抽的毛丛样品平铺在桌子上，加以充分混合，然后将取样板（图11-1-1）放在混合的毛丛上，均匀地从取样板的各圆孔中随机抽取毛丛样共100个，以备测量毛丛长度。

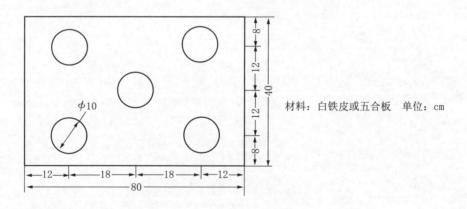

材料：白铁皮或五合板　单位：cm

图11-1-1　毛丛长度取样板

操作时按住待取的毛丛，用另一只手轻轻剥去与此毛丛相粘连的其他毛丛，不能直接拉取毛丛，以防破坏毛丛的原有状态。将所取的毛丛试样整齐地排在黑绒板上，将其他原因造成的异形卷曲略加顺直，恢复毛丛自然状态。从第一个毛丛开始，用钢尺测量整个毛丛的自然长度，精确至1mm，并记录之。

按毛丛的形态不同，对平顶毛丛，测量整个毛丛的自然长度；对圆锥形毛丛，测量整个毛丛长度后减去2mm的小毛嘴；对带辫毛丛，测量从毛丛底部起量至毛辫虚尖以下的毛丛全长；同时可测量底绒长度，自毛丛底部量至绒毛顶端集中点。

按下列公式（GB/T 6976—2007中规定）计算毛丛长度的各项指标：

$$L = A + \frac{\sum (F \times D)}{\sum F} \times I$$

$$S = \sqrt{\frac{\sum (F \times D^2)}{\sum F} - \left[\frac{\sum (F \times D)}{\sum F} \right]^2} \times I$$

$$CV = \frac{S}{L}$$

式中：L——加权平均长度，mm；

S——长度标准差，mm；

CV——长度变异系数；

A——假定平均长度，mm；

D——实测长度与平均长度的差异，mm；

F——次数；

I——组距，mm。

（二）毛丛伸直长度试验

毛丛的伸直长度是指对毛丛施加一定张力，使羊毛的卷曲伸直后所测得的毛丛长度。在测量时应防止羊毛伸长。在每只毛丛中剖析出一小束羊毛，用两只镊子，左右手各取一只，分别紧夹毛束的顶端和根部，平行地轻加张力，在卷曲伸直下测得羊毛的伸直长度。每批原料测量数不得少于20只，用算术平均法计算羊毛的伸直长度，并用下式计算羊毛的伸直率：

$$羊毛的伸直率 = \frac{L_1 - L}{L} \times 100\%$$

式中：L——毛丛长度，cm；

L_1——在卷曲伸直下的毛丛长度，cm。

二、细度试验

参见本章第四节。

三、原毛净毛率试验

（一）烘箱法

本试验方法用于测量国产绵羊毛的洗净率。

1. 抽样

同一品种、同一等级的羊毛是分别装包成批的,因此检验按批进行。检验数量为每20包取1包,不足20包按20包计算,100包以上每增50包取1包。未成包的毛,可共同估计重量,以80kg为一包计。成包的羊毛,开包后在中间部位抽样。套毛分等的每包抽取3个套毛,散毛分等的抽取5kg。

采用钻孔取样时,按GB 1523—2013《绵羊毛》国家标准进行。抽取批样的包数规定见表11-1-1。在取样过程中,应防止羊毛中土杂的遗落。

表11-1-1 原毛净毛率试验抽样数量(采用钻孔取样时)

毛包数量	25	50	75	100	150	200
抽样包数	25	33	35	39	42	43

2. 试样制备

(1)按照规定,从批样中抽取具有代表性的试验样品。称重后,经开松去杂,充分混合,对抽取的试样进行洗涤、晾干,随即放在温度为(105±2)℃的烘箱内烘至恒重,以公定回潮率计算公定重量,求得原毛洗净率。

(2)将按抽样规定所抽的代表整批羊毛的样品(一般称为批样)及时称重、记录,按四分法抽取实验室样品,供各种常规试验应用,数量按试验项目确定。将实验室样品称重,两次称毛的重量如有差异时,分摊在实验室样品中。然后用手工或机械方法将羊毛撕松,尽量除去土杂、粪蛋、污块及其他杂质。并将这些土杂搜集过筛(筛网60目),仔细拣出土杂中的羊毛,放入开松后的实验室样品内,并将样品充分混合,再次称重,平铺在试验台上,均衡地从样品中央和四边抽取重量相等的试样四份,同质细羊毛每份重200g,半细毛及异质羊毛每份抽150g,其中三份作洗净率试验,一份作备样。试样称重后,编号放入样品袋内,并按下列公式计算试样的实际重量G。在称重过程中,防止毛屑、土杂等遗落。

$$G(g) = \frac{实验室样品重量(g) \times 每份试样的重量(g)}{实验室样品开松后重量(g)}$$

3. 试验方法

(1)将试样逐个放在合适的洗毛盆(槽)或自动洗毛设备内进行洗涤,洗涤的工艺条件见表11-1-2。洗样时,应尽量去除羊毛的油脂、污块、土杂及植物性杂质,如有粪蛋、杂质黏结羊毛时,须将土杂除净。试样洗涤时,如在洗具和筛网上遗留羊毛,应收拾放入洗净后的羊毛中,防止羊毛损失。洗净后的羊毛应洁净松散,残余油脂含量不超过1%,杂质含量不超过2%。

表11-1-2 洗毛工艺条件

槽别 工艺条件	一	二		三		四	五
		中性洗剂	元明粉	中性洗剂	元明粉		
浓度	清水	根据洗涤最佳效果自定				清水	清水

续表

槽别 工艺条件	一	二		三		四	五
		中性洗剂	元明粉	中性洗剂	元明粉		
温度（℃）	45～50	55～60		55～60		45～50	40～45
时间 （min）	3	3		3		2	2

注　浴比1∶80，连续洗毛时，应经常保持洗液的浓度。

（2）将洗毕的毛样装入39网孔数/cm（100目）以上的尼龙袋中进行脱水，防止毛屑流失。脱水后的试样需晾干或预烘，对晾干后的试样，再次除净遗留杂质。

（3）将毛样放在温度为（105±2）℃的烘箱内烘至恒重。一般规定烘至3h后进行称重，并记录之。待温度回升后，每隔10min再称重一次，直至两次重量差异不超过后一次重量的0.05%时，即以后一次的重量作为烘干重量。

然后按下列公式计算羊毛的洗净率：

$$y = \frac{D \times (1+R)}{G} \times 100\%$$

式中：y——试样的洗净率；

　　　D——试样的烘干重量，g；

　　　R——公定回潮率；

　　　G——试样实际重量，g。

计算三个试样的平均值。如三个试样的洗净率极差超过1%时，应按上述方法测定备样的洗净率，最后以四个试样的平均值作为全批羊毛的洗净率。计算时精确至小数两位。

（二）压液法

1. 抽样

（1）钻孔取样：

① 钻孔取样器直径为25mm，管长500～550mm，以手工压入方式取样。

② 钻孔取样应与羊毛过秤同时进行，以保证测定结果的准确性。

③ 钻孔取样的毛包数量见表11-1-1。

④ 钻孔时应将毛包包皮割开，以防包皮材料混入试样。

⑤ 取样器插入毛包的部位必须是毛包顶面或底面，并距边缘不少于100mm，在顶面及底面上不断交替地垂直插入毛包内，进行取样。

⑥ 钻孔深度应达到取样管长度的90%以上。

⑦ 钻孔取样的毛样重量，不得少于1000g。

⑧ 毛包数在25包以下时，必须逐包钻孔取样，即一包钻一孔。如包数过少，钻孔样品不能满足试验要求时，每包可增加一孔，达到试样重量要求为止，但两孔间应保持500mm以上距离。

⑨ 钻孔的样品，应立刻放入密封的塑料袋内，不得丢失羊毛和土杂。在抽取一批毛样之后，立即称重，记录重量。

（2）开包取样：

① 取样毛包数量同钻孔取样。

② 样品必须在毛包两个或两个以上的部位抽取，其中一处必须深达毛包中心。

③ 未成包的散毛按成包标准重计量，并以第①条同样规定包数抽取。

④ 散毛样品必须在毛堆四周不同部位抽取，其中一处必须深达毛堆中心。其他规定可参照钻孔取样执行。

2. **试样准备**

（1）将抽取的样品称重，并用开毛设备开松1～2次（视羊毛含杂的程度而定），或用手工方法撕松，尽量抖去土杂，拣出粪蛋、污块及其他杂质，使样品充分混合均匀。

（2）样品经开松后，将抖落的土杂物质收集过筛，并拣出遗留在杂质中的所有毛纤维，放回开松后的样品内。

（3）在开松、去土、混合均匀的样品内，随机抽取试样5只，其中3只作测定净毛率试样，另2只为备样。按约重取样法，每只试样重量同质细羊毛抽样约重180g，其他羊种毛抽样约重150g。再按下列公式计算出每只实际被测试原毛样重量W_G（g）：

$$W_G = W_1 \times \frac{W_2}{W_3 + W_4}$$

式中：W_1——开毛后抽取每只试样的重量，g；

W_2——钻孔或开包样品总重量，g；

W_3——5只试样总重量，g；

W_4——余样重量，g。

计算精确至0.01。

（4）按定重取样法抽取试样，同质细羊毛每只试样抽取200g，其他羊毛150g，按下列公式计算出每只试样的重量W_E（g）：

$$W_E = 200（或150）\times \frac{W_0}{W_2}$$

式中：W_0——开松、去土后的试样总重量，g；

W_2——钻孔或开包试样总重量，g。

计算精确至0.01。

原毛样品称重精确至0.1g，在称重过程中不得丢失短毛、沙土和其他杂质。但对开松后的毛样在称重时，如有沙土、杂质等丢失则可不计重量。

（5）将准备的试样进行洗毛，洗毛设备采用装有23.4网孔数/cm（60目）钢丝过滤筛网和适宜排水的压力洗毛器，亦可采用盆具作为洗毛槽，用手工方法洗毛。如用洗毛器洗毛时，应顺、倒摇各1min，污块毛或特殊难洗的毛可延长1min。

（6）洗毛工艺条件分别见表11-1-3、表11-1-4。

表11-1-3　开包抽样洗毛工艺条件

槽号 ＼ 工艺	温度（℃）	洗剂	时间（min）
1	45～50	清水	3
2	50～60	中性洗剂元明粉	3
3			
4	45～50	清水	2
5	40～45		

注　洗剂用量按最佳洗涤效果自定；浴比1：80。

表11-1-4　钻孔取样洗毛工艺条件

工艺 ＼ 槽号		1	2	3
净洗剂LS		0.1%	清水	清水
元明粉		0.5%		
温度（℃）		55～60	40～45	25～30
时间（min）	浸渍	2	—	—
	摇动	2	2	2

注　1. 每槽溶液（水12～15L）洗毛样1只；

　　2. 如无净洗剂LS，可用其他中性洗剂或皂碱代替，但须取得同一效果。

（7）不论采用何种洗毛方法，都应尽量去除羊毛中的脂汗及泥沙、草杂等，但勿使羊毛毡并和遗失。残余油脂不超过1%，沙土和草屑不超过3%，羊毛白度良好。

（8）将洗净的湿态羊毛全部装入压毛筒内进行压湿试验，将羊毛中的水分尽量压去（压毛器上装有压力表，压毛时规定压力指针从0转动到18MPa为止），然后取出压后的全部毛样，迅速称重，通过计算式查表得出净毛率。

（9）净毛率计算：

① 约重取样法：

$$W_C' = \frac{W_P \times (100 - b)}{100}$$

$$W_y' = \frac{W_C' \times (1 + R)}{W_G} \times 100\%$$

式中：W_C'——干重，g；

　　　W_P——湿压重，g；

　　　b——含水指数，同质细羊毛为29，其他羊种毛为30；

　　　W_y'——净毛率；

　　　R——羊毛公定回潮率；

　　　W_G——被测试原毛样重，g。

②定重取样法：净毛率可查GB/T 14271—2008毛绒净毛率实验方法　油压法。

四、进口原毛净毛量试验

1. 抽样

采用钻心抽样。每包在过磅后应立即进行钻心抽样，抽样管子插入方向必须与打包压缩方向一致，抽样点应在包装表面的随机位置上，但须离开边缘75mm以上，并要有一定的深度。所抽取的样品应足以分成8只子样，每只子样的重量约200g。所抽样品应立即放入密闭的容器内，并尽快称重（不得迟于8h）。再将抽取的样品经充分混合后，分取子样5份，每份重量为150～200g（精确到0.01g）。3份做试验用，2份为备样，余样称重后妥为保存。样品经混合后重量有变化时应用W_B/W进行修正。其中W为收到样品的重量，W_B为分取各子样的总重量加上余样重量。

2. 洗毛

洗毛采用洗毛槽有效容量在30L以上，并附有双层铜丝筛网夹底[粗筛15.6网孔数/cm（40目），细筛39网孔数/cm（100目）]和适宜的排水系统，排水口的筛网为78网孔数/cm（200目）。脱水采用离心脱水机。洗毛液配比如下：

①洗毛液A，含有0.3%碳酸钠和0.1%肥皂、温度不超过25℃的溶液，建议溶液中再加入0.3%的多聚磷酸钠石灰金属离子封闭剂。

②洗毛液B，含有0.15%碳酸钠和中性皂片、温度不超过25℃的溶液，建议溶液中再加入0.3%的多聚磷酸钠石灰金属离子封闭剂。

洗毛步骤如下：将称好的子样放入洗毛槽中，洗毛槽保持水温在（52±3）℃，加入洗毛液A（每15g羊毛的溶液量不少于1L），搅拌3min，过滤掉溶液。用较强的水流（水温35～45℃）冲洗羊毛以尽可能地去除沙子和其他土质杂质，粪污等也应同时去除。取出羊毛，将排水口筛网上的物质取出，用洗涤分离法去除泥沙及其他外来杂质，收集短毛及植物性杂质后合并于子样内。将洗涤的羊毛再放入洗毛槽中，用洗毛液B按前述方法再洗一次用水冲洗。按照冲洗方法冲洗两次。漂洗筛网上得到的物质，在漂洗的过程中，尽量去除杂质。在整个过程中应尽量避免羊毛的散失。前后共用7个洗毛槽，第一槽为冲洗槽，水温（65±2）℃，处理1min；第二槽为洗液槽（洗剂用非离子型洗涤剂），洗液温度为（60±2）℃，处理3min；第三槽为冲洗槽，水温（55±2）℃，处理1.5min；第四槽为洗液槽（洗剂为非离子型洗涤剂），洗液温度（60±2）℃，处理1.5min；第五、第六槽为冲洗槽，水温（55±2）℃，处理1.5min；第七槽为清洗浸洗槽，水温（55±2）℃，处理1.5min。各槽的浴比为1：125，洗剂加入量以最佳洗涤效果为准。羊毛洗涤后收集筛网上的短毛及所有杂质，用洗涤分离法去除泥沙及其他外来杂质，收集短毛及植物性杂质后合并于子样内，每次洗涤应不使羊毛纤维及植物性杂质散失。

洗涤后的子样经脱水，放入（105±2）℃烘箱内烘至恒重（连续两次称重差异不超过后一次称重的0.05%时，后一次称重即为恒重，称重精确到0.01g）。烘干过程中，不应遗落毛屑和植物性杂质。

3. 乙醇萃取物测定

从洗净烘干的子样中，随机称取试样2份，每份5g（精确到0.01g，试样重量按规定进行修正）。将试样用滤纸包好后，放入索氏萃取器的浸抽管内，下接已烘至恒重的浸抽瓶（重量为G_1）注入溶剂（分析纯乙醇浓度不低于95%），将浸抽瓶置于水浴锅中，使溶剂蒸发上升，冷凝回流，每次试验时间约3h，总回流次数不少于12次。浸抽完毕后取出试样，回收溶剂，然后将浸抽瓶放入105℃烘箱内烘至恒重G_2（称重精确到0.0001g）。将除油后的试样在（105±2）℃烘箱内烘至恒重G_0。

按下列公式计算乙醇萃取物含量E_i：

$$E_i = \frac{G_2 - G_1}{G_3} \times 100\%$$

式中：G_1——浸抽前浸抽瓶的干重，g；

$\quad\quad G_2$——浸抽后浸抽瓶的干重，g；

$\quad\quad G_3$——试样的烘干重量，g。

4. 灰分测定

从洗净烘干的子样中随机称取10g试样一份（称重精确至0.01g，试样重量按规定进行修正），放入已知重量的坩埚中，在加热器上加热，尽量除去挥发性物质后，将坩埚移入高温炉，在（750±50）℃温度下灼烧，直至所有含碳物质全部灰化为止。取出坩埚，放入干燥器内，冷却到室温，称重（精确到0.0001g），并用下列公式计算灰分含量A_i：

$$A_i = \frac{G_2 - G_1}{G_3} \times 100\%$$

式中：G_1——灼烧前坩埚重量，g；

$\quad\quad G_2$——灼烧后坩埚重量，g；

$\quad\quad G_3$——试样干重，g。

5. 植物性杂质和碱不溶物含量试验

从已洗净烘干的子样中随机称取40g试样一份（称重精确至0.01g，试验重量按规定进行修正），浸渍于煮沸的10%氢氧化钠溶液（600mL），然后停止加热，连续搅拌3min。将溶液倾入23.4网孔数/cm（60目）筛网中过滤，反复用清水冲洗残余物，直至洗净碱溶液。用目光观察各种残余物（指各种植物性杂质和其他碱不溶物）。将残余物放在表面皿内，在烘箱（105±2）℃下约烘3h，并称取烘干重量，然后将残余物放入坩埚内，再测定其灰分含量。按表11-1-5选择不同种类碱不溶物的修正系数。

表11-1-5　碱不溶物修正系数

碱不溶物的种类	符　号	修正系数
种子、叶屑	f_1	1.40
螺旋草刺	f_2	1.20
硬草子和枝梗	f_3	1.03

碱不溶物的种类	符 号	修正系数
皮块片	f_4	2.00
其他碱不溶物	f_5	1.06

用下列公式计算植物性杂质的含量V_1、碱不溶物的含量T_1和硬头草子的含量H_1：

$$V_1 = \frac{F_V \times (m - A_T)}{M_i} \times 100\%$$

$$T_1 = \frac{F_T \times (m - A_T)}{M_i} \times 100\%$$

$$H_1 = \frac{F_H \times (m - A_T)}{M_i} \times 100\%$$

式中：F_V——植物性杂质换算因子，$F_V = f_1 m_1 + f_2 m_2 + f_3 m_3$；

$\quad\quad F_T$——总碱不溶物换算因子，$F_T = f_1 m_1 + f_2 m_2 + f_3 m_3 + f_4 m_4 + f_5 m_5$；

$\quad\quad F_H$——硬头草籽换算因子，$F_H = f_3 m_3$；其中f_1，f_2，…为试样中各种碱不溶物修正系数；m_1，m_2，…为试样中各种碱不溶物含量重量百分率，%；

$\quad\quad M_i$——从烘干子样中抽取的试样干重，g；

$\quad\quad m$——回收的总碱不溶物烘干重量，g；

$\quad\quad A_T$——回收的总碱不溶物灰分重量，g。

按下列公式计算全批羊毛中植物性杂质的含量V_{MB}和硬头草籽的含量H：

$$V_{MB} = \frac{W_B}{W} \times \frac{\sum (P_i V_i)}{\sum W_i} \times 100\%$$

$$H = \frac{W_B}{W} \times \frac{\sum (P_i H_i)}{\sum W_i} \times 100\%$$

式中：V_{MB}——全批羊毛中植物性杂质含量，g；

$\quad\quad H$——全批羊毛中硬头草籽含量，g；

$\quad\quad W_B$——原毛去除所有杂质后的羊毛纤维干重，g；

$\quad\quad W$——原毛钻心样品重量，g；

$\quad\quad P_i$——各洗净子样烘干后的重量，g；

$\quad\quad V_i$——各洗净子样的植物性杂质干重百分率，%；

$\quad\quad H_i$——各洗净子样的硬头草籽和枝梗干重百分率，%；

$\quad\quad W_i$——从样品中抽取各子样的重量，g。

6. 计算

（1）用下列公式计算净毛率W_y和净毛含量W_C：

$$W_y = (B + V_{MB}) \times \frac{100}{97.73} \times \frac{(100 + R)}{100} \times 100\%$$

$$W_C(\text{kg}) = W_A \times W_y$$

式中：B——全批羊毛的毛基，即原毛去除所有杂质后的羊毛纤维干重W_B与原毛钻心样品重量W之比；

　　　V_{MB}——全批羊毛中植物性杂质含量；

　　　W_A——全批到货验收净重，kg；

　　97.73——系数，即扣除乙醇抽出物1.7%和标准灰分0.57%；

　　　R——羊毛的公定回潮率。

$$B = \frac{W_B}{W} \times \frac{\sum (B_i W_i)}{\sum W} \times 100\%$$

式中：B_i——各子样的毛基；

　　　W_i——各子样的重量，kg。

$$B_i = \frac{P_i}{W_i}(100 - E_i - A_i - T_i)$$

式中：E_i——乙醇抽出物含量，g；

　　　A_i——灰分含量，g；

　　　T_i——碱不溶物含量，g。

（2）用下列公式计算净毛含量溢短率：

$$净毛含量溢短率 = \frac{检验净毛重 - 发票净毛重}{发票净毛重} \times 100\%$$

根据全批检验净毛重和相应的发票净毛重计算过磅溢短率：

$$过磅溢短率 = \frac{全批检验净毛重}{发票净毛重} \times 100\%$$

第二节　洗净毛品质和公量试验

一、回潮率和公量试验

（一）回潮率试验

1. 抽样

（1）交货验收时应按一批交货数量确定毛包数，从毛包不同部位抽取试样4份，2份作试验用，2份作备样。每份重量约为50g，试样应立即装入密封器内，称得试样烘前的重量（精确至0.01g）。

（2）工厂生产中应按班进行试验，每次抽样3份，每份约50g，2份作试验用，1份作备样。

2. 烘干

试样放在温度为（105±2）℃的烘箱内，烘干至恒重（连续两次称重，其差异不超过后一次重量的0.05%，后一次重量即为恒重，称重精确至0.01g）。在烘干过程中，应防止遗落毛屑和其他杂质等，然后按下列公式计算试样的实际回潮率R（%）：

$$R = \frac{G_1 - G_2}{G_2} \times 100\%$$

式中：G_1——试样烘前重量，g；

G_2——试样烘干后重量，g。

实际回潮率应以2份试样同时试验所得的实际回潮率的平均数表示，计算精确至0.01%。

（二）公量计算

交货批净毛公量G（kg）按下列公式计算：

$$G = \frac{G_0(100 + R_1)}{100 + R_2}$$

式中：G_0—— 一批洗净毛的实际重量，kg；

R_1—— 公定回潮率，%；

R_2—— 实际回潮率，%。

（三）回潮率和含水率的换算

1. 回潮率和含水率的换算

国际上常用含水率指标C（%），其计算公式如下：

$$C = \frac{G_1 - G_2}{G_1} \times 100\%$$

式中：G_1——试样的湿重，g；

G_2——试样的干重，g。

根据回潮率和含水率的计算方式，可得：

$$R = \frac{C}{100 - C} \quad \text{或} \quad C = \frac{R}{100 + R}$$

2. 纺织材料公定回潮率

纺织材料公定回潮率可查GB 9994—2008。

二、细度试验

见本章第四节。

三、长度试验

见本章第四节。

四、净毛含土杂率试验（亦适用于炭化毛）

（一）手抖法

每批洗净毛需采样3份，每份不少于50g，其中2份进行试验，1份作备样。先将试样烘至恒重，然后将羊毛扯松至单纤维状态，除去沙土、杂质和草屑（要防止羊毛纤维散失）。将除净沙土的羊毛再烘至恒重，按下列公式计算净毛的含土杂率V：

$$V = \frac{G_1 - G_2}{G_1} \times 100\%$$

式中：G_1——试样烘干重量，g；

　　　G_2——去除土杂后的试样干重，g。

（二）机开法

试验采用杂质分析机，机械主要部件的规格如下。

1. 机械各部件的速度和直径

刺毛辊：速度为900r/min，直径为268.75mm；给毛罗拉：速度为0.9r/min，直径为51.15mm；尘笼：速度为80~86r/min，直径为254mm；风扇：速度为1200~2700r/min。

风扇的速度根据羊毛的细度而变化，规定如下：1500r/min左右用于细支毛，2000r/min左右用于半细毛，2400r/min左右用于粗支毛。具体地说，1200r/min适用于20.5μm，1500r/min适用于22.5μm，2000r/min适用于27.5μm，2400r/min适用于33.0μm，2700r/min适用于38.0μm。

2. 机械各部位的隔距（图11-1-2，表11-1-6）

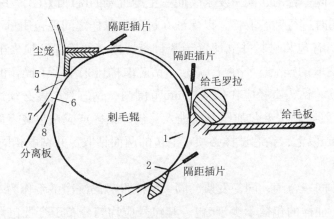

图11-1-2　杂质分析机各机件的隔距

表11-1-6　机械各部位的隔距

部位号	具体部位名称	隔距（mm）	部位号	具体部位名称	隔距（mm）
1	给毛板～刺毛辊	0.102	5	剥毛板～尘笼	17.94
2	挡板前部～刺毛辊	0.051~0.063	6	刺毛辊～尘笼	5.56
3	挡板后部～刺毛辊	0.178	7	分离板～尘笼	3.18
4	剥毛板～刺毛辊	0.102	8	分离板～刺毛辊	17.46

3. 试样和测试

（1）每批洗净毛需抽试样3份，每份试样的重量约为50g，以3份试样的平均值，作为一批洗净毛的含杂率。

（2）在分梳除净杂质前需先将净毛中的粗硬杂质拣出，防止在分梳时损伤针布。

（3）羊毛中的残留油脂一般不宜超过1.5%，以免机器因油脂过多不能发挥开松羊毛和分离杂质的作用。

（4）羊毛内杂质过多，一次分梳尚不能完全除清杂质时，可连续两次除杂。

（5）羊毛经除杂后应立即称得羊毛和杂质的重量（包括事前从羊毛中拣出的粗硬杂质在内），并去除杂质中的少量羊毛重量，按下列公式计算洗净毛的含土杂率V：

$$V = \frac{H}{G} \times 100\%$$

式中：H——从羊毛中分梳出的土、草杂、硬枝等总重量，g；

　　　　G——试样重量，g。

在分梳时会产生一些无形损耗，一般可以略去不计。

五、进口洗净散毛品质和公量试验

（一）抽样及样品处理

1. 钻芯取样

每一检验批（同一合约、同一发票、同一生产批号的洗净散毛作为一个检验批）的每一毛包应在过磅的同时进行钻芯取样，以保证在过磅和取样之间毛包质量不发生变化。钻取的样品中必须剔除所有包装材料并立即置于密封容器内，并确保不损失羊毛纤维及避免与外界空气接触。所钻取的样品应不少于1.5kg。钻芯取样可采用手工操作的加压取样设备或电动旋转式取样工具。钻头直径应在12~25mm范围内，钻芯管长度必须达到取样毛包长度的47%~50%。钻芯管必须按毛包加压方向进入毛包，钻样点应在包装表面随机位置上，但须距离毛包边缘75mm以上，钻芯试样必须在毛包的两面钻取，并钻取相同的总样数。

2. 抓毛取样

每一检验批（同一合约、同一发票、同一生产批号的洗净散毛作为一个检验批）按到货包数的20%抽样，抽样的包数不少于5包。其包号应均匀分布于全批包号中。如果按照抓取20%毛包做公量的话，则在毛包过磅后，随机从包装完好的正面15cm深处迅速抽取样品，不少于150g，样品取出后立即装入密封的容器内。

3. 分取样品

每检验批获得的钻芯样品必须用于烘干质量的测定，用于测定烘干质量的样品在取样结束后应尽快称取质量，或在不迟于4h，称量精确至0.01g，用W表示。除了在钻芯取样时已将用于烘干质量的钻芯样品合理分开之外，否则可在定重时将钻芯样品分成两份（另一份作其他检验用），每份样品质量应大致相同。

如果需要进行附加项目测试，如草杂基、灰分含量和乙醇抽出物含量（含油率）等，则钻芯样品必须在分取样品前进行混样。这些项目测试的样品可以从两份样品中的一份中分取，也可以在烘干质量测定后的该份样品中分取。为保证样品具有代表性，混样和进行附加项目测试的样品分样可以用机械方法和手工方法，方法见前面含脂毛的分样。

4. 及时试验

抓样取得的样品进行回潮率试验应及时（不迟于抽样后8h）。从每份样品中称取试样50g（精确至0.01g），多余样品作为品质试样，每批品质试样不少于2kg。将品质试样充分混合后，平铺在工作台上，随机从正反两面40个不同部位抽取共约1kg，用"四分法"将样品分成两份，一份做备样，一份做试验用。从试验样品中抽取各30g做细度、长度试样，余下部分作测量草杂和干死毛含量等试样。

（二）公量检验

1. 重量检验

按照抽样比例逐件称计毛重（精确至0.2kg），包装物料的皮重精确到0.1kg，每批回皮不少于3包（精确至0.1kg），按下列公式计算总净重W_n（kg）：

$$W_n = W_S - (W_O \times N)$$

式中：W_S——总毛重，kg；

　　　W_O——平均每包皮重，kg；

　　　N——总包数。

2. 回潮试验

见本节"一、回潮率和公量试验"。

3. 残脂率试验

称取5g重的油脂试样两份（精确到0.01g），将试样用滤纸包好后，放入浸抽管内，下接已烘至恒重的浸抽瓶，注入乙醚（分析纯）。将浸抽瓶置于水浴锅中，加热水浴锅，使溶剂蒸发上升，冷凝回流。每次试验的时间约3h，总回流次数不少于18次。浸抽完毕后，取出试样，回收溶剂，然后将浸抽瓶放入（105±2）℃烘箱内烘至恒重，称量精确到0.0001g。

按以下公式计算残脂率O：

$$O = \frac{G_2 - G_1}{G_3} \times 100\%$$

式中：G_1——浸抽前浸抽瓶重量，g；

　　　G_2——浸抽后浸抽瓶重量，g；

　　　G_3——试样除油后烘干重量，g。

4. 公量和盈亏率计算

$$W = W_n \times \frac{1 + R_1}{1 + R_2} \times \frac{1 + O_1}{1 + O}$$

式中：W——公量，kg；

　　　W_n——总（净）重量，kg；

　　　R_1——公定回潮率；

　　　R_2——实际回潮率；

O_1——公定残脂率；

O——实际残脂率。

$$盈亏率=\frac{W-W_V}{W}\times100\%$$

式中：W——公量，kg；

W_V——发票重量，kg。

5. 钻芯取样的质量检验

（1）逐一对全批货物的毛包称计毛重，精确至0.25kg，同时称计皮重，精确至0.01kg，每批回皮不得少于三包。

（2）回潮试验见本节"一、回潮率和公量试验"。

（3）按本节"4.公量和盈亏率计算"进行结果计算。

6. 毛基、植物性杂质基和验收质量

对于洗净毛和炭化毛，只要其乙醇抽出物含量不大于5%时，不需进行子样的洗涤。但当乙醇抽出物含量大于5%时，则必须进行洗涤。

洗净毛和炭化毛中子样的外来物质测定，按照本节"四、净毛含土杂率试验"进行，并进行毛基和草杂基的计算。

7. 细度试验

见本章第四节。

8. 长度试验

参见本章第四节。

9. 植物质含量

从品质样品中随机抽取40g试样两份（精确至0.01g），浸入煮沸的600mL（浴比1∶15）10%氢氧化钠溶液中，试样放入溶液后立即停止加热，搅拌3min至羊毛全部溶解为止。将溶解的溶液倒入23.4网孔数/cm（60目）标准筛中，用水冲洗，直至碱性消除为止。将残余的植物质放入已知干重的玻璃皿上，用（105±2）℃烘箱烘至恒重。靠手工分拣各种植物质并称重。按下列公式计算植物质含量V（%）：

$$V=\frac{G_1}{G_2}\times100\%(F_1f_1+F_2f_2+\cdots)$$

式中： G_1——植物质重量，g；

G_2——试样的干重，g；

F_1，F_2，…——各种植物质所占重量百分比，%；

f_1，f_2，…——各种植物质的修正系数。

以两次试验的平均值为试验结果。如绝对误差超过0.5%时，再进行第三次试验，以三次试验的平均值为试验结果。

六、外观疵点检验

（一）干死毛

1. 根数法

从品质样中随机抽取3.5g的试样三份，两份作检验用，一份作备样。将3.5g试样放在黑绒板上，慢慢将纤维扯松，拣出干死毛，整齐地排列在载玻片上，放在显微投影仪上观察。凡纤维中髓质层达到纤维直径60%以上者称干死毛，每克纤维中干死毛含量按下列公式计算：

$$干死毛含量（根/g）= \frac{N}{W}$$

式中：N——干死毛总根数；

　　　W——检验样品重量，g。

2. 切片法

将随机抽取的样品3.5g，整理成小毛束，用切片器将毛束切成0.2 ~ 0.4mm的切片，放在玻璃皿上，滴入适量的液体石蜡或甘油，用镊子搅拌均匀。取出少许切片放在载玻片上，盖上载玻片，在显微投影仪上观察。髓质层达到纤维直径60%以上者即为干死毛。每片检验1000根羊毛，共检验两张片子，以两片的算术平均数为其结果。每1000根羊毛的干死毛率M（%）的计算公式如下：

$$M = \frac{N}{1000} \times 100\%$$

式中：N——1000根羊毛中干死毛根数。

（二）黄色污染毛

将品质试样全部称重（精确至0.01kg），并在自然光源下将黄色污染毛拣出，称其重量（kg），按下列公式计算黄色污染毛率a（%）：

$$a = \frac{W_y}{W_q} \times 100\%$$

式中：W_y——黄色污染毛重量，kg；

　　　W_q——品质试样重量，kg。

第三节　毛条品质试验

一、细度试验

参见本章第四节。

二、长度试验

参见本章第四节。

三、毛条单位重量和重量不匀率试验

毛条的单位重量是指1m长的毛条重量。试样从品质试样中任意抽取毛条20根，在抽样时防止毛条伸长使羊毛产生位移。

（一）试验方法

（1）将毛条垂直夹于1m测长器上，藉毛条的自然重量而下垂，正确剪取1m长的毛条，共剪取20段毛条。

（2）将剪下的20段毛条在0.01g的天平上逐段称重，按公式计算毛条的单位重量（g/m）和重量不匀率（%）。

（二）计算

1. 毛条单位重量G

$$G(\mathrm{g/m}) = \frac{G_1(1+R_0)}{1+R_S}$$

式中：G_1——20段毛条单位重量的平均值，g/m；

R_S——实际回潮率，%；

R_0——公定回潮率，%。

根据GB/T 24443—2009《毛条、洗净毛疵点及重量试验方法》的规定，从公量试样中的不同部位任意抽取四份样品，每份约50g，精确至0.01g，按照GB/T 9995的方法测得毛条的实际回潮率。

2. 毛条的重量不匀率C

$$C = \frac{2 \times (G_1 - G_2) \times N_1}{G_1 \times N} \times 100\%$$

式中：G_1——1m毛条的平均重量，g；

G_2——1m毛条平均重量以下毛条的重量平均数，g；

N——试验毛条总根数；

N_1——平均重量以下的毛条根数。

四、毛条的毛粒草屑和毛片试验

（一）毛粒、草屑试验

从品质试样中，任意抽取毛条20段，每段约10cm，并称得其重量（精确到0.01g）。然后将毛条逐段放在下铺黑绒板的玻璃板上，按毛粒样照进行检验，并同时检验草屑，分别记录，按下列公式计算毛粒和草屑数N（只/g）：

$$N = \frac{N_1}{W}$$

式中：N_1——试验总毛粒（或草屑）数，只；

W——试样总重量，g。

（二）毛片试验

在测试重量不匀率的试样中任意抽取毛条10段，每段长度为1m，将毛条平铺于黑底试验台面上，将毛条展开，对照标准样照进行检验，记录毛片只数，计算毛片数量N（只/m）：

$$N = \frac{N_1}{L}$$

式中：N_1——试验总毛片数，只；

L——试样总长度，m。

五、羊毛拉伸试验

（一）水压式强力仪测定法

此法适用于测定纺织纤维的抗拉伸性能。试验前校正好仪器的水平，使指针位于刻度尺零位上，接通电源及水源，注意进出水管不能误装。

1. 采样

取代表性羊毛一束，在黑绒板上排成纤维长度曲线图，分成5组，试验时每组抽取20根纤维，共试100根。如试样粗细差异较大时，应增加试验根数。试验前先取粗细不同的羊毛若干根进行预测，以确定凸轮位置和估计砝码。凸轮应放在大于羊毛断裂伸长率的位置上，估计重量应控制在测量读数的50%左右。

2. 操作法

（1）校正上下夹持器的下降速度，一般化学纤维为40mm/min，羊毛为100mm/min，纤维应在（20±3）s内断裂。上下夹持器的距离为10mm，用预加张力钳夹住纤维的一端，另一端置于上夹持器内，旋紧螺丝，将上夹持器悬挂在重锤杆的棱柱上（力求避免张力钳左右摆动），然后将纤维下端夹入下夹持器内，旋紧螺丝。预加张力钳重量，原则上以消除卷曲而不使纤维伸长为准，一般羊毛为300～400mg。

（2）开启锁住重锤杆的止动器，然后扳动给水柱至90°位置，使下夹持器匀速下降。

（3）当纤维断裂后，重锤杆打击电源接触体的薄铜片，使其与接触点相遇，电源接通，牵引延伸杆器，使延伸杠杆停止移动。此时即扳动给水柱回复到原来位置，关闭止动器，伸长刻度上的游码被拨回到零点，取下上夹持器，以便做下一次试验。

3. 计算

（1）纤维平均强力P (cN) 和断裂伸长率L_0计算：

$$P = \left(\frac{W_1 \times D}{100} + W_2 \right) \times 0.98$$

$$L_0 = \frac{d}{L} \times 100\%$$

式中：W_1——估计重锤重量，g；

D——强度刻度尺上的平均格数；

　　W_2——平衡重锤重量，g；

　　d——伸长刻度尺上的平均读数，mm；

　　L——试样长度，mm。

（2）断裂长度L_R（km）及相对强度P_0（cN/tex）计算：

$$L_R = \frac{d}{L} \times 100\%$$

$$P_0 = \frac{P}{Tt}$$

式中：P——纤维的平均强力，cN；

　　　　Tt——纤维的线密度，tex。

（二）电子式强力仪测定法

　　这是国内目前比较先进的一种测试仪器，适用于所有的纺织纤维，具有测试多种物理机械性能的功能。

　　1. 试验前准备

　　（1）开启各电源开关，预热1~2h，直到记录仪刻度尺上的指针不再飘移。

　　（2）调节零位。将校零测量开关拨向校零位置，用调零旋钮调节零位。再将校零测量开关拨向测量位置，用细调或粗调旋钮调节测量零位，然后再将测量零位开关拨向零位，这样反复两次，而后将测量开关拨向测量挡。

　　（3）将积分仪上的控制调零开关拨到调零位置，用积分仪上的校正旋钮校正到控制调零开关上的指示灯似亮非亮时，再将控制调零开关拨向控制位置。

　　（4）在上夹头上加砝码（重量为量程选择的50%），使记录指针向标尺正中移动，停于标尺的中央，如记录指针不能居中时，可调节主机上的校准旋钮。

　　（5）按下降钮，下降100mm时积分仪读数必须在5000±50，若不准，可调节积分仪上的细调开关。

　　（6）关上记录笔开关，取下砝码即可进行试验。

　　（7）取样方法与水压式单纤维强力试验相同。

　　2. 操作方法（一次拉伸）

　　（1）测量选择拨向"伸长"档，记录纸控制拨向"伸长"，倍率选择置于"×0.1"，上升速度为50mm/min，下降速度为10mm/min，记录纸速度取4mm/s，测量记录放在"通"的位置。

　　（2）试验前预测代表性纤维若干根，以确定量程选择的克数，使记录指针控制在标尺的中间位置。

　　（3）用张力钳夹取1根纤维的一端，另一端放入上夹持器内，用手旋紧螺丝，将上夹持器悬挂在传感器吊钩上，将纤维下端纳入下夹持器旋紧（张力钳重量与水压式单纤维强力试验仪相同）。

　　（4）按下降钮，各显示数跳动，记录笔在记录纸上画出一次拉伸曲线图，直至纤维断裂时，下夹持器自动回升，记录纤维的断裂伸长数和负荷积分仪上显示的断裂强力（cN），再继续第二次试验。

（5）曲线图如图11-1-3所示。图中纵坐标表示羊毛强力P（cN）；横坐标表示纤维断裂伸长l（mm）；O为零点；M为屈服点，相应的拉伸应力叫屈服应力。图中OMb线的斜率较大，当残余变形不大时，此斜率即为拉伸弹性模量。在曲线OM段近O点附近，模量较高，叫初始模量，它代表纺织纤维在受拉伸力很小时抵抗变形的能力。

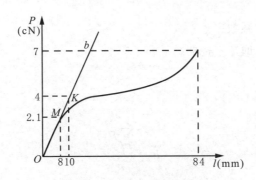

图11-1-3　羊毛拉伸曲线

图示纤维为1.65dtex（1.5旦），记录伸长长度为84mm，试样长度为10mm，下降速度为10mm/min，记录纸速度为4mm/min，量程选择为20g。

断裂强力为7cN（7.1gf），相对强力为 $\dfrac{7}{1.65}=4.24\text{cN}/\text{dtex}$ 。

$$\text{断裂伸长率}=\frac{\text{记录的伸长长度}}{\text{试样长度}}\div\frac{\text{记录纸速度}}{\text{下夹头下降速度}}=\frac{84}{10}\div\frac{4}{\dfrac{10}{60}}=\frac{84}{10\times24}=35\%$$

（三）束纤维断裂强力试验

试验方法适用原毛的毛丛强力，并采用等速伸长型强力试验机，在一定的参数条件下将纤维束拉伸至断裂，通过电子装置指示最大负荷值，换算至断裂强度。

1. 取样与试样制备

从毛丛中抽取每束为100～150mg重的小毛束，粗细程度相当于1～1.5ktex，共准备60束。然后称取每束纤维的实际重量，并测量每个毛束的实际长度。将试样放入温度不大于50℃和相对湿度为10%～25%的烘箱内烘半小时，然后将试样在温度为（20±2）℃和相对湿度为62%～68%的条件下放置一定时间后称重，当两次称重（隔2h）的增减重量与前一次称重的重量相比小于0.25%时，即认为试样达到含湿平衡。

2. 测试

（1）调整强力试验机的下降速度为250mm/min，校正强力试验机的零位和负荷量程。先进行预试验，通过少量试样的试验，选择强力试验机合适的量程。

（2）将试样夹入上、下夹钳内（夹持时必须使毛尖向上，毛根向下），启动仪器，下夹钳下降，直至试样断裂，记录最大值及断裂部位（分毛尖、中部、毛根三部分）。束纤维在拉伸过程中凡发生明显滑移的，试验结果应废弃。试验次数n在概率95%和强力允许偏差±5%的条件下由下列公式计算：

$$n = \frac{t^2 \cdot CV^2}{E^2}$$

式中：t——1196；

　　CV——断裂强力变异系数；

　　E——允许偏差率，取$E = \pm 5\%$。

3. 计算

（1）平均断裂强力$\overline{F}$（cN）：

$$\overline{F} = \frac{\sum\limits_{i=1}^{n} F_i}{n}$$

式中：F_i——每束纤维的强力，cN；

　　n——次数。

（2）平均断裂强度$\overline{f}$（cN/ktex）：

$$\overline{f} = \frac{\overline{F} \cdot L}{m}$$

式中：L——毛束的长度，m；

　　m——毛束的质量，g。

（3）标准差σ（cN）：

$$\sigma = \sqrt{\frac{\sum\limits_{i=1}^{n} \left(F_i - \overline{F} \right)^2}{n-1}}$$

（4）离散系数CV：

$$CV = \frac{\sigma}{\overline{F}} \times 100\%$$

计算结果小数修约至两位。

六、进口毛条检验规程

（一）抽样

同一合约、同一发票、同一生产批号的毛条作为一个检验批。每检验批按到货包数的20%抽取，每个检验批的抽样包数不少于5包。试验样品在过磅后随机抽取，公量试样在每个毛包内任取一个毛球，在毛球的内外层各取一段，共约100g，装于密封的样品袋内。品质试样无论批量大小，均随机从样包中抽取毛球20只，然后再从每个毛球抽取2m长的毛条一根，全批共20根。作为回潮率试样应及时（不迟于扦样后6h）从公量样品中称取试样50g（精确到0.01g）。将抽取的20根毛条逐一剪取略长于1m的试样20段，用于测量毛条重量不匀率和细度、长度等试样。

（二）公量检验

1. 重量检验

按照抽样比例逐件称计毛重（精确至0.25kg），每批回皮不少于3包（精确至0.1kg），按下列公式计算总净重（kg）：

$$总净重 = W_g - W_o \times N$$

式中：W_g——总毛重，kg；

　　　W_o——平均皮重，kg；

　　　N——总包数。

2. 回潮率试验

见本章第二节"一、回潮率和公量试验"。

3. 残脂率试验

见本章第二节"五、进口洗净散毛品质和公量试验"。

4. 公量和盈亏率计算

见本章第二节"五、进口洗净散毛品质和公量试验"。

（三）品质检验

进口毛条的细度、长度、单位重量和重量不匀率、外观疵点等的检验可参照本节前述规定进行。

第四节　毛纤维长度与细度测试

一、纤维长度

纤维长度是羊毛的主要品质指标之一，是设计毛纺纺纱工艺时必须参照的指标。羊毛、羊绒纺纱之前的状态是原毛经初加工后的洗净毛或毛条、原绒经初加工后的分梳绒或绒条，不同纤维类型应该选择不同的测试方法。纤维长度测试方法比较见表11-1-7。

表11-1-7　纤维长度测试方法比较

测试方法		原理、适用范围及特点比较
手排法 GB/T 18267 FZ/T 21003	原理	取定量的羊毛试样，在绒板上手工整理成一端平齐，另一端由长至短排列的、厚度均匀且具有一定宽度的毛丛；计算平均长度等长度指标
	适用范围	洗净毛、分梳绒等散纤维
	特点	测试样本量小；人工方法，测试结果与操作人员手法有关

续表

测试方法	原理、适用范围及特点比较	
梳片法 GB/T 6501 ISO 920 IWTO 1 ASTM D 519 ASTM D1575	原理	取定量的羊毛毛条试样，用羊毛梳片仪将纤维经过拔取、梳理、转移，进行长度分组，然后将各长度组分别称重，基于质量计算各长度指标
	适用范围	毛条
	特点	测试样本量大；人工方法，测试结果与操作人员手法有关
Almeter法（电子长度法） GB/T 21293 ISO 2648 IWTO 17	原理	毛条试样由准备针梳机自动拔取、排列制成一端平齐、具有一定质量的毛丛；载有毛丛的载样架匀速运动，通过测量电容器，或者测量电容器匀速运动，通过毛丛，此时由于通过电容器两极板间的电介质由空气变为纤维而引起电容量变化，其变化正比于进入测试区域内电容器极板之间毛丛的质量，因为毛丛的排列情况是已知的，对电容电压进行校准后显示为豪特长度累积分布，从而获得测试样长度相对于纤维截面（根数）的变化曲线，即豪特长度累积频率曲线。再通过计算机获得豪特长度频率分布直方图、巴布长度频率分布直方图、巴布长度累积频率曲线以及多种长度指标
	适用范围	毛条、绒条
	特点	仪器自动测量
Classifiber法（纤维照影机法） ASTM D 1447	原理	采用纤维长度照影机测定法（Fibrograph measurement）的原理 随机抓取的、一定量的散纤维试样顺直固定在梳针样品夹上形成基部平齐的毛丛；被夹持在梳针样品夹上的呈常态分布的纤维束通过一个线光源产生的均质光束，照影传感器感应通过纤维束的光量变化，并将其转换为电信号，计算机自动计算各种数据得出纤维长度测定结果。直接测定的是纤维的夹持长度（span length），即纤维一端点至被夹持点的长度分布，而纤维长度（fiber length），即纤维两端点之间的长度，是由纤维的夹持长度根据数学原理转换得到
	适用范围	分梳绒，土种绵羊细毛
	特点	仪器自动测量

无论使用哪种方法，测试羊毛纤维长度之前，样品均需在标准大气中调湿平衡，并在标准大气中进行测试。

（一）手排法

手排法是我国独创的方法，由于是手工方法，测试结果与实验员的操作手法密切相关。

1. **羊绒手排长度**

（1）试样制备。取代表性试样约0.15~0.2g，充分混合，再平分成3份，其中两份用于平行试验，一份留作备样。

（2）排图。先用手将试样反复整理成一端接近平齐且纤维自然顺直的小绒束，然后在黑绒板上将纤维由长到短逐次抽拔排列，如此反复排列多次（不多于5次）直至在黑绒板上自左至右以一定的密度将试样均匀地排列成，底边长度为250mm±10mm的纤维分布图，如图11-1-4所示。

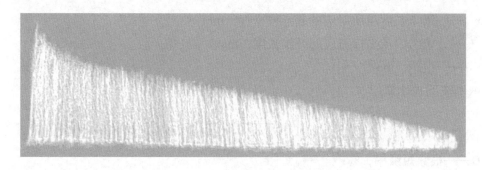

图11-1-4　纤维手排长度分布图

（3）作图和计算。GB 18267—2010《山羊绒》和FZ/T 21003—2010《分梳山羊绒》中的计算方法有差异，尤其是短绒率的计算方法不同。

①GB 18267—2010。将手排长度标准板置于已排好的纤维分布图上，以纤维平齐的一端为长度分布图的底边，目光直视纤维另一端所形成的曲线上的每个观测点，连接这些观测点使之成为一条光滑的纤维长度分布曲线；以长度分布图的底边为横坐标，以纤维长度曲线上的各点为纵坐标，从原点自左向右每隔10mm（组距）标出横坐标x_1，x_2，…，x_i，…，x_{n-1}，x_n（其中x_n-x_{n-1}为末组组距，数值0~10mm之间），按照手排长度标准板上的刻度测量并记录每一组中点对应的长度曲线上的纵坐标即为纤维长度L_1，L_2，…，L_i，…，L_n，长度分布图底边总长度为x_n（mm）。如图11-1-5所示。

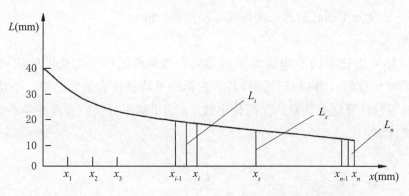

图11-1-5　GB 18267—2010羊绒纤维手排长度曲线图

平均长度按加权平均值公式计算：

$$\overline{L} = \frac{I \times \sum_{i=1}^{n-1} L_i + (x_n - x_{n-1})L_n}{x_n}$$

式中：$\overline{L}$——手排平均长度（加权平均长度），mm；

L_i——第i组中点坐标对应的纤维长度，mm；

x_n——长度分布图底边总长度即终点横坐标，mm；

x_{n-1}——第末长度组所对应的起点横坐标，mm；

L_n——末组中点坐标对应的纤维长度，mm；

I——组距，mm，$I=10$。

短绒率按下式计算：

$$D = \frac{x_n - x_s}{x_n} \times 100\%$$

式中：D——根数短绒率，%；

x_n——长度分布图底边总长度即终点横坐标，mm；

x_s——15mm长度纤维L_s对应的横坐标，mm。

长度变异系数按下式计算：

$$CV = \frac{S}{L} \times 100\%$$

$$S = \sqrt{\frac{\sum_{i=1}^{n}(L_i - L)^2 \times I}{x_n}}$$

式中：CV——长度变异系数。

S——长度标准差，mm；

L_i——第 i 组中点坐标对应的纤维长度，mm；

L——手排平均长度，mm；

I——组距，mm，$I=10$；

x_n——长度分布图底边总长度即终点横坐标，mm；

以两份试样平均长度的平均值为实验结果，当两份试样平均长度的绝对值超过2mm时，应增试第三份试样，并以三份试样各项指标的平均值作为最终结果。平均长度、短绒率、长度变异系数计算结果均修约至两位小数。n 份试样平行试验长度变异系数计算方法按标准中的公式计算：

$$CV = \frac{S}{I} \times 100\%$$

$$S = \sqrt{\frac{\sum_{i=1}^{n} s_i^2}{n}}$$

$$\overline{L} = \frac{\sum_{i=1}^{n} l_i}{n}$$

式中：CV —— n 份试样平行试验长度变异系数；

S —— n 份试样平行试验长度标准差，mm；

$\overline{L}$ —— n 份试样平行试验的平均手排长度，mm；

s_i——第 i 份试样的长度标准差，mm；

l_i——第 i 份试样的手排长度，mm；

n ——试样份数，$n = 2\sim3$。

②FZ/T 21003—2010。将玻璃板放在分布图上，描出纤维长度排列图，纤维长度曲线分布趋势与纵轴的交点对应的长度即交叉长度，记作L_0。用半透明的坐标纸绘出图形，以5mm为一组，记录各组界线处的长度。最后一组若大于等于3mm，则另记作一组，反之则与前组合并为一组，记作L_n，如图11-1-6所示。

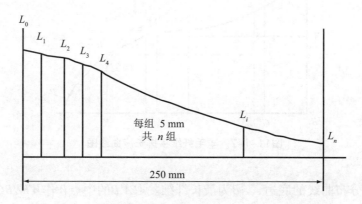

图11-1-6　FZ/T 21003—2010羊绒纤维手排长度曲线图

按下面两式分别计算平均长度和短绒率：

$$\overline{L} = \frac{\frac{1}{2}(L_0 + L_n) + \sum_{i=1}^{n-1} L_i}{n}$$

$$U = \frac{\frac{1}{2}(L_u + L_n) + \sum_{i=n+1}^{n-1} L_i}{\frac{1}{2}(L_0 + L_n) + \sum_{i=1}^{n-1} L_i} \times 100\%$$

式中：$\overline{L}$ ——纤维平均长度，mm；

L_0 ——纤维长度曲线趋势与纵轴交点处纤维的长度，mm；

L_n ——纤维长度分布曲线最短处纤维的长度，mm；

L_i ——各组界限处长度，mm；

n ——纤维组数；

U ——短绒率；

L_u ——20，mm。

试验结果以两次计算结果的平均值表示，若两次试验的平均长度差异大于2.0mm或短绒率差异大于平均值的20%，应测量第三个试样，最终结果取三个试样计算结果的平均值。

试验结果按GB/T 8170修约至一位小数。

2．羊毛手排长度

（1）试样制备。取代表性试样约2.5g。

（2）排图。同羊绒手排长度，纤维分布图底边长250~300mm。

（3）作图和计算。用玻璃板覆盖与纤维分布图的黑绒板上，用笔描下曲线图形，如图11-1-7所示。

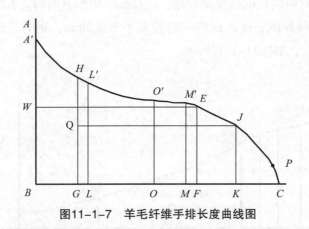

图11-1-7　羊毛纤维手排长度曲线图

令BC为长度分布曲线的底边，AB为最长纤维。取A'B的中点W作WE//BC，作EF⊥BC，取BG=1/4BF，作HG⊥BC；取HG的中点Q，作QJ//BC，作JK⊥BC；使BL=1/4BK，作L'L⊥BC；使MK=1/4BK，作M'M⊥BC；取BC的中点O，作O'O⊥BC。

从图中量取相应线段的长度得到：

AB：纤维的最长长度；A'B：纤维的交叉长度；OO'：纤维的中间长度；LL'：纤维的有效长度；PC：纤维的最短长度。

长度差异率D、长度整齐度K、短毛率V分别按下列各式计算：

$$D = \frac{L'L - M'M}{L'L} \times 100\%$$

$$K = \frac{M'M}{L'L} \times 100\%$$

$$V = \frac{KC}{BC} \times 100\%$$

（二）梳片法

1．测试

将3段毛条分别平直等距离地压放在第一架梳片仪上，压放在梳片仪上的毛条前端露出第一块梳片外约15~20cm。用手少量多次地沿水平方向拉露在第一块梳片外的毛条，当露出的毛条剩余5~8cm时，用夹毛钳少量多次地夹取并水平拉出，直至将纤维夹取干净，然后放下第一块梳片，如图11-1-8所示。

图11-1-8　第一架梳片仪上的毛条试样

　　用夹毛钳从第一架梳片仪上毛条平齐的一端少量多次地将纤维夹取转移至第二架梳片仪上，形成一端平齐的、宽度约为10cm的毛丛，毛丛质量约为2~2.5g，如图11-1-9所示。

图11-1-9　第二架梳片仪上的毛条试样

　　从第二架梳片仪上距毛丛平齐端最远的梳片开始逐一降落梳片，用夹毛钳将毛丛中的纤维按长度分组由长至短依次夹取抽出并称重，并记录每组的质量。

2. 计算

平均长度 $\overline{L}$、长度标准差 S、长度变异系数 CV、短毛率 U 按下列各式计算：

$$\overline{L} = \frac{\sum\limits_{i=1}^{n} L_i m_i}{\sum\limits_{i=1}^{n} m_i}$$

$$S = \sqrt{\dfrac{\sum\limits_{i=1}^{n}\left(L_i - L_1\right)^2 m_i}{\sum\limits_{i=1}^{n} m_i}}$$

$$CV = \dfrac{S}{L_1} \times 100\%$$

$$U = \dfrac{m_2}{m_1} \times 100\%$$

式中：$\overline{L}$——纤维平均长度，mm；

　　　S——长度标准差，mm；

　　CV——长度变异系数；

　　　U——30mm及以下短毛率；

　　　m_1——试样总质量，mg；

　　　m_2——30mm及以下短毛质量，mg；

　　　L_i——第 i 组纤维所在长度组中值，mm；

　　　L_1——第 1 组纤维长度，mm；

　　　m_i——第 i 组纤维质量，mg。

（三）Almeter法（电子长度法）

1. 制备测试样

用自动纤维排样机将毛条或绒条中的纤维抽取，排成一端平齐的毛丛。通常设置抽取次数为毛条5~16次之间，绒条5~10次之间。要根据测试主机的型号、喂入条重和纤维长度的不同凭经验进行选择，不同的测试主机和排样机要求的测试样的最佳质量不同。毛型纤维试样质量0.5~2.5g，棉型纤维试样质量0.05~0.3g。排样机制好的毛丛试样在移样架上，如图11-1-10所示。

图11-1-10　Almeter纤维排样机制备的毛丛试样

2. 测试前的准备

根据纤维类型选择开关位置（Meterial）开关，毛型纤维选位置"1"，棉型纤维选位置"2"。根据纤维长度选择长度键位置（LO/SH键）。选择试样的测试次数（Asked键）。

3. 测试

将一段平齐的纤维测试样按一定规则转移到薄膜中，如图11-1-11所示。

图11-1-11　转移到薄膜中的毛丛试样

按下"START"键，测试自动开始。在AL100长度仪上，载有试样的载样架匀速运动通过测量电容器；而在AL2000或AL100TS长度仪上，则是测量电容器匀速运动通过被测样。

4. 结果

豪特长度 H、豪特长度变异系数 CV_H、巴布长度 B 及短于各种指定豪特和巴布长度的纤维百分率等测试结果可从电脑显示器读取。

（四）Classifiber法（纤维照影机法）

1. 制备试样

随机取代表性样品约20g，充分开松后置于Classifiber平台式取样器的样品盒中，盖上样品盒盖，升起样品盒底托，使纤维均匀充满并溢出盖板上规则分布着的直径为10mm的圆孔；将梳针样品夹插入到平台式取样器的支架里，将支架向左滑动，梳针取样夹上的梳齿从样品盒盖板上的孔中梳取纤维，继续移动支架，针布将梳取的纤维梳理成平行状态，同时将梳齿没有挂住的漂浮纤维梳掉，关上梳针取样夹的把手夹住纤维；共计梳取两次，如图11-1-12所示。

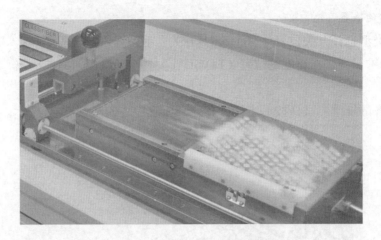

图11-1-12　Classifiber平台式取样器

2. 测试

把夹持有纤维束的梳针样品夹安装到Classifiber测试单元的黑色托架上，用专用毛刷梳理纤维束两次，以进一步使纤维束顺直及清除漂浮纤维；关闭测定单元，测试自动开始。如图11-1-13所示。

图11-1-13　Classifiber测试单元

3. 结果

纤维平均长度 ML、长度变异系数 CV、短绒率 SFC 等测试结果可从电脑显示器读取。

二、纤维细度

纤维细度即纤维直径，是羊毛的主要品质指标之一，纤维细度决定其适宜的纺纱支数，亦决定毛纺制品的手感。显微镜投影法是最经典的方法，但由于需要人工逐根测量，测试耗时。其他几种方法都是以显微镜投影法的测试结果为校准基础研发的。纤维直径测试方法比较如表11-1-8所示。

表11-1-8 纤维直径测试方法比较

测试方法	原理、适用范围及特点比较	
显微镜投影法 GB/T 10685 ISO 137 IWTO 8 ASTM D 2130	原理	毛纤维纵向的放大图像投影到屏幕上，用分度尺测量每根纤维的投影宽度，测试一定数量后计算纤维平均直径、标准偏差和变异系数等
	适用范围	羊毛及其他动物纤维从原料到成品的所有形态
	特点	系人工测量，首先要对每根纤维调焦，再逐根测量，因此是最准确的方法。但由于测试耗时，所以通常测试样本量小，当测试样本量较小时，精密度较差
气流仪法 IWTO 6 IWTO 28	原理	当气流通过装在底部有漏孔的筒状容器内的一定重量的纤维时，气流流量和压力之比主要取决于纤维的总表面积；对于横截面为圆形或接近圆形、具有固定密度的纤维，一定重量纤维的比表面积与其纤维直径成反比。根据这个原理，可以估计纤维的平均直径
	适用范围	IWTO 6用于精梳毛条 IWTO 28用于原毛钻芯样 不适用于有髓毛和盖羊毛；不适用于多纤维混和物中毛纤维直径的测量
	特点	是一个间接方法，仪器必须以已知平均直径（由显微镜投影仪法测试得到）的纤维进行标定 只能测得平均纤维直径，不能得到纤维直径分布
光学纤维直径分析仪（OFDA）法 IWTO 47 GB/T 21030	原理	毛纤维纵向经过一低倍透镜的扫描，摄像系统被指令捕捉每步扫描，影像分析仪分析每帧纤维图像，得到每根纤维的纵向宽度，计算机对各测量值进行收集和处理，自动计算纤维平均直径和直径分布
	适用范围	羊毛及其他动物纤维从原料到成品的所有形态 不适用于多纤维混和物中毛纤维直径的测量
	特点	系自动测量，测试样本量大，精密度好
激光仪法 IWTO 12	原理	羊毛片段悬浮体通过安装在激光束中的测量元件。当每根羊毛片段通过激光束时，激光束的强度减弱，用一个监测仪对这一减弱值进行感应并通过校准检验台进行转化，得到纤维直径。计算机对各测量值进行收集和处理，自动计算纤维平均直径和直径分布
	适用范围	羊毛及其他动物纤维从原料到成品的所有形态 不适用于多纤维混和物中毛纤维直径的测量
	特点	系自动测量，精密度好

无论使用哪种方法，测试羊毛纤维直径之前，样品需在标准大气中调湿平衡。对纤维、纱线、织物等各种状态的样品纤维直径的测试方法都是相同的，只是样品制备时稍有不同。

（一）显微镜投影法

1. 试样制备

（1）含脂毛样品测试前按GB/T 6978—2007《含脂毛洗净率实验方法烘箱法》洗净。

（2）洗净毛、毛条、散纤维按GB/T 10685—2007《羊毛纤维直径试验方法投影显微镜法》准备代表性试样，纱线、针织品、机织物按GB/T 16988—1997《特种动物纤维与绵羊毛混合物含量的测定》准备代表性试样。

（3）用纤维切片器或双刀片切取0.2~0.4mm长的纤维片段，放在滴有黏性介质的表面皿上，搅拌均匀，注意所选黏性介质在20℃时的折射率在1.43~1.53之间，吸水率为零，适用的有液体石蜡，不宜使用无水甘油。

（4）取适量置于载玻片上，盖上盖玻片。

2．测量

（1）校准放大倍数。

（2）把载有试样的载玻片放在显微镜载物台上，按照图11-1-14所示次序（由A至G）移动载玻片，用标准楔形尺（图11-1-15）逐根测量纤维直径。

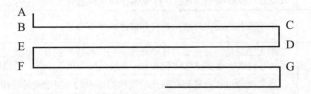

图11-1-14　纤维直径测量次序示意

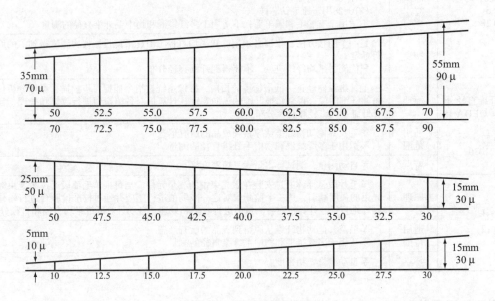

图11-1-15　标准楔形尺

（3）测量每根纤维直径之前均需正确调焦，见图11-1-16。纤维明显一端细时测量其居中部位；严重损伤或畸形的纤维不测量。

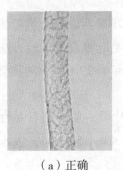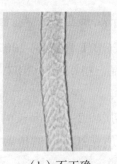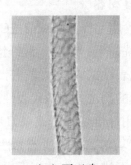

（a）正确　　　　　　　　（b）不正确　　　　　　　　（c）不正确

图11-1-16　纤维调焦比较

（4）纤维测试根数的确定：

$$n = \left(\frac{t \times CV}{E} \right)^2$$

式中：n——直径测量根数；

　　　　t——置信水平为95%时，取值1.96；

　　　CV——直径变异系数；

　　　　E——允许误差率。

纤维测量根数的确定取决于样品纤维直径的离散程度和测量的允许误差率，在95%置信水平下，测量根数随允许误差率的变化见表11-1-9。

表11-1-9　纤维直径测量根数随允许误差率的变化

变异系数（CV）	纤维测量根数（n）			
	允许误差率（E）			
	1%	2%	3%	4%
18%	1250	310	140	80
20%	1540	390	170	100
22%	1860	470	210	120
24%	2210	560	250	140
26%	2600	650	290	160
28%	3010	750	340	190
30%	3460	870	390	220

对于精度要求不是很高的一般测试，允许误差率取3%。

3．计算

（1）纤维加权平均直径 $\overline{X}$、直径标准差 S 和直径变异系数 CV 分别按下列公式计算：

$$\overline{X} = \frac{\sum (A \times F)}{\sum F}$$

$$S = \sqrt{\frac{\sum F \left(A - \overline{X} \right)^2}{F}}$$

$$CV = \frac{S}{X} \times 100\%$$

式中：$\overline{X}$——纤维加权平均直径，μm；

　　　　A——纤维直径组中值，μm；

　　　　F——测量根数；

　　　　S——直径标准差，μm；

　　　CV——直径变异系数。

直径测试结果的表示应结合95%置信区间，即：

$$d = \bar{d} \pm \left(1.96S / \sqrt{n}\right)$$

95%置信区间意味着：由于测试过程中不同因素的影响，样品直径的真值不是所测得的直径平均值，而是在直径平均值 ± 95%置信区间的范围内。

（二）气流仪法

1. 设备

传统式气流仪如图11-1-17所示，电子气流仪如图11-1-18所示。

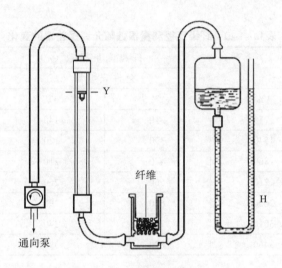

图11-1-17　传统式气流仪

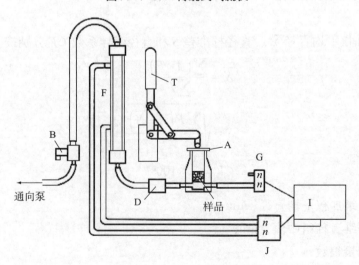

图11-1-18　电子气流仪

A—带有圆筒形底座的储样室　B—流量控制阀　D—空气过滤器

F—电子流量传送器　T—铰接夹　G—压力传送器　J—压差传送器　I—模拟数据转换卡

2．IWTO测试方法介绍

（1）试样设备。

①准备。从总样中取出代表性样品10~20g，如果是毛条，要用手整理成无序状得到试验室样品。

②清洗。原毛先要经过洗涤、取杂质，如果确认实验室样品中的二氯甲烷可溶物含量不超过1.0%，则不需再清洗，否则用200mL二氯甲烷清洗。

③调湿。实验室样品应在标准大气中调试平衡，必要时先在不高于50℃的烘箱中预调湿。

④取试样。定流法试样质量为1.5g±0.002g，定压试样质量为2.5g±0.002g。

（2）测试。

①确认压力计的液弯面在零位。

②将试样均匀填入试样筒，保证纤维均匀一致铺在底部。

③插入多孔塞并将其压入试样筒底部，将螺帽旋下，并使底部紧贴于试样筒的底缘。

④使用定流气流仪时，调节空气阀直到流量计的浮子顶部与参考记号Y（图11-1-17）重合，记下压力计的液弯面最接近的毫米数。使用定压气流仪时，调节空气阀，直到压力计的液弯面与参考记号和180mm的参考记号H（图11-1-17）重合，此时读出流量计指示高度最近的毫米数，并从标定值得到直径微米数。

⑤从试样筒取出试样，翻一面再填入试样测试其未测的一面，重复①~④测试过程，至少再测1个试样，这样得到至少4个读数。

⑥测试试样个数的确定。

a．使用一台气流仪：如果4个读数大于表11-1-10所给的范围，再加测1个试样。如果6个读数仍然超出表11-1-10给出的范围，则再加测3个试样。

表11-1-10　气流仪细度单次测试允差（用一台测试）

平均纤维直径（μm）	范围（μm）	
	试样个数（读数）	
	2（4）	3（6）
<26	0.5	0.6
≥26	0.8	0.9

b．使用两台气流仪：测试2个试样，每台仪器测试1个。如果4个读数大于表11-1-11所给的范围，再加测2个试样，每台仪器测试1个。如果8个读数仍然超出表11-1-11给出的范围。则再加测2个试样，每台仪器测试一个。

表11-1-11　气流仪细度单次允差（用两台测试）

平均纤维直径（μm）	范　围（μm）	
	试样个数（读数）	
	2（4）	3（6）
<26	0.7	0.8
≥26	0.9	1.1

（3）计算。计算每个试样读数的平均值，保留一位小数；计算所有试样的算术平均值，保留一位小数。

（三）激光仪法

1. 设备

激光扫描细度测试仪的激光扫描系统结构示意图见图11-1-19。

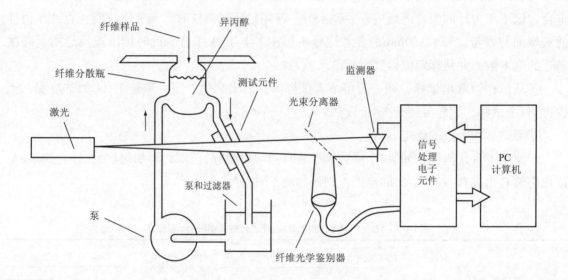

图11-1-19　激光扫描系统结构示意图

2. IWTO测试方法介绍

（1）试样制备。

①从清洗去杂后散毛总样中取出代表性样品10～20g作为子样；从毛条中取出代表性样品10g作为子样。并在标准大气中调试平衡。

②用直径为1.8~2.0mm的钻芯刀片，对上述子样进行钻芯取样。对于毛条，还可以用纤维切片器从子样中切取。切取的纤维片段应能保证每个试样测试后可得到1000个有效测量。对每个试样来说0.3g已经足够。纤维片段长度短于1.8mm时会造成测试结果偏差，长于2.0mm时则会造成仪器的堵塞。

（2）测试。

①预测量检测。至少分别对一个已知直径的细毛条和一个已知直径的粗毛条进行测量，这两个已知直径必须是用标准毛条校准过的。如果试样的测试结果与已知给定值的差异大于表11-1-12中的允差，则调整仪器，如有必要可重新校准，直到校准后毛条测试样品的测试结果满足要求。

表11-1-12　预测量的允差范围

毛条平均纤维直径（μm）	允差（μm）	毛条平均纤维直径（μm）	允差（μm）
≤15.0	0.3	25.1~30.0	1.0
15.1~20.0	0.6	30.1~35.0	1.2
20.1~25.0	0.8	≥35.1	1.4

②测量。将切取的纤维片段试样喂入到纤维直径分析仪中，激光扫描仪的读数率为每分钟100个读数，当每分钟读数超过100个时，仪器将暂停读数，直到读数率降到合适值。

继续测量直到得到1000个单独测量值。当得不到1000个测量值时，舍弃所测数据，并重新进行取样和测量。

在每个细度子样中对两个试样进行测量。

（3）计算。计算平均纤维直径，保留一位小数。

（四）光学纤维直径分析仪（OFDA）法

光学纤维直径分析仪包括投射式光学显微镜，配有电动机传动、计算机控制的载物台、照明光源、CCD视频摄像头、用于图像探测和分析以及数据处理的计算机、视频监控器，可在测试过程中显示纤维图像。

（1）试样制备。

①从清洗去杂后散毛总样中取出代表性样品10～20g作为子样；从毛条中取出代表性样品10g作为子样。并在标准大气中调试平衡。

②散毛用钻芯取样法切取纤维，切取长度为1.9～2.1mm；毛条用纤维切片器或钻芯取样法切取纤维，切取长度为1.6～2.0mm。每个实验试样至少包含2000个纤维片段。

（2）载样片的制备。把清洁的载玻片（由上下两片组成，两片的一侧由胶带粘住，形成合页式，每片尺寸为70mm×70mm×2mm）打开并放置在自动布样器的下方，将切取的纤维片段去除杂质后用镊子夹取，大致分成5个相等部分，均匀分布在自动布样器的筛网上，开动电动机，带动金属片在紧贴纤维片段的上方来回转动，将纤维片段通过筛网均匀地落到载玻片上，合上玻片，即完成了一个载样片的制备。

（3）测试。

①仪器校准。对一个已知直径的细毛条和一个已知直径的粗毛条进行测量，这两个已知直径必须是用标准毛条校准过的。如果试样的测试结果与已知给定值的差异大于表11-1-12

中的允差，则调整仪器，如有必要可重新校准，直到校准后毛条测试样品的测试结果满足要求。

②将制备好的载样片插入显微镜载物台上的夹持装置内，启动测试软件，按仪器操作手册规定的程序进行操作。

③电脑自动给出测试结果。

第五节 毛纤维其他物理性能试验

一、单毛卷曲试验

日本SENK卷曲弹性试验仪和国产卷曲弹性试验仪（QJT–10A型）可用来测定纤维的卷曲数、卷曲弹性及卷曲变化情况。这些仪器适用于羊毛及有卷曲的化学纤维。

1. 日本SENK卷曲弹性试验仪试验方法

（1）试样准备。先将纸片剪成内宽为25mm、内长为50mm左右的空方框（图11–1–20的A），然后将纤维一根一根地粘贴在空方框纸的边上。方框纸边宽5mm，粘贴时必须将纤维粘牢，纤维之间的距离约为5mm。一次试验共贴20根纤维，需两片方框纸片，待胶水干燥后，将纸框剪成图11–1–20的B状，并将纤维逐根排于绒板上备用，共排20根。

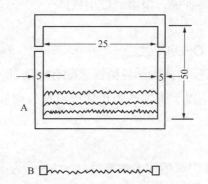

图11–1–20 粘贴纤维的空方框纸片

（2）校正仪器水平和天平零位。

（3）将纤维的一端沿粘纸处夹于上夹钳内，并将上夹钳挂在天平吊钩上，同时将纤维的另一端纳入下夹钳夹紧并固定下夹头，摇动手轮，使纤维处于松弛状态，开动天平开关，称得上纸片及纤维重量，摇动手轮，使天平指针恢复零位。

（4）转动扭力天平的指针杆，在试样纤维上加轻负荷（0.002cN/dtex），原纸片和纤维重量应同时加上，然后摇动手轮，使天平指针恢复零位。

（5）用放大镜校正纸框边一点，读出比例尺上的读数，并从起点开始到另一边为止记录卷曲数C，并记录比例尺上另一端的读数。比例尺上两个读数之差就是试样原长度L_0（mm）。

（6）转动扭力天平上的指针杆，在试样上加上重负荷（通常0.088cN/dtex），并应加上纸片和纤维重量，然后摇动手轮使天平复零，并在30s内读出试样两端在比例尺上的读数，两者之差即为纤维伸直后的长度L_1（mm）。

（7）去除重负荷，将指针回到零以下位置，使纤维完全恢复松弛2min，然后将指针拨到轻负荷位置，再次摇动手轮，使天平复零。读得两端在比例尺上的读数，二者之差即为L_2（mm）。

（8）将指针拨回零位，取下试样，一次试验结束。每只样品至少试验20根纤维。

2. **国产QJT-10A型纤维卷曲弹性试验仪试验方法**

（1）开启电源，预热15min，并校正上下夹头间的距离为20mm。

（2）用上夹持器夹紧一根纤维并挂在扭力天平钩子上，用镊子取纤维下端，纳入下夹持器之中，两夹持器间的纤维呈松弛状态。

（3）在试样上加轻负荷（0.00176cN/dtex），以逆时针方向转动手轮，使下夹持器缓缓下降，至平衡指示灯亮，这时数字显示器的读数为L_0（mm）。

（4）调节扭力天平转盘，加重负荷（0.088cN/dtex）。

（5）继续逆时针转动手轮，使下夹持器下降到平衡指示灯亮，记下读数为L_1（mm），并把延时选择开关拨至0.5min档，等延时指示灯亮，按下延时复零开关。

（6）除去重负荷，顺时针摇动手轮，使下夹持器上升，直到数字显示管均为零位，下夹持器停止上升，并将延时选择开关拨至2min档。

（7）等延时指示灯亮，再加上轻负荷，把延时选择开关拨至零位，按延时复位开关，然后以逆时针方向转动手轮，直到平衡指示灯亮，记下读数L_2（mm）。

（8）按顺时针方向摇动手轮，使显示管全部复零，1根纤维测试完毕。每个试样至少测20根。

3. **卷曲数C（只/mm）、卷曲率C_p、残留卷曲率C_r和卷曲弹性率C_E的计算**

$$C = \frac{记录卷曲数}{L_0}$$

$$C_p = \frac{L_1 - L_0}{L_1} \times 100\%$$

$$C_r = \frac{L_1 - L_2}{L_1} \times 100\%$$

$$C_E = \frac{L_1 - L_2}{L_1 - L_0} \times 100\%$$

式中：L_0——加轻负荷时的长度，mm；

L_1——加重负荷时的长度，mm；

L_2——恢复后的试样长度，mm。

以20只平均计算。

4. 注意事项

（1）加负荷时应关好天平开关。

（2）如果所加荷重不合适时，可按具体情况酌情增减。

二、羊毛纤维比重试验

采用浮力法测试。

（1）将试样梳理整齐，并在两端捆扎，使成纤维束。

（2）将捆扎好的纤维束放入95%工业酒精中洗涤干净，并放入烘箱内，在70~80℃的温度下烘1h左右取出，置于干燥器中冷却0.5h后用分析天平称其重量W（g）。

（3）将天平的一端挂上已准备好的金属小钩，并套上苯液杯，将其浸在苯液中，称得金属小钩在苯液中的重量为G（g）。

（4）用比重表测得苯溶液比重为D。

（5）将准备好的干纤维束迅速吊在金属小钩上，并浸入苯液中称出纤维束和金属小钩在苯液中的重量为W_1（g）。

（6）比重计算：

$$\rho = \frac{W \times D}{W + G - W_1}$$

式中：ρ——纤维的比重；

$\quad W$——纤维束在空气中的重量，g；

$\quad G$——金属小钩在苯液中的重量，g；

$\quad D$——苯液比重；

$\quad W_1$——纤维束和金属小钩在苯液中的重量，g。

三、羊毛缩绒性试验

羊毛的缩绒性是指在一定的温度、时间、助剂和作用力的条件下，羊毛相互间毡缩的程度。本方法是通过测量羊毛毡缩后小球密度来衡量缩绒性的优劣。

（一）试验方法

（1）从试样中随机取试样4个，每个试样重2g。

（2）将雷米邦A3%配成浴比1∶20的浴液。

（3）将水放入耐洗机（Linitest）内，并接通电源加温，使水温达到45℃，该机有温度自控装置，保持水温（45±1）℃。

（4）用手轻搓试样成球形，放入耐洗机中的圆罐内，倒入助剂，使试样充分润湿，并在每个圆罐内放入8颗玻璃球。

（5）将圆罐盖紧，开启电动机的电源，使电动旋转轴回转30min（速度40r/min）后关闭电源，取出试样（试样经缩绒形成小球），用水清洗并晾干。

（6）在烘箱内以105℃的温度将羊毛小球烘干，这样一次试验完毕。

（二）测量

羊毛缩绒后呈不规则的球状，在球体的表面有无数点相对应的直径，要正确反映小球的体积，小球直径必须从多方向测量。在测量时将缩绒球模拟为相互垂直的三个截面，在每个截面上约隔45°用游标卡尺测得一个直径，一个截面可得4个直径，3个截面可得12个直径，其中3个直径重复，实际为9个量值，以9次平均数作为小球的直径。

（三）缩绒球密度 D（g/cm³）的计算

$$D = \frac{g}{V} = \frac{g}{\frac{1}{6}\pi d^3} = \frac{g}{0.524d^3}$$

式中：V——小球体积，cm³；

$\quad\quad d$——小球直径，cm；

$\quad\quad g$——试样重，g，本试验取2g。

四、摩擦系数试验

用于测定纤维与纤维之间，或纤维与其他材料如金属、丁腈皮辊等之间的动、静摩擦系数。

（一）测试准备

（1）毛条（包括化纤条）取样方法：先将毛条的一端拉齐，接着拉出一束纤维排列在金属板上（纤维层不可过厚，应均匀平铺在金属板上），一端用夹子夹住，用金属梳子从夹子一端梳向另一端，反复梳几次，然后用另一只夹子夹住另一端。取下第一只夹子，用梳子向另一端梳几次。剪取一条宽0.2cm的玻璃胶纸粘牢试样一端，再取下夹子，将胶带纸粘住的纤维卷在小圆筒上，并将胶带纸上部的纤维用镊子塞入螺旋帽内，用螺旋夹住纤维头端。然后用梳子从上往下梳，再以套筒螺丝与螺丝固定，使纤维均匀而整齐地包在圆筒上，做成试样圆筒待测。

（2）散纤维取样方法：将纤维充分混合并整理成一束，其他步骤同毛条取样方法。

（3）整理一小束纤维作挂丝用。

（4）校正仪器的零位。

（二）测试

（1）纤维与纤维摩擦。将包卷纤维的圆筒装在筒管架上，按细度选择适当重量的张力钳，用张力钳夹住纤维的一头，再用镊子夹起纤维的另一头垂直悬挂在纤维圆筒上，并将镊子所夹起的一头夹在天平的固定夹头上，在天平固定夹头的下端挂上和张力钳相同重量的平衡重锤。

将转速调整杆调整至1r/min（1r/min为静摩擦，大于此速度的为动摩擦）的位置上，然后打开电源开关，再开启天平，使皮带带动纤维筒定向转动。由于纤维一端和扭力天平直接相连，此时必须克服摩擦阻力而使天平指针起动，即缓慢地移动重锤杆至天平指针左右平衡为止。随后记录重锤杆所指读数。关闭电源，重锤杆回复零位，最后关闭天平。这样一根纤维试验完毕。每一个纤维圆筒上测定5根纤维，每根需测顺逆向各一次（选择不同位置），每个试样做4只纤维圆筒，共测定20根纤维。

（2）纤维与金属摩擦。具体操作基本同以上纤维与纤维摩擦，只是金属圆筒外不包纤维。做金属摩擦时，金属圆筒需专用，否则表面不光洁会影响摩擦系数。

（三）摩擦系数 μ 的计算

$$\mu = 0.733 \times \lg \frac{W}{W-m}$$

式中：W——纤维夹头重，mg；

m——扭力天平读数平均值，mg。

五、羊毛压缩弹性试验

压缩弹性是指纤维堆抵抗压力及压缩后回弹的能力。它直接关系到成品的服用性能。

（一）试验方法

（1）在天平上称取0.5g重量试样三只，经充分拉松后，使试样呈较均匀和松散状态。

（2）校正仪器的水平及零点。

（3）将试样均匀地放入圆形容器内，转动加压手柄至100g，此时杠杆失去平衡，然后旋转示压计手柄直至杠杆再次达到平衡（杠杆的平衡位置可通过棱镜观察到），1min后在测厚计上读得厚度为a。

（4）转动加压手柄至1000g，与（3）的方法相同，使其达到平衡，1min后在测厚计上读得试样厚度为b。

（5）缓慢均匀地转动加压手柄使指针回复到1000g，与（3）的方法相同，使杠杆达到平衡状态，在回复过程中不断校正平衡位置，3min后在测厚计上读得试样厚度为c。

（6）试验结束后，转动加压手柄和示压计手柄至零位，在容器内取出试样，重复上述操作做第二只试样。

（二）压缩弹性 P_a、压缩回弹率 P_b 和压缩率 P_c 的计算

$$P_a = \frac{c-b}{a-b} \times 100\%$$

$$P_b = \frac{c-b}{b} \times 100\%$$

$$P_c = \frac{a-b}{a} \times 100\%$$

式中：a——初负荷100g时试样厚度，mm；

b ——重负荷1000g时试样厚度，mm；

c ——回复至初负荷100g时试样厚度，mm。

以3只试样的试验结果计算其算术平均值，计算时精确到小数点后第二位，四舍五入为小数点后一位。

第六节　毛型化纤试验

一、细度试验

（一）衡量纤维粗细程度的指标及相互换算关系

1. 线密度Tt

线密度Tt是指长度为1000m的纤维或纱线在公定回潮率时的重量（克）数，单位为特克斯（tex）。如1000m长度的纤维重若干克即为若干特。其公式如下：

$$Tt = 1000 \times \frac{G}{L}$$

式中：Tt——纤维的线密度，tex；

　　　G——纤维的重量，g；

　　　L——纤维的长度，m。

线密度Tt为定长制，特数越大，纤维越粗。特克斯的派生单位有千特（ktex）、分特（dtex）和毫特（mtex）。

2. 旦尼尔N_d

旦尼尔简称旦，纤维的旦数是公定回潮率下长度为9000m的纤维的重量（克）数，如9000m长度的纤维重若干克即为若干旦。其公式如下：

$$N_d = 9000 \times \frac{G}{L}$$

式中：N_d——纤维的旦数，旦；

　　　G——纤维的重量，g；

　　　L——纤维的长度，m。

旦尼尔为定长制，旦数越大，纤维越粗。

3. 公制支数N_m

公制支数简称公支。纤维的公制支数是指1g重的纤维的长度（米数），如1g重纤维长若干米，即为若干公支。其公式如下：

$$N_m = \frac{L}{G}$$

式中：N_m——纤维的公制支数，公支；

　　　L——纤维的长度，m；

G——纤维的重量，g。

公制支数为定重制，公制支数越大，纤维越细。

4. 直径

对于截面为圆形的纤维，粗细程度亦可用直径（μm）来表示。

5. 各指标间的换算

线密度Tt、旦数N_d和公制支数N_m相互可以换算，其换算公式如下：

$$N_m = \frac{9000}{N_d}$$

$$N_m = \frac{1000}{Tt}$$

$$N_d = 9Tt$$

设纤维的直径为d（μm），密度为γ（g／cm³），则纤维直径d与旦数N_d的换算式为：

$$d = 11.894\sqrt{\frac{N_d}{\gamma}}$$

$$N_d = 7.069\gamma d^2 \times 10^{-3}$$

纤维直径d与特数Tt（dtex）的换算式为：

$$d = 11.284\sqrt{\frac{Tt}{\gamma}}$$

$$Tt = 7.854\gamma d^2 \times 10^{-3}$$

纤维直径d与公制支数N_m的换算式为：

$$d = 1128.4\sqrt{\frac{1}{\gamma N_m}}$$

$$N_m = \frac{1.2732 \times 10^6}{d^2 \gamma}$$

各指标间的换算关系见表11-1-13。

表11-1-13　各指标间的换算关系

名称	符号	旦尼尔数	线密度	公制友数	纤维直径
		N_d	Tt	N_m	d
旦尼尔数	N_d	—	9Tt	$\dfrac{9000}{N_m}$	$7.069 \times 10^{-3}\gamma d^2$
线密度	Tt	$\dfrac{1}{9}N_d$	—	$\dfrac{1000}{N_m}$	$0.785 \times 10^{-3}\gamma d^2$
公制支数	N_m	$\dfrac{9000}{N_d}$	$\dfrac{1000}{Tt}$	—	$1.2732 \times 10^{-6}\gamma d^2$
纤维直径	d	$11.894\sqrt{\dfrac{N_d}{\gamma}}$	$11.284\sqrt{\dfrac{Tt}{\gamma}}$	$1128.4\sqrt{\dfrac{1}{\gamma N_m}}$	—

（二）试验方法

一般采用中段切取称重法。对截面为圆形的纤维，可以用投影仪直接测量法测量纤维的直径，求得每根纤维的细度。亦可用气流仪测量纤维的细度。目前广泛采用切取称重法和振动仪法。

1. **切取称重法**

（1）仪器与用具：纤维切断器、扭力天平、投影仪、夹子、梳片、限制器绒板、压板、玻璃片等。

粗纺用化纤可用宽度为20mm的切断器，精纺用化纤可选用宽度为30mm的切断器。

（2）试验步骤：

①试样经过标准条件处理，平铺成约200mm×200mm的方块，用镊子随机夹取400~600 mg重量的纤维。

②将纤维用手扯整理数次后，一手握住纤维束整齐的一端，另一手用夹子从纤维尖端层夹取试样，并移放于限制器绒板上，使长纤维在下，短纤维在上，成为一端平齐、宽5~6mm的纤维束。

③用夹子夹住纤维束平齐的一端，用梳片梳理纤维，直到游离纤维全部除尽（防止梳断纤维），用另一夹子夹住纤维的另一端，同样用梳片以相反方向梳理。

④将梳理后的纤维束置于切断器上，切取中段纤维。注意切断时对纤维束两端所施的张力要一致，并使纤维束和切断器垂直。

⑤将切下的中段纤维在扭力天平上称重，称重后的纤维均匀地移置于两片载玻片中间，固定后置于100倍的投影仪上计算纤维的根数，并用下列公式计算纤维的线密度 Tt（tex）和线密度偏差率 D_d：

$$Tt = \frac{1000 \times 1000 \times G}{L \times n}$$

$$D_d = \frac{D_1 - D_2}{D_2} \times 100\%$$

式中：G ——纤维重量，g；

　　　L ——切断长度，mm；

　　　D_1 ——名义纤维线密度；

　　　D_2 ——实测纤维线密度；

　　　n ——纤维根数。

2. **振动仪法**

（1）仪器与用具：振动仪，具有以下精度：配备的张力钳质量，应在规定值的 ±0.5% 范围内；谐振频率的测量误差不超过 ±0.5%；纤维振弦长度的误差不超过 ±1%。镊子、剪刀、绒板、刷子、张力钳，切断器：断裂长度10mm、20mm，允许误差 ±0.01mm，扭力天平，量程5mg，分度值0.01mg。

（2）预调湿、调湿和试验用标准大气：

①预调湿：当试样回潮率超过标准回潮率时，需要进行预调湿：温度不超过50℃；相对

湿度10%~25%；时间大于30min。

②调湿和试验用标准大气：聚酯（涤纶）、聚丙烯腈（腈纶）、聚丙烯（丙纶）试样按照GB/T 6529—2008规定的温带三级标准大气执行，推荐调湿时间为1h。其他纺织纤维试样按照GB/T 6529—2008规定的温带二级标准大气执行，推荐调湿时间为1h。

（3）取样及试验样品制备：散纤维取样按照GB/T 14334—2006规定，取出不少于2000根纤维的试验样品，按下式计算纤维的取样质量：

$$m = \frac{Tt \times L_m}{5}$$

式中：m——试验样品质量，单位为毫克，mg；

Tt——名义线密度，单位为分特克斯，dtex；

L_m——名义长度，单位为毫米，mm。

对于纤维条，可从批样中抽取20根实验室样品，每根条样随机取出约100根纤维，总计不少于2000根作为试验样品。

对于丝束或长丝纤维，从批样中抽取实验室样品后，剪取10段，每段长约50mm，每段随机取出约200根纤维，总计不少于2000根纤维作为试验样品。

（4）试验步骤：

①对振动仪按要求进行校准；

②将制备好的试验样品分别平铺在和纤维成对比色的绒板上，用镊子从每10根纤维中取出一根用做试验，舍弃其余9根，直至取得所需的纤维试验根数；

③按（0.150 ± 0.015）cN/dtex确定预加张力；

④用张力钳夹持纤维试样一端，将另一端夹入振动仪的夹持器，操作中应避免拉伸；

⑤振动试样，记录线密度值；

⑥重复步骤④、⑤，测试不少于50根纤维。

最后得到平均线密度及标准差。

二、长度试验

化学短纤维系由机械加工而得，多为等长纤维，长度方向任何一段的细度基本相同，长度整齐度高，短纤维含量少，故可采用切断称重法测得其平均长度、短纤维率和超长纤维率。

（一）试验步骤

（1）从经过标准温湿度处理的试样中用镊子随机从多处取出约100~150mg纤维（约4000~5000根纤维），用手扯方法整理成束。

（2）一手握住纤维束整齐的一端，另一手用夹子从纤维束尖端层夹取纤维，并移置于限制器绒板上，长纤维在下面，短纤维在上面，成为一端整齐、宽约为25mm的纤维束。

（3）用夹子夹紧纤维束整齐的一端5~6mm处，先用稀梳片，继用密梳片从纤维束尖端开始，逐步靠近夹子部位多次梳理，直至游离纤维被梳除。

（4）用另一只夹子将纤维束不整齐的一端夹住，整齐的一端露出夹子20～30mm，按上述（3）同样方法从另一方向去除短纤维。

（5）将梳下的游离纤维置于绒板上加以整理，扭结纤维用镊子解开，凡是长于短纤维界限[1]的纤维（如51mm以上），仍纳入已整理的纤维束内，短于51mm的短纤维排在绒板上。如发现有超长纤维[2]应取出，称重后仍纳入纤维束中（如有漏切纤维，取出另作处理）。

（6）将已梳理过的纤维束放在30mm切断器上切取中段纤维，切时要整齐，一端距切断器刀口5～10mm，保持纤维平直，并与刀口垂直（化学纤维受卷曲影响，排好后分两束切段）。

（7）将切断的中段及两端纤维和整理出的短纤维、超长纤维在标准温湿条件下平衡，一般在1h以上，用扭力天平分别称出其重量。

（二）平均长度 $\overline{L}$（mm）、短纤维率 S 和超长纤维率 O_L 的计算

$$\overline{L} = \frac{L_C \times W_O}{W_C} = \frac{L_C \times (W_C + W_t)}{W_C}$$

$$S = \frac{W_S}{W_O} \times 100\%$$

$$O_L = \frac{W_V}{W_O} \times 100\%$$

$$W_O = W_C + W_t + W_S$$

式中：W_O——纤维总重量，mg；

$\quad\quad W_V$——超长纤维重量，mg；

$\quad\quad W_C$——中段纤维重量，mg；

$\quad\quad W_t$——纤维束两端切下的重量合计，mg；

$\quad\quad W_S$——短纤维重量，mg；

$\quad\quad L_C$——中段纤维长度，mm。

说明：本方法不适用于混合纤维和每段重量不等的纤维。

（三）倍长纤维试验

倍长纤维是指纤维长度为其名义长度2倍及以上的切段纤维，包括漏切一刀的纤维。

1. 试验

（1）随机从品质试样中取50g混合样一份（涤纶、腈纶取25g），称准到0.1g。

（2）将纤维用手扯松，在绒板上选出漏切纤维（用钢皮尺测量拣出纤维长度），然后将选出的倍长纤维在万分之一天平上称重。

---

[1] 短纤维界限：名义长度51mm以下者为20mm；名义长度51mm以上者为30mm。

[2] 超长纤维界限：名义长度51mm以上者，进口纤维为（名义长度+5mm），国产纤维为（名义长度+7mm）；名义长度51mm以下者为（名义长度+10mm）。

2. 倍长纤维率 D_C 的计算

$$D_C = \frac{D_W}{G} \times 100\%$$

式中：D_W——倍长纤维重量，mg；

　　　　G——试样重量，50g。

计算精确至0.1。

（四）手扯长度试验

用手扯法将试样整理平直成束状，并在绒板上排列数次，使一端纤维平齐。然后依绒板的底线按纤维长短次序排列成平行均匀的图形，底线宽度为250mm，再用透明纸复出纤维排列图形（图11-1-21）。以每5mm为一组，分50组，记录各组界线长度以及最长纤维AC和图形两端BC和DE的长度。最后将绒板上界限以下短纤维和超长纤维以及图形中间的纤维分别称重，用下列公式计算纤维的平均长度 $\overline{L}$ （mm）、超长纤维率 L_O 和短纤维率 L_S。一只试样测两次，计算平均值。

$$\overline{L} = \frac{\frac{1}{2}(BC+DE) + \sum L_i}{n}$$

$$L_O = \frac{W_O}{W} \times 100\%$$

$$L_S = \frac{W_S}{W} \times 100\%$$

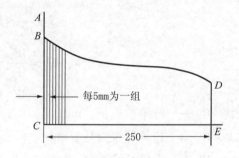

图11-1-21　纤维长度分布

式中：BC、DE——纤维曲线两端端线长度，mm；

　　　　L_i——中间各组纤维长度，mm；

　　　　n——组数；

　　　　W_O——超长纤维重量，g；

　　　　W_S——短纤维重量，g；

　　　　W——全部纤维重量，g。

三、单纤维（束纤维）强度和伸长试验

参照羊毛的拉伸试验进行。

四、比电阻测量

测量化学纤维的比电阻有两种方法。

（一）体积比电阻测量法

1. 仪器

测量化学纤维（或其他纺织纤维）采用YG311型纤维比电阻仪。仪器是按体积比电阻的公式 $\rho = R \times \dfrac{S}{L}$ 设计的，其中 ρ 为体积比电阻（$\Omega \cdot cm$），R 为体积电阻（Ω），S 为电极面积，L 为电极距离。仪器中主要部件为纤维测量盒（不锈钢制成），测量盒分内外两层，内层为两块不锈钢电极板，每块面积为 $60cm^2$，外层为保护盒，测量盒前方有一开口，开口处有一体积压力装置。

测试部分是一高阻计，由静电计管、微电流放大器和直流电流稳压器组成。试样的测试直流电压为100V、50V两档，表面读数为 $R \times 10^6 \Omega$，测量范围为 $1 \times 10^6 \sim 1 \times 10^{13}\Omega$。

倍率选择开关，具有"∞"和满度两档，其倍率为 $10^1 \sim 10^7$。要根据所测纤维电阻的大小而选择，使试验读数精确。

当放电测试开关放在放电位置时，测试盒的两块电极板接地，可以导走两块极板上的残余电荷，以保持测试数据准确。在测试位置可选择所需100V或50V两种测试电压。"∞"调节旋钮可调整指针指向"∞"处。满度调节旋钮应调整至指向"1"处。按动"定位手柄"，将试样装填入测量盒内，此时测量盒的电极面积为 $24cm^2$。

2. 测试步骤

（1）仪器调试：将放电测试开关放在放电位置，倍率开关放在"∞"处，使仪器接地。接通电源开关，待预热30min后，可慢慢调节"∞"旋钮，使电表指针指至"∞"处。将倍率开关拨至满度位置，调节"满度"旋钮，使电表指针指至"满度"不再移动。又将倍率开关调至"∞"处，调节"∞"旋钮使指针指至"∞"处，这样反复数次将仪表灵敏度调好。在测试过程中，也应经常检查"满度"和"∞"，以保证仪器的测试精密度，随后用标准电阻（$10^6\Omega$、$10^9\Omega$）进行校验。

（2）测试：将调湿后的试样取15g两份，每批测2次，以2次的平均值为准。

先将15g试样均匀地填入纤维测量盒内，推入压板，将测量盒放入仪器槽内，转动摇把使定位指针指在定位刻度线上，此时电极面积为 $24cm^2$。将放电测试开关放在放电位置，等几秒钟后待极板上的静电散逸，即可拨至测试位置，再拨动倍率开关，至电流表上有较清晰的读数为止。当测试电压为100V时，表盘上的读数乘以倍率即等于被测纤维在标准密度下的电阻值。如测试电压为50V时，应将表盘读数除2乘以倍率。

（3）纤维比电阻 ρ（$\Omega \cdot cm$）的计算：将上述电阻值按下列公式计算即可求得该材料的比电阻值。

$$\rho = \frac{R \times b \times h \times f}{L} = 12Rf$$

式中：R ——纤维的电阻，Ω；

$\quad\quad\ b$ ——极板有效长度，cm；

$\quad\quad\ L$ ——极板距离，cm；

h ——极板高度，cm；

f ——该材料之标准充实度，可查表11-1-14。

表11-1-14 几种化学纤维的标准充实度 f 值

品 种	涤 纶	腈 纶	锦 纶	维 纶	丙 纶	黏胶纤维
f	0.25	0.27	0.27	0.24	0.35	0.21

$$\rho = \frac{V_f}{V_b} = \frac{\dfrac{m}{d}}{L \times b \times h} = \frac{m}{L \times b \times h \times d} = \frac{15}{48d}$$

式中：V_f ——纤维体积，cm³；

V_b ——试验盒容积，cm³；

m ——纤维重量，为15g；

d ——纤维密度。

（二）质量比电阻测量法

质量比电阻是对长1cm、重1g的纤维试样所测得的电阻值。

1. 试样准备

用螺丝将一对下定位板 [图11-1-22（a）] 固定在10mm凹形槽板 [图11-1-22（c）] 的左右两侧的凹槽中。取一束纤维排列在凹形槽板的中心部位，约10mm宽，将上定位板盖 [图11-1-22（b）] 固定在下定位板 [图11-1-22（a）] 的销钉上，并用螺丝刀将固定螺丝拧紧。然后松解凹形槽板上的固定螺丝，并取下夹持试样的定位夹 [图11-1-22（d）]。试样纤维应保持平行，夹持良好。

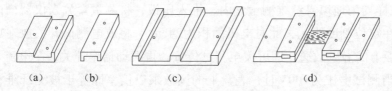

(a)　　　(b)　　　(c)　　　(d)

图11-1-22 纤维质量比电阻试验夹板

2. 测试步骤

（1）接通电源前，应将电源开关置于"关"，测试电压开关置于"0"，测试开关置于"放电"，倍率开关置于"X^2"，并将仪器妥善接地。

（2）接通电源，电源开关扳至"开"时，红色指示灯亮，预热15min。调节"∞"调整旋钮，使表针处于"∞"处。

（3）将试样接入面板上的R_x两接线间（接在正负电荷之间），用夹子分别夹持试样块

[图11-1-22（4）] 的两端。

（4）选择电压开关所需测试电压的一档，启动测试开关，先调至充电位置，再调至测试位置。

（5）测试电阻，根据试样电阻值的大小，调节倍率开关，选择适当的倍率。

（6）试样测试完毕，即将测试开关调至"放电"位置，充电开关调至"短路"位置，然后将夹持试样块取下，并沿两试样块边缘将所测试的纤维切下（即将通电的纤维切下），用万分之一扭力天平称重。

（7）每只试样测三只小样，仪器使用完毕先关电源，然后将面板上开关扳至原来位置。

3. 质量比电阻 ρ_m（$\Omega \cdot cm^2$）的计算

$$\rho_m = R \times n \times k \times m$$

式中：R——表头读数，Ω；

n——倍率；

k——测试电压系数，10V时为0.01，100V为0.1，250V为0.25，1000V为1；

m——纤维单位面积质量，g/cm^2。

五、静电测定（感应式）

本试验适用于测定棉、毛、丝、化学纤维等纺织材料，包括纤维、半成品及成品的静电效应。

（一）试样准备

（1）将纤维整理成束，均匀地平铺在试样板上，宽为37mm左右，厚度应均匀，用胶纸将纤维层两端粘牢，不使纤维移动，每次试验准备3块试样。

（2）纱线和织物用同样的方法铺在试样板上。

（二）操作方法（定时法）

（1）开启电源，将仪器预热15～20min。

（2）将试样安放在转台（测量台）的位置上，并夹紧试样板。

（3）校正静电压最大量程为3kV，并校零。

（4）选择高电压量程所需的电压系数，一般为5000V（3000～8000V，可根据具体要求定）。

（5）调整记录仪的测量开关，并将记录开关置于"通"字位。

（6）按转动台启动按钮，待运转正常后再按高压启动按钮，使高压放电时间为30s。当静电值读数达到高峰值时，记录测量读数；待高压电达最高值并开始衰减时，记录衰减的时间。衰减可分为全衰减、半衰减、一定衰减时间所含的残留电量，每次试验需重复3次。

（7）关闭转台电钮，转台逐渐转慢，停后取下试样，试验结束。

（三）结果及表示

（1）全衰减。全衰减是表示从静电值高峰位置回到零位所需的时间（s）。一般静电效应较好的产品用全衰减表示。

（2）半衰减。从静电高峰值回到 $\frac{1}{2}$ 位置时所需的时间（s）。

（3）一定衰减时间所含的残留电量。静电效应差的产品用此项指标表示。衰减时间一般取30s或60s，当衰减到某一时间时，观察静电压表头读数，并记录，以30s的残留静电为结束。

（4）记录纸上的曲线图可反映试验进行的全过程，纵坐标为时间，横坐标为静电值。

（5）结果均以三次平均计算。

六、卷曲试验

参照羊毛的卷曲试验法进行。

七、热收缩试验

纺织品一般要经过纺织、印染、热定形、后整理等工艺，因此纤维的耐热性能是一项重要的检验指标。此方法适用于测定化学纤维经干热空气、蒸汽、沸水等处理后的收缩程度。

（一）试样准备

取一小束纤维，剪成长约25mm的纤维束，随机取30根纤维，然后逐根用钢丝弹簧夹住纤维的一端，用张力钳夹住另一端。纤维必须尽可能夹在张力钳的中点，张力钳的张力为88cN/dtex。每次试验根数为30根。

（二）测试步骤

（1）开启电源预热1～15min。

（2）将准备好的纤维逐根挂在试样圆筒上，用压圈压住上弹簧夹，防止移动。

（3）将挂好试样的试样筒轻轻提起，放到仪器上进行测量。

（4）将测量开关放到"测量"位置，即自动进行测量计数。

（5）按编号记录每根纤维试验前的长度（在仪器上装有纤维长度显示器）。

（6）全部测量完毕，关上测量开关，将下托圈向上轻轻托起，使纤维处于完全松弛状态。

（7）取下试样筒按要求进行热试验。干热空气试验条件为置于180℃烘箱内30min（温度到180℃时计时）。蒸汽试验条件为置于特制的汽蒸锅内30min（98kPa）。沸水试验条件为置于特制的高压锅内30min（98kPa）。

（8）试样经处理后，取出试样筒。干热空气处理后的试样放在标准状态下平衡30min，蒸汽和沸水处理后的试样平衡8h以上。

（9）将暴露后的试样筒放在仪器上，放下托圈，让纤维自然伸直，按测试过程（4）、

（5）测量纤维长度，并按编号顺序记录。

（三）纤维热收缩率 S 的计算

$$S = \frac{L_1 - L_2}{L_1} \times 100\%$$

式中：L_1——纤维试验前长度，mm；

　　　　L_2——纤维试验后长度，mm。

八、熔点试验

化学纤维的熔点影响纺织染整加工工艺和织物的服用性能。化学纤维在逐步加温过程中开始发生熔融现象时，此时的温度即为熔点。

测定化学纤维的熔点一般应用光学显微镜，观察化学纤维在加热中逐步熔融的过程，即观察纤维开始熔融时的温度，测试仪可用生物显微镜在载物台上加装一加热台，并在加热台上插一温度计，即可测量加热台的温度。加热台中心有一透光孔。加热的方式是用电热丝加热，用调压器控制升温速度。

显微镜的放大倍数为100倍左右，加热器的温度每分钟升温6~8℃，在接近纤维熔点前10℃时，升温速度应控制在每分钟上升1℃左右，以便正确记录熔点。

九、回潮率试验

（1）化学短纤维抽取试样50g。为减少外界大气条件对试样重量的影响，抽样后需立即将样品放入密封器内，并需在24h内称重。

（2）将称重后的样品撕松后放入烘篮中，当烘箱温度达到105~110℃时，将烘篮逐只挂入烘箱的挂钩上，然后开转篮开关，让烘篮转动，使受热均匀。

（3）一般化学纤维烘1h，黏胶纤维烘2h，可进行第一次称重，称样时必须关"电源"开关。

（4）将试样升温至规定温度，再继续烘10~15min，称其重量，使两次重量差异不超过0.05g时为止。

（5）每批回潮试样个数，按批量大小而定。

（6）回潮率 R 的计算：

$$R = \frac{G_2 - G_1}{G_1} \times 100\%$$

式中：G_2——试样烘前重量，g；

　　　　G_1——试样烘干重量，g。

逐个计算试样回潮率，再以算术平均计算每批回溯率，计算精确至0.01。

十、疵点检验

（一）疵点名称

（1）粗纤维——直径较正常纤维粗4倍以上的单根纤维。

（2）黏胶块——黏胶纤维中夹杂的未形成纤维的小块凝固原液黏附在纤维上。

（3）并丝——几根纤维黏合在一起不易分开。在腈纶中称为黏结丝条。

（4）缠结纤维——扭成实结或辫子状的一束纤维。

（5）瘤丝——纺丝断头在凝固浴中受酸处理时间过长而发硬。

（6）注头丝——熔融纺丝中因熔融不良造成纤维中段或一端呈聚合状、感觉较硬的丝。

（7）油污纤维——纤维上沾有油污。

（8）黄纤维——黏胶纺丝中纤维未洗清，或熔融纺丝中因温度太高纤维氧化而形成的黄色纤维。

（9）异状纤维——外形不同于正常纤维，染色后不上色或出现发亮闪点的各种纤维。

（10）粉末纤维——因化学纤维生产工艺不当而呈现长度很短，在10mm以下的粉末状疵点。

（11）树脂化丝——维纶生产过程中形成的混乱胶合的熔化纤维。

（二）试验步骤

（1）从品质样中随机取出混合试样，进口短纤维取100g试样2份，国产短纤维取50g试样1份，称准到0.1g。

（2）将试样放在黑绒板上用手逐步撕开，拣出各类疵点。检验时必须在室内北向射入的正常天然光线下进行。

（3）将拣出的疵点纤维和油污纤维、黄纤维分别称重（准确至0.001g），然后折算到每100g纤维所含疵点的毫克数。

（4）疵点含量 N（mg/100g）的计算：

$$N = \frac{G}{G_1} \times 100\%$$

式中：G——拣出的疵点重量，mg；

G_1——试样重量，g。

第二章　纱线试验

第一节　毛纱线密度试验

一、毛纱线密度表示方法

毛纱线密度的法定计量单位为特克斯（tex），毛纺织行业长期使用公制支数，其定义和换算关系见本篇第一章第六节"一、细度试验"。

二、毛纱线密度试验方法

（一）建议抽样程序

1. 交货验收时的抽样

（1）从一批交货数量中抽样，其抽样数规定见表11-2-1。

表11-2-1　毛纱线密度试验抽样数

交货批包数（包）	随机抽取的最少包数（包）	交货批包数（包）	随机抽取的最少包数（包）
3以内	1	31～75	4
4～10	2	75以上	5
11～30	3		

（2）从各包中随机抽取10个卷装纱，或10个筒子，采样时应从包的上、中、下三层随机抽取。

2. 正常生产时的抽样

工厂正常生产时抽样，应对同一品种的不同机台均匀地随机抽取10个纱管。

（二）毛纱线密度的试验方法

进行毛纱线密度试验时，应用纱框测长器绕取绞纱，纱框周长为1m±0.5mm，纱框的速度为150～200r/min，导纱动程为18～22mm，定长自动装置的定长圈数为20、50、100圈。绞纱长度按FZ/T 20017—2010规定：精梳股纱12.5tex×2以上为50m，12.5tex×2及以下为100m。单纱25tex及以上为50m，25tex及以下（40公支及以上）为100m，粗梳毛纱为20m。每只纱管均绕取2次，共20次，分别在0.001g感量天平上称重后，将试样移至105～110℃烘箱内，烘得试样的干燥重量G_1，按下式计算公定回潮线密度 Tt（tex）：

$$Tt = \frac{(1+W_k) \times G_1}{L} \times 1000$$

式中：W_k——纱线的公定回潮率；

$\quad G_1$——纱线的干燥重量，g；

$\quad L$——纱线的长度，m。

再按以下公式计算毛纱线密度偏差率 D_T 和线密度不匀率 H：

$$D_T = \frac{Tt - T't}{Tt} \times 100\%$$

$$H = \frac{2(G - G') \times n_1}{G \times n} \times 100\%$$

式中：Tt——毛纱的设计线密度，tex；

$\quad G$——缕纱重量的算术平均数，g；

$\quad G'$——缕纱重量算术平均以下的平均数，g；

$\quad n$——试验总次数；

$\quad n_1$——算术平均以下的次数。

按毛纱的线密度，精梳毛纱分为低特纱（17.9tex以下）、中特纱（17.9～23.8tex）、高特纱（23.8tex以上）三档。粗梳毛纱分为四档：166.7tex以上、163.9～111.6tex、109.9～83.8tex和82.6tex以下。

第二节 纱线断裂强力和断裂伸长试验

一、单纱断裂强力和伸长试验

（一）试样

（1）单根纱的试样长度，以1000mm左右为宜，不得短于500mm，以利于操作和保持捻度。

（2）工厂试验时可采用卷装纱10只，每只纱管试验10次，共试验100次作为一批纱的试验结果。试验次数亦可按概率水平90%和精密度（即平均值最大允许误差）±4%的要求，由$0.17CV^2$算出，其中CV为单根纱线断裂强力的变异系数。如变异系数CV未知时，可按单纱断裂强力的变异系数不大于18.5%和股线断裂强力的变异系数不大于13%的要求，决定试验次数。

（3）试样在试验前应进行预调湿，试验时的大气条件为，温度（20±2）℃和相对湿度63%～67%。

（二）试验仪器

（1）测定时采用下列任一种单纱强力试验机：等速牵引强力试验机（CRT）、等速伸长强力试验机（CRE）、等速加负荷强力试验机（CRL）。

（2）强力机上的任一点指示强力，最大误差不得超过10%，指示的夹头隔距规定为500mm，其误差不超过±1mm，试样长度为500mm。

（3）强力机的上下夹头应保持夹头钳口光滑平直，握持试样时既无滑移，又不使试样损伤。

（4）在任何一种强力机上测定纱线强力时，应在（20±3）s内被拉断，此即为平均断裂时间。

（5）在等速牵引强力机上试验时，其量程应使平均断裂强力在强力机上最大读数的20%～80%范围内。

（6）等速加负荷强力试验机在启动2s之后，其单位时间内的负荷增加率应保持均匀，波动不超过10%。等速伸长强力试验机在启动2s之后，夹头间的距离在单位时间内的增加率应保持均匀，波动不超过5%。

（三）试验程序

（1）在调湿后的试样上挂预张力（0.5±0.1）cN／tex或（255±25）m纱的自重（g），然后将试样两端纳入强力机的上下夹头内，夹紧试样。如纱线自卷装管上引出，其方向应和下生产工序引出纱线的方向相同。注意不能用手直接接触上下夹头之间的那部分试样，以防止纱线捻度的增减。

（2）以试样平均断裂时间内的下降速度启动强力试验机，在试样断裂后记录各试验值。如在拉伸过程中发生下列情况，应废弃这次试验：

① 试样在夹钳内有滑移；

② 试样断裂在上下夹钳内；

③ 试样断裂在离夹钳处5mm以内。

（四）计算

1. 断裂强力

以牛顿（N），厘牛顿（cN）表示，观测的伸长应以毫米记录，并计算断裂伸长率（%）：

$$\bar{x} = \frac{\sum\limits_{i=1}^{n} x_i}{n}$$

$$\bar{L} = \frac{\sum l_i}{n} \times 100\%$$

$$S = \sqrt{\frac{\sum \left(x_i - \bar{x}\right)^2}{n-1}}$$

$$CV = \frac{S}{\bar{x}} \times 100\%$$

式中：$\bar{x}$ ——纱线的平均断裂强力，cN；

$\overline{L}$——纱线的平均断裂伸长率，%；

x_i——第 i 次强力试验值，cN；

l_i——第 i 次次断裂伸长率，%；

n——试验次数；

S——断裂强力均方差，cN；

CV——强力变异系数。

计算至四位有效数字，四舍五入为三位有效数字。

2. 平均断裂强度

平均断裂强力 $\overline{x}$ 除以纱线的线密度 Tt 即为该纱线的平均断裂强度 S_T（cN/tex）：

$$S_T = \frac{\overline{x}}{Tt}$$

式中：$\overline{x}$——纱线的平均断裂强力，cN；

　　　Tt——纱线的线密度，tex。

3. 断裂长度 L_K（km）

$$L_K = \frac{\overline{x}}{\overline{Tt}} \times \frac{1}{0.98}$$

式中：$\overline{x}$——纱线的平均断裂强力，cN；

　　　$\overline{Tt}$——纱线的平均线密度，tex。

二、绞纱断裂强力试验

（一）试样

（1）工厂常规试验可以用测定纱线线密度后的绞纱，在绞纱强力机上进行。

（2）交货验收试验应按表11-2-2进行抽样。

表11-2-2　绞纱强力抽样规定

每批交货数量（件）	随机抽取的最少件数（件）	每批交货数量（件）	随机抽取的最少件数（件）
1	1	10～19	4
2～4	2	20以上	5
5～9	3	—	—

（3）从表11-2-2规定件数中随机抽取10只卷装纱或10只绞纱。对于管纱、纡子、锥形筒子或类似的卷装，从管顶退绕成绞纱，每只管纱需摇取2只绞纱（即在纱框测长器上摇取），共20只绞纱组成一批试样。精梳毛纱每绞为50圈，粗梳毛纱每绞为20圈，每圈长度为1m。如果是绞纱，则应在绷架上以20～30r/min的转速摇取试验绞纱。

（4）将试样按 GB/T 6529—2008《纺织品　调湿和试验用标准大气》规定进行预调湿，然后放在温度为（20±3）℃和相对湿度63%～67%的条件下暴露24h。

（5）如产品有特殊需要，作为绞纱强力试验的样品，可按各自的标准执行，试验次数亦可作相应的调整。

（二）试验程序

（1）将调湿的样品在绞纱测长器上摇成周长为1m的绞纱（或先摇成纱绞后调湿均可），并将2个纱头打成一结。

（2）调节绞纱强力机的下降速度为（300±10）mm/min，一般采用等速伸长或等速牵引的强力机，其容量足以拉断所试纱线。强力机的指示负荷精确度为±1%，在上下各装有一对长度为30mm和直径为25mm的有边线轴，其中一个线轴能在轴上自由转动。

（3）将试样绞纱套入上下有边线轴内，使绞纱成扁平带状，防止扭转或折叠。启动强力机，当强力指示器达到最大值时，关闭强力机，记录断裂强力的数值。读数应在强力机刻度指示器上的20%~80%范围内。

（4）重复试验，直至所需试验绞纱数全部试验完毕为止。

（三）绞纱平均断裂强力 $\overline{P}$（N）和绞纱强力变异系数 CV 的计算

$$\overline{P} = \frac{\sum_{i=1}^{n} P_i}{n}$$

$$CV = \frac{\sqrt{\dfrac{\sum_{i=1}^{n}\left(P_i - \overline{P}\right)^2}{n-1}}}{\overline{P}}$$

式中：P_i——第 i 个绞纱断裂强力，N；

n——试验次数。

第三节　纱线捻度试验

捻度试验采用直接计数法和退捻加捻法。

一、直接计数法

已知长度的纱线在一定张力下，固定其一端，另一端转动，退尽试样的捻度，使纱线内的纤维或单股纱达到平行为止，记下退去的捻回数。单位长度内退去的捻回数即为捻度。此法适用于股线。

二、退捻加捻法

在一定张力下，对一定长度的试样退捻，退尽后再加上与原捻向相反的捻回数，直到纱线回缩到原试样长度为止，记录实测捻回数的1/2，即得试样的捻度。此法适用于单纱。

上述两法均不适用于测定自由端纺纱的捻度。

三、测定方法

（一）捻向的测定

取至少100mm长度的纱线试样一段，握持纱线的一端，使纱线垂直悬挂，然后检查构成纱线原料（短纤维、长丝、单纱等）的纤维倾斜方向，如中间一段的纤维倾斜成S形，即为S捻（左捻），如纤维倾斜成Z形，即为Z捻（右捻）。

（二）捻度的测定

捻度测定的技术条件见表11-2-3。

表11-2-3　捻度测定的技术条件

方法	纱　类	试样长度（mm）	预加张力（cN）		取样只数	每个样品试验次数	试验总次数
			按特数计算	按公制支数计算			
直接计数法	粗梳毛纱（包括混纺纱）	25或50	0.1Tt	$\dfrac{100}{N_m}$	10	4	40
	精梳毛纱（包括混纺纱）	25或50	0.1Tt	$\dfrac{100}{N_m}$	10	4	40
	毛型股纱	50	0.1Tt	$\dfrac{100}{N_m}$	10	4	40
退捻加捻法	粗梳毛纱（包括混纺纱）	500	0.1Tt	$\dfrac{100}{N_m}$	10	4	40
	精梳毛纱	500	0.2Tt	$\dfrac{200}{N_m}$	10	4	40
	精梳混纺纱	500	0.3Tt	$\dfrac{300}{N_m}$	10	4	40

（三）注意事项

（1）采用退捻加捻法时的限位为2mm。

（2）单纱捻度试验采用两种方法，如果试验结果有较大差异，以直接计数法的试验结果为准。

（3）试验时先去除试样开始头端数米，试样在无伸长和退捻的情况下，将试样一端纳入左面夹钳内并夹紧；再将纱线的另一端纳入右夹钳的中心位置，使纱线在受预定张力条件下，拉直到指针对准零位，夹紧右夹钳，切断纱尾，并使记捻指针回复至零；然后进行反向退捻，直至单纱内纤维全部平行或股线中单纱全部分开为止，记录捻回数。如采用退捻加捻法，退捻后再加捻直到指针复位零位时为止，记录试验数值的1/2即为捻回数。

按以上方法直至按规定试验次数全部试验完毕。在用退捻加捻法时，仪器的速度调节在750r/min左右。每只试样按规定试验次数抽样，各次试验之间要有1m以上的随机间隔。

试样从筒管上退出时，应与下道工序加工时纱线从筒管退绕方向相同。

从绞纱样品卷绕到筒管上的试样，应侧向退绕。必要时记录张力杆所示的伸长或缩短的毫米数。

（四）计算

1. **平均捻度（捻/m）**

$$平均捻度 = \frac{全部试样捻数 \times 1000}{试样长度(mm) \times 试验次数}$$

2. **捻度差异率**

$$捻度差异率 = \frac{平均捻度 - 设计捻数}{设计捻数} \times 100\%$$

3. **捻度不匀率**

$$捻度不匀率 = \frac{2(平均值 - 平均以下平均值) \times 平均以下次数}{平均值 \times 试验总次数} \times 100\%$$

4. **捻缩**

$$捻缩 = \frac{试样退捻后的长度 - 试样退捻前的长度}{试样退捻前的长度} \times 100\%$$

5. **实际捻系数**

$$\alpha = \frac{T}{\sqrt{\dfrac{1000}{Tt}}}$$

式中：α——实际捻系数；

T——平均捻度，捻/m；

Tt——纱线线密度，tex。

第四节 纱线条干均匀度试验

纱线条干均匀度试验，可用电子条干均匀度仪测量和用灯光评级两种。

一、电子条干均匀度仪法

（一）仪器

采用乌斯特电子条干均匀度仪，此仪器适用于测量全毛、毛混纺和其他化学纤维组成的条子、粗纱、细纱、股线等的条干均匀度，含有导电纤维的毛纱不宜采用电容式条干仪，而应采用电子式纱线条干仪。

（二）试样准备

从不同机台上随机抽取足够数量的试样，一般纱管为10只，绞纱为10绞，条子约10根（每根约20m）。

（三）试验方法

（1）按下主机电钮，电源即通，电源指示灯红灯亮，使仪器预热20min。

（2）根据测试的线密度，按表11-2-4规定选择合适的测试槽。不能任意选择测试槽，否则会影响试验结果的正确性。

表11-2-4　各槽号的试样适应范围

测试槽号码	1	2	3	4	5
条子或粗纱（g/m）	80 ~ 12.1	12.0 ~ 3.31	3.3	—	—
线密度（tex）	—	3501 ~ 3300	3300 ~ 160.1	160 ~ 21.2	24.1 ~ 4

（3）零位调整。每次测试前进行零位调整，其顺序是：按下控制器的"无试样调整钮"，电钮即发亮，零位将自动调整。当量程钮（100%）按下时，在指示器上可以看到指针指到-100%（红色符号）的位置时，按钮熄灭，零位即调好，测试单元可接受试验。

（4）测试一段时间后，转动把手少许，这样导纱罗拉会移动一个小距离，可以防止导纱罗拉起槽。

（5）测量时，纱线必须通过张力器的张力盘，使纱线在运行时张力均匀。使用张力不能过高，否则会使导纱罗拉和纱线之间打滑。

（6）调整平均值。用"迟缓钮"协助调整平均值，转动平均值的把手直至指针到达零位。调整时必须进行得十分正确，调整在指示刻度的 ±20%内，仪器操作无任何特殊差错。如果平均值的偏差过大，则正确分析曲线图就有困难。量程在100%时平均值调整得最好。量程为50%、25%或12.5%时，平均值亦可直接调整。平均值调整后即放松"迟缓钮"。

（7）量程选择见表11-2-5。如果以不太高的速度（25m/min）来校对指针，指针不可漂移到刻度两端的外侧。

表11-2-5　量程选择

试样名称	量程（%）
条子	25或12.5
粗纱	50或25
纱线	100

（8）测定长度的选择按表11-2-6规定进行。

表11-2-6　测定长度（m）选择

试样 \ 内容	条干均匀度 CV%或U%	疵点	波谱
细纱	100～500	500～2000	250～2000
粗纱	40～250	500～2000	40～250
条子	20～250	500～2000	20～250

注　表内数字为一次测试时所需的总长度。

（9）测定时间的选择。调节测定时间钮，选择仪器的测试时间（表11-2-7）。

表11-2-7　测试速度和时间的选择

试验速度（m/min）	材料名称	测试时间（min）
400	纱线	1
200	纱线	1～2.5
100	纱线	2.5
50	纱线/粗纱	5
25	纱线/粗纱/条子	5～10
8	粗纱/条子	5～10
4	粗纱/条子	5～10

若在测试过程中控制灯亮，则将量程调低一档，例如将100%调低一档为50%，所有试验必须重新开始。如果不校正量程，甚至指示灯一直亮着，则试验结果的正确性（CV%或U%）将受到限制。

（10）各项准备工作就绪，即可开始测试。测试前疵点仪需在零位。按下绿色"开启钮"，仪器全部开动。为了避免任何差错，在按"开启钮"之前先按"停止钮"。在整个测试中，"开启钮"保持点亮。

（11）在测试时间内"无试样调整""量程和主机的速度开关"不可开动。如要停止测试，单独按下"停止钮"，仪器即全部停止。

（12）测试完毕，"开启钮"熄灭，红灯亮，同时报警器发信号，信号先是间歇的，然后连续响约20s。在间歇阶段频谱仪进行绘图，所以"停止钮"需在连续报警后才可按下。

（13）按"停止钮"可以关掉报警器，U%或CV%以及毛粒粗细节疵点数即可直接读出。此时仪器可准备进行下一次试验。

（四）频谱记录仪

1. 频谱记录仪的使用

频谱仪记录仪是电子条干均匀度仪的附加设备。在均匀度仪测定和记录纱线截面的同时，分析它的周期性不匀，并储存在频谱仪中。在试验结束时，所积储的数据，从频谱仪中转移出来，在记录仪上自动描绘成波长谱的图形。使用频谱仪，必须首先正确放置好图纸。连续按下频谱仪记录器的圆形按钮，直至记录仪和记录纸上的试样速度相符为止，然后放入记录纸和墨水，绘图部分即开始工作。

2. 频谱图的分析

（1）频谱图的分类：当测量条子、粗纱、细纱的条干均匀度时，可同时记录试样的频谱图，提供不同波长的不匀率。所有不匀率按波长进行分类，并画出阶梯式曲线，这时每一阶梯的高度代表相应的波长所测得的频率，频谱仪能十分明显地分离出随机不匀（因牵伸波造成）与周期性不匀（因机械有缺陷，如皮辊偏心等造成），并具体指出试样中疵点发生的情况。

（2）随机不匀的牵伸波频谱图：纤维的细度，尤其是纤维的长度，会引起试样的某种不匀。按照细纱、粗纱或条子中的纤维排列，大多数不匀发生在2.5～3倍于平均纤维长度的波长范围内，即一理想细纱频谱图有一山丘状高峰（图11-2-1），它的最大高度位于2.5～3倍纤维的平均长度处，这是由于牵伸时控制纤维不良而引起的，所以称为牵伸波。

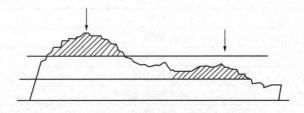

图11-2-1 显示牵伸波的频谱图

（3）周期性不匀的频谱图：一旦试样显示出正常的随机不匀，而且有机械缺陷所引起的不匀重叠于其上时，则在正常曲线上将有"烟囱"状凸峰出现（图11-2-2）。频谱图水平方向是它的比例尺，凸峰的位置可指出周期性疵点的波长，凸峰的高度主要由周期性不匀的大小与频率所决定。这种不匀是由于机械配置不良，罗拉齿轮等部分有缺陷所造成。根据经验，凸峰的高度与影响成品外观的参数有关。所以参照周期性不匀的波长可查出机械疵点的位置和产生原因，为改善机械状态、提高条干均匀度提供可能性。

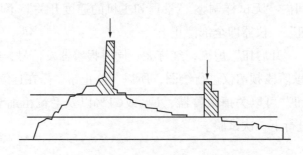

图11-2-2 显示机械疵病的频谱图

3. 频谱记录仪的调整

用放大盘调节频谱的高度。圆盘的调整数字和按下控制器的SPG钮所得的数字应相符。

（五）疵点仪

细纱上的粗节、细节、毛粒属于纱疵，这些疵点在纱线中是随机出现的，它们可能突然出现，而后在某一长度内不再出现，同时个别的细节和毛粒并不一定是破坏性疵点，但毛粒或细节过多，将影响织物的外观。

粗节、细节和毛粒三种疵点均由疵点仪计数，疵点仪和电子条干均匀度仪相衔接，并同时工作。疵点仪按不同灵敏度可分四档记录，灵敏度越高，则可记录较小的疵点，具体分档见表11-2-8。

表11-2-8　疵点灵敏度

灵敏度 ＼ 疵点	粗节（%）	细节（%）	毛粒（%）
1	+100	-60	+400
2	+70	-50	+280
3	+50	-40	+200
1	+35	-30	+140

注　表中的百分率（%）均指对试样的平均细度而言。

疵点大小判断的说明：

1. 毛粒

灵敏度1——很大的毛粒；

灵敏度2——中等的毛粒（一般纱摇在黑板上3m处能看到）；

灵敏度3——较小的毛粒（一般纱摇在黑板上1~2m处能看到）；

灵敏度4——很小的毛粒（在仔细观察下可见）。

2. 粗节

灵敏度1——大粗节；

灵敏度2——中等粗节（一般纱摇在黑板上3m左右处能看到）；

灵敏度3——较小的粗节（一般纱摇在黑板上只能在1~2m近距离下看到）；

灵敏度4——很小的粗节（在仔细观察下可见）。

3. 细节

应用灵敏度-50%可以预测纺纱中由于细节所引起的断头数。

一般测量细节时放在灵敏度-50%上，测量粗节时放在灵敏度3上，测量毛粒时放在灵敏度3上。在开启疵点记录仪前，控制器的量程要放在100%处。在确定纱速圆盘值时，要和主机速度相同。试验一次后应按清除器电钮，使计数器回复至零位，否则试验的疵点数会累计相加。

二、灯光评级法

（一）本色纱

用300mm×225mm的黑板，放在灯光下检验，纱线以2mm等距离间隔绕在黑板上，置于装有特备灯光的室内与标准纱板或样照对比。室四周均为黑色，黑板架离地高度应为1700mm，黑板略为倾斜地放在架上，与检验者的目光在同一水平线上。2只40W日光灯，装在半圆形罩内，内涂白色，照度为150lx左右，灯光架的高度离黑板架500mm，检验者离黑板约3m。

（二）有色纱

将纱绕在300mm×225mm的纱框上，中间插入毛玻璃片，在灯光反射台上作灯光透视检验。评定毛纱的条干等级时，需用标准纱板对照评定。灯光反射台和纱框的规格见图11-2-3。

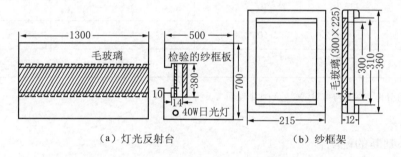

（a）灯光反射台　　　　　　　　（b）纱框架

图11-2-3　色纱检验灯光反射台与纱框架

第五节　纱疵试验

一、仪器

应用CMT-Ⅱ型或NYF-Ⅱ型纱疵分级仪。

（一）目的和适用范围

上列两种纱疵分级仪，除可以对粗节进行分级外，还可以对细节进行分级。它是由主机、检测器、微处理机、计算机与打印机组成，可将全部试验结果打印成表，通过计算可折合成每$10×10^4$m（或$1×10^4$m）细纱长度内的纱疵数。从试验结果可得出纱疵的形状和分布等定性定量的数值，以便确定纱的质量和后道使用清纱器的要求及分析产生纱疵的原因。仪器适用于棉、毛等细纱或股线，线密度范围100～4tex（10～250公支）。

（二）分级范围

图11-2-4为CMT-Ⅱ型的纱疵分级图，按纱疵的长度和粗度共分23档，*ABCD*是短粗节

分级区，E为长粗节分级区，FG表示双股粗纱分级区，HI表示细节分级区。

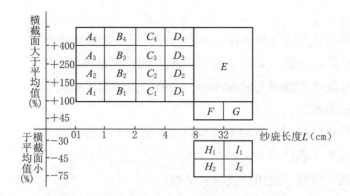

图11-2-4　CMT-Ⅱ型纱疵分级仪的分级图

图11-2-5为NYF-Ⅱ型的纱疵分级图，共分17档，其中$ABCD$为短粗节分级区，E为长粗节分级区，FG为双股粗纱分级区，HI为细节分级区，比CMT-II型少6档，符合毛纱的实际情况。

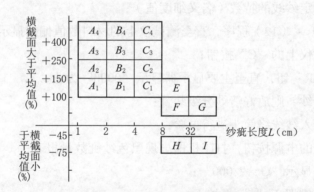

图11-2-5　NYF-Ⅱ型纱疵分级仪的分级图

（三）试验条件

　　由于NYF-Ⅱ型纱疵分级仪的测量头为电容式，温湿度条件对试验结果影响比较大，所以该仪器应放在恒温恒湿室内。最理想的相对湿度为65%，温度为20~25℃，不能受日光直接照射，还要防止分级仪受鼓风机热风的影响。

二、测量方法
（一）试样

　　每一批纱的试验长度规定不小于10×10^4m，试样在试验前应进行调湿处理，即在标准大气条件下 [温度（20 ± 2）℃，相对湿度为67%] 放置24h。

（二）测量程序

在纱疵分级仪运行前，应检查该仪器运转计数是否可靠，并应正确操作。测量时的操作顺序如下：

（1）各项检测功能检查完毕，接上电源，并按下主要电源按钮；

（2）选择主机输出功能，如清纱按下"✂"钮，测量纱疵按下"←→○"钮；

（3）纱线的卷绕速度选择为600m/min，与络筒头的速度相同；

（4）按下测试电源钮；

（5）将选择材料MAT及细度NEC的编码插头插入（一般不动）；

（6）给定材料值（表11-2-9）；

（7）给出纱线的特数（或用纱线的名义细度）；

（8）等待5min；

（9）按下测试仪按钮"C"，并开启络筒头；

（10）放下运行的纱线，使其进入测试头，待10s后再将试样提出纳入其他测量头子内进行调试（共6只头子，每只头子调试两次）；

（11）按测试仪指示的疵点数值，再调整试样的材料数值；

（12）进一步确定纱线的特数（名义细度值）；

（13）重复（1）~（12）程序，直至测试仪上的材料数值偏差显示小于±0.2为止；

（14）按下测试仪上的"C"按钮；

（15）连续按"R"钮，直至主要显示器显示"0000"为止；

（16）如需要清纱，则放好清纱分级装置；

（17）将试样引入纱线络筒头进行试验；

（18）按下主机的电源按钮，打印机即出现黑色纱疵数量报表；

（19）检查主机显示"G=？000"；

（20）将"↙"键置于"+"慢档；

（21）称出试验纱线的重量；

（22）将试验纱线的重量送入仪器内；

（23）按下"R"钮，打出红色表格，表中数值已折合成10×10^4m纱内的纱疵数；

（24）如果要继续检验另一批纱线的纱疵数，应重复过程（2）~（23），方能再进行检验。试验结束后关闭主机电源。

（三）纱疵仪的功能调试与校验

为了确保纱疵仪测试数据的正确性，应按时对纱疵仪进行功能调试与校验，特别是在下列情况下：

（1）仪器验收，包括修理之后；

（2）仪器搬动移动之后；

（3）常规的定期检查；

（4）在测试中发现有异常，或对测试数据有怀疑时；

（5）试验场地的温湿度有较大变动时。

调试时先进行功能调试，使每只插头调整到正常工作状态，然后再进行功能校验。如校验时发现仍有偏差超过规定的范围，应重新进行功能调试，然后再校验，直至全部功能符合要求为止。

（四）纱线材料值表与混纺纱线材料值的计算方法

1. 纱线材料值表（表11-2-9）

表11-2-9　纱线材料值表

材料名称	材料值	材料名称	材料值
蚕丝	6.0	腈纶、锦纶	5.5
棉、毛、黏胶纤维	7.5	丙纶	4.5
试样在很干时（50%相对湿度）	6.5	涤纶	3.5
试样在很湿时（80%相对湿度）	8.5	氯纶	2.5

2. 混纺纱线材料值计算方法

按混纺比例加权平均计算，如毛涤混纺纱线，其混纺比例为45：55，则此混纺纱线的材料值计算如下：

$$(45\% \times 7.5 + 55\% \times 3.5) \div 100\% = 5.3$$

（五）注意事项

（1）纱线在运行测试时张力要适中，绝对不能接触测量槽两侧，并在测量槽内无抖动和摇晃现象。纱线的通道要十分光滑，防止纱线变形或增加疵点。

（2）当纱管退绕到最后纱圈时，易产生脱管现象，以致出现假纱疵，因此试验时要去除筒脚，以保证试验结果的正确性。

（3）在测试过程中，每次接头后，必须等待其速度达到正常值后，才将纱线放入测量槽中，以保证试验的正确性。

（4）在测试前应清洁测量槽，防止有残留纱头。在测量过程中亦应及时清除残留纱头。

第三章　　毛织品试验

第一节　精纺、粗纺毛织物试验

一、匹长检验

呢绒匹长的测量在成品检验机上进行。由测长表测得每匹呢绒的实际长度。抽查匹长时，将呢绒平铺于桌子上，双幅折叠，在呢绒上用长2m、重4kg的压尺加压，沿压尺边缘处进行测量。

二、幅宽检验

幅宽的测量也在成品检验机上进行。离匹端3m处用木尺或金属尺等距离测量3～5处，以平均值计。抽查时，将布匹打开，平铺于工作台上，用长2m、重4kg的压尺加压，离匹端3m以上的地方以等距离测量10处，计算10次的平均值。如果织物幅宽不是测定从一边到另一边的全幅宽，有关双方应协商定义有效幅宽，并在报告中注明。测定有效幅宽时，应按测定全幅宽的方法测试，并除去布边、标志、针孔或其他非同类区域后的织物宽度。有效幅宽可能因织造结构变化或服装及其他制品的特殊加工要求而定义不同。

三、重量检验

（一）全幅米重

离布端3m处，剪取试样长26～28cm全幅试样一块，修齐两端布边（精纺织物可拉齐边纱修正布边；粗纺织物中的重缩绒产品，如拉齐纬纱有困难时，可修齐布边），沿布匹经向测量试样的长度3～5处，并计算出试样的平均长度 L，然后将整块试样称重，按下列公式求得全幅1m长的重量 G（g）：

$$G = \frac{G' \times 100}{L}$$

式中：G' ——试样的重量，g；

　　　L ——试样的平均长度，cm。

（二）单位面积重量

1. 试样准备

织物的单位面积重量以"g/m²"表示。试样需经调湿处理。抽取约26cm×26cm试样两块，以两块的平均值计算。

2. 仪器及工具

剪刀、钢尺、天平（感量为0.001g）、1kg重压尺。

3. 试验方法

（1）将试样四边修剪平齐，修齐到25cm×25cm的正方形试样，或用钢尺测量试样的实际面积，测量时将试样平铺于台上，并用1kg重的压尺加压，在距离压尺1cm处测量经纬向各3处（一处在中心线附近，其余两处在距布边5cm处），以3处平均计算得出试样的实际长度和宽度，也可采用圆形试样切割器直接剪取（其面积为100cm²）。

（2）用0.001感量的天平称得试样的重量。

（3）将试样放入烘箱内，测量试样的实际回潮率和干燥重量。

（4）计算：毛织物公定回潮时单位面积重量 G_0（g/m^2）：

$$G_0 = \frac{G_1(1+W_0)}{l \times b} \times 10^4$$

式中：G_1——试样干重，g；

　　　l——试样平均长度，cm；

　　　b——试样平均宽度，cm；

　　　W_0——试样的公定回潮率，%。

（5）混纺织物公定回潮率 W_0 的计算：

① 用干燥重量的混纺比例计算公定回潮率：

$$W_0 = AW_1 + BW_2 + \cdots + NW_n$$

式中：A，B，…，N——混纺原料的干重混纺比例；

W_1，W_2，…，W_n——混用原料的公定回潮率。

② 用公定重量的混纺比例计算公定回潮率 W_0：

$$W_0 = \frac{\dfrac{AW_1}{1+W_1} + \dfrac{BW_2}{1+W_2} + \cdots + \dfrac{NW_n}{1+W_n}}{\dfrac{A}{1+W_1} + \dfrac{B}{1+W_2} + \cdots + \dfrac{N}{1+W_n}}$$

式中：　　　W_0——混纺织物的公定回潮率；

　A，B，…，N——混用原料的公定重量混纺比例；

W_1，W_2，…，W_n——混用原料的公定回潮率。

四、织物断裂强力和断裂伸长率试验

（一）适用范围

用于测量毛织物在一定速率下拉伸至断裂时所能承受的最大负荷和伸长率。

（二）使用仪器和工具

织物断裂强度试验机、剪刀、钢尺等。强力试验机可用等速伸长强力试验机（CRE）、等速牵引强力试验机（CRT）和等速加负荷强力试验机（CRL）。强力机应有调速装置和伸长测定装置。调速装置可采用无级变速装置或级差比不超过125∶100的多级变速装置，使试样平均断裂时间落在规定的限度内。强力试验机上的两个夹钳中心点应在拉力轴线内，夹钳的钳口线应与拉力线成直角，其夹持面与试样在一个平面内。夹钳应能夹紧试样而没有滑动，且尽量避免损伤试样。夹钳有效宽度不得小于60mm，夹持面应力求平稳光滑，当平面夹钳不能充分夹持时，夹持面上可用适当的衬垫材料。夹持器应能夹长度为100mm和200mm的试样，夹持长度差异不超过1mm。强力和伸长指示器要精确，强力在使用范围内其误差不超过1%，伸长误差不超过1mm。

（三）试样准备

（1）样品的预调湿。样品在自然状态下，如有需要，可充分暴露在相对湿度10%～25%和温度不超过50℃的大气条件下使含湿趋于平衡，然后将样品放入相对湿度为（65±2）%和温度为（20±2）℃的试验用标准大气中，直至达到含湿平衡。

（2）试样裁取方法一般采用平行法。通常工厂常规试验取经纬向各三条，公证试验裁取经纬向各五条。各试样的长度方向平行于织物的经纱或纬纱，要求两个试样分别在两处抽取（即从不同经纱或纬纱处抽取）。试样长度应为100mm。在试样两边扯去边纱，成为50mm宽的布条。如试样是重缩绒织物，可不拉边纱。

（四）测试方法

（1）调整强力试验机的零位，校正试验机夹钳之间的距离为100mm（精确到1mm），并使夹钳相互对齐和平行，以确保试样受力后任何一个夹钳都不产生偏斜。

（2）在夹钳中心位置夹持试样，使试样在预加张力作用下，其纵向轴线与夹钳的钳口线成直角。如使用CRT试验机用夹钳夹试样时，应先关闭上夹钳制动器，将试样一端置入上夹钳的中间位置，稍加拧紧，再将试样的另一端纳入下夹钳内，悬挂预加张力重锤，使试样全幅纱线在预加张力作用下达到均匀平直，然后旋紧上夹钳，松开上夹钳制动器，拧紧下夹钳，取下张力重锤，准备测试。

（3）预加张力规定如下：

试样单位面积重量	预加张力
200g/m² 及以下	2N
200～500g/m²	5N
500g/m² 以上	10N

（4）用调节好的规定速率，使试样在（30±5）s内拉伸至断裂。按试样所需数进行试验，记录每个试样的断裂强力和断裂伸长率。如采用电子式自动强力试验机，应预先检查自动记录器和图纸的正确性。试验中，若试样在夹钳中打滑或试样断在钳口处或离夹钳5mm以内，如有理由认为是仪器运行或操作有问题，这些结果可以舍弃。如果无法判断，则当断裂强力不低于同一样品的最低值（在正常情况下测得的断裂强力），或断裂伸长不高于同一

样品的最高值，则这个试验结果可以接受。

（五）计算

1. 平均断裂强力 $\overline{F}$

$$\overline{F} = \frac{\sum F_i}{n}$$

式中：$\sum F_i$——各个试样断裂强力值的总和，N；

　　　　n——测定次数。

2. 平均断裂伸长率 $\overline{E}$

$$\overline{E} = \frac{\sum E_i}{n}$$

式中：$\sum E_i$——各个试样的断裂伸长率总和；

　　　　n——测定次数。

计算平均断裂强力时要求小数点后精确至两位，然后修约至小数点后一位。平均断裂伸长率的尾数舍入方法是，当平均断裂伸长率不超过10%时，舍入到最邻近的0.2%；当大于10%、小于50%时，舍入到0.5%（毛织品的断裂伸长率极大部分在10%～50%之间）；当等于或大于50%时，舍入到1%。

五、撕破强力试验

（一）适用范围

测量毛织物撕破时所能承受的负荷。试验方法有两种，一种为舌形法（国际羊毛局试验方法172号），另一种为梯形法。

（二）舌形法

1. 仪器及工具

（1）等速伸长强力机的伸长速率为（100±2）mm/min，试样夹钳的接触面为75mm×25mm，上下试样夹钳分开的速率必须不受伸长的影响。

（2）剪刀、钢尺。

2. 试样准备

裁取50mm×200mm的长方形试样经纬向各5块，从长方形的短边中间剪成一长100mm的细切口（图11-3-1）。剪切的方法是从试样较短的一边中央开始顺着长的一边剪切。

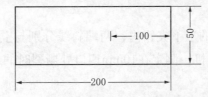

图11-3-1　织物撕破强力试样剪裁图(舌形法)

3．试验方法

（1）调节上下夹钳之间的距离为100mm，上下夹钳需互相平行并以垂直方向移动。

（2）将试样置于夹钳中，使其细切口对准上下夹钳之中心线，由切口分成的两舌片，分别夹入上下夹钳之内，使上夹钳内的舌片布样正面在后、反面在前，下夹钳内的舌片布样则正面在前、反面在后，并轻轻夹紧试样。

（3）开启仪器，撕裂试样。如仪器装有积分仪器，应在拉至5mm处时开启。

4．计算

（1）在拉伸曲线图上从最初5mm撕裂之后，每隔12.5mm做个记号，代表一个区间，连续做5个记号。

（2）记录每个区间最高点的负荷值。

（3）计算5个最高值的平均值，即为经向或纬向平均撕破强力。

（三）梯形法

1．仪器及工具

（1）织物抗伸强力试验仪，强力量程范围分为0～117.6N、0～294N、0～490N。下夹钳下降速度为80～100mm/min。

（2）剪刀、划样板、钢皮尺。

2．试样准备

（1）裁取200mm×50mm的试样，经纬向各3块，并扯去边纱。

（2）在试样上，按划样板在两端画斜线，并在100mm的一边中间剪开10mm长的切口（图11-3-2）。

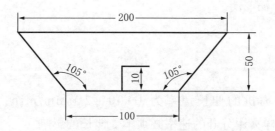

图11-3-2　织物撕破强力试样裁剪图（梯形法）

3．试验方法

（1）调节下夹钳下降速度为80～100mm/min，并使断裂强度为强力机刻度盘所示最大载荷的20%～75%。

（2）将试样夹入强力机的上下夹钳内，两端斜线分别与上下夹钳的边缘平齐，100mm的一边应垂直，然后开启电动机，测定在10mm切口处撕裂时的最大强力，准确至0.98N。

4．计算

以算术平均法分别求出经纬向的撕裂强力。

六、耐磨试验

适用范围：测定毛织物的耐磨性能，以马丁旦尔仪方法为仲裁试验方法。

（一）马丁旦尔仪试验法（国际羊毛局试验方法112号）

1. 仪器及用具

（1）马丁旦尔摩擦试验仪（Martindale abrasion tester）。

（2）标准摩擦织物。一种杂种羊毛按一定的规格要求制成的精纺织物。

（3）标准垫料。

（4）标准泡沫塑料。

（5）剪样板。

2. 试样准备

在不同部位裁取4个直径为38mm的试样。如果试样是花纹图案织物，则应取能代表整个花纹的试样。

3. 试验方法

（1）正确地调整好仪器。

（2）若试样的重量轻于500g/m²时，则试样与金属夹子之间需垫一块泡沫塑料，若试样的重量重于500g/m²时，则不需垫一块泡沫塑料。待试样放妥后，紧夹试样夹，使试样各部分所受张力一致。

（3）将标准磨布放在毡绒上（磨布不允许有皱纹、纱结或厚薄不匀等疵点），再将重锤放在标准布上后，加圆环夹钳于4个螺栓柱上，拴好圆环夹钳，使磨损台上的标准布受相同的张力。每次试验开始时，须用新的标准磨布，或者磨布经过5万次摩擦后需继续试验，则需更换新的磨布。

（4）装上磨损头，一般服用织物加压为583.1cN/m²。

（5）将计数器调整至零位，并估计试样的耐磨次数，将计数器的预定次数装置调整至所需的适当摩擦次数。然后开动仪器，当完成所定的摩擦次数后，取出试样观察是否有磨损情况，如需继续试验，则再估计继续试验所需次数，并调节至所需次数，继续进行试验。如未达到预定次数时试样已有磨损即可终止试验，则所得摩擦次数要顺序递减。在试验过程中，可用锋利的剪刀把试样上产生的毛球小心剪去。

（6）当试样表面出现两根或两根以上的非相邻纱线磨断时，或试样的颜色已磨褪（用试验色牢度的标准灰色卡评定褪色程度达到3级），或其外表的变化足以引起消费者不满时应终止试验。

4. 计算

计算4个试样的平均值（取整数）。

（二）三用耐磨仪试验法

1. 仪器及用具

国产或进口三用耐磨仪、砂纸、曲磨刀片。

2. 试样准备

裁取直径为120mm的圆形试样5块作平磨试样，20mm×200mm经纬向各5块作曲磨试样，70mm×30mm经纬向各3块，作折边磨试样。

3. 试验方法

（1）平磨：

①在三用耐磨仪的滑座上装上棘轮平磨台。

②将试样正确地安装在耐磨头上。

③旋动气压阀，使试样受到3.267kPa的压力。

④压力台上加压力为444.52cN。

⑤在压力台底部装上磨料（砂纸）。

⑥开启电动机进行耐磨试验，由于磨损自停装置尚存在缺点，因此要注意磨损情况。当橡胶膜中心的金属圆点显露时，即停止机台运转。

⑦记录耐磨次数。

（2）曲磨：

①在滑座上装好曲磨试验台，将试样的一端夹紧在试验台前侧的下夹持器内，夹取试样的另一端，通过金属刀架用手工法施加张力，务使刀架所指刻度和滑座停止位置所指刻度相一致，并使其固定装在上夹持器内。

②在压力台上垂直加力为666.7cN，牵引力为2444.9cN。

③开动电动机、试样的一端由上夹钳夹紧固定不动，另一端由下夹钳夹紧后作前后往复运动，试样被金属刀片往复摩擦，直至被磨断，仪器自停，记录磨损次数。

（3）折边磨：

①将试样按3cm方向对折，用湿白棉布覆盖上层，在150℃熨斗下压熨30s，再用干白棉布覆盖上层，仍在150℃温度下压烫30s，压烫成一折痕，然后将试样作预调湿处理。

②以平磨为基础，装上折边磨底板。

③将烫成折痕的试样伸出折边磨夹片，使试样伸出1~1.5mm，伸出高度要平齐一致。

④在压力台底部装上砂纸，放下压力台，使之与试样接触，压力台上加压为222.26cN。

⑤开动电动机，试样作前后往复运动和随磨台的回转运动，与磨料摩擦，直至磨损为止（磨损状态参照统一标样），记录摩擦次数。

七、起球试验

（一）适用范围

用于测量毛织物经反复摩擦后织物表面的起球程度，目前常用3种测试方法。

（二）马丁旦尔耐磨试验仪法（国际羊毛局试验方法196号）

1. 仪器及用具

（1）马丁旦尔耐磨试验仪。

（2）重量为500～700g/m²、厚度为1.75mm的机织毛毡。

（3）评级箱及标准样照。

2. 试样准备

裁取两组圆形试样，即4块直径为40mm和4块直径为140mm的试样，裁取时要避开接头或过厚、过薄的部位，注意取样的代表性。

3. 试验方法

（1）将试样分别装在仪器的摩擦头（直径为40mm的试样）和摩擦台（直径为140mm的试样）上，注意使试样的正面均朝外，以使正面互相摩擦。

（2）将摩擦头装于仪器上，不再另加重量，此时磨台上的压力为2N。

（3）开启仪器摩擦1000次。

（4）从评级箱内取出试样，将40mm直径的4个试样与标准样照比较，评定起球级别（最小级别为1/2级），计算4个试样的平均级别。

（三）YG501型研磨式起球试验法

1. 试样准备

裁取直径为113±0.5mm的圆形试样5块。

2. 试验方法

（1）粗纺毛织物。

①在摩擦头上衬垫泡沫塑料柔软物，放上试样，并予紧固，这时摩擦头连同加力为490cN。

②摩擦台上垫上泡沫塑料柔软物后，再装上磨料2201华达呢并旋紧螺丝，使磨料张紧。

③开启仪器，试样在磨料上研磨50次。

（2）精纺毛织物。

①在摩擦头上衬垫泡沫塑料柔软物，再放上试样，并予紧固。这时摩擦头连同加力为784cN。

②摩擦台上垫上泡沫塑料柔软物后，再装上与试料相同的织物作为磨料，旋紧螺丝，使磨料张紧。

③开启电动机，试样在磨料上研磨500次。

④取下研磨后的试样，放入灯光评级箱内与标准样照进行比较，以5块试样的算术平均数表示。

3. 评级条件及评级依据

（1）试样与样照放置在卧式评级箱的评级板上，用白炽灯（30W2支）照射试样。

（2）评定者站在评级箱的正前方，目光正视试样，调节评级板的倾斜角度（或调节灯光照射角度），看清试样的起球程度，以便与标准样照对比评定。

（3）评级时以起球程度为主要评级依据：

5级——不起球。

4级——表面轻微起毛和（或）轻微起球。

3级——表面中度起毛和（或）中度起球。

2级——表面明显起毛和（或）起球。

1级——表面严重起毛和（或）起球。

（四）起球箱法

1. 仪器及用具

翻滚式起球仪、聚氨酯载样管、模板、剪刀、缝纫机、标准样照、19mm宽的胶带纸、比样箱。

2. 试验方法

（1）用模样板裁取114mm×114mm的试样4块，正面向里对折，并在距布边6mm处用缝纫机缝成试样套（图11-3-3）。两块试样经向平行于载样管，两块试样纬向平行于载样管。

（2）把缝好的试样套反过来，使织物正面朝外。

（3）试样在均匀的张力下，套在载样管上，再在试样两端包上胶带纸，防止试样位置滑移和布边松散。

（4）将试样放进箱内，关上箱盖，精纺呢绒翻滚4h，粗纺呢绒翻滚2h（可在计数器上调整好相应的转动次数）。

（5）达到规定的转数后，从载样管上取下试样，除去缝线，展开试样，放入比样箱内对比标准样照，评定起球等级。

（6）计算4个试样的平均起球等级。

八、折痕回复性试验

用于测试精纺毛织物的折皱的回复能力，试验方法分水平折叠法和垂直折叠法两种，暂以垂直折叠法为统一的试验方法。

（一）仪器及用具

YG541型织物折皱弹性测试仪、织物折皱弹性（回能）仪、剪刀、划样板。

（二）试验方法

1. 水平折叠法

（1）试样承受压力负荷的面积为15mm×15mm。

（2）试样尺寸为40mm×15mm，沿长度方向两端对齐折叠，然后用宽口镊夹住，夹住位置从布端算起不超过5mm（图11-3-4）。将夹子试样移至标有15mm×20mm标记的平板上，使试样正确定位，并轻轻地放上压力负荷9.8N。

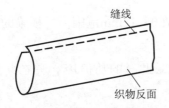

图11-3-3 起球箱法织物起球试样图　　图11-3-4 织物折痕回复试样图（水平法试样折叠）

（3）试样承受压力负荷的时间为5min ± 5s。

（4）卸除负荷，用镊子将试样转移至回复角测量装置的试样夹上，将试样的一翼夹住，另一翼自由悬挂，并连续调整仪器，使悬垂下来的自由翼始终保持垂直位置，当卸除负荷5min后，读出折痕回复角。如果自由翼有轻微卷曲或扭转，可通过该翼中心和刻度轴轴心的垂直平面，作为折痕回复角读数的基准。

2. 垂直折叠法

沿试样折痕线折倒，并加1kg的重锤，压强为$3.3 \times 10^4 Pa$压5min后释去重锤（可自动加压或释重），去压15s后通过灯光测角度装置读得急弹性回复角。释重5min后的读数为缓弹性回复角。计时由机械定时钟及时间继电器自动报时响铃再读数。记录试样的回复角，经纬向各测量十个样品，以十个试样的平均值作为一批织物的试验结果。

（三）计算

用算术平均数计算经向或纬向的平均急弹性回复角和缓弹性回复角，总回复角等于经向缓弹性回复角与纬向缓弹性回复角之和。按下式计算经向或纬向折皱回复率（W）：

$$W = \frac{A_T(A_W)}{180^\circ} \times 100\%$$

式中：A_T——经向缓弹性回复角，（°）；

　　　A_W——纬向缓弹性回复角，（°）。

九、起拱变形试验

此法适用于测定精纺、粗纺毛织物穿着中经反复受力疲劳后的变形程度和弹性回复能力，类似于服装膝部、肘部经反复屈张后起拱程度的测定。

（一）仪器及工具

电子强力仪，起拱变形夹具一套，0 ~ 980N的压缩传感器一只，剪刀，划线板等。

（二）试样准备

裁取直径为100mm的圆形试样3块。

（三）试验方法

（1）在试样夹持器上装紧试样。

（2）调节伸长装置，使定伸长变形的高度最小在0～12mm范围内，横梁的升降速度为20mm/min。

（3）使球体顶起试样至最大高度12mm处，记录此时的功值W_1，并在此高度上停顿3min。

（4）回至零线处，记录此时的残留功值W_2。

（5）在零线处恢复2min，然后在初负荷下测得变形恢复后起拱变形的残留高度H，并再回至最大变形高度12mm处，记录此时的恢复功W_3。

（四）弹性功回复率 W_R 和起拱变形率 R 的计算

$$W_R = \frac{W_3}{W_1} \times 100\%$$

$$R = \frac{H}{W_2} \times 100\%$$

式中：W_3——回复功；

　　　W_1——试验功；

　　　W_2——在仪器上直接记录的残留功；

　　　H——起拱变形的残留高度。

十、折裥持久性试验

此法用于测量"洗可穿"织物（如含有涤纶的混纺织物）或特种整理织物经熨烫成折裥并实际穿着后洗涤一次或数次后的折裥保持程度。

（一）仪器及工具

（1）熨烫牢度仪或压强相同于熨烫仪的电熨斗 [压强为（$392 \times 10^2 \pm 98$）Pa] 及测量熨斗温度的一套装置。

（2）250℃温度计一支。

（3）熨垫、熨布（一块双层全毛毯和两块标准白棉布）。

（4）浸盆一只及合成洗剂。

（5）标准样照和灯光评级箱。

（二）试样准备

裁取经向12cm、纬向10cm试样两块，沿经向对折，注意正面向外，并用缝线固定位置，使烫缝在同一经向直线上。

（三）试验方法

（1）将试样放在熨垫上，上面覆盖双层标准白棉布，上面一层白棉布用水浸渍，并用手挤干。

（2）将电熨斗加热至155℃以上，调节电钮，使指示灯熄灭，降温至（150±1）℃时，将熨斗压在试样上30s。

（3）将熨烫后的试样在空气中冷却6h以上，再用单层干白棉布覆盖试样，用同样温度压烫30s，并观察烫缝情况。

（4）将有烫缝的试样置于浴比1∶50，洗涤浓度为5g/L，温度为（40±2）℃的溶液中，5min后用手提起试样，在试样中心部位对折处顺着烫缝用试样本身轻擦约1min或擦30~40次，然后用20~30℃清水过清2次，再用夹子夹住试样展开的一角，吊在绳子上自然晾干。

（四）试验结果和评级

将上述晾干后的试样放入灯光评级箱与标准样照逐一对照，以两块的平均数表示。评定结果分五级，说明如下：

五级：很明显的折裥，顶端成尖角状，灯光照射下背光面有明显的阴影。

四级：折裥明显，顶端呈小圆角状，灯光照射下背光面有阴影。

三级：有折裥，顶端呈圆角状，灯光照射下背光面稍有阴影。

二级：尚有轻微折裥，无阴影。

一级：折裥基本消失。

评级中如介于两邻级之间，用1.5、2.5、3.5、4.5级表示。

十一、静态缩水率试验

（一）试样准备

剪取无折皱的50cm×50cm试样一块，试样应进行预调湿处理，并按图11-3-5方法缝制经纬向标记，经向为3个标记，纬向为5个标记。

（二）试验方法

（1）将试样在标准大气中平铺调湿至少24h。

（2）将调湿后的试样无张力地平放在测量工作台上，测量每对标记间的距离，精确到0.5mm。

（3）称取试样的质量。

（4）将试样以自然状态下散开，浸入温度20℃~30℃的水中1h，水中加1g/L烷基聚氧乙烯醚（平平加），使试样充分浸没于水中。

（5）取出试样，放入离心脱水机内脱干，小心展开试样，平放于室内光滑平台上晾干。

（6）将晾干后的试样移入标准大气中调湿。

（7）称取试样质量，织物浸水前调湿质量和浸水晾干调湿后的质量差异在±2%以内，按试验方法（2）再次测量。

（三）计算

（1）按下面公式计算试样尺寸变化率 S：

$$S = \frac{L_2 - L_1}{L_1} \times 100\%$$

式中：S——经向纬向尺寸变化率，%；

L_1——浸水前经向或纬向标记间的平均长度，mm；

L_2——浸水后经向或纬向标记间的平均长度，mm。

（2）计算结果按GB/T8170规定修约到0.1，正号（＋）表示试样伸长，负号（－）表示试样收缩。

十二、动态松弛收缩试验

根据国际羊毛局试验方法31号，采用小心手洗法测试毛织物的水洗动态松弛收缩率。

（一）仪器及用料

（1）实验用洗衣机（Wascator）。

（2）加重物为双层涤纶针织物，每块尺寸约（300±30）mm，重（35±3）g，四周必须缝牢，使四边光洁无毛羽。

（3）洗液采用每升含4.5g NaH_2PO_4（无水）和8g Na_2HPO_4（无水）的溶液（称为1.25%磷酸盐缓冲溶液）。

（4）非离子活性剂，直尺。

（二）试样准备

（1）取约300mm×400mm（不小于230mm×300mm）的双层布料（用两块相同规格布缝制），其宽长比为3：4，试样边缘用不易变形的线缝好。如试样在试验时还有松散的情况，则于试样的角边处留40mm，再将试样从里面翻出，即内层朝外翻，最后再将未缝妥处缝好。

（2）做试样标记。用棉线打结做成较小的记号，记号处应离试样边缘至少25mm。在试样任何一个方向，必须有三个记号（图11-3-6），且以适当的记号表示纵向和横向，以示区别。

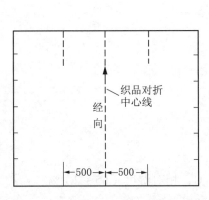

图11-3-5 织物小样缩水率试验图解

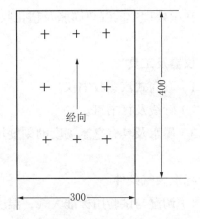

图11-3-6 试样记号（＋）号标记

（三）试验方法

（1）将做完记号的试样平放在台面上，测量浸渍前纵向和横向的长度（mm）。

（2）用实验室洗衣机在下列条件下进行试验：

洗涤溶液：含有0.05%非离子表面活性剂和pH值为7的1.25%磷酸盐的缓冲液25L。

洗涤重量：试样的总重量不超过0.5kg时，试样和加重物应为1kg；如试样重量大于500g，则不受此限。

温度：40℃。

时间：15min静态浸渍，然后开启电动机转5min。

（3）从洗衣机中取出试样，在温度40℃的3个槽内连续浸洗，换槽时用手轻轻挤压试样，以除去多余的溶液。

（4）将试样放入笼内，用脱水机脱水。

（5）把试样平铺于工作台面（摩擦阻力要小，如塑胶板或金属板等）上自然晾干或用80℃以下的温度烘干。测量试样收缩后的长度。如在风中吹，则风力不能太大，以免试样搅乱。

（四）织物纵向松弛收缩率 S_T、横向松弛收缩率 S_W 和总松弛收缩率 S_A 的计算

$$S_T(S_W) = \frac{L_1 - L_2}{L_1} \times 100\%$$

$$S_A = S_T + S_W - S_T \times S_W ❶$$

式中：L_1——试样原长，mm；

L_2——试样收缩后的长度，mm。

十三、汽蒸尺寸变化率试验

此法用于测量机织物或针织物经服装厂汽蒸或压烫处理后的尺寸变化。此处的尺寸变化

---

❶ 一般 $S_T \times S_W$ 一项可忽略不计。

与织物在湿处理中的湿热膨胀及毡化收缩率无关。

（一）仪器及工具

（1）套筒式汽蒸收缩仪。

（2）针线及订书钉。

（3）墨水及具有毫米刻度的刻度尺。

（二）标准大气条件

（1）调湿与试验用标准大气，温度（20±2）℃，相对湿度（65±2）%。

（2）预调湿的温度不超过50℃，相对湿度为10%~25%。

（三）试样

（1）经向和纬向各取4条试样。

（2）试样尺寸300mm×50mm，试样上应无明显疵点。

（3）试样经预调湿4h后，放置在标准大气中调湿24h。在试样上相距250mm处两端对称地各作一个标记（图11-3-7）。

（4）量取标记间的长度为汽蒸前长度，精确到0.5mm。

（四）试验步骤

（1）蒸汽以70g/min（允差20%）的速度通过蒸汽圆筒至少1min，使圆筒预热。如圆筒过冷，可适当延长预热时间，试验时蒸汽阀保持打开状态。

（2）将调湿后的四块试样分别平放在各层金属丝支架上，立即放入圆筒内并保持30s。

（3）从圆筒内移出试样，冷却30s后再放入圆筒内，如此进出共3次。

（4）经过三次循环后，将试样放置在光滑平面上冷却，将试样放置在上述（二）中规定的条件下调湿24h，调湿后按图11-3-7测量标记间的长度即为汽蒸后长度，精确至0.5mm。

（五）汽蒸尺寸变化率 S 的计算

$$S = \frac{L_1 - L_0}{L_0} \times 100\%$$

式中：L_0——试样汽蒸前长度，mm；

　　　L_1——试样汽蒸后长度，mm。

分别计算经纬向的汽蒸尺寸变化率的平均值，并按修约法修约至小数点后一位。

十四、落水变形试验

此法测量精纺呢绒经一定条件洗涤后呢面平整度的变化情况。

（一）试样准备

（1）裁取 250mm×250mm 试样两块，试样应无折痕等。

（2）配制浸液，每 1000mL 水中加 5g 合成洗剂，浴比为 1：30。

（二）试验方法

（1）将试样放入温度为（40±2）℃的溶液内，浸渍 10min。

（2）将试样在 15~25℃的清水中漂清两次，双手执其两角（平行于经向或纬向）在水中轻轻摆动并提离水面，再放入水中，如此沿经纬向各5次。

（3）试样在滴水状态下，用夹子夹住试样经向或纬向两角，悬挂在绳子上，放在阴处自然晾干，其重量与原重相差不超过±2%时，放入恒温恒湿室内暴露4h，进行评级。

（4）级别评定：将试样放入灯光评级箱内对照标准样照评级，以两块的平均数表示：

五级——呢面平整。

四级——凹凸不平不明显，有大而平坦的泡。

三级——凹凸不平明显，鸡皮皱不明显，有雨丝痕。

二级——明显起鸡皮皱，呢面凹凸不平，明显雨丝痕。

一级——严重起鸡皮皱，呢面凹凸不平。

评级时变形程度处于相邻两级之间的以 0.5 级表示，即以1.5、2.5、3.5、4.5级表示。

十五、硬挺度试验

本试验适用于测量毛织物的硬挺程度，一般采用斜面法。

（1）取 20mm×150mm 的织物试样，经纬向各3条。

（2）将试样平放在斜面为45°的平面上（图11-3-8）。

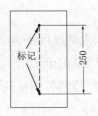

图11-3-7　织物汽蒸收缩率试样

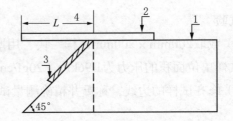

图11-3-8　织物硬挺度试验

1—水平平台　2—滑板　3—标尺　4—试样滑出长度

（3）在试样条上放一滑板，并使试样条的下端与滑板端线平齐。

（4）用手轻轻将滑板向右推出，由于滑板下面附有橡皮层，因此带动试样条徐徐伸出，直至织物因自重而下垂触到斜面为止。

（5）记录试样滑出的长度L。

（6）硬挺度 C（cm）和抗弯刚度 B（mg·cm）的计算：

$$C = L\left(\frac{\cos45^\circ/2}{8\tan45^\circ}\right)^{\frac{1}{3}} = L \times 0.487$$

$$B_{\mathrm{T}}(B_{\mathrm{W}}) = G \times (0.487L)^3 \times 10^{-4} = 0.0116GL^3$$

式中：L——试样在斜面上滑出的长度，cm；

　　　G——织物重量，g/m²。

　　分别计算经纬向的抗弯刚度B_{T}、B_{W}，并计算总的抗弯刚度B：

$$B = \sqrt{B_{\mathrm{T}} \cdot B_{\mathrm{W}}}$$

式中：B_{T}——织物经向抗弯刚度，mg·cm；

　　　B_{W}——织物纬向抗弯刚度，mg·cm。

十六、悬垂性试验

　　本试验用于测定毛织物的刚性程度，在悬垂仪上进行。

　　（1）裁取直径为240mm圆形试样两块，并在中心剪4mm直径的定位孔。

　　（2）在悬垂仪的夹持盘（直径为120mm）上放入试样，使试样在自然状态下垂成4个波纹，通过平行光线的照射再反射到聚光镜上，由于垂下程度不同而对光线的遮挡也不同，把光线的强弱转换成电流的大小，并以悬垂系数的大小来表示织物的柔软性。试样放置3min后，读得悬垂系数。正反面各测一次，求算术平均数。

十七、厚度、丰满度试验

　　此试验用于测量毛织物丰满、厚实程度。应用织物厚度仪或风格仪测定，以单位体积重量（g/cm³）表示。应用厚度仪的测量方法如下。

（一）试验

　　（1）裁取200mm×200mm试样一块，用厚度仪测量试样面积内的厚度不少于10处，测量时对试样单位面积的压力为1.96kPa（20gf/cm²），厚度读数精确至0.01mm。

　　（2）修齐试样的边线，称重并精确测量试样的长度和宽度（经纬向各测量3次，计算平均值）。

　　（3）将试样放在105～110℃烘箱内烘干，求得干重。

（二）计算

　　（1）平均厚度：用测得10处的厚度，计算算术平均数。

　　（2）试样的公定回潮重量G（g）：

$$G = G_1(1+W_0)$$

式中：G_1——试样干燥重量，g；

　　　W_0——试样的公定回潮率，%。

（3）丰满度或单位体积的重量 F（g/m^3）：

$$F = \frac{G}{T \times L_1 \times L_2}$$

式中：G——试样公定回潮重量，g；

T——试样厚度，mm；

L_1——试样长度，mm；

L_2——试样宽度，mm。

十八、透气量试验

透气性是指在织物两面存在压差的情况下，织物通气的性能。毛纺产品透气量试验，一般采用低压透气仪（图11-3-9）。

（一）仪器设备

（1）具有使试样不变形、边缘不漏气的试样夹持机械。

（2）抽吸空气使织物两面达到所需压差的风机及测量压差的倾斜压力计和垂直压力计。

（3）测量空气流量的装置及一组经过标定的孔径，其流量误差不超过 ±2%及校验仪器用的校正孔板。

（二）试验温湿度和调湿处理

试验时的标准大气规定温度为（20 ± 2）℃，相对湿度为（65 ± 2）%。试验前试样应在标准大气条件下调湿24h，化学纤维织物调湿4h。

（三）试样

试样为全幅40cm，应离布端1m以上裁取，试样上不得有异常破损之处，无折皱（不能熨平）。试样的试验次数按下列公式计算：

$$N = \frac{t^2 CV^2}{E^2}$$

式中：N——试验次数（向上修约至整数）；

E——试验结果允许误差率；

CV——变异系数；

t——系数，概率水平为95%时 $t = 1.96$。

E值一般规定为 ±5%，则 $N = 0.154CV^2$。

（四）试验程序

校正仪器水平，将垂直压力计及倾斜压力计（图11-3-9）中的液面调节到零点。将校正板安放在仪器的进气孔上并予以固定。开启仪器的弧形门，将喷嘴旋入箱体的隔板螺孔，然后关紧箱门。接通电源，启动吸风机，借助调压器调节吸风机的速度，使倾斜压力计中的液面稳定在13mm处。液面的稳定应从较低值逐渐趋近之。读得垂直压力计的液面读数，从压差–流量表中查出相应的透气量（在±2%以内）。

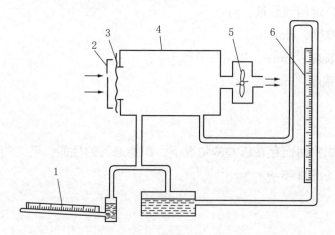

图11-3-9　透气量仪工作原理

1—倾斜压力计　2—罩盖　3—织物试样　4—压差流量计　5—吸风机　6—垂直压力计

一般织物两面的压差为127Pa，根据织物的透气量范围选用相应的喷嘴，使垂直压力计的液面读数，介于60～340mm H_2O 之间。将试样安放在仪器的进气孔上，套上适当的夹圈，然后用压环将试样夹紧。起动吸风电源，调节吸风器的速度，使倾斜压力计中的液面稳定在规定的压差处，即时观察垂直压力计的液面并记录之，精确到刻度尺一小格。从压差–流量表中查出试样的透气量。以各次试验平均值计算，精确到 $1 \times 10^{-3} m^3/(m^2 \cdot s)$。

十九、保暖性（保温性）试验

此方法用于测量冬季用毛织品如毛毯、驼绒、毛针织品等的保暖程度。测定方法可分为仪器法和简易法两种。仪器法又有甲、乙两种方法之分。方法甲为平板式恒定温差散热法，适用于测定各种织物的保温性能。方法乙为管式定时升温降温散热法，适用情况同上，但不适用于少量硬挺织物。这里只介绍方法甲和简易法。

（一）平板式恒定温差散热法

应用平板式织物保温仪。将试样覆盖于试验板上，试验板和底板及周围的保护板均以电热控制相同的温度，并以通电或断电的方式保持恒温，使试验板的热量只能通过试样的方向散发。测定试验板在一定时间内保持恒温所需要的加热时间，计算试样的保温率、传热系数和克罗值。

1. 仪器及技术条件

平板式织物保温仪具有自动温度调节器、测量试验板、保护板、底板的温度0~50℃，精密度1℃。温度指示器则指示试验板、保护板、底板和罩内空气温度（0~50℃，精密度

0.5℃）。计时表测量范围1～9999s。

2. **试样准备**

试样应在标准大气条件下调湿24h，每只样品取试样3块，试样尺寸为200mm × 160mm，要求平整无折皱。针织品试样应以编织密度系数相同的样品取样。

3. **操作方法及步骤**

（1）空白试验。先设试验板、保护板、底板温度为36℃，仪器预热一定时间后，达到上述温度，且温度差异稳定在0.5℃以内时，即开始试验。试验板加热到达预定温度后指示灯灭时，立即按下"启动"开关。空白试验至少测定5个加热周期，等最后一个加热周期结束时，立即读得试验总时间和累计加热时间，并记录仪器罩内空气的温度。

（2）试样试验。试样正面向上平铺在试验板上，并将试验板四周全部覆盖，预热一定时间（视织物而定，一般预热30min至1h）。当试验板加热到设定温度后指示灯灭时，立即按下"启动"开关，进行试验。至少测定5个加热周期，等最后一个加热周期结束时，立即读得试验总时间和累计加热时间，并在试验中记录仪器罩内的空气温度。

4. **计算**

（1）保温率 Q：

$$Q = \left(1 - \frac{Q_2}{Q_1}\right) \times 100\%$$

式中：Q_1——无试样时的散热量，W/℃；

　　　Q_2——有试样时的散热量，W/℃。

$$Q_1 = \frac{N\frac{t_1}{t_2}}{T_P - T_a} \qquad Q_2 = \frac{N\frac{t_1'}{t_2'}}{T_P - T_a'}$$

式中：N——试验板电热功率，W；

　t_1，t_1'——无试样、有试样时累计加热时间，s；

　t_2，t_2'——无试样、有试样时试验总时间，s；

　　　T_P——试验板平均温度，℃；

　T_a，T_a'——无试样、有试样时罩内空气平均温度，℃。

（2）传热系数 U_2［W/（m² · ℃）］：

$$U_2 = \frac{U_{bP} \times U_1}{U_{bP} - U_1}$$

式中：U_{bP}，U_1——无试样、有试样时试验板传热系数，W/（m² · ℃）。

$$U_{bP} = \frac{P}{A(T_P - T_a)} \qquad U_1 = \frac{P'}{A(T_P - T_a')}$$

式中：A——试验面积，m²；

　P，P'——无试样、有试样时损失的热量W，$P = N\frac{t_1}{t_2}$，$P' = N\frac{t_1'}{t_2'}$。

（3）克罗值 CLO：

$$CLO = \frac{1}{0.155U_2}$$

计算三块试样的平均值得最终结果。

（二）织物保温性简易试验法

此法适用于毛针织物，试验工具应用特制的铝质罐，其高度为150mm，直径为86mm，无盖。试验时将试样包覆在圆形罐外面。毛针织物以相同的编织密度系数，织成直径为78mm的圆形试样套在试样筒上，罐内注入一定容量的沸水，盖上厚度为40mm的软木塞盖，在木塞中间插入一温度计，记录温度从60℃下降至40℃所需的时间，时间愈长则表示试样的保温性能愈优良。试验以5只试样的平均值为结果。试验时要在标准温湿度的条件下进行测量。试样需经预调湿和调湿处理。

二十、织物风格试验

（一）KES系列织物风格仪

KES系列织物风格仪是一组较为全面的检测织物力学性能的仪器，包括检测拉伸和剪切、压缩、弯曲和表面性能4台仪器。

1. 拉伸特性

试样宽20cm，拉伸方向长度为5cm。拉伸变形施于5cm的长度方向，拉伸到最大负荷 $F_m = 490\text{cN/cm}$ 时，转入拉伸变形恢复。图11-3-10为检测拉伸的试样和拉伸特性曲线。

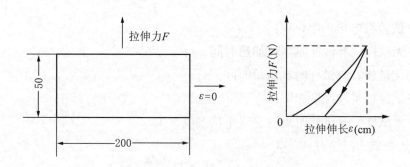

图11-3-10　拉伸试样和拉伸特性图

拉伸特性指标有三个：

（1）拉伸线性度 L_T：

$$L_T = \frac{W_T}{W_{OT}}$$

式中：W_T——拉伸功，$\text{cN} \cdot \text{cm/cm}^2$；

W_{OT}——$\dfrac{1}{2}F_{m}$ 时的拉伸功，cN·cm / cm^2。

$$W_{OT} = F_{m} \times \varepsilon_{m} \times 0.5$$

式中：ε_{m}——拉伸负荷伸长，cm；

　　　F_{m}——拉伸力，等于10.98cN。

（2）拉伸功W_{T}（cN·cm/cm^2）：

$$W_{T} = \int_{0}^{\varepsilon_{m}} F_{0}\mathrm{d}\varepsilon$$

（3）拉伸功弹性回复率R_{T}（%）：

$$R_{T} = \dfrac{W_{T}'}{W_{T}} \times 100\%$$

式中 $W_{T}' = \displaystyle\int_{0}^{\varepsilon_{m}} F'\mathrm{d}\varepsilon$，其中$F'$为回复内应力（cN）。

2. 弯曲特性

织物的弯曲性能是指长20cm、宽1cm、曲率 $K = \pm 2.5\mathrm{cm}^{-1}$（等速曲率）试样的纯弯曲（图11-3-11）。

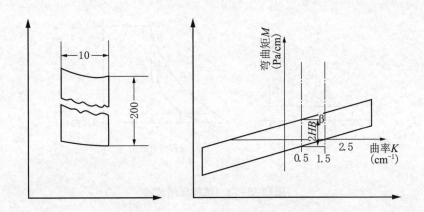

图11-3-11　弯曲试样和弯曲特性图

弯曲特性值有两个：

（1）弯曲刚度 B（cN·cm^2/cm）。

（2）弯曲滞后矩 $2HB$（cN·cm/cm）。

3. 剪切特性

试样大小同拉伸性试验。织物在剪切角$\varphi = \pm 8°$ 的范围内剪切（图11-3-12）。

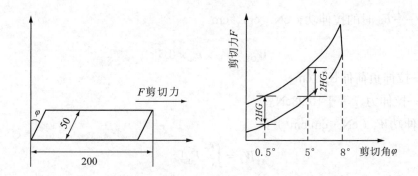

图11-3-12 剪切试样和剪切特性图

剪切特性值有以下三个：

（1）剪切刚度 G（cN/cm）。

（2）0.5°剪切滞后矩 $2HG$（cN/cm）。

（3）5°剪切滞后矩 $2HG_5$（cN/cm）。

4. 压缩特性

有效试样压缩面积为2cm²，压缩至最大负荷为49cN/cm²时返回（图11-3-13）。

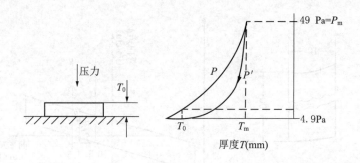

图11-3-13 试样压缩试验

压缩弹性值有五个：

（1）表观厚度 T_0（mm）：在压力 P_m 为4.9 cN/cm² 作用下的织物厚度。

（2）稳定厚度 T_m（mm）：在压力 P_m 为49 cN/cm² 作用下的织物厚度。

（3）压缩线性度 L_C：

$$L_C = \frac{W_C}{W_{OC}}$$

式中 W_C 为压缩功（cN·cm/cm²）；$W_{OC} = P_m(T_0 - T_m) \times 0.5$。

（4）压缩功 W_C（cN·cm/cm²）：

$$W_C = \int_{T_m}^{T_0} P_m \mathrm{d}T$$

（5）压缩功弹性回复 R_C（%）：

$$R_C = \frac{W_C'}{W_C} \times 100\%$$

式中 W_C' 为回复功，cN·cm/cm², $W_C' = \int_{T_m}^{T_0} P' dT$，其中 P' 为回复应力（cN/cm²）。

5. 表面特性

试样大小为20cm×3.5cm或20cm×20cm，放在光滑的金属平面上作匀速水平位移。表面粗糙度试验的试样加9.8Pa压力，摩擦试验的试样加49Pa压力（图11-3-14）。

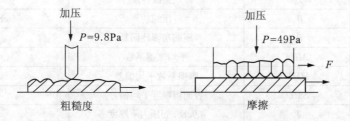

图11-3-14　表面特性试验

表面特性值有三个：

（1）平均摩擦系数 MIU。

（2）摩擦系数平均偏差 MMD。

（3）表面粗糙度平均偏差（厚度平均偏差）SMD（μm）。

$$MIU = \frac{1}{2} \int_0^x \mu \, dx$$

$$MMD = \frac{1}{2} \int_0^x \left| \mu - \overline{\mu} \right| dx$$

$$SMD = \frac{1}{2} \int_0^x \left| T - \overline{T} \right| dx$$

式中：μ——摩擦系数，$\mu = F/P$；

$\overline{\mu}$——摩擦系数的平均值；

x——试样表面上的位置，mm；

T——试样在 x 位置的厚度，mm；

$\overline{T}$——T 的平均值，mm。

6. 厚度、重量特性

（1）厚度 T_0：测压缩性时在 4.9cN/cm² 压力下的厚度（mm）。

（2）重量 W：用普通天平测试重量（mg/cm²）。

将上述特性汇总，即为KES系列织物风格仪测出的16项基本力学指标（表11-3-1）。

表11-3-1　KES织物风格仪的16项基本力学特性指标

组　别	符　号	特　性　值	单　位
拉伸	W_T	拉伸功	cN·cm/cm²
	L_T	拉伸线性度	—
	R_T	拉伸功弹性回复率	%
弯曲	B	弯曲刚度	cN·cm²/cm
	$2HB$	弯曲滞后矩	cN·cm/cm
剪切	G	剪切刚度	cN/cm·度
	$2HG$	0.5°剪切滞后矩（小滞后）	cN/cm
	$2HG_5$	5°剪切滞后矩（大滞后）	cN/cm
压缩	L_C	压缩线性度	—
	W_C	压缩功	cN·cm/cm²
	R_C	压缩功弹性回复	%
表面	MIU	平均摩擦系数	—
	MMD	摩擦系数平均偏差	—
	SMD	表面粗糙度平均偏差	μm
厚度	T_0	4.9cN/cm²压力下厚度	mm
重量	W	单位面积的重量	mg/cm²

（二）SYG5501型织物风格仪

SYG5501型织物风格仪的基本设计功能与KES系列织物风格仪相同，也用于测定织物的多项力学性能。但KES系列织物风格仪为多台多指标测定，而SYG5501型织物风格仪则是单台多指标，后者以同一传感器置换不同夹持器的方式来达到多项力学性能测试的目的。

1. 弯曲特性

试样大小为50mm×50mm，对折后夹入夹持器内（图11-3-15）。

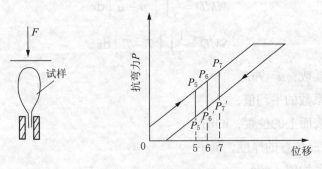

图11-3-15　弯曲特性试验

（1）活泼率L_P（%）：

$$L_P = \frac{P_5' + P_6' + P_7'}{P_5 + P_6 + P_7} \times 100\%$$

式中：P_5、P_6、P_7——压板下降至第5mm、6mm、7mm时的抗弯力，cN；

P_5'、P_6'、P_7'——压板在第5mm、6mm、7mm时的回复力，cN。

（2）弯曲刚性 S_B（cN/mm）：

$$S_B = \frac{P_7 - P_5}{2}$$

（3）弯曲刚性指数 SBI（cN/mm²）：

$$SBI = \frac{S_B}{T_0}$$

式中：T_0——在19.8 Pa压力下的表观厚度，mm。

（4）最大抗弯力 F_{max}（cN）。

2. 摩擦特性

试样30mm × 28mm和30mm × 82mm各一块，如图11-3-16所示。

（1）平均动摩擦系数 $\overline{U}_K$：

$$\overline{U}_K = \frac{\sum\limits_{i=1}^{n} F_i}{nN}$$

（2）静摩擦系数 U_S：

$$U_S = \frac{F_{max}}{N}$$

（3）动摩擦系数的变异系数 CV_t：

$$CV_t = \sqrt{\frac{\sum F^2 - \left(\sum F\right)^2}{(n-1)\overline{F}^2}}$$

式中：N——正压力，cN，一般织物为156cN；

　　　n——最大静摩擦力后的第四点至终点前两点之间的次数；

　F_{max}——最大静摩擦力，cN；

　　F_i——平均摩擦力，cN。

3. 压缩特性

试样为25mm × 25mm，有效受压面积200mm²，如图11-3-17所示。

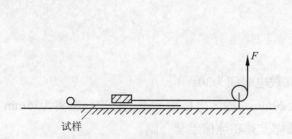

图11-3-16　摩擦特性试验图解

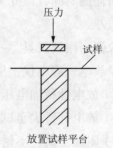

图11-3-17　压缩特性试验

（1）表观厚度 T_0：试样在19.8Pa压力下的厚度（mm）。

（2）稳定厚度 T_M（mm）：试样在49Pa压力下的厚度。

（3）膨松率 B：

$$B = \frac{T_0 - T_M}{T_M} \times 100\%$$

（4）压缩弹性 R_E：

$$R_E = \frac{T_f - T_M}{T_0 - T_M} \times 100\%$$

（5）全压缩弹性 R_{CE}：

$$R_{CE} = \frac{T_f - T_M}{T_0} \times 100\%$$

式中：T_f——试样压缩恢复后在19.8Pa压力下的厚度，mm。

除上述性能外，SYG5501型织物风格仪尚可进行织物的交织阻力、起拱变形等试验。

国内又研制出一种新的织物风格仪——FG-100智能型织物风格仪。该仪器的特点是综合测定织物的复合力学性能，可以对织物的综合风格或基本风格作对比。

（三）织物风格仪操作方法

织物风格仪的操作方法详见仪器说明书。

二十一、织物静电性能试验

（一）适用范围

本试验适用于在实验室内测量以电晕放电形式带电后的各种织物的静电性能，特别适用于测试化学纤维仿毛织物防静电处理的效果。

（二）原理

按规定方法和试验参数对放电针施加高电压，利用电晕放电使试样带电，达到稳定后，记录静电电压值，以此评定静电特性。停止施加高电压后，测量试样的静电压衰减到原始值一半时所需的时间，以此来评价试样带电后的电荷泄漏性能。

（三）仪器、附属工具

电晕放电式静电仪，见图11-3-18。

（1）放电针所加电压为-8kV，对试样放电时间为30s。

（2）放电针针尖至试样表面的距离为20mm，检测电极平面至试样表面距离为15mm。

（3）附属工具：不锈钢镊子一把，裁样工具和纯棉手套一副。

（4）试验用大气条件：相对湿度为30%～40%，温度为（20±2）℃。

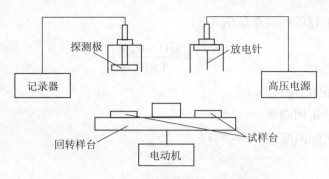

图11-3-18 电晕放电式静电仪结构

（四）试样及试验程序

（1）试样应在距布边1/10的幅宽内和距布端1m以上的部位采取，布面上无影响测验结果的疵点。随机采样共三组，每组三块，尺寸为60mm×80mm。试样在温度50℃下预先烘燥30min后，在试验用的温湿度状态下至少调湿5h。在任何一步操作时均应避免试样与沾污物体相接触。

（2）试验前仪器应保持正常状态，操作时应戴上手套。将每组试样夹紧于回转样台上，试样的正面向上。待回转样台回转平稳后再施加高电压。30s后停止对放电针施加高电压，并立即记录试样静电电压值V，记录试样静电电压半衰期$T_{1/2}(s)$。如需要可记录全衰减的时间T或记录经一定时间后试样上静电电压残留量V_1。同一品种做三次试验，每次试验做一组试样，以三个试验值平均计算，作为试验结果。静电压取整数，半衰期取0.1s。

第二节　毛毯试验

一、密度试验

经纬密度是指10cm中的经纬纱根数。测定时用5cm宽的试样条计数其经纬纱根数。一般测量经向3次，纬向4次，最后以算术平均数×2即为毛毯的经纬密度。

二、长度、宽度试验

将整条毛毯平铺于工作台上，并将重4kg、长2m的压尺压在毛毯上，沿压尺1cm处测量长度3次，宽度5次。测量长度时需相隔50cm，测量宽度时须相隔40cm。测量时准确至0.1cm。最后以算术平均数表示毛毯的长度和宽度。

三、条重试验

条重试验方法有两种：一是将整条毛毯放置在恒温恒湿室内暴露24h，称得整条毛毯在标准温湿度条件下的实际重量。二是采用破坏性试验，即将暴露后的毛毯称重，并剪下小部分毛毯按回潮率试验方法求得毛毯的实际回潮率，并按下列公式求出整条毛毯在公定回潮率下的重量，即整条毛毯的标准重量G_K（g）：

$$G_K = \frac{G(1+W_K)}{1+W}$$

式中：G——实际条重，g；

W_K——毛毯公定回潮率；

W——毛毯实际回潮率。

四、缩水率试验

（1）毛毯的缩水率是指整条毛毯的缩水率，其测定方法是将整条毛毯平铺于工作台上，做上等距离标线，经向3个，纬向5个。经向标线距毛毯边不小于10cm，纬向标线距毛毯边不小于1.5cm。

（2）用2m长、4kg重的压尺压于离标记1cm左右处，测量浸水前的经纬向长度，计量准确至0.1cm。

（3）称出浸水前的重量。

（4）将试样在自由状态下摊开，浸于温度为20～30℃的水中1h，使之充分浸透。

（5）将试样放入脱水机中脱水。

（6）脱水后的试样在展开状态下，放在两根直径为6～8cm的圆杆上晾干，注意不使毛毯扭曲，晾干时的室内温度为（35±5）℃。

（7）晾干后的毛毯移至恒温恒湿室内，平铺于工作台上，暴露时间不得少于6h，待毛毯的重量和浸水前重量差异不超过±2%时，按浸前相同的方法测量浸水后的长度和宽度，并用下式计算毛毯经纬向的缩水率S_1和S_2：

$$S_1 = \frac{L_1 - L_2}{L_1} \times 100\%$$

$$S_2 = \frac{m_1 - m_2}{m_1} \times 100\%$$

式中：L_1——浸水前长度，cm；

m_1——浸水前宽度，cm；

L_2——浸水后长度，cm；

m_2——浸水后宽度，cm。

国际羊毛局试验方法10号静态松弛收缩试验方法如下：

（1）裁取试样约300mm宽、400mm长，叠成双层。将试样平放在摩擦力小的平面（如平滑的塑料板、玻璃或金属板）上，轻轻地除去皱纹但不使试样伸长，用纱线按图11-3-19做标记。标记的颜色要与试样有明显的区别，记号标志应离布端处不少于50mm，经纬向各三个标记。

（2）将试样烘燥（温度不超过80℃），然后将试样置于温度为（20±2）℃和相对湿度为（65±2）%的标准大气条件下足够的时间，以达到平衡。然后将试样放在平面上，轻轻地除去皱纹但不使试样伸长，用毫米刻度尺测量各标记中心之间的距离（原长）。

（3）记录原长后，将试样放在浸渍器皿内（所用器皿应是体积较大的木盆或槽子，此木盆或槽子应不因摩擦或其他原因而影响试样的收缩）。按下列条件将试样浸润。

溶液：含有0.05%非离子洗涤剂的水溶液。

浴比：大于1：50。

温度：40℃。

时间：90min。

（4）浸渍90min后，轻轻地慢慢地取出试样，用离心脱水机除去水分。在脱水机旋转时要防止试样伸长。然后将试样平铺在毛巾布上，再覆上另一毛巾，用手掌轻压，挤去水分。

（5）将挤去水分的试样平置于摩擦小的平面上，轻轻拍平试样但不使延伸。在温度不超过80℃的条件下烘干，如用风吹干，则风力不能太大，防止将试样吹乱。

（6）将烘干后的试样，在标准大气下放置足够的时间，使之达到平衡，然后按浸渍前的测量方法，量度经松弛收缩后的各标记中心距离。

（7）按下列公式计算毛毯的经纬向松弛收缩率M_0和M_R：

$$松弛收缩率 = \frac{A_0 - A_R}{A_0} \times 100\%$$

式中：A_0——试样原长或原宽度，cm；

A_R——试样收缩后的长度或宽度，cm。

长度和宽度的松弛收缩率是三个标记的算术平均数，缩率精确至0.1%，并用"+"或"-"表示试样收缩或延伸。

五、脱毛量试验

本法适用于各种机织毛毯和簇绒毛毯的脱毛量试验。

1. 试样准备

试样为整条毛毯，以2000～6000条毛毯为一单元，每单元取样3条，不足2000条的亦抽3条。

2. 试验方法

（1）采用脱毛试验仪，将仪器的计数器调至规定次数。

（2）开启电源，将毛刷臂翻转向上，装上毛刷后将毛刷臂向下翻转复原。

（3）抬起仪器的两侧压板，按试样部位正反面各测三个部位。两角测试部位距毛毯边约100mm，中间部位在毛毯正中，如图11-3-20所示。图中小方块为三个测试部位。

（4）试验时先将毛毯叠为双层，在双层内插入不锈钢板，置于试验仪器的工作台上。先用左侧压板压紧试样，而后用带有重锤的张力夹钳在试样右侧压板下200mm处夹紧（注意使张力夹与压板保持平行），然后放下右压板。

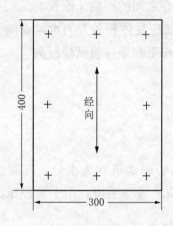

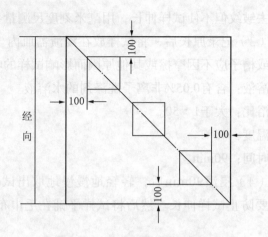

图11-3-19　毛毯缩水率试样标记　　　　图11-3-20　毛毯落毛量试验位置

（5）开动毛刷开关，磨刷方向为经向顺起毛方向，每一测试部位磨刷70次。

（6）向上翻转毛刷臂，取下毛刷。

（7）用铁木梳将毛刷上所粘纤维全部梳下，放入一称量瓶内。

（8）用镊子将试验部位已刷落的纤维夹出，一并放入称量瓶内进行称重。

（9）将计数器恢复至零位，开始做下一次试验。

（10）脱毛量W（mg）和S_1（mg/100cm^2）计算如下：

$$W = \frac{\sum\limits_{i=1}^{n} W_i}{n S_1}$$

$$S_1 = \frac{\sum\limits_{i=1}^{6} W_i}{6 \times 200} \times 100$$

式中：W——100cm^{2}面积试样上的平均脱毛量，mg；

W_i——各部位200cm^{2}面积试样上的脱毛量，mg；

n——每条毛毯的测试部位数，$n=6$；

S_1——200cm^{2}面积内的脱毛量计算至100cm^{2}面积内的脱毛量，mg。

（11）毛刷规格。

刷板尺寸：100mm×76mm×11mm。

植毛面积：74.08mm×52mm。

植毛孔径：ϕ4mm。

植毛孔距：6mm（纵向）×5.84mm（横向）。

每孔植毛根数：约160根。

植毛孔行列数：纵向9行，横向13行。

毛丛高度：（15±0.5）mm。

毛丛重量：30~32g。

猪鬃规格：黑色127mm，平均直径275.75μm。

毛刷重量：（108±1.5）g。

（12）毛刷使用说明：当毛刷出现变形或鬃毛局部脱落或毛丛高度低于规定值（造纸毛毯低于13mm，人造毛毯低于14mm，腈纶毛毯低于14.5mm）时，应调换新毛刷。新毛刷使用前应预磨2000次后再使用。

第四章　绒线、针织绒线、毛针织品(羊毛衫)试验

第一节　绒线、针织绒线试验

一、大绞公定回潮重量试验

（一）试样准备

（1）零售产品在每缸内采样10大绞，逐绞称重，并选其重量最轻的一绞，测量大绞公定回潮重量。

（2）供继续加工的产品，在每缸内采样10大绞，逐绞称重，以接近平均重量的一绞测定其公定回潮重量。

（二）试验方法

与回潮率试验方法相同，采用箱内称重法。

（三）大绞公定回潮重量G（g）的计算

$$G = \frac{G_1(1+W)}{1+W_1}$$

式中：G_1——大绞实际重量，g；

　　　W——公定回潮率；

　　　W_1——实际回潮率。

内销绒线的公定回潮率，羊毛暂定为10%，黏胶纤维为8%，其他纤维均不变。

二、缕纱强力试验

（一）试样准备

试验绒线缕纱强力规定为5圈，针织绒线90.9tex以上（22/2公支以下）为25圈，90.9tex以下（22/2公支以上）为50圈。

（二）试验方法

（1）将试样缕纱的上端套入绞纱强力仪上挂钩内。

（2）理顺绞纱，使缕纱内纱条顺直平行，然后将缕纱下端套入下挂钩内，开动仪器，使下挂钩下降，试样开始拉伸直至断裂，记录强力数，准确至5N。

（三）注意事项

（1）如断裂由于结头脱开，则试验作废。

（2）下挂钩的下降速度为（600±30）mm/min。

三、单纱强力试验

（一）试样准备

从用于纱线物理指标试验的样品中取5个筒纱。

（二）检验方法

参照本篇第二章第二节的具体规定进行每个筒子测试5次，试验总次数25次。

四、绒线和针织绒线捻度试验

试验方法参照本篇第二章第三节的具体规定进行。测试的技术条件见表11-4-1。

表11-4-1　绒线、针织绒线捻度试验技术条件

方　法	类　别	试样长度（mm）	预加张力（cN）		取样只数	每个试样试验次数	试验总次数
			按特数Tt计算	按公制支数 N_m 计算			
直接计数法	绒线单纱（包括混纺纱）	100	$0.1 \times 0.98 \times Tt$	$\dfrac{100 \times 0.98}{N_m}$	10	4	40
	针织绒线单纱（包括混纺纱）	100	$0.1 \times 0.98 \times Tt$	$\dfrac{100 \times 0.98}{N_m}$	10	4	40
	股线	250	$0.1 \times 0.98 \times Tt$	$\dfrac{100 \times 0.98}{N_m(股线)}$	10	4	40

五、针织绒线线密度试验

（一）试样准备

（1）每缸抽取5大绞，每大绞采1小绞，每小绞抽取2个试样，共10个试样。

（2）试验圈数规定90.9tex以上（包括90.9tex）为10圈，90.9tex以下为20圈。

（二）试验方法

（1）将试样缕纱套于缕纱圈长量长器的上挂纱杆上，使纱圈逐根排列平行，排纱宽度90.9tex以上为20～25mm，90.9tex以下为15mm左右，长度相等，不得扭绞，缕纱接头放在缕纱长度的中间位置。

（2）将试样缕纱的下端套于加有规定重锤（表11-4-2）的滑板下挂杆内，使纱线均能垂直平行，然后轻轻放下滑板，使其自然下降。

（3）纱绞到达静止状态，并在0.5min内记录测得圈长的读数。

表11-4-2　悬挂重量（包括滑板自重）

细	度	股数	悬挂重量（g）	细	度	股数	悬挂重量（g）	细	度	股线	悬挂重量（g）
tex	公支			tex	公支			tex	公支		
83.3	12	1	330	38.5	26	1	300	25	40	1	200
		2	660			2	600			2	400
71.4	14	1	280	35.7	28	1	280	23.8	42	1	190
		2	560			2	560			2	380
62.5	16	1	250	33.3	30	1	260	22.7	44	1	180
		2	500			2	520			2	360
55.6	18	1	220	31.3	32	1	250	21.7	46	1	170
		2	440			2	500			2	340
50	20	1	200	29.4	34	1	230	20.8	48	1	160
		2	400			2	460			2	320
45.5	22	1	180	27.7	36	1	220	20	50	1	160
		2	360			2	440			2	320
41.7	24	1	330	26.3	38	1	210	19.2	52	1	150
		2	660			2	420			2	300

（4）将测长的试样称重，并按回潮率试验方法，测定试样的实际回潮率和干重。

（5）计算公定回潮线密度Tt（tex）：

$$Tt = \frac{G(1+W)}{1000 \times L \times N \times n \times (1+W_1)}$$

式中：G——试样实际重量，g；

$\quad\quad W_1$——实际回潮率；

$\quad\quad W$——公定回潮率；

$\quad\quad L$——绞纱实际圈长，cm；

$\quad\quad N$——圈数；

$\quad\quad n$——股数。

六、绒线圈长试验

（一）试样准备

批量在5000kg以下的抽取10小绞，每小绞试验1次，共10次。批量在5000kg以上的抽取20小绞，每小绞测试1次，共20次。

（二）试验方法

（1）试样上端套于测长器的上刀形挂板上，整理绒线使线圈顺直平行，均匀平铺成宽度10cm左右，理顺时要防止绒线受任何拉伸作用。

（2）将试样下端套于下刀形挂板内，并在挂板下端挂上规定重量，使下挂板缓慢下降，并应防止冲力。

（3）待试样成静止状态后，在0.5min内记录圈长，准确至0.1cm，求10小绞或20小绞的平均圈长。

（4）悬挂重体规定小绞重50g的应挂重2.4kg（包括下刀形挂板重量），小绞重62.5g的应挂重3kg（包括下刀形挂板重量），小绞重125g的应挂重6kg（包括下刀形挂板重量）。

七、针织绒线条干均匀度试验

（一）试样准备

（1）针织绒线的条干均匀度采用灯光评定。将针织绒线织成单根四平针衣片，织片的长度为50cm，宽度为30cm，然后在灯光反射下评定条干等级。

（2）不同细度针织绒线织片规格规定见表11-4-3。

表11-4-3 针织绒线细度与织片规格

细 度		横机针号	针圈密度（10cm针圈数）		细 度		横机针号	针圈密度（10cm针圈数）	
tex	公支		横向	纵向	tex	公支		横向	纵向
100	20／2	9	48±3	64±4	55.6	36／2	11	53±3	84±4
76.9	26／2	11	49±3	74±4	43.5	46／2	11	70±3	100±4
62.5	32／2	11	54±3	78±4	—	—			

注　1. 表中未列的细度参照相近的细度织片。

　　2. 低特数单纱织片采用12针/2.54cm的200mm中罗纹机。

（二）试验方法

（1）检验织片的光源以天然北光右角入射为准，阳光不能直接照射在织片上，亦可采用灯光检验。

（2）检验物与垂直光线成40°~45°角，检验人员的视线应正对检验物，视线距离为40~500cm。

（3）条干均匀度和厚薄档的检验，用灯光透视评定，评定方法见表11-4-4。

表11-4-4 针织绒线条干评级规定

项 目	疵 点 限 度		
	一等品	二等品	三等品
色花	不低于标样	略低于标样	明显低于标样
色档	轻微	较明显	明显
混色不匀	不低于封样	略低于封样	明显低于封样
条干均匀度	粗细不明显，云斑较浅	粗细较明显，云斑略深	粗细明显，云斑较深
厚薄档	不明显	较明显	明显
毛粒	不低于标样	略低于标样	明显低于标样

注　纯毛、毛混纺、化学纤维三大类产品均对照标样评等，混色不匀对照封样评等。

八、起球试验

试验方法有翻滚式起球仪法和摩擦起球箱法两种。

（一）翻滚式起球仪法

1. 试样准备

（1）每次取试样4只，不同品种按下列规格编织单面花纹组织（表11-4-5）。

表11-4-5 起球试样规格

品 种	试样形式	横机针号	针圈密度（10cm针圈数）	
			横 向	纵 向
粗绒线	圆筒形	4针	24±1	30±1
细绒线	圆筒形	6针	35±1	40±2
针织绒纱77 tex以上	织片	9针	55±2	72±4
针织绒纱77~47.6tex	织片	11针	60±3	75±4

（2）试样套在滚子表面，两端用线穿在各针圈内，抽紧并缝牢。

2. 试验方法

（1）将包覆试样的橡胶滚子和包覆锦/黏华达呢的4只撞击滚子放入翻滚箱内，撞击滚子的作用是增加试样撞击和摩擦的机会。

（2）滚箱的回转速度为60r/min，每只品种每次试验的时间为4h。箱内垫料是厚度为3.2mm的软木料。

（3）取出试样套在长16cm、宽6cm的硬纸板或有机玻璃板上，放在灯光评级箱内进行评级。

（4）评级时用标准样照和试样对照评定等级。

（5）评级人员应离评级箱50~80cm，评级标准样照和试样应放在目视起球程度最明显的位置上。

（6）评级时，按样照的起球程度分为1、2、3、4、5级5档，样照为每级别的最低程度，以试样的实际起球程度对照样照评定。如试样的起球程度介于两种样照之间，即以上下级别的中值即1.5、2.5、3.5、4.5级表示。

（7）计算4只试样的算术平均值。

（8）注意事项：滚筒内的垫料一般规定使用700h，但在使用过程中如有磨损情况出现，应及时更换。撞击滚子管外包衬料应有统一规定，目前暂用黏/锦华达呢。

（二）摩擦起球箱法（国际羊毛局试验方法第152号）

此法规定采用ICI翻滚起球箱，正方体木箱内无衬里的每边长为235mm，箱内衬垫厚度为3.2mm的软木料。滚箱每分钟作60次水平回转，箱内装有计数器和自停装置。

1. 试样准备

裁取114mm×114mm的试样4块（编织规格可参考表11-4-5的规定），正面向里折叠，然后在距离长边6mm处，用缝纫机缝合。沿经纬向各取2只试样。用套样工具将试样套在聚氨酯塑料管上，此时试样的正面向外，然后在试样的两端用胶带固定。

2. 试验方法

（1）首先擦净起球箱内的残余短纤维，并将4只试样放入箱内。

（2）开动仪器，羔羊毛针织物试验2h（7200次），其他针织物试验4h（14400次）。

（3）到达试验时间后，仪器停转，从胶管上取出试样，拆去缝线将试样解开放平，放入评级箱内评定起球程度，介于两级之间为1/2级。

（4）以4个试样的平均值表示试验的起球等级。

（5）注意事项：为了稳定软木垫料的摩擦性能，保留具有代表性的2个品种的试样作为参考织物，每6个月对其鉴定一次，并与原始试样进行比较，以测定软木垫料摩擦性能的变化，决定是否调换新软木。当试验结果与原始试样对比，起球超过1/2级时，必须更换软木垫料。

第二节　毛针织品试验

一、单面针织物线圈密度试验（国际羊毛局试验方法229号）

（一）试样准备

可在衣服或任何针织物上进行试验，面积为15cm×15cm（或更大）的正方形试样。

（二）试验方法

（1）使试样处于松弛状态（如试样为雪特兰毛针织品，应先按国际羊毛局试验方法9号进行动态松弛试验后，再用本方法试验）。

（2）将每边为10cm的塑料玻璃方框和量尺（或密度分析镜）放在试样上，方框远离缝接处并使方框的一边与横列平行，避免方框和量尺位置移动而使试样变形。

（3）横向线圈密度：沿着线圈横列方向，计数10cm以内的线圈纵行数S_1，以同样方法在试样的不同位置再测3处。

（4）纵向线圈密度：沿着线圈纵行方向进行同样的测量，得出纵向线圈横列数S_2。

（三）线圈密度S（线圈/100cm^2）的计算

$$S = \sqrt{S_1 \times S_2}$$

式中：S_1——横向线圈密度，纵行/10cm；

　　　S_2——纵向线圈密度，横列/10cm。

以算术平均法求出4个不同位置100cm^{2}内的平均线圈数。

二、编结密度系数试验（国际羊毛局试验方法169号）

本法适用于测量平纹、罗纹和双罗纹等针织品的编织密度系数。

（一）试样准备

剪取一长方形试样，宽度超过100个线圈纵行数，长度不得少于10个线圈横列数。沿一纵向线圈，将试样一边剪平，然后取得宽度为100个线圈的长方形试样。

（二）试验方法

（1）抽解横列线圈，在雪莱卷曲仪上测出除去卷曲后的纱线长度。除去卷曲时所加张力见表11-4-6。

表11-4-6　毛纱细度和悬挂张力对照表

毛　　纱		悬挂张力（N）
tex	公支	
15 ~ 60	66 ~ 16.7	$4 \times 0.2 \times Tt$
60 ~ 300	16.8 ~ 3.3	$12 \times 0.7 \times Tt$
>300	<3.3	$12 \times 0.7 \times Tt$

（2）共需抽解100个线圈，在抽解线圈时必须小心，使用最小的拉力，最好用镊子将露出的横列线圈一小段一小段地抽解，记下总长度L。

（3）将测量长度后的纱线在天平上称得其重量W。

（三）计算

（1）每个线圈的长度l（mm）：

$$l = \frac{L}{C \times M}$$

式中：L——抽解100个线圈的总长度，mm；

　　　　C——试样中线圈横列数；

　　　　M——试样中线圈纵行数。

（2）毛纱的线密度Tt（tex）：

$$Tt = \frac{1000W}{L}$$

式中：W——100个线圈的重量，mg；

　　　　L——100个线圈的总长度，mm。

（3）编结密度系数C：

$$C = \frac{\sqrt{Tt}}{l}$$

式中：l——线圈长度，mm。

三、单件重量试验

（一）试样准备

采用1块与待试产品相同规格（包括原料、机型、织物组织、针圈密度和整理条件等）的试样，其面积为 20cm×20cm，此试样和待试产品放在相同的温湿度条件下经过24h以上的调湿处理。

（二）试验方法

将调湿后的待试产品和试样同时称得实际重量，然后用烘箱法（箱内称重）测得试样的实际回潮率，按下列公式计算羊毛衫的单件重量（在公定回潮率条件下）：

$$单件重量 = \frac{成品重量(初重) \times (1+公定回潮率)}{1+实际回潮率}$$

$$单件公定重量差异率 = \frac{单件实际重量 - 标准重量}{标准重量} \times 100\%$$

四、顶破强力试验

本法用于测试毛针织品在破裂时所需之压力。采用合适的破裂强力试验仪，利用气压或液压使隔片产生牵伸。一个直径为32mm的铁夹和记录压力的测量器，将试样夹在牵伸隔片上，隔片牵伸时，使试样亦受到牵伸而破裂。此时的压力包含两部分：一是隔片牵伸至破裂所受的压力；二是试样破裂时受到的压力。所以试样的真实破裂强力是试样破裂时的压力减去隔片牵伸到破裂时所需的压力。

（一）试样准备

（1）试样应进行预调湿（温度不高于50℃，相对湿度不高于10%）4h和调湿 [温度（20±2）℃，相对湿度（65±3）%] 24h。

（2）从不同部位裁取其大小可以被铁夹夹住的试样5块。

（二）测定方法

如试验针织服装，试样取自衫身，不能取自衣袖，因衣袖和衫身的编织密度系数有时有差异。

（1）将试样夹在牵伸隔片上，隔片需平滑，使加在隔片上的压力均匀地夹牢样品，切勿使织物折皱或扭歪。

（2）逐渐增加隔片的牵伸张力，使织物在（15±10）s内破裂。

（3）当试样被顶破时，立即放松隔片之压力，记录破裂时所需的压力为P_{F+D}（表示牵伸试样至破裂时，试样和隔片两者同时受到的力）。

（4）取下试样，根据顶破试样所需的时间（或高度），测定隔片本身受牵伸至试样破裂时隔片所受的压力P_D。

（5）依照上述方法做完其他4个试样的冲破试验。试验应在标准温湿度条件下进行。

（三）计算试样破裂强度P_F（N）

$$P_F = P_{F+D} - P_D$$

以5个平均值计算，精确至0.1。

五、腋下接缝强力试验（国际羊毛局试验方法第195号）

（一）试样准备

取试样如图11-4-1所示，将衣服放平，将衣袖接缝和衣身沿边接缝拆开。由边及袖的接缝处沿袖接缝量取100mm，由此点沿垂直袖接缝线剪入衣袖100mm深处，接缝之两边均如此剪裁。再由此点沿袖接缝线平行剪至衣边和袖的接缝线为止。用同样方法剪裁后片（即衣袖的另一片）。由边及袖的联结接缝处沿边接缝量取100mm，由此点沿垂直布边缝线剪入布边深100mm，前后均以同样方法剪，再由此点沿平行边接线剪至与衣袖处剪的切口为止，即剪至两个切口接触为止。用同样方法剪取后片。

（二）试验方法

（1）将强力机的夹钳间距调整为100mm。

（2）将试样沿接缝处折叠，衣袖部分夹于上夹钳内的中心，放置时接缝处要和夹钳的短边平行且在两短边的中间，必须使两边的接缝处放在两夹钳之中间处。

（3）稍加张力于试样，将衣服本体部分放在下夹钳中央处，并使接缝处同样和两短边平行及在中心位置。

（4）以200mm/min的速度拉伸，直至破裂为止。

（5）记录最大荷重，即得腋下接缝的破裂荷重，并注明接缝破裂的原因（是织物纱线断裂，还是缝线断裂，或两者均存在）。

（三）试验结果

以两只衣袖试样的平均强力表示腋下接缝强力。

六、毛针织物机洗后的松弛收缩及毡化收缩试验（参照国际羊毛局试验方法第31号）

此法用于测量所有单面羊毛针织品经湿润、加温和搅动后的尺寸变化，即松弛收缩。试验参照国际标准化组织程序进行，所产生的毡化缩率即为毡化收缩率。

（一）松弛收缩试验

1. 试样准备

采取约300mm×400mm的双层试样。如因尺寸不足等原因可以缩小试样，但不小于225mm×300mm，并要求长：宽为4：3。

在试样上用棉纱按图11-4-2做标记，长宽各做3个标记（标记宜小），标记距布端25mm以上。

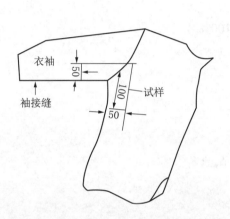

图11-4-1　腋下强力取样法

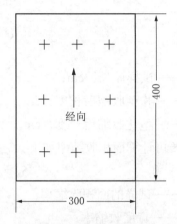

图11-4-2　针织物松弛收缩试样标记方法

试样应在标准温湿度下预调湿4h，使其基本达到平衡状态。然后放在低摩擦的平面上，轻轻除去皱痕，并测量标记之间的距离，然后将试样称重，其重量不超过500g。

2. 试验方法

将试样连同加重物（加重物是为了增加试样的摩擦）放入试验仪器内，加重物为双层涤纶针织布，试样和加重物共1kg，其中试样的重量不超过500g。仪器采用试验用洗衣机（国际羊毛局规定用Wascator FOM71型），并注入试验液（浓度为1g/L SM49洗涤剂，事先溶解于50℃的水中）。第一次加入洗剂洗涤，后经清水洗3次，共4次。第一次洗剂洗涤和一、二次清水洗的时间均为3min，第3次清水洗的时间为2min。洗剂洗和清水洗均以慢速搅动（即转动12s停3s），加热时停止转动。洗剂洗涤的温度为（40±3）℃，清水洗为（20±5）℃。洗剂洗涤的液面高度为13cm，洗剂洗后立即用清水洗3次，这样就完成一次试验。将试验后的样品进行烘干及预调湿。最后按试样的标记和洗涤前相同的方法测量试样的长度和宽度。

（二）毡化收缩试验

将做好松弛收缩试验的样品再放入收缩试验机作为一个循环，进行毡化收缩洗涤试验。第一次加入洗剂洗涤，后经清水洗4次。第一次洗剂洗时间为12min，水洗时间第一、第二次为3min，第三、第四次为2min，洗时均以慢速搅动（即转动12s停3s）。洗剂洗涤的温度为（40±3）℃，水洗温度为（20±5）℃。洗剂洗后需冷却5min后再进行水洗。洗剂洗涤的液面高度10cm，水洗的液面高度为13cm。根据织物用途，确定试验循环次数，在每次之间不必将试样烘干，但每次注入洗剂时应预先用50℃水进行溶解。加重物和试样重量与松弛收缩试验相同，洗液用0.3g/L SM49洗涤剂。经所需次数运转后将试样烘燥并进行预调湿，采用洗涤前同样的方法测量毡化收缩后的长度和宽度。按下列公式计算松弛收缩率S_R（%）及毡化收缩率S_F（%）：

$$S_R = \frac{L_1 - L_2}{L_1} \times 100\%$$

$$S_F = \frac{L_2 - L_3}{L_2} \times 100\%$$

式中：L_1——试样原长，cm；

　　　L_2——松弛收缩后长度，cm；

　　　L_3——毡化收缩后长度，cm。

　　如需要可计算面积收缩率如下：

$$S_A = (S_W + S_L) - S_W \times S_L$$

式中：S_A——试样的面积收缩率；

　　　S_W——宽度收缩率；

　　　S_L——长度收缩率。

　　如面积收缩率低于10%时，则$S_W \times S_L$的影响较小，可以略去不计。

（三）SM49洗涤剂

（1）AATCC标准洗涤剂WOB（无光学增加剂）组成：

LAS	14.0%
羟乙基化醇	2.3%
肥皂（高分子量）	2.5%
三聚磷酸钠	48.0%
硅酸钠（$SiO_2/Na_2O=2.0$）	9.7%
硫酸钠	15.4%
羧甲基纤维素	0.25%
水	7.85%
	100%

（2）ECE标准洗涤剂（无光学增白剂）组成：

直链烷基苯磺酸钠	8.0%
羟乙基化醇	2.9%
钠皂	3.5%
三聚磷酸钠	43.7%
硅酸钠（$SiO_2/Na_2O = 3.3$）	7.5%

硅酸镁	1.9%
羟甲基纤维素	1.2%
乙二胺四乙酸（四钠盐）	0.2%
硫酸钠	21.2%
水	9.9%
	100%

七、毛针织物拉伸弹性回复率试验

此项试验用于测定毛针织物的拉伸弹性变形和塑性变形，对于预测羊毛衫的袖口、肘部、领套口、衫脚罗纹等处受力后所产生的变形，具有重要意义。

（一）仪器和工具

（1）装有自动记录装置并能绘出负荷伸长曲线的等速拉伸和等速回复的拉伸弹性试验仪，或能达到同样效果的类似仪器。仪器的拉伸回程速度为50mm/min。

（2）剪刀、钢尺（精度1mm）、定时钟等。

（二）试样准备

（1）试验前样品应在温度（20±2）℃、相对湿度（65±2）%的大气条件下调湿24h（化学纤维织物调湿4h）。

（2）试样应具有代表性，没有影响试验结果的疵点。编织试样时应按正常生产的密度系数编织。根据试验项目的需要，每项试验裁取纵向和横向各5块片状试样，圆筒形试样则取5块。试样的尺寸规定片状为100mm×50mm，圆筒形为筒周长×100mm。

（三）试验原理和步骤

试验应用定伸长和负荷法测定毛针织品的负荷伸长变形。

（1）校正仪器。检查接线，开启电源，调整零位，按下系统控制键，使仪器处于内控状态。调整好试样夹支承架的起点。预加张力为0.1N。

（2）定伸长拉伸力的测定。将试样长度方向的两端平整地紧固在夹持器内，并放在支承架上，开动仪器，施加0.1N的预加张力，拉伸到预定伸长率时为止（根据原料和品种，线圈纵行方向或横列方向选择合适的拉伸数值如10%、30%或50%等）。停置1min，仪器自动记录。测试结果以5块试样的平均值表示，修约到小数点后一位数。

（3）定负荷伸长率的测定。试样安置方法和预加张力同（2）。当施加的负荷达到规定值时（根据不同原料和品种，线圈纵行方向或横列方向加适当的负荷值，如试样每10mm宽加0.98N等），停置1min，自动记录测试结果。以5块试样的平均值表示，修约到小数点后一位数。

$$\text{伸长率} = \frac{L_1}{L_0} \times 100\%$$

式中：L_0——试样预加张力后的长度，mm；

　　　L_1——加负荷后的拉伸长度，mm。

（4）定伸长一次拉伸、弹性回复率和塑性变形率的测定。将试样长度方向的两端平整地紧固在支承架上，开动仪器，施加0.1N的预加张力，拉伸到一定伸长（率）时，停置1min。以原速回到起点，停置3min，再加上0.1N的预加张力自动记录测试结果。以5块试样的平均值表示，修约到小数点后一位数。

（5）定伸长及复拉伸时弹性回复率和塑性变形率的测定。按上面步骤（4）的操作，反复拉伸数次（按不同原料、不同品种，根据试验要求可以反复拉伸5次或10次）。自动记录测试结果。以5块试样的平均值表示，修约到小数点后一位数。

（6）定负荷一次拉伸弹性回复率和塑性变形率的测定。将试样长度方向的两端平行地紧固在夹持器内，并放在支承架上，开动仪器，施加0.1 N的预加张力。当施加到规定负荷时 [见（2）的规定]，停置3min，再以原来的速度回至起点，停置3min，加上0.1N的预加张力，自动记录测试结果。以5块试样数据的平均值表示，修约到小数点后一位数。

（7）定负荷及复拉伸时弹性回复率和塑性变形率的测定。按同上（6）的操作，反复拉伸5次或10次（视品种和试验要求而定），自动记录测试结果。以5块试样数据的平均值表示，修约到小数点后一位数。

$$\text{拉伸弹性回复率} = \frac{L_{01} - L_0'}{L_{01} - L_0} \times 100\%$$

$$\text{塑性变形率} = \frac{L_0' - L_0}{L_0} \times 100\%$$

式中：L_0——试样预加张力后的长度，mm；

　　　L_0'——试样经拉伸再加上预加张力后的长度（塑性变形量在内），mm；

　　　L_{01}——拉伸后试样总长度（规定伸长或规定负荷），mm。

（8）应力松弛率的测定。按上面步骤（2）的操作，停置预定时间（按不同品种和试验要求可停置1min、2min、3min等），自动记录测试结果。以5块试样数据的平均值表示，修约到小数点后一位。

$$\text{应力松弛率} = \frac{T_0 - T}{T_0} \times 100\%$$

式中：T_0——试样拉伸至预定伸长时的负荷，N；

　　　T——放置规定时间后的负荷，N。

第五章 工业用毡试验

第一节 长度试验

一、平面毡

将试样平铺在工作台上，用钢尺测量试样的实际长度，每一试样测量两处，两处的测量点需在离毡边宽度5cm处，以两处测量值平均计算。

二、匹毡

将试样平铺在工作台上，用钢尺在匹毡中间与离边15cm处垂直测量，需测量3处长度，平均计算。

第二节 幅宽试验

一、平面毡

试样平铺在工作台上，用钢尺平行测量实际宽度。试样长度在5m以内的，从一端开始，每隔1m测量1次宽度。长度在2m以内的，测量2次宽度，平均计算。

二、匹毡

取整匹长度，以等距离平行测量10处的宽度，头尾两处至少离匹端2m，平均计算。

第三节 直径试验

测量毡轮、毡筒等圆形毡制品的直径时，通过圆心将圆周划成若干等份，即直径在100mm以下划为4等份，101～200mm划为6等份，大于201mm划为8等份，用钢尺测量各等份的直径，平均计算。

第四节 厚度试验

一、平面毡

按图11-5-1所示的测量点用厚度仪测量平面毡的厚度。试样长度在5m以下（包括5m）的横向测量3处。第1处距毡边3cm，其他两处按余下长度等距离测定。纵向测量两处，此两处需等分全长。若试样纵向在3m以上，则每隔1m测一处。

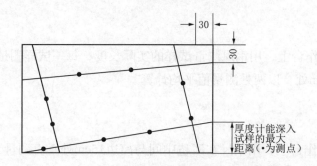

图11-5-1 平面毡厚度测量点位置

二、匹毡

在整块试样20cm×107cm的上下两部分共测厚度10处，见图11-5-2。

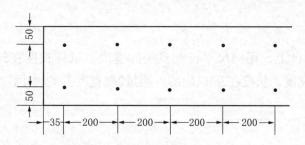

图11-5-2 整块毡厚度测量点位置

三、毡片、毡块、毡条

宽度在150mm（包括150mm）以内的，在中心线上测量。宽度在150mm以上的则在距边缘50mm线上测量。

长度在200mm以下（包括200mm）的在规定线上测量两处（如宽度在150mm以上则在距边缘50mm线上测量），两处测量点应间隔相等长度。长度在200mm以上的则从一端开始，每隔100mm测量一处（如宽度在150mm以上则在离边50mm处各测一处）。

四、圆环零件

在圆周等分线上测量，测量次数见表11-5-1。

五、毡轮

在圆周等分线上与距圆周50mm的交点上测量，测量次数见表11-5-2。

表11-5-1　圆环零件测量厚度次数	
外径（mm）	圆周等分数与测量次数
100以下	4
101~200	6
201以上	8

表11-5-2　毡轮测量次数		
外径（mm）	每一圆周等分数	共测次数
100以下	4	4
101~200	6	6
201以上	8	8

六、试验条件及注意事项

（1）试样的体积重量在0.3g/cm³以下（包括0.3g/cm³），厚度计的上压盘直径为30mm，下压盘直径为38mm，每平方厘米所承受的压力为22cN（不包括千分表的压力）。

（2）试验的体积重量在0.3g/cm³以上，厚度计的上压盘直径为30mm，下压盘直径为10mm，每平方厘米所承受的压力为2N（不包括千分表的压力）。

（3）试样的体积重量在0.6g/cm³以上（包括0.6g/cm³），厚度计的上压盘直径为30mm，下压盘直径为10mm，每平方厘米所承受的压力为3.8N（不包括千分表的压力）。

（4）试样的周边宽度小于厚度计的压盘直径时，厚度用游标卡尺或外径千分卡尺测定。

第五节　特殊形状毡制品的体积测量

对于不规则形状的毡制品体积，可以采用水银浸渍方法测量，即将水银注入量筒内，塞上橡皮塞，用一钢丝针穿过塞子浸于水银中，记下量筒内水银和针的体积读数。然后将钢丝针针尖刺入试样，徐徐放入量筒，堵上橡皮塞，记录试样、钢针和水银的体积读数。以第二次读数减去第一次读数，即为试样的体积。如试样的体积过大（水银加试样的体积超过量筒读数时），可将试样的体积裁小，然后分别进行测量即可求出试样的体积。

第六节　密度（单位体积重量）测定

一、平面毡

取平面毡（匹毡）5块（面积20cm×5cm），按图11-5-3的各规定点测量长、宽、高，求其平均体积。然后称重，求其平均单位体积重量。称重后取20g作回潮率试验。在图11-5-3中，记号"○"为测量厚度点，"△"为测量宽度处。宽度和厚度各测5处，长度测3处。各以算术平均求得单位体积重量。

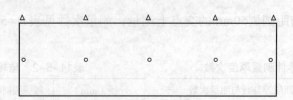

图11-5-3　匹毡密度试样（20cm×5cm）测量处

二、零件毡

根据尺寸规格测量的结果求其平均体积，然后称重求其平均原重。称重后取样20g，测试其回潮率。然后按下式计算密度G（g/cm^3）：

$$G = \frac{G_0(1+W)}{V(1+W_0)}$$

式中：V——试样体积，cm^3；

　　　G_0——平均重量，g；

　　　W——公定回潮率；

　　　W_0——试样的实际回潮率。

几种几何形状的体积V计算式如下。

1. 毡条（块）

$$V\,(\mathrm{cm}^3) = L \times d \times b$$

式中：L——长度，cm；

　　　b——宽度，cm；

　　　d——厚度，cm。

2. 圆环零件

$$V\,(\mathrm{cm}^3) = \frac{\pi d}{4}(D_1^2 - D_2^2)$$

式中：d——厚度，cm；

　　　D_1——外径，cm；

　　　D_2——内径，cm。

3. 毡轮

$$V(\mathrm{cm}^3) = \frac{\pi d}{4}D^2$$

式中：d——厚度，cm；

　　　D——直径，cm。

第七节　强力和断裂伸长率试验

一、试样制备和仪器规格

裁取纵向和横向各4条试样，尺寸为20cm×5cm，并进行预调湿。强力机的最大负荷不超过试样断裂负荷的10倍，上下夹钳的距离为10cm，下夹钳的下降速度为（10±1）cm/min。

二、试验方法

试样在拉伸过程中，有时会在夹钳中产生滑溜现象，出现此类情况时可在夹钳内垫放衬物。试样拉伸至断裂，即为该试样的断裂强力和伸长率，读数准确至1N和0.1%。

第八节　毛细管效应测量

此法用于测量毡制品的渗油程度。试验时将试样一端固定在活动支架上，另一端放在油盘内，下端与油面接触，但不能浸入油内，油的温度控制在90～100℃范围内。在规定时间内，测量在试样表面所吸附油的平均高度，测量的精确度为1mm。

第九节　剥离强力测定

此法用于测量毡制品剥离时能承受的最大强力。试验时裁取20cm×2.5cm的试样3条，用刀片沿试样的长度方向将毡条均匀地剖成2层，使上下2层的厚度基本相等，剖开的长度约为试样长度之半。将2层分别夹在强力机的上下夹钳之内，上下夹钳之间的距离为10cm，下夹钳的下降速度为（100±10）cm/min，强力机的最大负荷不超过试样剥离强度的10倍。试样在拉伸过程中，强力机的负荷指针随强力增加而移动，当指针不再移动固定于一点时，此点即为剥离强力。

第十节　回潮率试验

试验方法与测定毛织物的回潮率相同，但在烘箱内烘4～6h至恒重（即前后2次称重差异在0.5%以内）。

第六章　实验室规定和溶液配制

第一节　一般规定

一、一般规定

（1）在配制标准溶液、试液、指示剂及分析试验中，所用之水在没有注明其他要求时，均为蒸馏水或相当高纯度的水，所用试剂纯度应满足试验准确度之需要，一般均为分析纯或化学纯。

（2）化学分析试验中，凡写明准确吸取一定量的溶液时，均用移液管吸取；注明准确称取的，均称准至0.0002g。

二、试液浓度表示法

1. 物质的量浓度

单位体积溶液中含有溶质的摩尔数称为物质的量浓度，常用单位为摩尔/升（mol/L）。

c (NaOH) = 1mol/L（1N），即每升溶液含40g NaOH。

c ($\frac{1}{2}$ H$_2$SO$_4$) = 1mol/L（1N），即每升溶液含49g H$_2$SO$_4$。

c (H$_2$SO$_4$) = 1 mol/L（2N），即每升溶液含98g H$_2$SO$_4$。

c ($\frac{1}{5}$ KMnO$_4$) = 0.1 mol/L（0.1N），即每升溶液含3.16g KMnO$_4$（在酸性介质反应的条件下，其基本单元是1/5个高锰酸钾分子）。

2. 质量分数

指溶质质量占溶液质量的百分数，以%（W/W）表示。一般化学试剂所指质量分数即属这种表示法，只用%符号表示，而不注明"（W/W）"。例如5% NaOH即表示每100g氢氧化钠溶液中含5g氢氧化钠。

3. 体积分数%（V/V）

表示在100 份体积溶液中所含溶质体积的份数。例如配制36%（V/V）乙酸溶液，则量取36mL冰乙酸，加水稀释至100mL即成。

4. 质量浓度（W/V）

表示在100mL溶液中含溶质的克数。例如配制5%（W/V）高锰酸钾溶液时，把5g高锰酸钾溶于水中，用水稀释至100mL。

5. 体积比例表示法

一些液体试剂配制溶液时，常用此浓度表示。以 $a:b$ 或 $a+b$ 表示，其中 a 代表溶质的体积，b 代表溶剂的体积。

6. 滴定度（T）

表示每毫升溶液含有所滴定被测物质的克数。

三、计算公式中符号表示法

（1）C_{NaOH} 表示所用氢氧化钠溶液的浓度（mol/L），C_{HCl} 表示所用盐酸溶液的浓度（mol/L），依此类推。

（2）V_{NaOH} 表示耗用氢氧化钠溶液的体积（mL），V_{HCl} 表示耗用盐酸溶液的体积（mL），依此类推。

（3）V_{b1} 表示空白试验所耗用的体积（mL），V_{sp} 表示试样试验所耗用的体积（mL）。

（4）W 表示试样的称样重量（g）。

第二节　实验室用水规格

一、技术要求

1. 等级

实验室用水分为三个等级，可根据实验工作的不同要求选用不同等级的水。

一级水：基本上不含有溶解或胶态离子杂质及有机物。它可用二级水经进一步处理制得。例如用二级水经过蒸馏、离子交换混合床和 0.2μm 的过滤膜的方法。

二级水：可含微量的无机、有机或胶态杂质。可采用蒸馏、反渗透或去离子后再行蒸馏等方法制备。

三级水：适用于一般实验室试验工作。它可以用蒸馏、反渗透或去离子等方法制备。

2. 技术指标（表11-6-1）

表11-6-1　蒸馏水技术指标

指 标 名 称	一 级	二 级	三 级
pH值（25℃时）	—	—	5.0 ~ 7.5
电导率（25℃时）（μS/cm）	<0.1	<1.0	<5.0
可氧化物的限度试验	—	符合	符合
吸光度（254nm 1cm光程）	<0.001	<0.01	—
二氧化硅（mg／L）	<0.02	<0.05	—

3. 贮存条件

在贮存期间，由于聚乙烯容器可溶成分的溶解或水吸收了空气中的二氧化碳和其他杂质而沾污水，所以一级水尽可能用前制备，不贮存。二级水适量制备后，可贮存在预先经过处理并用同等级水清洗过的、密闭的聚乙烯容器或玻璃容器中。三级水的贮存条件同二级水。

二、试验方法

（一）pH值测定

按pH计说明书的规定，用pH值为5.0～8.0的标准缓冲溶液校正pH计，将水注入烧杯中，插入电极，测定pH值。

（二）电导率的测定

电导率是以数字表示溶液传导电流的能力。纯水电导率很小。当水中含无机酸、碱或盐时，电导率增加。电导率常用于间接推测水中离子成分的总浓度。水溶液的电导率取决于离子的性质和浓度，溶液的温度和黏度等。

电导率的标准单位是西门子/米（S/m），一般实际使用单位为mS/m。电导率随温度变化而变化，温度每升高1℃，电导率增加约2%。通常规定25℃为测定电导率的标准温度。

由于电导是电阻的倒数，因此两个电极插入溶液中，可以测出两电极间的电阻R。根据欧姆定律，温度一定时，这个电阻值与电极间的间距L（cm）成正比，与电极的截面积A（cm^2）成反比，即：

$$R = \rho \frac{L}{A} = \rho Q = GQ$$

由于电极面积与间距是固定不变的，因此$\dfrac{L}{A}$是一个常数，称电极常数，以Q表示。ρ称作电导率，也可以用G表示。

$$G = \frac{R}{Q}$$

当已知电极常数Q，并测出电阻R后，即可求出电导率G。

1. 电导仪

误差不超过1%，常用的有两种：电极常数为0.1～0.01的用以测定一级水和二级水，电极常数为0.1～1的用以测定三级水。具有温度自动补偿功能。如果所使用的电导仪不具有温度补偿功能，则应装有"在线"热交换器，使试验时水温能控制在（25±1）℃，或在测量电阻率的同时，测量水温，然后通过P_t-P_{25}关系图（图11-6-1）查得25℃时的电阻率，现换算成25℃时的电导率。此外，也可以根据下式计算25℃时的电导率：

$$G_{25} = \alpha (G_t - G_p) + 0.0548$$

式中：G_{25}——25℃时纯水的电导率，μS/cm；

$\qquad G_t$——t℃时测出纯水的电导率，μS/cm；

$\qquad G_p$——t℃时理论纯水的电导率，μS/cm，见表11-6-2；

$\qquad \alpha$——t℃时的换算系数，见表11-6-2；

0.0548——25℃时理论纯水的电导率，μS/cm。

表11-6-2　不同温度时的电导率换算成25℃时的电导率的换算系数a和理论纯水的电导率G_p

t（℃）	α	G_p（μS/cm）	t（℃）	α	G_p（μS/cm）
0	1.873	0.0111	20	1.111	0.0414
5	1.625	0.0160	25	1.000	0.0548
10	1.413	0.0224	30	0.903	0.0710
15	1.250	0.0308	35	0.822	0.0908

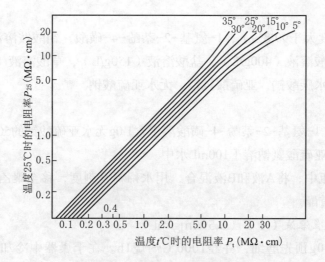

图11-6-1　P_t-P_{25}电阻率关系图

2. 操作步骤

将300mL水注入烧杯中，根据蒸馏水的级别分别按照电导仪说明书要求测定电导率。

（三）可氧化物的限度试验

1. 试剂

配制溶液应用二级水。

硫酸溶液（约98g/L）。

新鲜配制的高锰酸钾溶液[$c(\frac{1}{5}KMnO_4=0.01\,mol/L)$]；称取高锰酸钾0.32g，溶于约1L水中，煮沸1～2h，静置过夜，用G_4玻璃漏斗抽滤，用刚煮沸后冷却下来的水稀释至1L，贮于棕色瓶中。

2. 操作步骤

将1000mL水样注入烧杯中，加入10.0mL硫酸溶液和1.0mL高锰酸钾溶液，盖上表面皿，煮沸5min，与置于另一相同容器中不加试剂的等体积的水样作比较，此时溶液所呈淡红色应不完全褪尽。

（四）吸光度测定

1. 仪器

紫外可见分光光度计，比色皿（1cm、2cm）。

2. 操作步骤

将水样分别注入1cm和2cm比色皿中，在紫外可见分光光度计上于254nm处，以1cm比色皿中水为参比，测定2cm比色皿中水的吸光度。

（五）二氧化硅测定

1. 试液

二氧化硅（纯度大于99.8%），1-氨基-2-萘酚-4-磺酸，钼酸铵溶液（60g/L），硼酸溶液（50g/L），硫酸溶液（400g/L），盐酸溶液（150g/L），草酸溶液（100g/L），氟化钠溶液（20g/L），无水碳酸钠，亚硫酸氢钠，无水亚硫酸钠。

还原溶液：

A溶液——0.5g 1-氨基-2-萘酚-4-磺酸溶于含1.0g无水亚硫酸钠的50mL水中。

B溶液——30g亚硫酸氢钠溶于100mL水中。

在200mL容量瓶中，将A液和B液混合，用水稀释至刻度，移至聚乙烯瓶中备用。当溶液呈现淡蓝色时应重配。

2. 二氧化硅标准溶液（Ⅰ）（0.500mg/mL）

准确称取0.2500g预先磨细，并经1000℃灼烧1h。在干燥器中冷却的纯二氧化硅，置于铂坩埚中，加入4g无水碳酸钠，用铂丝混匀，再加1g无水碳酸钠覆盖其上，盖上锅盖于950～1000℃下熔融至熔融物透明澄清为止，冷却，用热水将熔融物转移至250mL聚乙烯烧杯中，并将黏附于铂坩埚及盖上的颗粒一并洗入烧杯中，在水浴上加热溶解，此时溶液应完全澄清。冷却，定量地转移至500mL容量瓶中，用水稀释至刻度，摇匀，立即将其移至干燥的聚乙烯瓶中贮存。

3. 二氧化硅标准溶液（Ⅱ）（0.005mg/mL）

用移液管吸取5.0mL二氧化硅标准溶液（Ⅰ），注入500mL容量瓶中，用水稀释至刻度，摇匀，立即移入聚乙烯瓶中备用（只限当日使用）。

4. 标准曲线绘制

取7个100mL聚乙烯烧杯，分别加入0mL、0.50mL、1.00mL、1.50mL、2.00mL、2.50mL和3.00mL的二氧化硅标准溶液（Ⅱ），用一级水（或二级水）稀释至10mL，加入2.0mL盐酸溶液和0.5mL氟化钠溶液，搅拌并放置5min，然后边搅拌边加入10.0mL硼酸溶液，放置5min，加入25mL钼酸铵溶液，搅拌并在20℃以上放置10min，此时溶液的pH值应为（1.1±0.2）。边搅拌边加入2.5mL草酸溶液放置5min，定量地移至50mL容量瓶中，加入10.0mL硫酸溶液，摇匀，然后加1.0mL 1-氨基-2-萘酚-4-磺酸还原稀释至刻度，摇匀，放置10min。在分光光度计上，于800nm处，用3cm比色皿，以空白溶液为参比，测定吸光度值。

以标准溶液中二氧化硅的毫克数为横坐标，对应吸光度值为纵坐标，绘制标准曲线。

5. 操作步骤

取250mL一级水或125mL二级水逐次加至铂皿中，蒸发至约10mL，将此溶液移至100mL聚乙烯烧杯中，加入2.0mL盐酸溶液、0.5mL氟化钠溶液，搅拌并放置5min，然后，边搅拌边加入10.0mL硼酸溶液，放置5min，加入2.5mL钼酸铵溶液，搅拌并在20℃以上放置10min，此时溶液的pH值应为（1.1±0.2）。边搅拌边加入2.5mL草酸溶液，放置5min，定量地移至50mL容量瓶中，加入10.0mL硫酸溶液，摇匀，然后加1.0mL 1-氨基-2-萘酚-4-磺酸还原溶液，稀释至刻度，摇匀，放置10min。

用10mL一级水（或二级水）并按照与样品溶液同样的步骤配制空白溶液。

在分光光度计上于800nm处，用3cm比色皿，以空白溶液为参比，测定吸光度值。

6. 结果计算

从标准曲线上查出吸光度所对应的二氧化硅含量。

水样中二氧化硅含量（mg/L）按下式计算：

$$SiO_2 = \frac{\dfrac{m}{V}}{1000}$$

式中：m——由标准曲线上查出的水样中二氧化硅含量，mg。

第三节　实验室一般知识

在进行化学分析时，经常要与某些有毒的、易燃的、有腐蚀性的化学药品相接触，同时需要运用各种玻璃器皿、试验设备、真空器具等，如果不按使用规则操作，可能造成中毒、火灾、爆炸、触电等事故。因此，分析人员必须了解药品和设备的性能，对工作过程中可能产生的危险有足够的估计，并采取预防措施，才能避免事故发生。

一、实验室一般操作注意事项

（1）具有强腐蚀性的试剂，如浓酸、浓碱，在使用时，不要把它洒在衣服上和皮肤上，尽可能戴上橡胶手套和防护眼镜。用移液管吸取时，必须用洗耳球操作。稀释硫酸时，应把浓硫酸渐渐注入水中，切不可把水注入硫酸中。

（2）产生刺激性气体的试验和有毒气体的试验，须在通风橱内进行。

（3）进行烧灼、蒸发等工作时，不能擅自离开实验室。能产生腐蚀性气体的物质或易燃物质，均不得放入烘箱内。要加热排除易挥发或易燃的有机溶剂时，应在水浴锅或密封的电热板上缓慢地进行，严禁用火或电炉直接加热。

（4）普通的玻璃瓶和容量仪器均不可任意加热，亦不可用于溶解或进行其他反应，以免过热破裂或使量度不准确。密闭的玻璃仪器不可任意加热，以免引起爆裂伤人。

（5）任何时候不得将瓶口、试管口、坩埚口等对着人，防止有气体、液体等冲出造成伤害事故。在室温高的情况下，打开密封的装有易挥发性试剂的瓶子时，最好先把试剂瓶在冷水里浸一段时间。

（6）玻璃管、温度计或漏斗等在插入瓶塞时，要涂上水或凡士林等润滑剂，并用布裹手，以防玻璃管破碎时割伤手，把玻璃管插入塞内时，必须握住塞子侧面，不要把它撑在手掌上。

（7）在加热烧杯或烧瓶时，应垫石棉网，以免受热不匀发生炸裂。

（8）一切试剂药品瓶要有标签，倾倒试剂时，手掌要遮住标签，以保持标签的完整。试剂瓶中的试剂一经取出，严禁倒回。剧毒药品应严密保存，由专人保管。

（9）如以嗅觉鉴别试剂时，务必使用招气入鼻的方法，严禁以鼻直接去嗅。

（10）如汞（水银）洒在地上，应尽量清除干净，然后在残迹处撒上硫黄粉以完全消除。

（11）容量瓶、移液管不能在烘箱中烘干，否则会影响其准确性。

（12）凡电气用具用毕，应拔去插头或关闭电源。试验人员应了解实验室内煤气、水阀和电闸的位置，以便必要时控制。

二、防火注意事项

实验室失火，除了由于火和电使用不慎以外，常常是由于对易燃物的保管和使用不当而造成。常用的易燃液体有乙醚、乙醇、汽油、丙酮、苯等，这些液体易汽化，它们的蒸汽遇到火焰，甚至点着的香烟、电火花就可燃烧，从而引起全部可燃液体燃烧。此外，当有些强氧化剂与有机物混合在一起时，也有着火的危险。过氯酸、浓硫酸或浓硝酸与破布、木屑或纸张相接触，氯酸钾、硝酸铵与有机物相接触，都会引起火灾。为此，应注意如下事项。

（1）实验室不准吸烟。

（2）在使用易燃液体、抽提或蒸馏时，室内不得有火焰，蒸馏乙醚时，应用水浴加热。

（3）易燃液体应放在阴暗低温处，上述的氧化剂不要与有机物接触，存放时要分开。

（4）实验室中应放有沙箱和灭火器。如发生火灾，首先切断电源，再根据不同情况采取不同的措施。除油类物质及有机溶剂不能用酸碱灭火器外，其余的灭火器均能使用。

（5）使用爆炸性的药品如苦味酸、过氯酸等，不准近火或与其他物品相碰撞。

（6）爆炸性药品如叠氮化合物的残渣必须小心销毁，氨化过的硝酸银应用稀酸酸化，过氧化物应加还原剂销毁，重氮化合物应用水沸煮等。

（7）下列药品不准混合或接触，储藏时必须隔离，以免燃烧或爆炸：

① 过氯酸与酒精或其他有机物；

② 硝酸银与氨水；

③ 高锰酸钾与甘油或其他有机物；

④ 高锰酸钾与硫或硫酸；

⑤ 氯酸盐与浓盐酸或硫酸；

⑥ 硝酸与碘化氢；

⑦ 硝酸与镁或铝或磷；

⑧ 硝酸铵与锌粉及水滴；

⑨ 硝酸盐与镁或铝或磷；

⑩ 过氧化物与锌或镁或铝；

⑪ 硫与氧化汞。

三、实验室常用试剂

1. 常用试剂规格（表11-6-3）

专用试剂的瓶签颜色，基准试剂用青莲色，生物试剂用咖啡色，生物染色素用宝石红色，高纯光谱用浅蓝色。基准试剂可用作滴定分析中的基准物，也可直接配制成标准溶液而不需标定。

表11-6-3　常用试剂规格

级　别	GR（一级，优级纯）	AR（二级，分析纯）	CP（三级，化学纯）	LR（四级，实验试剂）
瓶签颜色	绿色	红色	蓝色	中黄色
适用范围	纯度最高，适用于精密的分析工作和科研工作	适用于较精密的分析工作和科研工作	适用于一般分析工作	适用于要求不高的实验，可作辅助试剂

选用试剂时，首先应明确所进行分析工作的目的和要求，然后选用纯度相当的试剂以及与之匹配的实验用水、操作器皿等。盲目追求纯度高的试剂，会造成不必要的浪费。

2. 取用试剂注意事项

（1）所有试剂都应有标签，没有标签的试剂在未查明前不能应用。

（2）取用试剂时应注意保持清洁，瓶塞不许任意放置，取用后应立即盖好，严防沾污或变质。

（3）绝不能用未经洗净的同一小匙或吸管取用不同的试剂和试液。

（4）取用有毒试剂时，需站在上风处，必要时应采取防毒措施。

第四节　标准溶液配制

一、盐酸标准溶液 c（HCl）= 0.1mol/L（0.1N）

1. 配制

量取纯浓盐酸（相对密度1.19）8.6mL，用不含二氧化碳蒸馏水稀释至1000mL，摇匀。

2. 标定

甲法：以硼砂（$Na_2B_4O_7 \cdot 10H_2O$）标定。准确称取分析纯的硼砂0.6～0.8g，置于300mL烧杯中，用约100mL已煮沸的热蒸馏水溶化，在硼砂全部溶解后，冷却到室温，加甲基红指示剂2～3滴，用制备的盐酸溶液滴定至溶液呈玫红色。

$$Na_2B_4O_7 + 2HCl + 5H_2O \longrightarrow 2NaCl + 4H_3BO_3$$

计算：

乙法：以无水碳酸钠标定。准确称取已于270～300℃灼烧至恒重或在180℃下烘2～3h后移入干燥器冷却的无水碳酸钠0.2g，溶于50mL水中，加10滴溴甲酚绿—甲基红混合指示液，用配制好的盐酸溶液滴定至溶液由绿色变为暗红色，煮沸2min，冷却后继续滴定至溶液再呈暗红色。

$$Na_2CO_3 + 2HCl \rightarrow 2NaCl + H_2CO_3$$
$$\hookrightarrow CO_2\uparrow + H_2O$$

3. 计算

$$C_{HCl} = \frac{W_{Na_2B_4O_7}}{V_{HCl} \times \frac{381.4}{2000}} \qquad C_{HCl} = \frac{W_{Na_2CO_3}}{V_{HCl} \times \frac{106}{2000}}$$

式中：381.4——每摩尔硼砂之克数；

106——每摩尔碳酸钠之克数。

二、盐酸标准溶液 c（HCl）= 0.5mol/L（0.5N）

1. 配制

量取浓盐酸（相对密度1.19）43mL，用不含二氧化碳蒸馏水稀释至1000mL，摇匀。

2. 标定

甲法：准确称取分析纯硼砂3～4g作基准物，测定方法参照0.1mol/L盐酸溶液的标定甲法。

乙法：准确称取已灼烧至恒重或在180℃下烘2～3h后移入干燥器冷却的无水碳酸钠0.8g，测定方法参照0.1mol/L盐酸标准溶液的标定乙法。

3. 计算

$$C_{HCl} = \frac{W_{Na_2CO_3}}{V_{HCl} \times \frac{106}{2000}}$$

三、盐酸标准溶液 c（HCl）= 1mol/L（1N）

1. 配制

量取浓盐酸（相对密度1.19）86mL，用不含二氧化碳蒸馏水稀释至1000mL，摇匀。

2. 标定

甲法：准确称取分析纯硼砂6～8g作基准物，测定方法及计算参照0.1mol/L盐酸溶液的标定甲法。

乙法：准确称取已灼烧至恒重或在180℃下烘2～3h后在干燥器冷却的无水碳酸钠1.6g，测定方法及计算参照0.1mol/L盐酸标准溶液的标定乙法。

四、硫酸标准溶液 $c(\frac{1}{2}H_2SO_4) = 0.1mol/L$（0.1N）

1. 配制

量取浓硫酸（相对密度1.84）3mL，缓缓注入1000mL不含二氧化碳蒸馏水中，边注入边搅动。

2. 标定

参照0.1mol/L盐酸标准溶液的标定。

五、硫酸标准溶液 $c(\frac{1}{2}H_2SO_4) = 1mol/L$（1N）

1. 配制

取浓硫酸（相对密度1.84）28mL，缓缓注入1000mL不含二氧化碳蒸馏水中，边注入边搅动。

2. 标定

参照1mol/L盐酸标准溶液的标定。

六、硝酸标准溶液 $c(HNO_3) = 0.1mol/L$（0.1N）

1. 配制

量取浓硝酸（相对密度1.42）6.3～6.5mL，用不含二氧化碳蒸馏水稀释至约1000mL，摇匀。

2. 标定

参照0.1mol/L盐酸标准溶液的标定。

七、氢氧化钠标准溶液 $c(NaOH) = 0.1mol/L$（0.1N）

1. 配制

称取分析纯氢氧化钠4.2g，溶于1000mL不含二氧化碳蒸馏水中，移入量瓶中摇匀。

2. 标定

甲法：以邻苯二甲酸氢钾（$KHC_8H_4O_4$）标定。准确称取于105～110℃下烘1h，移入干燥器冷却后的邻苯二甲酸氢钾0.6g，溶于100mL水中（如不溶解，可稍加热），加酚酞指示剂数滴，用制备的0.1mol/L氢氧化钠溶液滴定至溶液呈微红色。

$$KHC_8H_4O_4 + NaOH \longrightarrow KNaC_8H_4O_4 + H_2O$$

乙法：用已知浓度的盐酸标准溶液来标定。准确吸取50mL 0.1mol/L盐酸标准溶液于250ml锥形瓶中，加酚酞指示剂5滴，以制备的0.1mol/L氢氧化钠溶液滴定至溶液呈微红色。

$$HCl + NaOH \longrightarrow NaCl + H_2O$$

3. 计算

$$C_{NaOH} = \frac{W_{KHC_8H_4O_4}}{V_{NaOH} \times \frac{204.2}{1000}} \qquad C_{NaOH} = \frac{C_{HCl}V_{HCl}}{V_{NaOH}}$$

式中：204.2 —— 每摩尔邻苯二甲酸氢钾之克数。

八、氢氧化钠标准溶液 c（NaOH）= 0.02mol/L（0.02N）

1. 配制

准确吸取50mL 0.1mol/L氢氧化钠溶液于250mL容量瓶中，用不含二氧化碳蒸馏水稀释至刻度，摇匀。

2. 标定

甲法：准确称取于105～110℃烘1h，在干燥器冷却后的邻苯二甲酸氢钾0.1g，溶于100mL水中，加酚酞指示剂数滴，以制备的0.02mol/L氢氧化钠溶液滴定至溶液呈微红色。

计算：参照0.1mol/L氢氧化钠标准溶液的标定甲法。

乙法：用浓度稀释法$C_1V_1 = C_2V_2$来求出稀释后之浓度。

$$C_1 = \frac{C_2V_2}{V_1} = \frac{C_2 \times 50}{250} = \frac{C_2}{5}$$

式中：C_1——制备的氢氧化钠溶液的浓度；

C_2——0.1mol/L氢氧化钠标准溶液的浓度。

九、氢氧化钠标准溶液 c（NaOH）= 1mol/L（1N）

1. 配制

称取约42g分析纯氢氧化钠，溶于1000mL不含二氧化碳蒸馏水中，摇匀。

2. 标定

甲法：准确称取已于105～110℃烘1h，在干燥器冷却后的邻苯二甲酸氢钾6g作基准物，测定方法及计算参照0.1mol/L氢氧化钠标准溶液的标定甲法。

乙法：准确吸取50mL 1mol/L盐酸标准溶液于250mL锥形瓶中，加入酚酞指示剂数滴，用制备的1mol/L氢氧化钠溶液滴定至溶液呈微红色。

3. 计算

$$C_{NaOH} = \frac{C_{HCl}V_{HCl}}{V_{NaOH}}$$

十、氢氧化钾标准溶液 c（KOH）= 0.1mol/L（0.1N）

1. 配制

称取化学纯氢氧化钾约6g，用不含二氧化碳蒸馏水溶解后，加入不含二氧化碳蒸馏水稀释至约1000mL，摇匀。

2. 标定

参照0.1mol/L氢氧化钠标准溶液的标定法。

十一、氢氧化钾乙醇标准溶液 c (KOH) = 0.5mol/L (0.5N)

1. 配制

称取15g氢氧化钾，置于1000mL平底烧瓶中，加入500mL不含醛的乙醇，渐渐摇动，待氢氧化钾全部溶解后静置两天，倾出上层澄清液于500mL平底烧瓶中，用软木塞（塞子用锡纸包住）塞紧。

2. 标定

准确吸取20mL 1mol/L盐酸溶液于150mL锥形瓶中，加酚酞指示剂5滴，以制备的0.5mol/L氢氧化钾乙醇溶液滴定至溶液呈微红色。

3. 计算

$$C_{KOH乙醇溶液} = \frac{C_{HCl}V_{HCl}}{V_{KOH乙醇溶液}}$$

注意：氢氧化钾乙醇溶液的浓度，颇易改变，最好在使用前标定。

十二、氧氧化钾乙醇标准溶液 c (KOH) = 0.05mol/L (0.05N)

1. 配制

准确吸取50mL 0.5mol/L氢氧化钾乙醇溶液于500mL容量瓶中，用不含醛的乙醇溶液稀释至刻度，摇匀，倾入500mL平底烧瓶中，用软木塞塞住。

2. 标定

准确吸取25mL 0.1mol/L盐酸溶液于150mL三角烧瓶中，加酚酞指示剂5滴，以0.05mol/L氢氧化钾乙醇溶液滴定至溶液呈微红色。

3. 计算

$$C_{KOH乙醇溶液} = \frac{C_{HCl}V_{HCl}}{V_{KOH乙醇溶液}}$$

十三、高锰酸钾标准溶液 c ($\frac{1}{5}$KMnO$_4$) = 0.1mol/L (0.1N)

1. 配制

称取高锰酸钾约3.3g，溶于1000mL已煮沸过并已冷却的蒸馏水中，摇匀。装入有玻璃塞的棕色瓶里，放置暗处，静置7~10天，用古氏漏斗或玻璃砂芯漏斗过滤，贮于棕色瓶中放置暗处。

2. 标定

准确称取已于105~110℃下烘2h，在干燥器中冷却后的草酸钠约0.3350g，移入600mL烧杯中，加入250mL淡硫酸（5mL硫酸加95mL水），这酸须先煮沸10~15min，然后冷却至

（27±3）℃再加入。搅拌使草酸钠溶解，用0.1mol/L高锰酸钾溶液滴定，近终点时加热至70℃，继续滴定至溶液呈粉红色且在1min内不消失为止。

3．计算

$$C_{KMnO_4} = \frac{W_{Na_2C_2O_4}}{V_{KMnO_4} \times \frac{134.02}{2000}}$$

式中：134.02——每摩尔草酸钠的克数。

注意事项：

（1）在开始滴定时速度要很慢，必须一滴一滴地加入，在前一滴高锰酸钾溶液褪色后才能加入第二滴，加入时并不断搅拌，待溶液有了Mn^{2+}后速度可较快些。

（2）被滴定的草酸钠溶液的温度不得超过80℃。

十四、硫代硫酸钠标准溶液 $c(Na_2S_2O_3) = 0.1\,mol/L\,(0.1N)$

1．配制

称取26g硫代硫酸钠（$Na_2S_2O_3 \cdot 5H_2O$），溶于1000mL新煮沸冷却的蒸馏水中，静置8~14天，过滤后贮于棕色瓶中。

2．标定

（1）配制0.1mol/L重铬酸钾溶液 $[c(-K_2Cr_2O_7) = 0.1mol/L\,(0.1N)]$：准确称取已于130~140℃下烘2h，在干燥器中冷却后的重铬酸钾2.452g，溶于水中，移入500mL容量瓶中，用水稀释至刻度，摇匀。

$$C_{K_2Cr_2O_7} = \frac{W_{K_2Cr_2O_7}}{\frac{294.22}{6}} \times \frac{1000}{500}$$

（2）标定：准确吸取50mL上述0.1mol/L重铬酸钾溶液加入50mL碘烧瓶中，加入25mL10%碘化钾溶液及15mL硫酸溶液 $[c(\frac{1}{2}H_2SO_4) = 6mol/L]$ 充分摇动混合，盖上瓶塞，加数滴10%碘化钾溶液于瓶盖处，在暗处静置10min，再加100mL水稀释摇匀，用硫代硫酸钠标准溶液滴定，滴定至溶液呈黄绿色时，加入5mL淀粉指示剂，继续用硫代硫酸钠溶液滴定至溶液由蓝色变成亮绿色为止。

3．计算

$$C_{Na_2S_2O_3} = \frac{C_{K_2Cr_2O_7} V_{K_2Cr_2O_7}}{V_{Na_2S_2O_3}}$$

十五、碘标准溶液 $c\left(\frac{1}{2}I_2\right) = 0.1mol/L$（0.1N）

1. 配制

准确称取纯粹的碘13g于250mL烧杯中，加40g碘化钾及25mL水，不断搅拌使其溶解，待全部溶解后加950mL水，将溶液贮于棕色试剂瓶中。

2. 标定

准确吸取25mL制备的碘溶液于250mL锥形瓶中，加入75mL水，摇匀。用0.1mol/L硫代硫酸钠溶液滴定，至溶液呈淡黄色时，加入2mL淀粉指示剂，继续用硫代硫酸钠溶液滴定至溶液变成纯蓝色时，每加一滴充分摇匀，直至蓝色消失为止。

3. 计算

$$C_{I_2} = \frac{C_{Na_2S_2O_3}V_{Na_2S_2O_3}}{V_{I_2}}$$

十六、氯化钠标准溶液

把氯化钠放在瓷坩埚内，在煤气或电炉上加热至有爆裂声或在250℃烘箱中烘1h。在干燥器中冷却后，准确称取1.649g氯化钠，用水溶解，移入1000mL容量瓶中，用水稀释至刻度。1mL NaCl溶液 $\hat{\backsim}$ 1mg（Cl$^-$）。

十七、硝酸银标准溶液

1. 配制

准确称取已于110~120℃烘1h，在干燥器中冷却的硝酸银4.800g于150mL烧杯中，加100mL水使之溶解，然后移入1000mL容量瓶中，用水稀释至刻度，移入棕色试剂瓶中。1mL AgNO$_3$标准溶液 $\hat{\backsim}$ 1mg（Cl$^-$）。

2. 标定

上述溶液必要时可用氯化钠标准溶液标定。准确吸取10mL氯化钠标准溶液于直径为120mm的瓷蒸发皿中，加90mL水，以硝酸银标准溶液滴定，至接近等当点时，加入铬酸钾指示剂2滴，并减慢滴定速度，至溶液呈淡红色止为。准确吸取100mL蒸馏水做空白试验。

$$1mL\ AgNO_3标准溶液 \hat{\backsim} \frac{10}{V_{SP} - V_{bl}}mg（Cl^-）$$

式中：V_{SP}——滴定氯化钠溶液时所耗用硝酸银溶液的体积，mL；

　　　V_{bl}——滴定蒸馏水时所耗用的硝酸银溶液的体积，mL。

十八、氯化钠标准溶液 c（NaCl）= 0.1mol/L（0.1N）

把氯化钠放在瓷坩埚内，在煤气或电炉上加热至有爆裂声，或在250℃烘箱中烘1h。然后在干燥器中冷却，准确称取2.9230g氯化钠，用水溶解，移入500mL容量瓶中，用水稀释至刻度，摇匀。

十九、硝酸银标准溶液 c ($AgNO_3$) = 0.1mol/L (0.1N)

1. 配制

准确称取已于110~120℃烘1h，在干燥器中冷却的硝酸银17.1g，溶于1000mL水中，贮于棕色试剂瓶中。

2. 标定

准确吸取50mL 0.1mol/L氯化钠溶液于直径为120mm的瓷蒸发皿中，按照硝酸银标准溶液标定法标定。同时做空白试验。

$$C_{AgNO_3} = \frac{C_{NaCl}V_{NaCl}}{(V_{sp} - V_{b1})_{AgNO_3}}$$

二十、铁质标准溶液

溶解0.7022g硫酸亚铁铵 [$FeSO_4 \cdot (NH_4)_2SO_4 \cdot 6H_2O$] 于50mL水中，加 c ($\frac{1}{2}H_2SO_4$) = 6mol/L 硫酸溶液30mL，微热之，并渐渐滴入 c ($\frac{1}{5}KMnO_4$) = 0.1mol/L高锰酸钾溶液并不时搅拌，至溶液呈微红色能持续5min之久为止，将溶液移入1000mL容量瓶中，加水稀释至刻度，摇匀。1mL标准铁质溶液≎0.1mg高价铁（ Fe^{3+} ）。

二十一、铅质标准溶液

1. 硝酸铅储藏溶液

准确称取0.1598g硝酸铅于100mL水中（先加有1mL浓硝酸），移入1000mL容量瓶中，加水稀释至刻度，贮于试剂瓶中。

2. 铅质标准溶液

准确吸取10mL硝酸铅储藏溶液于100mL容量瓶中，加水稀释至刻度（临用时配制）。1mL标准铅溶液=0.01mgPb^{2+}。

二十二、乙二胺四乙酸二钠（EDTA）标准溶液 c (EDTA) = 0.02mol/L

1. 配制

称取8g乙二胺四乙酸二钠，溶于1000mL水中，摇匀。

2. 标定

甲法：称取已在约800℃灼烧1h的氧化锌1.6274g，溶于4mL浓盐酸及25mL水中，移入1000mL容量瓶中，稀释至刻度，摇匀。

$$C_{ZnO} = \frac{W_{ZnO}}{氧化锌相对分子质量}$$

准确吸取25mL上述溶液于250mL锥形瓶中，加水稀释至约100mL，滴加10%氨水至溶液pH≈8，再加10mL氨-氯化铵缓冲溶液及5滴铬黑T指示剂，用0.02mol/L EDTA溶液滴定至溶液由紫色转变成纯蓝色。同时做空白试验。

计算：

$$C_{EDTA} = \frac{C_{ZnO}V_{ZnO}}{V_{sp} - V_{b1}}$$

乙法：

（1）0.02mol/L锌溶液配制：将纯锌放于稀盐酸溶液（1：4）中浸洗片刻，用水洗净，再用乙醇浸洗两次，最后用乙醚洗净，烘干备用。

准确称取上述经处理过的锌1.3076g，溶于20mL浓盐酸中，待全部溶解后，移入1000mL容量瓶中，加水稀释至刻度，摇匀。

$$C_{Zn} = \frac{W_{zn}}{锌的相对原子质量}$$

（2）标定：准确吸取25mL标准锌溶液于250mL锥形瓶中，加10mL水，10mL氨-氯化铵缓冲液和5滴铬黑T指示剂，用0.02mol/L EDTA溶液滴定至溶液由紫色变为纯蓝色。

（3）计算：

$$C_{EDTA} = \frac{C_{Zn}V_{Zn}}{V_{sp} - V_{b1}}$$

二十三、乙二胺四乙酸二钠（EDTA）标准溶液 c（EDTA）= 0.1mol/L

1. 配制

称取37.226g EDTA，溶于1000mL水中，摇匀。

2. 标定

甲法：准确称取于约800℃灼烧1h的氧化锌8.138g，溶于40mL 6mol/L盐酸中，移入1000mL容量瓶中，稀释至刻度，摇匀。

$$C_{ZnO} = \frac{W_{ZnO}}{氧化锌相对分子质量}$$

准确吸取25mL上述溶液于250mL锥形瓶中，加水稀释至100mL，滴加10%氨水至溶液pH≈8，加入氨-氯化铵缓冲溶液及5滴铬黑T指示剂，用0.1mol/L EDTA溶液滴定至溶液由紫色转变成纯蓝色。同时做空白试验。

$$C_{EDTA} = \frac{C_{ZnO}V_{ZnO}}{V_{sp} - V_{b1}} \quad 或 \quad C_{EDTA} = \frac{G}{V_{EDTA} \times 0.08138}$$

式中：G ——25mL 0.1mol/L氧化锌之重量，等于 $\frac{8.138}{1000} \times 25$；

81.38 ——每摩尔氧化锌的克数。

乙法：准确称取经处理过的锌粒6.5380g，溶于20mL浓盐酸中，待全部溶解后移入1000mL容量瓶中，用水稀释至刻度，摇匀。

$$C_{Zn} = \frac{W_{Zn}}{锌的相对原子质量}$$

准确吸取25mL锌标准液，加100mL水，再加10mL氨-氯化铵缓冲液和5滴铬黑T指示剂，用0.1mol/L EDTA溶液滴定至溶液由紫红色变为纯蓝色。同时做空白试验。

3．计算

$$C_{EDTA} = \frac{C_{Zn}V_{Zn}}{V_{sp} - V_{b1}}$$

二十四、氯化钡标准溶液 $c\,(\frac{1}{2}BaCl_2) = 0.1mol/L$（0.1N）

准确称取分析纯氯化钡（$BaCl_2 \cdot 2H_2O$）12.22g于250mL烧杯中，加不含二氧化碳蒸馏水100mL，使之溶解，移入1000mL容量瓶中，用不含二氧化碳蒸馏水稀释至刻度，摇匀。

$$C_{BaCl_2} = \frac{W_{BaCl_2}}{\dfrac{244.34}{2}}$$

式中：244.34 —— 每摩尔氯化钡的克数。

二十五、氯化钡标准溶液 $c\,(\frac{1}{2}BaCl_2) = 0.02mol/L$（0.02N）

准确称取分析纯氯化钡2.444g于250mL烧杯中，加不含二氧化碳蒸馏水100mL，使之溶解，移入1000mL容量瓶中，用不含二氧化碳蒸馏水洗净烧杯并稀释至刻度，摇匀。

$$C_{BaCl_2} = \frac{W_{BaCl_2}}{\dfrac{244.34}{2}}$$

式中：244.34 —— 每摩尔氯化钡的克数。

第五节　试液配置

一、$c\,(HCl) = 3mol/L$（3N）盐酸溶液
取盐酸（相对密度1.19）与水按1：3比例稀释，混匀。

二、$c\,(HCl) = 6mol/L$（6N）盐酸溶液
取盐酸（相对密度1.19）与水按1：1比例稀释，混匀。

三、c（HCl）= 12mol/L（12N）盐酸溶液

相对密度为1.19的盐酸即为12mol/L。

四、c（HNO₃）= 3mol/L（3N）硝酸溶液

取硝酸（相对密度1.42）与水按1：4比例稀释，混匀。

五、c（HNO₃）= 16mol/L（16N）硝酸溶液

相对密度为1.42的硝酸即为16mol/L。

六、c（$\frac{1}{2}$H₂SO₄）= 1mol/L（1N）硫酸溶液

取硫酸（相对密度1.84）与水按1：35比例稀释，混匀。

七、c（$\frac{1}{2}$H₂SO₄）= 2mol/L（2N）硫酸溶液

取硫酸（相对密度1.84）与水按1：17比例稀释，混匀。

八、c（$\frac{1}{2}$H₂SO₄）= 6mol/L（6N）硫酸溶液

取硫酸（相对密度1.84）与水按1：5比例稀释，混匀。

九、c（$\frac{1}{2}$H₂SO₄）= 9mol/L（9N）硫酸溶液

取硫酸（相对密度1.84）与水按1：3比例稀释，混匀。

十、c（$\frac{1}{2}$H₂SO₄）= 18mol/L（18N）硫酸溶液

取硫酸（相对密度1.84）与水按1：1比例稀释，混匀。

十一、c（$\frac{1}{2}$H₂SO₄）= 36mol/L（36N）硫酸溶液

相对密度为1.84的硫酸即为36mol/L。

十二、c（HAc）= 6mol/L（6N）乙酸溶液

取冰乙酸［c（HAc）= 17mol/L］353mL加水稀释至1L。

十三、6%（*V/V*）乙酸

取60mL冰乙酸加水稀释至1L。

十四、c（NaOH）= 1mol/L（1N）氢氧化钠溶液

取40g氢氧化钠溶于水中，稀释至1L。

十五、c（NaOH）= 6mol/L（6N）氢氧化钠溶液

取240g氢氧化钠溶于水中，稀释至1L。

十六、c（NaOH）= 10mol/L（10N）氢氧化钠溶液

取400g氢氧化钠溶于水中，稀释至1L。

十七、c（NH_4OH）= 15mol/L（15N）氢氧化铵溶液

相对密度为0.91的氨水即为15mol/L。

十八、氢氧化铵试液

取浓氨水200mL，用水稀释至500mL，混匀。

十九、硫化氢试液

取冷蒸馏水，通入硫化氢气体（可用硫化铁与稀盐酸作用产生硫化氢），使饱和，贮于棕色瓶中（临用时配）。

二十、硝酸银试验

取1～2g硝酸银溶于100mL水中，用硝酸酸化之。

二十一、10%氯化钡

取10g氯化钡溶于水中，稀释至100mL。

二十二、25%氯化钡

取25g氯化钡溶于水中，稀释至100mL。

二十三、25%氢氧化钾

取25g氢氧化钾溶于水中，稀释至100mL。

二十四、25%中性甲醛

预先以酚酞为指示剂，用0.1mol/L氢氧化钠溶液中和甲醛。取已中和甲醛25mL，用水

稀释至100mL。

二十五、20%亚硫酸钠

取20g亚硫酸钠溶于水中，稀释至100mL。

二十六、8%硫氰酸铵

取8g硫氰酸铵溶于水中，稀释至100mL。

二十七、c（KOH）= 2mol/L（2N）氢氧化钾乙醇溶液

取12g氢氧化钾置于250mL平底烧瓶中，加入100mL不含醛的乙醇，渐渐摇动，待完全溶解后静置两天，倾倒上层澄清液于试剂瓶中，用软木塞（塞子用锡纸包住）塞紧。

二十八、氨–氯化铵缓冲溶液

溶解20g氯化铵于少量水中，加入100mL浓氨水，用水稀释至1L（pH值约为10）。

二十九、中性乙醇

将普通乙醇分馏，用时回流半小时，用酚酞作指示剂，以0.1mol/L氢氧化钠滴至极微之淡红色。

三十、不含醛乙醇

取1.5g硝酸银溶于4mL水中，加入1000mL 95%乙醇中，摇匀后再加入50%氢氧化钾乙醇溶液10mL，混匀，放置1～2天。在放置时，每隔数小时摇动一次，然后将澄清的乙醇溶液倾入蒸馏烧瓶中，在水浴锅上分馏之。分馏液即为不含醛的乙醇。

三十一、不含二氧化碳蒸馏水

将蒸馏水煮沸20min即得。

三十二、不含氨蒸馏水

甲法：每升蒸馏水中加入2mL化学纯浓硫酸和少量化学纯高锰酸钾，进行蒸馏，收集的蒸馏液为不含氨蒸馏水。

乙法：取1.5～2L的蒸馏水置于烧瓶中，加入少量化学纯碳酸氢钠，使水呈弱碱性，然后（在没有氨的房间里）把水煮沸蒸至约原体积的四分之一止。

注　水在应用前用奈氏试剂检验，如有 NH_4^+ 时则有黄色或红棕色沉淀析出。

三十三、奈氏试剂

甲法：将3.5g碘化钾和1.3g氯化汞溶于70mL水中，然后加入30mL 4mol/L氢氧化钠溶

液，必要时过滤，保存在棕色瓶中。

乙法：溶解11.5g碘化汞及10g碘化钾于适量水中（切勿加水过多），然后加水稀释至50mL，静置后，过滤，澄清液贮于棕色瓶中。

三十四、50%浓氢氧化钠溶液

取约150g纯氢氧化钠于400mL烧杯中，加150mL不含二氧化碳蒸馏水，并不时搅拌（在溶解时为防止发热过多而致使烧杯破碎，可用冷水冷却烧杯），待冷却至室温，移入250mL硬质烧瓶中，用软木塞紧塞，静置约10天，其上层的澄清液即可应用。

三十五、$c(\frac{1}{2}CaCl_2) = 0.1mol/L（0.1N）氯化钙溶液$

准确称取5.005g分析纯碳酸钙于玻璃蒸发皿中，盖以表面皿，渐渐用吸量管滴入浓盐酸（5~9mL），使碳酸钙全部溶解，将溅至表面皿上的水滴洗下，移至水浴锅上蒸发至干，加10mL水再蒸干。如此反复数次，使多余的盐酸全部蒸去，用不含二氧化碳的蒸馏水溶解，移入1000mL容量瓶中，用水稀释至刻度，摇匀。

三十六、$c(\frac{1}{2}MgSO_4) = 0.1mol/L（0.1N）硫酸镁溶液$

准确称取12.325g硫酸镁（$MgSO_4 \cdot 7H_2O$），用水溶解，移入1000mL容量瓶中，加水稀释至刻度。

三十七、0.01mol/L钙盐及镁盐混合液

取75mL氯化钙溶液[$c(\frac{1}{2}CaCl_2) = 0.1mol/L$]与25mL硫酸镁溶液[$c(\frac{1}{2}MgSO_4) = 0.01mol/L$]相混合，加水稀释至1000mL。

三十八、10%碘化钾

取10g碘化钾溶于水中，加水稀释至100mL。

三十九、1mol/L环己胺

准确称取99.1273g环己胺，移入1000mL容量瓶中，用水稀释至刻度。

四十、1%亚硝酰铁氰化钠

取1g亚硝酰铁氰化钠溶于100mL水中。此试剂不稳定，每隔三日即需配制。

四十一、钼酸试剂

在400mL水及80mL浓氢氧化铵溶液中溶解100g分析纯钼酸酐或118g钼酸，如有沉淀需过滤，然后将此溶液逐渐加入淡硝酸中（400mL浓硝酸加600mL水），同时不断地搅动溶液，须在微温中保温数天，直至当此液加热至40～45℃无黄色沉淀时止。将上面清液倾出保存在有塞玻瓶中。

第六节　指示剂配制

一、常用的pH指示剂及其溶液的配制（表11-6-4）

表11-6-4　pH指示剂

指示剂名称	pH值的变色范围	配 制 方 法
甲基紫	黄0.0～0.5绿 绿1.0～1.5蓝 蓝2.0～2.5紫	0.1g溶于100mL水
结晶紫	绿0.0～2.0紫	0.1g溶于100mL水
麝香草酚蓝（百里酚蓝）（第一次变色）	红1.2～2.8黄	（1）0.1g溶于4.3mL 0.05mol/L NaOH溶液中，用水稀释至250mL （2）0.1g溶于100mL 20%乙醇
二苯胺橙	红1.3～3.0黄	0.1g溶于100mL水
甲基黄	红3.9～4.0黄	0.1g溶于100mL 90%乙醇
溴酚蓝	黄3.0～4.6蓝紫	（1）0.1g溶于3mL 0.05mol/L NaOH溶液中，用水稀释至250mL （2）0.1g溶于100mL 20%乙醇
刚果红	蓝3.0～5.2红	0.1g溶于100mL水
甲基橙	红3.1～4.4橙黄	0.1g溶于100mL水
溴甲酚绿	黄3.8～5.4蓝	（1）0.1g溶于2.9mL 0.05mol/L NaOH溶液中，用水稀释至250mL （2）0.1g溶于100mL 20%乙醇
甲基红	红4.4～6.2黄	0.1g溶于100mL 70%乙醇
氯酚红	黄5.0～6.0红	（1）0.1g溶于3.2mL 0.05mol/L NaOH溶液中，用水稀释至250mL （2）0.1g溶于100mL 20%乙醇
石蕊	红5.0～8.0蓝	0.5～1.0g溶于100mL水
溴麝香草酚蓝（溴百里酚蓝）	黄6.0～7.6蓝	（1）0.10g溶于3.2mL 0.05mol/L NaOH溶液中，用水稀释至250mL （2）0.10g溶于100mL 20%乙醇
酚红	黄6.8～8.0红	0.1g溶于5.7mL 0.05mol/L NaOH溶液中，用水稀释至250mL
中性红	红6.8～8.0琥珀黄	0.1g溶于100mL 70%乙醇
甲酚红	琥珀黄7.2～8.8紫红	（1）0.1g溶于5.3mL 0.05mol/L NaOH溶液中，用水稀释至250mL （2）0.10g溶于100mL 20%乙醇
α-萘酚酞	蔷薇黄7.3～8.7蓝绿	0.5g溶于100mL 70%乙醇
麝香草酚蓝（第二次变色）	黄8.0～9.6蓝	（1）0.10g溶于4.3mL 0.05mol/L NaOH溶液中，用水稀释至250mL （2）0.1g溶于100mL 20%乙醇
麝香草酚酞	无色9.4～10.6蓝	1g溶于100mL 90%乙醇
酚酞	无色8.2～10.0红紫	1g溶于100mL 60%中性乙醇
茜素红S	黄10.0～12.0紫	0.20g溶于100mL水

续表

指示剂名称	pH值的变色范围	配　制　方　法
茜素黄R	黄10.1 ~ 12.1紫	0.10g溶于100mL水
1，3，5 – 三硝基苯	无色11.5 ~ 14.0橙	0.10g溶于100mL 90%乙醇

二、常用的酸碱混合指示剂

酚酞	1.3g
溴麝香草酚蓝	0.9g
甲基红	0.4g
麝香草酚蓝	0.2g

把上面四种称好的指示剂溶解在1000mL 70%乙醇中，待完全溶解后加适量0.1mol/L氢氧化钠使溶液刚变绿色即可应用。

变色范围和指示的pH值如下：

颜色	红	橙	黄	绿	青	蓝	紫
pH值	4	5	6	7	8	9	10

三、氧化还原、沉淀及络合滴定的常用指示剂溶液的配制（表11-6-5）

表11-6-5　氧化还原、沉淀及络合滴定常用指示剂

指示剂名称	配　制　方　法
铬酸钾	10g铬酸钾溶于100mL水中
0.5%淀粉	将1g氯化锌溶于100mL水中，加热煮沸，另取0.5g可溶性淀粉，用5mL水调和成浆，倒入煮沸氯化锌水溶液中，煮沸2 ~ 3min，使溶液透明
0.5%铬黑T	（1）0.5g铬黑T溶于pH=10的缓冲液，用乙醇稀释至100mL （2）0.5g铬黑T和2.0g盐酸羟胺溶于100mL乙醇 （3）铬黑T与氯化钠（化学纯）按1∶100混合研细可长期使用
硫酸高铁胺（铁矾）	8g硫酸铁溶于100mL水中，滴入浓HNO_3，直到棕色消失为止，贮于棕色瓶中
紫脲酸胺	0.2g紫脲酸胺及100g氯化钠混匀研细
二氯荧光黄	0.05g二氯荧光黄溶于100mL乙醇中
溴甲酚绿–甲基红	将溴甲酚绿乙醇溶液（1g/L）与甲基红乙醇溶液（2g/L），按3∶1体积比混合，摇匀

第七节　常用洗涤液配制

实验室中常用肥皂、洗涤剂、洗液和有机溶剂等清洗玻璃仪器。肥皂、洗涤剂等用于清洗形状简单，能用刷子直接刷洗的玻璃仪器，如烧杯、试剂瓶、锥形瓶等。洗液主要用于清洗不易或不应直接刷洗的玻璃仪器，如吸管、容量瓶、比色管、凯氏定氮仪等。此外，长久不用的玻璃仪器及刷子刷不清的污垢也可用洗液来清洗，利用洗液与污物起化学反应，氧化破坏有机物而除去污垢。

一、铬酸洗液（重铬酸钾的浓硫酸溶液）

50g重铬酸钾（工业用）溶于50～80mL热水中，冷却后，于搅拌下徐徐加入浓硫酸（工业用）至1L（注意：不能将重铬酸钾加入浓硫酸中）。配好后放冷，装入磨口试剂瓶中。

新配制的洗液呈深褐色，氧化能力很强，使用过程中应随时盖紧瓶塞，以免洗液吸收空气中的水分而降低洗涤能力。同时，使用时避免进入过多的水而被稀释。洗液经过多次使用后，所含硫酸浓度和重铬酸钾的氧化能力逐渐下降，作用力会减弱，此时可加入适量浓硫酸或高锰酸钾帮助再生。当洗液变为绿色时，其中绝大部分的高价铬盐已被还原为低价铬盐，此时洗液不再具有氧化力，故不宜再用。

二、碱性高锰酸钾洗液

取4g高锰酸钾，溶于少量水中，然后加入10%氢氧化钠溶液至100mL。该液用于洗涤油污及有机物。洗后如在玻璃器皿上沾有褐色氧化锰，可用盐酸羟胺或草酸洗液洗除之。碱性高锰酸钾洗液不应在所洗的玻璃器皿中长期存留。

三、合成洗涤剂或洗衣粉配成的洗液

取适量洗涤剂或洗衣粉用热水配成浓溶液。这种洗涤液用于常规洗涤。

四、酸性草酸洗涤液

取10g草酸溶于100mL　20%盐酸溶液中。此洗液用于洗涤氧化性物质及经高锰酸钾清洗后覆盖于玻璃器皿上的褐色氧化锰。

五、有机溶剂

沾有较多油脂性污物的器皿可用丙酮、乙醚、乙醇或配成氢氧化钠的饱和乙醇溶液进行洗涤。

六、纯酸洗液

根据污垢的性质，如水垢或盐类结垢，可直接用1∶1盐酸或1∶1硝酸进行浸泡器皿。

第七章　化工料分析

第一节　常用的酸碱类

一、硫酸

（一）含量测定

1. 比重计测定法

用波美表测试。但此法只能得到粗糙的结果，如系不纯净的硫酸，更不能得出正确的浓度，必须用滴定法来测定其准确的浓度。

2. 滴定法

准确称取2mL样品，移入1000mL容量瓶中（瓶中预先加入200mL水），用水洗净，稀释至刻度，摇匀。准确吸取50mL稀释液于250mL锥形瓶中，加入5滴酚酞指示液，用0.1mol/L氢氧化钠标准溶液滴定至溶液呈淡红色。

$$H_2SO_4 + 2NaOH \longrightarrow Na_2SO_4 + 2H_2O$$

3. 计算

$$硫酸含量 = \frac{C_{NaOH}V_{NaOH} \times 0.04904}{W \times \dfrac{50}{1000}} \times 100\%$$

（二）杂质测定

1. 灼烧残渣

置5mL样品于已恒重的瓷坩埚中，迅速称其重量，加热至硫酸逸尽（在通风橱中进行），于约800℃下灼烧至恒重。

$$灼烧残渣含量 = \frac{W - W_1}{W_2} \times 100\%$$

式中：W——坩埚与灼烧后残渣的重量，g；

　　　W_1——坩埚的重量，g；

　　　W_2——样品的重量，g。

2. 铁含量

用1mL吸量管吸取1mL样品于50mL比色管甲中，加入25mL水及6mol/L盐酸5mL，摇匀。渐渐滴加0.1mol/L高锰酸钾溶液，并搅拌之，至溶液呈微红色后加入8%硫氰酸铵溶液5mL，用水稀释至刻度，混合均匀。

同时在另一比色管乙中加入6mol/L盐酸5mL，8%硫氰酸铵溶液5mL，加水稀释至49mL左右，用刻度吸管慢慢滴入铁质标准溶液，直到所呈红色与试样（比色管甲）具有相同深浅为止。计算：

$$Fe^{3+}含量 = \frac{标准铁质溶液用量(mL) \times 0.0001(g)}{试液体积(mL) \times 试液比重} \times 100\%$$

$$Fe^{3+}含量\ (mL/L) = \frac{标准铁质溶液用量(mL) \times 0.1(mg)}{试液体积(mL)} \times 1000$$

3．重金属测定

取96%（66°Bé）硫酸样品1mL，以水稀释至18mL[若为69.89%（55°Bé）硫酸则稀释至15mL]，吸取1mL稀释液移入50mL比色管乙中，滴加氢氧化铵试液，使对石蕊试纸呈中性反应，加6%乙酸2mL，用水稀释至25mL。于另一50mL比色管甲中加入1mL铅的标准溶液与2mL 6%乙酸，加水稀释至25mL；将甲、乙两比色管中各加入硫化氢试液10mL，混匀，放置暗处，10min后同置白纸上，自上面透视，比较两管颜色，乙管色泽不可深于甲管。

二、盐酸

（一）含量测定

准确称取5mL样品于称量瓶中，再移入1000mL容量瓶中，用水洗净，稀释至刻度，摇匀。准确吸取50mL稀释液于250mL锥形瓶中，加入5滴酚酞指示液，用0.1mol/L氢氧化钠标准溶液滴定至溶液呈微红色。计算：

$$HCl + NaOH \longrightarrow NaCl + H_2O$$

$$盐酸含量 = \frac{C_{NaOH} V_{NaOH} \times 0.03646}{W \times \dfrac{50}{1000}} \times 100\%$$

（二）杂质测定

1．铁含量

同硫酸中铁含量测定。

2．硫酸含量

（1）标准硫酸根溶液的制备：吸取105mL硫酸溶液 $[c(\frac{1}{2}H_2SO_4)=0.1mol/L]$ 于1000mL容量瓶中，稀释至刻度，摇匀。吸取10mL稀释液于1000mL容量瓶中，稀释至刻度，摇匀。所得溶液1mL含 SO_4^{2-} 0.05154 mg。

（2）测定方法：取试样6mL（7.14g）注于蒸发皿中，于水浴上蒸干，残渣溶于10mL水中，用滤纸过滤于100mL容量瓶中，以热水洗涤蒸发皿，洗液一并放入容量瓶中，稀释至刻度。吸取25mL所得溶液于50mL具塞比色管中，加1mL 3mol/L盐酸，于30～35℃水浴中保温10min，再加3mL 25%氯化钡溶液。

同时在另一比色管中加入25mL标准硫酸根溶液，加入同量的盐酸及氯化钡溶液。

将两管的溶液混匀，20min后，自上向下观察，试样溶液的浊度不得大于标准溶液的浊度。

（三）重金属测定

吸取0.2mL样品于比色管中，测定方法同硫酸中重金属含量测定。

三、硝酸

（一）含量测定

准确称取5mL样品于称量瓶中，移入1000mL容量瓶中，用水洗净，稀释至刻度，摇匀。准确吸取50mL稀释液于250mL锥形瓶中，加入5滴酚酞指示液，用0.1mol/L氢氧化钠溶液滴定至溶液呈微红色。计算：

$$HNO_3 + NaOH \longrightarrow NaNO_3 + H_2O$$

$$硝酸含量 = \frac{C_{NaOH}V_{NaOH} \times 0.06311}{W \times \dfrac{50}{1000}} \times 100\%$$

（二）杂质测定

1. 铁含量

同硫酸中铁含量的测定。

2. 硫酸含量

同盐酸中硫酸含量的测定。

四、乙酸

（一）含量测定

准确称取5mL乙酸，移入1000mL容量瓶中，用水洗净，稀释至刻度，摇匀。准确吸取50mL稀释液于250mL锥形瓶中，加入5滴酚酞指示液，用0.1mol/L氢氧化钠溶液滴定至溶液呈微红色。计算：

$$CH_3COOH + NaOH \longrightarrow CH_3COONa + H_2O$$

$$乙酸含量 = \frac{C_{NaOH}V_{NaOH} \times 0.06005}{W \times \dfrac{50}{1000}} \times 100\%$$

（二）杂质测定

1. 铁含量

同硫酸中铁含量的测定。

2. 重金属

以1mL吸量管准确吸取0.2mL样品于50mL比色管中，测定方法同硫酸中重金属的测定。

3. 氯化物

取样品1mL，依照氯化物检查，如出现浑浊，与0.02mol/L盐酸溶液0.5mL用同一方法处理后的浑浊比较，不得更浓。

$$Cl^- + Ag^+ \xrightarrow{HNO_3} AgCl\downarrow$$

4. 硫酸盐

取样品1mL，依照硫酸盐检查法检查，如发生浑浊，与硫酸溶液 $[c(\frac{1}{2}H_2SO_4)=0.02mol/L]$ 1.5mL用同一方法处理后的浑浊比较，不得更浓。

$$SO_4^{2-} + Ba^{2+} \xrightarrow{HCl} BaSO_4\downarrow$$

5. pH值

准确称取1g样品配成100mL溶液，测定其pH值，应在2.8左右。

五、蚁酸

（一）含量测定

1. 酸分测定

准确称取10mL样品，移入500mL容量瓶中，用水洗净并稀释至刻度。准确吸取50mL稀释液于250mL锥形瓶中，加入酚酞指示剂10滴，用1mol/L氢氧化钠溶液滴定至溶液呈微红色为止。计算：

$$HCOOH+NaOH \longrightarrow HCOONa+H_2O$$

$$蚁酸含量 = \frac{C_{NaOH}V_{NaOH} \times 0.04603}{W \times \frac{50}{500}} \times 100\%$$

2. 还原力测定

准确称取试样0.8~1g，移入500mL容量瓶中，用水洗净，并稀释至刻度，摇匀。准确吸取50mL稀释液于500mL锥形瓶中，加入10%碳酸钠溶液使呈碱性，微热后用移液管加入高锰酸钾溶液 $[c(\frac{1}{5}KMnO_4)=0.1mol/L]$ 50mL（高锰酸钾溶液要过量，使溶液呈淡红色），加热5~6min，使二氧化锰沉淀，然后加入硫酸 $[c(\frac{1}{2}H_2SO_4)=18mol/L]$ 10mL，使呈酸性反应；由移液管注入50mL草酸 $[c(\frac{1}{2}C_2H_2O_4)=0.1mol/L]$，以使过量的高锰酸钾及二氧化锰溶解；如温度低于70℃，就加热至70℃，然后用0.1mol/L高锰酸钾溶液滴定过量的草酸，至淡红色1min内不消失为止。另取50mL 0.1mol/L草酸溶液用0.1mol/L高锰酸钾溶液滴定至淡红色1min内不消失为止。

$$2KMnO_4 + 3HCOONa \longrightarrow K_2CO_3 + Na_2CO_3 + NaHCO_3 + 2MnO_2 + H_2O$$

$$2KMnO_4 + 5H_2C_2O_4 + 3H_2SO_4 \longrightarrow 2MnSO_4 + K_2SO_4 + 10CO_2\uparrow + 8H_2O$$

$$MnO_2 + H_2SO_4 + H_2C_2O_4 \longrightarrow MnSO_4 + 2CO_2\uparrow + 2H_2O$$

$$蚁酸含量 = \frac{(V_1 - V_2) \times C_{KMnO_4} \times 0.02301}{W \times \dfrac{50}{500}} \times 100\%$$

式中：V_1——高锰酸钾溶液耗用总毫升数；

V_2——50mL草酸相当于高锰酸钾的毫升数。

（二）杂质测定

1. 铁含量

同硫酸中铁含量的测定。

2. 重金属

吸取0.2mL样品，按照硫酸中重金属测定的方法测定。

六、草酸

（一）含量测定

1. 酸分测定

准确称取试样3g，用水溶解后移入500mL容量瓶中，用水洗净并稀释至刻度，摇匀。准确吸取50mL稀释液于250mL锥形瓶中，加酚酞指示剂数滴，以0.1mol/L氢氧化钠溶液滴定至溶液呈微红色。计算：

$$H_2C_2O_4 + 2NaOH \longrightarrow Na_2C_2O_4 + 2H_2O$$

$$草酸含量 = \frac{C_{NaOH}V_{NaOH} \times 0.04501}{W \times \dfrac{50}{500}} \times 100\%$$

2. 还原力测定

准确吸取上法中的稀释液50mL于250mL锥形瓶中，加入硫酸 $[c(\frac{1}{2}H_2SO_4)=6mol/L]$ 15mL，加热到70～80℃，以高锰酸钾溶液 $[c(\frac{1}{5}KMnO_4)=0.1mol/L]$ 滴定至溶液呈淡红色。

$$2KMnO_4 + 3H_2SO_4 + 5H_2C_2O_4 \longrightarrow K_2SO_4 + 2MnSO_4 + 10CO_2\uparrow + 8H_2O$$

$$草酸含量 = \frac{C_{KMnO_4}V_{KMnO_4} \times 0.06303}{W \times \dfrac{50}{500}} \times 100\%$$

（二）杂质测定

1. 氯化物检验

草酸中如有氯离子Cl^-，加入硝酸银溶液则呈现混浊。

2．硫酸盐检验

取样品1mL依照硫酸根SO_4^{2-}检查法检查，如有SO_4^{2-}，则呈现混浊。

七、酒石酸

（一）含量测定

准确称取3g样品，用水溶解，移入500mL容量瓶中，用水洗净并稀释至刻度，摇匀。准确吸取50mL稀释液于250mL锥形瓶中，加入酚酞指示剂数滴，用0.1mol/L氢氧化钠溶液滴定至溶液呈微红色。

$$H_2C_4H_4O_6 + 2NaOH \longrightarrow Na_2C_4H_4O_6 + 2H_2O$$

$$酒石酸含量 = \frac{C_{NaOH}V_{NaOH} \times 0.075}{W \times \frac{50}{500}} \times 100\%$$

（二）杂质测定

1．灰分

准确称取试样1g，置于已恒重的坩埚中，先用小火慢慢加热，然后用猛火灼烧至恒重。计算：

$$灰分 = \frac{灰分重量}{试样重量} \times 100\%$$

2．氯根检验

同草酸中氯离子的检验。

3．硫酸根检验

同草酸中硫酸根离子的检验。

八、油酸

（一）酸值（中和1g油酸所需氢氧化钾的毫克数）

准确称取1~2g样品于250mL锥形瓶中，加入中性乙醇20mL，在水浴上加热到完全溶解，加入酚酞指示剂数滴，用0.1mol/L氢氧化钾溶液趁热滴定（或用0.1mol/L氢氧化钠乙醇溶液滴定）至溶液呈微红色。计算：

$$C_{17}H_{33}COOH + KOH \longrightarrow C_{17}H_{33}COOK + H_2O$$

$$酸值 = \frac{C_{KOH}V_{KOH} \times 56.11}{W}$$

（二）碘值（与100g油酸化合所需碘之克数）

1．试剂

（1）氯仿。

（2）硫代硫酸钠标准溶液 $[c(Na_2S_2O_3) = 0.1mol/L]$。

（3）10%碘化钾。

（4）高夫门溶液：将新鲜干燥的溴化钠（NaBr）溶于无水甲醇中，使成饱和溶液（约100份溴化钠需100份甲醇），于此1000mL澄清溶液中加入5.2mL溴即成。

2．测定方法

准确称取0.2g油酸置于500mL碘量瓶中，加入10mL氯仿，待油酸溶解后用移液管加入25mL高夫门溶液，盖紧瓶塞，以10%碘化钾溶液封口，摇动烧瓶使混合均匀，溶液应呈透明状，否则再加氯仿少许使其透明。然后放在暗处30min，同时每隔5～10min摇动一次，最后，移开瓶塞，用15mL 10%碘化钾溶液冲洗，加75mL蒸馏水，用硫代硫酸钠溶液 $[c(Na_2S_2O_3)=0.1mol/L]$滴定至溶液呈微黄色时，加入淀粉指示剂2～3mL，继续滴定至溶液的蓝色消失。同时做空白试验。计算：

$$碘值 = \frac{(V_{b1} - V_{sp}) \times C_{Na_2S_2O_3} \times 0.127}{W} \times 100$$

（三）凝固点

1．仪器

（1）测定试管：长160mm，内径20mm。

（2）套管：长130mm，内径40mm。

（3）温度计：分度值为0.1℃。

2．测定方法

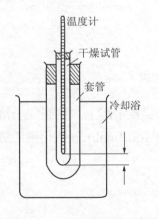

图11-7-1　凝固点测定装置

取10～15g试样于测定试管中，将试管放在水浴中微温，温度约较估计的凝固点高10～20℃；将温度计插入试管中，使其位于油脂的中心，将此试管套入套管中，再置于盛有适宜的冷却液的烧杯中，并调节其温度，使保持在较估计凝固点低10～15℃。待试管中油脂开始呈雾状时（用温度计渐渐搅拌），注意观察其温度，每15s记录一次。当温度能保持30s不再下降时，停止搅拌。这时温度将逐渐升高，注意观察其温度，其最高点即为凝固点（因油脂凝固时放出潜热，故温度稍有上升，到凝固完全终了时，温度再行下降，所以其最高温度即为凝固点）。图11-7-1为凝固点测定装置。

九、烧碱

（一）含量测定

1．试样溶液的制备

（1）固体烧碱：准确称取20g的固体烧碱，用新近煮沸并冷却到50～60℃的不含二氧化碳蒸馏水溶解，移入500mL容量瓶中，待溶液冷却后，加不含二氧化碳蒸馏水稀释至刻度，摇匀。

（2）液体烧碱：准确称取40～45g的试样，移入500mL容量瓶中，加入不含二氧化碳蒸馏水，冷却后稀释至刻度。

2．测定方法

准确吸取50mL上述溶液于250mL锥形瓶中，加酚酞指示剂2～3滴，用1mol/L盐酸溶液滴定至红色消失为止，耗去盐酸溶液V（mL）；再加甲基橙指示剂2～3滴，继续用1mol/L盐酸溶液滴定至微红色，用去盐酸溶液V_1（mL）。

$$NaOH + HCl \longrightarrow NaCl + H_2O$$
$$Na_2CO_3 + HCl \longrightarrow NaCl + NaHCO_3$$
$$NaHCO_3 + HCl \longrightarrow NaCl + CO_2 \uparrow + H_2O$$

$$氢氧化钠含量 = \frac{(V - V_1) \times C_{HCl} \times 0.040}{W \times \dfrac{50}{500}} \times 100\%$$

（二）杂质测定

1．碳酸钠含量

测定方法同氢氧化钠含量的测定。

$$碳酸钠含量 = \frac{2V_1 \times C_{HCl} \times 0.053}{W \times \dfrac{50}{500}} \times 100\%$$

2．铁含量

吸取上述稀释液10mL于50mL比色管中，加6mol/L盐酸使呈酸性，然后按照硫酸中铁含量的测定法测定。

$$铁含量 (Fe^{3+}) = \frac{标准铁质溶液用量(mL) \times 0.0001(g)}{W \times \dfrac{10}{500}} \times 100\%$$

十、纯碱

（一）含量测定

准确称取1.5～2g试样，溶于不含二氧化碳的蒸馏水中，再移入250mL容量瓶中，稀释至刻度，摇匀。准确吸取25mL稀释液于250mL锥形瓶中，加酚酞指示剂数滴，用0.1mol/L盐酸溶液滴定至粉红色消失，耗用盐酸溶液V（mL）；再加甲基橙指示剂数滴，继续用0.1mol/L盐酸溶液滴定至溶液呈微红色，耗用盐酸溶液V_1（mL）。

计算：

（1）当$V > V_1$时，表示纯碱中有烧碱，则：

$$总碱量（以Na_2O计）= \frac{(V + V_1) \times C_{HCl} \times 0.031}{W \times \dfrac{25}{250}} \times 100\%$$

$$纯碱含量 = \frac{2V_1 \times C_{HCl} \times 0.053}{W \times \dfrac{25}{250}} \times 100\%$$

$$烧碱含量 = \frac{(V - V_1) \times C_{HCl} \times 0.040}{W \times \dfrac{25}{250}} \times 100\%$$

（2）当 $V_1 > V$ 时，表示纯碱中含有碳酸氢钠，则：

$$总碱量（以Na_2O计）= \frac{(V + V_1) \times C_{HCl} \times 0.031}{W \times \dfrac{25}{250}} \times 100\%$$

$$纯碱含量 = \frac{2V_{HCl} \times C_{HCl} \times 0.053}{W \times \dfrac{25}{250}} \times 100\%$$

$$碳酸氢钠含量 = \frac{(V_1 - V) \times C_{HCl} \times 0.084}{W \times \dfrac{25}{250}} \times 100\%$$

（二）杂质测定

1. 铁含量

同烧碱中铁含量的测定。

2. 灼烧失重

准确称取2g样品于已恒重的坩埚中，逐渐升温，于270～300℃灼烧至恒重。

$$灼烧失重 = \frac{样品重量(g) - 烧后重量(g)}{样品重量(g)} \times 100\%$$

3. 氯化物

同乙酸中氯化物的测定。

4. 硫酸盐

同乙酸中硫酸盐的测定。

十一、氨水

含量测定：取125mL或250mL碘量瓶，内盛有15mL蒸馏水，盖紧瓶盖准确称其重量，然后迅速加入约1.1mL样品，盖好瓶盖，再准确称其重量，加入甲基橙指示剂1～2滴，用0.5mol/L盐酸溶液滴定至溶液呈橙色。

$$NH_4OH + HCl \longrightarrow NH_4Cl + H_2O$$

$$氨含量（NH_3）= \frac{C_{HCl}V_{HCl} \times 0.01703}{W} \times 100\%$$

十二、水玻璃

1. 总碱量

准确称取试样5g，移入500mL容量瓶中，用水洗净并稀释至刻度，摇匀。吸取50mL稀释液于250mL锥形瓶中，加甲基橙（或酚酞）指示剂数滴，以0.1mol/L盐酸溶液滴定至溶液呈橙色（以酚酞为指示剂时，滴定终点为红色消失）。

$$Na_2O + 2HCl \longrightarrow 2NaCl + H_2O$$

$$Na_2SiO_3 + 2HCl \longrightarrow 2NaCl + H_2SiO_3$$

$$总碱量（以Na_2O计）= \frac{C_{HCl}V_{HCl} \times 0.031}{W \times \dfrac{50}{500}} \times 100\%$$

$$总碱量（以NaOH计）= \frac{C_{HCl}V_{HCl} \times 0.040}{W \times \dfrac{50}{500}} \times 100\%$$

2. 二氧化硅

将滴定总碱量后的溶液移入蒸发皿中，加过量的浓盐酸约5mL，在水浴锅上蒸发至干。再加浓盐酸润湿残渣，并加水50mL蒸发至干。最后加水50mL搅匀，用定量滤纸过滤和洗涤沉淀，移至已恒重的坩埚中灼烧至恒重。

$$Na_2SiO_3 + 2HCl \longrightarrow H_2SiO_3 + 2NaCl$$

$$H_2SiO_3 \underset{\text{加热}}{\overset{\text{加热}}{\rightleftharpoons}} SiO_2 + H_2O$$

$$二氧化硅含量 = \frac{SiO_2\ 重量(g)}{W \times \dfrac{50}{500}} \times 100\%$$

3. 铁含量

吸取上述稀释液20mL，置于50mL比色管中加6mol/L盐酸5mL，摇匀。以下操作同硫酸中铁含量的测定。

$$铁含量（Fe^{3+}）= \frac{标准铁质溶液用量(mL) \times 0.0001(g)}{W \times \dfrac{20}{500}} \times 100\%$$

第二节　常用的氧化剂、还原剂

一、双氧水

（一）含量测定

于一称量瓶中准确称取5mL样品，移入500mL容量瓶中，迅速加入水稀释至刻度，摇匀。准确吸取20mL稀释液于400mL烧杯中，加入20mL 5%硫酸，用高锰酸钾溶液[$c(\frac{1}{5}KMnO_4)=0.1mol/L$]滴定至溶液呈淡红色。

$$5H_2O_2 + 2KMnO_4 + 4H_2SO_4 \longrightarrow 2KHSO_4 + 2MnSO_4 + 8H_2O + 5O_2\uparrow$$

$$过氧化氢含量 = \frac{C_{KMnO_4}V_{KMnO_4}\times 0.01701}{W\times\frac{20}{500}}\times 100\%$$

$$过氧化氢质量浓度(W/V) = \frac{C_{KMnO_4}V_{KMnO_4}\times 0.01701}{样品体积(mL)\times\frac{20}{500}}\times 100\%$$

（二）酸分测定

准确吸取25mL样品于250mL锥形瓶中，用不含二氧化碳蒸馏水稀释至50mL，加入酚酞指示液5滴，用0.1mol/L氢氧化钠溶液滴定至溶液呈微红色。

$$酸分(W/V) = \frac{C_{NaOH}V_{NaOH}\times 0.049}{样品体积(mL)}\times 100\%（以硫酸计）$$

（三）杂质测定

1．铁含量

同硫酸中铁含量的测定。

2．重金属

吸取0.2mL样品于50mL比色管中，测定方法同硫酸中重金属的测定。

二、过硼酸钠

含量测定有以下两法：

1．高锰酸钾法

准确称取试样0.2~0.3g，溶于200mL水中。加入硫酸[$c(\frac{1}{2}H_2SO_4)=6mol/L$] 40mL，用高

锰酸钾溶液 $[c(\frac{1}{5}KMnO_4)=0.1mol/L]$ 滴定至溶液呈微红色。

$$NaBO_2 \cdot H_2O_2 \cdot 3H_2O + H_2SO_4 \longrightarrow NaHSO_4 + H_3BO_3 + 2H_2O + H_2O_2$$

$$5H_2O_2 + 2KMnO_4 + 4H_2SO_4 \longrightarrow 2KHSO_4 + 2MnSO_4 + 8H_2O + 5O_2 \uparrow$$

$$过硼酸钠含量 = \frac{C_{KMnO_4}V_{KMnO_4} \times 0.07693}{W} \times 100\%$$

$$有效氧 = \frac{C_{KMnO_4}V_{KMnSO_4} \times 0.008}{W} \times 100\%$$

2. 碘量法

准确称取试样0.2~0.3g于250mL碘量瓶中，溶于适量水中，加入硫酸$[c(-H_2SO_4)=6mol/L]$ 40mL，10%碘化钾20~30mL，放置暗处5min，以硫代硫酸钠溶液$[c(Na_2S_2O_3)=0.1mol/L]$滴定所释出之游离碘，以淀粉为指示剂，滴至蓝色消失为止。

$$NaBO_2 \cdot H_2O_2 \cdot 3H_2O + H_2SO_4 \longrightarrow NaHSO_4 + H_3BO_3 + 2H_2O + H_2O_2$$

$$H_2O_2 + 2KI + H_2SO_4 \longrightarrow K_2SO_4 + 2H_2O + I_2$$

$$I_2 + 2Na_2S_2O_3 \longrightarrow Na_2S_4O_6 + 2NaI$$

$$过硼酸钠含量 = \frac{C_{Na_2S_2O_3}V_{Na_2S_2O_3} \times 0.07693}{W} \times 100\%$$

$$有效氧 = \frac{C_{Na_2S_2O_3}V_{Na_2S_2O_3} \times 0.008}{W} \times 100\%$$

三、红矾钠

1. 含量测定

准确称取2.5g试样，溶于水中，移入500mL容量瓶中稀释至刻度，摇匀；另在一500mL碘烧瓶中加入3g碳酸氢钠、3g碘化钾及100mL蒸馏水。待完全溶解后，倾斜烧瓶逐渐加入25mL硫酸$[c(\frac{1}{2}H_2SO_4)=9mol/L]$，这时有二氧化碳气体逸出，待二氧化碳完全逸出后，转动烧瓶将溅至瓶壁水滴洗下，此时溶液应极清晰，不带黄色。然后准确吸取50mL稀释液于上面的碘烧瓶中，混匀，盖上瓶盖，用10%碘化钾封口，放置暗处10min，用10%碘化钾及水冲洗瓶口，用水稀释至250mL，用硫代硫酸钠溶液 $[c(Na_2S_2O_3)=0.01mol/L]$滴定，当溶液略带黄绿色时，加入淀粉指示液5mL，继续滴定至溶液由蓝色变成亮绿色止。

$$Na_2Cr_2O_7 + 6KI + 7H_2SO_4 \longrightarrow Cr_2(SO_4)_3 + Na_2SO_4 + 3I_2 + 7H_2O + 3K_2SO_4$$

$$I_2 + 2Na_2S_2O_3 \longrightarrow 2NaI + Na_2S_4O_6$$

$$红矾钠含量 = \frac{C_{Na_2S_2O_3}V_{Na_2S_2O_3} \times 0.04968}{W \times \frac{50}{500}} \times 100\%$$

2. 水中不溶物含量的测定

称取25g样品于100mL水中，盖上表面皿置水浴上加热1h，用已恒重的坩埚过滤，以热水洗涤滤渣，于105～110℃烘至恒重。

$$水中不溶物含量 = \frac{不溶物重量(g)}{样品重量(g)} \times 100\%$$

四、红矾钾

1. 含量测定

同红矾钠成分的测定，但称取2g样品即可。

$$红矾钾含量 = \frac{C_{Na_2S_2O_3} V_{Na_2S_2O_3} \times 0.04904}{W \times \dfrac{50}{500}} \times 100\%$$

2. 水中不溶物含量的测定

同红矾钠的水中不溶物的测定。

五、高锰酸钾

含量测定法如下：

甲法：准确称取0.12g样品，置于250mL碘烧瓶中，溶于120mL水。加入2g碘化钾及20mL硫酸[$c(\frac{1}{2}H_2S)$=2mol/L]，待碘化钾溶解后，于暗处放置5min。用硫代硫酸钠溶液[$c(Na_2S_2O_3)$=0.1mol/L]滴定，近终点时加3mL淀粉指示液，继续滴定至溶液蓝色消失。同时做空白试验。

$$2KMnO_4 + 10KI + 8H_2SO_4 \longrightarrow 5I_2 + 2MnSO_4 + 6K_2SO_4 + 8H_2O$$

$$I_2 + 2Na_2S_2O_3 \longrightarrow Na_2S_4O_6 + 2NaI$$

$$高锰酸钾含量 = \frac{(V_{sp} - V_{b1}) \times C_{Na_2S_2O_3} \times 0.03161}{W} \times 100\%$$

乙法：准确称取3.3g样品，溶于水中，移入1000mL容量瓶中，用水稀释至刻度。

准确称取已于105～110℃下烘2h在干燥器中冷却后的草酸钠0.3350g，移入600mL烧杯中，加入250mL淡硫酸（5mL硫酸加95mL水，此酸须先煮沸10～15min，然后冷却至27℃左右再加入）。搅拌，使草酸钠溶解。用上述的样品溶液滴定，近终点时加热至70℃，继续滴定至溶液呈粉红色在1min内不消失止。

$$高锰酸钾含量 = \frac{W_{Na_2C_2O_4} \times 1000 \times 0.03161}{0.067 \times V_{KMnO_4} \times W_{KMnO_4}} \times 100\%$$

式中：$W_{Na_2C_2O_4}$——草酸钠的重量，g；

W_{KMnO_4}——高锰酸钾的重量，g；

V_{KMnO_4}——滴定耗用高锰酸钾样品溶液的体积，mL。

六、保险粉

由于低亚硫酸钠易分解难于滴定，利用与甲醛作用生成雕白粉，再加过量的碘溶液使碘与雕白粉作用，多余的碘用硫代硫酸钠滴定。

$$Na_2S_2O_4 + 2CH_2O \longrightarrow Na_2S_2O_4 \cdot 2CH_2O$$

$$Na_2S_2O_4 \cdot 2CH_2O + H_2O \longrightarrow NaHSO_3 \cdot CH_2O + NaHSO_2 \cdot CH_2O$$

$$NaHSO_2 \cdot CH_2O + 2I_2 + 2H_2O \longrightarrow NaHSO_4 + 4HI + HCHO$$

$$I_2 + 2Na_2S_2O_3 \longrightarrow Na_2S_4O_6 + 2NaI$$

量取中性的40%甲醛溶液（以酚酞为指示剂，用0.1mol/L氢氧化钠溶液中和）10mL，溶于50mL水中，用称量瓶准确称取试样1g，用上述甲醛溶液洗入250mL碘烧瓶中，紧塞摇匀，放置15~20min。去除瓶塞，移入500mL容量瓶中，稀释至刻度。准确吸取20mL。稀释液于250mL锥形瓶中，加水100mL，用滴定管加入一定量的碘溶液$[c(\frac{1}{2}I_2)=0.1mol/L]$至溶液呈红棕色（约30mL），然后用硫代硫酸钠溶液$[c(Na_2S_2O_3)=0.1mol/L]$滴定剩余的碘，待到淡黄色时，加淀粉指示液3mL，继续滴定至蓝色消失为止。

$$低亚硫酸钠含量 = \frac{(C_{I_2}V_{I_2} - C_{Na_2S_2O_3}V_{Na_2S_2O_3}) \times 0.08705}{W \times \frac{20}{500}} \times 100\%$$

七、漂毛粉

漂毛粉是60%保险粉与40%焦磷酸钠的混合物，商品外形为白色粉末，极易溶于水，能使天然色素还原而破坏，变为极易溶解的物质而洗去。

成分的测定同保险粉。

八、雕白粉

含量测定：准确称取试样0.2g（块状需先敲成碎片，可拣小碎片来称取），用水洗入300mL锥形瓶中，摇动，以使溶解，加水100mL及淀粉指示液3mL，以碘溶液$[c(\frac{1}{2}I_2)=0.1mol/L]$滴定至溶液呈微蓝色。

$$NaHSO_2 \cdot CH_2O + 2I_2 + 2H_2O \longrightarrow NaHSO_4 + 4HI + HCHO$$

$$雕白粉含量 = \frac{C_{I_2}V_{I_2} \times 0.03852}{W} \times 100\%$$

九、硫化碱

含量测定：准确称取10g试样，溶于水中，移入1000mL容量瓶中并稀释至刻度。准确吸取50mL碘溶液$[c(\frac{1}{2}I_2)=0.1mol/L]$于250mL碘烧瓶中，加入50mL水、5mL 5%硫酸，用移液管加入20mL稀释液，摇动碘烧瓶（应有过量的碘存在，才能把硫化钠中的硫全部置换出来，此时的溶液颜色必须呈黄色，表示有过量的碘存在，一般应过量二分之一），立即用硫代硫酸钠溶液 [$c(Na_2S_2O_3)$=0.1mol/L]滴定过剩的碘，用淀粉作指示剂，滴定至溶液蓝色消失为止。

$$Na_2S + I_2 \longrightarrow 2NaI + S$$

$$I_2 + 2Na_2S_2O_3 \longrightarrow Na_2S_4O_6 + 2NaI$$

$$硫化钠含量\ (Na_2S \cdot 9H_2O) = \frac{(C_{I_2}V_{I_2} - C_{Na_2S_2O_3}V_{Na_2S_2O_3}) \times 0.12}{W \times \dfrac{20}{1000}} \times 100\%$$

$$硫化钠含量\ (Na_2S) = \frac{(C_{I_2}V_{I_2} - C_{Na_2S_2O_3}V_{Na_2S_2O_3}) \times 0.039}{W \times \dfrac{20}{1000}} \times 100\%$$

十、亚硫酸氢钠

含量测定：同硫化钠含量的测定。

$$2NaHSO_3 + 2I_2 + 2H_2O \longrightarrow Na_2SO_4 + 4HI + H_2SO_4$$

$$亚硫酸氢钠 = \frac{(C_{I_2}V_{I_2} - C_{Na_2S_2O_3}V_{Na_2S_2O_3}) \times 0.05203}{W \times \dfrac{20}{1000}} \times 100\%$$

第三节　常用的盐类

一、元明粉

白色粉状的是无水硫酸钠，分子式为Na_2SO_4。结晶状的是含有10个结晶水的硫酸钠，分子式为$Na_2SO_4 \cdot 10H_2O$。

（一）含量测定

1. 重量法

准确称取5～8g样品，溶于水中，移入50mL容量瓶中稀释至刻度，摇匀。用一干燥滤纸及漏斗过滤入一干净锥形瓶中，弃去最先滤过的20mL。准确吸取稀释液25mL（若为粉状样品，吸取15mL稀释液）于600mL烧杯中，加5mL 3mol/L盐酸稀释至300mL，加热至刚沸。另将10～20mL 10%氯化钡溶液稀释至100mL，加热至近于沸腾，然后逐滴加入到已沸的300mL硫酸钠溶液中，同时搅拌，在100℃左右保温2～4h，或放置过夜，然后滤入定量滤纸中，用热水洗涤沉淀至滤液不含氯根为止，把含有沉淀的滤纸移入已恒重的坩埚中，在800℃灼烧至恒重。

$$Na_2SO_4 + BaCl_2 \longrightarrow BaSO_4 \downarrow + 2NaCl$$

$$硫酸钠含量\ (Na_2SO_4) = \frac{W_1}{W \times \dfrac{15}{500}} \times 0.6086 \times 100\%$$

$$硫酸钠含量\ (Na_2SO_4 \cdot 10H_2O) = \frac{W_1}{W \times \dfrac{25}{500}} \times 1.3804 \times 100\%$$

式中：W——样品重量；

　　　W_1——硫酸钡重量；

　0.6086——$\dfrac{Na_2SO_4相对分子质量}{BaSO_4相对分子质量}$；

　1.3804——$\dfrac{Na_2SO_4 \cdot 10H_2O相对分子质量}{BaSO_4相对分子质量}$。

2. 快速测定法

（1）原理：在丙酮存在条件下，氯化钡与硫酸钠作用生成胶体状态的硫酸钡，它具有吸附指示剂的性能。终点未到达前，胶体硫酸钡吸附SO_4^{2-}而使指示剂呈现原来的黄色；终点到达后，氯化钡稍过量，则胶体硫酸钡转而吸附Ba^{2+}，从而使吸附电荷改变，使指示剂呈现红色。根据消耗的氯化钡体积及浓度即可算出硫酸钠的含量。

$$BaCl_2 + Na_2SO_4 \xrightarrow{\text{丙酮}} BaSO_4(胶体) + 2NaCl$$

（2）测定方法：准确称取1.5g元明粉样品（结晶的称取量为2.5～3.0g）溶于水中，移入250mL容量瓶中，稀释至刻度，摇匀（如很混浊，则过滤）。准确吸取25mL稀释液于250mL锥形瓶中，加6mol/L乙酸10滴，0.2%茜素红S指示液10滴，丙酮（A.R.）50mL，静置5min，摇匀，用氯化钡标准溶液[$c(\frac{1}{2}BaCl_2)$=0.1mol/L]滴定至溶液呈红色（将近终点时，要激烈振荡，以防过早吸附指示剂）。

$$硫酸钠含量\ (Na_2SO_4) = \frac{C_{BaCl_2} \cdot V_{BaCl_2} \times 0.07103}{W \times \dfrac{25}{250}} \times 100\%$$

$$硫酸钠含量\ (Na_2SO_4 \cdot 10H_2O) = \frac{C_{BaCl_2} \cdot V_{BaCl_2} \times 0.1611}{W \times \dfrac{25}{250}} \times 100\%$$

丙酮作介质，氯化钡直接滴定元明粉含量的条件：

（1）滴定时被测物的量不得少于0.03g；

（2）每0.03g的硫酸钠加水5mL；

（3）丙酮加入量与滴定前溶液的体积比为2：1。

（二）杂质测定

1. 铁含量

准确称取10g样品，加水溶解后，移入100mL容量瓶中，稀释至刻度，摇匀。吸取稀释液10mL于50mL比色管中，按照硫酸中铁含量的测定法测定。

2. 重金属

吸取以上稀释液20mL于50mL比色管中，按照硫酸中重金属的测定方法测定。

二、食盐

1. 含量测定

准确称取试样2g，用水溶解，移入500mL容量瓶中，用水洗净并稀释至刻度，摇匀。准确吸取50mL稀释液于250mL锥形瓶中，加铬酸钾指示液数滴，以0.1mol/L硝酸银溶液滴定至溶液呈微红色。同时做空白试验。

$$NaCl + AgNO_3 \longrightarrow NaNO_3 + AgCl \downarrow$$

过量1滴的硝酸银溶液与铬酸钾指示剂发生作用生成红色的铬酸银沉淀，表示滴定终点已到。

$$2AgNO_3 + K_2CrO_4 \longrightarrow 2KNO_3 + Ag_2CrO_4 \downarrow （红色）$$

$$氯化钠含量 = \frac{(V_{sp} - V_{b1}) \times C_{AgNO_3} \times 0.05845}{W \times \dfrac{50}{500}} \times 100\%$$

2. 铁含量测定

同元明粉中铁含量的测定。

三、乙酸钠

1. 含量测定

准确称取样品2g，置于瓷蒸发皿中，用移液管加入15mL 1mol/L硫酸溶液 $[c(\frac{1}{2}H_2SO_4)=1mol/L]$（过量），放在水浴锅上蒸干，并加水后再行蒸干，如此重复操作数次，至所有乙酸成分完全驱出为止。加水100mL使残渣溶解，加酚酞指示剂数滴，用1mol/L氢氧化钠溶液反滴定残渣中过剩的硫酸，滴至溶液呈微红色为止。

$$2CH_3COONa + H_2SO_4 \longrightarrow Na_2SO_4 + 2CH_3COOH$$

加热把乙酸驱出，过剩的硫酸用氢氧化钠滴定。

$$H_2SO_4 + 2NaOH \longrightarrow Na_2SO_4 + 2H_2O$$

$$乙酸钠含量 (CH_3COONa) = \frac{(C_{H_2SO_4}V_{H_2SO_4} - C_{NaOH}V_{NaOH}) \times 0.08206}{W} \times 100\%$$

$$乙酸钠含量 (CH_3COONa \cdot 3H_2O) = \frac{(C_{H_2SO_4}V_{H_2SO_4} - C_{NaOH}V_{NaOH}) \times 0.1361}{W} \times 100\%$$

2. 铁含量测定

同元明粉中铁含量的测定。

四、硫酸铵

（一）含量测定

准确称取样品20g，溶于水中，移入500mL容量瓶中，用水稀释至刻度，摇匀。准确吸取50mL稀释液于250mL锥形瓶中，加入甲基红指示剂1～2滴，用0.1mol/L氢氧化钠中和至呈微黄色，然后加入20mL 25%中性甲醛溶液，盖好瓶盖，放置30min，加入酚酞指示液数滴，以1mol/L氢氧化钠溶液滴定析出的游离硫酸至溶液呈微红色。

$$2（NH_4）_2SO_4 + 6HCHO \longrightarrow 2H_2SO_4 + （CH_2）_6N_4 + 6H_2O$$

$$H_2SO_4 + 2NaOH \longrightarrow Na_2SO_4 + 2H_2O$$

$$硫酸铵含量 = \frac{C_{NaOH}V_{NaOH} \times 0.06605}{W \times \frac{50}{500}} \times 100\%$$

（二）杂质测定

1. 游离硫酸含量

准确吸取100mL上述稀释液于250mL锥形瓶中，加入甲基红指示液2～3滴，以0.1mol/L氢氧化钠溶液滴定至溶液呈微黄色。

$$游离硫酸含量 = \frac{C_{NaOH}V_{NaOH} \times 0.049}{W \times \frac{100}{500}} \times 100\%$$

2. 水分测定

准确称取样品5g于已恒重的扁形称量瓶中，在100℃烘箱中烘2h后，放入干燥器中冷却，称重。

$$水分 = \frac{失重(g)}{样品重量(g)} \times 100\%$$

3. 铁含量

同元明粉中铁含量的测定。

4. 重金属含量

吸取铁含量测定中稀释液2mL于50mL比色管中，按照硫酸中重金属量的测定法测定。

5. 硫氰酸盐含量检查

取1～2g样品溶于20mL水中，滴入盐酸使呈酸性，加入数滴三氯化铁溶液混匀，溶液应仅呈浅粉红色。

五、乙酸铵

1. 含量测定

准确称取样品3g于250mL锥形瓶中，加入20mL 25%中性甲醛溶液，盖好瓶塞，放置30min，加入酚酞指示剂数滴，用1mol/L氢氧化钠溶液滴定至溶液呈微红色。

$$4CH_3COONH_4 + 6HCHO \longrightarrow 4CH_3COOH + (CH_2)_6N_4 + 6H_2O$$

$$乙酸铵含量 = \frac{C_{NaOH}V_{NaOH} \times 0.07708}{W} \times 100\%$$

2. 铁含量测定

同元明粉中铁含量的测定。

3. pH值

称取样品1g溶于20mL不含二氧化碳蒸馏水中，其pH值应为6.5~7.5。

六、硝酸锌

含量测定：准确称取硝酸锌[$Zn(NO_3)_2 \cdot 6H_2O$] 5~6g，溶于水中，移入500mL容量瓶中，用水稀释至刻度，摇匀。准确吸取50mL稀释液于250mL锥形瓶中，加50mL水及氨-氯化铵缓冲液10mL，铬黑T指示液5滴，以0.1mol/L乙二胺四乙酸二钠溶液（EDTA）滴定至溶液由红紫色变为纯蓝色。

$$硝酸锌含量 [Zn(NO_3)_2 \cdot 6H_2O] = \frac{C_{EDTA}V_{EDTA} \times 0.2975}{W \times \frac{50}{500}} \times 100\%$$

式中：0.2975 —— 每毫摩尔硝酸锌的克数。

注意事项：

（1）所用的蒸馏水必须无Ca^{2+}、Mg^{2+}及一切金属离子。

（2）近终点时，滴定速度要放慢。

七、氯化镁

含量测定：同硝酸锌的测定。

$$氯化镁含量 (MgCl_2 \cdot 6H_2O) = \frac{C_{EDTA}V_{EDTA} \times 0.2033}{W \times \frac{50}{500}} \times 100\%$$

式中：0.2033 —— 每毫克分子氯化镁的克数。

八、六偏磷酸钠

含量测定有下列两种方法：

（1）甲法：准确称取样品1.5g，溶于100mL水中，移入500mL容量瓶中，用水稀释至刻度，摇匀。

准确吸取50mL稀释液于250mL锥形瓶中,用氯化钡标准溶液 $[c(\frac{1}{2}BaCl_2)=0.1mol/L]$滴定至溶液开始呈现混浊时止。

$$(NaPO_3)_6 + 2BaCl_2 \longrightarrow Na_2Ba_2(PO_3)_6 + 4NaCl$$

$$六偏磷酸钠含量 = \frac{C_{BaCl_2}V_{BaCl_2} \times 0.153}{W \times \frac{50}{500}} \times 100\%$$

（2）乙法：准确称取10g样品溶于水中,移入1000mL容量瓶中,用水稀释至刻度。准确吸取10mL稀释液于250mL烧杯中,稀释至50mL,用1mol/L盐酸酸化至对甲基橙呈酸性,再加0.5mL 1mol/L盐酸,然后逐滴加入10%氯化钡约15mL并不断搅动。当沉淀完全沉下后,用滤纸将沉淀过滤,沉淀及烧杯用0.1%氯化钡溶液洗涤,约洗10次左右,将沉淀全部移入滤纸后再用0.1%氯化钡溶液洗几次。将沉淀用50mL或100mL 1∶1硝酸溶解,移入一250mL具塞锥形瓶中煮沸30min,然后逐滴加入75mL 40~45℃的钼酸试剂并不断振摇。加完后盖紧瓶塞振摇10min,静置30min,用滤纸过滤,用1%硝酸钾洗涤沉淀。当一滴滤液滴入1mL含有一滴0.1mol/L氢氧化钠及一滴酚酞的溶液中颜色不褪时,则可停止洗涤。将滤纸及沉淀移入原锥形瓶中,加50mL 0.1mol/L氢氧化钠溶液,塞紧玻璃瓶且不断摇动。如沉淀不溶,再加一定量的0.1mol/L氢氧化钠,用水稀释至150mL,加5滴酚酞指示剂,用0.1mol/L盐酸滴定至酚酞褪色为止,然后再加0.1mol/L氢氧化钠至红色刚现时止。

$$(NaPO_3)_6 + 6H_2O \longrightarrow 6NaH_2PO_4$$
$$3Ba^{2+} + PO_4^{3-} \longrightarrow Ba_3(PO_4)_2$$
$$3NH_4^+ + 12MoO_4^{2-} + PO_4^{3-} + 24H^+ \longrightarrow (NH_4)_3PO_4 \cdot 12MoO_3 + 12H_2O$$
$$(NH_4)_3PO_4 \cdot 12MoO_3 + 23NaOH \longrightarrow 11Na_2MoO_4 + (NH_4)_2MoO_4 + 11H_2O + Na(NH_4)HPO_4$$
$$H_3PO_4 + 12MoO_4^{2-} + 3NH_4^+ + 23H^+ + 2NO_3^- \longrightarrow (NH_4)_3PO_4 \cdot 12MoO_3 \cdot 2HNO_3 \cdot H_2O + 11H_2O$$

当用KNO_3洗涤后

$$(NH_4)_3PO_4 \cdot 12MoO_3 \cdot 2HNO_3 \cdot H_2O转变成(NH_4)_3PO_4 \cdot 12MoO_3或(NH_4)_3(PMo_{12}O_{40})$$

$$六偏磷酸钠含量 = \frac{(C_{NaOH}V_{NaOH} - C_{HCl}V_{HCl}) \times 0.003088}{W \times \frac{10}{100}} \times 100\%$$

第四节 一般有机物

一、甲醛

（一）含量测定

1. 亚硫酸钠法

准确称取样品28g,移入250mL容量瓶中,用水稀释至刻度,摇匀。准确吸取25mL稀释液于250mL锥形瓶中，加入1mL麝香草酚酞指示液，用0.1mol/L氢氧化钠溶液中和到微蓝色，然后加入已中和的20%亚硫酸钠溶液50mL（须中和至对麝香草酚酞呈中性）摇匀。用1mol/L盐酸溶液滴定至溶液呈无色。

$$HCHO + Na_2SO_3 + H_2O \longrightarrow H_2C \underset{SO_3Na+NaOH}{\overset{OH}{\diagup}}$$

$$NaOH + HCl \longrightarrow NaCl + H_2O$$

$$甲醛含量 = \frac{C_{HCl}V_{HCl} \times 0.03003}{W \times \frac{25}{250}} \times 100\%$$

注意事项：

（1）亚硫酸钠溶液露置于空气中，会渐渐吸收空气中的二氧化碳，因此，放置过久的亚硫酸钠溶液不宜作分析用，以免影响分析结果。

（2）亚硫酸钠应过量，否则反应不完全。

2. **碘量法**

准确称取样品2.5g，移入250mL容量瓶中，用水稀释至刻度，摇匀。准确吸取10mL稀释液于250mL碘烧瓶中，再准确吸取碘溶液 $[c(\frac{1}{2}I_2)=0.1mol/L]$ 50mL于此碘烧瓶中，并加入1mol/L氢氧化钠溶液12mL，摇匀，盖紧瓶塞，放置暗处20min；然后加入硫酸 $[c(\frac{1}{2}H_2SO_4)=1mol/L]$ 10mL酸化；用硫代硫酸钠溶液$[c(Na_2S_2O_3)=0.1mol/L]$滴定过剩的碘，滴到淡黄色时，加入沉淀指示液5mL，继续滴定至蓝色消失时止。同时做空白试验。

$$HCHO + 3NaOH + I_2 \longrightarrow HCOONa + 2NaI + 2H_2O$$

$$I_2 + 2Na_2S_2O_3 \longrightarrow Na_2S_4O_6 + 2NaI$$

$$甲醛含量 = \frac{(V_{b1} - V_{sp}) \times C_{Na_2S_2O_3} \times 0.015015}{W \times \frac{10}{250}} \times 100\%$$

如不做空白试验，计算如下：

$$甲醛含量 = \frac{\left(C_{I_2}V_{I_2} - C_{Na_2S_2O_3}V_{Na_2S_2O_3}\right) \times 0.015015}{W \times \frac{10}{250}} \times 100\%$$

（二）铁含量

同硫酸中铁含量的测定。

二、乙二醛

含量测定：用环己胺法。准确称取3～5g试样，移入500mL容量瓶中，用水稀释至刻度，摇匀。准确吸取稀释液25mL于250mL锥形瓶中，加1%百里酚蓝指示剂数滴，用0.1mol/L氢氧化钠中和至呈微蓝色。再用移液管加入1mol/L环己胺溶液，摇匀，放置10～15min，加入20mL四氯化碳，使沉淀物溶解，然后直接用硫酸$[c(\frac{1}{2}H_2SO_4)=1mol/L]$滴定至溶液由蓝色变黄色止。

另外用移液管吸取25mL 1mol/L环己胺溶液，加入水25mL及四氯化碳20mL，做空白试验。

$$\begin{array}{c} H \\ | \\ C=O \\ | \\ C=O \\ | \\ H \end{array} + 2H_2N-\bigcirc \longrightarrow \begin{array}{c} H \\ | \\ C=N-\bigcirc \\ | \\ C=N-\bigcirc \\ | \\ H \end{array} + 2H_2O$$

$$乙二醛含量 = \frac{(V_{b1}-V_{sp}) \times C_{H_2SO_4} \times 0.02902}{W \times \frac{25}{500}} \times 100\%$$

三、尿素

含量测定有下列两种方法：

1. 凯氏法

准确称取样品0.5g置于500mL凯氏烧瓶中，加入0.2g硫酸铜、10g无水硫酸钾及20mL浓硫酸，使样品浸在酸中，瓶口置一短颈玻璃漏斗，在通风橱中将凯氏烧瓶倾斜放置，用小火加热，待瓶内气泡停止后，再加大火使轻度煮沸直到溶液澄清后再继续加热30min。冷却后沿壁缓缓加入300mL水、50mL 50%氢氧化钠及0.5g锌粒进行蒸馏（装置见图11-7-2），蒸馏液收集于内有50mL 0.1mol/L盐酸及几滴甲基红指示剂的锥形瓶中，至约蒸出200mL溶液后，将接受管取出液面，继续蒸馏1～2min，用水冲洗接受管，用0.1mol/L氢氧化钠溶液滴定至溶液呈黄色。同时做空白试验。

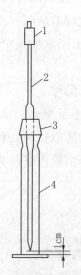

图11-7-2 测定钙皂分散率量筒
1—气密度 2—10mL移液管
3—穿孔橡皮塞 4—100mL量筒

$$CO(NH_2)_2 + H_2SO_4 + H_2O \longrightarrow (NH_4)_2SO_4 + CO_2\uparrow$$
$$(NH_4)_2SO_4 + 2NaOH \longrightarrow Na_2SO_4 + 2H_2O + 2NH_3\uparrow$$
$$NH_4OH + HCl \longrightarrow NH_4Cl + H_2O$$
$$过量的\ HCl + NaOH \longrightarrow NaCl + H_2O$$

$$尿素含量 = \frac{(V_{b1}-V_{sp}) \times C_{NaOH} \times 0.03003}{W} \times 100\%$$

注意事项：开始加热时应用小火，以免二氧化碳大量放出而致试样冲出。

2. 溴化法

准确称取试样1g，用水溶解后移入500mL容量瓶中，用水稀释至刻度。在500mL碘量瓶中，用移液管加入50mL 0.1mol/L溴化钾-溴酸钾溶液（2.7837gKBrO$_3$+12g/L KBr）和5mL盐酸（相对密度1.124），摇匀，加入20～26mL 25%氢氧化钾溶液，此时溶液颜色由棕色变至淡黄色。盖紧瓶塞，放置5min，加入30mL水及用移液管加入10mL上述制备好的尿素溶液，再用数滴稀盐酸溶液中和至黄橙色（避免盐酸过量），摇匀，放置1h。然后加入2g碘化钾和10mL盐酸（相对密度1.124），用硫代硫酸钠[$c(Na_2S_2O_3)=0.1mol/L$]滴定，以淀粉溶液为指示剂。同时做空白试验。

$$5KBr + KBrO_3 + 6HCl \longrightarrow 6KCl + 3Br_2 + 3H_2O$$

$$Br_2 + 2KOH \longrightarrow KBr + KOBr + H_2O$$

$$CO(NH_2)_2 + 3KOBr \longrightarrow CO_2 + N_2 + 2H_2O + 3KBr$$

$$尿素含量 = \frac{(V_{b1} - V_{sp}) \times C_{Na_2S_2O_3} \times 0.01001}{W \times \dfrac{10}{500}} \times 100\%$$

注意事项：

（1）加盐酸使溴酸钾溶液释出溴时，动作应快，以免溴挥发；瓶盖需密闭不漏气，在加氢氧化钾溶液时，应先倒在瓶盖上，然后慢慢放下，并不使放完，以免溴挥发。

（2）尿素加入次溴酸盐后，用盐酸中和过量的碱时，如用量不足，结果偏低。

四、三乙醇胺

1. 含量测定

准确称取试样2g移入300mL锥形瓶中，加75mL水及2滴甲基红指示剂，以1mol/L盐酸溶液滴定至溶液由黄转为微红色为止。

$$(C_2H_4OH)_3N + HCl \longrightarrow (C_2H_4OH)_3N \cdot HCl$$

$$三乙醇胺含量 = \frac{C_{HCl}V_{HCl} \times 0.14919}{W} \times 100\%$$

2. 物理常数

（1）相对密度：不低于1.1204，不超过1.1284。

（2）折光率：不低于1.481，不超过1.486（20℃）。

由于三乙醇胺中往往含有一乙醇胺及二乙醇胺等，这类杂质会影响分析结果。因此可利用其物理常数来验证。

化学分析的结果，应该是每克三乙醇胺耗用1mol/L盐酸6.7～7.2mL，三乙醇胺的成分约不低于80%。

五、冬青油

含量测定：准确称取2mL试样于锥形瓶中，用移液管加入50mL 0.5mol/L氢氧化钾乙醇溶液，接上回流冷凝管（用长1m、内径约为1cm的玻璃管作为空气冷凝），在水浴上加热2h，待冷至室温，加入新煮沸的冷蒸馏水50mL及酚酞指示剂3滴，用0.5mol/L盐酸滴定至红色刚消失止。同时做空白试验。

$$\bigodot\!\!\!\!\!\!\!\!\!\!\!\!\overset{OH}{}\!\!-\!\!\overset{O}{C}\!\!-\!\!OCH_3 + KOH \longrightarrow \bigodot\!\!\!\!\!\!\!\!\!\!\!\!\overset{OH}{}\!\!-\!\!\overset{O}{C}\!\!-\!\!OK + CH_3OH$$

$$KOH + HCl \longrightarrow KCl + H_2O$$

$$冬青油含量 = \frac{(V_{b1} - V_{sp}) \times C_{HCl} \times 0.1520}{W} \times 100\%$$

第五节　和毛油

一、酸值

酸值是中和1g油脂中存在的游离脂肪酸所需氢氧化钾的毫克数。称取油样8～10g（准确到0.001g）于250mL锥形瓶中，加入已经中和的乙醚乙醇混合溶剂100mL，摇匀，使油样溶解。如未完全溶解，可放在水浴上微热，并不时摇荡，使油样溶解。待冷却到15～20℃时，加几滴酚酞指示剂，以0.1mol/L氢氧化钾溶液滴至呈微红色。

$$RCOOH + KOH \longrightarrow RCOOK + H_2O$$

$$酸值 = \frac{C_{KOH} V_{KOH} \times 56.11}{W}$$

乙醚乙醇混合溶剂：由两份乙醚一份乙醇混合而成，加入2滴酚酞指示剂，以0.1mol/L氢氧化钾或0.1mol/L氢氧化钠溶液中和到溶液刚呈微红色（在使用前中和）。

二、碘值

碘值是100g油脂所吸收的碘的克数。同油酸中碘值的测定。

1. **试剂**

（1）氯仿。

（2）硫代硫酸钠标准溶液 [$c(Na_2S_2O_3)$=0.1mol/L]。

（3）10%碘化钾。

（4）高夫门溶液：将新鲜干燥的溴化钠（NaBr）溶于无水甲醇中，使成饱和溶液（约100份溴化钠需100份甲醇），于此1000mL澄清溶液中加入5.2mL溴即成。

2. **测定方法**

准确称取0.2g油置于500mL碘量瓶中，加入10mL氯仿，待油溶解后用移液管加入25mL高夫门溶液，盖紧瓶塞，以10%碘化钾溶液封口，摇动烧瓶使混合均匀，溶液应呈透明，否则再加氯仿少许使其透明。然后放在暗处30min，同时每隔5～10min摇动一次，最后，移开瓶塞，用15mL 10%碘化钾溶液冲洗，加75mL蒸馏水，用硫代硫酸钠溶液 [$c(Na_2S_2O_3)$=0.1mol/L]滴定至溶液呈微黄色时，加入淀粉指示剂2～3mL，继续滴定至溶液的蓝色消失。同时做空白试验。

$$碘值 = \frac{(V_{b1} - V_{sp}) \times C_{Na_2S_2O_3} \times 0.127}{W} \times 100\%$$

三、皂化值

皂化值是完全皂化1g油脂所需氢氧化钾的毫克数。称取油样2g（准确到0.001g，试样称取的重量以所用盐酸约为空白试验所用盐酸的45%～55%为宜）于250mL锥形瓶中，用移液管加入0.5mol/L氢氧化钾乙醇溶液25mL，连接回流冷凝管在水浴上加热煮沸30～60min，并经常摇动瓶中容物，直到样品完全皂化，瓶内物质成均匀的透明溶液，没有油滴存在为止。取下冷凝器，以少量热中性乙醇冲洗冷凝器壁，再加10mL中性乙醇和0.5mL酚酞指示剂，趁热立即以0.5mol/L盐酸溶液滴定至溶液红色消失。同时做空白试验。

$$C_3H_3(OCOR)_3 + 3KOH \rightleftharpoons 3RCOOK + C_3H_3(OH)_3$$

$$皂化值 = \frac{(V_{b1} - V_{SP}) \times C_{HCl} \times 56.11}{W}$$

四、凝固点

1. 仪器

同油酸凝固点的测定。

2. 测定方法

同油酸凝固点的测定。

五、黏度

原液及不同油水比的和毛油液在一定的温度下用旋转式黏度计测定其黏度。

六、闪点（闭口杯测定法）

在规定条件下将油品加热到其蒸汽与火焰接触发生闪火时的最低温度，称为闭口杯测定法闪点。

1. 准备工作

（1）试油的水分超过0.05%时，必须脱水。脱水处理是在试油中加入新煅烧并冷却的食盐、硫酸钠或氯化钙。脱水后，取上层澄清部分供试验用。试油闪点估计低于100℃时不必加温，高于100℃时可加热到50～80℃。

（2）油杯要用无铅的汽油洗涤，再用空气吹干。

（3）试油注入油杯时，试油和油杯温度都不应高于试油脱水温度。杯中试油要装满到标记处，然后盖上清洁干燥的杯盖，插入温度计，并将油杯放在空气浴中。闪点低于50℃的油，应预先将空气浴冷却到室温 [(20 ± 5)℃]。

（4）点燃火焰，并将火焰调整到接近球形，其直径为3～4mm。闪点测定器要放在避风和较暗处，便于观察闪火。

2. 试验闪点

试油闪点低于50℃时，试油升温速度为1℃/min；试油闪点在50~150℃时，开始加热速度为5~8℃/min；试油闪点高于150℃的，开始加热速度为10~12℃/min，但到预期闪点前30℃时，加热的速度控制在2℃/min。当试油温度到达预期闪点前10℃时，对闪点低于50℃的试油每升1℃进行点火试验；对于闪点50℃以上的试油，每升2℃进行点火试验。试油在试验期间都要进行搅拌，只有在点火时才停止搅拌。当有一个明显的火焰光出现时的温度作为闪点的温度。二次平行试验闪点在50℃以下者，不超过1℃；高于50℃者，不超过2℃。同时测出在试验时的实际大气压力P。大气压力高于103.3kPa（775mmHg）或低于99.3kPa（745mmHg）时，试验所得的闪点按下式修正：

$$t_0 = t + \Delta t$$

式中：t_0——101.3kPa（760mmHg）时的闪点；

t——在大气压力为P时的闪点；

Δt——修正数（℃），具体数值见下。

大气压力（kPa）	修正数Δt（℃）
84.0~87.8（630~659mmHg）	+4
87.8~91.6（659~687mmHg）	+3
91.7~95.4（688~716mmHg）	+2
95.6~99.3（717~745mmHg）	+1
103.3~107（775~803mmHg）	−1

七、乳化稳定度

将制备好的和毛油仔细搅混之后，倒入100mL的量筒内，经过24h观察它的状态。初步的评定可以依照乳化开始1h后的状态来评定。乳化稳定度好的应是完全一致不分层的。

八、含油率

1. 称重法

用玻璃蒸发皿准确称取2~3g和毛油置于100℃烘箱中烘至恒重。

$$\frac{水}{油} = \frac{烘前油重 - 烘后油重}{烘后油重}$$

$$含油率 = \frac{烘后油重(g)}{烘前油重(g)} \times 100\%$$

2. 容量法

（1）由植物油制备的和毛油油水比测定：将和毛油小心倾入100mL量筒中至50mL，然后用吸管小心加入20mL浓硫酸（相对密度为1.84）摇匀，静置24h，观察析出油的体积。

（2）由矿物油制备的和毛油油水比测定：将和毛油小心倾入100mL量筒中至50mL，然后用吸管小心地加入50%氢氧化钠溶液25mL，摇匀，静置24h，观察析出油层的体积。

$$\frac{水}{油} = \frac{A-(A_1+A_2)}{A_1}$$

$$含油率 = \frac{A_1 d}{(50-A_1)+A_1 d} \times 100\%$$

式中：A ——总体积，mL；

    A_1——油的体积，mL；

    A_2——加入酸或碱的体积，mL；

    d——油的相对密度。

九、抗静电效果

把纯羊毛、纯腈纶、纯涤纶织物剪成7cm×5cm试样，在3%和毛油溶液中浸透，在小浸轧机上二浸二轧，使含液率达100%，在烘箱中烘干。把未处理样与处理样在恒温恒湿条件下暴露24h，用电阻仪及电晕放电式静电仪（见本篇第一章第五节），测定表面电阻、静电压及半衰期，比较抗静电效果。

十、易洗性

（1）把纯羊毛织物或纯涤纶织物或其他织物约20g，在3%和毛油中浸渍，用浸轧脱水方式，使织物含液率为100%，然后烘干。

（2）取其中10g试样置于200mL浓度为1.5g/L 20g洗涤剂中，用耐洗色牢度试验仪（或手工）在45℃下洗涤30min，烘干。

（3）把经洗涤与未洗涤的试样各一式两份，用乙醚在索氏提油器中提取油脂。算出未经洗涤试样含油率A_1及经洗涤试样的含油率A_2。

$$去油率 = \frac{A_1-A_2}{A_1} \times 100\%$$

十一、pH值

测定原液及1%和毛油的pH值。

十二、腐蚀性

把铁钉若干只，放于和毛油中10天或更长时间后取出，观察其生锈情况。

十三、白度

把经抗静电测定的织物，暴露于大气中10天，在白度仪上测定处理与未处理试样的白度。

十四、颗粒大小

把和毛油滴于载片上，放上盖玻片，于显微镜下观察均匀程度和颗粒大小。

第六节 各类净洗剂

一、合成洗涤剂的洗净力
本法适用于印染工业阴离子型及非离子型净洗剂洗净力的测定。

（一）原理
试样与标样各配成一定浓度的溶液，分别加入标准污布及不锈钢珠。在一定温度和时间下进行洗涤。洗涤并干燥后的标准污布，目测其色泽深浅，作为净洗剂相对洗净力的评价。

（二）材料和仪器
（1）磁力加热搅拌器：791型或类似仪器。

（2）圆形刀具：直径5.4cm。

（3）耐洗色牢度试验机：SW-12型或类似仪器，内有具盖不锈钢杯12只，容量各为500mL。

（4）不锈钢珠：直径2mm。

（5）容量瓶：500mL、1000mL。

（6）烧杯：400mL、2000mL。

（7）温度计：0~100℃。

（8）搪瓷烧杯：1000mL。

（9）直型筒：200mL。

（10）羊毛脂。

（11）牛油：工业用20号（优质）牛油。

（12）乙二醇乙醚：化学纯。

（13）95%乙醇：化学纯。

（14）实验室轧染机。

（15）女士呢：05495号全毛女式呢。

（16）碳素墨水。

（17）评定变色用灰色样卡。

（三）操作步骤
1. 标准污布的制备
（1）浸轧黑色颜料：在2000mL烧杯内先加入95%乙醇100mL，然后置烧杯于磁力搅拌器上，放入磁棒，在搅拌的情况下滴加100g碳素墨水，混匀后再加入815mL 95%乙醇，充分搅拌，直至混合均匀，然后以上述溶液浸轧全毛女式呢。

工艺：二浸二轧，温度20~25℃，轧液率85%，车速3m/min。

干燥条件：室温下平摊于桌面上自然干燥，备浸轧油脂用。

（2）浸轧油脂：在1000mL搪瓷杯中加入20g羊毛脂、20g牛油和500mL乙二醇乙醚，在水浴上加热至60℃，使之充分溶懈，冷却至30℃，用乙二醇乙醚稀释至1000mL。将上述经过黑色颜料浸轧并干燥后的织物再浸轧本油脂溶液。

工艺：二浸二轧，温度50℃，轧液率85%，车速3m/min。

干燥条件：室温下平摊于桌面上自然干燥，即为标准污布。

2. 洗净力的测定

（1）净洗剂试样和标样溶液的制备：根据不同类型的产品性能和要求，准确称取试样和标样0.2~2g（精确至0.001g），分别置于已编号的烧杯中，加蒸馏水少许，使之溶解（必要时可加热），然后移入500mL容量瓶中，稀释至刻度，摇匀，备用。

（2）洗涤：分别量取试样及标样溶液各200mL，置于耐洗色牢度试验机的具盖不锈钢烧杯中，放入直径为5.4cm的标准污布和不锈钢珠50粒，杯子加盖封闭后移入试验机内，开启开关，搅拌洗涤30min，取出，水洗，在室温中自然干燥。

（3）试验结果的评定：目测洗涤试验后标准污布的色泽深浅，采用变色用的灰色样卡，对试样及标样的洗涤效果作相对比较，评出试样的相对洗净力。

二、钙皂分散力

（一）定义

钙皂分散力是指1g分散剂可以完全分散肥皂的量，以克表示。本法用于测定使至少95%的钙皂完全分散保持1h所需的分散剂（表面活性剂）最低量。

（二）应用领域

本法适用于所有类型的表面活性剂，只要这些表面活性剂不干扰钙皂的酸量滴定即可，但不应存在碱性无机盐，如磷酸盐、碳酸盐和硅酸盐等。

（三）原理

肥皂溶液与钙盐溶液相遇即产生不溶于水的钙肥皂，成为白色沉淀而析出。但当有相当量的分散剂存在时，钙皂并不沉淀析出而成乳状悬浮于溶液中。通过需要多少样品才能使钙皂不沉淀析出，即可看出样品扩散力的大小。

配制0.5%（*m/m*）的肥皂水溶液，在试验温度下放置24h后，取其一定量。将此溶液和一份分散剂的稀溶液混合。然后再与一规定体积的已知钙硬度的水混合。保持该混合物于试验温度下放置1h（使钙皂絮凝层到表面），以溴甲酚绿作指示剂，用盐酸标准溶液滴定一整份下层溶液中存在的钙皂。

（四）试剂

分析中只用分析纯试剂，用蒸馏水或相当纯度的水。

（1）按规定配置已知钙硬度的水（1000mg/L）。

（2）油酸钠：100g/L溶液。

称取92.78g油酸，准确至0.001g，用328.5mL浓度1mol/L的氢氧化钠溶液溶解。冷却至室温，定量地转移至1000mL单刻度容量瓶中，用水定容。

（3）盐酸：0.01mol/L标准溶液。

（4）溴甲酚绿（$C_{21}H_{14}Br_4O_5S$）：1g/L溶液。

溶解0.25g溴甲酚绿于57.2mL 0.01mol/L氢氧化钠溶液中，定量转移该溶液至250mL单刻度容量瓶中，以水定容。

（五）仪器

（1）具塞量筒：容量100mL。

（2）移液管：容积10mL、20mL和50mL。

（3）恒温水浴锅：（40±0.5）℃。

（六）程序

1. 样品的制备

（1）稀皂液：移取50mL油酸钠溶液，相当5.00g无水皂，置1000mL单刻度容量瓶中，定容。试验前保持溶液于试验温度（40±0.5）℃下最短24h，最长不超过48h。

（2）分散剂溶液：溶解1.00g分散剂（表面活性剂）（如果分散力低则要用5.00g）于1L水中，并加热至试验温度。

2. 皂液的滴定

用移液管移取20mL稀皂液至刻度量筒中，用水稀释至100mL。取10mL上述溶液，加三滴溴甲酚绿溶液，用盐酸滴定到由蓝色突变为绿色，盐酸滴定量V_0。

3. 测定

用移液管移取20mL稀皂液至量筒中，加入V_1的分散剂溶液和（50-V_1）预加热至试验温度的蒸馏水。用磨口玻璃塞盖上量筒，缓慢倒转量筒并复位使其混合，这个操作需时1s，重复操作3次。

加入30mL已知钙硬度水，盖上量筒塞子后如前进行混合，重复操作5次，然后将量筒放在恒温水浴中，在温度（40±0.5）℃下保持5min，并如前再次混合，重复操作5次。然后将一支上端用气密塞密闭的10mL的移液管，放置量瓶中，使尖嘴离量筒底部约1cm（图11-7-2）。

将刻度量筒放回到恒温水浴中1h，然后去掉移液管上的密塞，移取10.0mL溶液，加入三滴溴甲酚绿溶液，以盐酸溶液滴定至颜色由蓝色变为绿色。

用已知硬度水与不同量分散剂溶液进行一系列试验，以便测出分散剂溶液的最小体积V_1，则：

$$V_1 > 0.95 V_0$$

式中：V_0——滴定原始皂液所用盐酸溶液的体积，mL；

　　　V_1—— 测定无絮凝皂的钙皂液所用的盐酸溶液的体积，mL。

（七）计算

对于0.1%（m/m）分散剂溶液：

$$钙皂分散力 = \frac{100}{V_{1(最小)}} \times 100\%$$

对于0.5%（m/m）分散剂溶液：

$$钙皂分散力 = \frac{20}{V_{1(最小)}} \times 100\%$$

三、渗透力（润湿法）

（一）方法原理

将特定规格的棉帆布圆片置于一定浓度的渗透剂溶液中，记录帆布圆片沉降所需时间。调节渗透剂标样与试样的浓度（或两种不同试样的浓度），使沉降时间在规定数值范围内，以标样与试样（或两种不同试样）浓度之比来表示该渗透剂的相对渗透力。

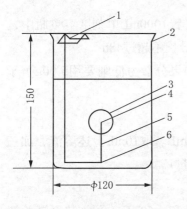

图11-7-3　渗透力测试仪
1—铁丝架　2—烧杯　3—帆布圆片
4—鱼钩　5—丝线　6—铁丝架小钩

（二）材料和仪器（图11-7-3）

（1）鱼钩：重量约20～40mg（或用同等重量的细钢针制成鱼钩状）。

（2）铁丝架：用直径2mm的镀锌铁丝制成。

（3）烧杯：250mL、1000mL。

（4）容量瓶：1000mL。

（5）直径刻度量筒：1000mL。

（6）秒表。

棉帆布圆片：（28tex×3）×（28tex×4）即21英支/3×21英支/4细帆布制成的直径为35mm的圆片，贮藏备用（剪制圆片时，应戴手套操作，避免用手直接接触帆布）。

（三）试样制备

1. 同一品种试样制备

（1）渗透剂标样溶液的制备：称取一定量的标样[称样量以调节标样的溶液浓度至帆布圆片的沉降秒数在（100±10）s为准，称准至0.002g]，于250mL烧杯中加入10～20mL蒸馏水，调浆，加热搅拌，至全部溶解，移入1000mL容量瓶中，稀释至刻度，摇匀备用。

（2）试样溶液的制备同渗透剂标样溶液的制备。

2. 不同品种试样的制备

对每种试样分别称取5个不同重量（称准至0.002g），并分别配制成1L的溶液，配制方法同渗透剂标样溶液的制备。

（四）测定步骤

用量筒量取800mL渗透剂溶液，移入1000mL烧杯中，调节温度至（25±1）℃，将鱼钩尖端勾住帆布圆片距离边缘2～3mm处，鱼钩的另一端缚以丝线，丝线末端接在铁丝小钩上，将铁丝架移入上述烧杯中，并搁置于烧杯的边上，使帆布圆片浸浮于溶液中，其顶点应在液下10mm处，立即开启秒表。

由于渗透剂使帆布圆片润湿，当密度大于试样溶液时，帆布圆片开始沉降，至鱼钩下端触及烧杯底部时，即为终点，记录沉降所需的时间。重复测试10次，取其平均值，将与平均值相距正负秒数在20s以上的数据剔除，然后再求其平均值，即为渗透剂试样的渗透时间。

（五）测试结果

（1）同一品种试样的相对渗透力：

$$相对渗透力 = \frac{标样的浓度(g/L)}{试样的浓度(g/L)} \times 100\%$$

（2）不同品种试样的相对渗透力：根据配置的不同浓度的试样溶液所测得的渗透时间（纵坐标）和浓度（横坐标）绘制一工作曲线，每一产品作一相应曲线。在图中找出相同渗透时间各渗透剂所对应的浓度。以某一渗透剂为标准，求出相对渗透力：

$$相对渗透力 = \frac{标准渗透剂的浓度(g/L)}{其他渗透剂的浓度(g/L)} \times 100\%$$

（六）毛纺常用的简易测定法

用女式呢或大衣呢（白坯）剪成3cm×3cm呢块，将0.1%试液500mL置于500mL烧杯中，用吸管吸去溶液表面的泡沫，让液面平稳，使溶液温度为（25±2）℃，然后平放入上述呢块，同时开启秒表，待呢坯全部渗透开始下沉时关闭秒表，记录时间。至少要试验10次，计算平均时间。

此法适宜于相对比较。

四、肥皂
（一）水分测定

取7cm直径的瓷蒸发皿，内放一小玻璃棒，于105～110℃烘箱中烘至恒重，然后加入约1g切碎的肥皂样品于蒸发皿中准确称其重量。将样品摊开，置于105℃烘箱中烘干，并不时取出用小玻璃棒搅拌并将大块弄碎烘到恒重。

$$水分 = \frac{烘前试样重量(g) - 烘后试样重量(g)}{烘前试样重量(g)} \times 100\%$$

（二）总碱量测定

准确称取7～8g样品于100mL烧杯中，加入25mL乙醇及25mL水，在水浴上温热，使其溶解。另取250mL分液漏斗加入20g氯化钠及乙醚数滴，然后将肥皂溶液倒入并用温水将烧杯洗净，洗液并入分液漏斗中；然后加入50mL乙醚（这时分液漏斗中溶液温度不可太高）于冷后加入甲基橙指示剂4滴，用0.5mol/L盐酸溶液滴定，每当加入盐酸后，需将分液漏斗盖紧，摇动，使其中溶液混合均匀，到下层水溶液呈橙色为止。

$$总碱量（以Na_2O计）= \frac{C_{HCl}V_{HCl} \times 0.031}{W} \times 100\%$$

（三）总脂肪酸量测定

甲法：在上面测定总碱量的分液漏斗中，加入2mL浓盐酸，盖紧摇动1min，然后静置分层，将下层水溶液放入另一分液漏斗中。再加入50mL乙醚再行抽提，将水溶液放去。上层乙醚抽出液并入第一只分液漏斗中，用水净洗数次（每次用15mL），直到洗液与甲基橙不呈酸性。待分层后，将水溶液全部放去（但不可损失乙醚抽出液），将乙醚抽出液经过干燥滤纸及漏斗滤入已知重量的干锥形瓶中，用乙醚将分液漏斗、滤纸及漏斗洗涤数次，直至滤纸上不呈黄色油滴，再洗一、二次，洗液并入锥形瓶中。在水浴锅中将乙醚蒸发回收，移入烘箱中在105℃烘去水分（最好是真空烘箱，温度在70～80℃）至恒重。

$$总脂肪酸量 = \frac{脂肪酸重量(g)}{肥皂试样重量(g)} \times 100\%$$

乙法（容量法）：准确称取试样0.6～1g于100mL烧杯中，加入20mL水，加热搅拌使皂完全溶解，加入0.5mL麝香草酚酞指示剂，如不呈蓝色，再用移液管吸取50mL 0.1mol/L氯化钙、氯化镁溶液并不停地搅拌，然后再静置5min，进行过滤，将滤液接收在锥形瓶中，用水洗涤烧杯及滤渣数次，滤液体积约为100mL，然后加入10mL氨-氯化铵缓冲液和铬黑T指示剂5滴。用0.1mol/L EDTA溶液滴定至呈蓝色为止。如加入麝香草酚酞指示剂呈蓝色，说明肥皂中含游离碱及硅酸钠，则用1mol/L盐酸中和到加入的麝香草酚酞刚一接触肥皂溶液不呈蓝色止。然后加入氯化钙、氯化镁溶液，其余操作同上。

同时做空白试验，吸取50mL 0.1mol/L氯化钙、氯化镁溶液用0.1mol/L EDTA溶液滴定。

$$脂肪酸含量（以油酸计）= \frac{(V_{b1} - V_{sp})C_{EDTA} \times 0.282}{W} \times 100\%$$

0.1mol/L氯化钙、氯化镁溶液：称取3.0g无水氯化钙、5.0g氯化镁（$MgCl_2 \cdot 6H_2O$）加水溶解稀释至1L。

（四）乙醇不溶物测定

准确称取7~8g样品于100mL烧杯中，加入100mL中性乙醇，在水浴中使其溶解。用已知重量的古氏坩埚过滤（过滤时古氏坩埚及过滤瓶应在烘箱预先烘热），并用热中性乙醇洗涤数次（滤液及洗液保留做下面试验用），将古氏坩埚放入烘箱中，在105℃下烘至恒重。

$$乙醇不溶物含量 = \frac{乙醇不溶物重量}{试样重} \times 100\%$$

（五）游离脂肪酸或游离碱测定

（1）上面试验保留的乙醇溶液中加酚酞指示剂数滴，若呈粉红色，则表示有游离碱，用0.1mol/L盐酸溶液滴定至红色刚刚消失为止。

$$游离碱含量（以Na_2O计） = \frac{C_{HCl}V_{HCl} \times 0.031}{试样重} \times 100\%$$

$$游离碱含量（以NaOH计） = \frac{C_{HCl}V_{HCl} \times 0.040}{试样重} \times 100\%$$

（2）上面试验保留的乙醇溶液若对酚酞显示无色，则表示有游离脂肪酸，用0.1mol/L氢氧化钠溶液滴定至呈微红色为止。

$$游离脂肪酸含量（以油酸计） = \frac{C_{NaOH}V_{NaOH} \times 0.282}{试样重} \times 100\%$$

（六）凝固点测定

取200g肥皂（或100g肥皂）溶于50mL水中，加入100mL（或50mL）硫酸 $[c(\frac{1}{2}H_2SO_4)=9mol/L]$，加热并搅拌，使脂肪酸析出；然后利用虹吸作用将脂肪下面液体抽出，加沸蒸馏水洗涤，再用虹吸作用吸去洗液。如此反复洗涤至洗液对甲基橙呈中性反应，将下层水虹吸放去，将上层脂肪酸用干燥的滤纸及漏斗过滤于蒸发皿中，移入烘箱。在100℃烘干20min，取10~15g干燥脂肪酸于凝固点测定器中的测定试管中，其余操作同油酸凝固点的测定。

（七）泡沫力的测定

准确称取1.250g肥皂样品溶于水中，移入1000mL容量瓶中并稀释至刻度，混合均匀，吸取10mL皂液于100mL有塞刻度量筒中，加入6.3%纯碱溶液1mL，稀释至20mL，然后在10s中来回摇动20次，静置30s，立刻读出其溶液总体积及泡沫体积，求得肥皂泡沫体积与溶液体积的比例。

$$泡沫力 = \frac{泡沫体积(mL)}{溶液体积(mL)}$$

同时取一选定标准肥皂，按上法配成0.125%皂液，吸取10mL皂液，同样加入纯碱溶液及蒸馏水，按上法同样平行测定其泡沫产生情况，并比较其结果。

五、合成洗涤剂的活性物含量

（一）重量法

1. 试剂

（1）95%中性乙醇：以酚酞为指示剂，用0.5mol/L氢氧化钠溶液滴定至呈微红色，中和每升乙醇所用0.5mol/L氢氧化钠溶液不得超过0.5mL，如超过，该乙醇应重新蒸馏。

（2）无水乙醇：化学纯或分析纯。

（3）5%铬酸钾指示剂：5g铬酸钾溶于100mL水中，配好后，用0.1mol/L硝酸银滴定至产生红色沉淀为止，静置过夜，过滤后使用。

（4）0.1mol/L硝酸银标准溶液。

2. 测定方法

（1）水分及挥发物的测定：准确称取洗涤剂约2g于已恒重的250mL烧杯中，在105～110℃烘箱中烘至恒重。

$$水分及挥发物含量 = \frac{A}{B} \times 100\%$$

式中：A——烘干后失重，g；

B——样品重量，g。

（2）乙醇不溶物的测定：于已测定水分及挥发物后的烧杯内容物中，加入95%的中性乙醇100mL，以表面皿盖好，加热至沸腾，在加热时轻轻搅拌，使杯内物质尽量溶解，静置沉淀后，将澄清液通过已恒重之古氏坩埚，抽气过滤至抽滤瓶中，尽可能将固体不溶物留在烧杯中，再以95%乙醇洗涤萃取三次，每次用温热的（约40～50℃）乙醇25mL。每次都使固体不溶物尽可能留在烧杯中，最后将烧杯置于105～110℃烘箱中烘干。以最少量（不超过5mL）的热蒸馏水使烧杯中的残留物重新溶解后，在剧烈搅拌下缓缓加入无水乙醇95mL（数量根据加水量调节，使乙醇浓度控制在95%），使乙醇不溶物重新沉淀。这一操作可以保证乙醇不溶物分离完全，将烧杯内物质小心加热至沸腾后，冷却至室温，过滤。将沉淀物尽量移入古氏坩埚及原样品的烧杯，在105～110℃烘箱烘1.5h后，冷却称重。

$$乙醇不溶物含量 = \frac{A}{B} \times 100\%$$

式中：A——烧杯增重与坩埚增重之和，g；

B——样品重量，g。

（3）乙醇溶解物中氯化钠的测定：将上述所得的乙醇溶解物（滤液）移入1000mL锥形瓶中，加蒸馏水稀释，用0.1mol/L硝酸银溶液滴定，至接近等当点时，加入铬酸钾指示剂2～3滴，并减慢滴定速度，至溶液呈淡红色为止。

$$氯化钠含量 = \frac{C_{AgNO_3} V_{AgNO_3} \times 0.0585}{W} \times 100\%$$

式中：0.0585——每毫摩尔氯化钠的克数，g；

W——样品重量，g。

（4）活性物含量：

活性物含量(%) = 100% − 水分及挥发物(%) − 乙醇不溶物(%) − 氯化钠(%)

（二）容量法

1. 阴离子表面活性剂

（1）原理：阳离子型洗涤剂与阴离子型洗涤剂之反应产物不溶于水，而溶于氯仿或四氯化碳中，如在酸化了的含有次甲基蓝的氯仿及水二相溶液中，加入阴离子型洗涤剂，此时蓝色聚集于氯仿层，如以阳离子型洗涤剂滴定之，则蓝色即转移至水层中。

（2）试剂：

①0.003mol/L阳离子标准液：准确称取阳离子洗涤剂即十二烷基二甲基苄基溴化铵100%（又名新洁而灭）1.35g溶于水中，移入1000mL容量瓶中，稀释至刻度，摇匀。

标定：准确称取已知有效物含量的洗剂（事先以上述的重量法化验），以水溶解稀释至500mL容量瓶中，准确吸取25mL稀释液进行标定。

$$C = \frac{P \times G \times \frac{25}{500} \times 1000}{V \times M\overline{W}}$$

式中：C——阳离子标准溶液浓度，mol/L；

P——烷基苯磺酸钠中活性物含量，%；

G——烷基苯磺酸钠试样重量，g；

V——滴定时耗用阳离子标准溶液体积，mL；

$M\overline{W}$——烷基苯磺酸钠的平均摩尔质量，约348～350g/mol。

②亚甲基蓝指示剂：将0.03g亚甲基蓝、6.8mL浓硫酸及50g无水硫酸钠溶解后，稀释至1000mL，摇匀。

（3）氯仿测定方法：准确称取样品1g于烧杯中，加水溶解移入500mL容量瓶中，稀释至刻度。准确吸取25mL稀释液于100mL具塞量筒中，加入10mL水、15mL氯仿、25mL亚甲基蓝指示剂，塞紧摇匀，以阳离子标准溶液滴定，每次滴入后塞紧、振摇，静置分层，在毛玻璃照明灯前观察下层之蓝色渐渐转移到上层，直到上下层颜色一致（下层微带绿色）时即为终点。

（4）活性物含量计算：

$$活性物含量 = \frac{C \times V \times M\overline{W}}{W \times 1000 \times \frac{25}{500}} \times 100\%$$

式中：C——阳离子标准溶液浓度，mol/L；

V——滴定耗用阴离子标准溶液体积，mL；

$M\overline{W}$——样品平均摩尔质量，g/mol；

W——试样重量，g。

两次结果绝对误差不超过0.3%。

（5）注意事项：

①滴定耗用阳离子标准溶液体积在8～10mL为最好，故可以增减称样重量或吸取溶液量的多少以适合上述范围。

②阳离子标准溶液浓度计算式中的 $M\overline{W}$ 与测定样品活性物计算式中的 $M\overline{W}$ 可以相消，所以不必求 $M\overline{W}$ 。

③用8W日光灯放在木盒内，内涂白漆，配上毛玻璃作为观察用光源。

2. 阳离子表面活性剂

测定方法同阴离子表面活性剂，只是用阴离子标准溶液进行滴定，颜色将由水层转移至氯仿层。

一般采用磺化琥珀酸辛酯钠盐即渗透剂OT，也可用精制的十二烷基硫酸钠作为阴离子表面活性剂标准溶液进行滴定。

第八章 染料检验及染色法

第一节 染料检验

一、酸碱简便定性试验

将染料试样和标准样各取50mg左右，放入点滴板中，并列各4只，每只各加入下列四种试剂1mL：浓盐酸、浓硫酸、浓硝酸、浓烧碱，用小玻璃棒调和，观察每种试剂的试样和标准样颜色差异情况。如遇一种试剂二者颜色不同时，说明制造染料有变化，须测试有关项目，完全相同者可以减少测试项目。

二、力份

（一）比色管比色

1. 除媒介染料以外的水溶性染料溶液的制备

准确称取染料试样和已知样品各0.5g分别置于250mL烧杯中，加蒸馏水少许调成浆状[阳离子染料以1:1醋酸（40%）调浆]，加入98℃蒸馏水至200mL左右，充分搅拌至染料完全溶解，然后移入500mL容量瓶中，冷却后加入蒸馏水稀释至刻度，摇匀备用。

2. 比色

用1mL容量的刻度吸管，分别吸取已知样品溶液0.90mL、0.95mL、1mL、1.05mL和试样1mL，分别置于100mL容量瓶中，加蒸馏水稀释至刻度，用比色管在晴天北光之下目光鉴定试样的浓度。遇到黄色染料难以判别时酌加少量蓝染料。

（二）用72型或75型光电分光光度计比色

1. 染料溶液的制备

制备方法同上。

2. 吸光度的测定

将上述制备的已知样品和试样分别注入光径长度为10mm的比色皿，移入72型或75型光电分光光度计中，选择最适宜的波长（即标准染料最大吸光度值），分别测定吸光度值，并计算其相对浓度。

$$x = \frac{B}{A} \times 100\%$$

式中：x —— 试样溶液浓度（与已知样比）；

A —— 已知染料溶液吸光度；

B —— 试样染料溶液吸光度。

注意：测定吸光度读数范围须选择在0.1~0.65间，超出上述范围须调整试液浓度。

（三）UV-265型分光光度仪（或其他分光光度仪）比色

1. 染料溶液的制备

制备方法同上。

2. 吸光度的测定

将上述制备的已知样品和试样，用胖肚吸管吸取各10mL分别移入50mL容量瓶中，加水稀释至刻度，摇匀倒入比色皿中，分别在UV-265型分光光度仪画出光波曲线，得出最高波峰值后，打印，以测定光波峰值，计算其相对浓度。

$$x = \frac{B}{A} \times 100\%$$

式中：x —— 试样溶液浓度（与已知样比）；

A —— 已知染料溶液光波峰值；

B —— 试样染料溶液光波峰值。

（四）染色比较法

1. 染料溶液的制备

制备方法同上。

2. 染色比较

按照染物重量使用0.90%、0.95%、1%、1.05%染料已知样品和1%试样，在相同条件下，分别进行染色，染后水洗，晾干，然后在晴天北光下用目光比较，计算其力份。

$$x = \frac{\text{相似深度已知染料用量(\%)}}{\text{未知力份染料用量(\%)}} \times 100\%$$

三、上染率

（一）羊毛用染料

1. 用染色小样机测定

准确称取1g染料，根据其性质溶解，并配制成500mL的染料溶液。称取5g洗净羊毛纤维共10只，予以充分润湿。然后以11只羊毛纤维55g重量计算，量取275mL染液置入盛器中，按照所染纤维和染料的性质，加入适应的染色助剂量，添加水调节浴比成1：40，使染液总量为2200mL，然后每份200mL配制成11份，1份作为原样比色用，另10份分别予以染色。

根据染料和所染纤维的性质，将染浴入染温度升至40℃，分别投入充分湿透纤维每只5g，加以搅拌，保温10min，取出第一只染杯和纤维，然后以1℃/min的速度升温，在10min后，取出第二只染杯和纤维，以后每隔10min重复上述操作一次，到达100℃时取样一次，保持100℃

染色每隔15min取样一次，最后一只隔30min取出，每次取出染液作比色用。

2. 用染杯测定

准确称取0.5g染料，根据其性质溶解并配制500mL的染料溶液。准确称取0.5g洗净的白织物10块。吸取25mL染液置入染杯中，按照所染织物的纤维和染料的性质，加入适应的染色助剂量，添加水调节染浴浴比达1∶40，使染液总量为200mL。一式配制两份，一份作为原样比色用，另一份予以染色。在染色的染杯上贴上橡皮胶布一条，按照染液量（包含白织物在内）准确分成10等份，并画线作为标记。根据染料和所染纤维的性质，将染浴入染温度升至40℃，投入充分湿透白织物10块，加以搅拌。然后以1℃/min的速度开始升温，在10min后，添加水保持浴比，以吸管吸取染液20mL于比色管中，并取出第一块染样；以后每隔10min重复上述操作一次，到达100℃取样一次后，保持100℃，以后每隔15min取样一次，10块染样和10次染液分10次取完为止。

（二）阳离子染料

1. 用染色小样机测定

准确称取染料0.5g，加入与染料等量的（1∶1）醋酸（40%），调成浆状，加入98℃水200mL，充分搅拌使全部溶解，冷却后移入500mL容量瓶中，用水稀释至刻度。

称取5g腈纶9份。

量取500mL染液置入盛器中，加入适量的染色助剂，添加水调节染浴浴比达1∶40，使染浴总量为2000mL，每份为200mL配10份，1份作原样比色用，另9份予以染色。

将染浴升温至70℃，分别投入充分浸透的5g纤维到染杯内，加以搅拌，保温10min，取出第一只染杯和纤维，然后在10min内升温5℃，取出第二只染杯和纤维，以后每隔10min重复上述操作一次，到达100℃取样一次，100℃保温后每隔15min取样一次，最后一份隔30min取出，每次取出染液作比色用。

2. 用染杯测定

同毛用染料上染率染杯测定法，但腈纶入染温度为70℃，在升温至100℃过程中，隔5min取样一次。

（三）比色

1. 目测法

取出染液分别与未经染色所配一份原样相比色，以此染液添加水稀释，在比色管中用目光比色，使与10次取出染液的浓度相似，计算其上染率，并作上染曲线。

$$x = \frac{A-B}{A} \times 100\%$$

式中：x —— 染料的上染率；

A —— 未经染色所配的一份染液的毫升数；

B —— 在未经染色所配的一份染液中添加水的毫升数（使与取样的浓度相似）。

2. 72型或75型光电分光光度计

将10次取出的染液，与未经染色所配一份的原染液分别注入光径长度为10mm的比色皿中，移入72型或75型光电分光光度计，选择最适宜的波长，分别测定光密度值，计算其上染率并作上染曲线。

$$x = (1 - \frac{B}{A}) \times 100\%$$

式中：x——染料的上染率；

A——未经染色所配一份原染液的吸光度值；

B——取出染液的吸光度值。

3. UV-265型（或其他型号）分光光度仪

用胖肚吸管吸取未经染色的原染液10mL，移入50mL的容量瓶中，加入水稀释至刻度，摇匀，倒入比色皿中在UV-265型（或其他类型号）分光光度仪上画出光波曲线，得出最高波峰值后，打印。

用胖肚吸管依次吸取染色残液9份各10mL，分别移入50mL容量瓶中，加水稀释至刻度，摇匀，倒入比色皿中，在UV-265型（或其他型号）分光光度仪上画出光波曲线，得出最高波峰值，打印，计算上染率并作出上染曲线（如染色残液较浅，可以不必稀释直接测定）。

$$x = (1 - \frac{B}{A}) \times 100\%$$

式中：x——染料上染率；

A——未经染色原染液的光波峰值；

B——染色残液的光波峰值。

四、匀染性（适用于羊毛或腈纶的织物或纤维）

准确称取0.5g洗净并湿透的织物或纤维6只，做好记号，使用0.5~1g染料（对染物重量）及相应的染色助剂，添加水调节浴比为1:40，将染浴染液升温至沸，在到达沸点时投入第一只织物，以后再隔4min、8min、16min、32min、64min时分别投入第二至第六块织物，待全部投入后，继续沸染1h，染毕水洗，烘干，然后比较第一块与其他五块织物色泽的差异，以确定染料匀染性的优劣。

五、移染性

配制染浴两份，其中一份加入1%染料（对织物重量）及相应助染剂，另一份只加助剂不加染料，各使染液成200mL。分别投入洗净湿透的白织物（每份重5g，等分为4块），在相同条件下进行染色，染毕取出织物。将两染浴合并，补充水量至400mL，搅拌匀分到4只染杯中，分别加入染色织物和处理过的白织物各1小块，加热至沸并保持之，每隔半小时取出1只染杯的织物，洗净，晾干，在2h试验完毕。在晾干后分别比较染色和沾色织物的色泽差异与灰色变色样卡评级，以判别染料移染性的优劣。

灰色样卡	1级	2级	3级	4级	5级
移染性	1级	2级	3级	4级	5级

六、溶解度

准确称取染料（水溶性染料）试样0.1g及1g，先加数滴蒸馏水，调成浆状 [阳离子染料以1：1与醋酸（40%）调浆]，分别溶解于10mL 98℃沸水中，搅拌至染料充分溶解，用搅拌器或手工搅拌15min后，以1mL吸液管于液面中间吸取0.5mL，垂直滴于铺在染杯上ϕ9mm定性滤纸上2～3滴，重复一次，待干后目测试液圈。

如称取0.1g染料试溶解度，在滤纸中心有染料析出，则染料溶解度小于10g/L。如称1g染料试溶解度，在滤纸中心无染料析出，则染料溶解度大于100g/L。

七、对铜铁的反应

称取5g洗净织物3块，使用1%染料（对织物重量）和相应的染色助剂，加入水使染浴的浴比达1：40，即染液200mL一式三份，在第二份染液中加入0.5%硫酸铵铁，在第三份染液中加入0.2%硫酸铜，三份染液分别投入上述织物，按照纤维和染料的性质进行染色，染毕洗净晾干，与未加入者比较色光变化。

八、分散性染料的扩散性

称取0.25g染料，加入50mL50℃蒸馏水，用搅拌器或手工搅拌10min静置15min，以1mL吸管从底层吸取0.2mL染液垂直滴放在置于玻璃染杯的滤纸上（慢速滤纸），待其自然向四周扩散，然后将其晾干，观察其扩散情况。

九、阳离子染料在腈纶上的饱和值

（一）间接测定法

1. 定义

100g纤维吸收孔雀绿染料的克数。

2. 亚甲基蓝（C.I.Basic Blue 9）染液配制

准确称取1.000g亚甲基蓝，加入40%醋酸1mL调成浆状，用热蒸馏水溶解，冷却，稀释至500mL容量瓶中。

3. 标准曲线的绘制

用移液管吸取亚甲基蓝染液5mL，稀释至500mL容量瓶中，1mL溶液中含有（相当于）0.02mg亚甲基蓝。然后用移液管吸取6mL、8mL、10mL、12mL、14mL、16mL上述稀释液，分别稀释至50mL容量瓶中。先将6mL稀释至50mL的一瓶溶液在分光光度计中求出最大吸光度的波长，然后在此波长下测定不同浓度染液的吸光度，用吸光度、溶液浓度（mg/mL）各为纵横坐标作标准曲线。

4．测定方法

（1）染浴配制（表11-8-1）：

表11-8-1 染浴配制方法

染浴用助剂	1	2	3
亚甲基蓝2mg/L	3%	3.5%	4%
冰醋酸	1%	1%	1%
醋酸钠	1%	1%	1%
浴比	1：100		
染浴pH值	4.5±0.2		

（2）染色：准确称取腈纶1g样品3只，用移液管分别加入上述染料和助剂于锥形瓶中，用蒸馏水补满至100mL，在甘油浴104℃回流4h，取出，将纤维上染料洗下连同残液一起稀释至500mL或1000mL容量瓶中，将稀释液在光电分光光度计中测试吸光度，测试读数必须在0.1～0.6之间，如淡或过浓，则需要重新稀释再测，以测出的光密度在标准曲线上找出相应的浓度。

（3）计算：

$$饱和值 = \frac{2(mg/mL) \times V - \dfrac{测得吸光度相应的浓度 \times A \times C}{B} \times \dfrac{1}{1000}}{纤维重量(g)} \times 100 \times \frac{5}{4} \times 染料纯度$$

式中：V——加入亚甲基蓝染液毫升数；

C——残液稀释总体积；

B——从C中吸取毫升数；

A——将B毫升稀释成总毫升数。

注意：孔雀绿与亚甲基蓝相对分子质量之比为5：4，因此计算中以5/4乘之。

（二）直接测定法

1．标准曲线

（1）白纤维溶液配制：准确称取白纤维500mg，用有机溶剂（二甲基甲酰胺98份+磷酸2份）在80℃溶化，稀释于250mL容量瓶中。准确吸取100mL溶液，再稀释至1000mL容量瓶中（每毫升溶液含纤维0.2mg）。

（2）染料溶液配制：准确称取100%孔雀绿染料500mg，在80℃用白纤维溶液溶化并稀释至500mL容量瓶中（每毫升溶液含染料1mg，含纤维0.2mg）。

（3）染料最大吸收光波的测定：用72型或75型光电分光光度计测定。以白纤维溶液校正零点，将上述配制的染料溶液，先稀释少量染料溶液进行测试，使最高波峰达到吸光度在1.6～1.8之间，按照此染料浓度重新配制250mL染料溶液，测定不同波长下的光密度，求得最大吸收波长。

（4）标准曲线的绘制：将上述染料稀释液配制成10种溶液（表11-8-2），以白纤维溶液作吸光度零点，测定其吸光度，并按下面算式求其不同的染料上染率（以纤维重量计）。以吸光度为纵坐标，染料上染率为横坐标绘制标准曲线。

表11-8-2　阳离子染料染腈纶上染率标准曲线

编号	1	2	3	4	5	6	7	8	9	10
染料溶液 （mL）	1	2	3	4	5	6	7	8	9	10
（纤维）水溶液（mL）	19	18	17	16	15	14	13	12	11	10
染料上染率 （纤维重量计）吸光度										

$$染料上染率 = \frac{染料溶液毫升数 \times 染料溶液每毫升含染料量(mg)}{(染料溶液毫升数 + 纤维溶液毫升数) \times 每毫升含白纤维量(mg)} \times 100\%$$

2. 纤维饱和值的测定

（1）纤维染色：

①染色处方：

孔雀绿染料	4%	白纤维	4g
冰醋酸	3%	浴比	1：50蒸馏水

②染色操作：称染料0.5g，加40%醋酸0.5mL，用沸蒸馏水溶化成250mL，按照上述处方配成染浴，在70℃入染，以每分钟升温1℃至沸，加盖保持沸染120min，保持染色浴比，染毕清水洗净，再以1g/L醋酸液200mL洗5min，充分水洗去除浮色，在80～85℃干燥4h。

（2）测定饱和值：称取染色纤维500mg，用98份二甲基甲酰胺及2份磷酸在80℃溶化，稀释于500mL容量瓶中（每毫升含纤维1mg）。准确吸取10mL溶液，再稀释至50mL容量瓶中（每毫升溶液含纤维0.2mg）。将此溶液在72型或75型光电分光光度计上测定，以白纤维溶液作为校正吸光度零点，按上述最大吸收波长测定吸光度。根据测得的吸光度，在标准曲线上查得相对应的纤维上染的染料浓度x%（按纤维重量计），然后换算出饱和值。

$$饱和值 = (x + \frac{x}{100})\%$$

十、阳离子染料的配伍值

（一）原理

采用黄蓝两色标准染料各一套，每套由5只染料组成，各有一定的配伍值，1、2、3、4、5待测的染料样品根据其色泽与选定的叠套标准染料进行拼染，然后待染样干后，给予评估，定出其配伍值。

两套标准染料的名称、用量及其配伍值见表11-8-3。

表11-8-3　染料名称、用量及配伍值

染料用量 (owf, %)	黄色标准	配伍值	染料用量 (owf, %)	蓝色标准	配伍值
0.75	Astrazon Golden Yellow RR	1.0	0.55	Astrazon Blue FRR	1.0
0.70	Cathilon Orange GLH	2.0	2.7	Astrazon Blue 5gL	2.0
0.30	Doorlene Fast Yellow 4RL	3.0	1.2	Astrazon Blue 3RL	3.0
0.72	Cathilon Yellow K–3RLH	4.0	0.9	Cathilon Blue K–2GLH	4.0
0.65	Synacril Yellow R	5.0	2.4	Astrazon Blue F GL	5.0

（二）测试方法

1. 坯布前处理

将准确称好的洗净的1g腈纶坯布30块，在浴液 [1%醋酸钠，pH值为（4.5±0.2），用醋酸调节，浴比1∶40] 内于95℃处理15min，取出挤干备用。

2. 染浴配制

按照上面的用量，将5只标准染料分别置于5个染浴，各加入1%醋酸和1%醋酸钠 [调节pH值至（4.5±0.2）]，浴比1∶40，待试染料浓度约为1/2标准深度。

3. 染色温度和时间（表11-8-4）

表11-8-4　染色温度和时间

配伍值	1	2	3	4	5
温度（℃）	90	95	95	95	95
时间（min）	15	20	15	15	25

4. 染色方法

在染浴达到温度后，先投入第一块坯布，保持在该温度，到规定时间后，取出织物挤去所带染液，并以少许预先配好的具有1%醋酸钠、pH值为（4.5±0.2）的溶液中洗涤，取出染样，将挤出的染液与洗涤液回到染浴内，使染浴浴比保持在1∶40，以相同的方法，相继投入其余四块，在第六块投入后，须染至染料完全吸尽为止。坯布取出后立即冲洗，并按染色先后顺序排好，晾干。

5. 评定估价

与标准中某一染料色光一致、均匀，则此染料的配伍值即为试样染料的配伍值。有时试样的配伍值介于两个相邻标准染料之间，则可评为1.5、2.5、3.5、4.5，如评比结果在1.0和5.0之外，则仍为1.0和5.0。

染色时间可根据所用纤维品种而定，腈纶以采用上染速率较慢的为宜。

第二节 各类染料染色法

一、酸性染料

（一）酸性染料特性（表11-8-5）

表11-8-5 酸性染料特性

项 目	染料特性		
	强酸浴酸性染料	弱酸浴酸性染料	中性浴酸性染料
溶解度及溶液的状态	溶解度大，呈分子溶液	溶解度小，呈胶体状溶液	溶解度小，呈胶体状溶液
染料相对分子质量	小	大	最大
染料聚集程度	低	中	高
阴离子亲和力	低	中	高
硫酸钠对匀染效果的影响	高	低	无
移染性	快	慢	非常慢
染浴pH值	2～3	4～5	6～7
染色用酸	硫酸，蚁酸	醋酸	醋酸铵或硫酸铵
耐洗缩等湿处理牢度	低	高	非常高

（二）染料溶液的配制

准确称取染料0.5g，置于250mL的烧杯内，以少许蒸馏水调成浆状，加入沸蒸馏水200mL，充分搅拌使全部溶解，移入500mL容量瓶中，用温蒸馏水（约50℃）稀释至刻度。

（三）染色法

1. 强酸浴酸性染料染色法

（1）染浴配备：

染料：视色泽深浅而定。

无水硫酸钠：5%～10%（按织物重量计）。

硫酸（96%）：2%～3%（按织物重量计）。

浴比：1：（30～50）（根据需要）。

（2）染色：用经过洗净并充分湿透的白色毛织物，于40℃投入上述染浴，略加翻动，开始加热，使染浴在45min内徐徐升温至沸，保持沸染45min。染色过程中应添加适量水，补充蒸发水分，使染浴保持原浴比。染毕，清水洗净，挤干，在室温或温度50℃以下烘箱内干燥。

2. 弱酸浴酸性染料染色法

（1）染浴配备：

染料：视色泽深浅而定。

无水硫酸钠：5%～10%（按织物重量计）。

醋酸（98%）：1%～3%（按织物重量计）。

浴比：1：（30～50）（根据需要）。

上色太慢或上色过少时，可改用1%～2%蚁酸（85%）代替醋酸。

（2）染色：用经过洗净并充分湿透的白色毛织物，于50℃投入上述染浴，染5min，开始加热，使染浴在60min内徐徐升温至沸，保持沸染60min。为补充蒸发水分，染色过程中应添加适量水，使染浴保持原浴比。染毕，清水洗净，挤干，在室温或温度50℃以下烘箱内干燥。

3. 中性浴酸性染料染色法

（1）染浴配备：

染料：视色泽深浅而定。

醋酸铵或硫酸铵：2%～5%（按织物重量计）。

浴比：1：（30～50）（根据需要）。

（2）染色：用经过洗净并充分湿透的白色毛织物，于50℃投入上述染浴，染5min后，开始加热，使染浴在60min内徐徐升温至沸。保持沸染60min。为补充蒸发水分，染色过程应添加适量水，使染浴保持原浴比。清水洗净，挤干，在室温或温度50℃以下烘箱内干燥。

二、酸性媒介染料（现已停止使用）

（一）染料溶液配制

准确称取染料0.5g置于250mL的烧杯内，以蒸馏水少许调成浆状，续加沸蒸馏水200mL，充分搅拌使全部溶解，移入500mL容量瓶中，用温蒸馏水（约50℃）稀释至标记。

（二）染色法

1. 传统的先染后媒法

（1）染浴配备：

染料：视色泽深浅而定。

无水硫酸钠：5%（按织物重量计）。

醋酸（98%）：1%～3%（按织物重量计）。

硫酸（96%）：0.3%～1%（按织物重量计）。

浴比：1：（30～50）（根据需要）。

（2）染色：用经过洗净并充分湿透的白色毛织物，于50℃投入上述染浴，染5min后，开始加热，使染浴在60min内徐徐升温至沸，保持沸染30min。将毛织物提离液面，加水使染浴保持原浴比，然后加入硫酸（96%）0.3%～1%，将毛织物放入染浴续沸30min。

（3）媒染处理：将毛织物提离液面，加适量水使染浴保持原来浴比，并使染液温度降至70～80℃，加入重铬酸钾（或重铬酸钠，用量一般为染料之半，最高不超过1.5%，最低不少于0.3%），将毛织物放入染浴，续沸45~60min。染毕，清水洗净，挤干，并在室温或温度50℃以下烘箱内烘干。

2. **低铬先染后媒法**

为减少染色时羊毛纤维的损伤，改善染色羊毛的手感和纺纱性能，并降低排放废水的铬污染，近年来发展了低铬染色法。

（1）染浴配备：

染料：视色泽深浅而定。

醋酸（98%）：1%~2%（调节染浴pH值至4~5）。

蚁酸（80%）：0.5%~1%（调节染浴pH值至3.5~3.8）。

浴比：1：（30~50）（根据需要）。

（2）染色：用经过洗净并充分湿透的白色毛织物（或纤维），于50℃投入上述染浴，染5min后开始加热，使染浴在60min内徐徐升温至沸，保持沸染20min后，将毛织物提离液面，加入水使染浴保持原浴比，然后酌加蚁酸，使染浴pH值保持在3.5~4，续沸20min。

（3）媒染处理：将毛织物提离液面，加适量水使染浴保持原来浴比，并使染液温度降至70~80℃，加入重铬酸钾（或重铬酸钠）0.5%~1.5%，将毛织物放入染浴，续沸30~40min，染毕，清水洗净，挤干，在室温或温度50℃以下烘箱内干燥。

注意：重铬酸钾（或重铬酸钠）参考用量如表11-8-6所示：

表11-8-6 重铬酸钾（或重铬酸钠）参考用量

染料（%）	重铬酸钾（%）	染料（%）	重铬酸钾（%）
0.5以下	0.3	1.0~2.5	0.5~0.8
0.5~1	0.3~0.5	2.5~5	0.8~1.5

在加入重铬酸钾之前，务必使染浴内染料吸尽。

3. **同浴媒染法**

（1）染浴配备：

染料：视色泽深浅而定。

无水硫酸钠：5%（按织物重量计）。

同浴媒染剂：1%~5%（按织物重量计）。

硫酸铵：2%~5%（按织物重量计）。

浴比：1：（30~50）（根据需要）。

注意：

①同浴媒染剂由1份重铬酸钾或重铬酸钠与2份硫酸铵组成。

②同浴媒染剂的量浅色不少于1%，深色不多于5%，特殊染料除外。

③水质呈碱性，须加醋酸中和，使pH值在6以下。

（2）染色：用经过洗净并充分湿透的白色毛织物，于50℃投入上述染浴，染5min后，开始加热，使染浴在60min内徐徐升温至沸，并保持沸染60~90min。染色过程中，加入适量的水，以保持原来浴比。染毕清水洗净，挤干，在室温或温度50℃以下烘箱内干燥。

三、金属络合染料

（一）酸性络合染料

1. 染料溶液配制
同酸性染料。

2. 染色法

（1）染浴配备：

染料：视色泽深浅而定。

染浴：

①不用染色助剂时，硫酸（96%）为4%，再按浴比每升加入硫酸（96%）0.8~1g，染浴pH值保持在1.9~2.1。

②加入染色助剂 [如Uniperol O或Uniperol W（BASF）] 1%时，硫酸（96%）为4%，再按浴比每升加入硫酸（96%）0.4~0.5g，染浴pH值保持在2.2~2.4。

③如系Neolan染料，采用Albe gal NF助剂，则染浴是：

硫酸（96%）：4%~5%（按染物重量计）。

Albe gal NF：1%~2%（按染物重量计）。

浴比：1：（30~50）（根据需要）。

（2）染色：用经过洗净并充分湿透的白色毛纤维或白色毛织物，于40℃投入上述染浴，加以搅动，染5min后开始加热，使染浴在45min内徐徐升温至沸，并按色泽深浅保持沸染45~90min。在染色过程中，应添加水补充蒸发水分以保持原来浴比，染后需加入5%醋酸钠或氨水进行中和处理。处理后充分水洗，挤干，在室温或50℃以下烘箱内干燥。

（二）中性络合染料

1. 染料溶液配制
同酸性染料。

2. 染色法

（1）无水溶性基团的染料：

①染浴配备：以Ir galan染料和Lanasyn染料（山德士）为例（表11-8-7）。

表11-8-7 Ir galan及Lanasyn染料染色处方

类　　别	Ir galan	Lanasyn
染料（owf，%）	x	y
醋酸（80%）（%）	0.5~1.5	—

续表

类　　别	Ir galan	Lanasyn
硫酸铵（%）	—	2~5
匀染剂（%）	Albegal SW 0.3~1	Lyo gen M（液状）0.2~0.5
染浴pH值	5~6	6~6.5（醋酸调节）
浴比	1：（30~50）（根据需要）	

注　（1）为加强匀染剂的作用，可加入5%~10%元明粉。

（2）Ir galan染料染色，如匹染可用硫酸铵1%~4%，Ir galan DAM 1%，染浴pH值用醋酸调节至6。

②染色：用经过洗净并充分湿透的白色毛纤维或白色毛织物，于50℃投入上述染浴，加以搅动染5min后，开始加热，使染浴在60min内徐徐升温至沸，按照所染色泽的深浅保持沸染30~60min。为补充蒸发的水分，染色过程中应添加适量水，使染浴保持原来浴比。染毕用清水洗净，在室温或50℃以下烘箱内干燥。

（2）含有一个或两个磺酸基团的染料：

①染浴配备：以Lanacron S和Acidol M染料为例（表11-8-8）。

表11-8-8　Lanacron S及Acidol M染料染色处方

类　　别	Lanacron S	Acidol M
染料（owf, %）	x	y
醋酸（80%）（%）	0.5~2	—
硫酸铵（%）	—	3~5（毛染），5（匹染）
匀染剂（%）	Albegal SW 0.5~1	Uniperol SE 0.5~1（毛染），1~2（匹染）
pH值	4.5~6	5（毛染），6~7（匹染）
浴比	1：（30~50）	

②染色：用经过洗净并充分湿透的白色毛纤维或白色毛织物，于50℃投入上述染浴，搅动5min，开始加热，使染浴在60min内徐徐升温至沸，按照所染色泽深浅保持沸染30~60min。为补充蒸发水分，染色过程中应添加适量水，使染浴保持原来浴比。染毕，清水洗净，在室温或50℃以下烘箱内干燥。在使用Acidol M型染料匹染时，可在60~90min内升温至沸，沸染时间根据所染色泽深浅延长为60~120min。

四、毛用活性染料

这类染料色泽鲜艳，染色牢度高，特别适用于超级耐洗的羊毛衫染浅中色，品种有Lanasol（汽巴-嘉基）、Drimalan F（山德士）、Verofix（拜耳）、Hostalan（赫司脱）、Procion（卜内门）、Acidol X（BASF）。染色方法稍有差别，以Lanasol和Hostalan为代表介绍如下。

（一）染料溶液配制

同酸性染料。

（二）染色法

1. Lanasol染料

（1）染浴配备：见表11-8-9和表11-8-10。

表11-8-9　散毛、毛条染色处方

项　目	处　　方					
染料（owf，%）	0.5	1	1.5	2	3	3以上
硫酸铵（%）	4	4	4	4	4	4
醋酸（80%）（%）	0.5	0.8	1	1.5	2	2~4
Albegal B（%）	1	1	1	1	1	1
pH值	从7至6.5	从6.5至6	从6至5.5	从5.6至5.3	从5.3至5	从5至4.5
沸染时间（min）	30	40	50	60	75	90
氨水（25%）（%）	—	—	2	2.5	—	3~6
加氨水后的pH值	—	—	8.5	8.5	8.5	8.5
浴比	1：（30~50）					

表11-8-10　绞纱、织物染色处方

项　目	处　　方					
染料（owf，%）	0.5	1	1.5	2	3	3以上
硫酸铵（%）	4	4	4	4	4	4
醋酸（80%）（%）	0.6~1	1.5	2	2.5	3	3~6
Albegal B（%）	1.5	1.5	1.5	2	2	2
沸染时间（min）	30	40	50	60	75	90
pH值	6.5~5.7	5.7~5.3	5.3~5	5~4.8	4.8~4.6	4.6~4.2
氨水（25%）（%）	—	2.5	3	3.5	4	4.7
加氨水后的pH值	—	8.5	8.5	8.5	8.5	8.5
浴比	1：（30~50）（根据需求）					

（2）染色：用经过洗净并充分湿透的白色毛纤维或白色毛织物，于50℃投入含有染料、硫酸铵、醋酸、匀染剂并调节好pH值的染浴中，充分搅动后开始升温，使染浴在60min内徐徐升温至沸，按照色泽深浅，保持沸染30~90min。在染色过程中，加入适量水以保持原来浴比，严格控制pH值，然后降温至80℃，加入氨水，使染浴pH值保持在8.5，在80℃处理20min，经过充分清洗后加入醋酸中和。处理后充分水洗，挤干，并在室温或在50℃烘箱内干燥。

2. Hostalan染料

（1）染浴配备：见表11-8-11。

表11-8-11　纤维、毛织物染色处方

项　目	处　　　　　方			
染料（owf, %）	1	2	3	3以上
E ganal GES（%）	1.5	1.5	1.5	1.5
醋酸铵或硫酸铵（%）	2	2	2	2
加醋酸控制染浴pH值	5.5	5.2	5	4.7
沸染时间（min）	20～45	60	70	90以上
HostalanK盐（%）	—	5	5	5
沸染后追加HostalanK盐的时间（min）	—	40	50	60～70
浴比	1：（30～50）（根据需求）			

注　HostalanK盐用50℃水溶解，不可用沸水，如无钾盐，可用氨水代替。

（2）染色：用经过洗净并充分湿透的白色毛纤维或白色毛织物，于50℃投入含有染料、硫酸铵、醋酸、匀染剂并调节好pH值的染浴中，充分搅动后开始加热，使染浴在60min内徐徐升温至沸。在染色过程中加入适量水，保持原浴比并严格控制染浴pH值，按照色泽深浅，保持沸染30～90min，然后降温至80℃，追加已经溶解好的Hostalan盐，保持80℃处理15min，充分水洗，挤干，并在室温或50℃烘箱内干燥。

如无Hostalan盐，则可用氨水代用，染浴pH值须掌握在8～8.5，处理15min后充分水洗，并用醋酸中和。

五、新型毛用染料

（一）Isolan S（拜耳）

除Isolan S染料相互配伍外，并可与Isolan K、Supranoi、Alizarin染料拼染，但须加入匀染剂Avolan UL75。

1. 染料溶液配制

同酸性染料。

2. 染色法

（1）染浴配备：

染料：视染物色泽深浅而定。

无水元明粉：1～2g/L。

醋酸（60%）：1.5%～3%（按染物重量计）。

Avolan UL75：0.5%～1.50%（按染物重量计）。

染浴pH值：4.5～5.5。

浴比：1：（30～50）（根据需要）。

（2）染色：用经过洗净并充分湿透的白色毛纤维或白色毛织物，于50℃投入上述染浴，搅动后开始加热，使染浴在60min内徐徐升温至沸，保持沸染45～80min。在染色过程中应添加水补充蒸发水分以保持原浴比。染毕清水洗净，挤干，在室温或50℃以下烘箱内干燥。

（二）Lanaset染料

1. *染料溶液配制*

同酸性染料。

2. *染色法*

（1）染浴配备：

染料（%）：视色泽深浅而定。

醋酸（80%）：1.5%～3%（按织物重量计）。

醋酸钠（结晶）：1～2g/L。

元明粉（无水）：0～10%（按织物重量计）。

Albegal SET：1%（按织物重量计）。

染浴pH值：4.5～5。

浴比：1∶（30～50）（根据需要）。

注意：Albegal SET的用量，浴比在1∶（8～25）时为1%，浴比大于1∶25时为1.5%～2%，浴比小于1∶8时为0.8%。

（2）染色：用经过洗净并充分湿透的白色毛纤维或白色毛织物，于50℃投入上述染浴，略加搅动，开始加热，使染浴在60min内徐徐升温至沸，保持沸染20～40min。在染色过程中应添加水以补充蒸发水分，保持原来浴比。染毕清水洗净，挤干，并在室温或50℃以下烘箱内干燥。

（三）Sadolan MF染料（山德士）

1. *染料溶液配制*

同酸性染料。

2. *染色法*

（1）染浴配备：

染料（%）：视色泽深浅而定。

醋酸（80%）：用以调节染浴pH值。

元明粉（无水）：10%（按织物重量计）。

Lyogan MF（液体）：0.5%～2%（按织物重量计）。

染浴pH值：4.5～5.5。

浴比：1∶（30～50）（根据需要）。

（2）染色：用经过洗净并充分湿透的白色羊毛或白色毛织物，于50℃投入上述染浴，略加搅动，开始升温，使染浴在60min内徐徐升温至沸，保持沸染30～45min。在染色过程中，应补充水以保持原来浴比。染毕，清水洗净，挤干，在室温或50℃以下烘箱内干燥。

六、阳离子染料

（一）传统阳离子染料

1. 染料溶液配制

准确称取染料0.5g，置于250mL的烧杯中，以0.5mL醋酸（40%）调成浆状，加入98℃蒸馏水200mL，充分搅拌使全部溶解，移入500mL容量瓶中，用温蒸馏水（约50℃）稀释至刻度。

2. 染色法

（1）染浴配备：

染料：视色泽深浅而定。

染浴pH值：4～4.5（用醋酸调节）。

醋酸钠：浅中色0.5%～1%（按织物重量计）；深色1.5%～2%（按织物重量计）。

无水硫酸钠：5%（按织物重量计）。

缓染剂1227：浅色1%～2%（按织物重量计）；深色0～1%（按织物重量计）。

浴比：1:（30～50）（根据需要）。

为避免染杯沾污，可加扩散剂IW（Avolan IW），浅中色为0.25%～0.75%，深色为0.5%～1%。

（2）染色：用经过洗净并充分湿透的白色腈纶织物，于60～70℃投入上述染浴，搅动5min，开始加热，以每分钟升温1℃的速度升温至80℃，然后再以每2min升温1℃的速度升温至沸，或根据所采用腈纶上染最集中的温度范围，予以保温20～30min，再升温至沸，保持沸染45～90min。染色过程中加入适量水，以保持浴比。染毕，逐渐冷却至50℃，清水洗净，挤干，在室温或50℃以下烘箱内干燥。

注意：入染温度：浅色为60℃，深色为70℃；保温时间：浅色为45～60min，深色为60～90min。

（二）迁移性阳离子染料

1. 染料溶液配制

同传统阳离子染料。

2. 染色法

（1）染浴配备：

染料（%）：视色泽深浅而定。

醋酸钠：1%。　　　　　　　　　　Tincgal MR：0～0.5%。

醋酸（80%）：2%。　　　　　　　染浴pH值：4～4.5（用醋酸调节）。

元明粉（无水）：10%。　　　　　　浴比：1:（30～50）（根据需要）。

（2）染色：用经过洗净并充分湿透的白色腈纶纤维或织物于60～70℃投入上述染浴，搅动5min后，开始加热，在45～60min内徐徐升温至沸，保持沸染60min。染色过程中加入适量水，以保持原来浴比。染毕逐渐冷却至50℃，清水洗净，挤干，并在室温或50℃以下烘箱内干燥。

注意：入染温度：浅色为60℃，深色为70℃。

七、分散染料

（一）染料溶液配制

准确称取0.5g染料，置于500mL烧杯中，加入10～20倍40℃蒸馏水，用力搅拌，然后徐徐加入40℃蒸馏水稀释，随加随搅，使呈均匀分散悬浮液，移入500mL容量瓶中，再增加40℃蒸馏水稀释至刻度。

（二）染色法

1. 高温高压染色

（1）染浴配备：

染料：视色泽深浅而定。

染浴pH值：5～6（用醋酸调节）。

扩散剂NNO：0.3～1g/L。

浴比：1：（20～60）（根据设备）。

（2）染色：用经过洗净并充分湿透的白色涤纶织物，在60℃投入上述染浴，盖好染机，略加运转开始加热，在30～60min内徐徐升温至130℃，并保持在该温度60min。染毕，关闭热源，逐渐降温，开排气阀使机内温度降至100℃以下，在无蒸汽排出时，打开机盖，取出染物，挤干，进行还原清洗。

（3）染后处理：

第一浴：

烧碱 [30%（36ºBé）]: 2mL/L。

保险粉：1～2g/L。

净洗剂：0.5～1g/L。

80℃，20～30min，浴比1：40。

第二浴：

醋酸（80%）：1～2mL/L。

50℃，15min，浴比1：40。

染后织物先经第一浴处理后取出，清水冲洗，再经第二浴处理，最后清水洗净，挤干，在室温或50℃以下烘箱内干燥。

浅色可以不经还原清洗，而单用洗净剂在70℃处理20～30min。

2. 载体染色法

涤纶染色时应用的载体主要品种见表11-8-12。

表11-8-12　各类载体特性

名　　称	毒性	嗅味	对日晒牢度的影响	自染物上去除的程度	促染效果	匀染性的影响
水杨酸甲酯（冬青油）	微小	大	无	困难	高	好

续表

名 称	毒性	嗅味	对日晒牢度的影响	自染物上去除的程度	促染效果	匀染性的影响
邻苯基苯酚	微小	一般	小	中等	中等	尚好
对苯基苯酚	小	小	显著	困难	中等	好
苯甲酸	小	小	无	容易	小	差
联苯	大	大	无	中等	高	差
一氯苯	有毒	一般	无	容易	高	尚好
二氯苯	有毒	一般	无	容易	高	尚好

目前常用的载体以冬青油为主。

（1）染浴配备：

染料：视色泽深浅而定。

水杨酸甲酯：浅色2～3g/L；中色3～5g/L；深色6～8g/L。

染浴pH值：6～7（用醋酸调节）。

（2）载体的乳化：水杨酸甲酯乳化法：用片状平平加，其量为水杨酸甲酯的1/10，加热熔化，加入水杨酸甲酯内搅匀。使用时取出此混合物，加入热水5～10倍，用超声波乳化器处理20～30min，或用搅拌器边加边搅拌，使呈均匀乳状液为止。

（3）染色：用经过洗净并充分湿透的白色涤纶织物，在60℃投入上述染浴，染5min后，开始加热，在60min内徐徐升温至沸，保持沸染60～90min。在染色过程中，加入适量水，以保持浴比。染毕，取出染物，挤干，进行还原清洗。

（4）染后处理：同高温染色。

八、直接染料

（一）染料溶液配制

准确称取染料0.5g（如染色深度在1%以上，可称取1g），置250mL烧杯内，以蒸馏水少许调成浆状，续加沸蒸馏水200mL，充分搅拌使全部溶解，移入500mL的容量瓶中，用温蒸馏水（约50℃）稀释至刻度。

（二）染色法

1. 染浴配备

（1）碱性染色法：

染料：视色泽深浅而定。

无水硫酸钠：10%～20%（按织物重量计）。

碳酸钠：1%～2%（按织物重量计）。

（2）中性染色法：

染料：视色泽深浅而定。

无水硫酸钠：10%～20%（按织物重量计）。

2. 染色

用经过充分湿透的洗净白色棉或黏胶纤维织物，投入上述染浴，在室温冷染10min，加热使染液温度在30min内徐徐升温至95℃，续染60min。染毕，取出，清水洗净，挤干，在室温或70℃以下的烘箱中干燥。

中深色如湿牢度或耐晒牢度较差，根据使用直接染料的类别，采用树脂型固色剂或金属盐进行固色处理。固色方法参照固色剂一节。

九、硫化染料

（一）染料溶液配制

准确称取染料1g（如染色深度在2%以上，可称取2g），置于100mL的烧杯内，以适量硫化钠溶液（10%）调成浆状，加入少量热蒸馏水，在水浴锅上加热至90℃，略加搅拌，15min后移入500mL的容量瓶中，用蒸馏水稀释到刻度。

（二）硫化碱用量的测定

准确称取同一染料数份，每份1g，分别置于100mL的烧杯内，加入不同量（如5mL、10mL、15mL、20mL等）的硫化碱溶液（10%），以上述各染液吸取等量进行染色，以染色最深的染液所加的硫化碱为最适当量。

（三）染色法

1. 染浴配备

染料：视色泽深浅而定。

无水硫酸钠：10%～20%（按织物重量计）。

碳酸钠：1%～3%（按织物重量计）。

浴比：1:（20～30）。

2. 染色

第一法：用经过洗净并充分湿透挤干的棉和黏胶纤维白色织物，于50℃投入上述染浴，在30min内徐徐升温至90～95℃，续染60min。

第二法：同第一法，惟染色温度为80℃。

3. 染后处理

染好织物取出后，悬于空气中氧化5min，用水洗净，挤干，在室温或温度70℃以下烘箱中干燥。

十、活性染料

国产活性染料有X型、K型、M型、KN型和KD型五类，目前应用的为X型、K型和KD型三类。

（一）X型活性染料

1. 染料溶液配制

准确称取染料0.5g，置于250mL烧杯内，先以少许冷水打成浆状，然后加30～40℃水200mL，在充分溶解后移入500mL容量瓶中，用温水稀释到刻度。

2. 染色法

（1）染浴配备：

染料：视色泽深浅而定。

食盐：浅色10～20g/L；中色20～30g/L；深色30～50g/L。

碳酸钠：浅色5g/L；中色10g/L；深色10～15g/L。

浴比：1：40。

（2）染色：将染液注入染浴，调整浴比为1：40，先加1/2食盐，升温至20℃（室温超过20℃时照室温入染），投入称好并充分湿透的白色黏胶纤维织物，开始升温，于30min内升温至40℃。将黏胶纤维织物提离液面，加入余下1/2食盐，续染10min，再加入碳酸钠，在40℃染50min，染毕取出，水洗，再用2%工业皂粉沸煮10min，清水洗净，在室温或70℃以下烘箱内干燥。

（二）K型活性染料

1. 染料溶液配制

准确称取染料0.5g置于250mL烧杯内，先以少量温水调成浆状，然后用70～90℃水溶解，在充分溶解后，移入500mL容量瓶中，加入温水稀释到刻度。

2. 染色法

（1）染浴配备：

染料：视色泽深浅而定。

食盐：浅色10～20g/L；中色20～30g/L；深色30～50g/L。

碳酸钠：浅色5g/L；中色10g/L；深色10～15g/L。

浴比：1：40。

（2）染色：将染液注入染浴，调整浴比1：40，先加入1/2食盐，升温至40℃，投入称好并充分湿透的白色黏胶纤维织物，开始加热，在50min内升温至90℃，将染物提离液面，加入余下1/2食盐，续染10min，再加碳酸钠，在90℃下续染50min。染毕取出冲洗，并用2%工业皂粉沸煮10min，清水洗净，在室温或70℃以下烘箱内干燥。

（三）KD型活性染料

1. 染料溶液配制

同K型活性染料。

2. 染色法

（1）染浴配备：

染料：视色泽深浅而定。

食盐：浅色10g/L；中色15g/L；深色20g/L。

碳酸钠：浅色5g/L；中色8g/L；深色8g/L。

（2）染色：将染液注入染浴，调整浴比为1∶40，先加1/2食盐，升温至40℃，投入称好并充分湿透的白色黏胶纤维织物，开始加热，以1℃/min的速度升温至80～90℃，将染物提离液面，加入余下1/2食盐，续染45min，再将染物提离液面，加入碳酸钠，在80～90℃下续染45min，染毕取出冲洗，并用2%工业皂粉煮20min，清水洗净，挤干，在室温或70℃以下烘箱内干燥。

第九章　纺织品色牢度试验

常用的色牢度试验方法有我国制定的国家标准（GB）试验方法、国际羊毛局（IWS）制定的色牢度试验方法和国际标准化组织（ISO）制定的色牢度试验方法。

第一节　国家标准色牢度试验方法

一、耐日光色牢度试验方法

（一）设备和材料

（1）暴晒架：方向向南，与水平面夹角等于所在地的纬度，置于日光下暴晒。上面盖以玻璃，不使试样受雨淋和其他气候因素的影响。试样后面需适当通风，所用玻璃的透光率，在380~700nm间至少为90%，在310~320nm之间为0。玻璃和试样表面间最小允许距离是5cm，试样应放在离内框边至少为10cm处，以免受周围物体和框架阴影的影响。

（2）遮盖物：用不透光材料，如内黑外白硬卡、薄铝片等制成。如试样为绒类织物，用一种能避免紧压试样表面的遮盖物。

（3）评定变色用灰色样卡。

（4）蓝色羊毛标准。

（二）试样

（1）方法1、方法3的试样不小于1cm×6cm，方法2的试样不小于1cm×10cm，使每个暴晒部分不小于1cm×2cm。

（2）试样的固定：

①织物紧附于硬卡上；

②纱线均匀绕于硬卡上，或平行排列固定于硬卡上；

③散纤维梳压整理成均匀薄层固定于硬卡上。

（3）蓝色羊毛标准固定在硬卡上，其尺寸应与试样相同。

（三）操作程序

1. 试样的暴晒

（1）方法1：

①本方法在评级有争议时采用。其基本特点是通过检查试样以控制暴晒周期，每个试样需备一套蓝色羊毛标准。

②将试样和蓝色羊毛标准按图11-9-1所示排列，用遮盖物AB遮盖试样和蓝色羊毛标准的三分之一。按（一）（1）所述条件进行日光暴晒，每天24h。

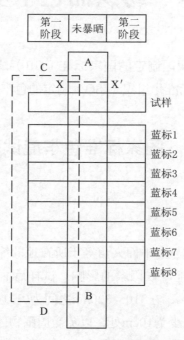

图11-9-1　日光试验装样方法1

AB—第一遮盖物，AB在X—X′处必须和硬卡固定，使它能在原处

从试样和蓝色羊毛标准上提起和复位　CD—第二遮盖物

第一阶段：晒至试样的暴晒和未暴晒部分间的色差相当于灰色样卡4级。用遮盖物CD遮盖第一阶段。

第二阶段：继续暴晒，直至试样的暴晒和未暴晒部分间的色差相当于灰色样卡3级。如果蓝色羊毛标准7的变色比试样先达到灰色样卡4级，暴晒即可终止。

（2）方法2：

①本方法适用于大量试样同时暴晒。其基本特点是通过检查蓝色羊毛标准以控制暴晒周期，只需用一套蓝色羊毛标准对一批不同试样进行对比。

②将试样和蓝色羊毛标准按图11-9-2所示排列，用遮盖物AB、A′B′分别遮盖试样和蓝色羊毛标准的总长度的五分之一。按（一）（1）所述条件进行日光暴晒，每天24h。

第一阶段：晒至蓝色羊毛标准4的变色相当于灰色样卡4~5级。用遮盖物CD遮盖第一阶段。

第二阶段：继续暴晒，直至蓝色羊毛标准6的变色相当于灰色样卡4~5级，用遮盖物EF遮盖第二阶段。

第三阶段：继续暴晒，直至蓝色羊毛标准7的变色相当于灰色样卡4级，或最耐光的试样上的变色相当于灰色样卡3级，暴晒即可终止。

（3）方法3：

①本方法适用于大量试样同时暴晒。其基本特点同方法2，且减少了暴晒阶段，缩短了暴晒时间。

②将试样和蓝色羊毛标准按图11-9-3所示排列，用遮盖物AB遮盖试样和蓝色羊毛标准的三分之一。按（一）（1）所述条件进行日光暴晒，每天24h。

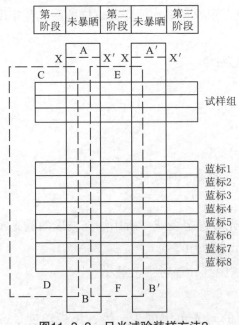

图11-9-2　日光试验装样方法2

AB、A′B′—第一遮盖物，AB和A′B′在X—X′处必须和硬卡固定，使它能在原处从试样和蓝色羊毛标准上提起和复位　CD—第二遮盖物　EF—第三遮盖物

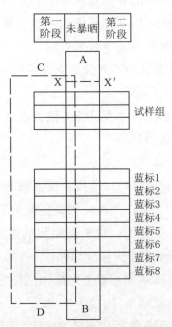

图11-9-3　日光试验装样方法3

AB—第一遮盖物，AB在X—X′处必须和硬卡固定，使它能在原处从试样和蓝色羊毛标准上提起和复位　CD—第二遮盖物

第一阶段：晒至蓝色羊毛标准6的变色相当于灰色样卡4～5级，用遮盖物CD遮盖第一阶段。

第二阶段：继续暴晒，直至蓝色羊毛标准7的变色相当于灰色样卡4～5级，暴晒即可终止。

2. 其他允许的暴晒

该试验方法如用于核对与某种性能规格是否相一致时，可允许试样只与两块蓝色羊毛标准一起暴晒：一块是按规定为某级蓝色羊毛标准和另一块更低一级的蓝色羊毛标准。

第一阶段：晒至某级蓝色羊毛标准的变色相当于灰色样卡4级。

第二阶段：继续暴晒，直至某级蓝色羊毛标准的变色相当于灰色样卡3级，暴晒即可终止。

（四）耐光色牢度的评定

（1）取下所有遮盖物，将试样放在暗处，4h后在规定光源下，用一个介于评定变色用灰色样卡1级与2级之间（约为Mun-sell N5）的中性灰色遮框盖在试样和蓝色羊毛标准周围，比较试样和蓝色羊毛标准的相应变色。试样的暴晒与未暴晒部分间的色差和某级蓝色羊毛标准的暴晒与未暴晒部分间的色差级数相当时，此级为试样的耐光色牢度级数。如果试样所显示的变色，不是近于某两个相邻蓝色羊毛标准中的一个，而更接近于中间时，则应给予一个中间级数，例如3~4级。

在以试样的暴晒和未暴晒部分的最终暴晒阶段色差的基础上，作出耐光色牢度的最后评定。如果在不同暴晒阶段的色差上得出不同的级数，则取其平均值作为试样的耐光色牢度，以最接近的整级的半级来表示。

（2）如试样变色比蓝色羊毛标准1更差，则评为1级。

二、耐氙弧光色牢度试验方法

（一）设备和材料

1. 设备

空冷式氙弧灯试验仪，仪器暴晒仓通风良好，并符合下列条件：

（1）光源：氙弧灯相关色温为5500~6500K。

（2）滤光筒：置于光源和试样之间，使紫外光谱稳定衰减。所用滤光玻璃的透光率在380~750nm之间应至少为90%，在310~320nm之间应降为0。

（3）滤热片：置于光源和试样之间使氙弧光谱中红外辐射减至最小。

（4）暴晒条件：

①正常条件：中等有效湿度。湿度控制标样的耐光色牢度为5级，黑板温度最高为45℃。

②极限条件：为了检测在暴晒期间对不同湿度的敏感性，可采用下列极限条件：

a. 低有效湿度：湿度控制标样的耐光色牢度为6~7级，黑板温度最高为60℃；

b. 高有效湿度：湿度控制标样的耐光色牢度为3级，黑板温度最高为40℃。

③ 试样和蓝色羊毛标准暴晒面上光强度的差异不应超过平均值的±10%。氙灯与试样和蓝色羊毛标准表面的距离必须保持相等。

2. 遮盖物

用不透光材料，如内黑外白硬卡、薄铝片等制成。如试样为绒类织物，用一种能避免紧压试样表面的遮盖物。

3. 评定变色用灰色样卡

4. 蓝色羊毛标准

5. 湿度控制标样

6. 黑板温度计

应由一块4.5cm×10cm的金属板组成，其温度可用温度计或热电偶测量，热敏部分位于金属板的中心并与板接触良好。金属板向光源的一面应为黑色，使射到试样上的全部光谱的反射率小于5%。背光面必须隔热。

（二）试样

（1）试样尺寸不小于1cm×4.5cm，使每个暴晒部分不小于1cm×0.8cm。

（2）织物紧附于硬卡上。

（3）纱线均匀绕于硬卡上，或平行排列固定于硬卡上。

（4）散纤维梳压整理成均匀薄层固定于硬卡上。

（5）蓝色羊毛标准固定在硬卡上，其尺寸应与试样相同。

（三）操作程序

1. 湿度条件的调节

按（一）1.（4）所述条件进行下列操作：

（1）将一块不小于1cm×4.5cm的湿度控制标样与蓝色羊毛标准一起装在硬卡上，置于试样夹的中部。

（2）将装妥的试样安放于设备的试样架上，插入黑板温度计试样架上，所有的空档都要用装有硬卡的试样夹填满。

（3）开启氙灯后，使设备正常运转至试验完成。

（4）将部分遮盖物的湿度控制标样和蓝色羊毛标准同时暴晒，直至湿度控制标样上暴晒和未暴晒部分间的色差相当于灰色样卡4级时，评定湿度控制标样的耐光色牢度应符合（一）1.（4）①规定。必要时可调节设备上的控制器，以获得规定的湿度和黑板温度。

2. 试样的暴晒

（1）方法1：

①本方法在评级有争议时采用。其基本特点是通过检查试样以控制暴晒周期，每个试样需备一套蓝色羊毛标准。

②将试样和蓝色羊毛标准按图11-9-4所示排列，用遮盖物AB遮盖试样和蓝色羊毛标准的三分之一。按（一）1.（4）所述条件进行暴晒。

第一阶段：晒至试样的暴晒和未暴晒部分间的色差相当于灰色样卡4级。用遮盖物CD遮盖第一阶段。

第二阶段：继续暴晒，直至试样的暴晒和未暴晒部分间的色差相当于灰色样卡3级。如果蓝色羊毛标准7的变色比试样先达到灰色样卡4级，暴晒即可终止。

（2）方法2：

①本方法适用于大量试样同时暴晒。其基本特点是通过检查蓝色羊毛标准以控制暴晒周期，只需要一套蓝色羊毛标准对一批不同试样进行对比。

②将试样和蓝色羊毛标准按图11-9-5所示排列，用遮盖物AB遮盖试样和蓝色羊毛标准的总长度的四分之一。按（一）1.（4）所述条件进行暴晒。

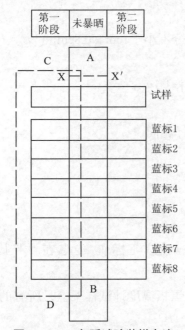

图11-9-4　氙弧试验装样方法1

AB—第一遮盖物，AB在X—X′处必须和硬卡
固定，使它能在原处从试样和蓝色羊毛
标准上提起和复位　CD—第二遮盖物

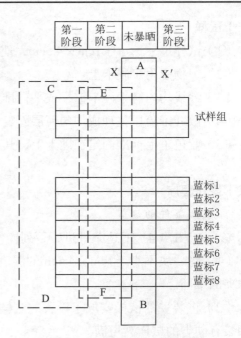

图11-9-5　氙弧试验装样方法2

AB—第一遮盖物，AB在X—X′处必须和硬卡固定，使它
能在原处从试样和蓝色羊毛标准上提起和复位
CD—第二遮盖物　EF—第三遮盖物

第一阶段：晒至蓝色羊毛标准4的变色相当于灰色样卡4～5级，用遮盖物CD遮盖第一阶段。

第二阶段：继续暴晒，直至蓝色羊毛标准6的变色相当于灰色样卡4～5级，用遮盖物EF遮盖第二阶段。

第三阶段：继续暴晒，直至蓝色羊毛标准7的变色相当于灰色样卡4级，或最耐光的试样上的变色相当于灰色样卡3级，暴晒即可终止。

（3）方法3：

①本方法适用于大量试样同时暴晒。其基本特点同方法2，且减少了暴晒阶段，缩短了暴晒时间。

②将试样和蓝色羊毛标准按图11-9-6所示排列，用遮盖物AB遮盖试样和蓝色羊毛标准的三分之一。按（一）1.（4）所述条件进行暴晒。

第一阶段：晒至蓝色羊毛标准6的变色相当于灰色样卡4～5级，用遮盖物CD遮盖第一阶段。

第二阶段：继续暴晒，直至蓝色羊毛标准7的变色相当于灰色样卡4～5级，暴晒即可终止。

（4）方法4：

①本方法适用于考核产品的合格指标时采用。其基本特点同方法2。

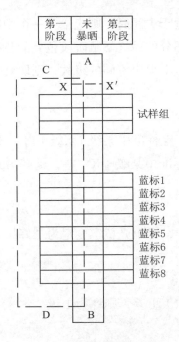

图11-9-6　氙弧试验装样方法3

AB—第一遮盖物，AB在X—X′处必须和硬卡固定，使它能在原处

从试样和蓝色羊毛标准上提起和复位　CD—第二遮盖物

②将试样和蓝色羊毛标准按图11-9-6所示排列，用遮盖物AB遮盖试样和蓝色羊毛标准的三分之一。按（一）1.（4）所述条件进行暴晒。

第一阶段：晒至所需蓝色羊毛标准中某级的变色相当于灰色样卡4级，用遮盖物CD遮盖第一阶段。

第二阶段：继续暴晒，直至所需蓝色羊毛标准中某级的变色相当于灰色样卡3级，暴晒即可终止。

（5）方法5：

本方法可用于检验试样是否符合某一商定的参比样，允许试样只与参比样一起暴晒，直至参比样上达到灰色样卡4级和（或）3级的色差。试样和参比样必须是同一种规格的织物并用同一处方染色。

（四）耐光色牢度的评定

取下所有遮盖物，将试样放在暗处4h后，在规定光源下，用一个介于评定变色用灰色样卡1级与2级之间（约为Munsell N5）的中性灰色遮盖在试样和蓝色羊毛标准周围，比较试样和蓝色羊毛标准的相应变色。

1．**方法1、2、3评级**

试样的暴晒与未暴晒部分间的色差和某级蓝色羊毛标准的暴晒与未暴晒部分间的色差级数相当时，此级为试样的耐光色牢度级数。如果试样所显示的变色，不是近于某两个相邻蓝色羊毛标准中的一个，而是接近于中间时，则应给予一个中间级数，例如3～4级。

在以试样的暴晒和未暴晒部分的最终暴晒阶段色差的基础上，作出耐光色牢度的最后评定。如果在不同暴晒阶段的色差上得出不同的级数，则取其平均值作为试样的耐光色牢度，以最接近的整级或半级来表示。

2. **方法4评级**

如试样的变色比所需蓝色羊毛标准中某级（X级）好，则其耐光色牢度定为"+X"级；如试样的变色比所需蓝色羊毛标准中某级（X）差，则其耐光色牢度用低于X级蓝色羊毛标准的具体级数表示。

3. **方法5评级**

如试样的变色不大于参比样，则耐光色牢度定为"好"，如试样的变色大于参比样，则耐光色牢度定为"差"。

4. **注意**

如试样变色比蓝色羊毛标准1更差，则评为1级。

三、耐摩擦色牢度试验方法

（一）设备和材料

（1）试验设备：摩擦色牢度试验机。往复直线摩擦，摩擦头的摩擦面直径为1.6cm，向下压力为9N（918gf），摩擦动程为10cm，摩擦速度为每秒往复一次。

试台衬物规格。厚度为0.1～0.15mm的细白毡或粗纺本白呢坯。

（2）摩擦用棉布：退浆，漂白，不含整理剂。剪成5cm×5cm方块。

（3）直径为1mm的不锈钢丝网络，格孔直径约为20mm。

（4）评定沾色用的灰色样卡。

（二）试样

（1）如试样是织物，剪取面积不小于20cm×5cm的试样至少两块，一块经向（长的方向与经纱平行），一块纬向（长的方向与纬纱平行）。每块试样一边为干摩擦用，另一边为湿摩擦用。如试样不能包括全部色泽或干、湿摩擦不在同一色位上，必须增加试样。

（2）如试样是纱线，将它编成织物，面积不小于20cm×5cm，或在适当尺寸的矩形硬纸板上，按长度方向将纱线平行地绕成一个薄层，一边做干摩擦，另一边做湿摩擦。

（三）操作程序

（1）干摩擦。将试样平放在摩擦色牢度试验机测试台的衬垫物上，两端以夹持器固定（以摩擦时试样不松动为准），然后将干的摩擦布固定在摩擦头上，使摩擦布的经、纬纱方向与试样经纬纱方向相交成45°。摩擦头在试样上沿着10cm长的轨迹作往复直线摩擦10次，每往复一次时间为1s，摩擦头向下压力为9N（918gf），分别试验经向和纬向。

（2）湿摩擦。在试样另一边用湿摩擦布按干摩擦方法做摩擦试验。先把另一块干摩擦布用蒸馏水浸透取出，经小轧辊挤压，或将摩擦布放在网络上均匀滴水，使摩擦布润湿，湿摩擦布含水率达到95%～105%。摩擦试验后，将湿摩擦布放在室温下干燥。

（3）摩擦时如有染色纤维带出而留在摩擦布上，必须用毛刷把它去除，评级仅仅考虑由染料沾色的着色。

（4）用灰色样卡评定摩擦布的沾色。

（四）附注

适用的试验设备有Y571B型摩擦色牢度试验机或摩擦牢度仪（Crockmeter），详见美国纺织化学家和染色家协会的技术手册。其他试验设备只要能达到同样的效果也可使用。

四、耐洗色牢度试验方法

（一）适用范围

本标准适用于纺织材料和纺织品耐洗色牢度试验，包括从温和到剧烈的洗涤程序的5种试验。本实验不反映综合洗烫程序的结果。

（二）设备和材料

（1）试验设备：由装有一根旋转轴杆的水浴锅组成，旋转轴杆支撑着多只容量为（550+50）mL的玻璃或不锈钢容器 [(ϕ75 ± 5)mm × (125 ± 10)mm]，从轴杆中心距容器的底部为（45 ± 10）mm。整个轴杆容器联合装置每分钟旋转（40 ± 2）次，水浴锅温度是恒温控制的，使试液保持在规定温度 ± 2℃。

（2）耐腐蚀的不锈钢珠：直径约为0.6cm。

（3）试剂：

①试剂1——皂片。含水不超过5%，成分含量按干重计，应符合下列要求：游离碱，按碳酸钠计不大于3g/kg，按氢氧化钠计不大于1g/kg；脂肪物质总含量不小于850g/kg，从皂片制备的混合脂肪酸的冻点为30℃及以下；碘值不大于50；皂片不含荧光增白剂和着色物质。

②试剂2——合成洗涤剂。成品含量（m/m）应符合下列要求：直链烷基苯磺酸钠（链烷碳链的平均长度为$C_{11.5}$）（8 ± 0.02）%；脂肪醇羟乙基缩合物（环氧乙烷数14）（2.9 ± 0.02）%；钠皂（链长：C_{12}～C_{16} 13%～26%，C_{18}～C_{22} 74%～87%）（3.5 ± 0.02）%；三聚磷酸钠（43.7 ± 0.02）%；硅酸钠（SiO_2/Na_2O=3.3/1）（7.5 ± 0.02）%；硅酸镁（1.9 ± 0.02）%；羧甲基纤维素（1.2 ± 0.02）%；乙二胺四乙酸二钠（0.2 ± 0.02）%；硫酸钠（21.2 ± 0.02）%；水9.9%。

无水碳酸钠，化学纯。

（4）贴衬织物：需两块，每块尺寸为10cm×4cm。第一块用试样的同类纤维制成，第二块则由表11-9-1规定的纤维制成。如试样为混纺或交织品，第一块为主要含量的纤维制成，第二块为次要含量的纤维制成。

（5）评定变色和沾色用灰色样卡。

表11-9-1　贴衬织物

第一块贴衬织物	第二块贴衬织物		
	方法1、2、3	方法4	方法5
棉	羊毛	黏胶纤维	黏胶纤维
羊毛	棉	—	—
丝	棉	棉	棉
亚麻	棉	棉或黏胶纤维	棉或黏胶纤维
黏胶纤维	羊毛	棉	棉
醋酯纤维	黏胶纤维	黏胶纤维	—
聚酰胺纤维	羊毛或黏胶纤维	棉或黏胶纤维	棉或黏胶纤维
聚酯纤维	羊毛或棉	棉或黏胶纤维	棉或黏胶纤维
聚丙烯腈纤维	羊毛或棉	棉或黏胶纤维	棉或黏胶纤维

（三）试样

（1）如试样是织物，取10cm×4cm试样一块，放在两块贴衬织物之间，并沿四周缝合，形成一个组合试样。

试验印花织物时，正面与两块贴衬织物中每块的一半相接触，并沿试样的四周和中间缝合，形成一个组合试样，如不能包括全部色泽，需用多个组合试样分别试验。

（2）如试样是纱线，将它编成织物，按上法同样处理，或以平行长度组成一薄层，夹在两块贴衬织物之间，纱线的用量约为两块贴衬织物重量的一半，沿四周缝合，将纱线固定，形成一个组合试样。

（3）如试样是散纤维，取其量约为两块贴衬织物重量的一半，将它梳压成10cm×4cm的薄片，夹在两块贴衬织物之间，沿四周缝合，将纤维固定，形成一个组合试样。

（四）操作程序

（1）将组合试样放在容器内，加入预热到所需温度的试液，浴比为1∶50。

（2）按选定的方法（方法根据产品种类选定）、配方、试验条件进行处理。

（3）方法分类、配方、试验条件的规定：

①试液1配方与试验条件见表11-9-2。

表11-9-2　试液1配方与试验条件

配方与条件 方　　法	试液1配方		试验条件		
	皂片（g/L）	无水碳酸钠（g/L）	温度（℃）	时间（min）	钢珠（粒）
方法1	5	—	40	30	—
方法2	5	—	50	45	—
方法3	5	2	60	30	—
方法4	5	2	95	30	10
方法5	5	2	95	4h	10

②试液2配方与试验条件见表11-9-3。

表11-9-3　试液2配方与试验条件

配方与条件	试液2配方		试验条件		
方　法	皂片（g/L）	无水碳酸钠（g/L）	温度（℃）	时间（min）	钢珠（粒）
方法1	4	—	40	30	—
方法2	4	—	50	45	—
方法3	4	1	60	30	—
方法4	4	1	95	30	10
方法5	4	1	95	4h	10

注　试液用蒸馏水配制。

（4）取出组合试样，用蒸馏水清洗两次，然后在流动自来水中清洗10min，挤去水分，拆除组合试样三边缝线，展开组合试样，悬挂在温度不超过60℃的空气中干燥。

（5）用灰色样卡评定试样的变色和贴衬织物与试样接触面的沾色。

（五）附注

适用的设备有：SW-12型、SW-8型和SW-4型耐洗牢度试验机，朗德罗洗涤试验仪（Launderometer），利尼洗涤试验器（Linitest），洗涤轮（Wash Wheel）等。其他机器装置能达到同样效果的也可使用。

五、耐汗渍色牢度试验方法

（一）设备和材料

（1）试验设备：包括一个不锈钢架，一块重5kg、底部面积11.5cm×6cm的重锤，并附有尺寸相同、厚度为0.15cm的玻璃板或丙烯酸树脂板。组合试样必须为10cm×4cm，以保证试样受压12.5kPa。

（2）恒温箱：保温在（37±2）℃，无通风装置。

（3）贴衬织物：每个组合试样需两块，每块尺寸为10cm×4cm，第一块用试样的同类纤维制成，第二块则由表11-9-4规定的纤维制成。如试样为混纺或交织品，则第一块用主要含量的纤维制成，第二块用次要含量的纤维制成。

（4）评定变色及沾色用灰色样卡。

（二）试剂

试液用蒸馏水配制，现配现用。

表11-9-4　耐汗渍色牢度试验贴衬织物

第一块贴衬织物	第二块贴衬织物	第一块贴衬织物	第二块贴衬织物
棉	羊毛	醋酯纤维	黏胶纤维
羊毛	棉	聚酰胺纤维	羊毛或黏胶纤维
丝	棉	聚酯纤维	羊毛或棉
麻	羊毛	聚丙烯腈纤维	羊毛或棉
黏胶纤维	羊毛	—	—

碱液每升含：L-组氨酸盐酸盐一水合物（$C_6H_9O_2N_3 \cdot HCl \cdot H_2O$）0.5g，氯化钠（NaCl）5g，磷酸氢二钠十二水合物（$Na_2HPO_4 \cdot 12H_2O$）5g或磷酸氢二钠二水合物（$Na_2HPO_4 \cdot 2H_2O$）2.5g，用0.1mol/L氢氧化钠溶液调整试液pH值至8。

酸液每升含：L-组氨酸盐酸盐一水合物（$C_6H_9O_2N_3 \cdot HCl \cdot H_2O$）0.5g，氯化钠（NaCl）5g，磷酸二氢钠二水合物（$NaH_2PO_4 \cdot 2H_2O$）2.2g，用0.1mol/L氢氧化钠溶液调整试液pH值至5.5。

氢氧化钠、L-组氨酸盐酸盐一水合物、磷酸氢二钠十二水合物，均需化学纯。

（三）试样

（1）如试样是织物，取10cm×4cm试样一块，夹在两块贴衬织物之间，并沿一短边缝合，形成一个组合试样。整个试验需要两个组合试样。

试验印花织物时，正面与两块贴衬织物中每块的一半相接触，剪下其余一半，交叉覆于背面，缝合两短边。如不能包括全部色泽，需用多个组合试样。

（2）如试样是纱线，将它编成织物，按（1）的方法同样处理，或以平行长度组成一薄层，夹在两块贴衬织物之间，纱线的用量约为两块贴衬织物重量的一半，沿着两个对边缝合，将纱线固定，形成一个组合试样。整个试验需要两个组合试样。

（3）如试样是散纤维，取其量约为两块贴衬织物重量的一半，将它梳压成10cm×4cm的薄片，夹在两块贴衬织物之间，沿四边缝合，将纤维固定，形成一个组合试样。整个试验需要两个组合试样。

（四）操作程序

（1）在浴比为50∶1的酸、碱试液里分别放入一块组合试样，使其完全润湿，然后在室温下放置30min，必要时可稍加揿压和拨动，以保证试液能良好而均匀地渗透。取出试样，倒去残液，用两根玻璃棒夹去组合试样上过多的试液，或把组合试样放在试样板上，用另一块试样板刮去过多的试液，将试样夹在两块试样板中间。用同样步骤放好其他组合试样，然后使试样受压12.5kPa。碱和酸试验使用的仪器要分开。

（2）把带有组合试样的酸、碱两组仪器放在恒温箱里，在（37±2）℃的温度下放置4h。

（3）拆去组合试样上除一条短边外的所有缝线，展开组合试样，悬挂在温度不超过60℃的空气中干燥。

（4）用灰色样卡评定每一试样的变色和贴衬织物与试样接触面的沾色程度。

六、耐干洗色牢度试验方法

（一）设备和材料

（1）合适的机械装置：由一个带有旋转轴的水浴锅构成，玻璃或不锈钢容器呈放射状地安放在转轴上，容器底部距轴心的距离为（45±10）mm。轴的转速为（40±2）r/min。水浴温度由恒温器控制，使溶剂温度保持在（30±2）℃。

（2）玻璃或不锈钢容器：直径（75±5）mm，高（125±10）mm，容量（550±50）mL，采用耐溶剂垫圈密封。

（3）不锈钢圆片：直径（30±2）mm，厚（3±0.5）mm，光洁无毛边，质量为（20±2）g。

（4）漂白棉斜纹布：单位面积质量为（270±70）g/m²，不含整理剂，剪成12cm×12cm。

（5）全氯乙烯：贮存时加少量无水碳酸钠以中和任何可能生成的盐酸。

（6）比色管：直径25mm。

（7）评定变色和沾色用灰色样卡。

（二）试样

（1）如样品是织物，取10cm×4cm试样一块。

（2）如样品是纱线，将它编织成织物，或制成一个平行长度为10cm的纱线束，直径约0.5cm，扎紧两端。

（3）如样品是散纤维，取足量梳压成10cm×4cm薄层。夹于两片不沾色的薄型聚丙烯织物之间，沿四边缝合。

（三）操作程序

（1）将两块漂白的正方形棉斜纹布沿三边缝合，制成一个内部尺寸为10cm×10cm的布袋。将1块试样和12块不锈钢圆片放入一个布袋内，缝合袋口。

（2）将装有试样和钢片的布袋放入容器内，加入200mL全氯乙烯，在规定的设备中，用（30±2）℃的温度处理30min。

（3）从容器中拿出布袋，取出试样，夹于吸水纸或布片之间，用挤压法或离心法去除多余的溶剂。将试样悬挂在温度为（60±5）℃的空气中烘燥。

（4）以评定变色用灰色样卡评定试样的变色。

（5）试验结束后，用滤纸过滤留在容器中的溶剂。将过滤后的溶剂和空白溶剂分别倒入比色管中，置于白纸卡前，使用透射光比较两者的颜色。以评定沾色用灰色样卡评定级数。

（四）附注

适用的试验设备有SW-12型、SW-8型、SW-4型耐洗色牢度试验机。其他试验设备能达到同样效果的也可使用。

七、耐有机溶剂摩擦色牢度试验方法

（一）设备和材料

（1）试验设备：摩擦色牢度试验机，往复直线摩擦，摩擦头的摩擦面直径为1.6cm，向下压力为9N（918gf），摩擦动程10cm，摩擦速度为每秒钟往复一次。测试台垫衬厚度为0.1~0.15cm的细白毡或粗纺白呢坯织物。

（2）摩擦棉布：经退浆、漂白，不含整理剂，剪成5cm×5cm方块。

（3）网格：由直径为1mm的不锈钢丝制成，孔径约为20mm。

（4）有机溶剂：全氯乙烯、石油溶剂或其他有机溶剂。

（5）评定变色及沾色用灰色样卡。

（二）试样

（1）如样品是织物，剪取不小于20cm×5cm试样至少两块。一块经向（长的方向与经纱平行），一块纬向（长的方向与纬纱平行）。

（2）如样品是纱线，将它编织成织物，尺寸不小于20cm×5cm，或在适当尺寸的矩形玻璃板或丙烯树脂板上，按长度方向将纱线平行地绕成一个薄层。

（三）操作程序

（1）将摩擦棉布放在有机溶剂中浸湿，取出，在耐有机溶剂的小轧辊中挤压，或将摩擦棉布放在网格上，均匀地滴上规定的有机溶剂，使摩擦棉布润湿，含液率为（100±5）%。

（2）将试样平放在摩擦色牢度试验机测试台的衬垫物上，用夹持器将两端固定（以摩擦时试样不松动为准），然后将用溶剂润湿的摩擦棉布固定在摩擦头端面上，使摩擦棉布的经纬纱方向与试样经纬纱方向相交成45°。摩擦头在试样上沿着10cm长的轨迹做往复直线摩擦10次，每往复一次的时间为1s，摩擦头向下压力为9N（918gf）。分别试验经向和纬向。

（3）将试样和摩擦棉布悬挂在温度不超过60℃的空气中干燥。

（4）摩擦后，如有染色纤维被带出而留在摩擦棉布上，应用毛刷将它刷除，评级仅考虑染料的沾色。

（5）以灰色样卡评定试样的变色和摩擦棉布的沾色。

八、耐水色牢度试验方法

（一）设备和材料

（1）试验仪器：包括一个不锈钢架，一块重5kg、底部尺寸为1.5cm×6cm的重锤，并附有尺寸相同、厚度为0.15cm的玻璃板或丙烯酸树脂板。组合试样必须为10cm×4cm，以保证试样受压12.5kPa。

（2）烘箱：可保温37~57℃。

（3）蒸馏水。

（4）贴衬织物：每个组合试样需两块，每块尺寸为10cm×4cm，第一块用试样的同类纤维制成，第二块则由表11-9-5规定的纤维制成。如试样为混纺或交织品，则第一块用主要含量的纤维制成，第二块用次要含量的纤维制成，或另作规定。

表11-9-5 耐水色牢度试验贴衬织物

第一块贴衬织物	第二块贴衬织物	第一块贴衬织物	第二块贴衬织物
棉	羊毛	醋酯纤维	黏胶纤维
羊毛	棉	聚酰胺纤维	羊毛或棉
丝	棉	聚酯纤维	羊毛或棉
亚麻	羊毛	聚丙烯腈纤维	羊毛或棉
黏胶纤维	羊毛	—	—

（5）评定变色及沾色用灰色样卡。

（二）试样

（1）如样品是织物，取10cm×4cm试样一块，夹于两块贴衬织物之间，沿一短边缝合，形成一个组合试样。

（2）如样品是纱线，将它编成织物，按上述方法同样处理，或组成一平行长度的薄层，夹于两块贴衬织物之间，纱线的用量约为两块贴衬织物重量的一半，沿着两个对边缝合，将纱线固定，形成一个组合试样。

（3）如样品是散纤维，取其量约等于两块贴衬织物重量的一半，将它梳压成10cm×4cm的薄层，夹于两块贴衬织物之间，沿四边缝合，将纤维固定，形成一个组合试样。

（三）操作程序

（1）在室温下将组合试样放在蒸馏水中完全浸湿。倒去残液，将组合试样夹于尺寸为11.5cm×6cm的两块玻璃板或丙酸树脂板之间，承压12.5kPa。

（2）将夹有组合试样的仪器放在烘箱里，用（37±2）℃的温度处理4h。

（3）拆去组合试样上除一短边外的所有缝线，展开组合试样，悬挂在温度不超过60℃的空气中干燥。

（4）用灰色样卡评定试样的变色和贴衬织物的沾色。

九、耐海水色牢度试验方法

（一）设备和材料

（1）试验仪器、烘箱、贴衬织物和评定变色及沾色用灰色样卡，均同耐水色牢度试验方法。

（2）氯化钠溶液：含氯化钠30g/L。

（二）试样

同耐水色牢度试验方法。

（三）操作程序

（1）在室温下将组合试样放在氯化钠溶液中完全浸湿，倒去残液，将组合试样夹于尺寸为11.5cm×6cm的两块玻璃板或丙烯酸树脂板之间，承压12.5kPa。

（2）将夹有组合试样的仪器放在烘箱里，用（37±2）℃的温度处理4h。

（3）拆去组合试样上除一短边外的所有缝线，展开组合试样，悬挂在温度不超过60℃的空气中干燥。

（4）用灰色样卡评定试样的变色和贴衬织物的沾色。

十、耐干热（升华）色牢度试验方法

（一）适用范围

本方法适用于测定各类有色纺织品的耐干热（升华）色牢度性能，不包括熨烫色牢度。在用于评定染色、印花和整理加工中产生的变色和沾色时，应考虑其他物理和化学因素可能对结果产生的影响。

（二）原理

将纺织品试样与规定的贴衬织物贴在一起，紧贴在一个加热至所需温度的热板上受热，用灰色样卡评定试样的变色及贴衬织物的沾色。

（三）设备和材料

（1）加热设备：由装有电气加热系统的两块金属板组成，温度可预先设定，组合试样需平坦放置，并能给试样以（4±1）kPa的压力。适用的试验设备有YSS-02型熨烫、升华色牢度仪。

（2）贴衬织物：每个组合试样需两块，大小符合加热板的尺寸要求。第一块用试样的同类纤维制成，第二块由聚酯纤维制成。如试样为混纺或交织品，第一块用占试样主要含量的纤维制成，第二块由聚酯纤维制成或另作规定。

（3）评定变色和沾色用灰色样卡。

（四）试样

如试样是织物，取大小符合加热板尺寸要求的试样一块，夹于两块贴衬织物之间，沿一短边缝合，形成一个组合试样。如试样是纱线，将它编织成织物，按织物同样处理，或组成一平行长度的薄层，夹于两块贴衬织物之间。纱线用量约为两块贴衬织物重量的一半，沿着两个对边缝合，将纱线固定，形成一个组合试样。

如试样是散纤维，取用量约为贴衬织物重量的一半，梳压成一片所需大小的薄层，夹于两贴衬织物之间，沿四边缝合，将纤维固定，形成一个组合试样。

（五）操作程序

（1）将组合试样置于加热板中间，聚酯纤维贴衬在上方，在下列一种或几种温度下处理30s：（150±2）℃，（180±2）℃，（210±2）℃，必要时也可以采用其他温度或时间，但应在报告中注明。

（2）用灰色样卡评定试样的变色和贴衬织物的沾色。

十一、耐热压（熨烫）色牢度试验方法

（一）适用范围

本方法适用于测定纺织材料和纺织品的颜色耐热压（熨烫）及热辊筒加工的能力。纺织品可在干、湿、潮的状态下进行热压试验，通常由纺织品的最终用途来确定。

（二）设备和材料

（1）加热装置：包括一对光滑的平行板，装有能精确控温的电加热器和能给试样以（4±1）kPa的压力。热量只能从上面传递给试样；如果下平板的加热器是不能关闭的，则石棉板即作为隔热层（作隔热用的石棉板应光滑不弯曲，最好在把试样放上加热装置之前，已和石棉板组合在一起；在两次试验过程之间，石棉板必须冷却，湿的羊毛衬垫必须烘干）。

（2）平滑石棉板：厚3~6mm。

（3）羊毛法兰绒：单位面积重量约为260g/m²。用两层这种织物作衬垫，厚约3mm。类似的平整羊毛织物或毡均能作衬垫，厚度也应约为3mm。其尺寸为10cm×4cm。

（4）不染色、不丝光的漂白棉布为贴衬用织物，表面应光滑，单位面积重量为100~130g/m²。

（5）棉贴衬织物：尺寸为10cm×4cm。

（6）评定变色和沾色用灰色样卡。

（三）试样

（1）如样品是织物，取试样为10cm×4cm。

（2）如样品是纱线，将它编成织物，取试样为10cm×4cm，或将纱线紧密地绕在一个面积为10cm×4cm的惰性物质的薄片上，形成一片仅及纱线厚度的薄层。

（3）如样品是散纤维，取足量将它梳理压实，成为10cm×4cm的薄片，并将它缝在一块棉贴衬织物上，以固定这些纤维。

（四）操作程序

（1）使用温度：（110±2）℃，（150±2）℃，（200±2）℃。必要时也可以用其他温度，只要在试验报告上加以注明。如试样是混纺品或交织品，建议使用的温度与最不耐热的纤维相适应。

（2）经受过任何加热及干燥处理的样品，必须于试验前在试验用大气中予以调整，即相对湿度为（65±2）%，温度为（20±2）℃。

（3）加热装置的下平板不管加热与否，总是依次用石棉板、羊毛法兰绒及干的白棉布盖在上面，组成衬垫。

（4）干压：把干试样正面向上放在衬垫的棉布上，放下加热装置的上平板，在规定温度下使试样受压15s。

（5）潮压：把干试样正面向上放在衬垫的棉布上，将一块棉贴衬织物经浸压蒸馏水，使它含有自身重量的水分。把这块湿贴衬织物放在干试样上，放下加热装置的上平板，在规定温度下使试样受压15s。

（6）湿压：把试样和一块棉贴衬织物经浸压蒸馏水，使它们含有自身重量的水分。把湿试样正面向上再覆盖上湿贴衬织物，放在衬垫的棉布上，放下加热装置的上平板，在规定温度下使试样受压15s。

（7）立即用评定变色用灰色样卡评定试样的变色，并在试验用标准大气中调整4h后再进行一次评定。

（8）用评定沾色用灰色样卡评定棉贴衬织物的沾色。要用棉贴衬织物沾色较重的一面作评定。

（五）附注

（1）加热装置可采用YG605型熨烫仪。在使用家用电熨斗时，需用表面高温计或温度敏感纸测定或采用控温仪控温，以符合试验对温度的要求。但必须使它的面积和总重量有一个合适的比值，以产生（4±1）kPa的压力。由于熨斗用电时断时通，而使它的表面温度产生波动，因而试验的准确性和重演性就受到限制。所以如使用手持熨斗做试验，在报告中要写明。其他仪器符合本标准技术条件的均可使用。

（2）在正常的重力条件下，加热板重量的分布面积可以用平方厘米计算，即以加热板重量的千克数乘上系数24.525。如果加热板面积小于试样，则计算所需重量（kg）的方法是把板的面积（cm^2）除以上述同样系数。如组合试样为10cm×4cm，则加热板组成装置的重量应在1.25～2.00kg之间。

十二、耐沸煮色牢度试验方法

（一）设备和材料

（1）装有回流冷凝管的容器，可容4cm长的圆筒形试样。

（2）玻璃棒：直径为0.5～0.8cm。

（3）毛贴衬织物：10cm×4cm。

（4）棉贴衬织物：10cm×4cm，如试样为混纺品，则贴衬织物按与羊毛混纺的那种纤维制成。

（二）试样

（1）如样品是织物，取10cm×4cm一块，夹于两块贴衬织物之间，沿一短边缝合，形成一份组合试样。

（2）如样品是纱线，将它编成织物，或取纱线用量约等于两块贴衬织物总重量的一半，以平行长度制成一个薄层，夹于两块贴衬织物之间，沿一短边缝合。

（3）如样品是散纤维，将它梳理压实，取其量约等于两块贴衬织物总重量的一半，梳压成10cm×4cm的薄层，夹于两块贴衬织物之间，沿一短边缝合，使纤维固定，形成一个组合试样。

（三）操作程序

（1）将组合试样紧紧地卷在玻璃棒上，以形成一个4cm长的圆筒，然后用线松而匀地扎好。

（2）在浴比为1∶30的沸蒸馏水中，在回流的条件下，处理棒上试样1h。

（3）拆去组合试样上除一条短边外的所有缝线，松开组合试样，并在三个组件联在仅剩的一条缝线的情况下，悬挂在温度不超过60℃的空气中干燥。

（4）用灰色样卡评定试样的变色和贴衬织物的沾色。

十三、耐加压汽蒸色牢度试验方法

（一）设备和材料

（1）容积约20L（例如直径为26cm，高为40cm）的高压锅，其有可调节的加热源（电或煤气等），安全操作压力为400kPa；在锅盖内侧的螺孔上，连接一个直径为2cm、高为16cm的多孔圆筒；用一块直径为20cm的金属圆板封住圆筒的底端；调压阀和压力表应装在锅盖上侧，与多孔圆筒相连接；安全阀和温度表分别装在锅盖上（图11-9-7）。

（2）棉毯：经煮练，双面拉毛，单位面积重量约为400g/m²。

（3）棉贴衬织物：10cm×4cm。

（4）制备染色控制标样：把一块充分润湿的毛织物，在40℃时放入含有1%C.I.媒染棕33，10%硫酸钠+水合物（$Na_2SO_4 \cdot 10H_2O$）和3%~5%乙酸（300g/L）的染浴中，浴比为1∶40。染浴在30min内升温至沸，续沸30min；如有必要，再小心地加入3%~5%乙酸（300g/L），使染料吸尽；加酸后继续沸煮15min，用冷水冷却染浴至70℃，加入0.5%重铬酸钾，再升温至沸，保持45min，取出标样，用流动冷水冲洗、干燥。

（5）评定变色用灰色样卡。

（二）试样

（1）如要试验的是织物，取用一块大小为10cm×4cm的试样。

（2）如要试验的是纱线，将它编成织物，取用一块大小为10cm×4cm的试样。或以平行长度排成一薄层，夹在两块棉贴衬织物之间。沿四边缝合，使纱线固定。

（3）如要试验的是散纤维，将它梳理压实，取足量做成一个10cm×4cm薄层，将薄层夹在两块棉贴衬织物之间，沿四边缝合，使纤维固定。

（4）制备一块10cm×4cm的染色控制标样。

（三）操作程序

（1）先将设备加热，以防冷凝水的形成。

（2）按阐明的操作工艺对试样与控制标样进行平行操作。

（3）在加压汽蒸设备的多孔圆筒上包覆三层棉毯，把试样和控制标样包在裹有棉毯的多孔圆筒上，并在外面再包三层棉毯，用纱线松匀地绕住，按表11-9-6压力条件之一，以无水滴饱和蒸汽通过试样15min。

（4）取出试样，把试样悬挂在温度不超过60℃的空气中干燥。在干燥前，应将纱线或散纤维从两块棉贴衬织物之间取出。

（5）用灰色样卡评定控制标样的变色，应与下列级数相符：温和汽蒸为4级（略黄），剧烈汽蒸为3级（略黄）。如级数不符，说明该试验不正确，应重做试验。

（6）用灰色样卡评定试样的变色。

表11-9-6　汽蒸压力及蒸汽温度

加压汽蒸	汽蒸压力（kPa）	蒸汽温度（℃）
温和的	147	111
剧烈的	247	127

十四、耐常压汽蒸色牢度试验方法

（一）设备和材料

（1）设备：一支两头敞口内径为3cm的玻璃试管，管壁一端成凹形，套在软木塞中，并固定于一只大口颈锥形烧瓶的颈部。烧瓶容积为2L，软木塞上装有一根金属丝环，环上覆盖一块薄织物或筛网，以挡住沸水喷溅。锥形瓶盛水约0.5L，内加若干玻璃小球（图11-9-8）。

（2）贴衬织物：与试样为同一纤维的贴衬织物，尺寸10cm×4cm；两块棉贴衬织物，尺寸10cm×4cm。

（3）洗净的未染色羊毛毡。

（4）评定沾色用灰色样卡。

（二）试样

（1）如样品是织物，取10cm×4cm试样一块，置于一块棉贴衬织物上，然后依次放上一块与试样同纤维的贴衬织物及另一块棉贴衬织物，形成组合试样。将其卷成筒形，使试样尽可能处于里层。

（2）如试样是纱线，将它编成织物，按上述方法处理。

（3）如试样是散纤维，取足够量梳压成10cm×4cm的薄层，按上述方法处理。

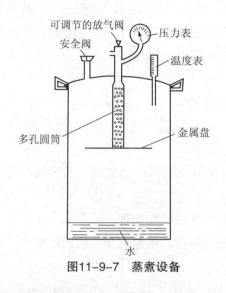

图11-9-7　蒸煮设备

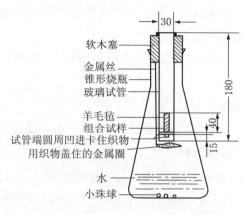

图11-9-8　汽蒸锥形瓶

（三）操作程序

（1）锥形瓶内盛水煮沸，将圆筒形组合试样包在羊毛毡内，使整个组合试样卷容易放进锥形瓶颈部的玻璃试管内，并被试管底部凹口挡住，沸煮30min。

（2）从试管中取出组合试样卷，将其分开，悬挂在温度不超过60℃的空气中干燥。

（3）用灰色样卡评定贴衬织物的沾色。

十五、耐碱性缩呢色牢度试验方法

（一）设备和材料

（1）合适的机械装置：由一个带有旋转轴的水浴锅组成。旋转轴支承着呈放射状的多只容量为（550±50）mL的玻璃或不锈钢容器 [直径（75±5）mm×高（125±10）mm]。从轴心到容器底部的距离为（45±10）mm。轴的转速为（40±2）r/min。水浴锅温度由恒温器控制，使试液保持在规定温度±2℃。

（2）不锈钢珠：直径0.6cm。

（3）贴衬织物：每个组合试样需两块，每块10cm×4cm。第一块用试样的同类纤维制成，第二块则由表11-9-7规定的纤维制成。如试样为混纺或交织品，则第一块用主要含量的纤维制成，第二块用次要含量的纤维制成或另作规定。

表11-9-7　耐碱性缩呢色牢度试验贴衬织物

如第一块是	则第二块是	如第一块是	则第二块是
棉	羊毛	醋酯纤维	羊毛
羊毛	棉	聚酰胺纤维	羊毛
亚麻	羊毛	聚酯纤维	羊毛
黏胶纤维	羊毛	聚丙烯腈纤维	羊毛

（4）缩呢溶液：每升含50g皂片和10g无水碳酸钠。皂片的含水量不应超过5%，并应符合以干质量为基础的下列指标：游离碱以Na_2CO_3计不大于3g/kg，以NaOH计不大于1g/kg；总脂肪物不少于850g/kg，由皂片中所得混合脂肪酸的冻点不高于30℃；碘值不大于50；皂片不含荧光增白剂和着色物质。

（5）控制标样：用C.I.Acid Blue 7染的毛标准贴衬织物。

（二）试样

（1）如样品是织物，取10cm×4cm试样一块，夹于两块贴衬织物之间，沿四边缝合，形成一个组合试样。

（2）如样品是纱线，将它编成织物，按上述（1）的方法同样处理，或组成一平行长度的薄层，夹于两块贴衬织物之间，纱线用量约为两块贴衬织物总重量之半。沿四边缝合，使纱线固定，形成一个组合试样。

（3）如样品是散纤维，取其量约等于两块贴衬织物总重量之半，将它梳压成10cm×4cm的薄层，夹于两块贴衬织物之间，沿四边缝合，使纤维固定，形成一个组合试样。

（4）按上述（1）所述方法，制备控制标样的组合试样。

（三）操作程序

（1）将组合试样和组合控制标样分别放在各自容器中进行平行试验。

（2）将组合试样和组合控制标样分别放在试验装置的两个容器里。每个容器里都用三倍于试样本身重量的缩呢溶液和50个不锈钢珠，在（40±2）℃的条件下处理2h。

（3）加入足够的（40±2）℃的蒸馏水，使浴比为1∶100，继续处理10min。

（4）取出组合试样，在冷蒸馏水里冲洗两次，然后在流动冷水里冲洗10min，拆去除一条短边外的所有缝线，展开组合试样，悬挂在不超过60℃的空气中干燥。

（5）用灰色样卡评定控制标样的变色。如果变色不等于灰色样卡上的2~3级，则该试验不正确，应该用新的组合试样和新的控制标样按操作程序重做。

（6）用灰色样卡评定试样的变色和贴衬织物的沾色。

（四）附注

（1）制备控制标样：将一块完全润湿的毛标准贴衬织物，放入40℃、含有3%C.I.Acid Blue 7、10%硫酸钠十水合物（$Na_2SO_4 \cdot 10H_2O$）和3%硫酸（相对密度1.84）的染浴中，浴比为1∶40。染浴在30min内升温至沸，再沸染45min。取出染样，清洗，干燥。所有百分率，均按毛标准贴衬织物质量计。

（2）设备：SW-12型、SW-8型、SW-4型耐洗色牢度试验机。其他试验设备只要能达到上述设备的同样效果，也可使用。

十六、耐硫酸炭化色牢度试验方法

（一）设备和材料

（1）烘箱：用以试样在（60±2）℃的空气中烘燥，在（105±2）℃的空气中焙烘。

（2）硫酸溶液：每升含有50g浓硫酸（相对密度1.84）。

（3）碳酸钠溶液：每升含有2g无水碳酸钠。

（4）控制标样：用C.I.Mordant Red 3染色，并经重铬酸钾处理的毛标准贴衬织物。

（5）评定变色用灰色样卡。

（二）试样

（1）如样品是织物，取10cm×4cm试样一块。

（2）如样品是纱线，将它编成织物，取10cm×4cm试样一块，或取平行长度为10cm、直径约为0.5cm的纱线束，两端扎紧。

（3）如样品是散纤维，取足够量梳压成一个10cm×4cm的薄层。

（三）操作程序

（1）将试样和控制标样分别放在各自容器中进行平行试验。

（2）将试样在硫酸溶液中，室温（约20℃）浸渍15min（浴比为20∶1），挤压试样使含液率为自身重量的80%。

（3）将试样悬挂在烘箱内，在（60±2）℃烘30min，或按需要更长些，然后升温，在（105±2）℃焙烘15min。

（4）将试样在流动冷水中冲洗5min，然后等分成两半，将一半悬挂在不超过60℃的空气中干燥。

（5）将另一半试样放在碳酸钠溶液中，进行中和处理，室温搅动30min，浴比1∶40。然后在流动冷水中冲洗5min，悬挂在不超过60℃的空气中干燥。

（6）用灰色样卡评定未经中和的控制标样上的变色程度。如果变色不等于2级，较黄，则说明试验不正确，应按上述操作方法用新的试样和新的控制标样重做试验。

（7）用灰色样评定每一半试样的变色。

（四）附注

控制标样的制备：将一块完全润湿的毛标准贴衬织物，放入40℃含有1% C.I.Mordant Red 3、10%硫酸钠水合物（$Na_2SO_4 \cdot H_2O$）和3%醋酸（300g/L）的染浴中，浴比为40∶1。

染浴在30min内升温至沸，再沸染30min。必要时加入1%～3%醋酸（300g/L）或1%硫酸（相对密度1.84）以吸尽染浴。加酸后再沸染15min。用冷水使染浴冷却，再加入0.5%重铬酸钾，染浴再升温至沸，再沸染30min。取出试样，清洗、干燥。

所有百分率均按毛标准贴衬织物重量计。

十七、耐羊毛酸性氯化色牢度试验方法

（一）设备和材料

（1）蒸馏水或去离子水。

（2）每升含有3.0g无水甲酸钠和相当于0.5g固体的琥珀酸二辛酯磺酸钠润湿剂的新鲜配制的溶液，用甲酸缓冲至pH值为4.0±0.2。或每升含有40g乙酸钠（NaAc·3H$_2$O）和相当于0.5g固体琥珀酸二辛酯磺酸钠润湿剂的新鲜配制溶液，用醋酸缓冲至pH值为4.0±0.2（每升约需6mol/L醋酸268mL）。

（3）每升含有11.27g二氯异氰尿酸钠二水合物（C$_3$N$_3$O$_3$Cl$_2$ Na·2H$_2$O，有效氯55%）的新鲜配置的溶液。

（4）每升含有3.29g亚硫酸氢钠（NaHSO$_3$）的新鲜配制溶液，或取3.0g焦亚硫酸钠（Na$_2$S$_2$O$_5$）溶解于1L水中配成。

（5）适合的设备，能使试样在浴比1∶60的溶液装置内持续地垂直上下运动，并使液体不会溢出，试样投取迅速，或采用手工搅拌。

（6）pH计和精密pH试纸。

（7）碘化钾淀粉试纸。

（8）评定变色用灰色样卡。

（二）试样

（1）试样在试验室条件下晾干，二氯甲烷萃取物含量应不超过调湿试样原重量的0.5%（尤其是作评定染色牢度的测试时）。如作适合针织纱加工的试验时，应取加工中具有代表性并经过前处理的针织纱。

（2）试样的重量宜取0.5g的倍数，不能小于0.2g。

（3）衣服的罗纹口和大身部分应分别进行试验。

（4）如样品是纱线，将它编成平纹织物，或以绞纱进行试验。

（5）如样品是纤维，取一定量梳压成薄层，其最小尺寸宜为10cm×4cm。置于同样尺寸的未染色轻薄聚酯织物上，并沿四边缝合，使两者合并成一体。采用一种不会使组合试样散离的搅动方法；如无法实现时，则另加一块稀组织的未染色轻薄聚酯织物，组成夹层式组合试样进行试验。

（三）操作程序

（1）每份试样分别在各自试浴中按规定操作程序处理。

（2）试验过程中需不断搅拌，在刚加入二氯异氰尿酸钠溶液和亚硫酸钠溶液之后更为重要。

（3）每克试样需用47mL，pH值为4.0±2的甲酸缓冲溶液或醋酸缓冲溶液。试样于（25+2）℃初始温度浸入液中，充分润湿（不宜用手搓），在酸液中持续搅动至少10min。

（4）每克试样需于（25±2）℃加入3.0mL二氯异氰尿酸钠溶液，加入时须小心、迅速，尽可能不使搅动中断，并应尽量减少二氯异氰尿酸钠溶液与试样直接接触。如可能，将试样暂时从溶液中移出，而甲酸或醋酸缓冲溶液应无损失。试样继续浸渍和搅动30min。然后取液滴于碘化钾淀粉试纸上，检验有效氯。除试纸仍保持无色或仅转变成极淡蓝黑色之外，仍需将溶液再行加热至（25±2）℃，继续处理15min后再作检验。必要时，还可继续处理15min后重新检验。如第三次检验时有效氯依然存在，则应丢弃该试样，用一块新的试样重新试验。

（5）每克试样需在试液中加入10.0mL亚硫酸氢钠溶液，试样在试液中于（25±2）℃继续浸渍和搅动15min，然后将试液倒去。

（6）将试样浸入浴比为1:60的蒸馏水中，初始温度为（25±2）℃，持续搅动5min。重复操作。

（7）试样从第二次清洗浴中取出后，需于5min内，经挤干或脱水，并于温度（60±5）℃烘干（重要的是切勿超过该温度）。

（8）所有试样需在实验室温度调湿至少2h。

（9）用灰色样卡评定变色。

（四）溶液的配制

（1）为防止琥珀酸二辛酯磺酸钠溶解困难，应按下法配置。先按每升最终容积吸取0.83mL 60%溶液（或8.3mL经稀释10倍的60%溶液），加入至预先配置好的甲酸盐或乙酸盐溶液中，配成约90%的最终容积。或升温至沸，将0.5g固体琥珀酸二辛酯磺酸钠溶解于水中，然后加入预先配成约80%最终容积的甲酸盐或乙酸盐溶液中。上述两法都是先加入琥珀酸二辛酯磺酸钠，再加甲酸或醋酸以调节pH值，配成最终容积。配成的溶液常稍有混浊。

（2）二氯异氰尿酸钠宜使用有效氯含量达55%（以质量计），此规格11.27g相当于内含62%有效氯的无水商品10.0g。如使用其他组成的二氯异氰尿酸钠，其用量应按有效氯含量相应调整。纯二氯异氰尿酸钠内含32.24%氯，该氯全部水解成次氯酸，故有效氯含量实为该量的两倍，即64.48%。

第二节　国际羊毛局色牢度试验方法

一、耐光色牢度试验法（IWS TM 5）

（一）仪器和材料

（1）仪器：耐光试验机必须符合下列各项条件：

①光源是一个氙弧灯，相对色温为5500～6500K。

②滤光片放在光源和试样之间，使紫外光谱逐渐减光，在波长为380～750nm间有90%透光度，在310～320nm时透射率下降为0。

③照射室必须通风良好，黑板温度计量度与试样在相同照射条件下，黑板温度尽可能保

持低温，不超过45℃。湿度应保持在使湿度试验布的耐光牢度在5级的环境，试样受晒面积上光线强度的差异不超过平均值的±10%。

（2）评定变褪色用的标准灰色卡。

（3）耐光牢度的标准染色布SM3。

（4）湿度试验对照布SM4。

（5）遮盖物可用不透光的材料，如厚纸、铝片、复铝箔片等，其大小应足够遮盖之用。

（6）黑板温度计（Black Panel Thermometer）。

（二）试样

（1）其大小不小于45mm×10mm。

（2）试样可以是：

①织物。

②绒线、针织绒，可均匀绕在硬纸板上，或编结成衣片状。

③固定于纸卡上的一簇经过梳整，并均匀地紧压于表面的散毛。

（三）操作程序

（1）照射条件的调整。周期性地进行下列操作，以符合仪器内照射室条件的要求：

①把黑板温度计放入样品乘载架上，使仪器在正常情况下运转，观察温度计的读数，如读数在规定的范围以外，则按所需情况调整冷却。

②调整湿度时，把部分遮盖的湿度试验对照布和标准布同时照射，直到6级标准布褪色，达到标准灰色卡的4级止，然后审定湿度试验布的耐光牢度。如有需要，调整灯泡使曝光条件达到照射室条件。

（2）把试样装于纸板上，遮住中央部分（约全面积1/3），如图11-9-9所示。

（3）标准布（至少2级，6级最好）必须连同试样以同样的方式装入。

（4）按1/12标准深度，将试样分为深浅色。浅于或相当于1/12标准深度为浅色，深于1/12标准深度为深色。

（5）试样和标准布的照射：

①第一阶段：根据耐光牢度标准要求，每一试样有一对应级数的蓝色标准布，照射的时间与标准布相对应。

浅色：蓝色标准布的3级晒至灰色褪色样卡的4级。

深色：蓝色标准布的4级晒至灰色褪色样卡的4级。

②用厚白纸卡遮盖试样和标准布的一部分（图11-9-10）。

③第二阶段：再把试样和蓝色标准布照射，直至所对应的标准布，在遮盖和照射部分的对比和标准灰色样卡上的3级的对比相同为止。

浅色：蓝色标准布的3级晒至灰色褪色样卡的3级。

深色：蓝色标准布的4级晒至灰色褪色样卡的3级。

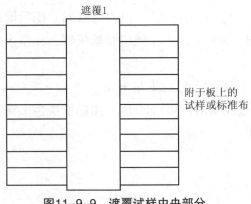

图11-9-9　遮覆试样中央部分

图11-9-10　遮覆试样和标准布的一部分

（四）色牢度的评定

（1）观察条件：观察的平面上必须有从北面来的光线或不少于558lx强度的标准光源，光线应以45°射上织物表面，观察方向应近垂直于织物表面。

（2）评定第一阶段时的色牢度级数，评定第二阶段时的色牢度级数，再计算评定第一阶段及第二阶段所得级数的平均值。

（3）光敏试样在审定颜色变化前，必须在室温的黑房内调节2h。

二、在湿碱环境下的色牢度测定法（湿碱接触法）（IWS TM 174）

（一）仪器与试剂

（1）将缝好的试验组合样品，夹在两玻璃板中，加上约49N（5kgf）的压力。采用的仪器为耐汗牢度试验仪（Perspirometer）。

（2）烘箱：维持（37±2）℃的温度。

（3）试液：包括0.5g/L组氨酸盐酸盐一水合物、5.0g/L氯化钠、2.5g/L正磷酸氢二钠，用0.1mol/L氢氧化钠调节pH值至8的新鲜调配溶液。

（4）未染色的多纤维贴衬织物DW：国际羊毛局标准物料编号SM34，每一个试验所需要的样品尺寸为10cm×4cm。

（5）不染性织物（例如聚丙烯织物）。

（6）审定色泽变化与污染程度的标准灰色卡。

（二）试样

如试验的纺织品是布，应把试样与多纤维邻布裁剪成10cm×4cm大小，缝上两短边的其中一边，使纤维邻布覆盖在试样的表面上。

如试验品为纱或散毛，应把纱或散毛平行排于10cm×4cm的多邻布与同样大小的不染性织物中间，缝上四周，使纱或散毛固定。纱或散毛的重量约为两块邻布重量的一半。

（三）试验步骤

（1）将缝好的试样浸在pH值为8的溶液中30min，浴比1：50，温度为室温。随后取出试样，放在耐汗试验仪器的玻璃板中，加上约49N（5kgf）压力，倾斜试验仪器，让多余的水分泻出。

（2）将夹上试样的耐汗试验仪，放在温度为（37±2）℃的烘箱内4h。

（3）拆开试样和未染色布，以室温或在不超过60℃的烘箱内烘干。用标准灰色卡评定试样的色泽变化及多纤维邻布特定纤维的污染程度。

三、水浸色牢度试验法（IWS TM 6）

（一）仪器和材料

（1）耐汗牢度试验仪（Perspirometer）：能使试样组合以约49 N压力保持和夹于玻璃板间。

（2）烘箱：维持（37±2）℃的温度。

（3）未染色的SDC多纤维邻布DW：标准材料编号SM34，试样尺寸4cm×10cm。

（4）评定色泽变化与污染程度的标准灰色卡。

（5）不染性织物（例如聚丙烯织物）。

（二）试样

（1）如试验的纺织品为布，则把试样与多纤维邻布裁剪成10cm×4cm大小，缝上两短边中的一边，使多纤维邻布覆盖在试样表面上。

（2）如试验品为纱或散毛，应把纱或散毛平行排列于10cm×4cm的多纤维邻布与同大小的不染性织物中间，缝上四周使纱或散毛固定。纱或散毛的重量约为两块邻布总重量之半。

（三）试验步骤

（1）在室温下以蒸馏水彻底浸湿组合试样。随后取出试样，放在耐汗试验仪的玻璃板中，加约49 N压力以挤出多余水分。倾斜试验仪让水分泻出。

（2）把夹上试样的试验仪器，放入（37±2）℃的烘箱内4h。

（3）拆开试样和邻布，分放在不超过60℃的室温下干燥。

（4）用标准灰色卡评定试样的色泽变化及多纤维邻布特定纤维的污染程度。

四、在强烈机械条件下的水洗色牢度试验法（机洗色牢度试验法）（IWS TM 193）

本试验是以小规模和快速的试验方法，在试验室预测羊毛纺织物在一般家庭用洗衣机内采用40℃温水和强力洗涤剂重复水洗的色牢度。

（一）仪器与试剂

（1）洗涤试验仪：由一组装在回转轮上的密封圆形钢瓶组成，在洗涤时，回转轮能产生必要的搅动。洗涤仪器包括：洗涤试验仪（Launderometer），SDC洗涤轮（SDC Wash

Wheel），利尼试验器（Linitest）。

（2）高效洗涤剂：洗涤剂由试剂A（SM49）及试剂B（过硼酸钠）组合而成。

试剂A（SM49）的成分如下：

直链烷基苯磺酸钠（链烷碳链的平均长度$C_{11.5}$）	8.0%
脂肪醇羟乙基缩合物（环氧乙烷数14）	2.9%
钠皂（链长$C_{12\sim22}$）	3.5%
三聚磷酸钠	43.8%
硅酸钠（SiO_2：Na_2O=3.3：1）	7.5%
硅酸镁	1.9%
羧甲基纤维素	1.3%
乙二胺四乙酸四钠	0.2%
硫酸钠	21.2%
水	9.7%
	100.0%

作为试剂B的过硼酸钠（$NaBO_3 \cdot 4H_2O$）必须能达到洗涤剂级别，洗涤剂不含荧光增白剂。

（3）洗涤液应以蒸馏水调成，并含有5g/L强力洗涤剂。强力洗涤剂由下列成分混合而成（试剂A 4g和试剂B 1g）。

（4）未染色的SDC多纤维邻布DW：标准物料编号为SM34，试样尺寸为4cm×10cm。

为便于评定，可在另一钢瓶中，洗涤另一块未染色的多纤维邻布。

（5）不染性织物（例如聚丙烯织物）。

（6）评定色泽变化与污染程度的标准灰色卡。

（二）试样

（1）如试验的纺织品为布，应把试样与多纤维邻布剪裁成10cm×4cm大小，缝上其中一个短边，使多纤维邻布覆盖在试样表面上。

（2）如试验的纺织品为纱或散毛，应把纱或散毛平排于10cm×4cm的多纤维邻布与同样大小的不染性织物中间，缝上四周，使纱或散毛固定。纱或散毛的重量约为两块邻布总重量的一半。

（三）操作程序

（1）把试样组合置于洗涤仪器钢瓶内，加入预热至（50±2）℃的所需量的洗涤液，使洗涤液量达150mL。

（2）将试样以（50±2）℃的温度，洗涤30min。

（3）将试样以冷蒸馏水冲洗两次，然后再用冷水冲洗10min，随后脱水。将试样挂在温度不超过60℃的空气中干燥，除缝线边外，试样组合片不应该接触在一起。

（4）用标准灰色卡，评定试样的色泽变化及多纤维邻布上特定纤维的污染程度。

（5）评级后，若发现试样的褪色低于标准规格半级，须依下列程序再试验：

①把试样与多纤维邻布重新缝好；

②重复程序（1）和（2）连续操作两次；

③再重复程序（3）和（4）；

④最后用标准灰色卡评定试样的色泽变化级数及多纤维邻布的污染级数，并说明被污染的纤维类别。

五、手洗色牢度试验法（IWS TM 250）

本试验以小规模和快速的试验方法，在试验室预测羊毛纺织品在40℃洗涤液中的手洗色牢度。

（一）仪器与试剂

（1）洗涤试验仪：由一组装在回转轮上的封闭圆形钢瓶组成，在洗涤时，回转轮能产生必要的搅动。包括以下仪器：洗涤试验仪（Launderometer），SDC洗涤轮（SDC Wash Wheel），利尼试验器（Linitest）。

（2）高效洗涤剂：洗涤剂为SM49。

（3）洗涤液：由蒸馏水和SM49洗涤剂调成，浓度为4g/L。

（4）未染色的SDC多纤维邻布DW：标准物料编号为SM34。试样尺寸为4cm×10cm。为便于评定，可在另一钢瓶中，洗涤另一块未染色的多纤维邻布。

（5）不染性织物（例如聚丙烯织物）。

（6）评定色泽变化与污染程度的标准灰色卡。

（二）试样

（1）若试样为布料，则将布料裁成10cm×4cm大小，取未染色多纤维邻布一块覆盖在试样上，然后缝合较短一边，使它固定在试样上。

（2）若试样为纱或散毛，则把纱或散毛平排于10cm×4cm多纤维邻布与同样大小的不染性织物中间，缝上四周使纱或散毛固定。纱或散毛的重量约为两块邻布总重量的一半。

（三）操作程序

（1）把试样组合置于洗涤仪器的钢瓶内，加入预热至（40±2）℃的所需量洗涤液，使液量达到150mL。

（2）将试样以（40±2）℃的温度洗涤30min。

（3）将试样以冷蒸馏水冲洗两次，然后用冷水冲洗10min，随后脱水。

（4）将试样挂在不超过60℃的空气中干燥。除缝线边外，试样组合片不应该接触在一起。

（5）用标准灰色卡评定试样的色泽变化及多纤维邻布上特定纤维的污染程度。

第十章　工艺及成品测定

第一节　二氯甲烷可溶物质的测定

本方法用于测定羊毛中所含二氯甲烷可溶物质的含量。这些物质包括天然羊毛油脂及各道生产工序中带入的物质，如和毛油、洗剂等各种处理剂等物质。这些物质在不同溶剂中的溶解情况不同。本方法以二氯甲烷作为溶剂求得溶解物。

一、原理

试样在索氏萃取器内用二氯甲烷萃取，蒸发溶剂，对残留物称重，从而求出二氯甲烷可溶物含量即残留物重占去油后试样干重的百分率。

二、测定方法

1. 试剂

二氯甲烷：沸点39～41℃，分析试剂或化学纯。

丙酮：分析试剂。

2. 仪器

索氏萃取器：萃取器容量不小于150mL，烧瓶容量不小于250mL。

恒温水浴锅。

恒温烘箱。

分析天平。

称量瓶、不含脂的滤纸。

3. 试样准备

称取样品5～10g至少两份，用不含脂的滤纸包扎紧。

4. 操作步骤

将试样放入索氏萃取器中，用不含脂的滤纸包扎紧。将体积约为萃取器容量1.5倍的溶剂（约200mL）注入已恒重的烧瓶中，在水浴上进行回流，调整水浴温度使每小时至少发生6次虹吸作用，共萃取4h。然后从萃取器中取出试样，蒸馏去烧瓶中的二氯甲烷（如烧瓶中有水滴，加入2～5mL丙酮再行蒸馏直至无水滴为止）。去脂后的试样放入已恒重的称量瓶中，与烧瓶一起放入（105±3）℃烘箱中烘至恒重。

5．计算

用二氯甲烷萃取物的重量对脱脂后试样干燥重量的百分率表示。

$$二氯甲烷萃取物 = \frac{W_1}{W_2} \times 100\%$$

式中：W_1——二氯甲烷萃取物重量，g；

　　　W_2——去脂后试样干燥重量，g。

第二节　洗净毛油灰杂含量试验方法

一、油脂含量测定

1．方法概述

从试验样品中分出2~3个试样，测得干重后，在索氏脂肪抽出器中经乙醇（或乙醚）反复抽提。将提取物烘干、称重，经计算可得到乙醇或乙醚提取物即油脂含量。

2．仪器和工具

索氏脂肪抽出器，分析天平，恒温水浴锅或封闭式电炉，烘箱，乙醇（95%，化学纯），乙醚（化学纯），定性滤纸，试剂及其他。

3．测定方法

（1）乙醇提取物（A法）。从试验样品中称取2~3份试样，每份重5g。称好的试样送入（105±2）℃的烘箱里烘2h，取出置于干燥器中，冷却至室温、称重。重复烘干至恒重，作为干重。

在封闭式电炉上或水浴上安装索氏脂肪抽出器，连接冷却水管，通入冷却水。将已称得干重的试样用定性滤纸包好，放在浸抽器内，滤纸包的高度不超过虹吸管。从浸抽器的上部倒入乙醇（化学纯），使其浸没试样，越过虹吸管并能够产生回流。接上冷凝器。加热，控制好温度以保持接受瓶中乙醇微沸，共回流20次，每小时6~7次，回流完毕，取冷凝器，取出试样，挤干溶剂。再接上冷凝器，回收乙醇。将接受瓶送入（105±2）℃的烘箱中烘2h，取出置于干燥器中，冷却至室温，称重，重复烘干，直至恒重，接受瓶在测试前应预先在同样温度下烘至恒重。

（2）乙醚提取物（B法）。试验方法同乙醇提取物（A法）。溶剂为乙醚（化学纯）。回流18次，每小时6~7次。

（3）计算。

$$提取物 = \frac{W_1}{W_1 + W_2} \times 100\%$$

式中：W_1——提取物重，g；

　　　W_2——去脂后羊毛干重，g。

注意：涉及外贸仲裁时应以A法为准。

二、灰分含量测定

从试验样品中称取2～3份试样，每份重10g。放入（105±2）℃的烘箱中烘2h，取出置于干燥器中，冷却至室温，称重。重复烘干至恒重，作为干重。

将已测得干重的试样装入50mL坩埚，置于电炉上或煤气灯上加热，使羊毛炭化。

将坩埚放在高温炉内徐徐升温至700℃，灼烧2h，在干燥器里冷却至室温，称重。重复灼烧至恒重，坩埚测试前应在同样条件下灼烧至恒重。

然后计算灰分含量：

$$灰分 = \frac{C}{W} \times 100\%$$

式中：C——灰重，g；

W——羊毛干重，g。

注意：若灰分不作标准净毛率计算用，灼烧温度不宜超过600℃。

三、植物质含量测定

1. 仪器和工具

八篮烘箱：Y801A型或同类型。

烘箱：自动控温，控温精度±2℃。

分析天平：最大重量200g。

不锈钢杯（或搪瓷杯、烧杯）。

2. 操作步骤

从试样中称取2~3份试样，每份40g，放入带天平的八篮烘箱中，烘箱温度为（105±2）℃，烘2h，停1min后用烘箱上的天平迅速称重，再在（105±2）℃的条件下烘10min，停1min，称重，烘至恒重。

将测得干重的试样放在不锈钢杯中，按浴比1：15倒入沸煮的10%氢氧化钠溶液600mL，保持微沸，充分搅拌3min，使羊毛全部溶解。

将溶解后的羊毛溶液倾倒在15.6 网孔数/cm（40 目）的滤网上，用自来水冲洗，然后在1%硫酸溶液里浸泡1min，取出后，用自来水冲洗至不显酸碱性。

在冲洗干净的杂质中将植物质外的杂质一律去除。植物质分为两类：一类为软草类，一类为硬头类。将植物质放在（105±2）℃烘箱内烘干，放入干燥器里冷却至室温，分别称重。

3. 计算

$$植物质 = \frac{f_1 v_1 + f_2 v_2}{W} \times 100\%$$

式中：v_1——软草类植物质重量，g；

v_2——硬头类植物质重量，g；

f_1——软草类植物质重量修正系数，取1.40；

f_2——硬头类植物质重量修正系数，取1.10；

W——羊毛干重。

油脂、灰分、植物质各项测试取算术平均为测试结果。试验数据计算至三位小数。

第三节　羊毛含酸量测定

一、原理

用稀吡啶溶液提取一定重量羊毛中的酸，用氢氧化钠标准溶液，滴定被提取的酸量，从而计算出含酸量。

二、测定方法

1．试剂和仪器

0.5%吡啶溶液 [5g吡啶（分析纯）溶于1L蒸馏水中] 和0.1mol/L氢氧化钠标准溶液。

250mL具塞三角烧瓶，250mL三角烧瓶，100mL、50mL移液管，玻璃滤器（容量为30～50mL，微孔直径为46～80μm），分析天平和机械振荡器。

2．操作步骤

如试样的二氯甲烷萃取物大于1%，则须在索氏萃取器中用二氯甲烷萃取1h（每小时至少循环6次）。

从样品中除去植物性杂质，如样品为织物，则拆成纱，如样品为毛毡类，则剪成小块，然后放在大气中达到平衡。

称取（2±0.001）g试样至少4份。其中两份测定干燥重量，两份测定含酸量。如平行试验结果相对误差大于1%，则应重试。

先测定试样干重。把试样置于105℃烘箱中烘至恒重，得到试样干重为m。

然后进行含酸量测定。将试样放入具塞三角烧瓶中，用100mL移液管吸取0.5%吡啶溶液注入瓶中，盖紧瓶塞，轻摇使试样润湿后，在振荡器上振荡1h或静置过夜。从瓶中倾出溶液，用干燥的玻璃滤器滤入干燥的容器内。

用移液管吸取滤液注入三角烧瓶中，加入三滴酚酞指示剂，用0.1mol/L氢氧化钠标准溶液滴定至溶液呈微红色为止。

3．计算

含酸量以试样干燥质量的百分率表示。

$$含酸量 = \frac{C_{NaOH} \times V_{NaOH} \times K}{m \times \frac{50}{100}} \times 100\%$$

式中：C_{NaOH}——所用氢氧化钠溶液的浓度，mol/L；

　　　V_{NaOH}——所用氢氧化钠溶液的体积，mL；

　　　K——常数；含酸量以盐酸表示时，$K = 0.0365$；含酸量以蚁酸表示时，$K = 0.046$；含酸量以硫酸表示时，$K = 0.049$；含酸量以乙酸表示时，$K = 0.069$；

m——羊毛试样干重，g。

第四节　羊毛含碱量测定

一、原理

用羊毛浸渍在稀释的硼酸液中以提取羊毛中的碱，用盐酸标准溶液测定提取出来的碱量。

二、测定方法

1. 试剂和仪器

1%硼酸溶液[10g硼酸（分析试剂）溶于1L蒸馏水中），0.05mol/L盐酸标准溶液和甲基红-亚甲基蓝指示剂（0.2%甲基红乙醇溶液和0.1%亚甲基蓝乙醇溶液，以1:1容积混合）。

250mL具塞锥形瓶，250mL锥形瓶，2mL微量滴定管，50mL、100mL移液管，玻璃滤埚（容量为30~50mL，微孔直径为40~80μm）和机械振荡器。

2. 操作步骤

如样品的二氯甲烷萃取物大于1%，则须在索氏萃取器中用二氯甲烷萃取1h（每小时至少循环6次）。

从试样中除去植物性杂质，如样品为织物，则拆成纱，如为毛毡类，则剪成小块。然后将试样放在实验室大气中达到平衡。

称取（2±0.001）g试样至少4份，其中2份测定试样干燥质量，2份测定含碱量。如平行试验结果相对误差超过1%，则应重新试验。

先测定试样干重。把试样置于105℃烘箱中烘至恒重，得到试样干重为m。

然后进行含碱量测定。将试样放入具塞三角烧瓶中，用100mL移液管吸取硼酸溶液注入瓶中，盖紧瓶塞，轻轻摇动使试样润湿后，放在振荡器上振荡2h，或静置过夜。从瓶中倾析出溶液，用玻璃滤器过滤入干燥容器内。

用50mL移液管吸取滤液置于锥形瓶中，加入3滴甲基红-亚甲基蓝指示剂，用0.05mol/L盐酸标准溶液滴定，溶液由绿色变为红紫色为止。

3. 计算

含碱量以试样干燥重量的百分率表示：

$$含碱量 = \frac{C_{HCl} \times V_{HCl} \times K}{m \times \frac{50}{100}} \times 100\%$$

式中：C_{HCl}——所用盐酸标准溶液浓度，mol/L；

$\quad V_{HCl}$——所用盐酸标准溶液体积，mL；

$\quad\ K$——常数，含碱量以碳酸钠表示时，$K=0.053$；含碱量以氢氧化钠表示时，

$\qquad K=0.040$；含碱量以氧化钠表示时，$K=0.031$；

m——羊毛试样干重，g。

第五节　羊毛中碱土金属测定

在400mL烧杯中，准确地加入0.1mol/L盐酸100mL，浸入5g左右羊毛试样，保持50℃，浸渍30min，并不时用玻璃棒搅动。准确吸取50mL上述试液于250mL三角烧瓶中，加入10mL氨-氯化铵缓冲溶液，再加入水，使全液为100mL，然后用0.02mol/L EDTA液滴定，加入铬黑T指示剂5滴，滴定至溶液由红色变成蓝色时止。

$$碱土金属含量（以CaCO_3计）= \frac{C_{EDTA} \times V_{EDTA} \times 0.050}{试样重量(g)} \times 100\%$$

式中：C_{EDTA}——所用EDTA溶液浓度，mol/L；

　　　V_{EDTA}——所用EDTA溶液体积，mL。

第六节　羊毛含脂分析

一、熔点（毛细管法）

取直径为1mm两端开口的毛细管，一端插入熔化的羊毛脂中（用尽可能低的温度熔融，50~60℃），约深入至1cm的高度（图11-10-1）。接着将毛细管一端在冰上接触一下，使端点的油脂结冻，然后把毛细管逐渐全部浸入食盐冰浴中，24h后取出毛细管，使管内的油脂全部凝固，将毛细管下端油脂部分密接于温度计的水银球，用小橡皮圈固定，然后悬挂在一有水的试管中，使温度计汞球部的底端距试管底部2~3cm（在试管中放一有环的玻棒，上下不停地搅拌，使温度均匀），试管放入有水的烧杯中，每分钟升温1℃，慢慢地加热，待油脂呈透明状态时（即油脂在毛细管中开始上升时）的温度即为油脂的熔点，同时做三个平行试验平均。

二、凝固点

见本篇第七章第一节油酸凝固点的测定。

三、酸价

见本篇第七章第一节油酸酸价的测定。

四、碘价

见本篇第七章第一节油酸碘价的测定。

五、皂化值

见本篇第七章第五节皂化值的测定。

六、乳化力

1. 仪器

3000mL烧瓶G（水蒸气发生器）、恒温水浴槽E、H（3000mL烧杯），50mL刻度试管D，温度计A、B、C，活塞L、M、N（图11-10-2）。

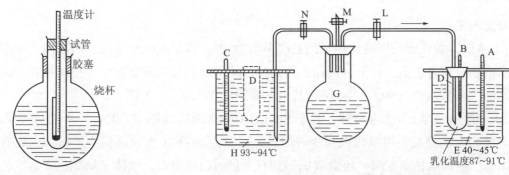

图11-10-1　熔点测定装置　　　　　　　　图11-10-2　乳化力测定装置

2. 测定方法

（1）把在60℃以下熔融的羊毛脂20mL置于50mL刻度试管D中，并将试管放入烧杯E中。

（2）控制两烧杯水浴温度，使E烧杯中水温保持40～45℃，H烧杯中水温保持93～94℃。

（3）加热烧瓶G（内盛2/3蒸馏水），使发生蒸汽，打开活塞L，使蒸汽管中充满蒸汽。

（4）将蒸汽管插入试管D的底部，通蒸汽5min，使油脂乳化，乳化温度要维持在87～91℃，并且控制在5min中使试管D内总体积在37～43mL范围内，利用活塞M开的大小来控制。

（5）将试管D移入恒温槽H中，马上按秒表，静置放置，观察油层分离情况，记录在20min时分离出水的体积及总的体积。

$$乳化力 = \frac{乳化后总的体积(mL) - 分离出水的体积(mL)}{羊毛脂体积(20mL)} \times 100\%$$

恒温槽H中的水要待烧瓶G发生蒸汽后，再加入沸煮的水，然后拧开活塞N，让蒸汽通入恒温槽H中，让蒸汽来维持水浴温度在93～94℃。

第七节　羊毛纤维含硫量和羊毛水解物中胱氨酸含量测定

一、羊毛纤维含硫量测定

（一）原理

将羊毛中的硫用混合酸氧化成SO_4^{2-}，再加氯化钡将其沉淀成硫酸钡，根据硫酸钡重量计算出羊毛中硫的含量。

（二）试剂配制

（1）混合酸：将0.060g重铬酸钾（分析纯）、120mL浓硝酸（分析纯）、90mL 60%过氯酸（分析纯）混合在一起即成。

（2）氯化钡溶液 [c ($BaCl_2$)=0.02mol/L]：称取4.8856g氯化钡溶于水中，移入1000mL容量瓶中，用水稀释至刻度。

（三）测定方法

（1）将试样放在粟氏提油器内，用乙醚萃取12次，再用乙醇萃取3h，然后用蒸馏水洗涤去除水溶物及部分杂质，晾干，再除去植物质、草屑及其他依附杂物后，把试样置于天平室暴露24h，准确称取0.2000g，共4份，其中1份测定含水率，3份测定含硫量。

（2）用吸管吸取3.5mL混合酸，置于50mL或100mL凯氏烧瓶中，将0.2000g羊毛放入瓶内，待羊毛完全润湿后，用电热板或沙浴加热，温度为280℃（在通风橱中进行），先有棕色烟冒出来，液体从枯黄变绿，再继续加热到有大量的白烟出来，液体又从绿色变为橙色，待白烟消失时，从电热板或沙浴上取下，待冷后（这时瓶内有橙色沉淀出现）将烧瓶内物质移入400mL烧杯中，用水洗净瓶内物质，使总体积为200mL。然后将此溶液加热至刚沸，逐滴加入热的35mL 0.02mol/L氯化钡溶液，边加边搅拌，在100～120℃放置保温4～6h，过夜后过滤于定量滤纸中，用热水洗至滤液不含氯根，再在700～800℃灼烧至恒重，此即为硫酸钡重量。

（3）计算：

$$硫含量 = \frac{A \times 0.1373}{0.2 \times (1 - \frac{G}{100})} \times 100\%$$

式中：A——硫酸钡重量，g；

$\frac{G}{100}$——羊毛含水率，%。

二、羊毛水解物中胱氨酸含量测定

用比色法测定羊毛水解物中胱氨酸含量，适用于未经氧化、还原和染色的洗净纯羊毛、毛条、毛纱、毛线和织物。

（一）原理

羊毛纤维在硫酸溶液中水解生成胱氨酸，用焦亚硫酸钠分解胱氨酸，生成的半胱氨酸和十二磷钨酸作用能产生蓝色溶液，蓝色深浅度与水解物中胱氨酸含量成正比。通过对蓝色溶液吸光度值的测定，并与标准胱氨酸溶液吸光度比较，可计算出羊毛纤维的胱氨酸含量。

（二）测定方法

1．试剂

测试用水为蒸馏水或相当纯度的水，试剂为分析纯。

（1）硫酸溶液 [$c(H_2SO_4)=2.7mol/L$]：密度为1.84g/mL的硫酸150mL加入到850mL水中。

（2）乙酸盐缓冲溶液（pH值为5.6）：209g无水乙酸钠，24mL冰乙酸和0.001g硫酸铜（$CuSO_4 \cdot 5H_2O$）溶于水中，并稀释至1000mL。

（3）十二磷钨酸溶液：在1000mL三角烧瓶中放入200g钨酸钠，加入400mL水，再加入100mL 85%磷酸，装上冷凝器回流1h，移去冷凝器，逐滴加入溴水，直至溶液由亮黄色变成棕褐色为止。煮去过量的溴（15~20min），过滤，滤液移入1000mL棕色容量瓶中，用水稀释至刻度。

（4）焦亚硫酸钠溶液：10g焦亚硫酸钠溶于水中，移入100mL棕色容量瓶中，稀释至刻度。溶液超过20天，需重新配制。

（5）胱氨酸标准溶液：0.1000g胱氨酸（生物试剂）溶于20mL硫酸溶液中，移入250mL棕色容量瓶中，用水稀释至刻度（现用现配）。

（6）二氯甲烷。

2．仪器

（1）分析天平：精确度0.0002g。

（2）称量瓶。

（3）鼓风烘箱：（105±2）℃。

（4）干燥器。

（5）棕色容量瓶：25mL、100mL、1000mL。

（6）移液管：1mL、2mL、5mL、10mL、15mL。

（7）三角烧瓶：100mL、1000mL。

（8）玻璃砂芯漏斗：容量为35mL，滤片平均滤孔孔径40~80μm。

（9）分光光度计或最大吸收波长在720~800nm的滤色光度计，在0~0.7范围内的吸光度读数精度为0.01，并能估计下一位小数。

（10）索氏萃取器。

3．试样制备

除去试样中植物性物质和其他杂物。样品如为织物可拆成纱线，并把纱线剪成1cm长，毡类织物则剪成小块。然后，把试样用滤纸包好放入索氏萃取器中，用二氯甲烷萃取1h，至少循环6次。取出试样，待试样中二氯甲烷挥发后，把试样暴露24h后待称重。

4．操作步骤

（1）试样称重：称（1±0.002）g试样2份，用以测定干燥重量。称（0.3±0.0002）g试样2份，供生成水解物用以测定胱氨酸含量。

（2）绝干重量测定：把测干重试样放入已恒重的称量瓶内，瓶盖放在瓶边，放入（105±2）℃的鼓风烘箱中，烘干后（一般需2~4h）盖上瓶盖，移入干燥器内，冷却，称重，重复上述操作直至达到恒重，算出平均干重W，然后按比例计算水解物试样的干重m（$m = 0.3 \times W$）。

（3）水解：把测胱氨酸试样分别放入100mL三角烧瓶中，加入8mL硫酸溶液，然后将三角烧瓶放入（105 ± 2）℃烘箱中，每隔0.5h摇动一次瓶子，使试样浸润于硫酸溶液中发生水解反应，待试样充分浸润于硫酸溶液时（需2.5～3h）可停止摇动，使试样继续水解。10h后取出三角烧瓶，冷却至室温，把瓶中的试液全部定量地移入100mL容量瓶中，用水稀释至刻度，摇匀。然后用干燥的漏斗进行过滤，滤液至少50mL，作测定吸光度用。

（4）吸光度值测定：

①采用10mm的比色皿，最大吸收波长选择720～800nm区域。

②以蒸馏水作为测定吸光度值时的参比溶液。

③试样水解液中半胱氨酸吸光度值的测定：用移液管吸取5mL滤液置于25mL容量瓶中，加入15mL缓冲溶液，再加入2mL十二磷钨酸溶液，充分混合，放置20～30min，用水稀释至刻度，测定其吸光度值。测定两次，取得吸光度平均值，再除以5得A值。

④试样水解液中胱氨酸、半胱氨酸吸光度值的测定：用移液管吸取1mL滤液移入25mL容量瓶中，加入5mL缓冲溶液、1mL焦亚硫酸钠溶液和2mL十二磷钨酸，充分混合，放置20～30min，再用水稀释至刻度，测定其吸光度值。测定两次，取得吸光度平均值为B。

（5）胱氨酸标准溶液吸光度值的测定：用移液管吸取1mL胱氨酸标准溶液，按步骤（4）进行测定，测得两次吸光度平均值为C（C值必须在0.5～0.7范围内）。

（6）对照试验：每次系列试验用未处理原样做对照试验。

5．计算

$$S = \frac{B - A}{25 \times C \times m} \times 100\%$$

式中：S——胱氨酸含量；

　　　A——半胱氨酸吸光度值；

　　　B——胱氨酸加半胱氨酸吸光度值；

　　　C——标准胱氨酸吸光度值；

　　　m——水解试样绝干重量，g。

第八节　羊毛水提取物pH值测定

一、方法1

称取试样5g放入300mL锥形瓶中，然后放入新近煮沸过的中性蒸馏水100mL，在带有回流冷凝器的水浴上加热，煮沸2h，冷却至室温后，将萃取液倾入一干燥清洁的烧杯内，用pH计测定pH值。

二、方法2

称取2g试样3份，分别置于有塞锥形瓶内，吸取100mL蒸馏水注入瓶内，使试样彻底湿透，用振荡器振荡1h，然后倾出萃取液，在pH计上测定pH值。

第九节　羊毛纤维损伤的定量测定

常用的方法为尿素–亚硫酸氢钠法和碱溶液中溶解度法，其原理如下。

尿素能破坏羊毛中的氢键，亚硫酸氢钠能破坏二硫键，氢氧化钠能破坏二硫键，因而羊毛在尿素–亚硫酸氢钠或氢氧化钠溶液中产生一定程度的溶解。工艺处理愈剧烈，溶解度的变化也愈大。经酸、氧化剂、还原剂处理的羊毛，在以上两种溶液中溶解度愈大，说明所受的损伤愈大；经碱及汽蒸等水解处理的羊毛，在以上两种溶液中溶解度愈小，说明损伤愈大。这是由于它们把羊毛中的二硫键分解成了羊毛硫氨酸：

$$\begin{matrix} H_2N \\ COOH \end{matrix} \rangle CHCH_2 - S - CH_2CH \langle \begin{matrix} NH_2 \\ HOOC \end{matrix}$$

而羊毛硫氨酸是比较稳定不易被水解的物质，损伤愈大，生成的羊毛硫氨酸愈多，因此溶解度相反愈小。

这项试验必须用未经处理的原样做空白对比试验，如果试样经过两种药剂，彼此对溶解度有相反的作用，则未经处理的原样也需经同样两种药剂处理进行对比，否则必须有其他试验补充。一般来说，溶解度愈接近于本处理原样的溶解度，说明羊毛损伤愈小。

一、尿素–亚硫酸氢钠法

（一）仪器和试剂

水浴锅：保温（66 ± 0.5）℃，要保证温度均匀，锅内水要流动。

具塞三角烧瓶：若干只，式样要相同，瓶壁厚薄要均匀。

玻璃滤埚：容量30mL，孔径为$40 \sim 80$ μm。

尿素–亚硫酸氢钠溶液：称取250g尿素，溶解在350mL沸蒸馏水中，稍待冷加入100%亚硫酸氢钠15g及5mol/L氢氧化钠$10 \sim 15$mL（作校正pH值用），加水稀释到500mL，以pH计校正溶液的pH值至7.0 ± 0.1。应当天配制使用。

25%尿素溶液：25g尿素配成100mL水溶液。

乙醚和乙醇。

（二）试样准备

将试样放在索氏提油器内，用乙醚回流循环12次，充分脱脂，再用乙醇萃取3h去除乙醚不溶物后（原毛试样需经水洗），除去植物质、草屑及其他明显的依附杂物。如试样为织物，须拆成纱状，剪成1cm。然后将试样放在实验室大气中平衡24h。

同时称取试样（0.5±0.0001）g各2只，求含水率；（0.5±0.0001）g各3只，求溶解度；（2.0±0.001）g各2只，求含酸量。

由于试样在大气条件下暴露，因此试样必须同时称取，才能达到回潮一致，以免造成试验误差。

（三）操作步骤

（1）测试样干重。分别将0.5g试样2只放在称量盒内，置于105～110℃烘箱中烘至恒重，得到0.5000g试样干重W_1。

（2）测溶解度。准确吸取尿素-亚硫酸氢钠溶液50mL于具塞三角烧瓶中，轻扣瓶塞，稳放在水浴锅上，使瓶外的水位至少高出瓶内液面5cm。当瓶内溶液温度升至（65±0.5）℃时，将试样放入瓶内，盖紧瓶塞，轻轻摇动，使试样全部浸透，在水浴锅中保温1h [瓶内溶液温度（65±0.5）℃]，然后用已烘至恒重的玻璃滤埚抽吸过滤，瓶内残留物用25%热的尿素溶液（约65℃）洗涤3次（每次10mL），再以65℃左右的蒸馏水洗6次，最后抽干，在烘箱中105℃下烘至恒重，测残留物干重为W_2。

操作注意点：

① 试液pH值严格控制在7.0±0.1；

② 温度要严格控制。

（3）测含酸量。如试样的抽出液（浴比50：1）pH值在4以下时求含酸量，其测定方法见本章第三节。

（四）计算

以试样的失重对干燥脱脂后的试样重的百分率表示。对不含酸试样（抽取液pH值＞4）：

$$溶解度 = \frac{W_1 - W_2}{W_1} \times 100\%$$

对含酸试样（抽取液pH值＜4）：

$$溶解度 = \frac{\dfrac{W_1 - W_2}{W_1} \times 100\% - a}{1 - a} \times 100\%$$

式中：W_1——0.5000g试样烘后干重，g；

　　　W_2——残留物干重，g；

　　　a——含酸百分率。

二、碱溶液中溶解度法

（一）仪器和试剂

仪器：同尿素-亚硫酸氢钠法。

试剂：0.1mol/L氢氧化钠溶液，1%（W/V）乙酸溶液，二氯甲烷（分析试剂）。

（二）试样准备

（1）抽样：不少于10g有代表性的样品。

（2）试样制备：在索氏萃取器中，用二氯甲烷萃取1h（每小时至少循环6次），待二氯甲烷蒸发后，除去所有的植物质、草屑及其他明显的依附杂物。如试样为织物，须拆成纱。把试样剪成1cm长，然后放在实验室大气温湿度条件下达到平衡。

（3）称样：（1±0.0002）g试样2只用于测定干燥质量。（1±0.0002）g试样2只用于测定碱溶解度。（2±0.001）g试样2只用于测定含酸量。

（三）操作步骤

（1）测试样干燥重量。把试样放入已恒重的称量瓶中，连瓶盖放入（105±3）℃烘箱内干燥，一般烘2~4h，烘干后盖上瓶盖，迅速移入干燥器内冷却，称重，重复上述操作，直至达到恒重，算出两份试样干燥重量的平均值为W_1。

（2）测溶解度。用100mL移液管吸取0.1mol/L氢氧化钠溶液注入250mL具塞三角烧瓶中，轻盖瓶塞，把烧瓶稳放在恒温水浴锅上，使瓶外的水位至少高出瓶内液面5cm，当瓶内温度达到（65±0.5）℃时，把试样放入瓶内，盖紧瓶塞。轻轻摇动使试样完全润湿。在水浴锅上保温 [溶液温度保持（65±5）℃]，并不时轻轻摇动烧瓶，1h后用已知恒重的玻璃滤坩抽吸过滤，用同温同浓度的氢氧化钠溶液洗涤残留物3次，蒸馏水洗涤6次，1%乙酸溶液洗2次，再用蒸馏水洗6次（每次洗后，抽吸排干洗液）。然后把滤坩及滤坩内残留物放入（105±3）℃烘箱内烘至恒重。

（3）测含酸量。如试样的水萃取液pH值小于4，则测含酸量，其测定方法见本章第三节。

（四）计算

溶解度以试样在氢氧化钠中的失重占干燥脱脂后试样重量的百分率计。

对不含酸试样（水萃取液pH值＞4）：

$$溶解度 = \frac{W_1 - W_2}{W_1} \times 100\%$$

对含酸试样（水萃取液pH值＜4）：

$$溶解度 = \frac{\dfrac{W_1 - W_2}{W_1} \times 100\% - a}{1 - a} \times 100\%$$

式中：W_1——试样干燥质量，g；

　　　W_2——残留物干燥质量，g；

　　　a——含酸百分率。

第十节　树脂整理工艺测定

一、树脂初缩液分析

（一）树脂含固量测定

1. 烘燥法

常用树脂都可采用这一方法。

准确称取1g或准确吸取1mL的树脂初缩液于已烘至恒重的玻璃蒸发皿中，在（105±2）℃烘箱中烘至恒重。

$$树脂含固量 = \frac{烘干后树脂初缩液重量(g)}{烘干前树脂初缩液重量(g)} \times 100\%$$

$$树脂含固量(W/V) = 1mL初缩液烘干重(g) \times 100\%$$

2. DMDHEU的定量测定

（1）原理：

$$\underset{\substack{| \quad | \\ OH \quad OH}}{R-CH-CH-R} + HIO_4 \longrightarrow \underset{\substack{|| \\ O}}{R-CH} + \underset{\substack{|| \\ O}}{HC-R} + HIO_3 + H_2O$$

（2）试剂：

过碘酸试剂：5g过碘酸溶于200mL蒸馏水，再用冰醋酸稀释至1L。

硫代硫酸钠溶液 [c ($Na_2S_2O_2$)=0.1mol/L]。

10%碘化钾。

1%淀粉液。

（3）操作步骤：准确称取DMDHEU树脂2~3g，溶于500mL容量瓶中，用水稀释至刻度，摇匀。准确吸取25mL上述溶液于250mL碘烧瓶中，用移液管加入25mL过碘酸试剂，盖紧瓶塞，将碘烧瓶在50~60℃的水浴中放置1h，冷却至室温后，加入10mL 10%碘化钾溶液，而后用0.1mol/L硫代硫酸钠溶液滴定至淡黄色；加入1~2mL淀粉指示剂，继续滴定至蓝色消失。同时做空白试验。

（4）计算：

$$DMDHEU = \frac{(V_{b1} - V_{sp}) \times C_{Na_2S_2O_3} \times \frac{178}{2000}}{W \times \frac{25}{500}} \times 100\%$$

（二）游离甲醛测定

1. 原理

甲醛能和亚硫酸钠起加成反应而成甲醛合亚硫酸氢钠及氢氧化钠，此反应是定量的，因此可用已知浓度的酸溶液测定释出的碱，即可求得甲醛成分。

$$HC{\overset{=O}{\underset{H}{\Big\backslash}}} + Na_2SO_3 + H_2O \longrightarrow H_2C{\overset{OH}{\underset{SO_3Na}{\Big<}}} + NaOH$$

2. 测定方法

准确吸取或称取树脂初缩液10～25mL（视游离甲醛的多少而定）于250mL锥形瓶中，加入1mL麝香草酚酞指示剂，首先用0.1mol/L氢氧化钠中和至微蓝色，然后加入已中和的20%亚硫酸钠溶液（须中和至对麝香草酚酞呈中性）50mL，摇匀；加入干净的碎冰使溶液温度冷却至0～5℃，立即用1mol/L盐酸溶液滴定至蓝色消失止。

3. 计算

$$游离甲醛含量(W/V) = \frac{C_{HCl}V_{HCl} \times 0.03003}{吸取初缩液毫升数} \times 100\%$$

$$游离甲醛含量 = \frac{C_{HCl}V_{HCl} \times 0.03003}{初缩液重量(g)} \times 100\%$$

4. 注意事项

（1）此分析法属于酸碱滴定，因此须事先将甲醛中的酸及亚硫酸钠溶液中的碱中和。

（2）亚硫酸钠溶液应加得过量，否则反应不完全。

（3）加冰的目的是为了防止初缩液水解，以免测得的游离甲醛含量偏高。

（4）配好的亚硫酸钠溶液露置于空气中，会渐渐吸收二氧化碳，因此放置过久的亚硫酸钠溶液，不宜作分析用，以免影响分析结果。

（三）结合甲醛的测定（羟甲基的测定）

1. 原理

在碱性条件下，甲醛能被次碘酸盐定量地氧化成甲酸盐。

$$I_2 + 2NaOH \longrightarrow NaOI + NaI + H_2O$$

$$HCHO + NaOI + NaOH \longrightarrow HCOONa + NaI + H_2O$$

$$I_2（过量）+ 2Na_2S_2O_3 \longrightarrow Na_2S_4O_6 + 2NaI$$

用此法测得的甲醛含量是游离甲醛和结合甲醛之和，减去游离甲醛的含量即为结合甲醛的含量。

2. 测定方法

准确吸取树脂初缩液10mL于250mL容量瓶中，稀释至刻度，摇匀。准确吸取稀释液10mL于250mL碘量瓶中，用移液管加入50mL碘溶液 $[c(\frac{1}{2}I_2=0.1mol/L)]$ 和10mL 1mol/L氢氧化钠溶液，摇匀，盖好瓶塞，放置暗处20min；然后加入10mL硫酸溶液 $[c(\frac{1}{2}H_2SO_4)=2mol/L]$，用硫代硫酸钠溶液 $[c(Na_2S_2O_3)=0.1mol/L]$ 滴定过剩之碘，以淀粉液为指示剂。同时再用50mL 0.1mol/L碘液做空白试验。

3. 计算

$$甲醛含量 = \frac{(V_{b1} - V_{sp}) \times C_{Na_2S_2O_3} \times 0.015015}{10 \times \frac{10}{250}} \times 100\%$$

$$结合甲醛(W/V) = 甲醛含量(W/V) - 游离甲醛(W/V)$$

（四）总甲醛及亚甲基键的测定

1. 原理

用酸将树脂初缩液水解而释出甲醛，再用水蒸气蒸馏出甲醛，收集蒸出的甲醛，再用次碘酸盐法来分析。

2. 测定方法

准确吸取测定结合甲醛用的稀释液10mL于1000mL烧瓶中，加入85%磷酸25mL，然后用水蒸气蒸馏，待收集的蒸馏液近200mL时停止。洗涤冷凝管和接受管，合并洗涤液约250mL，加入25mL 0.1mol/L碘溶液和8mL 6mol/L氢氧化钠，放置暗处10min，而后加入10mL硫酸 $[c(\frac{1}{2}H_2SO_4)=6mol/L]$ 酸化，过剩之碘用0.1mol/L硫代硫酸钠溶液滴定，待溶液呈淡黄色时，加入淀粉指示剂5mL，继续滴定至蓝色消失。同时做空白试验。

3. 计算

$$总甲醛含量(W/V) = \frac{(V_{b1} - V_{sp}) \times C_{Na_2S_2O_3} \times 0.01502}{10 \times \frac{10}{250}} \times 100\%$$

$$亚甲基键含量 = 总甲醛含量 - 游离甲醛含量 - 结合甲醛含量$$

4. 注意事项

（1）蒸汽蒸馏的整个设备接头处不可漏气。

（2）蒸汽发生瓶上的玻璃管应长些，以免水沸腾时水从玻璃管中喷出。

（3）蒸汽蒸馏完毕，将水解瓶下的火灭掉后，必须将冷凝管上的塞子拔掉和将水解瓶上的塞子提起后，方可灭掉蒸汽蒸馏瓶下面的火，以免溶液倒吸。

（五）总氮测定

参照本篇第七章第四节凯氏法测定尿素含量的方法。

二、工作液稳定性测定

视工作液是否有悬浮物析出。

三、成品分析

（一）织物上树脂含量测定

剪取试样10cm×12cm，扯去边纱约0.5cm，并用扯下的纱将四角钉好，边上再钉几针，以防在剥树脂时边纱落下，然后放在已烘至恒重的玻璃滤埚中，在105～110℃烘至恒重，求得织物之干重为W_B。

1. 水溶物

将烘干之织物放于温度为60℃、浴比为1∶40水中，处理半小时后取出，烘干；在（105±2）℃下烘至恒重，称得织物之重量为W_H。

2. 表面树脂

将用水萃取后称重的织物在90℃、浴比1∶40的皂液（2.5g/L肥皂+2.5g/L纯碱）中处理5min，用热水、冷水洗净至中性，烘干，在（105±2）℃烘箱中烘至恒重，称得织物之重量为W_S。

3. 固着树脂

最后将织物在温度为60℃、浴比1∶40的0.1mol/L盐酸溶液处理1h，再用热水洗至无Cl⁻为止，烘干，在（105±2）℃下烘至恒重，称得织物之重量为W_A。

4. 计算

$$水溶物含量 = \frac{W_B - W_H}{W_A} \times 100\%$$

$$表面树脂含量 = \frac{W_H - W_S}{W_A} \times 100\%$$

$$固着树脂含量 = \frac{W_S - W_A}{W_A} \times 100\%$$

（二）织物上游离甲醛的测定

1. 碘量法

称取布样（已上树脂及未上树脂布样各一份，二者重量要相同）2g（恒温恒湿标准条件下，用0.001g分析天平称取），剪成狭条，置于具塞三角瓶中，以浴比1∶30加入0.01%非离子型渗透剂水溶液，温度为（254±1）℃，振荡或手摇1h，使甲醛溶于水中；然后用干燥的漏斗过滤入干燥的盛器内，用移液管吸取25mL滤液，置于250mL碘量瓶中，用移液管吸取碘溶液 $[c(\frac{1}{2}I_2 = 0.1\text{mol/L})]$ 20mL，加入1mol/L氢氧化钠10mL，放置暗处15min；再加入硫酸 $[c(\frac{1}{2}H_2SO_4) = 0.1\text{mol/L}]$ 15mL，以硫代硫酸钠溶液$[c(\frac{1}{2}Na_2S_2O_3) = 0.1\text{mol/L}]$滴定，待溶液呈淡黄色时，加入淀粉指示剂5mL，继续滴定至蓝色消失止。

$$游离甲醛含量(\text{mg/kg}) = \frac{(V_{b1} - V_{sp}) \times C_{Na_2S_2O_3} \times 0.01502 \times 10^6}{W \times \frac{25}{f}}$$

式中：V_{b1}——未上树脂布样耗用0.1mol/L硫代硫酸钠溶液体积，mL；

V_{sp}——上树脂布样耗耗用0.1mol/L硫代硫酸钠溶液体积，mL；

W——试样在标准状态下称的重量，g（倘无恒温恒湿条件也可在一般条件下称重）；

f——试样的萃取液的体积，mL；

10^6——折算成mg/kg。

2．品红法

（1）品红试剂配制：称取盐基品红1.0g，溶解在600～700mL热水中；冷却后，加入10g亚硫酸钠，使溶解后，缓缓加入10mL浓盐酸，放置1h，如溶液还不澄清无色，可加2g活性炭脱色，搅和后进行过滤，用适量热水冲洗，滤液及洗液移入1000mL容量瓶中稀释至刻度，放置在棕色密封瓶中。如发生混浊变色，应重新配制。

（2）标准甲醛溶液配制：用刻度吸管吸取37%甲醛溶液3.8mL于1L容量瓶中，用水稀释到刻度，配成1500mg/kg的甲醛溶液，用亚硫酸钠法标定其浓度（测定方法同游离甲醛的测定法），必要时调整其浓度。然后吸取2.5mL、5.0mL、10.0mL、15.0mL、20.0mL、25.0mL上述甲醛溶液，分别置于500mL容量瓶中，用水稀释至刻度。制成7.5mg/kg、15.0mg/kg、30.0mg/kg、45.0mg/kg、60.0mg/kg和75.0mg/kg浓度的甲醛标准溶液。

（3）标准曲线的绘制：吸取10mL上述各浓度的甲醛标准溶液于试管中，再加入10mL品红试剂，用橡皮塞塞紧，摇匀。将试管在25℃恒温反应45min。在72型光电分光光度计上进行比色（波长采用550μm），求得光密度，画出光密度与甲醛含量之间的关系曲线。

橡皮塞
玻璃钩
织物
蒸馏水

图11-10-3　织物释出甲醛测定装置

（4）试样测试法：称取试样1～2g，悬吊在250mL磨口试剂瓶中（瓶内预先放入50mL水），布样不能接触水面（图11-10-3）。密闭瓶口后，将试样瓶放在（50±1）℃的烘箱中，保温2h，冷却后，取出试样，合上瓶盖，摇动试样瓶，使凝在瓶壁上的液体与溶液混合。从每只试样瓶中吸取10mL试液移入试管中，并加入10mL品红试剂，同时做一只空白试验，摇匀后在25℃下恒温45min，进行比色，读出光密度，在标准曲线上求得甲醛的含量。

（5）计算：

$$织物上甲醛含量(mg/kg) = \frac{cf}{W}$$

式中：c——在标准曲线上查出mg/kg值；

f——试样萃取液容量，50mL；

W——试样重量，g。

3．铬变酸法

（1）甲醛标准溶液配制：同品红法。

（2）标准曲线绘制：将各标准甲醛溶液2mL置于试管中，加浓硫酸5mL，加入2%铬变酸水溶液0.5mL，摇匀，放在水浴中沸煮30min，然后用水冲洗至50mL容量瓶中，加水至刻度。在室温或（25±1）℃下恒温30min，在72型光电分光光度计上比色（波长采用

480nm），求得光密度，画出光密度-甲醛浓度标准曲线。

（3）试样测试方法：取布样2g左右，放50mL水，浸30min，然后吸取2mL上述溶液于试管中，加浓硫酸5mL，加入0.5mL 2%铬变酸溶液，摇匀，放在水浴上沸煮30min，用水冲洗至50mL容量瓶中，在室温或（25±1）℃下恒温30min，进行比色，得出光密度，在标准曲线上求出甲醛的浓度。

4．计算

$$织物上甲醛含量(mg/kg) = \frac{cf}{W}$$

式中：c——在标准曲线上查出mg/kg值；

f——试样萃取液容量，50mL；

W——试样重量，g。

（三）物理试验

包括：烫缝持久性、落水变形、屈曲磨、回能性、撕破强力、缩水率、抗伸强力，见本篇第五章。

（四）交联程度试验

1．指示剂配制

| 酸性红B（Kiton Fast Red BL）（0.5%） | 280mL |

　　　酸性红B（Kiton Fast Red BL）（0.5%）　　　　　　　　　　280mL

　　　直接湖蓝6B（0.5%）　　　　　　　　　　　　　　　　　81.5mL

　　　苦味酸乙醇饱和溶液　　　　　　　　　　　　　　　　　12mL

　　　醋酸钠　25g左右，用适量水溶解，调节pH值至4～5。

将以上各溶液混合即成。

2．测定方法

将指示剂溶液滴在织物上观察色泽变化及渗化扩散圈的大小，评定树脂与纤维的交联程度（表11-10-1）。

表11-10-1　指示剂在用乙二醛系树脂整理的织物上的反应情况

变化情况		树脂交联程度			
		不交联 （未焙烘）	局部交联 （焙烘不足）	大部分交联 （焙烘较好）	完全交联 （焙烘完善）
渗圈 变化	渗圈形状	不规则圆形，中心紫褐色，外圈黄色	圆形，中心呈蓝色，外圈橘红色	圆形，中心呈蓝绿色，外圈橘色及桃红色	圆形，中心绿色，外圈呈浅橘色及桃红色
	面积	最小	稍大	更大	最大
色泽 变化	经过水洗	紫色	蓝色	蓝绿色	绿色
	不经水洗	紫褐色	蓝绿色	暗绿色	绿色

　　注　1.指示剂对不同类属树脂的色泽反应不完全一致，如尿醛树脂交联完全为暗绿色，醚化三聚氰胺甲醛树脂为土黄色。工厂可根据常用树脂自行制备一组标准样品作为标样。

　　　　2.此法仅适用于含有棉或黏胶纤维的混纺织物。

3. 注意事项

（1）加工色布时，不易观察变化，可插白布一小段，经同样工艺处理，在白布上滴加指示剂。

（2）本指示剂对检验交联不良的情况，效果较明显，但对交联过度则不易表示出来，故做好结合撕破及断裂强力的变化一起进行检验。

（五）总氮测定

准确称取1～2g布样（已剪成碎块），放入凯氏烧瓶中，其余操作参照凯氏法测定尿素含量的方法。

第十一节　防虫蛀性能测试

防虫蛀性能测试方法有生物测试法及化学测试法。生物测试法时间长，对试样上防蛀剂含量缺乏定量表示，并难以对试样迅速作出评价。化学测试法用色层分析仪，准确迅速，可复制性较强，且费用经济。新开发的防蛀剂必须先用生物测试法测定其有效程度。

一、生物测试法
（一）蛀虫的分类

蛀虫的种类很多，常见的有谷蛾和皮蠹两大类：

（1）谷蛾类：主要有幕衣蛾、袋衣蛾、褐色家蛾等。

（2）皮蠹类：主要有黑皮蠹（地毯甲虫）、红斑皮蠹、小圆皮蠹、白带圆皮蠹、花背皮蠹等。

（二）幼虫的培育

1. 幕衣蛾的培育

（1）器材设备：

培养皿：适当形状和体积的玻璃皿，直径20cm，高10cm。

医用托盘：31cm×27cm。

镊子、软毛刷、塑料袋、孔径为0.2mm的筛网。

集卵器：直径20cm、高20cm的金属罐，顶部有盖，盖上镶有一圆形管，直径5cm，高8cm。开启圆盖，用塑料袋收集将要产卵的成虫由此投入罐内产卵。金属罐底部为孔径0.9mm的筛网，配有底盖，当成虫产卵时，卵通过筛网，被收集在底盖上。孔径为0.2mm的筛网，用于筛饲料；孔径为1.25mm的筛网，用于筛幼虫。

洗净的毛织物（未经染色和整理）。

（2）培养室环境条件：相对湿度（65±2）%，温度（25±1）℃。

（3）人工饲料配方：干酪素80g，酿造酵母17g，MD185矿物盐2g，胆固醇1g。饲料经混合研细后过筛。

（4）培养过程：在玻璃培养皿内垫以呢片，均匀洒上经筛过的饲料，将适量的虫卵放入，盖上纱布扎好。放入培养室内避光放置22～24天后（试验实际天数）将呢片取出，放入托盘内，用灯光照射，虫见亮就爬离亮处，用手抖动呢片，幼虫纷纷落入盘内；或取出呢片放在1.25mm的筛网上用灯光照射，凡通过该筛网的幼虫挑选长3～5mm，重0.8～1.2mg的幼虫作为测试用，不用的幼虫和留在筛网上的一起放入培养皿继续培育至45～50天（试验实际天数），大量虫羽化。

用塑料袋收集羽化后的成虫放入集卵器，1～3天可收集产卵器底盖上的虫卵，虫卵在培养皿内一般5～10天即可孵化。

2. 黑地毯甲虫的培育

（1）器材设备：

培养皿：广口瓶直径9cm，高11cm。

毛刷、滤纸、研钵。

一组孔径分别为0.46mm、0.9mm、1.25mm、1.43mm的筛网。

（2）培养室环境条件：相对湿度（65±2）%，温度（25±1）℃。

（3）人工饲料配方：鱼粉60g，玉米粉20g，酿造酵母粉10g，麦胚10g。饲料混合烘干、研细，经孔径0.46mm筛网过筛。

（4）培养过程：在培养种群中根据试验需要定期（4～6周）用孔径为0.9mm的筛网筛出成虫和蛹。将蛹60只放入广口瓶培养皿，加入饲料用滤纸封口。在培养室内放置12周左右，将虫放到一组由孔径1.43mm、1.25mm、0.9mm组成的筛网上，用灯光照射，分离出大小不一的虫。留在0.9mm筛网上的幼虫6～7mg，可用作试验用。留在上面1.25mm和通过0.9mm的大小幼虫放在一起继续培养、繁殖。

（三）试验方法

将防虫蛀处理与未经虫蛀处理的试样分别放入蛀虫的幼虫，在规定的温湿度条件下避光放置14天，测定其重量变化，评估试样的外观损害程度及幼虫存活的状况，综合评定每一试样的防虫蛀性能。

1. 强度等级

根据不同产品的用途及不同国家挂羊毛标志对防虫蛀强度等级的要求，分为：

第一级强度：抗幕衣蛾。

第二级强度：抗幕衣蛾、褐色家蛾。

第三级强度：抗幕衣蛾、家具地毯甲虫。

第四级强度：抗幕衣蛾、家具地毯甲虫、袋衣蛾（L）及袋衣蛾（Meyrick）。

第五级强度：抗幕衣蛾、袋衣蛾（L）、袋衣蛾（Meyrick）、家具地毯甲虫、皮商甲虫、黑地毯甲虫及褐色家蛾。

2．试验用具

扇形盖上有通气小孔的金属容器，其体积足以允许幼虫能与试样接触及活动，容器的适当直径为45mm，高为10mm。

灵活的镊子和软毛刷。

有盖称量瓶。

精确至0.1mg的天平。

圆形割样板，直径（40±0.5）mm。

3．试验条件

相对湿度（65±2）%，温度（25±1）℃。

4．试样

（1）从较大面积的样品中任意取8块试样，其中4块放入蛀虫幼虫作防虫蛀试验试样，另4块作控制回潮率试样。

（2）控制蛀蚀试样：在试验同时需要控制蛀蚀情况。取4块未经染色并未经防虫蛀处理的粗纺织物或纱线作控制蛀蚀试样，另4块作蛀蚀试样控制回潮试样。

较理想的控制蛀蚀试样，应与试样质量相同，但不是绝对的，控制蛀蚀试样是用来检查试验的有效性以及证实幼虫活力的。控制蛀蚀试样须和试验试样严格分开放置，以免影响蛀蚀结果。

（3）试样形式和规格见表11-10-2。

表11-10-2 试样形式和规格

试 样 种 类	形 式 和 规 格
机织物、针织物、毛皮、毡	圆形，直径40mm
地毯、毛毯	方形，30mm×30mm，边缘仍有完整簇毛
纱线	约200mg，将纱盘绕成直径40mm的圆形
散毛、毛条	200mg

5．试验用昆虫

不同试验室的蛀虫培养环境及培养介质不同，蛀虫生命周期也不同，对防虫蛀剂有不同的敏感性，须在试验报告中注明。

6．试验步骤

（1）将16块试样在规定温湿度条件下放置24h，然后逐个放入称量瓶中称量，精确至0.1mg。

（2）将每个已知重量的试样放入容器中，其中除8块控制回潮外，分别在每一块试样中放入15条蛀虫幼虫。

（3）以上16块放试样的容器，在试验条件下置于黑暗中14天。

（4）14天后仔细清理蛀蚀试样和防虫蛀试验试样上全部幼虫、幼虫的排泄物、蜕皮、散纤维等杂物。

（5）将所有试样移入称量瓶，分别称取防虫蛀试验试样、控制蛀蚀试样和控制回潮率试样。

（6）如果4块控制蛀蚀试样的平均失重少于35mg，或其中任何一块试样失重少于25mg，或超过25%幼虫死亡和化蛹，则整个试验无效。

7. 试验结果的表示

（1）计算虫蛀失重：

$$\Delta m = \frac{m_0 \times m_3}{m_2} - m_1$$

式中：Δm ——试验试样或控制蛀蚀试样虫蛀失重，mg：

m_0 ——虫蛀前试样或控制蛀蚀试样的重量，mg；

m_1 ——虫蛀后试样或控制蛀蚀试样的重量，mg：

m_2 ——虫蛀前各回潮控制试样的平均重量，mg；

m_3 ——虫蛀后各回潮控制试样的平均重量，mg。

（2）外观评定：表面蛀蚀情况评定办法见表11-10-3和表11-10-4。

表11-10-3 表面蛀蚀等级评定

等 级	可 见 表 面 损 坏	等 级	可 见 表 面 损 坏
1	未发现损坏	3	中等程度的表面蛀蚀
2	极少见表面蛀蚀	4	严重的表面蛀蚀

表11-10-4 蛀洞情况评定

等 级	蛀 洞 程 度	等 级	蛀 洞 程 度
A	未发现损坏	C	纱线或纤维部分被蛀断成小洞
B	纱线或纤维部分被蛀断	D	数个蛀破的大洞

（3）幼虫存活的情况：记录每一试样上幼虫存活数、死亡数及化蛹数。

（4）评定防蛀结果：

①有下列情况之一被认为处于临界状态：

a. 两个试样的蛀蚀程度为2B级，其余两个试样未见损害为1A级。

b. 一个试样的蛀蚀程度为3B级，其余两个试样未见损害为1A级（这表示防虫蛀处理不匀）。

c. 如果毛纱、地毯、毛皮或织物显示出松散，并产生粗糙的毛茸，同时试样的平均失重在12～15mg，而其中只有一只试样失重大于15mg、小于25mg。

如被评为处于临界状态，应重新测试。当第二次复试结果为合格，则整个试验被认为是合格，如试验结果仍处于临界状态或不合格，则整个试验被认为是不合格。两次试验结果都应列在试验报告中。

②样品蛀蚀程度的评级低于临界线，且平均失重小于15mg，则认为合格。

当试样中的任何一个试样的蛀洞被评为C和D，或出现试样的损害程度比拟定的临界线更为严重的情况，则认为不合格。

二、防虫蛀剂（氯菊酯防虫蛀剂）含量测试法

本试验方法适用于测定羊毛及含羊毛纺织品中防虫蛀剂含量。在测量防虫蛀剂的防蛀能力之前，要先经过牢固度试验，或减去一个公认的份量，作为牢固度试验中损失的防虫蛀剂量。使用的分析方法根据防虫蛀剂中构成活跃成分的化学品种类而定。

化学分析采用色层分离法。有些种类产品可用高效液相色层分离法，而另一类产品需用气相色谱仪分离法。对于氯菊酯制品来说，上述两种方法都适用。

（一）原理

用化学方法从防虫蛀试样中抽取氯菊酯溶液，经稀释后在一特定条件下用液相色谱仪进行分析，然后将试验结果与一组标准强度的防虫蛀剂溶液试验结果比较（它们是用同一色谱仪在相同条件下得出的）。

（二）仪器和试剂

高效液相色谱仪（HPLC）、紫外分光光度检测器；

恒温水浴器；

超声波振荡器；

15mL具塞刻度试管；

热塑纸；

微量样品离心过滤管，聚四氟乙烯0.5 μm过滤膜；

氢氧化钾和冰醋酸（分析纯）；

去离子水；

甲醇（HPLC用）；

已知含量的氯菊酯类防虫蛀剂（W/V）。

（三）试样

（1）试样应从样品中各部位抽取。地毯应选不同毛纱做成的绒束；毛纱应从绞纱或纱管中不同部位抽取多段长度较短的纱段；毛毯如有非毛纤维纱，应除去非毛纤维纱；毛条、散毛从大批试样中散布性抽取。

（2）试样若为多种颜色，须分别抽取各色至所需重量。

（3）试样在分析前须经温度（20±2）℃，相对湿度（65±2）%标准条件下放置24h后再称重。

（四）操作步骤

（1）反/顺氯菊酯防虫蛀剂标准溶液制备：将10mL防虫蛀剂放在容量瓶中，使它溶入1000mL甲醇中而制备成10mL/L之备用液，再用甲醇稀释备用液，以便制备成一组标准液，标准液的防虫蛀剂浓度应在0.04%～0.5%之间（对纤维重量计）。

（2）反/顺氯菊酯防虫蛀剂的萃取方法：准确称取防虫蛀试样0.5000g纤维（精确至0.1mg）。将试样放入15mL具塞刻度管中，加入10mL甲醇，用热塑纸密封后放在80℃恒温水浴器中保温15min。取出后放入超声波振荡器，连续振荡90min。取出并放至室温后，将试样液移入离心过滤管，经0.5μm聚四氟乙烯过滤膜过滤（2500mg/kg×15min）。将过滤后上面清液留取备用。

（3）高效液相色谱仪分析条件：

色谱柱：Zorba×C8（5μm）25cm×φ4.6mm不锈钢柱。

洗提液（流动相）：蒸馏水/甲醇（20/80），每升溶液中加1mL5%（W/V）的氢氧化钾溶液和1mL 20%（V/V）冰乙酸，过滤并排气。

流速：1.3mL/min。

柱温：40℃。

注射量：20μL。

紫外线检测波长：230μm。

灵敏度：0.02AUFS。

记录纸速度：3mm/min。

（4）测定防虫蛀剂标准溶液及萃取液的色谱分析，计算试样所含防虫蛀剂的分量。

（五）计算和结果说明

计算结果以防虫蛀剂容量相对羊毛重量的百分比表示。

1. 测定重量因数W

反/顺氯菊酯类防虫蛀剂含有两种组分，可采用HPLC法分开，根据色谱峰高分别计算其重量因数W如下：

$$W_{\text{trans}} = \frac{H_{\text{trans}}}{H_{\text{trans}} + H_{\text{cis}}}$$

$$W_{\text{cis}} = \frac{H_{\text{cis}}}{H_{\text{trans}} + H_{\text{cis}}}$$

式中：H——峰高；

W——重量因数。

2. 计算结果

$$G = \frac{H_{\text{sp·trans}} W_{\text{sp·trans}} + H_{\text{sp·cis}} W_{\text{sp·cis}}}{H_{\text{stand·trans}} W_{\text{stand·trans}} + H_{\text{stand·cis}} W_{\text{stand·cis}}} \times G_{\text{stand}}$$

式中：$H_{\text{sp·trans}}$，$H_{\text{sp·cis}}$，$H_{\text{stand·trans}}$，$H_{\text{stand·cis}}$为样品及标准样品的反、顺氯菊酯峰高；

$W_{sp \cdot trans}$，$W_{sp \cdot cis}$，$W_{stand \cdot trans}$，$W_{stand \cdot cis}$为样品及标准样品的反、顺氯菊酯重量因数；g_{stand}为标准样品氯菊酯类防虫蛀剂浓度百分比（V/W）。

3．说明

（1）若在化学分析前未经牢固度试验，则测得的结果须考虑牢固度测试对防虫蛀剂的损失量。

试样经牢固度测试后防虫蛀剂浓度（V/W）＝试样测得防蛀剂浓度×牢固系数

牢固系数用以说明试样因洗涤、日晒后损失部分防蛀剂含量的估算。不同类型的防蛀剂及不同的给料方法，其牢固系数也不相同（表11-10-5）。

表11-10-5　牢固系数表

防 虫 蛀 剂	不 同 给 料 方 法 的 牢 固 系 数				
	染 浴	煮 练	和 毛 油	和毛油+汽蒸	溶 剂
Anititarma N TC	0.60	—	—	0.50	—
Anititarma NTC/S	0.60	0.50	—	0.50	—
Anititarma NTC/60	0.60	—	—	0.50	—
欧兰（Eulan）SP	0.60	0.50	—	0.50	—
灭丁（Mitin）AL	0.60	0.50	—	0.50	—
灭丁（Mitin）BC	0.60	0.50	—	0.50	—
Perigen	0.60	0.50	—	0.50	—
SMA-V	0.60	0.50	—	0.50	—
武君（Wujun）JF-86	0.60	0.50	—	0.50	—

（2）将计算结果体积/重量（V/W）转换成重量/重量（W/W），然后对照防虫蛀规格表（表11-10-6）。

表11-10-6　防虫蛀规格表

规格要求	防虫蛀剂	制造商	第1级	第2级	第3级	第4级	第5级
经洗涤及/或光牢度测试后，存留在产品上的防虫蛀剂最低含量百分率（W/W）	Anititarma NTC	Dalton	0.050	0.050	0.105	0.195	0.105
	Anititarma NTC/S	Dalton	0.053	0.053	0.113	0.113	0.113
	Anititarma NTC/60	Dalton	0.078	0.078	0.165	0.165	0.165
	欧兰（Eulan）SPN	拜耳	0.029	0.029	0.062	0.062	0.062
	Perigen	Wellcome	0.029	0.009	0.062	0.062	0.062
	SMA-V	Vickers	0.015	0.015	0.033	0.033	0.033
	武君（Wujun）JF-86	金坛建昌化工助剂厂	0.058	0.058	0.124	0.124	0.124

（3）使用牢固系数须具备下列条件：

①所用防虫蛀剂及给料方法经实际测定所得已知牢固系数大于或等于表11-10-5中的数据；

②已知防虫蛀剂种类及名称；

③已知防虫蛀剂的给料方法；

④采用防虫蛀剂化学分析法。

（4）实际测定牢固系数公式：对于新防蛀剂，必须验证实际牢固系数，它的计算方法如下：

$$牢固系数 = 洗涤3次后防虫蛀剂剩余比份 \times 日晒40h后防虫蛀剂剩余比份$$

（5）如在化学分析前已经牢固度测试，则测得的结果体积/重量（V/W）须转换成重量/重量（W/W），再对照防虫蛀规格表。

（6）由体积/重量（V/W）转换成重量/重量（W/W），只须将结果乘以该防虫蛀剂密度即可。

（7）若试样含毛量不是百分之百，须计算成百分之百含毛量后再对照防虫蛀规格表。

（8）根据防虫蛀规格表，判定防虫蛀测试是否合格及达到的等级。如试样测试结果符合表11-10-6中防蛀剂含量，则表示符合防蛀标准和达到防蛀等级。

第十二节　松弛和毡化收缩试验

本试验可应用于测定所有可水洗的羊毛纺织品（包括毛条、手编毛线、针织毛线、梭织毛线和供裁剪用的面料）的松弛和毡化收缩（包括半成品的毡化收缩）。

一、原理

（1）松弛收缩率是指织物在湿润及温和的搅动后的尺寸变化。

（2）毡化收缩试验是量度样品在进行剧烈搅动前后的尺寸变化。

（3）如属半成品，毛条先要纺成指定细度的毛纱，而毛纱（包括前文提及由毛条所纺成的毛纱），则要编织成标准编织密度系数的单面针织物。

二、仪器和物料

（1）专供试验室用的洗衣机：FOM71型Wascator和ISO 7A及ISO 5A洗水程序的程序卡。

（2）加重物：双层标准涤纶针织布片，每片由两块各重（35±3）g和每边（300±30）mm大小的布块缝合而成。

（3）洗涤剂：标准物料编号为SM49。

（4）有毫米刻度的标准直尺。

（5）调温湿仪器。

（6）供半成品用的附加仪器：

①纺纱设备：能生产2.8ktex毛条的针梳机；细纱机及并线机。

②针织机：可编织单面平针针织物。

③线圈长度量度装置：例如锡莱卷曲度测定仪。

④供水中量度尺寸用的500mm×500mm量度盘。

三、试样准备

1. 毛条纺纱

当试样为毛条时，以针梳机牵伸成2.8ktex的条子。再将条子纺成表11-10-7所示的任何一种双股毛纱。

表11-10-7　标准毛纱规格

羊毛纤维细度		单　纱		含　股　线	
μm	支　数	细　度（tex）	捻　度（捻/m）	细　度（tex）	捻　度（捻/m）
>25	58支或较粗	175±15	110±10 Z捻	R350/2	75±5 S捻
≤25	60支或较细	40±4	350±20 Z捻	R80/2	250±15 S捻

2. 编织

当试样为毛纱时，将毛纱以标准编织密度系数编成单面针织布。如果毛纱可能呈现毛纱松弛收缩，先对毛纱进行松弛收缩试验，以免影响计算线圈的长度。

将毛纱编成表11-10-8所示编织密度系数±3%的单面针织布。

细于60tex的毛纱，如未能编织成1.29mm·tex的编织密度系数，则可用两根纱一并编织，以便达到所需的编织密度系数。

表11-10-8　编织密度系数

编织密度系数的单位	雪莱毛纱	其 他 类 型 毛 纱	
		粗于100tex的毛纱	细于100tex的毛纱
毫米·特克斯	1.00	1.17	1.29
英寸·英支	0.85	1.00	1.10
厘米·公支	0.31	0.37	0.41

3. 针织试样

试样面积约为300mm×400mm，双层厚度，如有需要，试样面积可缩小，但绝不可小于225mm×300mm，并维持宽与长之比为3:4，且长边必为纵行方向。若试样为双层织物，把试样边缘用不易变形的缝线缝合。如有可能出现散线，则需用包缝来缝合试样布边。此外亦可在缝合最后几厘米前，把试样内层往外翻。缝合时应小心，避免试样变形。

4. 梭织试样

以500mm×500mm的原样在经向和纬向做一"袖口"，方法是在试样两边离布边40mm处复折，并压好或烫好，然后在离"袖口"3～3.5mm处以链式线迹缝合。

四、试样标记

（1）在试样上用不掉色墨水或棉线结等做记号，但标记应尽可能细小。

（2）试样上的记号可分别量取三个长度及三个量度，记号距离试样的边缘25mm以上（图11-10-4）。

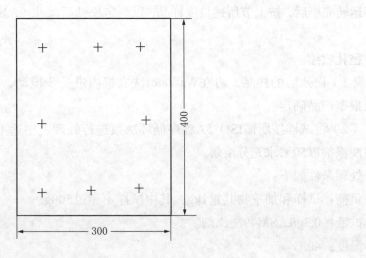

图11-10-4 试样的标记

（3）梭织物的面积毡化标记，应离开缝边或任何边缘25mm。测定线性袖边（边沿）毡化的标记应在折线之上，使量度不受样品边沿或缝线的影响。

五、量度试验

（1）试样平放在低摩擦系数的表面，如平滑的塑料板或金属板上，以不超过60℃的温度烘干。如用吹风，风速不可能高至搅动干燥中样品的程度。试样需要在相对湿度（65±2）%，温度（20±2）℃的情况下，处理4h以上，使达到平衡状态。

（2）在厂内进行常规试验时，可采用湿量度，以节省干燥的时间。试样放在盛有20mm高的冷水量度浅盘内量度。

（3）记录：原长（OM），松弛试验后长度（RM）、毡化试验后长度（FM），单位均为厘米。

（4）在量取试样长度时，必须把试样放平，且在无张力、无拉伸的情况下轻轻地将试样上的皱纹除去，然后量取两个记号中心点的距离。

（5）如为布样，每块试样每边各量取3次，求其平均值，供计算缩率。

六、试样的松弛

（1）按上述方法，量取原长（OM）。

（2）将试样放入Wascator洗衣机以ISO 7A程序处理一次。

负荷：试样和加重物共重1kg，其中试样不能超过500g。

试液：1g/L SM49洗涤剂。

温度：40℃。

应注意，在循环开始和加入洗涤液前，洗涤剂应在50℃以下的水中充分溶解。按ISO 7A程序运转完毕后，按上节所述量度样品，以测定松弛后尺寸（RM），计算松弛收缩率。

七、毡化收缩

（1）松弛后的样品，再在Wascator洗衣机内进一步搅动，程序为ISO 5A，程序的循环次数根据产品确定。

（2）将试样按所需ISO 5A程序循环次数进行处理，中途不用烘干。每次循环开始时，先将洗涤剂以50℃水充分溶解。

处理条件如下：

负荷：试样和加重物共重1kg，其中试样不超过500g。

试液：0.3g/L SM49洗涤剂。

温度：40℃。

依上述方法量度样品的尺寸，以测定毡化尺寸（FM），计算毡化收缩率。

八、计算

（1）按照下列公式计算松弛收缩率及毡化收缩率：

$$松弛收缩率 = \frac{OM - RM}{OM} \times 100\%$$

$$毡化收缩率 = \frac{RM - FM}{RM} \times 100\%$$

式中：OM——原长，cm；

RM——松弛后长度，cm；

FM——毡化后长度，cm。

不论运转次数多少，所有毡化后的数据，均应与松弛后的数据比较。

（2）如需要，可按下列公式计算面积松弛收缩率及面积毡化收缩率：

$$面积收缩率 = WS + LS - WS \times LS$$

式中：WS——宽度收缩率；

LS——长度收缩率。

若面积收缩率低于10%时，$WS \times LS$一项影响结果较小，可以省略。

九、附注

（1）洗涤剂浓度适用于软水0～50mg/kg CaCO$_3$的软水中，如水质较硬，洗涤剂的浓度要增加，直至洗水循环完毕时，皂泡有2～3cm高为止。

（2）当研究衣服在实际洗涤中色牢度变化及毡化倾向时，应使用较高强力的洗涤剂，其成分包括4份SM49和1份过硼酸钠。洗涤次数以一件衣服在其可穿着期间将会被洗涤之次数为准。每次洗涤后干燥的温度不可超过60℃。

（3）在每次洗涤后虽然可以进行干燥，以便观察，但这样会影响以后洗涤结果变得较差。

（4）个别的Wascator洗衣机必须经常作调校，调校步骤如下：

①注水入机内，直至水位刚达到内滚筒的底部。标出机左边两支水位指示管上的水位作为代表滚筒底部的记号。

②将1kg的加重物放进机内。

③在有"低水平"指示的水位管上距离滚筒底部记号10cm处再作记号，然后在另一支有"高水平"指示的水位指示管上距滚筒底部记号13cm处作一记号。

④将感应器提高至离开刚才所作10cm的记号处，再注水至"低水平"指示管上10cm记号的水平，将感应器降低至自动截断供水的位置（限制感应器软木活动的橡皮塞，应放置在感应发动水平的上下5mm范围）。

⑤使用自动截断供水系统，测试感应器能否在水位升至10cm水平时自动截断供水。将固定在水位指示管上夹子的位置作一记号。

⑥将机内水排出，记录注水至低水平水位所需水的分量，这一分量就是ISO 5A程序试验的试液分量。

⑦重复步骤④、⑤、⑥的操作，找出高水平的分量及固定感应器的位置。

（5）举例：可机洗程序。

松弛收缩：套衫1×7A，手编毛线1×7A，内衣裤1×7A。

毡化收缩：套衫2×5A，手编毛线2×5A，内衣裤5×5A。

（6）5A、7A程序的主要不同点：

①助剂的浓度不同。

②加助剂后，洗涤时间不同，助剂排放后，清洗时间不同。

③按全程序的重复洗涤次数不同。

7A程序：加SM49助剂后，洗3min，转3s，停12s，连续数次。洗液排放后水洗3次，第1次洗3min，脱水1min，第2次洗3min，脱水1min，第3次洗2min，脱水1min。

5A程序：加SM49助剂后，洗12min，转12s，停3s，连续数次。洗液排放后水洗4次，第1次洗3min，脱水1min，第2次洗3min，脱水1min，第3次洗3min，脱水1min，第4次洗2min，脱水1min。

第十三节　燃烧性能测定——氧指数法

本法适用于测定各种形式的织物如梭织物、针织物、非织造织物等（包括经阻燃处理和未经处理）的燃烧性能。所谓氧指数是指在规定的试验条件下，氧氮混合物中的材料刚好能保持燃烧状态所需要的最低氧浓度。

一、原理

用试样夹将试样垂直夹持于透明燃烧筒内，其中有向上流动的氧氮气流。点着试样的上端，观察随后的燃烧现象，并与规定的极限值比较其持续燃烧时间或燃烧过的距离。通过在不同氧浓度中一系列试样的试验，可以测得最低氧浓度。受试试样中要有40%～60%超过规定的燃烧时间和/或燃烧距离。

二、仪器

仪器装置见图11-10-5。

（1）燃烧筒：由内径至少75mm和高度至少450mm的耐热玻璃管构成。筒底连接进气管，并用直径3～5mm的玻璃珠充填，高度为80～100mm。在玻璃珠的上方，放置一金属网，以承受燃烧时可能滴落之物，维持筒底清洁。

（2）试样夹：在燃烧筒轴心位置上垂直地插入夹住试样的U形夹子，内框尺寸为140mm×38mm，典型装置见图11-10-6。

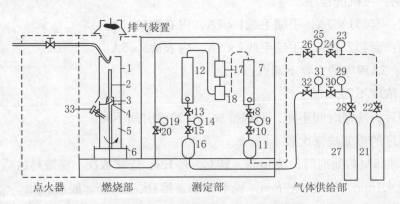

图11-10-5　氧指数测定仪装置示意图

1—燃烧筒　2—试样　3—试样支架　4—金属网　5—玻璃珠　6—燃烧筒支架　7—氧气流量计
8—氧气流量调节器　9—氧气压力计　10—氧气压力调整器　11，16—清净器　12—氮气流量计
13—氮气流量调节器　14—氮气压力计　15—氮气压力调整器　17—混合气体流量计　18—混合器
19—混合气体压力计　20—混合气体供给器　21—氧气钢瓶　22，26，28，32—阀　23，29—钢瓶高压计
24，30—减压阀　25，31—供给气体压力计　27—氮气钢瓶　33—混合气体温度计

（3）气源：用工业级氧气和氮气。

（4）流量测量及控制装置：在每一条管线上装有压力表、调节阀和转子流量计（最小刻度为0.02L/min）等。计量后的氧、氮气体，经气体混合器后，由燃烧筒底部的进气口进入燃烧筒。

（5）点火器：是一内径为1～3mm的管子通以丙烷气体，在管子的端头点火，火焰高度可用气阀调节，能从燃烧筒上方伸入以点燃试样，合适的火焰高度为15～20mm。

（6）秒表：用以测定燃烧时间，精度0.2s。

（7）不锈钢尺：用以测定燃烧长度，精度为1mm。

（8）密封容器：ϕ200mm，用以存放待测试样。

（9）烟、气、热的排除：为了排除试样燃烧时所产生的有毒烟气，燃烧筒应安装在通风橱内，但在试样燃烧过程中应关闭通风系统，以免影响试验结果。

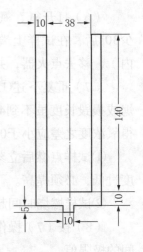

图11-10-6　试样夹

三、试样

（1）试样应在距离布边 $\frac{1}{10}$ 幅宽的部位量取，每个试样的尺寸为150mm×50mm。对于一般织物至少取10个试样；对于特别织物，必要时经向和纬向各取10个试样。

（2）试验熔融性纤维制成的织物时，要缝上三根90～125tex玻璃纤维，一根缝在试样正中，其余两根缝在中间一根的左右两侧，各与之相距10mm，针脚的大小为每10mm 4～5针。

（3）试样的调湿处理。试验前，样品应在（20±2）℃和相对湿度为（65±2）%的标准大气中，平衡24h以上，然后取出放入密封容器内，也可按有关各方商定的条件进行处理。

四、试验步骤

（1）试验装置检查。打开气体供给部分的阀门，并任意选择混合气体浓度，流量在10L/min左右，关闭各阀门，并记录氧气、氮气、混合气体的压力及流量。放置30min，再观察各压力计及流量计所示数值，与前记数值核对，如无变动，说明装置无漏气。

（2）试验温湿度。试验在温度为10～30℃和相对湿度为30%～80%的大气中进行。

（3）将试样装在试样夹的中间，两边各用一个小夹子固定，然后将试样夹连同试样垂直安插在燃烧筒内的试样支座上，试样上端距筒口100mm。

（4）试样氧浓度的初步选择。当试样的氧指数值完全未知时，可将试样在空气中点着燃烧，若试样迅速燃烧时，则氧浓度可从18%左右开始，若试样不燃烧，则氧浓度可从25%以上开始。从氧浓度与氧气、氮气流量关系表中查出相应的氧流量和氮流量，变化氧浓度时应注意混合气体的总流量在10～11.4L/min之间。

（5）点着点火器，将点火器管口朝上，调节火焰高度至15～20mm。

（6）打开氧、氮流量调节阀门，调节至选定流量，让调节好的气流在燃烧筒内流动至少30s后，在试样上端点火，待确认试样上端全部着火后（点火时间应注意控制在10~15s内），移去点火器，并立即开始测定燃烧时间，随后测定损毁长度。

（7）重复下述①或②操作，直至求出临界氧浓度，即能满足损毁长度达到40mm时自熄或损毁长度虽不到40mm但燃烧时间达到2min以上时所必需的最低氧流量。此时①或②所得氧浓度之差应小于0.2%。

①试样点燃后立刻自熄，或者燃烧时间不到2min，或者损毁长度不到40mm，都是氧浓度过低，必须提高。

②试样燃烧时间超过2min，或者损毁长度超过40mm，都是氧浓度过高，必须减少。

（8）按（7）操作，进行5次平行试验，其中有两次或三次试验结果要超过距离和/或时间的极限值。

五、结果的计算

氧指数（*LOI*）的计算公式如下（保留小数一位）：

$$LOI = \frac{[O_2]}{[O_2]+[N_2]} \times 100$$

式中：[O₂]——氧气流量，L/min；

　　　[N₂]——氮气流量，L/min。

第十四节　阻燃性能测定——垂直法

本法用于测定各种经阻燃处理织物的阻燃性能，适用于有阻燃要求的服装织物、装饰织物、帐篷织物等。

本试验方法涉及以下一些术语：

（1）续燃：在规定的试验条件下，移开（点）火源后材料持续的有焰燃烧。

（2）续燃时间：在规定的试验条件下，移开（点）火源后材料持续有焰燃烧的时间（亦称有焰燃烧期）。

（3）阴燃：在规定的试验条件下，当有焰燃烧终止后，或者如无火焰产生时移开（点）火源后，材料持续无焰燃烧。

（4）阴燃时间：在规定的试验条件下，当有焰燃烧终止后，或者移开（点）火源后，材料持续无焰燃烧的时间（亦称阴燃期）。

（5）损毁长度：在规定的试验条件下，材料损毁面积在规定方向上的最大长度。

（6）阻燃性：材料所具有的减慢、终止或防止有焰燃烧的特性。

（7）阻燃处理：用以改善材料抗燃性的化学过程或处理。

一、仪器

使用垂直燃烧试验仪（图11-10-7）。

（1）燃烧试验箱：是用不锈钢制成的前面装有玻璃门的直立长方形燃烧箱，箱内尺寸为329mm×329mm×767mm。箱顶有均匀排列的16个内径为12.5mm的排气孔。为防止箱外气流的影响，距箱顶外30mm处加装顶板一块，箱两侧下部各开有6个内径为12.5mm的通风孔。箱顶有支架可承挂试样夹，使试样夹与前门垂直并位于试验箱中心，试样夹的底部位于点火器管口最高点之上17mm。箱底铺有石棉板，长宽较箱底各小25mm，厚度约3mm。另用一张石棉纸放在箱子中央以承受熔滴或其他碎片，其最小尺寸为152mm×152mm×1.5mm。

（2）试样夹：用以固定试样防止卷曲并保持试样于垂直位置。试样夹由两块厚2.0mm、长422mm、宽89mm的U形不锈钢板组成，其内框尺寸为356mm×51mm。试样固定于两板中间，两边用夹子夹紧。

（3）点火器：采用如图11-10-8所示的Federal型点火器。点火器管口内径为11mm，管头与垂线成25°角。

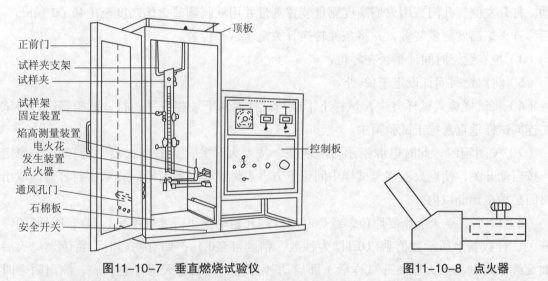

图11-10-7　垂直燃烧试验仪　　　　图11-10-8　点火器

（4）气体供给系统：点火器入口气体压力为（129±13）mmHg（1mmHg≈133.3Pa）。

（5）气体：丙烷或丁烷。

（6）控制部分：有电源开关、电火花点火开关、条件转换开关、点火器启动开关、试样点燃时间设定计、续燃时间计、续燃时间计量停止开关、气源供给指示灯、气体调节阀等。

（7）重锤：附以挂钩，可将重锤挂在测试后试样一侧的下端，用以测定损毁长度。共有不同重量的重锤5个，按照织物本身重量不同而选择使用（表11-10-9）。

表11-10-9　织物本身重量与选用重锤重量的关系

织物重量（g/m²）	重锤重量（g）	织物重量（g/m²）	重锤重量（g）
101以下	54.5	338~650以下	340.2
101~207以下	113.4	650及以上	453.6
207~338以下	226.8	—	—

二、试样

（1）试样为长方形，大小为300cm×80cm，长的一边要与织物经向或纬向平行。

（2）每一样品一般取10个试样，5个经向及5个纬向，经向试样不能取自同一经纱，纬向试样不能取自同一纬纱。

（3）所有试样在试验前要在（20±2）℃、相对湿度（65±2）%的标准大气中平衡放置8~24h（视织物厚薄而定，薄织物8h已可，厚织物需24h），然后取出放入密封容器内。也可按有关各方商定的条件进行处理，如在105℃通风烘燥1h以上，在干燥器内冷却0.5h等。

三、试验步骤

（1）试验温湿度：试验在温度10~80℃和相对湿度30%~80%的大气中进行。

（2）接通电源及热源。

（3）将试验箱前门关好，按下电源开关，指示灯亮表示电源已通，将条件转换开关放在焰高测定位置，打开气体供给阀门，连续按点火开关，点着点火器，按启动开关，使点火器移动，打开左侧气孔门，用火焰高度测量装置测量并用气阀调节火焰高度至（40±2）mm，然后移开火焰高度测量装置，并将条件转换开关定于试验位置。

（4）检查续燃时间计是否在零位。

（5）将点燃时间计设定于12s处。

（6）将试样放入试样夹中，试样下沿应与试样夹两下端相齐平，打开试验箱门，将试样夹连同试样垂直悬挂于试验箱中。

（7）关闭箱门，此时电源指示灯应明亮，按点火开关，点着点火器，待30s火焰稳定后，按启动开关，使点火器移至试样中间正下方，点燃试样。此时距试样从密封容器内取出的时间必须在1min以内。

（8）12s后，点火器恢复原位，续燃时间计即开始动作，待续燃停止，即按计时器的停止开关，计数器上所示数值乘以0.1即为秒数，精度可至0.1s；如有阴燃时，待续燃熄灭后（如无续燃时则为点火器离开试样后）即启动秒表直至阴燃熄灭再停止秒表，测出阴燃时间；在阴燃未熄灭前，试样应保持静止状态，不应移动。

（9）打开试验箱前门，取出试样夹，卸下试样，先沿其长度方向炭化处对折一下，然后在试样的下端一侧，距边底各约6mm处，用钩挂上与试样单位面积重量相对应的重锤，再用手缓缓提起试样下端的另一侧，让重锤悬空，再放下，测量试样断开的长度，即为损毁长度。

（10）待试样移开后，应清除试验箱中的烟、气及碎片后，再测试下一个试样。

（11）续燃、阴燃时间应记取至0.1s，损毁长度应记取至1mm。

第十一章　纺织纤维定性定量分析

第一节　纺织纤维定性鉴别

一、燃烧法

燃烧法是通过观察纤维在燃烧时的特征，并根据纤维燃烧时释放出的气味及燃烧后残留物的状态来鉴别纤维的。

从样品上取少许试样，用镊子夹住，缓缓靠近火焰，观察纤维对热的反应；将试样移入火焰中，使其充分燃烧，观察纤维在火焰中的燃烧情况；将试样撤离火焰，观察纤维离火后的燃烧状态；当试样火焰熄灭时，嗅闻其气味；待试样冷却后观察残留物的状态。各种纤维燃烧状态的描述见表11-11-1。

表11-11-1　各种纤维燃烧状态的描述

纤维种类	燃烧状态			燃烧时的气味	残留物特征
	靠近火焰时	接触火焰时	离开火焰时		
棉	不熔不缩	立即燃烧	迅速燃烧	纸燃味	呈细而软的灰黑絮状
麻	不熔不缩	立即燃烧	迅速燃烧	纸燃味	呈细而软的灰白絮状
蚕丝	熔融卷曲	卷曲、熔融、燃烧	略带闪光燃烧有时自灭	烧毛发味	呈松而脆的黑色颗粒
动物毛绒	熔融卷曲	卷曲、熔融、燃烧	燃烧缓慢有时自灭	烧毛发味	呈松而脆的黑色焦炭状
竹纤维	不熔不缩	立即燃烧	迅速燃烧	纸燃味	呈细而软的灰黑絮状
黏纤、铜氨纤维	不熔不缩	立即燃烧	迅速燃烧	纸燃味	呈少许灰白色灰烬
莱赛尔纤维、莫代尔纤维	不熔不缩	立即燃烧	迅速燃烧	纸燃味	呈细而软的灰黑絮状
醋纤	熔缩	熔融燃烧	熔融燃烧	醋味	呈硬而脆不规则的黑块
大豆蛋白纤维	熔缩	缓慢燃烧	继续燃烧	特异气味	呈黑色焦炭状硬块
牛奶蛋白改性聚丙烯腈纤维	熔缩	缓慢燃烧	继续燃烧有时自灭	烧毛发味	呈黑色焦炭状，易碎
聚乳酸纤维	熔缩	熔融缓慢燃烧	继续燃烧	特异气味	呈硬而黑的圆珠状
涤纶	熔缩	熔融燃烧冒黑烟	继续燃烧有时自灭	有甜味	呈硬而黑的圆珠状
腈纶	熔缩	熔融燃烧	继续燃烧冒黑烟	辛辣味	呈黑色不规则小珠，易碎
锦纶	熔缩	熔融燃烧	自灭	氨基味	呈硬淡棕色透明圆珠状
维纶	熔缩	收缩燃烧	继续燃烧冒黑烟	特有香味	呈不规则焦茶色硬块

续表

纤维种类	燃 烧 状 态			燃烧时的气味	残 留 物 特 征
	靠近火焰时	接触火焰时	离开火焰时		
氯纶	熔缩	熔融燃烧冒黑烟	自灭	刺鼻气味	呈深棕色硬块
偏氯纶	熔缩	熔融燃烧冒烟	自灭	刺鼻药味	呈松而脆的黑色焦炭状
氨纶	熔缩	熔融燃烧	开始燃烧后自灭	特异气味	呈白色胶状
芳纶1414	不熔不缩	燃烧冒黑烟	自灭	特异气味	呈黑色絮状
乙纶	熔缩	熔融燃烧	熔融燃烧液态下落	石蜡味	呈灰白色蜡片状
丙纶	熔缩	熔缩燃烧	熔融燃烧液态下落	石蜡味	呈灰白色蜡片状
聚苯乙烯纤维	熔缩	收缩燃烧	继续燃烧冒黑烟	略有芳香味	呈黑而硬的小球状
碳纤维	不熔不缩	像烧铁丝一样发红	不燃烧	略有辛辣味	呈原有状态
金属纤维	不熔不缩	在火焰中燃烧并发光	自灭	无味	呈硬块状
石棉	不熔不缩	在火焰中发光，不燃烧	不燃烧，不变形	无味	不变形，纤维略变深
玻璃纤维	不熔不缩	变软，发红光	变硬，不燃烧	无味	变形，呈硬珠状
酚醛纤维	不熔不缩	像烧铁丝一样发红	不燃烧	稍有刺激性焦味	呈黑色絮状
聚砜酰胺纤维	不熔不缩	卷曲燃烧	自灭	带有浆料味	呈不规则硬而脆的粒状

二、显微镜法

显微镜法是通过观察纤维纵向表面和横截面的特征来鉴别纤维的。

取适当长度的纤维，用哈氏切片器或回转式切片机切取适当厚度的纤维横截面切片，分别在显微镜下观察纤维纵向表面和纤维横截面，比照标准图片鉴别纤维类别。部分纤维的纵向表面和横截面见图11-11-1。每种纤维图片上方为横截面，下方为纵向表面，除注明外均为光学显微镜图片。

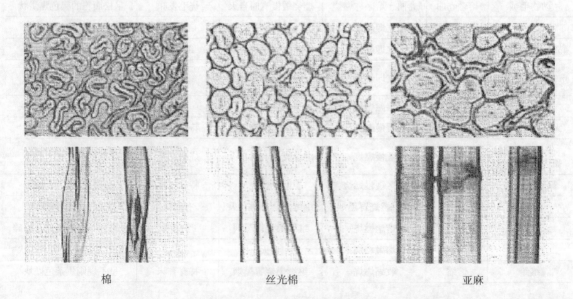

棉　　　　　　　　　　丝光棉　　　　　　　　　　亚麻

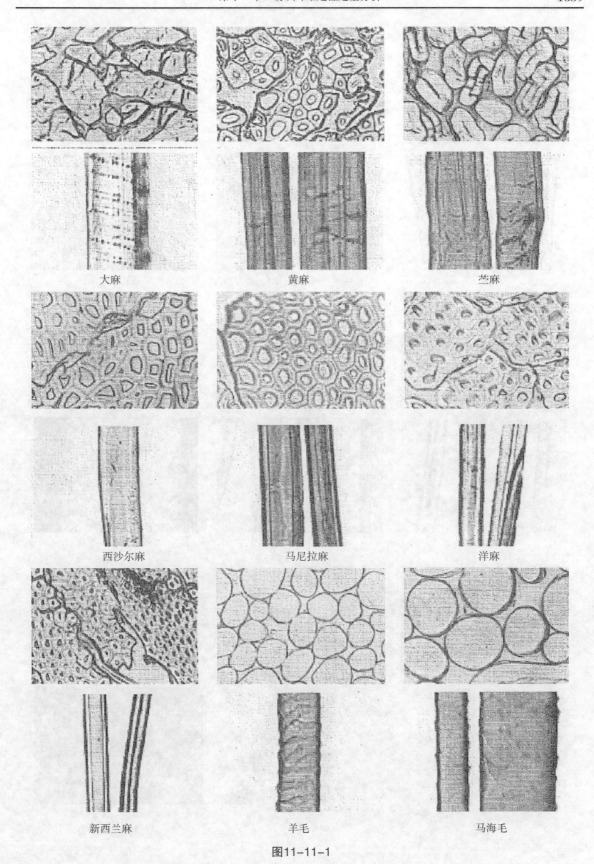

大麻　　　　黄麻　　　　苎麻

西沙尔麻　　　马尼拉麻　　　洋麻

新西兰麻　　　羊毛　　　　马海毛

图11-11-1

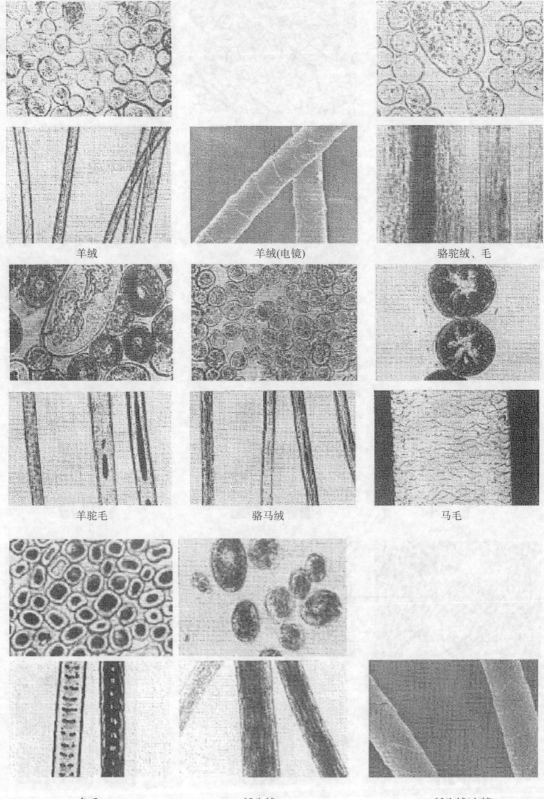

羊绒　　　　　　　　羊绒(电镜)　　　　　　骆驼绒、毛

羊驼毛　　　　　　　骆马绒　　　　　　　　马毛

兔毛　　　　　　　　牦牛绒　　　　　　　牦牛绒(电镜)

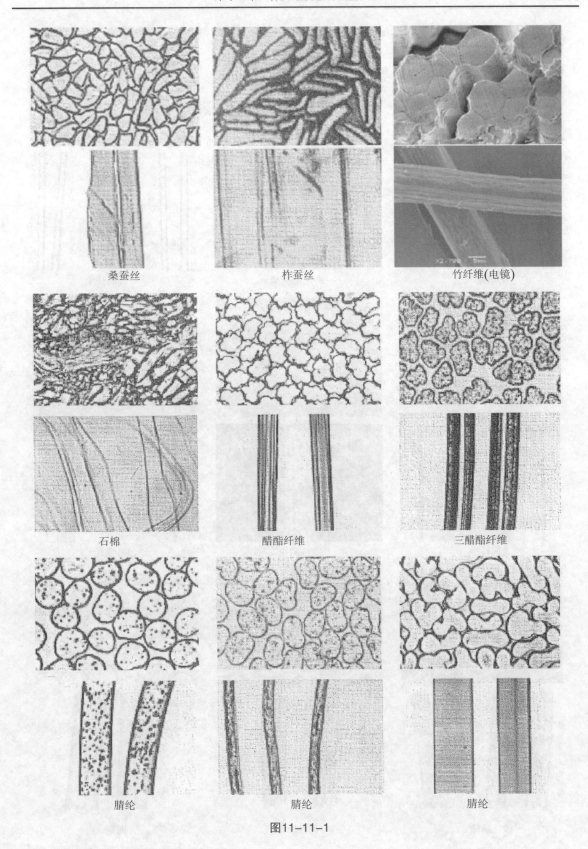

桑蚕丝　　　　　　柞蚕丝　　　　　　竹纤维(电镜)

石棉　　　　　　醋酯纤维　　　　　三醋酯纤维

腈纶　　　　　　　腈纶　　　　　　　腈纶

图11-11-1

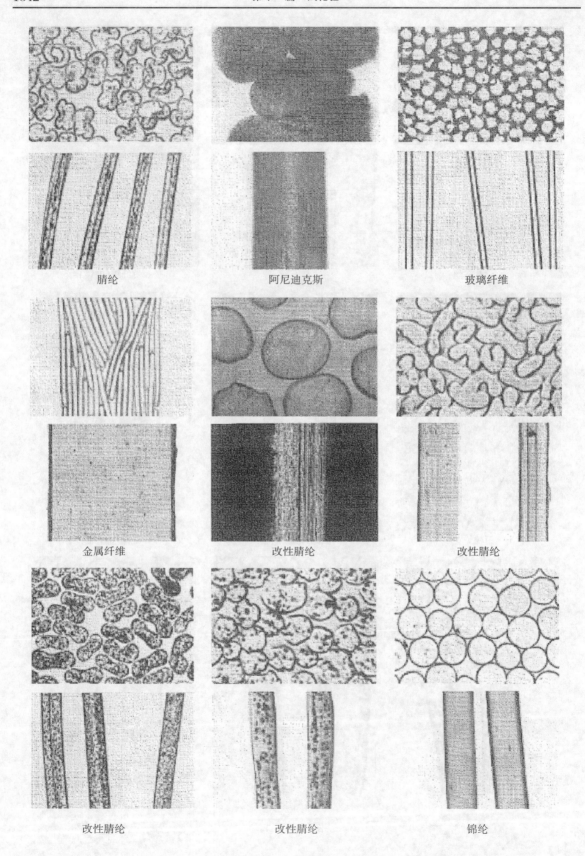

腈纶　　　　　　　　　阿尼迪克斯　　　　　　　玻璃纤维

金属纤维　　　　　　　改性腈纶　　　　　　　　改性腈纶

改性腈纶　　　　　　　改性腈纶　　　　　　　　锦纶

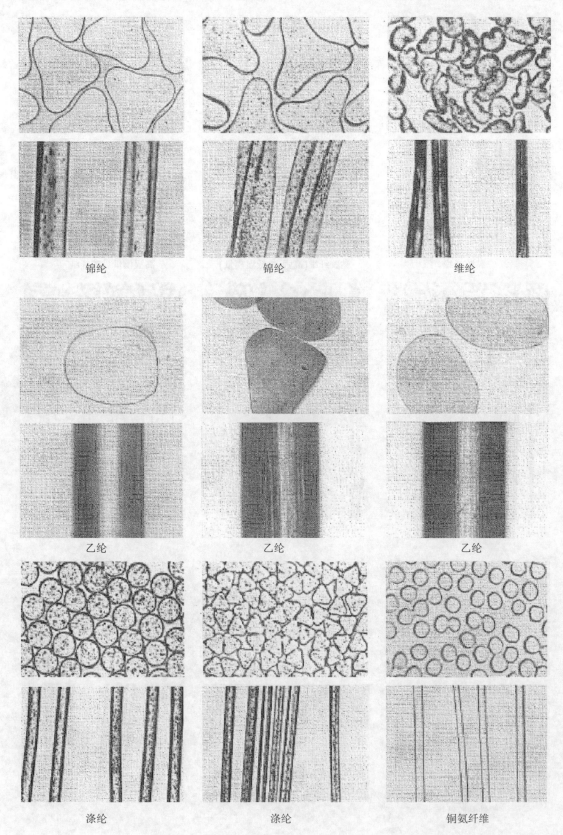

锦纶	锦纶	维纶
乙纶	乙纶	乙纶
涤纶	涤纶	铜氨纤维

图11-11-1

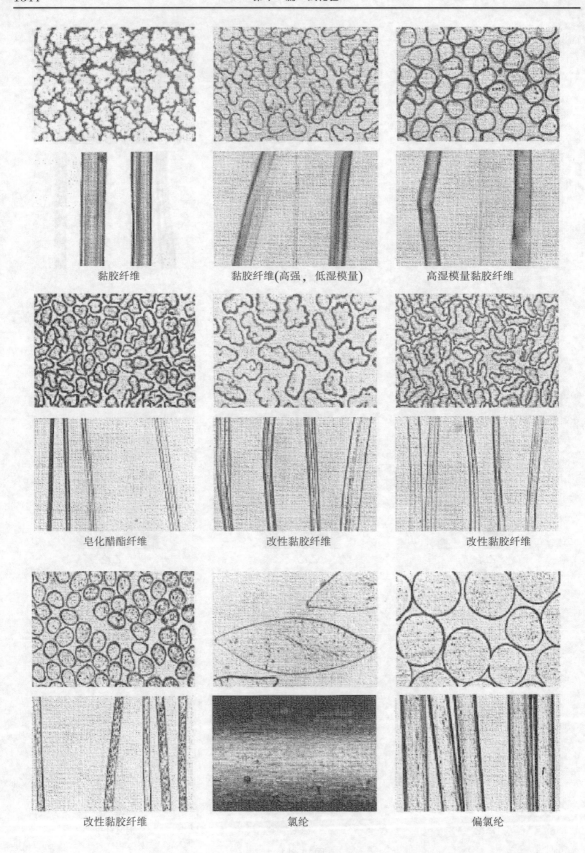

黏胶纤维　　　　　黏胶纤维(高强，低湿模量)　　　高湿模量黏胶纤维

皂化醋酯纤维　　　　　改性黏胶纤维　　　　　改性黏胶纤维

改性黏胶纤维　　　　　氯纶　　　　　偏氯纶

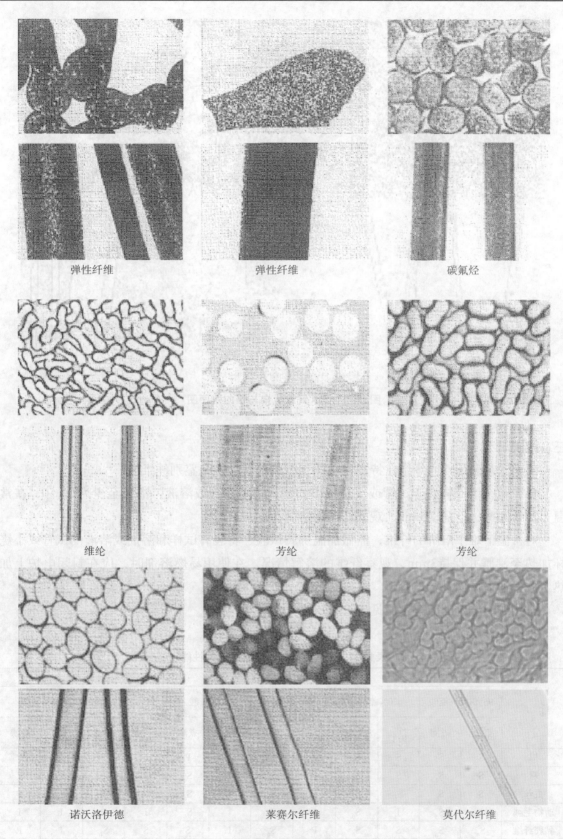

图11-11-1

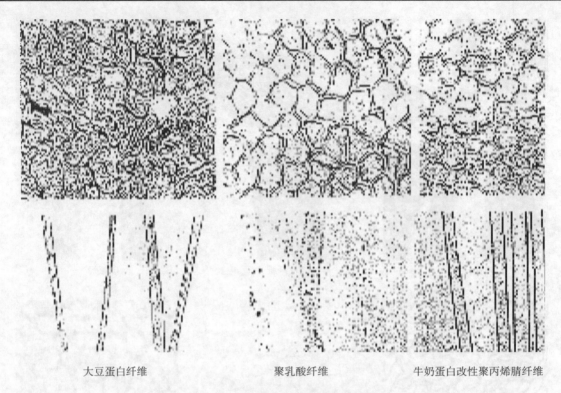

大豆蛋白纤维　　　　　聚乳酸纤维　　　　　牛奶蛋白改性聚丙烯腈纤维

图11-11-1　纤维纵向与横向截面图

三、溶解法

溶解法是利用不同纤维在特定化学试剂中的溶解性能来鉴别纤维的。

将少量纤维试样置于试管或小烧杯中，注入适量溶剂或溶液，浴比至少为1∶50，在常温（20～30℃）下摇动5min，观察纤维的溶解情况。

对常温下难于溶解的纤维，需做加温沸腾试验，将装有试样和溶剂或溶液的试管或小烧杯加热至沸腾并保持3min，观察纤维的溶解情况。在使用易燃溶剂时，应在封闭电炉上加热，并于通风橱内进行试验。

常用纺织纤维的溶解性能见表11-11-2。

表11-11-2　常用纺织纤维的溶解性能

纤　维	溶　液（溶　剂）											
	95%～98%硫酸		70%硫酸		60%硫酸		40%硫酸		36%～38%盐酸		15%盐酸	
	24～30℃	煮沸	24～30℃	煮沸	24～30℃	煮沸	24～30℃	煮沸	24～30℃	煮沸	24～30℃	煮沸
棉	S	S_0	S	S_0	I	S	I	P	I	P	I	P
麻	S	S_0	S	S_0	P	S	I	S	I	P	I	P
蚕丝	S	S_0	S_0	S_0	S	S_0	I	S_0	P	S	I	P
动物毛绒	I	S_0	I	S_0	I	S_0	I	S_0	I	P	I	I
黏胶纤维	S_0	S_0	S	S_0	P	S_0	I	S	S	S_0	I	P

续表

纤维	溶液（溶剂）											
	95%~98%硫酸		70%硫酸		60%硫酸		40%硫酸		36%~38%盐酸		15%盐酸	
	24~30℃	煮沸	24~30℃	煮沸	24~30℃	煮沸	24~30℃	煮沸	24~30℃	煮沸	24~30℃	煮沸
莱赛尔纤维	S_0	S_0	S	S_0	S	S	I	S_0	S	S_0	I	P
莫代尔纤维	S_0	S_0	S	S_0	S	S	I	S	S	S_0	I	P
铜氨纤维	S_0	S_0	S_0	S_0	S_0	S_0	I	S_0	I	S_0	I	P
醋酯纤维	S_0	S_0	S_0	S_0	S	S_0	S	I	S	S_0	I	S
三醋酯纤维	S_0	S_0	S_0	S_0	S	S_0	I	I	S	S_0	I	P
大豆蛋白纤维	P	S_0	P	S_0	P	S	I	S_0	P	S_0	P	S_0
牛奶蛋白改性聚丙烯腈纤维	S	S_0	I	S_0	I	S_0	I	I	I	I	I	I
聚乳酸纤维	S	S_0	I	S	I	I	I	I	I	I	I	I
涤纶	S	S_0	I	P	I	S_0	I	I	I	I	I	I
腈纶	S	S_0	S	S_0	I	S_0	I	I	I	I	I	I
锦纶6	S	S_0	S	S_0	S_0	S_0	S_0	S_0	S_0	S_0	S	S_0
锦纶66	S_0	S_0	S	S_0	S	S	S_0	S_0	S_0		I	
氨纶	S	S_0	S	S	I	S_0	I	P	I	I	I	I
维纶	S	S_0	S	S_0	S	S_0	P	S_0	S_0		I	S
氯纶	I	I	I	I	I	I	I	I	I	I	I	I
偏氯纶	I	I	I	I	I	I	I	I	I	I	I	I
乙纶	I	□	I	□	I	□	I	I	I	I	I	I
丙纶	I	□	I	□	I	I	I	I	I	I	I	I
芳纶	P	S	I	I	I	I	I	I	I	I	I	I
聚苯乙烯纤维	I	S	I	□	I	□	I	□	I	I	I	I
碳纤维	I	I	I	I	I	I	I	I	I	I	I	I
酚醛纤维	I	I	I	I	I	I	I	I	I	I	I	I
聚砜酰胺纤维	S	S_0	I	S	I	I	I	I	I	I	I	I
噁二唑纤维	P	S_0	I	I	I	I	I	I	I	I	I	I
聚四氟乙烯纤维	I	I	I	I	I	I	I	I	I	I	I	I
石棉纤维	I	I	I	I	I	I	I	I	I	I	I	I
玻璃纤维	I	I	I	I	I	I	I	I	I	I	I	I

纤维	溶液（溶剂）											
	1mol/L次氯酸钠		5%氢氧化钠		65%~68%硝酸		88%甲酸		99%冰乙酸		氢氟酸	
	24~30℃	煮沸	24~30℃	煮沸	24~30℃	煮沸	24~30℃	煮沸	24~30℃	煮沸	24~30℃	煮沸
棉	I	P	I	I	I	S_0	I	I	I	I	I	—
麻	I	P	I	I	I	S_0	I	I	I	I	I	—
蚕丝	S	S_0	I	S_0	S	S_0	I	I	I	I	I	—
动物毛绒	S	S_0	I	S_0	△	S_0	I	I	I	I	I	—

续表

纤　维	1mol/L次氯酸钠		5%氢氧化钠		65%~68%硝酸		88%甲酸		99%冰乙酸		氢氟酸	
	24~30℃	煮沸	24~30℃	煮沸	24~30℃	煮沸	24~30℃	煮沸	24~30℃	煮沸	24~30℃	煮沸
黏胶纤维	I	P	I	I	I	S_0	I	I	I	I	I	—
莱赛尔纤维	I	I	I	I	I	S_0	I	I	I	I	I	—
莫代尔纤维	I	I	I	I	I	S_0	I	I	I	I	I	—
铜氨纤维	I	I	I	I	I	S_0	I	I	I	I	I	—
醋酯纤维	I	I	I	P	S	S_0	S_0	S_0	S	S_0	I	—
三醋酯纤维	I	I	I	P	S	S_0	S_0	S_0	S_0	S_0	I	—
大豆蛋白纤维	I	S	I	I	S	S_0	I	S	I	I	I	—
牛奶蛋白改性聚丙烯纤维	I	P	I	I	S	S_0	I	S	I	I	I	—
聚乳酸纤维	I	I	I	I	□	S_0	I	□	I	P	I	—
涤纶	I	I	I	I	I	I	I	I	I	I	I	—
腈纶	I	I	I	I	S	S_0	I	I	I	I	I	—
锦纶6	I	I	I	I	S_0	S_0	S_0	S_0	I	S_0	I	—
锦纶66	I	I	I	I	S_0	S_0	S_0	S_0	I	S_0	I	—
氨纶	I	I	I	I	I	S	I	S_0	I	S	I	—
维纶	I	P	I	I	S_0	S_0	S	S_0	I	I	I	—
氯纶	I	I	I	I	I	I	I	I	I	I	I	—
偏氯纶	I	I	I	I	I	I	I	I	I	I	I	—
乙纶	I	I	I	I	I	□	I	I	I	I	I	—
丙纶	I	I	I	I	I	I	I	I	I	I	I	—
芳纶	I	I	I	I	I	I	I	I	I	I	I	—
聚苯乙烯纤维	I	□	I	I	I	I	I	□	I	□	I	—
碳纤维	I	I	I	I	I	I	I	I	I	I	I	—
酚醛纤维	I	I	I	I	I	I	I	I	I	I	I	—
聚砜酰胺纤维	I	I	I	I	I	I	I	I	I	I	I	—
噁二唑纤维	I	I	I	I	I	I	I	I	I	I	I	—
聚四氟乙烯纤维												
石棉纤维	I	I	I	I	I	I	I	I	I	I	S	—
玻璃纤维	I	I	I	I	I	I	I	I	I	I	S	—

续表

纤　维	溶　液（溶　剂）									
	铜氨		65% 硫氰酸钾		N,N-二甲基甲酰胺		丙酮		四氢呋喃	
	24℃~30℃	煮沸	24℃~30℃	煮沸	24℃~30℃	煮沸	24℃~30℃	煮沸	24℃~30℃	煮沸
棉	S	—	I	I	I	I	I	I	I	I
麻	S	—	I	I	I	I	I	I	I	I
蚕丝	S	—	I	I	I	I	I	I	I	I
动物毛绒	I	—	I	I	I	I	I	I	I	I
黏胶纤维	S_0	—	I	I	I	I	I	I	I	I
莱赛尔纤维	P	—	I	I	I	I	I	I	I	I
莫代尔纤维	S	—	I	I	I	I	I	I	I	I
铜氨纤维	S	—	I	I	I	I	I	I	I	I
醋酯纤维	I	—	I	I	S	S_0	S_0	S_0	S_0	S_0
三醋酯纤维	I	—	I	I	S	S_0	P	P	P	S_0
大豆蛋白纤维	I	—	I	I	I	I	I	I	I	I
牛奶蛋白改性聚丙烯腈纤维	I	—	I	S_0	I	P	I	I	I	I
聚乳酸纤维	I	—	I	P	I	S/P	I	P	P	P
涤纶	I	—	I	I	I	S/P	I	I	I	I
腈纶	I	—	I	S_0	S/P	S_0	I	I	I	I
锦纶6	I	—	I	I	I	S/P	I	I	I	I
锦纶66	I	—	I	I	I	I	I	I	I	I
氨纶	I	—	I	I	I	S_0	I	I	I	I
维纶	I	—	I	I	I	I	I	I	I	I
氯纶	I	—	I	I	S_0	S_0	I	P	S_0	S_0
偏氯纶	I	—	I	I	I	S_0	I	I	S_0	S_0
乙纶	I	—	I	I	I	I	I	I	I	I
丙纶	I	—	I	I	I	I	I	I	I	I
芳纶	I	—	I	I	I	I	I	I	I	I

续表

纤　维	铜氨		65%硫氰酸钾		N, N-二甲基甲酰胺		丙酮		四氢呋喃	
	24℃~30℃	煮沸	24℃~30℃	煮沸	24℃~30℃	煮沸	24℃~30℃	煮沸	24℃~30℃	煮沸
聚苯乙烯纤维	I	—	I	□	I	I	I	I	P	S
碳纤维	I	—	I	I	I	I	I	I	I	I
酚醛纤维	I	—	I	I	I	I	I	I	I	I
聚砜酰胺纤维	I		I	I	S_0	S_0	I	I	I	I
噁二唑纤维	I	—	I	I	I	I	I	I	I	I
聚四氟乙烯纤维	I		I	I	I	I	I	I	I	I
石棉纤维	I	—	I	I	I	I	I	I	I	I
玻璃纤维	I	—	I	I	I	I	I	I	I	I

纤　维	苯酚		苯酚四氯乙烷		吡啶		1, 4-丁内酯		二甲亚砜		环己酮	
	50℃	煮沸	24℃~30℃	煮沸	24℃~30℃	煮沸	24℃~30℃	煮沸	24℃~30℃	煮沸	24℃~30℃	煮沸
棉	I	I	I	I	I	I	I	I	I	I	I	I
麻	I	I	I	I	I	I	I	I	I	I	I	I
蚕丝	I	I	I	I	I	I	I	I	I	I	I	I
动物毛绒	I	I	I	I	I	I	I	I	I	I	I	I
黏胶纤维	I	I	I	I	I	I	I	I	I	I	I	I
莱赛尔纤维	I	I	I	I	I	I	I	I	I	I	I	I
莫代尔纤维	I	I	I	I	I	I	I	I	I	I	I	I
铜氨纤维	I	I	I	I	I	I	I	I	I	I	I	I
醋酯纤维	S	S_0	S_0	S_0	S_0	S_0	S_0	S_0	S	S_0	S	S_0
三醋酯纤维	I	I	S_0	S_0	S_0	S_0	P	S_0	S	S_0	S	S_0
大豆蛋白纤维	I	I	I	I	I	I	I	I	I	P	I	I
牛奶蛋白改性聚丙烯腈纤维	I	I	I	P	I	I	I	I	P	S_0	I	I
聚乳酸纤维	I	S_0	I	P	P	S	I	S_0	I	S	I	S
涤纶	I	S_0	Pss	S_0	I	I	I	S	I	S	I	I

续表

纤 维	溶 液（溶 剂）											
	苯酚		苯酚四氯乙烷		吡啶		1，4-丁内酯		二甲亚砜		环己酮	
	50℃	煮沸	24℃~30℃	煮沸	24℃~30℃	煮沸	24℃~30℃	煮沸	24℃~30℃	煮沸	24℃~30℃	煮沸
腈纶	I	I	I	□	I	I	I	S_0	S	S_0	I	I
锦纶6	S_0	S_0	S_0	S_0	I	I	I	S_0	I	S_0	I	I
锦纶66	S_0	S_0	S_0	S_0	I	I	I	S_0	I	S_0	I	I
氨纶	I	I	P	□	I	S	I	S_0	S	S_0	I	S_0
维纶	I	Pss	I	Pss	I	I	I	I	S	S_0	I	I
氯纶	I	□	I	S_0	I	S	S	S_0	S	S_0	S	S_0
偏氯纶	I	S_0	I	S_0	△	S_0	I	S	I	S_0	I	S_0
乙纶	I	□	Pss	□	I	I	I	I	I	□	I	S
丙纶	I	I	I	P	I	I	I	I	I	□	I	S
芳纶	I	I	I	I	I	I	I	I	I	I	I	I
聚丙乙烯纤维	P	S	P	S	P	S	I	I	I	S	S	S_0
碳纤维	I	I	I	I	I	I	I	I	I	I	I	I
酚醛纤维	I	I	I	I	I	I	I	I	I	I	I	I
聚砜酰胺纤维	I	I	I	I	I	I	I	I	I	I	I	I
噁二唑纤维	I	I	I	I	I	I	I	I	I	I	I	I
聚四氟乙烯纤维	I	I	I	I	I	I	I	I	I	I	I	I
石棉纤维	I	I	I	I	I	I	I	I	I	I	I	I
玻璃纤维	I	I	I	I	I	I	I	I	I	I	I	I

纤 维	溶液（溶 剂）							
	四氯化碳		二氯甲烷		二氯六环		乙酸乙酯	
	24℃~30℃	煮沸	24℃~30℃	煮沸	24℃~30℃	煮沸	24℃~30℃	煮沸
棉	I	I	I	I	I	I	I	I
麻	I	I	I	I	I	I	I	I
蚕丝	I	I	I	I	I	I	I	I
动物毛绒	I	I	I	I	I	I	I	I
黏胶纤维	I	I	I	I	I	I	I	I
莱赛尔纤维	I	I	I	I	I	I	I	I
莫代尔纤维	I	I	I	I	I	I	I	I
铜氨纤维	I	I	I	I	I	I	I	I
醋酯纤维	I	I	I	S	S_0	S_0	S	S

续表

纤　维	溶液（溶剂）							
	四氯化碳		二氯甲烷		二氯六环		乙酸乙酯	
	24℃~30℃	煮沸	24℃~30℃	煮沸	24℃~30℃	煮沸	24℃~30℃	煮沸
三醋酯纤维	I	I	S	S_0	S_0	S_0	I	P
大豆蛋白纤维	I	I	I	I	I	I	I	I
牛奶蛋白改性聚丙烯腈纤维	I	I	I	I	I	I	I	I
聚乳酸纤维	I	P	P	P	P	P	I	S
涤纶	I	I	I	I	I	I	I	I
腈纶	I	I	I	I	I	I	I	I
锦纶6	I	I	I	I	I	I	I	I
锦纶66	I	I	I	I	I	I	I	I
氨纶	I	I	I	I	I	I	I	I
维纶	I	I	I	I	I	I	I	I
氯纶	I	P	S	S_0	S	S_0	P	S_0
偏氯纶	I	I	I	I	I	S_0	I	I
乙纶	I	I	I	I	I	I	I	I
丙纶	I	P	I	I	I	I	I	I
芳纶	I	I	I	I	I	I	I	I
聚丙乙烯纤维	S_0	—	P	P	P	P	S	S_0
碳纤维	I	I	I	I	I	I	I	I
酚醛纤维	I	I	I	I	I	I	I	I
聚砜酰胺纤维	I	I	I	I	I	I	I	I
噁二唑纤维	I	I	I	I	I	I	I	I
聚四氟乙烯纤维	I	I	I	I	I	I	I	I
石棉纤维	I	I	I	I	I	I	I	I
玻璃纤维	I	I	I	I	I	I	I	I

注　1.符号说明：S_0—立即溶解；S—溶解；P—部分溶解；Pss—微溶；□—块状；I—不溶解；△—溶胀。

　　2.鉴别石棉纤维和玻璃纤维时，尽量用其他鉴别方法，必要时用氢氟酸溶解。

四、熔点法

不同合成纤维具有不同的熔点范围。用熔点仪测试合成纤维的熔点，对照表11-11-3鉴别纤维。

表11-11-3 各种合成纤维的熔点

纤维名称	熔点范围（℃）	纤维名称	熔点范围（℃）
醋纤	255~260	三醋酯纤维	280~300
涤纶	255~260	氨纶	228~234
腈纶	不明显	乙纶	130~132
锦纶6	215~224	丙纶	160~175
锦纶66	250~258	聚四氟乙烯纤维	329~333
维纶	224~239	腈氯纶	188
氯纶	202~210	维氯纶	200~231
聚乳酸纤维	175~178		
聚对苯二甲酸丁二酯纤维（PBT）	226	聚对苯二甲酸丙二醇酯纤维（PTT）	228

五、密度梯度法

各种纤维的密度不同。用密度梯度仪测定纤维的密度，对照表11-11-4鉴别纤维。

表11-11-4 常用纺织纤维密度（25℃±0.5℃）

纤维名称	密度值（g/cm³）	纤维名称	密度值（g/cm³）
棉	1.54	锦纶	1.14
苎麻	1.51	维纶	1.24
亚麻	1.5	偏氯纶	1.70
蚕丝	1.36	氨纶	1.23
羊毛	1.32	乙纶	0.96
黏胶纤维	1.51	丙纶	0.91
铜氨纤维	1.52	石棉纤维	2.10
醋酯纤维	1.32	玻璃纤维	2.46
涤纶	1.38	酚醛纤维	1.31
腈纶	1.18	聚砜酰胺纤维	1.37
变性腈纶	1.28	氯纶	1.38
芳纶1414	1.46	牛奶蛋白改性聚丙烯腈纤维	1.26
莫代尔纤维	1.52	大豆蛋白纤维	1.29
莱赛尔纤维	1.52	聚乳酸纤维	1.27

六、红外吸收光谱法

当一束红外光照射到被测试样上时，该物质分子将吸收一部分光能并转变为分子的振动能和转动能。借助于仪器将吸收值与相应的波数作图，即可获得该试样的红外吸收光谱，光谱中每一个特征吸收带都包含了试样分子中基团和键的信息。不同物质有不同的红外光谱图。利用这种原理将未知纤维的红外光谱图与已知纤维的标准红外光谱进行比较来鉴别纤维。各种纤维的红外光谱的主要吸收谱带及其特性频率见表11-11-5；各种纤维的红外吸收光谱参考图见图11-11-2。

表11-11-5　各种纤维的红外光谱的主要吸收谱带及其特性频率

编号	纤维种类	制样方法	主要吸收谱带及其特性频率（cm^{-1}）
1	纤维素纤维	K	3450~3200, 1640, 1160, 1064~980, 893, 671~667, 610
2	动物纤维	K	3450~3300, 1658, 1534, 1163, 1124, 926
3	丝	K	3450~3300, 1650, 1520, 1220, 1163~1149, 1064, 993, 970, 550
4	黏胶纤维	K	3450~3250, 1650, 1430~1370, 1060~970, 890
5	醋酯纤维	F	1745, 1376, 1237, 1075~1042, 900, 602
6	聚酯纤维	F（热压成膜）	3040, 2358, 2208, 2079, 1957, 1724, 1242, 1124, 1090, 870, 725
7	聚丙烯腈纤维	K	2242, 1449, 1250, 1075
8	锦纶6	F（甲酸成膜）	3300, 3050, 1639, 1540, 1475, 1263, 1200, 687
9	锦纶66	F（甲酸成膜）	3300, 1634, 1527, 1473, 1276, 1198, 933, 689
10	锦纶610	F（热压成膜）	3300, 1634, 1527, 1475, 1239, 1190, 936, 689
11	锦纶1010	F（热压成膜）	3300, 1635, 1535, 1467, 1237, 1190, 941, 722, 686
12	聚乙烯醇缩甲醛纤维	K	3300, 1449, 1242, 1149, 1099, 1020, 848
13	聚氯乙烯纤维	F（二氯甲烷成膜）	1333, 1250, 1099, 971~962, 690, 614~606
14	聚偏氯乙烯纤维	F（热压成膜）	1408, 1075~1064, 1042, 885, 752, 599
15	聚氨基甲酸乙酯纤维	F（DMF成膜）	3300, 1730, 1590, 1538, 1410, 1300, 1220, 769, 510
16	聚乙烯纤维	F（热压成膜）	2925, 2868, 1471, 1460, 730, 719
17	聚丙烯纤维	F（热压成膜）	1451, 1475, 1357, 1166, 997, 972
18	聚四氟乙烯纤维	K	1250, 1149, 637, 625, 555
19	芳纶1313	K	3072, 1642, 1602, 1528, 1482, 1239, 856, 818, 779, 718, 684
20	芳纶1414	K	3057, 1647, 1602, 1545, 1516, 1399, 1308, 1111, 893, 865, 824, 786, 726, 664
21	聚芳砜纤维	K	1587, 1242, 1316, 1147, 1104, 876, 835, 783, 722
22	聚砜酰胺	K	1658, 1589, 1522, 1494, 1313, 1245, 1147, 1104, 783, 722
23	酚醛纤维	K	3340~3200, 1613~1587, 1235, 826, 758
24	聚碳酸酯纤维	F（热压成膜）	1770, 1230, 1190, 1163, 833
25	维氯纶	K	3300, 1430, 1329, 1241, 1177, 1143, 1092, 1020, 690, 614
26	腈氯纶	K	2324, 1255, 690, 624
27	聚乙烯-醋酸乙烯共聚物	K	1737, 1460, 1369, 1241, 1020, 730, 719, 608
28	碳素纤维	K	无　吸　收
29	不锈钢金属纤维	K	无　吸　收
30	玻璃纤维	K	1413, 1043, 704, 451

注　1. 羊毛在1800~1000cm^{-1}之间皆为宽谱带。

2. 生丝在1710~1370cm^{-1}之间皆为宽谱带。

3. 各种纤维的吸收频率，按使用红外光谱仪的不同，差异约有±20cm^{-1}。

4. 改性纤维的红外光谱，除对原纤维的吸收外，同时叠加了改性物质的吸收谱带。

5. 制样方法一栏中的K是溴化钾压片法，F是薄膜法。

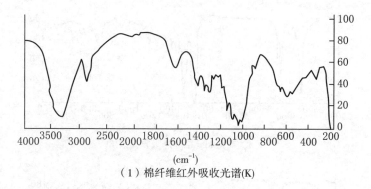

（1）棉纤维红外吸收光谱(K)

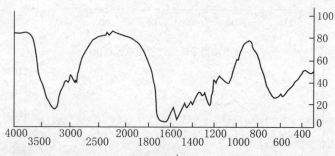

（2）麻纤维红外吸收光谱
(由于麻的品种不同其光谱略有差异)

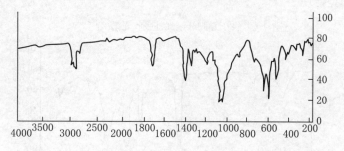

（3）丝纤维红外吸收光谱(K)

（4）聚偏氯乙烯纤维红外吸收光谱(F)

图11-11-2

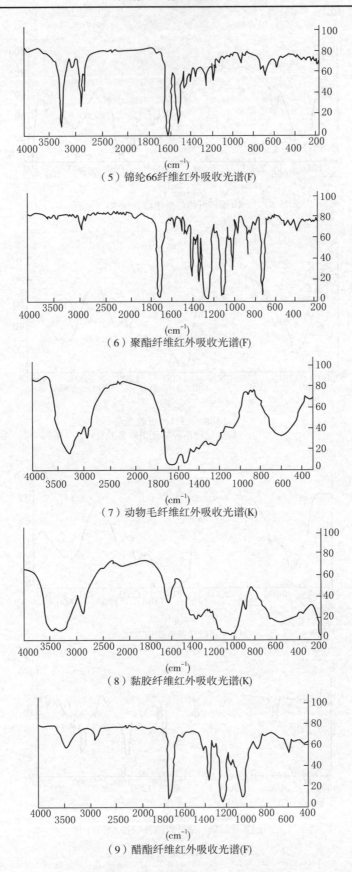

（5）锦纶66纤维红外吸收光谱(F)

（6）聚酯纤维红外吸收光谱(F)

（7）动物毛纤维红外吸收光谱(K)

（8）黏胶纤维红外吸收光谱(K)

（9）醋酯纤维红外吸收光谱(F)

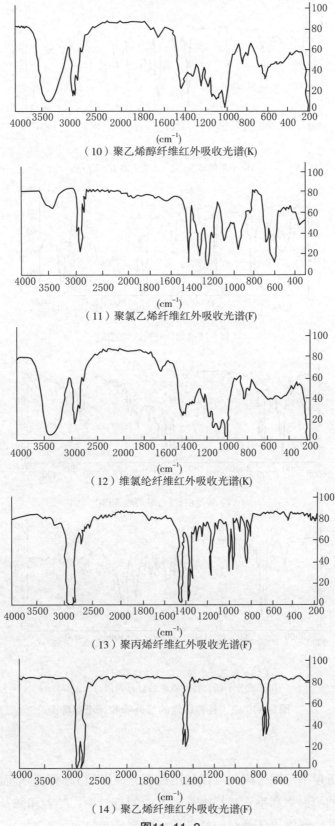

（10）聚乙烯醇纤维红外吸收光谱(K)

（11）聚氯乙烯纤维红外吸收光谱(F)

（12）维氯纶纤维红外吸收光谱(K)

（13）聚丙烯纤维红外吸收光谱(F)

（14）聚乙烯纤维红外吸收光谱(F)

图11-11-2

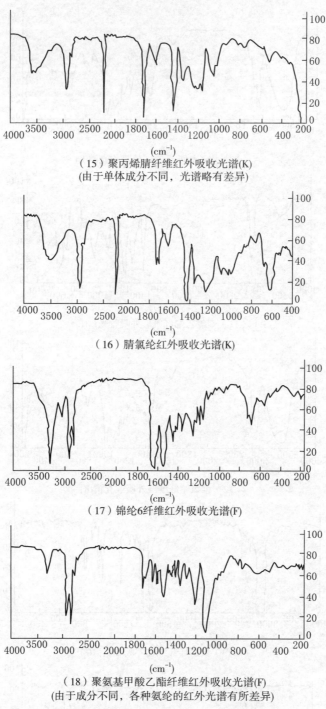

（15）聚丙烯腈纤维红外吸收光谱(K)
（由于单体成分不同，光谱略有差异）

（16）腈氯纶红外吸收光谱(K)

（17）锦纶6纤维红外吸收光谱(F)

（18）聚氨基甲酸乙酯纤维红外吸收光谱(F)
（由于成分不同，各种氨纶的红外光谱有所差异）

图11-11-2　各种纤维的红外吸收光谱参考图

七、双折射率法

不同纤维的双折射率不同，因此可以利用偏振光显微镜分别测得平面偏光振动方向的平行于纤维长轴方向的折射率和垂直于纤维长轴方向的折射率，二者相减及取得双折射率，用双折射率的大小来鉴别纤维。各种纺织纤维的折射率见表11-11-6。

表11-11-6　各种纺织纤维的折射率

纤 维 名 称	平行折射率 $n_{\parallel}$	垂直折射率 $n_{\perp}$	双折射率 $\Delta n = n_{\parallel} - n_{\perp}$
棉	1.576	1.526	0.050
麻	1.568~1.588	1.526	0.042~0.062
桑蚕丝	1.591	1.538	0.053
柞蚕丝	1.572	1.528	0.044
羊毛	1.549	1.541	0.008
普通黏胶纤维	1.540	1.510	0.030
富强纤维	1.551	1.510	0.041
铜氨纤维	1.552	1.521	0.031
醋酯纤维	1.478	1.473	0.005
聚酯纤维	1.725	1.537	0.188
聚丙烯腈纤维	1.510~1.516	1.510~1.516	0.000
变性聚丙烯腈纤维	1.535	1.532	0.003
聚酰胺纤维	1.573	1.521	0.052
聚乙烯醇缩甲醛纤维	1.547	1.522	0.025
聚氯乙烯纤维	1.548	1.527	0.021
聚乙烯纤维	1.570	1.522	0.048
聚丙烯纤维	1.523	1.491	0.032
酚醛纤维	1.643	1.630	0.013
玻璃纤维	1.547	1.547	0.000
木棉纤维	1.528	1.528	0.000

第二节　纺织纤维定量分析

一、概述

经过加工或整理的纤维混合物中，可能含有油脂、蜡质或整理剂，这些物质可能是纤维本身带有的，也可能是添加的。混合物中还有可能存在盐类和其他水溶性物质。在分析过程中，这些物质的部分或全部可能会溶解掉，并作为可溶纤维组分的质量而计算在内，为避免此类误差，在分析之前宜去除这些非纤维物质。非纤维物质的去除方法见表11-11-7。

表11-11-7　非纤维物质的去除方法

去除的非纤维物质	适合于该方法的纤维	去 除 方 法		不适合于该方法的纤维
		编号	试 剂	
泡丝油脂，脂肪和蜡脂	大部分纤维	1	石油醚，索氏萃取	弹性纤维
泡丝油脂	生丝	2	甲苯/甲醇，索氏萃取	—

去除的非纤维物质	适合于该方法的纤维	去除方法		不适合于该方法的纤维
		编号	试剂	
淀粉	棉[a]、亚麻[b]、黏胶、绢丝，黄麻[c]和大部分其他纤维	3	淀粉酶，沸水	—
刺槐豆胶和淀粉	棉[a]、黏胶、绢丝	4	沸水然后同方法3	—
罗望子种子浆料	棉[a]、黏胶	5	沸水两次	—
丙烯酸（上浆或后整理）浆料	大部分纤维[d]	6	2g/L皂片、2g/L氢氧化钠，70~75℃，水洗	蛋白质、脱乙酰醋酯、二醋酯，三醋酯、腈纶、改性腈纶
胶质和聚乙烯醇	大部分纤维	7	1g/L非离子表面活性剂、1g/L阴离子表面活性剂、1g/L无水碳酸钠	蛋白质、脱乙酰醋酯、二醋酯、三醋酯
淀粉和聚乙烯醇	棉、聚酯	8	先执行方法3然后执行方法7	蛋白质、脱乙酰醋酯、二醋酯、三醋酯
聚乙烯醋酯	大部分纤维	9	丙酮，索氏萃取	脱乙酰醋酯、二醋酯、三醋酯、含氯纤维
亚麻子油浆料	黏胶、绢纱	10	先执行方法1然后执行方法7	蛋白质、脱乙酰醋酯、二醋酯、三醋酯
氨基–甲醛树脂	棉、铜氨、黏胶、莫代尔、脱乙酰醋酯、二醋酯、三醋酯、聚酯、聚酰胺（尼龙）	11	正磷酸/尿素，80℃，10min，水洗，然后碳酸氢钠冲洗	石棉
沥青，木馏油和焦油	大部分纤维	12	二氯甲烷（亚甲基氯化物），索氏萃取	脱乙酰醋酯、二醋酯、三醋酯、改性腈纶、含氯纤维
纤维素醚	大部分纤维	13 (1)	冷水浸泡	—
	棉	13 (2)	10℃，175g/L氢氧化钠溶液浸泡，0.1mol/L醋酸中和	黏胶、脱乙酰醋酯、三醋酯、改性腈纶、腈纶
硝酸纤维素	大部分纤维	14	丙酮中浸泡，1h	脱乙酰醋酯、二醋酯、三醋酯
聚氯乙烯	大部分纤维	15	四氢呋喃中浸泡（不要被蒸馏水覆盖）	蛋白质、脱乙酰醋酯、二醋酯、三醋酯、含氯纤维
油酸酯	大部分纤维	16	0.2mol/L盐酸，二氯甲烷中索氏萃取	脱乙酰醋酯、二醋酯、三醋酯、改性腈纶、含氯纤维、聚酰胺（尼龙）、石棉
铬、铁和铜的氧化物	铜氨、黏胶、莫代尔、脱乙酰醋酯、二醋酯、三醋酯	17	80℃，14g/L草酸溶液浸泡，氨水中和	—
五氯苯酚月桂酸酯	大部分纤维	18	甲苯，索氏萃取	聚乙烯、聚丙烯
聚乙烯	大部分纤维	19	煮沸的甲苯中萃取	聚丙烯
聚氨酯树脂	聚酰胺（尼龙）、铜氨、黏胶、莫代尔、脱乙酰醋酯、二醋酯、三醋酯	20	二甲基亚砜或二氯甲烷，如果可能用50℃下50g/L氢氧化钠，乙醇	脱乙酰醋酯、二醋酯、三醋酯、聚酯、腈纶、改性腈纶

续表

去除的非纤维物质	适合于该方法的纤维	去除方法		不适合于该方法的纤维
		编号	试剂	
天然橡胶，丁苯、氯丁和丁氰橡胶	铜氨纤维、黏胶纤维、高湿模量纤维、脱乙酰基醋纤、二醋纤、三醋纤、玻璃纤维	21	在苯中溶胀，刮落在熔化的对二氯苯中，加热45min后，每4份对二氯苯加1份对二氯苯加1份特丁基过氧化氢，冷至60℃，加苯处理	全部合成纤维
硅氧树脂	大多数种类的纤维	22	氢氟酸50~60mL/L，65℃	聚酰胺纤维，玻璃纤维
锡增重	丝	23	0.5mol/L氢氟酸	
蜡基防水整理剂	棉、蛋白纤维、聚酯纤维、聚酰胺纤维	24	二氯甲烷，索氏萃取器萃取，如为金属络合物，用5g/L肥皂和1g/L甲酸处理	脱乙酰基醋纤，二醋纤、三醋纤、变性聚丙烯腈纤维、含氯纤维

注　a 本色棉用该法处理时，会使本色棉失重约达最后干重的3%。

　　b 用该法处理亚麻时的重量损失，取决于织物用纱的类型，损失量大致如下：漂白纱2%；煮练纱3%；本色纱4%。

　　c 用该法处理黄麻时，其失重大致为0.5%。

　　d 聚酰胺66用该法处理时，纤维的重量损失可达1%，聚酰胺6的重量损失在1%~3%之间。

表11-11-7去除方法按编号简介如下：

1．泡丝油脂—石油醚法

在索氏萃取器或相似的仪器中用石油醚（馏程为40~60℃）萃取样品1h，每小时至少循环6次。

2．泡丝油脂—甲苯和甲醇的混合物法

用甲苯和甲醇的混合物（1体积甲苯与3体积甲醇）作为溶剂，在索氏萃取器或相似的仪器中萃取，至少萃取2h，每小时循环6次。

注：公认的一种方法，使用苯可去除蚕丝中的泡丝油脂，但是由于苯有毒，建议使用上述方法。

3．淀粉

将样品浸泡在含有0.1%（质量分数）非离子润湿剂和适量淀粉酶的溶剂中，浴比为1：100。淀粉酶的浓度、pH值、温度和处理时间由厂商提供。将样品转移到沸水中煮沸15min。用稀释的碘酒水溶液测试淀粉是否完全去除。待淀粉完全去除后，用水彻底冲洗，挤干，干燥。

4．刺槐豆胶和淀粉

在水中煮沸样品5min，浴比为1：100。用干净的水重复此操作。然后按方法3所述操作。

5．罗望子种子浆料

在水中煮沸样品5min，浴比为1：100。用干净的水重复此操作。

注：使用本方法不能完全去除粗糙表面未剥去外壳的罗望子种子浆料。

6．丙烯酸浆料

在70~75℃下，将样品浸泡在含有2g/L皂片或其他合适的洗涤剂和2g/L氢氧化钠的溶液中，浴比为1：100，搅拌30min。用85℃去离子水冲洗3次，每次洗5min，拧干，干燥。

7．胶质和聚乙烯醇

在含有1g/L非离子表面活性剂、1g/L阴离子表面活性剂和1g/L无水碳酸钠的溶液（使用最小浴比为1：100）中处理样品，在50℃下保持90min，然后在同样的溶液中70~75℃保持90min。拧干，干燥。

8．淀粉和聚乙烯醇

先按照方法3操作，干燥，然后按照方法7操作。

9．聚乙烯醋酯

用丙酮在索氏萃取器中萃取样品至少3h，每小时至少循环6次。

10．亚麻子油浆料

先按照方法1操作，然后按照方法7操作。

11．氨基—甲醛树脂

80℃下，在含有25g/L 50%正磷酸和50g/L尿素的溶液中萃取样品，浴比为1：100，萃取10min。用水冲洗样品，拧干，再用0.1%碳酸氢钠溶液冲洗，最后用水彻底冲洗。

注：该方法对铜氨、黏胶、莫代尔、脱乙酰基醋酯、二醋酯和三醋酯纤维有损伤。

12．沥青、木馏油和焦油

在索氏萃取器中用二氯甲烷（亚甲基氯化物）萃取样品。萃取时间由非纤维物质的量决定，需要更换试剂。

注：黄麻中含油脂5%以上，用二氯甲烷萃取会去除一定量油脂。

13．纤维素醚

（1）溶于冷水的纤维素甲醚。在冷水中浸泡样品2h。在冷水中重复冲洗样品，拧干。

（2）不溶于水但溶于碱的纤维素醚。将样品浸泡在含有175g/L氢氧化钠，温度冷却至5~10℃的水溶液中30min。然后再在新配制的试剂中充分浸泡，水洗，用0.1mol/L醋酸中和，再用水冲洗，干燥。

14．硝酸纤维素

室温下将样品浸泡在丙酮中1h，浴比为1：100。拧干，用三份干净的丙酮冲洗，最后使溶剂蒸发。

15．聚氯乙烯

室温下将样品浸泡在四氢呋喃中1h，浴比为1：100。如果有必要，刮掉软化的聚氯乙烯。挤干，用三份干净的四氢呋喃冲洗样品，拧干，使试剂蒸发。

警告：四氢呋喃有爆炸的危险，不宜用蒸馏法重新获得。

16．油酸酯

室温下将样品浸泡在0.2mol/L的盐酸中，完全润湿。然后冲洗，干燥。再在索氏萃取器中用二氯甲烷（亚甲基氯化物）萃取1h，每小时至少循环6次。

17．铬、铁和铜的氧化物

80℃下，将样品浸泡在含有14g/L草酸的水溶液中，浴比为1：100，浸泡15min。彻底冲洗（铜的存在会生成草酸盐，在40℃，1%的醋酸中保持15min去除草酸盐，然后冲洗）。用氨水中和，水洗。拧干，干燥。

注：本方法不适用于含氧化铬染料染色的材料。

18. 五氯苯醛月桂酸酯（PCPL）

在索氏萃取器中用甲苯萃取样品4h，每小时至少循环6次。

19. 聚乙烯

在煮沸的甲苯中萃取样品。样品完全浸没于煮沸的试剂中。

20. 聚氨酯树脂

完全满意的方法不易获得，但是以下方法是可行的。将含有某些聚氨酯树脂的样品浸泡在二甲基亚砜或二氯甲烷（亚甲基氯化物）中，用干净的试剂多次冲洗。不影响纤维组分的情况下，某些聚亚氨酯可以在含有50g/L氢氧化钠沸水溶液中水解去除。也可以用50℃以上含有50g/L氢氧化钠和100g/L乙醇水溶液代替。

警告：二甲基亚砜有毒。

21. 天然橡胶和丁苯橡胶、氯丁（二烯）橡胶、丁腈橡胶以及大部分其他合成橡胶

完全满意的方法不易获得，但是以下方法是可行的。将样品浸泡在使其膨胀的热挥发性试剂（例如苯）中，当它完全膨胀时，通过刮擦尽可能多地去除橡胶。在纺织纤维外露的情况下，仅润湿其表面，即可将橡胶与织物层分离。然后在熔化的p-二氯苯中继续加热残留样品，连续搅拌，样品与p-二氯苯质量比为1∶50；加热搅拌装置为一个带有敞口冷凝器（允许足够的空气进入）的平底烧瓶、磁力搅拌器和加热盘。

45min后，每4份p-二氯苯中加入1份70%叔丁基过氧化氢。煮沸直至橡胶完全分解（平均时间2h）。冷却烧瓶至60℃，加入等体积的苯。过滤，在热苯中重复冲洗纺织纤维。

腈橡胶（例如：丁腈橡胶）中加入与叔丁基过氧化氢同体积的硝基苯，加速溶解过程。

注意：1.在有空气流通的条件下，天然橡胶在p-二氯苯中沸煮几个小时后会溶解。溶解会因在150~160℃的联苯醚中加热2h而受到影响，然后在苯中冲洗样品。

2.上述处理发生剧烈的氧化，纺织材料的性质会略微受到影响。

22. 硅氧树脂

将样品在盛有65℃，50mL/L~60mL/L 40%氢氟酸溶液的聚乙烯容器中洗涤45min。彻底冲洗，中和，然后在60℃，2g/L的皂片溶液中漂洗1h。

警告：氢氟酸属危险品。

23. 锡增量

将样品浸泡在盛有55℃，0.5mol/L氢氟酸的聚乙烯容器中20min，间隔搅拌。用温水冲洗。然后浸泡在55℃，2%的碳酸钠溶液中20min。温水冲洗，挤干，熨平，干燥。

警告：氢氟酸属危险品。

24. 蜡基防水整理剂

在索氏萃取器中用二氯甲烷（氯甲烷）萃取样品3h，每小时至少循环6次。然后，在80℃，10g/L甲酸和5g/L酸稳定表面活性剂的溶液中冲洗15min，去除金属络合物。用水彻底冲洗直至酸完全洗净。

此外，纺织品上还可能含有为增加纤维抱合力，或为赋予纺织品防水、抗皱等性能而添加的树脂或其他添加物。这类添加物可能会影响试剂对可溶组分的作用，其本身也可能部分

或全部被试剂溶解。因此这类添加物也会引起分析误差，故在分析之前最好去除。

一般认为染色纤维里的染料是纤维的一部分而不必去除。

如果在分析过程中，已知的不溶纤维质量有损失，则需用修正系数（d值）来修正结果。

大多数纺织纤维含有水分，含水量取决于纤维的种类和周围空气的相对湿度。因此在计算纤维含量时要用测得的纤维组分的净干质量结合纤维的公定回潮率计算其质量含量。表11-11-8是我国国家标准规定的纺织材料的公定回潮率。各国对纺织材料公定回潮率的规定有所差异，表11-11-9列出了部分纤维的比较。

纺织纤维定量分析通常有三大类方法：手工拆分法、化学溶解法和显微镜测定法。

纺织纤维定量分析方法选用原则：

首选手工拆分法，因为通常它给出的结果比另外两种方法更准确。例如：对于经纱为一种纤维成分，纬纱为另一种纤维成分的交织面料；一单纱为一种纤维成分，另一单纱为另一种纤维成分的合股纱线；短纤维包缠的长丝等可采用拆分法。

但是这样的样品毕竟是少数，大量样品是仅凭目测无法用拆分法测试的，因此在纺织纤维定量分析测试中时使用最多的是化学溶解法。

另外，还有一些具有相同化学溶解性的不同纤维，它们同时溶解于或不溶于同一种试剂，例如：同属蛋白质纤维的各种动物毛、绒以及同属天然纤维素纤维的棉、麻等，不能用化学溶解法测定它们的混合比，此时只可用显微镜测定法。

无论采用哪种测试方法，对一个样品纤维含量的定性分析均需至少进行两次。

二、手工拆分法

手工拆分法是对于目测能分辨区分的纤维，采用手工拆分、烘干、称重，然后计算出纤维质量含量。

1．方法

取试样不少于1g，将不同的纤维拆分；分别放入已知质量的称量瓶内，在（105 ± 3）℃的烘箱里烘至恒重；用万分之一天平称量每种纤维的净干质量。

2．计算

按下式计算每种纤维的质量百分比：

$$P_i = \frac{m_i(1 + R_i)}{\sum m_i(1 + R_i)}$$

式中：P_i——某种纤维的质量百分比；

　　　m_i——某种纤维的净干质量，g；

　　　R_i——某种纤维的公定回潮率。

三、化学溶解法

化学溶解法是根据不同纤维在化学试剂中的溶解性，选择适当的试剂去除一种组分，将残留物称重，根据质量损失计算出可溶组分的质量含量。通常先去除含量较多的纤维组分。

表11-11-8　纺织材料的公定回潮率（GB 9994-2008）

纤维种类	纺织材料	公定回潮率 (%)	纤维种类	纺织材料	公定回朝率 (%)
棉	棉纤维	8.5	（蚕）丝d	桑蚕丝	11.0
	棉纱线	8.5		柞蚕丝	11.0
	棉缝纫线	8.5	其他天然纤维c	木棉	10.9
	棉织物	8.0		椰壳纤维	13.0
毛a	羊毛 洗净毛b（异质毛）	15.0	化学纤维c	黏胶纤维	13.0
	洗净毛b（同质毛）	16.0		富强纤维	13.0
	精梳落毛	16.0		莫代尔纤维	11.0
	再生毛	17.0		莱赛尔纤维	10.0
	干毛条	18.25		醋酯纤维	7.0
	油毛条	19.0		三醋酯纤维	3.5
	精纺毛纱	16.0		铜氨纤维	13.0
	粗纺毛纱	15.0		聚酰胺纤维（锦纶）	4.5
	毛织物	14.0		聚酯纤维（涤纶）	0.4
	绒线、针织绒线	15.0		聚丙烯腈纤维（腈纶）	2.0
	毛针织物	15.0		聚乙烯醇纤维（维纶）	5.0
	长毛绒织物	16.0		聚丙烯纤维（丙纶）	0.0
	山羊绒 分梳山羊绒	17.0		聚乙烯纤维（乙纶）	0.0
	山羊绒条	15.0	含氯纤维	聚氯乙烯（氯纶）	0.0
	山羊绒纱	15.0		聚偏氯乙烯（偏氯纶）	0.0
	山羊绒织物	15.0		氨纶	1.3
	兔毛	15.0		含氟纤维	0.0
	骆驼绒/毛	15.0	芳香族聚酰胺纤维（芳纶） 普通	7.0
	牦牛绒/毛	15.0		高模量	3.5
	羊驼绒/毛	15.0		聚乳酸纤维（PLA）	0.5
	马海毛	14.0		二烯类弹性纤维（橡胶）	0.0
麻c	苎麻	12.0		碳氟纤维	0.0
	亚麻	12.0	其他纤维c	玻璃纤维	0.0
	黄麻	14.0		金属纤维	0.0
	大麻（汉麻）	12.0			
	罗布麻	12.0			
	剑麻	12.0			

注　a 除羊毛和山羊绒外，其他动物毛纤维均含纤维、纱线和织物。

　　b 洗净毛含碳化毛。

　　c 含纤维、纱线和织物。

　　d 蚕丝均含生丝、双宫丝、绢丝、细丝及炼白、印染等各种织物。

表11-11-9　部分纺织纤维公定回潮率比较（%）

纤维名称	中国 GB 9994	美国 ASTM D1909	欧洲 DIRECTIVE 2008/121/EC	日本 JIS L 1030-2
羊毛、羊绒等动物纤维	略（见表11-11-8）	13.6	精梳18.25 粗梳17.00	15.0
蚕丝	11.0	11.0	11.00	12.0
棉	纱线 8.5 织物 8.0	本色纱线7.0 染色纱线8.0 丝光8.5	普通棉8.50 丝光棉10.50	8.5
亚麻	12.0	原料 12.0 8.75	12.00	12.0
苎麻	12.0	原料 7.6 洗净 7.8	漂白 8.50	12.0
大麻	12.0	12.0	12.00	12.0
黄麻	14.0	13.75	17.00	13.75
黏纤	13.0	11.0	13.00	11.0
莫代尔纤维	11.0			
铜氨纤维	13.0			
莱赛尔纤维	10.0			
醋酯纤维	7.0	6.5	9.00	6.5
三醋酯纤维	3.5	3.5	7.00	3.5
锦纶	4.5	4.5	短纤6.25 长丝5.75	4.5
腈纶	2.0	1.5	2.00	2.0
氨纶	1.3	1.3	1.50	1.0

（一）两组分混合物的测定

1. 通则

（1）设备。

①玻璃砂芯坩埚：容量为30~40mL，微孔直径为90~150μm的烧结式圆形过滤坩埚。坩埚应带有一个磨砂玻璃瓶塞或表面玻璃皿。

注：也可用其他能获得相同结果的仪器代替玻璃坩埚。

②抽滤装置。

③干燥器：装有变色硅胶。

④干燥烘箱：能保持温度为（105±3）℃。

⑤分析天平：精度0.0002g或以上。

⑥索氏萃取器：其容积（mL）是试样质量（g）的20倍，或其他能获得相同结果的仪器。

（2）取样和样品的预处理。

①取样。按 GB/T 10629—2009《纺织品　用于化学试验的实验室样品和试样的准备》规

定取实验室样品，使其具有代表性，并足以提供全部所需试样，每个试样至少1g。织物样品中可能包括不同组分的纱，在取样时需考虑到这一点。

②实验室样品预处理。将样品放在索氏萃取器内，用石油醚萃取1h，每小时至少循环6次。待样品中的石油醚挥发后，把样品浸入冷水中浸泡1h，再在（65±5）℃的水中浸泡1h。两种情况下浴比均为1：100，不时地搅拌溶液，挤干，抽滤或离心脱水，以除去样品中的多余水分，然后自然干燥样品。

如果用石油醚和水不能萃取掉非纤维物质，则需用适当方法去除，而且要求纤维组分无实质性改变。对某些未漂白的天然植物纤维（如黄麻、椰壳纤维），石油醚和水的常规预处理，并不能除去全部的天然非纤维物质；但即便如此也不再采用附加预处理，除非该样品含有不溶于石油醚和水的整理剂。

（3）试验步骤。

①通用程序。

a. 烘干。全部烘干操作在密闭的通风烘箱内进行，温度为（105±3）℃，时间一般不少于4h，但不超过16h。

注：试样烘至恒重。

b. 试样的烘干。将称量瓶和试样，连同放在旁边的瓶盖一起烘干。烘干后，盖好瓶盖，再从烘箱内取出并迅速移入干燥器内。

c. 坩埚与残留物的烘干。将过滤坩埚，连同放在旁边的瓶盖一起在烘箱内烘干。烘干后拧紧坩埚磨口瓶塞并迅速移入干燥器内。

d. 冷却。进行整个冷却操作直至完全冷却，任何情况下冷却时间不得少于2h，将干燥器放在天平旁边。

e. 称重。冷却后，从干燥器中取出称量瓶或坩埚，并在2min内称出质量，精确到0.0002g。

注：在干燥、冷却和称重操作中，不要用手直接接触坩埚、试样或残留物。

②步骤。从预处理过的实验室样品中取样，每个试样约1g。将纱线或者分散的布样切成10mm左右长。把称量瓶里的试样烘干，在干燥器内冷却，然后称重。再将此试样移到本标准有关条款所规定的玻璃器具中，立即将称量瓶再次称重，从差值中求出该试样的干燥质量。

按照本标准适当部分的规定完成实验步骤，并用显微镜观察残留物，检查是否已将可溶纤维完全去除。

（4）结果的计算和表示。

①以净干质量为基础的计算方法见下式：

$$P = \frac{100m_1 d}{m_0}$$

式中：P——不溶组分净干质量分数，%；

　　　m_0——试样的干燥质量；

　　　m_1——残留物的干燥质量；

　　　d——不溶组分的质量变化修正系数。各种纤维适用的d值，在本标准的相应部分中给出。

② 以净干质量为基础结合公定回潮率的计算方法见下式：

$$P_M = \frac{100P(1+0.01a_2)}{P(1+0.01a_2)+(100-P)(1+0.01a_1)}$$

式中：P_M——结合公定回潮率的不溶组分百分率，%；

　　　P——净干不溶组分百分率，%；

　　　a_1——可溶组分的公定回潮率，%；

　　　a_2——不溶组分的公定回潮率，%。

③以净干质量为基础，结合公定回潮率以及预处理中非纤维物质和纤维物质的损失率的计算方法见下式：

$$P_A = \frac{100P[1+0.01(a_2+b_2)]}{P[1+0.01(a_2+b_2)]+(100-P)[1+0.01(a_1+b_1)]}$$

式中：P_A——混合物中净干不溶组分结合公定回潮率及非纤维物质去除率的百分率，%；

　　　P——净干不溶组分百分率，%；

　　　a_1——可溶组分的公定回潮率，%；

　　　a_2——不溶组分的公定回潮率，%；

　　　b_1——预处理中可溶纤维物质的损失率，和/或可溶组分中非纤维物质的去除率，%；

　　　b_2——预处理中不溶纤维物质的损失率，和/或不溶组分中非纤维物质的去除率，%。

第二种组分的百分率（P_{2A}）等于$100-P_A$。

采用某种特殊预处理时，则要测出两种组分在这种特殊预处理中的b_1和b_2值。如若可能，可以通过提供每一种组分的纯净纤维进行特殊预处理来测得。除含有的天然伴生物质或制造过程产生的物质外，纯净纤维不应有非纤维物质，这些物质通常是以漂白的或未经漂白的状态存在的，这些物质在待分析材料中可以找到。

2. **国家标准和国际标准纺织品两组分混合物定量分析方法**

表11-11-10~表11-11-29给出了部分两组分混合物定量分析所用主要试剂、溶解温度及时间、非溶解组分的修正系数d值。这些方法来自 GB/T 2910-2009，也是ISO 1833:2006规定的方法。

表11-11-10　醋酯纤维与某些其他纤维的混合物（丙酮法）

混　合　物	溶解试剂	溶解温度、时间	溶解后状态	残留物d值
醋酯纤维			溶解	
动物毛，绒 蚕丝 棉 麻 铜氨纤维，黏胶纤维 莫代尔纤维 锦纶 涤纶 腈纶	100%丙酮	室温 1h	残留	均为1.00

表11-11-11　某些蛋白质纤维与某些其他纤维的混合物（次氯酸盐法）

混合物	溶解试剂	溶解温度、时间	溶解后状态	残留物d值
动物毛，绒 蚕丝	次氯酸钠溶液 [（1.0±0.1）mol/L]	室温 40min	溶解	原棉1.03 棉、黏胶纤维、莫代尔纤维1.01 其余1.00
棉 铜氨纤维，黏胶纤维 莫代尔纤维 腈纶 含氯纤维 锦纶 涤纶 丙纶 弹性纤维			残留	

表11-11-12　黏胶纤维、铜氨纤维或莫代尔纤维与棉的混合物（锌酸钠法）

混合物	溶解试剂	溶解温度、时间	溶解后状态	残留物d值
黏胶纤维，铜氨纤维，莫代尔纤维	锌酸钠溶液	室温 （20±1）min	溶解	棉1.02
棉			残留	

表11-11-13　黏胶纤维、某些铜氨纤维、莫代尔纤维或莱赛尔纤维与棉的混合物（甲酸/氯化锌法）

混合物	溶解试剂	溶解温度、时间	溶解后状态	残留物d值
黏胶纤维，铜氨纤维，莫代尔纤维，莱赛尔纤维	甲酸/氯化锌	40℃，2.5h 或 70℃，20min	溶解	40℃时棉1.02 70℃时棉1.03
棉			残留	

表11-11-14　聚酰胺纤维与某些其他纤维的混合物（甲酸法）

混合物	溶解试剂	溶解温度、时间	溶解后状态	残留物d值
锦纶	甲酸溶液（质量分数80%）	室温 15min	溶解	均为1.00
棉 铜氨纤维，黏胶纤维，莫代尔纤维 涤纶 丙纶 含氯纤维 腈纶 动物毛、绒（含量不超过25%时）			残留	

表11-11-15 醋酯纤维与三醋酯纤维混合物（丙酮、苯甲醇法）

混 合 物	溶解试剂	溶解温度、时间	溶解后状态	残留物d值
醋酯纤维	丙酮溶液（体积分数70%）	室温 1h	溶解	三醋酯纤维1.01
三醋酯纤维			残留	
醋酯纤维	苯甲醇	(52±2)℃ (20±1) min	溶解	三醋酯纤维1.00
三醋酯纤维			残留	

表11-11-16 三醋酯纤维或聚乳酸纤维与某些其他纤维的混合物（二氯甲烷法）

混 合 物	溶解试剂	溶解温度、时间	溶解后状态	残留物d值
三醋酯纤维，聚乳酸纤维	二氯甲烷	室温 30min	溶解	涤纶1.01 其余1.00
羊毛 棉 铜氨纤维，黏胶纤维，莫代尔纤维 锦纶 涤纶 腈纶			残留	注：如三醋酯纤维不完全溶解，则三醋酯纤维的百分含量用d值1.02修正，按照总量为100计算得出其他纤维的百分含量

表11-11-17 纤维素纤维与聚酯纤维的混合物（硫酸法）

混 合 物	溶解试剂	溶解温度、时间	溶解后状态	残留物d值
天然纤维丝纤维 再生纤维素纤维	硫酸（质量分数75%）	(50±5)℃ 1h	溶解	涤纶1.00
涤纶			残留	

表11-11-18 聚丙烯腈纤维、某些改性聚丙烯腈纤维、某些含氯纤维或

某些弹性纤维与某些其他纤维的混合物（二甲基甲酰胺法）

混 合 物	溶解试剂	溶解温度、时间	溶解后状态	残留物d值
腈纶，改性腈纶 含氯纤维 弹性纤维	二甲基甲酰胺	90~55℃ 1h	溶解	锦纶1.01 棉1.01 动物毛、绒1.01 黏胶纤维、铜氨纤维、莫代尔纤维1.01 涤纶1.01
动物毛、绒 棉 黏胶纤维，铜氨纤维，莫代尔纤维 锦纶 涤纶			残留	

表11-11-19 某些含氯纤维与某些其他纤维的混合物（二硫化碳/丙酮法）

混合物	溶解试剂	溶解温度、时间	溶解后状态	残留物d值
含氯纤维			溶解	
动物毛、绒 蚕丝 棉 黏胶纤维，铜氨纤维，莫代尔纤维 锦纶 涤纶 腈纶	二硫化碳/丙酮的共沸混合物	室温 20min	残留	均为1.00

表11-11-20 醋酯纤维与某些含氯纤维的混合物（冰乙酸法）

混合物	溶解试剂	溶解温度、时间	溶解后状态	残留物d值
醋酯纤维	冰乙酸	室温 20min	溶解	含氯纤维1.00
含氯纤维			残留	

表11-11-21 聚丙烯纤维与某些其他纤维的混合物（二甲苯法）

混合物	溶解试剂	溶解温度、时间	溶解后状态	残留物d值
丙纶			溶解	
动物毛、绒 蚕丝 棉 黏胶纤维，铜氨纤维，莫代尔纤维 醋酸纤维、三醋酸纤维 锦纶 涤纶 腈纶	二甲苯	100℃ 3min	残留	均为1.00

表11-11-22 含氯纤维（氯乙烯均聚物）与某些其他纤维的混合物（硫酸法）

混合物	溶解试剂	溶解温度、时间	溶解后状态	残留物d值
含氯纤维			溶解	
棉 黏胶纤维，铜氨纤维，莫代尔纤维 醋酸纤维、三醋酸纤维 锦纶 涤纶 腈纶，改性腈纶	浓硫酸 （ρ=1.84g/mL）	室温 10min	残留	均为1.00

表11-11-23 蚕丝与羊毛或其他动物毛纤维的混合物（硫酸法）

混合物	溶解试剂	溶解温度、时间	溶解后状态	残留物d值
蚕丝	硫酸溶液（质量分数75%）	室温 1h	溶解	羊毛、其他动物毛0.985
羊毛、其他动物毛			残留	
蚕丝	硫酸溶液（质量分数75%）	40~45℃ 45min	溶解	羊绒1.05
羊绒			残留	

表11-11-24 聚氨酯弹性纤维与某些其他纤维的混合物（二甲基乙酰胺法）

混 合 物	溶解试剂	溶解温度、时间	溶解后状态	残留物d值
氨纶			溶解	
棉 黏胶纤维，铜氨纤维，莫代尔纤维，莱赛尔纤维 锦纶 涤纶 蚕丝 羊毛	二甲基乙酰胺	60℃ 20min	残留	涤纶1.01 其他1.00

表11-11-25 含氯纤维、某些改性聚丙烯腈纤维、某些弹性纤维、聚酯纤维、三醋酯纤维
与某些其他纤维的混合物（环己酮法）

混 合 物	溶解试剂	溶解温度、时间	溶解后状态	残留物d值
醋酯纤维，三醋酯纤维 含氯纤维 改性腈纶 弹性纤维	环己酮 （沸点156℃）	环己酮加热至沸腾萃取60min（循环至少12次）	溶解	蚕丝1.01 腈纶0.98 其余1.00
动物毛、绒 蚕丝 棉 黏胶纤维，铜氨纤维，莫代尔纤维 锦纶 腈纶			残留	

表11-11-26 黏胶纤维、某些铜氨纤维、莫代尔纤维或莱赛尔纤维与亚麻、苎麻的混合物（甲酸/氯化锌法）

混 合 物	溶解试剂	溶解温度、时间	溶解后状态	残留物d值
黏胶纤维，铜氨纤维，莫代尔纤维，莱赛尔纤维	甲酸/氯化锌溶液	（40±2）℃，2.5h 或（70±2）℃， （20±1）min	溶解	亚麻1.07 苎麻1.00
亚麻，苎麻			残留	

表11-11-27 聚乙烯纤维与聚丙烯纤维的混合物（环己酮法）

混 合 物	溶解试剂	溶解温度、时间	溶解后状态	残留物d值
乙纶	环己酮 （沸点156℃）	50~60℃保持5min，然后升温至 （145±2）℃放置10min	溶解	丙纶1.00
丙纶			残留	

表11-11-28　聚酯纤维与某些其他纤维的混合物（苯酚/四氯乙烷法）

混　合　物	溶解试剂	溶解温度、时间	溶解后状态	残留物d值
涤纶	苯酚/四氯乙烷混合液（质量分数6∶4）	（40±5）℃，10min	溶解	腈纶1.01其他1.00
腈纶，改性腈纶丙纶芳纶			残留	

表11-11-29　大豆蛋白复合纤维与某些其他纤维的混合物

混　合　物	溶解试剂	溶解温度、时间	溶解后状态	残留物d值
大豆蛋白复合纤维	1mol/L次氯酸钠溶液；盐酸溶液（质量分数20%）	次氯酸钠：室温，40min；盐酸：（25±2）℃，30min	溶解	棉1.04黏胶纤维、莫代尔纤维1.01腈纶、涤纶1.00
棉黏胶纤维，莫代尔纤维腈纶涤纶			残留	
大豆蛋白复合纤维	二甲基甲酰胺（沸点152℃~154℃）	90~95℃，1h	残留	大豆蛋白复合纤维1.01
腈纶涤纶			溶解	
大豆蛋白复合纤维	冰乙酸	100℃，20min	残留	大豆蛋白复合纤维1.02
锦纶			溶解	
大豆蛋白复合纤维	丙酮	室温，1h	残留	大豆蛋白复合纤维1.00
醋酯纤维			溶解	
大豆蛋白复合纤维	二氯甲烷	室温，30min	残留	大豆蛋白复合纤维1.00
三醋酯纤维			溶解	
大豆蛋白复合纤维	1mol/L次氯酸钠溶液	室温，40min	残留	未漂白大豆蛋白复合纤维1.29漂白大豆蛋白复合纤维1.27注：d值与大豆蛋白复合纤维中的蛋白质含量有关：未漂纤维含蛋白质22.48%漂白纤维含蛋白质21.56%
动物毛绒蚕丝			溶解	
大豆蛋白复合纤维	氢氧化钠溶液（质量分数2.5%）	100℃，20min	残留	未漂白大豆蛋白复合纤维1.07漂白大豆蛋白复合纤维1.12
动物毛绒蚕丝			溶解	
大豆蛋白复合纤维	硝酸溶液（硝酸与水体积比5∶1）	23~25℃，20min	溶解	动物纤维1.04
动物毛绒蚕丝			残留	

3．AATCC规定的方法

表11-11-30是AATCC 20A—2010标准中列出的部分纤维两组分混合物定量分析所用试剂，其中横行中某一纤维和纵列中某一纤维垂直相交处显示的试剂可作为该两种成分混合物定量分析的溶剂，括号外的试剂能使纵列中的纤维溶解，而括号内的试剂则能使横行中的纤维溶解。

表11-11-30　纤维混和物化学分析方法

纤维	羊毛	桑蚕丝	弹性纤维	黏纤	涤纶	烯烃(Olefin)	锦纶	改性腈纶	毛发	棉、麻	腈纶
醋纤	1,4(5)	1(5)		1	1,4	1	1(2)		1(5)	1	1
腈纶	(5)	(3),(5)		(3)			(2),(3),(6)	(1)	(5)		
棉、麻	4(5)	(3),(5)	(7),(8)	(3)	4		(2),(3),(6)	(1)	(5)		
羊毛				5	5	5	(2)56	1(5)			
改性腈纶	1(5)	1(3),(5)		1(3)	1	1	1(2),(3),(6)				
锦纶	2,3(5),6	(5)	2**	2,6	2,3,6	2,6					
烯烃(Olefin)	(5)	(5)									
涤纶	(5)	(3),(4),(5)	(7),(8)	(3),(4)							
黏纤	3,4(5)	(5)	(7),(8)								
桑蚕丝	3,4										

注　1. 表中代号代表的含义为：1代表100%丙酮，2代表20%盐酸，3代表59.5%硫酸，4代表70%硫酸，5代表次氯酸钠，6代表90%甲酸，7代表二甲基甲酰胺，8代表二甲基乙酰胺。

2. **表示不适用于所有锦纶纤维。

表11-11-31是AATCC 20A-2010标准中列出的部分纤维在化学分析法所用试剂中的溶解性。

表11-11-31　纤维在化学分析法所用试剂中的溶解性

项目	100%乙酸	20%盐酸	59.5%硫酸	70%硫酸	次氯酸钠	90%甲酸	二甲基甲酰胺	二甲基乙酰胺
醋酯纤维	S	I	S	S	I	S	S	S
腈纶	I	I	I	I*	I	I	S	S
棉	I	I	SS	I	I	I	I	I
羊毛	I	I	I	I	S	I	I	I
麻	I	I	SS	S	I	I	I	I
改性腈纶	S或I*	I	I	I	I	I	PS	PS
锦纶	I	S	S	S	I	S	I	I
烯烃(Olefin)	I	I	I	I	I	I	I	I
涤纶	I	I	I	I	I	I	I	I

续表

项　目	100%乙酸	20%盐酸	59.5%硫酸	70%硫酸	次氯酸钠	90%甲酸	二甲基甲酰胺	二甲基乙酰胺
黏胶纤维	I	I	S	S	I	I	I	I
蚕丝	I	PS	S	S	S	PS	I	I
弹性纤维	I	I	PS	PS	I	I	S	S
羊毛	I	I	I	I	S	I	I	I

　　注　1. 表中代号代表的含义为：S代表溶解，PS代表部分溶解（方法不适用），SS代表微溶（可用，但需要修正系数），I代表不溶。

　　　　2. *表示不适用于所有改性腈纶纤维。

（二）三组分混合物的测定

　　纺织品通常含有不只两种纤维，多纤维混纺成为一种趋势。

　　通常，根据选择溶解混合物中不同的纤维成分确定三组分纤维混合物定量化学分析方法，有四种方案是可行的。

　　（1）取两个试样，第一个试样将组分（a）溶解，第二个试样将组分（b）溶解。分别对不溶残留物称重，分别根据溶解失重，算出每一个溶解组分的质量百分率。组分（c）的含量百分率可从差值中计算求得。

　　（2）取两个试样，第一个试样将组分（a）溶解，第二个试样将组分（a和b）两种纤维溶解，对第一个试样的不溶残留物称重，根据其溶解失重，可以计算出组分（a）的含量百分率。对第二个试样不溶残留物的称重，相当于组分（c）。第三个组分（b）含量百分率从差值中求得。

　　（3）取两个试样，将第一个试样中的组分（a和b）溶解，将第二个试样中的组分（b和c）溶解。各不溶残留物相当于组分（c）和组分（a），第三个组分（b）的含量百分率可以从差值中计算求得。

　　（4）只取一个试样，将其中一个组分溶解去除，然后将另外两种组分纤维组成的不溶残留物称重，从溶解失重计算出溶解组分的含量百分数。再将两种纤维的残留物中的一种去除，称出不溶的组分，根据溶解失重，可计算出第二种溶解组分的含量百分率。

　　如果可以选择，建议采用前三种方案中的一种。当采用化学分析方法时，应注意选择试剂，要求试剂仅能将要溶解的纤维去除，而保留下其他纤维。

　　从原理上说，用于分析三组分混合物的方法结合了两组分混合物的分析方法。

　　三组分以上的多组分混合物的分析方法可以参照三组分混合物分析的思路进行。

四、显微镜测定法

　　显微镜测定法是采用显微镜放大后辨别各类纤维，测量纤维直径或横截面面积，并计数各类纤维的根数，结合各类纤维的密度按一定公式计算纤维质量含量。

（一）羊毛和其他动物纤维混合物定量分析

由于羊毛和其他动物纤维纵向表面鳞片特征不同，因此可以在显微镜下区分并计数各自的根数；由于各种动物纤维的纤维横截面均近似圆形，因此可以通过测量它们各自的直径来计算各自的横截面面积，进而计算质量百分比。

1. 国家标准 GB/T 16988测试方法

（1）仪器与工具。

①投影显微镜，或数字化纤维检测系统（由光学显微镜、视频摄像头、带有图像获取、测量及数据处理功能软件的计算机组成）；

②楔形尺；

③哈氏切片器或双刀片；

④载玻片、盖玻片。

（2）试剂：液体石蜡。

（3）试样制备：取适量代表性样品，用哈氏切片器或双刀片切取0.4～0.6mm长的纤维片段，放在滴有液体石蜡的表面皿上，搅拌均匀，取适量置于载玻片上，盖上盖玻片。

（4）测量：用显微镜观察进入屏幕的各类纤维，根据纤维纵向表面鳞片的形态特征鉴别其类别，分别计数；同时测量各类纤维的直径。合计观察至少1500根纤维。

（5）计算：按下式计算每种纤维的质量百分比。

$$P_i = \frac{N_i(d_i^2 + S_i^2)\rho_i}{\sum[N_i(d_i^2 + S_i^2)\rho_i]} \times 100$$

式中：P_i——某组分纤维重量百分比，%；

N_i——某组分纤维的计数根数；

d_i——某组分纤维的平均直径，μm；

S_i——某组分纤维的平均直径标准差，μm；

ρ_i——某组分纤维的密度，g/cm^3。

常用动物纤维的密度见表11-11-32。

表11-11-32　常用动物纤维密度表

纤维种类	密度（g/cm³）	纤维种类	密度（g/cm³）
山羊绒	1.30	骆驼绒	1.31
兔毛	1.10	马海毛	1.32
绒毛	1.10	羊驼毛	1.32
粗毛	0.95	绵羊毛	1.31
牦牛绒	1.32	—	—

如果用数字化纤维检测系统测试，测试结果电脑自动计算。

2. 国际标准ISO 17751—2007、美国标准AATCC 20A—2010与中国标准的比较

ISO 17751—2007规定了两种方法，一种与我国标准基本一致，只是测试根数合计至少

1000 根，另外计算所用纤维密度不同，见表11-11-33。另一种是用电子扫描电镜（SEM）测试，测试原理相同，只是纤维图像更清晰，电镜的成像原理使其尤适用于观察含有深色色素的天然有色纤维及染深色后又无法脱掉颜色的纤维的表面鳞片。

AATCC 20A—2010规定的方法与我国标准一致，只是测试根数合计至少1000 根，另外在纤维含量计算公式中不考虑各类纤维的直径标准差，所用纤维密度不同，见表11-11-33。

表11-11-33　不同标准选用动物纤维密度比较

纤维种类		密　度（g/cm³）		
		GB/T 16988—1997	ISO 17751—2007	AATCC 20A—2010
山羊绒		1.30	1.31	1.31
兔毛	绒毛	1.10	1.15	1.31
	粗毛	0.95		
骆驼绒		1.31	1.31	1.31
牦牛绒		1.32	1.31	1.31
马海毛		1.32	1.31	1.31
羊驼毛		1.32	1.30	1.31
绵羊毛		1.31	1.31	1.31

（二）棉麻混纺混合物定量分析

我国标准关于棉麻混合物定量分析有两种方法，一种是测量直径并计数根数，再进行计算。但由于棉和各类麻纤维的纤维横截面均不是圆形，因此计算结果根据棉与不同麻类纤维的混合物需要有不同的修正。另一种是分别测量棉麻纤维各自的横截面面积，再进行计算。

现将行业标准FZ/T 30003—2009《麻棉混纺产品定量分析方法　显微投影法》测试方法介绍如下：

（1）仪器与工具。

①投影显微镜，或数字化纤维检测系统；

②楔形尺、坐标纸；

③哈氏切片器或双刀片；

④载玻片、盖玻片。

（2）试剂：液体石蜡。

（3）试样制备：取适量代表性样品，用哈氏切片器或双刀片切取0.4～0.6mm长的纤维片段，放在滴有液体石蜡的表面皿上，搅拌均匀，取适量置于载玻片上，盖上盖玻片。

取适量代表性样品用哈氏切片器制取足够薄的纤维横截面切片。

（4）测量。

①测量直径法。用显微镜观察进入屏幕的各类纤维，根据纤维纵向表面形态特征鉴别其

类别，分别计数，合计观察至少1000根纤维；同时测量各类纤维的直径，每类纤维测量至少200根。

②测量横截面面积法。如使用投影显微镜，在投影平面内放一张约30cm×30cm的坐标纸，使用削尖的铅笔将纤维图像描在图纸上，直至每种被描过的纤维均超过100根停止。通过计算坐标纸上小方格的个数计算每种纤维的横截面面积。

如使用数字化纤维检测系统，选择图像分析软件中正确的标尺和图像采集功能。调节显微镜焦距，使显示器上的图像清晰，用视频摄像头采集图像。利用鼠标完成图像冻结、面积测量等程序，将横截面面积测量结果储存于图像分析软件系统。如此测量多幅图像，检测系统软件自动计算每种纤维的横截面面积平均值。

另外，各类纤维的计数方法同测量直径法，合计观察至少1000根纤维。

（5）计算：按下列各式计算各种纤维的质量百分含量。

测量直径法计算公式：

$$X_1 = n_1 d_1^2 \rho_1 / (n_1 d_1^2 \rho_1 + n_2 d_2^2 \rho_2) \times 100$$

$$R = X_1$$

$$H = 1.3402X_1 - 0.003\,4X_1^2$$

$$F = 1.373\,1X_1 - 0.003\,7X_1^2$$

$$X_2 = 100 - A$$

式中：X_1——麻纤维的计算重量百分含量，%；

　　　n_1——麻纤维的折算根数，根；

　　　n_2——棉纤维的折算根数，根；

　　　d_1——麻纤维的平均直径，μm；

　　　d_2——棉纤维的平均直径，μm；

　　　ρ_1——麻纤维的密度，g/cm³；

　　　ρ_2——棉纤维的密度，g/cm³；

　　　R——苎麻纤维的重量百分含量（净干含量），%；

　　　H——大麻纤维的重量百分含量（净干含量），%；

　　　F——亚麻纤维的重量百分含量（净干含量），%；

　　　X_2——棉纤维的重量百分含量（净干含量），%；

　　　A——麻纤维的重量百分含量（净干含量）（苎麻$A=R$，大麻$A=H$，亚麻$A=F$），%。

测量横截面面积法计算公式：

$$X_1 = n_1 S_1 \rho_1 / (n_1 S_1 \rho_1 + n_2 S_2 \rho_2) \times 100$$

$$X_2 = 100 - X_1$$

式中：S_1——放大500倍麻纤维的横截面积，mm²；

　　　S_2——放大500倍棉纤维的横截面积，mm²。

各种纤维的密度见表11-11-34。

表11-11-34 棉、苎麻、亚麻大麻纤维密度

纤维名称	密度值（g/cm³）	纤维名称	密度值（g/cm³）
棉	1.54	亚麻	1.50
苎麻	1.51	大麻	1.48

第十二章 水质分析

第一节 锅炉水分析

一、锅炉水质标准（表11-12-1~表11-12-3）

表11-12-1 立式水管锅炉、立式锅壳锅炉、卧式内燃等燃煤锅炉的水质标准

项目		给水		锅水	
		锅内加药处理	锅外化学处理	锅内加药处理	锅外化学处理
悬浮物（mg/L）		≤20	≤5	—	—
总硬度	（mmol/L）	≤1.75	≤0.015	—	—
总碱度	（mmol/L）	—	—	5~10	≤11
pH值（25℃）		≥7	≥7	10~12	10~12
溶解固形物（mg/L）		—	—	<5000	<5000

表11-12-2 水管锅炉、水火管组合锅炉水质标准

项目		给水			锅水		
工作压力	MPa	≤0.98	≥0.98 ≤1.57	>1.57 ≤2.45	≤0.98	>0.98 ≤1.57	>1.57 ≤2.45
	kgf/cm²	(≤10)	(>10 ≤16)	(>16 ≤25)	(≤10)	(>10 ≤16)	(>16 ≤25)
悬浮物（mg/L）		≤5	≤5	≤5	—	—	—
总硬度（mmol/L）		≤0.015	≤0.015	≤0.015	—	—	—
总碱度（mmol/L）	无过热器	—	—	—	≤11	≤10	≤7
	有过热器	—	—	—	—	≤7	≤6
pH值（25℃）		≥7	≥7	≥7	10~12	10~12	10~12
含油量（mg/L）		≤2	≤2	≤2	—	—	—
溶解氧（mg/L）		≤0.1	≤0.1	≤0.05	—	—	—
溶解固形物（mg/L）	无过热器	—	—	—	<4000	<3500	<3000
	有过热器	—	—	—	—	<3000	<2500
SO_3^{2-}（mg/L）		—	—	—	—	10~14	10~14
PO_4^{3-}（mg/L）		—	—	—	—	—	10~30

表11-12-3 热水锅炉水质标准

项目	热水温度			
	≤95℃ 采用锅内加药处理		>95℃ 采用锅外化学处理	
	补给水	循环水	补给水	循环水
悬浮物（mg/L）	≤20	—	≤5	—
总硬度（mmol/L）	≤1.75	—	≤0.3	—
pH值（25℃）	≥7	—	≥7	8.5~10
溶解氧（mg/L）	—	—	≤0.1	≤0.1
含油量（mg/L）	—	—	≤0.2	≤0.2

二、水质分析方法

（一）悬浮固形物的测定

水样中能够用某种过滤材料分离出来的固形物，称为悬浮固形物。不同过滤材料可以获得不同的测定结果。本法系采用G_4玻璃过滤器作为过滤材料。

1. 仪器

玻璃过滤器：孔径为8~4 μm。

电动真空泵或水力抽气器。

吸滤瓶：容积2L。

1：1硝酸溶液。

2. 测定方法

（1）采用G_4玻璃过滤器时，先用硝酸洗涤该过滤器，再用蒸馏水洗净，然后置于105~110℃烘箱中烘干1h，取出在干燥器内冷却至室温后，称量至恒重。

（2）将玻璃过滤器安放在吸滤瓶上，启动真空泵。

（3）将水样摇匀后按表11-12-4规定准确量取水样体积，徐徐注入玻璃过滤器中，最初滤出的200mL滤液，应重复过滤一次，滤液留作全分析用。

表11-12-4 测定悬浮体含量时应取水样的体积

悬浮固形物含量（mg/L）	水样体积（mL）	备注
>50	500	直接测定
20~50	1000	直接测定
<20	—	用全固形物和溶解固形物之差求得

（4）过滤完毕后，用少量蒸馏水将量取水样的容器和玻璃过滤器清洗数次。然后将玻璃过滤器移至105~110℃烘箱中烘干1h，取出置于干燥器内，冷却至室温称重。

（5）再在相同的温度下烘干30min，冷却称重，如此反复操作直至恒重。

水样中悬浮固形物含量X_G（mg/L）按下式计算：

$$X_G = \frac{G_1 - G_2}{V} \times 1000$$

式中：　G_1——玻璃过滤器与悬浮固形物的总重量，mg；

　　　　G_2——玻璃过滤器的重量，mg；

　　　　V——水样的体积，mL。

3．说明

（1）过滤后的水样应清晰透明，否则应重新过滤。

（2）本法也可采用玻璃漏斗和无灰致密过滤纸过滤，由于滤纸吸水性大，应在盖紧盖的称量瓶中称量。

（二）溶解固形物的测定

溶解固形物是指分离悬浮固形物后的滤液经蒸发、干燥所得的残渣。测定固形物有两种方法：第一种方法适用于一般水样；第二种方法适用于锅水水样。

1．仪器和试剂

水浴锅或400mL烧杯（测定时应注意水位，以免沾污蒸发皿而引起误差）。

瓷蒸发皿：100～200mL。

碳酸钠标准溶液：1mL溶液含10mgNa$_2$CO$_3$。

硫酸标准溶液 $[c(\frac{1}{2}H_2SO_4)=0.1mol/L]$。

2．测定方法

（1）第一种方法：

①取一定量已过滤的澄清水样，逐次注入已经灼烧至恒重的蒸发皿中，在水浴锅上蒸干。

②将已蒸干的样品连同蒸发皿移至105～110℃的烘箱内烘1h。

③取出蒸发皿放在干燥器内冷却至室温后，迅速称量。

④再在相同条件下烘30min，冷却后再次称重，如此反复操作直至恒重。

溶解固形物含量R_0（mg/L）按下式计算：

$$R_0 = \frac{G_1 - G_2}{V} \times 100$$

式中：　G_1——蒸干残留物与蒸发皿的总重量，mg；

　　　　G_2——蒸发皿的重量，mg；

　　　　V——水样的体积，mL。

（2）第二种方法：取一定量已过滤的澄清锅炉水样，加入与其全碱度相当量的硫酸标准溶液，使水样中和后，将此水样逐次注入已经灼烧至恒重的蒸发皿中，在水浴锅上蒸干。

以下操作与第一种方法的①、②、③相同。

溶解固形物含量R_0（mg/L），按下式计算：

$$R_0 = \frac{G_1 - G_2}{V} \times 100 + 1.06\left[OH^-\right] + 0.517\left[CO_3^{2-}\right] - 0.1 \times b \times 49$$

式中：$\left[OH^-\right]$——水样中氢氧化合物的含量（按计算得出，方法见"碱度的测定"），mg/L；

1.06——$\left[OH^-\right]$被中和后变成H_2O而损失的换算系数；

$\left[CO_3^{2-}\right]$——水样中碳酸盐碱度的含量（按计算得出，见"碱度的测定"），mg/L；

0.517——$\left[CO_3^{-2}\right]$变成$\left[HCO_3^-\right]$后在蒸发过程中损失的换算系数；

b——每升水样所加标准硫酸溶液的体积，mL；

49——$\frac{1}{2}H_2SO_4$的摩尔质量。

（三）碱度的测定

碱度分为酚酞碱度和甲基橙碱度（即总碱度）两种。酚酞碱度的滴定终点pH值约为8.3。甲基橙碱度的滴定终点pH值约为4.2。总碱度宜以甲基红-亚甲基蓝作指示剂，终点pH值约为5.0。本法共有两种测定方法。

第一种方法适用于碱度大的水样，如锅水、化学净水、冷却水等。

第二种方法适用于碱度较小的水样，例如凝结水、回水、除盐水等。

1. 试剂

（1）1%酚酞指示剂（乙醇溶液）。

（2）0.1%甲基橙指示剂（M/V）。

（3）甲基红-亚甲基蓝指示剂：准确称取0.125g甲基红和0.085g亚甲基蓝，在研钵中研磨均匀后，溶于100mL 95%乙醇中。

（4）硫酸标准溶液 $[c(\frac{1}{2}H_2SO_4)=0.1mol/L，0.05mol/L，0.01mol/L]$。

2. 测定方法

（1）第一种方法：

①量取100mL透明水样注入锥形瓶中。

②加入2～3滴1%酚酞指示液，若此时溶液显红色，则用0.05mol/L或0.1mol/L硫酸标准溶液滴定至恰好无色，记录耗酸量a。

③在上述锥形瓶中，再加入2滴甲基橙指示液，继续用硫酸标准溶液滴定至溶液呈橙红色为止，记录第二次耗酸量b（不包括a）。

（2）第二种方法：

①量取100mL透明水样，置于锥形瓶中。

②加入2～3滴酚酞指示液，此时溶液若显红色，则用微量滴定管以0.01mol/L硫酸标准溶液滴定至恰好无色，记录耗酸量。

③再加入2滴甲基红-亚甲基蓝指示剂，用硫酸标准液滴定，记录耗酸量b。

按上述两种方法测定的酚酞液碱度P和总碱度A按下式计算：

$$P(\text{mmol/L}) = \frac{C_{\text{H}_2\text{SO}_4} \times a}{\text{水样体积(mL)}} \times 1000$$

$$A(\text{mmol/L}) = \frac{C_{\text{H}_2\text{SO}_4} \times (a+b)}{\text{水样体积(mL)}} \times 1000$$

式中：$C_{\text{H}_2\text{SO}_4}$——硫酸标准溶液浓度，mol/L；

a，b——滴定碱度耗用硫酸溶液的体积，mL。

（四）氯离子的测定

本法适于测定氯化物含量为5～100mg/L的水样。

1. 试剂

（1）氯化钠标准溶液（1mL=1mgCl⁻）。

（2）硝酸银标准溶液（1mL=1mgCl⁻）。

（3）10%（M/V）铬酸钾指示剂。

（4）1%酚酞指示剂（乙醇溶液）。

（5）硫酸溶液[$c(\frac{1}{2}\text{H}_2\text{SO}_4) = 0.1\text{mol/L}$]

（6）30%过氧化氢溶液。

2. 测定方法

（1）量取100mL水样于锥形瓶中，加2～3滴1%酚酞指示液，若显红色，即用硫酸溶液中和至无色；若不显红色，则用氢氧化钠溶液中和至微红色，然后以硫酸溶液滴回至无色。加入1mL 1%铬酸钾指示液。

（2）用硝酸银标准溶液滴定至橙色，记录硝酸银标准溶液的消耗量a。同时做空白试验，记录硝酸银标准溶液的消耗量b。

氯化物Cl⁻（mg/L）按下式计算：

$$\text{Cl}^- = \frac{(a-b) \times 1.0}{V} \times 1000$$

a——滴定水样消耗硝酸银溶液的体积，mL；

b——滴定空白消耗硝酸银溶液的体积，mL；

1.0——硝酸银标准溶液的滴定度，1mL=1mgCl⁻；

V——水样的体积，mL。

3. 说明

（1）当水样中氯离子含量大于100mg/L时，必须按表11-12-5规定的量取样，并用蒸馏水稀释至100mL后测定。

表11-12-5　氯化物含量和取水样体积

水样中氯离子含量 （mg/L）	5 ~ 100	101 ~ 200	201 ~ 400	401 ~ 1000
取水样量（mL）	100	50	25	10

（2）当水样中硫离子S^{2-}含量大于5mg/L，铁、铝大于3mg/L或颜色太深时，应事先用过氧化氢进行脱色处理（每升水加20mL），并沸煮10min后过滤；如颜色仍不消失，可于100mL水中加1g碳酸钠蒸干，将干涸物用蒸馏水溶解后进行测定。

（3）如水样中氯离子含量小于5mg/L，可将硝酸银溶液稀释为1mL=0.5mg氯离子后使用。所用铬酸钾浓度也应减少一半。

（4）为便于观察终点，可另取100mL水样加1mL铬酸钾指示液作对照。

（5）浑浊水样应事先进行过滤。

（五）硬度的测定

硬度的测定采用络合滴定法，是通过络合反应进行容量分析。测定水中的硬度Ca^{2+}、Mg^{2+}离子含量时，常用乙二胺四乙酸（简称EDTA）作络合剂。

在络合滴定中，等当点的显示常用金属指示剂。金属指示剂也是一种络合剂，它与金属离子生成的络合物的颜色不同于它本身的颜色，而且要求它与金属离子形成的络合物的稳定性略低于EDTA和金属形成的络合物。所以，滴定前指示剂先与金属离子络合，溶液显出该络合物的颜色。滴定时，EDTA先与游离的金属发生络合反应，到达等当点时，原来与指示剂络合的金属离子，全部与EDTA形成络合物，溶液中的指示剂就恢复其本身的颜色。例如测定水的硬度时，常用铬黑T（简式为HIn^{2-}），将它投加到含有Mg^{2+}离子的水中，便发生络合反应，铬黑T由蓝色变成酒红色。

$$Mg^{2+} + HIn^{2-} \rightleftharpoons MgIn^- + H^+$$
（蓝色）　　　（酒红色）

在用EDTA（简式为H_2Y^{2-}）滴定过程中：

$$Mg^{2+} + H_2Y^{2-} \rightleftharpoons MgY^{2-} + 2H^+$$

由于MgY^{2-}的稳定性大于$MgIn^-$的稳定性，使反应式的平衡向左移动。当滴定至终点时，$MgIn^-$完全解离为HIn^{2-}，溶液由$MgIn^-$的酒红色逐渐恢复铬黑T本身的蓝色。

$$MgIn^- + H_2Y^{2-} \rightleftharpoons MgY^{2-} + HIn^{2-} + H^+$$
（酒红色）　　　（蓝色）

EDTA是个中强酸，溶液的pH值会影响络合物的稳定性。所以在用EDTA滴定测硬度时，需用缓冲溶液来控制pH值为10.0 ± 0.1。

测定水硬度时，为提高终点的灵敏度，可在缓冲溶液中加入适当的EDTA-镁二钠盐Na_2MgY。

1．试剂

（1）0.02mol/L EDTA标准溶液。

（2）0.001mol/L EDTA标准溶液。

（3）氨–氯化铵缓冲溶液：称取20g氯化铵溶于500mL除盐水中，加入150mL浓氨水（相对密度0.90）以及5.0g乙二胺四乙酸镁二钠盐Na₂MgY，用除盐水稀释至1L。

（4）0.5%铬黑T指示剂（乙醇溶液）。

2. **测定方法**

（1）第一种方法（水样硬度 > 0.25mmol/L）：

①按表11-12-6量取适量透明水样，注于250mL锥形瓶中，用水稀释至100mL。

②加入5mL氨–氯化铵缓冲溶液和2滴0.5%铬黑T指示液，在不断摇动下用0.02mol/L EDTA标准溶液滴定至溶液由酒红色转变为蓝色即为终点，记录EDTA标准溶液所消耗的体积。

表11-12-6 不同硬度水样需取水样体积

水样硬度（mmol/L）	需取水样体积（mL）
0.25 ~ 2.5	100
2.5 ~ 5.0	50
5.0 ~ 10.0	25

硬度 H（mmol/L）按下式计算：

$$H = \frac{C_{EDTA} \times a}{V} \times 1000$$

式中：C_{EDTA}——EDTA标准溶液的浓度，mol/L；

　　　a——滴定水样时消耗EDTA标准溶液的体积，mL；

　　　V——水样体积，mL。

（2）第二种方法（水样硬度 < 0.25mmol/L）：

①取100mL透明水样注于250mL锥形瓶中。

②加3mL氨–氯化铵缓冲溶液及2滴0.5%铬黑T指示液。

③在不断摇动下，用0.001mol/L EDTA标准溶液滴定至蓝色即为终点。记录EDTA标准溶液所消耗的体积。

硬度 H（mmol/L）按下式计算：

$$H = \frac{C_{EDTA} \times a}{V} \times 1000$$

式中各代号含义同第一种方法。

3. **说明**

（1）若水样的酸性或碱性较高时，应先用0.1mol/L氢氧化钠或0.1mol/L盐酸中和后再加缓冲溶液，否则缓冲溶液加入后，有可能使水样pH值不能保持在10.0±0.1范围内。

（2）对碳酸盐硬度较高的水样，在加入缓冲溶液前，应先稀释或先加入所需EDTA标准溶液量的80%~90%（记在所消耗的体积内），否则在加入缓冲溶液后，可能析出碳酸盐沉淀，使滴定终点拖后。

（3）冬季水温较低时，络合反应速度较慢，容易造成滴定过量而产生误差。因此当温度较低时，应将水样预先加温至30～40℃后进行测定。

（4）如果在滴定过程中发现滴不到终点色，或指示剂加入后颜色呈灰紫色时，可能是Fe、Al、Cu或Mn等离子的干扰。遇此情况，可在加指示剂前，用0.2g硫脲和2mL三乙醇胺进行联合掩蔽，或先加入所需EDTA标准溶液量的80%～90%（记在所消耗的体积内），即可消除干扰。

（5）pH值10.0±0.1的缓冲溶液，除使用氨–氯化铵缓冲溶液外，还可用氨基乙醇配制的缓冲溶液（无味缓冲液）。配制方法：取400mL除盐水，加入55mL浓盐酸，然后将此溶液慢慢加入310mL氨基乙醇中，并同时搅拌，最后加入5.0g分析纯Na_2MgY，用除盐水稀释至1L。100mL水样中加入此缓冲溶液1.0mL，即可使pH值维持在10.0±0.1的范围内。

（6）指示剂除用铬黑T外，还可用表11–12–7所列的指示剂。

表11–12–7 指示剂名称和配置方法

指示剂名称	配 置 方 法
酸性铬蓝K+萘酚绿B（简称KB）	0.25g酸性铬蓝K和0.5g萘酚绿B与4.5g盐酸羟胺，在研钵中混匀后，加10mL氨-氯化铵缓冲溶液和140mL除盐水，待完全溶解后，以95%乙醇稀释至100mL
铬蓝SE	0.5g铬蓝SE，加10mL氨-氯化铵缓冲溶液，用除盐水稀释至100mL
依来铬蓝黑R	0.5g依来铬蓝黑R，加10mL氨-氯化铵缓冲溶液，用无水乙醇稀释至100mL

（7）测定前对所用Na_2MgY必须进行鉴定，以免对分析结果产生误差。鉴定方法：取一定量的Na_2MgY溶于超纯水中，按硬度测定其Mg^{2+}或EDTA是否等当量。根据分析结果精确地加入EDTA或Mg^{2+}，使溶液中EDTA和Mg^{2+}均无过剩量。如无Na_2MgY或Na_2MgY的质量不符合要求，可用4.716gEDTA二钠盐和$3.120gMgSO_4 \cdot 7H_2O$来代替$5.0gNa_2MgY$。配置好的缓冲溶液，按上述手续进行鉴定，并使EDTA和Mg^{2+}均无过剩量。

第二节 污水分析

污水的成分测定方法有一般的物理—化学分析法、比色分析法及各种检测仪器测定法、气相色谱法。

一、颜色

水的颜色可区分为真色和表色两种。真色是指去除浊度后的颜色。表色是指没有去除悬浮物的水所具有的颜色，包括溶解性物质及不溶解悬浮物所产生的颜色。工业废水的色度可根据需要测定真色或表色。测定颜色采用释稀倍数法。

（一）方法原理

工业废水色度包括色和度。色指颜色种类，度指颜色深浅。工业废水的颜色可用文字描述，采用稀释倍数表示深浅程度。将废水按某一稀释倍数，用水稀释到接近无色时，其稀释倍数，即表示该水样的色度。

（二）干扰及消除

如测定水样的真色，在分析前必须去除浊度，应放置澄清，取其上部清液，或用离心法去除悬浮物后测定。如测定水样的表色，待水样中的大颗粒悬浮物沉降后，取上部清液测定。测定时使用的仪器为50mL具塞比色管。

（三）方法步骤

（1）取100~150mL澄清水样置烧杯中，以白色瓷板为背景，观测并描述颜色的种类。

（2）取50mL水样置于50mL比色管中，管底衬一白瓷板，由上向下观察稀释后水样的颜色，并与蒸馏水相比较。如深则倾去一半，用蒸馏水稀释至刻度，再与蒸馏水相比反复多次，直至刚好看不出颜色，记录此时的稀释倍数为2^n，n代表稀释次数。

设原水样色度为x，如每次倾去一半用自来水（或蒸馏水色度为1）样稀释至刻度。

第一次稀释：$x \times \dfrac{1}{2}$

第二次稀释：$x \times \dfrac{1}{2} \times \dfrac{1}{2}$

……

第n次稀释：$x \times \left(\dfrac{1}{2}\right)^n$

稀释到n次后二者色度相同，则原水样色度为自来水或蒸馏水的2^n倍。

如废水颜色很深，可预先稀释若干倍后，再进行上述操作。总色度$= 2^n \times$稀释倍数。

二、pH值

pH值表示水的酸碱程度。pH值是水化学中常用的和最重要的检测项目之一，通常采用玻璃电极法和比色法测定。比色法简便，但受色度、浊度、胶体物质、氧化剂、还原剂及盐度的干扰。玻璃电极法基本上不受以上因素的干扰。但pH值在10以上时，产生钠差，读数偏低，需选用特制的低钠差玻璃电极或使用与水样的pH值相近的标准缓冲溶液，对仪器作校正。一般毛纺行业常用玻璃电极法。

（一）仪器

pH计：附有玻璃电极和甘汞电极或复合电极。

（二）试剂

用于校正仪器的标准缓冲溶液，按表11-12-8规定的数量称取试剂，溶于25℃水中，在容量瓶内定容至1000mL。水的电导率应低于2μS/cm，临用前煮沸数分钟，去除二氧化碳，冷却。取50mL冷却的水，加1滴饱和氯化钾溶液，如pH值在6～7之间即可用于配制各种标准缓冲溶液。

表11-12-8　pH标准溶液的配置

标准物质	PH值（25℃）	每1000mL水溶液中所含试剂的质量（25℃）
酒石酸氢钾（25℃，饱和）	3.557	$6.4gKHC_4H_4O_6$①
柠檬酸二氢钾	3.776	$11.41gKH_2C_6H_5O_7$
邻苯二甲酸氢钾	4.008	$10.2gKHC_8H_4O_4$
磷酸二氢钾+磷酸氢二钠	6.865	$3.338gKH_2PO_4$②$+3.533gNa_2HPO_4$②③
磷酸二氢钾+磷酸氢二钠	7.413	$1.179gKH_2PO_4$②$+4.302gNa_2HPO_4$②③
四硼酸钠	9.180	$3.80gNa_2B_4O_7 \cdot 10H_2O$
碳酸氢钠+碳酸钠	10.012	$2.92gNaHCO_3+2.640gNa_2CO_3$

①近似温度。

②在110～130℃烘干2h。

③用新沸煮过并冷却的无二氧化碳水。

（三）方法步骤

开机预热，将温度补偿拨至待测液温度。用标准缓冲溶液校正pH计。所选用的标准缓冲溶液，其pH值应与被测溶液相接近。一般用两点校正。先用pH值为6.86标准溶液定点，再视待测液酸碱性，酸性采用pH=4.008标准缓冲液定点，碱性采用pH=9.18标准缓冲液定点，改变斜率至所需标准pH值。要求第二定点测定值与第二个标准溶液pH值之差不大于0.1。

（四）注意事项

（1）玻璃电极在使用前应在蒸馏水中浸泡24h以上。用毕冲洗干净，浸泡在水中。

（2）测定时，玻璃电极的球泡应全部浸入溶液中，使它稍高于甘汞电极的陶瓷芯端，以免搅拌时碰破。

（3）玻璃电极的内电极与球泡之间，以及甘汞电极的内电极与陶瓷芯之间，不得存在气泡，以防断路。

（4）甘汞电极的饱和氯化钾液面必须高于汞体，并应有适量氯化钾晶体存在，以保证氯化钾溶液的饱和。

（5）为防止空气中二氧化碳溶入，或水样中二氧化碳逸失，测定前不宜提前打开水样瓶塞。

（6）玻璃电极球泡受污染时，可用稀盐酸溶解无机盐结垢，用丙酮除去油污（不能用无水乙醇）。按上述方法处理的电极，应在水中浸泡24h再使用。

（7）注意电极的出厂日期，存放时间过长的电极性能将变劣。

三、残渣

残渣分为总残渣、总可滤残渣和总不可滤残渣三种。总残渣是污水在一定温度下蒸发、烘干后剩留在器皿中的物质，包括总不可滤残渣（又称悬浮物）和总可滤残渣（也称溶解性总固体）。毛纺工业污水主要检测103～105℃烘干的总不可滤残渣。

悬浮物是指不溶于水而悬浮于水中，不能通过滤器的固体物质。当用滤纸法或石棉坩埚法测定时，由于滤孔大小对测定结果有很大影响，报告结果时应注明测定方法。石棉坩埚法通常用于测定含酸或碱浓度较高的水样的悬浮物。

烘干温度和时间对结果有重要影响。有机物挥发，吸着水、结晶水的变化和气体逸失造成减重，或由于氧化而增重。在103～105℃下烘干的残渣，保留结晶水或部分吸着水，有机物挥发逸出甚少。在（180±2）℃烘干时，残渣中的吸着水全部除去，可能保留某些结晶水，有机物挥发逸出，但不能完全分解，某些氯化物和硝酸盐可能损失。

下面介绍103～105℃烘干的总不可滤残渣的检测方法和原理。

（一）滤膜法

1. 方法原理

用滤膜过滤水样，经103～105℃烘干后，得到总不可滤残渣含量。

2. 仪器

（1）内径30～50mm的称量瓶。

（2）滤膜（孔径0.45μm）及相应的滤器。

3. 方法步骤

（1）将滤膜放在称量瓶中，打开瓶盖，每次在103～105℃烘干2h，取出，冷却后盖好瓶盖称重，直至恒重。

（2）分取除去悬浮物后振荡均匀的适量小样（使总不可滤残渣大于2.5mg），通过称至恒重的滤膜过滤。用蒸馏水冲洗残渣3～5次。如样品中含油脂，用10mL石油醚分两次淋洗残渣。

（3）取下滤膜，放入称量瓶内，在103～105℃烘箱中，打开瓶盖，每次烘2h取出，放冷后盖好瓶盖称重，直至恒重。

$$总不可滤残渣(mg/L) = \frac{(W_2 - W_1) \times 1000 \times 1000}{V}$$

式中：W_2——总不可滤残渣、滤膜及称量瓶总重，g；

$\qquad W_1$——滤膜及称量瓶重量，g；

$\qquad V$——水样体积，mL。

（二）滤纸法

方法原理、步骤和计算均与滤膜法相同。所不同的是采用中速定量滤纸，用前应先用蒸馏水洗滤纸，除去可溶性物质，再烘干至恒重。

（三）石棉坩埚法

1. *方法原理*

同滤膜法。

2. *仪器*

（1）多孔过滤坩埚（古氏坩埚），30mL及配套垫圈或过滤漏斗。

（2）500mL吸滤瓶。

3. *试剂*

石棉悬浮液，取3g左右酸洗石棉，浸泡在1L蒸馏水中，充分搅拌制成悬浮液。

4. *方法步骤*

（1）石棉坩埚的制备：将振荡均匀的石棉悬浮液倒入多孔过滤瓷坩埚内，缓缓抽滤，使底部铺上一层1.5mm厚的石棉层。此时，放入多孔瓷板，加入石棉悬浮液，抽滤，使瓷板上也铺上一层1.5mm厚的石棉层。用蒸馏水冲洗石棉层，直至抽滤液中无微小的石棉纤维为止。将铺好石棉的瓷坩埚放在103～105℃烘箱中，每次烘干1h。取出放入干燥器中冷却0.5h后称重，直至恒重。

（2）将水样适量（使总不可滤残渣量大于25mg），在抽滤下缓缓加入石棉坩埚内。抽滤完毕，用蒸馏水洗涤残渣多次。如水样含油脂，用10mL石油醚分两次淋洗坩埚内残渣。

（3）将坩埚放在103～105℃烘箱中，每次烘干1h，取出放入干燥器中冷却0.5h后称重，直至恒重。

$$总不可滤残渣(mg/L) = \frac{(W_2 - W_1) \times 1000 \times 1000}{V}$$

式中：W_2——总不可滤残渣和石棉坩埚总重，g；

W_1——石棉坩埚重，g；

V——水样体积，mL。

5. *注意事项*

（1）每一个多孔过滤瓷坩埚约需0.3g石棉，两层石棉厚度共3mm左右。

（2）黏度高的废水可加2～4倍蒸馏水稀释后过滤。

四、六价铬

（一）原理

在酸性溶液中，六价铬与二苯碳酰二肼反应，生成紫红色化合物，其最大吸收波长为540nm，摩尔吸光系数为4×10^4。

（二）干扰

含铁量大于1mg/L的水样显黄色。六价钼和汞也和显色剂反应生成有色化合物，但在本方法的显色酸度下反应不灵敏，钼和汞达200mg/L时不引起干扰。钒与显色剂作用所生成的黄色很不稳定，显色后10min可自行褪色，其含量高于4mg/L时会引起干扰。

氧化性及还原性物质，如ClO^-、Fe^{2+}、SO^{2-}、$S_2O_3^{2-}$等，以及水样有色或混浊时，对测定均有干扰，须进行预处理。

（三）方法的适用范围

适用于地面水和工业废水中六价铬的测定。当取样体积为50mL时，使用光程为30mm比色皿，方法的最小检出量为0.2μg铬，方法的最低检出浓度为0.004mg/L。如使用光程为10mm比色皿，测定上限浓度为1mg/L。

（四）仪器

分光光度计；10mm、30mm比色皿。

（五）试剂

（1）丙酮。

（2）1+1硫酸：将硫酸（相对密度1.84g/mL）缓缓加入到同体积水中，混匀。

（3）1+1磷酸：将磷酸（相对密度1.69g/mL）与等体积水混匀。

（4）0.2%（m/V）氢氧化钠溶液：1g氢氧化钠溶于500mL新煮沸放冷的蒸馏水中。

（5）氢氧化锌共沉淀剂：将硫酸锌溶液 [8g硫酸锌（$ZnSO_4 \cdot 7H_2O$）溶于水，并稀释至100mL]和2%（m/V）氢氧化钠溶液（2.4g氢氧化钠溶于新煮沸放冷的水中，稀释至120mL）混合。

（6）4%（m/V）高锰酸钾溶液：4g高锰酸钾在加热和搅拌下溶于水，稀释至100mL。

（7）铬标准贮备液：称取已于120℃干燥2h的重铬酸钾（优级纯）0.2829g，用水溶解，移入1000mL容量瓶中，用水稀释至标线，摇匀。每毫升溶液含0.100mg六价铬。

（8）铬标准溶液（Ⅰ）：准确吸取5.00mL铬标准贮备液，置于500mL容量瓶中，用水稀释至标线，摇匀。每毫升溶液含1.00μg六价铬，使用时当天配制。

（9）铬标准溶液（Ⅱ）：准确吸取25.00mL铬标准贮备液，置于500 m容量瓶中，用水稀释至标线，摇匀。每毫升溶液含5.00mg六价铬，使用时当天配制。

（10）20%（m/V）尿素溶液：20g尿素溶于水并稀释至100mL。

（11）2%（m/V）亚硝酸钠溶液：2g亚硝酸钠溶于水并稀释至100mL。

（12）显色剂（Ⅰ）：0.2g二苯碳酰二肼（$C_{13}H_{14}N_4O$）溶于50mL丙酮中，加水稀释至100mL，摇匀，贮于棕色瓶，并置于冰箱中保存。色变深后不能使用。

（13）显色剂（Ⅱ）：1g二苯碳酰二肼溶于50mL丙酮，加水稀释至100mL，摇匀，贮于棕色瓶，并置于冰箱中保存。色变深后不能使用。

（六）试验步骤

1．样品预处理

（1）样品中不含悬浮物，低色度的水可不经处理直接测定。

（2）色度校正：如水样有色但不太深时，则另取一份水样，在待测水样中加入各种试液进行同样操作时，以2mL丙酮代替显色剂，最后以此代替水作为参比来测定待测水样的吸光度。

（3）锌盐沉淀分离法：对混浊、色度较深的水样可用此法前处理：取适量水样（含Cr^{6+}少于100μg）置于150mL烧杯中，加水至50mL，滴加0.2%（m/V）氢氧化钠溶液，调节溶液pH值为7～8。在不断搅拌下，滴加氢氧化锌共沉淀剂至溶液pH值为8～9，将此溶液移入100mL容量瓶中，用水稀释至标线。用慢速滤纸干过滤，弃去10～20mL初滤液，取其中50.0mL滤液供测定。

（4）二价铁、亚硫酸盐、硫代硫酸盐等还原性物质的消除：取适量水样（含六价铬少于50μg）置于50mL比色管中，用水稀释至标线，加入4mL显色剂（Ⅱ），混匀。放置5min后，加入1+1硫酸溶液1mL，摇匀。5～10min后，于540nm波长处，用10mm或30mm光程的比色皿，以水作参比，测定吸光度。扣除空白试验吸收光度后，从校准曲线查得六价铬含量。用同法做校正曲线。

（5）次氯酸盐等氧化性物质的消除：取适量水样（含六价铬少于50μg）置于50mL比色管中，用水稀释至标线，加入1+1硫酸溶液0.5mL，1+1磷酸溶液6.5mL，尿素溶液1.0mL，摇匀，逐滴加入1mL亚硝酸的溶液，边加边摇，以除去过量的亚硝酸钠与尿素反应生成的气泡。气泡除尽后，以后步骤同样品测定（免去加硫酸溶液和磷酸溶液）。

2. 样品测定

取适量无色透明水样（含六价铬少于50μg）或经预处理的水样，置于50mL比色管中，用水稀释至标线，加入1+1硫酸溶液0.5mL和1+1磷酸溶液0.5mL，摇匀。加入2mL显色剂（Ⅰ），摇匀。5～10min后，于540nm波长处，用10mm或30mm的比色皿，以水作参比，测定吸光度并作空白校正，以校准曲线上查得的六价铬含量。

3. 六价铬测定工作曲线的绘制

（1）原则：绘制校准曲线的分析步骤，应与样品分析相同，所配浓度标准系列不得少于五个浓度值。

对标准系列应以纯溶液为参比，所得测量值应扣除空白后的数据，才能绘制校正曲线。

标准溶液一般可以直接测定，但试样前处理较复杂，致使测量组分污染或损失不可忽略时，所加标准物应和试样同样处理后再测定。

标准曲线的斜率随环境温度、测试批号和贮存时间等改变而变动。如某些分析方法的校准曲线的斜率稳定，批间误差较小，使用原校准曲线时，应与样品测定同时测定两份中浓度标样和两份空白的平行样。取平均值相减后与标准曲线上对应的浓度值核对，相对偏差应小于5%，否则应重新绘制校准曲线。

（2）步骤：向一系列50mL比色管中分别加入0mL、0.20mL、0.50mL、1.00mL、2.00mL、4.00mL、6.00mL、8.00mL、10.00mL铬标准溶液（Ⅰ）（如用锌盐沉淀分离法预处理，则应加倍吸取），用水稀释至标线。然后按照和水样同样的预处理和测定步骤操作。

从测得的吸光度经空白校正后，绘制吸光度对六价铬含量的校准曲线。

可从测得的数据进行线性回归分析，求出直线方程斜率b、截距a和相关系数r。得到$y=bx+a$直线方程。样品测定时，根据吸光值代入上述公式，从而求得六价铬的含量。

（3）计算：
$$六价铬 (Cr\,mg/L) = \frac{m}{V}$$

式中：m——由校准曲线查得六价铬量，μg；

$\quad\quad V$——水样的体积，mL。

4. 注意事项

（1）所有玻璃仪器，不能用重铬酸钾洗液洗涤，而用硝酸、硫酸混合液或洗涤剂洗涤，洗涤后冲洗干净。玻璃器皿内壁要光洁，防止铬被吸附。

（2）铬标准溶液有两种浓度，其中每毫升含5.00μg六价铬的标准溶液，在高含量水样的测定时，使用显色剂（Ⅱ）和10mm比色皿。

（3）六价铬与二苯碳酰二肼反应时，显色酸$[c(\frac{1}{2}H_2SO_4)]$一般控制在0.05~0.3mol/L，以0.2mol/L时显色最好。显色前，水样应调至中性。显色时，温度和放置时间对显色有影响，在温度15℃下放置5~15min颜色即可稳定。

（4）水样经锌盐沉淀分离预处理后，仍含有有机物干扰测定时，可用酸性高锰酸钾氧化法破坏有机物后再测定。即取50.0mL滤液置150mL锥形瓶中，加入几粒玻璃珠。加入1+1硫酸溶液0.5mL，1+1磷酸溶液0.5mL，摇匀。加入4%（m/V）高锰酸钾溶液2滴，如紫红色消褪，则应加高锰酸钾溶液保持紫红色。加热煮沸至溶液体积约剩20mL。取下稍冷，用定量中速滤纸过滤，用水洗涤数次，合并滤液和洗液至50mL比色管中。加入1mL尿素溶液，摇匀。用滴管滴加亚硝酸钠溶液，每加一滴充分摇匀，至高锰酸钾的紫红色刚好褪去，稍停片刻，待溶液内气泡逸出，转移至50mL比色管中，用水稀释至标线，直接加入显色剂后测定。

五、溶解氧

溶解在水中的分子态氧称为溶解氧。清洁的地面水溶解氧一般接近饱和。水体如受有机、无机还原生物质污染，就使溶解氧降低。当大气中的氧来不及补充时，水中溶解氧逐渐降低，以至接近于零，因厌氧菌繁殖，水质恶化。废水中溶解氧的含量较低。

（一）方法选择

测定水中溶解氧常采用碘量法及其修正法和膜电极法。水样有色或含有氧化性及还原性物质、藻类、悬浮物等，会干扰测定。某些氧化剂可使碘化物游离出碘，产生正干扰；某些还原性物质可将碘还原为碘化物，产生负干扰；当氧化锰沉淀物被酸化时，多数有机物被部分氧化，从而产生负误差。所以大部分受污染的地面水和工业废水，必须采用修正的碘量法和膜电极法测定。

碘量滴定法的几种修正法，能使干扰物的影响减到最低程度。水样中亚硝酸盐氮含量高于0.05mg/L，二价铁低于1mg/L时，采用叠氮化钠修正法，此法适用于多数污水及生化处理污水。水样中含有二价铁高于1mg/L时，采用高锰酸钾修正法。水样有色或有悬浮物时，采用明矾絮凝修正法。水样含有活性污泥悬浊物时，采用硫酸铜-氨基磺酸絮凝修正法。

（二）水样的采集

水样常采集到溶解氧瓶中。采集水样时要注意不使水样曝气，或有气泡残存在采样瓶中，可用水样冲洗溶解氧瓶后，沿瓶壁直接倾注水样。为防止水样的变化，应立即固定于样品中，并存于冷暗处，同时记录水温及大气压力。

（三）碘量法

1．原理

水样加入硫酸锰和碱性碘化钾，水中溶解氧将低价锰氧化成高价锰，生成四价锰的氢氧化物棕色沉淀。加酸后氢氧化物沉淀溶解并与碘产生反应而释出游离碘。以淀粉作指示剂，用硫代硫酸钠滴定释出碘，可计算溶解氧的含量。反应式如下：

$$MnSO_4 + 2KOH \longrightarrow Mn(OH)_2 + K_2SO_4$$

（肉色）

氢氧化锰迅速与水样中溶解氧反应生成水合二氧化锰：

$$Mn(OH)_2 + O_2 \longrightarrow 2MnO(OH)_2$$

（棕色）

经酸化，MnO_2氧化KI生成I_2：

$$MnO_2 + 4H^+ + 2I^- \longrightarrow Mn^{2+} + 2H_2O + I_2$$

用硫代硫酸钠溶液滴定：

$$I_2 + 2S_2O_3^{2-} \longrightarrow 2I^- + S_4O_6^{2-}$$

2．仪器

250mL溶解氧瓶、100mL容量瓶、50mL滴定管和250mL锥形瓶。

3．试剂

（1）硫酸锰溶液：称取4.8g分析纯硫酸锰（$Mn_2SO_4 \cdot 4H_2O$）溶于水中，过滤后稀释至100mL。此溶液加至酸化过的碘化钾溶液中，遇淀粉不得产生蓝色。

（2）碱性碘化钾溶液：称取50g氢氧化钠溶于50mL水中，另溶解15g碘化钾于20mL水中，将两液合并，加水稀释至100mL，静置过夜，倾出上层清液，贮于棕色瓶中，用橡皮塞塞紧，避光保存。此溶液酸化后，遇淀粉应不呈蓝色。

（3）1+5硫酸溶液：硫酸相对密度1.84。

（4）1%（m/V）淀粉溶液：称取1g可溶性淀粉，用少量水调成糊状，再用刚煮沸的水稀释至100mL。冷却后加入0.1g水杨酸防腐。

（5）重铬酸钾标准溶液 $[c(\frac{1}{6}K_2Cr_2O_7)=0.02500mol/L]$：称取于105～110℃下烘干2h并冷却的重铬酸钾1.2258g，溶于水，移入1000mL容量瓶中，用水稀释至标线，摇匀。

（6）硫代硫酸钠溶液：称取6.2g硫代硫酸钠（$Na_2S_2O_3 \cdot 5H_2O$）溶于沸煮放冷的水中，加入0.2g碳酸钠，用水稀释至1000mL，贮于棕色瓶中。使用前用0.02500mol/L重铬酸钾标准溶液标定，方法如下：于250mL碘量瓶中，加入100mL水和1g碘化钾，加入10.00mL的0.02500mol/L重铬酸钾标准溶液，5mL 1+5硫酸溶液密塞摇匀。于暗处静置5min后，用待标定的硫代硫酸钠溶液滴定至溶液呈淡黄色，加入1mL淀粉溶液，继续滴定至蓝色，测定至蓝色刚好褪去为止，记录用量。

$$C = \frac{10.00 \times 0.02500}{V}$$

式中：C——硫代硫酸钠溶液的浓度，mol/L；

　　　V——滴定时消耗硫代硫酸钠溶液的体积，mL。

4. 方法步骤

（1）溶解氧的固定：250mL小口瓶用虹吸法取水样，溢流数秒钟，用吸管插入溶解氧瓶的液面下，加入1mL硫酸锰溶液和2mL碱性碘化钾溶液，盖好瓶塞，颠倒混合数次，静置。待棕色沉淀物降至瓶内一半时，再颠倒混合一次，待沉淀物下降到瓶底。一般在现场固定。

（2）析出碘：打开瓶塞，立即用吸管插入液面下加入2.0mL硫酸，盖好瓶塞，颠倒混合摇匀，至沉淀物全部溶解为止，放置暗处5min。

（3）滴定：吸取100.0mL上述溶液于250mL锥形瓶中，用硫代硫酸钠溶液滴定至溶液呈淡黄色，加入1mL淀粉溶液，继续滴定至蓝色刚好褪去为止，记录硫代硫酸钠溶液用量。

$$溶解氧 O_2 (mg/L) = \frac{C \times V \times 8 \times 1000}{100}$$

式中：C——硫代硫酸钠溶液浓度，mol/L；

　　　V——滴定时消耗硫代硫酸钠溶液体积，mL。

5. 注意事项

（1）如水样中含有氧化性物质（如游离氯大于0.1mg/L时），应预先于水样中加入硫代硫酸钠去除。用两个溶解氧瓶各取一瓶水样，在其中一瓶加入5mL 1+5硫酸和1g碘化钾，摇匀，此时游离出碘。以淀粉作指示剂，用硫代硫酸钠溶液滴定至蓝色刚褪。于另一瓶水样中加入同样量的硫代硫酸溶液，摇匀后，按操作步骤测定。

（2）如水样呈强酸性或强碱性，可用氢氧化钠或硫酸溶液调至中性后测定。

（四）叠氮化钠修正法

1. 原理

水样中含有亚硝酸盐会干扰碘量法测溶解氧。加入叠氮化钠，可使亚硝酸盐分解而消除其干扰。在不含其他氧化性、还原性物质，水样中含Fe^{2+}达100~200mg/L时，可加入1mL 40%氟化钾溶液消除Fe^{2+}的干扰，也可用磷酸代替硫酸后滴定。

$$NO_2^- + H^+ \longrightarrow HNO_2$$

$$2NaN_3 + H_2SO_4 \longrightarrow 2HN_3 + Na_2SO_4$$

$$3HN_3 + HNO_2 \longrightarrow 2H_2O + 5N_2$$

$$3N_3^- + NO_2^- + 4H^+ \longrightarrow 5N_2 + 2H_2O$$

2．仪器
同碘量法。

3．试剂
（1）碱性碘化钾–叠氮化钠溶液：溶解500g氢氧化钠于300～400mL水中；溶解150g碘化钾于200mL水中；溶解10g叠氮化钠（NaN_3）于40mL水中。将上述三种溶液混合，加水稀释至1000mL，贮于棕色瓶中，用橡皮塞塞紧，避光保存。

（2）40%（m/V）氟化钾溶液：称取40g氟化钾（$KF \cdot 2H_2O$）溶于水中，用水稀释至100mL，贮于聚乙烯瓶中。

（3）其他试剂同碘量法的试剂。

4．方法步骤
同碘量法，仅将试剂碱性碘化钾溶液改为碱性碘化钾–叠氮化钠溶液。如水样中含有Fe^{2+}干扰测定，则在水样采集后，用吸管插入液面下加1mL 40%氟化钾溶液、1mL硫酸锰溶液和2mL碱性碘化钾–叠氮化钠溶液，盖好瓶盖，混匀，以下步骤同碘量法。

计算方法同碘量法。

5．注意事项
叠氮化钠是一种剧毒、易爆试剂，不能将碱性碘化钾–叠氮化钠溶液直接酸化，否则可能产生有毒的叠氮酸雾。

（五）高锰酸钾修正法

1．原理
高锰酸钾修正法是用高锰酸钾氧化Fe^{2+}以消除其干扰的碘量法，而过量的高锰酸钾用草酸盐去除。水样中含Fe^{3+}会干扰测定，可加入氟化钾消除。亚硫酸盐、硫代硫酸盐、多硫酸盐、有机物等仍干扰测定。反应式如下：

$$MnO_4^- + 5Fe^{2+} + 8H^+ \longrightarrow Mn^{2+} + 5Fe^{3+} + 4H_2O$$

$$2MnO_4^- + 5C_2O_4^{2-} + 16H^+ \longrightarrow 2Mn^{2+} + 10CO_2 + 8H_2O$$

$$Fe^{3+} + 6F^- \longrightarrow FeF_6^{3-}$$

2．仪器
同碘量法的仪器。

3．试剂
（1）0.63%（m/V）高锰酸钾溶液：称取6.3g高锰酸钾溶于水并稀释至1000mL，贮于棕色瓶中。1mL此溶液能氧化1mgFe^{2+}。

（2）2%（m/V）草酸钾溶液：称取2g草酸钾（$K_2C_2O_4 \cdot H_2O$或1.46g$Na_2C_2O_4$）溶于水并稀释至100mL。1mL此溶液可还原约1.1mL高锰酸钾溶液。

（3）其他试剂同叠氮化钠修正法的试剂。

4．方法步骤
水样采集到溶解氧瓶后，用吸管于液面下加入0.7mL硫酸、1mL 0.63%高锰酸钾溶液、

1mL 4%氟化钾溶液，盖好瓶盖，混匀，放置10min。如紫红色褪尽，需再加入少许高锰酸钾溶液，使5min内紫红色不褪。然后用吸管于液面下加入0.5mL 2%草酸钾溶液，盖好瓶盖，颠倒混合几次，至紫红色于2～10min内褪尽。如不褪再加入0.5mL草酸钾溶液，直至红色褪尽。以下步骤同叠氮化钠修正法。

$$溶解氧 O_2(mg/L) = \frac{V_1}{V_1 - R} \times \frac{C \times V \times 8 \times 1000}{100}$$

式中：C——硫代硫酸钠溶液浓度，mol/L；

　　　V——滴定时消耗硫代硫酸钠溶液体积，mL；

　　　V_1——溶解氧瓶容积，mL；

　　　R——加到溶解氧瓶内各种试剂总量，mL。

5. 注意事项

（1）加入草酸盐还原过量的高锰酸钾时，草酸盐溶液过量0.5mL以下，对测定无影响；如过量多于0.5mL，使结果偏低。

（2）当水样温度高于10℃时，应在加入草酸盐溶液前加入0.1mL稀释的硫酸锰溶液（取1mL作固定剂的硫酸锰溶液稀释至100mL），以加速草酸盐还原过量的高锰酸钾。

六、氨氮

氨氮（NH_3–N）以游离氨（NH_3）或铵盐（NH_4^+）形式存在于水中，两者的组成比取决于水的pH值。当pH值偏高时，游离氨的比例偏高；反之，则铵盐的比例偏高。

水中氨氮来源主要为污水中含氮有机物受微生物作用的分解产物。在无氧环境中，水中存在的亚硝酸盐亦可受微生物作用，还原为氨。在有氧环境中，水中氨亦可转变为亚硝酸盐或进一步转变为硝酸盐。含氮有机物逐渐转变为氮、亚硝酸盐、硝酸盐的情况，表示水净化的程度。测定水中各种形态的氮化合物，有助于评价水体被污染和自净状况。

（一）方法的选择

氨氮的测定方法，通常有纳氏比色法、苯酚–次氯酸盐（或水杨酸–次氯酸盐）比色法和滴定法等。纳氏比色法具有操作简便、灵敏等特点，但水中钙、镁和铁等金属离子、硫化物、醛和酮类、颜色以及混浊等均会干扰测定，需作相应的预处理。氨氮含量较高时，尚可采用蒸馏–酸滴定法。

（二）水样的保存

水样采集在聚乙烯瓶或玻璃瓶内，并应尽快分析，必要时可加硫酸，将水样酸化至pH值<2，并于2～5℃下存放。酸化水样注意防止吸收空气中的氨而被污染。

（三）预处理

水样带色或浑浊以及含其他一些干扰物质，会影响氨氮的测定。因此，在分析时应对水样作预处理。对较清洁的水，可采用絮凝沉淀法，对污染严重的水或工业废水，则用蒸馏法使之消除干扰。

1. 絮凝沉淀法

加适量的硫酸锌于水样中，加氢氧化钠使呈碱性，生成氢氧化锌沉淀，经过滤除去颜色和浑浊等。

（1）仪器：100mL具塞量筒或比色管。

（2）试剂：

① 10%（m/V）硫酸锌溶液：称取10g硫酸锌，用水稀释至100mL。

② 25%氢氧化钠溶液：称取25g氢氧化钠溶于水，稀释至100mL。

③ 硫酸：相对密度1.84。

（3）方法步骤：取100mL水样于具塞量筒或比色管中，加入1mL 10%硫酸锌溶液和0.1～0.2mL 25%氢氧化钠溶液，调节pH值至10.5左右，混匀。放置使沉淀，用经无氨水充分洗涤过的中速滤纸过滤，弃去初滤液20mL。

2. 蒸馏法

调节水样的pH值为6.0～7.4，加入适量氧化镁使呈微碱性，蒸馏释出的氨被吸收于硫酸或硼酸溶液中。采用纳氏比色法或硫酸滴定法时，以硼酸溶液为吸收液。采用水杨酸-次氯酸比色法时，以硫酸溶液为吸收液。

（1）仪器：500mL凯氏烧瓶、氮球、冷凝管（图11-12-1）。

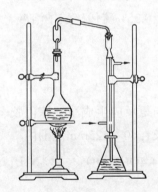

图11-12-1 氨氮蒸馏装置

（2）试剂：水样稀释及试剂配制均用无氨水。无氨水制备有两种方法：

①蒸馏法：每升蒸馏水中加0.1mL硫酸，在全玻璃蒸馏器中重蒸馏，弃去50mL初馏液，接取其余馏出液于具塞磨口玻瓶中，密塞保存。

②离子交换法：使蒸馏水通过强酸性阳离子交换树脂柱。

需用试剂如下：

1mol/L盐酸溶液。

1mol/L氢氧化钠溶液。

轻质氧化镁（MgO）（将氧化镁在500℃下加热，以除去碳酸盐）。

0.05%溴百里酚蓝指示剂（pH值为6.0～7.6）。

防沫剂（如石蜡碎片）。

吸收液：

①硼酸溶液：称取20g硼酸溶于水，稀释至1L。

②硫酸溶液 $[c\,(\frac{1}{2}H_2SO_4)=0.01mol/L]$。

（3）方法步骤：

①蒸馏装置的预处理：加250mL水于凯氏烧瓶中，加0.25g轻质氧化镁和数粒玻璃球加热蒸馏，至馏出液不含氨为止，弃去瓶内残液。

②分取250mL水样（如氨氮含量较高，可分取适量并加水至250mL，使氨氮含量不超过2.5mg），移入凯氏瓶中，加数滴溴百里酚蓝指示剂，用氢氧化钠溶液或盐酸溶液调节pH值至7左右。加入0.25g轻质氧化镁和数粒玻璃珠，立即连接氮球和冷凝管，导管下端插入吸收液液面下。加热蒸馏，至馏出液达200mL时，停止蒸馏，定容至250mL。

采用酸滴定法或纳氏比色法时，以50mL硼酸溶液为吸收液。采用水杨酸-次氯酸盐比色法时，改用50mL 0.1mol/L硫酸溶液为吸收液。

（4）注意事项：

①蒸馏时应避免暴沸，否则可造成馏出液温度升高，氨吸收不完全。

②防止在蒸馏时发生泡沫，必要时可加少许石蜡碎片于凯氏瓶中。

③水样如含余氯，应加入适量0.35%硫代硫酸钠溶液，每0.5mL可除去0.25mg余氯。

（四）纳氏试剂光度法

1. 方法原理

碘化汞和碘化钾的碱性溶液与氨反应生成淡红棕色胶态化合物，此颜色在较宽的波长范围内可强烈吸收。通常测量用波长在40～425mm范围内。

$$NH_4^+ + 2HgI_4^{2-} + 4OH^- = [O\!\!\begin{array}{c}Hg\\ \diagup \diagdown\\ Hg\end{array}\!\!NH_2]\,I\downarrow + 3H_2O + 7I^-$$

2. 干扰及消除

脂肪胺、芳香胺、醛类、丙酮、醇类和有机氯胺类等有机化合物，以及铁、锰、镁和硫等无机离子，因产生异色或浑浊而引起干扰，水中颜色和浑浊亦影响比色。为此，须经絮凝沉淀过滤或蒸馏预处理。易挥发的还原性干扰物质，还可以在酸性条件下加热以除去。对金属离子的干扰，可加入适量的掩蔽剂加以消除。

3. 方法的适用范围

本法最低检出浓度为0.025mg/L（光度法），测定上限为2mg/L。采用目视比色法的最低检出浓度为0.02mg/L。水样作适当的预处理。

4. 仪器

（1）分光光度计。

（2）pH计。

5. 试剂

配置试剂用水均应为无氨水。

（1）纳氏试剂：可选择下列一种方法制备：

①称取20g碘化钾溶于约25mL水中，边搅拌边分次少量加入二氯化汞（$HgCl_2$）结晶粉末约10g，至出现朱红色沉淀不易溶解时，改为滴加饱和二氯化汞溶液，并充分搅拌，当出现微量朱红色沉淀不再溶解时，停止滴加二氯化汞溶液。另称取60g氢氧化钾溶于水，并稀释至250mL，冷却至室温后，将上述溶液在边搅拌下，徐徐注入氢氧化钾溶液中，用水稀释至400mL，混匀。静置过夜，将上面清液移入聚乙烯瓶中，密塞保存。

②称取16g氢氧化钠，溶于50mL水中，充分冷却至室温。另称取7g碘化钾和10g碘化汞（HgI_2）溶于水，然后将此溶液在搅拌下徐徐注入氢氧化钠溶液中，用水稀释至100mL，贮于聚乙烯瓶中，密塞保存。

（2）酒石酸钾钠溶液：称取50g酒石酸钾钠 [$KNa（4H_4O_6 · 4H_2O）$] 溶于100mL水中，加热煮沸以除去氨，放冷，定容至100mL。

（3）铵标准贮备溶液：称取3.819g经100℃干燥过的氯化铵（NH_4Cl）溶于水中，移入1000mL容量瓶中，稀释至标线。此溶液每毫升含1.00mg氨氮。

（4）铵标准使用溶液：移取5.00mL铵标准贮备液于500mL容量瓶中，用水稀释至标线。此溶液每毫升含0.010mg氨氮。

6. 方法步骤

（1）校正曲线的绘制：吸取0mL、0.50mL、1.00mL、3.00mL、5.00mL、7.00mL、10.0mL铵标准使用液于50mL比色管中，加水至标线，加1.0mL酒石酸钾钠溶液，混匀。加1.5mL纳氏试剂，混匀。放置10min后，在波长420nm处，用光程20mm比色皿，以水为参比，测量吸光度。

由测得的吸光度，减去零浓度空白管的吸光度后，得到校正吸光度，绘制以氨氮含量（mg）对校正吸光度的校正曲线，要求$r>0.999$。

（2）水样的测定：

①分取适量经絮凝沉淀预处理后的水样（使氨氮含量不超过0.1mg），加入50mL比色管中，稀释至标线，加1.0mL酒石酸钾钠溶液。

②分取适量经蒸馏预处理后的馏出液，加入50mL比色管中。加一定量1mol/L氢氧化钠溶液以中和硼酸，稀释至标线。加1.5mL纳氏试剂，混匀。放置10min后，同校正曲线步骤测量吸光度。

（3）空白试验：以无氨水代替水样，作全程序空白测定。

计算：由水样测得的吸光度减去空白试验的吸光度后，从校正曲线上查得氨氮含量（mg）。

$$氨氮含量(mg / L) = \frac{m}{V} \times 1000$$

式中：m——由校正曲线查得的氨氮量，mg；

V——水样体积，mL。

7. 注意事项

（1）纳氏试剂中碘化汞与碘化钾的比例，对显色反应的灵敏度有较大影响。静置后生成的沉淀应除去。

（2）滤纸中常含痕量铵盐，使用时注意用无氨水洗涤。所用玻璃器皿应避免实验室空气中氨的污染。

（五）滴定法

滴定法仅适用于已进行蒸馏预处理的水样。调节水样pH值至6.0～7.4范围内，加入氧化镁使呈微碱性。加热蒸馏，释出的氨被吸收入硼酸溶液中，以甲基红-亚甲基蓝为指示剂，用酸标准溶液滴定馏出液中的铵。

如水样中含有在此条件下可被蒸馏出并在滴定时能与酸反应的物质如挥发性胺类等，则测定结果将偏高。

1. 试剂

（1）混合指示液：称取200mg甲基红溶于100mL 95%乙醇，另称取100mg亚甲基蓝溶于50mL 95%乙醇。以两份甲基红溶液与一份亚甲基蓝溶液混合后供用。混合液一个月配置一次。

为使滴定终点明显，必要时添加少量甲基红溶液或亚甲基蓝溶液于混合指示液中，以调节二者的比例至合适为止。

（2）硫酸标准溶液[$c(\frac{1}{2}H_2SO_4)$=0.020mol/L]：分取5.6mL（1+9）硫酸溶液于1000mL容量瓶中，稀释至标线，混匀。按下述操作进行标定。

称取经180℃干燥2h的基准试剂级无水碳酸钠约0.5g（称准至0.0001g），溶于新煮沸放冷的水中，移入500mL容量瓶中，稀释至标线。移取25.00mL碳酸钠溶液于150mL锥形瓶中，加25mL水，加一滴0.05%甲基橙指示液，用硫酸溶液滴定至淡橙红色止。记录用量，用下式计算硫酸溶液的浓度c（mol/L）。

$$硫酸溶液浓度 c(\frac{1}{2}H_2SO_4) = \frac{W \times 1000}{V \times 52.995} \times \frac{25}{500}$$

式中：W——碳酸钠的重量，g；

V——硫酸溶液的体积，mL。

（3）0.05%甲基橙指示液，也可用甲基红-亚甲基蓝混合指示剂。

2. 方法步骤

（1）水样的测定：于全部经蒸馏预处理、以硼酸溶液为吸收液的馏出液中，加2滴混合指示液，用0.020mol/L硫酸标准溶液滴定至绿色转变成淡紫色止，记录用量。

（2）空白试验：以无氨水代替水样，同水样全程序步骤进行测定。

$$氨氮含量 (mol/L) = \frac{(A-B) \times C \times 14 \times 1000}{V}$$

式中：A——滴定水样时消耗硫酸溶液体积，mL；

　　B——空白试验消耗硫酸溶液体积，mL；

　　C——硫酸溶液浓度，mol/L；

　　V——水样体积，mL；

　　14——氨氮（N）摩尔质量。

七、氯化物

　　氯化物（Cl^-）是废水中一种常见的无机阴离子。水中氯化物含量高时，会损害金属管道和构筑物，并妨碍植物生长。测定方法有：硝酸银滴定法、硝酸汞滴定法、电位滴定法及离子色谱法。毛纺工业一般采用硝酸银滴定法，现叙述于下。

（一）样品保存

　　采集代表性水样，放在干净而化学性质稳定的玻璃瓶内。存放时不必加特别的保存剂。

（二）方法原理

　　在中性或弱碱性溶液中，以铬酸钾为指示剂，用硝酸银滴定氯化物时，由于氯化银的溶解度小于铬酸银的溶解度，氯离子首先被完全沉淀后，铬酸根才以铬酸银形式沉淀出来，产生砖红色，指示氯离子滴定的终点。反应式如下：

$$Ag^+ + Cl^- \longrightarrow AgCl\downarrow$$
$$2Ag^+ + Cr_2O_4^{2-} \longrightarrow Ag_2CrO_4\downarrow$$

　　铬酸根离子的浓度，与沉淀形成的迟早有关，必须加入足量的指示剂。由于稍过量的硝酸银与铬酸钾形成铬酸银沉淀的终点较难判断，所以需要以蒸馏水作空白滴定，以作对照判断（使终点色调一致）。

（三）干扰及消除

　　饮用水中含有的各种物质在通常的数量下不发生干扰。溴化物、碘化物和氰化物均能起与氯化物相同的反应。硫化物、硫代硫酸盐和亚硫酸盐干扰测定，可用过氧化氢处理予以消除。正磷酸盐含量超过25mg/L时也发生干扰。铁含量超过10mg/L时使终点模糊，可用对苯二酚还原成亚铁消除干扰。少量有机物的干扰可用高锰酸钾处理消除。

　　废水中有机物含量高或色度大，难于辨别滴定终点时，用600℃灼烧灰化法预处理废水样，效果最好，但操作手续繁琐。一般情况下尽量采用加入氢氧化铝进行沉降过滤法去除干扰。

（四）方法的适用范围

　　本法适用于天然水中氯化物测定，也适用于经过适当稀释的高矿化废水（咸水、海水等）及经过各种预处理的生活污水和工业废水。

　　本法适用的浓度范围为10～500mg/L。高于此范围的样品，经稀释后可以扩大其适用范围，低于10mg/L的样品，滴定终点不易掌握，建议采用硝酸汞滴定法。

（五）仪器

（1）锥形瓶：250mL。

（2）棕色酸式滴定管：50mL。

（六）试剂

（1）0.0141mol/L氯化钠标准溶液：将氯化钠置于坩埚内，并在500～600℃加热40～50min。冷却后称取8.2400g溶于蒸馏水，置1000mL容量瓶中，用水释释至标线。吸取10.0mL，用水定容至100mL。此溶液每毫升含0.500mg氯化物（Cl⁻）。

（2）0.0141mol/L硝酸银标准溶液：称取2.395g硝酸银，溶于蒸馏水并释释至1000mL，贮存于棕色瓶中。用氯化钠标准溶液标定其准确浓度，步骤如下：

吸取25.0mL氯化钠标准溶液置于250mL锥形瓶中，加水5mL。另取一锥形瓶，吸取50mL水作为空白。各加入1mL铬酸钾指示液，在不断摇动下用硝酸银标准溶液滴定，至砖红色沉淀刚刚出现。

（3）铬酸钾指示液：称取5g铬酸钾溶于少量水中，滴加上述硝酸银至有红色沉淀生成，摇匀。静置12h，然后过滤并用水将滤液稀释至100mL。

（4）酚酞指示液：称取0.5g酚酞，溶于50mL 95%乙醇中，加入50mL水，再滴加0.05mol/L氢氧化钠溶液，使溶液呈微红色。

（5）硫酸溶液[$c(\frac{1}{2}H_2SO_4)$=0.05mol/L]。

（6）0.2%（m/V）氢氧化钠溶液：称取0.2g氢氧化钠溶于水中并稀释至100mL。

（7）氢氧化铝悬浮液：溶解125g硫酸铝钾[KAl（SO$_4$）$_2$·12H$_2$O]或硫酸铝铵[NH$_4$Al（SO$_4$）$_2$·12H$_2$O]于1L蒸馏水中，加热至60℃，然后边搅拌边缓缓加入55mL氨水。放置约1h后，移至一个大瓶中，用倾泻法反复洗涤沉淀物，直到洗滤液不含氯离子为止。加水至悬浮液体积约为1L。

（8）30%过氧化氢。

（9）高锰酸钾。

（10）95%乙醇。

（七）方法步骤

1. 样品预处理

若无以下各种干扰，此预处理步骤可省去。

（1）如水样带有颜色，则取150mL水样，置于250mL锥形瓶内，或取适当的水样稀释至150mL，加入2mL氢氧化铝悬浮液，振荡过滤，弃去最初滤出的20mL。

（2）如果水样有机物含量高或色度大，用（1）法不能消除其影响时，可采用蒸干后灰化法预处理。取适量废水样于坩埚内，调节pH值至8～9，在水浴上蒸干，置于马福炉中在

600℃灼烧1h，取出冷却后，加10mL水使溶解，移入250mL锥形瓶，调节pH值至7左右，稀释至50mL。

（3）如果水样中含有硫化物、亚硫酸盐或硫代硫酸盐，则加氢氧化钠溶液将水调节至中性或弱碱性，加入1mL 30%过氧化氢，摇匀。1min后，加热至70~80℃，以除去过量的过氧化氢。

（4）如果水样的高锰酸钾指数超过15mg/L，可加入少量高锰酸钾晶体，煮沸。加入数滴乙醇以除去多余的高锰酸钾，再进行过滤。

2. 样品测定

（1）取50mL水样或经过处理的水样（若氯化物含量高，可取适量水样用水稀释至50mL），置于锥形瓶中，取另一锥形瓶加入50mL水做空白测定。

（2）如水样的pH值在6.5~10.5范围时，可直接滴定。超出此范围的水样应以酚酞作指示剂，用0.05mol/L硫酸溶液或0.2%氢氧化钠溶液调节pH值为8.0左右。

（3）加入1mL铬酸钾溶液，用硝酸银标准溶液滴定至砖红色沉淀刚刚出现，即为终点。同时作空白滴定。

$$氯化物含量(mol/L) = \frac{(V_2 - V_1) \times C \times 35.45 \times 1000}{V}$$

式中：V_1——蒸馏水消耗硝酸银标准溶液体积，mL；

V_2——水样消耗硝酸银标准溶液体积，mL；

C——硝酸银标准溶液浓度，mol/L；

V——水样体积，mL；

35.45——氯离子（Cl^-）摩尔质量，g/mol。

3. 注意事项

（1）本法滴定不能在酸性溶液中进行。在酸性介质中CrO_4^{2-}按下式反应而使浓度大大降低，影响等当点时Ag_2CrO_4沉淀的生成：

$$2CrO_4^{2-} + 2H^+ \longrightarrow 2HCrO_4^- \longrightarrow Cr_2O_7^{2-} + 2H_2O$$

本法也不能在强碱性介质中进行，因为Ag^+将形成Ag_2O沉淀。其适应的pH值范围为6.5~10.5，测定时应注意调节。

（2）铬酸钾溶液的浓度影响终点到达的迟早。在50~100mL滴定液中加入5%（m/V）铬酸钾溶液1mL，使CrO_4^{2-}为2.6×10^{-3}~5.2×10^{-3}mol/L。在滴定终点时，硝酸银加入量略过终点，误差不超过0.1%，可用空白测定消除。

八、硫化物

水中硫化物包括溶解性的H_2S、HS^-、S^{2-}，存在于悬浮物中的可溶性硫化物、酸可溶性金属硫化物以及未电离的有机类、无机类的硫化物。硫化氢易从水中逸散于空气，产生臭味，且毒性很大，可与人体内细胞色素、氧化酶及该类物质中的二硫键（—S—S—）作用，影响细胞氧化过程，造成细胞组织缺氧，危及人的生命。硫化氢除自身能腐蚀金属外，还可被污水中的生物氧化成硫酸，腐蚀下水道等。

（一）方法的选择

测定硫化物的方法，通常有亚甲蓝比色法和碘量滴定法以及电极电位法。当水样中硫化物含量小于1mg/L时，采用对氨基二甲基苯胺光度法；当样品中硫化物含量大于1mg/L时，采用碘量法。电极电位法具有较宽的测量范围，可测定$10^{-6} \sim 10^{1}$mol/L之间的硫化物。目前毛纺行业通常采用碘量法。

（二）水样保存

由于硫离子很容易氧化，硫化氢易从水样中逸出，因此在采样时应防止曝气，并加入一定量的乙酸锌溶液和适量氢氧化钠溶液，使呈碱性并生成硫化锌沉淀。通常1L水样中加入2mol/L乙酸锌溶液 $[\frac{1}{2}Zn(Ac)_2]$ 2mL，硫化物含量高时，可酌情多加直至沉淀完全为止。水样充满瓶后立即密塞保存。

（三）水样的预处理

还原性物质，如硫代硫酸盐、亚硫酸盐和各种固体的、溶解的有机物都能与碘起反应，并能阻止亚甲蓝和硫离子的显色反应而干扰测定，悬浮物、水样色度等也对硫化物的测定产生干扰。若水样中存在上述干扰物时，必须根据不同状况，按下述方法进行水样的预处理。

1. 乙酸锌沉淀—过滤法

当水样中只含有少量硫代硫酸盐、亚硫酸盐等干扰物质时，可将现场采集并已固定的水样，用中速定量滤纸或玻璃纤维滤膜过滤，然后按含量高低选择适当方法，直接测定沉淀中的硫化物。

2. 酸化—吹气法

若水样中存在悬浮物或水样浑浊度高、色度深时，可将现场采集固定后的水样加入一定量的磷酸，使水样中的硫化锌转变为硫化氢气体，利用载气将硫化氢吹出，用乙酸锌–乙酸钠溶液或2%氢氧化钠溶液吸收，再行测定。

3. 过滤—酸化—吹气分离法

若水样污染严重，不仅含有不溶性物质及影响测定的还原性物质，并且浊度和色度都高时，将水样用中速定量滤纸或玻璃纤维滤膜过滤后，按酸化吹气法预处理。预处理操作是测定硫化物的一个关键性步骤，应注意消除干扰物的影响及造成硫化物的损失。

4. 仪器

（1）中速定量滤纸或玻璃纤维滤膜。

（2）吹气装置（图11-12-2）。

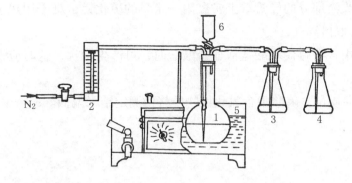

图11-12-2　碘量法测定硫化物的吹气装置

1—500mL平底烧瓶　2—流量计　3、4—250mL锥形瓶

5—50～60℃恒温水浴锅　6—分液漏斗

5. 试剂

（1）乙酸铅棉花：称取10g乙酸铅（化学纯）溶于100mL水中，将脱脂棉置于溶液中浸泡0.5h后，晾干备用。

（2）1+1磷酸。

（3）吸收液：

①乙酸锌-乙酸钠溶液。称取50g乙酸锌[$Zn(CH_3COO)_2 \cdot 2H_2O$]和12.5g乙酸钠（$CH_3COONa \cdot 3H_2O$）溶于水中，用水稀释至1000mL，如溶液混浊应过滤。

②2%氢氧化钠溶液。

①、②两种吸收液任选一种。

（4）载气：氮气（>99.9%）。

6. 步骤

（1）接好吹气装置，通载气检查各部位有无漏气情况，完毕后，关闭气源。

（2）向吸收瓶3、4各加入50mL水及10mL吸收液①或60mL吸收液②不加水。

（3）向500mL平底烧瓶放入已固定的水样适量（硫化物含量0.5～20mg），加水至200mL，放入水浴锅内，装好导气管和分液漏斗。开启气源，以连续冒泡的流速吹气5～10min，驱除装置内空气，并再次检查装置的各部位是否严密，关闭气源。

（4）向分液漏斗加入1+1磷酸10mL，开启分液漏斗活塞，待磷酸全部流入烧瓶后，迅速关闭活塞。开放气源，水浴温度控制在65～80℃，控制好载气流速，吹气45min。将导气管及吸收瓶取下，关闭气源。按碘量法测定两个吸收瓶中的硫化物含量。

7. 注意事项

（1）吹气速度影响测定结果，流速不宜过快或过慢。必要时，应采用硫化物标准溶液进行回收率测定，确定适当的载气流速。在吹气40min后，流速可适当加大，以赶尽残留在容器中的H_2S气体。

（2）注意载气质量，必要时应进行空白试验和回收率测定。

（3）浸入吸收液部分的导管壁上常黏附一定量的硫化锌，难于用热水洗下。因此应进行定量反应后，再取出导气管。

（4）当水样中含有硫代硫酸盐或亚硫酸盐时，可产生干扰，这时应采用乙酸锌沉淀过滤—酸化—吹气法。

（5）注意磷酸质量，磷酸中含氧化性物质将使测定结果偏低。

（四）碘量法

1. 原理

硫化物在酸性条件下与过量的碘作用，剩余的碘用硫代硫酸钠溶液滴定。由硫代硫酸钠溶液所消耗的量，间接求出硫化物的含量。反应式如下：

$$Zn + H_2S \longrightarrow ZnS \downarrow + 2H^+$$
$$ZnS + 2H^+ \longrightarrow Zn^{2+} + H_2S$$
$$H_2S + I_2 \longrightarrow 2HI + S$$
$$I_2 + 2S_2O_3^{2-} \longrightarrow 2I^- + S_4O_6^{2-}$$

2. 干扰消除

当水中悬浮物多或浑浊度高时，还原性或氧化性物质对测定可溶态硫化物有干扰。遇此情况应作适当处理。

3. 方法的适用范围

此方法适用于含硫化物在1mg/L的废水测定。

4. 仪器和试剂

（1）250mL碘量瓶。

（2）中速定量滤纸或玻璃纤维滤膜。

（3）25mL或50mL棕色滴定管。

（4）1mol/L乙酸锌溶液：溶解220g乙酸锌 [Zn（CH$_3$COO）$_2$·2H$_2$O]于水中，用水稀释至1000mL。

（5）1%淀粉指示液。

（6）1+5硫酸。

（7）0.05mol/L硫代硫酸钠标准溶液：称取12.4g硫代硫酸钠（Na$_2$S$_2$O$_3$·5H$_2$O）溶于水中，稀释至1000mL，加入0.2g无水硫酸钠，保存于棕色瓶中。

标定：向250mL碘量瓶内，加入1g碘化钾及50mL水，加入0.05mol/L重铬酸钾标准溶液15.00mL，加入（1+5）硫酸5mL，密塞混匀，置暗处静置5min，用待标定的硫代硫酸钠标准溶液，滴定至溶液呈淡黄色时，加入1mL淀粉指示液，继续滴定至蓝色刚好消失，记录标准液用量（同时作空白滴定）。硫代硫酸钠标准溶液的浓度 c（mol/L）按下式计算：

$$c_{Na_2S_2O_3} = \frac{15.00}{V_1 - V_2} \times 0.05$$

式中：V_1——滴定重铬酸钾标准溶液消耗硫代硫酸钠标准溶液体积，mL；

V_2——滴定空白溶液消耗硫代硫酸钠标准溶液体积，mL；

0.05——重铬酸钾标准溶液的浓度，mol/L。

5.　步骤

将硫化锌沉淀连同滤纸转入250mL碘量瓶中，用玻璃棒搅拌，加50mL水及10.00mL碘标准溶液，5mL（1+5）硫酸溶液，密塞混匀。暗处放置5min，用硫代硫酸钠标准溶液滴定至溶液呈淡黄色时，加入1mL淀粉指示液，继续滴定至蓝色刚好消失，记录用量，同时做空白试验。

水样如经酸化吹气预处理，可在盛有吸收液的原碘量瓶中，同上加入试剂测定。

6.　计算

$$硫化物（S^{2-}）含量(mg/L) = \frac{(V_0 - V_1) \times c \times 16.08 \times 1000}{V}$$

式中：V_0——空白试验时硫代硫酸钠标准溶液用量，mL；

V_1——水样滴定时硫代硫酸钠标准溶液用量，mL；

V——水样体积，mL；

16.08——硫离子（$\frac{1}{2}S^{2-}$）的摩尔质量；

c——硫代硫酸钠标准溶液浓度，mol/L。

7.　注意事项

如加入碘液和硫酸后，溶液为无色，说明硫化物含量较高，应补加适量碘标准溶液，使呈淡黄棕色为止。空白试验亦应加入相同量的碘标准溶液。

九、化学需氧量——重铬酸钾法（COD_{Cr}）

化学需氧量（英文缩写COD），是指在一定条件下，用强氧化剂处理水样时所消耗氧化剂量，以氧的毫克/升（mg/L）表示。化学需氧量是反映在水中受还原性物质和有机物等污染程度的重要指标。

（一）原理

在强酸性溶液中，一定量的重铬酸钾氧化水样中的还原物质，过量的重铬酸钾以试亚铁灵作指示剂，用硫酸亚铁铵溶液回滴。根据用量算出水样中还原性物质消耗氧的量。

（二）干扰消除

酸性重铬酸钾氧化性很强，可氧化大部分有机物。加入硫酸根作催化剂时，直链脂肪族化合物可完全被氧化，芳香族有机物不易被氧化，吡啶不被氧化。挥发性直链脂肪族化合物苯等有机物存在于蒸汽相，不能与氧化剂液体接触，氧化不明显。氯离子能被重铬酸盐氧化，并能与硫酸银作用产生沉淀，影响测定效果，因此回流前在水样中加入硫酸汞，使成为络合物以消除干扰。氯离子含量高于2000mg/L的样品，应先作定量稀释，使含量降低至2000mg/L以下，再行测定。

（三）适用范围

用0.25mol/L浓度的重铬酸钾溶液可测定大于50mg/L的COD值。用0.025mol/L浓度的重铬酸钾溶液可测定5~50mg/L的COD值，但准确度较差。

（四）仪器

（1）回流装置：带250mL锥形瓶的全玻璃回流装置。

（2）加热装置：电热板或变阻电炉。

（3）50mL酸式滴定管。

（五）试剂

（1）重铬酸钾标准溶液[$c(\frac{1}{6}K_2Cr_2O_7)$=0.2500mol/L]：称取预先在120℃烘干2h的基准或优级纯重铬酸钾12.258g溶于水中，移至1000mL容量瓶，稀释至标线，摇匀。

（2）试亚铁灵指示液：称取1.485g邻菲啰啉（$C_{12}H_8N_2 \cdot H_2O$），0.695g硫酸亚铁（$FeSO_4 \cdot 7H_2O$）溶于水中，稀释至100mL，贮于棕色瓶内。

（3）0.1mol/L硫酸亚铁铵标准溶液：称取39.5g硫酸亚铁铵溶于水中，边搅拌边缓缓加入20mL浓硫酸，冷却后移入1000mL容量瓶中，加水稀释至标线，摇匀。用前，用重铬酸钾标准溶液标定。

标定方法：准确吸取10.00mL重铬酸钾标准溶液于500mL锥形瓶中，加水稀释至110mL左右，缓缓加入30mL浓硫酸，混匀。冷却后，加入3滴试亚铁灵指示液（约0.15mL），用硫酸亚铁铵溶液滴定，溶液的颜色由黄色经蓝绿色至红褐色即为终点。

$$c\left[(NH_4)_2Fe(SO_4)_2\right] = \frac{0.2500 \times 10.00}{V}$$

式中：c——硫酸亚铁铵标准溶液的浓度，mol/L；

　　　V——硫酸亚铁铵标准滴定溶液的用量，mL。

（4）硫酸–硫酸银溶液：于2500mL浓硫酸中加入25g硫酸银，放置1~2天，不时摇动，使其溶解（如无2500mL容器，可在500mL硫酸中加入5g硫酸银）。

（5）硫酸汞：结晶或粉末。

（六）操作步骤

（1）取20.00mL混合均匀的水样（或适量水样稀释至20.00mL），置于250mL的磨口回流锥形瓶中，准确加入10.00mL重铬酸钾标准溶液及数粒小玻璃珠或沸石，连接回流冷凝管，从冷凝管上口缓缓加入30mL硫酸–硫酸银溶液，轻轻摇动锥形瓶使溶液混匀，加热回流2h（自开始沸腾起计时）。

注意：

①对于化学需氧量高的废水样，可先取上述操作所需体积1/10的废水样和试剂，置于

ϕ15mm×150mm硬质玻璃试管中，摇匀，加热后观察是否变成绿色。如溶液显绿色，再适当减少废水取样量，直至溶液不变绿色为止，以此确定废水样分析时应取用的体积。稀释时，所取废水样量不得少于5mL。如化学需氧量很高，则废水样应多次稀释。

②废水中氯离子含量超过30mg/L时，应先将0.4g硫酸汞加入回流锥形瓶中，再加20.00mL废水（或适量废水稀释至20.00mL），摇匀。

（2）冷却后，用90mL水冲洗冷凝管壁，取下锥形瓶。溶液总体积不得少于140mL，否则因浓度太大，滴定终点不明显。

（3）溶液再度冷却后，加3滴试亚铁灵指示液，用硫酸亚铁铵标准溶液滴定，溶液的颜色由黄色经蓝绿色至红褐色即为终点，记录硫酸亚铁铵标准溶液的用量。

（4）测定水样的同时，以20.00mL重蒸馏水，按同样操作步骤做空白试验。记录滴定空白时硫酸亚铁铵标准溶液的用量。

$$COD_{Cr}(O_2)(mg/L) = \frac{(V_0 - V_1) \times c \times 8 \times 1000}{V}$$

式中：c——硫酸亚铁铵标准溶液的浓度，mol/L；

V_0——滴定空白时硫酸亚铁铵标准溶液用量，mL；

V_1——滴定水样时硫酸亚铁标准溶液用量，mL；

V——水样的体积，mL；

8——氧($\frac{1}{2}$O)的摩尔质量，g/mol。

（七）注意事项

（1）使用0.4g硫酸汞络合氯离子的最高量可达40mg，如取用20.00mL水样，最高可络合2000mg/L氯离子浓度的水样。若氯离子浓度较低，亦可少加硫酸汞，使保持硫酸汞：氯离子=10：1（W/W）。若出现少量氯化汞沉淀，并不影响测定。

（2）水样取用体积可在10.00～50.00mL范围之间，但试剂用量及浓度需按表11-12-9进行相应调整。

表11-12-9　水样取用量和试剂用量表

水样体积 (mL)	0.2500mol/L K₂Cr₂O₇溶液 (mL)	H₂SO₄—Ag₂SO₄溶液 (mL)	HgSO₄ (g)	FeSO₄·(NH₄)₂SO₄ (mol/L)	滴定前总体积 (mL)
10.0	5.0	15	0.2	0.050	70
20.0	10.0	30	0.4	0.100	140
30.0	15.0	45	0.6	0.150	210
40.0	20.0	60	0.8	0.200	280
50.0	25.0	75	1.0	0.250	350

（3）对于化学需氧量小于50mg/L的水样，应改用0.0250mol/L重铬酸钾标准溶液。回滴

时用0.01mol/L硫酸亚铁铵标准溶液。

（4）水样加热回流后，溶液中重铬酸钾剩余量应为加入量的1/5～4/5为宜。

（5）每次实验时，应对硫酸亚铁铵标准溶液进行标定，室温较高时，尤应注意其浓度的变化。

十、高锰酸盐指数

高锰酸盐指数原称高锰酸钾需氧量，是指在一定条件下，以高锰酸钾为氧化剂处理水样时所消耗的数量，以氧的毫克/升（mg/L）表示。水中的亚硝酸盐、亚铁盐、硫化物等还原性无机物和在此条件下可被氧化的有机物，均可消耗高锰酸钾。因此，高锰酸盐指数，常作为水体受还原性有机和无机物质污染程度的综合指标。

（一）酸性法

1. 原理

水样加入硫酸使呈酸性后，加入一定量的高锰酸钾溶液，在沸水浴中加热反应一定时间。剩余的高锰酸钾用草酸钠溶液还原并加入过量，再用高锰酸钾溶液回滴过量的草酸钠，计算出高锰酸盐指数值。

高锰酸盐指数的测定结果，与溶液的酸度、高锰酸盐浓度、加热温度和时间有关。因此测定时必须严格按照操作规定进行，使结果具有可比性。

2. 适用范围

酸性法适用于氯离子含量不超过300mg/L的水样。当水样的高锰盐指数值超过5mg/L时，可酌情分取少量，并用水稀释后再测定。水样采集后，应加入硫酸使pH值调至小于2，以抑制微生物活动。样品应尽快分析，在48h内测定。

3. 仪器

（1）沸水浴装置。

（2）250mL锥形瓶。

（3）50mL酸式滴定管。

4. 试剂

（1）高锰酸钾溶液[$c(\frac{1}{5}KMnO_4)$=0.1mol/L]：称取3.2g高锰酸钾溶于1.2L水中，加热沸煮，使体积减少到1L，放置过夜，用G^{-3}型玻璃砂芯漏斗过滤后，溶液贮于棕色瓶中备用。

（2）高锰酸钾溶液[$c(\frac{1}{5}KMnO_4)$=0.01mol/L]：吸取100mL上述高锰酸钾溶液，用水稀释至1000mL，贮于棕色瓶中。使用时进行标定，并调节至0.01mol/L准确浓度。

（3）（1+3）硫酸。

（4）草酸钠标准溶液[$c(\frac{1}{2}Na_2C_2O_4)$=0.1000mol/L]：称取0.6705g在105～110℃烘干1h并

冷却的草酸钠溶于水，移至100mL容量瓶中，用水稀释至标线。

（5）草酸钠标准溶液[$c(\frac{1}{2}Na_2C_2O_4)$=0.0100mol/L]：吸取10.00mL上述草酸钠溶液，移入100mL容量瓶中，用水稀释至标线。

5.　操作步骤

（1）分取100mL水样（如高锰酸钾盐指数高于5mg/L，可酌情减少，并用水稀释至100mL）于250mL锥形瓶中。

（2）加入5mL（1+3）硫酸，混匀。

（3）加入10.00mL 0.01mol/L高锰酸钾溶液，摇匀，立即置于沸水浴中加热30min（从水浴重新沸腾起计时）。沸水浴面要高于反应溶液液面。

（4）取下锥形瓶，趁热加入10.00mL 0.0100mol/L草酸钠标准溶液，摇匀。立即用0.01mol/L高锰酸钾溶液滴定至显微红色，记录高锰酸钾溶液消耗量。

（5）高锰酸钾溶液浓度的标定：将上述已滴定完毕的溶液加热至约70℃。准确加入10.00mL草酸钠标准溶液（0.0100mol/L），再用0.01mol/L高锰酸钾溶液滴定至显微红色，记录高锰酸钾溶液的消耗量。按下式求得高锰酸钾溶液的校正系数K：

$$K=\frac{10.00}{V}$$

式中：V——高锰酸钾溶液消耗量，mL。

若水样经过稀释，应同时另取100mL蒸馏水，按水样同样操作步骤做空白试验。

计算：

（1）水样不经稀释：

$$高锰酸盐指数(O_2)(mg/L)=\frac{\left[(10+V_1)K-10\right]\times c\times 8\times 1000}{100}$$

式中：V_1——滴定水样时高锰酸钾溶液的消耗量，mL；

　　　K——校正系数；

　　　c——高锰酸钾溶液浓度，mol/L；

　　　8——氧（$\frac{1}{2}O$）的摩尔质量。

（2）水样经稀释：

$$高锰酸盐指数(O_2)(mg/L)=\frac{\left\{\left[(10+V_1)K-10\right]-\left[(10+V_0)K-10\right]\times a\right\}\times M\times 8\times 1000}{V_2}$$

式中：V_0——空白试验中高锰酸钾溶液消耗量，mL；

　　　V_2——分取水样量，mL；

　　　a——稀释的水样中含水的比值，例如10.0mL水样用90mL水稀释至100mL，则a=0.90。

6.　注意事项

（1）在水中加热完毕后，溶液仍应保持淡红色，如变浅或全部退去，说明高锰酸钾的用量不够，应将水样稀释倍数加大后测定。如出现黄色浑浊的二氧化锰，则说明水样过多，或硫酸用量不够。加入水样量应使滴定消耗的高锰酸钾为加入高锰酸钾量的40%~70%。

（2）在酸性条件下，草酸钠和高锰酸钾的反应温度应保持在60~80℃，滴定操作必须趁热进行。若溶液温度过低，须适当加热。

（3）所配高锰酸钾溶液的浓度，应略低于草酸钠浓度，否则空白值或K值可能无法测定。

（二）碱性法

1. 原理

如水样中有大量氯化物（大于300mL/L），用酸性高锰酸钾法不能得到准确结果。在酸性条件下，高锰酸钾氧化氯离子，使需氧量值偏高。在碱性溶液中，高锰酸钾能氧化有机物，不能氧化氯离子，从而避免了氯离子的干扰。在碱性溶液中，加一定量高锰酸钾溶液于水样中，加热一定时间以氧化水中的还原性无机物和部分有机物，然后加酸酸化后，用草酸钠溶液还原剩余的高锰酸钾，并加入过量，以高锰酸钾溶液滴定至微红色。

2. 仪器

同酸性法。

3. 试剂

（1）50%氢氧化钠溶液。

（2）其余同酸性法试剂。

4. 操作步骤

（1）分取100mL水样（或酌情少取，用水稀释至100mL）于锥形瓶中，加入0.5mL50%氢氧化钠溶液，加入10.00mL的0.01mol/L高锰酸钾溶液。

（2）将锥形瓶置于沸水中加热30min（从水浴重新沸腾计时），沸水浴的液面须高于反应溶液的液面。

（3）取下锥形瓶，冷却至70~80℃，加入5mL（1+3）硫酸溶液及10.00mL 0.01mol/L草酸钠溶液，摇匀。

（4）用0.01mol/L高锰酸钾溶液滴定至溶液呈微红色为止。

（5）高锰酸钾溶液校正系数K的测定与酸性法同。

（6）计算和注意事项均同酸性法。

十一、五日生化需氧量

（一）原理

五日生化需氧量（英文缩写BOD_5），是指在规定条件下，微生物分解存在于水中的某些氧化物质、特别是有机物的生物化学过程中所消耗溶解氧的量。生物氧化全过程进行的时间很长，目前一般规定在（20±1）℃培养5天，分别测定样品培养前后的溶解氧，二者之差即为五日生化需氧量值，以氧的毫克/升（mg/L）表示。

　　大多数工业废水，因含较多的有机物，需要稀释后再培养测定，以降低其浓度和使有充足的溶解氧。稀释的程度应使培养中所消耗的溶解氧大于2mg/L，而剩余溶解氧在1mg/L以上。为保证水样稀释后有足够的溶解氧，稀释水通常要通入空气进行曝气或通入氧气，使稀释水中溶解氧接近饱和。稀释水中还应加入一定量的无机营养盐和缓冲物质，如磷酸盐、钙、镁和铁盐等，以适应微生物生长的需要。

　　对于不含或少含微生物的工业废水，包括酸性废水、碱性废水、高温废水或经氧化处理的废水，在测定BOD_5时应进行接种，引入能分解废水中有机物的微生物。毛纺工业废水测定BOD_5时，一般不需接种或驯化。

　　本方法适用于测定BOD_5大于或等于2mg/L，最大不超过6000mg/L的水样。如水样BOD_5大于6000mg/L，会因稀释带来一定的误差。

（二）仪器

　　（1）恒温培养箱（20±1）℃。

　　（2）5～20L细口玻璃瓶。

　　（3）1000～2000mL量筒。

　　（4）玻璃搅棒：棒的长度应比所用量筒高度长出200mm。在棒的底端固定一个直径比量筒底小，并带有几个小孔的硬橡胶板。

　　（5）溶解氧瓶：250～300mL，带有磨口玻璃塞并具有供水封用的钟形口。

（三）试剂

　　（1）氯化钙溶液：称取27.5g化学纯氯化钙溶于水中，稀释至1000mL。

　　（2）三氯化铁溶液：称取0.25g三氯化铁（$FeCl_3 \cdot 6H_2O$）溶于水中，稀释至1000mL。

　　（3）硫酸镁溶液：称取22.5g硫酸镁（$MgSO_4 \cdot 7H_2O$）溶于水中，稀释至1000mL。

　　（4）磷酸盐缓冲溶液。称取8.5g纯磷酸二氢钾（KH_2PO_4）、21.75g和磷酸氢二钾（K_2HPO_4）、33.4g磷酸氢二钠（$Na_2HPO_4 \cdot 7H_2O$）和1.7g氯化铵（NH_4Cl）溶于水中，稀释至1000mL。此溶液的pH值应为7.2。

　　（5）0.5mol/L盐酸溶液：将40mL（相对密度1.18）盐酸溶于水，稀释至1000mL。

　　（6）0.5mol/L氢氧化钠溶液：将20g氢氧化钠溶于水，稀释至1000mL。

　　（7）亚硫酸钠溶液[$c(\frac{1}{2}Na_2SO_3)=0.025mol/L$]：将1.575g亚硫酸钠溶于水，稀释至1000mL。此溶液不稳定，需每天配置。

　　（8）葡萄糖-谷氨酸标准溶液：将葡萄糖（$C_6H_{12}O_6$）和谷氨酸（HOOC-CH_2-CH_2-CHNH_2-COOH）在103℃干燥1h后，各称取150mg溶于水中，移入1000mL容量瓶内并稀释至标线，混合均匀。此标准溶液，临用前配置。

　　（9）稀释水：在5～20L玻璃瓶内装入一定量的水，控制水温20℃左右。然后用无油空气压缩机或薄膜泵，将吸入的空气经活性炭吸附管及水洗涤管后，导入稀释水曝气2～8h，使稀释水中的溶解氧接近饱和。停止曝气亦可导入适量纯氧。玻璃瓶中稀释水置于20℃培养箱中，放置数小时，使水中溶解氧含量达8mg/L左右。临用前每升水中加氯化钙溶液、三氯化铁溶液、硫酸镁溶液、磷酸缓冲溶液各1mL，混合均匀。稀释水的pH值为7.2，其BOD_5应小于0.2mg/L。

（四）操作步骤

1. 水样的预处理

（1）水样的pH值超过6.5~7.5时，可用盐酸或氢氧化钠稀释溶液调节pH值近于7，但用量不超过水样体积的0.5%。若水样的酸度或碱度很高，可改用高浓度的碱或酸液中和。

（2）含有少量游离氯的水样，一般放置1~2h游离氯即可消失。对于游离氯在短时间不能消失的水样，可通过加入亚硫酸钠溶液除去。其加入量由下述方法决定。

取已中和好的水样100mL，加入（1+1）乙酸10mL，10%（m/V）碘化钾溶液1mL，混匀。以淀粉液为指示剂，用亚硫酸钠溶液滴定游离碘。由亚硫酸钠溶液消耗的体积，计算出水样中应加亚硫酸钠溶液的量。

2. 不经稀释水样的测定

溶解氧含量较高、有机物含量较少的水，可不经稀释。将20℃水样移入两个溶解氧瓶内，应注意不使发生气泡。以同样的操作，使两个溶解氧瓶充满水样后溢出少许，加塞，瓶内不应留有气泡。其中一瓶立即测定溶解氧，另一瓶瓶口水封后，放入培养箱中，在（20±1）℃培养5天。培养过程中注意添加封口水。从开始放入培养箱算起，经过五昼夜后，测定剩余的溶解氧。

3. 需经稀释水样的测定

（1）稀释倍数的确定：工业废水稀释倍数可由重铬酸钾法测得的COD值来估算。通常需作三个稀释比例。稀释倍数由COD_{Cr}值分别乘以三个系数——0.15、0.075、0.225，即得三个稀释倍数，其中COD_{Cr}值可采用快速法回流半小时测得。

（2）稀释操作：

①一般稀释法。按照选定的稀释比例，用虹吸管沿筒壁先引入部分稀释水或接种稀释水于1000mL量筒中，加入需要量的水样，再引入稀释水或接种稀释水至800mL，搅匀，搅拌时防止发生气泡。

按不经稀释水样测定相同的操作步骤进行装瓶，测定当天溶解氧及5天后的溶解氧。

另取两个溶解氧瓶，用虹吸法装满稀释水或接种稀释水作为空白试验，测定5天前后的溶解氧。

②直接稀释法。在已知两个容积相同的溶解氧瓶内，用虹吸法加入稀释水或接种水，再根据瓶容积和稀释比例，计算出水样量，然后用稀释水或接种稀释水，使刚好充满并加塞，勿留气泡于瓶内。其余操作与一般稀释法相同。

计算：

（1）不经稀释水样的五日生化需氧量：

$$BOD_5(O_2)(mg/L)=C_1-C_2$$

式中：C_1——水样在培养前的溶解氧浓度，mg/L；

　　　C_2——水样经5天培养后剩余溶解氧浓度，mg/L。

（2）经稀释水样的五日生化需氧量：

$$BOD_5(O_2)(mg/L)==\frac{(C_1-C_2)-(B_1-B_2)\times f_1}{f_2}$$

式中：B_1——稀释水或接种稀释水在培养前的溶解氧浓度，mg/L；

　　　B_2——稀释水或接种稀释水在培养后的溶解氧浓度，mg/L；

　　　f_1——稀释水或接种稀释水在培养液中所占比例；

　　　f_2——水样在培养液中所占比例；

　　　C_1——水样在培养前的溶解氧浓度，mg/L；

　　　C_2——水样经5天培养后剩余溶解氧浓度，mg/L。

f_1、f_2的计算方法：例如培养液的稀释比为3%，即3份水样，97份稀释水，则f_1=0.97，f_2=0.03。

（五）注意事项

（1）玻璃器皿应彻底洗净。

（2）在两个或三个稀释比例的样品中，凡消耗溶解氧大于2mg/L和剩余溶解氧大于1mg/L时，计算结果值时应采取平均值。若剩余的溶解氧小于1mg/L，甚至为零时，应加大稀释比。

（3）水样稀释倍数超过100倍时，应预先在容量瓶中用水初步稀释后，再取适量进行最后稀释培养。

（4）为检查稀释水和接种水的质量以及操作水平，可将20mL葡萄糖–谷氨酸标准溶液用接种稀释水稀释至1000mL，按测定BOD$_5$的步骤操作。测得BOD$_5$的值应在180~230mg/L之间，否则应检查接种液、稀释水的质量或操作技术是否存在问题。

十二、矿物油

矿物油漂浮于水体表面，将影响空气与水体界面氧的交换。分散于水中以及吸附于悬浮微粒上或以乳化状态存在于水中的油，被微生物氧化分解时，将消耗水中的溶解氧，使水质恶化。矿物油中所含的芳烃类虽较烷烃类少得多，但其毒性要大得多。

（一）方法选择

本节所述的矿物油是指溶解于特定溶剂中而收集到的所有物质，包括被溶剂从酸化的样品中萃取并且在试验过程中不挥发的所有物质。因此，测定方法不同，矿物油中被测定的组分也不同。

重量法是常用的分析方法，它不受油品种限制。但操作繁杂，灵敏度低，只适于测定10mg/L以上的含油水样。方法的精密度随操作条件和熟练程度的不同而差别很大。

非分散红外法适用于测定0.1~200mg/L的含油水样，各种油品的比吸光系数较为接近，因而测定结果的可比性较好。但是当测定矿物油时，要注意消除其他非烃类有机物的干扰。

紫外分光光度法操作简单，精密度好，灵敏度高，适用于测定0.05～50mg/L的含矿物油水样。但标准油品的取得比较困难，数据可比性较差。

荧光法是最为灵敏的测油方法，其测定范围为0.002～20mg/L，测定对象是矿物油类。当油品组分中芳烃数目不同时，产生的荧光强度差别很大。

本书介绍毛纺行业采用的重量法。

（二）水样的采集保存

采集的样品必须有代表性。当只测定水中乳化状态和溶解性油时，要避开漂浮在水表面的油膜。一般在水表面以下20～50cm处取水样。如要连同油膜一起采集，要注意水的深度、油膜厚度及覆盖面积。

采集瓶应为广口定容的（如500mL或1000mL）清洁玻璃瓶，用溶剂清洗干净，勿用肥皂洗。每次采样时，应装水样至标线。测矿物油要单独采样，不得在实验室中再分样。水样采集量应根据水中油的浓度及所采用的分析方法而定，分别装于2～3个空瓶内，以便进行平行样测定。

为保存水样，采集样品前可往采集瓶内加硫酸[每升水样加（1+1）硫酸5mL]，以抑制微生物活动。若不能当天分析，可置于低温4℃下保存。

（三）原理

以硫酸酸化水样，用石油醚萃取矿物油，蒸除石油醚后，称其重量。

（四）干扰消除

本法测定的是酸化样品中可被石油醚萃取的、且在试验过程中不挥发的物质总量。用溶剂去除时，轻质油有明显损失。由于石油醚对油有选择地溶解，因此，石油的较重成分中可能含有不为溶剂萃取的物质。

（五）仪器

（1）分析天平。

（2）恒温箱。

（3）恒温水浴锅。

（4）1000mL分液漏斗。

（5）干燥器。

（6）直径11cm中速定性滤纸。

（六）试剂

（1）石油醚：将石油醚（沸程30～60℃）重整馏后使用，100mL石油醚的蒸干残渣不应大于0.2mg。

（2）无水硫酸钠：在300℃马福炉中烘1h，冷却后装瓶备用。

（3）（1+1）硫酸。

（4）氯化钠。

（七）步骤

（1）在采样瓶上作一容量记号后（以便此后测量水样体积），将所收集的大约1L已经酸化（pH值＜2）的水样，全部转移至分液漏斗中，加入氯化钠，其量约为水样量的8%。用25mL石油醚洗涤采样瓶并转入分液漏斗中，充分振摇3min，然后静置分层并将水层放入原采样瓶内，石油醚层转入100mL锥形瓶中。用石油醚重复萃取水样两次，每次用量25mL，合并三次萃取液于锥形瓶中。

（2）向石油醚萃取液中加入适量无水硫酸钠（加入至不再结块为止），加盖后，放置0.5h以上，以便脱水。

（3）用预先以石油醚洗涤过的定性滤纸过滤，收集滤液于100mL已烘干至恒重的烧杯中，用少量石油醚洗涤锥形瓶、硫酸钠和滤纸，洗液并入烧杯中。

（4）将烧杯置于（65±5）℃水浴上，蒸出石油醚。近干后再置于（65±5）℃恒温箱内烘干1h，然后放入干燥器中冷却30min，称重。

$$矿物油油含量\,(mg\,/\,L) = \frac{(m_1 - m_2)\times 1000 \times 1000}{V}$$

式中：m_1——烧杯加油总重量，g；

$\quad\quad\ m_2$——烧杯重量，g；

$\quad\quad\ V$——水样体积，mL。

（八）注意事项

（1）分液漏斗的活塞不要涂凡士林。

（2）若废水中含有大量动、植物性油脂，应取内径20mm、长300mm、一端呈漏斗状的硬质玻璃管，填装100mm厚活性层析氧化铝（在150~160℃活化4h，未完全冷却前装好柱），然后用10mL石油醚清洗。将石油醚萃取液通过层析柱，除去动、植物性油脂，收集流出液于恒重的烧杯中。

（3）采样瓶应为清洁玻璃瓶，用洗涤剂清洗干净（不要用肥皂）。应定容采样，并将水样全部移入分液漏斗测定，以减少油类附着于容器壁上引起的误差。

第十二篇　成品品质要求

经过整理完毕的成品，按照规定的品质要求及合约要求和检验方法进行检验。检验内容包括外观疵点、物理指标及染色牢度等。然后按检验结果进行评等。

第一章 精梳毛织品品质要求

本章重点介绍 FZ/T 24002—2006《精梳毛织品》、FZ/T 24004—2009《精梳低含毛混纺及纯化纤毛织品》、FZ/T 24009—2010《精梳羊绒织品》，各类服用的精梳纯毛、羊绒、毛混纺及交织品的品质要求如下。

一、技术要求

1. 技术要求

技术要求包括安全性要求、实物质量、内在质量和外观质量。精梳毛、绒织品安全性应符合相关国家强制性标准要求；实物质量包括呢面、手感和光泽三项；内在质量包括幅宽偏差、平方米重量允差、静态尺寸变化率、纤维含量、起球、断裂强力、撕破强力和染色牢度等项指标；外观质量包括局部性疵点和散布性疵点两项。

2. 安全性要求

精梳毛、绒织品的基本安全技术要求应符合GB 18401—2010《国家纺织品基本安全技术规范》的规定。

3. 分等规定

（1）精梳毛、绒织品的质量等级分为优等品、一等品和二等品，低于二等品的降为等外品。

（2）精梳毛、绒织品的品等以匹为单位，按实物质量、内在质量、外观质量三项检验结果评等，并以其中最低一项定等。三项中最低品等有两项及以上同时降为二等品的，则直接降为等外品。

注意：织品净长每匹不短于12m，净长17m及以上的可由2段组成，但最短的一段不短于5m。拼匹时两段织物应品等相同，色泽一致。

4. 实物质量评等

（1）实物质量系指织品的呢面、手感和光泽。凡正式投产的不同规格产品，应分别以优等品和一等品封样。对于来样加工，生产方应根据来样要求，建立封样，并经双方确认，检验时逐匹比照封样评等。

（2）符合优等品封样则为优等品。

（3）符合一等品封样则为一等品。

（4）明显差于一等品封样则为二等品。

（5）严重差于一等品封样则为等外品。

5. 内在质量评等

（1）内在质量的评等由物理指标和染色牢度综合评定，并以其中最低一项定等。

（2）物理指标按表12-1-1规定评等。

表12-1-1 物理指标的评等

项 目		FZ/T 24002—2006《精梳毛织品》			FZ/T 24004—2009《精梳低含毛混纺及纯化纤毛织品》		FZ/T 24009—2010《精梳羊绒织品》		
		优等品	一等品	二等品	一等品	二等品	优等品	一等品	二等品
幅宽偏差（cm）≥		−2.0	−2.0	−5.0	−2.0	−5.0	−2.0	−2.0	−5.0
平方米重量允差（%）		−4.0 ~ +4.0	−5.0 ~ +7.0	−14.0 ~ +10.0	−5.0 ~ +7.0	−14.0 ~ +10.0	−4.0 ~ +4.0	−4.0 ~ +4.0	−5.0 ~ +7.0
静态尺寸变化率（%）≥		−2.5	−3.0	−4.0	−3.0	−4.0	−2.0	−2.5	−3.5
起球（级）≥	绒面	3 ~ 4	3	3	3	3	3 ~ 4	3	3
	光面	4	3 ~ 4	3 ~ 4	3 ~ 4	3	4	3 ~ 4	3 ~ 4
断裂强力（N）≥	80S/2×80S/2及单纬纱高于等于40S/1	147	147	147	196	196	147	147	147
	其他	196	196	196			196	196	196
撕破强力（N）≥	一般精梳毛织品	15.0	10.0	10.0	15.0	10.0	12.0	10.0	10.0
	70S/2×70S/2及单纬纱高于等于35S/1	12.0	10.0	10.0					
汽蒸尺寸变化率（%）		−1.0 ~ +1.5	−1.0 ~ +1.5	—	−1.0 ~ +1.5	—	−1.5 ~ +1.0	−1.5 ~ +1.0	—
落水变形（级）≥		4	3	3	3	3	4	3	3
脱缝程度（mm）≤		6.0	6.0	8.0	6.0	8.0	6.0	6.0	8.0
纤维含量（%）		按FZ/T 01053—2007《纺织品 纤维含量的标识》执行							

（3）染色牢度按表12-1-2规定评等。

表12-1-2 染色牢度的评等

项 目		优等品	一等品	二等品
耐光色牢度≥	≤1/12 标准深度（中浅色）	4	3	2
	＞1/12 标准深度（深色）	4	4	3

续表

项　目		优等品	一等品	二等品
耐水色牢度≥	色泽变化	4	3~4	3
	毛布沾色	3~4	3	3
	其他贴衬沾色	3~4	3	3
耐汗渍色牢度≥	色泽变化	4	3~4	3
	毛布沾色	4	3~4	3
	其他贴衬沾色	4	3~4	3
耐熨烫色牢度≥	色泽变化	4	4	3~4
	棉布沾色	4	3~4	3
耐摩擦色牢度≥	干摩擦	4	3~4	3
	湿摩擦	3~4	3	2~3
耐水洗色牢度≥	色泽变化	4	3~4	3~4
	毛布沾色	4	4	3
	其他贴衬沾色	4	3~4	3
耐干洗色牢度≥	色泽变化	4	4	3~4
	溶剂变化	4	4	3~4

　　注　1. 使用1/12深度卡判断面料的"中浅色"或"深色"。

　　　　2. "只可干洗"类产品可不考核耐洗色牢度。

　　　　3. "手洗"和"可机洗"类产品可不考核耐干洗色牢度。

　　　　4. 未注明"小心手洗"和"可机洗"类产品耐洗色牢度可按"可机洗"类执行。

（4）"可机洗"类产品水洗尺寸变化率考核指标按表12-1-3规定。

注意：精梳羊绒织品不考核。

表12-1-3　"可机洗"类产品水洗尺寸变化率要求

项　目		优等品、一等品、二等品	
		西服、裤子、外套、大衣、 连衣裙、上衣、裙子	衬衣、晚装
松弛尺寸变化率（%）≥	宽度	-3	-3
	长度	-3	-3
	洗涤程序	1×7A	1×7A

续表

项　　目		优等品、一等品、二等品	
		西服、裤子、外套、大衣、连衣裙、上衣、裙子	衬衣、晚装
总尺寸变化率（%）≥	宽度	−3	−3
	长度	−3	−3
	边沿	−1	−1
	洗涤程序	3×5A	5×5A

6. 外观质量评等

（1）外观疵点按其对服用的影响程度与出现状态不同，分局部性外观疵点与散布性外观疵点两种，分别予以结辫和评等。

（2）局部性外观疵点，按其规定范围结辫，每辫放尺10cm。在经向10cm范围内不论疵点多少仅结辫一只。

（3）散布性外观疵点刺毛痕、边撑痕、剪毛痕、折痕、磨白纱、经档、纬档、厚段、薄段、斑疵、缺纱、稀缝、小跳花、严重小弓纱和边深浅中有两项及以上最低品等同时为二等品时，则降为等外品。

（4）降等品结辫规定：

①二等品中除薄段、纬档、轧梭痕、边撑痕、刺毛痕、剪毛痕、蛛网、斑疵、破洞、吊经条、补洞痕、缺纱、死折痕、严重厚段、严重稀缝、严重织稀、严重纬停弓纱和磨损按规定范围结辫外，其余疵点不结辫。

②等外品中除破洞、严重的薄段、蛛网、补洞痕和扎梭痕按规定范围结辫，其余疵点不结辫。

（5）局部性外观疵点基本上不开剪，但大于2cm的破洞、严重的磨损和破损性轧梭，严重影响服用的纬档，大于10cm的严重斑疵，净长5m的连续性疵点和1m内结辫5只者，应在工厂内剪除。

（6）平均净长2m结辫一只时，按散布性外观疵点规定降等。

（7）外观疵点结辫、评等规定见表12-1-4。

二、检验规则

1. 外观疵点的检验

（1）检验织品外观疵点时，应将其正面放在与垂直线成15°角的检验机台面上。在北光下，检验者在检验机的前方进行检验，织品应穿过检验机的下导辊，以保证检验幅面和角度。在检验机上应逐匹量计幅宽，每匹不得少于3处，每台检验机上检验人员为2人。

（2）检验机规格：车速14～18m/min；大滚筒轴心至地面的距离210cm；斜面板长度

150cm；斜面板磨砂玻璃宽度40cm，磨砂玻璃内装日光灯：40W×2管~4管。

表12-1-4　外观疵点结辫、评等要求

疵 点 名 称	疵点程度	局部性结辫	散布性降等	备　　注
粗纱、细纱、双纱、松纱、紧纱、错纱、呢面 局部狭窄	明显 10~100cm	1	—	
	大于 100cm，每100cm	1	—	
	明显散布全匹	—	2	
	严重散布全匹	—	等外	
油纱、污纱、异色纱、磨白纱、边撑痕、剪毛痕	明显 5~50cm	1	—	
	大于 50cm，每50cm	1	—	
	散布全匹	—	2	
	明显散布全匹	—	等外	
缺经、死折痕	明显经向 5~20cm	1	—	
	大于 20cm，每20cm	1	—	
	明显散布全匹	—	等外	
经档（包括绞经档）、折痕（包括横折痕）、条痕水印（水花）、经向换纱印、边深浅、呢匹两端深浅	明显经向 40~100cm	1	—	边深浅色差4级为二等品，3~4级及以下为等外品
	大于100cm，每100cm	1	—	
	明显散布全匹	—	2	
	严重散布全匹	—	等外	
条花、色花	明显经向 20~100cm	1	—	
	大于100cm，每100cm	1	—	
	明显散布全匹	—	2	
	严重散布全匹	—	等外	
刺毛痕	明显经向 20cm 及以内	1	—	
	大于20cm，每 20cm	1	—	
	明显散布全匹	—	等外	
边上破洞、破边	2~100cm	1	—	不到结辫起点的边上破洞、破边1cm以内累计超过5cm者仍结辫1只
	大于 100cm，每100cm	1	—	
	明显散布全匹	—	2	
	严重散布全匹	—	等外	
刺毛边、边上磨损、边字发毛、边字残缺、边字严重沾色、漂白织品的边上针锈、自边缘深入1.5cm以上的针眼、针锈、荷叶边、边上稀密	明显 20~100cm	1	—	
	大于 100cm，每100cm	1	—	
	散布全匹	—	2	

注：表格左侧第一列纵向分列为"经向"。

续表

疵 点 名 称		疵 点 程 度		局部性结辫	散布性降等	备 注
纬向	粗纱、细纱、双纱、松纱、紧纱、错纱、换纱印	明显 10cm 到全幅		1	—	
		明显散布全匹		—	2	
		严重散布全匹		—	等外	
	缺纱、油纱、污纱、异色纱、小辫子纱、稀缝	明显 5cm 到全幅		1	—	
		散布全匹		—	2	
		明显散布全匹		—	等外	
经向	厚段、纬影、严重搭头印、严重电压印、条干不匀	明显经向 20cm 以内		1	—	
		大于 20cm，每20cm		1	—	
		明显散布全匹		—	2	
		严重散布全匹		—	等外	
	薄段、纬档、织纹错误、蛛网、织稀、斑疵、补洞痕、轧梭痕、大肚纱、吊经条	明显经向 10cm 以内		1	—	大肚纱1cm为起点；0.5cm以内的小斑疵按注2规定
		大于 10cm，每10cm		1	—	
		明显散布全匹		—	等外	
纬向	破洞、严重磨损	2cm 以内（包括 2cm）		1	—	
		散布全匹		—	等外	
	毛粒、小粗节、草屑、死毛、小跳花、稀隙	明显散布全匹		—	2	
		严重散布全匹		—	等外	
	呢面歪斜	素色织物4cm起，格子织物3cm起，40~100cm		1	—	优等品格子织物2cm起，素色织物3cm起
		大于100cm，每100cm		1	—	
		素色织物	4~6cm散布全匹	—	2	
			大于6cm散布全匹	—	等外	
		格子织物	3~5cm散布全匹	—	2	
			大于5cm散布全匹	—	等外	

注 1. 自边缘起 1.5cm 及以内的疵点（有边线的指边线内缘深入布面 0.5cm 以内的边上疵点），在鉴别品等时不予考核，但边上破洞、破边、边上刺毛、边上磨损、漂白织物的针锈及边字疵点都应考核；若疵点长度延伸到边内时，应连边内部分一起量计。

2. 严重小跳花和不到结辫起点的小缺纱、小弓纱（包括纬停弓纱）、小辫子纱、小粗节、稀缝、接头洞和 0.5cm 以内的小斑疵明显影响外观者，在经向 20cm 范围内综合达4只，结辫1只；小缺纱、小弓纱、接头洞严重散布全匹者，应降为等外品。

3. 外观疵点中，若遇超出上述各项疵点规定的特殊情况，可按其对服用 的影响程度，参考类似疵点的结辫评等规定酌情处理。

4. 散布性外观疵点中，特别严重影响服用性能者，按质论价。

5. 优等品不得有 1cm 及以上的破洞、蛛网、轧梭，不得有严重纬档。

6. 边深浅评级按GB/T 24250—2009《机织物　疵点的描述　术语》执行。

（3）如因检验光线影响外观疵点的程度而发生争议时，以白昼正常北光下在检验机前方检验为准。

2. **验收规则**

（1）物理指标复试规定。原则上不复试，但有下列情况之一者，可进行复试：3匹平均合格，其中有2匹不合格，或3匹平均不合格，其中有2匹合格，可复试一次。

复试结果，3匹平均合格，其中2匹不合格，或其中2匹合格，3匹平均不合格，为不合格。

（2）实物质量、外观疵点的抽验，按同品种交货匹数的 4%进行检验，但不少于3匹。批量在 300 匹以上时，每增加50匹，加抽1匹（不足50匹的按50匹计）。抽验数量中，如发现实物质量、散布性外观疵点有 30%等级不符，外观质量判定为不合格；局部性外 观疵点百米漏检超过 2 只时，每只漏辩放尺20cm。

三、包装和标志

1. **包装**

（1）包装方法和使用材料，以坚固和适于运输为原则。

（2）每匹织品应正面向里对折成双幅或平幅卷在纸板或纸管上，并加放防蛀剂，用防潮材料或牛皮纸包好，纸外用绳扎紧。每匹一包。每包用布包装，缝头处加盖布，刷唛头。

（3）因长途运输而采用木箱时，木板厚度不低于1.5cm，木箱应干燥，箱内应衬防潮材料。

2. **标志**

（1）每匹织品应在反面里端加盖厂名梢印，外端加注织品的匹号、长度、等级标志。拼段组成时，拼段处加熨骑缝印。

（2）织品因局部性疵点结辩时，应在疵点左边结上线标，并在右布边对准线标用不褪色笔作一箭头。如疵点范围大于放尺范围时，则在右边针对疵点上下端用不褪色笔画两个相对的箭头。

（3）每包应吊硬纸牌一张，标明织品的具体信息，如：品名、品号、匹号、色号、幅宽、毛长、净长、结辩、段数、品等、匹重、降等原因、纤维含量、出厂年月和检验者等。

（4）织品出厂时的标志除需符合GB 5296.4—1998的要求外，每包包外应刷以下内容：制造厂名、品名、品号、净长、等级、色号、包号、净重。

（5）织品出产时可标注商标。

四、其他

品质要求中的某些项目，如供需双方另有要求，可按合约规定执行。

五、几项补充要求

（1）一等品实物质量封样：供需双方共同封样为交货验收时的实物依据。

（2）优等品不得复染。

（3）反面疵点按表12–1–4的注3要求掌握。

（4）物理指标中纤维含量按FZ/T 01053—2007《纺织品　纤维含量的标识》执行。

（5）同批同色号匹与匹之间色差4级；同一匹面料头与尾色差4级，边与中央色差4~5级；封样与大货的色差宜在合约中规定。

第二章　粗梳毛织品品质要求

本章重点介绍 FZ/T 24003—2006《粗梳毛织品》、FZ/T 24007—2010《粗梳羊绒织品》，各类服用的粗梳纯毛、羊绒、毛混纺及交织品的品质要求介绍如下。

一、技术要求

1. 技术要求

包括安全性要求、实物质量、内在质量和外观质量。

粗梳毛、绒织品安全性应符合相关国家强制性标准要求；实物质量包括 呢面、手感和光泽三项；内在质量包括幅宽偏差、平方米重量允差、静态尺寸变化率、纤维含量、起球、断裂强力、撕破强力和染色牢度等项指标；外观质量包括局部性疵点和散布性疵点两项。

2. 安全性要求

粗梳毛、绒织品的基本安全技术要求应符合GB 18401—2010《国家纺织品基本安全技术规范》的规定。

3. 分等规定

（1）粗梳毛、绒织品的质量等级分为优等品、一等品和二等品，低于二等品的降为等外品。

（2）粗梳毛、绒织品的品等以匹为单位，按实物质量、内在质量、外观质量三项检验结果评等，并以其中最低一项定等。三项中最低品等有两项及以上同时降为二等品的，则直接降为等外品。

注：织品净长每匹不短于12m，净长17m及以上 的可由 2 段 组 成，但最短的一段不短于5m。拼匹时两段织物应品等相同，色泽一致。

4. 实物质量评等

（1）实物质量系指织品的呢面、手感和光泽。凡正式投产的不同规格产品，应分别以优等品和一等品封样。对于来样加工，生产方应根据来样要求，建立封样，并经双方确认，检验时逐匹比照封样评等。

（2）符合优等品封样则为优等品。

（3）符合一等品封样则为一等品。

（4）明显差于一等品封样则为二等品。

（5）严重差于一等品封样则为等外品。

5. 内在质量评等

（1）内在质量的评等由物理指标和染色牢度综合评定，并以其中最低一项定等。

（2）物理指标按表12-2-1规定评等。

表12-2-1　物理指标的评等

项　目	FZ/T 24003—2006《粗梳毛织品》				FZ/T 24007—2010《粗梳羊绒织品》			
	优等品	一等品	二等品	备注	优等品	一等品	二等品	备注
幅宽偏差（cm）≥	−2.0	−3.0	−5.0	—	−2.0	−3.0	−5.0	—
平方米重量允差（%）	−4.0～+4.0	−5.0～+7.0	−14.0～+10.0	—	−4.0～+4.0	−5.0～+7.0	−14.0～+10.0	—
静态尺寸变化率（%）≥	−3.0	−3.0	−4.0	特殊产品指标可在合约中约定	−2.5	−3.0	−3.5	—
起球（级）≥	3～4	3	3	顺毛产品指标可在合约中约定	3～4	3	3	顺毛产品指标可在合约中约定
断裂强力（N）≥	157	157	157	—	147	127	110	—
撕破强力（N）≥	15.0	10.0	—	—	12.0	10.0	10.0	—
二氯甲烷可溶性物质（%）	1.7	1.7	2.0	—	1.7	1.7	2.0	—
脱缝程度（mm）≤	6.0	6.0	8.0	—	6.0	6.0	8.0	—
汽蒸尺寸变化率（%）	−1.0～+1.5	—	—	—	−1.5～+1.0	−1.5～+1.0	—	—
纤维含量（%）	按FZ/T 01053—2007《纺织品　纤维含量的标识》执行							

（3）染色牢度按表12-2-2规定评等。

表12-2-2　染色牢度的评等

项　目		优等品	一等品	二等品
耐光色牢度≥	≤1/12 标准深度（中浅色）	4	3	2
	>1/12 标准深度（深色）	4	4	3
耐水色牢度≥	色泽变化	4	3～4	3
	毛布沾色	3～4	3	3
	其他贴衬沾色	3～4	3	3

续表

项　　目		优等品	一等品	二等品
耐汗渍色牢度≥	色泽变化	4	3~4	3
	毛布沾色	4	3~4	3
	其他贴衬沾色	4	3~4	3
耐熨烫色牢度≥	色泽变化	4	4	3~4
	棉布沾色	4	3~4	3
耐摩擦色牢度≥	干摩擦	4	3~4	3
	湿摩擦	3~4	3	2~3
耐干洗色牢度≥	色泽变化	4	4	3~4
	溶剂变化	4	4	3~4

注　1.使用1/12深度卡判断面料的"中浅色"或"深色"。

　　　2."只可干洗"类产品可不考核耐洗色牢度。

　　　3.粗梳羊绒织品耐干洗色牢度中溶剂变化一等品为3~4级。

6. 外观质量评等

（1）外观疵点按其对服用的影响程度与出现状态不同，分局部性外观疵点与散布性外观疵点两种，分别予以结辫和评等。

（2）局部性外观疵点，按其规定范围结辫，每辫放尺 10cm。在经向 10cm 范围内不论疵点多少仅结辫一只。

（3）散布性外观疵点：缺纱、经档、色花、条痕、两边两端深浅、折痕、剪毛痕、纬档、厚薄段、轧梭、补洞痕、斑疵、磨损中有两项及以上最低品等同时为二等品时，则降为等外品。

（4）降等品结辫规定：

①二等品中除破洞、磨损、纬档、厚薄段、轧梭痕、补洞痕、斑疵和剪毛痕按规定范围结辫，其余疵点不结辫。

②等外品中除破洞、严重磨损、补洞痕、轧梭痕、斑疵、蛛网和纬档按规定范围结辫，其余疵点不结辫。

（5）局部性外观疵点基本上不开剪，但大于 2cm 的破洞、严重的磨损和破损性轧梭，严重影响服用的纬档，大于 10cm 的严重斑疵，净长 5m 的连续性疵点和 1m 内结辫 5 只者，应在工厂内剪除。

（6）平均净长 2m 结辫1只时，按散布性外观疵点规定降等。

（7）外观疵点结辫、评等规定见表 12–2–3。

表12-2-3 外观疵点结辫、评等要求

疵 点 名 称		疵 点 程 度	局部性结辫	散布性降等	备注
经向	纱疵、经档、条痕、局部狭窄、破边、错纹、边字残缺、针锈、荷叶边	明显 10～100cm	1	—	严重的油纱、色纱5cm为起点
		大于100cm，每100cm	1	—	
		明显散布全匹	—	2	
		严重散布全匹	—	等外	
	缺经	明显 5～100cm	1	—	
		大于 100cm，每100cm	1	—	
		明显散布全匹	—	等外	
	色花、两边两端深浅	明显 10～100cm	1	—	色花特别严重散布全匹者降为等外品；边深浅4级为二等品；3～4级及以下为等外品
		大于100cm，每100cm	1	—	
		明显散布全匹	—	2	
		严重散布全匹	—	等外	
	折痕、剪毛痕、跳花	明显 50cm 及以内	1	—	跳花每 50cm 范围内4只以上（包括4只）；折痕不到结辫程度，但散布全匹者降为二等品
		大于50cm，每50cm	1	—	
		明显散布全匹	—	等外	
纬向	纱疵、缺纬	明显 10cm 到全幅	1	—	缺纬和严重油纱、色纱 5cm为起点；明显缺纬散布全匹者降为等外品
		明显散布全匹	—	2	
		严重散布全匹	—	等外	
经纬向	纬档、厚薄段、轧梭、补洞痕、斑疵、磨损、大肚纱、稀缝、蛛网、钳损、条干不匀	明显 10cm 及以内	1	—	明显纬档优等品不允许；条干不匀，明显散布全匹者为二等品；严重散布全匹为等外品
		大于 10cm，每10cm	1	—	
		明显散布全匹	—	等外	

续表

疵 点 名 称		疵 点 程 度		局部性结辫	散布性降等	备注
经纬向	破洞	2cm 及以内		1	—	优等品不允许
		散布全匹		—	等外	
	草屑、死毛、色毛、毛粒夹花	明显散布全匹		—	2	
		严重散布全匹		—	等外	
	呢面歪斜	素色织物 5cm 起，格子织物 3cm 起，100cm 以内		1	—	优等品格子织物2cm起
		大于100cm，每 100cm		1	—	
		素色织物	5~7cm散布全匹	—	2	
			大于 7cm散布全匹	—	等外	
		格子织物	3~5cm散布全匹	—	2	
			大于 5cm散布全匹	—	等外	

注　1.自边缘起1.5cm 以内的疵点（有边线的指边线内缘深入布面0.5cm 以内的边上疵点），在鉴别品等时不予考核，但破边、边字残缺、明显的针锈仍应考核。

　　2.缺纱、油纱、色纱、跳花虽不到结辫起点，但在经向20cm 内综合达 4 只，影响外观结辫 1 只，如散布全匹者则降为等外品。

　　3.外观疵点中，若遇超出上述规定的特殊情况，可按其对服用的影响程度，参考类似疵点的结辫评 等规定酌情处理。

　　4.散布性外观疵点中，特别严重影响服用性能者，按质论价。

二、检验规则

1. 外观疵点的检验

（1）检验织品外观疵点时，应将其正面放在与垂直线成 15° 角的检验机台面上。 在北光下，检验者在检验机的前方进行检验，织品应穿过检验机的下导辊，以保证检验幅面和角度。在检验机上应逐匹量计幅宽，每匹不得少于3处，每台检验机上检验人员为2人。

（2）检验机规格：车速 14~18m/min；大滚筒轴心至地面的距离 210cm；斜面板长度 150cm；斜面板磨砂玻璃宽度40cm，磨砂玻璃内装日光灯：40W×2管~4管。

（3）如因检验光线影响外观疵点的程度而发生争议时，以白昼正常北光下在检验机前方检验为准。

2. 验收规则

（1）物理指标复试规定。原则上不复试，但有下列情况之一者，可进行复试：3匹平均合格，其中有2匹不合格，或3匹平均不合格，其中有2匹合格，可复试一次。

复试结果，3匹平均合格，其中2匹不合格，或其中2匹合格，3匹平均不合格，为不合格。

（2）实物质量、外观疵点的抽验，按同品种交货匹数的 4%进行检验，但不少于3匹。批量在 300 匹以上时，每增加50匹，加抽1匹（不足50匹的按50匹计）。抽验数量中，如发现实物质量、散布性外观疵点有 30%等级不符，外观质量判定为不合格；局部性外观疵点百米漏检超过 2 只时，每只漏辫放尺20cm。

三、包装和标志

1. 包装

（1）包装方法和使用材料，以坚固和适于运输为原则。

（2）每匹织品应正面向里对折成双幅或平幅卷在纸板或纸管上，并加放防蛀剂，用防潮材料或牛皮纸包好，纸外用绳扎紧。每匹一包。每包用布包装，缝头处加盖布，刷唛头。

（3）因长途运输而采用木箱时，木板厚度不低于1.5cm，木箱应干燥，箱内应衬防潮材料。

2. 标志

（1）每匹织品应在反面里端加盖厂名梢印，外端加注织品的匹号、长度、等级标志。拼段组成时，拼段处加熨骑缝印。

（2）织品因局部性疵点结辫时，应在疵点左边结上线标，并在右布边对准线标用不褪色笔作一箭头。如疵点范围大于放尺范围时，则在右边针对疵点上下端用不褪色笔画两个相对的箭头。

（3）每包应吊硬纸牌一张，标明织品的具体信息，如：品名、品号、匹号、色号、幅宽、毛长、净长、结辫、段数、品等、匹重、降等原因、纤维含量、出厂年月和检验者等。

（4）织品出厂时的标志除需符合GB 5296.4—1998《消费品使用说明　纺织品和服装使用说明》的要求外，每包包外应刷以下内容：制造厂名、品名、品号、净长、等级、色号、包号、净重。

（5）织品出产时可标注商标。

四、其他

品质要求中的某些项目，如供需双方另有要求，可按合约规定执行。

五、几项补充要求

（1）一等品实物质量封样：供需双方共同封样为交货验收时的实物依据。

（2）优等品不得复染。

（3）反面疵点按表 12–2–3的注3要求。

（4）物理指标中纤维含量按FZ/T 01053—2007《纺织品　纤维含量的标识》执行。

（5）同批同色号匹与匹之间色差4级；同一匹面料头与尾色差4级，边与中央色差4~5级；封样与大货的色差宜在合约中规定。

第三章　座椅用毛织品品质要求

本章重点介绍 FZ/T 24005—2010《座椅用毛织品》的品质要求。

一、技术要求

1. 技术要求

技术要求包括安全性要求、实物质量、内在质量和外观质量。

座椅用毛织品安全性应符合相关国家强制性标准要求；实物质量包括呢面、手感和光泽三项；内在质量包括幅宽偏差、平方米重量允差、静态尺寸变化率、纤维含量、起球、断裂强力、阻燃性能和染色牢度等项指标；外观质量包括局部性疵点和散布性疵点两项。

2. 安全性要求

座椅用毛织品的基本安全技术要求应符合GB 18401—2010《国家纺织品基本安全技术规范》的规定。

3. 分等规定

（1）座椅用毛织品的质量等级分为一等品、二等品，低于二等品的降为等外品。

（2）座椅用毛织品的品等以匹为单位，按实物质量、内在质量和外观质量三项检验结果评等，并以其中最低一项定等。三项中最低品等有两项及以上同时降为二等品的，则直接降为等外品。

4. 实物质量评等

（1）实物质量系指织品的呢面、手感和光泽。凡正式投产的不同规格产品，应以一等品封样。供需双方建立封样，并经双方确认，检验时逐匹比照封样评等。

（2）符合一等品封样则为一等品。

（3）明显差于一等品封样则为二等品。

（4）严重差于一等品封样则为等外品。

5. 内在质量评等

（1）内在质量的评等由物理指标和染色牢度综合评定，并以其中最低一项定等。

（2）物理指标按表12–3–1规定评等。

（3）染色牢度按表12–3–2规定评等。

6. 外观质量评等

（1）外观疵点按其对使用的影响程度与出现状态不同，分局部性外观疵点与散布性外观疵点两种，分别予以结辫和评等。

（2）精梳座椅用毛织品外观疵点结辫评等规定见表12–1–4。

（3）粗梳座椅用毛织品外观疵点结辫评等规定见表12-2-3。

表12-3-1 物理指标的评等

项　目		考核指标						备用
		航空航海类		列车汽车、商用类		家用类		
		一等品	二等品	一等品	二等品	一等品	二等品	
幅宽偏差（cm）≥		–3.0	–5.0	–3.0	–5.0	–3.0	–5.0	—
平方米重量允差（%）		–5.0～+7.0	–14.0～+10.0	–5.0～+7.0	–14.0～+10.0	–5.0～+7.0	–14.0～+10.0	
静态尺寸变化率（%）≥		–2.0	–2.5	–2.0	–2.5	–2.5	–3.0	纯毛产品允许放宽绝对值0.5个百分点、黏胶纤维含量超过50%的产品可按合约
起球（级）≥		3～4	3	3～4	3	3	2～3	—
断裂强力（N）≥	经向	600	500	600	500	400	350	—
	纬向	500	400	500	400	350	300	
耐磨（次）≥		40000	30000	40000	30000	30000	20000	—
脱缝程度（mm）≤		6	9	6	9	8	10	—
阻燃性能≤	续燃时间（s）	10		15		—		—
	损毁长度（mm）	150		200		—		—
纤维含量（%）		按FZ/T 01053—2007《纺织品　纤维含量的标识》执行						

表12-3-2 染色牢度的评等

项　目		考核指标					
		航空航海类		列车汽车、商用类		家用类	
		一等品	二等品	一等品	二等品	一等品	二等品
耐光色牢度≥	≤1/12 标准深度（浅色）	3	3	3	3	3	3
	>1/12 标准深度（深色）	4	3	4	3	4	3
耐水色牢度≥	变色	4	3～4	3～4	3	3～4	3
	沾色	4	3～4	3～4	3	3～4	3
耐汗渍色牢度≥	变色	4	3～4	3～4	3	3～4	3
	沾色	4	3～4	3～4	3	3～4	3
耐摩擦色牢度≥	干摩擦	4	3～4	3～4	3	3～4	3
	湿摩擦	3～4	3	3	2～3	3	2～3
耐洗色牢度≥	变色	4	3～4	3～4	3	3～4	3
	沾色	4	3～4	3～4	3	3～4	3

续表

项　目		考核指标					
		航空航海类		列车汽车、商用类		家用类	
		一等品	二等品	一等品	二等品	一等品	二等品
耐干洗色牢度≥	色泽变化	4	4	4	3~4	4	3~4
	溶剂变化	4	4	4	3~4	4	3~4

注 1.使用1/12深度卡判断面料的"浅色"或"深色"。

2."只可干洗"类产品可不考核耐洗色牢度。

3."手洗"和"可机洗"类产品可不考核耐干洗色牢度。

4.未注明"小心手洗"和"可机洗"类的产品耐洗色牢度按"可机洗"类执行。

（4）座椅用毛织品，以每匹平均10m结辫一只为限（不足10m按10m计），每辫放尺10cm。

（5）座椅用毛织品，每匹允许有一个拼段，最短一段不短于5m，拼段时应品等相同，拼凑两段色差不低于4级。

注　拼接两段色差按GB/T 24250—2009《机织物　疵点的描述　术语》执行。

二、检验规则

内容同第一章精梳毛织品品质要求中的"二、检验规则"。

三、包装和标志

内容同第一章精梳毛织品品质要求中的"三、包装和标志"。

第四章　弹性毛织品品质要求

本章重点介绍 FZ/T 24006—2006《弹性毛织品》的品质要求。

一、技术要求

1. 精梳弹性毛织品的技术要求

按照第一章精梳毛织品品质要求中的相关条款执行。其中物理性能的评等按照表12-4-1评定。

2. 粗梳弹性毛织品的技术要求

按照第二章粗梳毛织品品质要求中的相关条款执行。其中物理性能的评等按照12-4-2评定。

表12-4-1　精梳弹性毛织品物理性能指标

项　目			指标与允差		
			优等品	一等品	二等品
幅宽偏差（cm）≤			2	3	5
平方米质量偏差（%）≤			4.0	5.0	7.0
静态浸水尺寸变化率（%）≤			3.0	3.5	4.0
纤维含量（%）≤	毛混纺产品中羊毛纤维含量偏差		3.0	3.0	5.0
起球（级）≥	光面		3~4	3	2~3
	绒面		3	2~3	2
断裂强力（N）≥	高于等于80S/2或40S/1		147	147	147
	其他		196	196	196
汽蒸尺寸变化率（%）			±3	±3	±4
落水变形（级）≥			3	2~3	2~3
撕破强力（N）≥			15.0	10.0	10.0
脱缝程度（mm）≤			6.0	8.0	8.0
拉伸弹性	弹性伸长（%）[1]≥	未混用弹性纤维	经纬双向	10.0	8.0	≥8.0
			经或纬单向	12.0	10.0	≥10.0
		混用弹性纤维	经纬双向	15.0	13.0	≥13.0
			经或纬单向	20.0	18.0	≥18.0
	非回复性伸长[2]（%）≤		2	3	4

注　成品中功能性纤维含量低于10%时，其含量的减少应不高于标注含量的30%。

①弹性伸长：织物经一定负荷循环作用后的延伸量。

②非回复性伸长：织物经过一段时间伸长后，再恢复一段时间后的残余伸长。

表12-4-2　粗梳弹性毛织品物理性能指标

项　目			指标与允差			备注
			优等品	一等品	二等品	
幅宽偏差（cm）≤			2	3	5	—
平方米质量偏差（%）≤			4.0	5.0	8.0	—
静态浸水尺寸变化率（%）≤			3.5	4.0	4.5	特殊产品可按合约要求
纤维含量（%）≤	毛混纺产品中羊毛纤维含量偏差		4.0	4.0	6.0	
起球（级）≥	重缩绒		3~4	3	3	—
	轻缩绒及其他		3	2~3	2~3	—
断裂强力（N）≥			157.0	157.0	157.0	—
脱缝程度（mm）≤			8.0	10.0	10.0	—
汽蒸尺寸变化率（%）			± 3	± 3	± 3.5	
落水变形（级）≥			3	2~3	2~3	
撕破强力（N）≥	重缩绒		15.0	15.0	15.0	
	轻缩绒及其他		10.0	10.0	10.0	
拉伸弹性	弹性伸长[①]（%）≥	未混用弹性纤维	经纬双向	10.0	8.0	8.0	—
		经或纬单向	12.0	10.0	10.0	—
		混用弹性纤维	经纬双向	15.0	13.0	13.0	—
		经或纬单向	20.0	18.0	18.0	—
	非回复性伸长[②]（%）≤		3	3	4	—

注　成品中功能性纤维含量低于10%时，其含量的减少应不高于标注含量的30%。

①弹性伸长：织物经一定负荷循环作用后的延伸量。

②非回复性伸长：织物经过一段时间伸长后，再恢复一段时间后的残余伸长。

二、其他

其他有关检验规则、包装与标志等按照第一章精梳毛织品品质要求和第二章粗梳毛织品品质要求执行。

第五章　羊绒机织围巾、披肩品质要求

本章重点介绍了FZ/T 24011—2010《羊绒机织围巾、披肩》纯山羊绒和含山羊绒30%及以上的围巾、披肩，其他特种动物纤维纯纺或混纺的围巾、披肩的品质要求介绍如下。

一、技术要求

1. 技术要求

技术要求包括安全性要求、分等规定、内在质量和外观质量的评等。

2. 安全性要求

羊绒围巾、披肩的基本安全技术要求应符合GB 18401—2010《国家纺织品基本安全技术规范》的规定。

3. 分等规定

羊绒围巾、披肩的品等以条为单位，按内在质量和外观质量的检验结果中最低一项定等，分为一等品和合格品。

4. 内在质量评等

（1）内在质量按批评等。由物理指标和染色牢度综合评定，并以其中最低项定等。

（2）物理指标按表12–5–1规定评等。

表 12–5–1　物理指标要求

项　目	单　位	精　梳		粗　梳	
		一等品	合格品	一等品	合格品
水洗尺寸变化率	%	+3.0～–2.0	+4.0～–2.5	+4.0～–2.0	+5.0～–3.0
干洗尺寸变化率	%	+2.0～–2.0	+3.0～–2.0	+2.5～–3.5	+2.5～–4.5
单条重量偏差率	%	≤5	≤7	≤5	≤7
经向断裂强力	N	≥100		≥70	
纤维含量偏差	%	按FZ/T 01053—2007《纺织品　纤维含量的标识》标准执行			

注　1.尺寸变化率按照使用说明上标注的项目考核，使用说明上标注可水洗也可干洗的产品只考核水洗尺寸变化率。

2.半精梳产品按精梳产品考核。

3.精梳60公支或50g/m²以下薄型松结构等特殊产品的断裂强力按合约要求执行。

（3）染色牢度按表12–5–2规定评等。

表 12-5-2　染色牢度规定

项　　目		一等品	合格品
耐光（级）≥	＞1/12 标准深度（深色）	3~4	3
	≤1/12 标准深度（浅色）	4	3
耐洗（级）≥	变色	4	4
	沾色	3~4	3
耐水（级）≥	变色	4	3~4
	沾色	3~4	3
耐干洗（级）≥	变色	4~5	4
	沾色	4	3~4
耐干摩擦（级）≥	沾色		

表 12-5-2 (cont.)

项　　目			一等品	合格品
耐干摩擦（级）≥	沾色	浅色	3~4	3
		深色	3	3
耐湿摩擦（级）≥	沾色	浅色	3~4	3
		深色	3	3

注　1. 使用说明上标注不可水洗的产品不考核耐洗色牢度。

　　2. 使用说明上标注不可干洗的产品不考核耐干洗色牢度。

5. 外观质量的评等

（1）外观质量以件评等，以规格尺寸允许偏差和外观疵点综合评定，并以其中最低一项定等。

（2）规格尺寸允许偏差见表12-5-3。

表 12-5-3　规格尺寸允许偏差　　　　　　　　单位:cm

项　　目	规格尺寸	要　　求	
		一等品	合格品
规格尺寸偏差	长度≤60	+3.0 ~ −2.0	
	60＜长度＜90	+4.0 ~ −2.5	
	长度≥90	+5.0 ~ −4.0	
	宽度≤30	+1.5 ~ −1.0	
	30＜宽度＜70	+2.0 ~ −1.5	
	宽度≥70	+3.0 ~ −3.0	
对称边互差	长度≤60	≤2.0	≤3.0
	长度＞60	≤2.5	≤3.0
	宽度≤30	≤1.0	≤1.5
	宽度＞30	≤1.5	≤2.0
穗长互差	≤10	≤ ±1.0	
	＞10	≤ ±1.5	

注　1. 长度按对折量考核。

　　2. 披肩长、宽一致时按长度规定考核。

（3）外观疵点按表12-5-4规定评等，印花产品按表12-5-5规定评等。

表 12-5-4　外观疵点评等规定

项　目	允许范围及考核标准	
	一等品	合格品
异色毛	分散不明显	分散但明显
缺经、缺纬	不允许	允许经纬各一处
破洞、破边	不允许	不允许
条痕（起毛痕）折痕	平铺不明显	2处以上明显
经档、纬档	平铺不明显	平铺明显
薄厚档	不允许	不明显
白斑、色点	不允许	轻微明显
油污	不允许	不明显
修补痕、磨损	不明显	轻微明显
边不齐	不明显	经向无断纱
月牙边、荷叶边、条花、刺果痕	平铺不明显	比较明显
经纬斜	≤5%	≤5%
穗子不良	穗子整齐，粗细比较均匀	轻微不齐，轻微粗细不匀

注　1. 不明显指疵点比较轻微或模糊，检验员能隐约看到，一般消费者不易发现。

　　　2. 明显是指疵点本身有比较明显的界限，一般消费者都能看到。

表12-5-5　印花产品评等规定

项　目		允许范围及考核指标	
		一等品	合格品
对花不准（错位或露底）		不明显	明显
花型不对称（对称花型）		±1.0cm以内	较明显
多花（砂眼）		不影响花型整体效果	较明显
深浅版		不明显	较明显
脱浆		不明显	不明显
印透	精梳	允许	允许
	粗梳	不明显	较明显
糊花（溢浆、渗化）		不明显	轻微明显
色污、油污、脏污		不明显	轻微明显
花型整体变形		轻微变形	较明显
花型整体位置移位		不明显	较明显

（4）单色产品的色差。同一条产品的色差不低于4级，同批产品与确认样的色差不低于3~4级。同批产品条与条之间的色差不低于3级。

（5）缝制和熨烫。

①缝制线迹平直，无脱线、线头、跳针、漏针、浮针。

②绣花部位平复，不漏印迹。水洗尺寸变化率应与其他部位保持一致。

③装饰物（如烫贴、珠片、动物毛皮等）应固定牢固，不易脱落。

④熨烫平整，无极光、无死折痕。

二、检验规则

1. 抽样

（1）以相同原料、同一品种、同一品等的产品为一检验批。

（2）单件重量偏差率试验的样本抽取数量按批抽取3%（最低不低于10条），其他理化性能的抽样方案根据试验需求，一般不少于3条。

（3）外观质量抽样和判定执行GB/T 2828.1—2003《计数抽样检验程序 第1部分：按接受质量（AQL）检索的逐批检验抽样计划》中正常检验一次抽样方案、一般检验水平Ⅱ、接收质量限AQL=2.5，具体见表12–5–6规定。

表12–5–6 外观质量检验抽样方案

批量N	样本量n	合格判定数Ac	不合格判定数Re
9~15	3	0	1
16~25	5	0	1
26~50	8	0	1
51~90	13	1	2
91~150	20	1	2
151~280	32	2	3
281~500	50	3	4
501~1200	80	5	6
1201~3200	125	7	8
3201~10000	200	10	11

2. 判定

（1）按物理指标和染色牢度对批样样本进行内在质量的检测，所有检验项目符合对应品等要求的，为该批产品内在质量合格，否则为不合格。

（2）按规格尺寸允许偏差、外观疵点，印花产品规定、单色产品的色差及缝制和熨烫要求对批样样本进行外观质量的检验，符合对应品等要求的，为外观质量合格，否则为不合格。如果不合格样本数小于或等于12–5–6的Ac，判定为该批产品外观质量合格。如果不合格样本数大于或等于表12–5–6的Re，则判定为该批产品不合格。

（3）整批产品的综合质量判定按内在质量和外观质量抽样检验中的最低等评定。

三、使用说明、包装、运输和贮存

1. 使用说明

每一条围巾、披肩的使用说明按GB 5296.4—1998《消费品使用说明 纺织品和服装使用说明》和GB 18401—2010《国家纺织品基本安全技术规范》的规定执行。其中规格应以厘米为单位标注其外形几何尺寸。如长方形围巾、披肩标注长×宽（不包括穗长），三角围巾、披肩标注底边长×高（不包括穗长）。

2. 包装、运输、贮存

（1）内包装可采用塑料袋，外包装可采用纸盒或纸袋。

（2）运输和贮存包装采用纸箱，纸箱内应衬垫具有保护产品作用的纸板或其他防潮材料。纸箱盖、底封口应严密、牢固。

（3）包装件运输时，应防潮、防破损。

（4）包装件在仓库内堆放时，库房应干燥、通风。

（5）产品贮存时注意防蛀。

四、印花外观疵点说明

（1）对花不准（错位、露底）：在印制两套或两套以上印花织物上全部或部分花型中一个或几个颜色脱开或重合。

（2）花型不对称：对称花型产生的花型偏离中心线或某一边线。

（3）多花（砂眼）：感光胶膜的黏结性较差或网版使用时间长，导致感光胶脱落，形成形态相同的色斑。

（4）深浅版：印制时用力不匀或台版不平等造成织物得色深浅不匀。

（5）拖浆：色浆沾到或堆积在织物上。

（6）印透：刮刀压力大或刮印次数多造成织物反面印透。

（7）糊花（溢浆、渗化）：织物上呈现花纹轮廓不清，花型周边毛糙，不光洁，色与色之间互相渗溢，花型模糊或变粗，与原样不符。

（8）花型变形：印制时织物没有铺平整或印花前后坯件没有顺纹路整烫产生花型变形。

（9）花型整体位置移位：印花花型距边缘，部分印到穗子上或花型整体没有印在规定的位置内。

第六章 精梳毛针织绒线品质要求

本章介绍了FZ/T 71001—2003《精梳毛针织绒线》中精梳纯毛、毛混纺针织绒线及非毛纤维仿毛针织绒线的品质要求。

一、技术要求

1. 技术要求

技术要求包括安全性要求、分等规定、内在质量和外观质量的评等。

2. 安全性要求

精梳毛针织绒线的基本安全技术要求应符合GB 18401—2010《国家纺织品基本安全技术规范》的规定。

3. 分等规定

精梳毛针织绒线的品等以批为单位，按内在质量和外观质量的检验结果综合评定，并以其中最低一项定等，分为优等品、一等品、二等品，低于二等品者为等外品。

4. 内在质量评等

（1）内在质量评等以批为单位，按物理指标和染色牢度综合评定，并以其中最低项定等。

（2）物理指标按表12-6-1规定评等。

表12-6-1 物理指标评等

项 目		限 度	优等品	一等品	二等品	备注
纤维含量（%）	纯毛产品含毛量	—		100		按FZ/T 01053标准执行
	混纺产品纤维含量允许偏差（绝对百分比）	—		±3		成品中某一纤维含量低于10%时，其含量偏差绝对值应不高于标注含量的30%
大绞重量偏差率（%）		—		-2.0		—
线密度偏差率（%）		—	±2.0	±3.5	±5.0	—
线密度变异系数CV（%）		不高于	2.5	—		—
捻度变异系数CV（%）		不高于	10.0	12.0	15.0	—
单纱断裂强度（cN/tex）		不低于		4.5		27.8×2tex（36公支）及以下为4.0
强力变异系数CV（%）		不高于	10.0	—		—
起球（级）		不低于	3~4	3	2~3	
条干均匀度变异系数CV（%）		不高于	见表12-6-6	—		—

注 表中线密度、捻度、强力均为股纱考核指标。

（3）染色牢度按表12–6–2规定评等。

表12–6–2　染色牢度评等

项　目		限　度	优等品	一等品
耐光（级）	>1/12 标准深度（深色）	不低于	4	3~4
	≤1/12 标准深度（浅色）		3	3
耐洗（级）	色泽变化	不低于	3~4	3
	毛布沾色		4	3
	棉布沾色		3~4	3
耐汗渍/级	色泽变化	不低于	3~4	3~4
	毛布沾色		4	3
	棉布沾色		3~4	3
耐水/级	色泽变化	不低于	3~4	3
	毛布沾色		4	3
	棉布沾色		3~4	3
耐摩擦/级	干摩擦	不低于	4	3~4（深色3）
	湿摩擦		3	2~3

注　毛混纺产品，棉布沾色应改为与混纺产品中主要非毛纤维同类的纤维布沾色；非毛纤维纯纺或混纺产品毛布沾色应改为其他主要非毛纤维布沾色。

5. 外观质量的评等

外观质量的评等包括实物质量和外观疵点的评等。

（1）实物质量的评等：实物质量系指外观、手感、条干和色泽。实物质量评等以批为单位，检验时逐批比照封样进行评定，符合优等品的封样者为优等品；符合一等品封样者为一等品；明显差于一等品封样者为二等品；严重差于一等品封样者为等外品。

（2）外观疵点的评等：外观疵点的评等分为绞纱、筒子纱外观疵点评等和织片外观疵点评等。外观疵点的说明及量计方法见本章"五、几项有关规定"的"（5）"。

① 绞纱、筒子纱外观疵点评等：绞纱外观疵点评等以250g为单位，逐绞检验，按表12–6–3规定评等；筒子纱外观疵点评等以每个筒子为单位，逐筒检验，各品等均不允许成形不良、斑疵、色差、色花、错纱等疵点出现。

② 织片外观疵点评等：织片外观疵点评等以批为单位，每批抽取10大绞（筒），每绞（筒）用单根纬平针织成长度为20cm×30cm的织片，10绞（筒）连织成一片，按表12–6–4评等。织片定等规定，优等品中疵点限度，10块均不允许低于标样；一等品中疵点限度，较明显低于标样的不得超过3块。

表12-6-3 绞纱外观疵点的评等

疵点名称	优等品	一等品	二等品	备 注
结头	2个	4个	8个	—
断头	不允许	1个	3个	—
大肚纱	不允许	1个	3个	—
小辫纱、羽毛纱	1个	3个	5个	—
异形纱	不允许	1圈	3圈	—
异色纤维混入	不允许	不明显	轻微	—
毛片	不允许	2	4	—
草屑、杂质	不允许	不明显	轻微	—
斑疵	不允许	不明显	轻微	—
轧毛、毡并	不允许	不允许	轻微	—
异形卷曲	不允许	15cm以内轻微	25cm以内轻微	毛混纺及纯化纤产品
杆印	不允许	不明显	轻微	—
段松紧（逃捻）	不允许	不明显	轻微	—
露底	不允许	不明显	轻微	—
膨体不匀	不允许	不明显	轻微	化纤产品

表12-6-4 织片外观疵点评等

疵点名称	优等品	一等品	二等品
粗细节	不低于标样	不低于标样	较明显低于标样
紧捻纱	不允许	2处	5处
条干不匀	不低于标样	不低于标样	较明显低于标样
厚薄档	不低于标样	不低于标样	较明显低于标样
色花	不低于标样	不低于标样	较明显低于标样
色档	不低于标样	不低于标样	较明显低于标样
混色不匀	不低于封样	不低于封样	较明显低于封样
毛粒	不低于封样	不低于封样	较明显低于封样

注 表中的标样指一等品标样。

二、检验规则

1. 外观质量检验条件

（1）检验光源以天然北光为准，如采用灯光检验则用40W日光灯两支，上面加灯罩，灯管与检验物距离为80cm±5cm。

（2）织片为单根纬平针组织，针圈密度规格按表12-6-5规定。

表12-6-5　织片针圈密度规格

纱线		针型	横向（针/10cm）	纵向（列/10cm）	纱线		针型	横向（针/10cm）	纵向（列/10cm）
tex	公支				tex	公支			
50×2	20/2	9~11针	56±3	72±4	23.8×2	42/2	12~14针	74±4	104±5
38.5×2	26/2		62±3	82±4	20.8×2	48/2		80±4	110±5
31.2×2	32/2		68±3	92±4	17.9×2	52/2		84±4	118±5
27.8×2	36/2		72±3	100±4	16.7×2	60/2		92±4	130±5

注　未列入表内的纱线参考相近的支数织片。

2. 验收规则

（1）收方应在进货时按本品质标准进行验收。

（2）供方应向收方提供内在质量试验报告，如收方需要时，可按本标准规定的试验方法进行试验。

（3）收供双方按公定回潮率折算针织绒线的公定重量，重量偏差率按供需双方合约规定执行。

（4）交付验收的外观质量抽样数量按批至少为1%（不少于25kg），需在不同部位、不同色号中随机抽取。不符品等率应不超过5%。

3. 批量检验结果的判定

（1）内在质量按物理指标和染色牢度的检验结果综合评定，判定该批产品的内在质量合格与否（其中染色牢度按不同色号分别判定）。

（2）外观质量按外观实物质量和外观疵点综合评定。外观质量不符品等率在5%及以下者，判定该批产品外观质量合格；不符品等率在5%以上者，判定该批产品外观质量不合格。

（3）按内在质量和外观质量的检验结果综合评定，并以最低项判定该批产品合格与否。

4. 复验

验收发生异议时，可复验，复验的试验数量应加倍，复验结果是最终结果。

三、包装、标志

1. 包装

（1）针织绒线的包装应保证其品质不受损伤，并适于运输和储存。

（2）每一包装内应为同一品种、品等、批号、缸号的针织绒线。

2. 标志

（1）针织绒线的标志按GB 5296.4—1998《消费品使用说明　纺织品和服装使用说明》执行。其中分类、命名及编号按FZ/T 20015.6—1998《毛纺产品分类、命名及编号　绒线》执行；纤维含量标注按FZ/T 01053—2007《纺织品　纤维含量的标识》执行。

（2）每大绞针织绒线应贴检验合格证、缸号证各一张；小包上应注明品号、色号、缸号、品等、重量等。

（3）每只筒子纱应有标签，标签上应注明品名、品号、批号、色（缸）号等。

（4）针织绒线的外包装应有如下标志：品名、品号、批号、包号（箱号）、色号、缸号、品等、重量、原料纤维含量、生产企业名称、生产日期等。

四、其他

供需双方另有要求，则按合约规定执行。

五、几项有关规定

（1）外观实物质量封样及疵点封样指生产部门自定的生产封样或供需双方共同确认的产品封样。

（2）色差、缸差按色卡或标样检验，对照GB/T 250—2008《纺织品 色牢度实验 评定变色用灰色样卡》，不低于3~4级，同一批偏一个方向掌握。

（3）纺织材料公定回潮率按GB 9994—2008《纺织材料公定回潮率》执行。

（4）条干均匀度变异系数（CV, %）优等品考核指标见表12-6-6。

表12-6-6 条干均匀度变异系数（CV, %）优等品考核指标

纱线	tex	62.5	50	45.5	38.5	33.3	31.2	27.8	23.8	20.8	19.2	16.7	14.3	12.5
	公支	16	20	22	26	30	32	36	42	48	52	60	70	80
单纱CVI（%）		15.3	16.1	16.3	16.8	17.2	17.4	17.8	18.4	19.0	19.5	20.4	22.1	23.7
股线CVI（%）		10.9	11.5	11.6	12.0	12.3	12.4	12.7	13.1	13.6	13.9	14.6	15.8	16.7

（5）外观疵点说明及量计方法。

① 斑疵：纱线局部沾有污渍。包括黄斑、白斑、色斑、锈渍、油渍、胶糊渍等。

② 毛片、小辫纱、多股、缺股、双纱、紧捻纱、泡泡纱、弓纱、轧毛、毡并、段松紧、草屑、色花、毛粒等疵点说明，按GB/T 5706—1995（2004）《纺织名词术语（毛部分）》执行。

③ 大肚纱：局部纱线直径粗于正常纱两倍以上，形成枣核状者。

④ 羽毛纱：由于飞毛夹入，纱线表面形成羽状者。

⑤ 异形纱：包括多股、缺股、双纱、松紧纱、泡泡纱、弓纱、卷捻纱等。异形纱不满一圈者按一圈计。

⑥ 卷捻纱：合股捻度局部过紧，形成卷曲状者。

⑦ 杂质：如皮屑、丙纶丝等。

⑧ 异形卷曲：由于化纤纺纱后定形不良，染色后产生局部集中卷曲。

⑨ 杆印：染色时杆距调节不当或其他因素造成纱线与染杆接触处有上色不良或压印。

⑩ 异色纤维混入：其他颜色纤维混入纱线。

⑪ 露底：素色的混纺绒线，单元纤维色泽深浅不一。

⑫ 膨体不匀：化纤膨体纱局部显体不匀。

⑬ 色档：在织片上呈现色泽不一的档子。

⑭ 混色不匀：不同颜色纤维混合不匀。

⑮ 条干不匀：纱线条干短片段粗细不匀，织片后出现深浅不一的云斑。

⑯ 厚薄档：纱线条干长片段不匀，粗细差异过大，织片后形成明显的厚薄片段。

⑰ 色差：纱线的色泽有差异。

⑱ 结头个数：优、一等品一小绞内的结头数不得超过大绞所允许数之半。

（6）代表性产品的技术条件见表12-6-7。

表12-6-7　精梳毛针织绒线部分代表性产品的技术条件

品　号		2248	2236	2132	2119	2626	2730	2813
大绞组成	小绞数	2	2	2	2	2	2	5
	小绞圈数	1754	1316	1170	694	1016	1172	203
圈长（cm）		171	171	171	171	160	160	160
大绞重量（g）		250	250	250	250	250	250	250
捻度（捻/m）	单纱	450	415	400	300	340	340	245
	合股	250	230	220	190	220	200	185

第七章 粗梳毛针织绒线品质要求

本章介绍了FZ/T 71002—2003《粗梳毛针织绒线》中粗梳纯毛、毛混纺针织绒线及非毛纤维仿毛针织绒线的品质要求。

一、技术要求

1. 技术要求

技术要求包括安全性要求、分等规定、内在质量和外观质量的评等。

2. 安全性要求

粗梳毛针织绒线的基本安全技术要求应符合GB 18401—2010《国家纺织品基本安全技术规范》的规定。

3. 分等规定

粗梳毛针织绒线的品等以批为单位，按内在质量和外观质量的检验结果综合评定，并以其中最低一项定等，分为优等品、一等品、二等品，低于二等品者为等外品。

4. 内在质量评等

（1）内在质量评等以批为单位，按物理指标和染色牢度综合评定，并以其中最低项定等。

（2）物理指标按表12-7-1规定评等。

表12-7-1 物理指标评等

项 目		限 度	优等品	一等品	二等品	备 注
纤维含量（%）	纯毛产品含毛量	—		100		按FZ/T 01053标准执行
	混纺产品纤维含量允许偏差（绝对百分比）			± 3		成品中某一纤维含量低于10%时，其含量偏差绝对值应不高于标注含量的30%
线密度偏差率（%）		—	± 3.0	± 4.0	± 5.5	83.3tex及以上放宽1%
线密度变异系数CV（%）	单纱	不高于	4.5	6.0	8.0	—
	股线		3.5	5.0	7.0	
捻度偏差率（%）	股线	—	± 5.0	± 7.0	± 10.0	单纱放宽2%
捻度变异系数CV（%）	单纱	不高于	12.0	15.0	17.5	—
	股线		10.0	12.0	16.0	

续表

项　目		限　度	优等品	一等品	二等品	备　注
单纱断裂强度（cN/tex）	单纱	不低于	2.2			—
	股线		2.5			
强力变异系数 CV（%）	单纱	不高于	13.5	—		—
	股线		12.0			
起球（级）		不低于	3~4	3	2~3	
含油脂率（%）		不高于	1.5		—	散毛染色纱和本白纱见注

注　1. 散毛染色纱和本白纱考核洗后含油脂率。实际含油脂率超过3%时按以下公式折公量：

$$公量(kg)=\frac{实际重量(kg)\times\left[1+公定回潮率(\%)\right]}{1+实际回潮率(\%)}\times\left\{1+\left[规定含油率(\%)-实际含油率(\%)\right]\right\}$$

2. 表中线宽度、捻度、强力均为股线考核指标。

（3）染色牢度按表12-7-2规定评等。

表12-7-2　染色牢度评等

项　目		限　度	优等品	一等品
耐光（级）	＞1/12 标准深度（深色）	不低于	4	3~4
	≤1/12 标准深度（浅色）		3	3
耐洗（级）	色泽变化	不低于	3~4	3
	毛布沾色		4	3
	棉布沾色		3~4	3
耐汗渍（级）	色泽变化	不低于	3~4	3~4
	毛布沾色		4	3
	棉布沾色		3~4	3
耐水（级）	色泽变化	不低于	3~4	3
	毛布沾色		4	3
	棉布沾色		3~4	3
耐摩擦（级）	干摩擦	不低于	4	3~4（深色3）
	湿摩擦		3	2~3

注　毛混纺产品，棉布沾色应改为与混纺产品中主要非毛纤维同类的纤维布沾色；非毛纤维纯纺或混纺产品毛布沾色应改为其他主要非毛纤维布沾色。

5. 外观质量的评等

外观质量的评等包括实物质量和外观疵点的评等。

（1）实物质量的评等：实物质量系指外观、手感、条干和色泽。实物质量评等以批为单位，检验时逐批比照封样进行评定，符合优等品的封样者为优等品；符合一等品封样者为一等品；明显差于一等品封样者为二等品；严重差于一等品封样者为等外品。

（2）外观疵点的评等分为绞纱、筒子纱外观疵点评等和织片外观疵点评等。外观疵点的说明及量计方法见本章"五、几项有关规定"的"（4）"。

① 绞纱、筒子纱外观疵点评等：绞纱外观疵点评等以250g为单位，逐绞检验，按表12–7–3规定评等；筒子纱外观疵点评等以每个筒子为单位，逐筒检验，各品等均不允许成形不良、斑疵、色差、色花、错纱等疵点出现。

表12–7–3　绞纱外观疵点评等

疵点名称	优等品	一等品	二等品
结头	2个	4个	8个
断头	不允许	1个	3个
斑疵	不允许	不明显	轻微
大肚纱	不允许	1个	3个
异形纱	不允许	1圈	4圈
毡并	不允许	不明显	轻微

② 织片外观疵点评等：织片外观疵点评等以批为单位，每批抽取10筒子（大绞），每筒（绞）用单根纬平针织成长度为20cm×40cm的织片，10筒（绞）连织成一片，按表12–7–4评等；织片定等规定，优等品中疵点限度，10块均不允许低于标样，一等品中疵点限度，较明显低于标样的不得超过3块（其中厚薄档不超过2处，紧捻纱不得超过2块），不允许较明显色档出现。

表12–7–4　织片外观疵点评等

疵点名称	优等品	一等品	二等品
粗细节	不低于标样	不低于标样	较明显低于标样
紧捻纱	不允许	2处	5处
大肚纱	不允许	1个	3个
条干不匀	不低于标样	不低于标样	较明显低于标样
厚薄档	不允许	不低于标样	较明显低于标样
色花	不允许	不低于标样	较明显低于标样
色档	不允许	不低于标样	较明显低于标样
混色不匀	不允许	不低于封样	较明显低于封样
毛粒、杂质	不低于封样	不低于封样	较明显低于封样

注　表中的标样指一等品标样。

二、检验规则

1. 外观质量检验条件

（1）检验光源以天然北光为准，如采用灯光检验则用40W日光灯两支，上面加灯罩，灯管与检验物距离为80cm±5cm。

（2）织片为单面纬平针组织，针圈密度规格按表12–7–5规定。

表12–7–5　织片针圈密度规格

纱线		针型	横向（针/10cm）	纵向（列/10cm）
tex	公支			
125×2~100×2	8/2~10/2	5~6针	30±3	40±4
83.3×2~62.5×2	12/2~16/2	6~8针	36±3	54±4
55.6×2~45.5×2	18/2~22/2	9~10针	44±3	64±4
41.7×2~35.7×2	24/2~28/2	11~12针	52±3	74±4
83.3~62.5	12/1~16/1	11~12针	54±3	76±4

注　未列入表内的纱线参考相近的支数织片。

2. 验收规则

（1）收方应在进货时按本品质标准进行验收。

（2）供方应向收方提供内在质量试验报告，如收方需要时，可按本标准规定的试验方法进行试验。

（3）收供双方按公定回潮率和规定含油脂率折算针织绒线的公量（见表12–7–1注1），重量偏差率按供需双方合约规定执行。

（4）交付验收的外观质量抽样数量按批至少为1%（不少于25kg），需在不同部位、不同色号中随机抽取。不符品等率应不超过5%。

3. 批量检验结果的判定

（1）内在质量按物理指标和染色牢度的检验结果综合评定，判定该批产品的内在质量合格与否（其中染色牢度按不同色号分别判定）。

（2）外观质量按外观疵点的检验结果评定。外观质量不符品等率在5%及以下者，判定该批产品外观质量合格；不符品等率在5%以上者，判定该批产品外观质量不合格。

（3）按内在质量和外观质量的检验结果综合评定，并以最低项判定该批产品合格与否。

4. 复验

验收发生异议时，可复验，复验的试验数量应加倍，复验结果是最终结果。

三、包装、标志

1. 包装

（1）针织绒线的包装应保证其品质不受损伤，并适于运输和储存。

（2）每一包装内应为同一品种、品等、批号、缸号的针织绒线。

2. **标志**

（1）粗梳毛针织绒线的标志按GB 5296.4—1998《消费品使用说明　纺织品和服装使用说明》执行。其中分类、命名及编号按FZ/T 20015.6—1998《毛纺产品分类、命名及编号　绒线》执行；纤维含量标注按FZ/T 01053—2007《纺织品　纤维含量的标识》执行。

（2）每只筒子纱应有标签，标签上应注明品名、品号、批号、色（缸）号等。

（3）每大绞针织绒线应贴检验合格证、缸号证各一张；小包上应注明品号、色号、缸号、品等、重量等。

（4）针织绒线的外包装应有如下标志：品名、品号、批号、包号（箱号）、色号、缸号、品等、重量、原料纤维含量、生产企业名称、生产日期等。

四、其他

供需双方另有要求，则按合约规定执行。

五、几项有关规定

（1）外观疵点封样指生产部门自定的生产封样或供需双方共同确认的产品封样。

（2）色差、缸差按色卡或标样检验，对照GB/T 250—2008《纺织品　色牢度实验　评定变色用灰色样卡》，不低于3~4级，同一批偏一个方向掌握。

（3）纺织材料公定回潮率按GB 9994—2008《纺织材料公定回潮率》执行。

（4）外观疵点说明及量计方法。

① 斑疵：纱线局部沾有污渍。包括黄斑、白斑、色斑、锈渍、油渍、胶糊渍等。

② 多股、缺股、双纱、紧捻纱、弓纱、毡并、色花、毛粒等疵点说明按GB/T 5706—1985（2004）《纺织名词术语（毛部分）》执行。

③ 大肚纱：局部纱线直径粗于正常纱三倍以上，形成枣核状者。

④ 羽毛纱：由于飞毛夹入，纱线表面形成羽状者。

⑤ 异形纱：包括多股、缺股、双纱、松紧纱、弓纱等以绞纱半圈为一处，累计计算。

⑥ 色档：在织片上呈现色泽不一的档子。

⑦ 混色不匀：不同颜色纤维混合不匀。

⑧ 粗细节、紧捻纱：3cm为一处。

⑨ 条干不匀：纱线条干短片段粗细不匀，织片后出现深浅不一的云斑。

⑩ 厚薄档：纱线条干长片段不匀，粗细差异过大，织片后形成明显的厚薄片段。

⑪ 色差：纱线的色泽有差异。

⑫ 结头个数：优、一等品一小绞内的结头数不得超过大绞所允许数之半。

⑬ 错纱：筒子纱纱线用错。包括错支、错捻、错批、错原料等。

第八章　精梳编结绒线品质要求

本章介绍了FZ/T 71004—2003《精梳编结绒线》中精梳纯毛、毛混纺编结绒线及非毛纤维仿毛编结绒线的品质要求。

一、技术要求

1. 技术要求

技术要求包括安全性要求、分等规定、内在质量和外观质量的评等。

2. 安全性要求

精梳毛针织绒线的基本安全技术要求应符合GB 18401—2010《国家纺织品基本安全技术规范》的规定。

3. 分等规定

精梳毛编结绒线的品等以大绞（250g）或每一包装团绒（500g）为单位，按内在质量和外观质量的检验结果综合评定，并以其中最低一项定等，分为优等品、一等品、二等品，低于二等品者为等外品。

4. 内在质量评等

（1）内在质量评等以批为单位，按物理指标和染色牢度综合评定，并以其中最低项定等。

（2）物理指标按表12–8–1规定评等。

（3）染色牢度按表12–8–2规定评等。

表12–8–1　物理指标的评等

项　　目		限度	优等品	一等品	二等品	备注
纤维含量（%）	纯毛产品含毛量	—		100		按FZ/T 01053标准执行
	混纺产品允许偏差（绝对百分比）	—		± 3		成品中某一纤维含量低于10%时，其含量偏差绝对值应不高于标注含量的30%
重量偏差率（%）	大绞			–2.0		
	团绒			–1.0		50g重团绒最轻不得低于48g
圈长偏差率（%）				–3.0	–5.0	
圈数偏差（圈）	粗绒线			–1	–3	
	细绒线			–2	–5	
捻度偏差率（%）		—	± 4.0	± 6.0	± 9.0	
起球（级）		不低于	3~4	3	2~3	
绞纱强力（N）（kgf）	粗绒线	不低于		294（30）		
	细绒线			118（12）		

表12-8-2 染色牢度评等

项 目		限 度	优等品	一等品
耐光（级）	＞1/12 标准深度（深色）	不低于	4	3~4
	≤1/12 标准深度（浅色）		3	3
耐洗（级）	色泽变化	不低于	3~4	3
	毛布沾色		4	3
	棉布沾色		3~4	3
耐汗渍（级）	色泽变化	不低于	3~4	3~4
	毛布沾色		4	3
	棉布沾色		3~4	3
耐水（级）	色泽变化	不低于	3~4	3
	毛布沾色		4	3
	棉布沾色		3~4	3
耐摩擦（级）	干摩擦	不低于	4	3~4（深色3）
	湿摩擦		3	2~3

注　毛混纺产品，棉布沾色应改为与混纺产品中主要非毛纤维同类的纤维布沾色；非毛纤维纯纺或混纺产品毛布沾色应改为其他主要非毛纤维布沾色。

5. 外观质量的评等

外观质量的评等包括实物质量和外观疵点的评等。

（1）实物质量的评等：实物质量系指外观、手感、条干和色泽。实物质量评等以批为单位，检验时逐批比照封样进行评定，符合优等品的封样者为优等品；符合一等品封样者为一等品；明显差于一等品封样者为二等品；严重差于一等品封样者为等外品。

（2）外观疵点的评等：外观疵点评等分为绞线外观疵点评等和团绒外观疵点评等。外观疵点的说明及量计方法见本章"五、几项有关规定"的"（5）"。

① 绞线外观疵点评等以大绞（250g）为单位，逐绞检验，按表12-8-3规定评等。

② 团绒外观疵点在绞线外观疵点评等的基础上，以每一包装团绒（500g）为单位，逐包（团）检验，参照表12-8-3规定评定。团绒的成形应该良好，外观不允许有接头、斑疵、色差、色花等疵点出现。

表12-8-3 绞线外观疵点的评等

疵点名称	优等品	一等品	二等品	备 注
结头	不允许	3个	6个	—
纱疵	不允许	不允许	5圈	—
毛片	不允许	3个	6个	—
毛粒、草屑	不允许	不明显	轻微	—

疵点名称	优等品	一等品	二等品	备　　注
斑疵	不允许	不明显	轻微	—
轧毛、毡并	不允许	不明显	轻微	—
卷曲纱	不低于标样	不低于标样	较明显低于标样	—
色花、露底、夹花	不低于标样	不低于标样	较明显低于标样	—
段松紧（逃捻）	不允许	不明显	轻微	—
膨体不良	不允许	不明显	轻微	化纤产品

注　1. 表中的标样指一等品标样。

　　2. 表中未列的外观疵点可参照类似的疵点评等。

二、检验规则

1. 外观质量检验条件

检验光源以天然北光为准，如采用灯光检验则用40W日光灯两支，上面加灯罩，灯管与检验物距离为80cm±5cm。

2. 验收规则

（1）收方应在进货时按本品质标准进行验收。

（2）供方应向收方提供内在质量试验报告，如收方需要时，可按本标准规定的试验方法进行。

（3）交付验收的外观质量抽样数量按批至少为1%（不少于25kg），需在不同部位、不同色号中随机抽取。不符品等率应不超过5%。

3. 批量检验结果的判定

（1）内在质量按物理指标和染色牢度的检验结果综合评定，判定该批产品的内在质量合格与否（其中染色牢度按不同色号分别判定）。

（2）外观质量按外观实物质量和外观疵点综合评定。外观质量不符品等率在5%及以下者，判定该批产品外观质量合格；不符品等率在5%以上者，判定该批产品外观质量不合格。

（3）按内在质量和外观质量的检验结果综合评定，并以最低项判定该批产品合格与否。

4. 复验

验收发生异议时，可复验，复验的试验数量应加倍，复验结果是最终结果。

三、包装、标志

1. 包装

（1）精梳编结绒线的包装应保证其品质不受损伤，并适于运输和储存。

（2）每一包装内应为同一品种、品等、批号、缸号的编结绒线。

2. 标志

（1）精梳编结绒线的标志按GB 5296.4—1998《消费品使用说明　纺织品和服装使用说明》执行。其中分类、命名及编号按FZ/T 20015.6—1998《毛纺产品分类、命名及编号　绒线》执行；纤维含量标注按FZ/T 01053—2007《纺织品　纤维含量的标识》执行。

（2）每大绞针织绒线应贴商标和检验合格证各一张；小包上应注明品号、色号、缸号、品等、重量等。

（3）精梳编结绒线的外包装应有如下标志：品名、品号、批号、包号（箱号）、色号、缸号、品等、重量、原料纤维含量、生产企业名称、生产日期等。

四、其他

供需双方另有要求，则按合约规定执行。

五、几项有关规定

（1）外观实物质量封样指生产部门自定的生产封样或供需双方共同确认的产品封样。

（2）色差、缸差按色卡或标样检验，对照GB/T 250—2008《纺织品　色牢度试验　评定变色用灰色样卡》，不低于3~4级，同一批偏一个方向掌握。

（3）纺织材料公定回潮率按GB 9994—2008《纺织材料公定回潮率》执行。

（4）细绒线、粗绒线的区分按FZ/T 20015.6—1998《毛纺产品分类、命名及编号　绒线》执行。

（5）外观疵点说明及量计方法。

① 结头：结头不允许集中在一小绞（一团）上，一小绞（一团）内不允许有2个结头。

② 斑疵：纱线局部沾有污渍。包括黄斑、白斑、色斑、锈渍、油渍、胶糊渍等。一等品不允许有锈渍。

③ 纱疵：包括多股、缺股、双纱、泡泡纱、弓纱、大肚纱、小辫纱、羽毛纱等。纱疵不满一圈者按一圈计；小辫纱一等品不得超过一只；二等品不允许有缺股。

④ 毛片、多股、缺股、双纱、泡泡纱、弓纱、小辫纱、轧毛、毡并、色花、卷曲纱、段松紧、毛粒、草屑、膨体不良等疵点说明按GB/T 5706—1985（2004）《纺织品名词术语（毛部分）》执行。

⑤ 大肚纱：局部纱线直径粗于正常纱两倍以上，形成枣核状者。

⑥ 羽毛纱：由于飞毛夹入，纱线表面形成羽状者。

⑦ 露底：素色的混纺绒线，纤维组分色泽深浅不一。

⑧ 夹花：纤维染色性能不同，随机造成单纱或股线颜色差异。

⑨ 色差：绒线的色泽有差异。

⑩ 色花有争议时可采用织片检验，用单根纬平针织成长宽为50cm×30 cm的织片，对照标样进行评定。织片密度为：粗绒线横向（22±2）针/10cm；纵向（28±2）列/10cm；细绒线　横向（30±2）针/10cm；纵向（42±3）列/10cm。

（6）代表性产品的技术条件见表12-8-4。

表12-8-4　精梳编结绒线部分代表性产品的技术条件

品　　号		116	219	272	285	668	773	811	880
大绞组成	小绞数	5	5	5	5	5	5	5	5
	小绞圈数	116	138	50	58	48	50	100	56
圈长（cm）		173	173	180	180	180	180	173	180
大绞重量（g）		250	250	250	250	250	250	250	250
捻度（捻/m）	单纱	160	170	100	100	100	100	155	120
	合股	240	240	160	160	155	155	210	160

第九章　羊绒针织绒线品质要求

本章介绍了FZ/T 71006—2009《羊绒针织绒线》中精、粗梳纯羊绒针织绒线和含羊绒30%及以上的羊绒混纺针织绒线的品质要求。

一、技术要求

1．安全性要求

羊绒针织绒线的基本安全技术要求应符合GB 18401—2010《国家纺织品基本安全技术规范》的规定。

2．分等规定

羊绒针织绒线的品等以批为单位，按内在质量和外观质量的检验结果综合评定，并以其中最低一项定等，分为优等品、一等品、二等品，低于二等品者为等外品。

3．内在质量评等

（1）内在质量评等以批为单位，按物理指标和染色牢度综合评定，并以其中最低一项定等。

（2）物理指标按表12–9–1规定评等。

表12-9-1　物理指标评等

项目	限度	精梳			粗梳			备注
		优等品	一等品	二等品	优等品	一等品	二等品	
纤维含量允差（%）	—	按FZ/T 01053执行						
羊绒纤维平均细度（μm）	≤	15.5	—		15.5	—		只考核纯羊绒产品
线密度偏差率（%）	—	± 2.0	± 3.0	± 5.0	± 2.5	± 3.5	± 5.5	考核股纱
线密度变异系数CV (%)	≤	3.0	—		4.0	4.5	5.5	
捻度偏差率（%）	—	± 6.0			± 8.0			
捻度变异系数CV (%)	≤	8.5	10.0	12.5	10.0	12.5	17.5	
单根纱线平均断裂强度（cN/tex）	≥	5.5[a] / 4.0[b]			3.0[c] / 2.5[d]			
强力变异系数CV (%)	≤	10.0			12.5			
起球（级）	≥	3~4	3	2~3	3~4	3	2~3	—

续表

项目	限度	精梳			粗梳			备注
		优等品	一等品	二等品	优等品	一等品	二等品	
含油脂率（%）	≤	1.5		—	1.5		—	见注e

a 线密度≤20.8tex×2（≥48公支/2）的考核指标。

b 线密度>20.8tex×2（<48公支/2）的考核指标。

c 线密度≤38.5tex×2（≥26公支/2）的考核指标。

d 线密度>38.5tex×2（<26公支/2）的考核指标。

e 粗梳本白纱和散毛染色纱考核洗后含油脂率。实际含油脂率超过2%时，按以下公式折公量：

$$公量(kg)=\frac{实际重量(kg)\times[1+公定回潮率(\%)]}{1+实际回潮率(\%)}\times\left\{1+\left[规定含油率(\%)-实际含油率(\%)\right]\right\}$$

（3）染色牢度按表12–9–2规定评等。

表12–9–2　染色牢度评等

项　　目		限　　度	优等品	一等品、二等品
耐光（级）	>1/12 标准深度（深色）	不低于	4	4
	≤1/12 标准深度（浅色）		3	3
耐洗（级）	色泽变化	不低于	3~4	3
	毛布沾色		4	4
	棉布沾色		3~4	3
耐汗渍（级）	色泽变化	不低于	3~4	3~4
	毛布沾色		4	3
	棉布沾色		3~4	3
耐水（级）	色泽变化	不低于	3~4	3
	毛布沾色		4	3
	棉布沾色		3~4	3
耐摩擦（级）	干摩擦	不低于	4	3~4（深色3）
	湿摩擦		3	3

4. 外观质量的评等

外观疵点的评等分为绞纱、筒子纱外观疵点评等和织片外观疵点评等。外观疵点的说明及量计方法见本章"五、几项有关规定"的"（4）"。

（1）绞纱、筒子纱外观疵点评等：绞纱外观疵点评等以250g为单位，逐绞检验，按表12–9–3规定评等；筒子纱外观疵点评等以每个筒子为单位，逐筒检验。各品等不允许成形不良、斑疵、色差、色花、错纱等疵点出现。

（2）织片外观疵点评等：织片外观疵点评等以批为单位，每批抽取10大绞（筒），每绞（筒）用单根纬平针织成长宽为20cm×40cm的织片，10绞（筒）连织成一片，按表12-9-4评等；织片定等规定，优等品中疵点限度，10块均不允许低于封样，一等品疵点限度，较明显低于封样的不得超过3块。

表12-9-3　绞纱外观疵点的评等

疵点名称	优等品	一等品	二等品
结头	2个	4个	8个
断头	不允许	1个	3个
斑疵	不允许	不允许	轻微
大肚纱	不允许	1个	3个
异形纱	不允许	1处	4处
毡并	不允许	不允许	轻微

表12-9-4　织片外观疵点评等

疵点名称	优等品	一等品	二等品	备　注
粗细节	不低于封样	不低于封样	较明显低于封样	比照封样
松紧捻纱	不允许	2处	5处	
大肚纱	不允许	1个	3个	
条干不匀	不低于封样	不低于封样	较明显低于封样	比照封样
厚薄档	不允许	不低于封样	较明显低于封样	比照封样
色花	不允许	不低于封样	较明显低于封样	比照封样
色档	不允许	不低于封样	较明显低于封样	比照封样
混色不匀	不允许	不低于封样	较明显低于封样	比照封样
毛粒、杂质	不低于封样	不低于封样	较明显低于封样	比照封样

注　表中所述的封样均指一等品封样。

二、检验规则

1. 外观质量检验条件

（1）检验光源以天然北光为准，如采用灯光检验则用40W日光灯两支，上面加灯罩，灯管与检验物距离为80cm±5cm。

（2）织片为单面纬平针组织，针圈密度规格按表12-9-5规定。

表12-9-5　织片针圈密度规格

纱线		针型	横向（针/10cm）	纵向（列/10cm）
tex	公支			
50.0×2	20/2	9针~14针	54±3	82±4
38.5×2	26/2	9针~14针	60±3	88±4
31.2×2	32/2	9针~14针	66±3	94±4

纱线		针型	横向（针/10cm）	纵向（列/10cm）
tex	公支			
27.8×2	36/2	9针~14针	72±3	100±4
23.8×2	42/2	9针~14针	78±3	106±4
20.8×2	48/2	16针~18针	85±4	110±5
19.2×2	52/2	16针~18针	88±4	115±5
16.7×2	60/2	16针~18针	92±4	120±5
14.7×2	68/2	16针~18针	96±4	125±5
12.5×2	80/2	16针~18针	100±4	130±5

注　未列入表内的纱支参考相近的支数织片。

2. **判定**

（1）内在质量的判定：按物理指标评等和染色牢度评等对批样样本进行内在质量的检验，符合对应品等要求的，为内在质量合格，否则为不合格。如果所有样本的内在质量合格，则该批产品内在质量合格，否则为该批产品内在质量不合格。

（2）外观质量的判定：对按外观质量的评等批样进行外观质量的检验，绞纱、筒子纱外观疵点评等不符品等率在5%及以下且织片外观疵点品等符合相应品等要求，为该批产品外观质量合格；绞纱、筒子纱外观疵点评等不符品等率在5%以上或织片外观疵点评等不符合相应品等要求，为该批产品外观质量不合格。

（3）综合判定：各品等产品不符合GB 18401—2010《国家纺织品基本安全技术规范》标准的要求，均判定为不合格；按标注品等，内在质量和外观质量均合格，则该批产品合格；内在质量和外观质量有一项不合格，该批产品不合格。

3. **验收规则**

（1）供需双方按公定回潮率和规定含油脂率折算针织绒线的公量（见表12-9-1注e），重量偏差率按供需双方合约规定执行。

（2）供需双方因批量检验结果发生争议时，可复验一次，复验检验规则按首次检验执行，以复验结果为准。

三、包装、标志

1. **包装**

（1）针织绒线的包装应保证其品质不受损伤，并适于运输和储存。

（2）每一包装内应为同一品种、品等、批号、缸号的针织绒线。

2. **标志**

（1）羊绒针织绒线的标志按GB 5296.4—1998《消费品使用说明　纺织品和服装使用说明》执行。其中分类、命名及编号按FZ/T 20015.6—1998《毛纺产品分类、命名及编号　绒线》执行。

（2）每大绞针织绒线应贴检验合格证、缸号证各一张；小包上应注明品号、色号、缸号、品等、重量等。

（3）每只筒子纱应有标签，标签上应注明品名、品号、批号、色（缸）号等。

（4）针织绒线的外包装应有如下标志：品名、品号、批号、包号（箱号）、色号、缸号、品等、重量、原料纤维含量、生产企业名称、生产日期等。

四、其他

供需双方另有要求，则按合约规定执行。

五、几项有关规定

（1）外观疵点封样指生产部门自定的生产封样或供需双方共同确认的产品封样。

（2）色差、缸差按色卡或标样检验，对照GB/T 250—2008《纺织品　色牢度试验　评定变色用灰色样卡》，不低于4级。

（3）纺织材料公定回潮率按GB 9994—2008《纺织材料公定回潮率》执行。

（4）外观疵点说明及量计方法。

①斑疵：纱线局部沾有污渍。包括黄斑、白斑、色斑、锈渍、油渍、胶糊渍等。

②多股、缺股、双纱、紧捻纱、弓纱、毡并、色花、毛粒等疵点说明按GB/T 5706—1995（2004）《纺织名词术语（毛部分）》执行。

③大肚纱：局部纱线直径粗于正常纱三倍以上，形成枣核状者。

④异形纱：包括多股、缺股、双纱、松紧纱、弓纱等以绞纱半圈为一处，累计计算。

⑤色档：在织片上呈现色泽不一的档子。

⑥混色不匀：不同颜色纤维混合不匀。

⑦粗细节、紧捻纱：3cm为一处。

⑧条干不匀：纱线条干短片段粗细不匀，织片后出现深浅不一的云斑。

⑨厚薄档：纱线条干长片段不匀，粗细差异过大，织片后形成明显的厚薄片段。

⑩色差：纱线的色泽有差异。

⑪结头个数：优、一等品一小绞内的结头数不得超过大绞所允许数之半。

⑫错纱：筒子纱纱线用错。包括错支、错捻、错批、错原料等。

⑬成形不良：筒子纱线卷绕形状不符合规定。

（5）条干均匀度变异系数（CV，%）内控指标见表12-9-6。

表 12-9-6　条干均匀度变异系数内控指标

纱线	tex	62.5	55.6	50	45.5	41.7	38.5	35.7	33.3	31.2	27.8	23.8	20.8	19.2	16.7	14.7	12.5
	公支	16	18	20	22	24	26	28	30	32	36	42	48	52	60	68	80
单纱CV(%)		14.7	15.0	15.4	15.6	15.8	16.1	16.3	16.6	16.8	17.1	17.6	18.1	18.4	18.8	19.3	19.9
股线CV(%)		10.4	10.6	10.9	11.0	11.2	11.4	11.5	11.7	11.9	12.1	12.4	12.8	13.0	13.3	13.6	14.1

第十章　粗梳牦牛绒针织绒线品质要求

本章介绍了FZ/T 71007—1999《粗梳牦牛绒针织绒线》中粗梳纯牦牛绒针织绒线和含牦牛绒30%及以上的牦牛绒混纺针织绒线的品质要求。

一、技术要求

1. 技术要求

技术要求包括安全性要求、分等规定、物理指标、染色牢度以及外观疵点的评等。

2. 安全性要求

粗梳牦牛绒针织绒线的基本安全技术要求应符合GB 18401—2010《国家纺织品基本安全技术规范》的规定。

3. 分等规定

粗梳牦牛绒针织绒线的品等以批（缸）为单位。按物理指标、染色牢度和外观疵点三项评定，并以其中最低一项定等，分为优等品、一等品、二等品，低于二等品者为等外品。

4. 物理指标的评等

物理指标按表12–10–1、表12–10–2规定评等。

表12–10–1　物理指标评等

项　目	限　度	考核指标或允许偏差		
		优等品	一等品	二等品
纯牦牛绒产品牦牛绒纤维含量（%）	—	100		
混纺产品中牦牛绒纤维含量的减少和化纤含量的增加（绝对百分比）（%）	不高于	3	4	5
线密度偏差率（%）	—	± 3.0	± 4.0	± 5.5
线密度变异系数CV（%）	不高于	4.5	5.0	6.0
强力变异系数CV（%）	不高于	13.0		—
捻度偏差率（%）	—	± 8.0		± 10.0
捻度变异系数CV（%）	不高于	11	14	17.5
起球（级）	不低于	3~4	3	2~3
含油脂率（%）	不高于	1.5		—

注　1. 粗梳牦牛绒针织绒线考核洗后含油脂率，优、一等品≤1.5%；实际含油脂率超过规定含油脂率3%时按以下公式折公量：

$$公量(kg) = \frac{实际重量(kg) \times [1+公定回潮率(\%)]}{1+实际回潮率(\%)} \times \{1+[规定含油率(\%)-实际含油率(\%)]\}$$

　　2. 线密度、强力、捻度均为股纱考核指标。

表12-10-2　单根纱线断裂强力指标评等

项　目	纱线		考核指标		纱线		考核指标	
	tex	公支	优、一等品	二等品	tex	公支	优、一等品	二等品
单根纱线平均断裂强力[cN（kgf）]不低于	38.5	26	108（110）	98（100）	38.5×2	26/2	176（180）	157（160）
	41.7	24	118（120）	108（110）	41.7×2	24/2	196（200）	176（180）
	45.5	22	127（130）	118（120）	45.5×2	22/2	216（220）	196（200）
	50	20	137（140）	127（130）	50×2	20/2	235（240）	216（220）
	55.6	18	147（150）	137（140）	55.6×2	18/2	255（260）	235（240）
	62.5	16	157（160）	147（150）	62.5×2	16/2	274（280）	255（260）
	71.4	14	167（170）	157（160）	71.4×2	14/2	294（300）	274（280）
	83.3	12	176（180）	167（170）	83.3×2	12/2	333（340）	314（320）
	100	10	196（200）	186（190）	100×2	10/2	372（380）	353（360）

5. 染色牢度的评等

　　未染色的粗梳牦牛绒针织绒线不考核染色牢度；凡有染色纤维的粗梳牦牛绒针织绒线，染色牢度按表12-10-3规定评等。优等品、一等品允许有一项低半级；凡有三项低于半级者或有一项低于一级、一项低于半级者降为二等品；凡低于二等品者降为等外品。

表12-10-3　染色牢度评等

项　目		限　度	优等品	一等品
耐光（级）	＞1/12 标准深度（深色）	不低于	4	3~4
	≤1/12 标准深度（浅色）		3	3
耐洗（级）	色泽变化	不低于	3~4	3
	毛布沾色		4	3
	棉布沾色		3~4	3
耐汗渍（级）	色泽变化	不低于	3~4	3
	毛布沾色		4	2~3
	棉布沾色		3~4	2~3
耐水（级）	色泽变化	不低于	4	3
	毛布沾色		3~4	3
	棉布沾色		3~4	3

续表

项　　目		限　度	优等品	一等品
耐摩擦（级）	干摩擦	不低于	3~4	3
	湿摩擦		3	2~3

注　牦牛绒混纺产品，棉布沾色应改为其他非毛主要纤维布沾色。

6. 外观疵点的评等

粗梳牦牛绒针织绒线外观疵点的评等按第七章粗梳毛针织绒线中"外观质量的评等"执行。

二、检验规则

粗梳牦牛绒针织绒线的检验规则按第七章粗梳毛针织绒线中"检验规则"执行。

三、包装、标志

粗梳牦牛绒针织绒线包装、标志按第七章粗梳毛针织绒线中"包装、标志"执行。其中牦牛绒产品的纤维成分标识见本章五。

四、其他

供需双方另有要求，可按合约规定执行。

五、几项有关规定

（1）染色纱的色差、缸差按色卡或标样检验，不低于3~4级（对照GB/T 250—2008《纺织品　色牢度试验　评定变色用灰色样卡》），同一批偏一个方向掌握。

（2）牦牛绒的公定回潮率为15%，其他纺织材料公定回潮率按GB 9994—2008《纺织材料公定回潮率》执行。

（3）牦牛绒纤维含量：纯牦牛绒针织绒线应含有100%牦牛绒纤维，考虑牦牛绒的含粗因素，允许其含有牦牛毛纤维（直径大于35μm），优等品不得超过10%；一等品、二等品不得超过15%。即成品中牦牛绒纤维含量达85%及以上时，可视为纯牦牛绒。

（4）各品等牦牛绒混纺针织绒线的牦牛绒（牦牛毛）纤维含量百分比同规定（3）。

（5）纯牦牛绒针织绒线的纤维成分标识，凡符合规定（3）的牦牛绒针织绒线可标为纯牦牛绒。

（6）外观疵点说明及量计方法见第七章粗梳毛针织绒线中"外观疵点说明及量计方法"。

第十一章 半精纺毛针织纱线品质要求

半精纺针织纱线是指以长度为25~60mm的纺织纤维，经过半精梳纺纱系统纺制的专供针织用的纱线。本章介绍了FZ/T 71008—2008《半精毛针织纱线》中羊绒、羊毛、棉、丝、麻等天然纤维及化学纤维纯纺或混纺的半精纺毛针织纱线的品质要求。

一、技术要求

1. 安全性要求

半精纺毛针织纱线的基本安全技术要求应符合GB 18401—2010《国家纺织品基本安全技术规范》的规定。

2. 分等规定

半精纺毛针织纱线的品等以批为单位，按内在质量和外观质量的检验结果综合评定，并以其中最低一项定等，分为优等品、一等品、二等品，低于二等品者为等外品。

3. 内在质量评等

（1）内在质量评等以批为单位，按纤维含量、物理指标和染色牢度综合评定，并以其中最低项评定等级。

（2）纤维含量按FZ/T 01053—2007《纺织品 纤维含量的标识》标准执行。

（3）物理指标评等按表12-11-1规定。

表12-11-1 物理指标评等

项 目		限度	优等品	一等品	二等品	备 注
纤维含量（%）	纯纺产品	—	无允差			羊绒产品见表注
	混纺产品允差（绝对百分比）	—	5			成品中某一纤维含量低于15%时，其含量偏差绝对值应不高于标注含量的30%
线密度偏差率（%）		—	2.5	3.5	5.0	—
线密度变异系数CV（%）	单纱	不高于	3.5	4.5	6.0	含麻量20%及以上的产品放宽1.5
	股线		2.0	3.0	5.0	
捻度偏差率（%）		—	5.0	7.0	10.0	单纱放宽2.0

项　目		限度	优等品	一等品	二等品	备　注
捻度变异系数CV（%）	单纱	不高于	11.0	13.5	16.0	—
	股线		10.0	12.0	15.0	
单根纱断裂强力（cN）	单纱 20.8tex及以下	不低于	80			特殊产品（例如25tex及以下山羊绒、兔毛等稀有动物纤维的产品）按合约规定执行
	单纱 20.8tex以上		110			
	股线 20.8×2tex及以下		160			
	股线 20.8×2tex以上		200			
强力变异系数CV（%）	单纱	不高于	12.0	—		含麻量20%及以上的产品放宽4.0
	股线		10.0			
起球（级）		不低于	3~4	3	2~3	对照粗梳毛针织品样照
二氯甲烷可溶性物质（%）		不高于	1.7	—		

注　纯羊绒针织纱线应含有100%山羊绒纤维，考虑到山羊绒纤维存在形态变异及非人为混入羊毛的因素，其含量不得超过5%，即成品中山羊绒纤维含量达95%及以上时可视为100%羊绒。

（4）染色牢度评等按表12–11–2规定。

表12–11–2　染色牢度评等

项　目		限度	优等品	一等品	二等品
耐光（级）	＞1/12 标准深度（深色）	不低于	4	4	3
	≤1/12 标准深度（浅色）		3	3	3
耐洗（级）	色泽变化	不低于	4	3~4	3
	毛布沾色		4	3	2~3
	棉布沾色		3~4	3	2~3
耐汗渍（级）	色泽变化	不低于	4	3~4	3
	毛布沾色		4	3	3
	棉布沾色		3~4	3	3
耐水（级）	色泽变化	不低于	4	3~4	3
	毛布沾色		4	3	3
	棉布沾色		3~4	3	3
耐摩擦（级）	干摩擦	不低于	4	3~4（深3）	3
	湿摩擦		3~4	3（深2~3）	2

注　毛混纺产品，棉布沾色应改为与混纺产品中主要非毛纤维同类的纤维布沾色；非毛纤维纯纺或混纺产品毛布沾色应改为其他主要非毛纤维布沾色。

4. 外观质量的评等

（1）实物质量的评等：实物质量系指外观、手感和色泽。检验时逐批比照封样进行评定，符合优等品的封样者为优等品；符合一等品封样者为一等品；明显差于一等品封样者为二等品；严重差于一等品封样者为等外品。

（2）外观疵点的评等。

① 外观疵点的评等分为绞纱、筒子纱外观疵点评等和织片外观疵点评等。外观疵点的说明及量计方法见本章"五、几项有关规定"的"（5）"。

② 绞纱外观疵点评等以250g为单位，逐绞检验。按表12–11–3规定执行。

表12–11–3　绞纱外观疵点的评等

项目	优等品	一等品	二等品
结头	2个	4个	8个
断头	不允许	1个	3个
斑疵	不允许	不明显	轻微
大肚纱	不允许	1个	3个
紧捻、弱捻	不允许	1圈	3圈
多股、缺股	不允许	1圈	3圈
毡并	不允许	不明显	轻微
小辫纱、羽毛纱	1个	3个	5个
异色纤维	不允许	不明显	轻微

③ 筒子纱外观疵点评等以每个筒子为单位，逐筒检验。各品质等级均不允许成形不良、斑疵、色差、色花、错纱等疵点出现。

④ 织片外观疵点评等以批为单位，每批抽取10筒子（大绞），每筒（大绞）用单根纬平针织成尺寸为15cm×30cm的织片，10筒（大绞）连织成一片，将织片平铺检验，条干不匀、粗细节、厚薄档则透视检验，按表12–11–4规定执行。

⑤ 织片定等规定，优等品中疵点限度，10块织片均不允许低于疵点封样，一等品中疵点限度，较明显低于疵点封样的不得超过3块，超过3块织片整批降为二等。

表12–11–4　织片外观疵点评等

项目	优等品	一等品	二等品
粗细节	不低于疵点封样	不低于疵点封样	较明显低于疵点封样
紧捻、弱捻	不允许	1处	3处
大肚纱	不允许	1个	3个
条干不匀	不低于疵点封样	不低于疵点封样	较明显低于疵点封样

续表

项目	优等品	一等品	二等品
厚薄档	不允许	不低于疵点封样	较明显低于疵点封样
色花	不允许	不低于疵点封样	较明显低于疵点封样
色档	不允许	不低于疵点封样	较明显低于疵点封样
混色不匀	不允许	不低于疵点封样	较明显低于疵点封样
毛粒、杂质	不低于疵点封样	不低于疵点封样	较明显低于疵点封样

注 表中各品质等级均以一等品封样为准。

二、检验规则

1. 外观质量检验条件

（1）检验光源以天然北光为准，如果采用灯光检验则用40W日光灯两支，上面加灯罩，灯管与检验物距离为80cm±5cm。

（2）织片为单根纬平针组织，针圈密度规格按表12-11-5规定。

表12-11-5 织片针圈密度规格

纱线		针 形（针）	横向（针/10cm）	纵向（列/10cm）	纱线		针 型（针）	横向（针/10cm）	纵向（列/10cm）
tex	公支				tex	公支			
50×2	20/2		56±3	72±4	20.8×2	48/2		80±4	110±5
38.5×2	26/2		62±3	82±4	19.2×2	52/2		84±4	118±5
31.2×2	32/2	9~14	68±3	92±4	16.7×2	60/2	16~18	92±4	125±5
27.8×2	36/2		72±3	100±4	14.7×2	68/2		95±4	130±5
23.8×2	42/2		74±4	104±5	12.5×2	80/2		100±4	135±5

注 未列入表内的纱支参考相近的纱支织片。

2. 验收规则

（1）供需双方应按公定回潮率和含油脂率折算针织纱线的公定重量［见本章"五、几项有关规定"的"（4）"］。重量偏差率按供需双方合约规定执行。

（2）交付验收的外观质量抽样数量不低于1%，需在不同部位、不同色号中随机抽取。品质等级不符率应在5%及以下。

3. 批量检验结果的判定

（1）产品质量的判定按内在质量和外观质量的检验结果综合评定，并以最低一项判定该批产品合格与否。

（2）内在质量按纤维含量、物理指标和染色牢度的检验结果综合评定，判定该批产品的内在质量合格与否。其中染色牢度按不同色号分别判定，当某一色号染色牢度不合格时，仅判定该色号的纱线不合格。

（3）外观质量按实物质量和外观疵点综合评定。外观质量不符品等率在5%及以下者，判定该批产品外观质量合格；不符品等率在5%以上者，判定该批产品外观质量不合格。

4. 复验

验收双方发生异议时可复验，按复验结果判定。

三、包装、标志

1. 包装

（1）半精纺毛针织纱线的包装应保证其品质不受损伤，并适于运输和储存。

（2）每一包装内应为同一品种、品质等级、色号、批号的纱线。

2. 标志

（1）半精纺毛针织纱线的纤维含量标注按FZ/T 01053—2007《纺织品 纤维含量的标识》执行。

（2）绞纱每一包装内应放入检验合格证一张，注明纤维含量、色号、批号、品质等级、重量等。

（3）每只筒子纱应有标签，标签上应注明纤维含量、色号、批号、品质等级、重量等。

（4）半精纺毛针织纱线的外包装应有如下标志：纤维含量、批号、规格、品质等级、包号（箱号）、生产企业名称、生产日期等。

四、其他

供需双方另有要求，可按合约规定执行。

五、几项有关规定

（1）外观疵点封样指生产部门自定的生产封样或供需双方共同确认的产品封样。

（2）色差以产品和封样比照对照灰卡（GB/T 250—2008《纺织品 色牢度试验 评定变色用灰色样卡》）评定，不低于3~4级。

（3）纺织材料公定回潮率按GB 9994—2008《纺织材料公定回潮率》执行，混纺产品的公定回潮率按干重混纺比计算。

（4）根据纺纱工艺的特点，实际含油脂超过2%按公式折算公量：

$$公定重量(kg) = \frac{实际重量(kg) \times [1+公定回潮率(\%)]}{1+实际回潮率(\%)} \times \{1+[2\%-实际含油脂率(\%)]\}$$

实际含油脂率按FZ/T 20002测定，小于等于2%时，按公式折算公量：

$$公定重量(kg) = \frac{实际重量(kg) \times [1+公定回潮率(\%)]}{1+实际回潮率(\%)}$$

（5）外观疵点说明及量计方法。

① 斑疵：纱线局部沾有污渍。包括黄斑、白斑、色斑、锈渍、油渍、胶糊渍等。

② 大肚纱：局部纱线直径粗于正常纱2.5倍以上，形成枣核状者。

③ 羽毛纱：由于飞毛夹入，纱线表面形成羽状者。

④ 杂质：混入纱线内的浮色及草屑等。

⑤ 色档：在织片上呈现色泽不一的档子。

⑥ 条干不匀：纱线条干短片段粗细不匀，织片后出现深浅不一的云斑。

⑦ 厚薄档：纱线条干长片段不匀，粗细差异过大，织片后形成明显的厚薄片段。

⑧ 异色纤维：其他颜色纤维混入纱线。

⑨ 色差：纱线的色泽与标样有差异。

⑩ 异性纤维：纱线标注纤维含量之外的纤维。

⑪ 紧捻、弱捻：因机器或操作原因形成的捻度偏大或偏小的纱线。

⑫ 错纱：筒子纱纱线用错。包括错支、错捻、错批、错原料等。

⑬ 毛粒：纤维集聚成团，相互缠结的小球粒。

⑭ 绞纱的紧捻、弱捻，多股、缺股的量计方法为不满一圈按一圈计。

第十二章 纯毛、毛混纺毛毯品质要求

本章重点介绍了FZ/T 61001—2006《纯毛、毛混纺毛毯》中机织纯毛及含羊毛80%及以上的毛棉混纺毛毯。羊毛含量低于80%，或羊毛与其他纤维混纺的毛毯及特种动物纤维（如羊绒、驼绒、牦牛绒等）毛毯的品质要求。

一、技术要求

1. 安全性要求

产品基本安全技术要求应符合GB 18401—2010《国家纺织品基本安全技术规范》的规定。

2. 质量要求

质量要求分为内在质量和外观质量。内在质量包括物理指标和染色牢度，外观质量包括实物质量、规格尺寸和外观疵点。

（1）内在质量。物理指标和染色牢度指标见表12-12-1。

表 12-12-1 物理指标和染色牢度指标

考 核 项 目		优等品	一等品	二等品	备 注
纤维含量（%）	纯毛毛毯	羊毛100			棉经毛纬毛毯的纤维含量指纬纱的纤维含量
	混纺毛毯各组分纤维含量偏差（绝对百分比）	+3.0~ -3.0			
条重偏差率（%）		+4.0~-3.0	≥-5.0	≥-8.0	—
断裂强力（N）≥		145	120		—
不可恢复性伸长（%）≤		10			—
脱毛量（mg/100cm²）≤	水纹毯	15	—		—
	绒面毯	23	—		—
二氯甲烷可溶性物质（%）≤		1.5	2.0	2.5	含涤纶产品考核乙醚可溶性物质
水洗尺寸变化率（%）≥		-4	-6	-8	使用说明中注明"只可干洗"的产品不考核

续表

考核项目			优等品	一等品	二等品	备　注
印染色牢度	耐光（级）≥	＞1/12标准深度	4	4	3	—
		≤1/12标准深度	3	3	3	
	耐水洗（级）≥	色泽变化	4	3~4	3	①使用说明中注明"只可干洗"的产品不考核 ②羊毛与化纤混纺的毛毯，"棉布沾色"改为"主要非毛纤维布沾色"
		毛布变化	3~4	3	2~3	
		棉布沾色	3~4	3	2~3	
	耐摩擦（级）≥	干	4	3~4	3	—
		湿	3~4	3	2~3	

（2）外观质量。实物质量系指毛毯的毯面和手感。依据供需双方确认的标样或制造方的生产标样评定：明显优于者为优等品；基本符合者为一等品；明显差者为二等品。

（3）规格尺寸和外观疵点考核指标见表12-12-2。

表12-12-2　规格尺寸和外观疵点考核指标

考核项目		优等品	一等品	二等品
长度偏差率（%）		+3.0~ -2.0	≥-2.5	≥-5.0
宽度偏差率（%）		+2.0~ -2.0	≥-2.0	≥-4.0
外观疵点	轧梭痕、补洞痕、蛛网	不允许	不允许	不允许
	缺纱	不允许	不允许	1处
	纱疵（油纱、色纱、紧纱、粗细纱）	不允许	不明显	明显2处及以内或显著1处
	错花纹、色花、条痕、折痕、透色（串色）、局部露底、边角不良、边道不良、印压花不良、纬档、循环差异	不允许	不明显	明显
	斑疵	不允许	不明显	明显4cm及以内或显著1cm及以内
	长宽不齐	不大于3cm	不大于4cm	长不大于6cm
	局部狭窄	不允许	纬向深入1cm及以内	纬向深入2cm及以内
	格道歪斜	2cm及以内	3cm及以内	5cm及以内

注　1.外观疵点及程度说明见本章"五、几项有关规定"的"2."。

　　2.在外观疵点中，若遇到上述规定以外的疵点可按其对使用的影响程度参考类似的规定酌情处理。

3．分等规定

（1）产品的品等分为优等品、一等品、二等品。

（2）产品的品等由内在质量和外观质量综合评定，并以其中较低一项定等。

（3）内在质量按批评等，外观质量按条评等。

二、检验规则

1．抽样

（1）以同一品种、原料、规格及同一工艺生产的产品作为一个检验批。内在质量的检验抽样方案见表12-12-3，外观质量的检验抽样方案见表12-12-4。

表12-12-3　内在质量检验抽样方案

批量N	样本量n	合格判定数Ac	不合格判定数Re
≤50	2	0	1
51~500	3	0	1
501~35000	5	0	1
>35000	8	0	1

表12-12-4　外观质量检验抽样方案

批量N	样本量n	合格判定数Ac	不合格判定数Re
≤500	20	1	2
501~1200	32	3	4
1201~3200	50	5	6
>3200	80	10	11

（2）内在质量和外观质量的样本均应从检验批中随机抽取。

（3）当样本量n大于批量N时，实施全检，合格判定数Ac为0。

2．判定

（1）内在质量的判定。按内在质量指标对批样的每个样本进行内在质量测试，符合对应品等要求的，则为内在质量合格，否则为不合格。如果所有样品的内在质量合格，或不合格样品数不超过表12-12-3的合格判定数Ac，则该批产品内在质量合格。如果不合格样品数达到了表12-12-3的不合格判定数Re，则该批产品内在质量不合格。

（2）外观质量的判定。按外观质量指标对批样的每个样本进行实物质量、规格尺寸和外观疵点的评定，符合对应品等要求的，则为外观质量合格，否则为不合格。如果所有样品的外观质量合格，或不合格数未超过表12-12-4的合格判定数Ac，则该批产品外观质量合格。如果不合格样品数达到了表12-12-4的不合格判定数Re，则该批产品外观质量不合格。

（3）综合判定。

① 各品等产品如不符合GB 18401—2010《国家纺织品基本安全技术规范》的要求，均判定为不合格。

② 按标注品等，内在质量和外观质量判定均为合格，则该批产品合格；内在质量和外观质量有一项判定为不合格，则该批产品不合格。

三、包装和标志

（1）产品逐条包装。

（2）应保证在储运中产品的包装不破损，产品不沾污、不受潮。

（3）未经防蛀处理的毛毯每条均应加有效剂量的防蛀剂。

（4）每个包装应附使用说明，包含下列内容：执行的标准编号、符合GB 18401—2010《国家纺织品基本安全技术规范》安全技术要求的类别、产品名称、产品品等、产品规格（尺寸、条重）、纤维种类及含量、洗涤方法、检验合格证、生产企业名称和地址。

四、其他

供需双方另有要求，可按合同或协议执行。

五、几项有关规定

1.外观疵点及量计方法

（1）轧梭痕：毛毯在织造时发生轧梭，经修补后仍有痕迹者。

（2）补洞痕：毛毯经、纬纱断破，经修补后仍有痕迹者。

（3）蛛网：经、纬纱各两根或两根以上没按组织起伏者。

（4）缺纱：经纱或纬纱断缺，每缺纱一根100cm及以内者为一处。

（5）纱疵：油纱（毛纱沾有油污）、色纱（毛纱沾有异色毛或用错色纱）、紧纱（毛纱成紧捻或粗细不均等）、粗细纱（纱线条干粗于正常纱一倍或细于一半者，或粗细未达到上述程度，但影响外观者）。每一根半幅及以内为一处，大于半幅为两处。

（6）错花纹：毛毯在织造时，组织花纹错误致影响美观者。

（7）色花：毛毯由于洗缩和染色操作不良，使毯面色泽不匀，呈现深浅不同的云斑或条花者。

（8）条、折痕：毛毯洗缩后，折压匹布时间过长，经起毛后致毯面产生不同反光条痕或凹凸痕迹者。

（9）透色（串色）：由于纱支粗细不匀、织造时稀密不匀或起毛时操作不良，将毛毯背面的毛引到毯面，呈现有异种色毛，影响美观者。

（10）局部露底：毛毯起毛不良，致底组织局部露出者。

（11）边角不良：毛毯边、角不整齐或包边包角不良、针脚不匀及毯边材料不良等致影响美观者。

（12）边道不良：毛毯锁边不良，边纱张力过紧，形成荷叶边，或针刺毛毯和底布开剪歪斜，边纱松弛形成松边。

（13）印压花不良：毛毯印花或压花错版、差异，印花错色、搭色、渗透不良、两边深浅等致影响美观者。

（14）纬档：异常纱（油纱、色纱、紧捻纱、粗细纱等）连续或间隔两根及以上者为纬档。

（15）局部狭窄：毯边呈现月牙状者，量其最大深度。

（16）循环差异：以一条为循环单位的毛毯之花、格、道、素头、穗头不对称（不对称自由花型除外）。

（17）斑疵（油疵、色疵、污疵、锈疵、秃疵）：毯面上有明显的斑渍或斑点，影响外观者，量其最大长度，散布性则累计计算。

（18）长宽不齐：毛毯平铺台上，长与宽分别按经纬垂直向量计，取其最大差异。

（19）格道歪斜：由于加工不良，毛毯的格道产生不应有的歪斜，按纬向歪斜距水平最大距离量计。

2.疵点程度说明

（1）不明显：指疵点比较模糊，检验员能隐约看到，一般消费者不易发现者。

（2）明显：指疵点本身有比较明显的界限，能直接看到者。

（3）显著：指疵点本身非常醒目，对使用、美观有影响者。

第十三章　化纤仿毛毛毯品质要求

本章重点介绍了FZ/T 61002—2006《化纤仿毛毛毯》中机织、簇绒纯腈纶、纯黏纤及化纤混纺毛毯的品质要求。

一、技术要求

1. 安全性要求

产品基本安全技术要求应符合GB 18401—2010《国家纺织品基本安全技术规范》的规定。

2. 质量要求

质量要求分为内在质量和外观质量。内在质量包括物理指标和染色牢度，外观质量包括实物质量、规格尺寸和外观疵点。

（1）内在质量。物理指标和染色牢度指标见表12-13-1。

表 12-13-1　物理指标和染色牢度指标

考核项目			一等品	二等品	备注
纤维含量（%）	纯化纤毯		化纤100		纤维含量指面纱的纤维含量
	混纺毯各组分纤维含量偏差（绝对百分比）		+3.0~ -3.0		
条重偏差率（%）≥			-5.0	-8.0	—
断裂强力（N）≥			120		—
水洗尺寸变化率（%）≥	机织		-6.5	-8.0	使用说明中注明"只可干洗"的产品不考核
	簇绒		-5.0	-6.0	
印染色牢度	耐光（级）≥	>1/12 标准深度	4	3	—
		≤1/12 标准深度	3	3	—
	耐水洗（级）≥	色泽变化	4	3~4	①使用说明中注明"只可干洗"的产品不考核 ②纯黏纤毛毯、含黏纤50%及以上的化纤混纺毛毯色泽变化降低半级
		贴衬沾色	3	2~3	③贴衬种类由产品成分确定。纯纺考核单一贴衬沾色；混纺考核两种主要纤维贴衬沾色
	耐摩擦（级）≥	干	4	3~4	纯黏纤毛毯、含黏纤50%及以上的化纤混纺毛毯耐干摩擦降低半级
		湿	3	2~3	

（2）外观质量。实物质量系指毛毯的毯面和手感。依据供需双方确认的标样或制造方的生产标样评定：基本符合者为一等品；明显差于者为二等品。

（3）规格尺寸和外观疵点考核指标见表12-13-2。

表12-13-2　规格尺寸和外观疵点考核指标

考 核 项 目		一等品	二等品
长度偏差率（%）		≥-2.5	≥-5.0
宽度偏差率（%）		≥-2.0	≥-4.0
外观疵点	轧梭痕、补洞痕、蛛网	不允许	不允许
	缺纱	不允许	1处
	纱疵（油纱、色纱、紧纱、粗细纱）	不允许	明显2处及以内或显著1处
	错花纹、色花、条痕、折痕、透色（串色）、局部露底、边角不良、边道不良、印压花不良、纬档、循环差异	不明显	明显
	斑疵	不明显	明显4cm及以内或显著1cm以内
	长宽不齐	不大于4cm	长不大于6cm
	局部狭窄	纬向深入1cm及以内	纬向深入2cm及以内
	格道歪斜	3cm及以内	5cm及以内
	脱针	不明显3针	3cm及以内3处或6cm及以内1处

注　1. 外观疵点及程度说明见本章"五、几项相关规定"的"2."。

2. 在外观疵点中，若遇到上述规定以外的疵点可按其对使用的影响程度参考类似的规定酌情处理。

3. 分等规定

（1）产品的品等分为一等品、二等品。

（2）产品的品等由内在质量和外观质量综合评定，并以其中较低一项定等。

（3）内在质量按批评等，外观质量按条评等。

二、检验规则

同第十二章纯毛、毛混纺毛毯。

三、包装和标志

同第十二章纯毛、毛混纺毛毯。

四、其他

供需双方另有要求，可按合同或协议执行。

五、几项有关规定

1. 外观疵点及量计方法

（1）~（19）同第十二章纯毛、毛混纺毛毯的相关内容。

（20）脱针：簇绒毯在织造时，由于纱线脱落致使毯面形成一条缺纱痕迹者。

2. 疵点程度说明

同第十二章纯毛、毛混纺毛毯。

第十四章 拉舍尔毯品质要求

本章重点介绍了FZ/T 61004—2006《拉舍尔毯》中经编双层缝合或单层的各种原料纯纺或混纺的拉舍尔毯的品质要求。

一、技术要求

1. 安全性要求

产品基本安全技术要求应符合GB 18401—2010《国家纺织品基本安全技术规范》的规定。

2. 质量要求

质量要求分为内在质量和外观质量。内在质量包括物理指标和染色牢度，外观质量包括实物质量、规格尺寸和外观疵点。

（1）内在质量。物理指标和染色牢度指标见表12–14–1。

（2）外观质量。实物质量指毛毯的毯面和手感。依据供需双方确认的标样或制造方的生产标样评定：明显优于者为优等品；基本符合者为一等品；明显差于者为二等品。

（3）规格尺寸和外观疵点考核指标见表12–14–2。

3. 分等规定

同第十二章纯毛、毛混纺毛毯。

二、检验规则

同第十二章纯毛、毛混纺毛毯。

三、包装和标志

同第十二章纯毛、毛混纺毛毯。

四、其他

供需双方另有要求，可按合同或协议执行。

五、几项有关规定

1. 外观疵点及量计方法

（1）色花：由于洗缩和染色操作不良，使毯面色泽不匀，呈现深浅不同的云斑或条花者。

（2）印花不良：套版不正，印花错色，渗透不良，两边深浅，印花搭色、偏离等致影响美观者。

表 12-14-1　物理指标和染色牢度指标

考　核　项　目		优等品	一等品	二等品	备　注
纤维含量（%）	纯纺毯	明示纤维100			纤维含量指面纱的纤维含量
	混纺毯各组分纤维含量偏差（绝对百分比）	+3.0~ -3.0			
条重偏差率（%）		+4.0~ -4.0	≥-5.0	≥-8.0	—
断裂强力（N）≥	单层毯	196	157		—
	双层毯	294	245		
水洗尺寸变化率（%）≥		-2.0	-4.0	-5.0	使用说明中注明"只可干洗"的产品不考核
脱毛量（mg/100cm²）≤	单层毯	3.0			—
	双层毯	1.0			—
印染色牢度	耐光（级）≥ >1/12 标准深度	4	4	3	—
	耐光（级）≥ ≤1/12 标准深度	3	3	3	—
	耐水洗（级）≥ 色泽变化	4~5	4	3~4	①使用说明中注明"只可干洗"的产品不考核 ②纤维素纤维或再生纤维素纤维含量高于50%的拉舍尔毯，色泽变化降低半级 ③贴衬种类由产品成分确定。纯纺考核单一贴衬沾色；混纺考核两种主要纤维贴衬沾色
	耐水洗（级）≥ 贴衬沾色	4	3	2~3	
	耐干洗（级）≥ 色泽变化	4	4	3~4	使用说明中注明"不可干洗"的产品不考核
	耐干洗（级）≥ 贴衬沾色	4	3~4	3	
	耐摩擦（级）≥ 干	4	4	3~4	纤维素纤维或再生纤维素纤维含量高于50%的拉舍尔毯，耐干摩擦降低半级
	耐摩擦（级）≥ 湿	4	3	2~3	

表12-14-2　规格尺寸和外观疵点考核指标

考　核　项　目		优等品	一等品	二等品
长度偏差率（%）		+2.0~ -1.0	≥-2.5	≥-5.0
宽度偏差率（%）		+2.0~ -1.0	≥-2.5	≥-4.0
外观疵点	色花、印花不良	不允许	不明显	明显
	局部露底、剪割不良、条痕、边角不良	不允许	不明显	明显
	斑疵	不允许	不明显	明显累计4cm及以内或显著累计1cm及以内
	长宽不齐	长不大于2cm 宽不大于2cm	长不大于4cm 宽不大于3cm	长不大于6cm 宽不大于5cm

注　1. 外观疵点及程度说明见本章"五、几点有关规定"的"2."。

　　2. 在外观疵点中，若遇到上述规定以外的疵点，可按其对使用的影响程度参考类似的规定酌情处理。

（3）局部露底：毛毯起毛不良，致底组织局部露出者。

（4）剪割不良：剪毛、切割不良。

（5）条痕：毯面产生不同反光条痕或凹凸痕迹者。

（6）边角不良：毛毯边角不整齐、针脚不匀及毯边材料不良等致影响美观者。

（7）斑疵：毯面上的油、污、色、锈斑渍或秃斑影响外观者，量其最大长度，散布性则累计计算。

（8）长宽不齐：毛毯平铺台上，长与宽分别按经纬垂直向量计，取其最大差异。

2. **疵点程度说明**

（1）不明显：指疵点比较模糊，检验员能隐约看到，一般消费者不易发现者。

（2）明显：指疵点本身有比较明显的界限，能直接看到者。

（3）显著：指疵点本身非常醒目，对使用、美观有影响者。

第十五章　纬编腈纶毛毯品质要求

本章重点介绍了FZ/T 61006—2006《纬编腈纶毛毯》中纬编单层或双层缝合的腈纶或含腈纶30%及以上的化纤混纺毛毯的品质要求。

一、技术要求

1. 安全性要求

产品基本安全技术要求应符合GB 18401—2010《国家纺织品基本安全技术规范》的规定。

2. 质量要求

质量要求分为内在质量和外观质量。内在质量包括物理指标和染色牢度，外观质量包括实物质量、规格尺寸和外观疵点。

（1）内在质量。物理指标和染色牢度指标见表12-15-1。

表 12-15-1　物理指标和染色牢度指标

考 核 项 目			优等品	一等品	二等品	备　　注
纤维含量（%）	纯腈纶毯		腈纶100			纤维含量指面纱的纤维含量
	混纺毯各组分纤维含量偏差（绝对百分比）		+3.0~ -3.0			
条重偏差率（%）			+4.0~ -4.0	≥-5.0	≥-8.0	—
顶破强力（N）≥			343			对双层缝合的纬编毛毯顶破强力指每层分别测得的强力
水洗尺寸变化率（%）≥			-3.5	-4.0	-5.0	使用说明中注明"只可干洗"的产品不考核
脱毛量（mg/100cm²）≤	单层		3.0	—		—
	双层		1.0			
染色牢度	耐光（级）≥	>1/12 标准深度	4	4	3	—
		≤1/12 标准深度	3	3	3	
	耐水洗（级）≥	色泽变化	4	4	3~4	①使用说明中注明"只可干洗"的产品不考核 ②混纺毯，"棉布沾色"改为"主要非毛纤维布沾色"
		腈纶布变化	3~4	3	2~3	
		棉布沾色	3~4	3	2~3	
	耐干洗（级）≥	色泽变化	4	4	3~4	使用说明中注明"不可干洗"的产品不考核
		溶剂沾色	4	3~4	3	
	耐摩擦（级）≥	干	4	4	3~4	—
		湿	3~4	3	2~3	

（2）外观质量。实物质量系指毛毯的毯面和手感。依据供需双方确认的标样或制造方的生产标样评定：明显优于者为优等品；基本符合者为一等品；明显差于者为二等品。

（3）规格尺寸和外观疵点考核指标见表12-15-2。

表12-15-2　规格尺寸和外观疵点考核指标

考核项目		优等品	一等品	二等品
长度偏差率（%）		+2.0~ -1.0	≥-2.5	≥-5.0
宽度偏差率（%）		+2.0~ -1.0	≥-2.5	≥-4.0
外观疵点	色花、印花不良	不允许	不明显	明显
	局部露底、剪割不良、条痕、边角不良	不允许	不明显	明显
	斑疵	不允许	不明显	明显累计4cm及以内或显著累计1cm及以内
	长宽不齐	长不大于2cm 宽不大于2cm	长不大于4cm 宽不大于3cm	长不大于6cm 宽不大于5cm

注　1.外观疵点及程度说明见本章"五、几项有关规定"。
　　2.在外观疵点中，若遇到上述规定以外的疵点可按其对使用的影响程度参考类似的规定酌情处理。

3. 分等规定

同第十二章纯毛、毛混纺毛毯。

二、检验规则

同第十二章纯毛、毛混纺毛毯。

三、包装和标志

同第十二章纯毛、毛混纺毛毯。

四、其他

供需双方另有要求，可按合同或协议执行。

五、几项有关规定

外观疵点及计量方法同第十四章拉舍尔毯。

第十六章 毛针织品品质要求

本章重点介绍了FZ/T 73018—2002《毛针织品》中精、粗梳纯毛针织品和含毛30%及以上的毛混纺针织品、FZ/T 73034—2009《半精仿毛针织品》中羊毛、羊绒纯纺及棉、丝、麻等天然纤维或化学纤维混纺的半精纺毛针织品的品质要求。

一、技术要求

1. 安全性要求

毛针织品的基本安全技术要求应符合GB 18401—2010《国家纺织品的基本安全技术规范》的规定。

2. 分等规定

毛针织品的品等以件为单位，按内在质量和外观质量的检验结果评定，并以其中最低一项定等，分为优等品、一等品、二等品，低于二等品者为等外品。

3. 内在质量评等

（1）内在质量评等按物理指标和染色牢度的检验结果中最低一项定等。

（2）物理指标按表12–16–1规定评等。

表12–16–1　物理指标评等

项　目	限　度	FZ/T 73018—2002《毛针织品》				FZ/T 73034—2009《半精纺毛针织品》			
		优等品	一等品	二等品	备注	优等品	一等品	二等品	备注
纤维含量（％）	—	按FZ/T 01053标准执行				按FZ/T 01053标准执行			
顶破强度（kPa）	≥	精梳 323			>32公支为245 >48公支为196	225			>14公支为196
		粗梳 225			>14公支为196				
编织密度系数（mm·tex）	≥	1.0			只考核粗梳平针产品	1.0			只考核平针产品
起球（级）	≥	3~4	3	2~3		3~4	3	2~3	
二氯甲烷可溶性物质（％）	≤	1.5	1.7	2.5	只考核粗梳产品	1.5	1.7	2.5	
单件重量偏差率（％）	—	按供需双方合约规定			—	按供需双方合约规定			

注　顶破强度只考核平针产品：背心及小件服饰类不考核。

（3）染色牢度按表12-16-2规定评等。

表12-16-2　染色牢度评等

项　　目		FZ/T 73018—2002 《毛针织品》		FZ/T 73034—2009 《半精纺毛针织品》		
		优等品	一等品	优等品	一等品	二等品
耐光（级）≥	＞1/12 标准深度（深色）	4	3~4	4	4	3
	≤1/12 标准深度（浅色）	3	3	3	3	3
耐洗（级）≥	色泽变化	3~4	3	4	3~4	3
	毛布沾色	4	3	4	3	2~3
	棉布沾色	3~4	3	3~4	3	2~3
耐汗渍（级）≥	色泽变化	3~4	3	4	3~4	3
	毛布沾色	4	3	4	3	3
	棉布沾色	3~4	3	4	3	3
耐水（级）≥	色泽变化	3~4	3	4	3~4	3
	毛布沾色	4	3	4	3	3
	棉布沾色	3~4	3	3~4	3	3
耐摩擦（级）≥	干摩擦	4	3~4（深3）	4	3~4（深3）	3
	湿摩擦	3	2~3	3~4	3（深2~3）	2~3（深2）
耐干洗（级）≥	色泽变化	—	—	4	4	3~4
	溶剂变化	—	—	4	4	3~4

　　注　1.内衣类产品耐光色牢度为参考指标。

　　　　2."只可干洗"类产品不考核耐洗、耐湿摩擦色牢度。耐干洗色牢度只考核干洗类产品。

　　　　3.毛混纺产品，棉布沾色应该为与混纺产品中主要非毛纤维同类的纤维布沾色。

　　　　4.拼色产品耐洗色牢度沾色不低于4级。

（4）不同洗涤方式产品的水洗尺寸变化率考核指标。

①小心手洗类产品。小心手洗类产品水洗尺寸变化率考核指标按表12-16-3规定。

②可机洗类产品。可机洗类产品水洗尺寸变化率考核指标按表12-16-4规定。

4.外观质量的评等

外观质量的评等以件为单位，包括外观实物质量、规格尺寸允许偏差、缝迹伸长率、领圈拉开尺寸、扭斜角及外观疵点。

（1）外观实物质量的评等：外观实物质量系指款式、花型、色泽、手感、做工等。符合优等品封样者为优等品；符合一等品封样者为一等品；明显差于一等品封样者为二等品；严重差于一等品封样者为等外品。

表12-16-3　小心手洗类产品水洗尺寸变化率考核指标

项　目		开套衫、背心	裤子、裙子	内衣	袜子	小件服饰类
松弛尺寸变化率（%）	长度	−10	—	−10	—	—
	宽度	+5，−8	—	—	—	—
洗涤程序		—	1×7A	—	1×7A	—	—
毡化尺寸变化率（%）	长度	—	—	—	−10	—
	面积	−8	—	−8	—	−8
洗涤程序		—	1×7A	—	1×5A	1×7A+1×5A	1×7A+1×7A
总尺寸变化率（%）	长度	−10	−5	—	—	—
	宽度	−5	+5	—	—	—
	面积	−8	—	—	—	—
洗涤程序		—	2×7A	2×7A	—	—	—

注　1.松弛尺寸变化率只考核平针产品。

　　2.开套衫、背心的非缩绒产品只考核松弛和毡化尺寸变化率；缩绒产品只考核总尺寸变化率。

　　3.半精纺毛针织品不考核内衣、袜子项。

表12-16-4　可机洗类产品水洗尺寸变化率考核指标

项　目		开套衫、背心	裤子、裙子	内衣	袜子	小件服饰类
松弛尺寸变化率（%）	长度	−10	—	−10	—	—
	宽度	+5，−8	—	+5	—	—
洗涤程序		—	1×7A	—	1×7A	—	—
毡化尺寸变化率（%）	长度	—	—	—	−10	—
	面积	−8	—	−8	—	−8
洗涤程序		—	2×5A	—	5×5A	1×7A+5×5A	1×7A+2×5A
总尺寸变化率（%）	长度	—	−5	—	—	—
	宽度	—	+5	—	—	—
洗涤程序		—	3×5A	—	—	—	—

注　1.松弛尺寸变化率只考核平针产品。

　　2.半精纺毛针织品不考核内衣、袜子项。

　　3.只可干洗类产品不考核水洗尺寸变化率。

（2）主要规格尺寸允许偏差：长度方向　80cm及以上，±2.0cm；80cm以下，±1.5cm。宽度方向±1.0cm。对称性偏差≤1.0cm。

注意：主要规格尺寸偏差指毛衫的衣长、胸阔（1/2胸围）、袖长；毛裤的裤长、直裆、横裆；裙子的裙长、臀围；围巾的宽、1/2长等实际尺寸与设计尺寸或标注尺寸的差异。对称性偏差指同件产品的对称性差异，如毛衫两边袖长、毛裤两边裤长的差异。

（3）缝迹伸长率：平缝不小于10%；包缝不小于20%；链缝不小于30%（仅限于合缝）。

（4）毛衫领圈拉开尺寸（合格水平）：成人≥30cm；中童≥28cm；小童≥26cm。

（5）成衣扭斜角：成衣扭斜角≤5°　（只考核平针产品）。

（6）外观疵点评等：外观疵点评等按表12-16-5规定。

表12-16-5　外观疵点评等

类　别	疵点名称	优等品	一等品	二等品	备注
原料疵点	1.条干不匀	不低于封样	不低于封样	较明显低于封样	比照封样
	2.粗细节、紧捻纱、弱捻纱、多股、缺股	不低于封样	不低于封样	较明显低于封样	比照封样
	3.厚薄档	不低于封样	不低于封样	较明显低于封样	比照封样
	4.色花	不低于封样	不低于封样	较明显低于封样	比照封样
	5.色档	不低于封样	不低于封样	较明显低于封样	比照封样
	6.异色纤维、异性纤维	不低于封样	不低于封样	较明显低于封样	比照封样
	7.纱线接头	≤2个	≤4个	≤7个	正面不允许
	8.草屑、毛粒、毛片	不低于封样	不低于封样	较明显低于封样	比照封样
编织疵点	9.毛针	不低于封样	不低于封样	较明显低于封样	比照封样
	10.单毛	≤2个	≤3个	≤5个	
	11.花针、瘪针、三角针	不允许	次要部位允许	允许	
	12.针圈不匀	不低于封样	不低于封样	较明显低于封样	比照封样
	13.里纱露面、混色不匀	不低于封样	不低于封样	较明显低于封样	比照封样
	14.花纹错乱	不允许	次要部位允许	允许	
	15.漏针、脱散、破洞	不允许	不允许	不允许	
裁缝整理疵点	16.拷缝及绣缝不良	不允许	不明显	较明显	
	17.锁眼钉扣不良	不允许	不明显	较明显	
	18.修补痕	不允许	不明显	较明显	
	19.斑疵	不允许	不明显	较明显	
	20.色差（同件产品各部位之间）	≥4~5级	≥4级	≥3~4级	对照GB/T 250
	21.染色不良	不允许	不明显	较明显	
	22.烫焦痕	不允许	不允许	不允许	

注　1.次要部位指疵点所在部位对服用效果影响不大的部位，具体如上衣：大身边缝和袖底缝左右各1/6处；裤子：在裤腰下裤长的1/5处和内侧裤缝左右1/6处。

　　2.表中未列的外观疵点可参照类似的疵点评等。

　　3.表中所指封样均指一等品封样。封样由各生产企业制定，供需求双方共同确认。

二、检验规则

1. 抽样

（1）以同一原料、同一品种、同一品等的产品为一检验批。

（2）外观质量检验的样本应从检验批中随机抽取，抽样方案见表12–16–6规定。

表12–16–6　外观质量检验抽样方案

批量N	样本量n	合格判定数Ac	不合格判定数Re
≤150	20	1	2
151~280	32	2	3
281~500	50	3	4
501~1200	80	5	6
1201~3200	125	7	8
>3200	200	10	11

（3）内在质量检验样本应从外观质量检验合格的样本中抽取，数量要满足各试验的要求。

（4）染色牢度检验用的样本抽取应包括该批的全部色号。

（5）单件重量偏差率试验的样本抽取数量按外观质量检验抽样方案。

（6）外观质量检验当样本量n大于批量N时，实施全检，合格判定数Ac为0。

2. 判定

（1）内在质量的判定：按内在质量评等规定对批样样本进行内在质量的检验，符合对应品等要求的，则为内在质量合格，否则为不合格。

（2）外观质量的判定：按外观质量评等规定对批样样本进行外观质量的检验，符合对应品等要求的，为外观质量合格，否则为不合格。如果所有样本的外观质量合格，或不合格样本数不超过表12–16–6的合格判定数Ac，则该批产品外观质量合格。如果不合格样本数达到了表12–16–6的不合格判定数Re，则该批产品外观质量不合格。

（3）综合判定。

① 各品等产品如不符合GB 18401—2010《国家纺织品的基本安全技术规范》标准的要求，均判定为不合格。

② 按标注品等，内在质量和外观质量均为合格，则该批产品合格；内在质量和外观质量有一项不合格，则该批产品不合格。

3. 验收规则

供需双方因批量检验结果发生异议时，可复验一次，复验检验规则按首次检验执行，以复验结果判定。

三、包装和标志

1. 包装

毛针织品的包装按GB/T 4856—1993《针织品包装》执行。

2. 标志

（1）每一件毛针织品的标志按GB 5296.4—1998《纺织品使用说明　纺织品和服装使用说明》执行。纤维含量标注按FZ/T 01053—2007《纺织品　纤维含量的标识》执行，标明所符合GB 18401—2010《国家纺织品的基本安全技术规范》的安全技术要求类别。

（2）规格尺寸的标注规定。

① 普通毛针织成衣以厘米表示主要规格尺寸。上衣标注胸围；裤子标注裤长（相当于4倍横裆）；裙子标注臀围；或按GB/T 1335.1—1335.3标注号型。

② 紧身或时装款半精纺毛针织成衣标注适穿范围，例如上衣标注95~105，表示适穿范围为胸围95~105cm，裤子标注100~110，表示适穿范围为裤长100~110cm，或按GB/T 1335.1~1335.3标注号型。

③ 围巾类标注长×宽，以厘米表示。

④ 其他产品按相应的产品标准规定标注规格尺寸。

四、其他

供需双方另有要求，可按合约规定执行。

第十七章　羊绒针织品品质要求

本章重点介绍了FZ/T 73009—2009《羊绒针织品》中精、粗梳纯羊绒针织品和含羊绒30%及以上的羊绒混纺针织品的品质要求。

一、技术要求

1. 安全性要求

羊绒针织品的基本安全技术要求应符合GB 18401—2010《国家纺织品的基本安全技术规范》的规定。

2. 分等规定

羊绒针织品的品等以件为单位，按内在质量和外观质量的检验结果评定，并以其中最低一项定等，分为优等品、一等品、二等品，低于二等品者为等外品。

3. 内在质量评等

（1）内在质量评等按物理指标和染色牢度的检验结果中最低一项定等。

（2）物理指标评等按表12–17–1规定。

表12–17–1　物理指标评等

项　　目		限度	优等品	一等品	二等品	备注
纤维含量（%）		—	按FZ/T 01053标准执行			—
羊绒平均细度（μm）		≤	15.5	—		只考核纯羊绒产品
顶破强度（kPa）	精梳	≥	196			>48公支
			225			≤48公支
	粗梳		196			>14公支为196
编织密度系数（mm·tex）		≥	1.0		—	只考核粗梳平针产品
起球（级）		≥	3~4	3	2~3	—
二氯甲烷可溶性物质（%）		≤	1.5	1.7		—
松弛尺寸变化率（%）	长度	—	±5		—	只考核平针产品
	宽度		±5		—	
单件重量偏差率（%）		—	按供需双方合约规定			—

（3）染色牢度按表12–17–2规定评等。

表12-17-2　染色牢度评等

项　目		优等品	一等品、二等品
耐光（级）≥	＞1/12 标准深度（深色）	4	4
	≤1/12 标准深度（浅色）	3	3
耐洗（级）≥	色泽变化	3~4	3
	毛布沾色	4	3
	其他贴衬沾色	3~4	3
耐汗渍（级）≥	色泽变化	3~4	3
	毛布沾色	4	3
	其他贴衬沾色	3~4	3
耐水（级）≥	色泽变化	3~4	3
	毛布沾色	4	3
	其他贴衬沾色	3~4	3
耐摩擦（级）≥	干摩擦	4	3~4（深3）
	湿摩擦	3	3
耐干洗（级）≥	色泽变化	4	3~4
	溶剂变化	3~4	3

4. 外观质量的评等

外观质量的评等同第十六章毛针织品。

二、检验规则

同第十六章毛针织品。

三、包装和标志

同第十六章毛针织品。

四、其他

供需双方另有要求，可按合约规定执行。

第十八章　低含毛混纺及仿毛针织品品质要求

本章重点介绍了FZ/T 73005—2002《低含毛混纺及仿毛针织品》中含毛30%以下的低含毛混纺针织品以及非毛纤维纯纺或混纺的仿毛针织品的品质要求。

一、技术要求

1. 安全性要求

羊毛针织品的基本安全技术要求应符合GB 18401—2010《国家纺织品的基本安全技术规范》的规定。

2. 分等规定

低含毛混纺及仿毛针织品的品等以件为单位，按内在质量和外观质量的检验结果评定，并以其中最低一项定等，分为一等品、二等品，低于二等品者为等外品。

3. 内在质量评等

（1）内在质量的评等以批为单位（同一产品的每一交货单元为一批）。

（2）内在质量评等。按物理指标和染色牢度的检验结果中最低一项定等。

（3）物理指标按表12-18-1规定评等。

表12-18-1　物理指标评等

项　　目		限度	一等品	二等品	备注
纤维含量允许偏差（%）		不高于	± 3	± 5	绝对百分比
起球（级）		≥	3	2~3	参考指标
松弛尺寸变化率（%）	长度		± 5		只考核平针产品
	宽度	—	± 5	—	
	洗涤程序		1 × 7A		
成品单件重量偏差率（%）		—	按供需双方合约规定		—

注　成品中某一纤维含量低于10%时，其含量偏差绝对值应不高于标注含量的30%。

（4）染色牢度按表12-18-2规定评等。一等品允许有一项低半级；有两项低于半级或一项低于一级者则降为二等品；凡低于二等品者为等外品。

4. 外观质量的评等

外观质量的评等同第十六章毛针织品。

二、检验规则

检验规则同第十六章毛针织品。

表12-18-2　染色牢度评等

项　目		一等品
耐光（级）≥	＞1/12 标准深度（深色）	3~4
	≤1/12 标准深度（浅色）	3
耐洗（级）≥	色泽变化	3
	沾色	3
耐汗渍（级）≥	色泽变化	3~4
	沾色	3
耐水（级）≥	色泽变化	3
	沾色	3
耐摩擦（级）≥	干摩擦	3~4（深3）
	湿摩擦	2~3

注　1.耐洗、耐汗渍、耐水考核两块纤维布沾色。纯纺产品的沾色一块为该产品纤维同类的纤维布沾色，另一块为棉布沾色；混纺产品的沾色分别为与两种主要混纺纤维同类的纤维布沾色。

　　2.内衣类产品耐光色牢度为参考指标。

　　3.干洗类产品不考核耐洗、耐摩擦色牢度。

三、包装和标志

同第十六章毛针织品。

四、其他

供需双方另有要求，可按合约规定执行。

第十九章 拒水、拒油、抗污羊绒针织品品质要求

本章重点介绍了FZ/T 24012—2010《拒水、拒油、抗污羊绒针织品》的品质要求。

一、术语和定义

1. 拒水性

织物抵抗吸收喷淋水的能力。

2. 拒油性

织物耐油质液体润湿的特性。

3. 抗污性

织物表面具有防酱油、食醋、牛奶等液体介质沾污的特性。

二、技术要求

包括安全性要求，质量要求，拒水性、拒油性、抗污性的要求。

1. 安全性要求

拒水、拒油、抗污羊绒针织品的安全性应符合GB 18401—2010《国家纺织品的基本安全技术规范》的规定。

2. 质量要求

拒水、拒油、抗污羊绒针织品的质量要求同第十七章羊绒针织品。

3. 拒水性、拒油性、抗污性要求

拒水性、拒油性、抗污性要求见表12-19-1。

表12-19-1 拒水性、拒油性、抗污性要求

项目		考核指标	项目		考核指标
洗涤前	拒水性	≥4级	2×7A洗涤后	拒水性	≥3级
	拒油性	≥4级		拒油性	≥3级
	抗污性	5级		抗污性	≥4级

三、评定

（1）安全性要求、质量要求的评定分别按GB 18401和羊绒针织品规定执行。

（2）拒水性、拒油性、抗污性的评定分别为合格和不合格，检测结果均符合上表中各项要求的评定为合格，任意一项指标不符合上表要求的评定为不合格。

四、包装和标志

（1）拒水性、拒油性、抗污性合格的产品，可标注"拒水拒油抗污羊绒针织品"标识。

（2）其他要求按羊绒针织品的规定执行。

第二十章　耐久型抗静电羊绒针织品品质要求

本章重点介绍了FZ/T 24013—2010《耐久型抗静电羊绒针织品》的品质要求。

一、技术要求

包括安全性要求、质量要求、抗静电性能的要求。

1. 安全性要求

耐久型抗静电羊绒针织品的安全性应符合GB 18401—2010《国家纺织品的基本安全技术规范》的规定。

2. 质量要求

耐久型抗静电羊绒针织品的质量要求同第十七章羊绒针织品。

3. 抗静电性能要求

抗静电性能的要求见下表。

抗静电性能的要求

项　　目	要　　求
洗涤前电荷量	$\leqslant 0.6\mu C$/件
连续洗涤20次后测定的电荷量	

二、评定

（1）安全性要求、质量要求的评定分别按GB 18401和羊绒针织品规定执行。

（2）抗静电性能的评定分别为合格和不合格，检测结果符合上表要求的评定为合格，其中一项指标不符合上表要求的评定为不合格。

三、包装和标志

（1）抗静电性能合格的产品，可标注"耐久型抗静电羊绒针织品"标识。

（2）其他要求按第十七章羊绒针织品的规定执行。

第二十一章　国际羊毛局机织服装面料品质标准

产品标准见表12-21-1～表12-21-4。

表12-21-1　所有产品标准

性　能		测试方法 TMNo.	合　格　水　平			机织绒头产品
			普通机织或压制毡产品			4.服装外套
			1.西服、裤子（见注8）	2.大衣、连衣裙、上衣、女套装、裙子、和服、晨衣、小件服饰（见注1）	3.男衬衣、女衬衣、晚装	
纯新羊毛	纯羊毛标志：羊毛纤维含量（相关的面料或绒头）	155	纯新羊毛			
高比例羊毛混纺	高比例羊毛混纺标志：羊毛纤维含量、非羊毛纤维含量		最低50%新羊毛（与其他天然纤维混纺时可降至50%）（见E5）			高比例羊毛混纺标志，不适用于绒头产品
			最高50%（与其他天然纤维混纺时最高为50%）（见E5）			
			高比例羊毛混纺标志不适用于压制毡产品			
羊毛混纺标志	羊毛混纺标志：羊毛纤维含量、非羊毛纤维含量		最低30％新羊毛 最高50％新羊毛 最高70％非羊毛纤维			羊毛混纺标志，不适用于绒头产品
			羊毛混纺标志不适用于压制毡产品			
服装制作质量（见注2）		288	可接受			
表面绒头重量最低（g/m²）		277				220
断裂强力［kgf（N）］—最低不适用于"小件服饰"		4	＞150 g/m²: 20（196N） ≤150g/m²: 18（176N）	10（98N）	15（147N）	—
耐日晒色牢度—最低等级不适用于晚装（见注3）		5	深于1/12标准深度：4 浅于或等于1/12标准深度：3			
			鲜艳色及柔和色（见注4）：深于1/12标准深度：3			
			鲜艳色及柔和色：浅于或等于1/12标准深度：2~3			
耐干摩擦色牢度沾色最低（等级）只限于深于1/12标准深度的产品		165	3~4			

续表

性　能	测试方法 TMNo.	合格水平			机织绒头产品
		普通机织或压制毡产品			
		1.西服、裤子（见注8）	2.大衣、连衣裙、上衣、女套装、裙子、和服、晨衣、小件服饰（见注1）	3.男衬衣、女衬衣、晚装	4.服装外套
耐磨性—最少次数（1000）不适用于"小件服饰"（见注5）	112	20	10	15	10
脱缝程度最大裂口（mm）不适用于"小件服饰"（见注6）	117	6	10	6	10
起球—最低等级 不适合小件服饰产品（见注7）	196	3~4			

注 1."小件服饰产品"的标准：若不属于帽子，围巾，披肩，手套，领带的产品须与国际羊毛局羊毛标志总部（WMG）联系。

2.测试方法288：服装缝制质量。该标准从1999年11月1日起执行。只适用于服装厂。

3.未染色和经漂白的产品不需评定。销往澳大利亚和南非的产品，深于1/3标准深度的产品须达到5级，深于1/12深度、浅于1/3深度的产品须达到4级水平。

4.鲜艳色及柔和色。只指在国际羊毛局鲜艳色及柔和色参考色卡中的色调。未有国际羊毛局纯羊毛标志总部（WSG）的认可，其他颜色不能认作鲜艳色及柔和色。

5.测试方法112：耐磨性。本项测试必须执行并报告结果。

面料的耐摩擦性能与很多因素有关（如纤维细度、纱线细度、纱线类型、织物组织等）并且由于多种因素，多个摩擦面的影响很难将穿着过程中面料受摩擦的条件与测试结果联系起来。个别的测试结果只能供我们按经验进行比较，而不是对面料的服用寿命进行准确预测。但面料必须按照国际羊毛局测试方法112进行测试，并且建议至少达到表12–21–4中的标准。

6.测试方法117：脱缝程度。本测试必须执行并且报告结果。

我们已经知道利用特殊的缝合技术可以减少脱缝。但面料必须按照国际羊毛局测试方法117进行测试，并且建议至少达到表12–21–4中的标准。

7.测试方法196：起球。本测试必须执行并且报告结果。

由于很多因素影响起球，因此没有统一可接受的测试方法能准确预测出面料在使用过程中起球的倾向性。但面料必须按照国际羊毛局测试方法196进行测试，并建议至少达到3~4级。

说明：穿着过程中，起球是个变化性非常高的项目。同样的面料在相近的条件下被不同的人穿着会产生明显不同的起球效果。而且不同的消费者对起球的可接受程度有不同的理解。国际羊毛局的起球测试是针对大多数面料测试其起球程度的一种简单的方法。由于这种方法是在一个固定的测试时间内评定其起球程度，因而这种方法不可能对所有的面料都给出其真实的起球的差异程度。起球是一项动态性能，起球速度经常随着穿着的时间而变化。影响起球最主要的因素包括纤维细度、纤维长度、纱线捻度、面料结构等。

8.西装和服装。若服装各部分是由不同的面料制成，这些部分必须根据相应的产品标准分别进行评定。

表12-21-2 "手洗"或"干洗或小心手洗"类产品

性　　能		国际羊毛局测试方法	合　格　水　平			
			普通机织或压制毡产品			机织绒头产品
			1.西服、裤子	2.大衣、连衣裙、上衣、女套装、裙子、和服、晨衣、小件服饰	3.男衬衣、女衬衣、晚装	4.服装、外套
松弛尺寸变化（见注2、4、5）	最大宽度收缩率（%）	31	−3			
	最大长度收缩率（%）		−3			
	洗涤程序		1×7A			
总尺寸变化（见注3,4,5）	最大宽度收缩率（%）	31	−3		−3	−3
	最大长度收缩率（%）		−3		−3	−3
	最大边沿收缩率差（%）		−1		−1	−1
	洗涤程序		2×7A		1×7A+1×5A	2×7A
耐手洗色牢度—最低等级	色泽变化		3~4			
	毛布沾色		4			
只适用于高比例羊毛混纺标志/羊毛混纺标志产品的附加要求 其他纤维沾色—最低等级（混纺中主要非羊毛纤维成分）		250	3~4 高比例羊毛混纺标志/羊毛混纺标志不适用于压制毡产品			高比例羊毛混纺标志/羊毛混纺标志不适用于绒头产品
湿碱接触色牢度—最低等级	耐色泽变化	174	3~4			
	毛布沾色只适用于多色产品		4			
只适用于高比例羊毛混纺标志/羊毛混纺标志产品的附加要求 其他纤维沾色—最低等级（混纺中主要非羊毛纤维成分）			3~4			

注　1. 国际羊毛局测试方法31中包括强制性和选择性测量部分。选择性测量为零售商在应用国际羊毛局产品标准的同时，根据自己的需要进行服装外观评估时提供参考。

　　2. 对于服装，测试方法31中已定义了其"宽度"，"长度"和"边沿"的测量。

　　3. 松弛尺寸变化必须在总收缩以外独立评估。

　　4. 总尺寸变化中已包括松弛尺寸变化。

　　5. "收缩"用（−）号值表示，"伸长"用（＋）号值表示。

表12-21-3 "只可干洗"类产品

性　　能		国际羊毛局测试方法	普通机织或压制毡产品			机织绒头产品
			合格水平			
			1.西服、裤子	2.大衣、连衣裙、上衣、女套装、裙子、和服、晨衣、小件服饰	3.男衬衣、女衬衣、晚装	4.服装、外套
耐水浸色牢度（最低等级）	色泽变化		3~4			
	毛布沾色		3			
	棉布沾色		3			
只适用于高比例羊毛混纺标志/羊毛混纺标志产品的附加要求 其他纤维沾色－最低等级（混纺中主要的非羊毛纤维成分）		6	3			高比例羊毛混纺标志／羊毛混纺标志不适用于绒头产品
			高比例羊毛混纺标志／羊毛混纺标志不适用于压制毡产品			

表12-21-4 "可机洗"类产品

性　　能		国际羊毛局测试方法	普通机织或压制毡产品				机织绒头产品
			合格水平				
			1.西服、裤子	2.大衣、连衣裙、上衣、女套装、裙子、和服、晨衣、小件服饰	3.男衬衣、女衬衣、晚装	4.小件服饰	5.服装、外套
松弛尺寸变化(见注1,2,4)	最大宽度收缩率（%）	31	−3				
	最大长度收缩率（%）		−3				
	洗涤程序		1×7A				
总尺寸变化（见注3，4）	最大宽度收缩率（%）	31	−3	−3	−3		−3
	最大长度收缩率（%）		−3	−3	−3		−3
	最大边沿收缩率差（%）		−1	−1	−1		−1
	洗涤程序		3×5A	5×5A	1×5A		3×5A

续表

性 能		国际羊毛局测试方法	普通机织或压制毡产品				机织绒头产品
			合格水平				
			1.西服、裤子	2.大衣、连衣裙、上衣、女套装、裙子、和服、晨衣、小件服饰	3.男衬衣、女衬衣、晚装	4.小件服饰	5.服装、外套
耐机洗色牢度—最低等级（见注5）	色泽变化	193	3~4				
	毛布和锦纶沾色		4				
	其他纤维沾色		3~4				
耐湿碱接触色牢度—最低等级	色泽变化	174	3~4				
	毛布和锦纶沾色		4				
	其他纤维沾色（只适用于多色产品）		3~4				
洗涤后外观保持性（见注6）	面料平整最低等级	281	4				
	线缝平整最低等级（只适用于服装）		4				
	洗涤程序		1x 7A				

注 1.对于服装，测试方法31中已定义了其"宽度"，"长度"和"边沿"的测量。

2.松弛尺寸变化必须在总尺寸变化以外独立评估。

3.总尺寸变化中已包括松弛尺寸变化。

4."收缩"用（－）号值表示，"伸长"用（＋）号值表示。

5.测试方法193分为两部分：

A部分：无硼酸盐的标准洗涤剂。

B部分：有硼酸盐的标准洗涤剂。

6.国际羊毛局测试方法 TM281：洗涤后外观国际羊毛局测试方法TM31中已阐明外观评定应在熨烫后进行。除了面料"外观保持性"标准，产品不得出现可能导致消费者投诉有关服装性能的问题（如背带不得渗色，拉链正常使用，扣子不松，带襻不得脱落或变形等）。

第二十二章　纺织品和服装使用说明的图形符号

一、基本图形符号

纺织品和服装使用说明的基本图形符号有五项，见表12-22-1。若在图形符号上面加符号"×"，即表示不可进行此图形符号所示动作。

表12-22-1　使用说明的基本图形符号

名　称	图　形　符　号	说　明
水洗		用洗涤槽表示水洗程序
氯漂		用等边三角形表示漂白程序
熨烫		用熨斗表示
水洗后干燥		用正方形表示干燥程序
干洗专业纺织品维护		用圆形表示（不包括工业洗涤）专业干洗和专业湿洗的维护程序

二、各种图形符号及其说明

1. 水洗图形符号

水洗图形符号见表12-22-2。洗涤槽中的数字表示洗涤温度（摄氏度），洗涤槽下面的横线表示洗衣机的机械动作须缓和。

表12-22-2　水洗图形符号

图　形　符　号	说　明		
	最高水温	机械运转	甩干或拧干
95	95℃	常规	常规
95	95℃	常规	小心

续表

图　形　符　号	说　明		
	最高水温	机械运转	甩干或拧干
70	70℃	常规	常规
60	60℃	常规	常规
60	60℃	缓和	小心
60	60℃	非常缓和	非常小心
50	50℃	常规	常规
50	50℃	缓和	小心
40	40℃	常规	常规
40	40℃	缓和	小心
40	40℃	非常缓和	非常小心
30	30℃	常规	常规
30	30℃	缓和	小心
(手洗)	手洗，不可机洗，最高洗涤温度40℃，用手轻轻搓洗		
(不可水洗)	不可水洗		

2. 漂白图形符号

其图形符号见表12–22–3。三角形代表漂白程序。

3. 熨烫图形符号

熨烫图形符号见表12-22-4。

4. 干燥

正方形代表干燥程序。

表12-22-3　漂白图形符号

图　形　符　号	说　明	图　形　符　号	说　明
△	允许任何漂白剂	（三角形打叉）	不可漂白
△（带斜线）	仅允许氧漂/非氯漂		

表12-22-4　熨烫图形符号

图　形　符　号	说　明	图　形　符　号	说　明
（熨斗带三点）	熨斗底板最高温度为200℃	（熨斗带一点）	熨斗底板最高温度为110℃，蒸汽熨烫可能造成不可回复的损伤
（熨斗带两点）	熨斗底板最高温度为150℃	（熨斗打叉）	不可熨烫

（1）自然干燥：在正方形内添加竖线表示悬挂自然干燥程序，横线表示平摊自然干燥程序，左上角再添加一条斜线表示在阴凉处自然干燥程序。具体符号及其含义见表12-22-5。

表12-22-5　自然干燥符号

符　号	自然干燥程序	符　号	自然干燥程序
□（一竖线）	悬挂晾干	□（斜线+一竖线）	在阴凉处悬挂晾干
□（两竖线）	悬挂滴干	□（斜线+两竖线）	在阴凉处悬挂滴干
□（一横线）	平摊晾干	□（斜线+一横线）	在阴凉处平摊晾干

续表

符　号	自然干燥程序	符　号	自然干燥程序
▭（平摊滴干符号）	平摊滴干	▭（在阴凉处平摊滴干符号）	在阴凉处平摊滴干

（2）翻转干燥程序：用正方形内的圆点来表示水洗后翻转干燥程序，在符号里添加一个或两个圆点表示该程序所允许的最高温度。具体符号及含义见表12-22-6。

表12-22-6　翻转干燥图形符号

图 形 符 号	翻转干燥程序	图 形 符 号	翻转干燥程序
⊡（两点符号）	可使用翻转干燥常规温度，排气口最高温度80℃	⊠（叉号符号）	不可翻转干燥
⊡（一点符号）	可使用翻转干燥较低温度，排气口最高温度60℃		

5. 专业纺织品维护。

圆圈代表由专业人员对纺织产品（不包括真皮和毛皮）的专业干洗和湿洗程序。表12-22-7提供了不同维护程序的信息。

表12-22-7　纺织品专业维护程序符号

符　号	纺织品维护程序
Ⓟ	使用四氯乙烯和符号F代表的所有溶剂的专业干洗，常规干洗
Ⓟ（下有横线）	使用四氯乙烯和符号F代表的所有溶剂的专业干洗，缓和干洗
Ⓕ	使用碳氢化合物溶剂（蒸馏温度在150~210℃之间，闪点为38~70℃）的专业干洗，常规干洗
Ⓕ（下有横线）	使用碳氢化合物溶剂（蒸馏温度在150~210℃之间，闪点为38~70℃）的专业干洗，缓和干洗
⊗	不可干洗
Ⓦ	专业湿洗常规湿洗

续表

符　号	纺织品维护程序
Ⓦ（一横）	专业湿洗缓和湿洗
Ⓦ（两横）	专业湿洗非常缓和湿洗

6. 符号的应用和使用

（1）符号的应用。本章中规定的符号应尽可能地直接标注在制品上或标签上。在不适当的情况下，也可仅在包装上标明维护说明。

应使用适当的材料制作标签，该材料能承受标签上标明的维护处理程序。标签和符号应足够大，以使用符号易于辨认，并在制品的整个寿命期内保持易于辨认。

标签应永久地固定在纺织产品上，且符号不被掩藏，使消费者可以很容易地发现和辨认。

（2）选择适当符号的特性和试验方法。

（3）符号的用法。符号应按水洗、漂白、干燥、熨烫和专业维护的顺序排列。应使用足够的和适当的符号，以维护制品避免造成不可回复的损伤。

符号所代表的处理程序适用于整件纺织产品，有特殊说明的除外。

第十三篇 工厂设计

第一章　主要设备的配置

第一节　主要设备的生产能力

一、原毛准备部分（表13-1-1）

表13-1-1　原毛准备设备表

设备型号及名称	效率（%）	运转率（%）	原料投入量（kg/h）	制成率（%）
拣毛台（单人操作）	90	—	45~75	90~95
LB022型洗毛联合机	80	92	450~600	30~75
LB023型洗毛联合机	80	92	400~600	30~75
LBC061型散毛炭化联合机	80	92	120~200	90~96
LFN001型散毛炭化联合机	80	92	250~300	90~96
BC111型开呢片机	75	92	40~70	97
BC121型双锡林回丝机	75	92	12~20	95
BC121A型单锡林回丝机	75	92	12~20	95
B262型和毛机（精纺用）	75	92	400~500	99（和一次毛产量）
BC262型和毛机（粗纺用）	75	92	400~500	99（和一次毛产量）
LJF025-052型洗毛联合机	75	92	600~700	30~75
新西兰ANDAR型洗毛联合机	85	92	700~1000	45~55

二、粗梳毛纺部分（表13-1-2）

表13-1-2　粗梳毛纺设备表

设备型号及名称	速度		效率（%）	运转率（%）	制成率（%）
	m/min	r/min			
BC272 F 型三联梳毛机 BC272 D 型三联梳毛机	16~30	—	80~85	92	88~90
BC272 G 型二联梳毛机 BC272 E 型二联梳毛机	16~30	—	80~85	92	88~90
BC274型二联梳毛机	20~25	—	80~85	92	88~90
BC272 H 型四联梳毛机 BC272 J 型四联梳毛机	20~30	—	80~85	92	88~90
BC583型粗纺高特细纱机	—	3000~3900	85	92	95

续表

设备型号及名称	速度		效率 （%）	运转率 （%）	制成率 （%）
	m/min	r/min			
BC584型粗纺低特细纱机	—	4000 ~ 5300	90	92	95
BC585型粗纺高特细纱机	—	2000 ~ 4000	85	92	95
BC586型粗纺低特细纱机	—	4000 ~ 6000	90	92	95
ESPERO自动络筒机	—	300 ~ 1600	85 ~ 90	92	99
ORION 自动络筒机	—	400 ~ 2200	85 ~ 90	92	99
AUTOCONER–338自动络筒机	—	300 ~ 2000	85 ~ 90	92	99

三、毛条制造部分（表13-1-3）

表13-1-3　毛条制造设备表

设备型号及名称	出条重量 （g/m）	速度 （m/min）	效率 （%）	运转率 （%）	制成率 （%）
B272A型梳毛机	12 ~ 18	40 ~ 50	85	92	85 ~ 95
B273A型腈纶梳毛机	15 ~ 20	55 ~ 65	85	92	96 ~ 98
B302型毛条针梳机	18 ~ 25	50 ~ 65	85	94	99.8
B303型毛条针梳机	18 ~ 25	50 ~ 65	85	94	99.8
B304型毛条针梳机	9 ~ 12	50 ~ 65	85	94	99.8
256型精梳机	20 ~ 30	80 ~ 240r/min	90	94	80 ~ 90
B305型毛条针梳机	18 ~ 22	50 ~ 65	80	94	99.8
LB334A型毛条复洗机	18 ~ 22	3.5 ~ 10	75 ~ 80	94	99.8
B412型混条机	18 ~ 25	50 ~ 65	70 ~ 85	92	99.8
B306型毛条针梳机	18 ~ 22	50 ~ 65	80	94	99.8
OCTIR CL/3S型梳毛机	18 ~ 30	0 ~ 350	90	92	85 ~ 95
NSC CA 6型梳毛机	18 ~ 30	0 ~ 350	90	92	85 ~ 95
NSC CA 7型梳毛机	18 ~ 30	0 ~ 350	90	94	85 ~ 95
NSC GC15型链条式针梳机	18 ~ 30	0 ~ 350	90	94	99.8
NSC GC30型链条式针梳机	18 ~ 30	0 ~ 350	90	94	99.8
MILLEN–NIUM型精梳机	18 ~ 30	0 ~ 280 r/min	90	94	99.8
NSC ERA型精梳机	18 ~ 30	0 ~ 260 r/min	90	94	99.8
NSC GC15型链条式针梳机（配成球机）	18 ~ 30	0 ~ 350	—	94	99.8
NSC GC30型链条式针梳机（配成球机）	18 ~ 30	0 ~ 350	—	94	99.8

四、精纺条染复精梳部分（表13-1-4）

表13-1-4　精纺条染复精梳设备表

设备型号及名称	出条重量（g/m）	速度（m/min）	上机数量（kg/次）	加工时间（min/次）	效率（%）	运转率（%）	制成率（%）
绕球机	18 ~ 22	32	—	—	80	90	99.8
N464型毛球装筒机	—	—	25 ~ 30	10	85	90	—
N461型毛球染色机	—	—	90 ~ 100	180 ~ 300	75 ~ 85	94	—
N462型毛球染色机	—	—	45 ~ 50	180 ~ 300	75 ~ 85	94	—
GR201A-100型高温高压染色机	—	—	100	180 ~ 210	75 ~ 85	90	—
GR201A-50型高温高压染色机	—	—	50	180 ~ 210	75 ~ 85	90	—
GR251A-100型筒子烘干机	—	—	90 ~ 100	—	75 ~ 85	94	—
GR251A-50型筒子烘干机	—	—	40 ~ 50	—	75 ~ 85	94	—
MB151型毛条印花机	—	—	60	120 ~ 180	85	90	—
Z751-1200型离心脱水机	—	—	50	10	80	94	—
Z751-1000型离心脱水机	—	—	35	10	80	94	—
LB334型毛条复洗机	18 ~ 22	3.5 ~ 10	—	—	75 ~ 80	94	99.8
B412型混条机	20 ~ 25	50 ~ 65	—	—	70 ~ 85	92	99.8
B423型头道针梳机	18 ~ 25	60 ~ 75	—	—	70 ~ 85	94	99.8
B304型三道针梳机	8 ~ 10	50 ~ 65	—	—	80	94	99.8
B305型四道针梳机	18 ~ 22	50 ~ 65	—	—	80	94	99.8
B412型混条机	20 ~ 25	50 ~ 65	—	—	70 ~ 85	94	99.8
B306型毛条针梳机	18 ~ 22	50 ~ 65	—	—	80	94	99.8
德国FLEISSNER型毛条印花机	—	—	—	—	80	90	99.8
立信ALLWIN系列高温高压染色机	—	—	30 ~ 500	180 ~ 300	85	90	99.8
意大利BELINNI系列染色机	—	—	30 ~ 500	180 ~ 300	75 ~ 85	94	99.8
德国Thies Eco-bloc X型染色机	—	—	30 ~ 500	180 ~ 210	75 ~ 85	94	99.8
CMT LTT4/3/24型毛条复洗机	18 ~ 30	0 ~ 50	—	—	75 ~ 85	90	99.8
D3GC15-627型去毡机	20 ~ 30	0 ~ 260	—	—	80 ~ 90	90	97
D3GC15-1627型去毡机	20 ~ 30	0 ~ 260	—	—	80 ~ 90	94	99.8
GC15-623型头道针梳机	20 ~ 30	0 ~ 260	—	—	80 ~ 90	94	99.8
GC15-1627型头道针梳机	20 ~ 30	0 ~ 260	—	—	80 ~ 90	90	99.8
GC15-627RC型混条机	20 ~ 30	0 ~ 260	—	—	80 ~ 90	94	99.8
GC15-1632型混条机	20 ~ 30	0 ~ 260	—	—	80 ~ 90	94	99.8
ERA LF 型精梳机	20 ~ 30	0 ~ 260r/min	—	—	80 ~ 90	94	99.8
GC15-627型二道针梳机	20 ~ 30	0 ~ 260	—	—	80 ~ 90	94	99.8
GC30-627型二道针梳机	20 ~ 30	0 ~ 260	—	—	80 ~ 90	94	99.8
GC15-1627型二道针梳机	20 ~ 30	0 ~ 260	—	—	80 ~ 90	94	99.8
GC30-1627型二道针梳机	20 ~ 30	0 ~ 260	—	—	80 ~ 90	94	99.8
GC15-627RME型末道针梳机	20 ~ 30	0 ~ 260	—	—	80 ~ 90	94	99.8
GC15-213RME型末道针梳机	20 ~ 30	0 ~ 260	—	—	80 ~ 90	94	99.8
GC30-627RME型末道针梳机	20 ~ 30	0 ~ 260	—	—	80 ~ 90	94	99.8
GC30-213RME型末道针梳机	20 ~ 30	0 ~ 260	—	—	80 ~ 90	94	99.8

五、精梳毛纺纺纱部分（表13-1-5）

表13-1-5 精梳毛纺纺纱设备表

设备型号及名称	出条重量（g/m）	速度		效率（%）	运转率（%）	制成率（%）
		m/min	r/min			
B412型混条机	18~25	50~65	—	70~85	92	99.8
B413型混条机	18~25	80~100	—	70~85	92	99.8
B423型头道针梳机	18~25	60~75	—	70~85	92	99.8
B423A型头道针梳机	18~25	80~100	—	70~85	92	99.8
OCTIR CL/3S型梳毛机	18~30	0~100	—	70~85	92	99.8
NSC CA 6型梳毛机	18~30	0~100	—	70~85	92	99.8
NSC CA 7型梳毛机	18~30	0~100	—	70~85	92	99.8
NSC D3/GC15型去毡链条式针梳机	18~30	0~260	—	70~85	92	99.8
NSC D3/GC30型去毡链条式针梳机	18~30	0~260	—	70~85	92	99.8
NSC DU/GC型混条机	18~30	0~260	—	70~85	92	99.8
NSC GC15型链条式针梳机	18~30	0~260	—	70~85	92	99.8
NSC GC30型链条式针梳机	18~30	0~260	—	70~85	92	99.8
P100型精梳机	18~30	0~22.88	0~260	70~85	92	99.8
NSC ERA-LF型精梳机	18~30	0~22.88	0~260	70~85	92	99.8
NSC GC15链条式针梳机（配成球机）	18~30	0~260	—	70~85	92	99.8
NSC GC30链条式针梳机（配成球机）	18~30	0~260	—	70~85	92	99.8
B432型二道针梳机	9~12	60~75	—	70~85	92	99.8
B432A型二道针梳机	9~12	80~100	—	70~85	92	99.8
B442型三道针梳机	4~5	60~75	—	70~85	92	99.8
B442A型三道针梳机	4~5	80~100	—	70~85	92	99.8
B452A型四道针梳机	0.5~2.0	25~30	—	70~85	92	99.8
B465A型翼锭粗纱机	0.2~1.2	—	450~850	65~70	92	99.5
FB431型双胶圈搓捻粗纱机	0.25~1.0	80~120	—	65~70	92	99.5
FB441型针圈式搓捻粗纱机	0.12~0.67	25~40	—	65~70	92	99.5
B583A型、EJ519型细纱机	0.012~0.03	—	6500~9500	92	94	95
FB721型捻线机	—	—	4000~10000	94	92	99.8
B593型绒线细纱机	—	—	3000~5000	90	94	90
B643型合股机	—	—	2000~4000	90	94	98
FVC2型热定形锅	—	200~300 kg/次	—	—	—	—
GA012型松式络筒机	—	220~250	—	70	92	99.8
B702A型绒线摇绞机（针织绒）	—	—	140~220	15~30	94	99.8
CSN型头道针梳机	18~25	0~260	—	70~85	92	99.8
CSN型二道针梳机	9~12	0~260	—	70~85	92	99.8
SH24型三道针梳机	4~5	0~260	—	70~85	92	99.8
SHS24型四道针梳机	1.5~4	0~260	—	70~85	92	99.8

续表

设备型号及名称	出条重量（g/m）	速度		效率（%）	运转率（%）	制成率（%）
		m/min	r/min			
NSC GC30型链条式针梳机	0.2 ~ 1.2	0 ~ 260	—	65 ~ 70	92	99.5
NSC GV20型立式针梳机	1.5 ~ 5	0 ~ 260	—	65 ~ 70	92	99.5
Santandrea RF5/a型粗纱机	0.15 ~ 1.5	0 ~ 250	—	65 ~ 70	92	99.5
NSC FMV40型立式粗纱机	0.15 ~ 1.5	0 ~ 240	—	92	92	99.8
IDEA细纱机	0.012 ~ 0.03	—	4000 ~ 11000	92	92	99.8
ZINSER 451型细纱机	0.012 ~ 0.03	—	4000 ~ 11000	94	92	99.8
ZINSER 451C3型紧密纺细纱机	0.012 ~ 0.03	—	4000 ~ 11000	90	94	99.8
ESPERO型自动络筒机	—	400 ~ 1600	—	90	94	99.8
ORION型自动络筒机	—	400 ~ 2200	—	90	94	99.8
AUTOCONER–338型自动络筒机	—	300 ~ 2000	—	90	94	99.8
DPI–D型并线机	—	0 ~ 1400	—	90	92	99.8
SINCRO–B型并线机	—	0 ~ 1300	—	90	92	99.8
NCRO–B型并线机	—	0 ~ 1300	—	90	94	99.8
GEMINISS型倍捻机	—	—	0 ~ 10000	90	94	99.8

六、织造部分（表13-1-6）

表13-1-6　织造设备表

设备型号及名称	速度（r/min）	效率（%）	运转率（%）	制成率（%）
H172A 型毛织穿筘架	1000 ~ 1200 根/h	70	92	—
H191 型自动卷纬机	180 ~ 304	75	92	—
GA193 型全自动样品整经机	500 ~ 1100	80 ~ 90	92	—
SGA198 型全自动小样整经机	0 ~ 1100	80 ~ 90	92	—
GOM–8/16/24 型小样整经机	800 ~ 1300	80 ~ 90	94	—
SF97 型分条整经机	800 ~ 1400	80 ~ 90	92	—
ERGOTEC 型分条整经机	800 ~ 1400	80 ~ 90	92	—
GA163 型分条整经机	900 ~ 1400	80 ~ 90	92	—
SHGA215 型分条整经机	900 ~ 1300	80 ~ 90	92	—
BOM 型分条整经机	900 ~ 1400	80 ~ 90	92	—
EGM 型分条整经机	900 ~ 1400	80 ~ 90	92	—
DELT A 100/110 型自动穿综机	5000 ~ 8000 根/h	80 ~ 90	94	—
DELT A 200 型自动穿综机	5000 ~ 8000 根/h	80 ~ 90	92	—
T P M 201P C 型自动结经机	5000 ~ 8000 根/h	60 ~ 75	85	—

设备型号及名称	速度（r/min）	效率（%）	运转率（%）	制成率（%）
CX 160 型提花机	—	80 ~ 85	92	—
H212A 型毛织机	86 ~ 96	70 ~ 80	90	98
H213 型提花多臂毛织机	86 ~ 96	70 ~ 80	90	98
GAMMAX 型毛织机	400 ~ 600	80 ~ 90	90	93
GS900 型毛织机	400 ~ 550	80 ~ 90	90	93
G6300 型毛织机	400 ~ 550	80 ~ 90	92	93
PT S12 型毛织机	450 ~ 650	80 ~ 90	92	93
N811 型量呢机	20 ~ 40m/min	50	92	—

七、粗纺织物染整部分（表13-1-7）

表13-1-7　粗纺织物染整设备表

设备型号及名称	加工次数	加工时间（min/次）	上机数量（匹/次）	呢速（m/min）	效率（%）	运转率（%）
NC464B型散毛染色机	1	210 ~ 270	100kg	—	75 ~ 85	94
Z751 ~ 1200型离心脱水机	1	15	50kg	—	20 ~ 30	94
B061A型散毛烘干机	1	200 kg/h	—	—	80	90
MB062型缩呢洗呢机	1 ~ 2	120 ~ 210	4 ~ 5	—	85	94
N113A型绳状洗呢机	1 ~ 2	80 ~ 120	4 ~ 5	—	80	94
N061缩呢机	1 ~ 3	10 ~ 15	2	—	80	94
N365-2型绳状染呢机	1	320 ~ 400	1 ~ 2	—	92	94
N365-6型绳状染呢机	1	320 ~ 400	4 ~ 5	—	92	94
MB415型呢绒刺果起毛机	6 ~ 12	—	—	8 ~ 11	75	92
MB416型毛毯刺果起毛机	4 ~ 6	—	—	8 ~ 15	75	92
N642A型拉幅烘干机	1 ~ 2	—	—	6 ~ 10	70	90
NC033型钢丝起毛机	3 ~ 10	—	—	10	75	94
MB371C-2型双刀剪毛机	2 ~ 4	—	—	10 ~ 15	80	94
MB372C型单刀剪毛机	3 ~ 8	—	—	10 ~ 15	80	94
N031型蒸刷机	1 ~ 2	—	—	18 ~ 24	85	94
MB351型搓呢机	2	—	—	1.25	80	92
MB401型呢烫光机	1	—	—	6 ~ 8	85	92
MB441型程控式蒸呢机	1 ~ 2	45 ~ 60	2 ~ 3	4.7 ~ 30	80	92
N691型回转式压光机	1	—	—	8 ~ 12	85	92
MB471型罐蒸机	1	15 ~ 20	3	—	80	92
N801型检验机	1	—	—	8 ~ 16	40	94
MB541型折卷机	1	—	—	60 ~ 100	50	94

八、精纺织物染整部分（表13-1-8）

表13-1-8　精纺织物染整设备表

设备型号及名称	加工次数	加工时间（min/次）	上机数量（匹/次）	呢速（m/min）	效率（%）	运转率（%）
N811型量呢机	1	—	1	18～35	50	94
N061A型轻型缩呢机	1	60～80	1	—	80	94
MB261型轻型缩呢机	1	60～80	1～2	32～205.5	80	94
MB061型缩呢洗呢机	1	—	4～6	150～200	85	94
N113型绳状洗呢机	1～2	90～150	4～8	—	80	94
MB051型螺旋洗呢机	1～2	100～130	12	100～200	75～80	94
MB031型煮呢机	1～3	50	2	30～35	80	94
N312C型双槽煮呢机	1	60	2		85	94
N365-2型绳状染呢机	1	320～450	1～2	—	85	94
N365-6型绳状染呢机	1	320～450	6	—	85	94
MB231型高温高压溢喷染色机	1	320～450	150kg/管	60～300	85	94
MB232-1型高温高压溢喷染色机	1	320～450	150kg/管	41～410	85	94
N151型真空吸水机	1～2	—		8～16	80	94
开幅机	1～3	—		20～40	80	94
N642A型拉幅烘干机	1～2	—		8～16	80	90
MB451型烘呢定形机	1			3～30	80	90
N031型蒸刷机	1	—		18～24	80	90
MB371J-2型双刀剪毛机	1	—		12～28	80	90
MB371J型单刀剪毛机	1～3	—		12～28	80	90
MB461型预缩机	1			4～20	80	90
N811型量呢机	1～2	—	1	0～35	50	94
PK-97型烧毛机	1～2	—	—	0～120	40～50	94
ZME505型剪毛机	1～2	—	—	0～50	80	94
LAFER CMI 200型剪毛机	1～2	—	—	0～50	80	94
LAMPERTI C2/A型剪毛机	1～2	—	—	0～50	80	94
FOLATEX-4C型洗缩联合机	1～2	60～90	2	0～450	85	94
FLEXIFOLA-4C型洗缩联合机	1～2	60～90	2	0～450	80	94
TWIN800-4C型洗缩联合机	1～2	60～90	2	0～220	75～80	94
RW2000X1800FW开幅机	1～2	—	1～2	0～100	80	94
CORINO AQUAFLOW ST-2-A型开幅机	1～2	—	1～2	0～100	85	94
EOLO型柔软洗呢机	1	—		0～800	85	94
LAVANOVA型平幅洗煮联合机	1			0～50	85	94

设备型号及名称	加工次数	加工时间（min/次）	上机数量（匹/次）	呢速（m/min）	效率（%）	运转率（%）
WPS 型平幅洗煮联合机	1	—	—	0 ~ 50	85	94
FOULARD 1800 型浸压机	1 ~ 2	—	—	0 ~ 100	80	94
KM–16 型烘呢定形机	1 ~ 2	—	—	0 ~ 60	80	90
MULTI–LINE 6 型拉幅烘干机	1	—	—	0 ~ 60	80	90
WHITE evo4/2C/6P/200 型烘干定形机	1	—	—	0 ~ 60	80	90
MB441 型蒸呢机	1 ~ 2	45 ~ 60	2 ~ 3	4.7 ~ 30	80	92
N711 型封闭式蒸呢机	1	45 ~ 60	2 ~ 3	—	80	92
MB 471 型罐蒸机	1	15 ~ 20	4	6 ~ 60	80	92
MS 472 型罐蒸机	1	—	4	15	80	92
MB 431 型给湿机	1	—	—	12 ~ 28	80	92
N801C 型检验机	1	—	—	8 ~ 16	40	94
MB 541 型折卷机	1	—	—	60 ~ 100	50	94
SFM 4 型树脂整理预烘机	1	—	—	22 ~ 25	60	90
SFM 5 型树脂整理烘焙机	1	—	—	22 ~ 25	60	90
KD 95 型罐蒸机	1 ~ 2	20 ~ 60	1 ~ 6	0 ~ 100	90	92
KD SUPERNOVA 型罐蒸机	1 ~ 2	20 ~ 60	1 ~ 10	0 ~ 100	90	92
PF 2000 型罐蒸机	1 ~ 2	20 ~ 60	1 ~ 6	0 ~ 100	90	92
GPP40 型烫呢机	1	—	—	0 ~ 50	90	60
FORMULA–1 型烫呢机	1	—	—	0 ~ 50	90	92
AUTOROL 90 型自动打卷机	1	—	—	0 ~ 120	92	60
CELLPAK 90 型自动打包机	1	—	—	60	90	80

九、绒线及针织绒线染整部分（表13–1–9）

表13-1-9　绒线及针织绒线染整设备表

设备型号及名称		上机数量（kg/次）		加工时间（min/次）	单机产量[kg/（台·班）]	效率（%）	运转率（%）
		绒线	针织绒				
N371A型洗线机		—		—	1600 ~ 2500	80	90
MZ309A型染色机	羊毛	100	77	180	—	85	92
	膨体腈纶	75	50	180	—	85	92
MZ310型染色机	羊毛	200	150	180	—	85	92
	膨体腈纶	150	100	180	—	85	92

续表

设备型号及名称		上机数量（kg/次）		加工时间（min/次）	单机产量[kg/（台·班）]	效率（%）	运转率（%）
		绒线	针织绒				
N421型染线机	羊毛	100	77	—		85	92
	膨体腈纶	80	54	—		85	92
Z751-1200型离心脱水机		50		15～30	750～1500	85	92
K031A型绒线烘干机		—		—	1200～2000	70	92
MZ314型烘线机					4000	70	92
B782型绒线打包机		25～50		7～9	—	70	92

第二节　计算表式及计算方法

一、精梳毛纺

（一）毛条制造机器配置计算表式及计算方法

1. 计算表（表13-1-10）

表13-1-10　毛条制造车间设备配备计算表

产品名称	工序名称	并合数	牵伸数	出条重（g/m）	速度（m/min）	理论产量[kg/（台·班）]	效益（%）	实际台时产量（kg/h）	需要生产量（kg/h）
1	2	3	4	5	6	7	8	9	10

下脚		喂入重量（kg/h）	需要头台数	运转率（%）	计算头台数	设备数量			备注
%	kg/h					计算头数	规格	配备台数	
11	12	13	14	15	16	17	18	19	20

2. 计算方法

（1）拣毛：

$$实际台时产量 = 喂入重量 \times （1-下脚率）$$
$$计算台数 = 需要生产量 \div 实际台时产量$$

（2）洗毛、和毛：

$$理论产量 = 喂入重量 \times 制成率$$
$$实际台时产量 = 理论产量 \times 效率$$
$$需要台数 = 需要生产量 \div 实际台时产量$$
$$计算台数 = 需要台数 \div 运转率$$

（3）梳毛：

$$理论产量 = 出条重 \times 速度 \times \frac{60}{1000}$$

$$理论产量 = 喂入重量 \times （1-下脚率)$$

$$实际台时产量 = 理论产量 \times 效率$$

$$需要台数 = 需要生产量 \div 实际台时产量$$

$$计算台数 = 需要台数 \div 运转率$$

（4）针梳、复洗：

$$出条重 = 上一工序的出条重 \times 并合数 \div 牵伸倍数$$

其余同梳毛。

（5）精梳：

理论产量 = 上一工序的出条重 × 并合数 × 每次喂入长度（mm）× 机器速度（r/min）×

（1-下脚率）× 60×10^{-6}

其余同针梳。

（二）前纺机器配置计算表式及计算方法

同毛条制造。

（三）细纱机、捻线机配置计算表式及计算方法

1. 计算表（表13-1-11）

表13-1-11 细纱机、捻线机配备计算表

产品名称	纱的种类		纱线线密度（tex）	牵伸	捻度（捻/m）	锭速（r/min）	理论产量（kg/h）	效率（%）
	经纬	原色或染色						
1	2	3	4	5	6	7	8	9

实际产量（kg/h）	需要产量（kg/h）	需要锭数	运转率（%）	计算锭数	下脚		喂入重量（kg/h）	备注
					%	kg/h		
10	11	12	13	14	15	16	17	18

2. 计算方法

$$理论产量 = \frac{锭速 \times 60 \times 纱线线密度}{1000 \times 捻度 \times 1000}$$

$$实际产量 = 理论产量 \times 效率$$

$$需要锭数 = 需要产量 \div 实际产量$$

$$计算锭数 = 需要锭数 \div 运转率$$

$$计算台数 = 计算锭数 \div 每台锭数$$

$$需要产量 = 喂入重量 \times （1-下脚率)$$

（四）并线机配备计算表式及计算方法

1. 计算表（表13-1-12）

表13-1-12 并线机配备计算表

产品名称	纱的种类		纱线线密度（tex）	并线速度（m/min）	理论产量（kg/锭）	效率（%）	实际产量[kg/（锭·h）]	需要产量[kg/（锭·h）]
	经纬	原色或染色						
1	2	3	4	5	6	7	8	9

需要锭数	运转率（%）	计算锭数	下脚		喂入重量（kg/h）	备注
			%	kg/h		
10	11	12	13	14	15	16

2. 计算方法

$$理论产量 = \frac{并线速度 \times 60 \times 纱线线密度}{1000 \times 1000}$$

其余同细纱机。

说明：并线、捻线的细度应包括合股数，如双股22.2tex（45公支）纱应为22.2tex × 2（45公支/2）。

（五）织部机器配备计算表式及计算方法

1. 计算表（表13-1-13）

表13-1-13 织部机器配备计算表

织物名称		坯布密度	经 密	根/10cm	织缩		每米用纱量	经纱重 g
织物组织			纬 密	根/10cm		经向（%）		纬纱重 g
坯布幅度	cm	经纱根数	地 经	根				纱总重 g
坯布长度	m		边 经	根		纬向（%）		布净重 g
坯布重量	kg/匹		总经数	根	伸长率	络经（%）	需要产量	经纱 kg/h
经 纱	tex	捻度	经 纱	捻/m		整经（%）		纬纱 kg/h
纬 纱	tex		纬 纱	捻/m		浆纱（%）		

机器名称	线密度（tex）	主轴转速（r/min）	平均速度（m/min）	纱根数	理论产量 [kg或m/台(锭)·h]	效率（%）	实际产量 [kg或m/台(锭)·h]	需要产量 [kg或m/台(锭)·h]	需要台(锭)数	运转率（%）	计算台(锭)数	配备数量			备注
												计算台(锭)数	规格	台数	
1	2	3	4	5	6	7	8	9	10	11	12	13	14	15	16

2. 计算方法

(1) 规格：

$$每米经纱重 = 总经数 \div \left[\frac{经纱线密度}{1000} \times (1-经向织缩) \right]$$

$$每米纬纱重 = \frac{坯布纬密 \times 10 \times 幅宽 \times 纬纱线密度}{1000 \times (1-纬向织缩) \times 100}$$

$$每米坯布净重 = 每米经纱重 + 每米纬纱重$$

$$坯布经密 = (经纱总根数 \div 坯布幅宽) \times 10$$

(2) 络筒、络纬：

$$理论产量 = \frac{平均速度 \times 60 \times 纱线线密度}{1000 \times 1000}$$

$$实际产量 = 理论产量 \times 效率$$

$$需要台（锭）数 = 需要产量 \div 实际产量$$

$$计算台（锭）数 = 需要台（锭）数 \div 运转率$$

(3) 整经：

$$理论产量 = \frac{总经数 \times 平均速度 \times 60 \times 纱线线密度}{分段数 \times 1000 \times 1000}$$

其余同络纬。

(4) 穿综筘：

$$理论产量 = \frac{织物总生产量(m/h) \times 每只经轴经纱总根数}{经纱长度 \times (1-经向织缩) \times 穿综（筘）定额（根/h）}$$

其余同络纬。

(5) 织机：

$$理论产量 = \frac{曲轴转速 \times 60}{坯布纬密 \times 10}$$

$$需要产量 = 毛纱需要量 \div 每米坯布总重$$

其余同络纬。

说明：纱线线密度（tex）应是合股后的。

（六）染整机器配备计算表式及计算方法

1. 计算表（表13-1-14）

表13-1-14　染整机器配备计算表

顺序	机器与加工织物名称	加工次数	呢速 (m/min)	上机数量 (匹/次)	加工时间 (min/次)	理论产量		时间效率 (%)
						m/（台·天）	匹/（台·天）	
1	2	3	4	5	6	7	8	9

续表

实际产量		需要加工数量		机器配备台数		负荷率 (%)	备注
m/(台·天)	匹/(台·天)	m/天	匹/天	计算	安装		
10	11	12	13	14	15	16	17

2. 计算方法

(1) 连续生产：

$$理论产量 = 呢速 \times 1350 \div 加工次数$$

$$实际产量 = 理论产量 \times 有效时间系数$$

$$计算台数 = 需要加工数量 \div 实际产量$$

$$负荷率 = 计算台数 \div 安装台数$$

(2) 以匹为单位加工的间歇性生产：

$$理论产量 = \frac{1440 \times 上机数量}{加工时间 \times 加工次数}$$

其余同连续性生产。

说明：

(1) 连续性生产以米计算，间歇性生产以匹计算。

(2) 负荷率的大小应考虑因品种变化及其他原因所引起的染整生产的不均匀情况。

二、粗梳毛纺

（一）梳毛机计算表式及计算方法

1. 计算表（表13-1-15）

表13-1-15　梳毛机配备计算表

产品名称	线密度 (tex)	牵伸倍数	出条根数	速度 (m/min)	理论产量 [kg/(台·h)]	效率 (%)	实际产量 [kg/(台·h)]	需要生产量 [kg/(台·h)]
1	2	3	4	5	6	7	8	9

回毛		喂入重量 (kg/h)	需要台数	运转率 (%)	计算台数	设备数量			备注
%	kg/h					计算头数	每台头数	配备台数	
10	11	12	13	14	15	16	17	18	19

2. 计算方法

$$理论产量 = \frac{总出条粗纱根数 \times 速度 \times 60 \times 粗纱线密度}{1000 \times 1000}$$

$$实际产量 = 理论产量 \times 效率$$

$$需要台数 = 需要产量 \div 实际产量$$

$$计算台数 = 需要台数 \div 运转率$$

$$需要生产量 = 喂入重量 \div (1-回毛率)$$

（二）细纱机配备计算表式及计算方法

1. 计算表（表13-1-16）

表13-1-16　细纱机配备计算表

产品名称	线密度 （tex）	牵伸 倍数	每米捻数	锭子转速 （r/min）	每锭理论产量 （kg/h）	效率 （%）	每锭生产定额 （kg/h）		
1	2	3	4	5	6	7	8		

| 需要产量
（kg/h） | 消耗率
（%） | 需要机
器数量 | 运转率
（%） | 计算机
器数量 | 配备台数 | | | 备　注 |
					机器台数	规格	每台锭数	
9	10	11	12	13	14	15	16	17

2. 计算方法

同精梳毛纺。

（三）织机配备计算表式及计算方法

同精梳毛纺。

（四）染整机器配置计算表式及计算方法

同精梳毛纺。

第三节　根据产品方案计算设备配备步骤

假定产品方案规定的 N 个产品的产量百分比为 A_1，A_2，A_3，$\cdots$，A_N，总数为100%。计算步骤如下：

（1）依次求得各产品的坯布耗用量比为：

$$\frac{A_1}{1-B_1}，\frac{A_2}{1-B_2}，\frac{A_3}{1-B_3}，\cdots，\frac{A_N}{1-B_N}$$

其中 B_1，B_2，B_3，$\cdots$，B_N 为各该产品的染整长缩率。

（2）根据织造工艺计算出各产品坯布单位用纱量为 C_1，C_2，C_3，$\cdots$，C_N，由此可求出各产品所需的用纱量为 D_1，D_2，D_3，$\cdots$，D_N，则：

$$\frac{A_1}{1-B_1} \times C_1 = D_1 \ , \quad \frac{A_2}{1-B_2} \times C_2 = D_2 \ , \quad \frac{A_3}{1-B_3} \times C_3 = D_3, \cdots, \quad \frac{A_N}{1-B_N} \times C_N = D_N$$

（3）按各产品用纱量比，再算出各产品需要细纱锭子的比例关系：在计算各产品所用各种细度纱的细纱锭时，根据实际产量E_1，E_2，E_3，$\cdots$，E_N，求出各产品所需的锭子数x_1，x_2，x_3，$\cdots$，x_N：

$$x_1 = \frac{D_1}{E_1} \ , \quad x_2 = \frac{D_2}{E_2} \ , \quad x_3 = \frac{D_3}{E_3}, \cdots, x_N = \frac{D_N}{E_N}$$

（4）再按建厂规模算出各产品细纱锭子的分配数。设 y 为建厂规模细纱锭子总数，$\sum x$ 为x_1，x_2，x_3，$\cdots$，x_N的总和，则：

$$\frac{y}{\sum x} \times x_1 \ , \quad \frac{y}{\sum x} \times x_2 \ , \quad \frac{y}{\sum x} \times x_3 \ , \cdots, \quad \frac{y}{\sum x} \times x_N$$ 即为各种产品所用纱支应分配的锭子数。

（5）最后根据已求得的锭子数及算出各种纱的需要产量（生产毛纱能力），推算前纺、毛条和织染的产量及设备数。

第四节　主要设备配置举例

一、精梳毛纺织设备配置
（一）毛条制造设备（表13-1-17）

表13-1-17　毛条制造设备配备举例

设备型号及名称	简要规格	1800t 年	3000t 年	6000t 年
LB023型洗毛联合机	机幅1000mm	1	3	5
B262型和毛机	机幅1200mm	2	3	5
B272A型梳毛机	机幅1500mm	9	15	30
B302型毛条针梳机	1头1筒1根	6	10	20
B303型毛条针梳机	1头1筒1根	6	10	20
B304型毛条针梳机	1头1筒1根	6	10	20
B311C型精梳机	直行式	54	90	180
或FB251-A1型精梳机	直行式	36	60	120
B305型毛条针梳机	1头1球1根	6	10	20
LB334A型毛条复洗机（干条）	工作宽度800mm	2	3	6
B412型混条机	2头2球2根	2	3	6
B306型毛条针梳机	1头1球1根	6	10	20
A752B型毛球打包机	—	1	1	2

（二）条染复精梳设备（表13-1-18）

表13-1-18　条染复精梳设备配备举例

设备型号及名称	简要规格	3168锭 70万米 年	5148锭 120万米 年	10296锭 240万米 年
HRM873型四头松球机	成球规格；$\phi450\times380$mm	1	1	1
N464型毛球装筒机	最大工作压力约80MPa	1	1	1
N461型毛球染色机	毛球筒4个，100~120kg	1	2	4
N462型毛球染色机	毛球筒2个，50~60kg	2	1	2
GR201A-100型高温高压染色机	—	—	1	2
GR201A-50型高温高压染色机	—	2	1	1
GR251A-100型筒子烘干机	—	1	1	1
TR632型毛球染色样机	毛球筒1个，4~12kg	1	1	1
Z751型离心脱水机	$\phi1200$mm	1	1	2
LB334型毛条复洗机	工作宽度800mm	1	1	2
MB151型毛条印花机	可变面积15%~85%	—	1	1
B412型混条机	2头1球1根	1	1	2
B423型头道针梳机	1头1筒1根	1	1	2
B304型毛条三道针梳机	1头1筒2根	1	1	2
B305型四道针梳机	1头1球1根	1	1	2
B306型毛条末道针梳机	1头1球1根	1	1	2

（三）精梳毛纺织设备（表13-1-19）

表13-1-19　精梳毛纺织设备配备举例

设备型号及名称	简要规格	3168锭 70万米 年	5148锭 120万米 年	10296锭 240万米 年
B412型混条机	2头2球2根	1	2	4
B423A型头道针梳机	1头1筒1根	1	2	4
B432A型二道针梳机	1头2筒2根	1	2	4
B442A型三道针梳机	1头2筒4根	1	2	4
B452A型四道针梳机	6头12筒24根	1	3	5
FB441型针圈式搓捻粗纱机	25头50球	2	3	6
B583A型环锭细纱机	396锭	8	13	26
FB501型环锭细纱机	396锭	(8)	(13)	(26)
EJ519型细纱机	396锭	(8)	(13)	(26)

续表

设备型号及名称	简要规格	3168锭 70万米 年	5148锭 120万米 年	10296锭 240万米 年
AC-338型自动络筒机	60锭	1	1	2
SINCRO-B型并线机	40锭	1	2	3
VTS-08型倍捻机	180锭	4	6	14
FVC2型热定型锅	每次蒸纱量120kg	1	1	1
ERGOTEC型分条整经机	1200m/min	1	1	1
DELT A 110型自动穿综机	140根/min	1	1	1
GAMMAX型毛织机	400~600r/min	16	30	60
FVC2型热定形锅	每次蒸纱量120kg	1	1	1
H172A型毛织穿筘架	幅度2200mm	3	6	12
N811型量呢机	台面30°~60°斜面式	1	1	1
生修台	2人/台	40	60	120

注 凡有"（ ）"者为选用机台。

（四）精梳毛纺织物染整设备（表13-1-20）

表13-1-20配备适用于纯羊毛产品，也可以生产毛混纺产品。这些产品的规格详见本书产品设计篇。这里列举几种于表13-1-21中。

表13-1-20 精梳毛纺织物染整设备配备举例

设备型号及名称	简要规格	3168锭 70万米 年	5148锭 120万米 年	10296锭 240万米 年
MB001A型气体烧毛机	立式双火口	1	1	1
TM3型汽油汽化器	汽油汽化量18~90kg/h	1	1	1
N801型检验机（带揩油渍）	—	1	1	1
MB261型轻型缩呢机	压缩箱590mm×400mm×265mm	1	—	—
MB061型缩呢洗呢机	洗槽最大容量960L	—	1	2
N113型绳状洗呢机	—	2	1	—
MB051型螺旋洗呢机	槽宽2500mm	—	1	2
MB031型煮呢机	幅宽1800mm	2	3	5
N365-2型绳状染呢机	工作幅宽800mm	1	1	1
N365-6型绳状染呢机	工作幅宽2000mm	2	2	3
MB231型高温高压匹染机	溢喷式、双管、上行型	—	1	1
MB232-1型高温高压匹染机	溢喷式、单管、下行型	1	—	—

续表

设备型号及名称	简要规格	3168锭 70万米	5148锭 120万米	10296锭 240万米
		年	年	年
开幅机	—	—	1	1
N151型真空吸水机	工作辐宽1830mm	1	1	2
N811型量呢机	—	1	1	1
PK–97型烧毛机	双火口	1	1	1
LAFER CM1200型剪毛机	四刀，工作幅宽2000mm	1	1	1
FLEXIFOLA–4C型洗缩联合机	洗槽最大容量960L	1	1	1
RW2000×1800FW型开幅机	速度0～100m/min	1	1	1
EOLO型柔软洗呢机	洗槽最大容量960L	1	1	1
LAVANOVA型平幅洗煮联合机	幅宽2000mm	1	1	1
FOULARD2000型浸压机	工作幅宽2000mm	1	1	1
KM–16型烘呢定形机	工作幅宽2000mm	1	1	1
MULTI–LINE6型拉幅烘干机	工作幅宽2000mm	1	1	1
KD SUPERNOVA型罐蒸机	蒸罐直径1600mm	1	1	1
FORMULA–1型烫呢机	工作幅宽2000mm	1	1	1
AUTOROL 90型自动打卷机	工作幅宽2000mm	1	1	1
CELLPAK 90型自动打包机	工作幅宽2000mm	1	1	1
N642A型拉幅烘干机	工作幅宽1140～1830mm	—	1	2
MB451型烘呢定形机	工作幅宽800～1600mm	1	1	1
N801型检验机（中检）	机幅1560～1830mm	1	2	3
熟修台	2人/台	24	40	80
N031型蒸刷机	工作幅宽1830mm	1	1	1
MB371J–2型双刀剪毛机	工作幅宽1800mm	1	1	1
MB371J型单刀剪毛机	工作幅宽1800mm	—	1	1
MB461型预缩机	工作幅宽1800mm	1	1	1
MB441型蒸呢机	工作幅宽1800mm	1	2	3
MB471型罐蒸机	四蒸辊转塔式		1	1
MS472型罐蒸机	三辊转塔，蒸罐内径900mm	1	—	—
MB431型给湿机	工作幅宽1830mm	1	1	1
N731型电热压光机	最大幅度1600mm	1	1	1
附属压车	—	2	4	6
N801C型检验机	机幅1560～1830mm	2	3	6
MB541型折卷机	工作幅宽1200～1800mm	1	1	1
A752C型呢绒打包机	精纺4匹	1	1	1

表13-1-21　适用精纺产品举例

品　　　种	经　　纱			纬纱	成品密度（根/10cm）		成品重量	织长缩	染整长缩	染整重耗
	tex	公支	捻向/捻度（捻/m）		经	纬	（g/m）	（%）	（%）	（%）
全毛哔叽	26.3×2	38/2	Z500/S560	同经	289	250	469	6	4	2
全毛华达呢	19.6×2	51/2	Z620/S640	同经	451	244	453	9	10	3
全毛凡立丁	19.2×2	52/2	Z670/S717	同经	243	204	269	4	5	4
全毛花呢	20.8×2	48/2	Z602/Z506 Z602/S685	同经	240	194	295	7	3	4
全毛花呢	26.3×2	38/2	Z500/S600	同经	223	182	350	8	3	4
毛涤纶	18.9×2	53/2	Z660/S710	同经	239	201	264	7	0	2~3
毛涤纶	20.8×2	48/2	Z670/S680	同经	235	215	295	7	0	2~3
毛混纺花呢	20.8×2	48/2	Z550/S600	同经	247	201	295	8	4	4

注　1.以上配备的匹染能力约为全部产品的90%，条染为60%，复精能力为60%。

　　2.如需生产涤纶、黏胶纤维、腈纶等化纤产品，尚须相应增添必要的高温高压条染机、热定形机、树脂整理机。

二、绒线设备配置（表13-1-22）

表13-1-22　绒线设备配备举例

设备型号及名称	简要规格	400锭 280~300t/年	800锭 600~650t/年	1200锭 700~750t/年	1400锭 970~1000t/年
B412型混条机	2头2球2根	1	1	2	2
B423A型头道针梳机	1头1筒1根	1	2	3	4
B432A型二道针梳机	1头2筒2根	1	2	3	4
B442A型三道针梳机	1头2筒4根	2	3	4	6
B593A型绒线环锭细纱机	200锭	2	4	6	7
B643型合股机	120锭	1	2	3	4
B701A型绒线摇绞机	双面80锭	2	3	4	5
N371型洗线机	五槽	1	1	1	1
MZ305型绒线染色试样机	—	1	1	1	1
N421型绒线染色机或 MZ309A型液流式染色机	双箱横开门	4	6	9	12
Z751型离心脱水机	直径1000mm	1	1	2	2
MZ314型绒线烘干机	—	1	1	1	1
B782型绒线打包机	最大压力 1200MPa	1	1	1	1

注　1.上列配备以纯毛100tex以上粗绒为例，大厂纺100tex以下绒线时，需配置B452型四道针梳机，纺制细绒线时并需配置B465A型粗纱机。

　　2.今后若羊毛与腈纶（或黏胶纤维）混纺，腈纶（或黏胶纤维）不需经过毛条制造工艺，则纺部B412型混条机需适当增加。

三、针织绒线设备配置（表13-1-23）

表13-1-23　针织绒线设备配备举例

设备型号及名称	简要规格	1584锭400t	3168锭800t	5148锭1400t
B412型混条机	2头2球2根	1	2	3
B423A型头道针梳机	1头1筒1根	2	3	5
B432A型二道针梳机	1头2筒2根	2	3	5
B442A型三道针梳机	1头2筒4根	2	3	5
B452A型四道针梳机	6头×12筒×24根	1	2	3
B465A型粗纱机	84锭	2	3	5
B583A型细纱机	396锭	4	8	13
EJ519型细纱机	396锭	(4)	(8)	(13)
FB721型捻线机	384锭	3	5	8
B702A型摇纱机	单面40头	4	7	11
N371型洗线机	五槽	1	1	1
MZ305型绒线染色样机	—	1	1	1
MZ309A型绒线染色机	—	4	8	12
Z751型脱水机	ϕ1000mm	1	2	2
MZ314型烘干机	—	1	1	1

注　1.以上配置依据的品种为2826膨体针织绒线，纺纱细度29.4tex（34公支）。

2.纺25tex以上（40公支以下）针织绒线，也可省去B442型（以B432型的条子直接上B452型），但B432型出条改细，台数需适当增加。

3.细绒线及针织绒需要成球者可添置FHB81型绒线成球机。

四、粗梳毛纺织设备配备
（一）纺织设备（表13-1-24）

表13-1-24　粗梳毛纺织设备配备举例

设备型号及名称	简要规格	1000锭	2000锭	3000锭
拣毛台	—	—	—	—
LB023型洗毛联合机	机幅1000mm	1	1	1
LFN001型散毛炭化联合机	机幅1000mm	1	1	1
NC466型散毛染色机	—	3	6	8
Z751型离心脱水机	ϕ1200mm	1	1	1
B061型烘燥机	机幅1800mm	1	1	1
BC262型和毛机	机幅1200mm	2	2	3
BC272F三联分条梳毛机	机幅1550mm	2	4	6
BC272E二联分条梳毛机	机幅1550mm	4	8	11
LFN241型山羊绒分梳机	工作幅宽1550mm	—	1	1

设备型号及名称	简要规格	1000锭	2000锭	3000锭
BC583型粗梳毛纺高特细纱机	160锭	2	2	3
BC584型粗梳毛纺低特细纱机	240锭	3	7	11
FVC2型毛纱蒸纱机	每次蒸纱120kg	1	1	1
B643型绒线合股机	120锭	—	—	—
H112A型分条整经机	整经绷架2700mm，周长4600mm	2	3	4
H172A型毛织穿筘架	单人手工操作，工作幅宽2200mm	2	3	4
H194型半空心卷纬机	卧式、单锭、双面，每台20锭	4	8	12
H212A型毛织机	4×4梭箱人工补纬	26	60	90
H213型毛织机		14	16	26
N811型量呢机	机幅1830mm	1	1	1
BC111型开呢片机	机幅554mm	1	1	1
BC121型双锡林回丝机 或BC121A型单锡林回丝机	机幅1325mm	1	1	2
FB762型花色捻线机	104锭	1	1	2

（二）染整设备（表13-1-25）

表13-1-25　粗纺织物染整设备配备举例

设备型号及名称	简要规格	1000锭	2000锭	3000锭
N801型检验机	机幅1560~1830mm	1	2	2
N113A型绳状洗呢机	不锈钢槽	4	7	10
N365-2型绳状染呢机	工作幅宽800mm	1	1	1
N365-6型绳状染呢机	工作幅宽2000mm	3	5	8
Z751型离心脱水机	ϕ1200mm	1	2	2
N151型真空吸水机	工作幅宽1830mm	1	1	1
N642A型拉幅烘燥机	工作幅宽1140~1830mm	1	1	2
N801型检验机(中检)	机幅1560~1830mm	2	2	3
生修/熟修台	每台2人	10/6	20/10	28/14
N031型蒸刷机	工作幅宽1830mm	1	1	1
NC033型钢丝起毛机	机幅2300mm	2	3	4
MB415型刺果起毛机	工作幅宽1830mm	1	1	1
MB372C型单刀剪毛机	工作幅宽1800mm	1	1	2
MB371C-2型双刀剪毛机		1	2	3
N691型回转式压光机	工作幅宽1830mm	1	1	1
MB441型程控式蒸呢机	工作幅宽1800mm	2	3	4
N801C型检验机(成检)	机幅1560~1830mm	2	3	4
MB541型折卷机	最大幅度1800mm	1	1	1
A752C型呢绒打包机	粗纺2匹，毛毯20条	1	1	1

续表

设备型号及名称	简要规格	1000锭	2000锭	3000锭
MB031型煮呢机	工作幅宽1800mm	1	1	1
MB351型搓呢机	工作幅宽1600～1700mm	1	1	1
MB471型罐蒸机	四蒸辊转塔式	—	1	1

注　1. LFN241型山羊绒分梳机、B643型合股机、MB031型煮呢机可根据产品及原料情况决定是否配置以及配置台数。

　　　2. BC583型及BC584型细纱机的台数可按产品情况分别配置。

上列配备适用于纯毛产品，也可用于制造毛混纺产品。现列举数种于表13-1-26。

表13-1-26　适用粗纺产品举例

品　名	经　纱			纬　纱		
	tex	公支	捻向/捻度（捻/m）	tex	公支	捻向/捻度（捻/m）
全毛麦而登	625	16	S598	62.5	16	Z550
全毛海军呢	100	10	Z460	100	10	Z460
全毛大衣呢	105	9.5	Z392	105	9.5	Z392
混纺粗花呢	111	9	Z400	111	9	Z400
全毛毛毯	83.7	21英支/3	棉纱	333	3	Z185 Z172
混纺毛毯	54.5	32英支/3	棉纱	303	3.3	Z150
				270	3.7	Z160

品　名	成品规格			织长缩（%）	染整长缩（%）	染整重耗（%）
	经密（根/10cm）	纬密（根/10cm）	重量（g/m）			
全毛麦而登	232	262	610	7	28	10
全毛海军呢	190	192	700	6	27	8
全毛大衣呢	200	228	829	10	15	10
混纺粗花呢	154	142	580	6	20	7
全毛毛毯	121	200	1400	17.5	-3	15.5
混纺毛毯	137	196	1000	16	-5	12

第二章　辅助设备配置

第一节　试化验仪器设备

毛纺织厂试化验仪器设备见表13-2-1。

表13-2-1　毛纺织厂试化验仪器设备配备

仪器型号及名称	简要规格	3000锭	5000锭	10000锭
Y131型梳片式羊毛长度分析仪	两组梳片，针幅150mm，每套两台	1套	1套	1套
YG003型单纤维强力试验机	试验长度10～100mm，强力范围0～100cN	—	1台	1台
Y171型纤维切断器	切断长度10、20、25、30mm，四种任选一种	1台	1台	1台
Y172型纤维切片器	切片厚度20μm	1台	1台	1台
Y301型条粗测长器	测长轮周长1m	2台	2台	3台
Y321型手摇捻度器	试验长度范围0～300mm	1台	1台	1台
Y331A型纱线捻度试验机	试验长度范围0～750mm	1台	1台	1台
YG086型缕纱测长机	纱框周长1m	2台	2台	2台
YG021A-1型单纱强力试验机	强力测试范围：内圈0～200cN　外圈0～500cN	1台	1台	1台
YG025型缕纱强力试验机	强力测试范围：内圈0～1000N　外圈0～2000N	1台	1台	1台
Y381A型摇黑板器	手摇式，绕线间距1.75～3.5mm	2台	2台	2台
YG026型织物强力试验机	强力试验范围：内圈100～1000N　外圈200～2000N	1台	1台	1台
Y902型锭子测振仪	手提式30～2000μm	1台	1台	1台
Y511型织物密度分析镜	放大倍数10～20倍	3台	4台	5台
SW-12型耐洗色牢度试验机	—	1台	1台	1台
Y801A型恒温烘箱	容积390mm×330mm×350mm	2台	2台	3台
Y802A型八篮恒温烘箱	附有天平，容积610mm×610mm×457mm	2台	3台	4台
Y871型旦尼尔秤	称量0～40旦、0～120旦、60～300旦	1台	1台	1台
KHCV型纤维细度投影仪　XZY-1型纤维细度投影仪	500倍，目镜10倍，附0.2mm测微计算准尺，投影现场>φ300mm	1台	1台	2台
天平	1/10g，称量2000g	2台	3台	4台
天平	1/100g，称量200g	2台	2台	2台
天平	1/1000g，称量200g	2台	3台	3台
TG328A型天平	1/10000g，称量100g	1台	1台	1台
扭力天平	0～25μg	1台	1台	1台
HMZ-1定时测速表	—	1只	1只	1只
秒表	1/100s	2只	3只	4只

续表

仪器型号及名称	简要规格	3000锭	5000锭	10000锭
25型pH值测定仪	0～14pH，0～±1400mV	2台	2台	2台
HHS型电热恒温水浴锅	12孔双排	1台	1台	1台
	6孔单排	1台	1台	1台
油脂抽出器（包括水浴锅）	8管	2只	2只	3只
NDJ–1型黏度机	1～100000mPa·s	1台	1台	1台
YG141型织物厚度试验机	—	1台	1台	1台
滴定架	—	2只	3只	3只
电炉	1000W	1台	1台	2台
	600W	1台	2台	1台
蒸馏水制造器	1L/h	1套	1套	1套
YK–LD型调温电熨斗	300W	2个	2个	2个
YG605型熨烫牢度试验仪	—	1台	1台	1台
远红外线干燥箱	内室容量：320mm×520mm×530mm	2台	2台	2台
YQ02–30型真空泵	30L旋片式	1台	1台	1台
振荡器	275～285次/min	1台	1台	1台
RJM–28～10A型马弗炉	950℃，最高1000℃	1台	1台	1台
721型或75型分光光度仪	波长360～800nm	1台	1台	1台
Y571C型摩擦牢度仪	可调停止次数为1～99次	1台	1台	1台
YG502型织物起球试验仪	具有计数自停装置	1台	1台	1台
YG611型耐晒色牢度机	氙弧灯，试样夹件数10件	1台	1台	1台
织物三用耐磨仪	平磨、曲磨、侧磨三用	1台	1台	1台
Y421型绞纱圈长测长器	绒线厂用	1台	1台	1台
YG611型耐晒色牢度机	氙弧灯，试样夹件数10件	1台	1台	1台
H10KL万能拉伸测试仪 H10KLUNIVERSALTESTINGMACHINE	最大测试范围：不低于10kN；位移准确度：0.001mm	1台	1台	1台
M272褶皱回复性测试仪 M272WRINKLERECOVERYTESTER	测试样品尺寸：5英寸×10英寸	1台	1台	1台
M236A织物圆盘裁样器 M236ASAMPLECUTTER	取样标准面积：10cm²	1台	1台	1台
RT–200日标摩擦色牢度测试仪 RT–200RUBBINGTESTER	试验样品数量范围：1~6个	1台	1台	1台
M240X电子织物密度计 M240XAUTOMATICPICKCOUNTER	试验测量范围8~300线/cm	1台	1台	1台
M235/3型马丁代尔耐磨性及起球性测试仪 M235/3SDL6HEADMARTINDALE	试验样品数量范围：1~9个	1台	1台	1台
M227A ICI型两箱起球测试仪	样品测试室：4个；转速范围：20~80r/min	1台	1台	1台
KSON恒温恒湿箱	相对湿度范围：20%±2%~98%±2%；温度范围：0±0.5℃~94℃±0.5℃	1台	1台	1台
MR–7P弹性回复性测试仪	回复角度测试范围：0~180度 角度最小刻度：0.1度	1台	1台	1台
KZ透气度试验机	压力范围：98~2500Pa	1台	1台	1台
TESTO 230pH计	精度：pH值：±0.01pH；温度：±0.5℃	1台	1台	1台

注　1.精纺厂的试化验仪器设备大体上可参考本表选用，也可以按照生产需要添列其他适用的仪器。

2.粗纺厂、绒线及针织绒线厂也可参考本表选用。

3.车间试化验、配料用的设备以及三废处理等所需仪器另行考虑。

第二节　附属设备

毛纺织厂附属设备配备见表13-2-2。

表13-2-2　毛纺织厂附属设备配备

设备名称	型　　号	精　纺			粗　纺
		3000锭 1800t	5000锭 3000t	10000锭 6000t	1000锭
套胶辊机	A805型，A806型，A808型	1	1	1	1
磨锡林道夫机（毛条）	B802型，B802-155型	1	1	1	1
包锡林道天机	B813型，B813-155型	—	—	—	1
金属针布包卷器（毛条)	B814型	1	1	1	—
长磨辊	B822型	—	—	—	6
来回磨辊	B832型	—	—	—	6
刺辊罗拉包磨机（毛条）	B842型，B842-155型	1	1	1	1
金属针布焊接器（毛条）	AU153型，FU285型	1	2	2	—
包针布慢速传动装置（毛条)	AU155型，FU286型	1	1	1	—
金属锯条倒条机（毛条）	AU156型	1	1	1	—
套胶辊机	A808型	1	1	1	1
真空抄针机（毛条)	ZC350型	1	1	1	—
半自动洗毛污水离心过滤机（毛条)	WGX-700A型	1	1	2	—
胶辊清洁器	AU502型	1	1	1	1
胶辊压力测量仪	PY-2型	1	1	1	1
弹性针布包卷器	B831型	1	1	1	1
胶辊压圆机	FU241型	1	1	1	1
钢领水磨机	FU202型	1	1	1	1
钢领擦拭机	FU203型	1	1	1	1
细纱机清洁器	AU504型	1	1	1	1
高压黄油枪	FU205型	1	1	2	1
弹簧摇架加压测试仪	YJ-1型	1	1	1	—
理纱管机	FU 102型	1	1	1	—
多功能电子清纱器	YH-401型，CFC(QS-2)型，QSQ-1型	200	300	500	—
倒筒脚机	G961型，GV011型	1	1	1	—
边字提花装置	TH251型，GT553型	—	24	48	—
全气动式空气捻接器	QN17-85型	200	300	500	—
光电整纬器	ZWI-4型	1	1	2	—
刷综机	G942A型	1	1	1	1
自动刷筘机	G952A型	1	1	1	1
压胶辊机	A812A型	1	1	1	1

续表

设备名称	型　号	精　纺			粗　纺
		3000锭 1800t	5000锭 3000t	10000锭 6000t	1000锭
测胶辊机	A817型	1	1	1	1
皮卷测长机	A818型	1	1	1	1
胶辊加油机	AU522型，FU242型	1	1	1	1
锭子清洗加油机	AU521D型	1	1	1	1
二辊磨砺机	B853型	—	—	—	3
四辊磨砺机	B852型	—	—	—	1
磨精梳道夫机	B901型	1	1	1	—
校精梳针板机	B911型	1	1	1	—
精梳针背抛光机	B921型	1	1	1	—
和毛油喷雾机（毛条）	B881型	1	1	1	2
手摇缝锭带机	—	1	2	3	1
绣字机	—		1	1	—
磨刀机	N961型	1	1	—	1
上轴机	AU121–190型	1	2	4	1
纹板穿孔机	HC202A型	1	1 ~ 2	1 ~ 2	1
试样织机	GU101A型	1	1 ~ 2	1 ~ 2	1
磨胶辊机	A802A型	1	1	1	1
和毛油调制器	FC011型	1	1	1	1
起毛针辊磨砺机	NC962型，ME591Z型	—	—	—	1
缝头机	—	2 ~ 3	4	6 ~ 8	2
皮带丝张力机	—	—	—	—	1
缝边机	—	—	—	—	1

第三章　机器排列

第一节　排列图设计注意事项

（1）平面布置与厂区总平面布置必须密切配合。原料进口与成品出口的地方要靠近仓库。洗毛和染整间用水用汽较多，应尽可能靠近供水区和锅炉房。

（2）整个厂内车间的划分，既要考虑生产管理的方便，又要注意温湿度的调节，干湿车间要分开。因此，在毛条厂内拣毛与洗毛要分开，梳毛与精梳要分开；精纺厂内，前纺与后纺要分开，准备与织造要分开，修补、湿整、干整要分开，个别散热、散湿较厉害的和放出尘土飞毛较多的机器，如复洗机、烘呢机、烧毛机等，最好能与其他机器分开。

（3）机器的排列首先要求生产工艺路线合理，半成品没有往返运输，能够紧凑地按直线顺序前进。有时在排列中由于各种品种的工艺路线不同，在不可能同时照顾的条件下，首先要保证主要品种的工艺路线合理。在考虑工艺路线的同时也要照顾到车间排列的整齐，相同的机器尽量排列在一起，便于管理。机器前后、左右根据工艺排列合理、操作方便、半成品运输和安全生产等需要，留出一定的距离，同时又要充分利用建筑面积。

（4）在排列机器时要有立体观念。要注意采光，机器排列与锯齿天窗(或侧窗)平行还是垂直，需视具体情况而定。一般拣毛台、针梳机、精梳机、粗纱机、细纱机、织机和修补台等应采取垂直排列。洗毛机、复洗机、烘呢机则应采取平行排列，其他机器平行垂直均可，但尽量避免挡车工作面对窗户，以致光线刺目。成品检验机采光有特殊要求，须对准北面侧窗，采用北光。凡有局部向外排气的机器，如洗毛机、复洗机、洗呢机、染呢机、烘呢机、煮呢机等，在排列时应考虑到预留屋顶开洞的位置。

（5）附属房屋应满足生产和生活的需要，加以合理的布置，如和毛油制备、除尘室、染化料储存室和溶解室等，以愈接近与它们发生联系的机台愈好。同时便于原料和染化料的运输，而避免穿过生产车间。原毛预热室、机物料储存室、染化料储存室等最好设在厂房周围的附属房屋内，不宜设在厂房中间。变电所、锅炉房等都要求设在它们本身的负荷中心处，以缩短管线与减少电能和热能的损失。空调室的位置要保证各个车间区域的送风，其他管理和生活用附属房屋也要合理布置。

（6）车间向外出入口应考虑出入方便。在生产区内的出入口应以不影响管理，不影响操作，保证半成品及成品质量不受外来影响为原则。同时各车间必须设置进入机器的大门。

（7）在排列机器时，还应考虑挡车时拆卸安装及堆放零件的地位，并对各机器面凸出情况也要注意，如洗毛机、复洗机和整经机等。对主机上附加设备的地位也要安排，如洗毛机的化料设备、和毛机的吹风设备、煮呢机的卷轴冷却装置等。此外，在排列梳毛机和剪毛机等设备时，还应考虑工作轴、清扫轴、风轮和剪毛刀抬下磨砺时的转身余地。

（8）有些需要装起重设备的机器，如毛球染色机和整经机等，在排列时必须考虑到厂房能够满足起重高度和安装吊车的位置，机器的间距要能够满足装卸操作的要求。

（9）工厂试验室一般可设在主厂房附属房屋内或办公大楼底层内。如条件可能，也可以单独建立。最好能采用北光，并选择在纺染车间旁。在厂部应根据试验化验要求不同，分别隔开，并设置恒温恒湿室，以确保产品试验的正确性。

（10）平面排列的布置，涉及许多因素，是一个比较复杂的问题。因此必须将方案进行细致的比较，然后选择一个最好的方案，作出正式的工艺排列图。

（11）为了彻底解决染整车间防凝排雾的难题，应采用锯齿厂房加排气井形式，以热压和风压作用所产生的对流运动将车间雾气通过排气井自然排出屋外。又在天沟设置集水槽将冷凝水排出，以消除天窗下的滴水。

（12）湿整、干整和修补（包括生修和熟修）间，由于送风量和换气次数的不同，应分别设置空调室，以利于染整车间的防凝排雾以及车间内的工作条件。

第二节　排列车弄

一、精梳毛纺及绒线部分
（一）毛条及纺织机器排列车弄（表13-3-1）

表13-3-1　毛条及纺织机器排列车弄

设备名称	设备型号	外形尺寸（长×宽）(mm)	两机间距（m）				机器离墙距离（m）				车间通道（m）		备注
			挡车弄	后车弄	车头弄	车尾弄	挡车面	后车面	车头	车尾	设在车弄	设在靠墙	
拣毛台	—	(单人)1850×1000	4.5	—	3.5	—	3.2	—	2.8	—	2	2.2	—
洗毛联合机	LB023型	65813×4492	—	—	2		3.5	4	1.2	1.5	2	2	
和毛机	B262型	6015×2610	—	—				1.5	1.5	1.5			
梳毛机	B272A型	8200×3850	3~4.5	4.5	1	1	2.5	4	1.5	1.5	1.5	1.7	—
复洗机	LB334A型	14642×3610	—	—	1.2~1.5		3	2	2	2	1.8	2	
毛条针梳机	B302型	5337×1179	5	5	2.5		3	3	2.5	2.5	2.5	3	—
	B303型	4734×1179											
	B304型	4322×1143											
	B305型	4188×1280											
	B306型	4322×1347											

续表

设备名称	设备型号	外形尺寸（长×宽）(mm)	两机间距（m）				机器离墙距离（m）				车间通道（m）		备注
			挡车弄	后车弄	车头弄	车尾弄	挡车面	后车面	车头	车尾	设在车弄	设在靠墙	
精梳机	B311C型	3688×2093	1.5~1.8	1.5~2	0.6~0.8		2	2	1.5	1.5	1.8	2	—
混条机	B412型	4287×2530	5	1	2.5		3	3	2.5	2.5	2.5	3	—
针梳机	B423型	4673×1210	5	5	2.5		3.5	3	2.5	2.5	2.5	3	—
	B432型	4322×1143											
	B442型	4532×1143											
	B452A型	4头4590×3250											
		6头5990×3250											
		8头7390×3250											
粗纱机	B465A型	60锭7659×3590	2.5	1.5	1.5		2~2.5	2.5	2	2	1.8	2	—
		84锭10251×3590											
粗纱机	RF2/A型	16锭9900×4300	2.5	1.5	1.5	2~2.5	2.5	2	2	1.8	2	—	—
细纱机	B583A型	17093×917	1~1.2	—	1.5~2	2.5~3	1.4~1.8	—	1.5~2	2.5~3	1.5	2	机外侧与柱净空0.5m
	B593A型	15935×930											
	IDEA74型	17093×917	1~1.2	—	1.5~2	2.5~3	1.4~1.8	—	1.5~2	2.5~3	1.5	2	机外侧与柱净空0.5m
	ZINSER451型	15935×930											
并纱机	1381B型	13620×1460	1.4	—	1.5~2	2.5~3	1.4~1.8	—	1.5~2	2.5~3	1.5	2	机外侧与柱净空0.5m
	SSM型（30锭）	14030×1460	1.4	—	1.5~2	2.5~3	1.4~1.8	—	1.5~2	2.5~3	1.5	2	
捻线机	B721型	17767×1000	1	—	1.5~2	2.5~3	1.4~1.8	—	1.5	2.5~3	1.5	2	机外侧与柱净空0.5m
	B643型	10375×1570											
蒸纱机	FVC2型	5680×1835	—	—	—	—	3	1.2	1.2	1	—	—	机外侧与柱净空1.5~2m
	VFP300型	5680×1835	—	—	—	—	3	1.2	1.2		—	—	
络筒机	1332MD型	13520×1400	1.4	—	1.5~2	2.5~3	1.4~1.8	—	1.5~2	2.5~3	1.5	2	机外侧与柱净空0.5m
整经机	H112A型	11400×5000	—	—	1	1		2	1.2		2	2.2	可嵌柱排列
穿筘架	H172A型	2530×1500	—	—	1	1	2.5	2.5	2	2	—	—	—
毛织机	H272型	1800×3610	0.6~0.75	1.2~1.4	0.6~0.8	1.5	—	1.5~2		1.8	1.8	2	
	H212型	1906×3910											
量呢机	N811C型	2678×2557	—	—	1	1			1	1	—	—	
修补台		—		1	0.4~0.6				0.5~0.6		1.5	1.8	
摇纱机	B701A型	5380×1910	2	—	1.5~2	2.5~3	1.8~2.5	1	2~2.5	2.5~3	2.5~3	2.2	
	B702A型	5310×1131											

注 1. 洗毛机前后要有堆毛包的地方(三班产量)。

2. 拣毛间要有原毛储存的地方(1~2天，单班)。

3. 和毛间要有分层铺毛的地方。

4. 输出产品处为挡车弄，喂入处为后车，有主电动机的一侧为车头，其对侧为车尾。

（二）染整机器排列车弄（表13-3-2）

表13-3-2　精纺厂染整机器排列车弄

设备名称	设备型号	外形尺寸（mm）	操作面排列要求（m）					机器左右离墙距离（m）	二机间距（m）	备注
			进呢	出呢	进出呢	加料	后车			
烧毛机	MB001A型	7350×2748	3~4.5	2.5~3	—	—	—	1~1.2	—	—
洗呢机	N113型	3370×3450			3.5	1.6		1.2	0.8~1	—
	MB051型	3475×4190								
煮呢机	MB031型	5050×3850	2.5	2.5	—	—	—	1.2	1~1.2	—
轻型缩呢机	MB261型	3350×2075	—	—	3.5	1.4		1.4	0.8~1	—
染呢机	N365-2型	2300×1600			3.5	1.8		1.5	0.8~1	—
	N365-6型	2300×2800								
吸水机	N151型	2420×2800	3.5	2	—	—		1.2	—	—
烘呢机	N642A型	8300×3955	3~5	—	—	—	1.5	1.4	1.5~1.8	与剪毛机距2.5m
蒸刷机	N031型	3870×3073	2.5					1.2		—
剪毛机	MB371J型	4682×3675	2~2.5	2~2.5	—			1.2		—
	MB371J-2型	6488×3675								
压光机	N691型	2540×3400	2~2.5	2	—			1.2		—
蒸呢机	MB441型	3914×3030	—	—	2~2.5	1.2		1.2	1	—
	MB471型	7325×7900								
给湿机	MB431型	3250×2410	—	—	2~2.5	1		1.2	—	—
电压机	N731型	9000×9000	—	—	2	—		1.2	1.2	—
检验机	N801C型	2678×2557	离窗1.8~2.2					1.2	1~1.2	—
折卷机	MB541型	4039×2265	2.5	2.5				1.2		—
洗线机	N371型	19553×3307	4	4	—	—	—	1.5~2		—
脱水机	Z751型	φ1200	—	—	2			1	1.2	—
染线机	N421MZ309A型	2523×1835	—	—	3~4	1.5		1.5	1.2	—
烘线机	MZ314型	10700×5000	3	3	—	—		1.4		—

二、粗梳毛纺部分

（一）纺织机器排列车弄（表13-3-3）

表13-3-3　粗纺厂纺织机器排列车弄

设备名称	设备型号	外形尺寸（mm）	二机间距（m）				机器离墙距离（m）				车间通道（m）	
			挡车弄	后车弄	车头弄	车尾弄	挡车面	后车面	车头	车尾	设在车弄	设在靠墙
炭化联合机	LFN001型	47030×3918 50692×3918	4~4.5	—	1.5	1.5	4~4.5	1.5	—	—	2	2.2
分条梳毛机	BC272F型	20300×3700	3.5~4.5	4~4.5	1	1	3	4~4.5	1.5	—	1.5	1.7
	BC272E型	15520×3300										
细纱机	BC583型	14800×1800	1	—	2~2.5	3~3.5	2~2.2	—	2~2.5	3~3.5	2	2.2
	BC584型	14662×1108										

（二）染整机器排列车弄（表13-3-4）

表13-3-4　粗纺厂染整机器排列车弄

设备名称	设备型号	外形尺寸（mm）	操作面排列要求（m）					机器左右离墙距离（m）	二机距离（m）
			进呢	出呢	进出呢	加料	后车		
重型缩呢机	N062型	3660×2430	—	—	3		1.4	1.4	1~1.2
钢丝起毛机	NC033型	3870×4780	—	—	3.5~4.5		1.5	1.5	1.2
直刺果起毛机	MB415型	3571×3650			3.5~4.5		1.5	1.5	1.2
散毛染色机	NC466型	2400×1800			2.5		1	1.2	1
散毛烘干机	B061型	12775×4095	3	4	—	—	—	1.2	1.5

第四章　车间面积

第一节　生产车间面积

一、选毛车间（表13-4-1）

表13-4-1　选毛车间面积表

规模（吨原毛）	车间面积（m²）	附房面积（m²）	总面积（m²）	附房占总面积的百分数（%）
1500	750～850	280～400	1030～1250	28～32
3000	1500～1700	520～720	2020～2490	26～31
4500	1700～2200	720～800	2420～3000	26～30
6000	2200～2800	850～1000	3050～3800	26～28
7500	2800～3300	1000～1250	3800～4550	26～27

注　1. 车间面积中包括原毛存放、打土及选后毛存放一天的面积。

　　2. 按每人每班选国毛250～400kg计。

　　3. 每张双人选毛台总占地面积按40m²计。

二、洗毛车间（表13-4-2）

表13-4-2　洗毛车间面积表

规　　模	车间面积（m²）	附房面积（m²）	总面积（m²）	附房占总面积的百分数（%）
洗毛机1台	700～800	360～430	1060～1230	34～35
洗毛机2台	1260～1440	500～580	1760～2020	28～29
洗毛机3台	1890～2160	500～580	2390～2740	21～22
新西兰ANDAR洗毛联合机1台	1260～1440	500～800	1760～2240	28～38

注　1. 车间面积中未计入洗毛无水处理装置的面积。

　　2. 包括选后毛及洗净毛存放三班的面积。

三、炭化车间（表13-4-3）

表13-4-3　炭化车间面积表

规　　模	车间面积（m²）	附房面积（m²）	总面积（m²）	附房占总面积的百分数（%）
炭化机1台	720～900	360～430	1080～1330	33

注　车间面积中包括炭化前及炭化后存放三班的面积。

四、制条车间（表13-4-4）

表13-4-4　制条车间面积表

规模（吨毛条）	车间面积（m²）	附房面积（m²）	总面积（m²）	附房占总面积的百分数（%）
600	2370～2740	1200～1300	3570～4040	32～34
1200	3800～4400	1400～1600	5200～6000	24～26
1800	5250～5600	1700～1900	6950～7500	24～26
2400	6500～6800	2000～2200	8500～9000	23～24
3000	7500～8060	2260～2360	9760～10420	22～28

注　车间面积按单层厂房计算。

五、精梳毛纺纺织染整车间（表13-4-5）

表13-4-5　精梳毛纺纺织染整车间面积表

规模（锭数）	车间面积（m²）	附房面积（m²）	总面积（m²）	附房占总面积的百分数（%）
3000	9000～9500	2200～2400	11200～11900	19～20
5000	11200～11700	3100～3300	14300～15000	21～23
10000	15000～16000	4000～5000	19000～21000	18～24

注　车间面积按单层厂房计算。

六、粗梳毛纺纺织染整车间（表13-4-6）

表13-4-6　粗梳毛纺纺织染整车间面积表

规模（锭数）	车间面积（m²）	附房面积（m²）	总面积（m²）	附房占总面积的百分数（%）
1000	7900～8580	2300～2420	10200～11000	22～23
2000	14300～15000	3700～4000	18000～19000	20～21
3000	17800～18500	4200～4500	22000～23000	19～20
4000	19500～20500	4900～5100	24400～25600	18～20

注　车间面积按单层厂房计算。

七、绒线车间（表13-4-7）

表13-4-7　绒线车间面积表

规模（锭数）	车间面积（m²）	附房面积（m²）	总面积（m²）	附房占总面积的百分数（%）
3000	6100～6400	2300～2500	8400～8900	27～28
1400	4000～4200	2000～2200	6000～6400	33～34

注　车间面积按单层厂房计算。

第二节　厂房柱网

毛纺织厂厂房柱网距离见表13-4-8、表13-4-9和表13-4-10。

表13-4-8　锯齿厂房柱网表

车间名称	网架结构（m×m）	车间名称	网架结构（m×m）
选毛车间	12×24	散毛炭化车间	12×24
洗毛车间	12×24	粗梳毛纺织染整车间	12×24
制条车间	12×24	绒线纺染整车间	12×24
精梳毛纺纺织染整车间	12×24	制条、精梳毛纺纺织染整、粗梳毛纺纺织染整、绒线纺织染整	14×24

表13-4-9　单层无窗厂房柱网表

车间名称	柱距（m）×跨度（m）
制条、精梳毛纺纺织、粗梳毛纺纺织染整、绒线纺织染整	6×24或12×24

表13-4-10　多层厂房柱网表

车间名称	柱距（m）×跨度（m）	车间名称	柱距（m）×跨度（m）
选毛车间	6.3×6.7	粗梳毛纺纺织车间	6.3×8.5
制条车间	6.3×6.7	染整车间	6.3×9
精梳毛纺纺织车间	6.3×6.7		

第三节　生产附属房屋

一、精梳毛纺部分(表13-4-11)

表13-4-11　精梳毛纺厂生产附属房屋配置(以精纺10000锭规模计)

车间	房屋名称	隶属部分	面积范围（m²）	备注	车间	房屋名称	隶属部分	面积范围（m²）	备注
毛条	原毛预热室	拣毛	250~350	预热温度25~30℃，以全部产品计算存放1.5~2天	毛条	染化料储存室	条染	18~24	如设在车间内，可不单独设置
	洗剂储存室	洗毛、复洗	18~32	—		染化磅料室	条染	16~18	

车间	房屋名称	隶属部分	面积范围（m²）	备注	车间	房屋名称	隶属部分	面积范围（m²）	备注
毛条	化验室	车间	16~18	如设在车间内，可不单独设置	毛纺	蒸纱室	后纺	48~60	—
	洗毛保全室	洗毛	24~30			拣纱室	—	30~48	可设在车间内
	油脂回收室	—	60~72	也可另行建造，不与车间相连	织造	毛纱储存室	准备	150~180	—
	梳毛保全保养室	梳毛	18~24			纹板室	准备	18~24	
	针梳机保全保养室	针梳	24~36	—		准备保养室	准备	24~36	
	精梳机保全保养室	精梳	18~24			纬纱储存室	准织	36~48	
	胶辊、修焊针室	精梳	48~60			综筘室	准织	42~54	
	机物料室	适中地区	18~24	保全保养附近		回丝室	准织	18~24	
	试验室	适中地区	16~18	—		修综筘室	准织	42~60	
	和毛油制备室	和毛	18~24	—		保全室	准织	60~80	
	磨针室	梳毛	80~100			保养室	准织	24~36	
	毛团打包及存放室	末道	48~60	可设在车间内		机物料室	准织	40~56	
	下脚库	—	18~24			木工修梭室	准织	24~30	
毛纺	毛团解包室	混条	60~80	—	染整	烧毛室	烧毛	60~80	
	毛团存放室	混条	100~120			气体发生室	烧毛	16~24	
	前纺保全室	前纺	24~36			揩油渍室	染整	18~24	
	前纺保养室	前纺	18~24			保全保养室	染整	30~36	
	后纺保全室	后纺	36~48			机物料室	染整	18~32	
	后纺保养室	后纺	24~36			化验室	染整	18~24	
	修针胶辊室	后纺	60~80			白毛团储存室	染整	24~42	有条染设备时需要
	和毛油制备室	混条	18~24			染化料储存室	湿整	24~36	—
	机物料室	纺	36~48			染化料制备室	湿整	18~24	
	磨针、下脚室	纺	18~24			洗剂及溶解室	湿整	24~36	
	试验室	纺	24~36	—		色毛团储存室	复洗	18~32	有复洗设备时需要
	粗纱储存室	纺	220~280	可设在车间内		磨刀室	干整	18~24	—

续表

车间	房屋名称	隶属部分	面积范围（m²）	备注	车间	房屋名称	隶属部分	面积范围（m²）	备注
染整	成品储存室	成品检查	24～36	厂区仓库另设	厂区	工厂试验室	厂部	180～200	包括恒温恒湿室（30m²）及计量室
	除尘室	干整	18～24	可设在车间内					

二、粗梳毛纺部分（表13-4-12）

表13-4-12　粗梳毛纺厂生产附属房屋配置(以粗纺1000锭规模计)

车间	房屋名称	隶属部分	面积范围（m²）	备注	车间	房屋名称	隶属部分	面积范围（m²）	备注
洗毛	油脂回收室	洗毛	60～72	—	织造	保养室	准织	18～24	—
毛纺	和毛油制备室	和毛	18～24	—		机物料室	准织	40～56	—
	纺部保全室	梳毛、细纱	24～36	—		纬纱储存室	准织	42～52	—
	纺部保养室	梳毛、细纱	18～24	—	染整	染料储存室	湿整	24～36	—
	磨针室	梳毛	48～72	—		化工料储存室	湿整	18～36	—
	胶辊室	细纱	24～36	—		染化料制备室	湿整	18～24	—
	筒管储存室	细纱	24～30	—		保全室	干湿整	24～36	—
	齿轮室	梳毛、细纱	12～18	—		保养室	干湿整	18～24	—
	拣回毛回丝室	细纱、梳毛	12～16	—		机物料室	干湿整	18～32	—
	蒸纱室	细纱	42～54	—		磨刀室	干整	18～24	—
织造	综筘室	准备	24～36	—		起毛针辊磨砺室	干整	18～24	—
	修筘、修梭室	准备	24～36	—		刺果装排室	湿整	24～36	—
	纹板室	织造	18～24	—		剪毛起毛除尘室	干整	18～24	—
	毛纱储存室	准备	96～120	—		化验室	干湿整	18～24	—
	保全室	准织	36～48	—	厂区	工厂试化验室	厂部	144～168	包括恒温恒湿室（30m²）及计量室

三、毛条厂、精纺厂、粗纺厂、绒线厂车间布置举例（图13-4-1～图13-4-5）

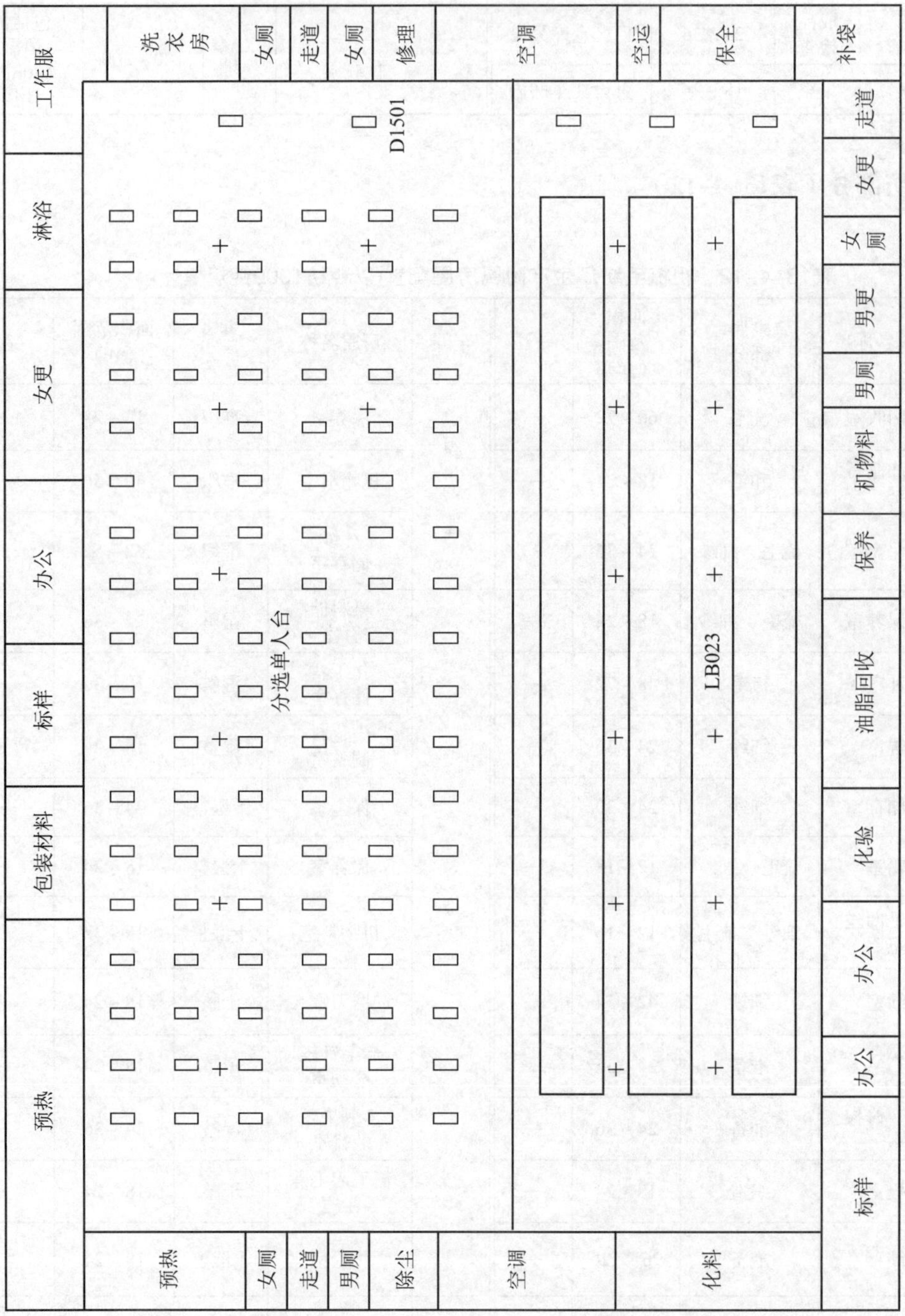

图13-4-1　3000t毛条厂选洗车间布置图

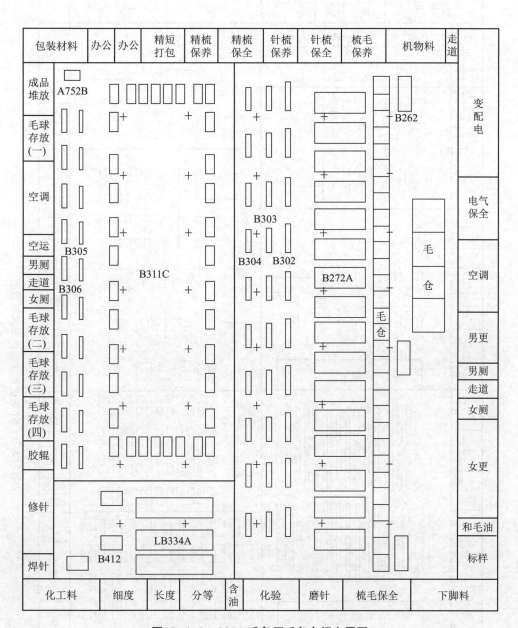

图13-4-2　3000t毛条厂毛条车间布置图

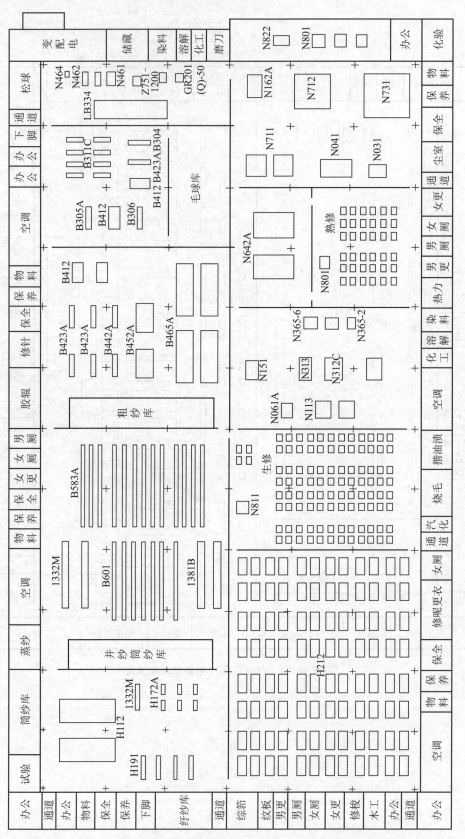

图13-4-3　5148锭精纺生产车间布置图

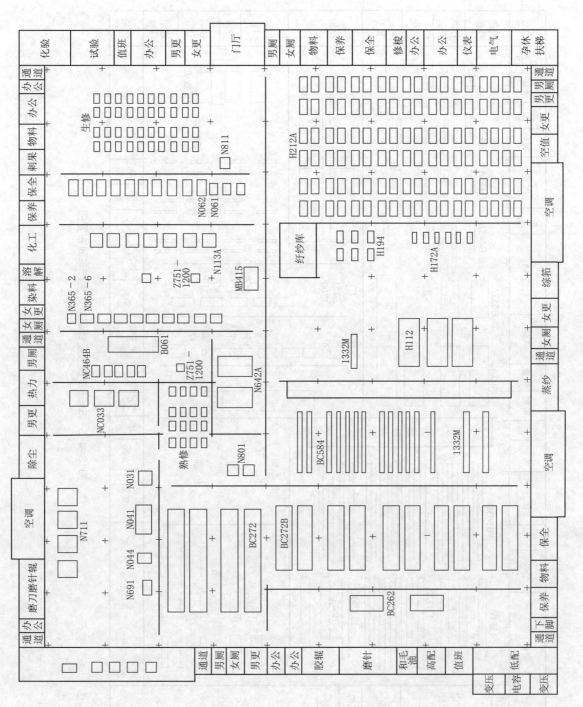

图13-4-4　3120锭粗纺生产车间布置图

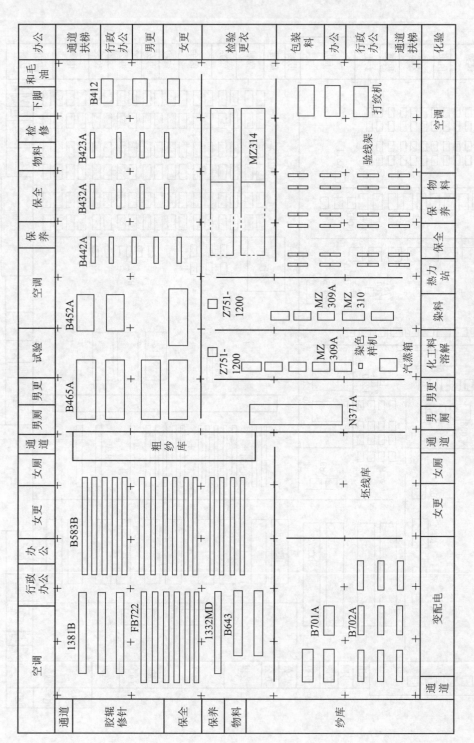

图13-4-5 5156锭绒线及针织纱厂生产车间布置图

第四节　仓库储存面积概算

一、原料、下脚、半成品、成品仓库（表13-4-13）

表13-4-13　原料、下脚、半成品和成品仓库

存放区	储品名称	包装规格（cm）	单位重量（kg）	堆放高度（m）	堆放量（kg/m²）	仓库利用系数（%）	一般存量	备注
厂区	原毛	松包100×80×80	100	3.2	500	50~60	3~9个月	四层堆放
厂区	原毛	紧包90×80×80	150	3.2	833	50~60	3~9个月	四层堆放
预热室	原毛	松包100×80×80	100	1.0	156	50~60	1.5~2天	一层堆放
厂区	净毛	松包100×80×80	80	3.2	400	50~60	0.5~1个月	四层堆放
厂区	毛团	散装45×45×40	5.5	3.2	216	50~60	20~40天	二层木架×4层
厂区	净毛	紧包90×80×80	120	3.2	667	50~60	0.5~1个月	四层堆放
厂区	毛团	包装105×70×60	100	3.0	680	50~60	20~40天	五层堆放
车间	毛团	散装45×45×40	5.5	3.2	216	50~60	7天	二层木架×4层
车间	粗纱	$\phi140×280mm$	0.7	2.24	136	45~50	7天	二层木架×8层
厂区	毛纱	$\phi200×150mm$	1.0	2.4	200	45~50	20~30天	二层木架×6层
车间	毛纱	$\phi200×150mm$	1.0	2.4	200	40~45	4~5天	二层木架×3层
车间	成品	45×40×80	65m	2.4	1083m	45~50	3~5天	二层木架×3层
厂区	成品	45×40×80	65m	2.4	1083m	45~50	15~30天	二层木架×3层
车间	纬纱	35×35×30	3.5	1.8	171	30~40	1天	二层木架×3层
厂区	下脚	100×80×80	80	3.2	400	50	15~30天	—

　　注　仓库内堆放高度、包装规格、存量及时间，可根据地区不同条件适当修改，应在设计原料确定后再定。

二、染料、化工料仓库（表13-4-14）

表13-4-14　染料、化工料仓库

染化料名称	单位重量（kg）	堆积数	每堆重量（kg）	每堆面积（m²）
染料	每桶50	2桶	100	0.5×0.5=0.25
和毛油	每桶170	1桶	170	0.6×0.6=0.36

续表

染化料名称	单位重量（kg）	堆积数	每堆重量（kg）	每堆面积（m²）
氨 水	每桶200	1桶	200	0.6×0.6=0.36
醋 酸	每桶200	1桶	200	0.6×0.6=0.36
601洗剂	每桶200	1桶	200	0.6×0.6=0.36
雷米邦	每桶100	1桶	100	0.6×0.6=0.36
红 矾	每桶100	1桶	100	0.6×0.6=0.36
水玻璃	每桶100	1桶	100	—
拉开粉	每桶50	—	—	—
平平加	每桶50	—	—	—
纯 碱	每包80	5包	400	1.0×0.7=0.7
硫酸铵	每包100	5包	500	1.0×0.7=0.7
芒 硝	每包100	5包	500	1.0×0.7=0.7
苯 酚	每包10	8包	—	0.4×0.5=0.2
硫 酸	露天	—	—	—

三、精纺5000锭仓库储存量及面积设计举例（表13-4-15）

表13-4-15　精纺5000锭仓库储存量及面积设计举例

仓库名称	有效面积（m²）	储存量	年用量及年产量	储存时间
原料库	1000	300t	600t	6个月
成品库	700	60万米	115万米	6个月
下脚库	150	30t	—	6个月
机物料库	400	—	—	6个月以上
染化料库	400	200t	—	6个月以上
半成品库	150	—	—	6个月以上
危险品库	60	—	—	6个月以上
机配件库	300	—	—	6个月以上
建筑材料库	300	—	—	6个月以上
废品库	250	—	—	6个月以上
油 库	70	—	—	6个月
合 计	3780	—	—	—

第五章　温湿度条件

第一节　精纺厂车间温湿度条件

精纺厂车间温湿度条件见表13-5-1。

表13-5-1　精纺厂车间温湿度条件

车间名称	夏季最高温度（℃）	夏季相对湿度（%）	冬季最低温度（℃）	冬季相对湿度（%）
原毛预热室	—	—	根据需要	—
拣毛间	30	50～65	22	50～65
洗毛间	局部送风	—	23	
和毛间	30	60～65	22	60～65
梳毛间	30	65～70	22	65～70
精梳间	30	65～75	22	65～75
针梳间	30	65～75	22	65～75
复洗间	局部送风	—	23	—
条染间	局部送风	—	23	无雾，不滴水
前纺间	30	70～75	22	70～75
粗纱库	30	75～85	20	75～85
毛团库	30	75～85	20	75～85
细纱间	30	60～70	23	60～70
准备间	30	60～65	22	60～65
织造间	30	65～70	22	65～70
修补间	30	50～65	22	50～65
湿整间	局部送风	—	23	无雾，不滴水
干整间	局部送风	60～65	22	60～65
成检间	30	60	22	60

第二节　绒线厂车间温湿度条件

绒线厂车间温湿度条件见表13-5-2。

表13-5-2　绒线厂车间温湿度条件

车间名称	夏季最高温度（℃）	夏季相对湿度（%）	冬季最低温度（℃）	冬季相对湿度（%）
拣毛间	30	50～65	22	50～65
洗毛间	局部送风	—	23	—
和毛间	30	60～65	22	60～65
梳毛间	30	65～70	22	65～70
精梳间	30	65～75	22	65～75
针梳间	30	65～75	22	65～75
复洗间	局部送风	—	23	—
前纺间	30	70～75	22	70～75
后纺间	30	60～70	23	60～70
染线间	局部送风	—	23	无雾，不滴水
验线间	32	60	22	60
回潮间	30	75～85	20	75～85

第三节　粗纺厂车间温湿度条件

粗纺厂车间温湿度条件见表13-5-3。

表13-5-3　粗纺厂车间温湿度条件

车间名称	夏季最高温度（℃）	夏季相对湿度（%）	冬季最低温度（℃）	冬季相对湿度（%）
拣毛间	30	50～65	22	50～65
预处理间	30	60～70	22	60～70
洗炭间	局部送风	自然	23	自然
和毛间	30	65～75	22	65～75
梳毛分梳间	30	65～70	22	65～70
细纱间	30	60～70	22	60～70
准备间	30	60～65	22	60～65
织造间	30	65～70	22	65～70
修补间	30	50～65	22	50～65
湿整间	局部送风	—	23	无雾，不滴水
干整间	局部送风	60～65	22	60～65
成品间	30	60	22	60

注　冬季车间停车温度不得低于18℃，夏季车间停车温度不得高于30℃。

第六章 用水、用汽

第一节 用水

一、水质要求（表13-6-1）

表13-6-1 毛纺织厂水质要求

项　目	水质要求	备　注
浑浊度	5度	
pH值	6.5～8.0	
硬度	<0.714mmol/L	硬度指标系指软化水的水质要求，如水源水质硬度不超过0.714mmol/L时，可不经软化
色度	5～10度	
铁锰盐	0.1mg/L	

注　锅炉用水的水质要求另有规定。

二、主要机器用水情况（表13-6-2）

表13-6-2 毛纺织厂主要机器用水量

机器名称	最大用水量（L/s）	平均用水量（L/s）	机器名称	最大用水量（L/s）	平均用水量（L/s）
洗毛机	25	3.3	洗呢机	6	2.5
复洗机	4	0.2	煮呢机	4	0.5
毛条染色机	5	0.5	染呢机	5	0.6

三、单位用水量（表13-6-3）

表13-6-3 毛纺织产品单位用水量

产品名称	每米用水量（t）	每公斤用水量（t）	备注	产品名称	每米用水量（t）	每公斤用水量（t）	备注
洗净毛	—	0.044	从原毛开始	精纺织物	0.26	—	从原毛开始
白毛条	—	0.11	从原毛开始	粗纺织物	0.34	—	从原毛开始
染色毛条	—	0.17	从原毛开始	精纺绒线	—	0.26	从白毛条开始

第二节　用汽

一、蒸汽质量要求（表13-6-4）

表13-6-4　毛纺织厂蒸汽质量要求

机器名称	蒸汽种类	蒸汽压力（MPa）	蒸汽温度（℃）	备　注
高温高压染色机	饱和	0.4 ~ 0.5	151 ~ 158	（1）表中蒸汽压力均系表压 （2）粗纺厚织物烘呢气压可提高至0.4 ~ 0.5MPa
洗毛、烘毛、毛条、洗呢、煮呢、染呢	饱和	0.4 ~ 0.5	151 ~ 158	
复洗、蒸纱、烘呢	饱和	0.3 ~ 0.4	143 ~ 151	
蒸刷压光机	饱和	0.2 ~ 0.3	133 ~ 143	
蒸呢机	干饱和	0.3	143	

二、主要机器用水用汽情况（表13-6-5）

表13-6-5　毛纺织厂主要机器用水用汽情况

机器名称	用水量（t/d）	平均用汽量（t/h）	最大用汽量（t/h）	机器名称	用水量（t/d）	平均用汽量（t/h）	最大用汽量（t/h）
洗毛联合机	244	0.7 ~ 1.2	5.3	复洗机	50	0.35	1.00
散毛炭化联合机	61.2	1.0 ~ 1.2	4.0	煮呢机	55	0.15 ~ 0.20	0.85
洗呢机	180	0.4 ~ 0.63	1.2	烘线机	—	0.30	0.50
染呢机	37	0.17 ~ 0.21	0.8	蒸呢机	—	0.10 ~ 0.15	0.42
散毛染色机	40	0.14 ~ 0.26	0.9	压光机	—	0.09 ~ 0.10	0.15
绒线染色机	70	0.12	1.0	蒸刷机	—	0.06 ~ 0.085	0.85
洗线机	61	0.2	0.8	散毛烘干机	—	0.30	0.50
毛球染色机	40	0.12	1.0	烘呢机	—	0.3 ~ 0.45	0.50
缩呢机	—	0.04	0.3	蒸纱机	—	0.10	0.20
热定形机	—	0.37	—				

第七章 照度标准

第一节 精纺厂主要设备工作照度

精纺厂主要设备工作照度见表13-7-1。

表13-7- 1 精纺厂主要设备工作照度

设备名称	工 作 面	光 源	照 度（lx）	备 注
拣毛台	台面	LED节能灯	500	—
洗毛机	喂入、输出、洗槽	LED节能灯	20～30	防水
和毛机	喂毛、地面	LED节能灯	80	—
梳毛机	喂毛、出条成球（筒）	LED节能灯	100	—
针梳机	车头、针区	LED节能灯	150	—
精梳机	车头、针区	LED节能灯	150	—
复洗机	车头、洗槽	LED节能灯	120	—
条染机	工作面	LED节能灯	30	防水
粗纱机	牵伸区、锭子	LED节能灯	150	—
细纱机	牵伸区、锭子	LED节能灯	200	—
并纱机	清纱区、自停装置	LED节能灯	200	—
捻线机	前罗拉、锭子	LED节能灯	200	—
络筒机	清纱区、自停装置	LED节能灯	200	—
蒸纱机	罐口仪表	LED节能灯	30	防水
整经机	筒子架、定幅筘	LED节能灯	200	定幅筘250lx
络纬机	锭子	LED节能灯	150	—
穿筘架	综眼区	LED节能灯	500	—
织机	前车布面、后车布轴	LED节能灯	150～200	前车布面200lx
量呢机	台面、码份表	LED节能灯	80	—
修补台	台面	LED节能灯	400	—
烧毛机	前面车	LED节能灯	20～30	防爆型
洗呢机	后面车	LED节能灯	30～40	防水
煮呢机	喂入、布面	LED节能灯	150	防水
染呢机	前车、后车	LED节能灯	50	防水
缩呢机	前车	LED节能灯	20～30	防水
吸水机	布面	LED节能灯	20～30	防水

续表

设备名称	工 作 面	光　源	照　度（lx）	备　注
脱水机	转笼、工作地面	LED节能灯	20～30	防水
烘呢机	喂入、布面	LED节能灯	120	—
蒸刷机	喂入、布面	LED节能灯	120	—
剪毛机	刀口、布面	LED节能灯	150	刀口500lx
压光机	喂入、布面	LED节能灯	120	—
蒸呢机	喂入、布面	LED节能灯	120	—
给湿机	喂入、布面	LED节能灯	100	—
电压机	折呢面	LED节能灯	100	—
检验机	台面	LED节能灯	400	—
折卷机	成卷处	LED节能灯	100	—
包装台	工作地区	LED节能灯	100	—
打包机	工作地区	LED节能灯	100	—

第二节　绒线厂主要设备工作照度

绒线厂主要设备工作照度见表13-7-2。

表13-7-2　绒线厂主要设备工作照度

设备名称	工 作 面	光　源	照　度（lx）	备　注
拣毛台	台面	LED节能灯	500	—
洗毛机	喂入、输出、洗槽	LED节能灯	20～30	防水
和毛机	喂毛、地面	LED节能灯	80	—
梳毛机	喂入、成筒	LED节能灯	100	—
针梳机	车头、针区	LED节能灯	150	—
精梳机	车头、针区	LED节能灯	150	—
复洗机	车头、洗槽	LED节能灯	120	—
细纱机	牵伸区、锭子	LED节能灯	150	—
合股机	罗拉、锭子	LED节能灯	150	—
摇纱机	纱框处	LED节能灯	150	—
洗线机	喂入、输出、洗槽	LED节能灯	30	防水
离心脱水机	转笼工作区	LED节能灯	20～30	防水
染线机	前车、后车	LED节能灯	40	防水
烘线机	喂入、输出	LED节能灯	120	—
打包机	工作台	LED节能灯	100	—

第三节 粗纺厂主要设备工作照度

粗线厂主要设备工作照度见表13-7-3。

表13-7-3 粗纺厂主要设备工作照度

设备名称	工 作 面	光 源	照 度(lx)	备 注
拣毛间	台面	LED节能灯	500	—
洗毛联合机	喂入、输出、洗槽	LED节能灯	20～30	防水
炭化联合机	喂入、输出、洗槽	LED节能灯	20～30	防水
开呢片机	喂毛、出毛	LED节能灯	80	—
回丝机	喂毛、出毛	LED节能灯	80	—
和毛机	喂毛、地面	LED节能灯	80	—
梳毛机	喂毛、分条	LED节能灯	120、150	—
细纱机	牵伸区、锭子	LED节能灯	150	—
络筒机	清纱区、自停装置	LED节能灯	150	—
整经机	筒子架、定幅筘	LED节能灯	200、250	—
穿箱架	综眼区	LED节能灯	500	—
络纬机	锭子	LED节能灯	150	—
织机	前车布面、后车布轴	LED节能灯	200、150	—
量呢机	台面、码份表	LED节能灯	80	—
修补台	台面	LED节能灯	500	—
缩呢机	前车	LED节能灯	20～30	防水
洗呢机	前后车	LED节能灯	30～40	防水
染呢机	前后车	LED节能灯	40	防水
吸水机	布面	LED节能灯	20～30	防水
脱水机	转笼、工作区	LED节能灯	20～30	防水
烘呢机	喂入、布面	LED节能灯	120	—
钢丝起毛机	前车	LED节能灯	150	—
刺果起毛机	前车	LED节能灯	150	—
蒸刷机	喂入、布面	LED节能灯	120	—
剪毛机	刀口、布面	LED节能灯	150	刀口500lx
压光机	喂入、布面	LED节能灯	120	—
蒸呢机	喂入、布面	LED节能灯	120	—
检验机	台面	LED节能灯	500	—
折卷机	成卷处	LED节能灯	100	—
包装机	工作区	LED节能灯	100	—
散毛染色机	工作区	LED节能灯	30	防水
散毛烘干机	喂入、输出	LED节能灯	40	—

注 2支以上的LED节能灯管并列照明时，其电源最好由不同相位供给。

第八章 "三废"处理和除尘

第一节　废水特性

毛纺织厂废水的特性见表13-8-1。

表13-8-1　毛纺织厂废水特性

废水种类	废 水 情 况
洗呢废水	有少量纯碱、氨水、肥皂、合成洗剂等，pH值8左右，油脂0.1~2 g/L，温度55 ℃
煮呢废水	pH值6~8，温度95℃
染呢废水	残余染液、硫酸、醋酸、红矾、硫酸钠、平平加、拉开粉、硫酸铜等含量0.2~5 g/L，pH值1.8~7，温度95 ℃
毛纱染色废水	同染呢废水
散毛染色废水	羊毛纤维染色：同染呢废水 黏胶纤维染色：残余硫化染料、直接染料、硫化钠、纯碱、硫酸钠等含量1~5g/L
洗毛废水	悬浮物6100~8000 mg/L，总氯化物168~1270 mg/L，经2 h沉淀后的污泥占废水体积2.5%~2.8%(第一槽)，pH值9.1~9.3

第二节　废气、废水、废渣的排放

对于"三废"，要革新工艺技术，贯彻"综合利用，积极治理"的原则。对于一时还不能利用的工业废水、废气，需进行回收净化处理，达到排放标准时才能排放。工业废渣的堆放，也必须妥善处理。

毛纺织工厂的"三废"排放标准[1]如下：

一、废气排放标准

锅炉烟尘，排放浓度不超过200mg/m³，其他粉尘(含10%以下的游离SiO_2的煤尘及其他粉尘)，排放浓度不超过100mg/m³。

---

❶ 摘自中华人民共和国环境保护部、中华人民共和国国家质量监督检验检疫总局制订的《纺织染整工业水污染物排放标准》(2013年1月1日起施行)。

二、废水排放标准

第一类，能在环境或动植物体内蓄积，对人体健康产生长远影响的有害物质。含此类有害物质的废水在车间或车间处理设备排出口，应符合表13-8-2的规定，不得用稀释的方法代替必要的处理。

表13-8-2　废水中有害物质排放标准

有害物质名称	最高容许排放浓度(mg/L)	有害物质名称	最高容许排放浓度(mg/L)
汞及其无机化合物	0.05(按Hg计)	砷及其无机化合物	0.5(按As计)
镉及其无机化合物	0.1(按Cd计)	铅及其无机化合物	1.0(按Pb计)
六价铬化合物	0.5(按Cr^{6+}计)		

第二类，其长远影响小于第一类有害物质，在工厂排出口的水质应符合表13-8-3的规定。

表13-8-3　工业废水排放标准

有害物质或项目名称	最高容许排放浓度	有害物质或项目名称	最高容许排放浓度
pH值	6~9	石油类	10mg/L
悬浮物(水力排灰、洗煤水、水力冲渣、尾矿水)	300mg/L	铜及其化合物	1mg/L(按Cu计)
生化需氧量BOD_5	60mg/L	锌及其化合物	5mg/L(按Zn计)
化学耗氧量COD(重铬酸法)	150mg/L	氟的无机化合物	10mg/L(按F计)
硫化物	1mg/L	硝基苯类	5mg/L
挥发性酚	0.5mg/L	苯胺类	3mg/L
氰化物(以游离氰根计)	0.5mg/L	色度	100倍
有机磷	0.5mg/L		

在城镇集中或生活饮用水水源的卫生防护地带和风景游览区，不得排入工业废水。

不得用渗坑、渗井或漫流等方式排放有害工业废水，也不得直接向水产养殖场排放工业废水。

洗毛、洗呢等污水在回收油脂后，可按农林部的水质标准灌溉农田。

生产污水经过处理，必须达到国家规定的GB4287—2012《纺织染整工业水污染物排放标准》及地方补充的污水排放规定。

三、废渣

工业废渣是一种自然资源，要想方设法利用。

毛纺工厂的废渣主要是原毛中清除出来的尘土以及部分纤维屑(剪毛屑等)，都可用以肥田。

第三节　生产设备除尘及排风

生产设备的除尘及排风要求见表13-8-4。

表13-8-4　生产设备除尘及排风要求

设备名称	除尘及排气要求	需要风量 [m³/(台·h)]	备　注
拣毛台	除尘	1500~2000	车间含尘量不超过10mg/m³
洗毛联合机	开毛部分除尘	8000	—
洗毛联合机	烘毛部分排除湿气	3000	风量可调节
复洗机	烘房部分排除湿气	3000	风量可调节
烧毛机	除尘	—	
烘呢机	烘房部分排除湿气	3000	风量可调节
剪毛机	除尘	3000	每把刀1000m³/h
蒸呢机	抽冷排气	1000	—
蒸纱机	抽冷排气	—	—
烧毛间	排尘	—	装排气风扇
化验室	排毒气	—	—
胶辊间	除尘	—	—
磨针间	除尘	1000	—
钢丝起毛机	除尘	3500	—

第十四篇　山羊绒及其制品加工

第一章　山羊绒原绒

第一节　原绒的采集

一、原绒采集要求（表14-1-1）

表14-1-1　原绒采集要求

项　目	要　求	备　注
抓绒时间	羊绒抓取开始于春季自然脱绒现象发生后。脱绒均从颈部开始，然后为肩、胸、背部，再遍及全身。当拨开长毛发现细绒毛已经脱离皮肤时，就该进行抓绒，一般抓绒宜进行两次，两次相隔时间3~4周	正常情况下，河南、山东、山西、东北辽宁等地多在四月上旬抓绒，内蒙古多在五月中旬开始抓绒，一般都在20天左右抓完。最近几年由于天气转暖，每年春季气温较高，各地的抓绒时间出现提前的现象
抓绒工具	抓绒用的金属梳子有两种，一种是稀梳，整把金属梳子由7~8根钢丝组成；另一种是密梳，整把金属梳子由12~14根钢丝组成	抓绒时要用绳子先把羊捆好，倒地卧抓，抓左身捆右腿，抓右身捆左腿。立抓时要用绳子将羊拴在木桩上，扶住羊体，轻轻用梳子抓取
抓绒的顺序	抓绒的顺序为肩、胸、背及两肋，然后再抓头部、腿部。抓爪大小紧松要适中，不同颜色的羊绒要分开。抓绒时，姿势要正确，用力要适中，以一次抓净为好	长毛种山羊在抓绒前，应先剪粗毛梢，但不得将绒头剪断，以粗毛中不带绒花为宜。如山羊被毛较短平，不需先剪粗毛，只需在抓绒前将粗毛梳通，然后再抓绒。患皮肤病的山羊应隔离饲养，单独抓绒，单独包装

二、原绒的质量控制

山羊绒等级技术指标（按GB 18267—2000《山羊绒》）列于表14-1-2。

表14-1-2　山羊原绒型号等级技术要求

型　号	平均直径/μm	等　级	手扯长度（mm）	品　质　特　征
超细型	≤14.5	特	≥38	自然颜色，光泽明亮而柔和，手感光滑细腻。纤维强力和弹性好，含有微量易于脱落的碎皮屑
		一	≥34，<38	
		二	<34	
特细型	>14.5 ≤15.5	特	≥40	自然颜色，光泽明亮而柔和，手感光滑细腻。纤维强力和弹性好，含有微量易于脱落的碎皮屑
		一	≥37，<40	
		二	<37	

续表

型 号	平均直径/μm	等 级	手扯长度（mm）	品 质 特 征
细 型	>15.5 ≤16.0	一	≥43	自然颜色，光泽明亮，手感柔软。纤维强力和弹性好，含有少量易于脱落的碎皮屑
		二	≥40，<43	
		三	≥37，<40	
		四	<37	
粗 型	>16.0 ≤18.5	一	≥44	自然颜色，光泽好，手感尚好。纤维有弹性，强力较好，含有少量易于脱落的碎皮屑

（一）试样的抽取

山羊原绒20包及以下逐包抽取，20包以上按30%增加，不足1包按1包计。未成包的50kg计为1包。抽取样品总质量不少于3kg。

采用开包方式分别随机从样包的中部和另一随机部位深于包皮15cm及以上处抽取样品。将抽取的样品分成A、B两部分，A部分用以评定手扯长度、纤维类型、规格、品质特征和疵点绒，样品总质量不少于1kg；B部分用于洗净率、净绒率、含绒率和平均直径试验，样品总质量不少于2kg。B部分抽取后应迅速装入密闭的容器，并在4h之内称重，计为m_a，精确至1g。

（二）实验室样品的制备

将抽取的样品B部分开（撕）松，去除土杂，使样品充分混合均匀，拣出遗留在杂质中的绒毛纤维，放在开（撕）松混合后的样品内一并称重，计为m_b，精确至1g。将开（撕）松混合后的样品用对分法分成两等份，一份为实验室样品，一份留作备样。系数K计算公式为：

$$K = m_b / m_a \text{（K修约至四位小数）}$$

（三）试验试样

从批样A部分中用多点法随机抽取手扯长度试样10份，每份质量约50mg。从实验室样品中随机抽取含绒率试样3份，每份试样质量5g，精确至0.01g。从实验室样品中随机抽取洗净率试样5份，每份试样质量为150g×K，精确至0.1g。

（四）手扯长度试验

取长度试验试样，用手轻轻地整理，去掉较粗、较长的山羊毛，双手平并拔取纤维，反复整理，使其成为一端平齐、纤维自然平直、宽度约20mm的小绒束。将小绒束放在绒板上，用钢板尺测量其两端不露绒板之间的长度，即为试样长度，精确至0.5mm。以10份试样长度的平均值作为最终结果，计算结果修约至整数（以mm为单位）。

（五）平均直径试验

可以采用感官方法检验。若对感官检验结果有异议，则按GB/T 10685—2007《羊毛 纤维直径试验方法——投影显微镜法》进行检验。

（六）纤维类别、规格、品质特征和疵点绒试验

对纤维类别、规格、品质特征和疵点绒进行检验，结合平均直径、手扯长度两项指标评定规格和等级。

（七）洗净率试验

从洗净率试样中，随机抽取3份试样进行洗涤，其余2份留作备样。洗涤工艺见下表14-1-3。将洗净后的试样按GB/T 6500—2008《羊绒纤维回潮率试验方法 烘箱法》烘至绝干质量，计作m_s，精确至0.01g。洗净率Y计算公式为：

$$Y = \frac{m_s(100 + R_s)}{150 \times K}$$

式中：Y——山羊原绒的洗净率；

$\quad\quad m_s$——试样洗净后绝干质量，g；

$\quad\quad R_s$——洗净山羊绒公定回潮率（$R_s = 15$）。

以3份试样洗净率的平均值为试验结果。当3份试样洗净率的极差超过2%时，须增试第4、第5份试样，并以5份试样洗净率的平均值作为最终结果。计算结果修约至两位小数。

表14-1-3 洗涤工艺

工 艺	槽 别			
	1	2	3	4
洗涤溶液	清水	洗液	洗液	清水
控制温度（℃）	45～50	50～55	50～55	40～45
洗涤时间（min）	3	3	3	3

注 洗涤剂为中性，洗槽浴比为1：60，洗涤过程中尽量将原绒中的杂质拣出，原绒洗净后草杂含量应小于2%，油脂含量应小于1.5%。

（八）净绒率试验

从洗净率试验后烘至绝干质量的洗净绒，迅速随机抽取3份作为净绒率试样，每份试样质量5g，其中2份做平行试验，1份留作备样。

用镊子将试样中直径大于25μm的粗毛以及杂质拣出后，按GB/T 6500—2008将净绒纤维烘至绝干质量，计为m_p，精确至0.0001g。将净绒纤维（m_p）按GB/T 6977—2008《洗净羊毛醇萃取物、灰分、植物性杂质、总碱不溶物含量试验方法》进行净绒含油脂率测试。净绒率计算公式为：

$$P = \frac{m_p \times (100 - J_e) \times (100 + J_p) \times (100 + R_p)}{m_d \times (100 + R_s) \times 10^4} \times Y$$

式中： P ——净绒率，%；

   m_p ——净绒绝干质量，g；

   J_e ——实测含油脂率，%；

   J_p ——分梳绒公定含油脂率， $J_p=1.5$ ，%；

   R_p ——分梳绒公定回潮率， $R_p=1.7$ ，%；

   m_d ——试样绝干质量，g；

   R_s ——洗净绒公定回潮率， $R_s=15$ ，%；

   Y ——洗净率，%。

以2份试样净绒率的平均值为试验结果。当2份试样洗净绒的绝对值超过3%时，须增试第3份试样，并以3份试样净绒率的平均值作为最终结果。计算结果修约至两位小数。

关于原绒的净绒率计算，一些企业在计算原绒净绒率时考虑分梳机的实际提取率进行折扣，如分梳机提取率为90%，则原绒净绒率为 $P \times 0.9$ 。同时，企业计算原绒净绒率时，也采用与实际生产接近的方法，一是放大试样进行试验室测试，二是进行试样干梳或洗后湿梳。

例如，某一分梳厂购进原绒5000kg，按照标准，从中抽取原绒50kg，分选、过轮后，抽取样品质量35kg。然后从过轮样品中抽取样品3份（每份1kg），经洗涤、烘至绝干后，样品质量为650g。再从洗净的样品中，抽取试样3份（每份10g）进行洗净绒含绒率试验，从每份试样中择出无毛绒的平均质量为7.5g。该厂分梳机的提取率为88%。请计算该批原绒的净绒量（假设洗净绒的残余油脂率1.5%）。

过轮率（除灰率）＝35/50×100%＝70%

过轮（除灰）后样品的洗净率＝650×（1+17%）/1000×100%＝76%

洗净绒的含绒率＝7.5/10×100%＝75%

原绒的净绒率＝70%×76%×75%×88%×100%＝35%

因此，500g原绒中含净绒为175g。

在实际工作中，抽取试样进行干梳或洗后湿梳，是根据分梳机的实际出绒量确定本批原绒的净绒量。

（九）净绒公量试验

用称量100kg、分度值0.1kg的衡器，在抽取批样的同时对同一批原绒逐包过磅，记录毛重，精确至0.1kg。抽取两个样包，去皮，分别称量皮重，精确至0.01kg，以其平均值作为本批每包的平均皮重。检验批原绒总净重计算公式为：

$$m_n = m_g - N \times m_t$$

式中： m_n ——检验批原绒总净重，kg；

   m_g ——检验批原绒总毛重，kg；

N——包数；

m_t——平均每包皮重，kg。

净绒公量计算公式为：

$$m = P \times m_n / 100$$

　　式中：m——净绒公量，kg；

　　　　　P——净绒率，%；

　　　　　m_n——检验批原绒总净重，kg。

（十）含绒率试验

从含绒率试样中随机抽取试样2份，用于平行试验，其余1份留作备样。用镊子将试样中的绒纤维拣出，称其质量，精确至0.01g。含绒率计算公式为：

$$H = \left[(K \times m_c) / m_o \right] \times 100\%$$

式中：H——含绒率，%；

　　　K——系数，$K = m_b / m_a$；

　　　m_c——绒纤维质量，g；

　　　m_o——试样质量，g。

以2份试样含绒率的平均值为试验结果。当2份试样含绒率的绝对差值超过其平均值的10%时，须增试第3份试样，并以3份试样含绒率的平均值作为最终结果。计算结果修约至两位小数。

第二节　原绒的收购

一、山羊绒收购鉴定的一般步骤
（一）分清色别（表14-1-4）

表14-1-4　原绒色别及特征

颜色	特征	要求
白山羊绒	从白山羊身上或其皮张上生产下来的羊绒。山羊绒与山羊毛均为白色	收购时，必须先按颜色把白、青、紫三色绒分开，单独检验，单独计价，单独包装
青山羊绒	从青山羊（红山羊）身上或其皮张上生产下来的羊绒。山羊绒呈白色或灰白色，山羊毛为非白的其他颜色	
紫山羊绒	从黑山羊身上或其皮张上生产下来的羊绒。山羊绒呈深紫色或浅紫色，山羊毛呈黑色	

（二）鉴定类别（表14-1-5）

表14-1-5 山羊绒的类型

山羊绒类型	特　征
活羊抓绒	是用抓子从活羊身上抓取下来的羊绒。外观呈瓜状或散状，瓜子呈圆状，带有抓花，绒瓜内的绒毛被搓捻成丝交织成网，俗称"网套膜"。手感柔软、光滑、颜色正、有油性、光泽亮而柔和、粗散毛少
活羊拔绒	是用剪刀从活羊身上连毛一起剪下后拔去部分粗毛的羊绒。不呈瓜状，绒纤维散乱，长度较短，粗毛含量少，绒纤维呈半截状
生皮绒	指从未加工鞣制的山羊皮上取得的山羊绒。绒纤维短，粗毛含量大，油性差，光泽暗，弹性、强力显著降低
熟皮绒	指从加工鞣制后的山羊皮上取得的山羊绒。绒短而发涩，洁净，无油性，有硝味或略发酸
干退绒	用化学方法从山羊皮上取得的山羊绒。呈片状，有绒绺，光泽暗，无油性，拉力、弹性、强度均较差
灰退绒	用石灰水浸泡山羊皮后取得的山羊绒。绒毛混合呈块状，有绒绺，光泽枯燥，无油性，拉力、强力差
汤退绒	用热水从山羊皮张上退下来的羊绒。绒毛粘乱，有绒绺呈片状，光泽洁白，无油性，手感发涩

（三）识别残次绒

残次绒是指人为或自然因素，使山羊绒品质和毛纺价值受到一定影响的山羊绒。残次山羊绒类型见表14-1-6。

表14-1-6 残次山羊绒类型

残次山羊绒类型	特　征
疥癣绒	从患有疥癣病的山羊身上取得的、带有结痂和皮屑的山羊原绒。山羊患有疥癣病，皮肤中分泌出黏液结成痂皮，抓绒时痂皮混入羊绒内，后道工序很难清除。其特征是绒毛枯燥，无拉力，粘有黄色痂皮
虫蛀绒	被蛀虫啃食咬断后长度变短的山羊绒。绒纤维被虫咬断，使长度变短，降低使用价值，绒瓜中有虫卵或虫的粪便
霉变绒	受潮后发热变质的山羊绒，其性能特征是纤维霉变发黄，强力小，光泽暗淡
刺球绒	抓绒时间过晚，绒瓜内含有大量的粗毛，甚至绒毛不分，选绒时加大了摘毛难度
挂抓绒	生产者或销售者故意弄虚作假，把品质较差的羊绒和品质较好的山羊绒挂在同一抓上，冒充活羊抓绒
盐绒	抓绒时，在绒内掺入食盐以增加重量。这种绒发硬、发白、光泽差、潮湿、沉重，收购时应及时晾晒
絮绒	绒呈片状，光泽暗或无光泽，有汗味，带有线头，油性差或无油性
油绒	形成有三个原因，一是抓绒时，为省力在抓子上抹油形成；二是山羊生皮肤病时用油性药膏形成；三是人为掺杂使假造成。其特征是羊绒黏结、发硬，色灰暗，无光泽，带有油味

残次山羊绒类型	特　征
肤皮绒	混有山羊皮屑的绒称肤皮绒。一般分为两种，一种是活肤皮，即用手抖动山羊绒时，肤皮会轻易脱落；另一种是死肤皮，用手抖时很难抖掉或肤皮连结成片
陈绒	保存期在2年以上的山羊绒称为陈绒。其特征：颜色灰暗，光泽差，无油性，弹性、手感不及正常羊绒，大多带有防虫剂味

（四）识别套抓绒

套抓绒就是生产者或销售者把非羊绒纤维同山羊毛或山羊绒套在同一抓子上，以假充真。常见的套抓绒类型见表14-1-7。

表14-1-7　常见的套抓绒类型

套抓山羊绒类型	特　征
绒毛套抓	主要是将土种绵羊的底绒和山羊绒套抓在一起或者是和山羊毛混合抓在一抓上。其特征是光泽乌暗，纤维粗长而锈涩，油汗明显，毛、绒色泽比差大。如果是细毛或改毛（即粗毛改细毛）套抓，除以上特征外，纤维的弯曲明显并有规则
驼绒套抓	纤维粗而且长，两型毛多，细度多在18μm左右，光泽暗，色发黄，有异味，手感不及羊绒光滑柔软
棉花套抓	棉花是植物纤维，没有动物纤维的鳞片结构，色洁白，也不具备绒纤维的光泽特点，纤维短，点燃时有烧纸的气味
化纤套抓	化纤同山羊绒或山羊毛套在抓上。化纤颜色洁白，光泽明亮，纤维发直，如用火烧，火熄后结成硬块，无油性，手感发涩
兔毛套抓	兔毛中无短散毛，纤维清晰，相互容易黏结成块状，色泽不柔和，纤维的弹性、拉力都差
狗绒套抓	绒毛粗短，光泽发暗，颜色不正，粗散毛细而脆软，手感发涩，油性大，有狗腥味

（五）鉴定细度、长度

收购中羊绒细度的鉴定主要通过目测、手感，结合以往该地区或该类型羊绒的化验数据对照估出，有检验条件的可直接测出。一般手感柔软、光泽柔和的绒纤维较细，长度可通过目测或手扯长度法来得出。这一环节是检验羊绒品质高低和确定其价格的基础，需要收购人员在实践中经常把感官检验结果同化验结果对比、总结，以此提高检验的准确性。

（六）鉴定洗净率、净绒率

收购中羊绒洗净率和净绒率的鉴定，主要是通过对羊绒中杂质、粗毛多少的观察，结合以往该地区或该类型羊绒的测试数据来对照估出其洗净率和洗净绒含绒率，有检验条件的可直接测出其洗净率和洗净绒含绒率，用两者相乘可算出其净绒率。净绒率确定后就可以定出山羊绒的收购价格。这一阶段的重点就是估算洗净率和洗净绒含绒率的高低，只有通过多实践、多对比才能提高估算的准确性。

二、收购时的价格计算

山羊绒在质量鉴定后，要计算出该批羊绒的收购单价和总金额。目前，山羊绒收购单价的计算，主要采用倒推法来求得。就是根据某一时期不同品质分梳山羊绒的市场行情价格，结合该批山羊绒洗净率、洗净绒含绒率及分梳山羊绒的提取率来推算出该批羊绒单价的一种方法，其计算公式为：

单价＝分梳山羊绒收购单价×山羊绒净绒率×分梳山羊绒提取率

＝收购单价×山羊绒洗净率×洗净绒含绒率×分梳山羊绒提取率

例，现在市场上细度14～15μm，长度为36mm的分梳山羊绒价格为100万元/吨，除去费用、税金、利润后，收购价格为90万元/吨，而经过检验该批山羊绒洗净率为65%，洗净绒含绒率为72%，分梳山羊绒的提取率为93%。计算单价公式为：

单价＝分梳山羊绒收购单价×山羊绒净绒率×分梳山羊绒提取率

＝收购单价×山羊绒洗净率×洗净绒含绒率×分梳山羊绒提取率

＝900×65%×72%×93%＝391.72（元/kg）

注意：（1）山羊绒洗净率＝过轮绒洗净率×轮后制成率；

（2）单价为市场无毛绒单价；

（3）收购单价为市场分梳山羊绒价格，除去各项收购费用、税金、利润后的单价。

第二章　山羊绒洗绒

第一节　原绒的分选

一、山羊绒分选的要求

山羊绒的分选和其他纤维分选一样，都是人工分选，靠分选工人的视觉、触觉来完成，对工作场地和分选工人都有特殊的要求。

（一）场地要求

工作场地应具有良好的通风条件，分选车间须配备换气装置，要求工作地点空气含尘量小于10mg/m³，室内温度冬季不低于22℃，夏季不高于32℃，室内光线充足，以天然光为主且不宜直射，在每个操作台上部装2支40W的荧光灯。操作台标准规格130cm×90cm×80cm，连同放置储绒器，每台占地面积约10m²，选绒工作台如图14-2-1所示。

图14-2-1　选绒工作台

同时，要保证过道通畅。给选绒工人配备洗澡、消毒等劳保设施，定期进行身体检查，要注意炭疽病和布氏菌的防治，炭疽病和布氏菌传染病的防治方法见表14-2-1。

表14-2-1　炭疽病和布氏菌传染病的防治方法

项　目	病　菌　名　称	
	炭　疽　杆　菌	布　氏　杆　菌
传染途径	1.皮肤破损，外表黏膜 2.由口腔进入消化道	1.皮肤破损，外表黏膜 2.由口腔进入消化道；眼结膜

续表

项　目	病 菌 名 称	
	炭 疽 杆 菌	布 氏 杆 菌
病症反应	局部红肿发黑，高烧呕吐	波浪形高烧，发热，全身无力，寒战多汗，剧烈头痛，关节肿胀，皮疹
杀菌条件	1. 杆菌：50℃汽蒸30min 　　　58℃汽蒸20min 2. 杆菌芽孢：100℃干蒸60min 　　　　　　100℃湿蒸10min	日光直射3～5h 污染衣服15～30天后：55℃加热　2h 　　　　　　　　　65℃加热　15min 　　　　　　　　　70℃加热　5min
山羊绒消毒的方法	1. 在密闭室内或塑料薄膜密封包裹中喷环氧乙烷消毒药，保持温度30℃以上，浓度0.38kg/m³，处理24h。或浓度0.23kg/m³，处理48h。处理完毕散气10～14h 2. 甲醛溶液处理 3. 汽蒸15min	钴60γ射线照射8min，装袋储存3～6个月后使用
患病防治	1. 采取隔离方法 2. 用抗炭疽血清治疗 3. 青霉素肌肉注射 4. 外用药：高锰酸钾：0.1% 　　　　　磺胺软膏：5%	1. 定期检查 2. 疫苗接种 3. 金霉素口服

（二）选绒工人的要求

要求选绒工人身体健康，行动灵活，反应敏锐，熟悉山羊绒的品种、等级及各种残次绒和其他纤维的外观特征。能自如地按要求分选原绒。有敏锐的眼力，能准确、迅速地辨别山羊绒颜色及其他非羊绒纤维。这种能力来源于选绒工人掌握的羊绒纤维基础知识及长期的选绒实践。因此对选绒工人必须进行山羊绒毛知识的教育和严格训练。

二、山羊绒分选的操作要领

（一）准备工作

上台前要检查容器，做到排列正确、合理。将数量多的种类容器放在靠近分选台处，容器距分选台要有一定的距离。拆包时，切忌用剪刀开包，一般用手抽掉铁丝或绳线，防止线头、铁丝混入绒内。

（二）操作要领（表14-2-2）

表14-2-2　山羊绒分选操作要领

操作项目	操 作 要 领
取	从绒包中逐次取出适量原绒，放在选台上，一般不宜过多
抖	放在台上后先轻轻抖动，除去原绒中部分尘土、砂石、杂草和肤皮
开	抖完后对绒瓜进行解套、开松

续表

操作项目	操 作 要 领
辨	在抖动和开松同时，凭手感、视觉，快速准确地辨别山羊绒颜色、种类、等级和各种疵点绒（油漆绒、黄残绒、沥青绒、肤皮绒、草刺绒等），收集后单独存放
除	开松绒瓜后，按要求的含绒率拔掉粗毛；同时除去混入的化纤丝、绳线头、铁丝、草棍等
检	选绒工人一般对自己选出的各品种选后绒进行自检，然后交于专业检验人员进行复检，合格后转入下道工序
清	更换分选品种时要彻底清理场地

（三）选后绒种类

现阶段，山羊绒分选主要按颜色、含绒率及各种疵点绒划分为：选后白山羊绒、选后青绒、选后紫绒、肤皮绒、草刺绒、黄残绒、山羊毛、油漆绒和各类套抓绒。

各种绒所占批量的比例，每一批量和每一批量是有区别的，主要是由所配原绒的质量高低来决定。

$$选后绒制成率 = \frac{选后白、青、紫+肤皮+草刺+黄残}{山羊原绒} \times 100\%$$

正常情况下，原绒选后制成率大多在91%~97%。

由于到目前为止，国家没有出台选后山羊绒统一标准，因此，选后绒的质量基本由各企业自行制订。

第二节　过轮加工

山羊绒在抓取时形成的瓜状绒或散绒，虽在分选时进行过手工开松，但还不够松散，里面还挟带有大量的尘土和杂质，因而过轮是提高后道工序山羊绒质量的一个关键阶段。

一、过轮设备

绵羊毛的开毛过轮机一般分为两种类型，一种为连续式开毛机，另一种为间歇式开毛机。连续式开毛机有单锡林、双锡林及多锡林之分；而间歇式开毛机的喂毛及出毛都不是连续进行的，而是周期性的，有锥形开毛机、鸡嘴齿式开毛机等。

目前，专门针对山羊绒开松、除杂的机器还没有定形生产，各生产厂家主要根据山羊绒长度短、缠结力小的特点自行制造。如锥形单锡林过轮机，它具有开松作用强、落杂面积大的特点。其原理就是在开绒锡林（形状有六棱、五棱等）上装有角钉，可插入喂入的绒团中，按一定方向高速回转，将绒团撕松为小块，同时一部分杂质顺尘格落下，绒毛经高速回转所产生的气流掷于机外。

对于土杂大的原绒，可以进行两次过轮，但要防止对绒纤维的损伤。常用的过轮机类型有：多辊开松机（图14-2-2）、立式开棉机（图14-2-3）和三锡林开毛机（图14-2-4）。

二、过轮工艺要求

（一）过轮设备及工艺的选择

（1）多采用自由状态下打击，防止采用强制状态下的撕松。

（2）过轮机的除杂面积要大。

（3）充分发挥气流除杂的作用。

（二）过轮车间要求

（1）保持清洁干净和一定的温湿度，防止影响过轮绒除杂效果。

（2）要有吸尘装置，防止和减少尘土对人体的危害。

（3）过轮车间要定时、定批清底，每一品种过完轮后必须彻底清车，防止混色混质。

（4）集尘、土杂等要及时妥善处理。

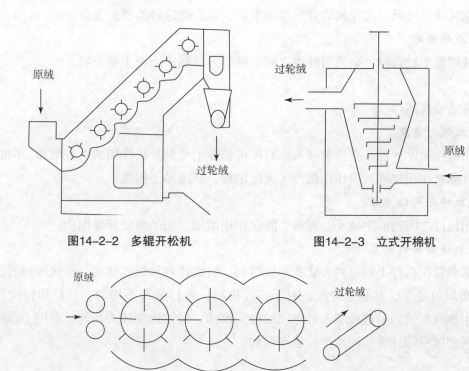

图14-2-2　多辊开松机　　　　　图14-2-3　立式开棉机

图14-2-4　三锡林开毛机

（三）过轮操作方法

（1）待过轮机开机正常以后，才能喂绒过轮。

（2）喂入量要均匀，尽量减低纤维损伤。

（3）修车、清车时必须停机进行，操作时须穿工作服，与机器保持一定距离，防止事故发生。

（4）要定期、定批清车，防止混色、混品种。

（5）轮后绒必须用专用包装，每30kg一包，每300包为一批次，单独堆放。做好标识（挂标签、批次、日期等），无调度单不许转入下道工序。

（6）过轮完毕要作班次记录（投入量、包数、批次、机器运转情况等），且要关掉电源。

三、影响过轮的因素

（一）进机原料状态

1. 原绒结构

如果纤维相互间基本平行，这种原绒轻微开松即可。

2. 土杂

原绒中一部分与羊绒脂混合成泥脂并与纤维黏结在一起的杂质。在开松中比较难以去除，需要在洗绒工序中洗去；另一部分沾有少量羊绒脂，与纤维有一定的联结力的土杂基本是附在原绒纤维之间，过轮机的开松除杂主要就是去除这种类型的土杂。

3. 原绒回潮

原绒回潮率较高时，杂质与纤维之间的联结力较强，土杂不易去除。

（二）开松设备条件

1. 机件的速度

作用机件速度增加，意味着喂入原料单位长度上受到开松作用的次数增加，同时开松作用增强，除杂作用加强，但作用机件的速度增加，纤维易于损伤。

2. 机件之间的隔距

作用机件之间的隔距减小，开松、除杂作用增加，但是易使纤维损伤。

3. 机件的角钉配置

通常角钉在机件上的排列方式有平纹排列、斜纹排列和缎纹排列。平纹排列时，角钉在机件表面均匀分布，有利于开松；对于斜纹排列，角钉分布不均匀，并且角钉排列呈螺旋状，产生轴向气流，易造成喂入纤维层的横向窜动；缎纹排列较为均匀，常用于梳针打手。角钉排列密度应随纤维块的减小，逐渐增加。

四、过轮效果评定

（一）过轮机除土杂效率η

$$\eta = （过轮前原绒质量-过轮后原绒质量）/过轮前原绒质量×100\%$$

（二）纤维长度损伤率λ

$$\lambda = （开松前纤维平均长度-开松后纤维平均长度）/开松前纤维平均长度×100\%$$

五、轮后绒质量控制

近年来，在山羊绒交易中，过轮绒作为一个品种进入了流通领域。过轮作为原绒的一道单独的生产工序被人们所认可，同时对过轮绒的质量有了更严格的要求和规定。

第三节　洗绒

一、洗绒设备

目前，洗绒设备多为耙式联合洗毛机（图14-2-5），所配的开绒机有多辊开松机、双锡林开毛机或三锡林开毛机，所配的烘绒机有单帘烘干机或圆网烘干机，所配的洗槽一般为五槽。由于这些设备和目前普通毛纺所用的设备类似。请参阅原毛准备部分。

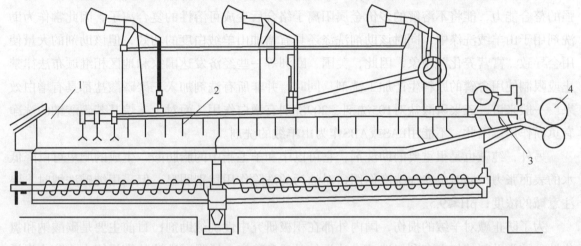

图14-2-5　耙式联合洗毛机

1—洗绒槽　2—洗绒耙　3—出毛耙　4—压水辊

二、影响洗绒的因素

（一）原绒绒种类

原绒绒的种类对洗绒质量有一定的影响，原绒存放时间过长，导致油脂氧化分解而很难洗除；原绒绒的酸值和皂化值越大，越好洗涤；原绒绒的碘值越大，越难清洗。

（二）洗剂

作为山羊绒洗剂必须满足以下几个条件：

（1）要选用适合的中性或酸性洗剂洗绒，绒纤维的等电点为4.5～5.0，在此范围内纤维有最大的稳定度，可将纤维损伤减小到最低程度。

（2）洗剂要有较强的湿润、乳化、分散、去污和携污力以及良好的持续力。

（3）洗剂去除油脂适中，在不影响白度的前提下，有少量有机物质被吸附于羊绒上，以增加羊绒手感。

（4）对硬水稳定性好，使水洗绒具备良好的白度、光泽及弹性。

（5）生物降解性好。

同时，洗剂浓度的确定依据各表面活性剂的临界胶束浓度，在此浓度下，洗剂有较强的去污能力。但一般来说，洗绒时洗剂的浓度大于临界胶束浓度，以防止洗剂黏附在纤维上后，由于洗剂浓度降低而影响洗涤效果。

目前，用于山羊绒的洗剂种类比较多，如RG-1洗剂、金鱼洗剂、601洗涤剂、209洗涤剂、127、毛能净等。

（三）助洗剂

目前，常用的助洗剂有三聚磷酸钠、碳酸钠、硫酸钠等。而三聚磷酸盐与金属离子有较强的螯合能力，能将不溶解的多价金属阳离子络合后变成可溶性的复合离子，因此常作为助洗剂用于山羊绒洗涤中，同时该助剂洗涤还具有增加山羊绒白度的功效，但该助剂的大量使用会导致"富营养化"现象，因此，美国、欧洲等一些经济发达国家和地区相继颁布法律禁止或限制使用含磷的原料生产加工洗剂。同时，并非所有洗剂加入三聚磷酸盐都具有增白效果。一般来讲，三聚磷酸盐对105洗剂、209洗剂有增白作用，而对十二烷基苯磺酸钠的洗净有负面作用。因此，不能用LAS或ABS作为山羊绒的洗剂。

另外，纯碱也是很重要的助洗剂，它可以中和羊毛脂中的脂肪酸，生成的肥皂可以降低水的表面张力，同时也参加洗涤作用，对油污的洗除作用特别明显，但采用纯碱洗绒时，要注意碱的浓度，pH≤9.5。

为了防止碱对羊绒的损伤，国内外都在积极研究中性洗绒助剂，目前主要是碳酸钠和氯化钠。该类助剂的加入有利于洗液中油污的悬浮和稳定，增强了洗液的携污能力，防止污垢对羊绒的再污染；另外该类助剂的加入还能够增加洗剂的持续应用。

（四）洗绒温度

一般来说，目前洗绒分为高温洗绒（45~55℃）、中温洗绒（42~50℃）和低温洗绒（34~45℃）。

高温洗绒温度一般略高于羊毛脂的熔点，有利于油脂以及土杂的去除。温度越高越有利于油脂、土杂的去除，但当温度高于65℃时羊绒就开始有毡并现象，因此，一般建议仅在不加洗剂的第一槽采用高温洗绒。高温洗绒时，各槽温度宜采用由高到低的方式。

含土杂少的原绒，以中温洗绒为宜，各槽的温度配置可以采用"低—高—低"的方式。第一槽主要去除汗、油脂及土杂，第二槽和第三槽起主要洗涤作用，温度可以适当高些，第四槽主要目的是清洗，可以比第二、第三槽温度低2℃左右。

低温洗绒时第一槽的温度要低于羊毛脂的熔点，以免羊毛脂熔融后又未能全部去除，造成轧辊处打滑，油脂被挤压，反而对洗绒不利。

但总的来说，由于不同企业选用的洗剂有所不同，洗涤温度也不一定在此范围内。从不同的槽别来说，第一槽（浸润槽）温度高，去除杂质的效果好；第四、第五槽（漂洗槽）温度不宜过高，但是各洗涤槽的温度不要相差过大，以免冷热悬殊，造成纤维的鳞片突然收缩，以致杂质不宜漂洗干净。

（五）喂入量

喂入量大时，洗净绒松散度差、色泽差、手感差、残余油脂含量高，在山羊绒分梳时纤维损伤大，毛粒增多，分梳提取率降低，成品质量受到影响。当喂入量小时，洗净绒松散度好、纤维损伤降低、色泽自然，有利于分梳，但是劳动生产率低，生产成本增大。

（六）浴比

根据洗绒槽尺寸大小的不同，在实际生产中一般利用浴比来反映喂入量的多少。一般洗绒的浴比为1：80或1：100。浴比过小，洗净绒的白度值偏低；浴比过大，浪费水、增大能耗和洗助剂用量，洗绒成本增加。

（七）洗绒时间及pH值

洗绒时，洗涤时间一般控制在3min。洗涤槽的pH值应该保持在7.0左右。同时，为了保证洗涤效果，在洗绒过程中，要追加洗剂与助洗剂。

（八）洗绒设备

原绒浸入洗液前，开松机去杂是洗绒的第一道工序，也是一个重要的环节。随着行业对洗绒的认识不断提高，各厂家也不断地对开松机进行改造，如开松机根据羊绒纤维的情况改变转数、速比、喂入毛帘、喂入罗拉的转数、压力以及漏底的形式、尘棒截面、形状、直径和宽度等。

原绒浸入洗液后，羊绒纤维上的油脂收缩成小球，这些小球依靠搅动或轧辊处产生的穿过纤维间的液流除去。因此轧辊速度太慢，不易冲出油脂，轧辊速度过快又会影响压液效果。同时轧辊压力太小不能发挥压液效果，太大会引起羊绒毡并，因此轧辊速度一般掌握在$6 \sim 8m/min$，第一槽压力为$29.4 \sim 39.2kN$，第二、第三槽压力为$39.2 \sim 45.2kN$，第四槽可以轻些，第五槽压力为$45.2 \sim 68.6kN$。

另外洗毛耙的速度也将影响洗绒效果，洗毛耙速度高，则羊绒通过洗液的速度快，浸渍时间短，影响油污微粒的形成和去除，并且造成羊绒的毡并；洗毛耙速度过慢也会造成毡并，且洗出的羊绒色泽偏暗。目前，洗毛耙的速度以$10 \sim 12$次/min为宜。

（九）烘干

山羊绒烘干温度一般在80℃左右，出烘干机洗净绒的回潮控制在13%，放置24h达到17%。

三、洗绒方法

（一）皂碱洗涤法

皂碱洗涤法是使用较久的一种方法，因为肥皂洗涤必须加碱，而碱对绒毛有一定的损伤，另外肥皂不耐硬水，故现在洗绒一般不采用此法。

（二）中性洗涤法

中性洗涤法是目前羊绒洗涤最常用的方法。同皂碱洗涤法相比，中性洗涤成本略高，但此方法可以保护绒毛纤维免受损伤。

对于油脂含量低、土杂含量高的羊绒，使用合成洗涤剂进行洗绒，加入元明粉，这样不仅不会损伤羊绒纤维，还可以起到增强洗涤效果的作用。在洗绒时，洗液维持pH＝6～7，温度可增加至50～55℃。中性洗绒的洗净绒比碱性洗绒法得到的洗净绒柔软、洁白、松散，即使储存日久也不易泛黄，且洗净绒在梳绒机上梳理时的损伤也较小。此方法为目前洗绒中比较新的洗绒方法。

四、洗绒工艺

洗净羊绒的手感光泽以及松散程度都比羊毛的要求高。在洗毛工艺中要特别注意防止纤维损伤与毡并。羊绒的油脂含量虽不多，但油脂的乳化性能较差，抗乳化力大，熔点亦高，杂质中钙、镁含量多，不宜用皂碱法，需用去油污力较强的净洗剂，并需严格控制洗涤过程中的pH值。下面就洗绒过程中最常用的洗绒工艺加以举例：

（一）常规洗绒工艺

各种绒洗绒工艺见表14-2-3～表14-2-5。

表14-2-3　东北绒洗绒工艺

槽　　别		一　槽	二　槽	三　槽	四　槽	五　槽
水温（℃）		44～47	44～47	44～47	40～45	40～45
初加（kg）	127绒洗剂	—	5	3.5	—	—
	洗绒膏	—	6	4	—	—
	三聚磷酸钠	—	6	4	—	—
追加（kg）	127绒洗剂	—	1	0.6	—	—
	洗绒膏	—	1	0.6	—	—
	三聚磷酸钠	—	1	0.6	—	—

表14-2-4　伊盟绒洗绒工艺

槽　　别		一　槽	二　槽	三　槽	四　槽	五　槽
水温（℃）		45～48	49～53	49～53	40～45	40～45
初加（kg）	127绒洗剂	—	6	4.5	—	—
	洗绒膏	—	7	5	—	—
	三聚磷酸钠	—	6	4	—	—
追加（kg）	127绒洗剂	—	1	0.6	—	—
	洗绒膏	—	1	0.6	—	—
	三聚磷酸钠	—	1	0.6	—	—

表14-2-5　陕西绒洗绒工艺

槽　别		一　槽	二　槽	三　槽	四　槽	五　槽
水温（℃）		44～47	48～51	48～51	40～45	40～45
初加 （kg）	127绒洗剂	—	5.5	3.5	—	—
	洗绒膏	—	6	4	—	—
	三聚磷酸钠	—	6	4	—	—
追加 （kg）	127绒洗剂	—	1.2	0.8	—	—
	洗绒膏	—	1	0.6	—	—
	三聚磷酸钠	—	1	0.6	—	—

以上工艺，均为开车后1h或1.5h后追加，然后每隔30min追加一次，洗涤完毕，在80℃条件下烘干。

（二）中性洗绒法工艺（表14-2-6）

表14-2-6　中性洗绒工艺

槽　别		一　槽	二　槽	三　槽	四　槽	五　槽
水温（℃）		50	52	52	52	50
初加 （kg）	127绒洗剂	—	9	10	—	—
	元明粉	—	17	7.5	—	—
追加 （kg）	127绒洗剂	—	1.5	1.6	—	—
	元明粉	—	3	1.5	—	—

（三）手工洗绒工艺

以1m³容量的洗涤池子为例，在喂入35kg原绒时的工艺见表14-2-7。

表14-2-7　手工洗绒工艺

池　别		一　池 （浸泡）	二　池 （洗涤）	三　池 （洗涤）	四　池 （漂洗）	五　池 （漂洗）
水温（℃）		55～58	53～55	53～55	30～35	25～30
洗剂 （kg）	洗剂127	—	4	4	—	—
	净洗剂	—	4.5	4.5	—	—
	中性洗剂	—	10	10	—	—
	三聚磷酸钠	—	3	3	—	—

之后，采用脱水机脱水，自然晾干。

五、洗净绒质量控制

水洗绒残余油脂率达到公定含油率要求（1.5%）即可，没有必要把山羊绒所含油脂去除得过于干净，以免影响纤维手感。

水洗绒的质量（洗净绒松散、洁白度、手感、残余油脂）受过轮绒的开松度、水洗工艺的影响。为了保证毛绒中异性纤维、异质纤维、异色纤维不超标或无异性纤维、异质纤维、异色纤维，对水洗绒要进行两次分选。

水洗绒质量分析见表14-2-8。

表14-2-8　水洗绒质量分析

质量问题	造成原因	防止方法
水洗绒毛色不洁白	喂入纤维不松散；喂入量过多	适当增加原绒的过轮次数；减少水洗喂入量
	清洗剂用量不足	酌加洗剂，按时追加
	漂洗槽槽水过脏	调换部分槽水或加大活水量
水洗绒含脂高	洗剂量不足	追加洗剂
	追加洗剂不及时	定时追加洗剂的次数和用量
	轧辊效果不好	检修包覆的毛条或调整轧辊压力
	槽水温度过低	经常检查温度，及时调节
水洗绒手感粗糙	洗剂选择不当	调整洗剂种类
	槽水温度过高	经常测定并正确调节槽水温度
	烘房温度过高	控制烘干温度
水洗绒毡并严重	洗槽温度过高	调整工艺，正确调节洗槽水温
	洗涤时间过长	调整推耙速度或加大水泵流量
	轧辊压力过大	调整轧辊压力
	洗毛机耙钉不良或位置不当	修理或调换耙钉，调整推耙位置
水洗绒过潮	烘前含水率太高	检查和提高轧辊压水效果及出毛均匀程度
	烘毛帘上毛层过厚	检查和调整喂入量
	烘房内湿气太大，鼓风机风力不足	检查和调整鼓风机速度及排湿气门大小
	烘房温度过低	检查蒸汽压力，按规定调节

第四节　洗净山羊绒技术指标

（1）洗净山羊绒以平均直径、平均长度、净绒率三项指标为考核指标。

（2）洗净山羊绒的品质以类别、型号、特性表示表示，表示方法如图14-2-6所示。

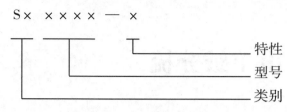

图14-2-6　洗净山羊绒类别、型号、特性表示方法

①类别：以两位大写英文字母表示，第一位为字母"S"表示洗净山羊绒，第二位为W、G、B，分别表示颜色类别即白绒、青绒、紫绒。

②型号：以四位阿拉伯数字表示，第一、第二位表示平均直径，按试验结果的个位和小数点后一位的数值表示；第三、第四位表示手排平均长度，按试验结果修约至整数表示。

③特性：以大写英文字母表示净绒率分档：洗净山羊绒的净绒率分为A、B、C三档，见表14-2-9。

表14-2-9　洗净绒净绒率分档对照表

指　标	分　档		
	A	B	C
净绒率（%）	>74	68～74	<68

④示例：SW5435—B（如技术指标缺项，其位置以"×"表示）其中：

"—"前表示类别和型号，按字母和数字顺序依次为：

S——洗净山羊绒；

W——白色；

54——平均直径：15.4μm；

35——平均长度：35mm；

"—"后表示特性；

B——洗净绒净绒率，68%～74%。

第三章　山羊绒分梳

第一节　分梳设备

　　山羊绒的分梳设备常见的有联合式和单一式两种。目前各大厂家使用的主要以BSLD-95型羊绒联合分梳机为主。现将目前的主要分梳设备简单介绍如下。

一、BSLD-95型羊绒联合分梳机

（一）BSLD-95型羊绒联合分梳机设备特点

　　BSLD-95型羊绒联合分梳机是具有20世纪90年代国家先进水平的分梳技术成果，它采用了罗拉气流悬浮分梳；盖板花真空抄针、肤皮自动分离；气流循环回用落物和脉冲触摸屏操作先进技术：分梳提取率>95%；纤维损伤率<15%；成品绒含粗率<0.2%，含杂率<0.15%，该项技术曾获"国家发明奖"和"中国专利发明创造奖"。

　　（1）创造于利用罗拉在临界速度以上产生的附面流动气流层的浮力和绕阻力进行悬浮分离去粗的分梳技术，使分梳的主要过程在罗拉气流中完成。解决了传统罗拉"离心分梳"技术存在分流失效的问题，同时解决了离心刺辊分梳，风机抽风转移的强分梳技术中的纤维损失率高，成品绒离散系数大，短绒率高的问题。

　　（2）应用"盖板花真空抄针、肤皮自动分离技术"，解决了传统分梳技术中分离肤皮消耗大，劳动强度大的问题。

　　（3）应用了一整套风取、风送落物自动循环系统，解决了传统分梳工艺中质量不稳定、环境飞花多、无形消耗大、短绒难以过滤等问题。

　　（4）喂毛工艺采用了连续喂入和回转式剥毛方式，立帘采用了皮板结构，传动采用了行程减速、同轴输入、同轴输出结构，使得喂入更可靠、均匀。

（二）BSLD-95型羊绒联合分梳机结构

　　BSLD-95型羊绒联合分梳机由毛斗、分梳机构组成，见图14-3-1。

　　（1）毛斗结构。由底帘、斜帘、均匀辊、剥毛辊等主要机件组成。原料放入喂毛斗内，通过底帘，均匀分布于斜帘上，并连续将绒毛送至喂毛帘、均匀辊、剥毛辊。采用调整平衡结构，因此转动平稳，减少机架的振动。

　　（2）分梳机构。主要由开松与分梳两个部件组成。

　　①开松部分。由喂毛辊、开松辊、胸锡林、转移辊等主要机件组成。

图14-3-1　BSLD-95型羊绒联合分梳机

　　喂入帘送入的是由喂毛辊进行喂入，喂毛辊下设有喂毛下剥毛辊，使喂毛辊表面不致缠毛，以保持喂毛辊对毛层的握持能力。喂入后的绒，首先经过开松辊开松，之后传送给第一胸锡林分层开松，然后由转移辊送至第二胸锡林，以重复一次开松过程，使毛层得到充分的开松，最后送给分梳部分进行分梳。

　　②分梳部分。主要由分梳辊、倒向辊、凝聚辊、大小尘笼等主要机件组成。

　　在分梳部分内有四组十一根水平排列的分梳辊构成四个分梳区，开松后的绒毛层经过四组分梳区，分别对所通过的毛层进行连续分梳、剔除粗毛和杂质，在每组分梳区末端，由一组倒向辊和尘笼组成的转移机构，将绒毛无损伤地转移到下一个分梳区，同时亦剔除一部分混杂在绒中的杂质。

　　③梳理机构。分头道梳理和末道梳理两部分，分别由刺辊、锡林、道夫、清洁辊、给棉板与回转盖板、斩刀等主要机件组成。

　　锡林表面包覆金属针布，其表面速度比刺辊表面速度大得多，因此刺辊表面已被分梳的毛层很容易转移到锡林表面。该部设有分离式固定盖板二根，使毛层得到进一步地初梳，锡林与回转盖板之间保持一定的紧隔距，二者之间可起到很细致的梳理作用，锡林下部装有弧形大漏底，可托持羊绒，排除杂质，经细致梳理的羊绒通过分离式前盖板区域，基本上呈单纤维状，并使纤维较理想地凝聚到道夫上，经斩刀剥取形成绒网，然后由帘子传送至末道梳理部分，重复一次梳理过程，在两盖板上设有清洁辊，用以连续清扫针面间的纤维，保持其良好的梳理效能。

　　④风取、风送自动回用装置。由两台风机、两台集给绒箱、吸罩风管等主要机件组成。

　　在两道梳理部分均设有四个吸口、刺辊与给棉罗拉吸罩、清洁辊吸罩、锡林道夫三角区吸罩及车肚吸罩。吸口的作用，除将落绒吸取回收外，同时清除梳理过程中的肤皮等杂质。

　　两道梳理部分的吸口分别与两台风机连接，由头道梳理吸取的落绒经风机、风管、集给绒箱送入分梳机构喂毛帘，再进行分梳与梳理，由末道梳理吸取的落绒经风机、风管、集给绒箱送入头道梳理喂毛帘，重复梳理过程。

　　集给绒箱两边设有三层网板，起到出风滤尘的作用，箱内挡绒板上装有三只轻重调节装置，用以调整落绒量，由于采用风取风吸自动回用系统，减少了操作者的劳动强度，稳定了产品质量，改善了环境。

二、MLF-8B型立式羊绒联合分梳机

　　MLF-8B型立式羊绒联合分梳机是一组没有开松系统的新型高效立式羊绒联合分梳机。

其由一台喂毛斗、一组单级气流悬浮分梳机构、八段给绒板立式分梳机构、两套精分梳设备、两套落物和盖板花自动回收循环风送系统、一套联锁电器控制系统组成。占地面积17.4m×2m（含喂毛斗拉开距离），高2m，功率18kW，净重约16000kg。

该设备主要用来分梳加工经预分梳成单纤状的或一次提取时落下的单纤状含绒落物山羊绒原料，最适应于专门用来分梳含肤皮、含细刚毛多的较难分梳的我国西部和伊朗、阿富汗产的中低品质原绒，其一次提取率大于≥74%，一次提取时的纤维损伤率≤4.5%，成品绒含粗≤0.2%，含杂≤0.17%，当原料中含绒率大于69%时。产量大于≥3kg/h。该设备是罗拉式分梳机（如BSLD-95型羊绒联合分梳机等）和经用多台改造的186型梳棉机组合的联合分梳机等传统、老式分梳机最好的替代和更新产品。

三、FN246A型羊绒分梳机

（一）主要规格及技术参数（表14-3-1）

表14-3-1   FN246A型羊绒分梳机的规格及技术参数

项　　目	规格及技术参数	项　　目	规格及技术参数
机幅（mm）	1020	斩刀次数（次/min）	900
喂入形式	人工喂入或自动给绒箱喂入	处理原绒能力（kg/台·h）	10
适梳纤维长度（mm）	20~75	全机功率（kW）	3.7
锡林工作速度（r/min）	204、220	占地面积（长×宽）（mm）	3684×2009.5
道夫工作速度（r/min）	9~10	机器净重（kg）	4000

（二）结构特点

（1）给绒部分由给绒板、可加压的给绒罗拉组成，采用机上杠杆弹簧加压的偏心操作手柄，操作方便、可靠。

（2）绒毛在开松辊与除尘刀部分可进行充分的开松，以排除杂质和粗毛。

（3）经充分分梳的绒毛在锡林和回转盖板部分又可较多地排除粗毛、皮屑和短绒。

（4）配用新型斩刀剥绒，结构简单、紧凑，剥绒可靠。

（5）在刺辊右端，装有刺辊速度开关，对刺辊速度进行检测，以防止挤车。

（6）全机安全罩采用局部封闭式，机器开关置于机右前侧处，清洁安全，操作方便，外形美观大方。

（7）用户根据需要可配备由光电开关控制喂毛量的自动给绒箱。

第二节　分梳前的准备

水洗绒分梳之前，需要进行开松，并且要加回潮。

一、开松的目的

水洗绒蓬松较差。通过开松初步松解水洗绒，使水洗绒中纤维之间、纤维与杂质之间、粗毛与绒毛之间的联系力降低，水洗绒由大块状变为小块状，并使一部分粗毛、杂质以及肤皮脱落掉。

一般情况下，开松是在开松机内完成的。但是，水洗绒开松之前，企业分选人员对水洗绒要进行人工撕松，一方面缓解设备开松对原料长度的损伤，另一方面加强分选，控制水洗绒中的异色纤维。

二、加回潮的目的

（1）提高洗净绒的回潮率，减小静电。

（2）粗毛吸湿比绒大，吸湿后质量增加，即增加粗毛与绒的质量比，有利于粗毛在分梳中由离心力甩出。

（3）原料回潮大，纤维的断裂伸长增加，可以减少在分梳中纤维由于作用力的增加而发生断裂。

三、加回潮的方法

（1）可以在开毛机或和毛机出口处，将水以雾状形式喷入原料。加水后的原料，需要闷放8h以上，使水分子扩散均匀，渗透到纤维内部。

（2）在一些小的分梳企业，可利用高压泵使水变成雾状喷入原料。加回潮时要翻动原料，使加水均匀。加回潮后的原料要闷放8h以上。

分梳上机之前水洗绒的回潮率大于20%，一般控制23%～25%。

第三节　盖板分梳工艺配置

目前，很多企业已经采用了"罗拉—盖板—盖板"的分梳工艺。

一、分梳技术要求

（1）首先使块状和束状的山羊绒充分梳理松散，成为单纤维状态，便于除杂，但又不致过大地损伤纤维长度。

（2）机械回转组件的速度以及与相关组件的速比关系，要能使回转组件对携带原料所产生的离心力大于梳针对粗毛的握持力，小于梳针对绒毛的握持力。

（3）要合理选择机械回转组件的针布。

（4）要有适宜的原料回潮率和车间温湿度。

二、主要设备参数及配置

1. 针布

锡林、盖板、道夫、刺辊表面包覆着各种规格和型号的针布，它的规格型号、工艺性能和制造质量直接影响到分梳、除杂、转移作用。针布总体分为弹性针布、金属针布和刺条。其中金属针布和刺条在分梳机上用量较大。针布的密度是指$6.45cm^2$的面积的针尖数。

为了疏导锡林—道夫三角区的高压气流和增加道夫针隙容纤量以增加道夫转移纤维能力，道夫针布可以采用小角度、深齿、大齿隙、高容量的设计原则。

2. 预梳机

对仅有盖板分梳的企业，水洗绒在上A181型或A186型分梳机之前，要先过预梳机，其目的是逐步松解原料并去除大粗毛，减小盖板分梳对绒纤维长度的损伤。预梳机部件主要由包覆刺条或针布的罗拉组合而成。图14-3-2为分梳机预梳机示意图。

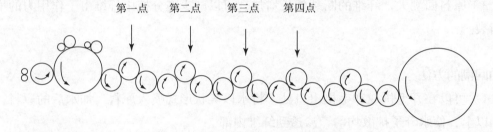

图14-3-2　分梳机预梳机示意图

3. 盖板分梳机

目前国内许多分梳企业利用的盖板式分梳机（A181型、A186型）是在梳棉机的基础上改造而成的（图14-3-3）。由于山羊绒分梳目的是使绒纤维与粗毛、肤皮分离，因此分梳首先制订合理工艺（隔距、针布），正确选择分梳针布。

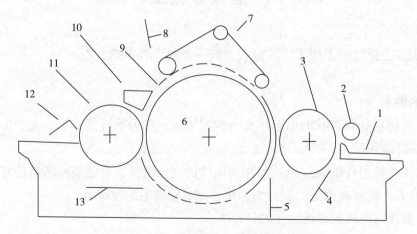

图14-3-3　梳棉盖板式分梳机示意图

1—给棉板　2—给棉罗拉　3—刺辊　4—去粗刀　5—分粗板　6—锡林

7—盖板　8—盖板斩刀　9—罩板　10—去粗杂罩　11—道夫　12—斩刀　13—漏底

　　为了达到很好的刺辊部分和锡林—盖板部分的除杂要求，应从两个方面加以考虑：

　　（1）给以必要的机械控制。

　　（2）给以必要的气流控制，重视气流在分梳中的作用。

　　4. 影响锡林—盖板分梳作用的因素

　　（1）隔距。小隔距时，纤维受到的挤压力增加，使针齿能较深地刺入纤维层，加速纤维束的分离。同时可以增加锡林与盖板针面抓取纤维的机会，使纤维在两针面间反复转移的数量增多，分梳效果充分。但是，过小的隔距将增加对纤维的损伤。

　　（2）速度。锡林速度是影响针面负荷与纤维在针面转移的主要因素。在产量一定时，锡林转速增加，梳理过程中纤维的转移能力加强。盖板速度增加，排出的盖板绒增加。

　　（3）锡林与道夫间的纤维凝聚。根据锡林、道夫两个针面的作用条件，锡林与道夫间的作用是分梳作用，道夫仅依靠分梳作用而取得锡林纤维层中的部分纤维。

　　锡林针面上的纤维离开盖板工作区后，在离心力的作用下，部分浮升在针面或在针面翘起，当在锡林—道夫三角区时，纤维在离心力和气流的共同作用下，纤维一端抛向道夫，被道夫针面抓住。在锡林—道夫工作区弧段进行分梳，大部分纤维转移给了道夫，也有少量纤维在两针面间反复转移。由于在锡林—道夫下三角区形成气流负面层，有补入气流，增加了锡林针面的握持作用，也有被道夫抓取的纤维返回锡林，形成反复转移。

　　（4）罩板与漏底。大漏底与锡林作用的隔距有三处（入口、出口和前后两段的接口处）均可以调节。一般隔距调节有利于使锡林带动的气流均匀地流出尘棒，利于杂质排出。

三、配料及和绒要求

　　1. 配料

　　分梳时配料的合理性直接影响无毛绒的综合提取率和无毛绒的长度。对相同的分梳设备、工艺与洗净绒，配料操作不同所得到的无毛绒的长度、含粗率、提取率，产量会有很大的差异。

　　配料是由有一定分梳实际经验的人员凭借自己的经验完成的。在配料时主要考虑各料的含粗情况，两种不同长度的原料，如果它们的含粗率相同，就可以进行搭配。

　　2. 和绒

　　和绒即按照山羊绒出售无毛绒的合同要求，把各品质的无毛绒合理进行混和。和绒一般在盖板分梳机上进行，和绒时企业要停止分梳加工，整个工作重点转移到和绒上来，和绒必须经历以下工序：

　　（1）按合同要求计算所配原料数量。

　　（2）在掺绒房内，长纤维与短纤维交叉铺层。

　　（3）铺层结束，将掺和的无毛绒翻抖，用过轮机混和，对从过轮机出来的混料均匀加回潮，闷放8~12h。

　　（4）和绒前将分梳机清理干净，并调节隔距。

　　（5）喂料均匀，出机绒装入成品袋中，并严格地控制回潮率（18%~19%）。

（6）在分梳机上和绒时，一般不用掏网罩，去掉刺辊下分梳刀以保证和绒效率。

和绒时，如果发现分梳机输出的无毛绒有绒球或出现糊车现象，立即停止喂料。当多种不同品质的无毛绒进行和绒时，成品无毛绒的平均指标可用下式进行理论推导：

$$X = A_1 X_1 + A_2 X_2 + \cdots + A_n X_n$$

式中：X——合绒后无毛绒的平均指标（细度、长度等）；

$\quad A_n$——各成分无毛绒在总量中所占的百分比；

$\quad X_n$——各成分无毛绒的对应平均指标。

四、分梳工艺

（一）分梳工艺的评定

分梳工艺的好坏，要从技术和经济两个方面来衡量。衡量无毛绒产品质量有四个指标，即：无毛绒的含粗率、含杂率；分梳中纤维的损伤率；工艺全过程中绒毛的提取率（综合提取率）；每小时的出绒量。

无毛绒的以上四个指标具有同等的技术和经济意义。无毛绒的含粗率、含杂率低，纤维长度越长（即使增加2~3mm），绒毛的提取率高（即使增加2%~3%），设备每小时的出绒量高，则企业的经济效益将明显提高。

目前，好的分梳工艺和设备，无毛绒的经济与技术指标可以总结为：

（1）无毛绒的损伤率小于10%。

（2）绒毛的提取率大于90%。

（3）无毛绒的含粗、含杂率在0.1%以下。

分梳工艺的经济技术指标，除了与设备有关系外，还与水洗绒的质量（蓬松度、残油脂）、原绒产地和品质有关。

（二）分梳工艺举例

下面以用A181型盖板分梳机分梳时的整体工艺配置为例，以供参考。

锡林转速：180~200r/min；道夫转速：10r/min；刺辊锡林转速比1:3；盖板转一周：90min。刺辊—锡林隔距为：7mm；盖板—锡林隔距：22mm（进）、31mm（中）、43mm（出）。

对分梳长绒，锡林所用针布型号可选择3015，道夫所用针布型号可选用4025；对分梳短绒，锡林所用针布型号可选择2815，道夫所有针布型号可选择4035。

锡林大漏底弧长：84mm；小漏底弧长：60mm；尘棒间距：5mm。

第四节　分梳效果评定指标

衡量分梳机分梳效果的好坏，主要从分梳山羊绒的含粗率、含杂率、绒毛提取率和纤维长度损伤率等指标的高低来判断。

一、含粗率

纤维细度在25um以上的粗毛纤维，用人工拣出后置于标准温湿度下称其重量，用下面公式计算含粗率：

$$含粗率（\%）=\frac{粗毛纤维重量}{试样重量}×100\%$$

目前，我国及国际上大多数国家，检验含粗率纤维细度界限为25μm，但也有以30μm、22μm为界限的。一般来说，中国山羊绒分梳头道绒的含粗率可以控制在1%以下。

二、含杂率

分梳山羊绒的杂质主要是皮屑。如皮屑分梳不净，残存在分梳山羊绒上既影响含杂率，又会影响外观质量。含杂率的计算是用手工把虚屑、草刺拣出，称重，计算出含杂率，计算公式如下：

$$含杂率（\%）=\frac{杂质重量}{试样重量}×100\%$$

目前，我国规定分梳山羊绒的含杂率以不高于0.3%为限。

三、绒毛提取率

分梳后得到的分梳山羊绒重量占原绒净绒量的百分比。这是衡量分梳技术水平高低的重要指标，一般要求在94%左右。

$$无毛绒出成率（\%）=原绒净绒率×绒毛提取率$$

$$绒毛提取率（\%）=\frac{分梳山羊绒重量}{原绒净重量}×100\%$$

四、纤维长度损伤率

一般以分梳前后的纤维长度相比较，得出纤维长度损伤率。长度测量大多采用手排法，有时也用单根测量法计算长度。公式如下：

$$纤维长度损伤率（\%）=\frac{分梳后山羊绒的平均长度}{分梳前山羊绒的平均长度}×100\%$$

第五节　分梳山羊绒质量控制

一、分梳山羊绒的主观评定

凭借检验者的经验对无毛绒质量进行现场评判。主要是"三看""一摸""一拉"。这种检验方法特别适用于无毛绒收购、山羊绒分梳质量现场评定（表14-3-2）。

表14-3-2　主观评定项目

评定项目	目　　的
三看	看色泽，看粗毛、杂质和肤皮，看异色
一摸	检测回潮率
一拉	检测长度

二、分梳山羊绒的技术要求

见FZ/T 21003分梳山羊绒的技术要求。

第四章　山羊绒染色

粗纺纱常用的染色方式有散染、绞染、成品染色，目前主要以散绒染色为主。精纺纱常用染色方式为条染、绞染、筒染、成品染色，目前比较常用的方式为条染和绞染。

第一节　散纤维染色

一、散绒染色工艺

散染具有色泽一致、缸差小，染疵容易弥补的特点。由于山羊绒单纤维强力是影响成纱强度的主要因素，所以在染色时要特别注意保护纤维强力。染色所用的染料大多采用汽巴—嘉基公司的染料，色牢度好。

山羊绒对酸、碱、热的反应敏感，特别是碱类对羊绒纤维有很强的破坏作用，稍有不慎，羊绒纤维就可能受到损伤，从而影响成衫后的产品风格。散绒染色时，pH值应控制在弱酸性条件下，染料可以选用弱酸性染料、中性染料、活性染料、1∶2型含金属染料、媒介染料等，温度控制在90℃以下。

（一）适用于媒介染料染黑色、藏蓝色、墨绿色等深色色号工艺（图14-4-1）

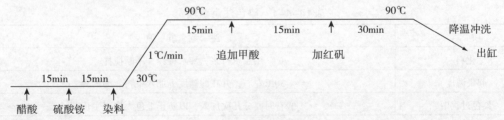

图14-4-1　媒介染色工艺

（二）适用于弱酸性料、中性染料、1∶2型含金属染料染浅米色、灰、红、黄、绿等浅色色号工艺（图14-4-2）

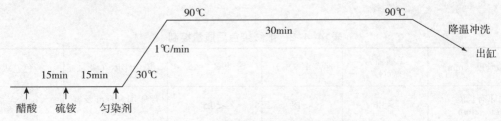

图14-4-2　弱酸性、中性染色工艺

（三）适用于活性染料染红、紫、墨绿等深色色号工艺（图14-4-3）

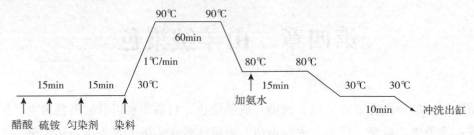

图14-4-3　活性染料染色工艺

二、散绒染色关键影响因素

（一）染色主要影响因素

散绒染色中，温度、时间、pH值是染色过程中的三大重要因素。染色时即使温度较低，只要pH值控制得当，适当延长染色保温时间，可以弥补因反应过慢而影响染色的吸尽率，同时还可以保证染色质量，保证染料反应完全，节约染料、助剂。但也不能无限制地延长染色时间，从而影响散绒染色的效果。同时，还应根据染料的质量、物性以及用量来确定各个色号染色的pH值、温度和时间。一般来说，染深色时pH值3.5~5.0，保温时间30~70min，保温温度为90℃；染浅色时pH值5~5.5，保温时间30~40min，保温温度为90℃；中色在两者之间。工艺要区别对待，严格掌握。

（二）染色注意事项（表14-4-1）

表14-4-1　染色注意事项

项　目	注　意　事　项
化料	用温水打浆，沸水稀释，不断搅拌
起染温度	30℃左右，并在此温度下加入染料、助剂等
染色过程中	酸有时要分几次加入，以防止上色太快产生色花
升温	一般为1℃/min
保温时间	在90℃左右保温30~70min，再降温冲洗出缸

三、散毛绒染色质量控制（14-4-2）

表14-4-2　散绒染色后质量控制

无毛绒长度（mm）	单线强力（cN）	回潮率（%）	含油率（%）	染色牢度（级）	色差级
比原有长度短1~2mm	>3.6	<18	<0.5	严于国家标准及客户要求	客户要求

第二节　绒条染色

一、条染工艺

精梳条→染色（脱水）→复洗→理条

二、条染说明

一般染料品种及染色配方不同，执行的染色工艺也不同。羊绒条染与羊毛条染工艺基本相同，只是恒温温度低于羊毛条染色，为保护羊绒纤维不受损伤，羊绒条染色采用90℃保温（羊毛条98℃保温）。由于羊绒纤维短，抱合力差，条染时易断条。故在染色时采用染前成球：即羊绒条染色前先做成松毛球，采用抽芯的办法来增加抱合力，减少断条，另外，松球卷绕张力放在最小，这样既减少了断条，又保证毛球成型良好，有利于染色。

三、染色工艺举例
（一）染色处方（表14-4-3）

表14-4-3　染色处方

染料助剂名称	用量（%）（owf）	染料助剂名称	用量（%）（owf）
兰纳素红6G	0.002	阿白格B	1
黄4G	0.067	HAC	0.8
蓝3G	0.007	防虫助剂	0.6
硫铵	4	FFA	1g/L
元明粉	8	XT-D	3g/L

（二）染色工艺（图14-4-4）

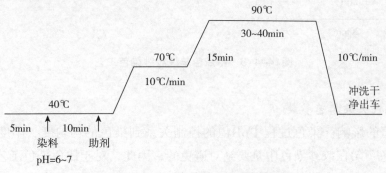

图14-4-4　条染染色工艺举例

（三）复洗定形工艺（表14-4-4）

表14-4-4　条染复洗定形工艺

槽　别		辅　料　及　助　剂		温度（℃）
洗　槽	第一槽	洗剂500g	每隔半小时追加5g	35~40
	第二槽	活水		35~40
	第三槽	和毛油500g	每隔半小时追加和毛油50g；抗静电剂50g	35~40
		抗静电剂500g		
加料方法		热水化料加入		
烘房温度（℃）	80~120	回潮率（%）		16~20

第三节　纱线染色

一、绞纱染色

（一）工艺流程

1. 绞纱染色工艺

工艺流程：筒纱→倒绞→染色→脱水→烘干→络筒

以意大利OBEM染色机染羊绒纱为例，图14-4-5是大部分中浅色绞纱染色采用的工艺，浅色和深色产品工艺需在此基础上进行适当调整。

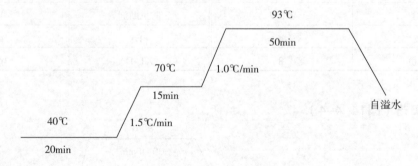

图14-4-5　中浅色羊绒绞纱染色工艺

2. 绞纱染色关键工艺参数

（1）pH值的影响。染色过程中pH值的控制关系到染色的均匀度、牢度及对纤维的损伤。首先，得色不匀在绞纱染色中是要绝对避免的，因此，对于浅色染色工艺，应选择等电点附近，且较慢上染，染料的pH值一般在6左右，使用稀释酸可逐渐降低pH值，达到均匀的染色效果；深色则用缓冲溶液，使pH值稳定在4.5左右。其次，染色pH值决定染色时间的长短，关系到纤维受损伤的程度，影响浅色产品的鲜艳度、深色产品的牢度及强力。

（2）温度的影响。染色过程中，温度的升高会使染料分子的活性增大，对纤维的上染加快，充分进入纤维无定形区，可提高染色牢度。同时，由于上染速度快，产生色花的可能性也增大，纤维水解增多，强力下降增大。因此，染色过程中，需根据不同情况确定染色的起染温度、保温温度、最终保温温度。

（3）时间的影响。一般来说，低温时染色时间的延长，可提高染色的均匀度；高温时染色时间的延长可提高染色牢度。但染色时间的延长会造成能源的浪费，纤维长时间在水流作用力的影响下强力也会下降；高温时间越长，浅颜色的鲜艳度下降越大。染色时间的控制应根据不同染料、不同染色深度和鲜艳度、原料的纱支和强力、染色的pH值、温度等因素综合考虑。例如表14-4-5列出了一般条件下的工艺参数。

表14-4-5 染不同深度时工艺条件的选择

工艺条件	不同深度的工艺				
染料用量（%）	0.5	1.5	2.5	3.5	5
pH值	5~6	4.5~5	4.5	4.5	4.3
起染温度（℃）	30	40	40	59	50
时间（min）	15	15	15	10	10
转速（%）	90	90	90	85	85
升温速度（℃/min）	0.5	0.5	0.5	0.5	1
转速（%）	80	80	80	75	75
保温温度（℃）	70	70	75	80	—
时间（min）	20	20	15	10	—
转速（%）	90	85	85	80	75
二次升温（℃/min）	5.0	5.0	5.0	5.0	5.0
转速（%）	75	80	80	75	75
二次保温（℃）	85	90	93	95	95
时间（min）	20	30	40	50	60~90

注 转速原值为1450r/min，表内数据为原值的百分比。

（4）后处理对染色牢度和纱线强力的影响。后处理一般包括水洗、提高染色牢度的处理及一些功能性后处理。浅色，后处理只需水洗即可，多采用自溢水降温洗涤的方法，得到纤维手感较好。中深色，后处理多用毛用洗涤剂洗涤，以除去染料浮色，提高染色牢度。对于深色，后处理对牢度的提高尤为重要，如兰纳素染料染色后需在85℃、pH值为8.5的条件下进行后处理，可去掉溶于水的酸性染料小分子，提高湿处理牢度中毛布的沾色牢度。为了避免对纤维的损伤，在碱处理及水洗后需进行甲酸中和，并在弱酸条件下出缸。对于其他类染料，有些需加入固色剂进行固色。

（5）纱线种类的影响。

①粗纺羊绒纱。粗纺羊绒纱在染色过程中由于水流的冲击、纱线之间的摩擦，纱线会变长，造成纱线捻度下降、支数提高、强力下降。一般强力下降25%左右，捻度下降10%左右。为了改善染色质量，加入汽巴—嘉基公司的染浴宝C可起到润滑纤维减小摩擦的作用。

②精纺羊绒纱。精纺羊绒纱较粗纺羊绒纱支数更高，捻度更大，绞纱染色的困难更大一些。在染色过程中，前处理洗涤时纱线的洗净程度、渗透性对染色质量的影响很大，加入汽巴—嘉基公司渗透消泡剂FFA可改善染色质量。

（二）绞纱染色注意事项

1. 绞纱排列和洗涤要均匀

只有每棒上纱线重量相等、排列均匀，才能使其对染液流动的阻力一致，使纱线获得均匀的洗涤、染色效果。

2. 合理使用染料

对于浅色或中深色，选用匀染性较好的弱酸性染料；对于深色，选用染色牢度较好的中性或毛用活性染料。

3. 染液流速的控制

流速低会使染液因循环差造成染缸内各部位颜色不均匀而产生上染不匀现象。因此，在染色开始阶段（一般在40℃左右）及染料集中上染阶段（75℃左右），染液流速要有所提高。一般用到最大搅拌转速的85%～95%。

染深色一般用较低的转速（最大转速的65%～80%），以缓解高温、长时间染色对纱线造成的损伤。

4. 染色条件的控制

染浅色时染液的pH值一般在6.0左右，深色在4.5左右；染液的温度需根据不同情况确定起染温度、保温温度、最终保温温度。

5. 后处理

浅色，后处理只需水洗即可，多采用自溢水降温洗涤的方法，此法得到纤维手感较好。中深色，后处理多用毛用洗涤剂洗涤，以除去染料浮色，提高染色牢度。深色，后处理对牢度的提高尤为重要。

二、筒子纱染色

筒子纱染色是将纱线卷绕在具有多孔的特制筒管（塑料或不锈钢质）上，并将其串集在一起，置于密封耐压的容器中，在一定的温度下，泵的压力作用使染液通过筒子从纱线内部流向外部，再从外部流向内部，往返穿透，使染料分子与纤维结合，直至筒子纱线染上所需颜色的过程。

筒子纱染色具有生产周期短、翻改花色品种快、节约能源及染化料、污染小等特点，一般采用高温高压；也可用常温，国内棉纺行业应用广泛，但羊绒行业使用较少。目前，筒子纱染色在羊绒方面主要用于色织，系单纱染色后上机织造。

（一）筒子纱染色设备及染辅料

比较常用的筒子纱设备为DF241E型筒子纱染色机。关于染料方面：SandlanMF染料1：2型金属络合活性染料（瑞士科莱恩公司）比较适合浅色毛绒纱线的染色，部分Lanasol活性染料（汽巴精化公司）比较适合中深色毛绒纱线的染色。

因此对于12.5～41.2tex（80～24公支）纯羊绒单纱、股纱，可用Lanasol活性染料、SandlanMF染料。助剂可以选用阿白格B、渗透剂SP-2、无味醋酸、元明粉、匀染剂、VS酸、纯碱等。

（二）筒子纱染色工艺流程

1. 工艺流程

松筒→装纱→进缸→前处理→筒纱染色→脱水→（后整理）→烘干

在染色过程中必须注意纱线的差异，染精纺低特细纱线时，浴比要相对大些，以防止染花和毡化，另外羊绒纤维较细，染料渗透困难，起染温度以5～35℃较合适。羊绒纤维在60～70℃时表层鳞片层开始张开，在此温度范围内染色是匀染性的关键，一般在60～70℃保温15～30min，可有效避免染花现象，提高匀染性。以英国COLORTEC在线染色机为例，染色工艺曲线如图14-4-6所示。

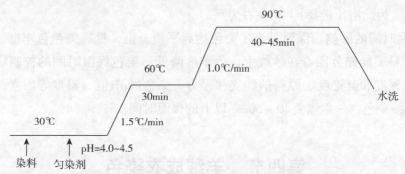

图14-4-6 筒子纱染色工艺

2. 影响筒子纱染色的关键因素

（1）前处理的影响。羊绒筒子纱染色前处理是筒染的关键因素之一，羊绒上的脂、汗以及纱线加工过程中的各类油剂、化学品如果没有除净，会严重影响染色的上染率和匀染性，造成织品色斑、色花、色差等现象出现，故前处理时纱线必须充分润湿、水洗彻底。浅色、亮色产品对基底白度有严格的要求，因此，前处理过程还需要增加漂白或者使用荧光增白剂作特殊处理，以增加染品的亮度。如对20.8tex×2（48公支/2）纯羊绒纱线，前处理可采用大爱文洗剂，用量为1.0%，从30℃起以1.5℃/min速度升至60℃保温30min后清水洗两遍。

（2）流量的影响。筒子纱是静止在染浴中的，筒子纱染色要靠泵的扬程渗透到筒子纱内层，通过内、外往复循环达到染色平衡，必须保证有足够的扬程、流量。扬程太高会使筒子纱受到剧烈冲击而起毛；扬程太低会影响染液渗透，造成内、外层夹芯筒子纱。没有泵的强制循环筒子纱内、中、外层色差是必然的。筒子纱染色流量控制在3~4L/（kg·min）之间时上染过程平缓，上染率的离散点比较少，半染时间略长，不容易产生色差色花。

（3）循环泵速的影响。为了避免染色过快而出现的染花现象，循环泵速工艺选择65%泵速比较好。

（4）pH值的影响。染液pH值是影响很多染料色光的主要因素之一，是反映染液中酸度和氢离子浓度的重要指标。各种染料与纤维间不论是离子键结合还是共价键结合，均需要一定的pH值范围。当染液的pH值控制在4.5左右时，产品色泽明显饱满。

（5）盐用量的影响。盐用量在影响上染率和半染时间上仅次于pH值。以元明粉用于弱酸性染料染羊绒时作缓染剂为例，当盐用量为9%时，上染率能够满足要求，更为重要的是能有效地延长半染时间，从而起到缓染作用。

（6）匀染剂的影响。匀染剂具有缓染作用，以MF酸性染料配套匀染剂赖可匀MF为例，匀染剂对上染率和半染时间都有较大的影响。当匀染剂用量为0.5% owf时，半染时间过快，起不到缓染和移染的作用，当达到1.0% owf时能起到较好的匀染作用。

（7）浴比的影响。浴比越小，上染率越大。单从上染率和半染时间考虑应该选小浴比，但在大生产实践过程中，发现浴比为1：10时由于染液循环次数较多，对纱线的冲击程度大，染出的纱线表面发毛，易出现色花和色差，有轻微的毡化现象，对后道络筒工序造成了一定的困难，为此浴比选择1：20左右为宜。

（8）保温时间的影响。保温是为了染色达到平衡上染，提高染色色牢度。染色时保温时间过短，染料不能充分固着在纱线上，色牢度降低。染色保温时间的控制应根据不同染料、不同染色深度和鲜艳度、原料的纱支和强力、染色的pH值、温度等因素综合考虑。目前对于羊绒筒纱染色，一般需要40~50min以上的保温时间。

第四节 羊绒成衣染色

一、成衣染色

羊绒衫经缩绒、水洗后直接染色的过程称为羊绒成衣染色。一般的羊绒衫产品均采用色纱成衫，而羊绒成衣染色是先成衫后染色，因此羊绒成衣染色的羊绒衫具有其独特的风格。

羊绒成衣染色具有生产周期短，色泽鲜艳，染色疵点少，绒面丰满，手感柔软，便于翻改品种，适宜小批量、多品种生产，生产管理方便，减少纱线库存量的优点。

二、成衣染色设备

HY系列常温常压染色机适用于粗纺类羊绒衫的成衣染色，该设备采用直接蒸汽加热，蒸汽压力为4.4×10^4Pa，染液最高温度100℃，叶轮转速为20~30r/min，侧翼式椭圆形不锈钢染缸。

三、成衣染色工艺

成衣染色工艺流程：洗衫→缩绒→水洗→（漂白）→（水洗）→脱水→染色→水洗→脱水→烘干→熨烫→整理→成品检验→包装

（一）染色前洗衫

染色前洗衫也称缩绒，但是和色织羊毛衫的缩绒目的不同。色织羊毛衫缩绒的主要目的是使毛衫表面露出一层均匀的绒毛，获得外观丰满、手感柔软、保暖而富有弹性的效果。成衣染色前缩绒的主要目的是去除杂质（纺纱时的和毛油，编织时的蜡质、油渍、污渍，运输过程中的污物等），以提高染色鲜艳度。染色前缩绒时间要短，温度要略高，脱水要干。常用染色前缩绒工艺见表14-4-6。

表14-4-6　常用染色前缩绒工艺

工艺参数	常用范围	工艺参数	常用范围
净洗剂	1.5%	浴比	1∶30
温度	35～40℃	洗涤	清水洗两次，脱水
时间	3～5 min		

（二）染色工艺过程

1. 染色处方

染色处方是指染料、固体助剂、液体助剂的选用及其用量的确定。成衫染色常用的染料有酸性染料、酸性媒介染料、酸性含酶染料、活性染料等。使用的固体助剂有结晶元明粉、红矾钠、媒染剂$K_2Cr_2O_7$（目前已基本不用）。液体助剂有硫酸、蚁酸（甲酸）、醋酸。

染料及固体助剂的用量按其重量对被染物的重量之比计算。其中染料的用量还需要根据产品的原料来确定，液体助剂的用量按其体积被染物重量之比计算。

2. 浴比

浴比是指织物重量与水的重量之比，一般为1∶30。

3. 升温工艺

升温工艺指染色的升温速度，一般按被染物的原料种类、染色的pH值、染料的上染速率以及染色设备等情况而定。

（三）脱水和烘干

羊毛衫经染色出缸，进入离心式脱水机时，不要生拉硬拽，毛衫身袖应放置在一起，以免脱水时扯破。

通常用HG-757型烘干机进行烘干，该机的圆筒形转笼是回转式的，机内温度控制在65～75℃为宜，烘干时间一般需15～25min，烘干后要进行冷风冷却。

（四）整烫定形

熨烫时不直接接触衫面，仅在衫身表面喷射饱和蒸汽，完成加热、给湿和加压，以达到定形的目的。

四、成衣染色操作要求

（1）经缩绒、水洗、脱水后的羊绒衫要立即进行染色，否则间隔时间过长，衣衫干湿不均匀，会产生色花现象。

（2）染料和固体助剂必须先溶解过滤，液体助剂必须先经稀释，再加入染浴。起染时加入助剂，染料溶解后，染料均匀润湿后才能升温染色。染料的升温速度应根据染料上染速率和毛衫品种加以调节。

（3）染色中途加酸时，应关闭蒸汽降温，待染色机运转均匀后再继续续升温，以免酸液飞溅造成色渍。

（4）同缸染色时，要将同一批原料、同一品种、附件和备用毛坯宽松放入纱布袋同染，以免造成色差。

（5）染色机车速要根据衣坯的组织而定，速度过快易发生毡并现象。

（6）染色后逐步降温，清洗出机。

五、成衣染色工艺举例

（一）工艺配方

以35.7tex×2（28公支/2）羊绒衫成衣染色工艺为例，工艺处方见表14-4-7。

表14-4-7　工艺处方

染料及助剂	用量（%）（owf）	染料及助剂	用量（%）（owf）
Lanasol藏青B-01	7.88	Albegal FFB	2
Lanasol红5B	0.10	冰醋酸	3.0
Lanasol藏青NBN	0.10	甲酸	1.0
螯合分散剂	1.5	氨水	5.0

（二）染色工艺流程

升温至30℃，运转10min，加助剂和染料，运转20min，以1℃/min升温至60℃，保温20min。再以1℃/min升温至98℃，保温30～90min。完成染色后，配制新浴液，用氨水调pH为8.5，升温至80～85℃，保温15～20min，冷却、冲洗，并加酸至pH为5。其具体流程如图14-4-7所示。

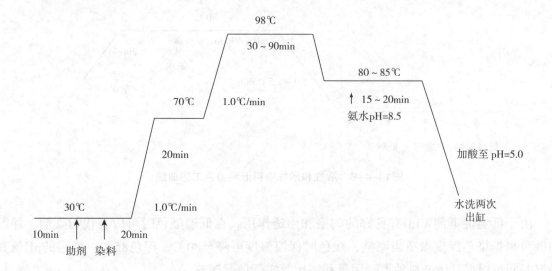

图14-4-7 羊绒衫成衣染色工艺

第五节 新型染色技术

一、低温染色

染色过程中对纤维造成损伤的主要因素是染色温度，低温染色的目的是减少纤维损伤，但温度过低，会影响染色牢度及上染率。因此，染色温度的选择将影响染色质量。

为了降低染色温度，国内曾采用的低温染色法有尿素法、蚁酸法、稀土染色法、有机溶剂法等，都因成本高或工艺复杂等问题，未能大量应用。低温助剂染色法是近年来发展起来的新型染色技术，通常低温助剂都是非离子型界面活性剂，呈酸性，具有携染、渗染、缓染和分散的作用，如日本的Scaleset AC、国产WLD等。起染前加入适量低温助剂，一方面使其中的—H—与肽键中的—NH$_2$—结合，从而阻止肽键水解，保持分子排列稳定，防止纤维手感变硬、可纺性降低。另一方面低温助剂对染料起增溶解聚作用，对羊绒纤维有膨化润湿作用，使纤维表面鳞片张开，有利于染料分子被均匀地吸附在纤维上，并通过盐式键与羊绒纤维稳固结合，达到上色目的。

当染色温度定为80~85℃，可以减少鳞片损伤，保证纤维制品的光泽与强力，同时又不影响染色牢度。

（一）酸性染料

使用原料：白无毛绒，平均长度34mm；试验颜色：橘红色。

染料配方：Polar orange GRI 52.1%，Polar yellow 1.2%，染色工艺曲线见图14-4-8。

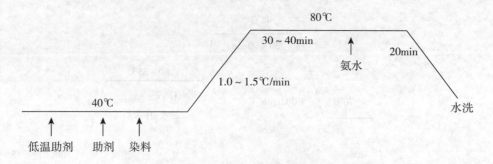

图14-4-8　活性和酸性染料低温染色工艺曲线

由于低温促染剂WLD有良好的匀染和渗透作用，在低温染色时可以替代匀染剂。保温温度可根据染色深度做适当调整，浅色时保温温度可降至80℃，深色85℃。染浴的pH值和保温时间也根据具体染料种类、用量和浴比等实际情况调整。

（二）活性染料

使用原料：白绒，平均长度36mm；试验颜色：浅蓝色。

染料配方：Lanasolblue 3G：1%；Lanasolblue3R：0.3%，染色工艺曲线如图14-4-9，活性染料与弱酸性染料基本一致，80℃与85℃的染色结果差异不大。

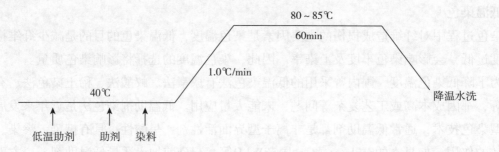

图14-4-9　弱酸性染料低温染色升温工艺曲线

（三）媒介染料

使用原料：紫绒，平均长度34 mm；试验颜色：黑色。

染料配方：Chrome Black NB-1，8.6%，染色工艺曲线见图14-4-10。

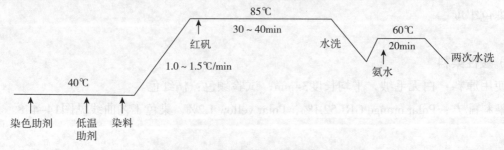

图14-4-10　媒介染料低温染色工艺曲线

（四）低温染色关键技术

低温助剂的主要作用是阻止纤维水解，并使纤维润胀，以利于染料及酸剂进入纤维内部，达到上染温度区间前移的目的。适当提高低温助剂用量，能提高染料上染率，当用量达到2.0%后，对上染率的贡献减少。

目前，应用羊绒低温染色工艺可以实现在80~85℃进行羊绒染色，对色光和色牢度没有不良影响。由于避免了长时间沸染对羊绒纤维造成的损伤，有利于羊绒纤维的后道纺纱加工，提高产品制成率，使羊绒产品的手感和风格得到有效的保护，提高了产品质量。同时应用低温染色工艺，染色时间可以缩短30~60min。

二、植物染料染色

合成染料因含有致癌芳香胺等对人体有害的物质而存在健康隐患，而天然植物染料以它的天然环保、绿色保健、抑菌抗菌、容易降解等优点获得了世人的青睐。

天然染料是指从植物、动物中获得的，很少或没有经过化学加工的染料。天然染料染色在我国具有悠久的历史，春秋战国时期，我国天然染料的制备和染色技术就已达到很高的水平。此外天然染料提取方便，染色工艺简单。目前，已经成功应用到羊绒上染色的天然染料有海带色素、姜黄色素、茸草色素、栀子色素、茜草色素、苏木色素、黄连色素、红花色素、黄檗色素、大黄色素、中东洋葱色素等。

植物染料的提取非常方便，通常是将植物体中含有色素的部分捣碎，室温下水中浸泡1h左右，然后加热煮沸1h，冷却至室温，过滤即得染色溶液。有时为了得到高质量的染液也可用乙醇对滤液进行萃取，对不溶于水的，可直接用90%乙醇浸泡植物碎末12h，然后经过滤即可。

植物染料染羊绒的工艺也比较简单，染色前先将羊绒制品放沸水中煮10min左右，以使纤维充分膨胀，然后根据染料调染液pH值至6~8，将沸煮过的羊绒制品放到50~60℃的染液中浸染30min左右即可，也可视需要再延长时间或加以各种金属盐进行媒染，直至达到所要求的颜色深度，染后取出在50℃的水浴中皂洗20min即可。

三、其他染色

（一）超声波助染技术

超声波是一种高频率声波，它通常由温度、声压、气穴和振动等因素组成。其中气穴可以使它外围的染液产生巨大压力，能够使温度骤然升高。超声波就是通过它的高压搅拌作用，使染料颗粒解聚，使染料分散得细而均匀，并且使羊绒纤维表面的染液动力边界层变薄，以方便染料的吸附和向内部扩散，从而极大地提高了染料的上染速率和上染率，染色均匀性也较好。

（二）低温等离子体助染技术

所谓等离子体，是指由带电粒子和中性粒子构成的电中性气体。而低温等离子体，则是指非平衡等离子体，组成它的电子、分子和原子类粒子具有不同的温度，其中一般粒子的温度是比较低的，一般几十度，而电子的温度却很高，可高达10000℃以上。

天然染料绿色环保，但对羊绒纤维的亲和力不够大，上染不够理想，再加上羊绒本身鳞片层的阻碍作用，使得染色格外耗能费时。据有关研究表明，鳞片层是羊绒染色的第一障碍，适当的低温等离子体处理，会部分破坏鳞片中的—S—S—键，使染料易于扩散到纤维内部，这大大提高了染料的上染速率和最终上染率，降低了废水中残存的染料量，有利于环境保护。

除此之外，低温等离子体还通过对羊绒表面进行刻蚀，在纤维表面生成大量超微凹坑或裂痕，增大了和染料形成氢键的接触面积，同时也增大了对入射光的吸收，起到了增深颜色和提高色牢度的双重效果，正好弥补天然染料染深色难和色牢度不理想的缺点。

第五章　粗梳系统纺纱

粗梳系统纺纱的工艺流程为：

无毛绒→（散绒染色）→和绒→梳绒→细纱→络筒→并线→倍捻→（绞染）→成纱

第一节　粗纺和绒

一、和绒设备及主要和绒方法

粗纺和绒设备主要将混和后的原料开松撕成较小的绒块，同时除去部分杂质，进行充分混和，并在绒纤维上均匀喷洒和毛油水，因此需要具备和绒、加油两个功能。

目前使用较多的和绒设备为国产和毛机（包括B261型、B262型、BC262型）、意大利（Monteleon M-05型）蒙特莱奥全自动和毛机等，但在一些批量较小的生产加工中也有直接采用人工和绒的方式。总的来说，粗纺和绒设备与普通毛纺和毛加油设备类似，但无论是哪种设备，主要有以下三种和绒方式。

（一）旋风式和绒法

经和毛机开松混和的混料，随气流从输送管道送至直径较大的旋风式落毛器内作偏心螺旋形旋转，然后由漏斗式圆锥体的出口落下，使各种原料达到混和均匀的目的。旋风式落毛器是固定点落毛，落毛堆积到一定高度，便影响继续落毛，要人工将毛堆拨开，才能继续工作，因此劳动强度大，生产效率低。

（二）S头和绒法

也称转头式和绒法。将要混和的原料按比例依次从输毛口喂入，经风机落到和毛机喂毛帘上。原料经和毛机混和开松后，撕扯成小块，再由风机经管道通过竖立悬吊在毛仓中间的S形转头喷出，将混料喷洒在S头的周围。色差大的及成分较杂的混科，至少需要通过2~3次S头喷毛才能达到均匀的要求。此种半机械和绒方法，结构简单，效率高，大大减轻了工人的劳动强度，节省劳动力。但由于S头的离心力作用及空气浮力的影响，较重较大的毛块，多落在中间近处，而较松散的小毛块多飞散于较远的四周，易出现离散的不匀现象，应在下次再混时注意调匀。

（三）机械铺层和绒法

此法又称往复式铺层和绒。将离地面3 m以上高度的两只并列的螺旋式铺毛漏斗，安装在两端各有六节伸缩管道的中间，全部挂在屋梁的钢轨上。两斗由电动机带动，在11m范围内左右往复运行。将按比例经和毛机开松后的混料，不断地通过伸缩管道，进入漏斗喷洒在地面上，均匀铺层，再由人工垂直截取，进行第二次混和铺层，达到混和均匀的目的。此法铺层自动化，可降低劳动强度，提高效率，适合大批量和绒。

二、和绒工艺

（一）山羊绒配绒

和绒前要根据成纱质量指标进行配绒，一是通过配绒扩大原绒批量，保证大生产原料的稳定性，从而保证成纱质量，二是通过不同原料优势互补，降低原料成本。

（二）和绒工艺及要求

和绒是将选择好的原绒或经染色的散绒，按品种、成分、配色的比例要求进行开松混和，并加入和毛油、给湿的过程。最常见的和绒工艺流程为：

第一次混和开松→铺层→直取翻动→第二次混和开松（加油水）→倒仓

1. 和绒加油水目的

（1）使各种原料的摩擦性能均一化，并降低纤维的定向摩擦效应，便于梳理混合，防止产生毛粒。

（2）润滑作用。混料需要有一定回潮，回潮增加会增加摩擦因数，加和毛油既可保潮，又可降低摩擦因数，防止梳理中纤维断裂。

（3）集束作用。对抱合力差的原料，和毛油中还要加入一定的集束剂，增加纤维间抱合力。

（4）防静电作用。和毛油均具有抗静电作用，必要时还可加入抗静电剂。

（5）赋予原料一定的回潮。

2. 和绒要求

（1）混料、混色均匀，原料松散，没有大的毛块，油水分布均匀，达到规定的回潮率。

（2）和绒时要少经过开松，严格按工艺和操作规程操作。

（3）根据原料性能，合理选用和毛油及油水量，根据实际情况采用相应和绒工艺。

（4）喂毛帘上铺绒不宜过厚，前后左右应厚薄一致，加入油水要均匀。

（5）注意防止皮带打滑，以免道夫转速减慢，致使纤维扭结。

（6）换批时，做好机台周围和管道的清洁工作。安排生产时要注意颜色的过渡，以减少异色绒。

（7）对配色较多的羊绒原料或多组分原料进行混和时，要先进行"假和"，然后再将假和后的原料与剩下的大批原料进行混和。

三、和绒关键参数确定

（一）和绒助剂的选用

对于山羊绒纯纺，所用和毛油除了满足一般和毛油应具备的条件外，所加和毛油侧重于防静电、润滑、抱合作用。目前，多数企业粗纺所使用的和毛油为北京纺星公司的FX-902或FX-906和毛油、FX-AS20抗静电剂以及FX-VSE增强剂。

（二）上机回潮率的确定

混料含水的挥发主要发生在梳毛机对纤维的梳理过程中。针布在梳理纤维的同时，针体沾上混料所含的水分，然后在高速运行中，这些水分又被空气带走，造成水分挥发。机型的空气流通性越好、梳理点越多，混料水分越易挥发。因此，研究梳毛机对水分挥发情况以确定上机回潮极为重要。

（三）含油率的确定

对于山羊绒混料含油率的工艺制订，可以从以下三个方面进行考虑：

（1）由于山羊绒纤维强度低、长度较短，粗纺所用山羊绒的长度一般仅在28~36mm，这样短的纤维在梳理过程中要尽量减少梳理力，保证长度少受损伤，要做到这一点，除了调节设备工艺外，还要增加纤维表面含油，减少纤维之间的摩擦因数，以降低梳理力。

（2）山羊绒纤维较细、柔，对剥取作用是一种不利因素，因此对针布光洁度要求较高。含油率增加，对于针布光洁有一定的好处，更有利于剥取。

（3）山羊绒纤维细、比表面积大。因此，相同质量山羊绒纤维和毛油的用量一般比羊毛纤维要多1倍左右。

四、和绒质量控制

（一）混和开松质量控制

1. 不同品种羊绒的混和

几种不同羊绒（不同产地、不同品质等）混和时，须将各种原料分为若干层，交叉铺层，各层厚度不应相差太大，面积也要一样，否则铺层太少。或某一层羊绒太厚，就不易混和均匀。

2. 不同色泽羊绒的混和

对色泽不同，但比例接近的羊绒原料，须交叉分开铺层，人工垂直截取。用竹竿挑动混毛时，要抖动2~3次，使挑毛均匀，再经和毛机开松混和。

3. 品种多、混差大的羊绒的混和

若品种过多，须将数量少的几个品种先行假和，再与数量多的品种进行多次混和，直至均匀为止。当混和比例相差悬殊，如黑色散绒92%、白无毛绒8%时，可采用白绒先与1~2倍的黑绒进行假和，然后再与较多的黑绒进行几次混和，最后达到混和均匀的目的。

（二）和后绒质量控制

1. 影响和后绒回潮率的因素

（1）设备状况。针对不同的梳毛设备，和后绒的回潮率控制有一定的差异，但基本保

证粗纺毛卷饼的下机回潮率以17%左右为宜。开放式梳毛设备，和后绒回潮率往大控制；反之，密封性较好的梳毛设备，和后绒回潮率可以往小控制。例如，日本京和WL-59A型开放式梳毛机，由于针布暴露在空气中，梳毛过程中原料回潮率流失较大，因而和后绒回潮率偏大控制，达30%左右；对于OCTIR型梳毛机，由于密封性比较好，梳毛过程中原料回潮损失较小，因此和后绒回潮率控制在23%左右即可。

（2）温湿度。如果车间温湿度较大，且温湿度较稳定，那么车间湿度可以对原料起到一定的回潮补偿作用，因此和后绒回潮率可以偏小控制。

（3）原料的颜色。一般情况下浅色原料和后绒回潮率偏小控制；深色原料回潮率偏大控制。

2. 和后绒质量控制指标

和后绒质量指标有两个：一是含油率和回潮率，二是均匀度。其中均匀度包括混毛均匀、色泽均匀及加油均匀。

（1）含油率小、回潮率小，静电现象严重，成网困难。原料太湿容易使纤维缠结成块状，增加梳理难度，损伤针布，梳理时造成锡林缠毛现象严重，且容易断毛网，造成支数不好控制；原料过干则静电大，浮毛增加，飞毛增多，制成率降低，严重时会使梳毛机机头跑条严重而无法控制。

（2）含油率大、回潮率高，缠绕分割辊造成断头多等问题。

（3）和绒不匀，使纱线条干不匀和产生色差等，不但影响外观，严重时会使纱线降等。为了使和绒均匀，和绒时喂入量要求少且均匀，对于多色或多品种原料要进行"假和"。和绒后原料要符合工艺质量要求，包括混色均匀、回潮率符合标准、无异色毛等。

（4）混料和绒加油后必须闷放12h以上，使油水充分渗透。

（5）对于染色的山羊绒，因纤维长度短且存在潜在的损伤，染过色的纤维发涩，所以和绒时要多加一些油水。回用绒可以不加或少加油水。同时要根据原料含油率、回潮率及大气条件对所加的油水进行调整。

五、和绒工艺举例

以OCTIR型梳毛机加工100kg山羊绒粗纱为例：如果散染后回潮率控制在18%左右，由于OCTIR型梳毛机密封性较好，在制订和后绒回潮率时，可以往低控制，保持在23%左右即可。理论上需要加入5%左右的软水，由于采用半自动和毛机，考虑到中间多次倒仓油水散失，因此，实际加入水的比例为10%左右，和毛油加入量在3%～5%（一般，浅色产品含油率为3%～3.5%，深色产品含油率为4.5%左右），抗静电剂为0.5%～1%，增强剂为0.3%～0.5%。具体各种助剂的加入比例，需要根据车间的实际情况而定，由于本次车间温湿度稳定，因此和绒时加入的各种助剂的比例如下：

和毛油＝$100 \times 3\% = 3$kg；

抗静电剂＝$100 \times 0.5\% = 0.5$kg；

增强剂＝$100 \times 0.3\% = 0.3$kg；

软水＝100×10%＝10kg。

和绒后装包或在闷毛仓闷12 h左右，上机后断头率正常，毛纱条干符合要求。

第二节　粗纺梳绒

一、粗纺梳绒设备及主要特征

经和毛机初步开松混和后的混料，纤维还呈小块状或束状，不同原料和色泽的散绒混和得还不够均匀，仍含较多杂质。因此，混料要经过梳毛机的进一步梳理，才能得到充分的开松和混和，并进一步清除杂质、草屑，才能顺利地纺成纱线。

（一）粗纺梳绒设备

目前，较常用的梳绒设备包括TATHAM型梳毛机和OCTIR KYC-231型梳毛机，而OCTIR型系列梳毛机因为是全封闭式结构，能够有效控制水分的挥发，而得到羊绒行业的普遍应用。粗纺梳毛机的主要规格和技术特征见表14-5-1。

表14-5-1　粗纺梳毛机的主要规格和技术特征

项　　目	主要规格和技术特征	
	英国TATHAM型梳毛机	OCTIR型梳毛机
梳理点	29个	14个
结构形式	上半部分为封闭式，下半部分为尘笼式，为半开式	上半部分和下半部分均为封闭式

（二）梳毛机的组成及作用

山羊绒纤维成分单一、松散度好，梳理的重点不是纤维的混和，而是使单纤维沿出机方向顺直排列，保证粗纱条干均匀度。因此，对山羊绒粗纺梳绒机的主要组件及作用如下所述。

1. 自动喂毛机

一般梳毛机的自动喂毛机采用电子式带自调匀整的电子喂毛斗，以在单位时间内，喂入定量的混料，使梳毛机出条均匀，保证粗纱单位重量前后稳定。

2. 预梳机

将喂入的混料进行初步开松，使大块原料开松成小块或束状，以便梳理机进一步梳理。

3. 梳理机

锡林为梳理机的核心，可彻底松解混料。经初梳锡林梳理后的毛网，折叠成宽毛带，由过桥帘铺层送入末梳锡林接受进一步梳理，逐步地松解成单根纤维状态。为使混料彻底松解，一台粗纺梳毛机至少要配备两个至三个梳理机。

4. 过桥机

粗纺梳毛过桥机是连接两节梳理机之间的机构。其作用是将前节梳理机所输出的毛网，在一定范围内来回折叠，形成一定厚度后，连续喂入下一节梳理机，从而使不同成分或色泽的纤维在纵向和横向得到充分混和，但也会使纤维在梳毛机上的取向发生变化。同时，还具有改善喂入毛层前后左右厚薄的均匀程度，以提高粗纱的均匀度和质量。

5. 成条机

成条机一般由割条机构、搓条机构和卷条机构三部分组成。

（1）割条机构是将末道道夫生产的毛网分割成一定数量的、宽度一样的小毛带。

（2）搓条机构的任务是将小毛带搓成光、圆、紧，并具有一定强度的小毛条（又称粗纱）。

（3）卷条机构的任务则是把这些小毛条分别卷绕成厚度适当、大小一样、松紧一致的毛饼，便于搬运、储放以及在细纱机上使用。皮带丝的张力、长度、宽度、厚度和速度、搓板的状态、滚筒状态、机头传动以及卷取量等均会影响粗纱的成条状况。

二、影响梳理作用的主要设备参数

梳理机影响梳理作用的设备参数主要包括隔距、各回转部件的速比、锡林速度、针布状态、毛层负荷等。

（一）隔距

小隔距可以增大分梳作用区的范围，增强梳理作用。同时，小隔距能使分配系数加大，锡林上的纤维较多的转移到工作辊上，加强锡林梳理纤维的作用，但隔距也不是愈小愈好。

梳毛机的隔距要根据原料性质确定，即根据原料种类、长度和在梳理机上位置的不同慎重地选用隔距，且要与纤维块的大小和纤维层的厚度相适应。原料长，短绒率低，隔距可适当偏大。

一般来说，工作辊与胸锡林之间的隔距总要比工作辊与锡林之间的隔距大；在同一个胸锡林或锡林上，第一个工作辊到最后一个工作辊，其隔距总是由大到小；而道夫与锡林之间的隔距一般≤0.4mm，最小时可以达到0.2mm。

（二）速比

这里主要指锡林与工作辊（或道夫）的速比。

在锡林速度一定的情况下，可采用改变工作辊（或道夫）速度的办法来改变速比。工作辊或道夫的速度愈小，速比就愈大，锡林的梳理弧长就愈长，锡林交给工作辊的纤维量也愈多。在较低产量的情况下，由于喂入负荷小，锡林交给工作辊的负荷量不会太大，此时工作辊上的毛层不会太厚，可以受到锡林针面的充分梳理。在产量较高的情况下，由于喂入负荷量大，锡林交给工作辊的负荷大，工作辊上的毛层过厚，应减小速比，使锡林钢针充分发挥梳理作用。

一般来说，当喂入毛层松散度好时可以适当加大速比，以提高梳理效果，同时又不过多地损伤纤维；相反，当原料毡缩严重且毛块又大，则要减少速比，防止造成过多的纤维损伤；细而长的原料被工艺部件控制的时间较长，受针齿打击的次数多，且与针齿接触分梳的长度长，纤维断裂的概率大，使用速比要小些。

在不增加喂入负荷的前提下，适当提高大锡林速度可有助于保护纤维的长度。

一般，粗纺梳毛机大锡林的转速在120～140r/min之间，线速度为400～550m/min；大锡林上五个工作辊的速比各不相等，从后到前由小到大；胸锡林部分采用的速比较低，而道夫与锡林的速比大致在10～50之间。

（三）锡林速度

锡林速度增大时，由于梳毛机的各工艺部件都是通过大锡林来传动的，它们的速比都可以按比例增加，所以道夫、工作辊及风轮等主要速比都保持不变，锡林的梳理弧长也没有变动，因此各工作辊和道夫的分梳效能不会减弱。但是现有梳毛机的锡林速度都没有明显的提高，锡林很慢，胸锡林更慢。因为加大锡林速度后，速比固然可以不变，但速度差却有明显的改变。由于速差的增大，锡林与工作辊（或道夫）之间的纤维受到的冲击力加大了，梳理力突然加大，纤维很容易受到损伤。开毛辊、胸锡林等的速度一般都比较低，主要是为了保护纤维长度。此外，各工艺部件的速度太大时，梳毛机的落毛率会加大，因此速度必须适当。

（四）针布状态

针布经过长期使用，加上平时保养工作不及时，就会出现倒针、浮针和缺针等现象，针尖的锋利程度大大减弱，挂毛能力下降，分撕和分劈作用也都下降，有时甚至会产生搓揉现象，毛粒大量增加，梳理能力就会大大减弱。弹性针布长期使用后，钢针的倾斜度可能增大，握持纤维的能力下降。工作辊的钢针倾斜度增大后，梳理区的梳理弧长也会减小。

为了加强梳理和保护针布，梳毛机隔距由后向前由大逐渐减小，梳毛机针布从后向前由粗逐渐变细。

（五）毛层负荷

在锡林速度不变的情况下，适当加大喂入负荷，可以提高工作辊的分配系数，有利于提高梳理效能，但绝不是喂入负荷愈大，毛网质量愈好。

在生产实践中，应当结合具体条件，经试验研究后再确定喂入负荷的大小。在使用弹性针布的梳毛机上，各工艺部件在生产过程中逐步形成抄针毛层，对梳理效能有一定影响。抄针毛要占据针隙的空间，当数量超过一定限度时就不利于挂毛与分梳。梳毛机定期抄针，就是为了解决这个问题。

（六）风轮

风轮采取负隔距，风轮不直接参与梳理纤维，但是它所起的作用直接影响着梳理效果。一般风轮的扫弧长度控制在20cm左右，扫弧隔距大约控制-35cm左右。风轮转速太快或太慢以及开毛锡林的扫弧控制不当，都会影响到梳毛的均匀度和毛粒数。

（七）过桥

过桥会影响出条粗纱的横向不匀，同时也会改进毛网的纵向不匀。在毛网横向铺层的过程中要注意毛网的搭接长度，毛网搭接长度不当会引起梳毛支数的变化，一般两层毛网之间的搭接长度为3cm。

（八）成条

成条主要是将最后一道梳理机末节道夫所输出的毛网，经过分割、搓捻及卷绕，制成一定数量、一定规格、条干均匀、供细纱机使用的粗纱。成条的三段牵伸是控制梳毛质量的重要环节之一。所谓三段牵伸是指：

（1）道夫与进网轴之间的牵伸：保持毛网平衡进入进网轴，防止毛网被握持过紧或过松而导致的毛条均匀度不合格或出现粗细节。

（2）搓板与割条皮带丝之间的牵伸：让从皮带丝出来的毛条保持90°角进入搓板，防止出现粗细节。

（3）卷条滚筒与搓板之间的牵伸：保证搓板与滚筒速比一致，防止产生意外牵伸，影响细度不匀。

三、粗纺梳绒工艺设计

（一）梳绒工艺设计需要考虑的因素

梳绒工艺设计主要包括喂入量、出条定重、出条速度和出条线密度的设计，其中重点在于喂入量和出条线密度的设计。

（二）喂入量、出条定重设计

根据出条线密度（或公制支数）即可确定出条定重。而出条定重（包括道夫速度）由纺纱线密度和产量、质量的要求而定。一般为减少棉结杂质粒数，出条定重宜轻，道夫速度放慢，但是出条定重过轻也会引起毛网飘浮和剥毛困难。

同时，根据出条定重可以确定喂入量，现在以OCTIR型梳毛机为例计算称毛斗每斗喂入量q和每分钟喂毛量Q。称毛斗每次喂毛量可用下式计算：

$$Q=16\pi dnq_w（1+\varphi）\tag{5-1}$$

$$q=QT/60\tag{5-2}$$

式中：Q——称毛斗每分钟喂毛量，g/min；

$\quad\quad T$——喂毛周期，s；

$\quad\quad q$——称毛斗每斗喂入量，g；

$\quad\quad d$——卷条滚筒直径，m；

$\quad\quad n$——卷条滚筒转速，r/min；

$\quad\quad q_w$——一个毛条轴上全部毛条每米长的重量，g；

$\quad\quad \varphi$——消耗率，%，消耗率是指由喂入到出条过程中损耗量占出条重量的百分率，具体值决定于原料种类、回潮率大小和含杂量等，一般在10%左右。

喂毛周期指自动喂毛机的称毛斗从本次闭合开始到下一次闭合为止称毛一次的时间。对于意大利OCTIR型梳毛机，梳理原料为纯羊绒时的喂毛周期一般为84s/次。

（三）出条速度设计

梳毛机在梳理羊绒时，卷条滚筒的转速在38～50r/min之间，出条速度一般在15～23m/min之间。出条速度不宜过大，否则容易引起意外牵伸而造成条干不匀和细度不匀。

（四）出条线密度设计

梳毛机的出条线密度（公制支数），可由细纱细度和细纱机的牵伸倍数计算得到，它们之间的关系是：

出条线密度＝细纱线密度×细纱机牵伸倍数（或出条公制支数＝细纱公制支数/细纱机牵伸倍数）

粗纺细纱机的牵伸值一般都很小，常在1.05～1.5倍之间，具体数值视原料情况而定。

四、梳绒质量控制

（一）粗纺梳绒控制

梳绒能够提高纤维伸直平行度，改善毛条结构和长片段不匀率，提高条干均匀度和稳定重量不匀率，使纤维混和均匀，毛网层次清晰，毛条成形良好。粗纺梳绒时需要特别加强控制的方面包括以下内容。

（1）合理选择梳绒速度。

（2）注意机械状态，加强对梳绒机针布的保养，按规定进行磨针，如斩刀有损伤时应及时修复或调换。

（3）适当延长喂毛斗的喂入周期。

（4）梳毛机的喂入量与锡林的速度相适应。

（5）斩刀保持清洁，不沾油污。

（6）搓板保持搓捻能力。

（7）分割皮带丝的宽度与使用原料的细度、长度相配合。

（8）挡车工一定按操作规程进行分头、引头、生头、剥头、落卷。

（9）经常巡回，检查毛网质量是否正常，发现疵点及时处理。

（10）每周每台至少做一次偏差图实验。

（11）根据车间温湿度变化及回潮率，适当调节出挑重量。

（12）每批每班开始都检查边条的线密度。

（二）粗纺梳绒控制指标

1. 梳绒均匀度指标

包括粗纱条干CV值、粗细节、棉结等，对于不同线密度的纱线，有不同的要求标准。

2．纵向不均

一般指出条重量的变化，以毛条杆上全部毛条1m长的实际重量与标准重量的差异来衡量。

3．横向不均

对每只毛条杆上的毛条逐根称重，计算其不匀率，俗称单头不匀率，一般控制在2.5%以下。

4．毛网状态

毛网厚薄均匀，毛粒、杂质少，粗纱条干均匀。

第三节　粗纺细纱

一、粗纺细纱设备及主要特征

目前，用于粗纺山羊绒纺纱的设备主要有环锭细纱机和走锭细纱机两种形式。

（一）环锭细纱机

1．环锭细纱机类型

山羊绒粗纺环锭细纱机由喂入机构、牵伸机构、加捻机构、卷绕机构组成。

用于粗纺环锭细纱机的牵伸机构主要有三种类型：针圈式牵伸机构［图14-5-1（a）］，如国产BC584型；假捻器式牵伸机构［图14-5-1（b）］，如国产BC583型、日本东京和NKR-88D型；假捻器与罗拉牵伸相结合的双牵伸区式［图14-5-1（c）］，如意大利FST/D型细纱机等。

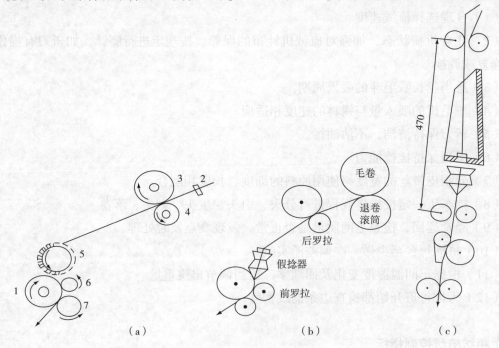

图14-5-1　粗纺环锭细纱机牵伸机构

1—胶辊　2—导条器　3—大铁辊　4—后下罗拉　5—针圈　6—前上罗拉　7—前下罗拉

2. 环锭细纱机的纺纱过程

在环锭细纱机上，粗纱毛饼平放在退卷滚筒上。回转着的退卷滚筒将粗纱分别送向机台两侧，喂入两侧的后罗拉，经牵伸部分抽长拉细后，由前罗拉送出，通过导纱钩、钢丝圈纺成绒纱，卷绕在纱管上。

当锭子套着纱管作高速转动时，单纱拖着钢丝圈也作高速回转，钢丝圈每转一周，就给单纱加上一个捻度。钢丝圈高速回转时，在钢丝圈与钢领之间产生压力和摩擦力，使单纱具有一定的张力。由于前罗拉不断送出须条，就使钢丝圈的速度小于锭子速度，这样就将单纱绕到纱管上，完成卷取。在进行卷取时，锭子按一定规律作升降运动（或者是钢领板作升降运动），以便将纱绕成一定形状的纱穗，便于搬运、退绕和保管。

环锭细纱机采用假捻牵伸，对粗纱随时加捻，随时消捻，使粗纱能经受牵伸时的张力，但并不成为毛纱捻度的一部分。

卷取和加捻是同时进行的，而且是互相影响的。锭子转速为加捻转速与卷取转速之和。卷取直径的变化，会引起捻度的变化，但这一变化并不大。纱穗成形是采用偏心盘半径的变化，通过成形机构，使卷绕既有短动程又有级升而实现的。一般的环锭细纱机采用钢领板升降、锭子固定不动的成形方法，但也有采用钢领板固定不动、锭子升降的方法。后者的导纱钩与钢丝圈之间的距离固定，气圈稳定，纺纱张力变化小，可以减少断头，对大直径钢领和大纱管卷绕尤为适宜。

（二）走锭细纱机

走锭细纱机的锭子装在一定距离内前后走动的纺车上，车上没有钢领，也不用钢丝圈。整个纺纱间歇地经过三个过程：出车纺纱→加捻牵伸→进车卷绕。纺纱原理与老式手工纺车相似，属于锭端加捻。

1. 走锭细纱机的特点

走锭细纱机虽然速度低、产量低、用人多、劳动强度大、设备占地面积大，但因其具有如下特点而在羊绒行业中具有广泛的应用。

（1）能纺长度短、整齐度差的原料。

（2）可纺捻度低的弱捻纱，其手感柔软。

（3）采用锭子直接加捻，对抱合力差的纤维纺纱效果好，且成纱表面光洁。

（4）牵伸与加捻同时进行，有匀整条干的作用。

在绒纺行业中，环锭细纱机多用于纺低支机织纱，走锭纺纱机多用于纺针织纱。目前，常用的粗纺走锭细纱机有日本京和走锭细纱机器、意大利B5—SE型、B6—SE型细纱机器。

2. 走锭纺纱机设备参数及技术特征

（1）纺纱周期。走车进出一次的时间为一纺纱周期（13~20s），每一周期的运动分为四个时期，即出车时期、追捻时期、退绕时期、卷绕时期。

①第一时期：出车。在此期间，实现粗纱退绕、喂入、加捻和牵伸。此时导线铁丝和架线铁丝都不动。纺车离开机面时，速度是变化的，开始快，以后逐渐减慢。罗拉喂入速度随牵伸方式的不同而不同。一种是粗纱喂入与边加捻、边牵伸同时进行，喂入停止，牵伸也停止，也就是出车线速比喂入稍快一些；另一种是粗纱喂入停止后，才进行牵伸，也就是先同速进行，粗纱停喂后，纺车仍前行，进行纯牵伸；再一种是在出车加捻的同时，有部分牵伸，粗纱停喂后，再给最后牵伸和加足捻度。

②第二时期：追捻。不论采用哪种牵伸方式，出车时只能在有利于牵伸的前提下加适量捻度。因此，纺车出车到最远端完成牵伸任务后，还要追加捻度使达到设计要求，叫作追捻。由于单纱在加大捻即追捻后产生捻缩，因此同时要使纺车慢慢向机面回进少许。一般捻缩为25.4~101.6mm，最多时可达203.2mm。在追捻期间，喂入部分和导线铁丝、架线铁丝都停止不动，锭子以最快速度旋转，使毛纱从罗拉钳口到锭尖部达到设计捻度。锭子传动时靠一套捻度控制机构来改变转速。

③第三时期：退绕。在此期间，纺车停止不走，退卷、喂入也都停止。罗拉握住毛纱，锭子停止加捻，并向反方向转动少许，退出锭端所绕几圈细纱。同时导线铁丝、架线铁丝开始运动，张紧绒纱，并引导到卷绕点位置。

④第四时期：卷绕。纺车向机面进车，绒纱卷绕至纱管上。在此期间，纺车速度开始逐渐增加，以后又逐渐减慢，到达机面原来位置时，纺车停止，卷绕也停止。

（2）走锭细纱机牵伸方式。走锭机采用"锭子牵伸"方法，即纱条一端由给条罗拉握持，另一端由锭子控制，当锭子运动路程大于给条长度时便产生了牵伸作用。走锭细纱机的牵伸倍数一般在1.05~1.5之间，最大能达到2倍牵伸。

（3）走锭机的自调匀整。走锭机在牵伸的同时给纱条以捻回，纱粗的片段对加捻作用的抗扭矩力较大，获得的捻回数少，而捻回数少的纱段，纤维间的联系力小，被牵伸的倍数大；纱细的片段情况则反之。这样，粗细不匀的纱段在走锭纺纱时能受到自调匀整的作用，使纱线的条干得到改善。

（4）走锭机的加捻。走锭机采用锭子直接加捻，不用钢领、钢丝圈，加捻的基本条件是纱线能从锭尖上滑下。

走锭细纱机从一开始出车到加捻完成，加捻运动一直在进行着，不过在此期间锭速有几次变化。如有两种加捻锭速，叫作二级锭速式；如有三种加捻锭速，称为三级锭速式。二级式的第一级锭速及三级式的前两级锭速，都用于出车时期。出车时期加的捻度，主要是为了便于牵伸，称为牵伸捻度，也叫小捻，这时锭速较慢。牵伸后毛纱中的捻回还不能满足使用上的要求，所以出车完了后，必须继续加捻，这时锭速很快，叫作加大捻。

（5）走锭机的适纺性。走锭机纺纱张力小，适合纺制捻系数小的细纱。

二、粗纺细纱主要工艺参数

粗纺要求细纱的细度准确，疵点少，捻度正常，线密度变异系数CV值和捻度变异系数CV值要小。因此，需要选择适当的牵伸倍数；做好先锋实验，检查每落纱小、中、大支数，经试验合格后方可正式开车；按操作规程接头，不用油污的手接头、落纱、换粗纱；检查成形，如有成形疵点及断头较多的锭子要及时检修；每批测定并记录断头率。

细纱牵伸倍数通常在1.5倍以下（1.05~1.5）；单纱捻系数一般在80~85，具体需要根据原料与产品而定，如机织产品捻系数要稍大，在80~90。不同纱线的牵伸倍数见表14-5-2。

表14-5-2　粗纺细纱工艺参数

纱线种类	牵伸倍数	纱线种类	牵伸倍数
纯绒	1.15~1.5	丝绒	1.15~1.2

第四节　粗纺络并捻

粗纺羊绒络、并、捻设备和普通毛纺设备类似，但要求络筒机上USTER清纱器选择合适的清纱范围，保证成纱粗细节少；上倍捻前要检查捻度配置是否正确，保证成纱无接头。

粗纺倍捻捻度工艺配置见表14-5-3。

表14-5-3　粗纺倍捻捻度工艺配置

线密度（tex×2）	71.4	62.5	55.6	50	45.5	41.7
公制支数（公支/2）	14	16	18	20	22	24
捻度（单/股）	380/180	400/196	420/210	450/220	470/230	500/240
线密度（tex×2）	38.5	35.7	33.3	31.2	29.4	27.8
公制支数（公支/2）	26	28	30	32	34	36
捻度（单/股）	500/180	510/250	510/200	530/260	550/270	565/280

第五节　粗纺工艺举例

为了更直观地了解粗纺羊绒工艺的配置，现以41.7tex×2（24公支/2）纯羊绒粗纺纱工艺为例，具体介绍如下。

一、纺纱工艺参数（表14-5-4）

表14-5-4 纺纱工艺参数

工序	纺纱工艺参数设置				
和绒	和毛机	和毛油	和绒要求	开松两遍	
	蒙特莱奥	FX-K902			
梳绒	梳毛机	喂入量	喂毛周期	粗纱支数	粗纱定重
	OCTIR型	440g/斗	84s	48 tex×1（20.8公支/1）	1.44g/30m
细纱	细纱机	设计支数	计划捻度	牵伸倍数	整车速度
	BIGAGLIB5型	41.7tex×2（24公支/2）	460捻/m	1.25	80%
筒并捻	络筒机	并线机	倍捻机	捻向	计划捻度（捻/m）
	AUTOCONER-338型	MURATEC No.283型	MURATEC No.373Ⅱ型	S捻	240

二、成纱检测指标（表14-5-5）

表14-5-5 成纱检测指标

细节-30%（个/km）	粗节+35%（个/km）	棉节+1.40（个/km）	成纱CV（%）	回潮率（%）	线密度CV（%）
60	0	0	8.59	12.1	1.27
强力（cN）	强力CV（%）	捻度CV（%）	伸长率（%）	等级	
273	6.85	3.14	14.7	优	

第六节 棉纺普梳系统纺纱

一、工艺流程

清花→梳棉→并条（2~3道）→粗纱→细纱→络筒→并线→倍捻

二、棉纺普梳系统特点

棉纺普梳系统相对于粗梳毛纺系统工艺流程长，纺纱过程中牵伸、并合数较大，使纱中纤维平行顺直度好，纱线条干均匀度较好，纱线表面摩擦因数较小，又因为棉纺环锭纺纱张力大，施加捻度也大，纱中纤维排列紧密，导致纱线直径小，纱线缠结点之间能动性小，从而使纱线的强力大，纱线弹性、耐磨性好于粗梳毛纱。纱线抗弯刚度反映纱线的刚硬柔软程度，棉纺普梳纱捻度大，纱中纤维排列紧密，但因纱线直径小于粗梳毛纱，因此棉纺普梳纱的抗弯刚度小于粗梳毛纱的抗弯刚度。

三、纱线结构及比较

由于粗纺梳毛机上过桥机构作用的特点，对毛网折叠使纱条中纤维排列凌乱呈网络状态，加上走锭纺纱机纺纱特点，使纱中大多数纤维为屈曲、折叠、弯钩形态，纱线蓬松、直径增大。粗梳毛纱捻度小，有利于针织产品风格的形成，但又致使产品强度、弹性、耐磨性差。从加工的同种线密度38.5tex×2（26公支/2）纯绒纱线观察：棉纺普梳毛纱捻度大、光泽好，纱中纤维取向度高，平行顺直度好，纱线毛羽长度长；粗梳毛纱捻度小，蓬松，纱中纤维取向较低，纤维平行伸直度差，纤维较为纠缠、凌乱，纱线毛羽较少，毛羽多为圈状。详细指标测试结果见表14-5-6。

表14-5-6　38.5tex×2（26公支/2）纱线指标测试结果

项　目	强力（cN）	强力CV（%）	伸长率（%）	条干CV（%）	毛羽（个/10cm）
棉纺普梳纱	566	6.47	11.87	10.08	1007.7
粗梳毛纺纱	208	11.84	8.4	10.89	687.0

第六章　精梳系统纺纱

第一节　精纺系统工艺流程

一、制条工艺流程

纯山羊绒制条的工艺路线有三种：以毛纺工艺路线为主；以棉纺工艺路线为主；以毛棉结合式工艺路线。

（一）毛纺制条工艺

1. 意大利进口设备纯山羊绒制条工艺

无毛绒→和绒加油（B262型）→梳绒（OCTIRCL/3S型）→混条（3遍）（VSN9—UV11M型）→精梳（P90型或P100型）→头针（1遍）（VSN9—UV11M型）→二针（1遍）（VSN9型+ARM10型）→绒条

2. 其他进口毛纺系统设备纯山羊绒制条工艺

无毛绒→和绒加油（BC262型加油装置、TATHAM型小型梳毛机）→头针（GN6型）→二针（GN5型）→精梳（P100型）→三针（GN5型）→四针（GN6型）→绒条

3. 国产设备纯山羊绒制条工艺

无毛绒→和绒加油（B262型）→梳毛机梳理（FB201型）→头道针梳（B302型）→二道针梳（B302型）→三道针梳（B304型）→精梳（B311型）→末道针梳（B306型）→绒条

（二）棉纺制条工艺

无毛绒→和绒加油→盖板梳棉机梳理→并条→并条→条卷→棉精梳→并条→绒条

（三）毛棉结合式制条工艺

无毛绒→和绒加油→盖板梳理机→针梳机（GN5型）→针梳机（GN5型）→精梳机（PB28型）→针梳机（GN5型）→针梳机（GN5型）→绒条

二、条染复精梳工艺

绒条→开松→松球→染色→脱水→复洗烘干→理条（1遍）→混条（2遍）→精梳→针梳（2遍）

三、纺纱工艺流程

（一）条染工艺流程

条染复精梳条→头针（1～2遍）→二针（2遍）→三针→四针（2遍）→粗纱→细纱→络筒→并线→倍捻→（蒸纱）→成纱

（二）本白纱工艺流程

和绒→梳绒→混条（3遍）→精梳→头针（2遍）→二针（2遍）→三针→四针（2遍）→粗纱→细纱→络筒→并线→倍捻→（蒸纱）→成纱

（三）绞染纱工艺

和绒→梳绒→混条（3遍）→精梳→针梳（2遍）→复精梳→头针（2遍）→二针（2遍）→三针→四针（2遍）→粗纱→细纱→络筒→并线→倍捻→成纱→倒绞→染色→脱水→烘干→倒筒→色纱

第二节 山羊绒制条

一般认为，用于精纺制条的原料平均长度要达到55～70mm，纺纱原料平均长度要达到70～80mm，才能纺出优质纱线。而羊绒的平均长度只有40mm，所以制条工序的主要任务是提高羊绒的平均长度，去除短纤，以生产出高质量、均匀顺直的羊绒条，保证后道纺纱的工艺要求。

根据企业设备情况，对山羊绒（无毛绒）长度和含短毛量作出以下要求：平均长度不低于36mm，25mm以下短毛含量不高于22%，以保证羊绒制条的制成率。同时，绒条的巴布长度值不低于43mm，25mm以下短毛含量不高于12%，以保证纺纱工序顺利进行，纺出高质量的山羊绒纱。

一、精纺和绒

（一）和绒设备

目前，精纺和绒主要采用B262、RA21系列和毛机，但也有部分企业采用手工和绒。但无论采用什么方式，和绒的目的和要求与普通毛纺精梳和毛要求一样。

（二）和绒质量控制

山羊绒需要具有一定的回潮率和含油率，才能防止产生静电和飞毛过多，防止纤维损伤，防止毛网爬斩刀或破网断头，从而保证条干的均匀度。因此，和绒加油的质量控制主要考虑回潮率、含油率和均匀度。

（1）回潮率要根据梳毛机的工艺要求，务必使梳绒生产正常进行。一般应随气候、车间温湿度及山羊绒原有回潮率的大小确定加水量。

（2）含油率直接关系到上车运行状态和出条纤维之间的抱合程度。含油过量或干湿不匀，易产生纤维湿块，使梳毛滚筒绕毛，毛网中会出现大量绒块、绒粒，严重影响绒条质量。含油过少，出条纤维抱合不足，绒条松散，不利条干不匀CV值控制。

（3）均匀度包括原料混合均匀度和加油水均匀度，和绒一定要严格按工艺进行，随时注意和毛机的工作情况与和毛油的乳化、喷嘴的喷洒情况。

一般来说，梳绒上机含油率范围为1.0%～1.5%，上机回潮率范围为18%～23%。

同时，加油闷毛在纺纱流程中是很重要的一个环节，如控制不当，将直接影响到后工序的纤维损伤及可纺性，闷毛时间必须在24h以上方可上机，闷毛温度22～24℃。

二、精纺梳绒

梳绒的主要任务是在不增加羊绒纤维损伤的条件下成条。主锡林转速应不高于纺羊毛时的速度，还应降低喂入负荷和出条速度，并将锡林和道夫之间的隔距放小，以便于纤维转移出梳理区，降低纤维损伤。

目前，国内梳绒设备主要采用B272系列梳绒机、OCTIR系列梳绒机等，由于这些设备在精梳毛纺中具有普遍的应用，因此，其设备参数这里不再详述，但OCTIR系列因为具有如下特点而被广泛应用。

（1）工作幅度宽，产量高。由于锡林、工作辊、剥毛辊等直径较大，梳理弧长长，有利于分梳。

（2）易于除草杂。在胸锡林之后设置两个莫雷尔除草辊，由于纤维已分成小束状，草刺附于表面，易于除去。工作辊、剥毛辊均包覆弹性针布，梳理效果较好，也有都用金属针布的。

（3）主锡林转速低，锡林与工作辊速比小，而隔距较大，纤维不易损伤；主锡林用自动对位轴承，可以与工作辊确保平行。

三、精纺针梳

（一）针梳设备及主要技术特征

1. 针梳设备

针梳机的特点在于它的牵伸控制形式在前后罗拉组成的牵伸区中由循环运动的针板形成较长的中间控制区，对长度离散较大的羊毛纤维起强制而有效的控制作用，防止短纤维的不规则运动，保证毛条条干的均匀。

根据针板的安装排列形式，针梳机可分为开式、交叉式和半交叉式三种。

（1）开式针梳机。只在毛条下侧安排一列针板进行控制。用于加工粗长毛或精纺工序的后半部分应用。

（2）交叉式针梳机。在毛条上下都有针板进行控制。

（3）半交叉式针梳机。毛条下侧有针板全程控制，而上侧只有接近前罗拉的较短区间配置上针板控制，此种形式不常使用。

毛条制造工序中通常使用交叉式针梳机。

2. 针梳设备的主要技术特征（表14-6-1、表14-6-2）

表14-6-1　意大利圣安德烈系列针梳机的主要技术特征

项目	主要技术特征	项目	主要技术特征
形式	螺杆式	针条间距（mm）	9~11
每个设备头数（头）	1	梳箱针板数（块）	82~66
喂入方式	毛球或条筒	双牵伸罗拉（φmm）	25（对应30和66）
自动输出	1~2个条筒或1~2个毛球	牵伸加压罗拉（φmm）	75或80或95
每次输入毛条根数（根）	1或2或4	最大机械牵伸压力（N）	4000
每个条筒毛条根数（根）	1或2	牵伸齿杆（mm）	（24或27）÷85
每个毛球毛条根数（根）	1	机械牵伸（标准）	4.20~11.50
条筒尺寸（φ×H，mm）	（600或700或800×1000或1200）~（1200或1200×1200）	UV和带反向器UB31的最大机械输出速度（m/min）	185~230
设备最大喂入速度（m/min）	18~22	UV和无反向器UB31，带反向器UB32的最大机械输出速度（m/min）	185~230
车头的内宽度（mm）	200	吸风容量（m³/h）	1500
车头的内深度（mm）	185		

表14-6-2　GN5-29（法国NSC）系列针梳机的主要技术特征

项目	主要技术特征	项目	主要技术特征
喂入形式	24只毛球，双列退卷滚筒喂入架	牵伸倍数（倍）	5.2~15
出条形式	回转式自动换筒	针板×针棒规格	5针/cm×22cm（72支）
最大出挑速度（m/min）	160	最大喂入根数（根）	24
牵伸形式	单区牵伸，交叉螺杆针板梳箱	出条重量（g/m）	40

（二）针梳工艺参数设置

1. 针梳目的

经梳理机梳出的绒条，结构蓬松，绒条中的纤维排列紊乱、平行程度很差，纤维呈弯曲状态，且存在弯钩。为了提高绒条的品质及充分利用纤维的长度，减少纤维在精梳机上的损伤及不必要的落绒，一般在精梳前设混条（即针梳）工序进行理条，使喂入精梳机的绒条能达到一定的要求。由于绒条纤维相对较短，若经过大混条机（意大利RSN），会严重恶化绒条条干。

　　而精梳下机绒条，由于是由须丛的叠合搭接而形成的，绒条结构和均匀度较差，且绒条松散、强力很差。为了改善绒条结构和均匀度，并增强绒条的强力，精梳机下机绒条必须经过针梳机（包括头针、二针、三针），制成符合纺纱要求的成品绒条。

　　2. 针梳工艺参数

　　针梳工艺参数主要包括前隔距、牵伸倍数、出条质量、前罗拉加压、针板号、车间温湿度等。

（三）针梳质量控制

　　对针梳牵伸过程中产生的条干不匀，要搞清楚是由于机械波还是牵伸波的原因形成的。

　　（1）产生机械波的主要原因：前罗拉表面速度的差异；前罗拉胶辊加压不足；中间摩擦力界控制不良；设备状态不良；齿轮磨损等。

　　（2）产生牵伸波的主要原因：喂入绒条本身不匀；浮游纤维过多；并合不良；工艺参数（牵伸、张力、隔距等）设置不合理。

四、精梳

　　精梳是绒条加工的重要工序。精梳可以去除短绒、毛粒和肤皮杂质，并使纤维平行顺直。精梳机的工艺和机械状态对绒条质量的影响很大。目前，国产毛纺精梳机隔距较大，一般为35～50mm，而意大利精纺设备精梳隔距为25～40mm，因此国内羊绒精纺企业普遍采用意大利P90型、P100型作为精纺羊绒精梳设备，也有部分企业采用国产B311型、PB282型精梳机进行改造，改造后的隔距可达20mm。

（一）精梳机的主要技术特征（表14-6-3）

表14-6-3　P90型/P100型精梳机的主要技术特征

项　目	主要技术特征	项　目	主要技术特征
出条条筒（直径×高）（mm）	1000×1200	钳口与圆梳间距（mm）	0.6～1.4
喂入根数（根）	24	拔取罗拉直径（mm）	28/25
给进盒工作宽度（mm）	400	搓板规格（长×宽×厚）（mm）	520×580×3.5
主轴速度（钳次/min）	240	主反转电动机（kW）	5.5
圆梳工作宽度（mm）	460	吸风电动机（kW）	2.2
顶梳工作宽度	470	圆毛刷电动机（kW）	1.1
隔距	26～40	安装动力（kW）	8.8
喂入直径（mm）	4～10	压缩空气（Nm³/h）	1

（二）精梳工艺参数

精梳工艺参数主要包括隔距、喂入根数、车速、出条质量、车间温湿度、拔取隔距等。

（三）精梳注意事项

1. 减少纤维长度的损伤

纤维长度对于精梳羊绒有着重要的意义，绒纱的线密度及其品质都与纤维长度有密切关系。保护纤维长度、减少纤维损伤，是山羊绒制条加工中的一项重要工作。纤维长度损伤，主要发生在梳理机上（针梳机和精梳机也有损伤纤维的可能）。造成纤维在梳理机上损伤的因素很多，主要表现为工艺和机械状态。

工艺方面主要表现为隔距与速比，通常采用大隔距小速比工艺，以减少纤维损伤。机械状态表现为梳理机各滚筒的圆整度差，针布包卷不良使针尖高低不平。当设备运行时，隔距由大变小，梳理力过大而拉断纤维。

2. 减少毛粒

毛粒是绒条质量标准中的一项外观疵点，对纺纱时牵伸的进行和纱线的品质有较大影响。毛粒在梳理机的梳理过程中产生，经针梳机后会显著增多，在精梳机上得到基本去除。实际生产中，要减少毛粒，重点是使梳理机梳出的毛网清晰，毛粒减少。目前，一般梳绒产品精梳毛粒控制在5个/5g以内。

3. 减少精梳落绒

去除绒条中的短纤维，保留长纤维，是精梳机的任务之一。在精梳落绒中，一般都有一定量的长纤维。减少精梳落绒，主要是减少长纤维落入精梳落绒中的数量，提高绒条制成率。

五、绒条控制指标

制订工艺的时候，要根据客户对纱线的线密度、合股数、条干水平、成品纱质量、最终制成率的要求，选择精梳拔取隔距的大小，控制精梳落毛率和羊绒制条最终绒条大于20mm的短绒含量。根据生产实践具体绒条的控制指标见表14-6-4。

表14-6-4　各种绒条控制指标

线密度（tex）	公制支数（公支）	毛片（个/g）	毛粒（个/g）	<20mm短绒率（%）
20.8×2	48/2	0	2.0	2.0
16.7×2	60/2	0	1.5	2.0
16.7×3	60/3	0	1.8	2.3
14.7×3	68/3	0	1.6	2.0
12.5×2	80/2	0	1.3	1.3
12.5×3	80/3	0	1.5	1.7
10.0×2	100/2	0	1.0	1.0

第三节　精纺前纺工程

前纺工程是将绒条经并合、牵伸，使纤维进一步平行顺直、混合均匀，制成一定单重、一定强力和均匀度符合细纱生产需要的粗纱。一般精纺前纺工艺流程为：

混条（2～3遍）→精梳→头道针梳（2遍）→二道针梳（2遍）→三道针梳（1遍）→四道针梳（2遍）→粗纱

一、前纺设备的主要技术特征

在精梳毛纺加工系统中，针梳机被反复应用于制条、条染复精梳和前纺工序。针梳机的作用是将毛条内的纤维梳理顺直，使之平行排列，并通过毛条的多次并合，改善并提高毛条成分和结构的均匀程度。

（一）二道针梳机（VSN9+ARM2）自条匀整的主要技术特征（表14-6-5）

表14-6-5　二道针梳机（VSN9+ARM2）自条匀整的主要技术特征

项　目	主要技术特征（VSN9+ARM2）	项　目	主要技术特征（VSN9+ARM2）
匀整范围	（−20%，+20%）	喂入罗拉最大速度（m/min）	40
匀整误差（出条5m的重量）	1.5%	可互换机械侧头	—
匀整极限自停	—	铁炮平均直径（mm）	140

（二）四道针梳机（SHS）的主要技术特征（表14-6-6）

表14-6-6　四道针梳机（SHS）的主要技术特征

项　目	主要技术特征（SHS）	项　目	主要技术特征（SHS）
最大机械输入速度（m/min）	1.300	设备独立头数（头）	4
最小机械喂入速度（m/min）	1.100	喂入辊直径 ϕ（mm）	50
设备总控制	带变频器	喂入加压罗拉直径 ϕ（mm）	75
牵伸倍数	min=3.558，max=7.965	喂入加压罗拉压力（N）	900～1200
车头形式	HERJSSON或SAMPRE	一对牵伸辊的直径 ϕ（mm）	25和66
牵伸加压罗拉直径 ϕ（mm）	75	喂入条子最大重量（g/m）	60

续表

项　目	主要技术特征（SHS）	项　目	主要技术特征（SHS）
牵伸气动压力（N）	1000~2700	喂入类型	条筒
喂入牵伸隔距（mm）	180~250	自动出条类型	2个条筒
牵伸隔距（mm）	23~90	条筒规格（$\phi \times H$,mm）	700或800×1000或1200
SAMPRE宽度（mm）	125	出条数	2
HERJSSON毛刷直径ϕ（mm）	90	每台设备出条数	4
最小出条重量（g/m）	1.8		

（三）末道粗纱机的主要技术特征（14-6-7）

表14-6-7　末道粗纱机的主要技术特征

项　目	主要技术特征	
	RF4/a型	RF4/b型
牵伸和搓条组件（组）	2或4或6或8或10或12	2或4或6或8或10或12
粗纱筒数	4或8或12或16或20或24	4或8或12或16或20或24
粗纱根数（根）	8或16或24或62或40或48	8或16或24或62或40或48
出条线密度（tex）	167~500	222~1250
节升设置（mm）	425	425
最大机械速度（m/min）	220	250
最大搓条动程（次/min）	2200	2200
搓条长度（mm）	23	23
卷绕管尺寸（$\phi \times H$,mm）	50×290或50×330	50×290或50×330
筒管最大直径ϕ（mm）	310	310
筒管最大重量（N）	45	65
喂入条筒尺寸（$\phi \times H$,mm）	600×900或700×1000或700×1200	800×1000或800×1200
双层喂入架牵伸 喂入罗拉 控制：弹性握持 牵伸组合往复导管	每条筒1~2根粗纱 ϕ35mm，罗拉ϕ45mm SAMPRE 在中间滚筒上皮带导条	每条筒1~2根粗纱 ϕ32/32mm，罗拉ϕ60mm BESCH 滚筒ϕ30
牵伸罗拉ϕ（mm）	25/45	30，32，48，51/45
牵伸加压辊ϕ（mm）	55	60
棘齿喂入/牵伸（mm）	min100，max190	min115，max220

续表

项　　目	主要技术特征	
	RF4/a型	RF4/b型
棘齿往复导杆/牵伸（mm）	min25，max45	min33，max58
牵伸比	5.28 ~ 25.14	6.22 ~ 20.64
主电动机（kW）	15—15—18.5—22	5—18.5—22
吸风电动机（kW）	7.5	7.5
落纱电动机减速器（kW）	0.75	0.75
压缩空气消耗（6×10⁵Pa）	每周0.16	每周0.16
可循环的空气体积（m³/h）	8000	8000

二、前纺工序的主要作用

（一）混条

混条是将不同品质的绒条，按照一定的牵伸倍数和并合根数，制出下道工序所需绒条。同时，在混条机上还要加适量的油剂，以保护纤维的物理机械性能，防止产生静电。

混条的目的是使纤维顺直，并通过并合改善绒条的条干，以利于精梳工序。精梳前经过三道混条（即针梳）是很有必要的。由于山羊绒纤维较短，混条时应采用紧隔距、低喂入、小牵伸的基本原则。

（二）精梳或复精梳

精梳的主要目的是使纤维进一步平行顺直，去除短绒、毛粒和肤皮杂质，同时，可以使各组分纤维的达到充分混合的作用。

精梳是制条过程的关键工序，由于羊绒纤维短、细度细、喂入量不能太大，喂入长度也应降到最小，拔取隔距应控制在25 ~ 30mm范围内，顶梳和圆梳针密应加大，注意检查毛网质量和落毛情况，认真调节顶梳和毛刷的高低位置。为使精梳的工序顺利进行，应加大毛网叠合长度，控制环境湿度在80%左右。同时，前道工序的油水含量和绒条条干也将对精梳质量起到重要的影响。

（三）针梳

前纺针梳机的主要作用：利用牵伸和梳理作用，使绒条中纤维进一步平行顺直，提高纤维的平行顺直度，使纤维间相互排列紧密，增加绒条的强度；利用并合作用，使绒条充分混合，提高条干均匀度；在充分混合的基础上，经过牵伸逐道减轻出条单重，最后经粗纱机达到符合细纱机喂入要求的粗纱。

精梳后头道针梳主要保证出条条干和重量不匀率。针梳机在采用高针密、低喂入、低牵伸、小隔距的同时，还需要适当调节须条从喂入到出条的各部位张力，减小意外牵伸对条干的破坏。

（四）粗纱

粗纱工序是羊绒精纺工艺的关键，经过几道针梳机的并合、梳理、牵伸，绒条结构比较均匀，绒条中的纤维已基本平行顺直，但是这种绒条仍不能直接上细纱机，必须经过粗纱机，牵伸成一定单重、形成一定卷装的粗纱，以供细纱机使用。

意大利SF系列粗纱机产出的是无捻粗纱，它采用两对气泡罗拉牵伸，特别适合纺制低特纱，但需注意调整从喂入到输出的各部位张力，避免产生意外牵伸；同时，搓板的搓捻次数和卷绕张力对粗纱的强力也有直接影响，需仔细调整。由于无捻粗纱中的纤维平行顺直，这对纤维较短的羊绒就显得尤其重要。

第四节　精纺后纺工程

后纺工程是根据山羊绒产品的风格特点，加工出一定细度，一定捻度的细纱，再将细纱合并加捻，制成符合要求的股线。一般后纺工艺流程为：

细纱→络筒→并线→捻线→络筒→（蒸纱）→成纱

一、后纺主要设备

目前，山羊绒的细纱所使用的设备和普通毛纺行业的设备，基本均为国产设备。但在络筒机方面较多地使用Autoconer 338型（意大利）、ORINO–N型（意大利）、SAVIO ESPERO–M型（意大利）、NO.7型（日本村田）、SAl5L型（意大利）等自动络筒机；在倍捻机方面，较多使用TDS 190型（意大利）、NO363型（日本村田）、VTS–08型（德国）、GEMINISS型（意大利）等设备。

二、后纺工艺质量控制
（一）后纺控制基本原则

后纺每道工序都采用低车速、低张力的控制原则。重点调整吊锭退绕阻尼，胶辊凹槽深，并选择好隔距块。

（二）后纺工艺参数控制

1. **细纱**

捻系数的选配及锭速的选择以保证纱条的丰满和降低断头为主。倍捻捻系数配置以保证织片不倾斜为主。

2. **络筒**

在细纱完成后，为了便于合股、倍捻等后道工序加工，进一步去除纱线疵点，所以将纱线络在一定容量的筒子上。

3. 捻线

为了稳定捻度，增加纱线的强度、产品的耐用性及减少纱疵，所以要将单纱进行合股、倍捻。并卷装在满足针织用纱的筒子上。

4. 其他

后纺每批纱都必须做细纱先锋实验，根据先锋实验结果调整工艺，确保纱线线密度在控制范围之内。并要加强挡车工巡回次数，避免油污纱、络筒成形不良、并线跑单纱等现象。

（三）蒸纱质量控制

控制气压0.4MPa、温度80℃、时间40min。

第五节　山羊绒精纺工艺举例

一、羊绒制条工艺

和绒时，和毛油按投料的0.45%加入，抗静电剂按投料的0.35%加入，软水按投料的4%加入。加完油水，闷放24h后再上梳绒机，上机回潮率在（24±1）%左右，梳绒时重点保证毛网清晰、薄厚均匀，控制出条重量在［（12~16）±1］g范围。羊绒制条工艺参数见表14-6-8。

表14-6-8　羊绒制条工艺参数

工　　序	并合数	牵伸倍数（倍）	隔距（mm）	车速（min）	出条重量（g/m）	重量偏差（g/m）
梳绒	—	—	—	25	15	±2
混条1	7	5.5	27	50	20	±2
混条2	6	6.3	27	50	20	±2
混条3	6	6.3	27	50	20	±2
精梳	12	—	26	100钳次	15	±3
头针	8	6.3	27	60	20	±2
二针	7	7.2	27	60	20	±1

二、条染复精梳工艺

由于绒条通过染色、复洗之后，梳绒之前所加入的油水和抗静电剂几乎全部被洗掉，因此为了保证后续纺纱的顺利进行，一般在混条阶段要追加一定量的油水。

追加油水的配比为：和毛油：抗静电剂：水≈1：0.6：10，按车速60m/min、喷量40~45 g/min加入。同时，补加油水的次数和油水的比例可能与绒纺车间的温湿度、放置时间、工艺设置有一定的关系。

现以14.7tex×3（68公支/3）合股纯羊绒的纺纱工艺为例，具体工艺参数见表14-6-9。

表14-6-9 14.7tex×3（68公支/3）合股纯羊绒条染复精梳工艺参数

工 序	并合数（根）	牵伸倍数（倍）	隔距（mm）	车速（m/min）	条重（g/m）
理条	6	5.97	30	60	20.1
混条1	6	5.49	30	60	19.9
混条2	2	5.49	30	60	7.2
复精梳	24	—	28	140	16.77
头针	6	7.60	30	60	13.24
二针	6	7.60	30	60	10.45
三针	2	5.97	30	60	3.5
四针	5	5.81	—	80	2.99
粗纱	1	10.68	—	80	0.28

三、后纺工艺

1. 细纱

细纱采用Z捻，单纱捻度830捻/m，牵伸倍数18.82，设计线密度14.7tex（68公支），钢丝钩30#，小纱车速7000r/min，大纱车速8000r/min。

2. 络筒

络筒车速：500m/min。电子清纱器：S=200%，3cm；L=50%，40cm；T=-50%，50cm。

3. 并线

并合根数14.7tex×3（68公支/3）根，张力35%，车速度500m/min。

4. 倍捻

倍捻捻向为S向，捻度为380捻/m（以保证单面坯布编织不扭斜为准），车速7200m/min。

5. 蒸纱

温度80℃、时间40min，循环1次。

四、成纱质量

纱线检测指标见表14-6-10。

表14-6-10 纱线检测指标

复测指标	纱线规格		设计规格		线密度偏差（%）	线密度偏差率（±%）	条干不匀CV（%）	强力（N）
	tex	公支	tex	公支				
复测结果	14.7×1	68/1	14.8×1	68/1	—	—	15.80	82.85
	14.7×3	68/3	14.8×3	68/3	44.7	1.36	—	330.8

续表

复测指标	纱线规格		设计规格		线密度偏差（%）	线密度偏差率（±%）	条干不匀CV（%）	强力（N）
	tex	公支	tex	公支				
检测指标	强力CV（%）		伸长（%）		最低伸长（%）	细节（−30%）（只/km）	粗节（+35%）（只/km）	棉结（+140%）（只/km）
检测结果	12.72		19.38		4.51	2388	243	156
	7.24		26.3		15.8	170	17	40

第六节　精纺消耗下脚管理

由于羊绒原料比较昂贵，纺纱中的各种下脚料均需要回收再利用，因此各工序下脚必须严格按照表14-6-11分类、分色单独管理，以便于回收利用或处理。

表14-6-11　消耗下脚分类及说明

分　类	说　明	分　类	说　明
扫地绒	梳绒地坑绒、车间扫地绒、空调回风绒	风机绒	各针梳工序产生的风机吸附下脚
羊绒硬回丝	细纱、络筒、并线、倍捻、编织产生的下脚	羊绒回条	复精梳后各针梳的回条及细纱风机绒
精梳落短	精梳和复精梳下脚短绒		

第七节　山羊绒与其他纤维精纺纱

一、羊绒与羊毛混纺纱

（一）概述

由于羊绒纤维短、抱合力差，当羊毛与羊绒混纺时，羊绒含量过高，纺纱困难，且产品的成本也会提高；但是，若含绒量太低，羊绒的优良特性又得不到充分发挥，体现不出产品的高档风格。目前比较常用的毛绒纱比例包括：90%羊绒、10%羊毛，85%羊绒、15%羊毛，70%羊绒、30%羊毛，55%羊绒、45%羊毛，30%羊绒、70%羊毛，15%羊绒、85%羊毛等。

（二）技术要点

1. 和毛油

羊绒纤维表面光滑、抱合力差、细度细、强力低于羊毛，生产中又易产生静电，故需在和毛油中加入一定量的黏附剂，采用1∶8的油水比，加入量约100ml/min。同时，为避免和毛油集中加在羊绒上，在与毛条混和之前，首先对羊毛条进行加油处理，并且闷放24h，便于和毛油充分渗透，确保生产顺利。

2. 隔距

对纤维的有效控制是纺好纱的先决条件，羊绒纤维较短，后道定量较轻，故前隔距要小，针梳隔距比加工纯羊毛条时要小5mm左右。

3. 储存

毛条进入车间要先给湿，加油后要储存至少8h，使其均匀渗透，粗纱下机后也要在相对湿度90%以上的纱库中存放24h以上，以便消除内应力，有利于减少细纱断头，保证成纱质量。

（三）工艺举例

本处以17.2tex×2（58公支/2），混纺比为羊绒15% 70支羊毛85%为例，工艺如下。

1. 工艺流程

混条1（B412型）→（4根毛条1根绒条）→混条2（B412型）→头针（B423型）→二针（B432型）→三针（B442型）→粗纱（FF441-1型）→粗纱（FF441-2型）→放置→细纱（B583A型）→络筒（ESPERO型）→并线（AES型）→倍捻（TDS型）→蒸纱→入库

2. 工艺参数

（1）环境条件：

前纺：温度22.5~24.5℃，相对湿度为80%~85%；

后纺：温度22.5~24.5℃，相对湿度为72%~78%。

（2）前纺工艺参数（表14-6-12）。

表14-6-12　前纺工艺参数

机型	针号	隔距（mm）	并合（根）	喂入条重（g/m）	牵伸倍数	出条重（g/m）
B412（1）	13	40	5	105.57	5.05	20.9
B412（2）	16	40	5	104.4	5.7 1	18.3
B423	16	40	6	109.8	6.30	17.4
B432	21	38	7	69.7	6.68	10.1
B442	21	38	8	30.3	7.00	4.35
B452	25	27	—	8.7	5.95	1.45
FB441（1）	—	204.5	2	2.9	5.44	0.533
FB441（2）	—	204.5	2	1.066	4.44	0.24

（3）后纺工艺参数（表14-6-13）。

表14-6-13　后纺工艺参数

工序	设计规格		实际规格		牵伸倍数	捻　度（捻/m）	捻系数	锭　速（r/min）	车　速（r/min）
	tex	公支	tex	公支					
细纱	17.2	58	16.7	60	14.16	610	79	6956	—
络筒	17.2	58	16.7	60	—	—	—	—	600
并线	17.2×2	58/2	16.7×2	60/2	—	—	—	—	300
倍捻	17.2×2	58/2	16.7×2	60/2	—	670	124	7110	

（4）粗纱及细纱条干（表14-6-14）。

表14-6-14　粗纱及细纱条干

工序	条干不匀CV值（%）	细节（个/km）	粗节（个/km）	毛粒（个/km）
粗纱	6.68	0	0	0
细纱	20.7	483	281	54

二、羊绒与绢丝混纺纱

（一）概述

近年来，国际国内市场上非常流行丝与山羊绒混纺的产品，包括衫、裤、裙、内衣、披肩等。其中丝绒混纺针织产品以其手感柔软、轻薄、细腻、光泽优美、抗起球、强度高、洗涤保养方便、价格较低，而深受消费者欢迎。

丝绒混纺产品的比例主要有：15%绢丝、85%山羊绒，30%绢丝、70%山羊绒，55%绢丝、45%山羊绒，70%绢丝、30%山羊绒，85%绢丝、15%山羊绒，90%绢丝、10%山羊绒。

（二）技术要点

1. 丝绒纺纱注意事项

丝绒纺纱所需的绢丝纤维细而长，平均细度在$11 \sim 12\,\mu m$左右，平均长度75mm左右，与羊绒混纺后，可使整体长度和细度得到改善，可纺特数更低，条干也比同特数羊绒纱要好，同时，采用绢丝可以弥补羊绒纱线强力低的缺陷。为保证绢丝的加入不影响成衣手感柔软的风格，按成品服用性能的要求，需要对绢丝进行预处理，使绢丝在光泽上、含胶量及油脂量上达到一定的标准。在丝绒纱的纺制中，着重解决以下两个问题。

（1）羊绒纤维与绢丝长度差异较大，选择各工序的隔距时，既要兼顾，又要有侧重。绢丝强力高，表面残留的胶质，使丝纤维不易牵伸开，长度离散也较大，需要适当增大隔距；绒条柔滑松散，总体长度偏短，因此短绒含量不易过高。选择隔距时，着重控制40mm以上的长纤维，40mm以下浮游纤维量不至于太影响成纱条干。同时，采用少并合、小牵伸的工艺，使生产能够顺利进行。

（2）克服静电及缠绕现象，绢丝的回潮率比羊绒小，静电现象较为严重，加之丝绒纤维细度较细，所以纺制过程中极易缠绕胶辊，为此可以采取以下措施加以克服。

①在混条与头针时增加抗静电剂。

②严格控制车间温湿度，稳定在温度25±2.0℃，湿度80%~85%。

③减轻前罗拉加压。

④对后道工序胶辊进行抗静电处理。

2. 丝绒纺纱加工方式

目前，丝绒纺纱的加工方式主要有两种：一种为散混，另一种为条混。

（1）散混技术要点：

①合理的和绒方法及上机回潮。绢丝和绒需要采用分别和绒的办法。将丝条剪切为散纤维，再进行和绒，丝纤维的回潮率控制在17%~19%，羊绒纤维的回潮率控制在23%~25%，并各自放置16h左右。上梳绒机前再将2种原料混和，避免丝吸湿太多缠锡林针布以及罗拉等部件，产生毛粒。同时，要确保混料油水分布均匀，尽量减少原料中湿块的存在，避免由于湿块缠锡林，形成毛粒；减轻梳绒机喂入量，按时抄针，增加针布握持纤维的能力，使纤维受到很好的分梳而不被搓揉，以免形成毛粒。

②梳绒机的配套改造以及工艺选定：

a.加大梳绒机盖板和锡林间隔距，减小盖板负荷，减小纤维损伤，保护羊绒和丝纤维的长度，减少短纤维形成毛粒。

b.提高道夫速度，使锡林表面更加清洁，尽量减少纤维被揉搓形成毛粒的机会。

c.采用金属针布，将锡林针布针的角度加大，针高降低，解决起出，减少缠车，减少毛粒的产生。

（2）条混技术要点：

①改善精梳前混条的结构：

a.调整各道针梳隔距：增大精梳前针梳的隔距，采用混条1遍，隔距35~40mm，混条2遍，开始隔距均采用35mm；混条1遍、混条2遍、混条3遍的牵伸倍数选择5~6倍，混条4遍、混条5遍选择6~7倍，使得纤维被充分顺直地梳理开，为精梳能很好地去除毛粒做准备。

b.采用进口针梳机，进口针梳机针密大，混条1~3遍采用5#针板，4~5遍用6#针板，基本原则为比生产纯绒条针密加大1#，能使丝绒混纺条得到充分梳理，纤维更加平行、顺直，以减小精梳机的梳理负担，确保精梳机充分去除毛粒。

②精梳工艺的调整：

a.减轻精梳机喂入负荷：进入精梳机的喂入量一般在200g/m，毛条厚度大，圆梳上的负荷重，排除短纤维和毛粒效果不好，顶梳从尾端的梳理也不充分。喂入量降至110g/m时，在喂入根数不超过允许最大根数的前提下，增加喂入根数，可使钳板喂入的毛丛厚度减小，梳针充分插入，并充分去除毛粒。同时，钳板与圆梳梳针间距离不能太大（1mm），要及时清洁圆梳、顶梳梳针，避免充塞纤维杂质，否则梳理不充分，易产生毛粒。

b.精梳机采用进口搓板，替代橡胶搓板，表面光滑，弹性更好，对解决毛网破边现象很有好处，这样可保证精梳后的纤维能顺直排列，减少由于纤维排列杂乱而再生成毛粒。精梳后，在能保证纤维顺直、条干均匀的情况下，尽量减少并合道数，防止再产生毛粒。

三、其他羊绒混纺纱线

（一）羊绒与水溶性纤维复合纱

随着市场对低特精纺羊绒围巾、披肩的需求越来越多，而低特精纺羊绒纱强力低，难以满足织造过程中张力要求，造成断头率高；生产效率下降，不能保证生产正常进行。为此，引入水溶性纤维辅助低特羊绒纱完成织造过程，解决了低特羊绒纱织造难的问题，提高了生产效率，降低了成本，从而满足了市场的需求。

1. 工艺流程

10tex×1（100公支/1）纯羊绒纱→并线（10tex×1纯羊绒纱+10tex×1水溶性纤维纱）→倍捻→整经→上机→织造→生修→溶解水溶性纤维→匹染或印花→蒸呢→整烫→成品

2. 溶解水溶性纤维

加水升温至60℃，喂入水溶性复合纱线面料，溶解20min，然后放水，再加水常温冲洗3~5min，冲洗时水要多些，使溶解物被彻底清洗干净，以免溶解物带到下道工序，影响染色效果。

（二）山羊绒莱赛尔混纺纱

莱赛尔是由木浆经过溶液纺丝方法所生产的再生天然纤维素纤维，具有生产过程无污染的特点，被誉为21世纪环保纤维。

山羊绒与莱赛尔混纺既可以突出莱赛尔纤维的优良特性（柔软、光滑、光泽自然），又不失去山羊绒纤维弹性好、吸湿透气性强的优点。

1. 条混工艺流程

莱赛尔→A002D型自动抓棉机→A006B型自动混棉机→A036C型开棉机→A092A型双棉筒给棉机→A045型凝棉器→A076A型成卷机→A186F型梳棉机（莱赛尔生条）

羊绒条+莱赛尔生条→A272F型并条机（4道）→A454E型粗纱机→FA506型细纱机

2. 复合纱工艺流程

并线（纯羊绒纱染色单纱+莱赛尔染色单纱）→倍捻→成纱

（三）蚕丝、长绒棉与羊绒混纺纱

采用蚕丝/长绒棉/羊绒纤维混纺纱线加工的织物既具有良好的服用性能，又有丝织物滑爽、飘逸以及羊绒织物轻、柔的特性。

工艺流程：蚕丝、山羊绒、长绒棉→A186C型梳棉机→A272F型并条机（3道）→A453型粗纱机→FA506AS型细纱机

（四）山羊绒、大豆纤维混纺纱

　　大豆蛋白丝属于再生植物蛋白纤维类，生产过程对环境无污染，纤维本身易降解，具有羊绒般的手感，丝般的柔和光泽，棉纤维的吸湿性和导湿性，在添加一些辅助助剂后还具有杀菌、消炎、吸收紫外线等功能。

　　大豆蛋白纤维与山羊绒混纱的关键技术是：

　　（1）染料及染色工艺的选择。

　　（2）精纺加工中针梳、复精梳工序的控制。

　　（3）细纱与合股纱线的捻度也要进行适当的调整。

第七章　山羊绒纺纱质量控制

第一节　山羊绒针织纱的主要疵点

山羊绒针织纱纱疵见表14-7-1。

表14-7-1　山羊绒针织纱纱疵

疵点种类	概　念	疵点种类	概　念
粗细节	纱线条干短片段不匀，织片后出现一段一段的粗细片段，3cm为一处	色档	在织片上呈现色泽不一的片段
松紧捻纱	因机械或操作原因形成的局部捻度偏大或偏小的纱线，3cm为一处	混色不匀	不同颜色纤维混合不匀
大肚纱	局部纱线直径粗于正常纱3倍以上，形成枣核状者	毛粒	纤维聚集成团，相互纠缠结的小球粒
条干不匀	纱线条干短片段粗细不匀，织片后出现深浅不一的云斑	异色毛	其他颜色纤维混入纱线
薄厚档	纱线条干长片段不匀，粗细差异过大，织片后形成明显的厚薄片段	杂质	混入纱线内的肤皮及草屑等
色差	纱线的色泽有差异		

以上疵点形成原因和防止方法可以参考本书"粗纺环锭细纱主要疵点成因及防止方法"和"精纺细纱疵点成因及防止方法"部分，本处不再重复介绍。

第二节　山羊绒针织纱技术要求

根据中国羊绒针织绒线行业标准FZ/T 71006—2009《羊绒针织绒线》的规定，技术要求包括安全性要求、分等规定、内在质量的评等、染色牢度及外观质量的评等。

一、安全性要求

羊绒针织绒线的基本安全技术要求应符合GB 18401—2010《国家纺织品基本安全技术规范》的规定。

二、分等规定

羊绒针织绒线的品等以批为单位。按内在质量和外观质量的检验结果中最低一项定等，分为优等品、一等品和二等品，低于二等品者为等外品。内在质量的评等按物理指标和染色牢度检验结果中最低一项定等。

三、物理指标的评等

物理指标的评等参考表14-7-2。

表14-7-2　山羊绒针织绒线物理指标的评等

项　目	单位	限度	精　梳			粗　梳			备注
			优等品	一等品	二等品	优等品	一等品	二等品	
纤维含量允差	%	—	按FZ/T 01053标准执行						—
羊绒纤维平均细度	μm	≤	15.5	—		15.5	—		只考核纯羊绒产品
线密度偏差率	%	—	±2.0	±3.0	±5.0	±2.5	±3.5	±5.5	考核股纱
线密度变异系数CV	%	≤	3.0	—	—	4.0	4.5	5.5	
捻度偏差率	%	—	±6.0			±8.0			
捻度变异系数CV	%	≤	8.5	10.0	12.5	10.0	12.5	17.5	
单根纱线平均断裂强度	cN/tex	≥	5.5① 4.0②			3.0③ 2.5④			
强力变异系数CV	%	≤	10.0			12.5			
起球	级	≥	3~4	3	2~3	3~4	3	2~3	—
含油脂率	%	≤	1.5		—	1.5		—	粗梳本白纱和散毛染色纱洗后考核

① 线密度≤20.8tex×2（≥48公支/2）的考核指标。

② 线密度>20.8tex×2（<48公支/2）的考核指标。

③ 线密度≤38.5tex×2（≥26公支/2）的考核指标。

④ 线密度>38.5tex×2（<26公支/2）的考核指标。

四、染色牢度的评等

染色牢度按表14-7-3规定评等。

表14-7-3　针织绒线染色牢度评等

项　目		单　位	限　度	考核指标	
				优等品	一等品、二等品
耐光色牢度	>1/12标准深度（深色）	级	≥	4	4
	≤1/12标准深度（浅色）			3	3

续表

项　　目		单　位	限　度	考核指标	
				优等品	一等品、二等品
耐洗色牢度	色泽变化	级	≥	3~4	3
	毛布沾色			4	3
	棉布沾色			3~4	3
耐汗渍色牢度	色泽变化	级	≥	3~4	3
	毛布沾色			4	3
	棉布沾色			3~4	3
耐水色牢度	色泽变化	级	≥	3~4	3
	毛布沾色			4	3
	棉布沾色			3~4	3
耐摩擦色牢度	干摩擦	级	≥	4	3~4（深色3）
	湿摩擦			3	3

五、外观质量的评等

外观质量的评等分为绞纱、筒子纱外观疵点评等和织片外观疵点的评等。

（一）绞纱、筒子纱外观疵点评等

（1）绞纱外观疵点评等以250g为单位，逐绞检验，按表14-7-4规定评等。

表14-7-4　绞纱外观疵点评等规定

疵点名称	优等品	一等品	二等品
接头	2	4	8
断头	不允许	1	3
斑疵	不允许	不允许	轻微
大肚纱	不允许	1个	3个
异形纱	不允许	1处	4处
毡并	不允许	不允许	轻微

（2）筒子纱外观疵点评等以每个筒子为单位，逐筒检验。各品等不允许成形不良、斑疵、色差、色花、错纱等疵点出现。

（二）织片外观疵点评等

（1）评等要求。织片外观疵点评等以批为单位，每批抽取10绞（筒），每绞（筒）用单根纬平针织成长宽为20cm×40cm的织片，10绞（筒）连织成一片，按表14-7-5规定评等。

表14-7-5　织片外观疵点评等

疵点名称	优等品	一等品	二等品	备注
粗细节	不低于封样	不低于封样	较明显低于封样	比照封样
松紧捻纱	不允许	2处	5处	—
大肚纱	不允许	1个	3个	—
条干不匀	不低于封样	不低于封样	较明显低于封样	比照封样
厚薄档	不允许	不低于封样	较明显低于封样	比照封样
色花	不允许	不低于封样	较明显低于封样	比照封样
色档	不允许	不低于封样	较明显低于封样	比照封样
混色不匀	不允许	不低于封样	较明显低于封样	比照封样
毛粒、杂质	不低于封样	不低于封样	较明显低于封样	比照封样

注　表中所述封样均指一等品封样。

（2）织片定等规定。优等品中疵点限度：十块均不允许低于封样；一等品中疵点限度：较明显低于封样的不得超过三块。

第三节　山羊绒机织纱技术要求

由于目前还没有专门针对山羊绒机织纱线的相关国家和行业标准，因此按照FZ/T 24007—2010《粗梳羊绒织品》和FZ/T 24009—2010《精梳羊绒织品》行业推荐标准的规定以及其他国家行业标准的规定，可以按以下方法对羊绒机织纱进行评等。

一、分等规定
羊绒机织纱的品等以批（缸）为单位。按物理指标、染色牢度和外观疵点三项评定，并以其中最低一项定等。

二、物理指标的评等
机织纱线物理指标的要求可以参照其他相关国家或行业标准的规定执行，重点以满足正常织造需求为主，同时要符合FZ/T 24007—2010《粗梳羊绒织品》和FZ/T 24009—2010《精梳羊绒织品》行业标准的相关规定。

三、染色牢度的评等
粗梳羊绒机织纱分为一等品、二等品，低于二等的降为等外品。精梳羊绒机织纱分为优等品、一等品、二等品，低于二等品的降为等外品。山羊绒机织纱染色牢度见表14-7-6。

表14-7-6　山羊绒机织纱染色牢度指标要求

项　　目		单　位	限　度	考 核 指 标		
				优等品	一等品	二等品
耐光色牢度	>1/12标准深度	级	不低于	4	3	2
	≤1/12标准深度			4	4	3
耐干洗色牢度	色泽变化	级	不低于	4	4	3~4
	溶剂变化			4	3~4	3~4
耐汗渍色牢度	色泽变化	级	不低于	4	3~4	3
	毛布沾色			4	3~4	3
	其他贴衬沾色[2]			4	3~4	3
耐水色牢度	色泽变化	级	不低于	4	3~4	3
	毛布沾色			3~4	3	3
	其他贴衬沾色[2]			3~4	3	3
耐洗色牢度[1]	色泽变化	级	不低于	4	3~4	3~4
	毛布沾色			4	4	3
	其他贴衬沾色[2]			4	3~4	3
耐热压（熨烫）色牢度	色泽变化	级	不低于	4	4	3~4
	棉布沾色			4	3~4	3
耐摩擦色牢度	干摩擦	级	不低于	4	3~4	3
	湿摩擦			3~4	3	2~3

①考核精梳羊绒纱线时使用，粗梳羊绒纱线不考核此项指标。

②山羊绒和其他纤维混纺，棉布沾色应为其他非绒主要纤维布沾色。

四、外观疵点的评等

粗梳机织纱的外观疵点以表14-7-7评等，分为一等品、二等品，低于二等品的为等外品。精梳机织纱的外观疵点以表14-7-8评等，分为优、一等品、二等品，低于二等品的为等外品。但此处需要说明的是针对特殊品种或高档产品可按客户协议或其他相关规定执行。

表14-7-7　粗梳机织纱的外观疵点

项　　目	一　等　品	二　等　品
大肚纱（只）	不允许	≤5
超长粗纱（只）	不允许	≤1
毛粒及其他杂质（只）	轻微	较明显

表14-7-8　精梳机织纱的外观疵点

项　　目	限　度	优等品	一等品	二等品
大肚纱（只）	不高于	不允许	不允许	1
竹节纱、超长粗纱（只）	不高于	不允许	不允许	1
毛粒及其他杂质（只）	不高于	15	15	25

第八章　山羊绒花式纱

花式纱线属于纺织行业技术含量较高的纱线品种。从原料的选择、纺纱的过程、面料的织造，原料、纱线、面料的染整到服装的制作，都浸注着丰富的技术要素。花式纱线设计思想的实现，取决于纤维品质的优劣、工艺流程的确定、工艺参数的制定、加工过程助剂的选择、生产过程人员和设备的调度与管理、设备的维护与维修、人员素质和设备性能等等因素。

飞速发展的高新科技不断地注入花式纱线领域。在纳米技术、生物技术、信息科技、高新材的时代，花式纱线有了更广阔的前景，如舒适型、环保型、功能型和智能型花式纱线相继的问世，花式纱线的市场利润空间随之扩张。花式纱线的加工设备，随信息技术、电脑控制技术、高速无油润滑技术、静音技术、材料耐磨性能、微型伺服电动机等高新技术的不断涌现和迅速转化为生产力，花式纱线设备的更新换代更加快捷。从而确保花式纱线在快速变化的流行时尚中，准确、及时调整自身的外观和形态，与流行保持同步。

而山羊绒花式纱线作为羊绒行业中的一个特殊纱线产品，在增加羊绒制品的附加值、克服羊绒制品品种单一、提升羊绒制品的时尚性方面起着不可磨灭的作用。下面就目前羊绒行业中最常见的几种花式纱线品种及生产过程加以简单介绍。

第一节　山羊绒包缠纱

一、包缠纱生产设备

羊绒花式包缠纱线通常采用空心锭花式捻线机进行生产，其生产设备与普通花式纱线的生产设备没有差异，仅在工艺细节上有所差异，因此本处不再重复介绍。

二、包缠纱工艺设计关键参数

1. 外包纱的包缠方向

包缠方向参考芯纱结构来确定，一般情况下，它与芯纱捻向相反。当芯纱为多根股线且股线捻向为S向时，用Z向包缠；当芯纱为多根单纱且单纱捻向为Z向时，用S向包缠。芯纱为须条状的精纺粗纱条时，两种包缠方向均可。

2. 外包纱包缠捻度

根据成纱线密度、产品风格、原料成分配比要求以及外包纱的性质来确定，但最小包缠捻度必须保证外包纱在芯纱上不滑移。

3. 外包纱的倒筒

外包纱必须经押线机倒成与空心锭子纺纱机配套的押线筒子才可使用。其卷装形式有

"P"形和"q"形两种，这要根据外包纱的包缠方向来确定。当外包纱为S向包缠时，押线筒子应倒成"P"形；反之，则倒成"q"形。倒筒时需调整张力控制，保证张力均匀、一致。

4．成纱输出速度设计

成纱输出速度包括匀速和变速两种输出方式。为实现变间距包缠，可以把卷绕罗拉设定为周期性变速运转。

5．成纱卷绕方式

成纱卷绕包括槽筒平行卷绕和环锭卷绕两种。为实现由A、B两色芯纱构成的包缠线的产品具有色彩无规律随机分布为A色和B色的特点，成纱采用槽筒平行卷绕机构卷装。但要实现AB纱效果或对于用单色芯纱加工的包缠线可采用环锭卷绕。

6．其他注意事项

包缠加工中，需调整芯纱退绕角度，保证芯纱张力均匀、平行、顺直地喂入空心锭子纺纱机，并合理调整外包纱的包缠捻度，保证不滑移。

三、包缠工艺实例

本处以粗纺山羊绒股线为芯纱，等间距包缠具有装饰效果的化纤长丝为例，成纱采用槽筒平行卷绕，适合3G或5G针织横机编织使用，包缠线设计及包缠工艺数据见下表。

等间距包缠纱工艺举例

项目	工艺参数	项目	工艺参数
花式效果	等间距包缠纱	基本速度（m/min）	20
成纱	256.4tex×1（3.9公支/1）	外包纱包缠捻度（T/M）	230
芯纱	两根38.5tex×3（25.9公支/3）山羊绒纱	外包纱倒筒形式	q形
外包纱	16.67tex（150D）段染腈纶长丝	成纱卷绕方式	槽筒平行卷绕
成分	92%羊绒，8%腈纶	设计步长号	1～5
包缠形式	等间距	卷绕罗拉（%）	100
空心锭子转速（r/min）	4600	前罗拉（%）	100
环锭转速（r/min）	—	基本长度（mm）	10000
空心锭子转向	Z向	干扰长度（mm）	0

同时，以上工艺参数在实际应用中有一些细节需要特殊注意，以下是在实际应用中的简要说明：

（1）基本速度：是一个理论速度，即设备的生产速度，成纱输出速度。

（2）设计步长号：是指设计纱线花式效果的分段号。一个步长号对应一种花式设计，相应纺成的纱线是一种花式结构。

（3）卷绕罗拉：成纱的输出罗拉，其速度是按照基本速度的百分比来输入的。最大可能速度是100%，最小可能速度是1%或停止。

（4）前罗拉：芯纱穿过空心锭前，所通过的紧邻空心锭的一组罗拉。其速度是按照基本速度的百分比来输入的。最大可能速度是400%，最小速度是1%或停止。

（5）基本长度：指保持卷绕罗拉速度的长度。最小长度为1mm。

（6）干扰长度：是由一个随机的编制程序在0与程序值之间进行变化，并附加到基本长度上。如果没有输入干扰长度的数字，单个的分段将在没有干扰的情况下连续进行。

第二节　山羊绒圈圈纱

圈圈纱是花式线领域中一个具体的品种，圈圈纱在市面上一直比较流行，被广泛用于服装、装饰、旅游等各类纺织品，而羊绒圈圈纱更是因为其独特的风格和柔软、蓬松、华丽的特点，近年来受到了市场的青睐。

一、圈圈纱生产设备

圈圈纱加工通常选用空心锭与环锭组合式花式捻线机。此种设备兼有空心锭花式捻线机与环锭花式捻线机的特性，捻度控制较为灵活，能满足两次加捻的不同需求，从而能够实现花式纱的一次成形。

1. 空心锭加捻机构

（1）空心锭：为芯纱、饰纱、固纱三组分的汇合形成通道，并高速回转，是第一次加捻的回转动力来源。固纱筒子套于其上，随其作高速回转。

（2）加捻钩：固装在空心锭下端，随空心锭作高速回转。

（3）输出罗拉：速度近似等于芯纱的导纱罗拉，小于前罗拉。

2. 环锭式加捻卷绕成形机构

环锭式加捻卷绕成形机构包括导纱钩、纱管、锭子、龙筋、钢丝圈、钢领及钢领板。

二、圈圈纱工艺流程

1. 工艺流程

饰纱：（后钳口→）前钳口────┐
　　　　　　　　　　　　　　├→空心锭→加捻钩→输出罗拉→导纱→固纱→
芯纱：张力装置→导纱罗拉→瓷管─┘　筒子钩→钢丝圈→纱管

2. 喂入方式

当饰纱采用单纱时，单纱通过导纱杆直接喂入前罗拉，芯纱经张力装置在一定张力下喂入，再经导纱罗拉进入前罗拉钳口处的瓷管，与饰纱汇合并与固纱一起进入空心锭；当饰纱采用粗纱时，粗纱经导纱杆进入后罗拉钳口，接受牵伸机构的牵伸作用而被抽长拉细成细度适当的绒纱，再由前罗拉输出。

三、圈圈纱工艺设计关键参数

1. 原料选择的重要性

生产圈圈纱，饰纱原料宜用弹性较好、长度较长的羊绒纤维，否则毛圈效果不佳。芯纱采用抗伸强度较高、细度较细的长丝纱，才能突出饰纱的圈形，一般为锦纶或涤纶长丝纱，或者直接采用羊绒低特纱线。固纱宜用细而耐磨的长丝纱，才能在不影响饰纱圈形效果的前提下，稳定饰纱的圈形结构，可选用与芯纱相同的长丝纱或纱线。

2. 超喂比的控制

超喂比是指饰纱输送速度与芯纱输送速度之比值，即超喂比＝饰纱输送速度/芯纱输送速度。超喂比小，则成纱特数低，毛圈成形小、圈密大；超喂比大，则成纱特数高，毛圈成形大、圈密小。普通圈圈纱的超喂比一般是2~3。超喂比取决于成纱支数的高低、圈形的大小及毛圈的密度。

3. 芯纱喂入张力的控制

芯纱的喂入张力不同，其成纱的风格也各不相同，张力控制应适当。张力过小，不能突出饰纱的圈形；张力过大，芯纱回弹后，会影响饰纱圈形及毛圈密度。要使芯、饰纱捻合后，饰纱所形成的毛圈排列均匀、大小一致，一般通过微调输出罗拉速度，使输出罗拉与张力罗拉速度之比在0.95~1.20之间。

4. 捻度的选择

捻度影响着成纱的风格（如毛圈的结构、大小及毛型感、毛羽、圈密等）及成纱的结构稳定性。捻度小，则成纱蓬松，毛圈直径大；毛羽少、密度大，但毛圈易滑移，成纱结构不稳定。因此，在工艺参数选择时，应据成纱的风格要求，兼顾成纱结构的稳定性进行合理选择。

5. 牵伸倍数的调整

当饰纱原料为纤维条时，纺制过程的牵伸倍数要合理选择。牵伸倍数的确定主要是综合饰纱输送速度、成纱特数及圈形均匀度、丰满度等因素进行调整。牵伸倍数不宜过大，否则易因饰纱条干不匀而导致毛圈不匀，可以合理选择喂入纤维条的重量来协调。

6. 加固捻度与芯饰捻度的比值对捻度扭力矩的影响

加固捻度与芯饰捻度的比值与捻度扭力矩成反比，此比值一般控制在0.5左右，过大或过小均不利于饰纱圈形及成纱整体结构的均衡与稳定。

第三节　其他羊绒花式纱线

目前，可以开发的羊绒花式纱线的品种比较多，大体包括三大类：

（1）超喂型花式纱，例如多色花线、波纹线、小辫子线、毛虫线等。

（2）控制型花式纱，例如印花线、竹节线、结子线、组合花式线等。

（3）特种花式线，例如包芯线、功能花式纱等。

由于羊绒本身原材料价格比较昂贵，加上并非所有羊绒花式纱线都能够使得羊绒制品显得高档，因此花式纱线在羊绒制品方面的开发受到一定的限制，还需要羊绒同行们的共同努力。

总的来说，羊绒花式纱线是一种艺术和技术相结合的产品。无论开发何种花式纱线，一定要结合市场的需求、结合流行色彩和趋势。同时，在生产过程中，在设备方面应保证相应机件位置的一致性，张力、速度的可调性；在工艺方面应做到参数配置的合理性；一旦原料、工艺确定，批号自始至终应该保持一致。成纱的花式效果与结构的稳定性，是工艺配置的主要依据。

第九章　山羊绒制品

第一节　山羊绒针织品

一、针织产品质量要求

无论粗纺羊绒衫还是精纺羊绒衫的设计不仅仅是花型、款式设计，更主要的是充分发挥山羊绒纤维的特征，使产品具有高档风格。

（一）对羊绒衫的质量要求

（1）充分发挥山羊绒原料的特点，使羊绒衫具有手感丰厚、润滑如丝、柔中带韧、有回弹力的特殊风格。

（2）羊绒衫要尽可能不起球、耐磨和不变形。

（3）要有良好的外观质量。

（二）对羊绒衫外观的要求

（1）纱线条干均匀、无粗细节。

（2）无明显粗毛。

（3）颜色鲜明柔和、光泽自然、混色均匀。

（4）织纹平直清晰、衫面平整。

（5）底绒丰满、绒面整齐。

（6）定形整理良好。

二、针织产品工艺流程

领纱→打线→横机织片→衣坯片检→套口合身→手缝→半检→缝领、缝门襟→手缝→领检→（开衫：打眼→钉扣→缝毛带）→半检→等检→缩绒→摘毛→成检→质检→整烫→钉商标辅料→尺寸检验→包装入库

三、山羊绒针织品质量控制

（一）羊绒衫质量控制

生产羊绒衫与生产羊毛衫基本相同，用经过检验合格的绒纱，根据绒纱特数高低，选择相应机号的横机进行编织。羊绒衫一般选用细针（9～18针）横机编织。设计工艺时，应根

据羊绒产品的款式，品种花色、规格尺寸、组织结构、编织机号等多方面的因素，设计出纺织生产工艺和挡车操作工艺，按工艺设计要求上机生产。

1. 款式品种、花色图案确定

根据羊绒衫样品或先锋生产工艺以及用户订货要求，确定羊绒衫品种和款式。然后根据织物密度、组织结构，设计出花色图案。也可根据国际服装流行趋势，羊绒衫流行款式和花色，研究消费者心理，设计人员自行构思设计新款式、新品种、新花色，引导消费。

2. 横机机型选定

用于针织编织的横机有手动横机、半自动手动横机和电脑横机，随着目前劳动力成本的增加，电脑横机的使用越来越普遍。而针型主要包括3G~18G。不同细度羊绒纱线对应横机及套口设备见表14-9-1。

表14-9-1　不同细度羊绒纱线对应横机及套口设备

纱线	tex×2	62.5~50.0	50.0~41.7	41.7~35.7	35.7~27.8	27.8~19.2
	公支/2	16~20	20~24	24~28	28~36	36~52
横机（针）		9	10	12	14	16
套口机（针）		12	14	16	18	20

3. 编织密度的确定

编织密度是织物最重要的参数之一。编织密度决定织物风格，与织物幅宽、克重等有关（表14-9-2）。以14.7tex×3（68公支/3）羊绒纱为例，当选用33.7~33.8横列/5cm（17.1~17.2横列/英寸）。使用较紧的密度，织物的纹路会更清晰，但会影响手感和增加克重，同时幅宽超过60cm则不能在普通横机上编织。对于不同品种的密度参数可以根据客户对织物的风格和重量要求而定。

表14-9-2　不同细度纱线参考编织密度

纱线	tex	62.5×2	41.7×2	38.5×2	20.8×2	14.7×3
	公支	16/2	24/2	26/2	48/2	68/3
编织密度	横列/5cm	18.1~18.3	20.5~20.7	21.1~21.3	30.5~30.7	33.7~33.8
	横列/英寸	9.2~9.3	10.4~10.5	10.7~10.8	15.5~15.6	17.1~17.2

4. 织物组织的选定

在选定织物组织时既要考虑到纱线粗细的特点，又要突出织物的特性。

5. 制订生产操作工艺单

产品设计出来后，需要工艺员将产品的品种、款式、花色图案的规格尺寸经过工艺计算，编制工艺单，使挡车工人在横机上编织出合乎规格尺寸和组织结构的衣片。

（二）缩绒质量控制

1. 水洗缩绒方法

（1）工艺流程：

①对于常规羊绒衫缩绒工艺流程为：

未缩绒针织物→洗剂浸泡→机洗（缩绒）→脱水→清洗→脱水→柔软处理→脱水→（烘干）→熨烫

②如需做固色处理，其后整理工艺流程为：

未缩绒针织物→洗剂浸泡→机洗（缩绒）→脱水→清洗→固色→脱水→清洗→柔软处理→脱水→（烘干）→熨烫

（2）影响缩绒工艺的因素：

①缩绒用剂。羊绒衫常用的缩绒剂主要有中性皂粉、净洗剂209、净洗剂105等专用洗缩剂。

洗缩剂的作用是促使纤维柔软、膨化，鳞片舒张，便于收缩，同时使织物表面光滑，减少机械外力的损伤和缩绒不匀等疵病。

助剂的用量根据原料而定，一般为0.5~1.0g/件。用量过低，去污及润湿性差，不利于鳞片的开张和绒面的产生；但用量过多，也容易使润滑过度，鳞片不易咬合，从而影响了绒面的外观。

②浴比。浴比是织物的重量与水的重量之比。羊绒衫的缩绒以水为润湿剂，在水的作用下，纤维膨化，鳞片张开，边向摩擦效应增加，有利于缩绒。

浴比大小要适当，浴比过大，会减少机械外力的摩擦作用，纤维不易咬合，不利于绒面的产生；浴比过小，纤维不能充分膨润，缩绒不充分。羊绒衫的缩绒浴比一般采用（1:20）~（1:30），以保证织物能充分的润湿。

③pH值。缩绒浴应为中性，pH值过高，对羊绒纤维有损伤，为防止羊绒衫脱色，可适量加入酸类，但pH值也不宜太低，否则缩绒后织物手感差。一般缩绒浴的pH值以5~8为宜。

④温度和时间。一般，温度高，羊绒纤维易膨润，缩绒快，但温度过高，不易控制缩绒效果，且容易损伤纤维。通常羊绒衫的缩绒温度控制在30~42℃为宜。

缩绒时间短，绒面淡，但时间过短，缩绒不充分，羊绒衫达不到丰满、柔软的效果；缩绒时间长，绒面浓，但时间过长，又会产生毡并现象，影响羊绒衫的弹性和手感。一般缩绒时间以5~15min为宜。

⑤机械外力。羊绒纤维在外力作用下才会产生缩绒效果。外力过大，缩绒过快，羊绒衫表面绒面不均匀、不丰满，影响弹性和手感；外力过小，达不到一定的摩擦效应也会影响起绒效果。

羊绒衫的缩绒通常采用转笼式缩绒机（或滚筒式洗衣机，采用大浴比洗涤后，换小浴比缩绒）。羊绒衫在缩绒机中定时地按顺、逆时针转动和翻滚，使羊绒衫与羊绒衫与筒壁之间相互摩擦，实现缩绒。

（3）缩绒操作要求。根据工艺要求，将衣物按色号、纱线线密度（纱支）、织物密度分开。针对不同的缩绒设备每次投放羊绒衫件数有所差异，以25kg缩绒机为例，普通款式的羊绒衫缩绒，每次投放20～25件；特殊款式的羊绒衫缩绒，每次投放10～15件。

①浸泡。浸泡时，必须使羊绒衫的反面朝外，浸泡的水温需要达到42℃左右。一般的羊绒衫需要浸泡20～30min，特殊的、密度紧的羊绒衫需要浸泡60min。浅色的羊绒衫要酌情浸泡。带有严重污渍的羊绒衫，必须在缩绒前处理干净之后，方可浸泡。

在浸泡过程中，必须按羊绒衫的色相分开，深色的羊绒衫需要加3%的中性洗剂，浅色的羊绒衫需要加4%～5%的中性洗剂，线密度严重不匀的需要加柔软剂。浅色的羊绒衫在水中浸泡30min后，需要进行手洗，以确保沾染的污渍去除干净。

②脱水。将手洗干净的羊绒衫脱水。羊绒衫放入脱水机时，一定要放匀，以免羊绒衫撕破。然后打开电源开关，进行脱水。

③缩绒。羊绒衫脱水后，开始缩绒。打开自动加水开关，并加入适量的洗涤剂，白色的羊绒衫需要加入胰加漂，然后搅拌均匀。将准备缩绒的羊绒衫放入缩绒机内，缩绒的时间一般根据羊绒衫所用纱线线密度确定。

④清洗、脱水。用洗涤剂洗完之后，在35℃的水中清洗两次，然后机器自动脱水。

⑤柔软处理。先按羊绒衫的比例将一定量的柔软剂加入35～45℃的水中，搅拌均匀，然后将已缩绒的羊绒衫浸泡。对深色的羊绒衫或加厚产品，浸泡时间需要60min，对浅色的羊绒衫，浸泡时间一般在30min左右。在浸泡过程中，必须将羊绒衫上、下翻动3～4次。

⑥烘干。羊绒衫经过柔软处理后需要进行烘干。烘干时，先将烘干机升温到70℃左右，然后将羊绒衫放入烘干机内，烘干时间一般为20min左右。

在烘燥过程中，羊绒衫在热空气中回转摩擦，纤维继续起绒，织物的手感显得更加柔软、糯滑、蓬松，毛型感更强。

（4）水洗缩绒工艺举例：

①工艺流程：

羊绒衫浸泡→缩绒→清洗→脱水→烘干

②工艺参数：水温35～45℃；浴比（1∶20）～（1∶30）；浸泡时间10～30min；洗缩剂：3%～5%；pH值7.0～7.5；缩绒时间一般3～30min（由机型、产品决定）；清洗2次（1～2min/次）；烘干温度80～85℃，烘干时间20～25min。

2．干洗（有机溶剂）缩绒法

（1）干洗工艺流程

羊绒衫预清洗→缩绒→脱液→烘干→整烫

（2）干洗缩绒工艺举例：见表14-9-3。

表14-9-3　干洗缩绒工艺举例

工　序	助　剂	温度（℃）	浴　比	时间（min）
预清洗	四氯乙烯	20～22	1∶20～1∶30	5～10

续表

工　序	助　剂	温度（℃）	浴　比	时间（min）
缩绒	四氯乙烯、乳化液、水	35～40	1：20～1：30	5～10
烘干	—	70～80	—	15～20

（三）整烫质量控制

（1）加热。利用了羊绒的热可塑性，使产品在一定温度条件下达到外观平整挺括，规格尺寸符合标准。适当的温度，能提高羊绒衫的整烫定形质量。若温度偏高，会使羊绒衫板结，手感粗糙，弹性降低，表面产生极光，尤其以突出的领边部位更甚；但温度过低，则平整度差，容易收缩变形。温度控制得好坏，直接影响定形效果。另外，不同的原料，不同的整烫设备，温度条件不同也直接影响到整烫定形的效果。

（2）给湿。羊绒衫在整烫时，在相应的温度条件下需要同时给湿。在给温时，给湿量要适宜。过少，高温会使纤维变性，发脆或烫黄、烫焦；过多，则会使定形不良，平整度差，容易变形；另外含湿率过高，包装后容易使羊绒衫发霉。

（3）加压。羊绒衫从编织、成衣、缩绒到整烫前均处于褶皱状态。整烫时，在一定湿、温度以及定形样板作用下，施加适当的压力，使纤维分子重新排列、固定。

（4）冷却。羊绒衫在一定温湿度和适当压力作用下使其规格尺寸和手感、外观质量符合要求。然后使羊绒衫冷却，以保证整烫效果稳定、持久。

四、山羊绒针织品质量评等

（一）山羊绒针织品分等规定

山羊绒针织品的品等以件为单位，按照物理指标、染色牢度和外观质量的检验结果来进行综合评定，并以其中最低一项定等。分为优等品、一等品、二等品，低于二等品者为等外品。

当物理指标、染色牢度和外观质量中有两项或两项以上同时降为二等品或三等品的指标时，则加降一等。在同一件产品上降等的外观质量超过三项时，则按原评定等级加降一等。物理指标、染色牢度的评等以批为单位，同一产品的每一交货单元为一批。

（二）等级评定的内容

1. 物理指标的评等

山羊绒针织品物理指标的评等见表14-9-4。

表14-9-4　山羊绒针织品物理指标的评等

项　目	单位	限度	优等品	一等品	二等品	备　注
纤维含量允差	%	—	按FZ/T 01053标准执行			—
羊绒纤维平均细度	μm	≤	15.5	—		只考核纯羊绒产品

续表

项　目		单位	限度	优等品	一等品	二等品	备　注
顶破强度	精梳	kPa（kgf/cm²）	≥	196（2.0）①			—
				225（2.3）②			
	粗梳			196（2.0）			
编织密度系数		mm·tex	≥	1.0		—	只考核粗梳平针产品
起球		级	≥	3~4	3	2~3	
二氯甲烷可溶性物质		%	≤	1.5	1.7	—	—
松弛尺寸变化率	长度	%	—	±5			只考核平针产品
	宽度			±5			
单件重量偏差率		%	—	按供需双方合约规定			—

①线密度<20.8 tex（>48公支）的考核指标。

②线密度≥20.8 tex（≤48公支）的考核指标。

2. 染色牢度的评等

山羊绒针织品染色牢度的评等见表14-9-5。

表14-9-5　山羊绒针织品染色牢度的评等

项　目		单位	限度	优等品	一、二等品
耐光	>1/12标准深度（深色）	级	≥	4	4
	≤1/12标准深度（浅色）			3	3
耐洗	色泽变化	级	≥	3~4	3
	毛布沾色			4	3
	其他贴衬沾色			3~4	3
耐汗渍（酸性）	色泽变化	级	≥	3~4	3
	毛布沾色			4	3
	其他贴衬沾色			3~4	3
耐汗渍（碱性）	色泽变化	级	≥	3~4	3
	毛布沾色			4	3
	其他贴衬沾色			3~4	3
耐水	色泽变化	级	≥	3~4	3
	毛布沾色			4	3
	其他贴衬沾色			3~4	3
耐摩擦	干摩擦	级	≥	4	3~4（深色3）
	湿摩擦			3	3

续表

项　目		单　位	限　度	优等品	一、二等品
耐干洗	色泽变化	级	≥	4	3~4
	溶剂沾色			3~4	3

注　1.内衣类产品不考核耐光色牢度。

　　2.干洗类产品不考核耐洗和耐湿摩擦色牢度。

　　3.多色及印花产品色牢度应考核其包含的所有颜色且以最低级别判定等级。

3. 外观质量的评等

外观质量的评等以件为单位，包括外观实物质量、规格尺寸允许偏差、缝迹伸长率、领圈拉开尺寸、扭斜角及外观疵点。

（1）外观实物质量的评等。外观实物质量系指款式、花型、表面外观、色泽、手感、做工等。符合优等品封样者为优等品；符合一等品封样者为一等品；较明显差于一等品封样者为二等品；明显差于二等品封样者为等外品。

（2）主要规格尺寸允许偏差。长度方向：±2.0cm；宽度方向：±1.5cm；对称性偏差：<1.0cm。

注　1.主要规格尺寸偏差指上衣的衣长、胸宽（1/2胸围）、袖长；裤子的裤长、直裆、横裆；裙子的裙长、臀围；围巾的宽、1/2长等实际尺寸与设计尺寸或标注尺寸的差异。

　　2.对称性偏差指同件产品的对称性差异，如上衣的两边袖长，裤子的两边裤长的差异。

（3）缝迹伸长率。平缝不小于10%；包缝不小于20%；链缝不小于30%（包括手缝）。

（4）领圈拉开尺寸。成人：≥30cm；中童：≥28cm；小童：≥26cm。

（5）成衣扭斜角。成衣扭斜角≤5°（只考核平针产品）。

（6）外观疵点评等。外观疵点评等见表14-9-6。

表14-9-6　山羊绒针织品外观疵点评等

类　别	疵点名称	优等品	一等品	二等品	备　注
原料疵点	1.条干不匀	不低于封样	不低于封样	较明显低于封样	比照封样
	2.粗细节、松紧捻纱	不低于封样	不低于封样	较明显低于封样	比照封样
	3.厚薄档	不低于封样	不低于封样	较明显低于封样	比照封样
	4.色花	不低于封样	不低于封样	较明显低于封样	比照封样
	5.色档	不低于封样	不低于封样	较明显低于封样	比照封样
	6.纱线接头	≤2个	≤4个	≤7个	正面不允许
	7.草屑、毛粒、毛片	不低于封样	不低于封样	较明显低于封样	比照封样

续表

类　别	疵点名称	优等品	一等品	二等品	备　注
	8.毛针	不低于封样	不低于封样	较明显低于封样	比照封样
	9.单毛	≤2个	≤3个	≤5个	—
编织疵点	10.花针、瘪针、三角针	不允许	次要部位允许	允许	—
	11.针圈不匀	不低于封样	不低于封样	较明显低于封样	比照封样
	12.里面露纱、混色不匀	不低于封样	不低于封样	较明显低于封样	比照封样
	13.花纹错乱	不允许	次要部位允许	允许	—
	14.漏针、脱散、破洞	不允许	不允许	不允许	—
裁缝整理疵点	15.拷缝及绣缝不良	不允许	不明显	较明显	—
	16.锁眼钉扣不良	不允许	不明显	较明显	—
	17.修补痕	不允许	不明显	较明显	—
	18.斑疵	不允许	不明显	较明显	—
	19.色差	4~5级	4级	3~4级	对照GB250
	20.染色不良	不允许	不明显	较明显	—
	21.烫焦痕	不允许	不允许	不允许	—

注　1.表中所述封样均指一等品封样。

　　2.次要部位指疵点所在部位对服用效果影响不大的部位，具体如上衣：大身边缝和袖底缝左右各1/6；裤子：在裤腰下裤长的1/5和内侧裤缝左右各1/6。

　　3.表中未列的外观疵点可参照类似的疵点评等。

第二节　山羊绒机织品

目前，羊绒机织产品主要分为粗纺类和精纺类两种。

粗纺类主要包括水纹围巾、披肩，轻缩绒风格围巾、披肩，呢绒（呢子、绒毯）等，而纯山羊绒粗纺呢绒产品有男士顺毛大衣呢、女士梳毛大衣呢、男上装短顺毛呢、男上装格子花呢、男大衣双面呢等。

精纺类主要包括精纺围巾、披肩、精纺花呢等。随着山羊绒精纺工艺的发展，精纺产品的种类正在不断的增加。

一、山羊绒机织面料

（一）产品要求

山羊绒机织面料包括粗纺顺毛呢和精纺格子花呢等，其简单介绍见表14-9-7。

表14-9-7 羊绒面料品种及要求

产品品种	要　　　　求
羊绒顺毛呢	产品要求绒面密，绒毛顺、短、齐、不露底而光足；手感柔、润、滑，稍有身骨感；无草屑和粗毛，无缩绒或拉毛的条痕现象
羊绒格子花呢	缩呢状态合适，不板不烂，小绒面毛角剪齐：经直纬平，而格子花纹整齐； 纬向的格子或花型不能有方向性；手感柔滑而略有光泽，毛粒、草屑、粗毛需修清

（二）织造工艺流程

1. 织造工艺

经纬纱分别纺制好以后，进行织造。它们的织造工艺流程为：

络筒→整经→穿经或接经→穿筘→织造→坯布

（1）整经工艺。织造的第一道工序为整经，将纱按照工艺要求的宽度、长度、密度、格形顺序均匀地卷到整经滚筒上，再由滚筒卷到经轴上，为织造作准备。粗纺纱整经时经纱张力片重量取作精纺产品的一半，即10克，以减缓因整经张力过大而造成的粗纺纱疲劳，导致其弹性恶化。另外，由于粗纺纱线毛羽太多，为使织造能够顺利进行，可以加入坯布重量1.5%的整经油剂，加油在整经架与经轴之间的蜡液槽中进行，随着纱线在经轴上的卷绕，整经油剂均匀地黏附在了纱线的表面。洗呢时整经油剂被洗掉，不会影响成品的手感。

（2）织造工艺。精纺面料织造时的一个重要参数是织口的距离。通过调节经纱张力即重锤重量来确保织口在正常水平。织粗纺羊绒面料时重锤重量通常取织制精纺面料时的三分之一，约为2～3kg。经纱张力过大，在经纱不断前进的过程中，纱线粗细节处容易断裂，而且也会使粗纺纱在打纬后更加不易回缩，织口距离不断增大，容易形成布面两边的小缺纬。严重时影响开合。

织造过程中还需注意的一个问题就是精纺羊绒面料的边组织配置。西服面料因其结构较厚，而且有时要加字边的缘故，大多采用钩边即折入边。这种情况下，布边纬纱密度接近地组织的两倍。所以要运用浮点较长的边组织结构来与地组织的缩率保持一致。如果经纱为粗纺纱，纬纱为精纺纱，那么布边的经纱应该是一根粗纺纱与一根精纺纱搭配。

2. 后整理工艺

（1）粗纺羊绒顺毛呢后整理工艺流程：

洗呢→缩呢→脱水→中检→拉幅烘干→称重→给湿→钢丝湿起毛→剪毛→钢丝湿起毛→剪毛→拉幅烘干→给湿→刺果顺毛→剪毛→刺果顺毛→湿刷定形→拉幅烘干→剪毛→烫光→剪毛→蒸刷→预缩→蒸呢→检验→打卷称重→入库

（2）精纺羊绒哔叽后整理工艺流程：

坯检→生修→洗呢→拉布→煮呢→烘干→中检→熟修→刷毛→剪呢→压烫→预缩→罐蒸→成检→打包

3. 工艺举例

（1）羊绒精纺休闲呢织造规格：见表14-9-8。

表14-9-8 羊绒精纺休闲呢织造规格

品　名	羊绒休闲呢	上机经密×纬密 （根/10cm）	192×203	成品宽（m）	1.5
成　分	山羊绒100%	成品经密×纬密 （根/10cm）	240×220	染长率（%）	2
纱线线密度	20.8tex×2	成品单重（g/m）	315	染缩率（%）	10

①组织：方平组织。

②织物特点：精纺纯羊绒休闲花呢，通过彩虹纱的设计应用，织物产生朦胧的条格效果，色彩自然，难以模仿。

（2）羊绒休闲呢后整理工艺流程。

坯检→生修→洗呢→拉布→煮呢→烘干→中检→熟修→刷毛→剪呢→压烫→预缩→罐蒸→成检→打包

①洗呢：上辊压力$1.0×10^5$Pa，加3.0%山德先MRN洗剂，40℃相对水位180mm，保温温度40℃，风量45%，车速100m/min，皂洗40min/60m，冲洗：40℃，10min，35℃，5min，30℃，5min，出机。

②洗煮：洗呢温度80℃，煮呢温度98℃，车速20m/min，张力$1.8×10^5$Pa，压力：前四$1.0×10^5$Pa，后一$2.0×10^5$Pa。

③烘呢：下机幅宽153cm，超喂10%，车速12m/min，温度120℃。

④剪呢：刀距0.6mm，三正一反，车速15m/min。

⑤压烫：温度110℃，车速15m/min，压力$6×10^6$Pa。

⑥罐蒸：4#工艺，抽冷60s，罐蒸60s。

⑦压烫：温度110℃，车速15m/min，压力$7×10^6$Pa。

（三）羊绒面料质量控制

羊绒面料疵点原因及表现形式见表14-9-9。

表14-9-9 羊绒面料疵点原因及表现形式

问题原因	表现形式	问题原因	表现形式
缩呢不当	成品呢面留有缩呢条痕	剪毛不匀	成品绒面留有剪毛斑痕或经向剪毛条痕
缩绒不足	成品幅宽过宽，手感轻薄	湿刷毛、湿打卷不当	成品绒面不顺或光泽不匀
缩绒过度	幅宽过窄，手感偏硬板	蒸压定形不良	成品呢面无光泽或纬向折布印难以消除

二、山羊绒轻缩绒类产品

羊绒轻缩绒类产品主要包括精纺产品和绒面产品，而精纺产品以披肩居多，绒面产品以围巾居多。山羊绒围巾、披肩以其服用舒适、保暖性强、手感柔软滑糯、光泽自然持久等特点深受广大消费者的青睐。

（一）产品要求

山羊绒围巾需要体现羊绒制品的柔软、舒适、丰满，而山羊绒披肩则需要体现其轻薄、精细的特性。

（二）后整理工艺流程

1. 粗纺绒面产品

原坯→缩绒→清洗→柔软→脱水→烘干→中检→整烫→打穗→验修→手缝→包装

2. 精纺白坯布产品

白坯→检验→成衣染色→柔软→脱水→烘干→整烫→中检→蒸呢→初验→成品整烫→验修→打穗→手缝→包装

（三）质量控制

1. 织造工艺

羊绒围巾、披肩类产品要求质地柔软，所以紧度的选择是关键，不宜太大，但也不宜太小，否则会显得松烂，其强力、拉伸性能等内在质量也会受到影响（表14-9-10）。

表14-9-10 羊绒围巾织造参数

品 名	羊绒围巾	成品条长（cm）	140（穗10）
成分	山羊绒100%	下机条宽（cm）	31.25
纱线线密度（tex）	12.5×2	成品条宽（cm）	30
组织	平纹	下机条重（g）	37.89
上机经密×纬密（根/10cm）	136×134	成品条重（g）	36
下机经密×纬密（根/10cm）	146×140	染长率（%）	5
成品经密×纬密（根/10cm）	152×147	染宽缩率（%）	4
下机条长（cm）	147	重损（%）	5

精纺纱线的强力稍差，设备的工艺调整有较严格的要求。特别是整经、送经、卷取、打纬、上机等工艺参数，总的要求是低张力、高后梁、增加分绞棒等多项措施，以避免纱线断头及稀密档等织造疵点。

　　精纺绒纱在纺纱过程中形成的毛羽较大，在织造时容易造成纱线缠结和开口不清，所以在整经时一般要加5%～10%的冷浆液，或进行纱线烧毛。织物组织一般采用平纹、$\frac{1}{2}$斜纹等，织造的工艺技术要求见表14-9-11。

表14-9-11　羊绒披肩织造工艺技术要求

工艺参数		纯绒精纺围巾		混纺精纺围巾 （70%山羊绒，30%桑蚕丝）	
		经向	纬向	经向	纬向
纱线	tex	16.7×2	16.7×2	8.3×2	16.7×1
	公支	60/2	60/2	120/2	60/1
上机密度（根/10cm）		102	100	140	137
下机密度（根/10cm）		105	103	146	144
上机幅宽（cm）		84		86	
下机幅宽（cm）		80		82	
上机长度（cm）		202		198	
下机长度（cm）		194		192	
成品规格（长×宽＋穗长×2）（cm）		180×70＋10×2		180×70＋10×2	
成品重（g）		85		65	
组织		平纹			

2. 羊绒精纺披肩后整理注意事项

　　（1）缩绒。染后的精纺围巾在染色过程中已形成一定的绒面，尤其是纯绒精纺围巾有时可能不需要缩绒，所以缩绒时要根据染后织物的实际风格进行。混纺精纺围巾一般都要柔软处理，处理时温度控制为（40±3）℃，调节pH值为5～6，充分运转均匀，防止柔软剂硅斑印的出现。

　　（2）蒸呢。精纺围巾采用先蒸后染、染后再蒸的2次蒸呢工艺。精纺围巾组织稀薄，在绳状染色加工中纱线极易移位，影响到成品的外观质量。染前蒸呢可有效地使纱线定形，并有防止纱线减捻、减少起毛起球的作用。染后要根据围巾的长度来调整包布张力，以免使围巾由于张力太大而伸长。蒸呢时每条围巾摆放必须整齐一致，避免出现漏汽印、边深、穗印等疵点。

三、山羊绒水波纹类产品

　　羊绒水波纹披肩后整理工艺流程：

　　洗呢→缩呢→轧液→钢丝湿起毛→拉幅烘干→摘毛→刺果顺毛→卷轴定形→拉幅烘干→蒸刷→蒸呢→裁剪→验修→成检→手缝→包装

（一）洗呢

洗呢的目的是净化织物和改进织物手感。洗呢是使织物获得良好色泽和手感的关键工序，时间不宜过长，否则会使织物身骨疲软，弹性差，温度35～45℃，时间20min，冲洗。第2次洗呢，温度35～45℃，大浴比漂洗，漂洗干净后出缸。通过洗呢，可去除污物，消除了纤维前道工序积存的内应力，手感丰满、活络。

（二）缩呢

缩呢是形成产品绒面特征的关键基础工序。缩剂的选择与用量、缩呢的布速、缩呢的温度以及缩口的大小直接影响缩呢的质量与产品的风格。生产中注意掌握缩呢程度的轻重，基本工艺条件如下：采用808助剂，用量2.2%；布速130m/min；温度35～40℃；缩口9～15cm。缩呢中，808助剂用量要适当，太多，披肩在设备中易打滑，达不到缩呢的效果；太少，容易出现缩痕，呢面不均匀。一般坯布含湿量60%～70%，加料要均匀。

（三）钢丝起毛

起毛对外观风格的改变作用很大，不同的方法可得到不同的外观风格。其注意事项有以下几点。

（1）要正反两面多次起毛，以达到绒毛丰满、均匀的效果。起毛次数可根据具体情况调整，一般是3～6遍。

（2）起毛力度要小。顺针辊速度25m/min，逆针辊速度30m/min，送布速度10m/min。操作中要经常检查织物身骨和绒面情况，防止起毛不良或起毛过度。

（四）刺果顺毛

刺果起毛作用柔和，较少伤毛，光泽也较好，目的是使钢丝起毛后绒毛顺直。其注意事项有以下几点。

（1）操作过程中，一定要保证呢坯进机张力均匀，刺拉前一定要保证轧水均匀，才可能确保起出均匀一致的绒毛。

（2）刺果顺毛要根据产品风格的需要调整设备参数，合理控制呢坯湿度。湿度太小，则产生不出水波纹；湿度太大，则水波纹大。

（3）刺果顺毛后，需静置8～10h进行水纹定形和消除纤维的内应力。

（五）蒸呢

蒸呢对织物起定形作用，同时可以改善织物的光泽、手感、质地和呢面效果。通过蒸呢可以产生自然柔和的光泽和富有弹性的手感。操作时披肩摆放必须整齐一致，避免出现水印、边深、斜角、穗印等疵点。

四、山羊绒毯

山羊绒毯是以山羊绒为原料生产的毯子。

山羊绒毯按照织造方式分为：针织毯和机织毯。针织毯的做法类似羊绒衫，用横机来生产，可以做成不同的针型和组织；机织毯就是用织机来制作的毯子，常见的有水波纹毯、轻缩绒毯或立绒毯。

山羊绒毯有童毯和成人毯等不同规格，一般有如下几种（长×宽）：70cm×70cm、110cm×150cm、130cm×150cm、150cm×200cm、180cm×230cm、200cm×230cm、230cm×250cm。

山羊绒毯的织造工艺流程和普通织造没有太大的差异，其后整理工艺流程为：

原坯→坯检→洗涤→重缩绒→清洗→脱水→中检→拉幅烘干（半干）→钢丝起毛（2遍）→拉幅烘干→钢丝起毛→中检→蒸刷→成品初验→裁剪→包边→缝毯角→检验→手缝→刺绣→去浮毛→检验→装盒→装箱→入库

五、山羊绒机织品质量评等

山羊绒机织面料的评等可以参考FZ/T 24007–2010《粗梳羊绒织品》和FZ/T 24009–2010《精梳羊绒织品》行业标准执行；羊绒机织围巾、披肩的评等参照FZ/T 24011–2010《羊绒机织围巾、披肩》行业标准执行；羊绒毯的评等由于目前还没有相关国家或行业标准，以下提供部分评等要求，仅供参考。

（一）羊绒机织围巾、披肩检验标准

1. 技术要求

技术要求包括安全性要求、分等规定、内在质量和外观质量的评等。

（1）安全性要求：羊绒围巾、披肩的基本安全技术要求应符合GB 18401—2010《国家纺织品基本安全技术规范》的规定。

（2）分等规定：羊绒围巾、披肩的品等以条为单位，按内在质量和外观质量的检验结果中最低一项定等，分为一等品和合格品。

（3）内在质量：内在质量按批评等，由物理指标和染色牢度综合评定，并以其中最低一项定等。

（4）外观质量：外观质量以件评等，以规格尺寸允许偏差和外观疵点综合评定，并以其中最低一项定等。

2. 物理指标的评等（表14-9-12）

表14-9-12　物理指标评等

项　目	单位	精　梳		粗　梳	
		一等品	合格品	一等品	合格品
水洗尺寸变化率	%	+3.0 ~ —2.0	+4.0 ~ —2.5	+4.0 ~ —2.0	+5.0 ~ —3.0
干洗尺寸变化率	%	+2.0 ~ —2.0	+3.0 ~ —2.0	+2.5 ~ —3.5	+2.5 ~ —4.5
单条重量偏差率	%	≤5	≤7	≤5	≤7
经向断裂强力	N	≥100		≥70	
纤维含量偏差	%	按FZ/T 01053规定执行			

注　1.尺寸变化率按照使用说明上标注的项目考核，使用说明上标注可水洗也可干洗的产品只考核水洗尺寸变化率。

　　2.半精梳产品按精梳产品考核。

　　3.精梳60公支/1或50g/m²以下薄型松结构等特殊产品的断裂强力按合约要求执行。

3. 染色牢度的评等（表14-9-13）

表14-9-13　染色牢度评等

项　目			限　度	一等品	合格品
耐光	变色	浅色	≥	3~4	3
		深色		4	3
耐洗		变色	≥	4	4
		沾色		3~4	3
耐水		变色	≥	4	3~4
		沾色		3~4	3
耐干洗		变色	≥	4~5	4
		沾色		4	3~4
耐干摩擦	沾色	浅色	≥	3~4	3
		深色		3	3
耐湿摩擦	沾色	浅色	≥	3~4	3
		深色		3	3

注　1.按GB/T 4841.3—2006《染料染色标准深度色卡2/1、1/3、1/6、1/12、1/25》规定，颜色>1/12标准深度为深色，颜色≤1/12标准深度为浅色。

　　2.使用说明上标注不可水洗的产品不考核耐洗色牢度。

　　3.使用说明上标注不可干洗的产品不考核耐干洗色牢度。

4. 外观疵点的评等

（1）规格尺寸允许偏差（表14-9-14）。

表14-9-14 规格尺寸允许偏差

项 目	规格尺寸	要 求	
		一等品	合格品
规格尺寸偏差	长度≤60	+3.0～−2.0	
	60<长度<90	+4.0～−2.5	
	长度≥90	+5.0～−4.0	
	宽度≤30	+1.5～−1.0	
	30<宽度<70	+2.0～−1.5	
	宽度≥70	+3.0～−3.0	
对称边互差	长度≤60	≤2.0	≤3.0
	长度>60	≤2.5	≤3.0
	宽度≤30	≤1.0	≤1.5
	宽度>30	≤1.5	≤2.0
穗长互差	≤10	≤±1.0	
	>10	≤±1.5	

注 1.长度按对折量考核。

2.披肩长、宽一致时按长度规定考核。

（2）外观疵点的评等。外观疵点按表14-9-15规定评等，印花产品按表14-9-16规定评等。

表14-9-15 外观疵点评等

项 目	允许范围及考核标准	
	一等品	合格品
异色毛	分散不明显	分散但明显
缺经、缺纬	不允许	允许经纬各一处
破洞、破边	不允许	不允许
条痕（起毛痕）折痕	平铺不明显	2处以上明显
经档、纬档	平铺不明显	平铺明显
薄厚档	不允许	不明显
白斑、色点	不允许	轻微明显
油污	不允许	不明显
修补痕、磨损	不明显	轻微明显
边不齐	不明显	经向无断纱
月牙边、荷叶边、条花、刺果痕	平铺不明显	比较明显
经纬斜	≤5%	≤5%
穗子不良	穗子整齐，粗细比较均匀	轻微不齐，轻微粗细不匀

注　1.不明显是指疵点比较轻微或模糊，检验员能隐约看到，一般消费者不易发现。

　　2.明显是指疵点本身有比较明显的界限，一般消费者都能看到。

表14-9-16　印花产品外观疵点评等

项		允许范围及考核指标	
		一等品	合格品
对花不准（错位或露底）		不明显	明显
花型不对称　（对称花型）		±1.0cm以内	较明显
多花（砂眼）		不影响花型整体效果	较明显
深浅版		不明显	较明显
拖浆		不明显	不明显
印透	精梳	允许	允许
	粗梳	不明显	较明显
糊花（溢浆、渗化）		不明显	轻微明显
色污、油污、脏污		不明显	轻微明显
花型整体变形		轻微变形	较明显
花型整体位置移位		不明显	较明显

（二）羊绒毯检验标准

1. 技术要求

按实物质量、物理指标、染色牢度和外观质量四项检验结果评定，并以最低一项定等。分为优等品、一等品、二等品、三等品。实物质量、物理指标、染色牢度和外观质量中最低品等有两项及以上同时降为二等品或三等品时则加降一等。

2. 实物质量

实物质量是指羊绒毯的绒面和手感。

3. 物理指标的评等

考核指标有条重偏差率、断裂强力、缩水率等。

4. 染色牢度的评等

有一个项目低一级或两个项目低半级者降为二等品，有两个及以上项目低一级或三个项目低半级都降为三等品。

5. 外观质量的评等

考核指标有规格尺寸和外观疵点。

6. 规格尺寸

规格尺寸包括长度偏差率、宽度偏差率。

7. 外观疵点

外观疵点包括补洞痕、缺纱、纱疵、错纹、色花、串色等。

第十章　山羊绒制品加工新技术

第一节　数码印花

随着人们对纺织品款式、色彩和变化感的要求以及新技术、新材料在纺织品上有机的结合，使得纺织品新型印花近年来发展非常迅速，其中，喷墨印花在诸多方面显示出优越性。纺织品喷墨印花设备的出现和发展在很大程度上弥补了印花产业的不足，使印花过程时间大大缩短，在小批量、多品种生产和即时交货要求上完全符合未来快速发展的节奏。因此喷墨印花越来越受到人们的青睐，具有非常广阔的发展前景。

一、数码印花设备及技术特征

从技术宏观层面来看，数码印花的高精细度以及直接喷印无需制版的技术是种革命性变革。它以现代计算机和网络技术为基础，以数字化为标志，生产技术与工艺已开始全面从传统制版工艺向全新数字化生产工艺变革，并逐步向高品质、高效率、高动态、实时化与个性化生产工艺的方向发展。目前使用较多的有国产VEGA系列、648E系列数码印花设备、日本SIP系列数码喷墨印花机。VEGA系列数码印花设备的主要技术特征见表14-10-1。

表14-10-1　VEGA系列数码印花设备的主要技术特征

项　目		主　要　技　术　特　征
喷头	类型	工业级喷头
	数量	16个
	颜色配置	4色/每色4个喷头，8色/每色2个喷头
	高度	2~30mm可调
	清洗方式	自动正压和负压清洗
	湿度控制	采用自动喷雾控制喷头四周的湿度
墨水	种类	分散、活性、酸性、涂料
	颜色	青、品红、黄、黑、浅青、浅红、浅黄、浅黑
	供墨方式	自动供墨泵连续供墨
织物	种类	各种棉、麻、丝、化纤等机织物、针织物和无纺织物
	最大厚度	28mm
	最大宽度	3200mm

续表

项　　目	主　要　技　术　特　征		
织物输送方式	自动张力调节进布		
	自动感应收卷		
	带黏性的导带运输	自动导带连续清洗系统	
		自动导带纠偏系统	
织物烘干方式	红外线加热及冷风		
操控界面	触摸屏菜单显示		
打印接口	USB2.0（Windows2000/Windows NT/Windows XP等）		
计算机控制系统	内置式计算机，P4/3.2G，1G内存，160G硬盘		
喷印控制软件	ATEX RIP		
支持的图像格式	JPEG、TIFF、BMP/RGB、CMYK色彩模式		
电源　电压	380VAC，三相电源		
频率	50Hz±10%		
功耗	10kW		
压缩空气连接	空气流量≥0.2m³/min（分散），空气流量≥0.6m³/min（活性），气压≥7kg		
工作环境	环境温度20～30℃，环境湿度60%～70%		
外形尺寸（长×宽×高）/重量	1965mm×4160mm×1410mm/1500kg		
喷印模式	喷印精度（dpi）	4色最高车速（m²/h）	8色最高车速（m²/h）
高速模式	360	140	70
高速模式	720	70	35
标准模式	1080	46	23

二、数码印花关键设备参数选用

（一）喷头高度

喷墨印花时需要控制机器喷头的高度，控制好高度既可以使印花图形清晰、线条流畅，而且可以保护喷头。在打印羊绒织物的时候，仍有少量的毛绒凸起，这些凸起的毛绒有可能堵塞喷头，使喷头无法正常工作，喷墨时不流畅，从而影响花型颜色，导致图形不完整，花色与样衣不一致等问题。例如648E型数码印花设备喷头有3.0cm、3.5cm、4.0cm、4.5cm、5.0cm、5.5cm、6.0cm共7个不同的高度值，在印制不同花型时要选择不同的高度。对于大面积的纯色块，喷头可稍高；面积小、细线条喷头要低，通常选用6cm。

（二）分辨率

机器的分辨率也是重要参数之一。对普通印花花型，选择720dpi×720dpi即可达到使用标准。一般图像的分辨率在360～720dpi就可达到清晰、美观的效果。由于羊绒织物表面的绒面效应，所以羊绒织物采用300dpi的分辨率就可以了，使用的打印参数是300dpi×300dpi。

（三）单双向

喷墨印花打印机是机头控制方向，可以分为单向打印和双向打印，但单双向对渗化的影响不大，所以在保证花型花色不变的情况下，选用单向即可，通道为2。

三、数码印花工艺流程

织物预处理→印前烘干→喷墨印花→印后烘干→汽蒸（95℃，50min）→水洗→烘干

（一）前处理

1. 调浆

浆料的调制与传统印花原糊调制相似。浆料的主要成分一般包含糊料，如海藻酸钠、淀粉、合成黏合剂、尿素等。在前处理剂中加入适量的尿素等吸湿剂，可起到印花织物在汽蒸时的保湿与促进纤维膨化的作用，有利于染料从浆料中向纤维扩散。对于羊绒织物，吸湿剂浓度的变化对C（青）、M（品红）、Y（黄）、K（黑）四色印花表观色深度影响较为显著，从而增加了色深度与鲜艳度，但是当尿素浓度增至一定程度时，印花清晰度又有所降低。对于较厚的羊绒织物，可加1%左右的渗透剂。

2. 上浆方法

通常采用简便易行的筛网上浆法。可用60目或80目筛网在手工平台板上刮印上浆，经水洗后染料的掉色实验情况所得，采用60目刮浆即可。一般依不同处方的不同黏度，刮印4~8刀，以不透底为度，经试验确定刮6刀可达到染色效果清晰。刮刀数越多，浆料反而太厚，影响喷头的高度，严重者会损坏喷头。同时，羊绒表面的绒毛要求其贴伏在表面，以防止喷印活性墨水时会出现沾色和露点等问题。

3. 烘干

在手工上浆或机械设备上浆后，应进行及时的烘干，一般在80℃左右的烘箱中干燥，切勿高温烘干，以免损伤织物。为节约成本，夏季也可让其自然干燥，需在阴凉干燥处放置，不可置于阳光直射处。

（二）喷墨印花

选择正确的RIP是品质输出的关键之一。RIP是将喷印数据转换为光栅化的图像或网点，这样喷墨打印机就能够在介质上印出来，它以描述性的语言或矢量图像的形式接收喷印数据。喷嘴离布面的距离控制在3~5mm，但是由于羊绒布面的绒面性，一般控制在5mm左右。

（三）后处理

1. 蒸化

喷印好的织物必须进行蒸化处理，蒸化的目的是使染料分子在一定湿热条件下，与纤维发生化学反应，使染料固着在纤维上面。羊绒织物经过喷印后，活性染料只是附着在织物的浆膜上，只有经过高温蒸化才能真正固着在织物上。需汽蒸的织物上下要用白纸或棉布衬好，否则蒸化水滴会严重影响花色。一般温度为95℃，时间为50min。

2. 水洗

蒸化后印花坯布→冷水洗（1遍）（皂洗剂5g/L）→冷水洗（2遍）→皂煮（80~90℃，15min，中性皂洗剂5g/L，加防沾色剂1.5g/L）→冷水洗净→固色及柔软（活性固色剂5g/L，柔软剂5%，室温固色10min）→烘干（80℃）

第二节　纳米技术

物质颗粒直径小于100nm的颗粒集合体称为纳米微粒，它表现出的小尺寸效应、表面效应、量子尺寸效应及宏观量子隧道效应等特点，导致纳米微粒的热、磁、光敏感特性和表面稳定性，具有许多物质不具备的特殊性质，应用纳米技术可以开发远红外、自清洁、抗菌等功能羊绒产品，目前在国内已经具有良好的应用。

一、纳米远红外整理

纳米是一个长度单位。当粒子尺寸下降到一定值时，费米能级附近的电子能级由准连续变为离散能级现象，其关系为：

$$\delta = E / (3N)$$

式中：δ——能级间距；

E——费米能级；

N——总电子数。

宏观物质包含无限个原子（即N趋于无穷），于是δ趋近于0，即大粒子或宏观微粒包含的原子数有限，N值很小，导致有一定的值，即能级间距发生分裂。当能级间距大于热能、磁能、静电能、静磁能、光子能量或超导的凝聚态能时，必须考虑量子效应。这就导致纳米微粒磁、光、声、热、电以及超导电性与宏观特性的显著不同，称为量子效应。远红外线是一种电磁波，普通的远红外功能性材料在纳米级结构时，由于量子效应，它的远红外发射性能会得到显著的提高。

纳米微粒尺寸小，表面积大，位于表面的原子占相当大的比例，随着粒径减少，表面急剧变大，引起表面原子数迅速增加。在过去的研究中，发现远红外材料的远红外发射率与材料中心原子的价键结构有明显的关系。大量的中心原子处于表面状态，无疑是远红外发射率得以大量提高的重要因素。

采用纳米材料与有机树脂单体混合，形成水介质中应用的纳米远红外整理剂。整理工艺流程为：

缝合羊绒衫→洗涤→浸渍→漂洗→脱水→柔软及涂层→脱水→烘干→整烫→成品

纳米远红外整理主要在柔软整理工序中进行，烘干工艺也需进行相应的调整。

二、纳米三防整理

以纳米界面技术为手段，通过表面改性纳米级氧化物与功能树脂的协同作用，可实现羊绒制品的防水透湿功能、防油功能、防沾污功能的"纳米三防"功能整理。

通过表面改性纳米级氧化物与功能树脂协同作用实现"纳米三防"功能效果；通过选用含表面改性纳米级氧化物与功能树脂的协同作用制成"纳米三防"功能整理剂，并采用吸附法、浸轧法、低给液快速烘干法等加工途径在羊绒制品表面形成纳米尺度的功能层，实现羊绒制品的"纳米三防"功能效果。

第三节   生物酶整理技术

酶是一种生物催化剂，是微生物通过代谢作用产生的具有催化能力的高分子蛋白质，能降解特定的高分子材料，其催化效率高，无毒，不会引起环境污染，用其对纺织品进行生物加工已从前处理向后整理拓展。目前，生物酶在羊绒方面主要应用于去肤皮、低温促染等技术。

一、酶去除肤皮

针对肤皮成分的特点及化学性质，在酶制剂中精心配入黑曲霉素代谢产出的蛋白酶和脂肪酶，酶载体为多糖物质，不含氧化剂，同时配入一些抗干扰素，以防酶与酶之间在适宜的温度及pH值下互相干扰而影响处理效果。

酶处理是以酶的活性高低作为前提条件的，在适宜的条件下，酶的活性越高，则处理效果就越好。

（一）酶活性与pH值的关系

蛋白酶在pH值为7.0时最具活性，而脂肪酶在pH值为5.0～8.0时最具活性。处理液碱性越强（pH值越大），温度越高，时间越长，纤维强力所受损伤越大。在中性条件下，强力几乎不受损伤，处理液pH值在6.5～7.0时，对酶活性和绒都是最适宜的。

（二）活性与温度的关系

无论是蛋白酶还是脂肪酶，在温度为40～50℃时，最具活性。当温度超过65℃时，酶制剂迅速失去活性。50℃时，中性处理液对羊绒强力几乎无损伤。

（三）酶处理效果与时间、用量及浴比的关系

一般来说酶制剂用量与浴比关系为：

酶制剂量＝绒重×浴比×用量百分率

浴比越小，相对处理液的浓度越高，处理的效果（肤皮、虮子及杂质的去除率）越好，延长处理时间，处理效果好。但生产上要求是既要时间短、成本低，又要效果好，因此一般作用时间为100min，延长作用时间可相应减少制剂用量。当要求肤皮去除率大于95%时，作用时间和制剂用量大致关系见表14-10-2。

表14-10-2　作用时间和制剂用量

时间（min）	用量（%）	时间（min）	用量（%）
90～100	0.35	160～180	0.25
120～140	0.3	—	—

为保证羊绒的处理效果，必须确保处理液中酶的浓度，通过大量实验确定了本制剂用量与浴比的关系，因本制剂处理羊绒后的液体可以循环使用，以降低成本，对未经污染的处理液补加正常用量的1/2本制剂，再次使用可达到同样的处理效果。

（四）酶处理前后羊绒纤维物理性能的比较

对处理过的羊绒在白度仪上比较，处理后的羊绒比处理前的白度可提高一到二级，可代替低温漂白工艺，即酶处理和漂白同时完成，不必单独进行低温漂白。经对酶处理的羊绒纤维各项物理指标测定与处理前比较，纤维物理性能变化不大。

（五）废液测定

对酶处理后废液中有机含量测定，蛋白质含量为0.85%，未曾检出有毒、有害物质。此溶液绿色环保，用于浇灌花草，是良好的植物生长促进剂。

二、其他应用

目前，采用生物酶羊绒低温染色，已经有部分研究，但还不十分成熟。同时，生物酶在对羊绒纤维的表面改性、防缩整理方面逐步开始应用。

虽然目前生物酶的应用在整个羊绒行业中还没有形成规模，但作为可减少水、汽消耗，提高生产效率，必将成为将来大力推广的绿色生产工艺。

第十一章　羊绒制品功能整理

利用新型整理助剂在后整理设备上进行功能性整理，使羊绒针织、梭织面料获得保健、舒适等特殊功能，成为目前提高羊绒制品附加值的主要发展趋势。当前在羊绒制品的功能性整理主要有以下六个方面。

1. 保健功能织物

远红外、发热、保暖、磁电疗、药物作用等。

2. 卫生功能织物

抗菌、消臭、防霉、防虫等。

3. 环保功能织物，舒适功能织物

蓬松、柔软、弹性、凉爽、透湿等。

4. 防护功能织物

防紫外线辐射、防电磁波辐射、防静电等。

5. 使用方便易保管功能织物

防缩、抗皱、防油、防污、抗菌防霉等。

第一节　羊绒制品抗静电整理

一、产生静电的原因

静电现象发现很早，1756年罗伯特·塞默首先发现了不同纤维之间因摩擦而带电的现象。经过200年来对静电现象的分析，人们对纺织面料的静电现象主要归纳为以下几类。

（1）服装因摩擦而产生的带电现象——易吸尘和易沾污性。

（2）服装与服装、服装与人体之间相吸附的现象——如裤子或裙子吸腿或裹腿，外装与内装因相吸附而贴在一起。

（3）穿脱混纺服装时产生电火花、针刺感现象。

在纺织材料中，因为化学纤维有低可导性，所以易产生静电，而山羊绒由于含湿量较高，很少产生静电。但相对比较干燥的北方，羊毛、羊绒纺织品的静电现象却很严重，不可忽视。目前，毛绒纺织品产生静电的原因主要可以归结为：

（1）绒毛织物中化学纤维比例越高，静电现象越严重。

（2）纯绒纺织品的标准回潮率高，但在相对湿度较小的条件下会有静电现象。

（3）过量采用有机硅类、聚氨酯类整理剂对纯毛织物进行整理，就会产生静电。

二、静电的消除方法

（一）通过导电纤维材料来改善织物的静电性能

1. 抗静电纤维

通常把标准条件下（RH65%，20℃）电阻率达到$10^{10}\Omega\cdot cm$的纤维称为抗静电纤维。抗静电纤维是对纤维进行改性，在其中加入一些含亲水性基团的助剂与纤维共聚，采用复合纺丝的方法，制成海岛型或芯鞘型的复合纤维，其中岛部或芯部为含抗静电剂的聚合物组合，而海部或鞘部的基本聚合物对抗静电组合起保护作用，可以保持一定时期的抗静电性能。但是此类抗静电纤维由于以含亲水性基团的助剂为其特征，易受气候条件的影响，在低温干燥的情况下，抗静电效果明显降低。

2. 导电纤维

导电纤维是指具有金属或半导体时导电水平，电阻率小于$10^7\Omega\cdot cm$的纤维。如不锈钢纤维的电阻率为$72\Omega\cdot cm$，碳纤维的电阻率为$8\times10^2\sim10\times10^2\Omega\cdot cm$。导电纤维消除静电的机理是利用逸散性，当导电纤维接近带电物体时，就会在其周围形成电场，由于电晕放电，在空气中形成离子，使带电物体的电荷被极性相反的离子中和，而相同极性的离子被排斥。当导电纤维的混用率在1.5%～2.0%时，有明显的抗静电效果，并且这类纤维的导电性不受气候条件影响，可具有长时间的导电性。

（二）使用抗静电整理消除静电积累

抗静电整理是将抗静电剂施加于纤维表面，增加纤维的亲水性，阻止静电在纤维上的积聚。抗静电剂按离子型可以分为阳离子型、阴离子型、非离子型三类。

1. 永久性抗静电整理剂1166

主要成分为聚氧乙烯衍生物，物化性能为：假阳离子型，微黄透明黏稠液体，1%稀释液，pH值为5.0～5.5。

整理用浸渍、浸轧法，整理效果表现为对涤纶、腈纶、PVA、醋酯纤维的散纤维、纱线、面料均可获得永久的抗静电效果，同时还适于各类合成纤维与天然纤维的混纺织物。生态指标显示可生物降解。

2. 多功能整理及抗静电剂（MILEASE）7261

主要成分为亲水性高聚物，物化性能为：含固量100%。非离子性，熔点50℃，淡黄色固体，易分散于热水中。可与阴离子、阳离子、非离子助剂同浴使用。

整理用浸渍法，整理效果表现为：在整个湿整理过程中应用，可防止"鸡爪痕"及褶皱，并可防污。染色中加入可防止染色疵病。在后整理过程中应用，对合成纤维织物具有优良的抗静电效果，且耐洗性好，织物柔软性好，可提高织物缝纫性。生态指标显示生产过程中无泡，无不良气味产生。

3. 抗静电剂（ROTTA-ANTISTATIKUM）760

主要成分为有机氮化合物，物化性能为：外观为无色透明的液体，阳离子型助剂，pH值5～5.5，25℃时密度约1.05，能用水稀释。

整理用浸渍法、浸轧法。整理效果表现为：可赋予合成纤维及其混纺的各类针纺织品优良的抗静电性能，有良好的耐干洗色牢度；可与拒油、拒水整理同时进行，无明显的相互抑制作用；可使织物获得丰满、柔软的手感。生态指标显示不产生泡沫，无毒性。

第二节　抗起球整理

一、羊绒制品抗起球整理现状

山羊绒制品的抗起球整理是一个很大的课题。在羊绒纤维直径和长度截面因素的共同作用下，羊绒制品起球会更明显。细纤维和松散结构虽然能够保证所需的柔软度，但是容易导致起球。而羊绒与合成纤维混纺也会加剧起球。目前，用氧化剂和生物酶的应用可减轻起球情况。在柔软整理和易护理整理处理过程中减少纤维之间的摩擦能加剧起球现象。

二、抗起球整理

为防止织物起球，根据可能影响织物起球的因素，可从多方面采取不同的对策。例如选取原料时，注意绒的长度、细度，尽量减少短绒率。在加工过程中，选择优质的和毛油。严格控制羊绒纤维的回潮率和车间温湿度，以提高羊绒纤维的韧性，减少纤维的损伤。对纱线捻度、编织密度合理掌握，才能既保持羊绒衫丰满、柔软的特点，此外，尽量避免由于穿着不当造成的摩擦。在羊绒针织物的防起球后整理方面，常用的方法主要有以下几种。

（一）蛋白酶法整理

羊毛（绒）的酶加工主要是利用蛋白质分解酶对纱线及织物进行减量处理。近年来生物蛋白酶已较多地应用于抗起球整理中。酶的种类很多，且具有结合和催化的专一性，若要获得好的酶处理效果，重要的是要选择合适的酶制剂。根据大量研究表明，碱性蛋白酶和中性蛋白酶对羊毛（绒）纤维表面鳞片的催化作用远远大于酸性蛋白酶，因此尽量多采用碱性蛋白酶来处理。

羊毛（绒）的酶减量一般采用吸尽法，这种加工工艺普遍适用于各种形式的羊绒制品，在加工中，通常在酶减量处理前先对羊毛（绒）进行预处理，这样会使纤维亲水化，从而使酶作用易于进行。否则，即使在后续的加工中使用高浓度的酶制剂，减量率还是很低。而且若加强处理条件，虽然可以使鳞片膨化，易于去除，但是羊毛（绒）的强力却剧烈下降，有时甚至使纤维原纤化。

羊绒针织物被蛋白酶催化水解由以下几个过程组成：酶分子在溶液中向纤维表面扩散；酶分子在溶液中向纤维表面吸附；酶分子从纤维表面结构的疏松部分向内部扩散；酶的催化水解反应；反应产物从羊毛内部向外部扩散；产物向溶液中扩散。所以酶分子若不能顺利地在纤维上吸附并向内部扩散，则反应根本不能进行。

虽然酶具有高效性、专一性，且节约能源、减少污染的特点，能够去除鳞片表层、鳞片层或者类脂层，从而改善其物理、机械和化学性能，提高纤维的服用性能，获得许多附加价值，但是过度地酶处理不仅表层蛋白质有水解，而且反应也会深入纤维内部。这意味着会造成纤维原纤间结构破坏和纤维强力严重损失，目前其损伤程度与机理研究甚少。但这种损伤对加工和后整理不利，加之酶处理成本较高，因此现在还没有比较成熟的工业化应用。

（二）树脂整理

树脂整理一般是在缩绒后进行。利用树脂较强的黏合力将纤维进行点黏结，以限制其移动而达到减少起毛起球的目的。一般的树脂在使用后会影响织物手感，而羊绒织物的柔软性是其标志性的一个特点，因此都希望选用具有优良的黏着性能，固化交联成膜柔软，性能稳定，不影响纤维色泽手感的树脂，例如常用的树脂整理剂有超低甲醛树脂、硅硐类树脂、有机硅类树脂、聚氨酯类树脂、丙烯酸酯树脂处理、聚醚类树脂以及改性的Hereosett树脂等。

具体来说就是利用树脂能在纤维表面交链成膜的功能，使纤维表面覆盖上一层连续薄膜。掩盖毛绒纤维鳞片结构，降低其定向摩擦效应，使相邻纤维上的聚合间形成桥键，防止纤维移动黏合，从而防缩抗起球。在对有机硅钙性丙烯酸树脂对羊绒织物的性能影响的研究中发现，随着树脂用量的增加，整理后羊绒织物的抗起毛起球性能逐渐提高，当其用量对织物重达到5%时，织物的抗起毛起球可达4级。此外，为保证织物手感，在实验过程中选择加入了有机硅柔软剂，它可以更好地改善织物手感，其用量以控制在一定范围为宜，过量使用对织物抗起毛起球性有副作用。

（三）抗起球剂ATP整理

ATP主要成分为高分子聚合物树脂乳液，聚合物主链上具有活性基团，这些活性基团具有多功能性和极强的活性，可以自身交联，也可以与纤维上的活性基团键合，在织物表面形成具有一定强度、耐洗、又柔软、弹性好的网状薄膜。ATP在织物的整理过程中具有优良的成膜性和渗透性，能在织物表面成膜的同时渗入到纤维内部，使纤维与毛绒交联黏结形成网状膜结构，从而起到良好的抗起毛起球效果。利用聚合物在纤维表面交联成膜的功能，使纤维表面包覆一层耐磨的高分子薄膜，减弱纤维的滑移，减少起毛倾向；同时，聚合物均匀地交联凝聚在纱线的表层，使纤维末梢黏附于纱线上，摩擦时不易起球。加入ATP的织物抗起毛起球效果良好，耐久性也很好，但手感有待进一步提高。

（四）纳米技术处理毛（绒）纤维

纳米粒子具有很强的化学活性和吸附性，使之通过乳化分散，均匀地附着于毛纤维表层，使纳米粒子和毛纤维上的一部分自由基团结合，并且使纳米粒子牢固永久地结合在羊毛纤维上。还可以采用涂层整理法将纳米材料在纤维表面形成柔软的功能性涂层，其整理后的产品性能均匀、持久。不仅可以修补损伤的羊绒纤维，降低定向摩擦效应，而且达到防缩、易护理的效果，经过纳米处理的散纤和毛条，在外观、手感、风格、穿着功能等方面都发生了很大的变化，而且经染色试验后，手感无明显减弱，仍保持染前的风格，说明纳米材料固着持久、稳定。经国家毛纺织产品质量监督检验中心（上海）及ITS测试，完全达到国际羊毛局TM31可机洗标准，抗起球达3~4级。

采用纳米技术，不仅改善了羊绒织物的起毛起球性能，还带来了许多其他的附加价值，比如纤维色泽较山羊绒光泽好，尤其是染色以后颜色更加亮丽；由于纤维表面附着有纳米氧化锌，因此刚性强，单纤强力有所提高。此外，纳米技术处理过的纤维具有山羊绒所没有的抗菌、消毒、防臭等功能。纳米技术使羊绒纤维在功能上发生了很大变化，在羊绒纤维的应用上具有很大的开发价值，将赋予纺织品新的内涵及十分诱人的应用前景。

（五）低温等离子体处理

等离子体是在特定条件下（加热、放电等）使气体部分离解和电离而产生的电离气体。它由中性的原子或分子、激发态的原子或分子、自由基、电子或负离子、正离子以及辐射光子组成，是有别于固、液、气三态的一种新的物质聚集态，也就是物质第四态。可分为高温等离子体（平衡等离子体）和低温等离子体（非平衡等离子体）。

在纺织染整中主要应用低温等离子体。等离子体只触及纤维表面，对纤维损伤小，处理机理是：通过活化成等离子态的激发气体分子的氧化反应以及被加速的气体粒子的溅射作用，使羊毛表面的杂质甚至鳞片层破坏，反应生成H_2O、CO、CO_2等离子气体而从纤维表面除去，从而改善防缩性和抗起球性。从实验及文献中可以确认，经过低温等离子体处理的羊绒不仅因其表面产生极性基团而提高了亲水性，而且表面结构发生了变化，这种变化均利于纤维抱合力的提高。对大型生产化设备低温等离子体处理前后羊绒织物进行起球测试，结果表明，经过低温等离子体处理的羊绒织物的抗起球性能得到显著提高，并且抗起球性能非常优异。

利用低温等离子体这种干式技术对纤维进行表面改性，在带来新的功能的同时不仅对纤维本体没有损伤，而且无废水排放、无环境污染，并可节约能源，具有显著的经济效益和社会效益。虽然该方法能显著改善针织物的防缩性和抗起球性，但在穿着使用一段时间后就会明显退化。

（六）壳聚糖处理法

采用壳聚糖处理法，是由于壳聚糖具有一定的成膜性，可在羊绒鳞片的表面形成一层薄膜，从而阻止相邻纤维间的相互咬合，使纤维定向摩擦效应减弱。更重要的是，壳聚糖可填充在鳞片夹角内或某些损伤处，使鳞片相互隔离而失去作用，从而使顺逆摩擦系数均降低，定向摩擦效应减小，并且定向摩擦效应随着壳聚糖吸附量的增多而减小。

该方法先采用双氧水对羊绒纤维表面进行处理，去除部分鳞片，使羊绒纤维表面变得平整，且增加了羊绒对壳聚糖溶液的吸收性能，凸显处理效果。

（七）其他方法

常用的方法还有氯化法，它的理论基础是Allowed反应。而Allowed现象实质上是氯化与氧化反应共同作用的结果，其中氧化反应起关键作用。氯化法是对羊绒纤维进行重度氯化处理，以剥蚀纤维表面的鳞片。氯化处理后的羊绒纤维表面形状发生了一定的变化，大多数羊绒鳞片的边缘变钝，使羊绒纤维的摩擦系数降低，从而降低羊绒纤维的起球性。经氯化处理后可达到防缩、抗起球等多种要求，但氯化处理带来了泛黄及处理不匀，耐磨性下降，手感粗糙发硬等问题。而且在氯化过程中，也存在众所周知的AOX排放污染环境及生产中氯气对人体有害等环保问题，故逐渐被其他方法所取代。

第三节　抗紫外线整理

近年来，随着羊绒精纺产品的不断发展，羊绒制品的穿着范围已经突破了原来秋冬穿着的范围，春夏季的羊绒制品正在逐步增多。而与此同时，大气层中臭氧层越来越稀薄，紫外线对人体的危害越来越严重。紫外线不仅会使皮肤晒黑，而且会伤害皮肤，使皮肤产生过敏反应，严重的还会使皮肤发生癌变。夏季光照时间长，而且强度大，抗紫外线的夏季服饰具有环保防护性，为人们的生活提供了安全保障。

一、紫外线分类及要求

（一）紫外线

紫外线按波长不同可分为：UVA，波长$400 \sim 315 nm$；UVB，波长$315 \sim 280 nm$，UVC，波长$280 \sim 200 nm$。波长越短，对皮肤的刺激越大。比UVC更短的电磁波被空气吸收，不辐射到地面。辐射到人体的紫外线中大部分是波长较长的UVA，少量是波长较短的UVB。UVB对皮肤的穿透力没有UVA那么深，UVA能穿透皮肤真皮组织，但UVB的破坏力更大，据研究，能破坏皮肤细胞的UVA，导致皮肤癌变。

（二）抗紫外线要求

进行抗紫外线整理的面料，要保持原有的风格，如弹性好、光泽好，手感滑柔、活络，有身骨，而且具有可机洗的性能，保持原来的颜色不变。抗紫外线织物能够最大限度地吸收紫外线，使紫外线在织物上的透过率大大降低，从而有效地保护人体皮肤免受紫外线的侵害。

二、抗紫外线效果评价

抗紫外线效果通常用防晒指数（SPF）作为指标，SPF是一个比率，指通过防晒处理的织物在皮肤上产生红斑的紫外线辐射的最小剂量与通过未做抗紫外线处理的织物在皮肤上产生红斑的紫外线辐射的最小剂量的比值。例如，夏天正午时一个人穿着普通衣服后9min皮肤呈红色，那么穿上SPF为40的衣服，在同样的情况下，至少6h后皮肤才呈红色，也就是受到同等程度的晒伤（即这个人受到同等量的紫外线辐射），所需的时间延长了40倍。

三、应用举例

30%的优质山羊绒与70%的超细羊毛，纱线的线密度12.5tex×2（80公支/2），加工成山羊绒织物。

（一）工艺流程

纺纱→织造→坯布→煮呢→脱水→烘干→中检→织补→刷毛→剪呢→抗紫外线整理→烘干→回洗→焙烘→罐蒸→压烫

（二）重点工序

1. 洗呢

洗呢具有洗净呢坯和改善织物手感的作用，同时具有消除纺纱及织造时产生的内应力的作用，产生呢坯组织之间的位移，使织物手感丰满、活络，充分发挥山羊绒和羊毛的弹性和光泽。通常采用皂洗呢方法，温度控制在40～50℃之间。

2. 煮呢

洗前煮呢起预定形的作用，可避免鸡皮皱的发生。洗后煮呢可消除洗呢工序造成的条折痕，使呢面平整。两次煮呢均具有稳定尺寸和形态的作用，同时改善织物的光泽和手感。

3. 抗紫外线整理

机织物采用浸轧工艺，操作简便而且助剂吸附均匀。将小苏打和尿素溶解后与"雷奥山"液混合均匀进行处理，"雷奥山"在小苏打和尿素的帮助下，经过烘干及焙烘与纤维形成共价键结合，吸收紫外线，具有永久的耐洗性，对织物的强度、白度、颜色、手感等均无影响，而且无毒无味。

4. 浴比

浴比为1∶5；盐：60～89g/L元明粉或盐（元明粉可提高固着率）；小苏打：分三次加入。

5. 烘干与焙烘

将织物烘干，控制经纬密度、织物单位质量，同时起一定的定形作用。在130℃的条件下焙烘，进一步使"雷奥山"牢固地与纤维结合。

6. 罐蒸

对于机织物来说，在张力、压力状态下，经过一定时间的汽蒸，能使呢面平整，有光泽，手感柔软富有弹性，同时使纤维与助剂的结合更加牢固。

四、防紫外线整理剂及性能指标

抗紫外线助剂是一种具有最大效能的反应性紫外线吸收剂。与纤维牢固结合，具有一定的耐洗性，且对织物的强度、白度、颜色、手感均无影响，当紫外线照射到织物上时，紫外线全部被吸收，转变为低能量电磁波。"雷奥山"具有优良的耐久性，经其处理的织物，其紫外线吸收性能在重复洗熨后（使用ISO 105标准 E2S实验条件）、在氯洗（使用M＆S测试方法中的C37氯水牢度测试方法）及200h曝晒后（氙灯）仍保持不变。"雷奥山"吸收在UVB范围的紫外线，对荧光增白剂有很小影响或无影响，它不会改变织物的颜色。

（一）RAYOSAN C紫外线吸收剂

主要成分为杂环化合物，物化性能为：阴离子型白色黏稠液体，pH值为6，20℃时相对密度约1.25，与水、酸、碱接触稳定性好；与非离子、阴离子型物质相容性好，与阳离子相容可能出现沉淀。整理用浸渍法、浸轧法，整理效果表现为：纤维反应性紫外吸收剂主要用于纤维素纤维和锦纶织物，与羟基基团和氨基基团反应而产生紫外线吸收效果。耐日晒和耐水洗效果优良。生态指标显示无泡，可按一般染化料对待。

（二）RAYOSAN P紫外线吸收剂

主要成分为苯系衍生物，物化性能为：阴离子黄色水分散液，pH值为5.0～6.0；20℃相对密度约1.05。

能与冷水任意稀释，在水和酸中性能稳定，与非离子和阴离子物质相容性好。整理用浸渍法、浸轧法，整理效果表明适用于聚酯类纺织品整理。生态指标显示低泡，与普通整理剂、染化料相近。

第四节 其他羊绒制品功能整理

一、机可洗整理

羊绒针织品是深受人们欢迎的高档产品，但洗涤时会出现尺寸不稳定和毡缩现象。随着人们生活节奏的加快，要求服装容易打理，机可洗毛织物越来越受到消费者的欢迎。

要做到机可洗，需要各方面互相配合，其中最基本的就是织物的防缩整理。因此，羊绒织物的防缩整理是人们极其关注和亟待解决的问题。

羊绒织物的防缩方法主要有氯化法、树脂法、蛋白酶法和目前比较新颖的等离子处理与树脂处理并用的方法。

（一）氯化法

氯化法是采用一种能释放出氯的药剂，如次氯酸钠等与羊毛作用，因氯能够与羊毛的鳞片表层起化学反应，侵蚀部分羊毛的鳞片结构，使鳞片"钝化"，从而降低羊毛纤维的表面摩擦效应，达到羊毛防毡缩效果。在各种毛织物的防缩整理方法中，氯化法的处理效果最好也最经济，但存在着污染问题，是一种需要改进的方法。

（二）树脂法

树脂法是用树脂（如三聚氰胺甲醛树脂等）对羊毛纤维表面进行处理。树脂的作用，一是在羊毛纤维表面沉积一层树脂薄膜，使羊毛鳞片空隙填实，表面变得平滑，因而可降低羊毛纤维的表面摩擦效应，防止毡缩；二是聚合物分子链上的活性基团与纤维表面上的活性基团进行化学结合，使纤维交联，纤维间的自由移动受阻，从而获得防毡缩效果，但树脂法处理后的织物手感发糙。

（三）蛋白酶法

蛋白酶法目前的防缩效果虽不太理想，但却是环保的，是很有前途的防缩整理方法；另外还有采用壳聚糖代替树脂进行防缩整理的新技术，结合预处理可达到良好的防缩可机洗要求，且具有抗起球、消除刺痒感、改善光泽与染色性能等效果，是有发展前途的生态整理技术。

（四）等离子处理与树脂处理并用法

等离子处理与树脂处理并用法即羊毛织物先在各种气体中低温等离子处理，然后再用树脂整理。虽然等离子处理的防缩性较纯树脂整理差，但具有耐久性。等离子处理后再用树脂整理，其防缩效果可耐20次洗涤，所以可作为提高洗涤耐久性的优良防缩整理法。另外还有低温等离子体与壳聚糖沉积两步法等，在实际应用中，往往是两种或两种以上方法联合使用，整理效果较好。

二、防蛀虫整理

毛织物在服用以及储藏过程中，蛀虫幼体的消化酶能使山羊绒分子上含二硫键的蛋白质先变性，再破坏二硫键，使角蛋白组织分离而被蛀食，造成严重的伤害。通过凝胶电泳法等对蛀虫幼体的排泄物作了分析，发现大多数的排泄物中含有胱氨酸、甘氨酸、组氨酸，这解释了蛀虫幼体能消化羊毛蛋白质的原因，因此防蛀整理也就是利用化学药品阻碍羊毛分子上的二硫键变性或还原，达到抑制蛀虫幼体消化酶的功能，同时通过分析排泄物中胱氨酸等含量来判断防蛀效果。

（一）防虫蛀整理剂的种类

化学防虫蛀整理就是利用化学药品阻碍二硫键蛋白质变性，以达到保护山羊绒的目的。常用的防蛀剂有熏蒸剂、触杀剂、食杀剂三类。

1. **熏蒸剂**

熏蒸剂是具有挥发性的杀虫蛀药剂，但熏蒸剂逐渐挥发后，杀虫效力也会逐渐降低，得不到永久杀虫的效果。

2. **触杀剂**

触杀剂是一种与昆虫接触后，使其中毒死亡的杀虫剂。其缺点是虽然防蛀时间长，但是不能渗透到织物内部，不耐水洗或干洗，不能使织物处理后永久防蛀。

3. **食杀剂**

属于食杀剂的杀虫剂有很多，而且很多品种能使织物永久防蛀。但是高效杀虫剂大都对人体有害。

近年来又发展了一类染料型防蛀剂，它们对纤维有亲和力且牢度较高，防蛀效果、耐久性都较好。用抗菌防霉的整理方法，可使纤维具有抑制或杀灭细菌或霉菌的能力。抗菌整理剂主要有季铵盐类、有机硅季铵盐类、双胍类、甲壳素类、无机类和天然萃取物等。

（二）防虫蛀整理的方法

　　1. **染色同浴处理**

染色同浴处理以防蛀剂JF86为例：一般以1份防蛀剂加3份水稀释成白色乳化液，将染浴pH值调整为3～6后加入，待运行均匀后，开始升温。一般按原染色工艺操作，不会影响染色性能以及染色牢度。

染色同浴处理时施加防蛀剂宜按不同染料区别对待，常用的有以下四种。

（1）强酸、弱酸染料：开始染色时加入。

（2）中性络合染料：当染色达到沸染时，加入防蛀剂，均匀后再加入适量醋酸，保持沸染35～50min。

（3）媒介染料：媒染时加入。

（4）毛用活性染料：一般在始染时加入，也有在升温到80℃左右保温时加入，再按原工艺继续升温。一般中、浅色均不加氨水后处理。

　　2. **染色后处理**

MintinFF一般在染色后进行更为适宜。染色后降温至30～40℃，加入防蛀剂，再加硫酸2%（66°Bé），待运行均匀后，升温到50～60℃，处理30min，清洗出机。处理温度高，防蛀效果好，对染色色光无影响。

　　3. **后整理处理**

JF86可以在后整理处理，通常在洗呢结束后排去冲洗液，重新调整浴比［（1∶8）～（1∶10）］。浴比过大，浪费防蛀剂；浴比过小，不易均匀吸收。生产中，将1份防蛀剂与3份水稀释混合后与适量酸加入洗机，保持40～45℃处理30min，不清洗出机，然后快速整理，吸水后烘干。

三、抗菌整理

抗菌整理剂从20世纪40年代开始萌芽，进入80年代迅速发展。其机理有以下几种：

（1）使细菌细胞内各种代谢物失活，从而杀灭细菌。

（2）与细胞内蛋白酶发生化学反应，破坏其机能。

（3）抑制孢子生长，阻断DNA合成，从而抑制细菌生长。

（4）加快磷氧化还原体系，打乱细胞正常的生长体系。

（5）破坏细胞内的能量释放体系。

（6）阻碍电子转移系统及氨基酸转酯的生成。

（7）通过静电场的吸附作用，使细菌细胞破壁，从而杀灭细菌。

（一）有机硅季铵盐抗菌整理剂

主要成分为3-（三甲氧基甲硅烷基）丙基二甲基十八烷基氯化铵，其物化性能为：含有效成分42%的甲醇溶液，呈琥珀色，25℃时相对密度为0.87，闪点11℃，pH值7.5。可溶于水及醇类、酮类等有机溶剂中，125℃以下稳定。

整理用浸渍法、浸轧法均可。整理效果表现为：能与纤维素纤维发生化学结合，也能自身缩聚成膜，具有良好的多种纤维适应性。但由于其具有水溶性，其长效使用效果不很理想。能抑制白癣菌、大肠杆菌、念珠菌、绿脓杆菌等。

生态指标显示口服$LD_{50} \geqslant 12.21g/kg$；皮试$LD_{50} \geqslant 7.95g/kg$，并有轻度浮肿。

（二）二苯醚类抗菌整理

主要成分为二苯醚类与阳离子有机硅烷化合物、二苯醚类与芳香族卤化物的复合物。物化性能为：非离子型白色浆质体，易分散在水中，工作浓度2%，pH值7，对纤维无亲和力。

整理依靠与树脂混用，采用浸轧法整理，或喷雾法整理，经过烘干和焙烘。由于采用树脂作为介质，因此树脂的性能对整理后纺织品的外观手感及性能有较大影响。且不宜与二羟甲基二羟基乙烯脲、六羟甲基三聚氰胺混用，以免造成纺织品上的游离甲醛。功能显示具有广谱抗菌性。

生态指标显示口服$LD_{50} \geqslant 12g/kg$，皮试轻微刺激或无刺激感觉。

（三）TINOSAN AM100

TINOSAN AM100有机抗菌剂主要成分为有机抗菌剂，物化性能为：酸性浴呈弱离子性，清澈液体，遇水呈苍白稳定乳液。pH值7～9，25℃，相对密度约1.01～1.11。

整理用浸渍法，可与染料同浴。整理效果表明具有广谱抗菌功效。生态指标显示，按通常化学药品卫生安全规则要求，不可口服，作易燃液体储存。

四、微胶囊芳香整理

后整理法对纺织品附香，这是一种简单、易行、工艺流程短、成本低的方法，但早期这种方法只能使纺织品保留香味6～7天，时间短，经济价值不高，从而导致了微胶囊技术的产生，这是目前芳香整理技术的主流。

它利用高分子凝聚作用将芳香剂包容在高分子囊内，形成10～30μm的芳香微胶囊，通过选择微胶囊壁材及厚度形成不同的芳香缓释作用，从而延长了芳香保留时间，使用和洗涤过程中的摩擦等作用都将使微胶囊破坏，使芳香迅速释放。

目前，微胶囊壁材已有聚氨酯、聚乙烯醇明胶等许多种类。涂层黏合剂已涉及有机硅、聚氢酯、改性聚氨酯等。所用芳香剂已形成数十种不同的香型。在使用芳香剂进行后整理加工时，后整理加工方法及加工工艺等对芳香持久性产生很大的影响。

（一）芳香整理剂的选用

香料是香味剂的主要原料，香料有天然的和合成的两大类。在芳香剂选择时，香味的浓烈、淡雅程度、人们对其好恶、对身体是否有害、对皮肤有无过敏反应、保香是否持久，是决定所加工芳香织物身价的主要因素。

（二）芳香整理工艺

芳香剂与柔软剂混合，在织物表面成膜时，即对织物附香。该方法使用方便，产品具有柔软的手感，富有弹性。芳香剂与树脂加工液混浴，同时对织物进行树脂整理和芳香整理。但产品经树脂整理后，手感变硬。

工艺流程：

试样→浸泡→压液机轧液→浸泡→压液机轧液→预烘→焙烘

预烘的目的是在较低温度下使溶液中的高分子物质与纤维发生初步的交联，以便两者在更高的温度下牢固结合。焙烘是在预烘的基础上，在更高的温度下，使大分子物质与纤维发生牢固地结合。但由于芳香剂为易挥发物质，且高温易使微胶囊皮膜破裂，因此不宜在高温下处理。

（三）评价方法

目前，国内外对芳香织物芳香持久的评价还没有较为准确、科学的评价方法。目前，评价方法概括起来有两大类，即主观评价与客观评价。

主观评价方法是通过嗅觉器官对织物的气味感觉反映给大脑，大脑感知后，做出心理反应，如不香、香、很香等。

客观评价有采用气相色谱法对织物的芳香效果加以测试，并以此来推算其香味的保香期；还有采用微量挥发性有机分析技术，用活性炭捕集香气，再用甲醇解析，然后用紫外光谱法测定纤维香气的释放速率。

五、芦荟保湿整理

芦荟是众所周知的皮肤保湿剂，芦荟为皮肤提供的是一个（天然的）保湿体系，正像天然保湿因子亦是保湿体系一样。如果通过最新的微胶囊技术将其应用到山羊绒上，那么就能制造出可在平时穿着慢慢释放芦荟的山羊绒针织物。

只有通过将胶囊化的活性成分固着在完全易护理整理的山羊绒纤维表面，以上过程才会发挥作用。应用浸染法并采用特殊黏合剂应能保持织物的柔软状态并且可以耐受5～10次机器洗涤。由于在纺纱过程中可能会破坏胶囊结构，所以这项整理技术主要应用于羊绒衫后整理加工阶段。

第十五篇　半精梳毛纺

第一章 半精梳毛纺使用的原料

第一节 使用原料的形态

半精梳毛纺是原料长度为25～60mm范围内的绒类纤维，毛、棉、丝、麻均可使用。半精梳毛纺在纺纱工艺流程中是散纤维染色且不经过精梳工序，这些特点由梳理机工艺性能所决定。半精梳毛纺使用的羊毛纤维为精梳短毛条，棉花为精梳棉条，绢丝为精干绵球（切段使用），苎麻为精干苎麻条，亚麻为打成亚麻条，山羊绒为分梳的无毛绒，竹原纤维为短纤。半精梳毛纺使用原料的形态及纤维性能见表15-1-1。

第二节 半精梳毛纺的原料使用准备工作

一、染色前的原料准备

半精梳毛纺因是散纤维染色，所以所使用的纤维必须是短纤状态。要对条子进行机械切段或手工扯断。个别原料还要进行其他准备工作，如精干绵球（绢丝），还要进行脱胶处理，以避免染色工艺过程中染色不匀和纺织过程中在梳理机上缠绕锡林，从而保证质量。

二、纺纱前的准备工作

主要工作是对切段后染过色的原料，加入和毛油、水、抗静电剂等乳化液，以增加原料回潮，减少静电现象；个别原料需进行特殊处理，如麻类原料纺前喷洒需要一定数量的柔软乳化剂，渗透养生，以实现条干均匀和生活好做。各种原料染色前准备、纺纱前准备工作见表15-1-2，切段纤维的质量控制见表15-1-3。